Weave
织美堂

织美堂时尚女士毛衣系列

U0298626

ZM
织美堂

精选韩款女士毛衣大全

张翠 主编

中国纺织出版社

图书在版编目（CIP）数据

精选韩款女士毛衣大全 / 张翠主编. —北京：中国纺织出版社，2015.11

（织美堂时尚女士毛衣系列）

ISBN 978-7-5180-2000-3

Ⅰ. ①精… Ⅱ. ①张… Ⅲ. ①女服 — 毛衣 — 编织 — 图集 Ⅳ. ①TS941.763.2-64

中国版本图书馆CIP数据核字（2015）第229725号

策划编辑：阮慧宁　　责任编辑：刘茸　　责任印制：储志伟

中国纺织出版社出版发行

地址：北京市朝阳区百子湾东里A407号楼　　邮政编码：100124

销售电话：010—67004422　传真：010—87155801

http://www.c—textilep.com

E-mail: faxing@c—textilep.com

中国纺织出版社天猫旗舰店

官方微博http://weibo.com/2119887771

利丰雅高印刷（深圳）有限公司印刷　　各地新华书店经销

2015年11月第1 版第1 次印刷

开本：889×1194　1/16　印张：22

字数：680千字　　定价：49.80元

Contents 目录

本书作品
使用的棒针针法

|=下针(又称为正针、低针或平针)

①

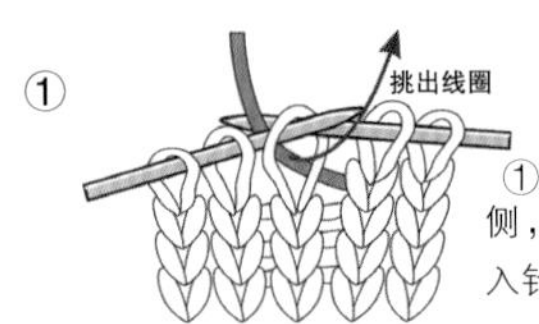
挑出线圈

①将毛线放在织物外侧，右针尖端由前面穿入针圈。

②

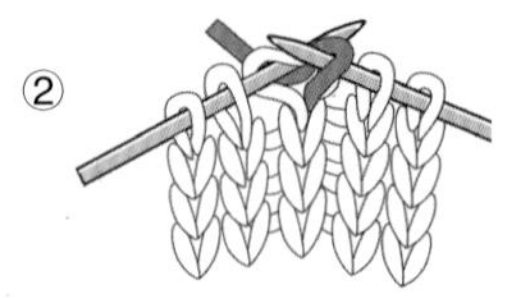

②挑出挂在右针尖上的线圈，同时此针圈由左针滑脱。

一或□ = 上针(又称为反针或高针)

①

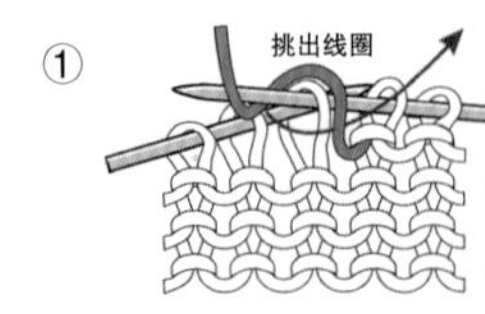
挑出线圈

①将毛线放在织物前面，右针尖端由后面穿入针圈。

②

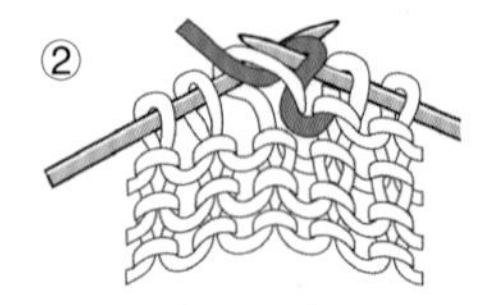

②挂上毛线并挑出挂在右针尖上的线圈，同时此针圈由左针滑脱。上针完成。

O = 空针(又称为加针或挂针)

①

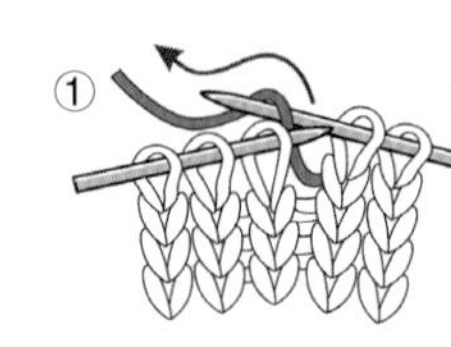
线在右针上绕1圈

①将毛线在右针上从下到上绕1次，并带紧线。

②

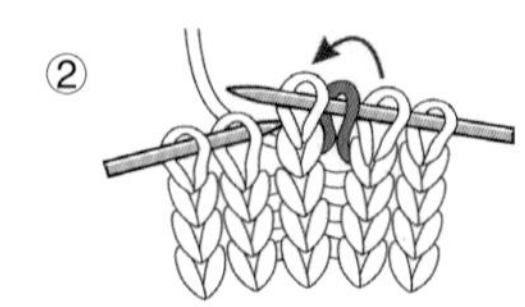

②继续编织下一个针圈。到次行时与其它针圈同样织。实际意义是增加了1针，所以又称为加针。

Q = 扭针

①

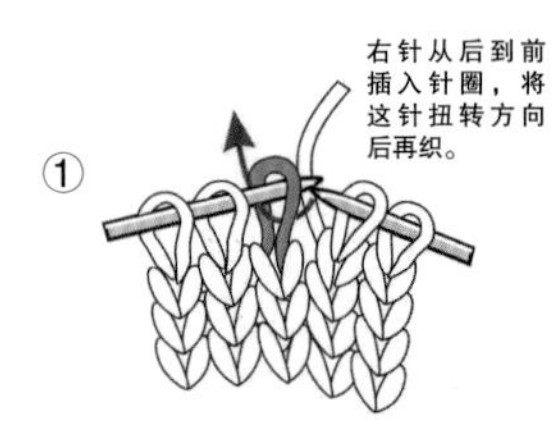
右针从后到前插入针圈，将这针扭转方向后再织。

①将右针从后到前插入第1个针圈(将待织的这1针扭转)。

②

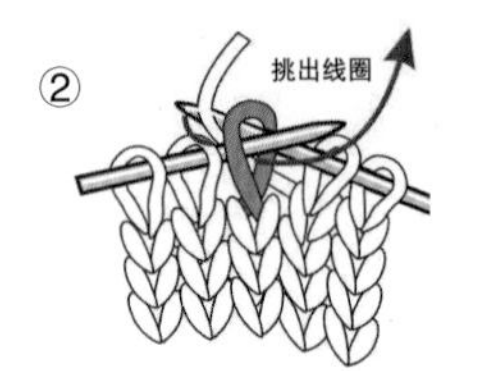
挑出线圈

②在右针上挂线，然后从针圈中将线挑出来，同时此针圈由左针滑脱。

③

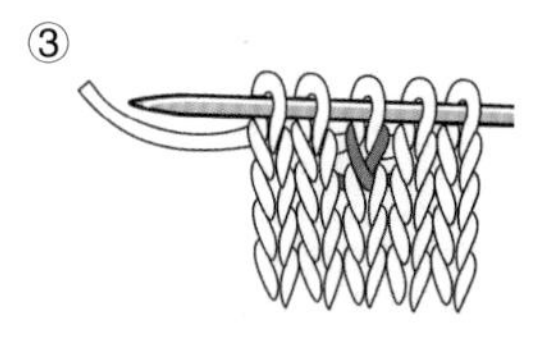

③继续往下织，扭针完成。

= 上针扭针

①

右针按图示方向插入针圈，将这针扭转方向后再织上针。

①将右针按图示方向插入第1个针圈(将待织的这1针扭转)。

②

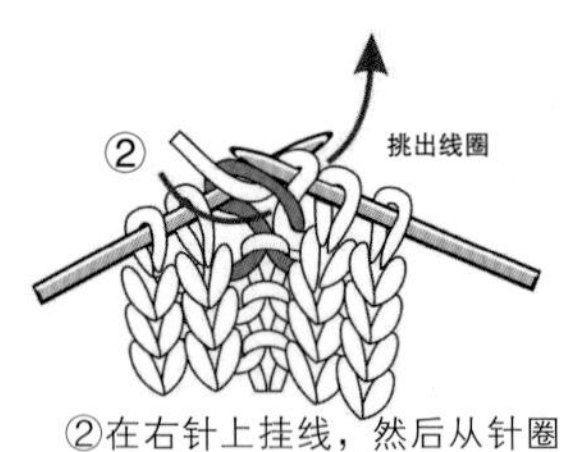
挑出线圈

②在右针上挂线，然后从针圈中将线挑出来。

= 下针绕3圈

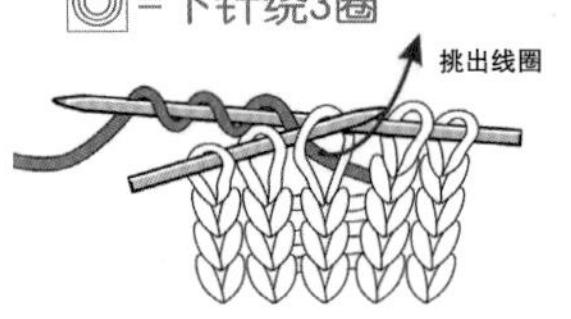
挑出线圈

在正常织下针时，将毛线在右针上绕3圈后从针圈中带出，使线圈拉长。

= 下针绕2圈

挑出线圈

在正常织下针时，将毛线在右针上绕2圈后从针圈中带出，使线圈拉长。

∩ = 滑针

①

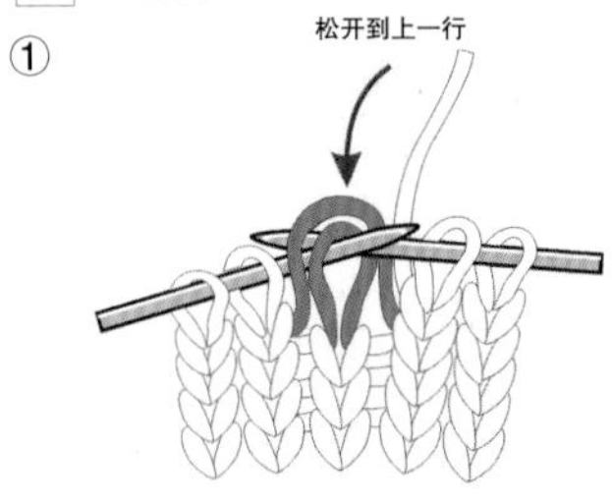
松开到上一行

①将左针上第1个针圈退出并松开滑到上一行(根据花型的需要也可以滑出多行)，退出的针圈和松开的上一行毛线用右针挑起。

②

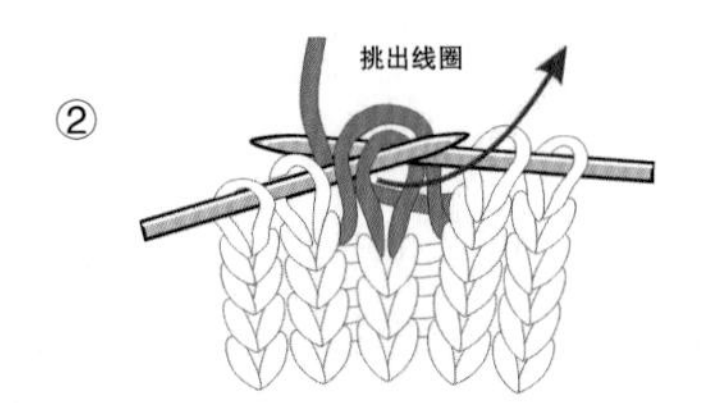
挑出线圈

②右针从退出的针圈和松开的上一行毛线中挑出毛线使之形成1个针圈。

③

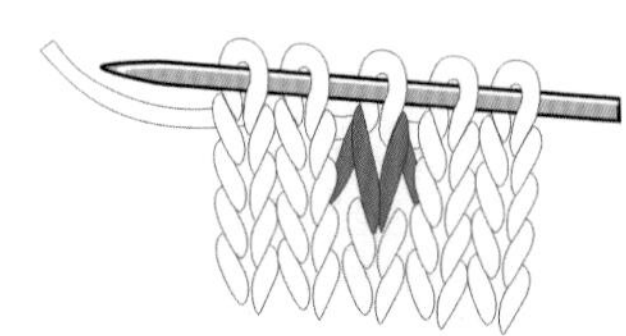

③继续编织下一个针圈。

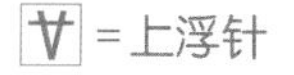

上浮针

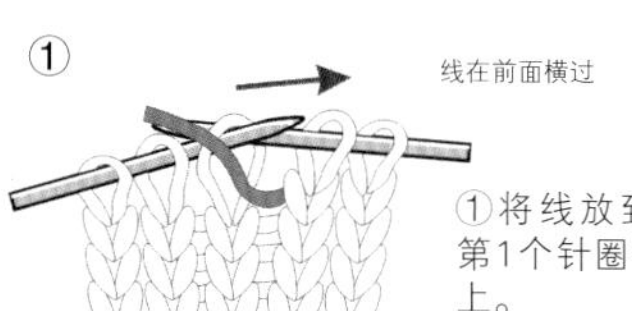
线在前面横过

①将线放到织物前面，第1个针圈不织挑到右针上。

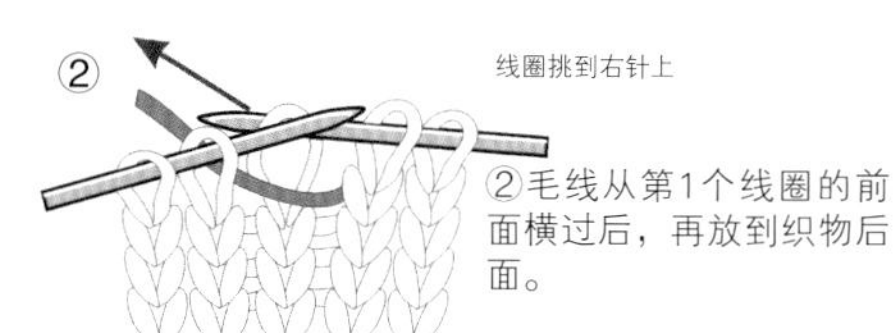
线圈挑到右针上

②毛线从第1个线圈的前面横过后，再放到织物后面。

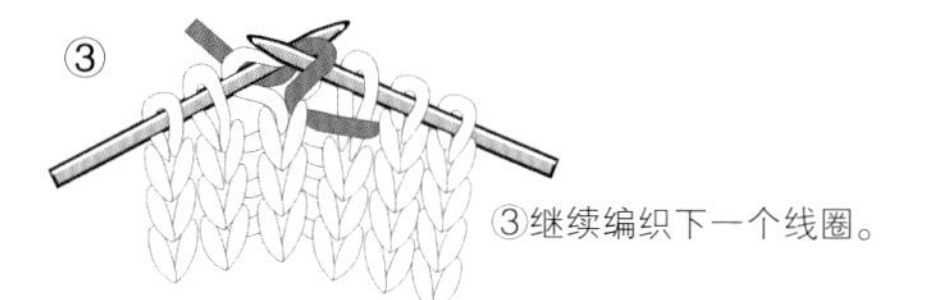

③继续编织下一个线圈。

下浮针

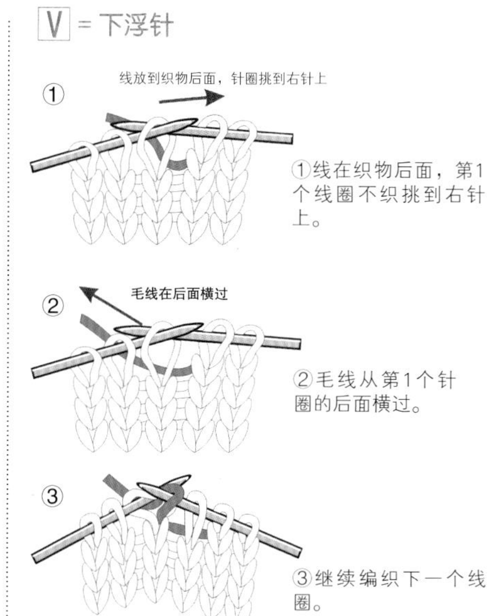
线放到织物后面，针圈挑到右针上
毛线在后面横过

①线在织物后面，第1个线圈不织挑到右针上。

②毛线从第1个针圈的后面横过。

③继续编织下一个线圈。

锁针

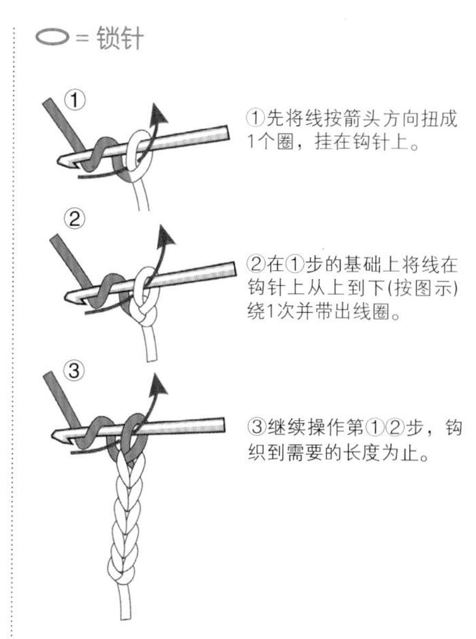

①先将线按箭头方向扭成1个圈，挂在钩针上。

②在①步的基础上将线在钩针上从上到下(按图示)绕1次并带出线圈。

③继续操作第①②步，钩织到需要的长度为止。

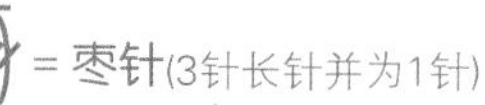

枣针(3针长针并为1针)

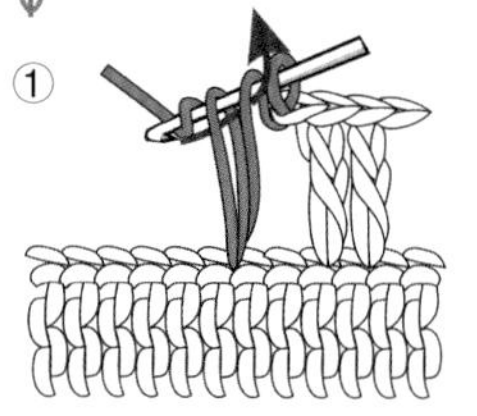

①将线先在钩针上从上到下(按图示)绕1次，再将钩针按箭头方向插入上一行的相应位置中，并带出线圈。

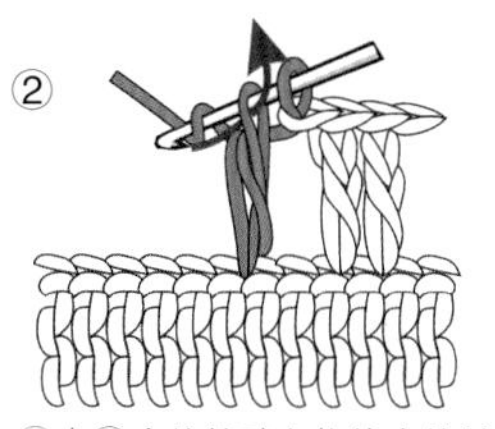

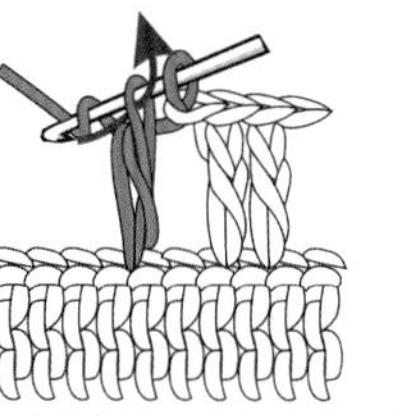

②在①步的基础上将线在钩针上从上到下(按图示)绕1次并带出线圈。注意这时钩针上有2个线圈了。

③继续操作第②步两次，这时钩针上就有四个线圈了。

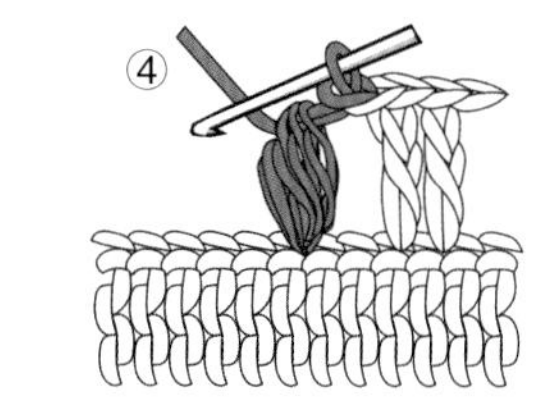

④将线在钩针上从上到下(按图示)绕1次并从这4个线圈中带出线圈。1针“枣针” 操作完成。

短针

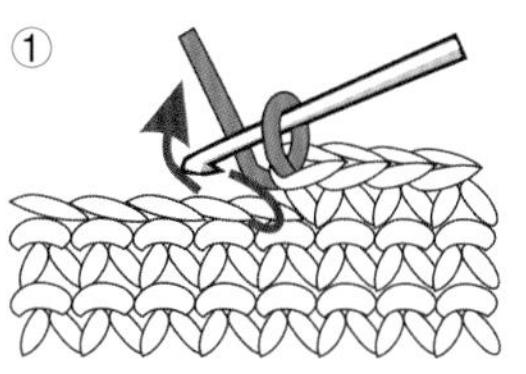

①将钩针按箭头方向插入上一行的相应位置中。

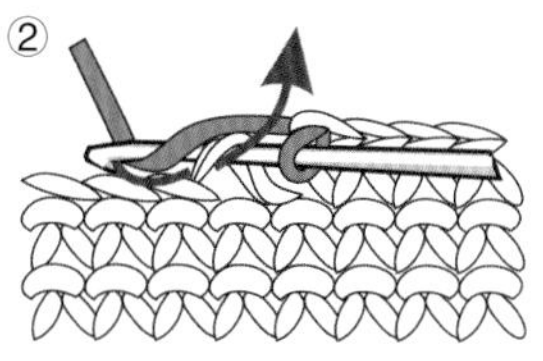

②在①步的基础上将线在钩针上从上到下(按图示)绕1次并带出线圈。

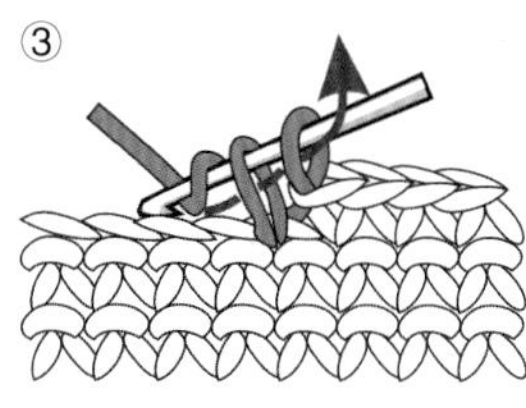

③继续将线在钩针上从上到下(按图示)再绕1次并带出线圈。

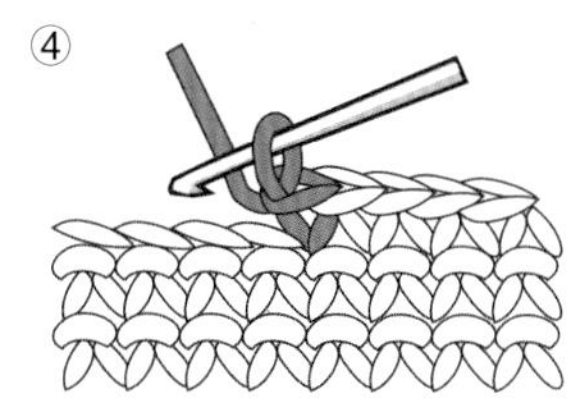

④1针“短针”操作完成。

左加针

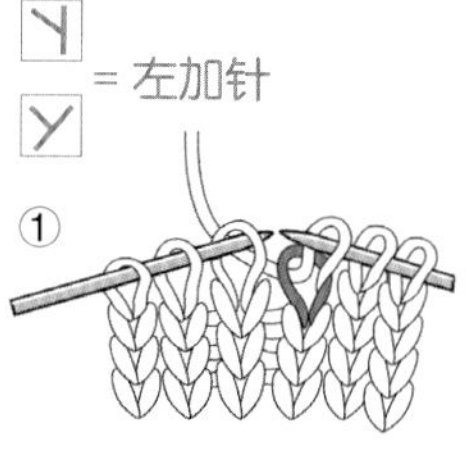

①左针第1针正常织。

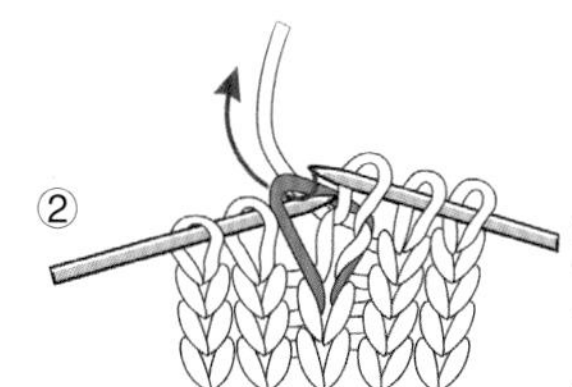

②左针尖端先从这针的前一行的针圈中从后向前挑起针圈。针从前向后插入并挑出线圈。

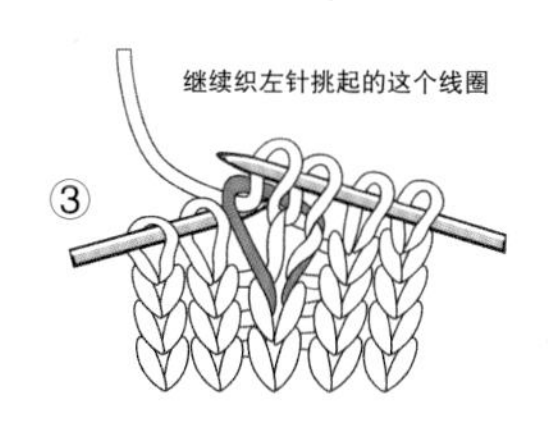
继续织左针挑起的这个线圈

③继续织左针挑起的这个线圈。实际意义是在这针的左侧增加了1针。

右加针

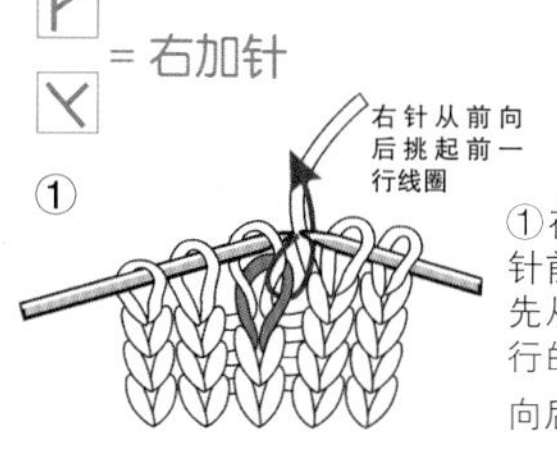
右针从前向后挑起前一行线圈

①在织左针第1针前，右针尖端先从这针的前一行的针圈中从前向后插入。

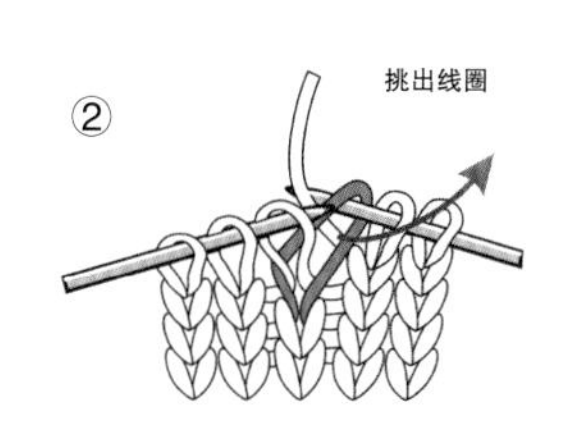
挑出线圈

②将线在右针上从下到上绕1次，并挑出线，实际意义是在这针的右侧增加了1针。

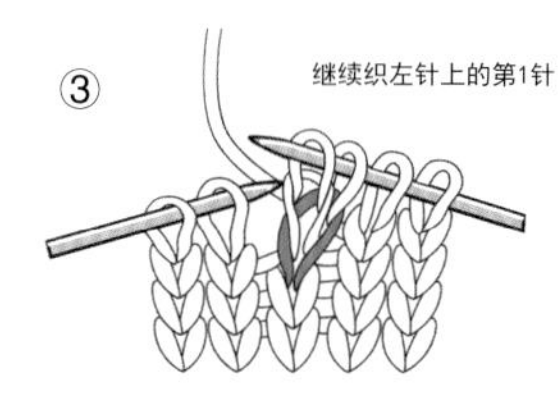
继续织左针上的第1针

③继续织左针上的第1针。然后此针圈由左针滑脱。

中上3针并为1针

①

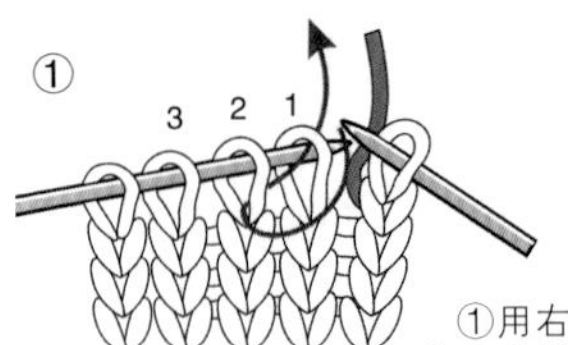

3 2 1

①用右针尖从前往后插入左针的第2、第1针中，然后将左针退出。

②

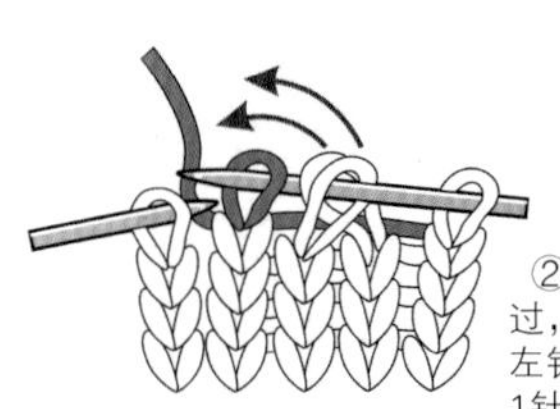

②将线从织物的后面带过，正常织第3针。再用左针尖分别将第2针、第1针挑过套住第3针。

右上2针并为1针(又称为拨收1针)

①

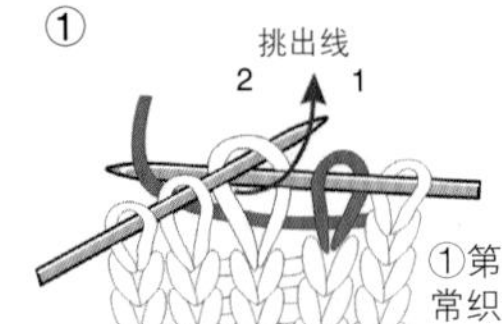

挑出线
2 1

①第1针不织移到右针上，正常织第2针。

②

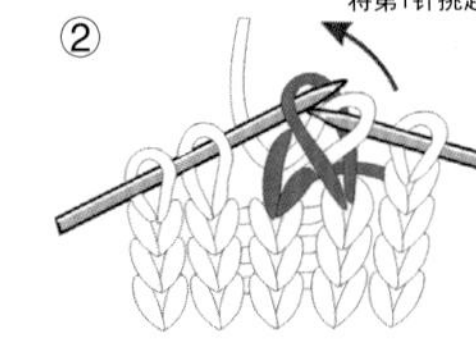

将第1针挑起套在第2针上

②再将第1针用左针挑起套在刚才织的第2针上面，因为有这个拨针的动作，所以又称为“拨收针”。

左上2针并为1针

①

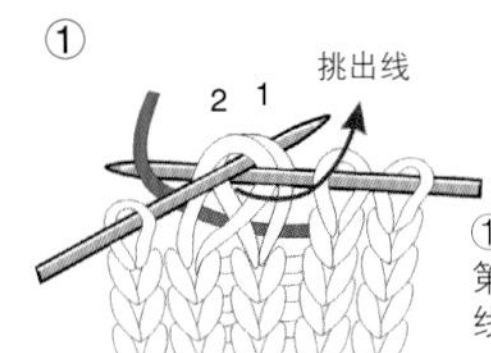

挑出线
2 1

①右针按箭头的方向从第2针、第1针插入两个线圈中，挑出线。

②

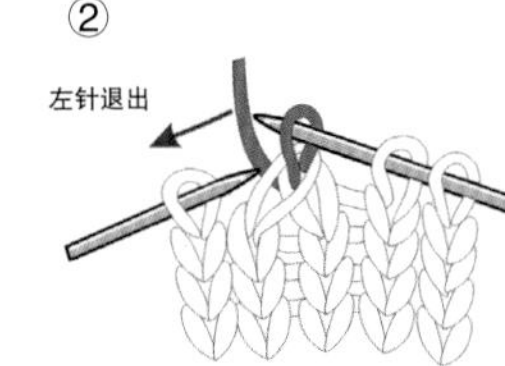

左针退出

②再将第2针和第1针这两个针圈从针上退出，并针完成。

1针下针右上交叉

①

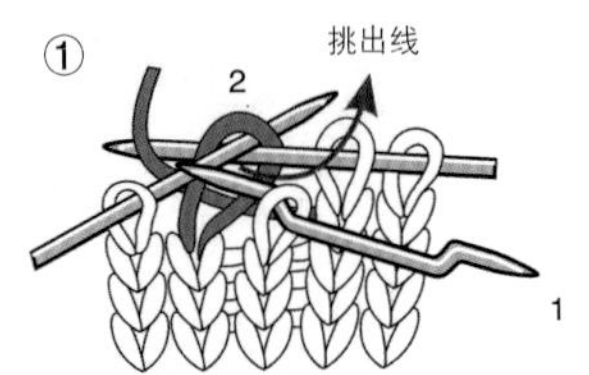

挑出线
2
1

①第1针不织移到曲针上，右针按箭头的方向从第2针针圈中挑出线。

②

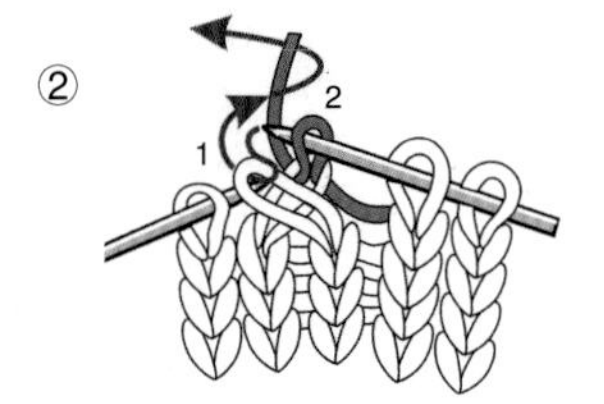

2
1

②再正常织第1针(注意：第1针是从织物前面经过)。

③

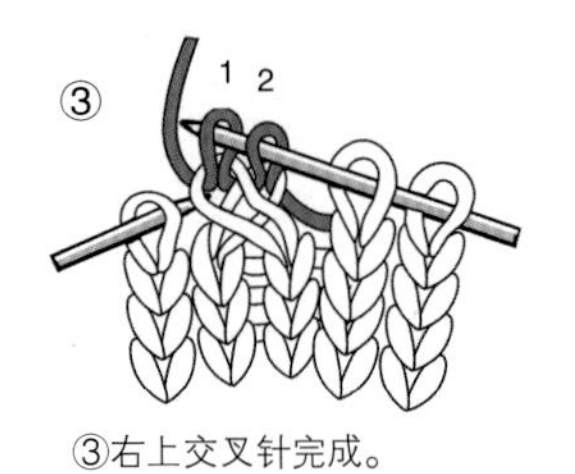

1 2

③右上交叉针完成。

1针下针左上交叉

①

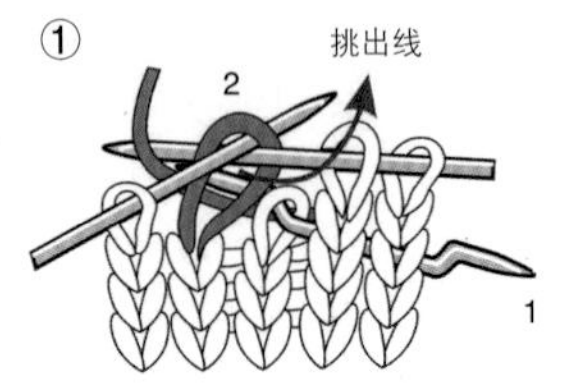

挑出线
2
1

①第1针不织移到曲针上，右针按箭头的方向从第2针针圈中挑出线。

②

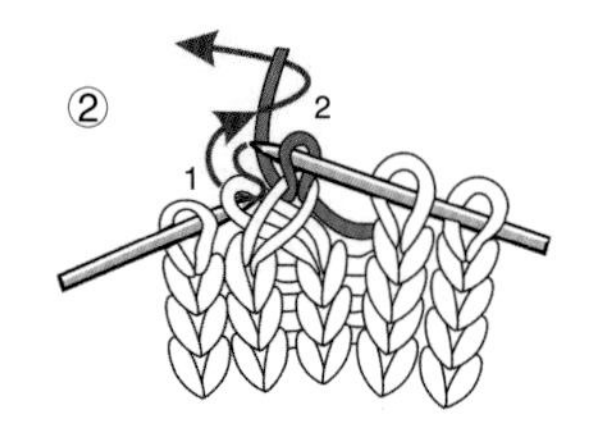

2
1

②再正常织第1针(注意：第1针是从织物后面经过)。

③

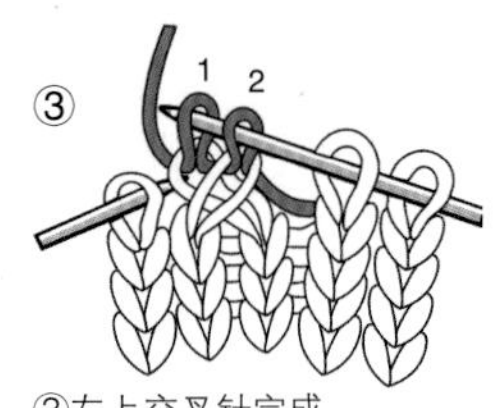

1 2

③左上交叉针完成。

1针下针和1针上针左上交叉

①

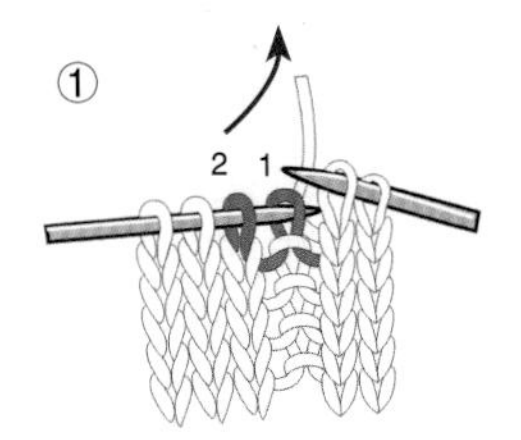

2 1

①先将第2针下针拉长从织物前面经过第1针上针。

②

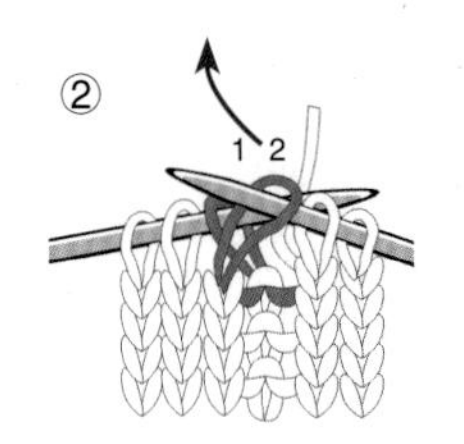

1 2

②先织好第2针下针，再来织第1针上针。“1针下针和1针上针左上交叉”完成。

1针下针和1针上针右上交叉

①

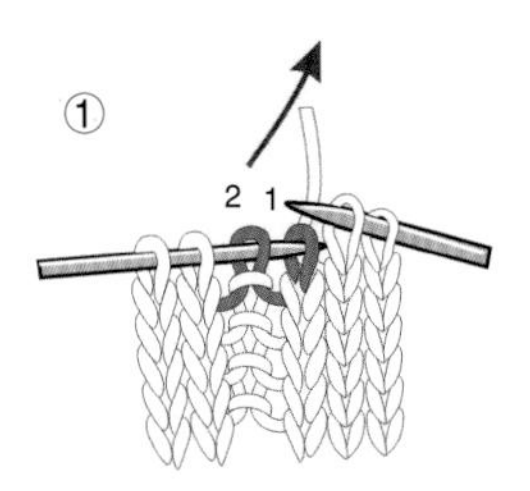

2 1

①先将第2针上针拉长从织物后面经过第1针下针。

②

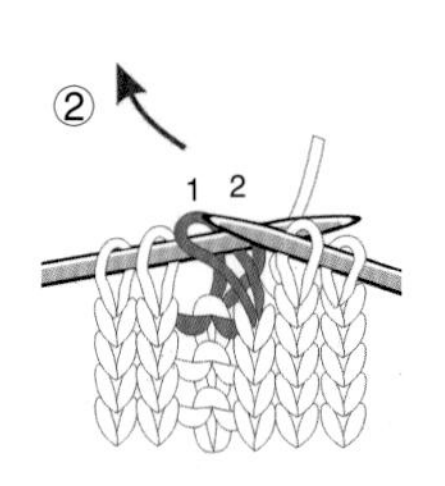

1 2

②先织好第2针上针，再来织第1针下针。“1针下针和1针右上交叉”完成。

=1针扭针和1针上针右上交叉

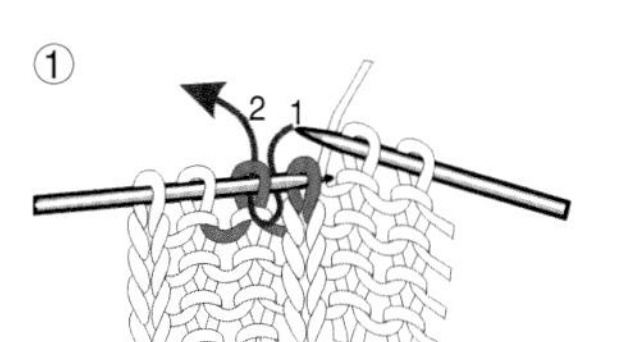

①
2
1

①第1针暂不织，右针按箭头方向插入第2针线圈中。

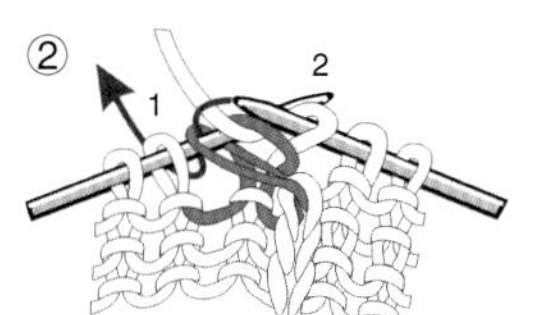

②
1
2

②在①步的第2针线圈中正常织上针。

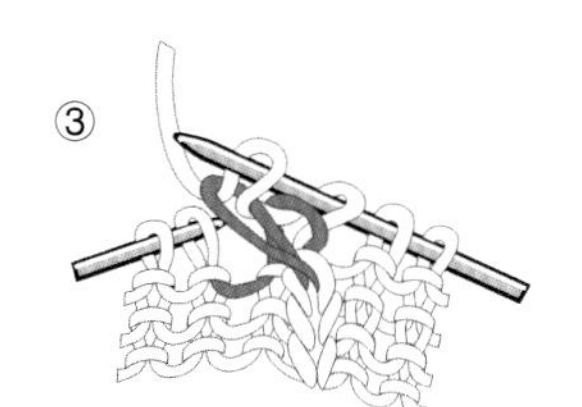

③

③再将第1针扭转方向后，右针从上向下插入第1针的线圈中带出线圈（正常织下针）。

=1针扭针和1针上针左上交叉

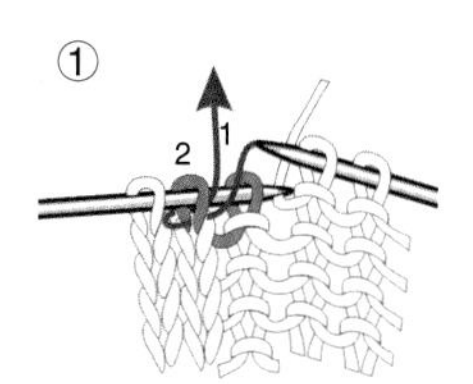

①
2
1

①第1针暂时不织，右针按箭头方向从第1针前插入第2针线圈中（这样操作后这个线圈是被扭转了方向的）。

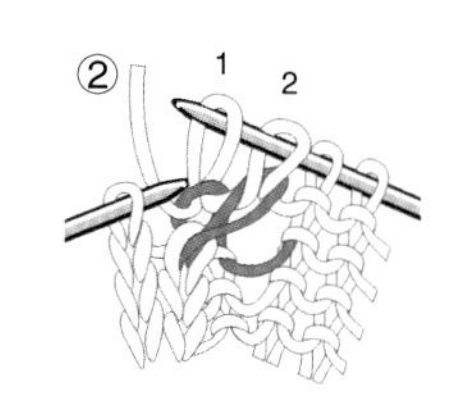

②
1
2

②在①步的第2针线圈中正常织下针。然后再在第1针线圈中织上针。

=1针右上套交叉

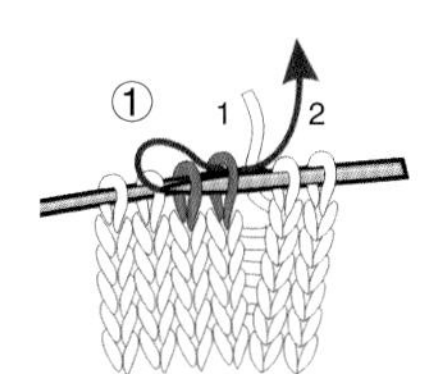

①
1
2

①右针从第1、第2针插入将第2针挑起从第2针的线圈中通过并挑出。

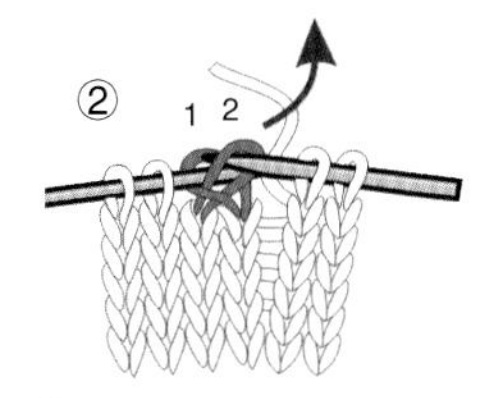

②
1
2

②再将右针由前向后插入第2针并挑出线圈。

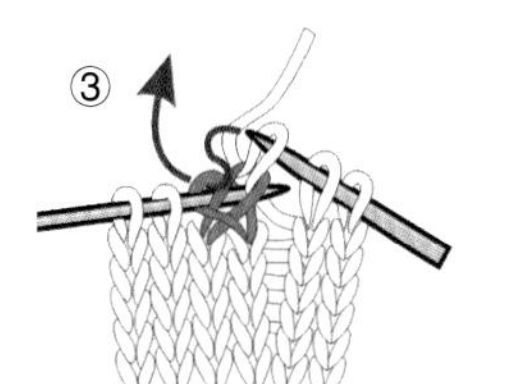

③

③正常织第1针。

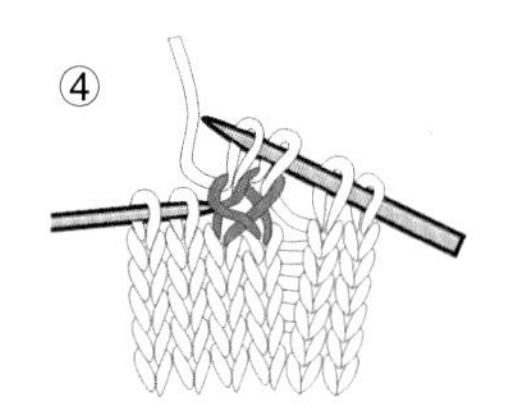

④

④“1针右上套交叉”完成。

=1针左上套交叉

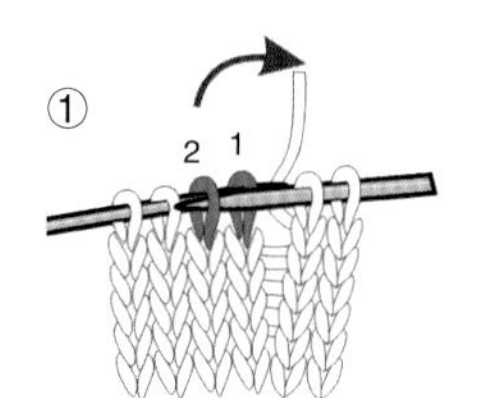

①
2
1

①将第2针挑起套过第1针。

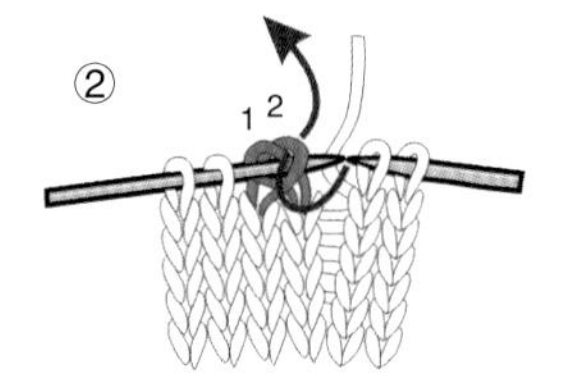

②
1
2

②再将右针由前向后插入第2针并挑出线圈。

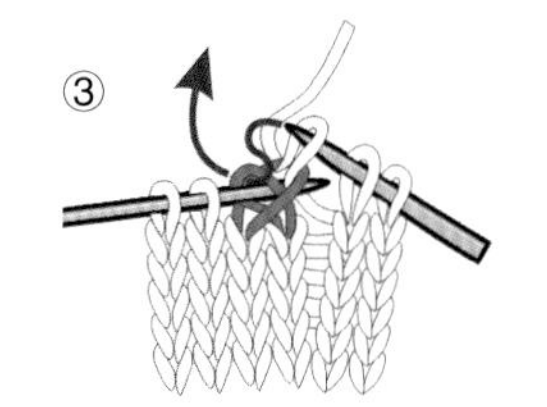

③

③正常织第1针。

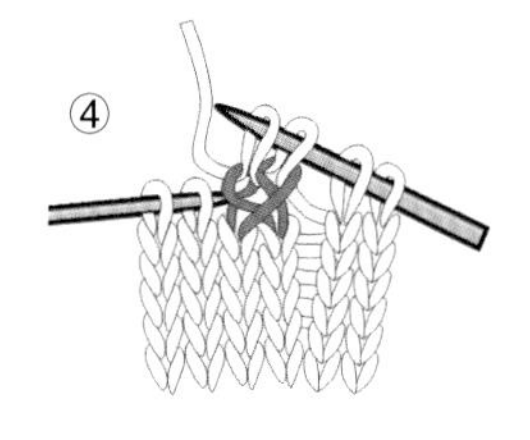

④

④“1针左上套交叉”完成。

=1针下针和2针上针左上交叉

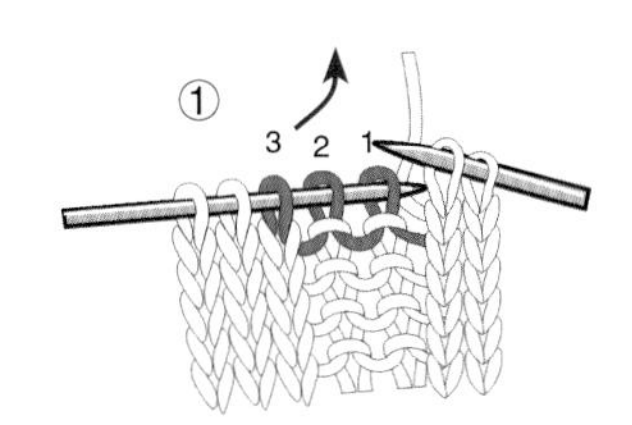

①
3
2
1

①将第3针下针拉长从织物前面经过第2和第1针上针。

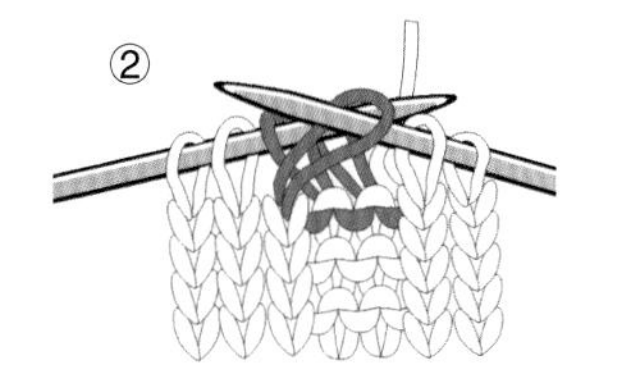

②

②先织好第3针下针，再来织第1和第2针上针。“1针下针和2针上针左上交叉”完成。

=1针下针和2针上针右上交叉

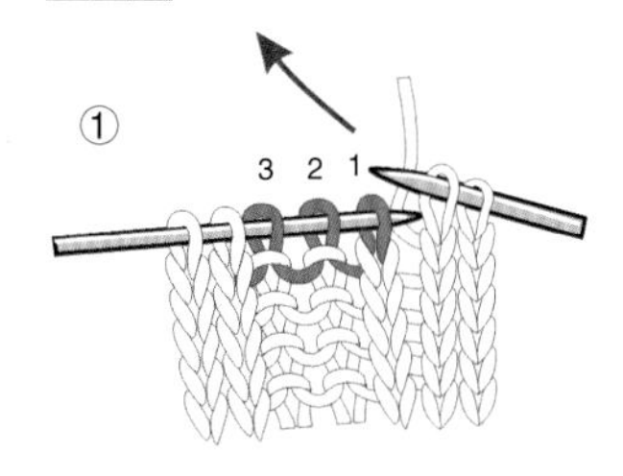

①
3
2
1

①将第1针下针拉长从织物前面经过第2和第3针上针。

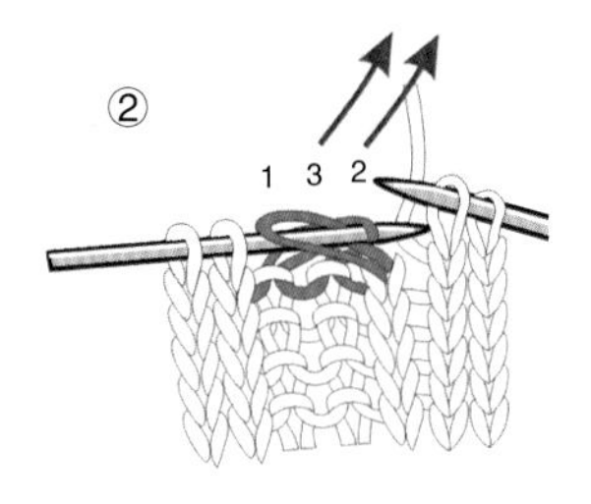

②
1
3
2

②先织好第2、第3针上针，再来织第1针下针。“1针下针和2针上针右上交叉”完成。

棒针毛衣作品
Knitting Needle
01-081
HARM

02-083
CHARME
03-083

04-084

05-085

06-086

07-086

8-087

09-087

0-088

11-088

12-090

13-090

14-091

15-091

6-092

17-093

8-093

19-094

20-094　21-095

22-097

23-098

24-099
25-101

26-102

27-104

:8-105
29-106
30-107
1-107
32-108
33-109
4-110
35-110
36-111

37-112

38-114

39-115

40-116

1-116

42-116

3-117

44-117

45-118

46-119

47-119

48-120

49-121

50-121

51-122

52-123

53-123

54-124

55-125

56-126

7-126

58-128

9-130

60-131

61-132
62-134
63-134
64-136

5-137

66-138

67-139

8-139

69-140

70-141

71-142

72-143

73-144

74-145

75-146

6-147

77-148

78-149

79-150

80-151

81-152

82-153

3-154

84-155

85–155

86-156
87-158
88-159
89-160

0-161

91-161

2-162

93-163

94-164

95-165

96166

97-166

98-167

99-167

00-168

01-169

102-170

103-171

104-172

105-173

106-174

107-175

108-176

109-177

110-178

111-179

112-180

113-181

14-182

115-183

16-184

117-184

118-185

119-186
120-187

21-189

122-189

23-190

124-191

125-192
126-193

27-195
128-19
129-197

130-198
131-199
132-200

33-201

134-203

135-204
136-205
HARM
HARM

37-206

ARM

138-207

HARM

139-209

140-210

141-211

142-212

43-213

144-214

145-215

46-216

147-217

148-218

149-220

150-221

151-221

152-223

153-224

54-225

155-226

156-226

57-227

158-228

159-229

160-229
161-231
162-232

63-233

164-234

165-235

166-236

167-237

168-238
169-238
170-239

171-240
172-241
173-242
174-243

175-244

176-245

177-246

178-246

179-247

180-248

181-249

82-249

183-250

184-251

85-253

186-254

87-254

188-255

189-256

190-257

191-257

92-258

193-259

194-260

95-261

196-262

197-263

198-264

199-265

200-266

201-266

202-267

203-268

4-269

205-270

206-271

7-272

208-274

209-276

15316

210-277

THE

15316

211-278

12-279

213-281

214-282

5-283

216-284

217-285

218-286

219-288

220-289

221-290

22-291

223-292

224-292

25-293

226-295

227-296

228-297

229-298

230-299

231-300

232-301

233-302

4-303

235-304

236-305

钩针毛衣作品
Crochet Knitting
237-306

38-307

239-308

樓上座品
音樂
茶 紅酒 簡餐

240-309

41-310

242-311

243-312

244-313

245-314

246-315

OPEN

47-316

248-317

49-318

250-319

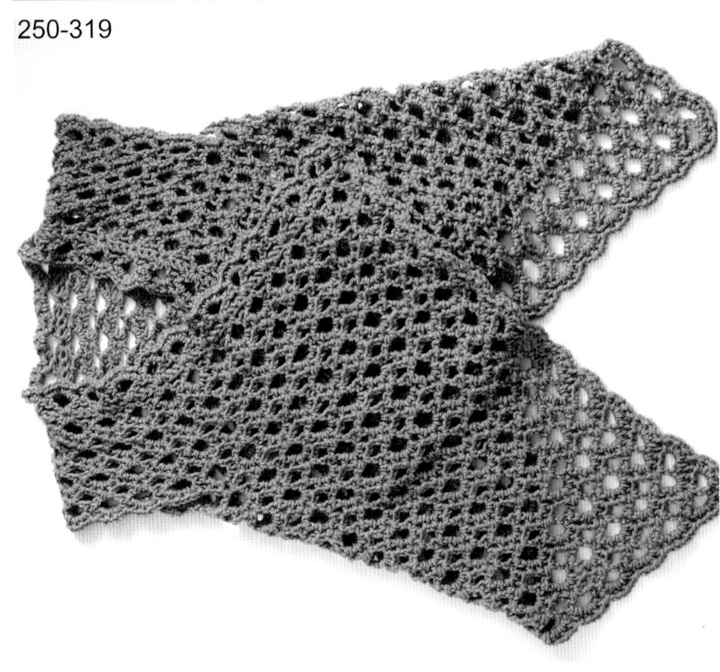

51-320

252-321

254-323

255-324
256-325
257-325
258-325
259-324
260-326

1-327

262-328

3-329

264-330

5-331

266-331

267-332
268-333
269-334
270-335
271-336
272-327

3-337

274-338

5-339

276-339

7-340

278-341

279-342

280-343

281-344

282-344

283-344

284-330

5-345
286-330
7-330
288-346
9-346
290-347

291-348

292-349

293-350

294-306

作品01

【成品规格】衣长120cm，胸宽50cm，
肩宽35cm，袖长64cm
【工　　具】8号棒针
【编织密度】$10cm^2$=20针×24行
【材　　料】白色羊毛线1500g

前片/后片/领片/袖片制作说明

1.前片的编织，分为左前片和右前片。以右前片为例，双罗纹起针法，起60针，用8号针起织，起织花样A，不加减针，织40行。下一行起排花型，依照花样B分配花样编织。不加减针，织216行的高度，下一行起，袖窿起减针，袖窿收针7针，然后2-2-4，减少15针，当织成袖窿算起18行的高度时，下一行起减前衣领边，从右向左收针12针，然后2-1-8，织成16行后，再织2行至肩部，余下25针，收针断线。相同的方法，相反的方向去编织左前片。右前片衣襟制作七个扣眼。织并针和空针形成。每个扣眼相隔的行数如结构图所示。

2.后片的编织。双罗纹起针法，起100针，起织花样A，不加减针，织40行的高度，下一行起，排成花样C编织，不加减针，织216行的高度。至袖窿。袖窿起减针，方法与前片相同。当织成袖窿算起28行的高度时，下一行中间收针8针，两边减针，2-2-2，2-1-2，至肩部余下25针，收针断线。将前后片的肩部对应缝合，再将侧缝对应缝合。

3.袖片织法：双罗纹起针法，起47针，起织花样A，织52行的高度，下一行起，起织花样D，并在袖侧缝上加针编织，14-1-6，再织4行至袖山减针，下一行起，两边同时减针，各收7针，2-2-6，各减少19针，织成12行高度，余下21针，收针断线。相同的方法再去编织另一个袖片。将两个袖山边线与衣身的袖窿边线对应缝合。再将袖侧缝缝合。最后制作腰间系带。起6针，起织单罗纹针，织120cm长的长度后，收针断线。

4.领片的编织。前衣领挑14针，后衣领边挑20针，起织下针，不加减针，织6行的高度后，收针断线。衣服完成。

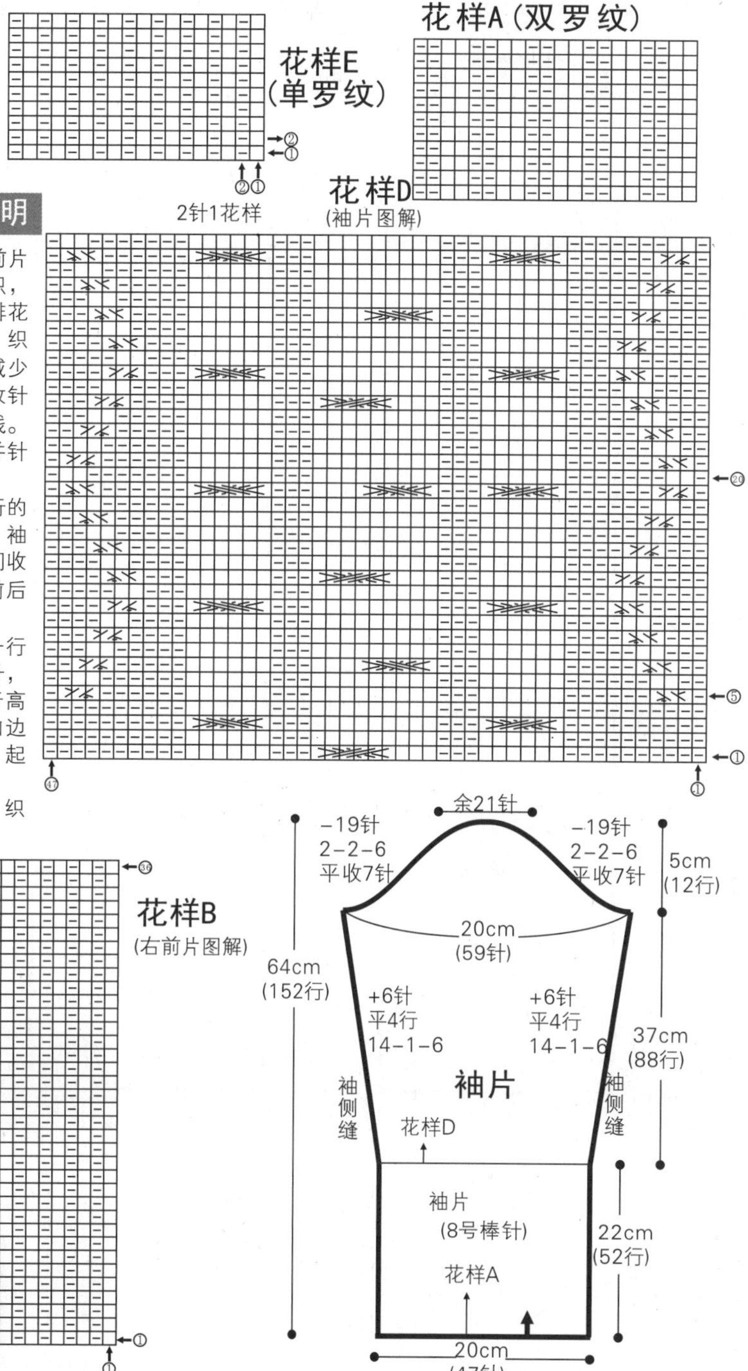

花样E
(单罗纹)
2针1花样
花样A（双罗纹）
花样D
(袖片图解)
余21针
-19针
2-2-6
平收7针
-19针
2-2-6
平收7针
5cm
(12行)
20cm
(59针)
64cm
(152行)
+6针
平4行
14-1-6
+6针
平4行
14-1-6
37cm
(88行)
袖片
袖侧缝
花样D
袖侧缝
袖片
(8号棒针)
花样A
22cm
(52行)
20cm
(47针)

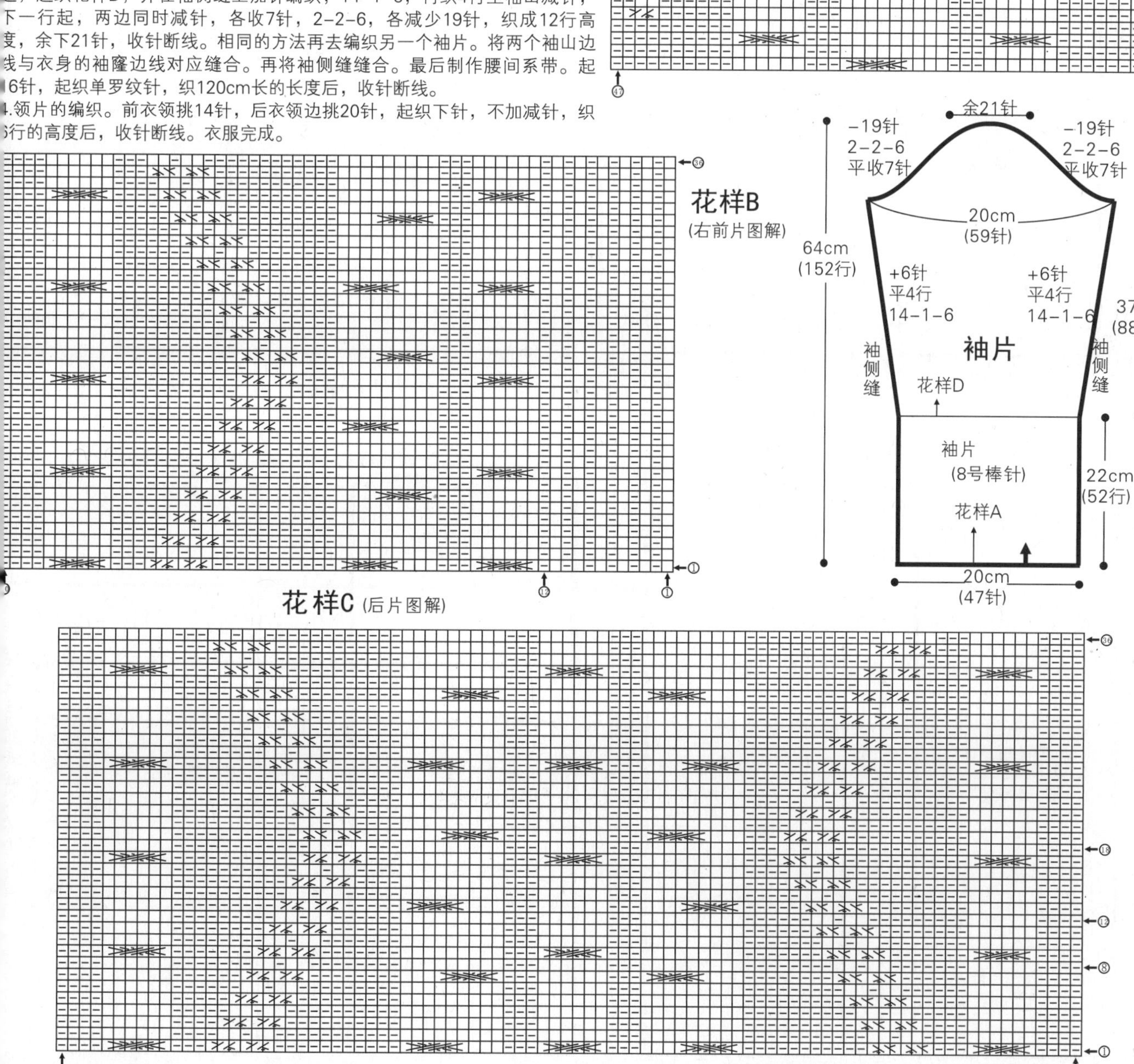

花样B
(右前片图解)
花样C (后片图解)

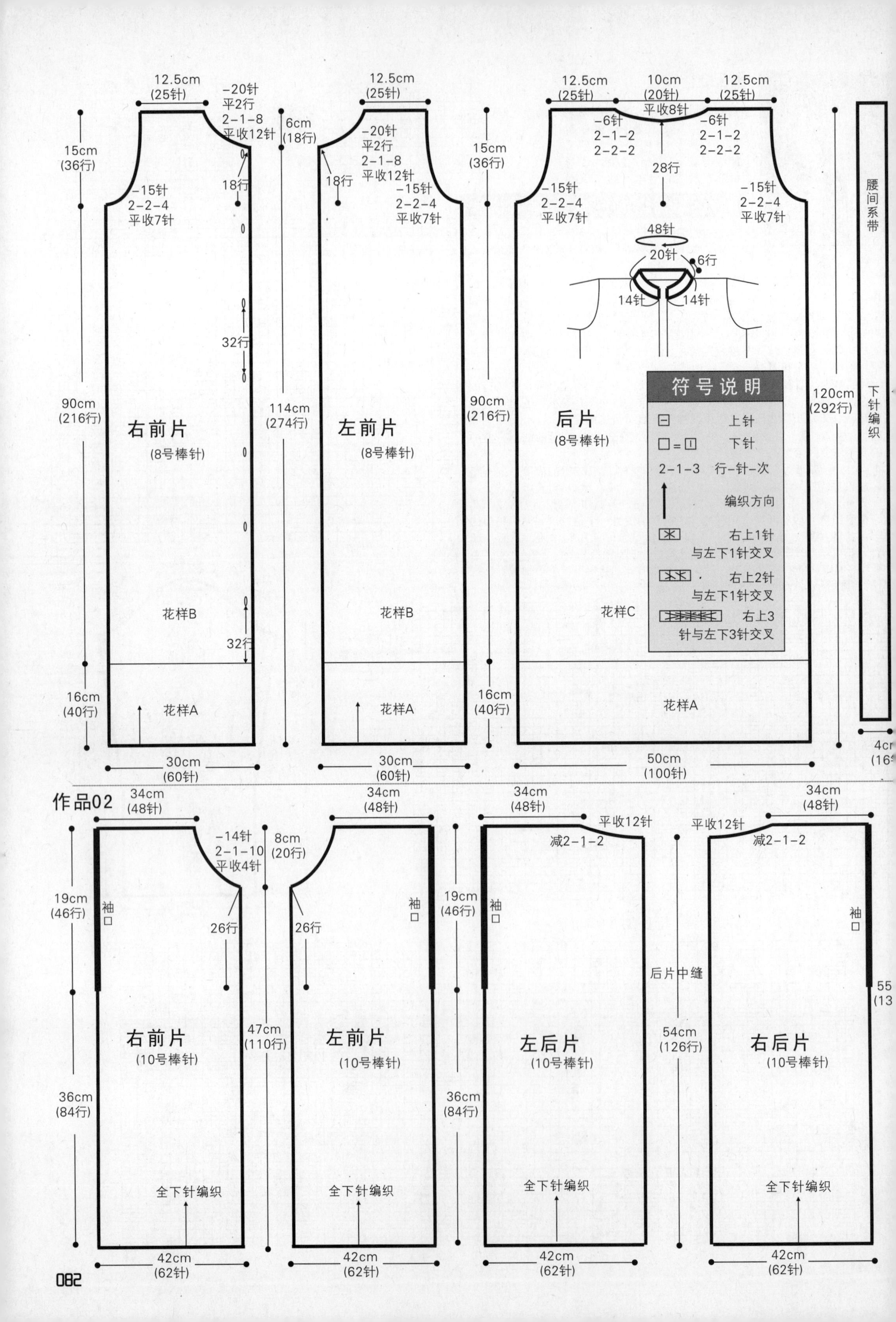

12.5cm
(25针)
-20针
平2行
2-1-8
平收12针
15cm
(36行)
18行
-15针
2-2-4
平收7针
32行
90cm
(216行)
右前片
(8号棒针)
花样B
32行
16cm
(40行)
花样A
30cm
(60针)
12.5cm
(25针)
6cm
(18行)
-20针
平2行
2-1-8
平收12针
18行
-15针
2-2-4
平收7针
114cm
(274行)
左前片
(8号棒针)
花样B
花样A
30cm
(60针)
12.5cm
(25针)
10cm
(20针)
平收8针
12.5cm
(25针)
-6针
2-1-2
2-2-2
-6针
2-1-2
2-2-2
28行
15cm
(36行)
-15针
2-2-4
平收7针
-15针
2-2-4
平收7针
48针
20针
6行
14针
14针
90cm
(216行)
后片
(8号棒针)
花样C
16cm
(40行)
花样A
50cm
(100针)
120cm
(292行)
腰间系带
下针编织
4c
(16
符号说明
上针
下针
2-1-3 行-针-次
编织方向
右上1针与左下1针交叉
右上2针与左下1针交叉
右上3针与左下3针交叉
作品02
34cm
(48针)
-14针
2-1-10
平收4针
19cm
(46行)
袖口
26行
右前片
(10号棒针)
36cm
(84行)
全下针编织
42cm
(62针)
34cm
(48针)
8cm
(20行)
26行
47cm
(110行)
左前片
(10号棒针)
袖口
全下针编织
42cm
(62针)
34cm
(48针)
平收12针
减2-1-2
19cm
(46行)
袖口
左后片
(10号棒针)
36cm
(84行)
全下针编织
42cm
(62针)
后片中缝
54cm
(126行)
平收12针
34cm
(48针)
减2-1-2
袖口
右后片
(10号棒针)
55
(13
全下针编织
42cm
(62针)

作品02

【成品规格】衣长55cm，胸宽84cm，肩宽42cm
【工　　具】10号棒针
【编织密度】$10cm^2$=14针×24行
【材　　料】深棕色羊毛线800g

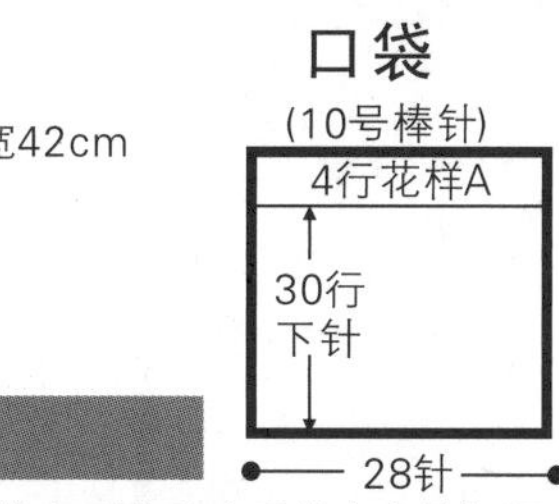

口袋
(10号棒针)
4行花样A
30行
下针
28针

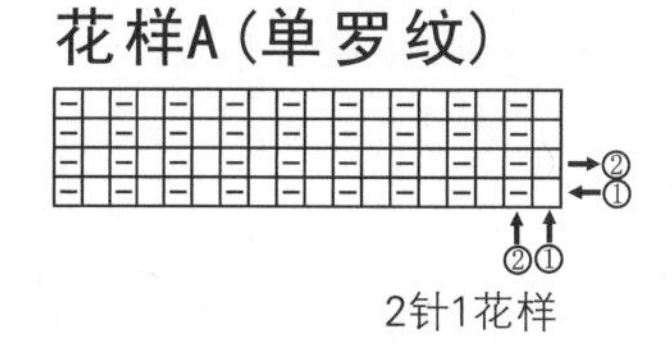

花样A(单罗纹)
②
①
②①
2针1花样

符号说明

- ⊟　上针
- □=⊡　下针
- 2-1-3　行-针-次
- ↑　编织方向

前片/后片制作说明

1.棒针编织法。由左前片和右前片，后片分为左后片和右后片各自编织再缝合。
2.前后片织法：
1.前片的编织：分为左前片和右前片，以右前片为例，下针起针法，起62针，起织下针，来回编织，不加减针，织84行的高度，下一行起为袖窿起织，不加减针，织26行后开始进行前衣领减针，先收针4针，然后2-1-10，织20行后，至肩部，余下48针，收针断线。然后制作一个口袋，下针起针法，起28针，起织下针，不加减针，织20行的高度后，全改织花样A单罗纹针，织4行后收针断线。收针边除外的三边，在前片近下摆处进行缝合。相同的方法，相反的减针方法，去编织左前片。
2.后片的编织：后片同样分为左后片和右后片。下针起织法，起62针，起织下针，不加减针，织84行的高度至袖窿，继续再织42行的高度，至后衣领边减针，收针12针，然后2-1-2，至肩部余下48针，收针断线，相同的方法，相反的减针方法，去编织左后片。将两个织片的中缝进行对应缝合。最后将前后片84行的高度的侧缝边进行对应缝合。

作品03

【成品规格】衣长70cm，胸宽60cm，肩宽60cm，袖长51cm
【工　　具】8号、9号棒针
【编织密度】$10cm^2$=16.7针×24行
【材　　料】白色羊毛线850g

前片/后片/领片/袖片制作说明

1.棒针编织法。由前片与后片和两个袖片组成。用8号棒针编织，从下往上编织。
2.前后片织法：
（1）前片的编织：双罗纹起针法，起100针，起织花样A，不加减针，织22行的高度，下一行起，依照花样B排花型编织，不加减针，织84行的高度至袖窿。无袖窿减针，织成袖窿算起40行的高度后，下一行的中间收针12针，两边各自减针，2-1-11，织成22行至肩部，余下33针，收针断线。
（2）后片的编织：袖窿以下的编织与前片相同，袖窿起无减针，当织成袖窿算起58行高度后，下一行中间收针30针，两边减针，2-1-2，织成4行，至肩部余下33针，收针断线。将前后片的肩部对应缝合，再将侧缝下摆侧边和84行的高度对应缝合。留下的不缝合边作袖窿。
3.袖片织法：从袖口起织，起44针，起织花样A，织22行的高度，下一行起依照花样C排花样编织，并在袖侧缝上加针编织，10-1-10，织成100行，再织4行结束，收针断线。相同的方法再去编织另一个袖片。将两个袖山边线与衣身的袖窿边线对应缝合。再将袖侧缝缝合。
4.领片织法：沿前领窝挑68针、后领窝挑44针，共挑起112针，不加减针，织14行花样A，收针断线。衣服完成。

符号说明

- ⊟　上针
- □=⊡　下针
- 2-1-3　行-针-次
- ↑　编织方向
- 左上2针与右下2针交叉
- 右上2针与左下1针交叉
- 右上3针与左下3针交叉

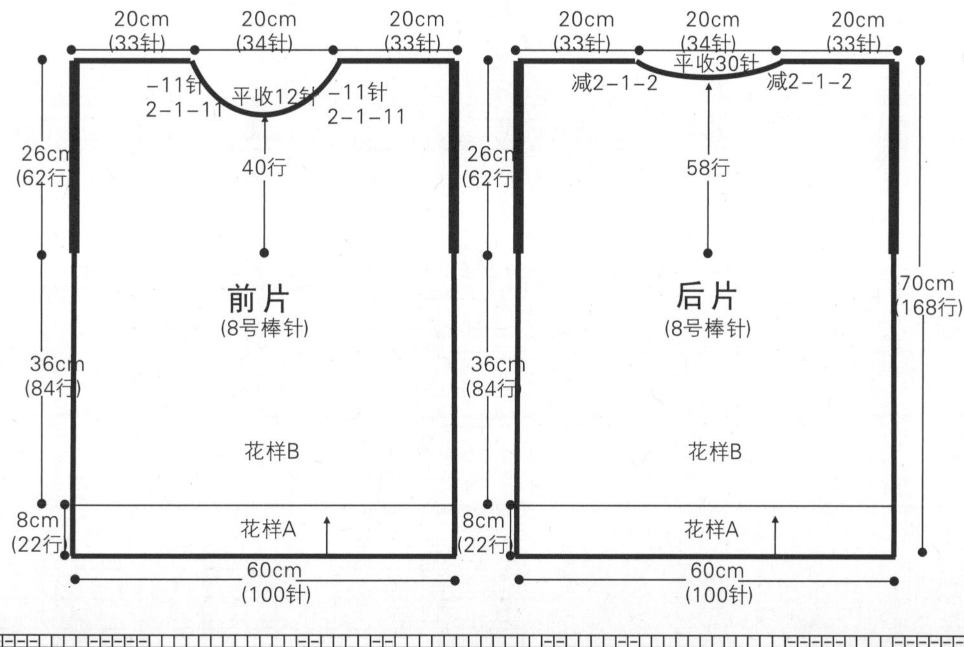

20cm (33针)
20cm (34针)
20cm (33针)
-11针
2-1-11
平收12针
-11针
2-1-11
40行
26cm (62行)
36cm (84行)
8cm (22行)
前片
(8号棒针)
花样B
花样A
60cm (100针)
减2-1-2
平收30针
减2-1-2
58行
后片
(8号棒针)
70cm (168行)

花样B

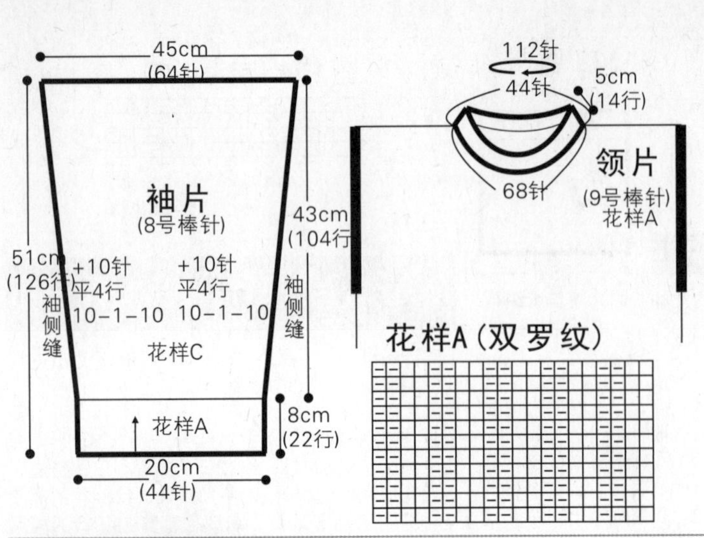
45cm
(64针)
袖片
(8号棒针)
51cm
(126行)
+10针
平4行
10-1-10
+10针
平4行
10-1-10
43cm
(104行)
袖侧缝
袖侧缝
花样C
花样A
8cm
(22行)
20cm
(44针)
112针
44针
5cm
(14行)
领片
68针
(9号棒针)
花样A
花样A(双罗纹)

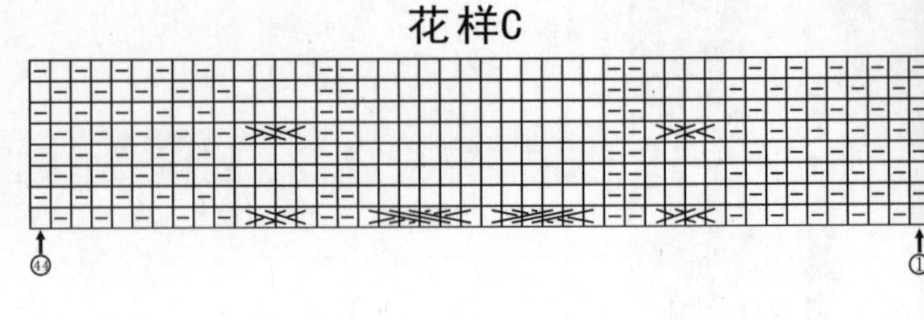
花样C

作品04

【成品规格】长160cm，宽44cm
【工　　具】6号棒针
【编织密度】11针×22行=10cm²
【材　　料】花式毛线300g

制作说明

1.披肩由一个个三角构成。
2.起43针按图示织花样，每2行在一侧减针，减到剩下最后3针时，并1针。
3.沿减针的一条边挑针，每个辫子挑1针，织法同上。
4.继续沿一条边挑针，直至织到自己喜欢的长度，完成。

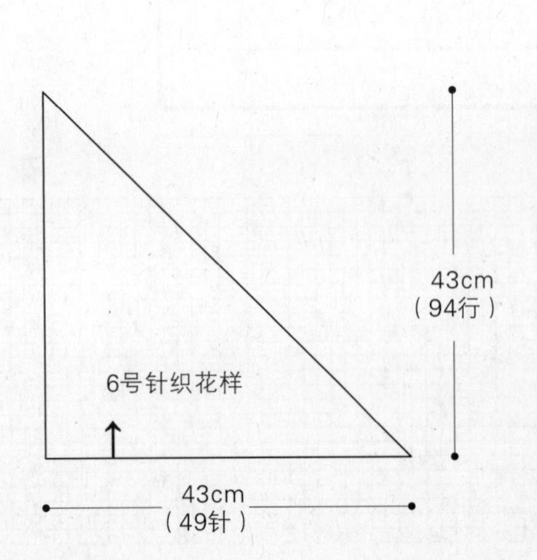
43cm
(94行)
6号针织花样
43cm
(49针)

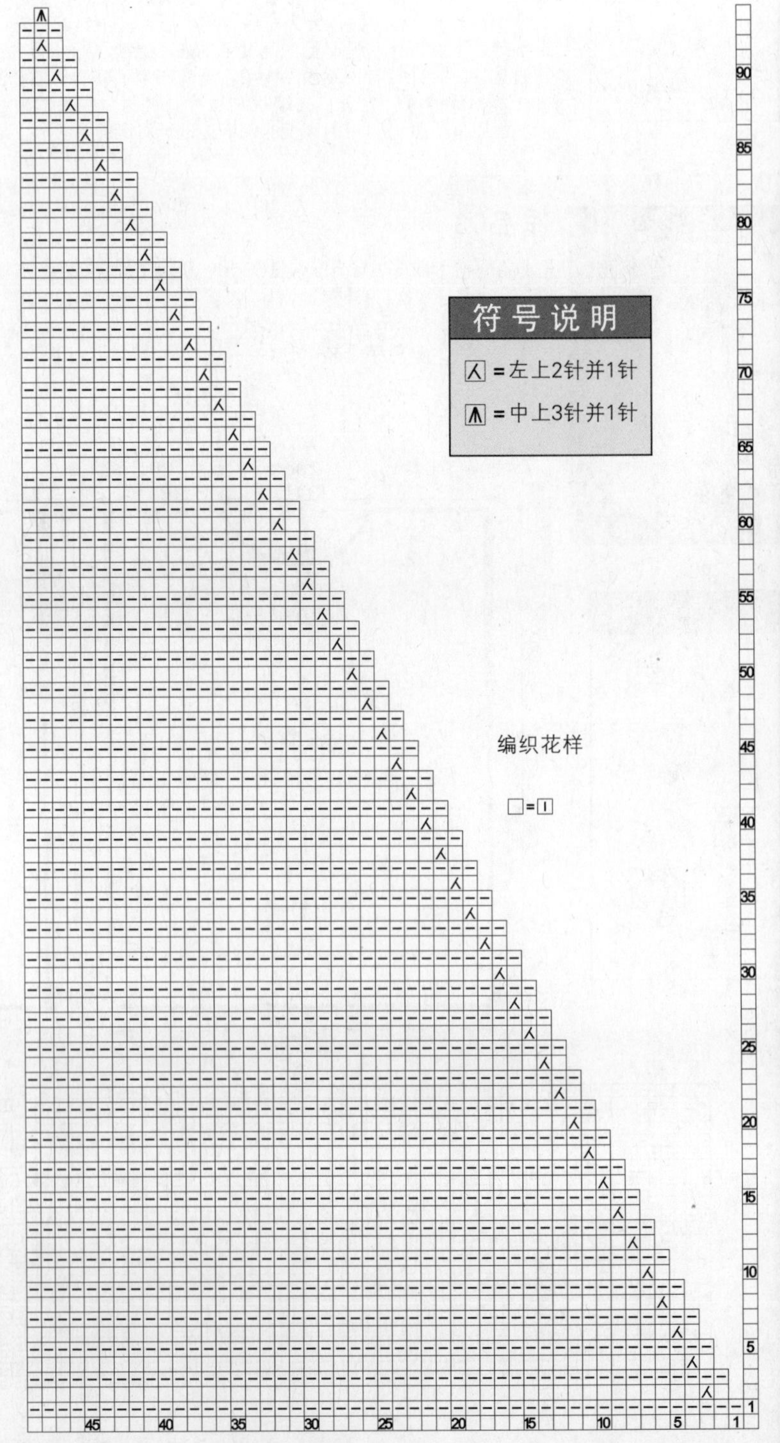
符号说明
=左上2针并1针
=中上3针并1针
编织花样

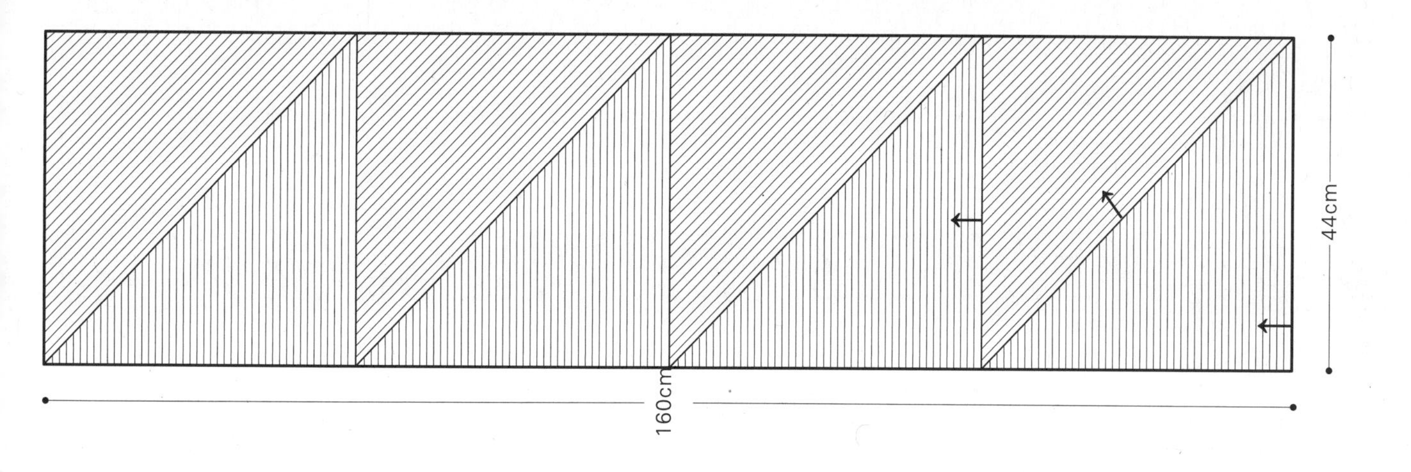
44cm
160cm

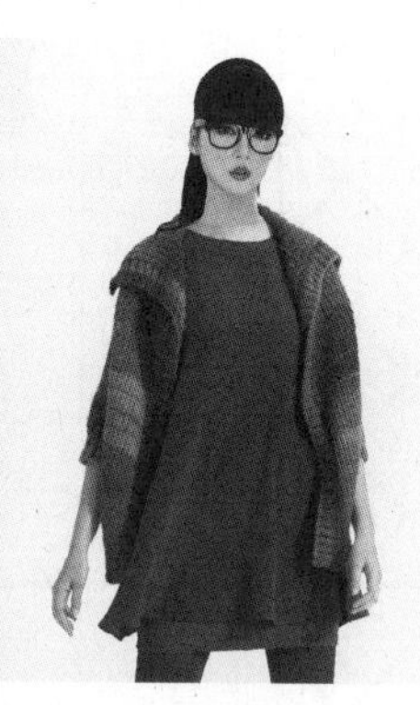

作品05

【成品规格】衣长58cm，胸围86cm，袖连肩长47cm

【编织密度】28针×36行=10cm²

【工　　具】13号棒针

【材　　料】段染毛线600g

制作说明

1.衣身片：用13号针起238针往返编织，织18行双罗纹，然后改织元宝针，平织108行开插肩，织片分成左前片、右前片和后片分别编织，两侧插肩按结构图减针编织，后片织80行后，后领余下32针，左右前片分别织66行后，按图示减针织出前领窝，领窝织14行的高度。

2.袖：从袖口往上织；用13号针起80针往返编织，织18行双罗纹，然后改织元宝针，两侧按图示加针，织72行后，两侧各平收4针，然后按图示减针织插肩，织80行后，余下14针。

3.领：用13号针沿领窝挑起100针往返编织，织36行双罗纹，收针完成。

4.襟：用13号针沿左右衣襟侧分别挑起140针，往返编织，织14行双罗纹，收针完成。

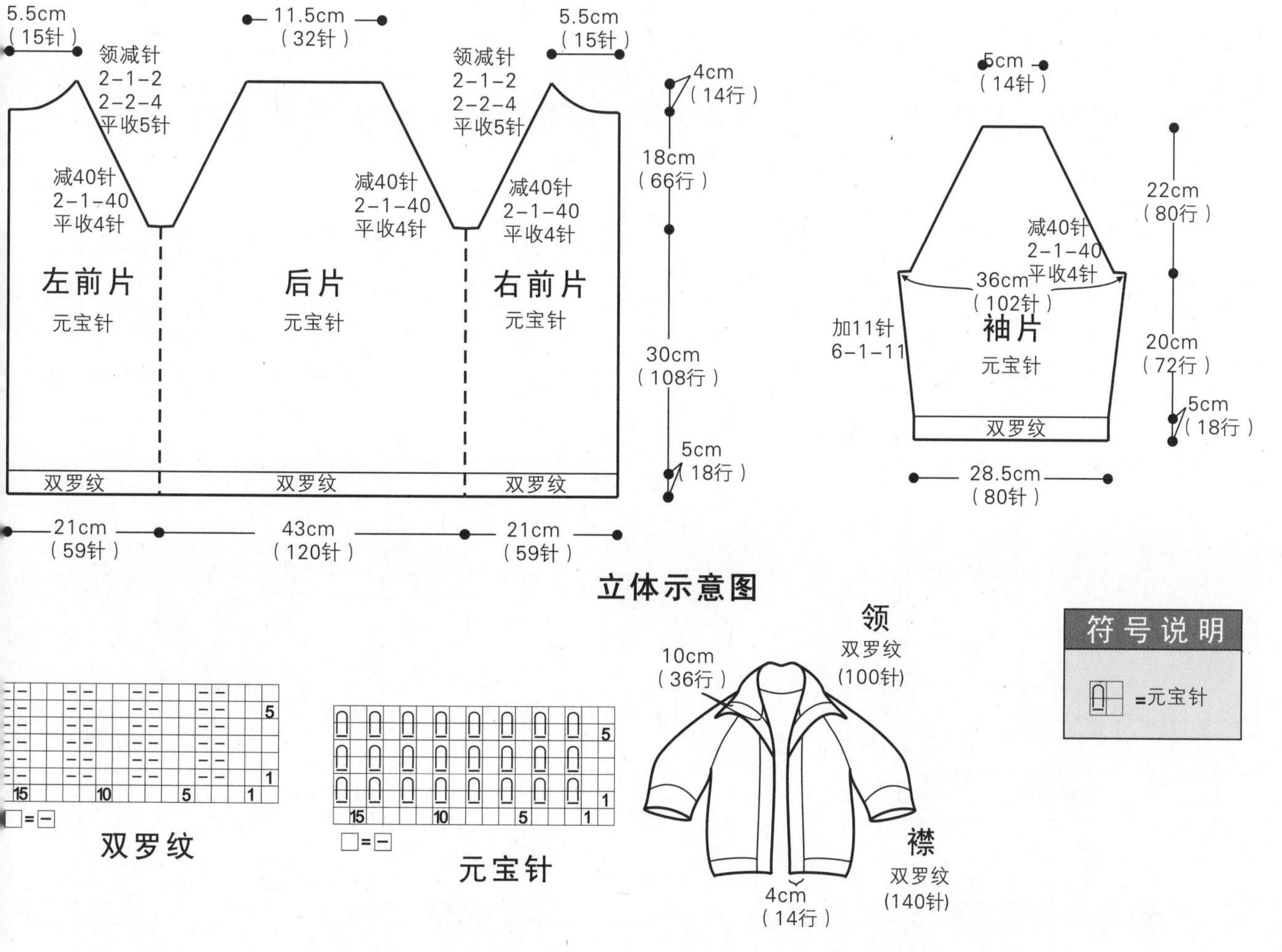
5.5cm
（15针）
领减针
2-1-2
2-2-4
平收5针
11.5cm
（32针）
5.5cm
（15针）
4cm
（14行）
18cm
（66行）
减40针
2-1-40
平收4针
左前片
元宝针
后片
元宝针
右前片
元宝针
30cm
（108行）
5cm
（18行）
双罗纹
21cm
（59针）
43cm
（120针）
5cm
（14针）
22cm
（80行）
36cm
（102针）
加11针
6-1-11
袖片
元宝针
20cm
（72行）
28.5cm
（80针）
立体示意图
10cm
（36行）
领
双罗纹
（100针）
襟
双罗纹
（140针）
4cm
（14行）
符号说明
=元宝针
双罗纹
元宝针

作品06

【成品规格】围巾周长56cm，宽14cm

【工　　具】10号棒针

【材　　料】白色、浅灰色、深灰羊毛线各150g

制作说明

1.用10号棒针深灰色线起8针平织下针，往返织15行，留针，然后左侧加起8针，继续平织15行，再留针，左侧再加起8针，平织15行，第1组海浪花编织完成。

2.第2组海浪花用浅灰色线编织，因为是反向编织，织上针，起2针，左侧一边织一边并针，右侧一边织一边加起针，织15行，左侧边的三角形编织完成，继续按第1组花样的织法挑针织2个单元花，右侧边的三角形编织方法与左侧边一样。

3.第3组海浪花用白色线编织。

4.三种颜色的线循环编织24组花样，完成后与起针缝合成筒状。

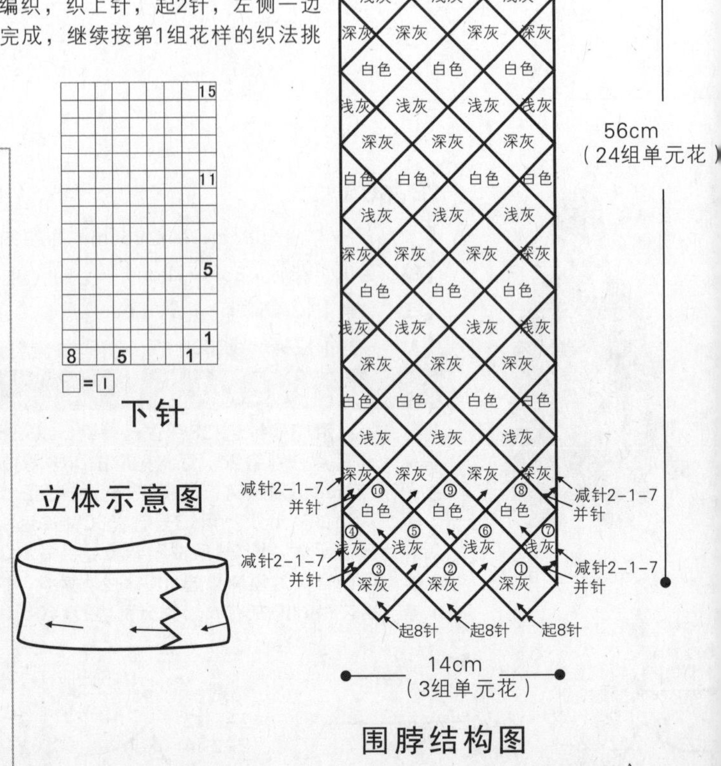

15
11
5
1
8
5
1
□=|
下针
立体示意图
白色
浅灰
深灰
减针2-1-7
并针
起8针
56cm
（24组单元花）
14cm
（3组单元花）
围脖结构图

作品07

【成品规格】围巾长120cm，宽59cm

【编织密度】16针×26行=10cm²

【工　　具】10号棒针

【材　　料】杏色羊毛线500g

制作说明

10号棒针，起95针，织10行双罗纹针，改织花样，按图解所示平织292行，改织10行双罗纹针，收针完成。

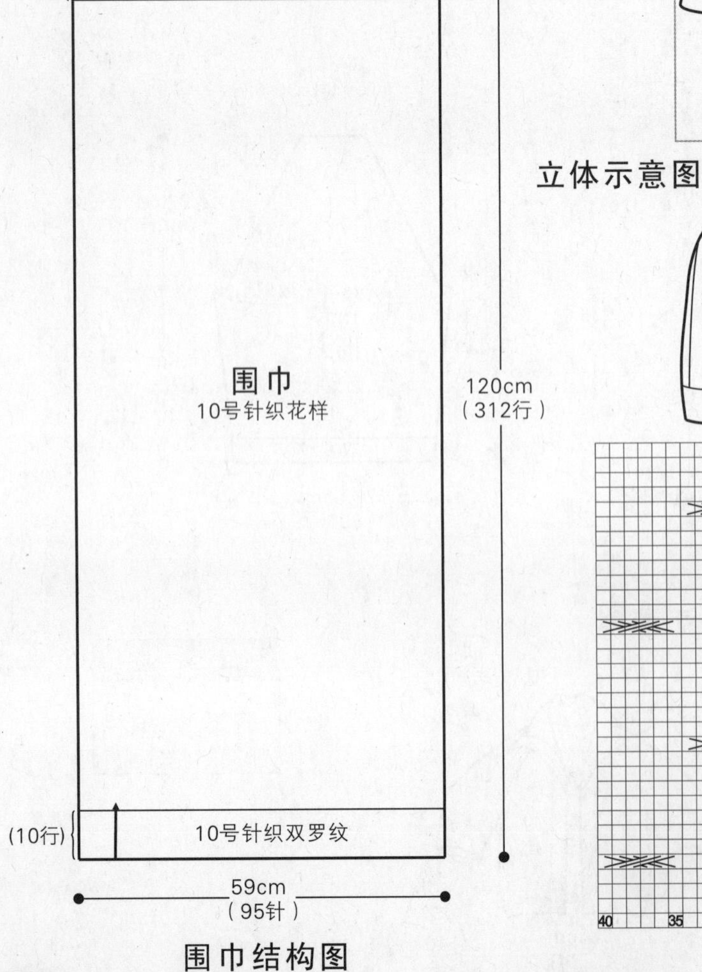

(10行)
10号针织双罗纹
围巾
10号针织花样
120cm
（312行）
(10行)
10号针织双罗纹
59cm
（95针）
围巾结构图
立体示意图
右片
左片

20
15
10
5
1
□=|
双罗纹

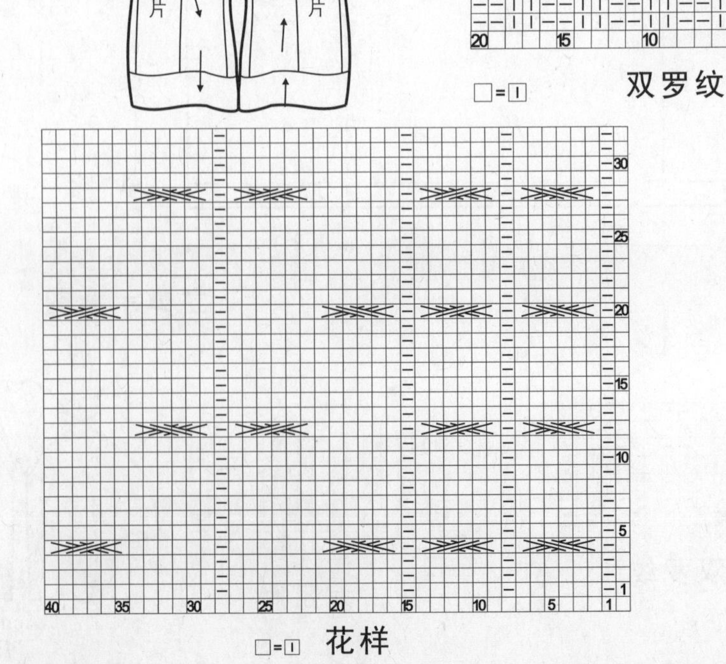

30
25
20
15
10
5
1
40
35
30
25
20
15
10
5
1
□=|
花样

作品08

【成品规格】披肩长102cm，宽60cm

【编织密度】25.4针×32行=10cm²

【工　　具】11号棒针

【材　　料】黑色羊毛线600g

制作说明

1.11号棒针，起260针，织6行单罗纹针，平织180行下针，最后织6行单罗纹针，收针完成。

2.按结构图所示，将织片上下对折，两侧各留起26cm，边缝对应缝合，成品形状见立体示意图。

立体示意图

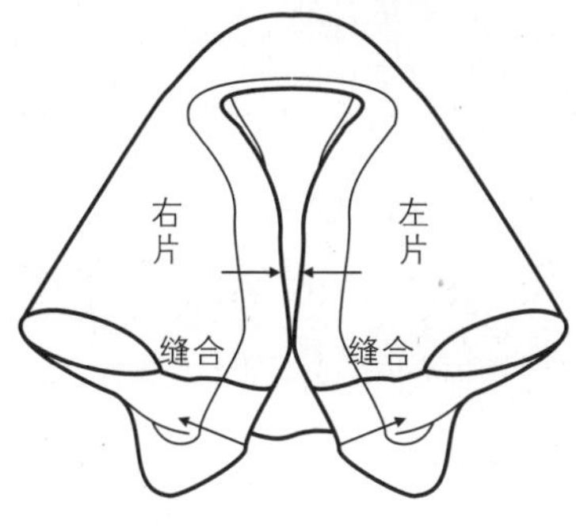

右片
左片
缝合
缝合

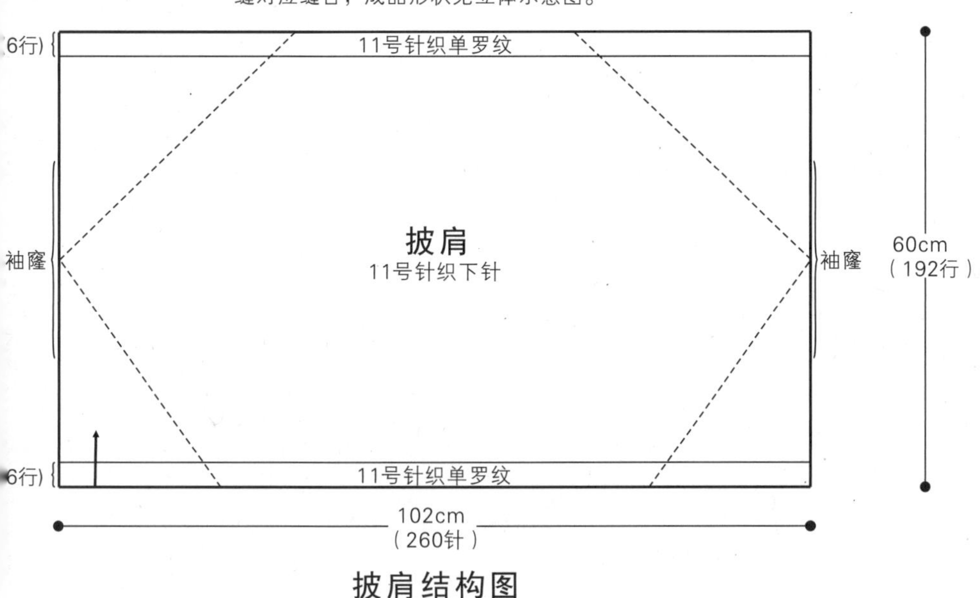

6行)
11号针织单罗纹
袖窿
披肩
11号针织下针
袖窿
60cm
(192行)
6行)
11号针织单罗纹
102cm
(260针)

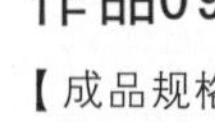

披肩结构图

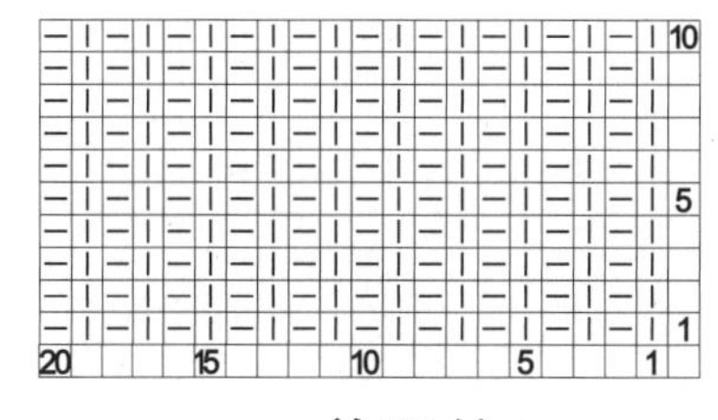

10
5
1
20
15
10
5
1

单罗纹

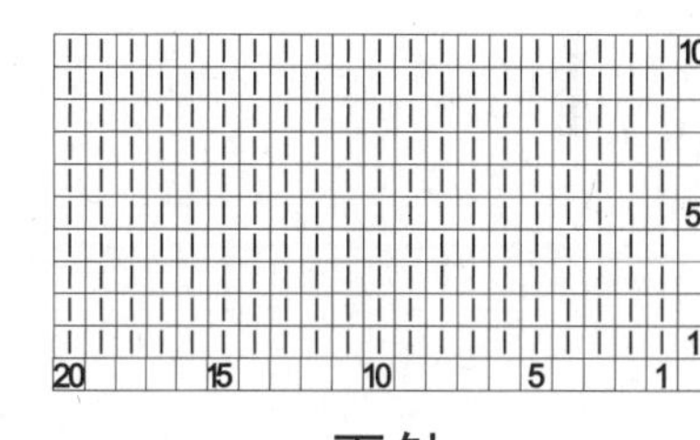

10
5
1
20
15
10
5
1

下针

作品09

【成品规格】披肩长17cm，下摆围110cm

【编织密度】24针×30.6行=10cm²

【工　　具】11号棒针，1.5mm钩针

【材　　料】绿色段染羊毛线300g

制作说明

1.披肩片:11号棒针，从上往下环形编织，起96针，先织2行下针，然后织6行单罗纹，然后改织下针，织片均分成24组，每间隔6行每组加1针，共加7次，织片变成264针，完成。

2.钩针沿衣摆钩1圈花边。

立体示意图

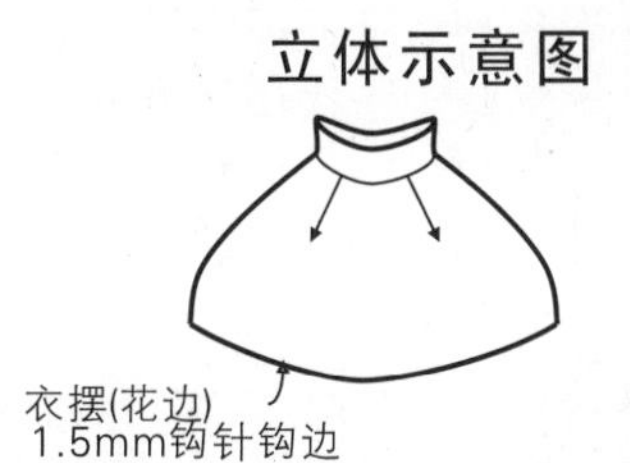

衣摆(花边)
1.5mm钩针钩边

花边

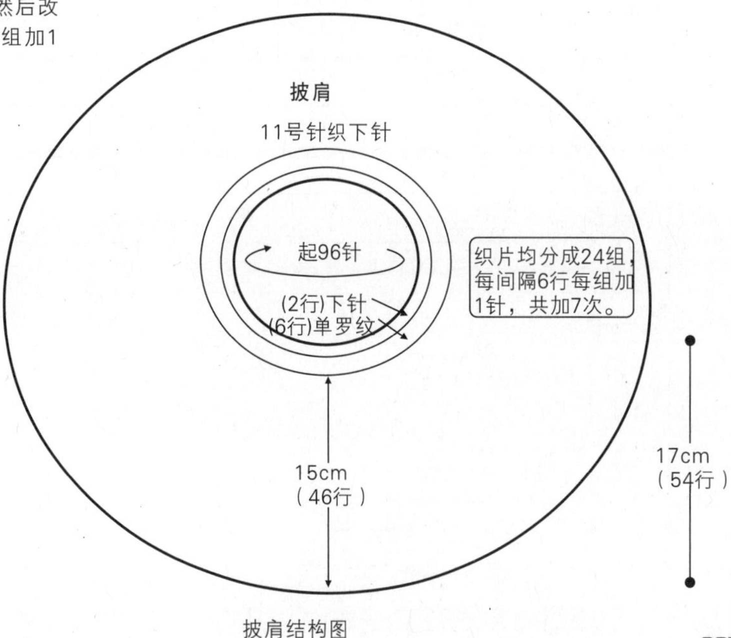

披肩
11号针织下针
起96针
(2行)下针
(6行)单罗纹
织片均分成24组，每间隔6行每组加1针，共加7次。
15cm
(46行)
17cm
(54行)

披肩结构图

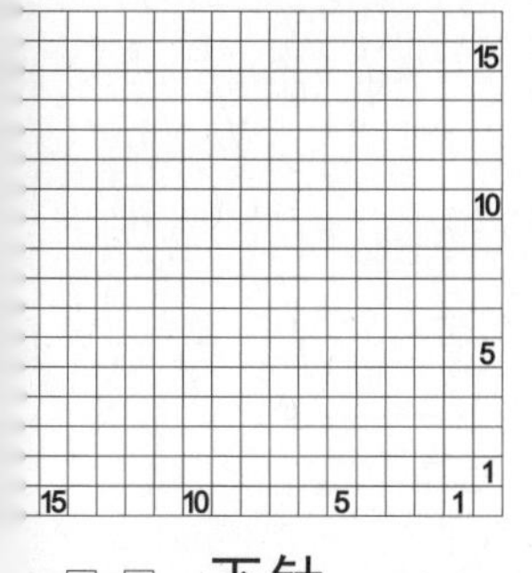

15
10
5
1
15
10
5
1

□=Ⅰ　下针

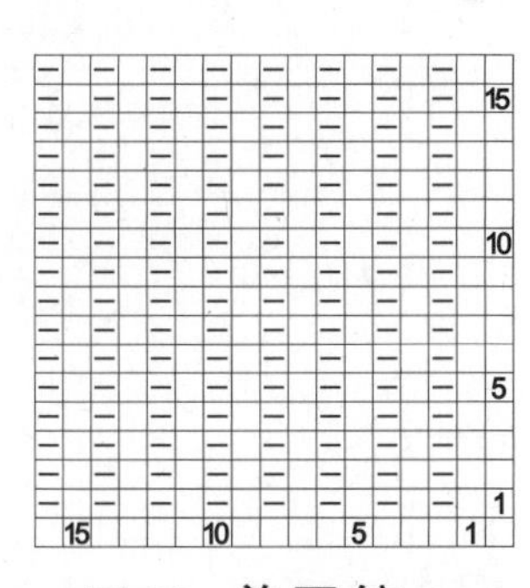

15
10
5
1
15
10
5
1

□=Ⅰ　单罗纹

作品10

【成品规格】披肩长102cm，宽60cm

【编织密度】25.4针×32行=10cm²

【工　　具】11号棒针

【材　　料】段染羊毛线600g

制作说明

1.11号棒针，起260针，织6行单罗纹针，平织180行下针，最后织6行单罗纹针，收针完成。

2.按结构图所示，将织片上下对折，两侧各留起26cm，边缝对应缝合，成品形状见立体示意图。

立体示意图

右片
左片
缝合
缝合

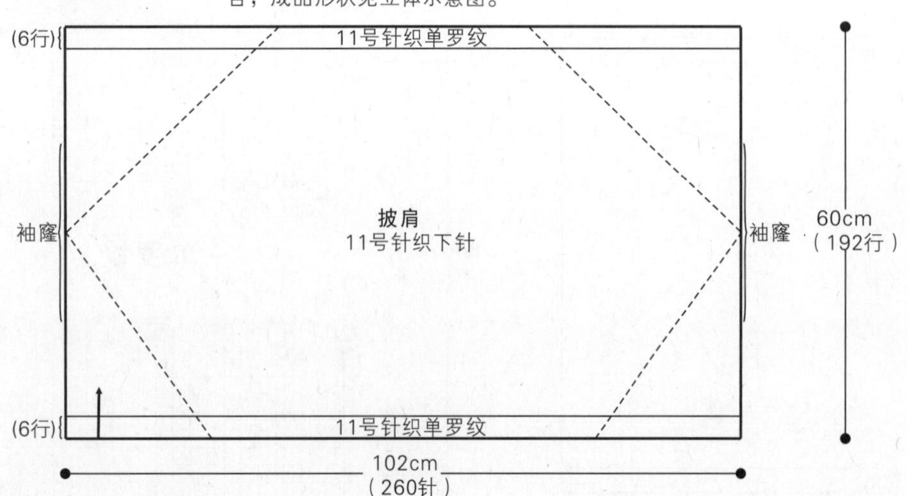

(6行)
11号针织单罗纹
袖窿
披肩
11号针织下针
袖窿
60cm
(192行)
(6行)
11号针织单罗纹
102cm
(260针)

披肩结构图

20 15 10 5 1

□=|

单罗纹

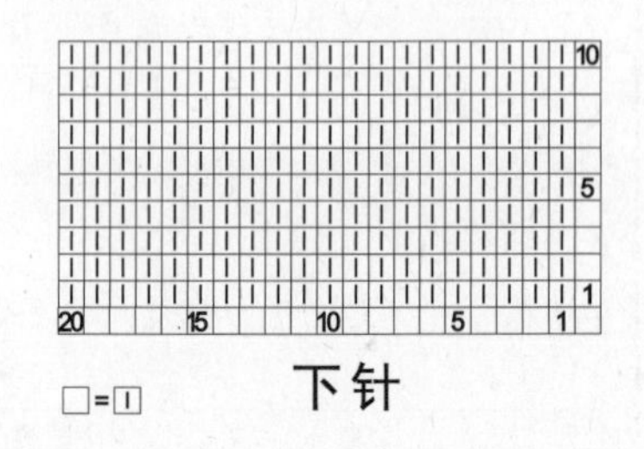

10
5
1
20
15
10
5
1

□=|

下针

作品11

【成品规格】披肩长44.5cm，下摆围123.5cm

【编织密度】24针×32行=10cm²

【工　　具】11号棒针，1.5mm钩针

【材　　料】紫色羊毛线500g

制作说明

1.披肩片:11号棒针，从上往下环形编织，起88针，按结构图所示分成左前片，右前片和后片三部分，三部分交界处选取1针作为加针线，两侧镂空针的方法按图示加针，花样排列按结构图所示，共织142行，织片变成298针，完成。

2.钩针沿领口及衣摆钩1圈花边。

立体示意图

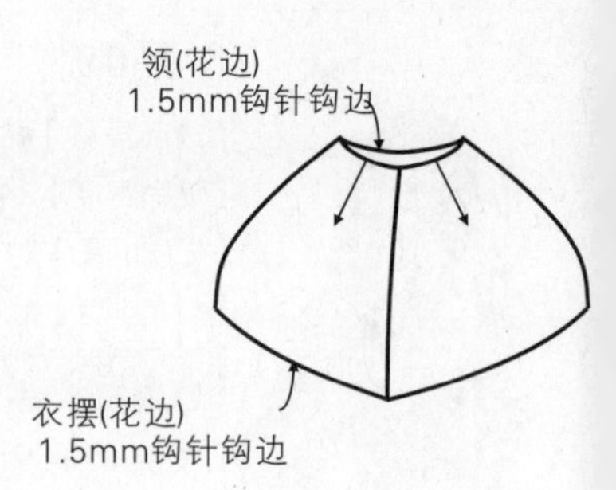

领(花边)
1.5mm钩针钩边
衣摆(花边)
1.5mm钩针钩边

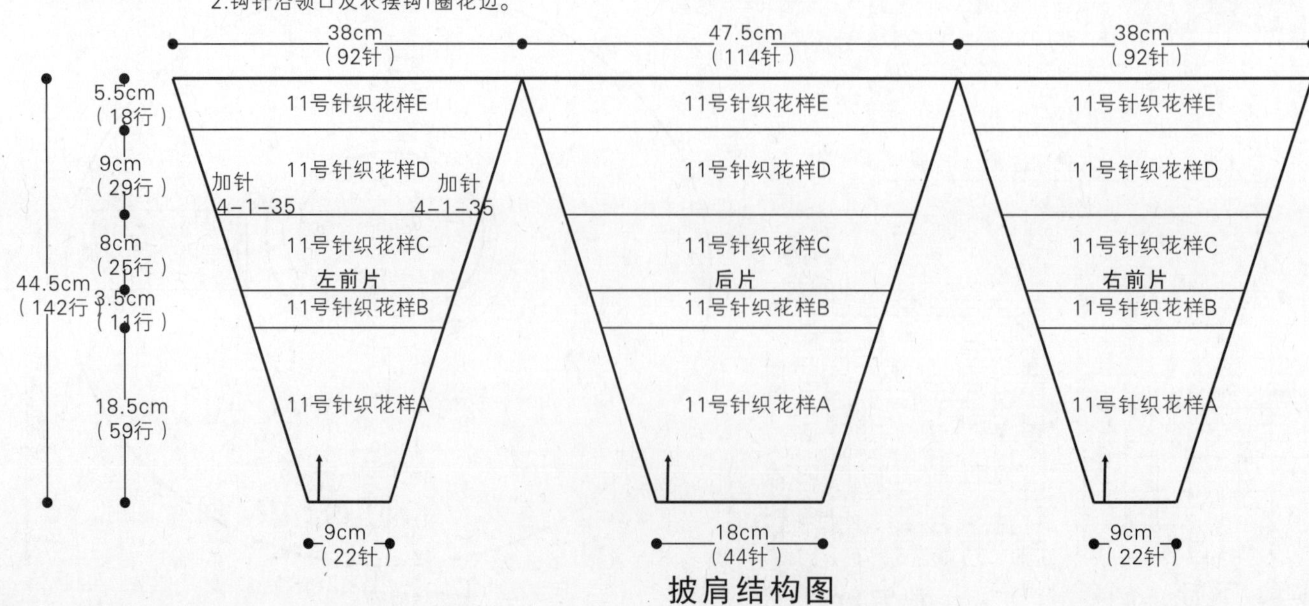

38cm
(92针)
47.5cm
(114针)
38cm
(92针)
5.5cm
(18行)
9cm
(29行)
8cm
(25行)
3.5cm
(11行)
18.5cm
(59行)
44.5cm
(142行)
11号针织花样E
11号针织花样D
加针
4-1-35
加针
4-1-35
11号针织花样C
左前片
11号针织花样B
11号针织花样A
11号针织花样E
11号针织花样D
11号针织花样C
后片
11号针织花样B
11号针织花样A
11号针织花样E
11号针织花样D
11号针织花样C
右前片
11号针织花样B
11号针织花样A
9cm
(22针)
18cm
(44针)
9cm
(22针)

披肩结构图

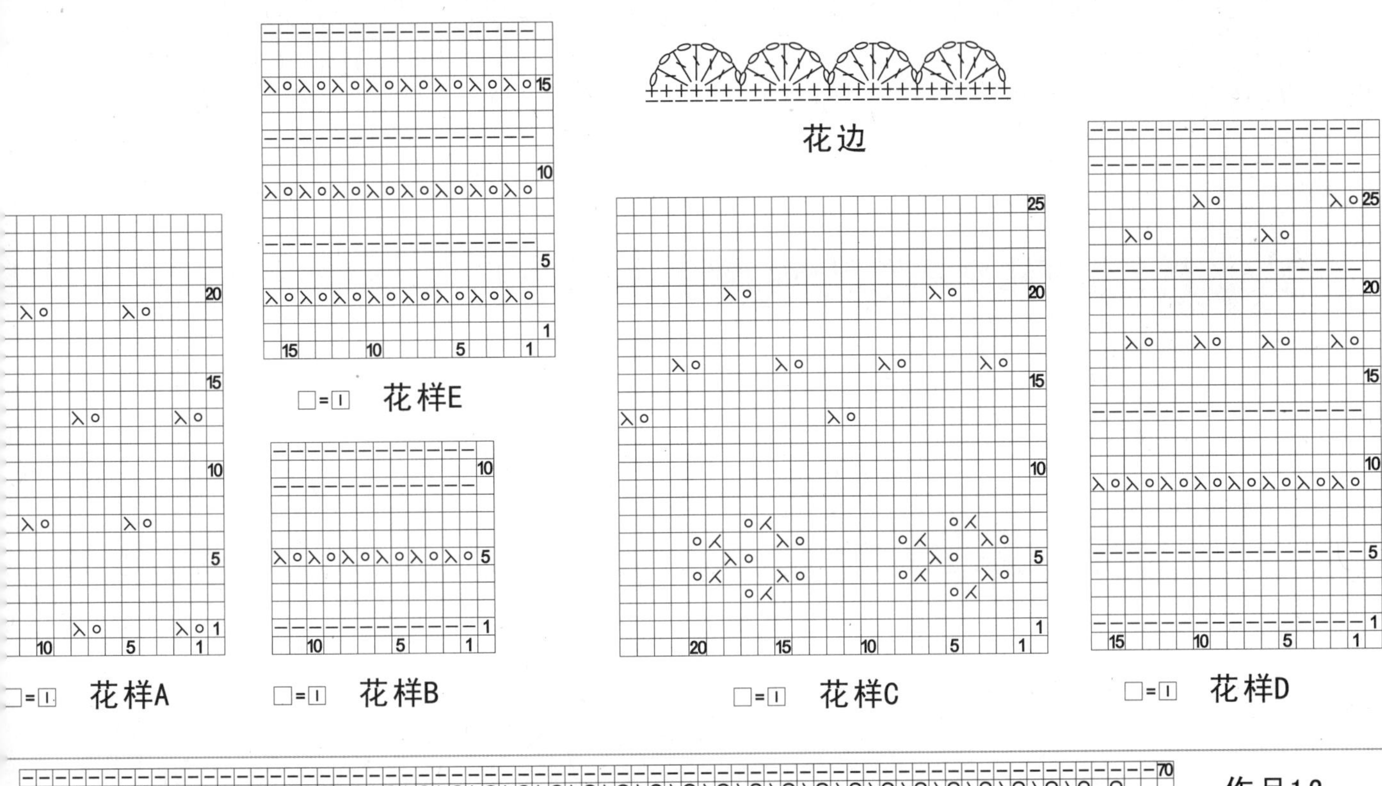

花边
花样E
花样A
花样B
花样C
花样D

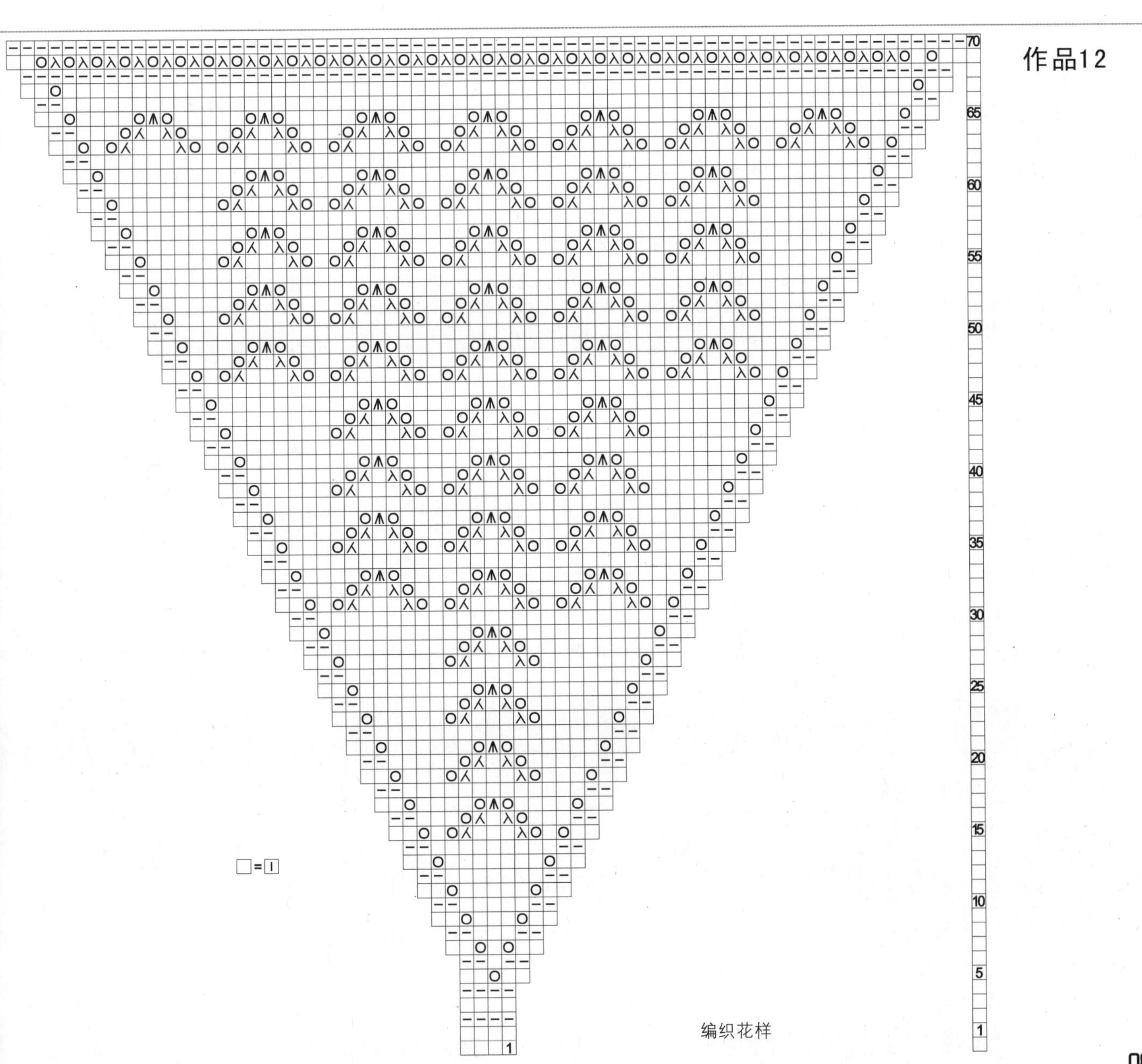

作品12
编织花样

作品12

【成品规格】见图

【编织密度】11针×22行=10cm²

【工　　具】6号棒针

【材　　料】红色毛线150g

制作说明

1.披肩由三个三角构成；
2.起8针织4行起伏针，开始加针织花样；
3.起始针每行都织，织下针；
4.织70行平收，整理定型，完成。

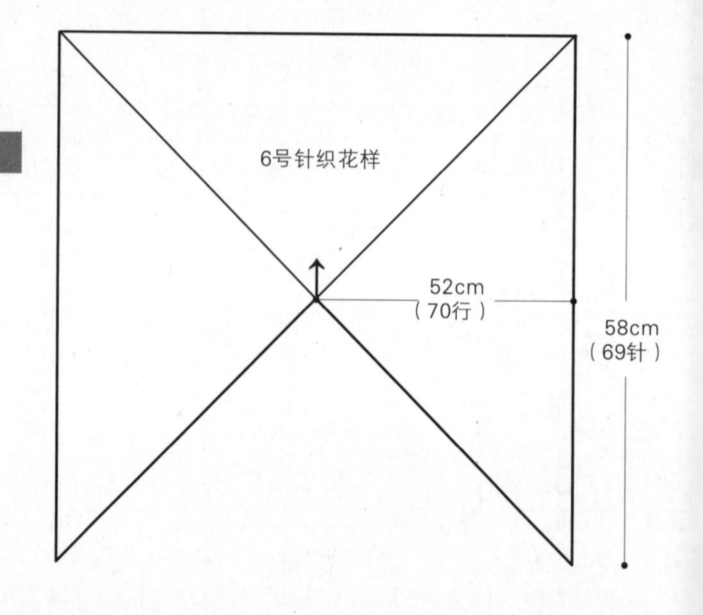

6号针织花样
52cm
（70行）
58cm
（69针）

符号说明

⼈ =左上2针并1针

⋀ =中上3针并1针

作品13

【成品规格】披肩长30cm，宽61.5cm

【编织密度】13针×18行=10cm²

【工　　具】10号棒针

【材　　料】段染羊羔绒线350g，纽扣1颗

制作说明

1.披肩片:10号棒针，从下往上往返编织，起160针，先织8行花样，然后改织下针，织片均分成16组，每间隔6行每组减1针，共减7次，领口两侧按4-1-11的方法减针，织46行，织片余下26针，收针完成。
2.领:10号棒针，沿披肩领口挑起104针，平织14行，收针断线。注意左侧留起一个扣眼，右侧相应位置缝纽扣。

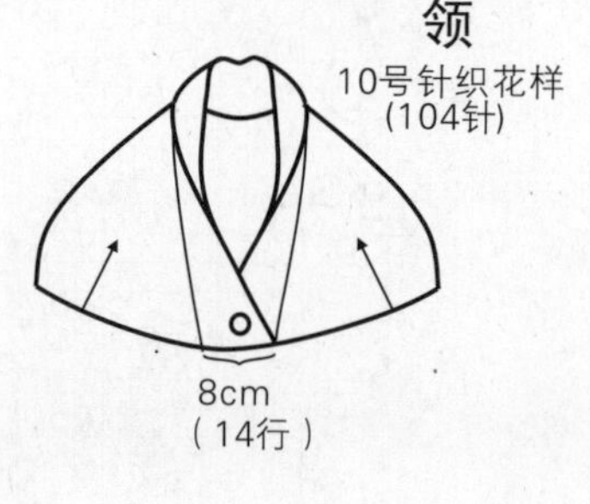

立体示意图
领
10号针织花样
(104针)
8cm
（14行）

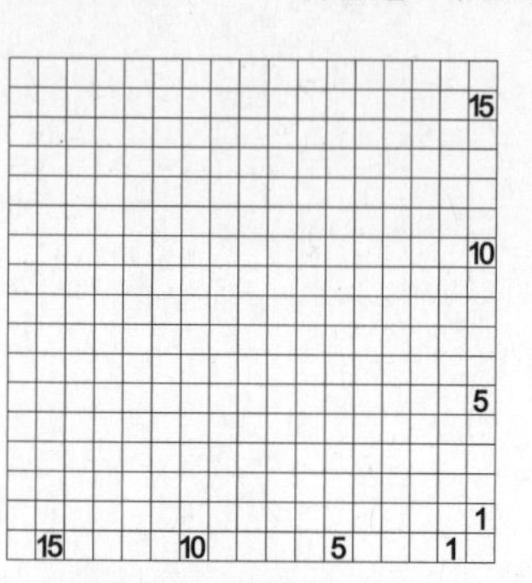

□=⊡ 下针

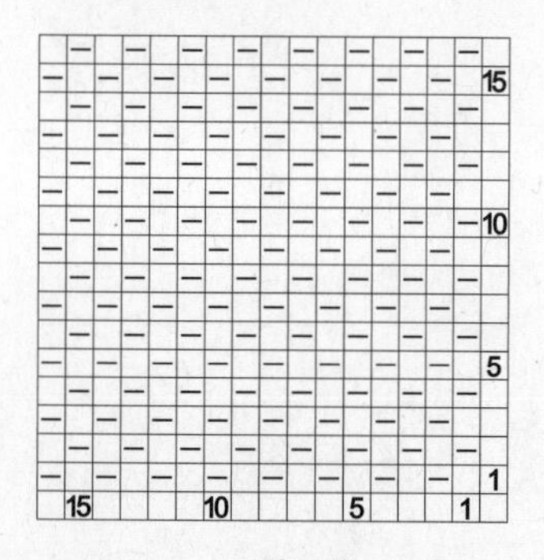

□=⊡ 花样

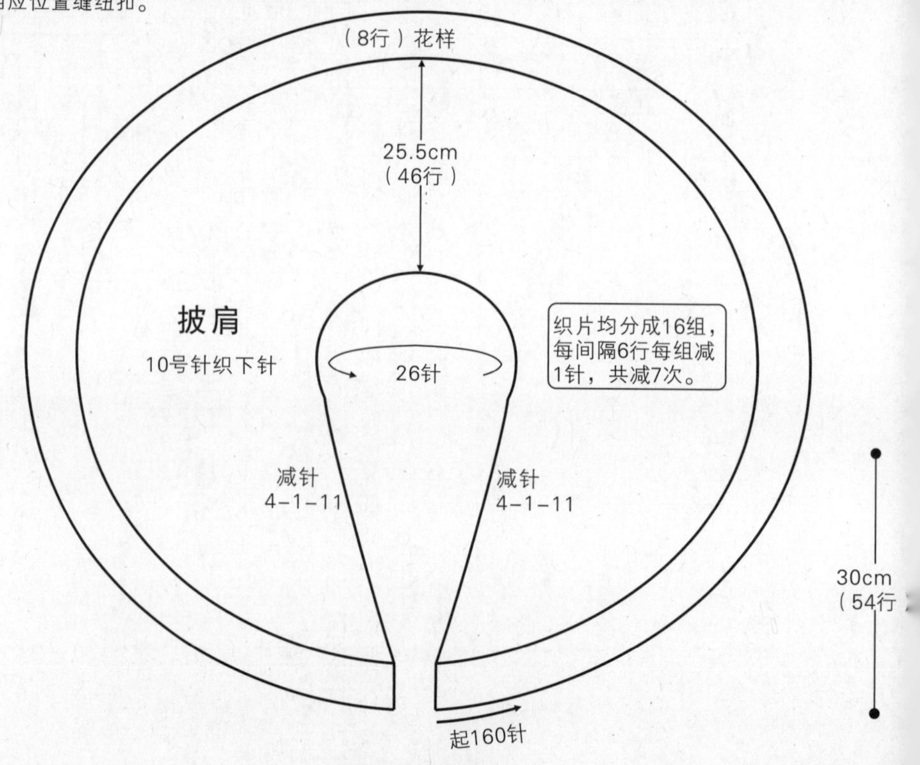

（8行）花样
25.5cm
（46行）
披肩
10号针织下针
26针
织片均分成16组，每间隔6行每组减1针，共减7次。
减针
4-1-11
减针
4-1-11
30cm
（54行）
起160针

披肩结构图

作品14

【成品规格】衣长45cm，胸围88cm，袖连肩长23cm

【编织密度】16针×22行=10cm²

【工　　具】10号、11号棒针

【材　　料】灰色毛线350g

制作说明

1.领：用11号针起104针织双罗纹12行，然后将织片分左前片、右前片、袖片和后片，加针编织衣身。

2.衣身：往返编织，左右前片各16针，左右袖片各18针，后片36针，插肩缝两侧按结构图所示加针编织，织44行，两袖片的针数暂时留起不织，两侧袖底分别加起8针，将左右前片与后片连起来编织，织44行，改织12行双罗纹，收针完成。

3.袖：挑起袖底加起的8针，连同袖窿62针，环形编织袖边，织12行，完成收针。

4.襟：衣襟两侧分别挑起86针织双罗纹，织12行，完成。

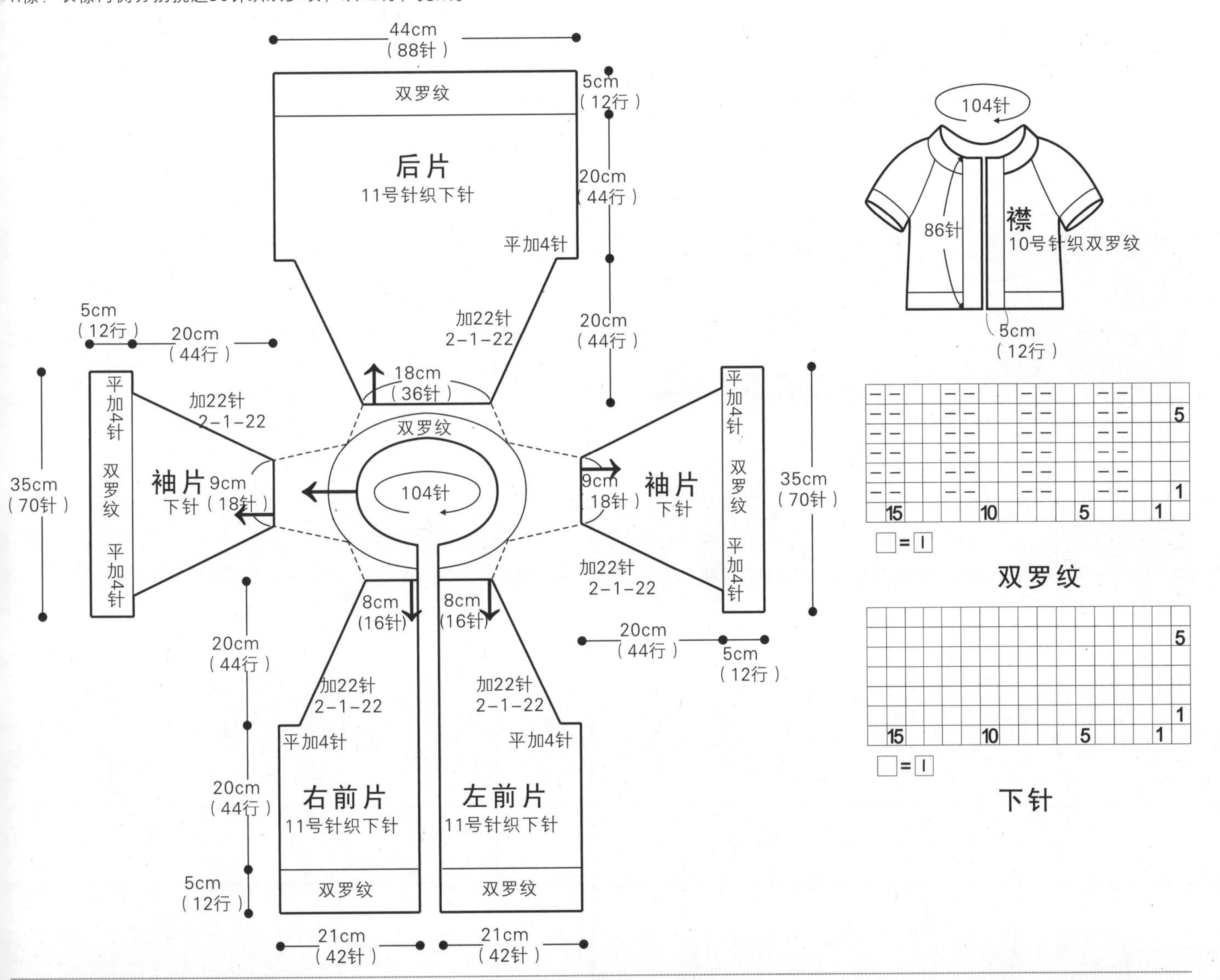

44cm
（88针）
双罗纹
5cm
（12行）
后片
11号针织下针
20cm
（44行）
平加4针
加22针
2-1-22
20cm
（44行）
18cm
（36针）
双罗纹
104针
5cm
（12行）
20cm
（44行）
平加4针
双罗纹
平加4针
35cm
（70针）
袖片
下针
9cm
（18针）
8cm
（16针）
右前片
11号针织下针
左前片
11号针织下针
21cm
（42针）
104针
86针
襟
10号针织双罗纹
双罗纹
下针

作品15

【成品规格】披肩长60cm，宽82cm

【编织密度】25.4针×32行=10cm²

【工　　具】11号棒针

【材　　料】蓝色羊毛线500g

制作说明

1.11号棒针，起208针，织6行单罗纹针，平织180行下针，最后织6行单罗纹针，收针完成。

2.按结构图所示，将织片上下对折，两侧各留起26cm，边缝对应缝合，成品形状见立体示意图。

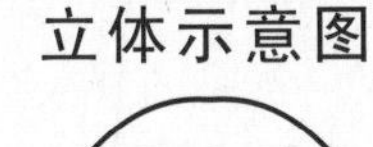
立体示意图

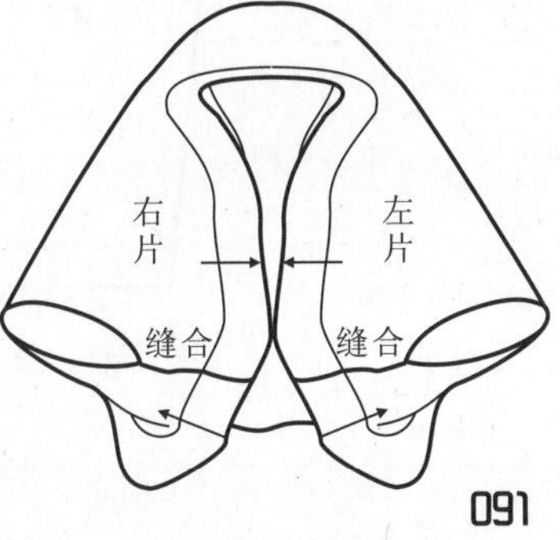

右片
左片
缝合
缝合

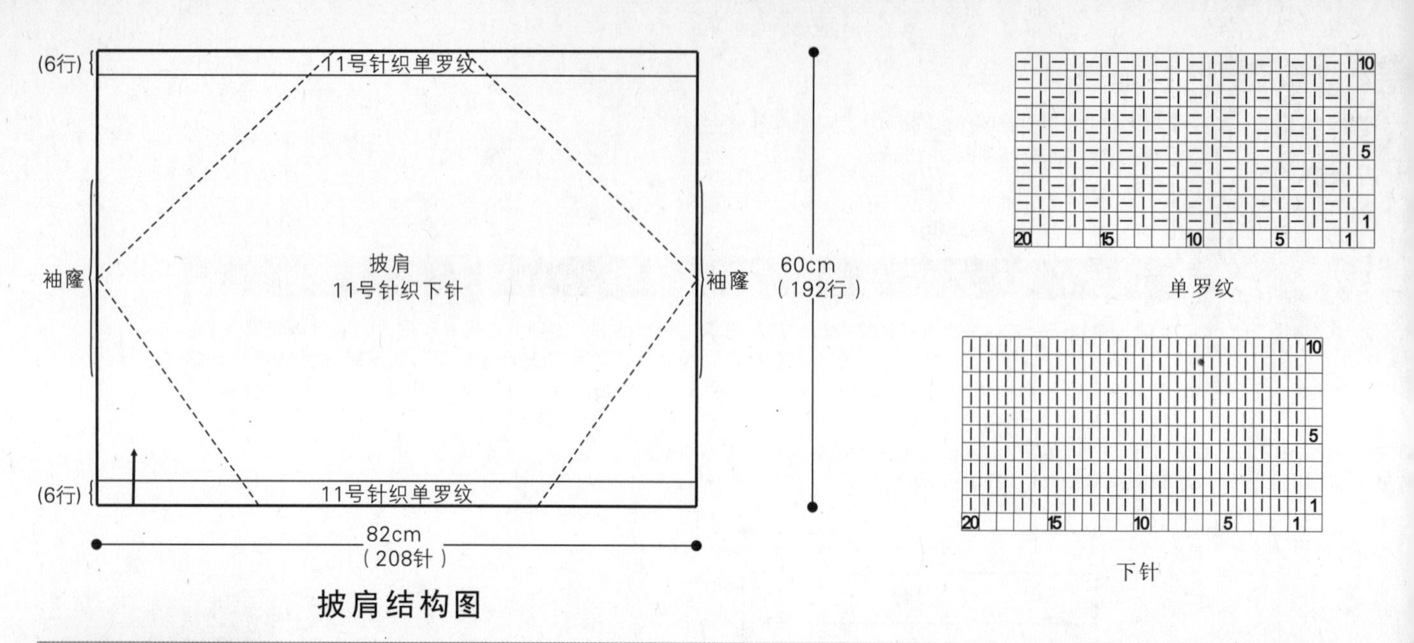
(6行)
11号针织单罗纹
袖窿
披肩
11号针织下针
袖窿
60cm
(192行)
(6行)
11号针织单罗纹
82cm
(208针)
单罗纹
下针

披肩结构图

作品16

【成品规格】披肩长140cm，宽85cm

【编织密度】20针×26行=10cm²

【工　　具】10号棒针

【材　　料】砖红色毛线450g

制作说明

1.本款全部由平针织成；先织一片式披肩，再挑织袖。
2.起170针织起，织130行开始织袖窿，领边留30针，袖洞42针，下边98针；平收袖窿的42针，返回时在同一位置加42针；继续往上织，织100行后开始织另一个袖窿，方法同上；最后再织130行平收。
3.在袖窿位置挑针织袖，沿袖窿挑84针织平针，按图示减针，减针完成后平织14行收针。
4.清洗整理定型，完成。

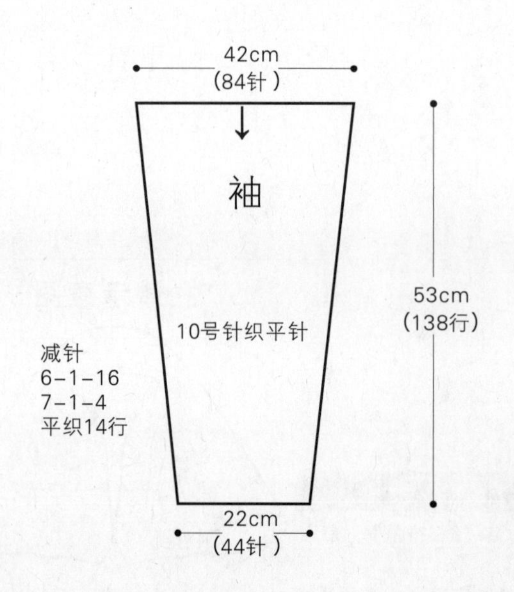
42cm
(84针)
袖
10号针织平针
53cm
(138行)
减针
6-1-16
7-1-4
平织14行
22cm
(44针)

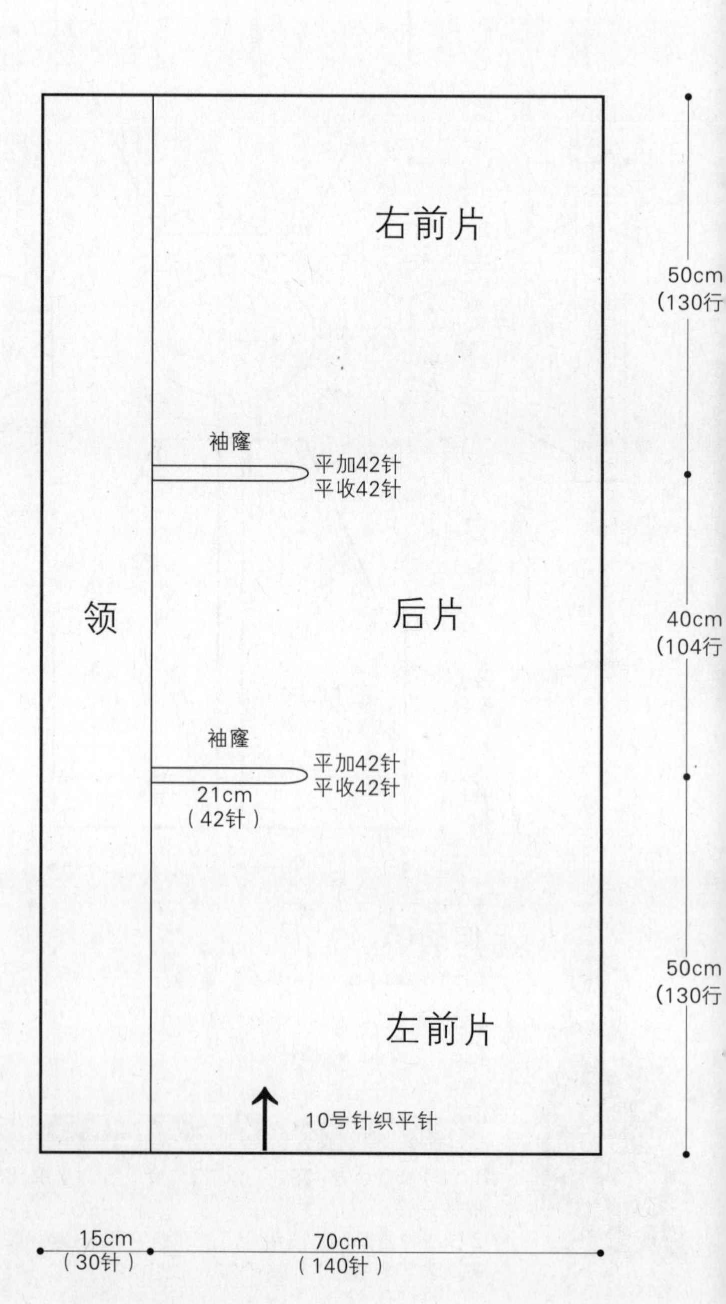
右前片
50cm
(130行)
袖窿
平加42针
平收42针
领
后片
40cm
(104行)
袖窿
平加42针
平收42针
21cm
(42针)
50cm
(130行)
左前片
10号针织平针
15cm
(30针)
70cm
(140针)

作品17

【成品规格】披肩长60cm，宽82cm

【编织密度】25.4针×32行=10cm²

【工　　具】11号棒针

【材　　料】红色羊毛线500g

制作说明

1.11号棒针，起208针，织6行单罗纹针，平织180行下针，最后织6行单罗纹针，收针完成。

2.按结构图所示，将织片上下对折，两侧各留起26cm，边缝对应缝合，成品形状见立体示意图。

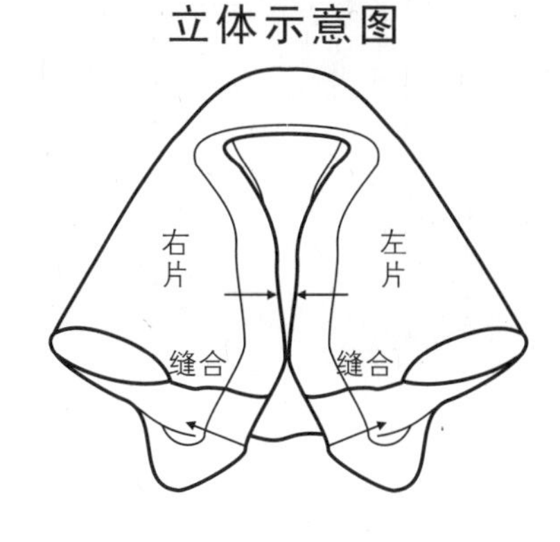

立体示意图
右片
左片
缝合
缝合

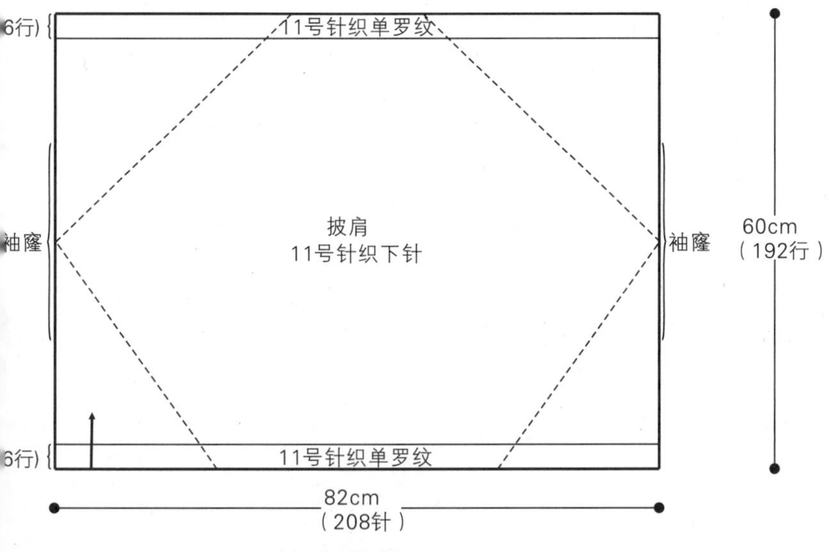

(6行)
11号针织单罗纹
袖窿
披肩
11号针织下针
袖窿
60cm
(192行)
(6行)
11号针织单罗纹
82cm
(208针)

披肩结构图

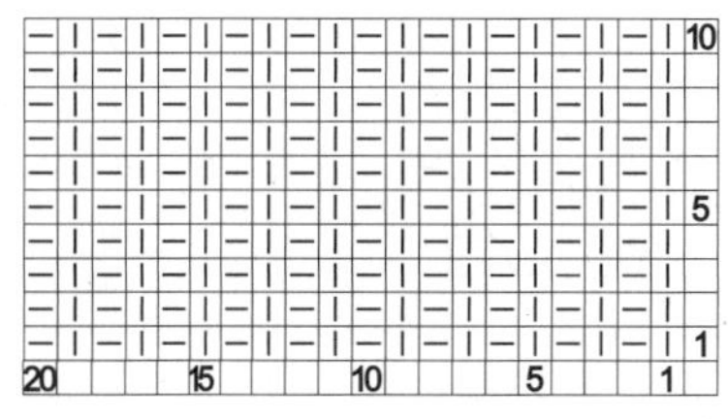

单罗纹

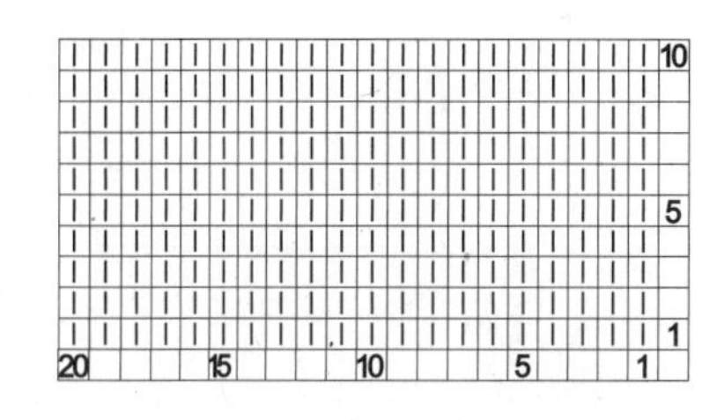

下针

作品18

【成品规格】披肩长60cm，宽102cm

【编织密度】25.4针×32行=10cm²

【工　　具】11号棒针

【材　　料】黑白夹花羊毛线600g

制作说明

1.11号棒针，起260针，织6行单罗纹针，平织180行下针，最后织6行单罗纹针，收针完成。

2.按结构图所示，将织片上下对折，两侧各留起26cm，边缝对应缝合，成品形状见立体示意图。

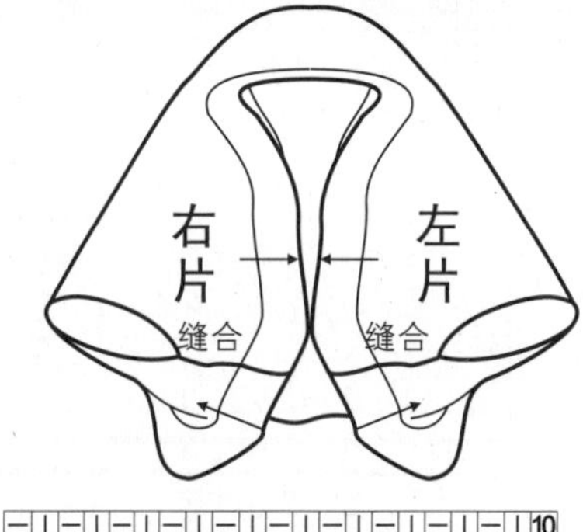

立体示意图
右片
左片
缝合
缝合

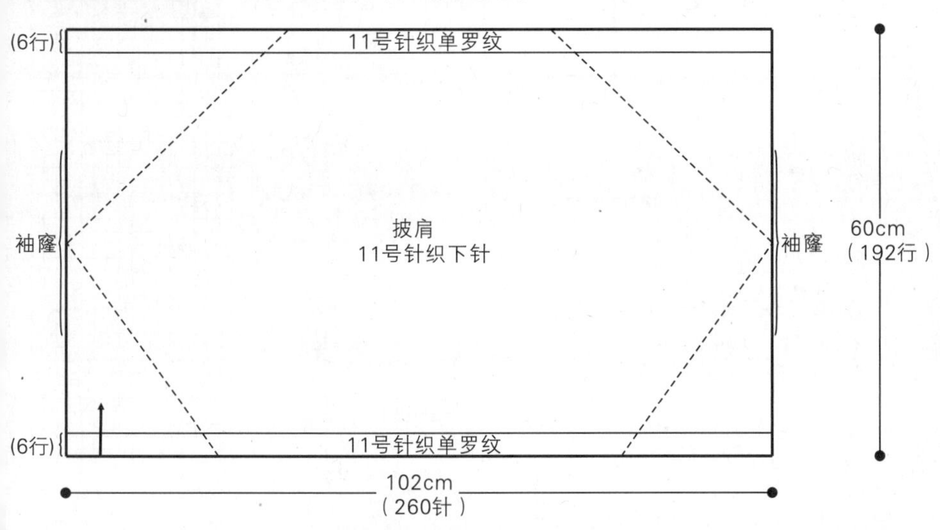

(6行)
11号针织单罗纹
袖窿
披肩
11号针织下针
袖窿
60cm
(192行)
(6行)
11号针织单罗纹
102cm
(260针)

披肩结构图

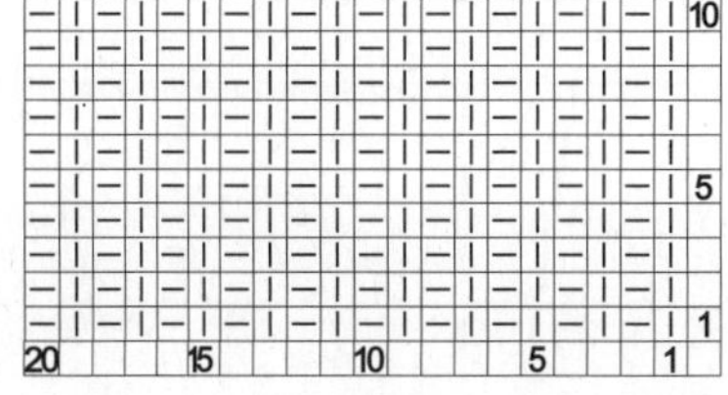

单罗纹

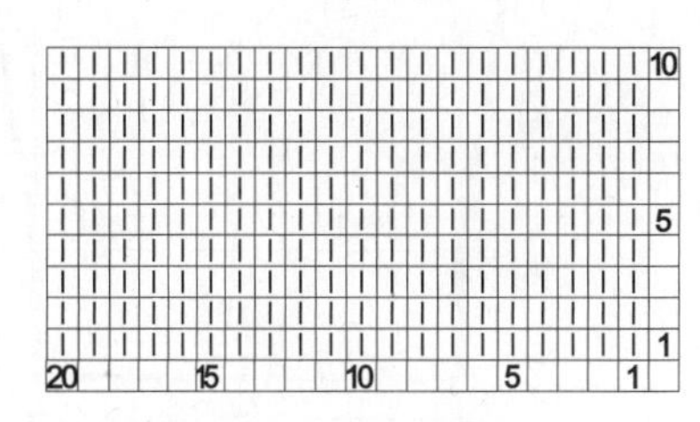

下针

作品19

【成品规格】披肩长100cm，宽32cm

【编织密度】12.5针×17.5行=10cm²

【工　　具】10号棒针

【材　　料】段染羊毛线500g

制作说明

10号棒针，起40针，织搓板针，按结构图所示，左侧加针，右侧减针，织88行，改为右侧加针，左侧减针，织88行后，收针完成。

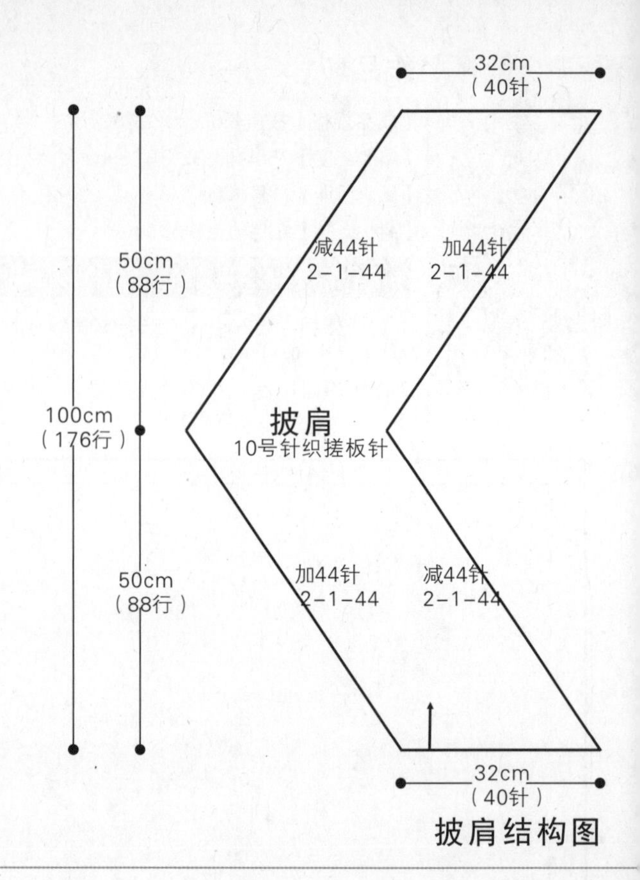

32cm
（40针）
50cm
（88行）
100cm
（176行）
50cm
（88行）
减44针
2-1-44
加44针
2-1-44
披肩
10号针织搓板针
加44针
2-1-44
减44针
2-1-44
32cm
（40针）

披肩结构图

立体示意图

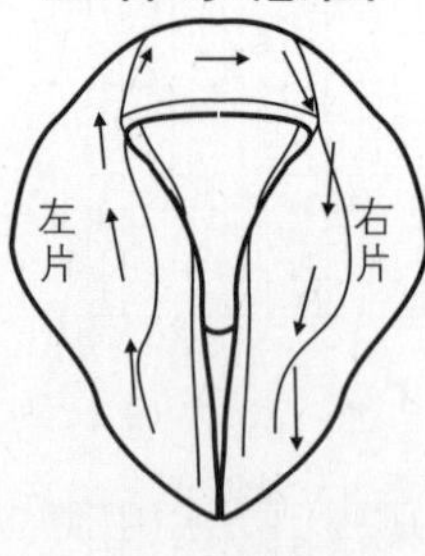

左片
右片

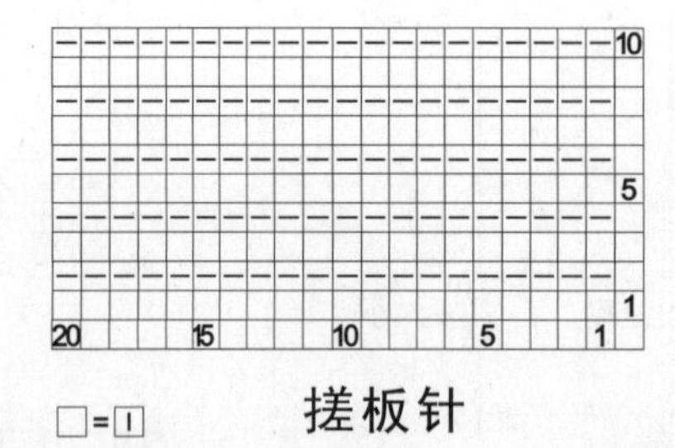

10
5
1
20
15
10
5
1
□=Ⅰ

搓板针

作品20

【成品规格】衣长75cm，胸宽47.5cm，肩宽47.5cm，袖长40.5cm

【工　　具】8号棒针

【编织密度】19针×29行=10cm²

【材　　料】黑色羊毛线1100g

前片/后片/领片/袖片制作说明

1.棒针编织法：由前片与后片和两个袖片组成。

2.前后片织法：

（1）前片的编织，单罗纹起针法，起92针，起织花样A单罗纹针，不加减针，织18行的高度。下一行起，排花型编织，从右至左，依次是10针花样C搓板针，16针花样B，12针花样C，16针花样B，12针花样C，16针花样B，10针花样C，不加减针，织180行的高度，无袖窿减针，下一行即进行前衣领减针，中间收针16针，两边减针，2-2-2，4-1-2，再织8行至肩部，余下32针，收针断线，另一边织法相同。

（2）后片的编织：后片织法与前片相同，后衣领是织成192行后再进行减针，下一行中间收针16针，两边减针，2-2-2，2-1-2，至肩部余下32针，收针断线。将前后片的肩部对应缝合，将前后片的侧缝，选取158行的高度进行缝合。留下的孔作袖口。

3.袖片织法：从袖口起织，起40针，起织花样A，不加减针，织18行，下一行排花型，两边各12针织花样C，中间16针织花样B，并在两边袖侧缝上加针，8-1-12，再织4行后，织成118行高度的袖片，加成64针的宽度。将所有的针数收针，断线。相同的方法再去编织另一个袖片。将两个袖山边线与衣身的袖窿边线对应缝合。再将袖侧缝缝合。

4.领片织法：沿前领窝挑50针、后领窝挑40针，共挑起90针，不加减针，织60行花样A，收针断线，衣服完成。

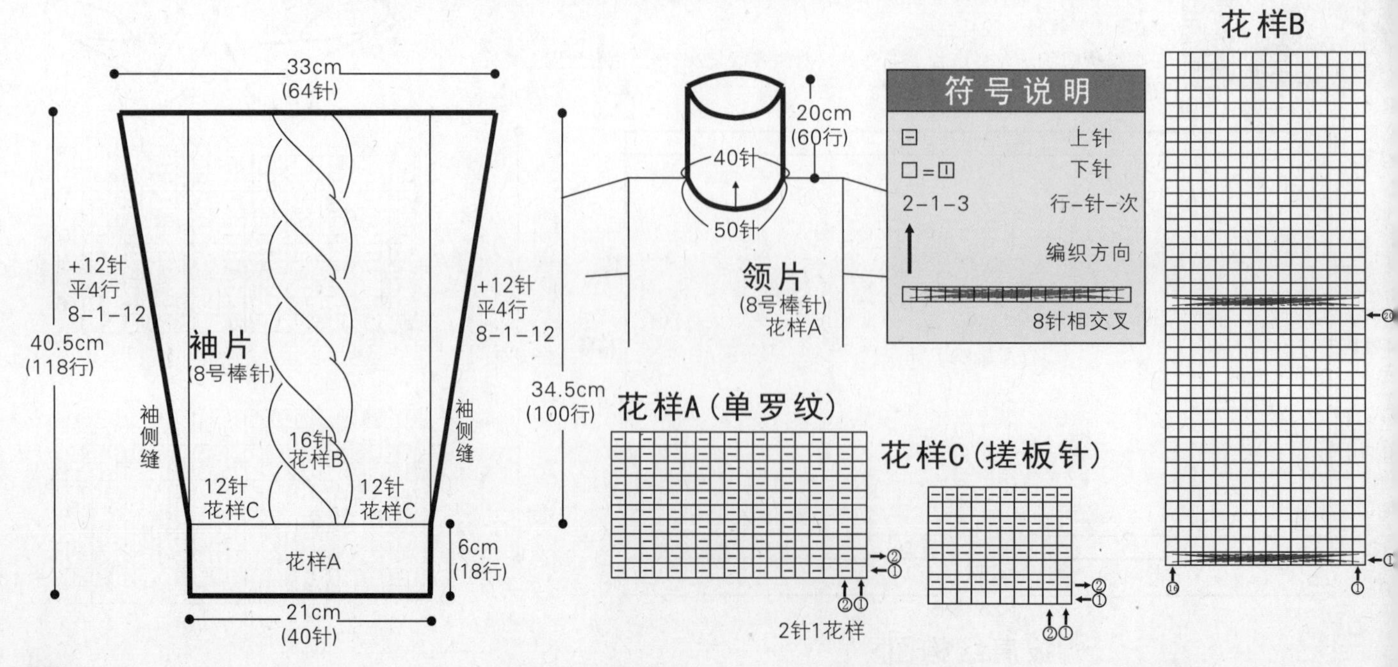

33cm
(64针)
+12针
平4行
8-1-12
40.5cm
(118行)
袖片
(8号棒针)
袖侧缝
16针
花样B
12针
花样C
12针
花样C
+12针
平4行
8-1-12
袖侧缝
花样A
6cm
(18行)
21cm
(40针)
20cm
(60行)
40针
50针
领片
(8号棒针)
花样A
34.5cm
(100行)
符号说明
上针
□=Ⅰ
下针
2-1-3
行-针-次
编织方向
8针相交叉
花样A（单罗纹）
2针1花样
花样C（搓板针）
花样B

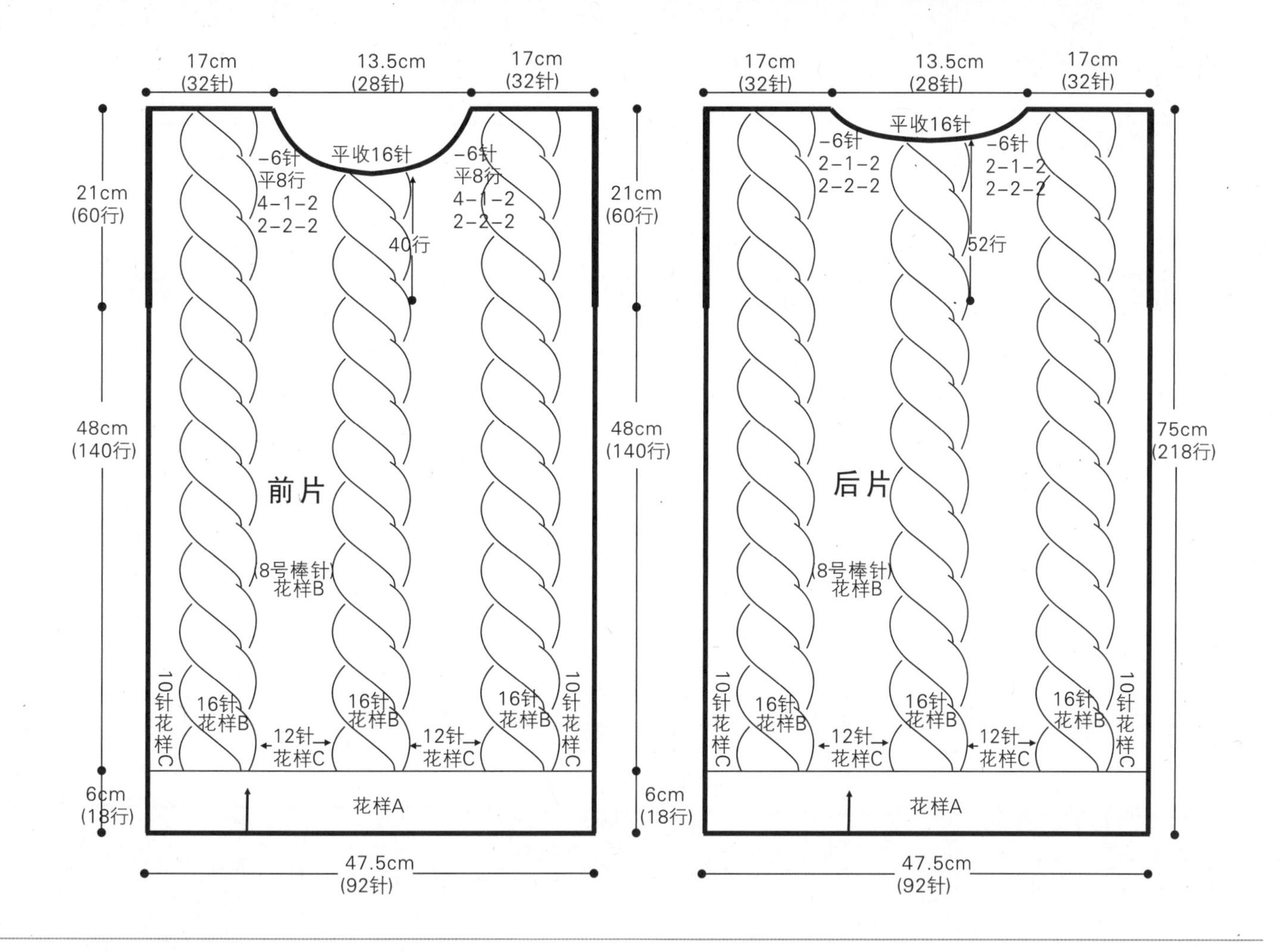

17cm (32针)
13.5cm (28针)
17cm (32针)
-6针 平8行 4-1-2 2-2-2
平收16针
-6针 平8行 4-1-2 2-2-2
40行
21cm (60行)
48cm (140行)
6cm (18行)
前片
(8号棒针) 花样B
10针花样C
16针花样B
12针花样C
花样A
47.5cm (92针)
-6针 2-1-2 2-2-2
平收16针
52行
75cm (218行)
后片

作品21

【成品规格】衣长60cm，胸宽47.5cm，肩宽36cm，袖长50cm
【工　　具】6号、8号棒针
【编织密度】13针×17行=10cm²
【材　　料】灰色羊绒毛线800g

前片/后片/领片/袖片制作说明

1.棒针编织法。由前片与后片和两个袖片组成。用6号针织衣身，8号棒针织衣领。
2.前后片织法：
（1）前片的编织，单罗纹起针法，起62针，起织花样A单罗纹针，不加减针，织14行的高度。下一行起，排花型编织，从右至左，依次是4针上针，54针花样B，4针上针，不加减针，织54行的高度，下一行起袖窿减针，两边同时收针4针，然后2-1-4，当织成袖窿算起26行的高度时，下一行即进行前衣领减针，中间收针6针，两边减针，2-2-2，2-1-，再织2行至肩部，余下14针，收针断线，另一边织法相同。
(2) 后片的编织：后片织法与前片相同，后衣领是织成袖窿算起32行的高度后，下一行中间收针14针，两边减针，2-1-2，至肩部余下14针，收针断线。将前后片的肩部对应缝合，再将前后片的侧缝对应缝合。
.袖片织法：从袖口起织，起34针，起织花样A，不加减针，织14行，下一行排花型，两边各2针织下针，中间28针织花样B，并在两边袖侧缝上加针，6-1-8，再织10行，织成58行高度的袖片，加成50针的宽度。下一行起袖山减针，两边收针4针，然后2-1-4，织成8行高，余下34针，收针断线。相同的方法再去编织另一个袖片。将两个袖山边线与衣身的袖窿边线对应缝合。再将袖侧缝缝合。
.领片织法：改用8号针。沿前领窝挑28针、后领窝挑24针，共挑起52针，不加减针，织0行花样A，收针断线，衣服完成。

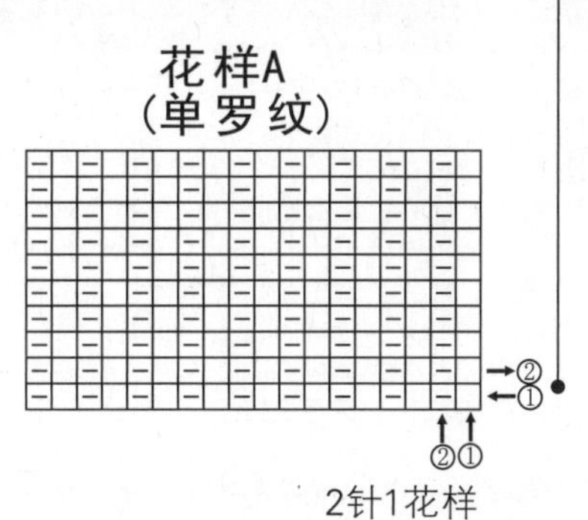

花样A
(单罗纹)
②
①
2针1花样

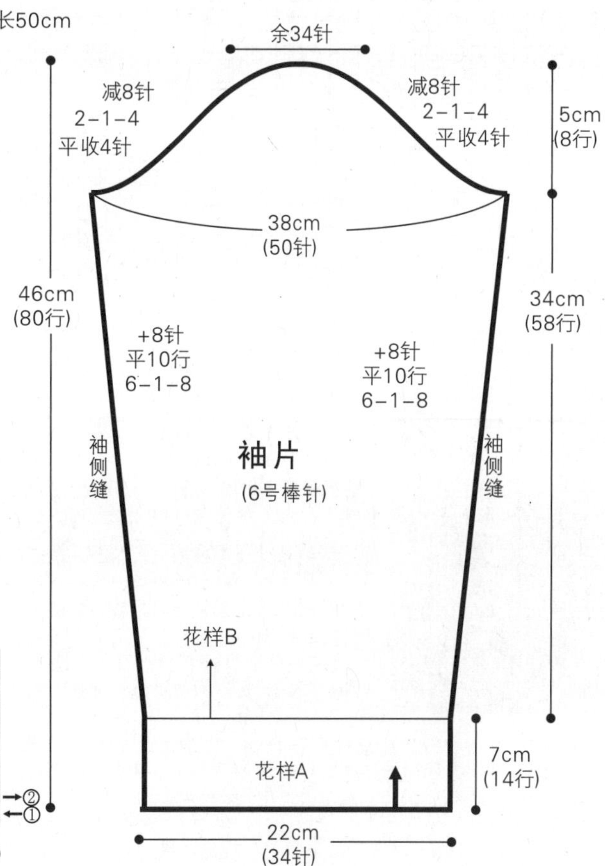

余34针
减8针 2-1-4 平收4针
5cm (8行)
38cm (50针)
46cm (80行)
34cm (58行)
+8针 平10行 6-1-8
袖侧缝
袖片
(6号棒针)
花样B
花样A
7cm (14行)
22cm (34针)

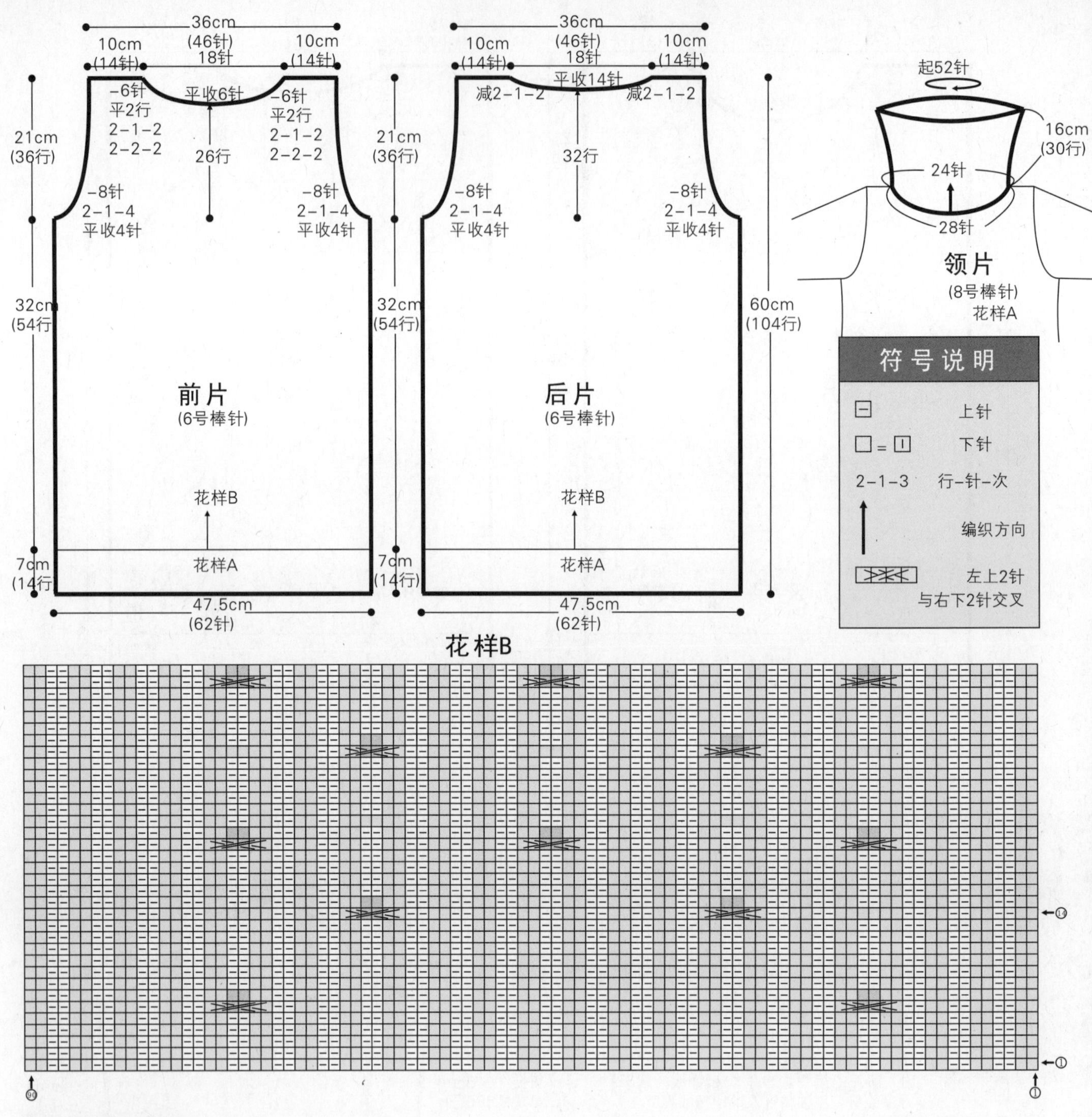

36cm
(46针)
10cm
(14针)
18针
10cm
(14针)
-6针
平2行
2-1-2
2-2-2
平收6针
-6针
平2行
2-1-2
2-2-2
21cm
(36行)
26行
-8针
2-1-4
平收4针
-8针
2-1-4
平收4针
32cm
(54行)
前片
(6号棒针)
花样B
花样A
7cm
(14行)
47.5cm
(62针)
36cm
(46针)
10cm
(14针)
18针
10cm
(14针)
平收14针
减2-1-2
减2-1-2
21cm
(36行)
32行
-8针
2-1-4
平收4针
-8针
2-1-4
平收4针
32cm
(54行)
后片
(6号棒针)
花样B
花样A
7cm
(14行)
47.5cm
(62针)
60cm
(104行)
起52针
16cm
(30行)
24针
28针
领片
(8号棒针)
花样A
符号说明
上针
下针
2-1-3 行-针-次
编织方向
左上2针
与右下2针交叉
花样B

作品22

【成品规格】衣长60cm，胸宽51cm，肩宽39cm，袖长52cm
【工　　具】8号棒针
【编织密度】20针×28行=10cm²
【材　　料】深蓝色羊绒毛线800g

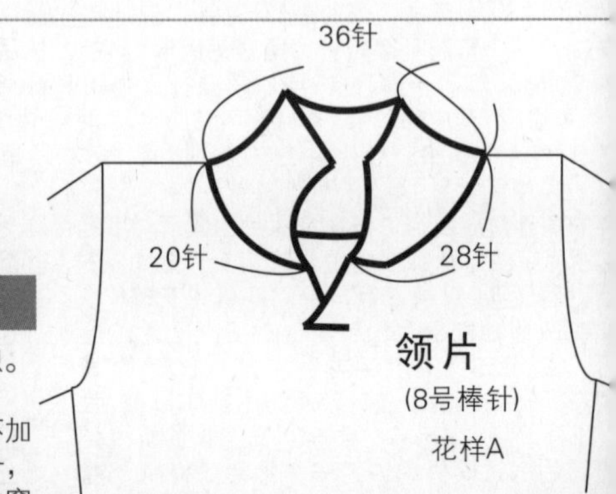

36针
20针
28针
领片
(8号棒针)
花样A

前片/后片/领片/袖片制作说明

1.棒针编织法:由前片与后片和两个袖片组成。用8号棒针编织。从下往上织。
2.前后片织法:
（1）前片的编织:双罗纹起针法，起90针，依照花样B图解排花样编织，不加减针，织46行后，两侧缝进行加针，两边加针的针数不相同，右侧缝加8针，20-2-4，左侧缝加4针，20-1-4，织成126行的高度后，下一行起两侧袖窿减针，2-2-6，织成6行后，分前开襟，右侧留38针，左侧40针，先织右侧，不加减针，织14行后，将左边的8针全部收针，然后不加减针，再织22行至肩部，余下30针，收针断线。再将左边40针挑出，在右片的中间8针的前面挑出8针，针数一共48针，不加减针，织14行后，开始减前衣领边。从右至左，收针10针，然后2-2-5，2-1-6，织成22行，余下22针，收针断线。此款衣服的两边肩部宽度不相等，衣领为不规侧形状。
（2）后片的编织。袖窿以下的编织与前片相同，但是需将花样B的排花顺序与前片相反，右侧缝加4针，左侧缝加8针，与前片相对应。至袖窿起减针，方法与前片相同，当织成袖窿算起34行的高度时，留出两边肩部的针数，右肩留2针，左肩留30针，中间为26针，再将26针的两边各6针减针，2-1-2，2-2-2，中间留出14针收针。将前后片的肩部对应缝合，再将侧缝对应缝合。

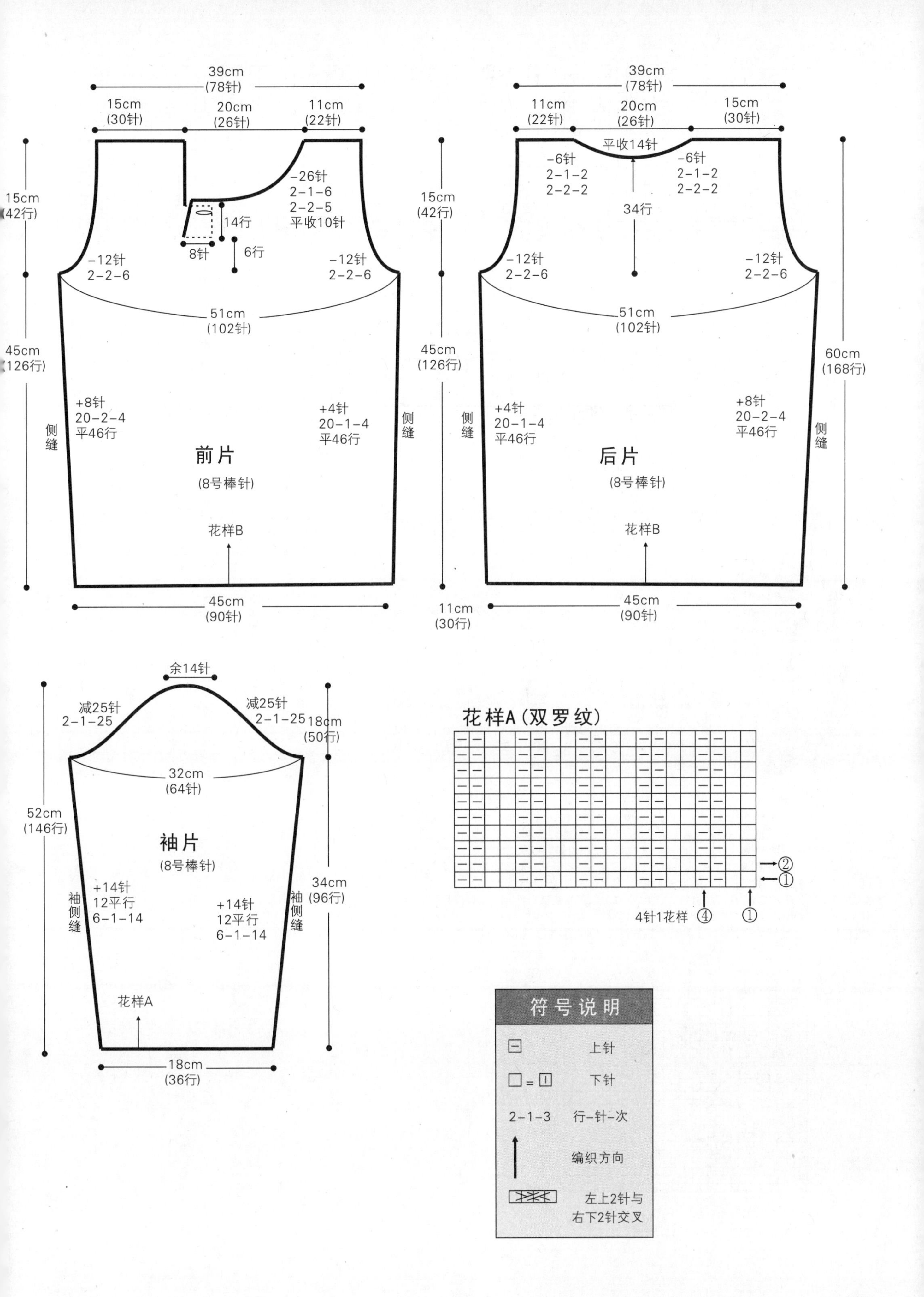
39cm
(78针)
15cm
(30针)
20cm
(26针)
11cm
(22针)
15cm
(42行)
-26针
2-1-6
2-2-5
平收10针
14行
8针
6行
-12针
2-2-6
-12针
2-2-6
51cm
(102针)
45cm
(126行)
+8针
20-2-4
平46行
+4针
20-1-4
平46行
侧缝
侧缝
前片
(8号棒针)
花样B
45cm
(90针)
39cm
(78针)
11cm
(22针)
20cm
(26针)
15cm
(30针)
平收14针
-6针
2-1-2
2-2-2
-6针
2-1-2
2-2-2
15cm
(42行)
34行
-12针
2-2-6
-12针
2-2-6
51cm
(102针)
45cm
(126行)
60cm
(168行)
+4针
20-1-4
平46行
+8针
20-2-4
平46行
侧缝
侧缝
后片
(8号棒针)
花样B
11cm
(30行)
45cm
(90针)
余14针
减25针
2-1-25
减25针
2-1-25
18cm
(50行)
32cm
(64针)
52cm
(146行)
袖片
(8号棒针)
+14针
12平行
6-1-14
+14针
12平行
6-1-14
34cm
(96行)
袖侧缝
袖侧缝
花样A
18cm
(36行)
花样A (双罗纹)
②
①
4针1花样 ④ ①
符号说明
上针
下针
2-1-3 行-针-次
编织方向
左上2针与右下2针交叉

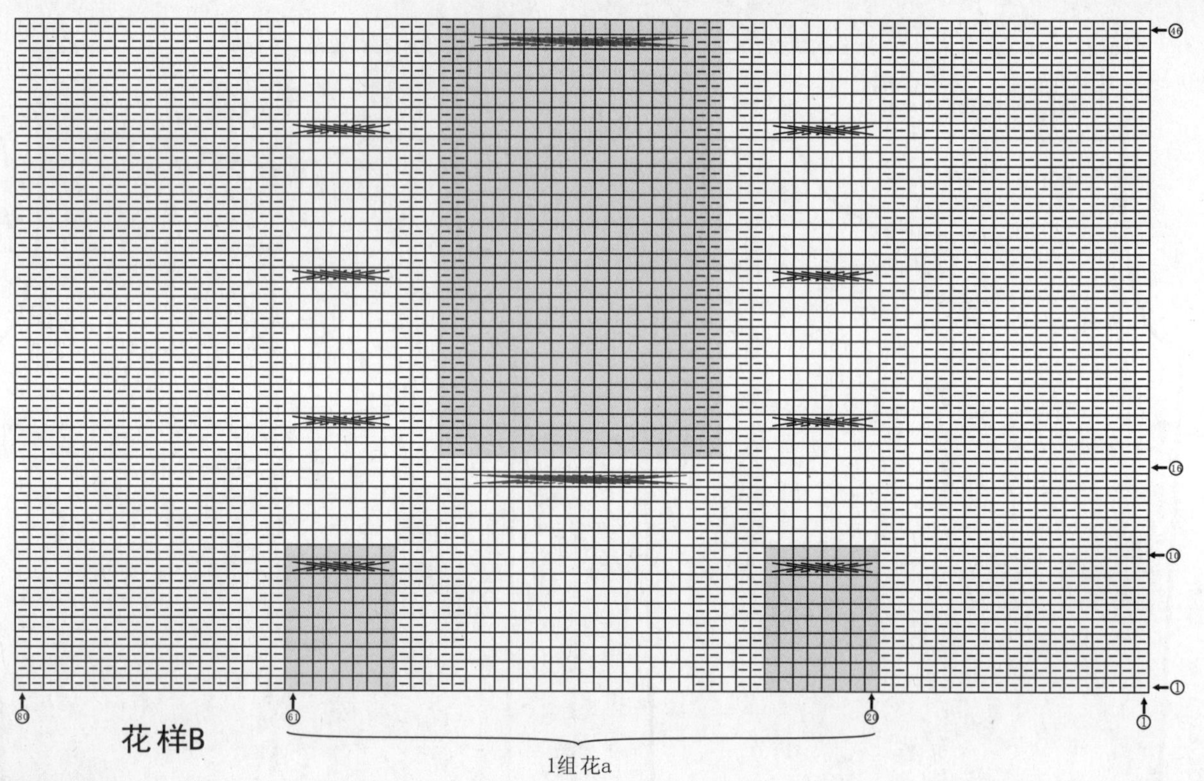
花样B
1组花a

作品23

【成品规格】衣长51cm，胸宽45cm，肩宽42cm，袖长54cm
【工　　具】8号、9号棒针
【编织密度】18针×24行=10cm²
【材　　料】深灰色羊毛线750g

前片/后片/领片/袖片制作说明

1.棒针编织法：由前片与后片和两个袖片组成，各自编织后缝合。插肩款式，衣身用8号针编织，衣领用9号针编织。从下往上编织。

2.前后片织法：

（1）前片的编织：双罗纹起针法，起80针，起织花样A，不加减针，织6行的高度，下一行起，依照花样B排花型编织。不加减针，织82行的高度，下一行起进行插肩缝减针，2-1-18，当织成袖窿算起18行的高度后，下一行中间收针26针，两边各自减针，2-1-9，与插肩缝减针同步进行，直至最后余下1针，收针断线。

（2）后片的编织：袖窿以下的编织与排花与前片完全相同，插肩缝减针方法与前片相同，无后衣领减针编织。减针织成36行后，余下44针，收针断线。

3.袖片织法：从袖口起织，起42针，起织花样A，不加减针，织6行的高度后，下一行起，依照花样B中的花a排花编织，并在袖侧缝上加针编织，10-1-5，8-1-4，织成82行后，不加减针，再织6行至袖窿，下一行起插肩缝减针，2-1-18，织成36行，余下24针，收针断线。相同的方法再去编织另一个袖片。

4.缝合：将前后片的侧缝对应缝合，再将袖片的两边插肩缝边线，分别与前后片的插肩缝边线对应缝合，再将袖侧缝对应缝合。

5.领片织法：用9号针，沿前领窝挑56针、后领窝挑48针，共挑起104针，不加减针，织50行花样A，收针断线。衣服完成。

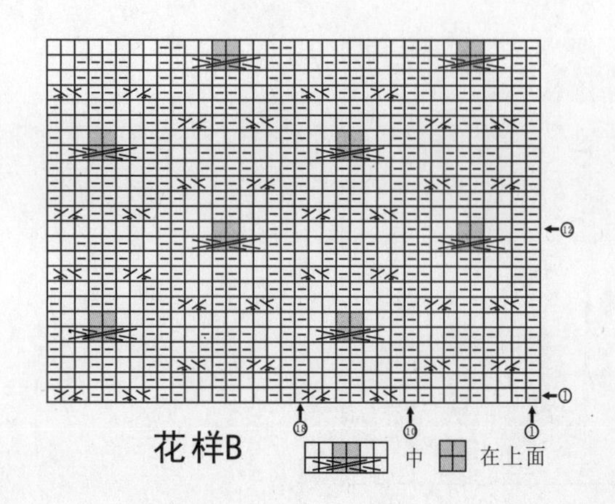
花样B
中
在上面

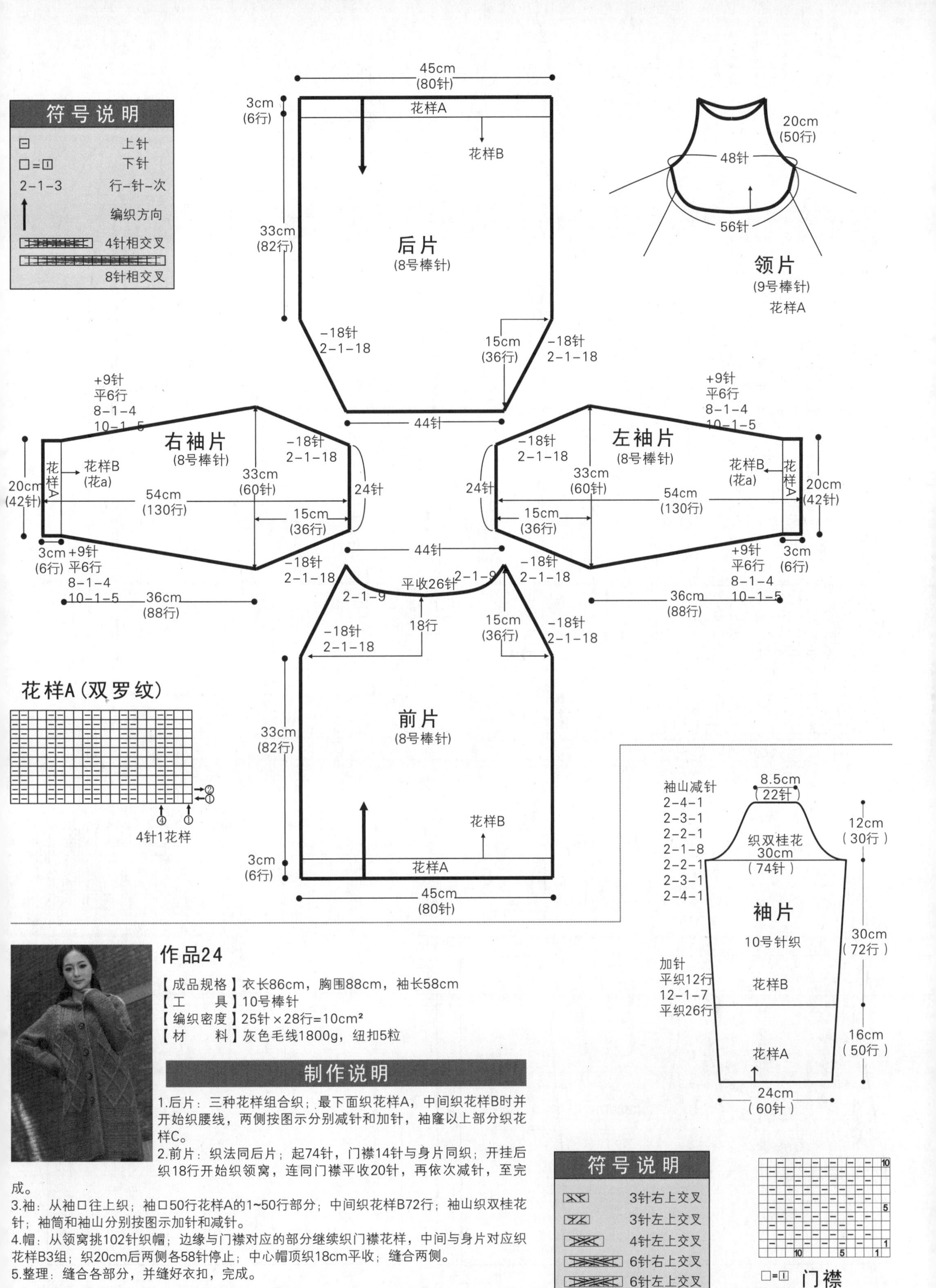
符号说明
上针
下针
2-1-3 行-针-次
编织方向
4针相交叉
8针相交叉
45cm (80针)
3cm (6行)
花样A
花样B
33cm (82行)
后片 (8号棒针)
-18针 2-1-18
15cm (36行)
44针
领片 (9号棒针) 花样A
20cm (50行)
48针
56针
右袖片 (8号棒针)
左袖片 (8号棒针)
+9针 平6行 8-1-4 10-1-5
花样B (花a)
花样A
20cm (42针)
54cm (130针)
33cm (60针)
24针
3cm (6行)
36cm (88行)
平收26针
2-1-9
18行
前片 (8号棒针)
花样A(双罗纹)
4针1花样
袖山减针 2-4-1 2-3-1 2-2-1 2-1-8 2-2-1 2-3-1 2-4-1
8.5cm (22针)
12cm (30行)
织双桂花
30cm (74针)
袖片 10号针织
30cm (72行)
加针 平织12行 12-1-7 平织26行
花样B
16cm (50行)
24cm (60针)
符号说明
3针右上交叉
3针左上交叉
4针左上交叉
6针右上交叉
6针左上交叉
门襟

作品24

【成品规格】衣长86cm，胸围88cm，袖长58cm
【工　　具】10号棒针
【编织密度】25针×28行=10cm²
【材　　料】灰色毛线1800g，纽扣5粒

制作说明

1.后片：三种花样组合织；最下面织花样A，中间织花样B时并开始织腰线，两侧按图示分别减针和加针，袖窿以上部分织花样C。
2.前片：织法同后片；起74针，门襟14针与身片同织；开挂后织18行开始织领窝，连同门襟平收20针，再依次减针，至完成。
3.袖：从袖口往上织；袖口50行花样A的1~50行部分；中间织花样B72行；袖山织双桂花针；袖筒和袖山分别按图示加针和减针。
4.帽：从领窝挑102针织帽；边缘与门襟对应的部分继续织门襟花样，中间与身片对应织花样B3组；织20cm后两侧各58针停止；中心帽顶织18cm平收；缝合两侧。
5.整理：缝合各部分，并缝好衣扣，完成。

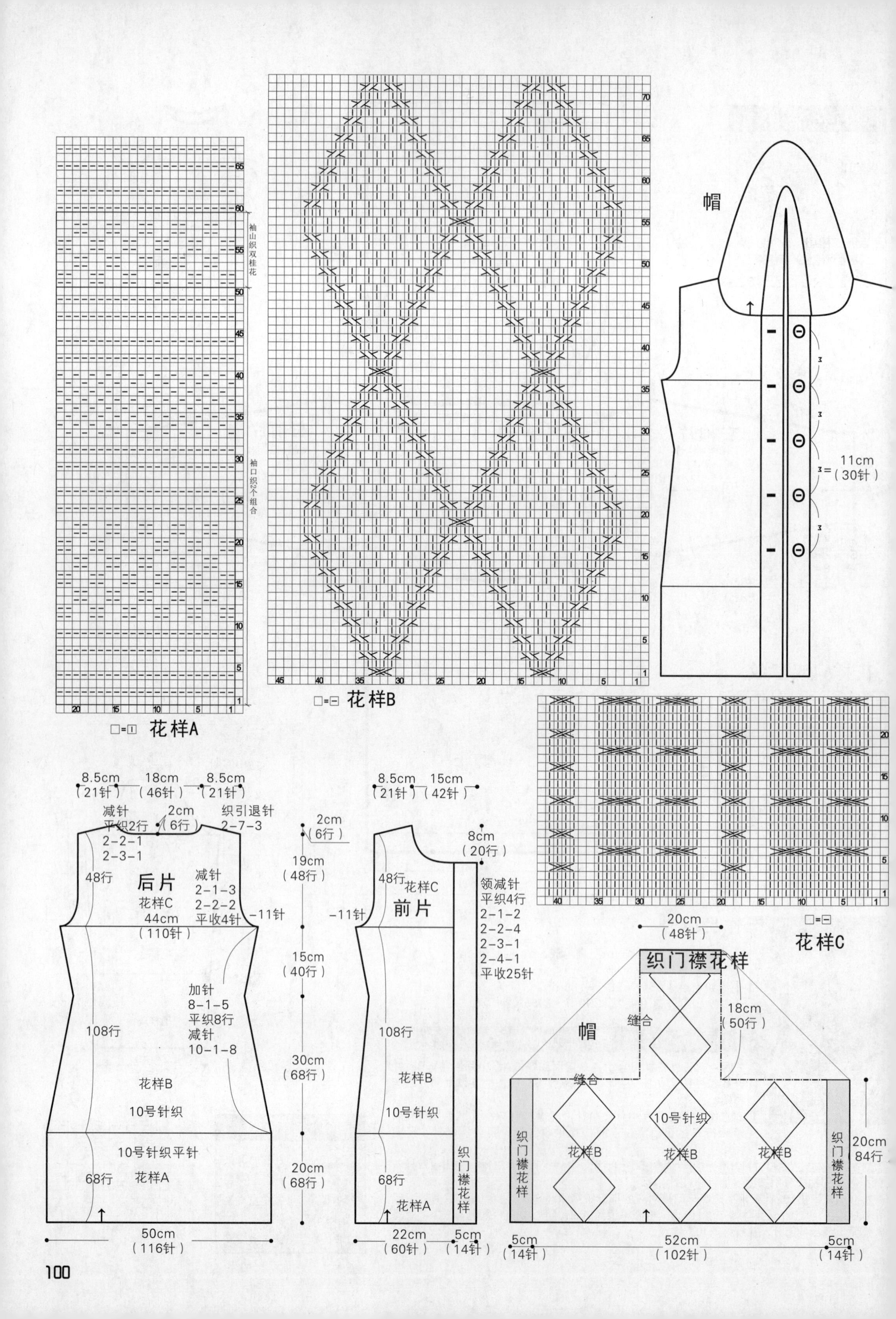

袖山织双桂花
袖口织2个组合
□=⊡ 花样A
□=⊟ 花样B
帽
11cm
（30针）
□=⊟
花样C
8.5cm
（21针）
18cm
（46针）
8.5cm
（21针）
减针
平织2行
2-2-1
2-3-1
2cm
（6行）
织引退针
2-7-3
48行
后片
花样C
44cm
（110针）
减针
2-1-3
2-2-2
平收4针
-11针
加针
8-1-5
平织8行
减针
10-1-8
108行
花样B
10号针织
10号针织平针
68行
花样A
50cm
（116针）
8.5cm
（21针）
15cm
（42针）
2cm
（6行）
8cm
（20行）
19cm
（48行）
48行
花样C
前片
-11针
领减针
平织4行
2-1-2
2-2-4
2-3-1
2-4-1
平收25针
15cm
（40行）
108行
30cm
（68行）
花样B
10号针织
20cm
（68行）
68行
花样A
织门襟花样
22cm
（60针）
5cm
（14针）
20cm
（48针）
织门襟花样
18cm
（50行）
缝合
帽
缝合
10号针织
花样B
花样B
花样B
织门襟花样
织门襟花样
20cm
84行
5cm
（14针）
52cm
（102针）
5cm
（14针）

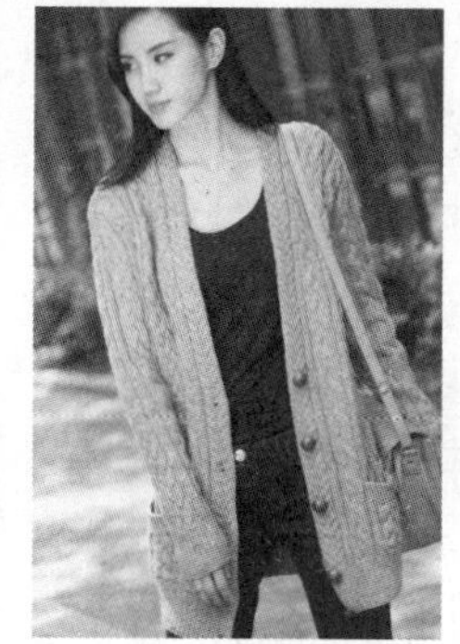

作品25

【成品规格】衣长68cm，胸宽50cm，肩宽34cm，袖长53.5cm
【工　　具】10号棒针
【编织密度】21针×29行=10cm²
【材　　料】灰色羊毛线850g

前片/后片/领片/袖片制作说明

1.棒针编织法：由左前片、右前片和后片和两个袖片组成。

2.前后片织法：

（1）前片的编织：分为左前片和右前片。以右前片为例，单罗纹起针法，起64针，用10号针起织，起织花样A，不加减针，织24行。下一行起排花型，依照花样B排花样编织。不加减针，织112行的高度，下一行起，袖窿和衣领同步减针。袖窿收针4针，然后2-1-6，衣领在从外往内算10针的位置上进行减针，4-1-15，织成60行高后，再织2行至肩部，留衣领侧的14针继续编织48行后收针。而余下的25针收针，断线。右衣襟制作五个扣眼。相同的方法，相反的减针方向去编织另一个袖片。

（2）后片的编织：单双罗纹起针法，起98针，起织花样A，不加减针，织24行的高度，下一行起，排成花样C编织，不加减针，织112行的高度。下一行袖窿起减针，两边同时收针4针，然后2-1-6，当织成袖窿算起58行的高度时，下一行中间收针24针，两边减针，2-1-2，至肩部余下25针，收针断线。将前后片的肩部对应缝合，再将侧缝对应缝合。最后将左右前片的加织长的领片，以内侧边对应于后衣领边进行缝合，再将收针边对应缝合。

3.袖片织法：单罗纹起针法，起48针，起织花样A，织20行的高度，下一行起，起织花样D，并在袖侧缝上加针编织，8-1-4，6-1-12，再织26行至袖山减针，下一行起，两边同时减针，先收针4针，然后2-1-8，各减少12针，织成16行高度，余下56针，收针断线。相同的方法再去编织另一个袖片。将两个袖山边线与衣身的袖窿边线对应缝合。再将袖侧缝缝合。衣服完成。

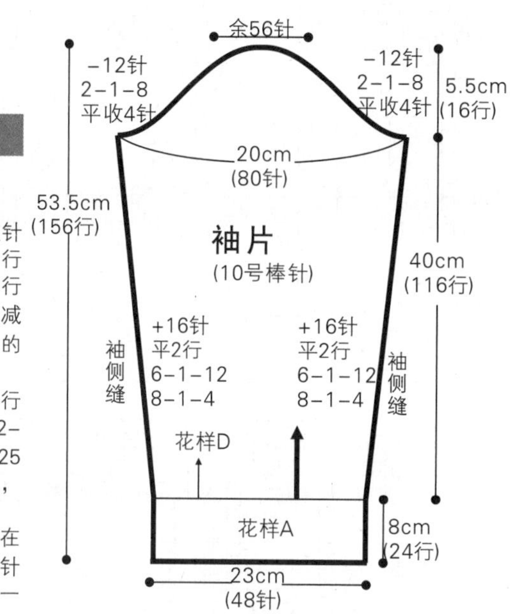

余56针
-12针
2-1-8
平收4针
-12针
2-1-8
平收4针
5.5cm
(16行)
53.5cm
(156行)
20cm
(80针)
袖片
(10号棒针)
40cm
(116行)
+16针
平2行
6-1-12
8-1-4
+16针
平2行
6-1-12
8-1-4
袖侧缝
袖侧缝
花样D
花样A
8cm
(24行)
23cm
(48针)

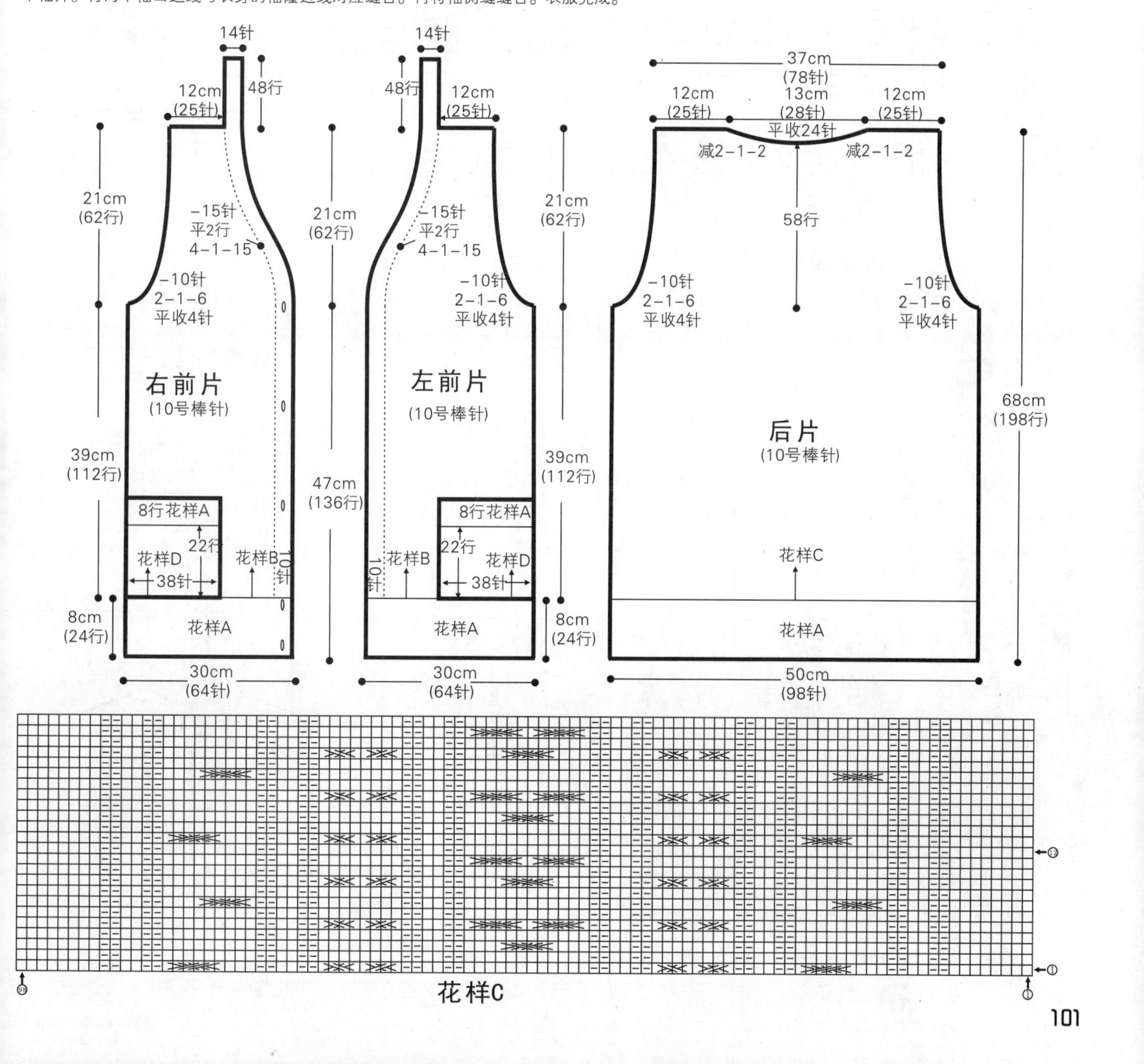

14针
48行
12cm
(25针)
21cm
(62行)
-15针
平2行
4-1-15
-10针
2-1-6
平收4针
右前片
(10号棒针)
39cm
(112行)
8行花样A
22行
花样D
38针
花样B
10针
8cm
(24行)
花样A
30cm
(64针)
14针
48行
12cm
(25针)
21cm
(62行)
47cm
(136行)
左前片
(10号棒针)
39cm
(112行)
8行花样A
22行
花样D
38针
花样B
10针
8cm
(24行)
花样A
30cm
(64针)
37cm
(78针)
12cm
(25针)
13cm
(28针)
12cm
(25针)
平收24针
减2-1-2
减2-1-2
58行
-10针
2-1-6
平收4针
-10针
2-1-6
平收4针
后片
(10号棒针)
68cm
(198行)
花样C
花样A
50cm
(98针)
花样C

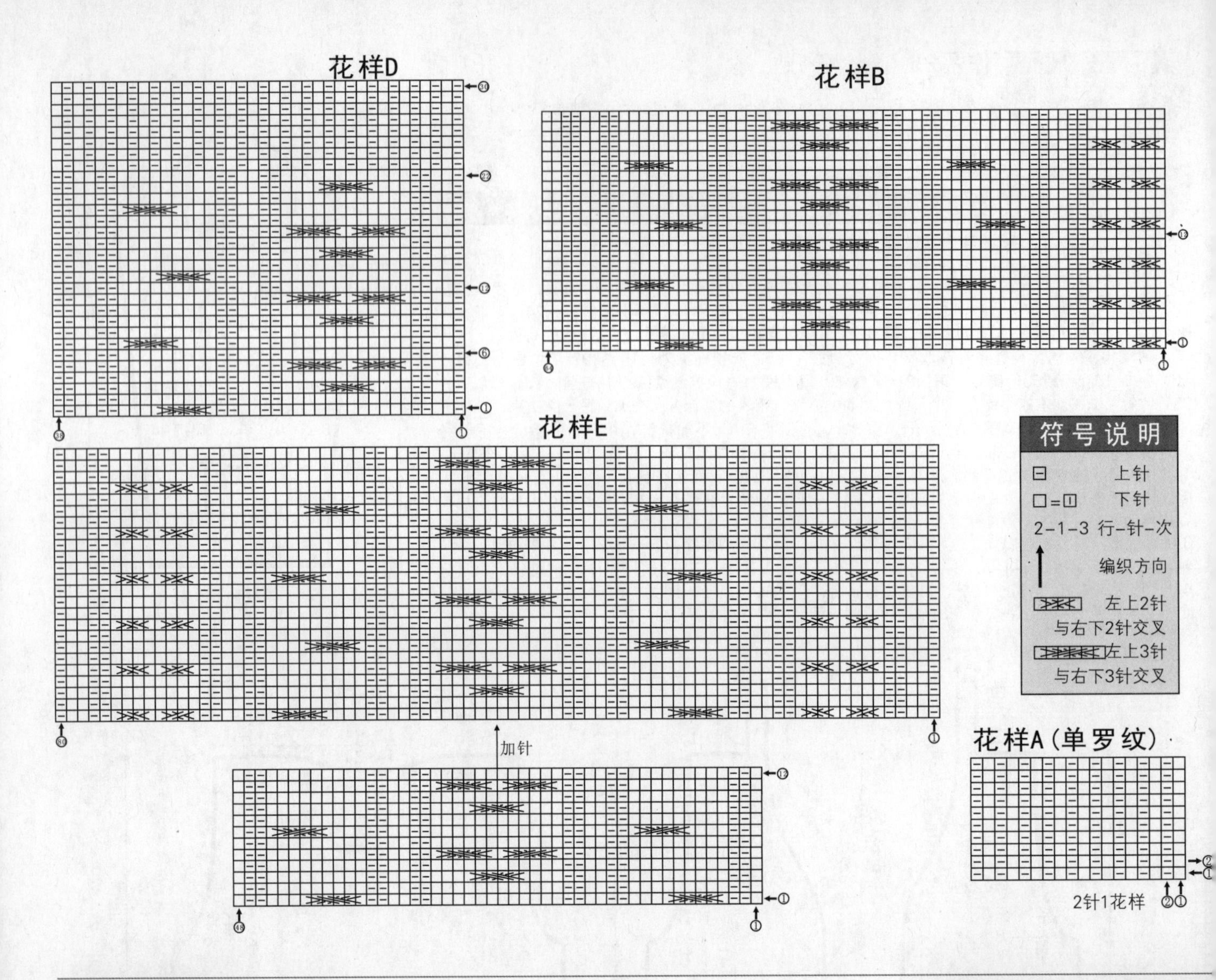

花样D
花样B
花样E
加针
符号说明
上针
下针
2-1-3 行-针-次
编织方向
左上2针与右下2针交叉
左上3针与右下3针交叉
花样A（单罗纹）
2针1花样

作品26

【成品规格】衣长72cm，半胸围46cm，肩宽36cm，袖长33cm

【工　　具】12号棒针

【编织密度】23.6针×30.8行=10cm²

【材　　料】灰色夹花马海毛线650g

符号说明

- ⊟ 上针
- □=⊡ 下针
- ⊡ 镂空针
- 中上3针并1针
- 左上2针并1针
- 右上2针并1针
- 左上3针与右下3针交叉
- 2-1-3 行-针-次

前片/后片制作说明

1.棒针编织法，衣身分为左右前片和后片分别编织缝合而成。

2.起织后片。起107针，织花样A，织88行后，中间49针改织花样C，其余针数织花样B，织至154行，两侧袖窿减针，方法为1-4-1，2-1-7，织至162行，花样C编织完成，整个后片两侧向中间按2-5-10的方法过渡编织花样A，如结构图所示，织至182行，全部改织花样A，织至216行，中间平收29针，两侧减针织成后领，方法为2-1-3，织至222行，两肩部各余下25针，收针断线。

3.起织左前片。起64针，织花样A，织88行后，右侧仍织10针花样A作为衣襟，其余针数织花样B，织至150行，第151行起，左侧留起11针，右侧余衣襟外留起8针，中间35针数改织花样D，织至154行，左侧袖窿减针，方法为1-4-1，2-1-7，织至168行，花样D左右两侧针数全部改织花样A，如结构图所示，织至18行，右侧平收10针，然后按2-2-4，2-1-8，4-1-2的方法减针织成前领，织至222行，肩部余下25针，收针断线。

4.同样的方法相反方向编织右前片，将左右前片与后片侧缝对应缝合，肩缝对应缝合。

5.编织口袋片。起28针织花样F，织48行后，收针，将织片左右底三侧与衣身左右前片对应缝合。

领片

(12号棒针)
(135针)
(10针)花样A
花样E

领片制作说明

1.棒针编织法，沿衣身及衣袖顶部留针挑起135针，往返编织，左右两侧各织6针花样A，其余针数织花样E，织44行后，收针。

2.将领片后领部分折叠成双层与衣身后领缝合，左右前领部分不缝合，领侧折褶缝上纽扣，断线。

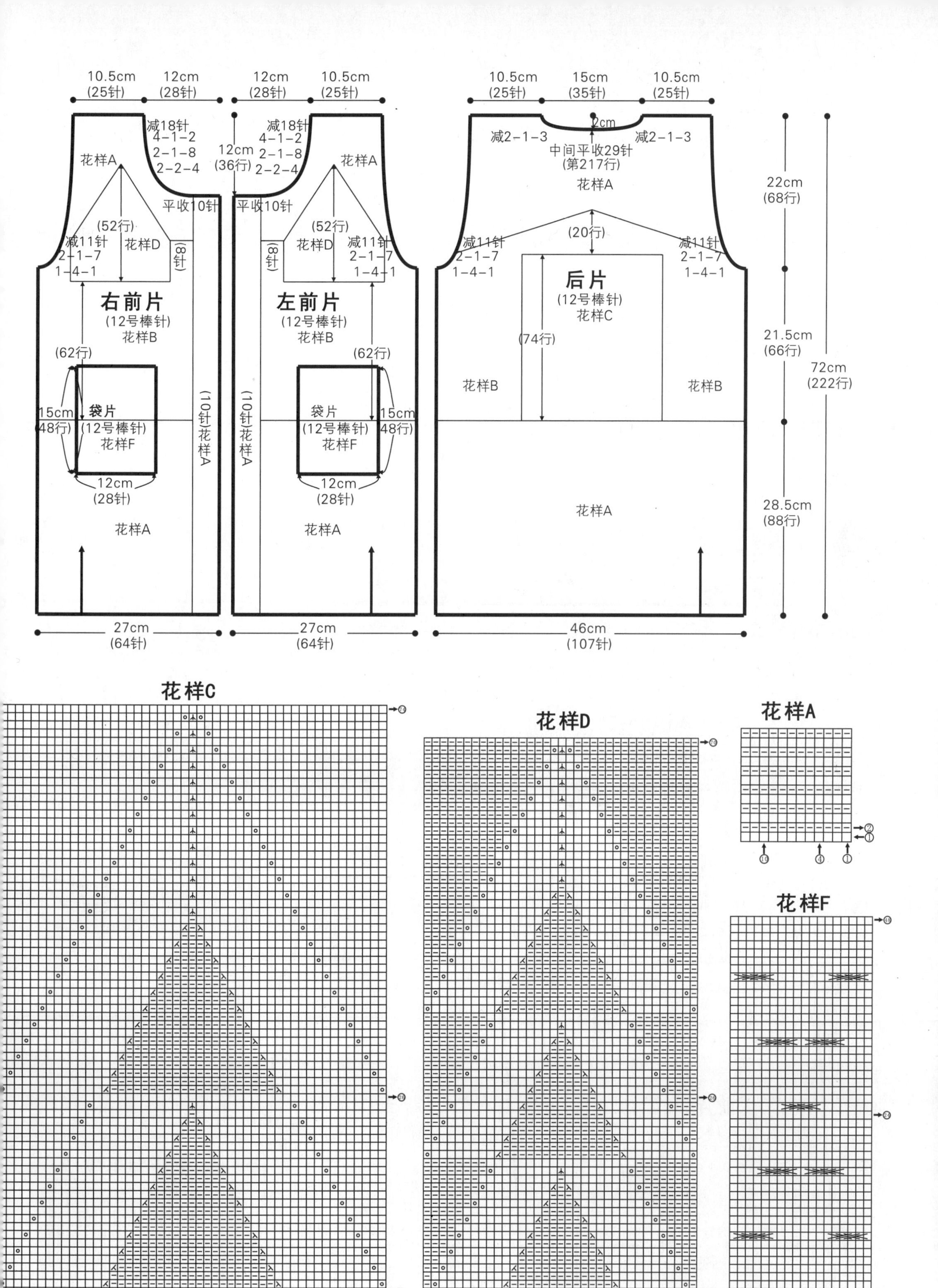

10.5cm (25针)
12cm (28针)
减18针
4-1-2
2-1-8
2-2-4
12cm (36行)
平收10针
花样A
(52行)
花样D
(8针)
减11针
2-1-7
1-4-1
右前片
(12号棒针)
花样B
(62行)
15cm (48行)
袋片
(12号棒针)
花样F
12cm (28针)
(10针)花样A
27cm (64针)
左前片
10.5cm (25针)
15cm (35针)
2cm
减2-1-3
中间平收29针
(第217行)
(20行)
后片
(12号棒针)
花样C
(74行)
46cm (107针)
22cm (68行)
21.5cm (66行)
28.5cm (88行)
72cm (222行)
花样C
花样D
花样A
花样F

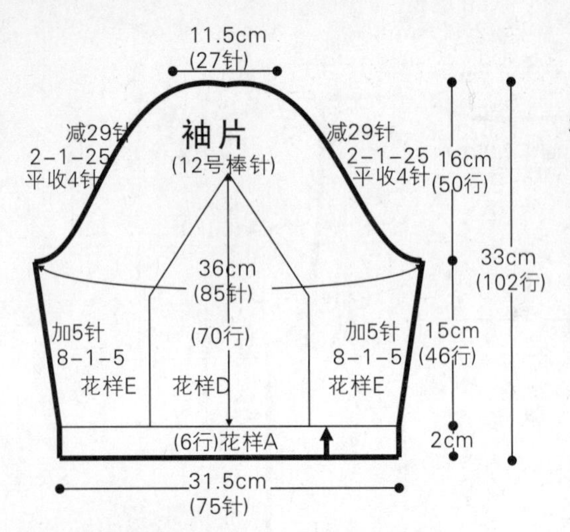
11.5cm
(27针)
减29针
2-1-25
平收4针
袖片
(12号棒针)
减29针
2-1-25
平收4针
16cm
(50行)
33cm
(102行)
36cm
(85针)
(70行)
加5针
8-1-5
加5针
8-1-5
15cm
(46行)
花样E
花样D
花样E
(6行)花样A
2cm
31.5cm
(75针)

袖片制作说明

1.棒针编织法，从袖口往上编织。
2.起织，起75针，织花样A，织6行后，中间35针改织花样D，其余针数织花样E，一边织一边两侧加针，方法为8-1-5，织至52行，两侧减针编织袖山，方法为平收4针，2-1-25，织至102行，织片余下27针，收针断线。
3.同样的方法编织另一袖片。
4.将袖山对应袖窿线缝合，再将袖底缝合。

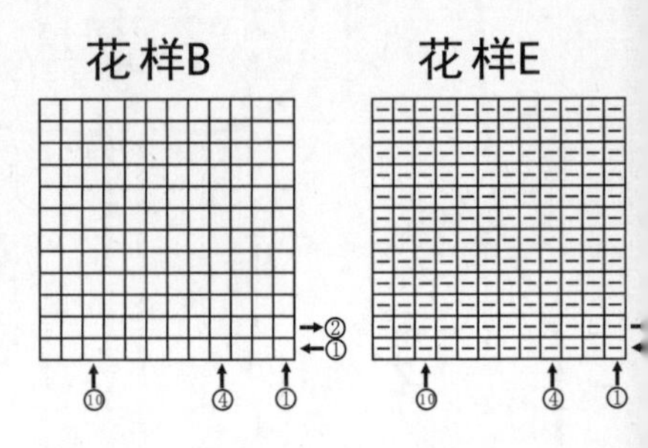
花样B
花样E

作品27

【成品规格】 衣长65cm，胸宽45cm，肩宽42cm，袖长51cm

【工　　具】 8号棒针

【编织密度】 15针×26行=10cm²

【材　　料】 灰色羊毛线750g

前片/后片/领片/袖片制作说明

1.棒针编织法：由前片与后片和两个袖片组成。用8号棒针编织，从下往上编织。
2.前后片织法：
(1)前片的编织：单罗纹起针法，起82针，起织花样A，不加减针，织14行的高度，下一行起，排花样编织，两边各取10针织下针，中间62针织花样B，两侧留1针缝边，起织两侧缝上减针，12-1-8，再织6行至袖窿。下一行起袖窿减针，4-1-4，织成16行后，不加减针，织18行后再次减针，2-1-8，织成50行的袖窿高度，余下42针，收针断线。
(2)后片的编织：后片的织法与前片完全相同，完成后将侧缝对应缝合。
3.袖片织法：从袖口起织，起34针，起织花样A，织14行的高度，下一行起依照花样C排花样编织，并在袖侧缝上加针编织，6-1-6，4-1-7，织成64行，下一行起袖山减针，两边减针，2-1-25，织成50行高，余下10针，收针断线。相同的方法再去编织另一个袖片。将两个袖山边线与衣身的袖窿边线对应缝合。再将袖侧缝缝合。
4.领片织法：沿前领窝挑38针、后领窝挑38针，共挑起76针，不加减针，织10行花样A，收针断线。衣服完成。

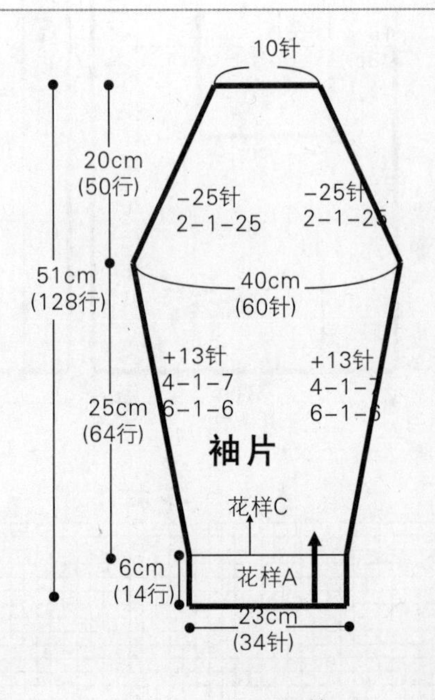
10针
20cm
(50行)
-25针
2-1-25
-25针
2-1-25
51cm
(128行)
40cm
(60针)
+13针
4-1-7
6-1-6
+13针
4-1-7
6-1-6
25cm
(64行)
袖片
花样C
6cm
(14行)
花样A
23cm
(34针)

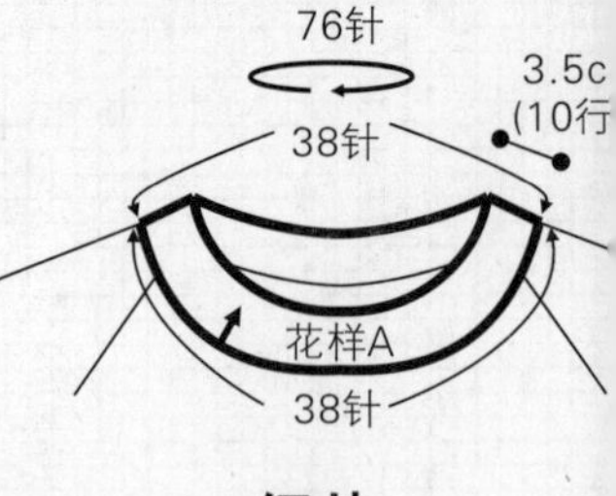
76针
3.5c
(10行
38针
花样A
38针

领片
(9号棒针)

42针
20cm
(50行)
-12针
2-1-8
平18行
4-1-4
-12针
2-1-8
平18行
4-1-4
45cm
(66针)
39cm
(102行)
前片
(8号棒针)
-8针
平6行
12-1-8
-8针
平6行
12-1-8
10针下针
62针花样B
10针下针
6cm
(14行)
花样A
55cm
(82针)

42针
20cm
(50行)
-12针
2-1-8
平18行
4-1-4
-12针
2-1-8
平18行
4-1-4
45cm
(66针)
39cm
(102行)
后片
(8号棒针)
-8针
平6行
12-1-8
-8针
平6行
12-1-8
10针下针
62针花样B
10针下针
6cm
(14行)
花样A
55cm
(82针)
65cm
(166行)

符号说明

⊟	上针	⧅	左并针
□=⊡	下针	⧄	右并针
2-1-3	行-针-次	⊡	镂空针
↑	编织方向		

花样A（单罗纹）

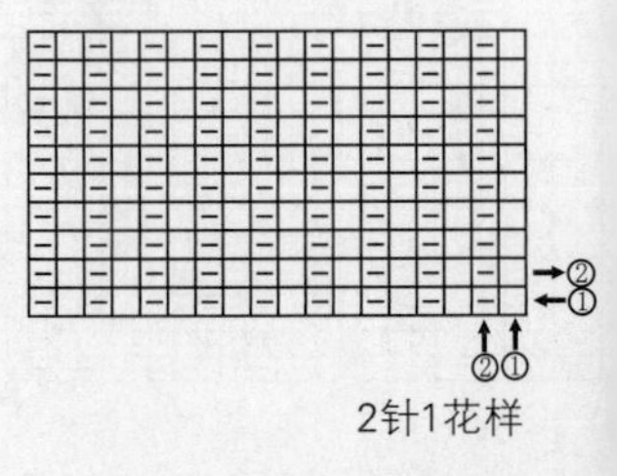

2针1花样

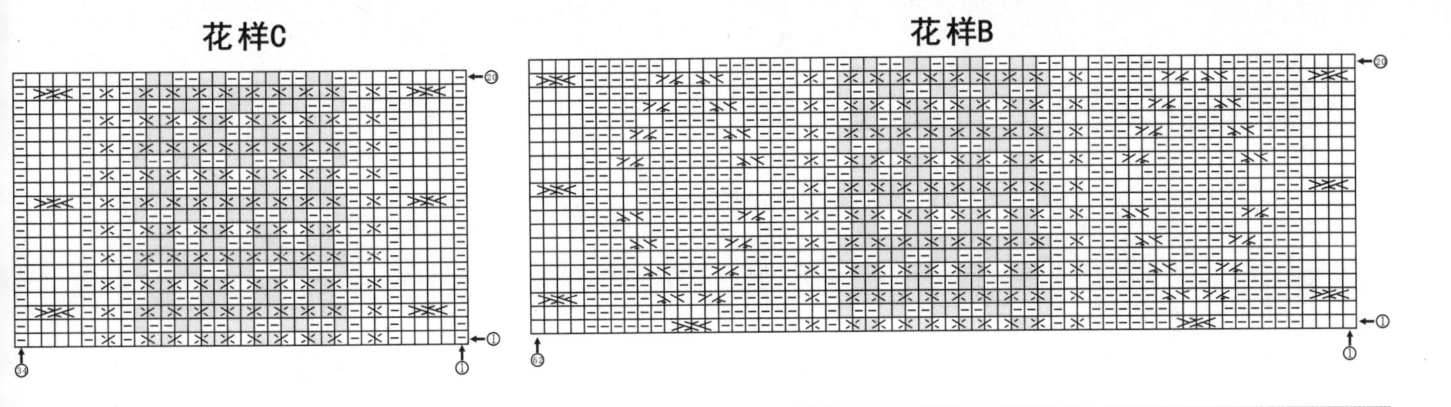

花样C
花样B

作品28

【成品规格】衣长61cm，胸宽55cm，肩宽39cm，袖长45cm
【工　　具】10号棒针
【编织密度】20针×39行=10cm²
【材　　料】白色羊毛线400g

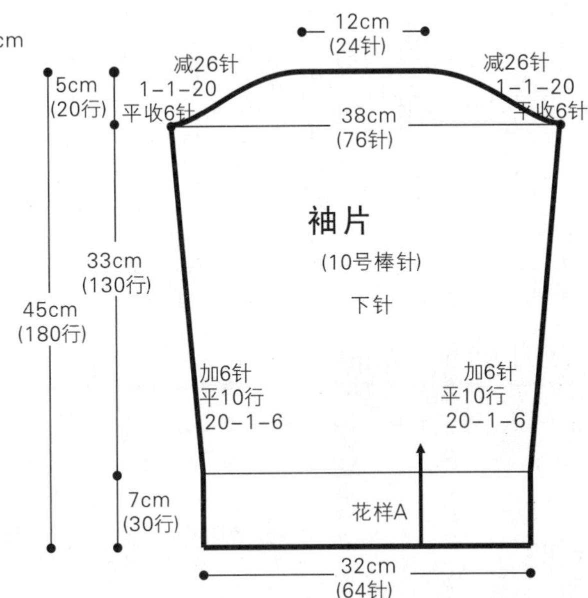

12cm
(24针)
减26针
1-1-20
平收6针
5cm
(20行)
38cm
(76针)
袖片
(10号棒针)
下针
33cm
(130行)
45cm
(180行)
加6针
平10行
20-1-6
7cm
(30行)
花样A
32cm
(64针)

前片/后片/领片/袖片制作说明

1.棒针编织法。由前片、后片、袖片与领片组成。

2.前后片织法：前片和后片的织法相同。

(1)前片的编织：双罗纹起针法，起146针，起织花样A，织50行，改织花样B，织130行至袖窿，袖窿起在两侧按平收6针，2-2-5方法各收16针，袖窿起织44行后减前衣领，在中间平收50针，分两片织，衣领减针，2-2-2，2-1-2，再织12行至肩部，余下20针，收针断线。另一半相同织法。

(2)后片的编织：双罗纹起针法，起110针，起织花样A，织50行，改织下针，织130行至袖窿，袖窿起在两侧按平收6针，2-2-5方法各收16针，再织平48行至肩部，剩78针，锁针断线。

3.袖片织法:双罗纹起针法，起64针，起织花样A，织30行，改织下针，同时在两侧按20-1-6方法各加6针，再织平10行至袖窿，袖窿起左右两侧按平收6针，1-1-20方法各收26针，剩24针，锁针断线。同样方法织另一袖片。

4.缝合：把织好的前片、后片缝合到起，再把袖片缝上。

5:领片的织法：沿前后领边挑132针，起织花样A，织82行，锁针断线。

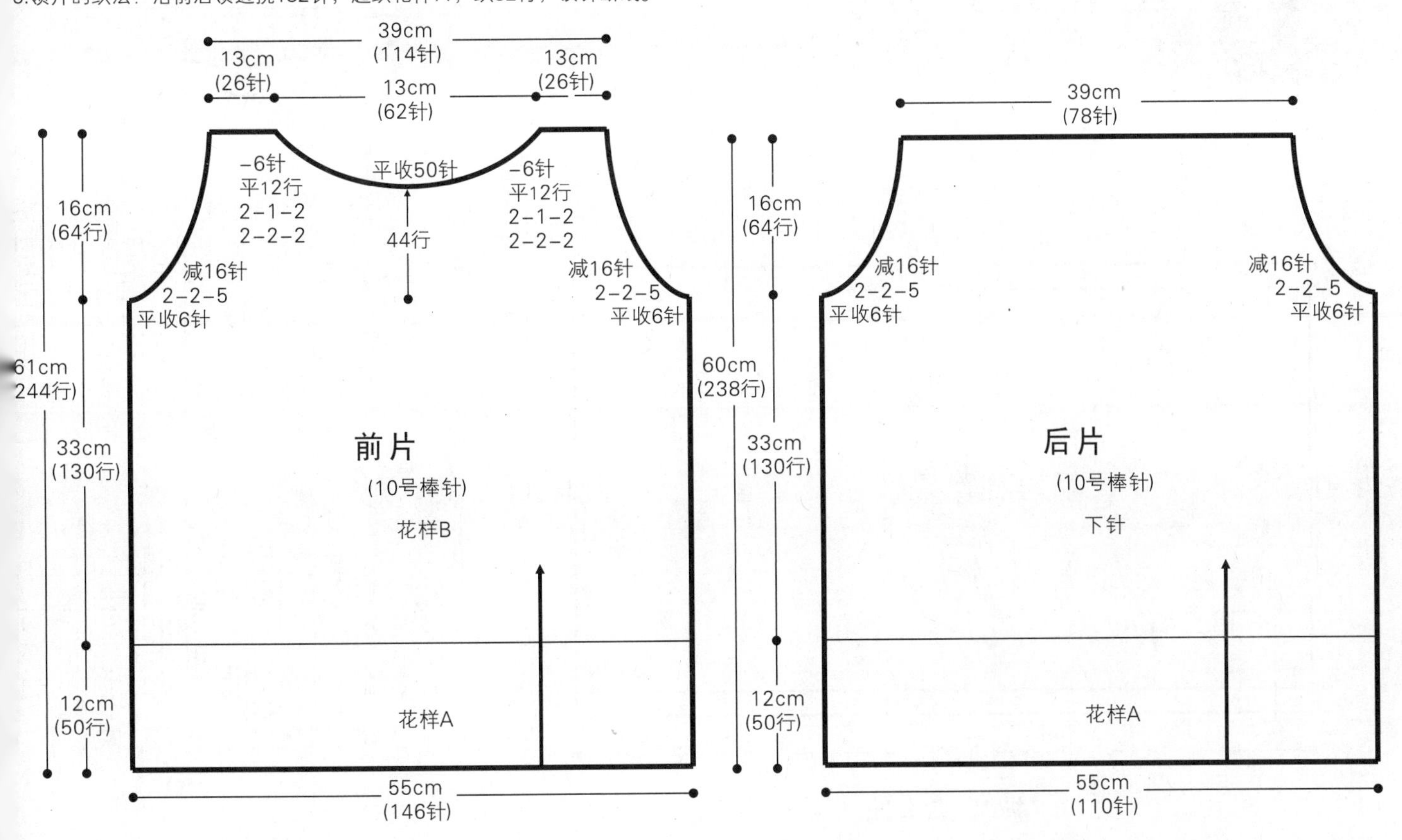

39cm
(114针)
13cm
(26针)
13cm
(62针)
13cm
(26针)
-6针
平12行
2-1-2
2-2-2
平收50针
44行
减16针
2-2-5
平收6针
16cm
(64行)
61cm
(244行)
33cm
(130行)
12cm
(50行)
前片
(10号棒针)
花样B
花样A
55cm
(146针)
39cm
(78针)
60cm
(238行)
后片
(10号棒针)
下针
55cm
(110针)

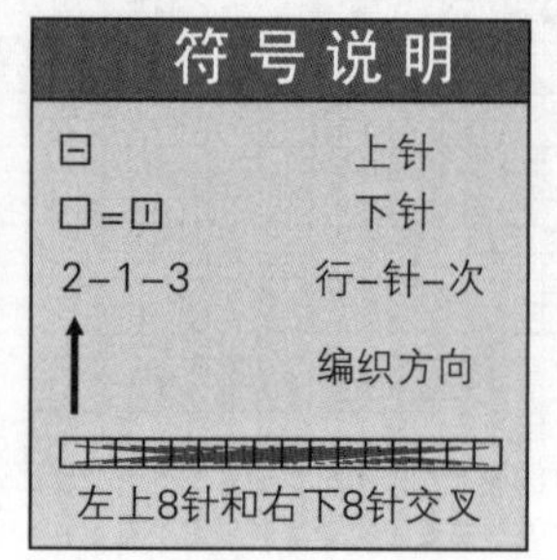

符号说明
上针
□=▯ 下针
2-1-3 行-针-次
编织方向
左上8针和右下8针交叉

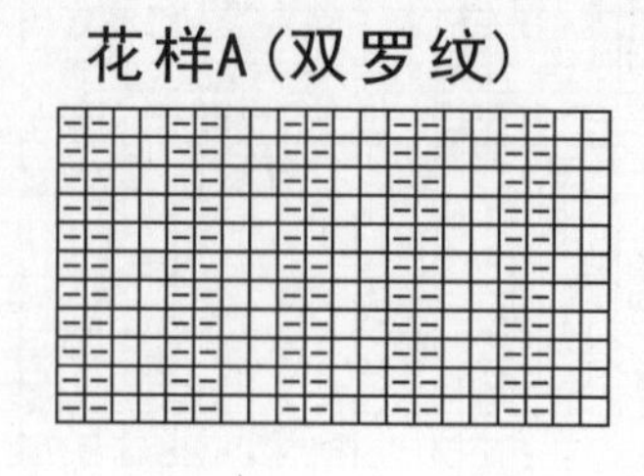

花样A(双罗纹)

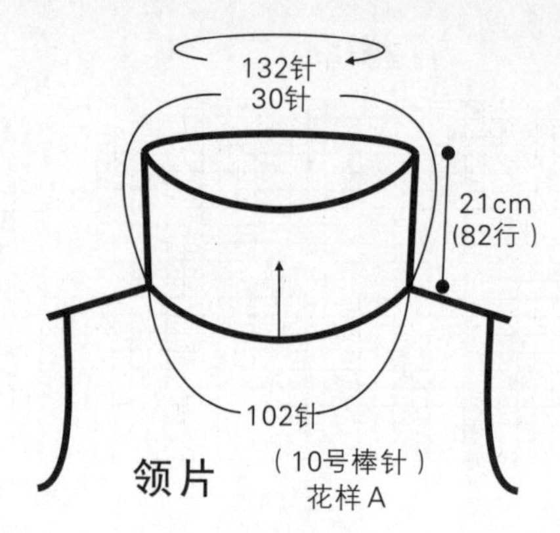

132针
30针
21cm
(82行)
102针
领片
(10号棒针)
花样A

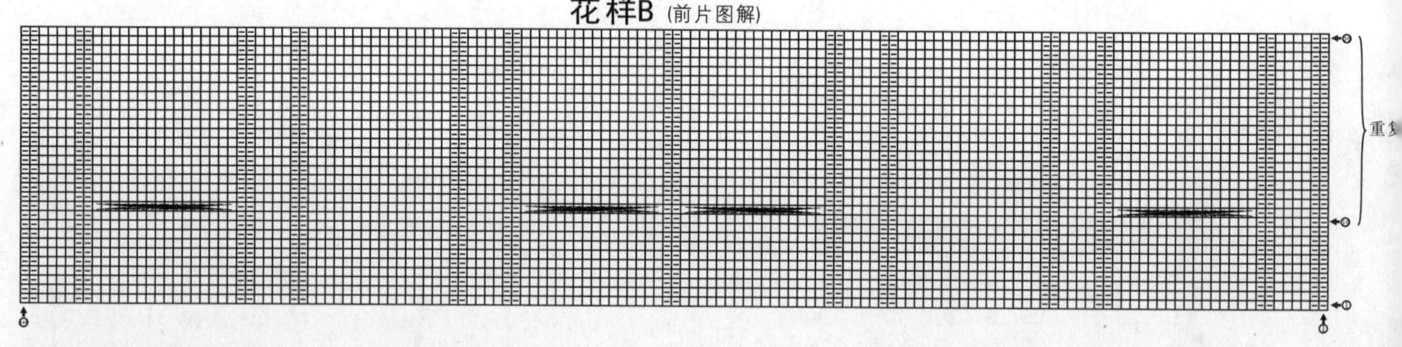

花样B (前片图解)

作品29

【成品规格】披肩长60cm，宽102cm

【编织密度】25.4针×32行=10cm²

【工　　具】11号棒针

【材　　料】米色羊毛线600g

制作说明

1.11号棒针，起260针，织6行单罗纹针，平织180行下针，最后织6行单罗纹针，收针完成。

2.按结构图所示，将织片上下对折，两侧各留起26cm，侧边对应缝合，成品形状见立体示意图。

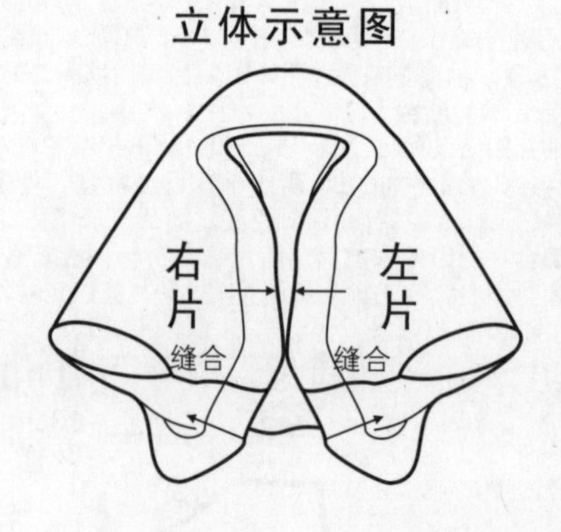

立体示意图
右片
左片
缝合
缝合

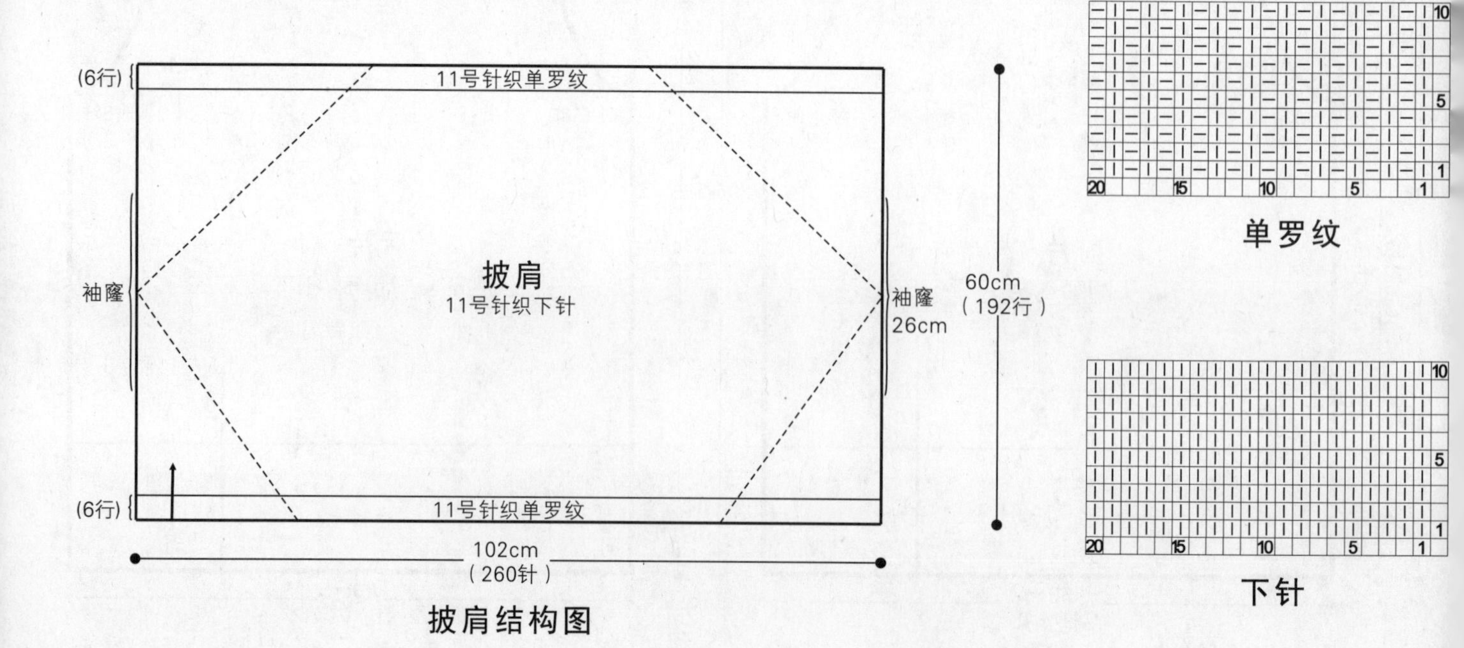

(6行)
11号针织单罗纹
袖窿
披肩
11号针织下针
袖窿
26cm
60cm
(192行)
(6行)
11号针织单罗纹
102cm
(260针)
披肩结构图
单罗纹
下针

作品30

【成品规格】披肩长118cm，宽40cm

【编织密度】20针×28行=10cm²

【工　　具】10号棒针

【材　　料】杏色羊毛线500g

制作说明

1.10号棒针，起80针，织4行搓板针后，两侧各织9针花样A，中间62针织花样B，按结构图所示平织324行，改织搓板针，织4行，收针完成。

2.按结构图所示位置缝合扣带和纽扣。

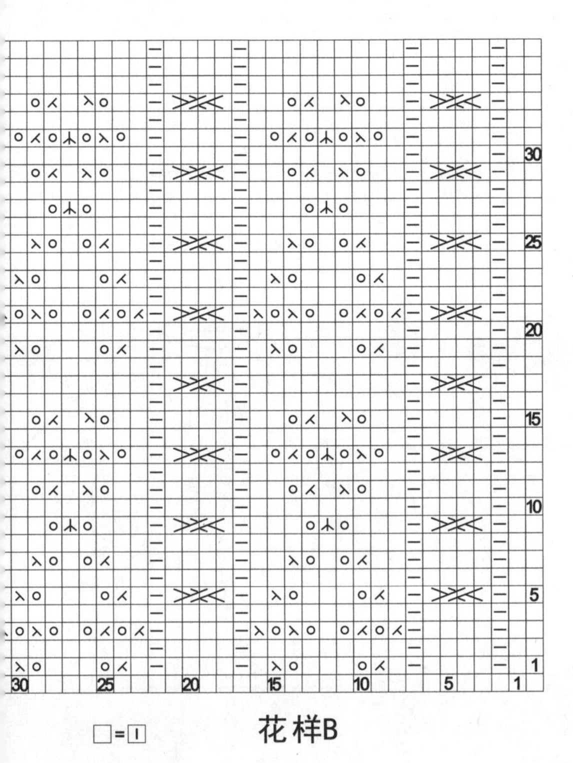

□=□ 花样B

立体示意图

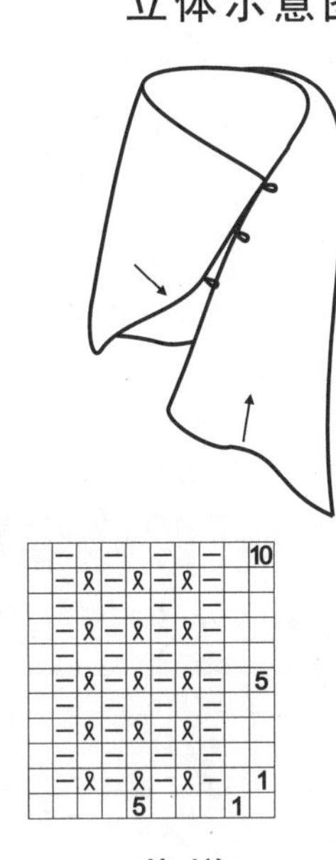

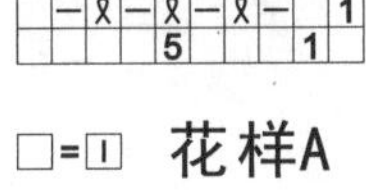

□=□ 花样A

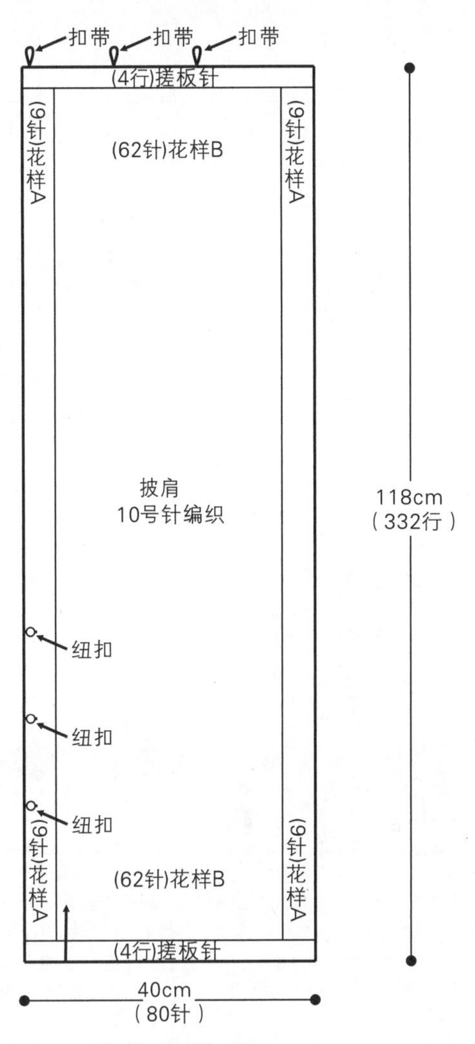

扣带
扣带
扣带
(4行)搓板针
(9针)花样A
(62针)花样B
(9针)花样A
披肩
10号针编织
118cm
(332行)
纽扣
纽扣
纽扣
(9针)花样A
(62针)花样B
(9针)花样A
(4行)搓板针
40cm
(80针)

披肩结构图

作品31

【成品规格】围巾长205cm，宽44cm

【编织密度】22针×30行=10cm²

【工　　具】11号棒针

【材　　料】蓝色细羊毛线700g

制作说明

11号棒针，起97针，织20行搓板针，两侧各织8针搓板针，中间81针织花样，平织576行，改织20行搓板针，收针完成。

立体示意图

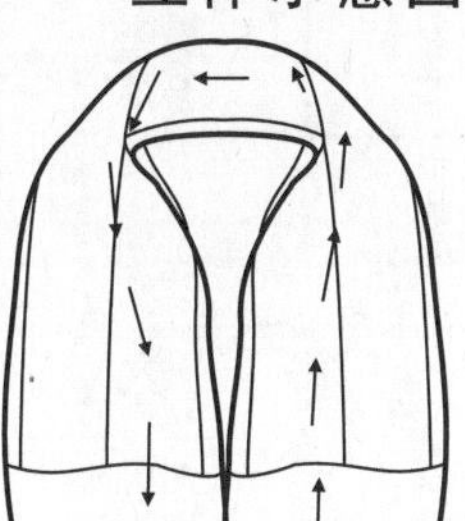

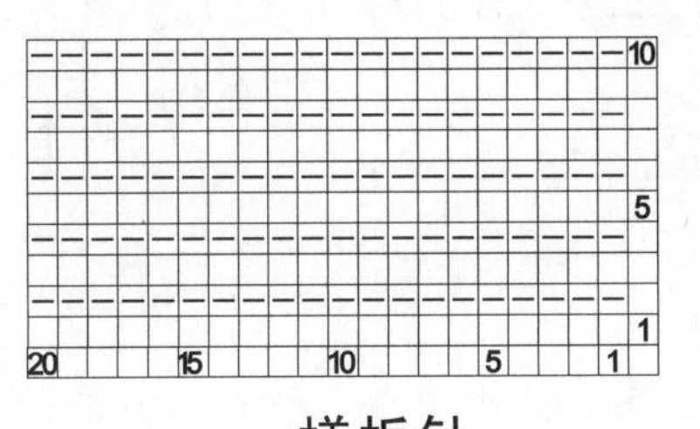

□=□ 搓板针

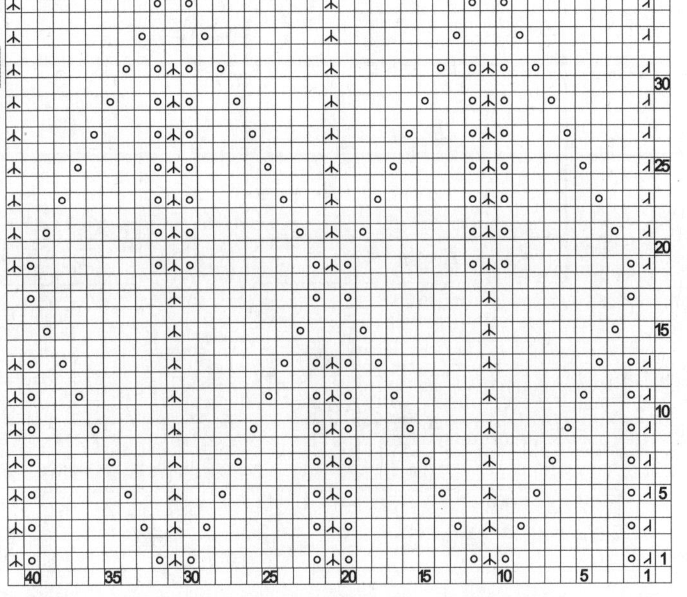

□=□ 花样

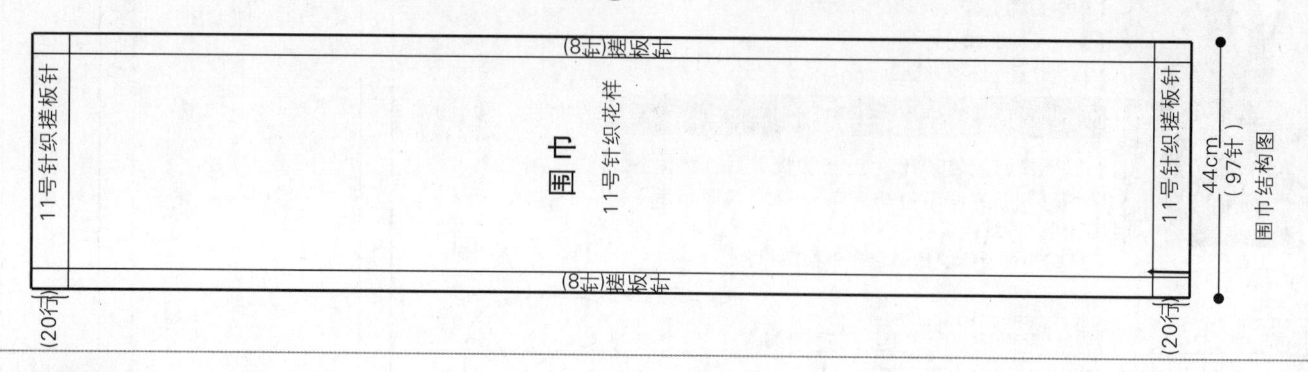

205cm
（616行）
11号针织搓板针
(8针)搓板针
11号针织花样
围巾
(8针)搓板针
(20行)
(20行)
44cm
（97针）
围巾结构图

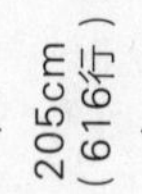

作品32

【成品规格】衣长60cm，胸围88cm，袖长62cm

【编织密度】25.5针×31.5行=10cm²

【工　　具】11号棒针

【材　　料】蓝色羊绒线250g，白色羊绒线300g

制作说明

1.后片：用11号针蓝色线起112针织单罗纹18行，改织下针，织20行改用白色线编织，然后每间隔38行变换颜色，平织112行开袖窿，腋下各收11针；织56行，后领窝最后4行开始织。

2.前片：同样的方法织前片，前领窝最后36行开始织，按图示减针。

3.袖：从袖口往上织；用11号针蓝色线起52针织单罗纹34行后，改用白色线织下针，两侧按图示加针，织116行，袖山按图示减针，最后20针平收。

4.领：从领窝挑156针织28行下针，改织单罗纹，织14行，收针。

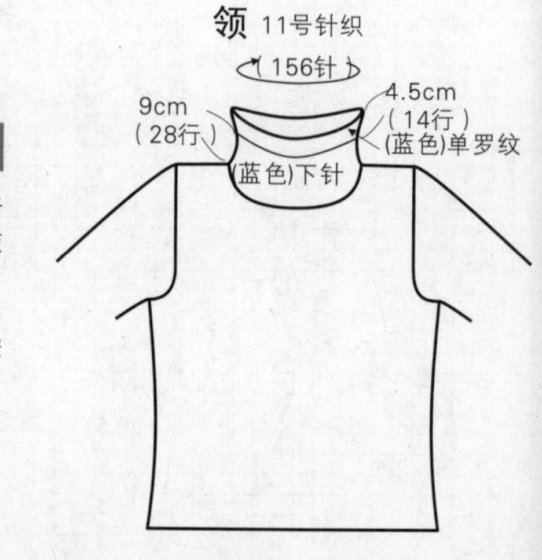

领 11号针织
（156针）
9cm
（28行）
4.5cm
（14行）
(蓝色)单罗纹
(蓝色)下针

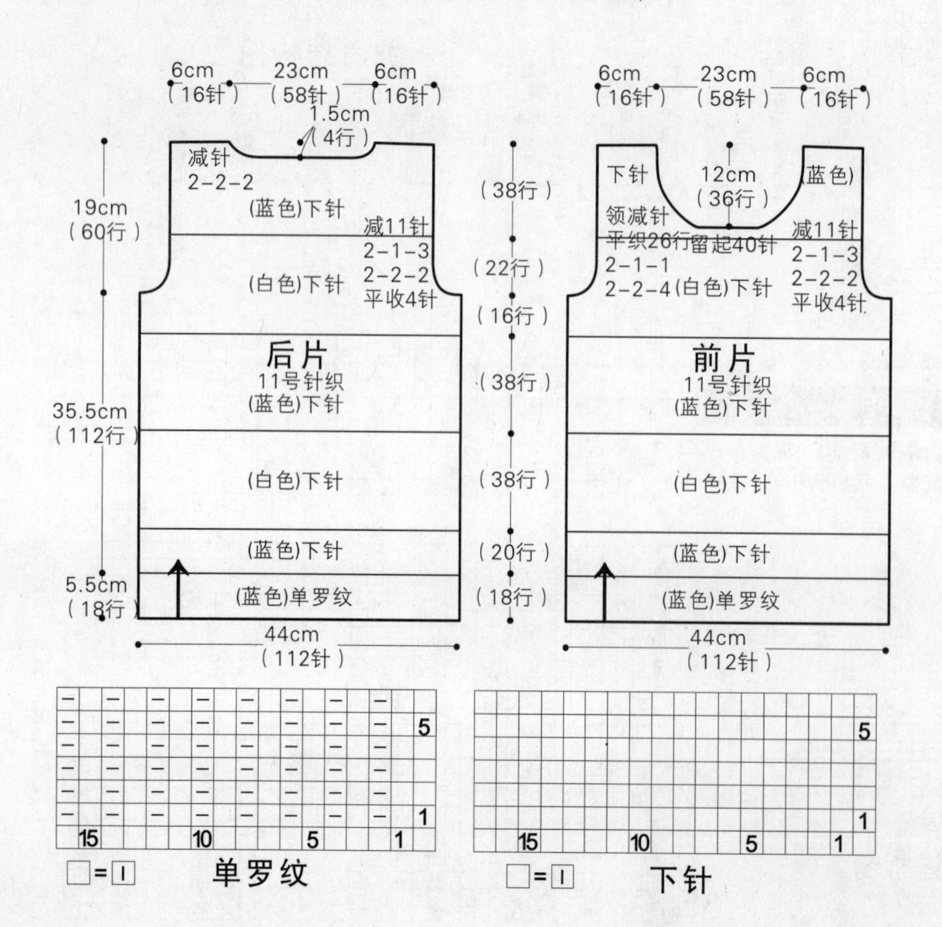

6cm
（16针）
23cm
（58针）
6cm
（16针）
1.5cm
（4行）
减针
2-2-2
(蓝色)下针
19cm
（60行）
减11针
2-1-3
2-2-2
平收4针
(白色)下针
后片
11号针织
(蓝色)下针
35.5cm
（112行）
(白色)下针
(蓝色)下针
5.5cm
（18行）
(蓝色)单罗纹
44cm
（112针）
（38行）
（22行）
（16行）
（38行）
（38行）
（20行）
（18行）
下针
12cm
（36行）
(蓝色)
领减针
平织26行
留起40针
2-1-1
2-2-4
(白色)下针
减11针
2-1-3
2-2-2
平收4针
前片
11号针织
(蓝色)下针
(白色)下针
(蓝色)下针
(蓝色)单罗纹
44cm
（112针）
15
10
5
1
5
1
单罗纹
下针

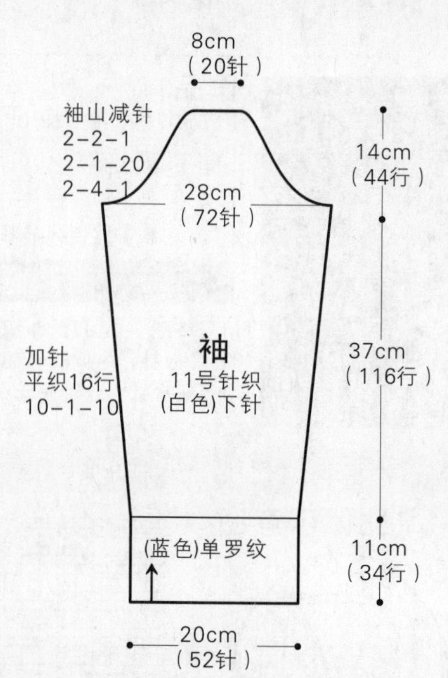

8cm
（20针）
袖山减针
2-2-1
2-1-20
2-4-1
28cm
（72针）
14cm
（44行）
加针
平织16行
10-1-10
袖
11号针织
(白色)下针
37cm
（116行）
(蓝色)单罗纹
11cm
（34行）
20cm
（52针）

作品33

【成品规格】衣长55cm，胸围80cm，袖长58cm

【编织密度】22.5针×32行=10cm²

【工　　具】12号棒针

【材　　料】灰色羊绒线500g，纽扣6颗

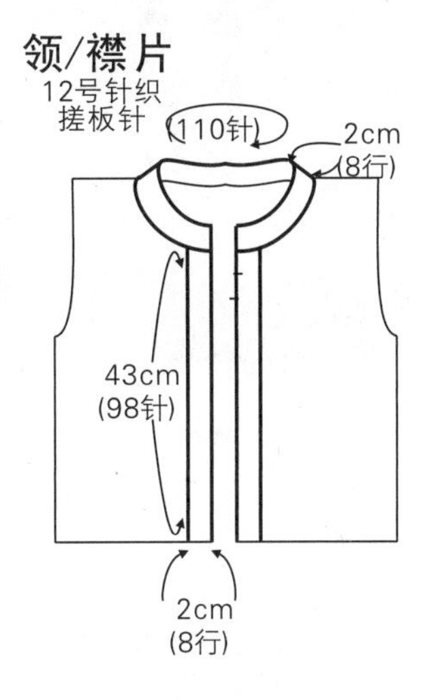

领/襟片
12号针织
搓板针
(110针)
2cm
(8行)
43cm
(98针)
2cm
(8行)

制作说明

1.后片：用12号针起90针织搓板针22行，改织上针，平织90行开袖窿，腋下各收8针；织60行，后领窝最后4行开始织。

.左前片：用12号针起42针织搓板针22行，改织花样，左右两侧各5针上针，平织90行左侧开袖窿，腋下收8针；26行，右侧按图示减针织前领窝；同样的方法相反方向织右前片。

.袖：从袖口往上织；用12号针起50针织搓板针34行后，改织花样，左右两边各9针上针，两侧按图示加针，织12行，袖山按图示减针，最后18针平收。

.衣襟：左右衣襟侧分别挑98针，织8行搓板针，收针。注意右前片衣襟均匀留6个扣眼。

.领：从领窝挑110针织8行搓板针，收针。

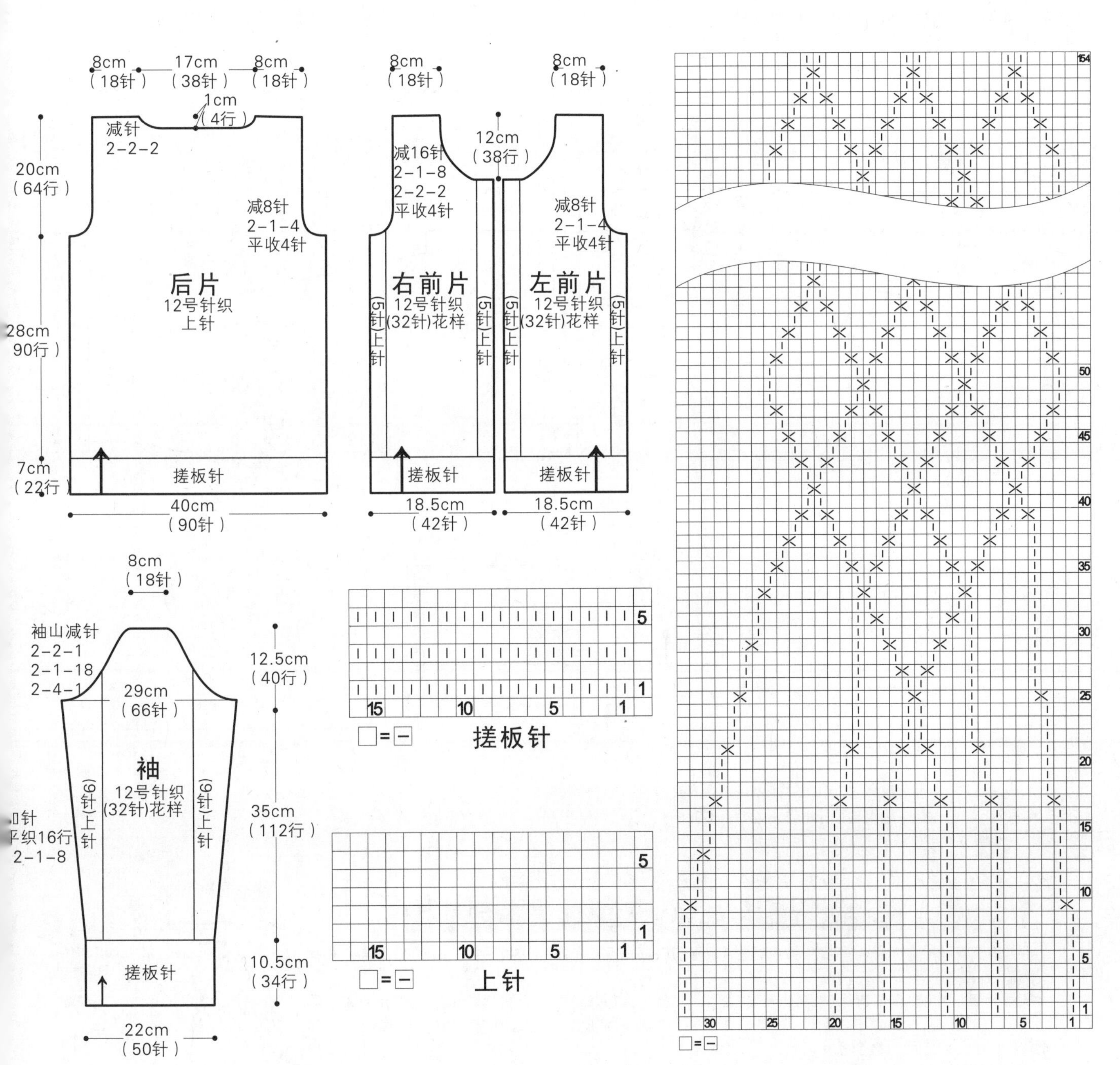

8cm
(18针)
17cm
(38针)
8cm
(18针)
1cm
(4行)
减针
2-2-2
20cm
(64行)
减8针
2-1-4
平收4针
后片
12号针织
上针
28cm
90行)
7cm
(22行)
搓板针
40cm
(90针)
8cm
(18针)
12cm
(38针)
减16针
2-1-8
2-2-2
平收4针
右前片
12号针织
(32针)花样
(5针)上针
搓板针
18.5cm
(42针)
左前片
12号针织
(32针)花样
18.5cm
(42针)
8cm
(18针)
袖山减针
2-2-1
2-1-18
2-4-1
29cm
(66针)
袖
12号针织
(32针)花样
(9针)上针
12.5cm
(40行)
35cm
(112行)
10.5cm
(34行)
平织16行
2-1-8
22cm
(50针)
□=□
搓板针
□=□
上针
□=□
花样

作品34

【成品规格】衣长50cm，胸围98cm，袖长62cm

【编织密度】21.5针×24行=10cm²

【工　　具】11号棒针

【材　　料】绿色棉线500g

制作说明

1.后片：用11号针起118针织2行单罗纹，两侧继续各织6针单罗纹，中间织花样，平织24行，中间部分改织16行上针，然后改织下针，两侧按示图减针，织16行后，改织上针，平织10行，两侧按图示各加116针织袖片，织26行后，两侧各加18针织花样，作为袖边，平织26行，后片完成。接着织左右前片。

2.左右前片：左右前片各取185针，编织方法相同，方向相反，以左前片为例，起织时衣领按图示减3针，织6针单罗纹，其它针数仍按原花样编织，织26行，左侧袖边平收18针，然后按图示减针，织26行后平织10行，改织下针，左侧按图示加针，织16行后，左侧织6针单罗纹，中间部分改织16行上针，然后织24行花样，最后织2行单罗纹收边。

3.缝合袖筒内侧及侧缝10cm。

15　10　5　1

□=|

下针

15　10　5　1

□=|

上针

15　10　5　1

□=|

单罗纹

15　10　5　1

□=|

编织花样

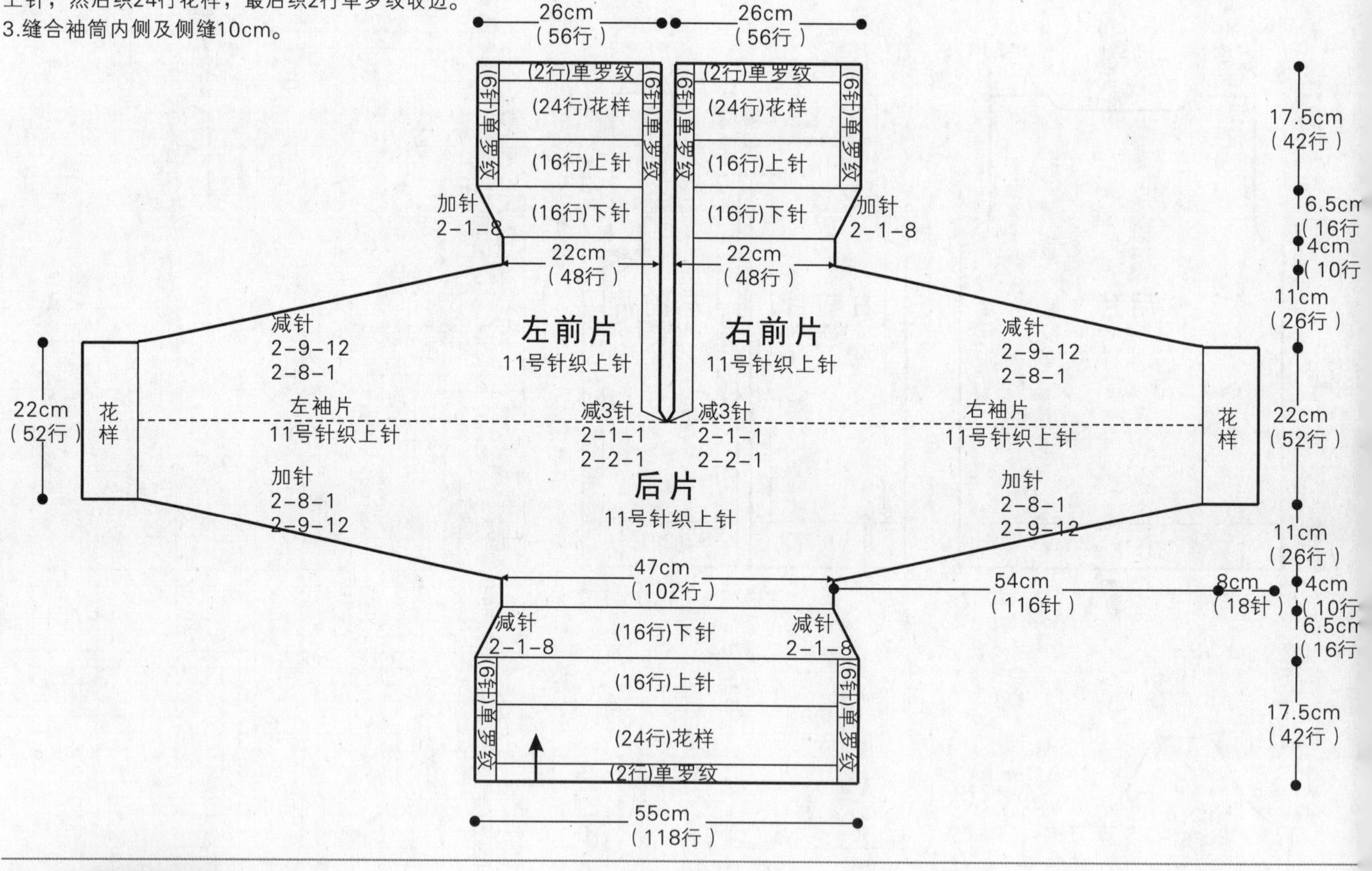

26cm
(56行)
26cm
(56行)
(2行)单罗纹
(24行)花样
(16行)上针
(16行)下针
(6针)单罗纹
加针
2-1-8
22cm
(48行)
17.5cm
(42行)
6.5cm
(16行)
4cm
(10行)
11cm
(26行)
左前片
11号针织上针
右前片
11号针织上针
减针
2-9-12
2-8-1
22cm
(52行)
花样
左袖片
11号针织上针
右袖片
11号针织上针
减3针
2-1-1
2-2-1
加针
2-8-1
2-9-12
后片
11号针织上针
47cm
(102行)
54cm
(116针)
8cm
(18针)
减针
2-1-8
55cm
(118行)

作品35

【成品规格】衣长50cm，胸围84cm，袖长30cm

【编织密度】17针×24行=10cm²

【工　　具】10号棒针

【材　　料】灰色线500g，纽扣5颗

制作说明

1.后片：起72针织花样A，平织68行开袖窿，腋下各收8针；织50行，后领窝最后2行开始织。

2.左前片：起40针织花样A，右侧衣襟每行留起一个扣眼，平织68行开袖窿，左侧腋下收8针，右侧按图示领口减针，织52行，肩部余下14针。同样的方法相反方向织右前片，完成后，缝合各片。

3.袖：袖摆起34针从袖口往上针，织100行花样B，然后在袖摆一侧挑起48针织花样C，两侧按图示加针，织14行，袖山按图示减针，最后12针平收。

4.领：起30针，织192行花样B，完成后均匀制作褶皱与领口缝合。

上衣立体图

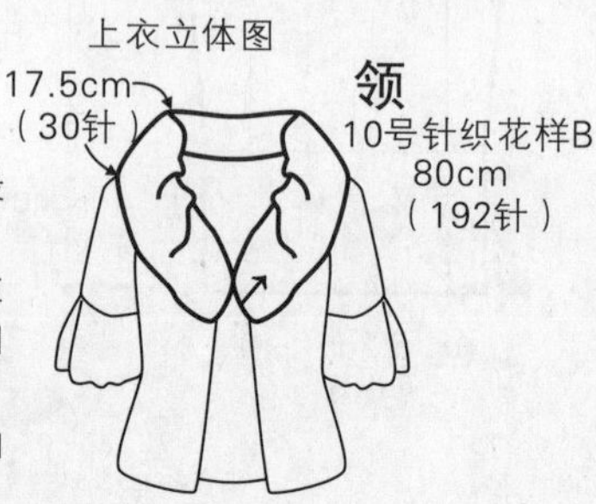

17.5cm
(30针)
领
10号针织花样B
80cm
(192针)

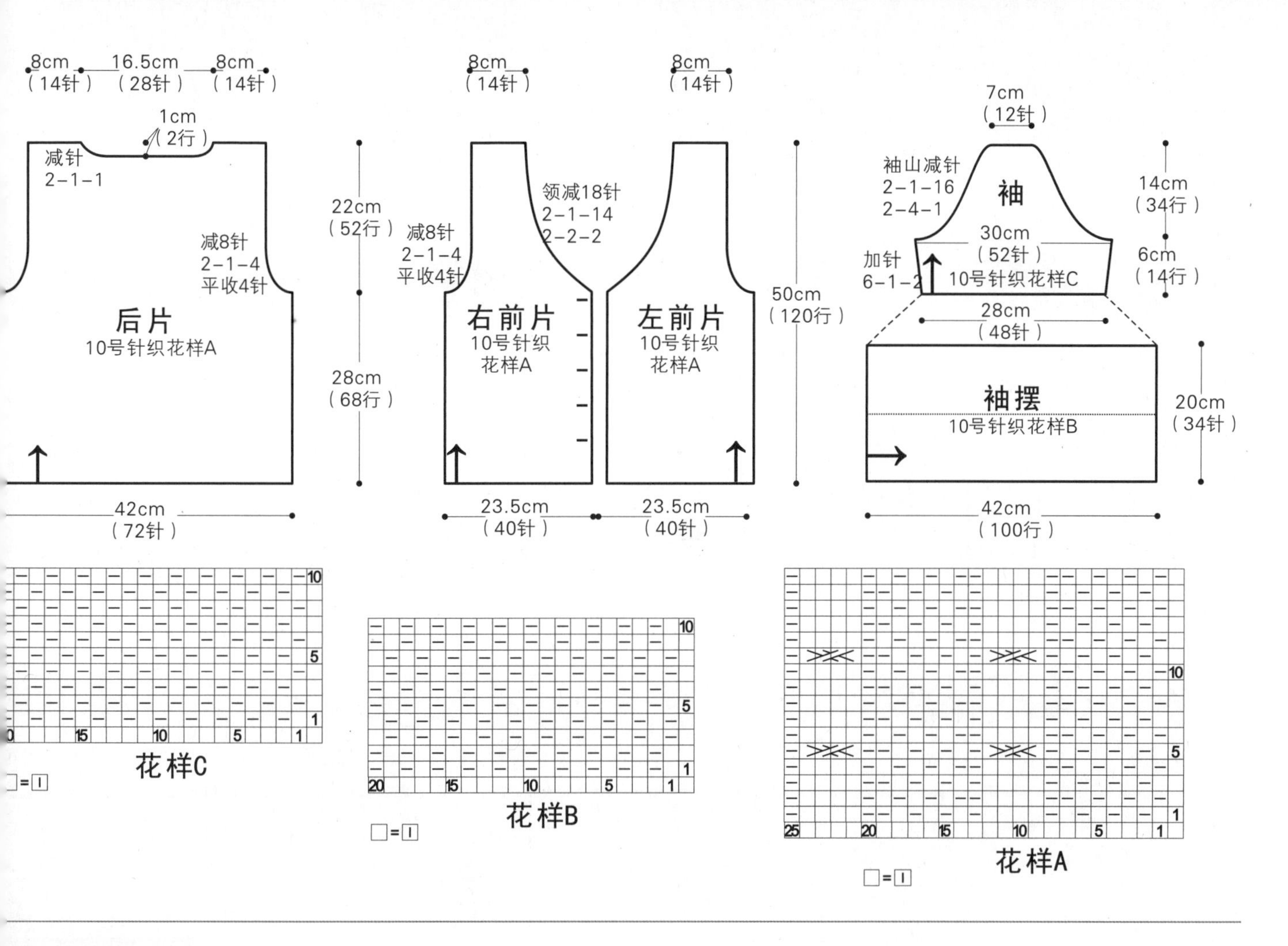
8cm
(14针)
16.5cm
(28针)
8cm
(14针)
1cm
(2行)
减针
2-1-1
减8针
2-1-4
平收4针
后片
10号针织花样A
42cm
(72针)
22cm
(52行)
28cm
(68行)
8cm
(14针)
领减18针
2-1-14
2-2-2
减8针
2-1-4
平收4针
右前片
10号针织
花样A
左前片
10号针织
花样A
23.5cm
(40针)
23.5cm
(40针)
50cm
(120行)
7cm
(12针)
袖山减针
2-1-16
2-4-1
袖
14cm
(34行)
30cm
(52针)
6cm
(14行)
加针
6-1-2
10号针织花样C
28cm
(48针)
袖摆
10号针织花样B
20cm
(34针)
42cm
(100行)
花样C
花样B
花样A

作品36

【成品规格】衣长77cm，胸围125cm

【编织密度】16针×22行=10cm²

【工　　具】12号棒针，13号棒针

【材　　料】蓝色棉线700g

制作说明

1.上身片：用13号针起80针，织24行单罗纹后，改用12号针按花样编织方法加针，织24行，织片变成160针，改织下针，每间隔6针加1针，每6行加针一次，织30行，织片变成344针，不再加减针，前后片各取92针，左右袖片各80针，开始编织下摆片。

2.下摆片：用12号针挑起前后下摆片各92针，两端各加起4针，编织下针，平织80行，改织单罗纹，织14行，收针。

3.袖：用12号针挑起袖片各80针，两端各加4针，编织下针，两侧按8-1-8的方法减针，织66行，均匀分散减针38针，余下34针，织14行收针。

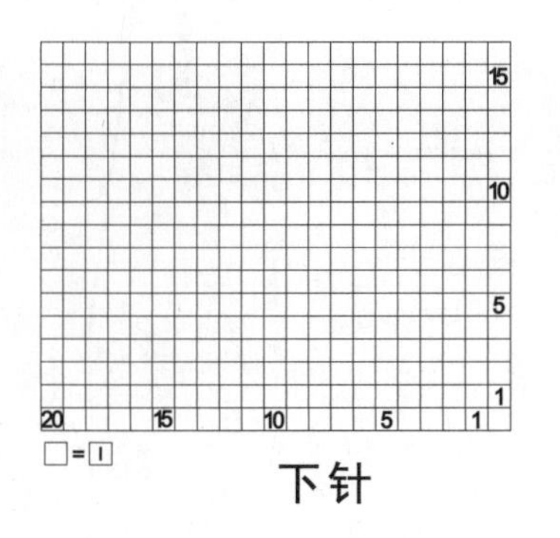
下针

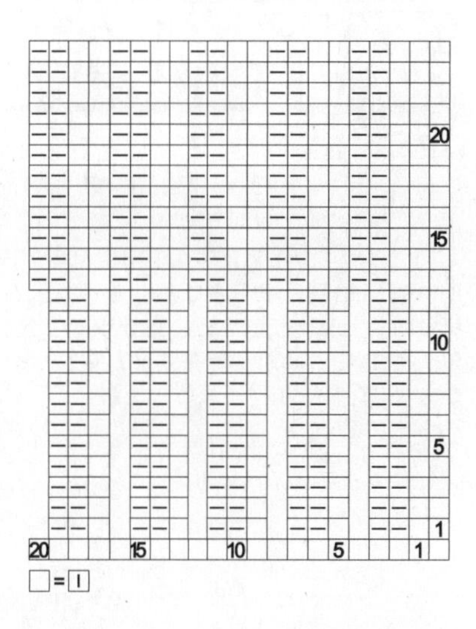
编织花样

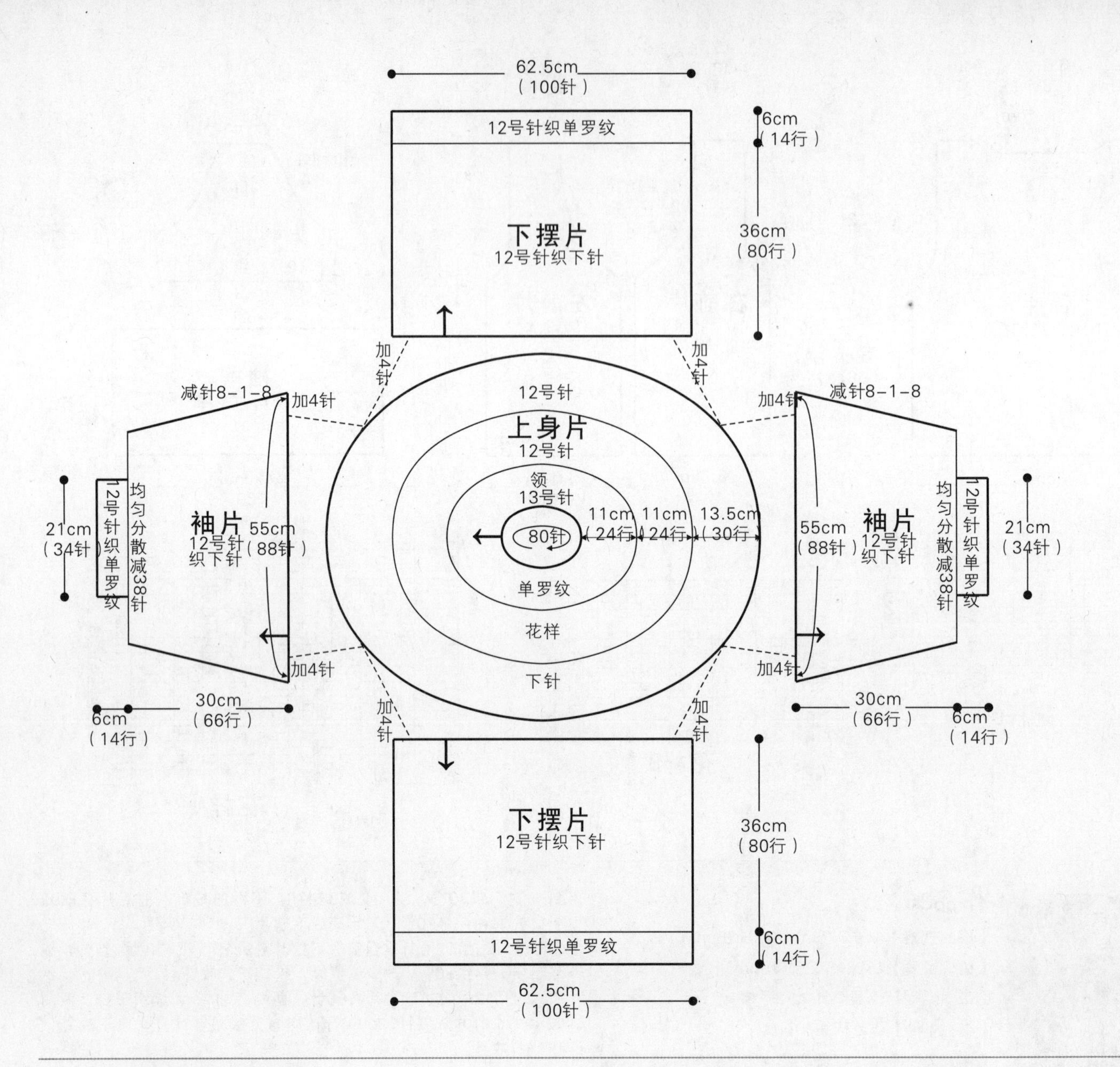
62.5cm
（100针）
12号针织单罗纹
6cm
（14行）
下摆片
12号针织下针
36cm
（80行）
加4针
加4针
减针8-1-8
加4针
12号针
上身片
12号针
领
13号针
80针
11cm
（24行）
11cm
（24行）
13.5cm
（30行）
单罗纹
花样
下针
21cm
（34针）
12号针织单罗纹
均匀分散减38针
袖片
12号针织下针
55cm
（88针）
加4针
30cm
（66行）
6cm
（14行）
下摆片
12号针织下针
36cm
（80行）
12号针织单罗纹
6cm
（14行）
62.5cm
（100针）

作品37

【成品规格】衣长57cm，胸围100cm，袖长40cm

【编织密度】14.4针×16行=10cm²

【工　　具】9号棒针

【材　　料】蓝色棉线500g

制作说明

1.后片：用9号针起72针织单罗纹10行，改为花样A与花样B组合编织，平织46行开袖窿，腋下各收6针；织80行，后领窝最后2行开始织。

2.前片：用9号针起72针织单罗纹10行，改为花样B与花样C组合编织，平织46行开袖窿，腋下各收6针；织64行，按图解所示减针织前领窝。

3.袖：从袖口往上织；用9号针起38针织单罗纹10行后，改为花样B与花样D组合编织，两侧按图示加针，织34行，袖山按图示减针，最后18针平收。

4.领：从领窝挑80针织8行单罗纹，收针。

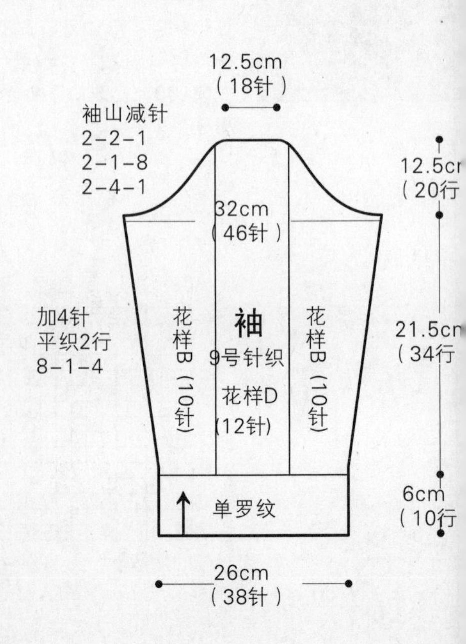
12.5cm
（18针）
袖山减针
2-2-1
2-1-8
2-4-1
32cm
（46针）
12.5cm
（20行）
加4针
平织2行
8-1-4
花样B（10针）
袖
9号针织
花样D
（12针）
花样B（10针）
21.5cm
（34行）
单罗纹
6cm
（10行）
26cm
（38针）

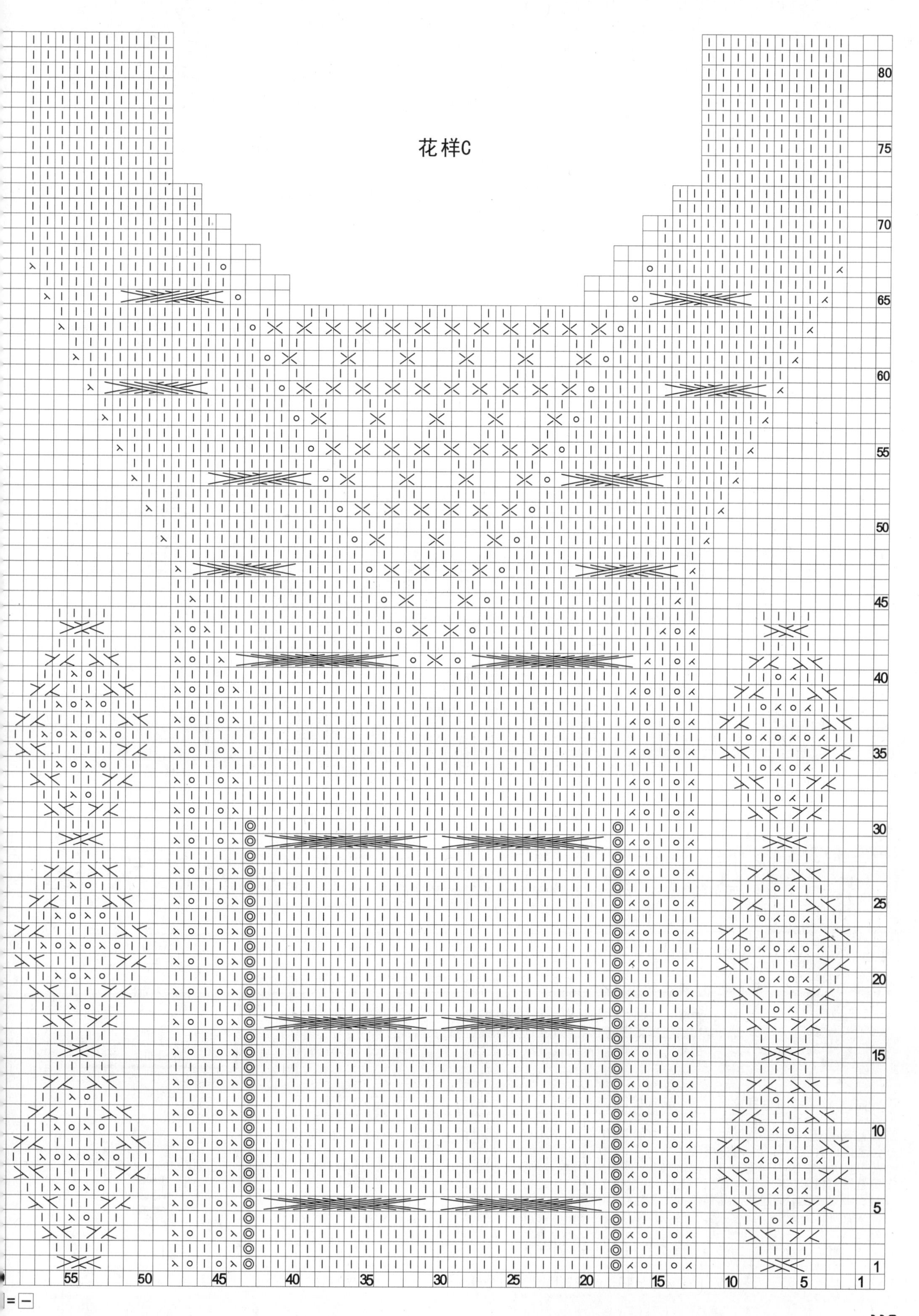
花样C
80
75
70
65
60
55
50
45
40
35
30
25
20
15
10
5
1
55
50
45
40
35
30
25
20
15
10
5
1
| = –

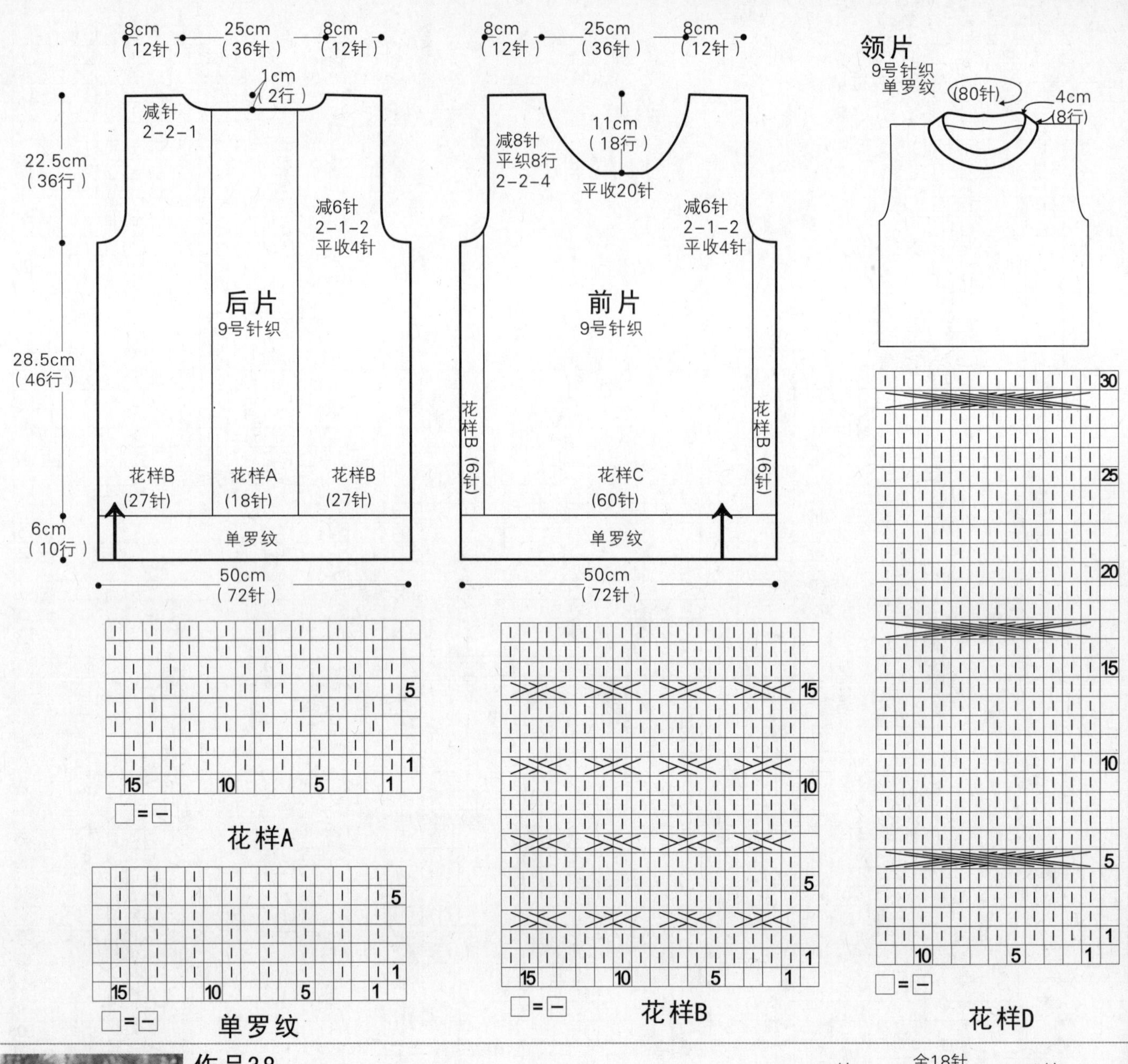
8cm
(12针)
25cm
(36针)
1cm
(2行)
减针
2-2-1
22.5cm
(36行)
减6针
2-1-2
平收4针
后片
9号针织
28.5cm
(46行)
花样B
(27针)
花样A
(18针)
6cm
(10行)
单罗纹
50cm
(72针)
11cm
(18行)
减8针
平织8行
2-2-4
平收20针
前片
花样B(6针)
花样C
(60针)
领片
9号针织
单罗纹
(80针)
4cm
(8行)
花样A
花样B
花样D

作品38

【成品规格】衣长50cm，胸宽45cm，肩宽33cm，袖长20cm

【工　　具】9号棒针

【编织密度】22针×28行=10cm²

【材　　料】深蓝色羊毛线650g

前片/后片/领片/袖片制作说明

1.棒针编织法。由前片与后片和两个袖片组成。从下往上织，用9号棒针编织。

2.前后片织法：

（1）前片的编织：单罗纹起针法，起100针，起织花样A，织4行后，依照花样B排花型编织，不加减针，织96行的高度，下一行起袖窿减针，两边同时收针7针，然后2-1-6，各减少13针，当织成袖窿算起24行的高度时，下一行中间收针18针，两边各自减针织前衣领，2-1-8，织成16行，至肩部，余下20针，收针断线。

（2）后片的编织：袖窿以下的编织与前片完全相同，袖窿减针与前片相同，当织成袖窿算起32行的高度时，下一行中间收针22针，两边减针，2-2-2，2-1-2，织成8行，至肩部，余下20针，收针断线。将前后片的肩部对应缝合，再将侧缝对应缝合。

3.袖片织法：从袖口起织，起38针，起织花样A，织4行，然后依照花样C排花型编织，并在两袖侧缝上加针，加上针，6-1-6，织成36行，下一行袖山减针，两边同时收针7针，然后2-1-9，织成18行高，余下18针，收针断线。相同的方法再去编织另一个袖片。将两个袖山边线与衣身的袖窿边线对应缝合。再将袖侧缝缝合。

4.领片织法：沿前领窝挑48针、后领窝挑40针，共挑起88针，不加减针，织8行花样A，收针断线。衣服完成。

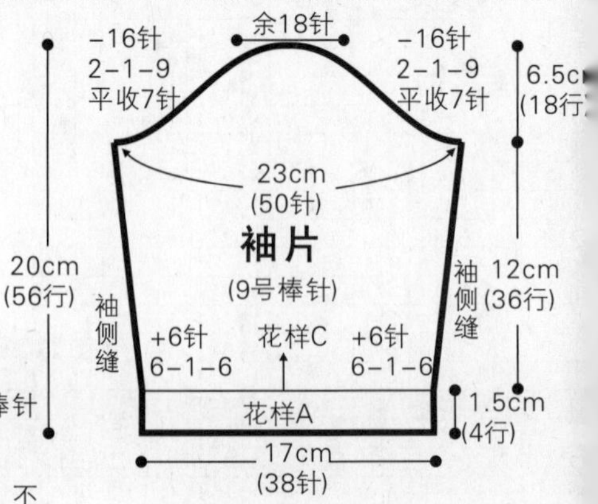
余18针
-16针
2-1-9
平收7针
6.5cm
(18行)
23cm
(50针)
袖片
(9号棒针)
20cm
(56行)
袖侧缝
12cm
(36行)
+6针
6-1-6
花样C
花样A
1.5cm
(4行)
17cm
(38针)

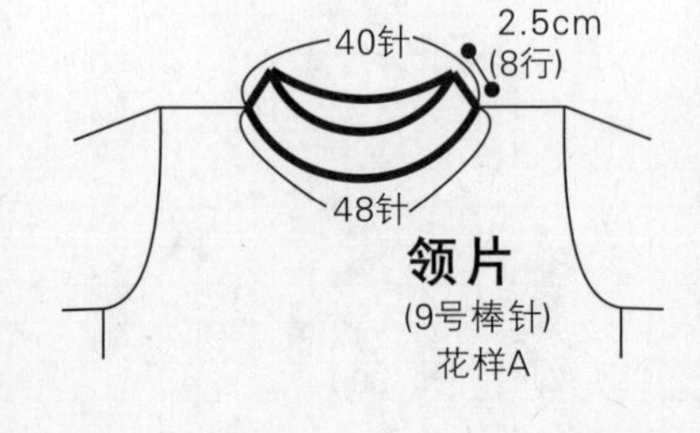
40针
2.5cm
(8行)
48针
领片
(9号棒针)
花样A

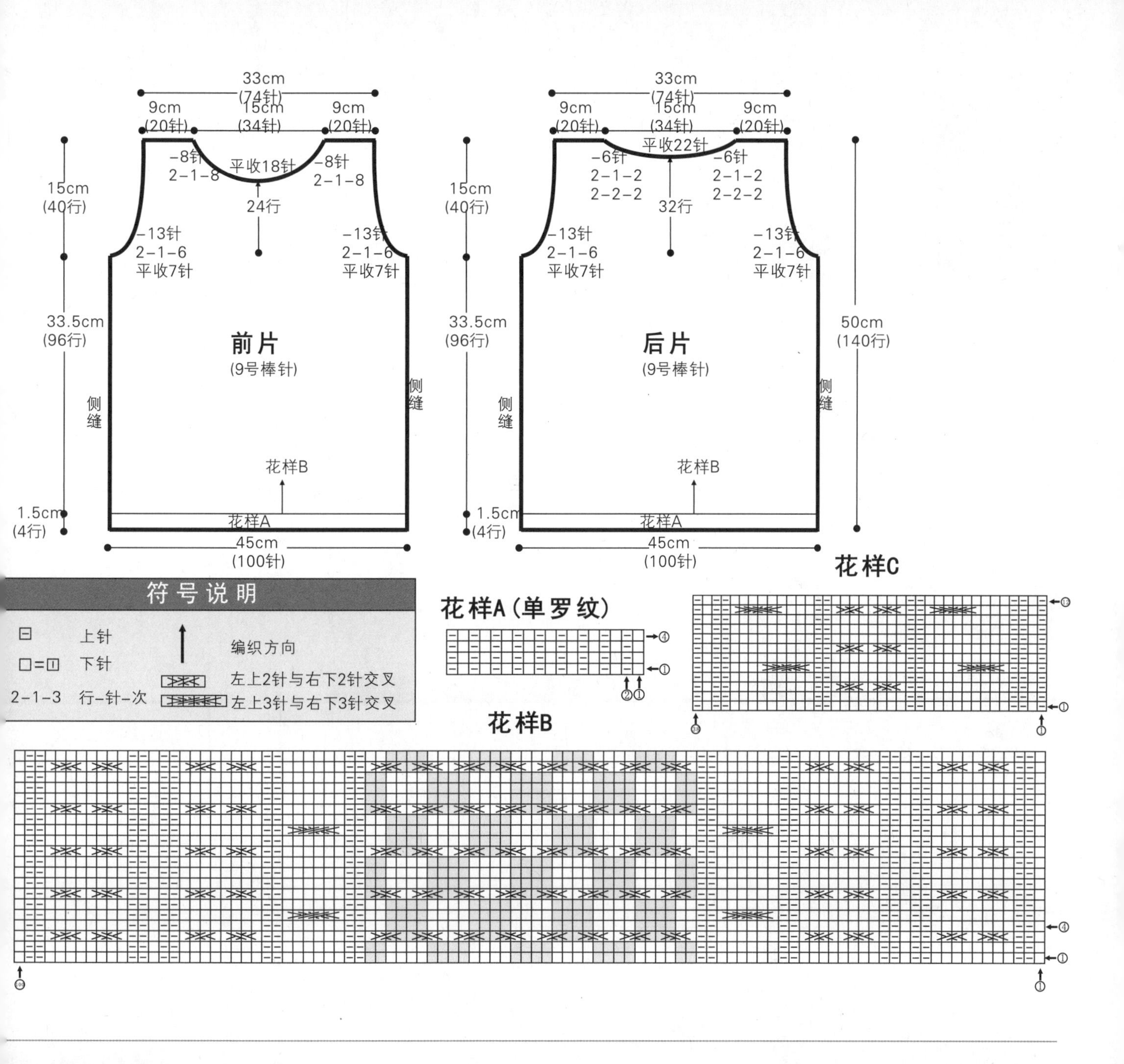

33cm
(74针)
9cm
(20针)
15cm
(34针)
9cm
(20针)
-8针
2-1-8
平收18针
-8针
2-1-8
24行
15cm
(40行)
-13针
2-1-6
平收7针
-13针
2-1-6
平收7针
33.5cm
(96行)
前片
(9号棒针)
侧缝
侧缝
花样B
1.5cm
(4行)
花样A
45cm
(100针)
33cm
(74针)
9cm
(20针)
15cm
(34针)
9cm
(20针)
平收22针
-6针
2-1-2
2-2-2
-6针
2-1-2
2-2-2
32行
15cm
(40行)
-13针
2-1-6
平收7针
-13针
2-1-6
平收7针
33.5cm
(96行)
后片
(9号棒针)
50cm
(140行)
侧缝
侧缝
花样B
1.5cm
(4行)
花样A
45cm
(100针)
符号说明
上针
下针
2-1-3 行-针-次
编织方向
左上2针与右下2针交叉
左上3针与右下3针交叉
花样A（单罗纹）
花样B
花样C

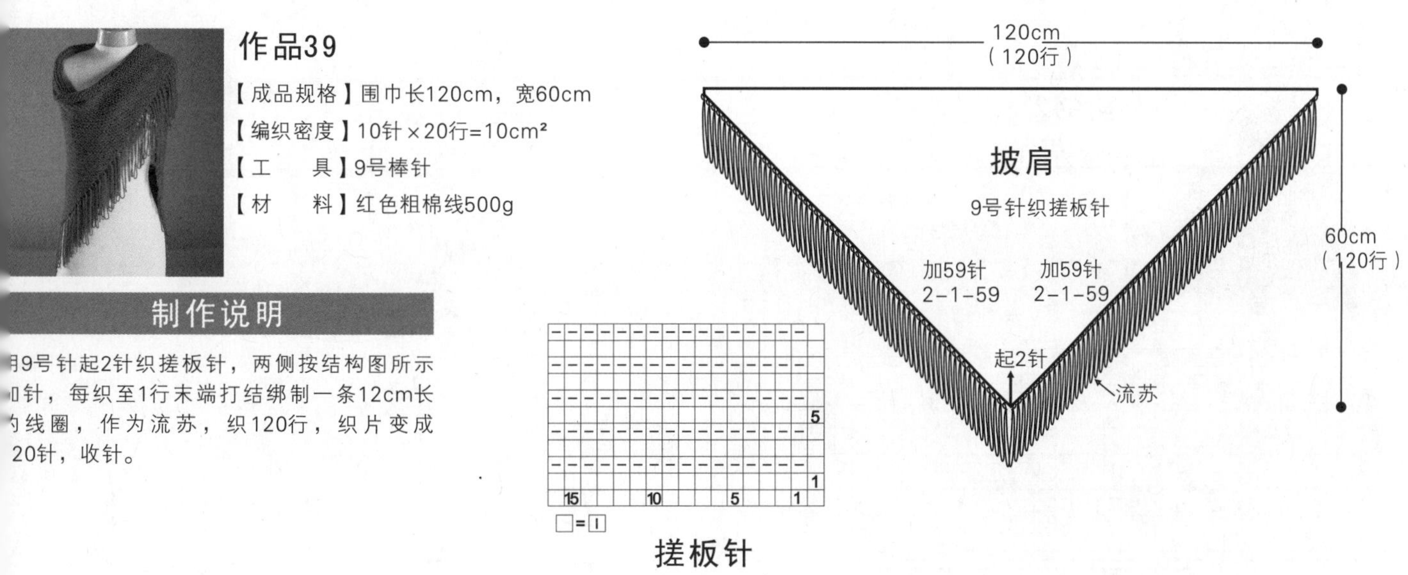

作品39

【成品规格】围巾长120cm，宽60cm

【编织密度】10针×20行=10cm²

【工　　具】9号棒针

【材　　料】红色粗棉线500g

制作说明

9号针起2针织搓板针，两侧按结构图所示加针，每织至1行末端打结绑制一条12cm长的线圈，作为流苏，织120行，织片变成120针，收针。

120cm
(120行)
披肩
9号针织搓板针
加59针
2-1-59
加59针
2-1-59
60cm
(120行)
起2针
流苏
15
10
5
1
5
1
搓板针

作品40

【成品规格】围脖长30cm，宽100cm

【编织密度】12针×20行=10cm²

【工　　具】10号棒针、2.5号钩针

【材　　料】红色粗羊毛线500g，黑色粗毛线少量

制作说明

1.10号棒针，起36针往返编织，织400行搓板针，与起针缝合成筒状。

2.取黑色粗线以2.5号钩针沿围巾两侧边缘分别钩1圈短针锁边。

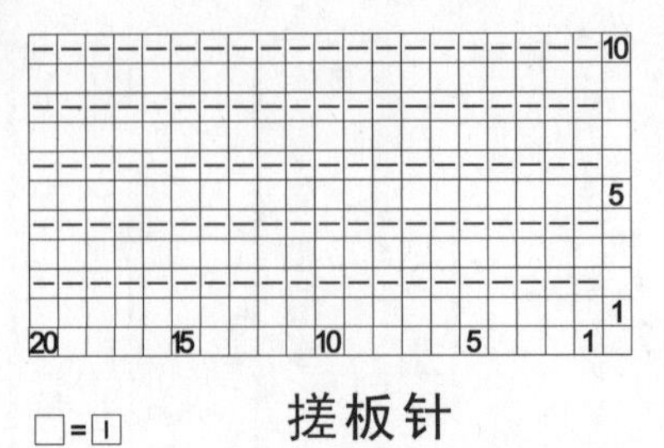

10
5
1
20
15
10
5
1
□=Ⅰ
搓板针

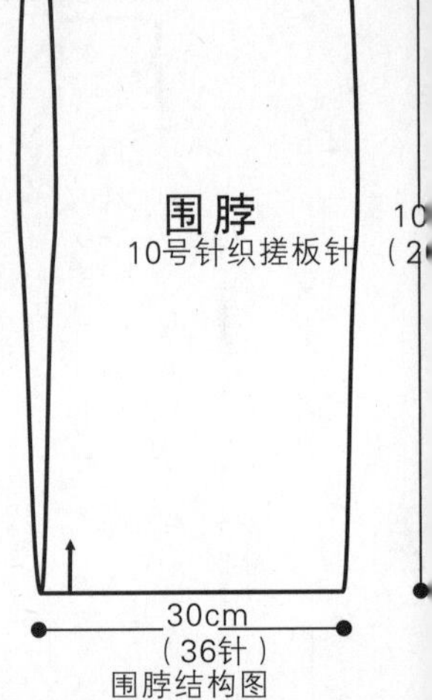

围脖
10号针织搓板针
30cm
(36针)
围脖结构图

作品41

【成品规格】围巾长113cm，宽44.5cm

【编织密度】18针×28行=10cm²

【工　　具】10号棒针

【材　　料】绿色段染线400g

制作说明

用10号针起2针织下针，左侧平织，右侧按结构图所示加针，织158行，织片变成80针，然后按图示减针，织258行，余下2针，收针。

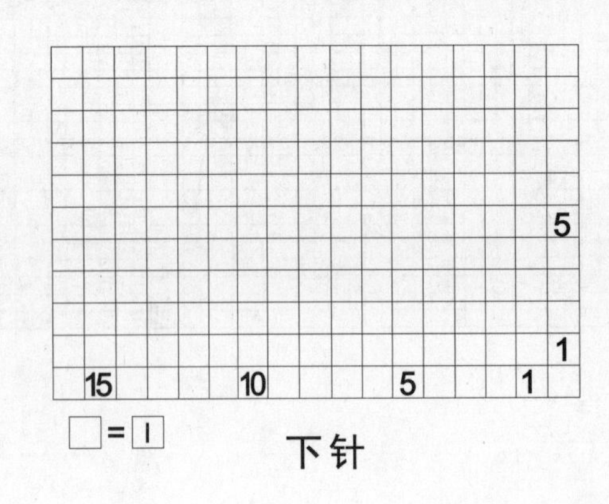

5
1
15
10
5
1
□=Ⅰ
下针

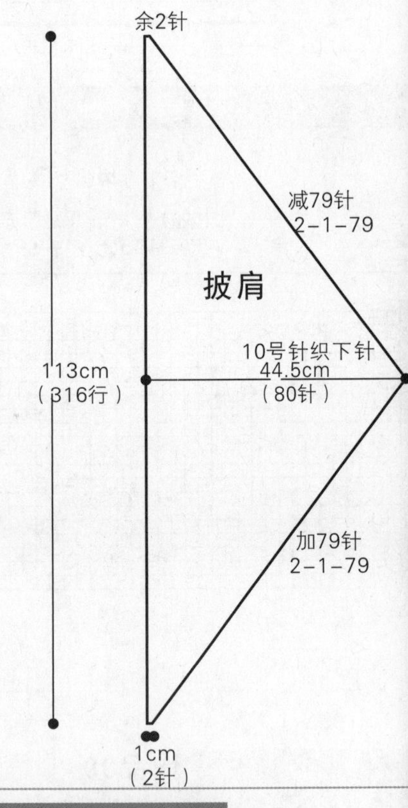

余2针
减79针
2-1-79
披肩
10号针织下针
113cm
(316行)
44.5cm
(80针)
加79针
2-1-79
1cm
(2针)

作品42

【成品规格】披肩长59cm，宽50cm

【编织密度】12针×18行=10cm²

【工　　具】10号棒针

【材　　料】红色粗毛线400g

制作说明

红色线起162针环形编织，织4行上针，然后开始织花样，共9组花样，每间隔8行，每组花样减1针，共减81针，织至106行，织片余下81针，收针完成。

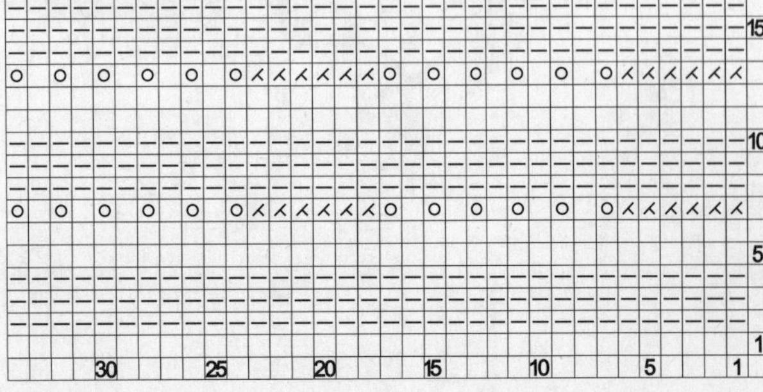

□=Ⅰ 花样
15
10
5
1
30
25
20
15
10
5
1

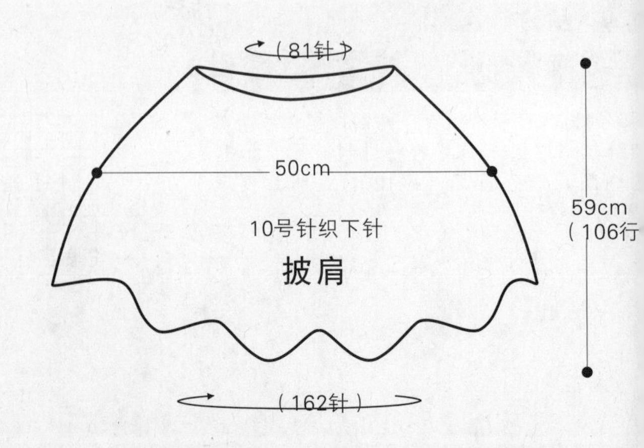

(81针)
50cm
10号针织下针
披肩
59cm
(106行)
(162针)

作品43

【成品规格】披肩长65cm，宽60cm

【编织密度】10针×16行=10cm²

【工　　具】9号棒针

【材　　料】黄色羊毛线400g，咖啡色羊毛线400g

制作说明

1.9号棒针1股黄色1股咖啡色线混合编织，起52针，织搓板针，平织168行，收针，按结构图所示缝合边沿，完成。

2.沿披肩下摆绑制流苏。

立体示意图

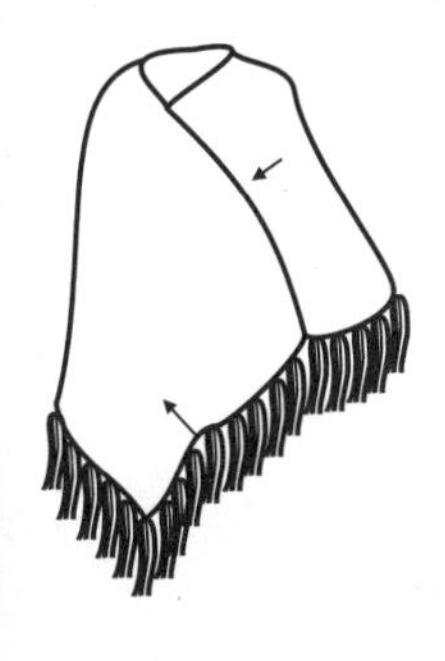

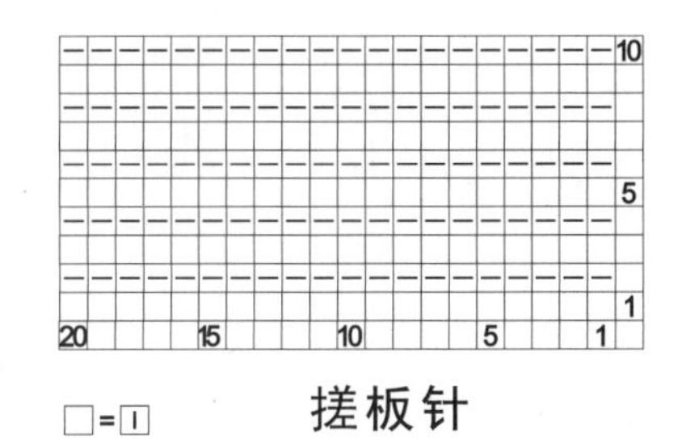

10
5
1
20
15
10
5
1
□=□

搓板针

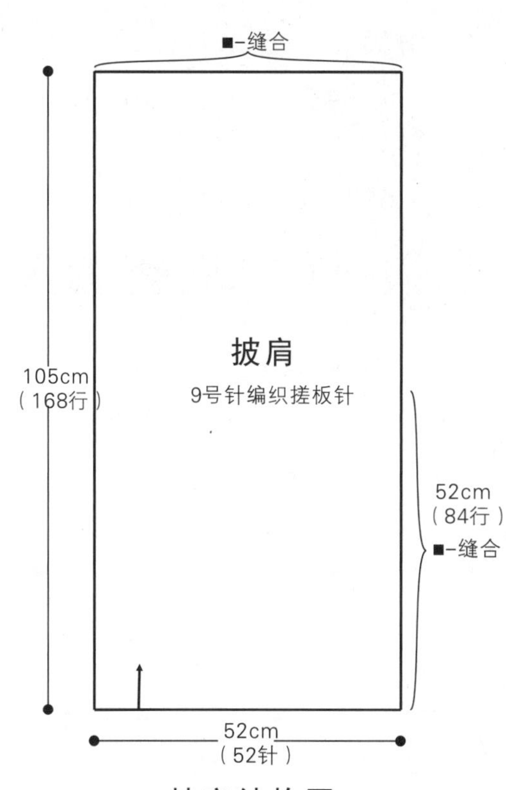

■-缝合
105cm
（168行）
披肩
9号针编织搓板针
52cm
（84行）
■-缝合
52cm
（52针）

披肩结构图

作品44

【成品规格】披肩长72cm，宽105cm

【编织密度】14.4针×20行=10cm²

【工　　具】10号棒针

【材　　料】白色棉线500g

制作说明

10号棒针，起288针，按花样图解编织，按结构图所示，中间及左右两侧同时减针，织144行，余下48针，收针完成。

立体示意图

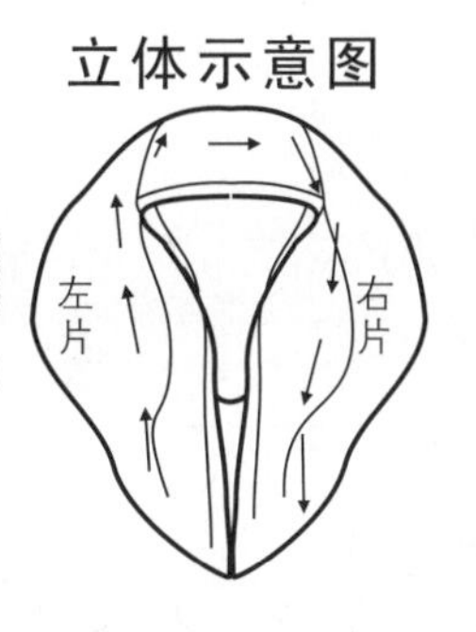

左片
右片

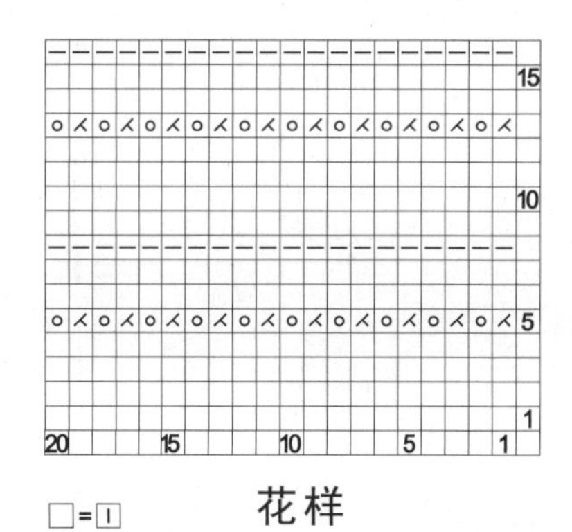

15
10
5
1
20
15
10
5
1
□=□

花样

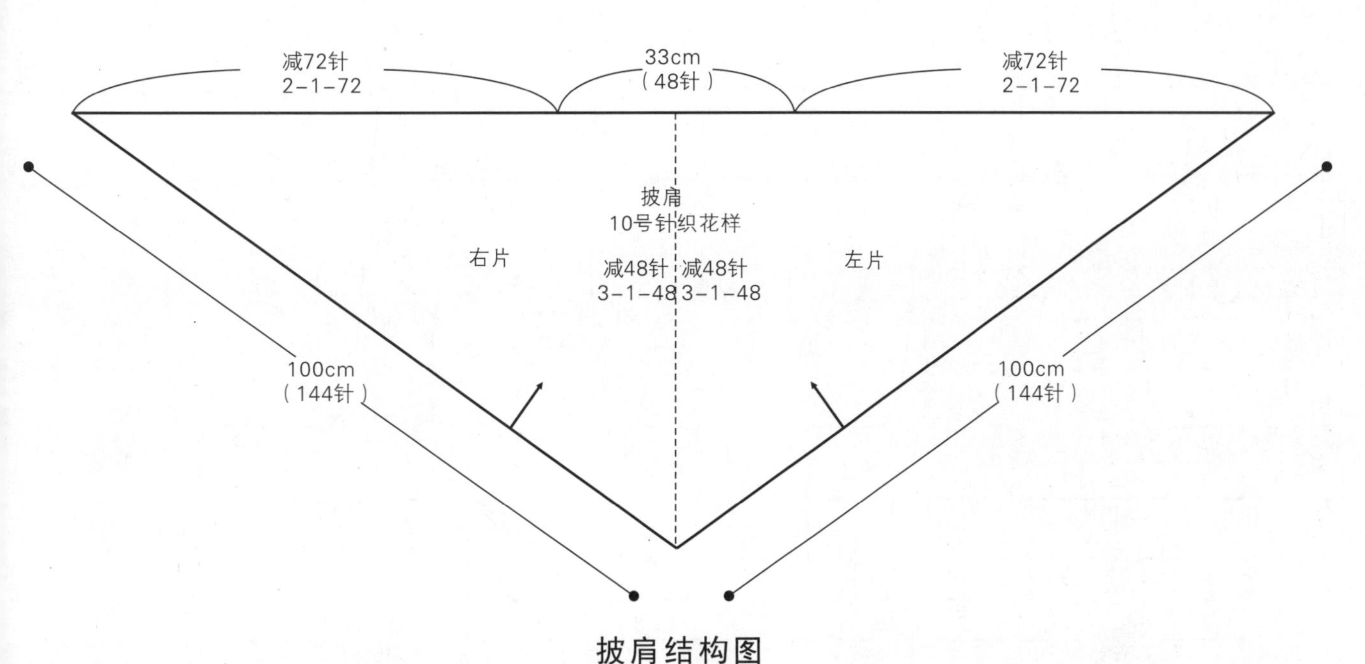

减72针
2-1-72
33cm
（48针）
减72针
2-1-72
披肩
10号针织花样
右片
减48针
3-1-48
减48针
3-1-48
左片
100cm
（144针）
100cm
（144针）

披肩结构图

作品45

【成品规格】衣长68cm，胸围80cm，袖长60cm

【编织密度】16针×20.6行=10cm²

【工　　具】10号棒针

【材　　料】深卡其色线550g，浅卡其色线100g

制作说明

1.左摆片：用10号针起77针织花样A，按结构图所示，左侧减针，右侧加针，织76行，收针。同样方法相反加减针方向，编织右摆片。

2.左袖片：用10号针起45针织花样B，平织22行，左侧按结构图所示加针织后领窝，织6行后，加起49针，共100针平织20行，两侧按图示袖底减针，织84行后，袖片余下40针，不加减针平织40行，收针。同样方法相反加减针方向，编织右袖片。按结构图所示缝合各片。

3.衣领：起16针织花样C，不加减针织172行，收针。按结构图所示，领片一侧与衣身领窝对应缝合。

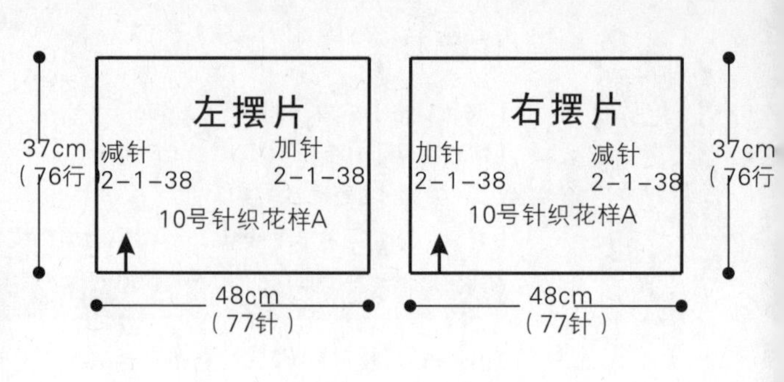

左摆片
37cm
（76行）
减针
2-1-38
加针
2-1-38
10号针织花样A
48cm
（77针）
右摆片
加针
2-1-38
减针
2-1-38
10号针织花样A
37cm
（76行）
48cm
（77针）

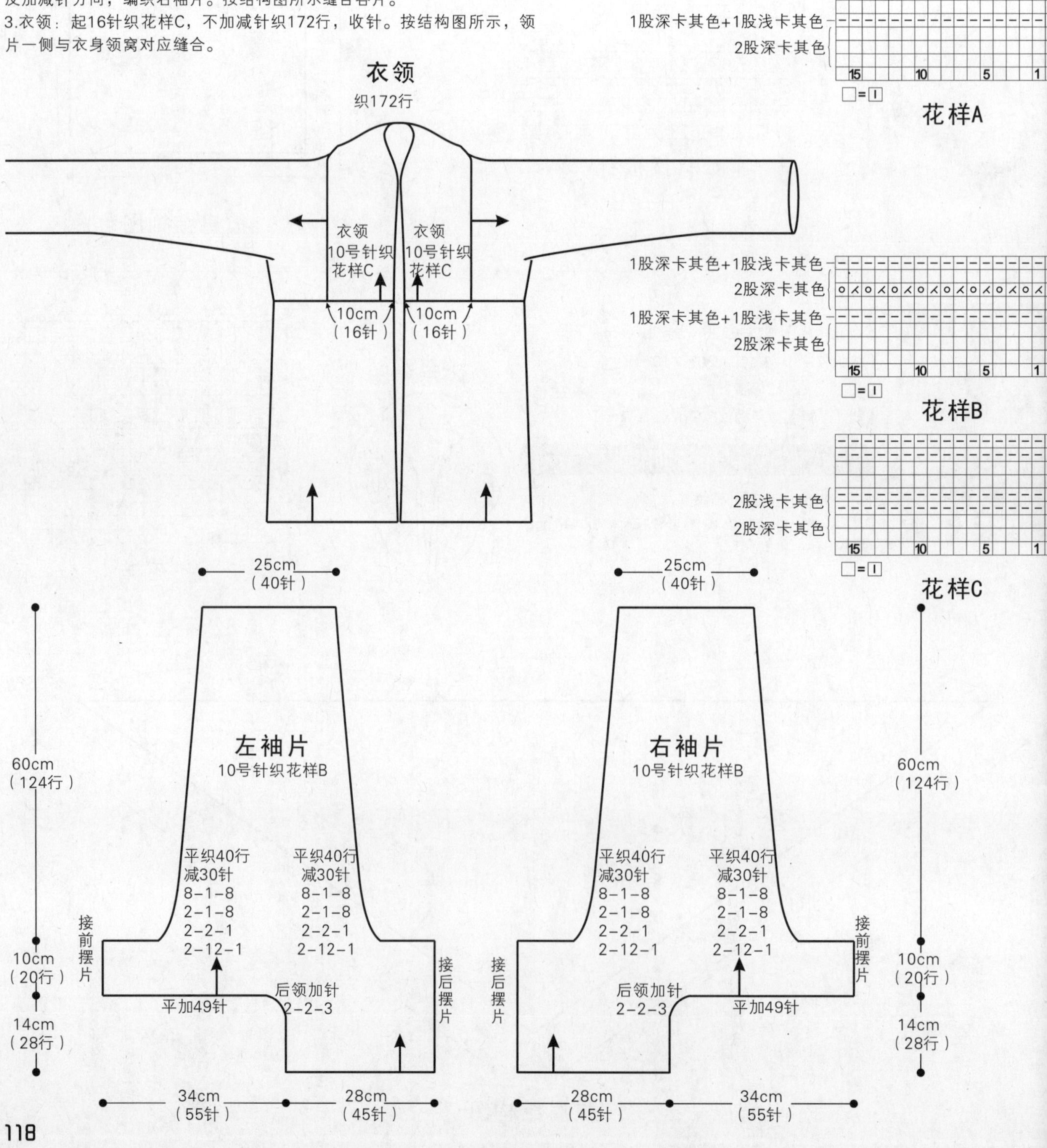

衣领
织172行
衣领
10号针织
花样C
衣领
10号针织
花样C
10cm
（16针）
10cm
（16针）
1股深卡其色+1股浅卡其色
2股深卡其色
15
10
5
1
□=Ⅰ
花样A
1股深卡其色+1股浅卡其色
2股深卡其色
1股深卡其色+1股浅卡其色
2股深卡其色
15
10
5
1
□=Ⅰ
花样B
2股浅卡其色
2股深卡其色
15
10
5
1
□=Ⅰ
花样C
25cm
（40针）
左袖片
10号针织花样B
60cm
（124行）
平织40行
减30针
8-1-8
2-1-8
2-2-1
2-12-1
平织40行
减30针
8-1-8
2-1-8
2-2-1
2-12-1
接前摆片
10cm
（20行）
平加49针
后领加针
2-2-3
接后摆片
14cm
（28行）
34cm
（55针）
28cm
（45针）
25cm
（40针）
右袖片
10号针织花样B
平织40行
减30针
8-1-8
2-1-8
2-2-1
2-12-1
平织40行
减30针
8-1-8
2-1-8
2-2-1
2-12-1
接后摆片
后领加针
2-2-3
平加49针
接前摆片
60cm
（124行）
10cm
（20行）
14cm
（28行）
28cm
（45针）
34cm
（55针）

作品46

【成品规格】衣长43cm，胸围80cm，袖长54cm

【编织密度】10针×15行=10cm²

【工　　具】9号棒针

【材　　料】灰色线400g，纽扣3颗

制作说明

1.后片：起40针织6行搓板针，中间间隔16针的两侧各织2针下针，第7行起全部织下针，两处下针通过侧边加减针的方式向两侧斜织，织26行开袖窿，腋下各收4针；织30行，后领窝最后2行开始织。

2.左前片：起22针织6行搓板针，左侧4针继续织搓板针作为衣襟，其余改织下针，左侧起第11、12行织斜纹，织26行，右侧开袖窿，左侧减针织领口，同时加起搓板针织衣领，织32行，肩部7针收针，领片11针继续织14行，收针。缝合各片。

3.袖：从袖口往上织；起20针织6行搓板针后改织下针，两侧按图示加针，织54行，袖山按图示减针，最后8针平收。

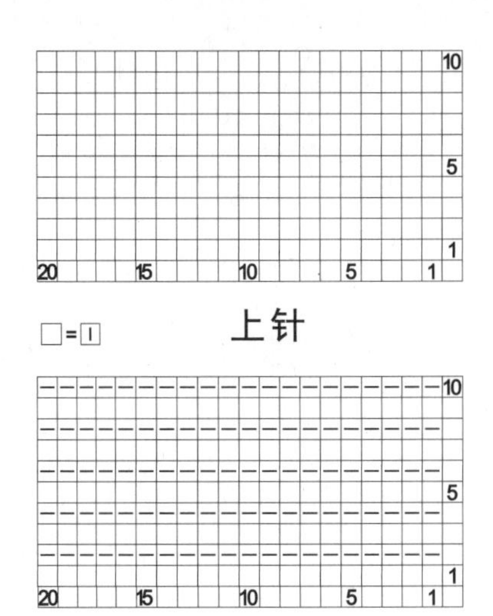

□=Ⅰ
上针
□=Ⅰ
搓板针

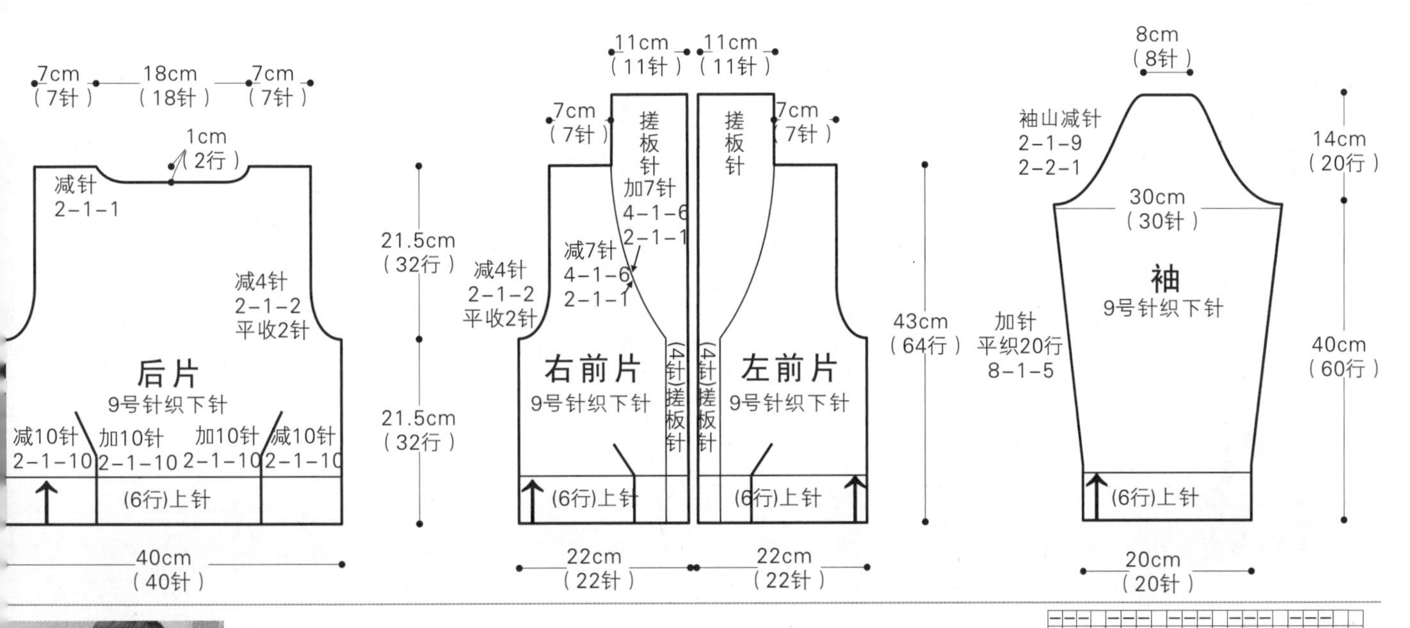

7cm（7针）
18cm（18针）
7cm（7针）
1cm（2行）
减针 2-1-1
减4针 2-1-2 平收2针
后片
9号针织下针
减10针 2-1-10
加10针 2-1-10
加10针 2-1-10
减10针 2-1-10
(6行)上针
40cm（40针）
21.5cm（32行）
21.5cm（32行）
11cm（11针）
11cm（11针）
7cm（7针）
搓板针
加7针 4-1-6 2-1-1
减7针 4-1-6 2-1-1
减4针 2-1-2 平收2针
右前片
9号针织下针
(4针搓板针)
左前片
9号针织下针
(6行)上针
22cm（22针）
22cm（22针）
43cm（64行）
8cm（8针）
袖山减针 2-1-9 2-2-1
14cm（20行）
30cm（30针）
袖
9号针织下针
加针 平织20行 8-1-5
40cm（60行）
(6行)上针
20cm（20针）

作品47

【成品规格】衣长54cm，胸围80cm

【编织密度】22针×30行=10cm²

【工　　具】12号棒针，13号棒针

【材　　料】绿色棉线500g

制作说明

1.上身片：用13号针起138针，织26行单罗纹后，改用12针按花样编织方法加针，织48行，织片变成276针，前后片各取80针，左右袖片各58针，开始编织下摆片。

2.下摆片：用12号针挑起前后片各80针，两侧袖底各加起8针，编织下针，平织96行，收针。

3.袖：用12号针挑起袖片各58针，袖底挑起8针，编织下针，两侧按8-1-11的方法减针，织96行，余下50针，收针。

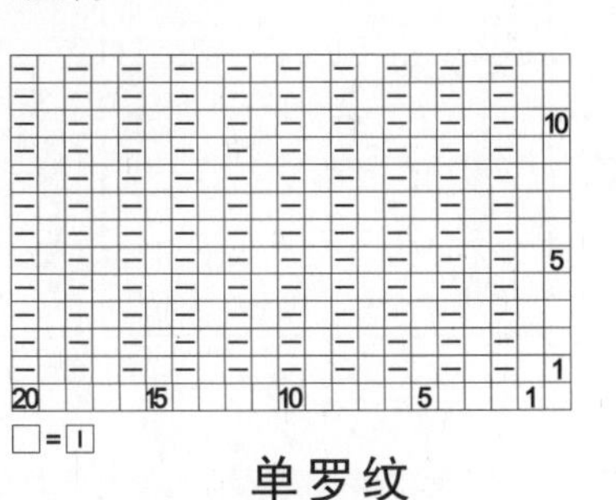

□=Ⅰ

单罗纹

□=Ⅰ

下针

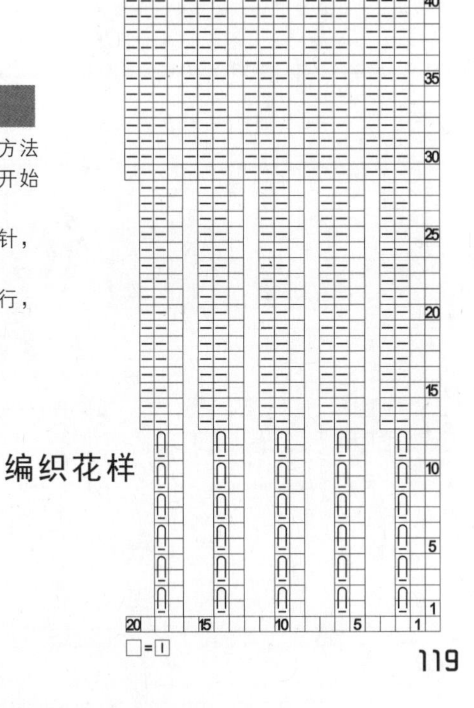

编织花样
□=Ⅰ

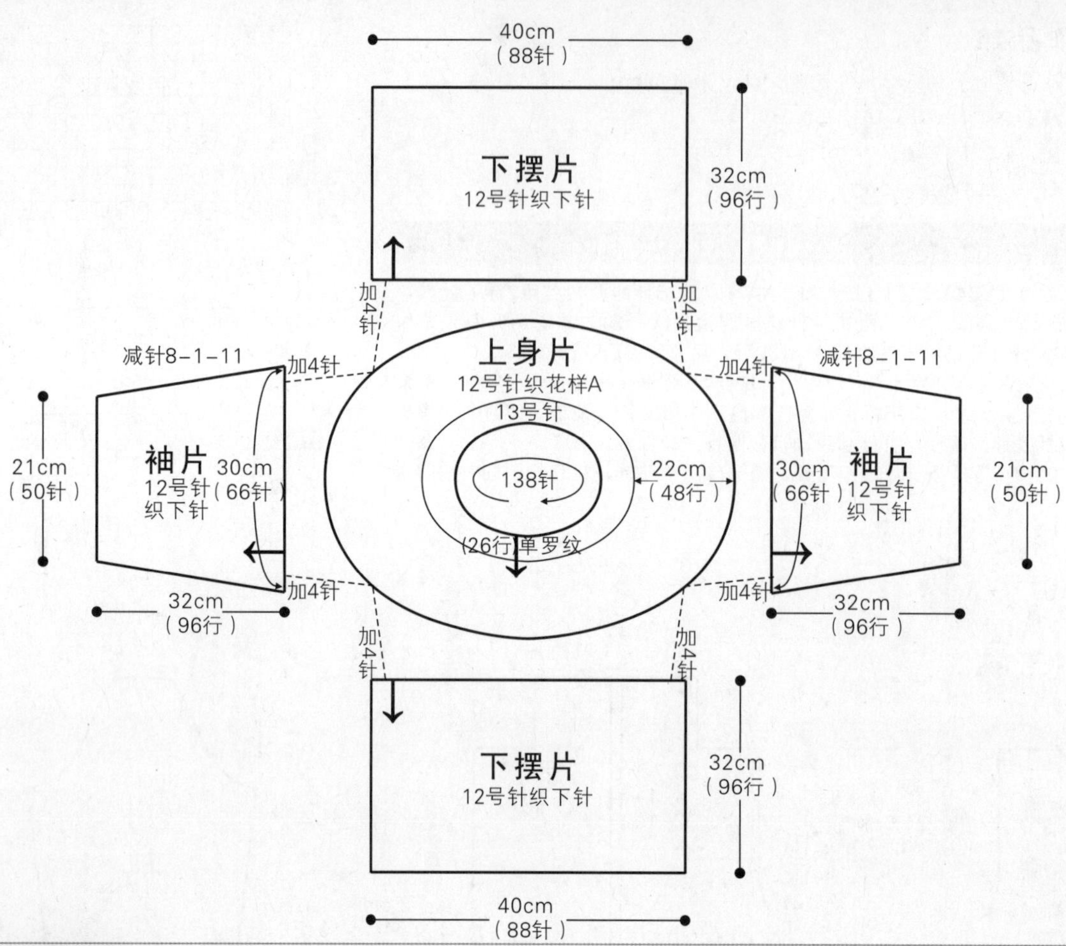

40cm
（88针）
下摆片
12号针织下针
32cm
（96行）
加4针
上身片
12号针织花样A
13号针
138针
22cm
（48针）
（26行）单罗纹
减针8-1-11
加4针
袖片
12号针
织下针
30cm
（66针）
21cm
（50针）
32cm
（96行）
下摆片
12号针织下针
32cm
（96行）
40cm
（88针）

作品48

【成品规格】衣长50cm，宽150cm

【编织密度】15针×20行=10cm²

【工　　具】10号棒针

【材　　料】红色毛线600g

制作说明

1.衣身片：用10号针起76针织8行搓板针，然后两侧各6针继续织搓板针，中间织下针，平织200行，左侧按图示减针，织60行，右侧平针部分按图示减针，织40行，收针。沿衣身斜边挑起92针，织8行搓板针，收针。

2.衣领：沿衣身片左侧图示位置挑起75针，织双罗纹，平织20行，收针。

3.系绳：编织4条长约30cm的系绳，分别缝合于衣身片图示位置。

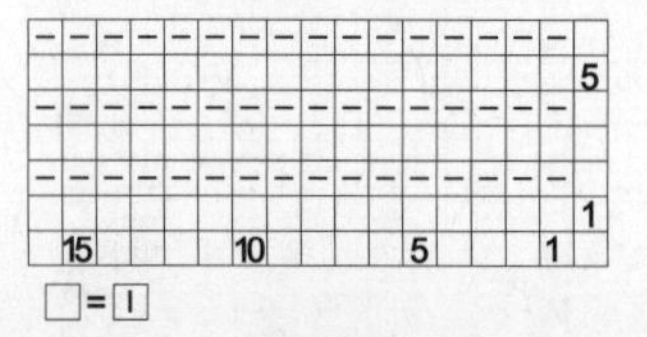

5
1
15
10
5
1

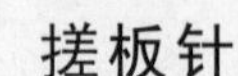

□=I

搓板针

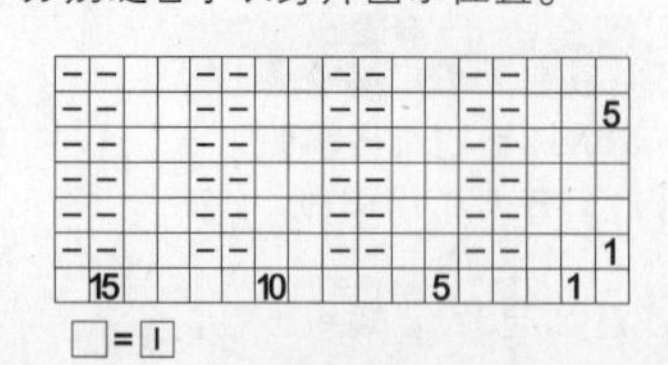

5
1
15
10
5
1
□=I

双罗纹

5

1

15 10 5 1

□=I

下针

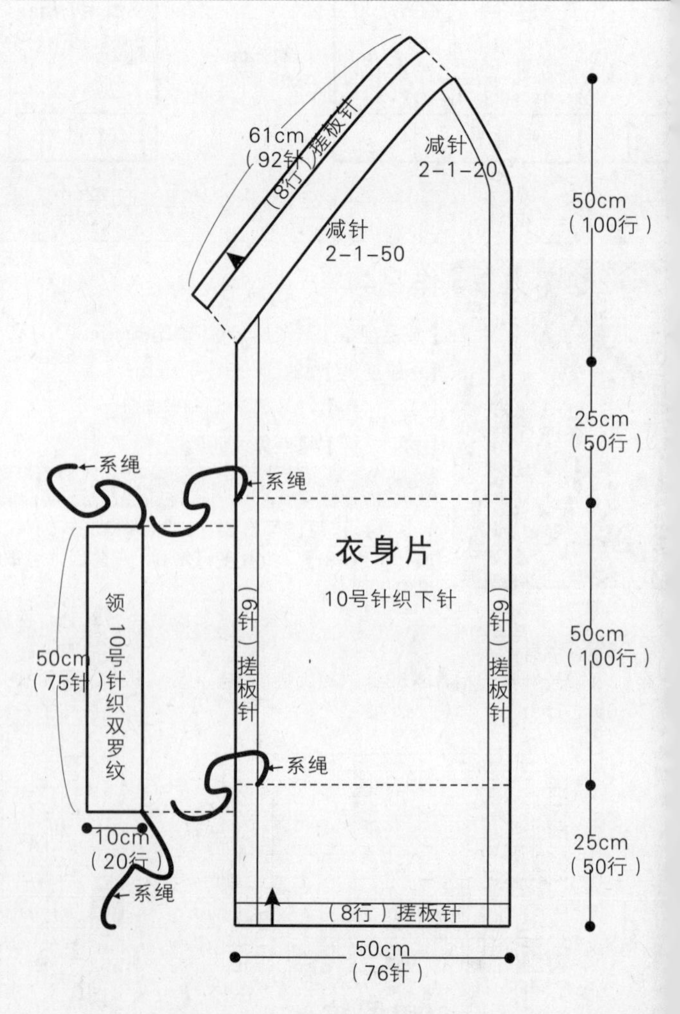

61cm
（92针）搓板针
（8行）
减针
2-1-20
减针
2-1-50
50cm
（100行）
25cm
（50行）
系绳
衣身片
10号针织下针
（6针）
搓板针
50cm
（75针）
领 10号针织双罗纹
50cm
（100行）
10cm
（20行）
25cm
（50行）
（8行）搓板针
50cm
（76针）

作品49

【成品规格】衣长62cm，胸围96cm，袖长58cm

【编织密度】16针×20.6行=10cm²

【工　　具】10号棒针

【材　　料】红色棉线600g

元宝针

□=Ⅰ

双罗纹

□=Ⅰ

制作说明

1.起76针，织84行，两侧按示图加针，织8行后，织片变成204针，平织32行，中间领窝平收40针，领窝两侧按图示各减4针，然后分成左右两片继续平织36行，两侧按图示方法对应减针，织8行后，左右前片各余下14针，继续平织84行后，完成。将袖底及衣身侧缝缝合。

2.衣襟：领口及左右前片挑起268针，织双罗纹，平织40行，收针。

3.袖口:袖口挑起40针，环织双罗纹，平织38行，收针。

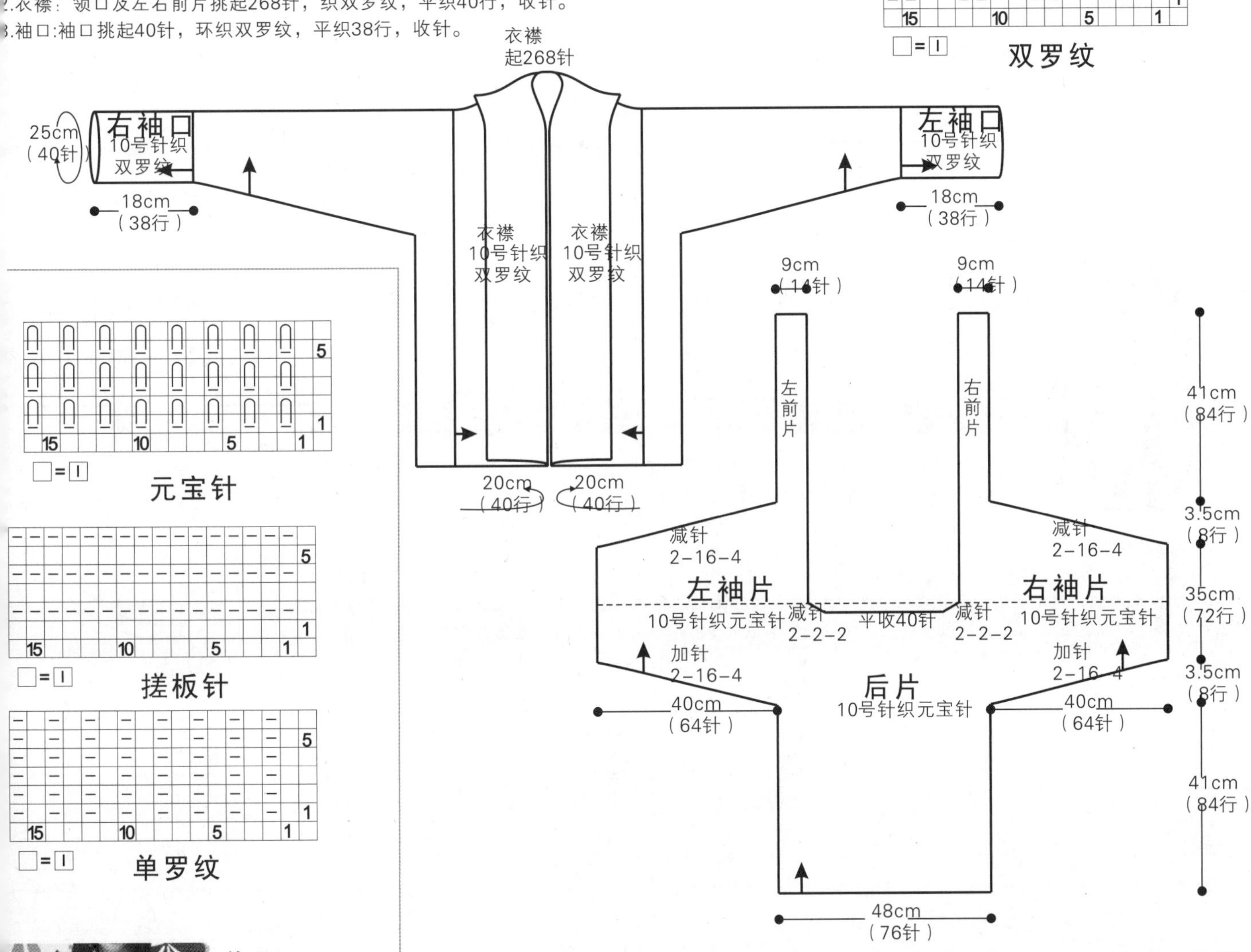

衣襟
起268针
右袖口
10号针织
双罗纹
25cm
（40针）
18cm
（38行）
左袖口
10号针织
双罗纹
18cm
（38行）
衣襟
10号针织
双罗纹
衣襟
10号针织
双罗纹
20cm
（40行）
20cm
（40行）
9cm
（14针）
9cm
（14针）
左前片
右前片
41cm
（84行）
3.5cm
（8行）
35cm
（72行）
3.5cm
（8行）
41cm
（84行）
减针
2-16-4
减针
2-16-4
左袖片
10号针织元宝针
减针
2-2-2
平收40针
减针
2-2-2
右袖片
10号针织元宝针
加针
2-16-4
加针
2-16-4
40cm
（64针）
后片
10号针织元宝针
40cm
（64针）
48cm
（76针）

元宝针

□=Ⅰ

搓板针

□=Ⅰ

单罗纹

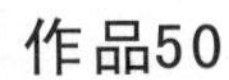

作品50

【成品规格】衣长76cm，胸围96cm，袖长19cm

【编织密度】10针×15.5行=10cm²

【工　　具】9号棒针

【材　　料】咖啡色粗毛线900g，纽扣4颗

制作说明

1.后片：用9号针起48针织8行搓板针，改织下针，平织64行，按图示加针织两侧袖片，织14行后，织片变成76针，平织24行，中间24行改织搓板针，再织4行，后领14针平收，两侧平织4行，完成。

2.右前片：用9号针起31针织搓板针，左侧与后片相同的方法加针织袖片，右侧最后18行开始织领口，改织19针搓板针，织8行，收掉14针，余下31针，右侧织5针搓板针，其他继续织下针，共织10行，完成。

3.左前片：与右前片相同方向相反方向编织；完成后缝合各片。

4.袖:沿两侧袖窿分别挑起40针，环织搓板针，织8行长度。

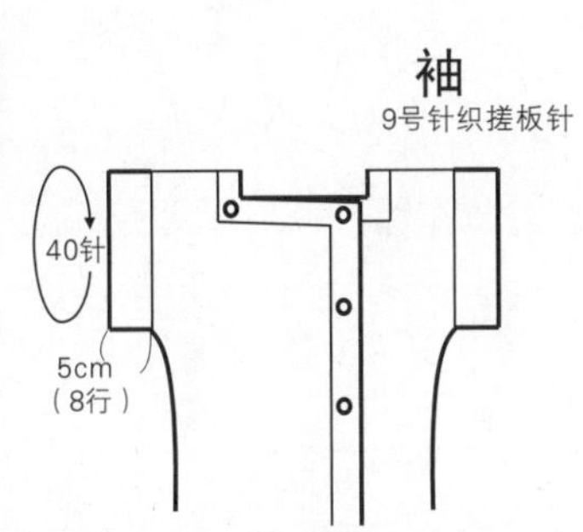

袖
9号针织搓板针
40针
5cm
（8行）

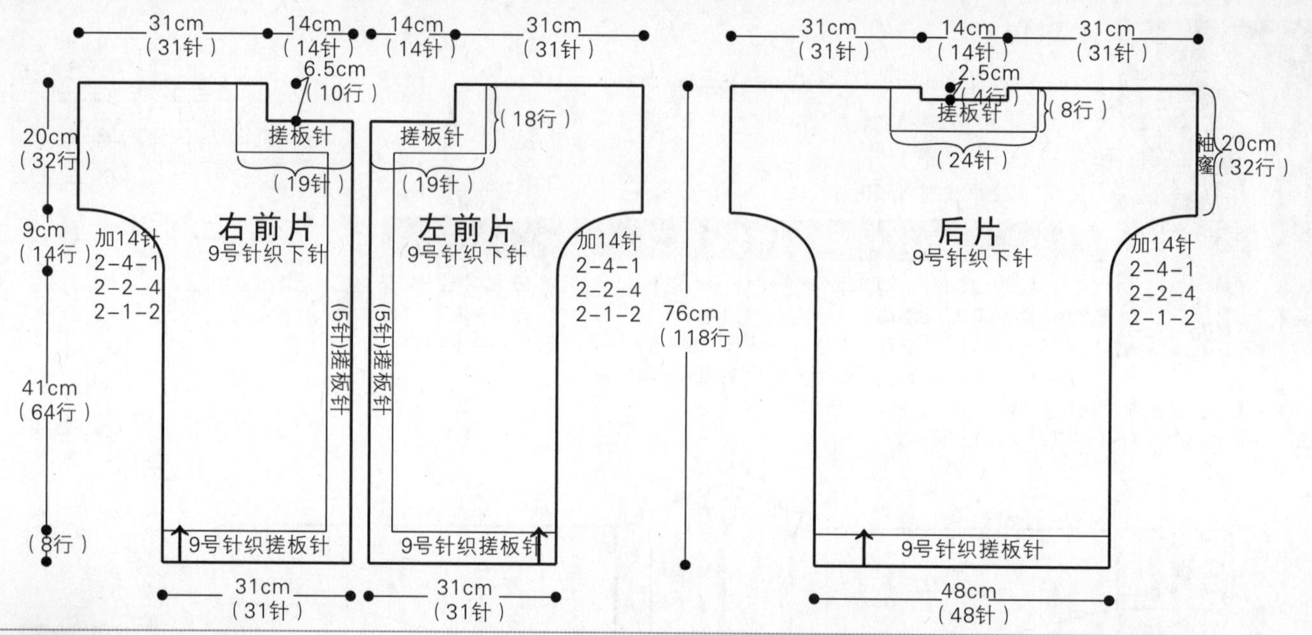

31cm
（31针）
14cm
（14针）
14cm
（14针）
31cm
（31针）
6.5cm
（10行）
20cm
（32行）
搓板针
搓板针
（18行）
（19针）
（19针）
右前片
9号针织下针
左前片
9号针织下针
9cm
（14行）
加14针
2-4-1
2-2-4
2-1-2
加14针
2-4-1
2-2-4
2-1-2
(5针)搓板针
(5针)搓板针
41cm
（64行）
（8行）
9号针织搓板针
9号针织搓板针
31cm
（31针）
31cm
（31针）
76cm
（118行）
31cm
（31针）
14cm
（14针）
31cm
（31针）
2.5cm
（4行）
搓板针
（8行）
（24针）
袖窿
20cm
（32行）
后片
9号针织下针
加14针
2-4-1
2-2-4
2-1-2
9号针织搓板针
48cm
（48针）

作品51

【成品规格】衣长40cm，胸围98cm，袖长62cm

【编织密度】21.5针×24行=10cm²

【工　　具】11号棒针

【材　　料】绿色棉线500g

制作说明

1.后片：用11号针起118针织2行单罗纹，两侧继续各织6针单罗纹，中间织花样，平织24行，中间部分改织16行上针，然后改织下针，两侧按示图减针，织16行后，改织上针，平织10行，两侧按图示各加116针织袖片，织26行后，两侧各加18针织花样，作为袖边，平织26行，后片完成。接着织左右前片。

2.左右前片：左右前片各取185针，编织方法相同，方向相反，以左前片为例，起织时衣领按图示减3针，织6针单罗纹，其他针数仍按原花样编织，织26行，左侧袖边平收18针，然后按图示减针，织26行后平织10行，改织下针，左侧按图示加针，织16行后，左侧织6针单罗纹，中间部分改织16行上针，然后织24行花样，最后织2行单罗纹收边。

3.缝合袖底及侧缝10cm。

领 11号针织
双罗纹
（72针）
20cm
（52行）
2cm
（6行）
（448针）

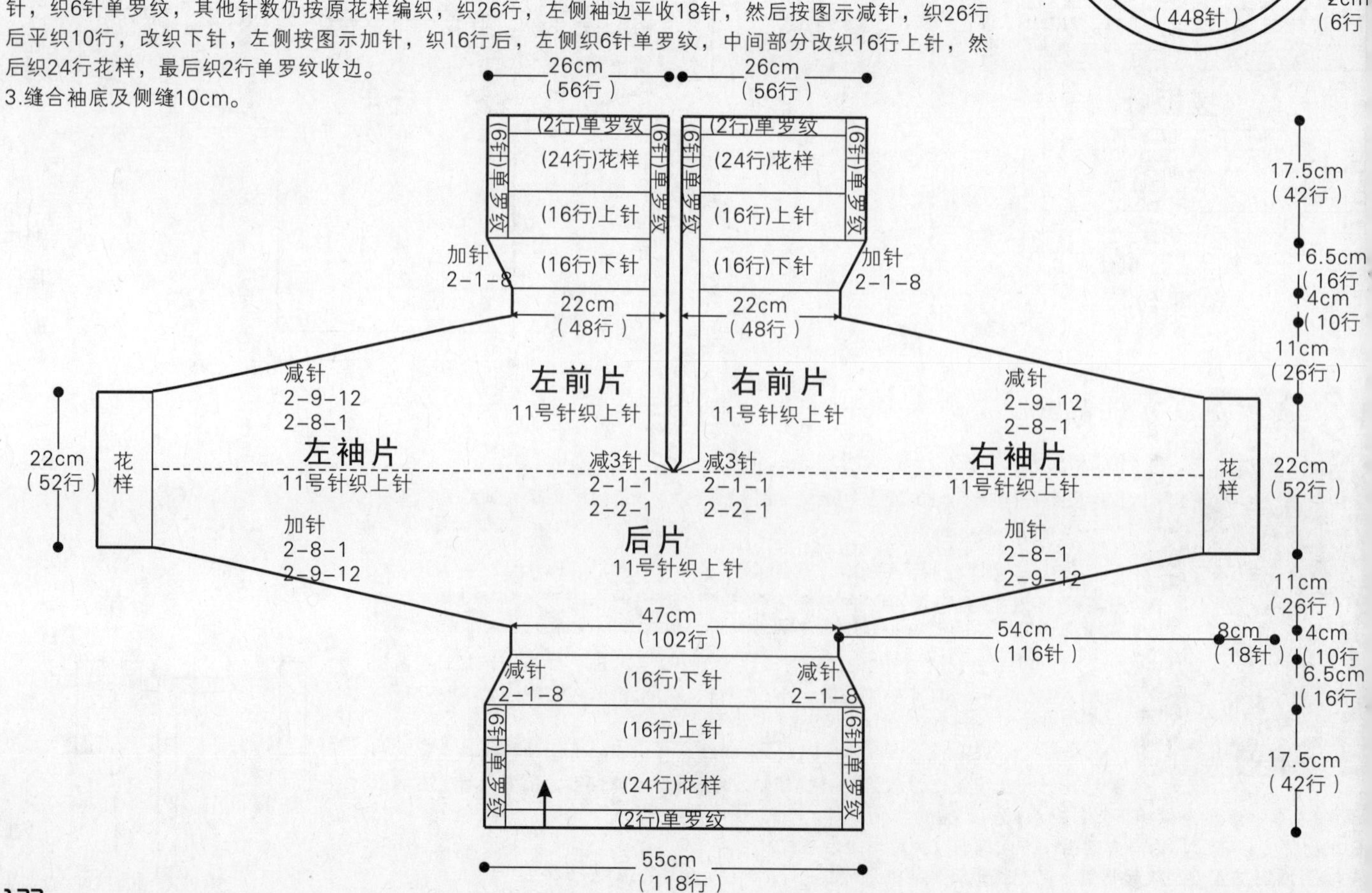

26cm
（56行）
26cm
（56行）
(2行)单罗纹
(24行)花样
(16行)上针
(16行)下针
(6针)单罗纹
(2行)单罗纹
(24行)花样
(16行)上针
(16行)下针
(6针)单罗纹
加针
2-1-8
加针
2-1-8
22cm
（48行）
22cm
（48行）
17.5cm
（42行）
6.5cm
（16行）
4cm
（10行）
11cm
（26行）
减针
2-9-12
2-8-1
左前片
11号针织上针
右前片
11号针织上针
减针
2-9-12
2-8-1
22cm
（52行）
花样
左袖片
11号针织上针
减3针
2-1-1
2-2-1
减3针
2-1-1
2-2-1
右袖片
11号针织上针
花样
22cm
（52行）
加针
2-8-1
2-9-12
后片
11号针织上针
加针
2-8-1
2-9-12
11cm
（26行）
47cm
（102行）
54cm
（116针）
8cm
（18针）
4cm
（10行）
6.5cm
（16行）
减针
2-1-8
(16行)下针
减针
2-1-8
(16行)上针
(6针)单罗纹
(24行)花样
(2行)单罗纹
17.5cm
（42行）
55cm
（118行）

作品52

【成品规格】衣长70cm，胸围100cm，袖长54cm

【编织密度】33针×31.4行=10cm²

【工　　具】13号棒针

【材　　料】蓝色细羊绒线600g

制作说明

1.后片：起166针织4行搓板针，改织下针，平织146行开袖窿，腋下各收17针；织70行，后领窝最后6行开始织。

2.左前片：起83针织4行搓板针，改织下针，右侧36针衣襟织花样，平织146行，右侧开袖窿，左侧衣襟部分继续编织，前片下针部分按图示减针织领口，织70行，肩部余下46针，收针。左前片与右前片相反方向编织。

3.袖：从袖口往上织；起70针织4行搓板针后改织下针，两侧按图示加针，织40cm，袖山按图示减针，最后38针平收；缝合各片，完成。

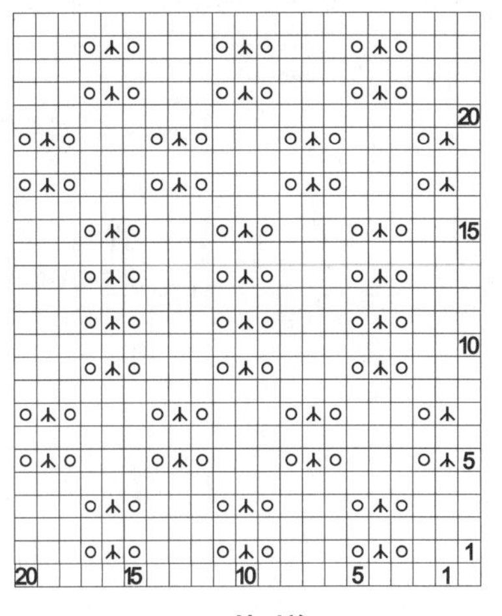

20
15
10
5
1
20 15 10 5 1

□=□ 花样

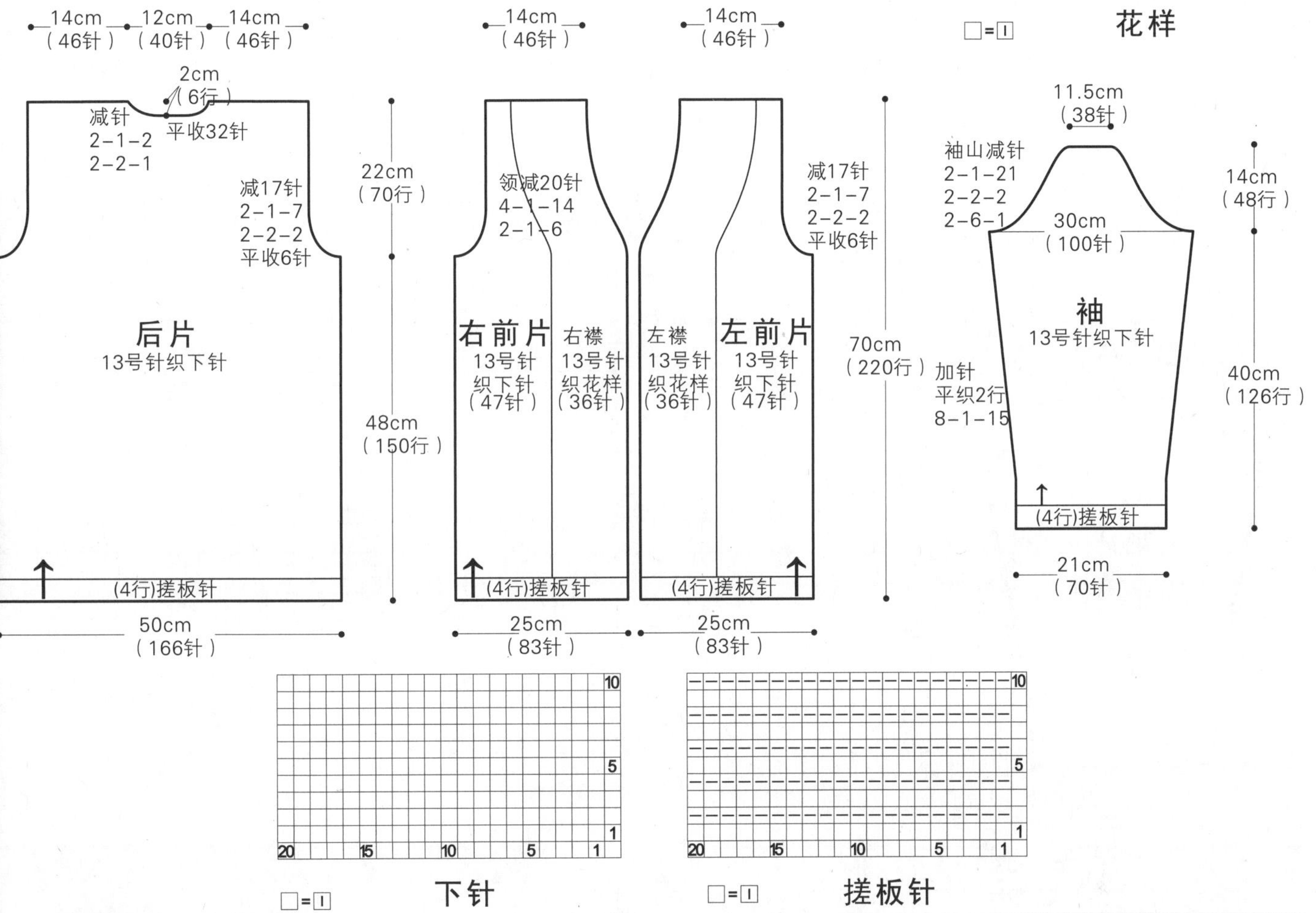

14cm（46针） 12cm（40针） 14cm（46针）
2cm（6行）
减针
2-1-2
2-2-1
平收32针
减17针
2-1-7
2-2-2
平收6针
后片
13号针织下针
(4行)搓板针
50cm（166针）
22cm（70行）
48cm（150行）
14cm（46针）
14cm（46针）
领减20针
4-1-14
2-1-6
右前片
13号针织下针（47针）
右襟
13号针织花样（36针）
左襟
13号针织花样（36针）
左前片
13号针织下针（47针）
(4行)搓板针
25cm（83针）
25cm（83针）
减17针
2-1-7
2-2-2
平收6针
70cm（220行）
11.5cm（38针）
袖山减针
2-1-21
2-2-2
2-6-1
30cm（100针）
14cm（48行）
袖
13号针织下针
加针
平织2行
8-1-15
40cm（126行）
(4行)搓板针
21cm（70针）
□=□ 下针
□=□ 搓板针

作品53

【成品规格】衣长65cm，半胸围46cm，肩宽31cm

【工　　具】11号棒针

【编织密度】15.2针×18行=10cm²

【材　　料】红色羊毛线500g

前片/后片制作说明

1.棒针编织法，衣身袖窿以下一片环形编织，袖窿起分为前片和后片分别编织而成。

2.起织。起140针，织花样A，织12行后，开始编织衣身，衣身从前片中间起织，起15针往返编织花样B，一边织一边两侧挑加针，方法为2-4-14，织28行后，第29行挑起织片余下的13针，环形编织，按结构图所示组合编织花样B和花样C，织30行后，全部改织花样D，织12行后，将织片均分成前片和后片，分别编织。

3.先织后片，起织时两侧袖窿减针，方法为1-4-1，2-1-7，织至101行，中间平收22针，两侧减针织成后领，方法为2-1-2，织至104行，两肩部各余下11针，收针断线。

4.织前片，起织时两侧袖窿减针，方法为1-4-1，2-1-7，织至111行，中间平收18针，两侧减针织成前领，方法为2-1-4，织至118行，两肩部各余下11针，收针断线。

5.前片与后片肩缝对应缝合。

符号说明

⊟	上针
□=□	下针
⊠	左上2针并1针
⊠	右上2针并1针
⊡	镂空针
⊠	中上3针并1针
2-1-3	行-针-次

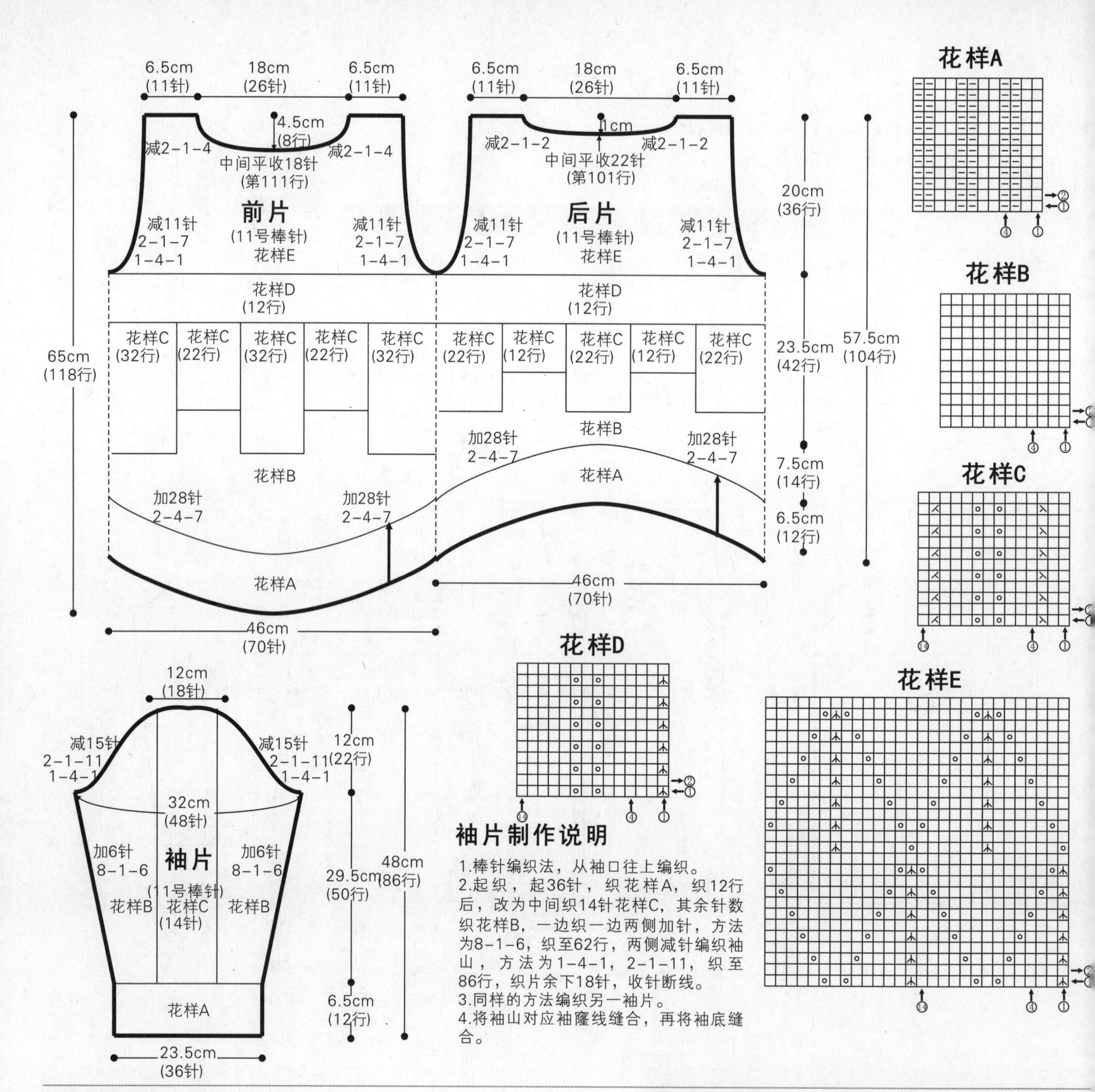

6.5cm (11针)
18cm (26针)
6.5cm (11针)
4.5cm (8行)
减2-1-4
中间平收18针 (第111行)
减2-1-4
前片 (11号棒针) 花样E
减11针 2-1-7 1-4-1
1cm
减2-1-2
中间平收22针 (第101行)
后片 (11号棒针) 花样E
花样D (12行)
花样C (32行)
花样C (22行)
花样C (12行)
花样B
加28针 2-4-7
花样A
65cm (118行)
46cm (70针)
20cm (36行)
23.5cm (42行)
57.5cm (104行)
7.5cm (14行)
6.5cm (12行)
花样A
花样B
花样C
花样D
花样E
12cm (18针)
减15针 2-1-11 1-4-1
12cm (22行)
32cm (48针)
加6针 8-1-6
袖片 (11号棒针)
花样B
花样C (14针)
29.5cm (50行)
48cm (86行)
6.5cm (12行)
23.5cm (36针)

袖片制作说明

1.棒针编织法，从袖口往上编织。
2.起织，起36针，织花样A，织12行后，改为中间织14针花样C，其余针数织花样B，一边织一边两侧加针，方法为8-1-6，织至62行，两侧减针编织袖山，方法为1-4-1，2-1-11，织至86行，织片余下18针，收针断线。
3.同样的方法编织另一袖片。
4.将袖山对应袖窿线缝合，再将袖底缝合。

作品54

【成品规格】衣长68cm，胸宽55cm，袖长65cm

【工　　具】10号棒针

【编织密度】16针×24行=10cm²

【材　　料】黑色羊毛线800g

符号说明

- ⊟ 上针
- □=⊡ 下针
- 2-1-3 行-针-次
- 编织方向
- 左上4针与右下4针交叉

前片/后片/领片/袖片制作说明

1.棒针编织法。由前片与后片和两个袖片组成。用10号棒针编织，从下往上编织。
2.前后片织法：
（1）前片的编织：下针起针法，起90针，起织分配花样，两边各38针，编织上针，中间14针，不加减针，织98行的高度，下一行起，袖窿减针，2-1-28，织成袖窿算起46行的高度后，下一行的中间收针14针，两边各自减针，2-2-5，余下1针，收针断线。
（2）后片的编织：起织90针，全织上针，不加减针，织98行的高度后，下一行起袖窿减针，2-1-31，织成62行后，余下28针，收针断线。将前后片的侧缝对应缝合。
3.袖片织法：从袖口起织，起54针，起织排花样，两边各20针，编织上针，中间14针，编织花样A，并在袖侧缝上加针编织，4-1-19，织成76行，再织22行进行袖山减针，下一行两边减针，作前插肩缝减针为2-1-28，作后插肩缝的，2-1-31，织完前插肩缝后，平收16针，再减针2-1-3，直至余下1针，收针。相同的方法，相反的肩部减针方向，再去编织另一个袖片。将两个袖山边线与衣身的袖窿边线对应缝合。再将袖侧缝缝合。衣服完成。

花样A

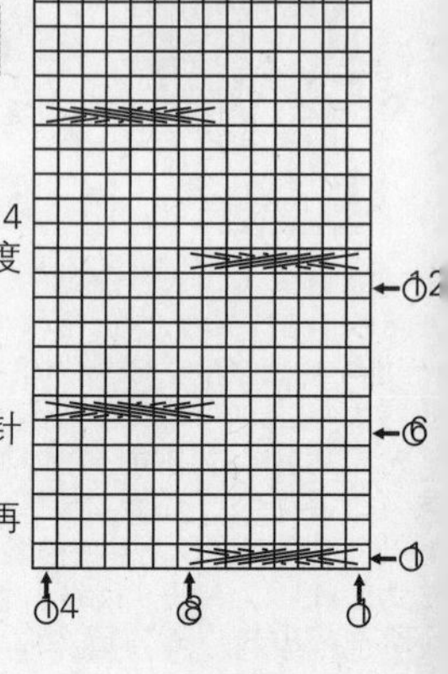

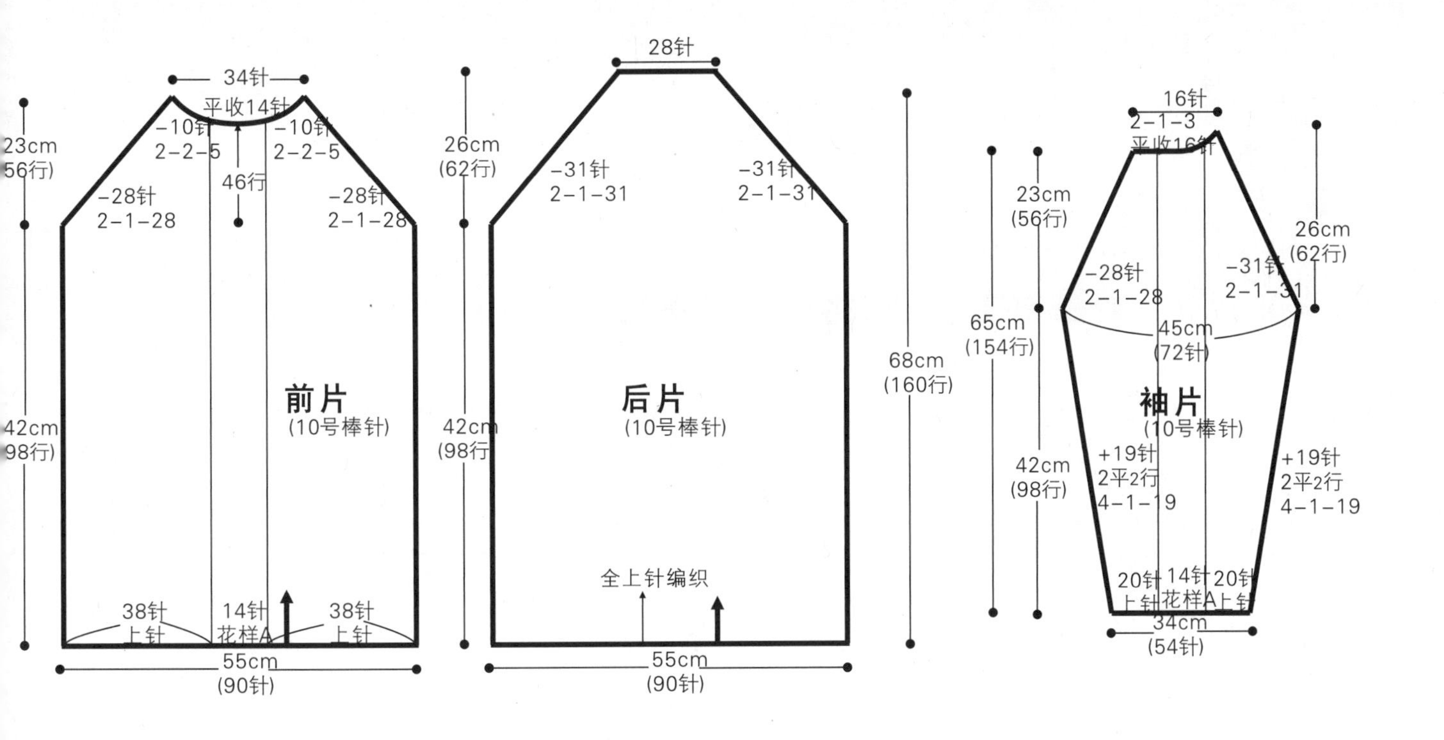
34针
平收14针
-10针
2-2-5
-10针
2-2-5
46行
-28针
2-1-28
-28针
2-1-28
23cm
(56行)
42cm
(98行)
前片
(10号棒针)
38针
上针
14针
花样A
38针
上针
55cm
(90针)
28针
26cm
(62行)
-31针
2-1-31
-31针
2-1-31
42cm
(98行)
后片
(10号棒针)
全上针编织
55cm
(90针)
68cm
(160行)
16针
2-1-3
平收16针
23cm
(56行)
26cm
(62行)
65cm
(154行)
-28针
2-1-28
-31针
2-1-31
45cm
(72针)
袖片
(10号棒针)
42cm
(98行)
+19针
2平2行
4-1-19
+19针
2平2行
4-1-19
20针
上针
14针
花样A
20针
上针
34cm
(54针)

作品55

【成品规格】 衣长60cm

【工　　具】 10号棒针

【编织密度】 30针×26.6行=10cm²

【材　　料】 炭黑色羊毛线700g

符号说明	
⊟	上针
□=⊡	下针
2-1-3	行-针-次

花样A

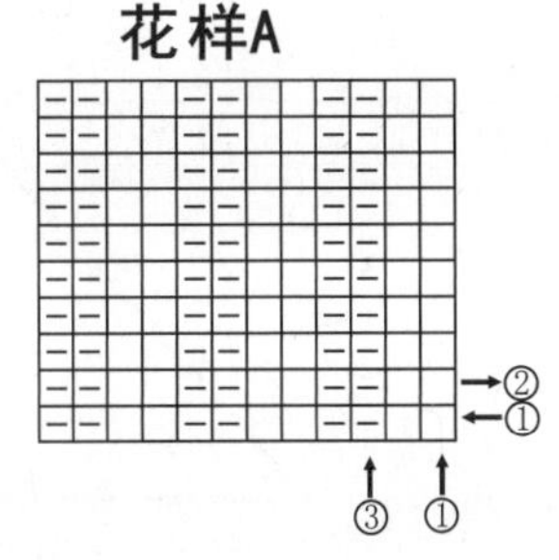
②
①
③
①

前片/后片制作说明

.棒针编织法，衣身为分前后左右四片分别编织，四片编织方法一样，完成后缝合。
.衣领起织，从上往下编织，起24针，织花样A，不加减针织26行，开始编织衣身，两侧按
-1-80的方法加针，织至186行，收针断线。
.四片衣身片对应缝合。
.挑织衣袖。沿衣身下摆左右两侧分别挑起48针，环形编织花样A，织26行后，收针断线。
.挑织衣襟。沿衣身左右侧分别挑起210针，织花样A，织10行后，收针断线。

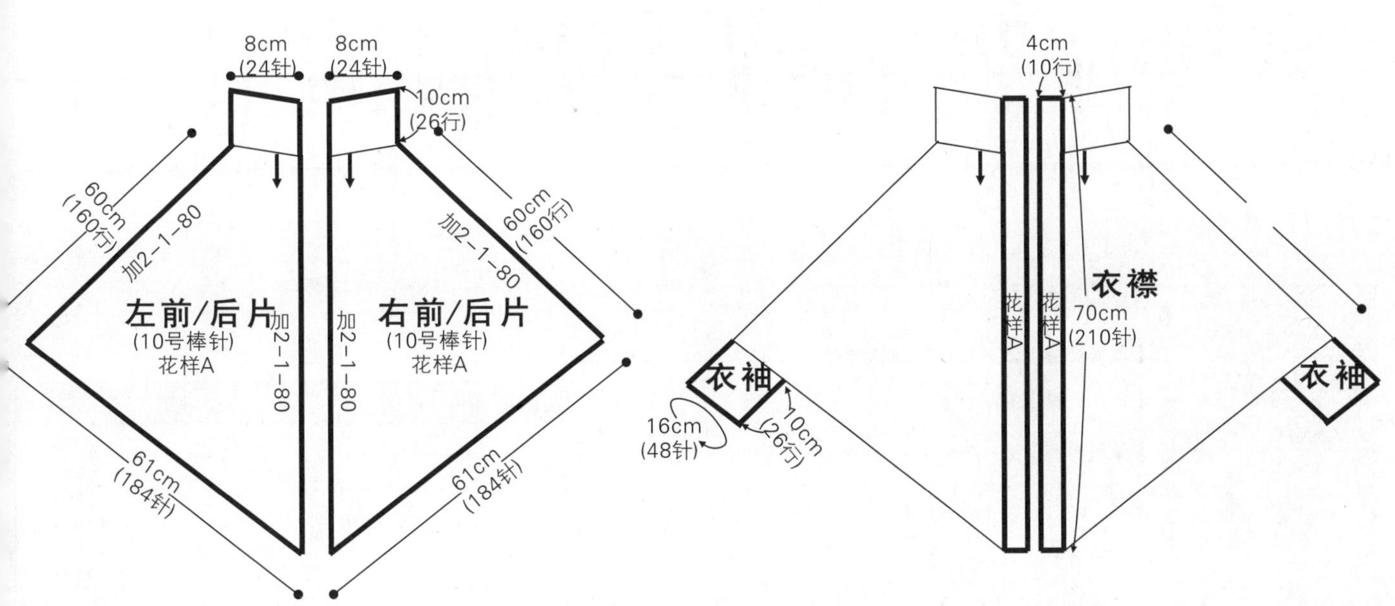
8cm
(24针)
8cm
(24针)
10cm
(26行)
60cm
(160行)
加2-1-80
左前/后片
(10号棒针)
花样A
加2-1-80
61cm
(184针)
加2-1-80
右前/后片
(10号棒针)
花样A
加2-1-80
60cm
(160行)
61cm
(184针)
4cm
(10行)
花样A
花样A
衣襟
70cm
(210针)
衣袖
16cm
(48针)
10cm
(26行)
衣袖

作品56

【成品规格】披肩长95cm，胸宽44cm，肩宽44cm

【工　　具】8号棒针

【编织密度】17.3针×21行=10cm²

【材　　料】黑色羊毛线800g

披肩制作说明

1.棒针编织法：由前片与后片两块织片和一个领片组成。

2.披肩前后片织法：前后片单独编织。双罗纹起针法，起121针，起织花样A双罗纹针，在两边同时减针。2-2-15，2-1-38，不加减针，再织4行结束。相同的方法去编织相同的一块织片，再将侧缝对应缝合。沿领口挑针起织领片，将双罗纹的2针下针并为1针，一圈共减少38针，余下114针，起织花样B，不加减针，织60行的高度后，收针断线。沿着下摆边，制作15cm长的流苏，均匀系紧。披肩完成。

花样A(双罗纹)

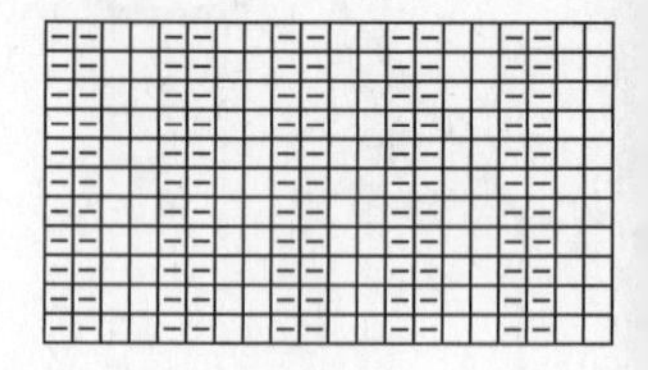

花样B

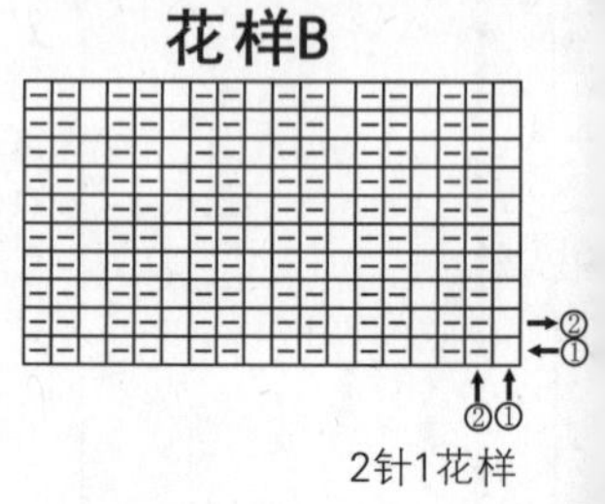

②
①
②①
2针1花样

符号说明	
⊟	上针
□=⊡	下针
2-1-3	行-针-次

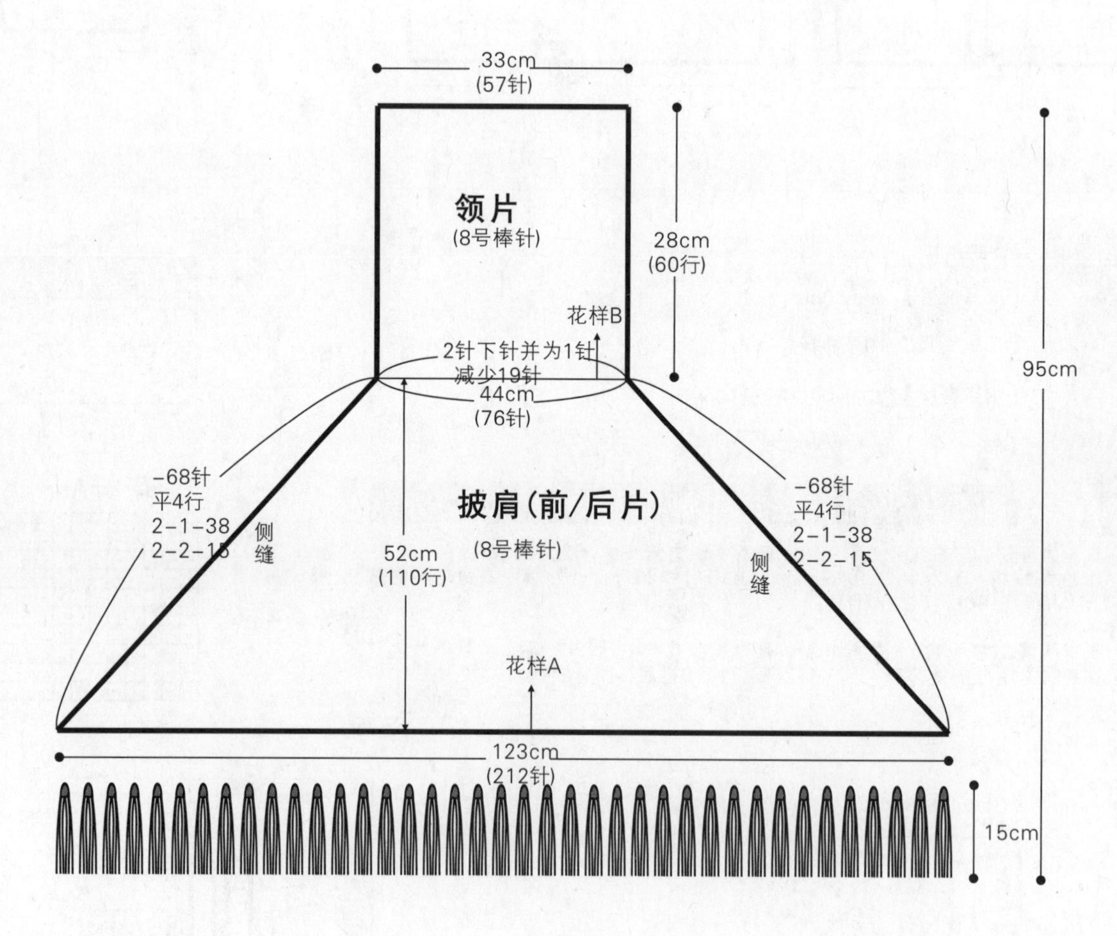

33cm
(57针)
领片
(8号棒针)
28cm
(60行)
花样B
2针下针并为1针
减少19针
44cm
(76针)
95cm
-68针
平4行
2-1-38
2-2-15
侧缝
披肩(前/后片)
(8号棒针)
52cm
(110行)
-68针
平4行
2-1-38
2-2-15
侧缝
花样A
123cm
(212针)
15cm

作品57

【成品规格】衣长60cm，胸宽48cm，肩宽42cm，袖长50cm

【工　　具】10号棒针

【编织密度】20.5针×33.3行=10cm²

【材　　料】蓝色棉线600g

符号说明			
⊟	上针		
□=⊡	下针	[符号]	右3针穿过左3针交叉
2-1-3	行-针-次	[符号]	左上2针与右下2针交叉
↑	编织方向	[符号]	左上3针与右下3针交叉

前片/后片/领片/袖片制作说明

.棒针编织法：由前片与后片和两个袖片组成。
.前后片织法：
（1）前片的编织，下针起针法，起120针，起织花样A，不加减针，织16行的高度。下一行起，依照花样B排花型编织。在进行棒绞编织的部分，将针放松，才能形成一个较大的孔洞。依照花样B图解，不加减针，编织72行的高度。下一行起改织下针，并在第一行收缩针数，减少22针，针数余下98针，起织下针，不加减针，织4行，下一行排花样，从右至左。依次排成13针花a，20针下针，32针花样C，20针下针，13针花a，不加减针，织34行的高度后，在20针下针的两边1针上进行减针，袖窿侧减针，4-2-3，衣领侧减针，6-2-6，6-1-6，再织2行至肩部。衣领中间，当织成34行时，下一行将中间8针改织花样D搓板针，分别与左右两边的织片一起单独编织。而另一边，在8针搓板针的内层上挑8针起织。形成重叠前衣领。织成74行后，肩部余下8针搓板针，20针花样。收针断线。
（2）后片的编织。后片起织与前片相同，花样B与前片相同，织成72行高的花样B后，在最后一行里，分散收缩针22针，针数余下98针，下一行排花样，两边各选13针编织花a，中间72针编织下针。照此花样分配，不加减针，织38行后，下一行进行袖窿减针，在72针下针的两边1针上减针，4-2-3，下针余下60针，再织58行，开始减后衣领。两边减针，2-1-2，至肩部余下20针。将前后片的侧缝和肩部对应缝合。挑出前片领片的8针搓板针，从一边织至另一边。横向编织，内侧与后衣领边，边织边并针。织至另一边与前片的8针搓板针缝合。
.袖片织法：下针起针法，起60针，起织花样A，不加减针，织16行的高度，下一行起，依照花样B排花样编织，不加减针，织16行后，将片织改为圈织，一圈60针，继续编织花样B，再织44行后，全改织下针，不加减针，织10行至袖山减针，下一行起，在两边往内算的第3针上进行减针，6-2-6，织成36行高，两边各减少12针，织片余下36针，收针断线。相同的方法再去编织另一个袖片。将两个袖山边线与衣身的袖窿边线对应缝合。衣服完成。

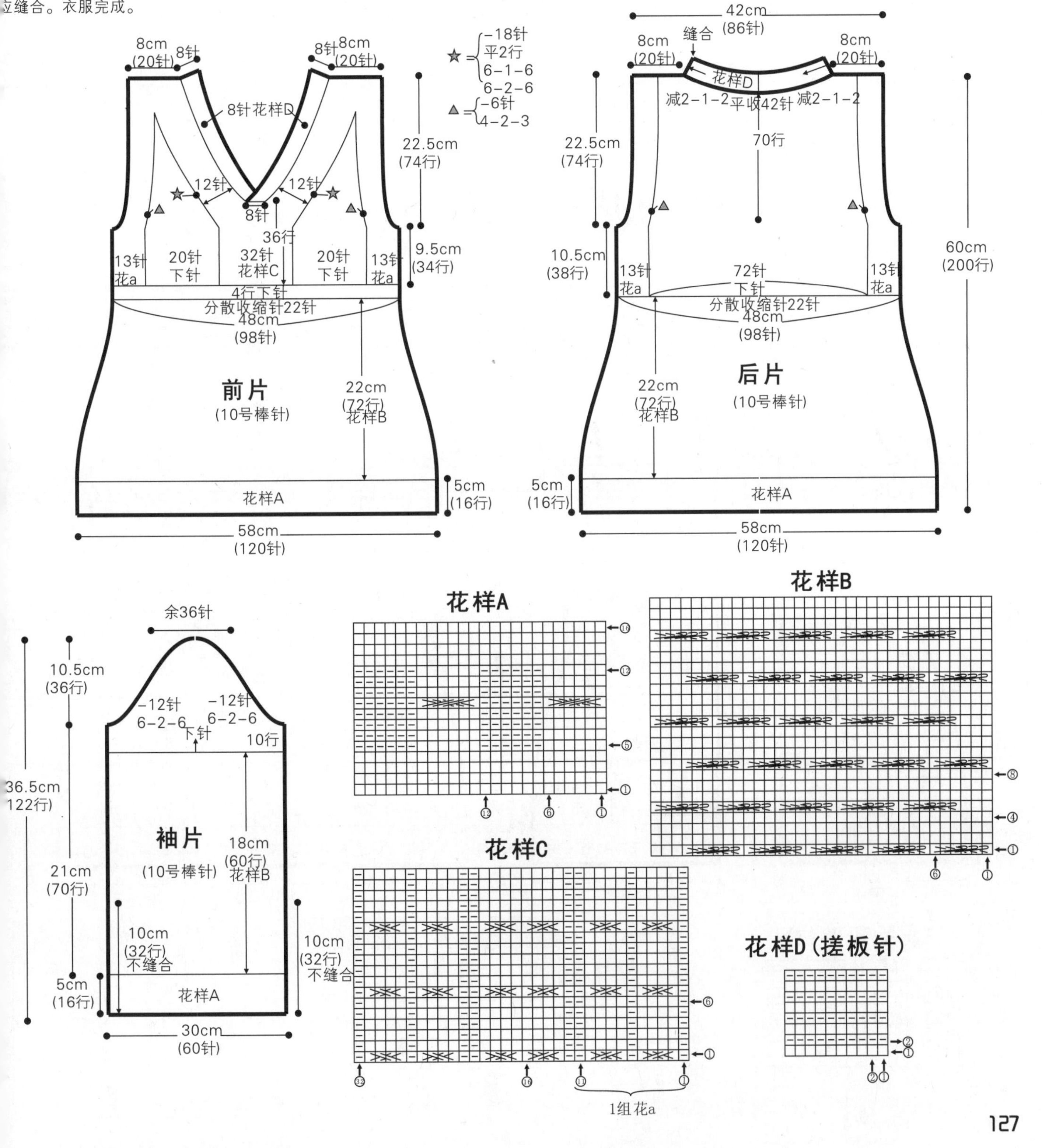

8cm (20针) 8针
8针 8cm (20针)
8针花样D
★ -18针 平2行 6-1-6 6-2-6
▲ -6针 4-2-3
22.5cm (74行)
12针 12针
8针
36行
9.5cm (34行)
13针 花a
20针 下针
32针 花样C
20针 下针
13针 花a
4行下针
分散收缩针22针
48cm (98针)
前片 (10号棒针)
22cm (72行) 花样B
5cm (16行)
花样A
58cm (120针)
42cm (86针)
缝合
8cm (20针)
8cm (20针)
花样D
减2-1-2 平收42针 减2-1-2
70行
22.5cm (74行)
10.5cm (38行)
13针 花a
72针 下针
13针 花a
分散收缩针22针
48cm (98针)
后片 (10号棒针)
22cm (72行) 花样B
60cm (200行)
5cm (16行)
花样A
58cm (120针)
余36针
10.5cm (36行)
-12针 6-2-6
-12针 6-2-6
下针
10行
36.5cm 122行)
袖片 (10号棒针)
18cm (60行) 花样B
21cm (70行)
10cm (32行) 不缝合
10cm (32行) 不缝合
5cm (16行)
花样A
30cm (60针)
花样A
花样B
花样C
1组花a
花样D(搓板针)

作品58

【成品规格】 衣长82cm，胸宽46cm，肩宽28cm，袖长51cm

【工　　具】 10号棒针，2.5mm钩针

【编织密度】 22.3针×30行=10cm²

【材　　料】 灰色羊毛线800g，扣子5颗

前片/后片/领片/袖片制作说明

1.棒针编织法。由左右前片与后片和两个袖片组成。

2.前后片织法：

（1）前片的编织：分为左前片和右前片，以右前片为例。双罗纹起针法，起78针，起织花样A双罗纹针，不加减针，织18行的高度。下一行起全织下针，不加减针，织12行，下一行在织片中间织花样B减针，在结构图所示的位置开始减针，并织镂空花样，织成72行后，针数减少为5[illegible]针，再织12行下针后，改织花样A双罗纹针，不加减针，织26行后，下一行排花型，将右边32针加针织成36针花样C，然后再织20针下针，往上编织，在侧缝上加针，10-1-4，织成40行后至袖窿。下一行袖窿起减针，先收针10针，然后在往内算的第3针的位置上减针，4-2-5，针数减少20针，当织成袖窿算起36行后，下一行减前衣领边，从右往左，先收针6针，然后2-2-12，织成24行后，至肩部，余下10针，收针断线。相同的方法，相反的减针方向去编织左前片。

（2）后片的编织：双罗纹起针法，起146针，起织花样A，织18行，下一行起全织下针，织12行后，在结构图所示的位置减针织花样B，两边各减少26针，织片针数减少为94针，然后再织12行下针，再改织花样A26行，然后下一行分配花样，两边各20针织下针，中间54针织花样D，并在侧缝上加针，10-1-4，针数加成102针，织成40行后开始减袖窿。下一行两边各收针10针，然后4-2-5，当织成袖窿算起56行的高度时，下一行中间收针38针，两边各自减针，2-1-2，至肩部余下10针，收针断线。将前后片的肩部对应缝合，再将侧缝对应缝合。

3.袖片织法：从袖口起织，下针起针法，起48针，起织下针，并在袖侧缝上加针，6-1-16，加成80针，织成96行高度。下一行袖山减针，两边各收针10针，然后依次4-2-3，6-2-4，4-2-1，织成40行后，针数余下28针，收针断线。相同的方法再去编织另一个袖片。将两个袖山边线与衣身的袖窿边线对应缝合。再将袖侧缝缝合。最后沿着袖口边，用2.5mm的钩针，钩织花样E拉丝花，共20针，钩织8行后收针。

4.领片织法：沿着前后衣领边，用钩针挑针钩织花样E，挑54针，不加减针，织12行行收针。分别沿着左右衣襟边，挑174针，起织花样A双罗纹针，不加减针，织16行的高度后，收针断线。右衣襟制作5个扣眼，每两个扣眼之间相隔32针。衣服完成。

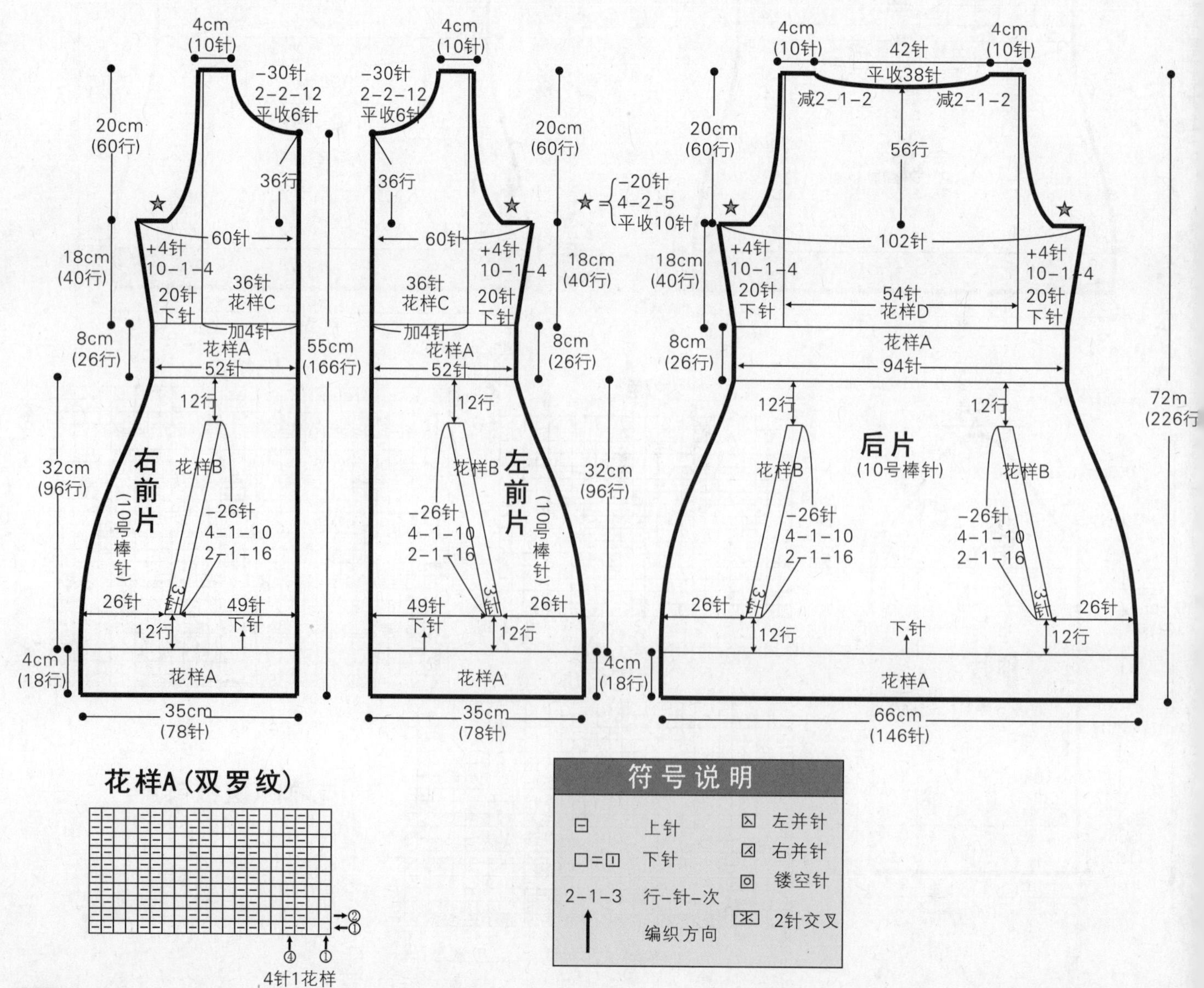

右前片
(10号棒针)
左前片
(10号棒针)
后片
(10号棒针)
4cm
(10针)
42针
平收38针
减2-1-2
56行
-30针
2-2-12
平收6针
20cm
(60行)
36行
-20针
4-2-5
平收10针
60针
102针
+4针
10-1-4
18cm
(40行)
20针
下针
36针
花样C
54针
花样D
加4针
8cm
(26行)
花样A
52针
94针
55cm
(166行)
72cm
(226行)
12行
花样B
32cm
(96行)
-26针
4-1-10
2-1-16
3针
26针
49针
下针
4cm
(18行)
35cm
(78针)
66cm
(146针)
花样A(双罗纹)
4针1花样
符号说明
上针
□=▫ 下针
2-1-3 行-针-次
编织方向
左并针
右并针
镂空针
2针交叉

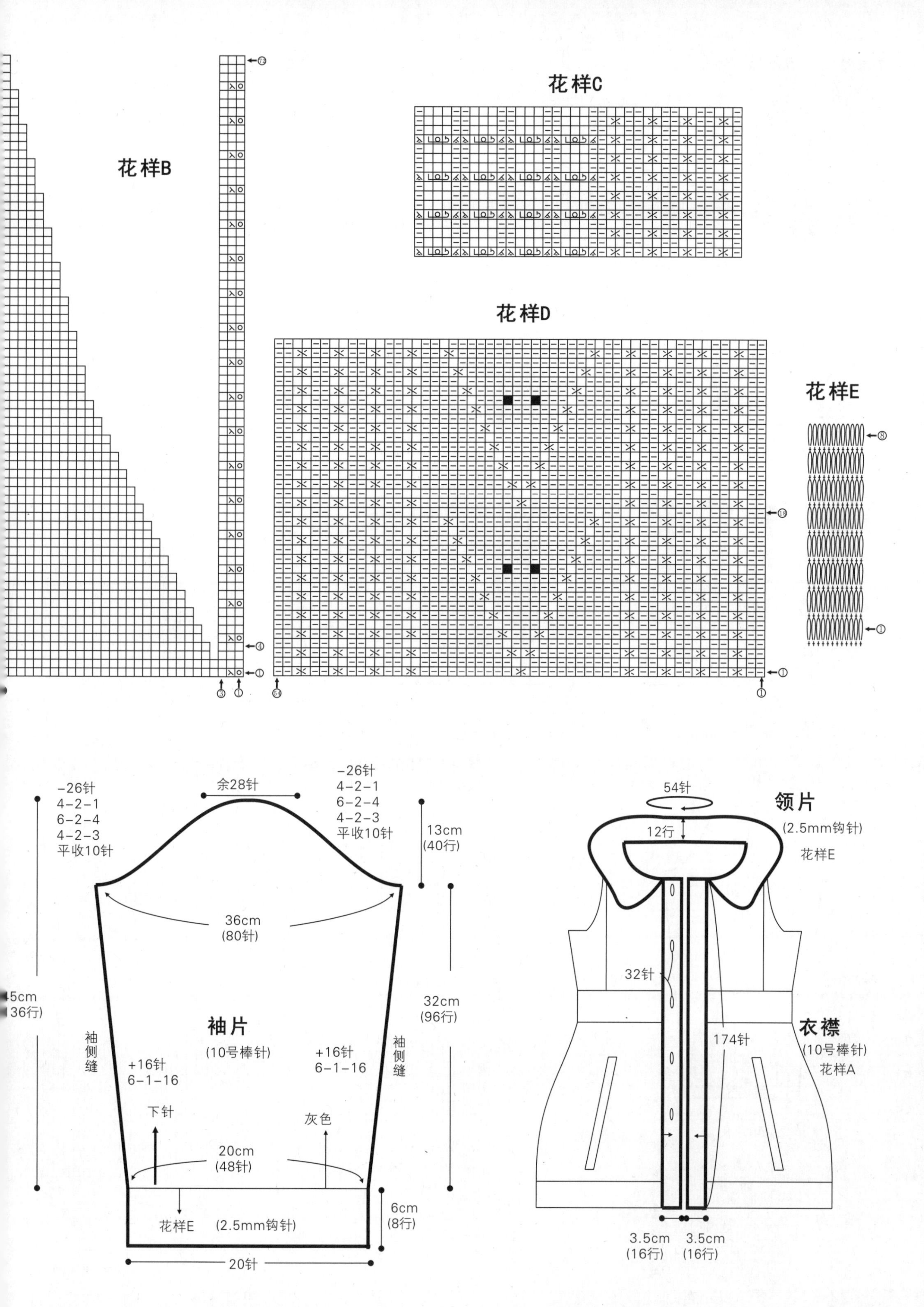

花样B
花样C
花样D
花样E
-26针
4-2-1
6-2-4
4-2-3
平收10针
余28针
13cm
(40行)
36cm
(80针)
45cm
(136行)
32cm
(96行)
袖片
(10号棒针)
袖侧缝
+16针
6-1-16
下针
灰色
20cm
(48针)
6cm
(8行)
花样E
(2.5mm钩针)
20针
54针
领片
(2.5mm钩针)
12行
32针
174针
衣襟
(10号棒针)
花样A
3.5cm
(16行)

作品59

【成品规格】衣长50cm，胸围80cm，袖长54cm

【编织密度】21针×33行=10cm²

【工　　具】11号棒针

【材　　料】花式毛线550g，纽扣8颗

制作说明

1.后片：起108针织8行起伏针后织花样A，分散减针在中间的起伏针中进行，织96行开袖窿，上面织花样B，织56行开始织后领窝，肩平收。

2.前片：起65针，织法同后片；门襟边5针织起伏针一直织至领口，分散减针在中间的起伏针中进行；开袖窿后织34行开始织领窝，先平收10针，再分别依次减针至完成，右片开扣洞8个。

3.袖：起48针织起伏针8行后，中心5针继续织起伏针，两侧织平针，并开始在两侧加针，织40cm后开始织袖山，腋下各平收4针，再依次减针，最后16针平收。

4.领：从领窝挑96针织花样B，边缘各留10针空缺；织8cm平收；缝合纽扣，完成。

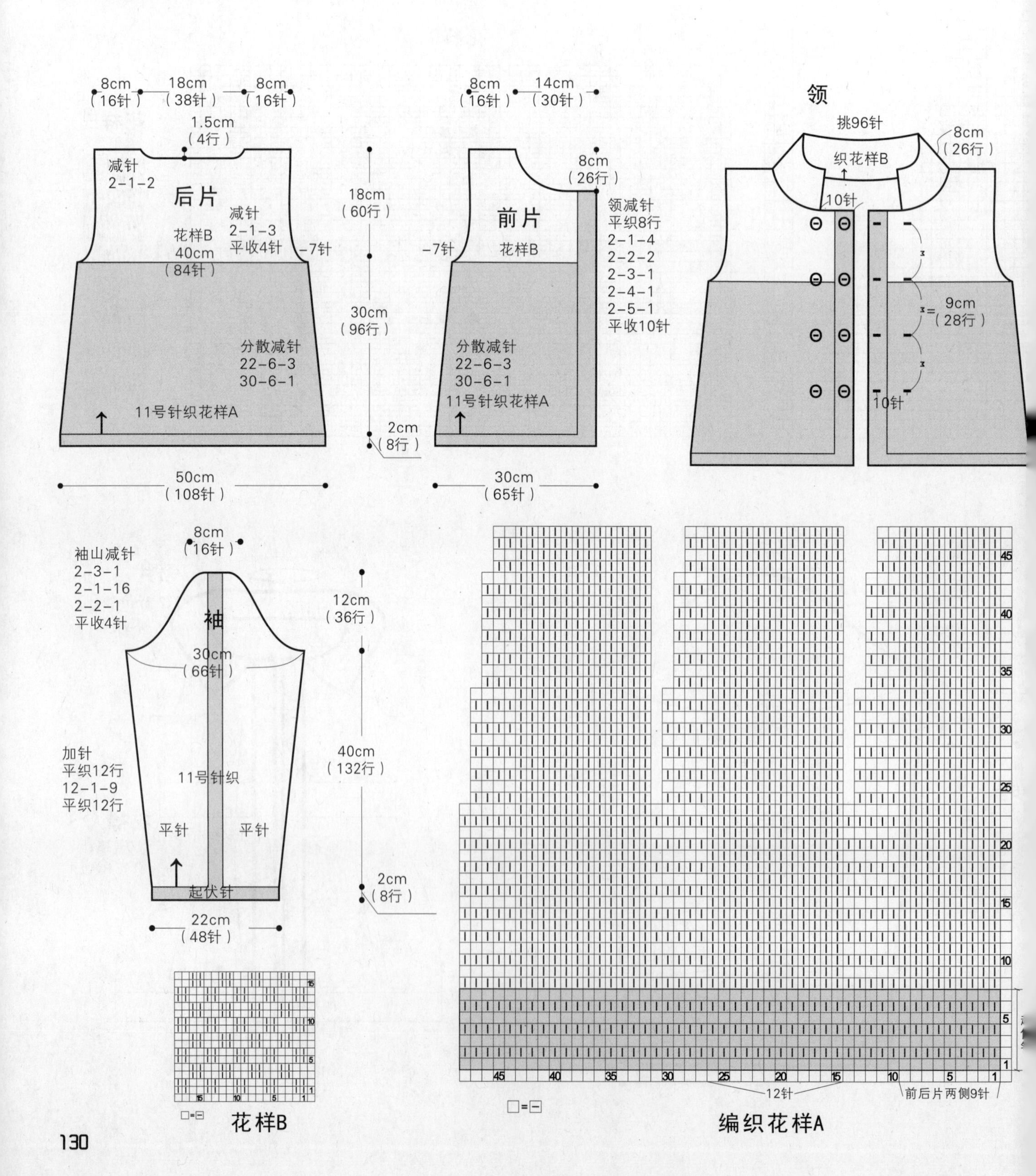

8cm (16针)
18cm (38针)
8cm (16针)
1.5cm (4行)
减针
2-1-2
后片
减针
2-1-3
平收4针
花样B
40cm (84针)
-7针
18cm (60行)
30cm (96行)
2cm (8行)
分散减针
22-6-3
30-6-1
11号针织花样A
50cm (108针)
8cm (16针)
14cm (30针)
8cm (26行)
前片
花样B
-7针
领减针
平织8行
2-1-4
2-2-2
2-3-1
2-4-1
2-5-1
平收10针
分散减针
22-6-3
30-6-1
11号针织花样A
30cm (65针)
领
挑96针
8cm (26行)
织花样B
10针
9cm (28行)
10针
8cm (16针)
袖山减针
2-3-1
2-1-16
2-2-1
平收4针
袖
12cm (36行)
30cm (66针)
加针
平织12行
12-1-9
平织12行
11号针织
40cm (132行)
平针
平针
起伏针
2cm (8行)
22cm (48针)
□=⊟
花样B
12针
前后片两侧9针
□=⊟
编织花样A

作品60

【成品规格】衣长86cm，胸围90cm，连肩袖长44cm

【编织密度】25针×28行=10cm²

【工　　具】12号、10号棒针

【材　　料】驼色毛线750g，纽扣6颗

制作说明

1.后片：用12号针起124针织双罗纹22行后换10号针织花样，平织160行开袖窿，腋下各平收6针，再依次减针，最后50针平收。

2.前片：起62针，织法同后片；开袖窿后织34行开始收领窝，按图示减针，袖窿比后片少织6行。

3.袖：从袖口往上织；起90针织双罗纹后织花样，平织42行开袖窿，织法同后片，与前片相临的地方减26针后织往返针。

4.口袋：织两块双罗纹花样的正方形，花形横向缝合在前片。

5.领、门襟：先挑织门襟；沿边缘挑190针织双罗纹16行，左侧开扣眼5个；再挑针织领：沿领窝挑154针织双罗纹16行，左侧开一个扣洞眼；缝合纽扣，完成。

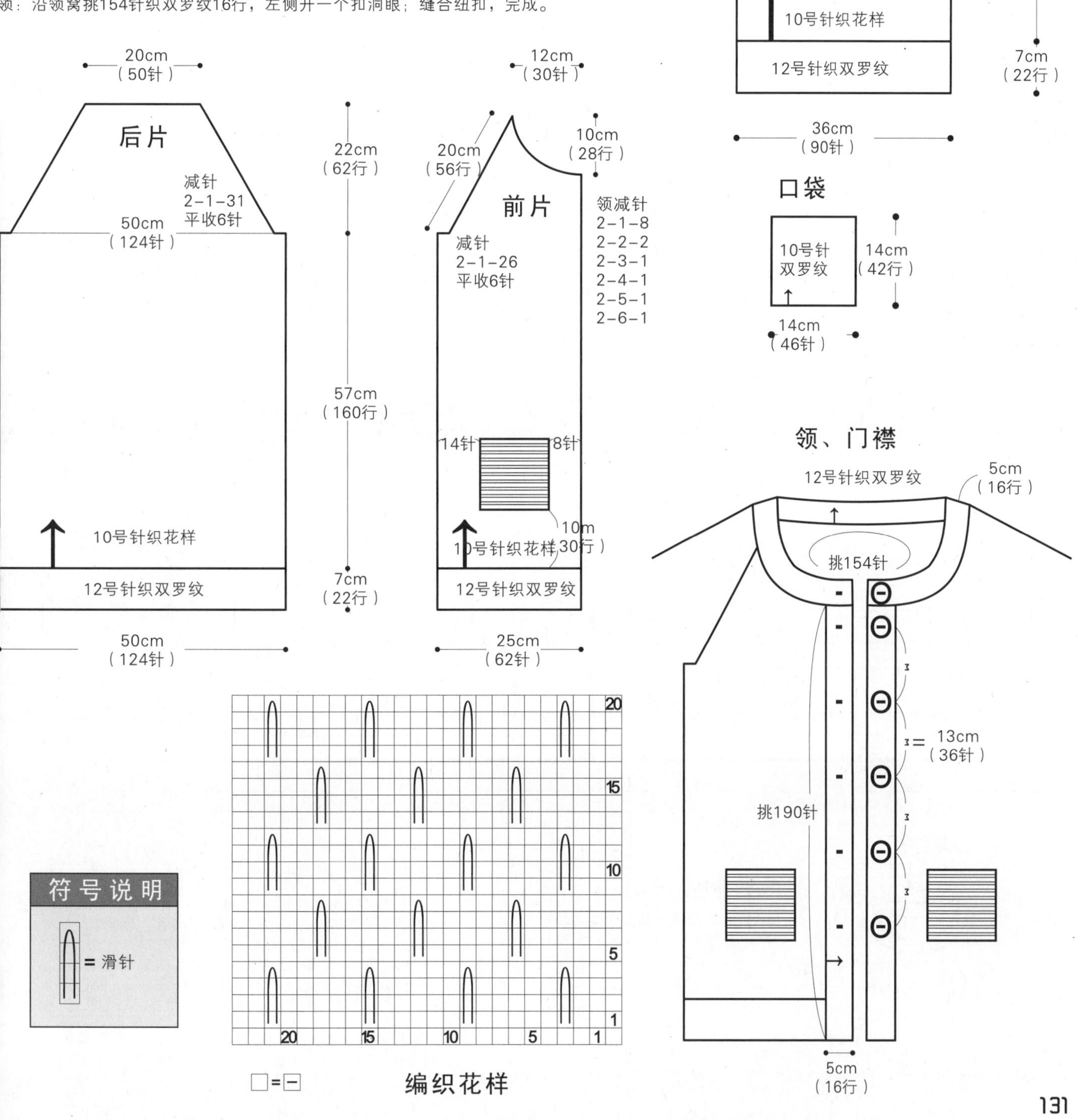

6cm
（21针）
织往返针
2-6-1
2-5-2
平收5针
22cm
（62行）
减针
2-1-31
平收6针
袖
减针
平织10行
2-1-26
平收6针
36cm
（90针）
15cm
（42行）
10号针织花样
7cm
（22行）
12号针织双罗纹
36cm
（90针）
口袋
10号针
双罗纹
14cm
（42行）
14cm
（46针）
20cm
（50针）
后片
减针
2-1-31
平收6针
50cm
（124针）
10号针织花样
12号针织双罗纹
50cm
（124针）
22cm
（62行）
57cm
（160行）
7cm
（22行）
12cm
（30针）
10cm
（28行）
20cm
（56行）
前片
领减针
2-1-8
2-2-2
2-3-1
2-4-1
2-5-1
2-6-1
减针
2-1-26
平收6针
14针
8针
10cm
（30行）
10号针织花样
12号针织双罗纹
25cm
（62针）
领、门襟
12号针织双罗纹
5cm
（16行）
挑154针
13cm
（36针）
挑190针
5cm
（16行）
符号说明
= 滑针
20
15
10
5
1
编织花样

作品61

【成品规格】衣长63cm，半胸围43.5cm，肩宽37cm，袖长58cm

【工　　具】12号棒针

【编织密度】35.5针×41.9行=10cm²

【材　　料】粉红色羊毛线550g

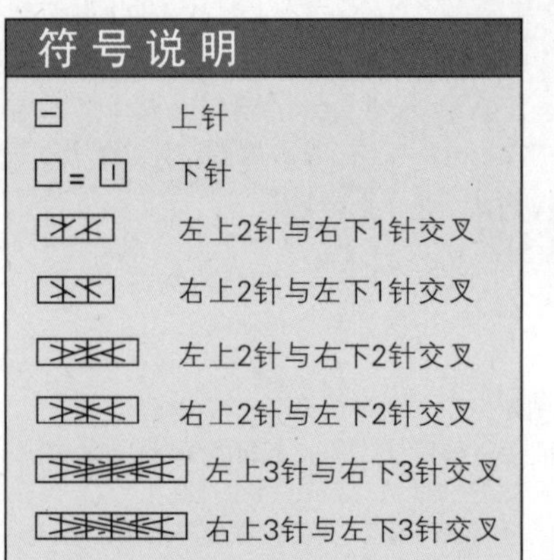

符号说明
上针
下针
左上2针与右下1针交叉
右上2针与左下1针交叉
左上2针与右下2针交叉
右上2针与左下2针交叉
左上3针与右下3针交叉
右上3针与左下3针交叉
2-1-3　行-针-次

前片/后片制作说明

1.棒针编织法，前后片分别起织，至腰身处合并成一片环形编织，袖窿起分为前片和后片分别编织而成。
2.起织。起160针，织花样A，织8行后，改为花样A，B，C，D，E，F组合编织，如结构图所示，织至72行，留针暂时不织。另起线编织相同的一片织片，第72行将两织片的两侧分别重合6针，连起来环形编织组合花样，织至168行，将织片按结构图所示均分成前片和后片，分别编织。
3.先织后片，起织时，两侧按1-4-1，2-1-7的方法减针，织至259行，中间平收42针，两侧减针织成后领，方法为2-1-3，织至264行，两肩部各余下42针，收针断线。
4.织前片，起织时，两侧按1-4-1，2-1-7的方法减针，织至237行，中间平收24针，两侧减针织成前领，方法为2-2-2，2-1-8，织至264行，两肩部各余下42针，收针断线。
5.前片与后片肩缝对应缝合。

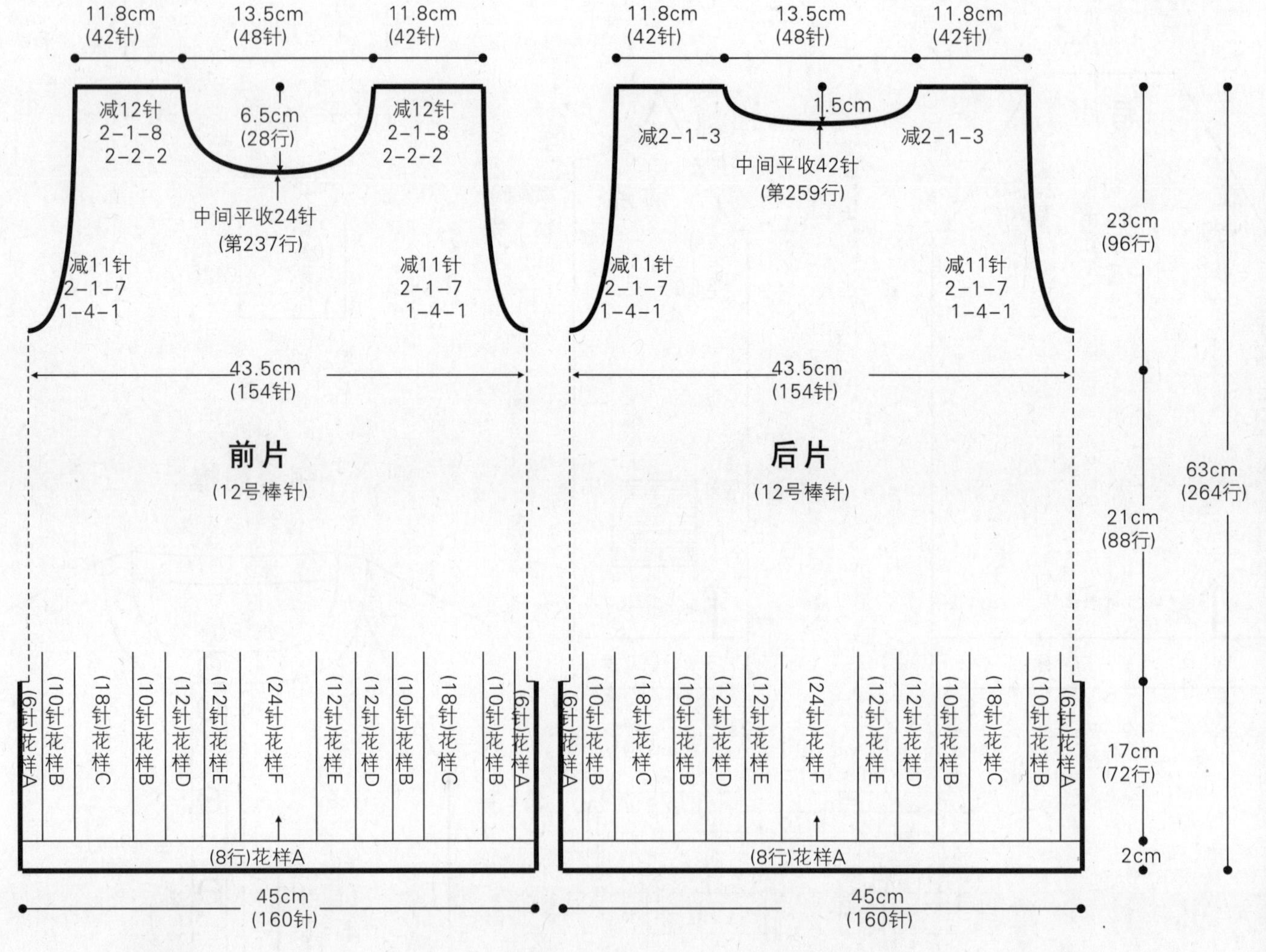

11.8cm (42针)
13.5cm (48针)
11.8cm (42针)
减12针 2-1-8 2-2-2
6.5cm (28行)
中间平收24针 (第237行)
减11针 2-1-7 1-4-1
43.5cm (154针)
前片 (12号棒针)
1.5cm
减2-1-3
中间平收42针 (第259行)
后片 (12号棒针)
23cm (96行)
63cm (264行)
21cm (88行)
17cm (72行)
2cm
(6针)花样A
(10针)花样B
(18针)花样C
(10针)花样B
(12针)花样D
(12针)花样E
(24针)花样F
(12针)花样E
(12针)花样D
(10针)花样B
(18针)花样C
(10针)花样B
(6针)花样A
(8行)花样A
45cm (160针)

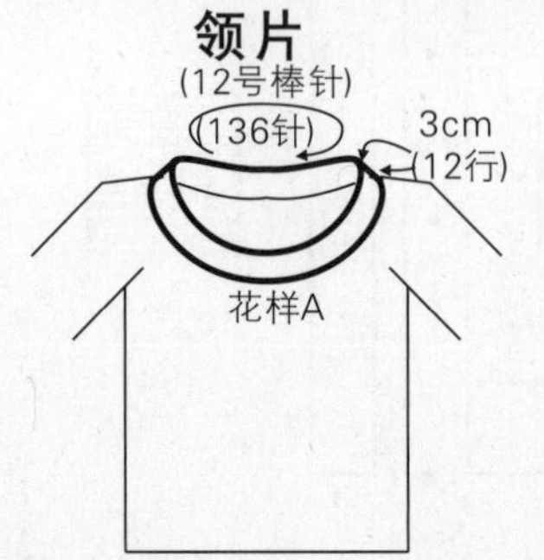

领片
(12号棒针)
(136针)
3cm (12行)
花样A

领片制作说明

棒针编织法，沿领口挑起136针环形编织，织花样A，织12行后，收针断线。

袖片制作说明

1.棒针编织法，从袖口往上编织。
2.起织，起92针，织花样A，织26行后，改为花样B，D，E，F间隔编织，如结构图所示，一边织一边两侧加针，方法为14-1-10，织至174行，两侧减针编织袖山，方法为1-4-1，2-1-36，织至246行，织片余下32针，收针断线。
3.同样的方法编织另一袖片。
4.将袖山对应袖窿线缝合，再将袖底缝合。

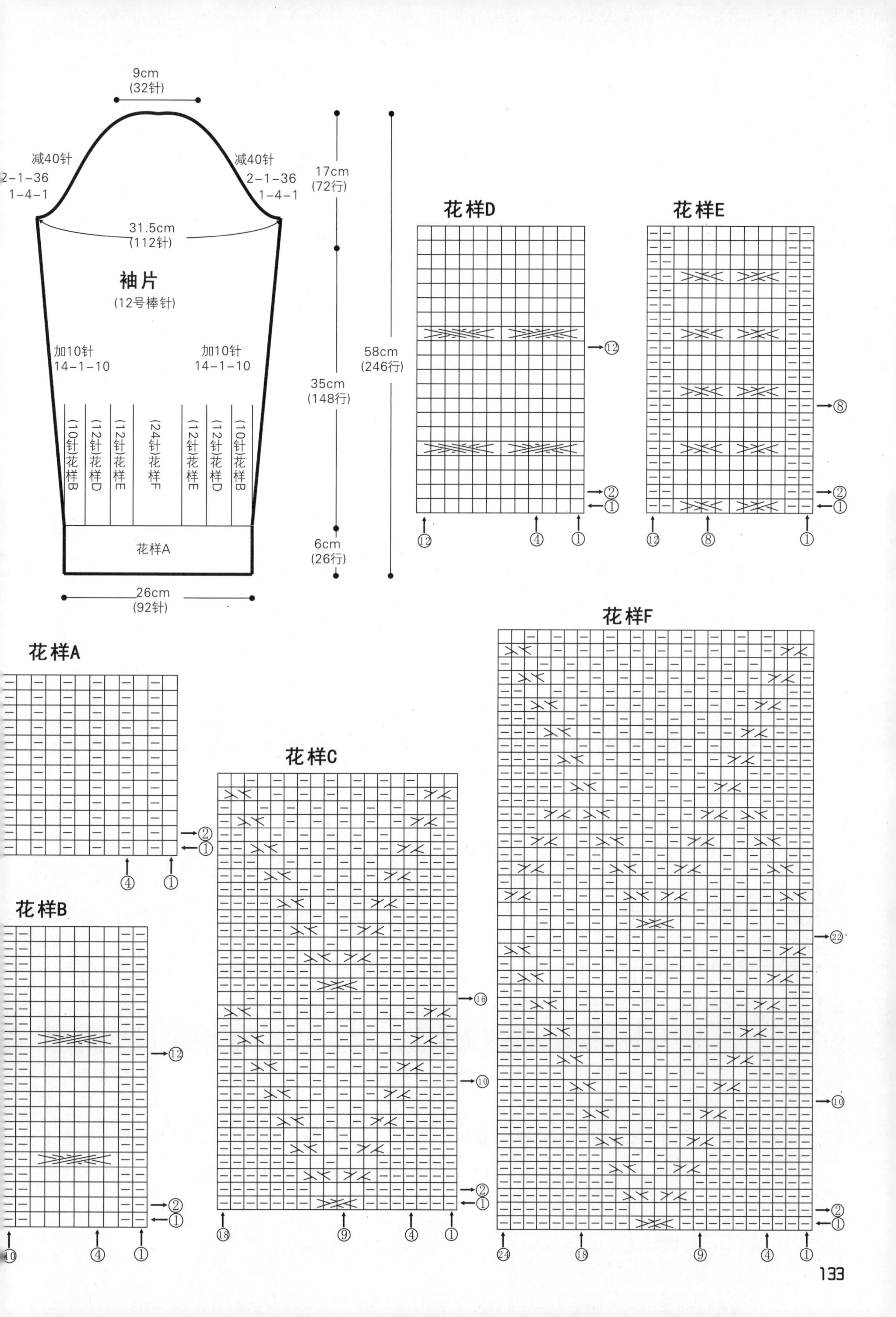
9cm
(32针)
减40针
2-1-36
1-4-1
减40针
2-1-36
1-4-1
17cm
(72行)
31.5cm
(112针)
袖片
(12号棒针)
加10针
14-1-10
加10针
14-1-10
58cm
(246行)
35cm
(148行)
(10针)花样B
(12针)花样D
(12针)花样E
(24针)花样F
(12针)花样E
(12针)花样D
(10针)花样B
花样A
6cm
(26行)
26cm
(92针)
花样D
花样E
花样A
花样B
花样C
花样F

作品62

【成品规格】衣长68cm，胸宽47cm，袖长34cm

【工　　具】9号棒针

【编织密度】12针×24行=10cm²

【材　　料】粉红色羊绒线650g

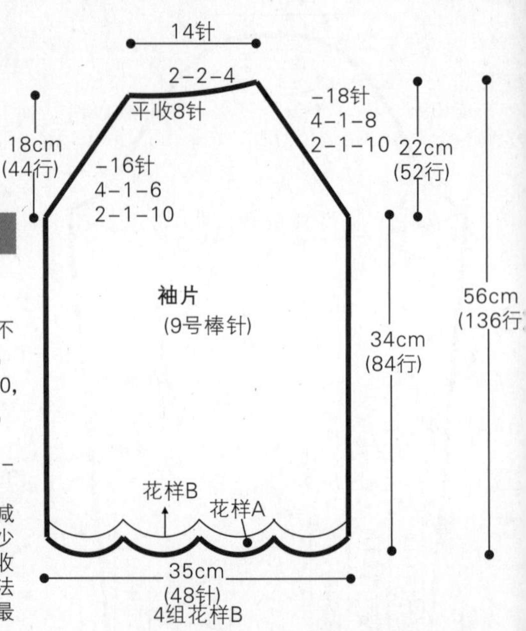

14针
2-2-4
平收8针
-18针
4-1-8
2-1-10
18cm
(44行)
-16针
4-1-6
2-1-10
22cm
(52行)
袖片
(9号棒针)
56cm
(136行)
34cm
(84行)
花样B
花样A
35cm
(48针)
4组花样B

前片/后片/袖片制作说明

1.棒针编织法。由前片与后片和两个袖片组成。

2.前后片织法：

①前片的编织：单罗纹起针法，起72针，起织花样A单罗纹针，不加减针，织4行的高度，下一行起，排花样B编织。共排出6组花样B，并在两侧缝上减针，12-1-8，各减8针，织成96行，不加减针，再织12行至袖窿。下一行起袖窿减针，2-1-10，4-1-6，织成38行时，下一行中间收针12针，两边减针，2-2-3，与袖窿减针同步进行，直至余下1针，收针。

②后片的编织：袖窿以下的织法与前片完全相同。袖窿起减针，两边各减少18针，2-1-10，4-1-8，织成52行高，余下20针，收针断线。

3.袖片织法：单罗纹起针法，起48针，起织花样A，织4行，然后排4组花样B编织，不加减针，织80行的高度，下一行起袖窿减针，作前片这侧袖窿减针，2-1-10，4-1-6，减少16针。作后片这侧袖窿减针，2-1-10，4-1-8，当织成44行时，下一行，从前片这侧收针，收8针，然后2-2-4，与后片这侧袖窿减针同步进行，直至余下1针，收针。相同的方法再去编织另一个袖片。将两个袖山边线与衣身的袖窿边线对应缝合。再将袖侧缝缝合。最后沿着前后衣领边，挑针织4行下针包边。衣服完成。

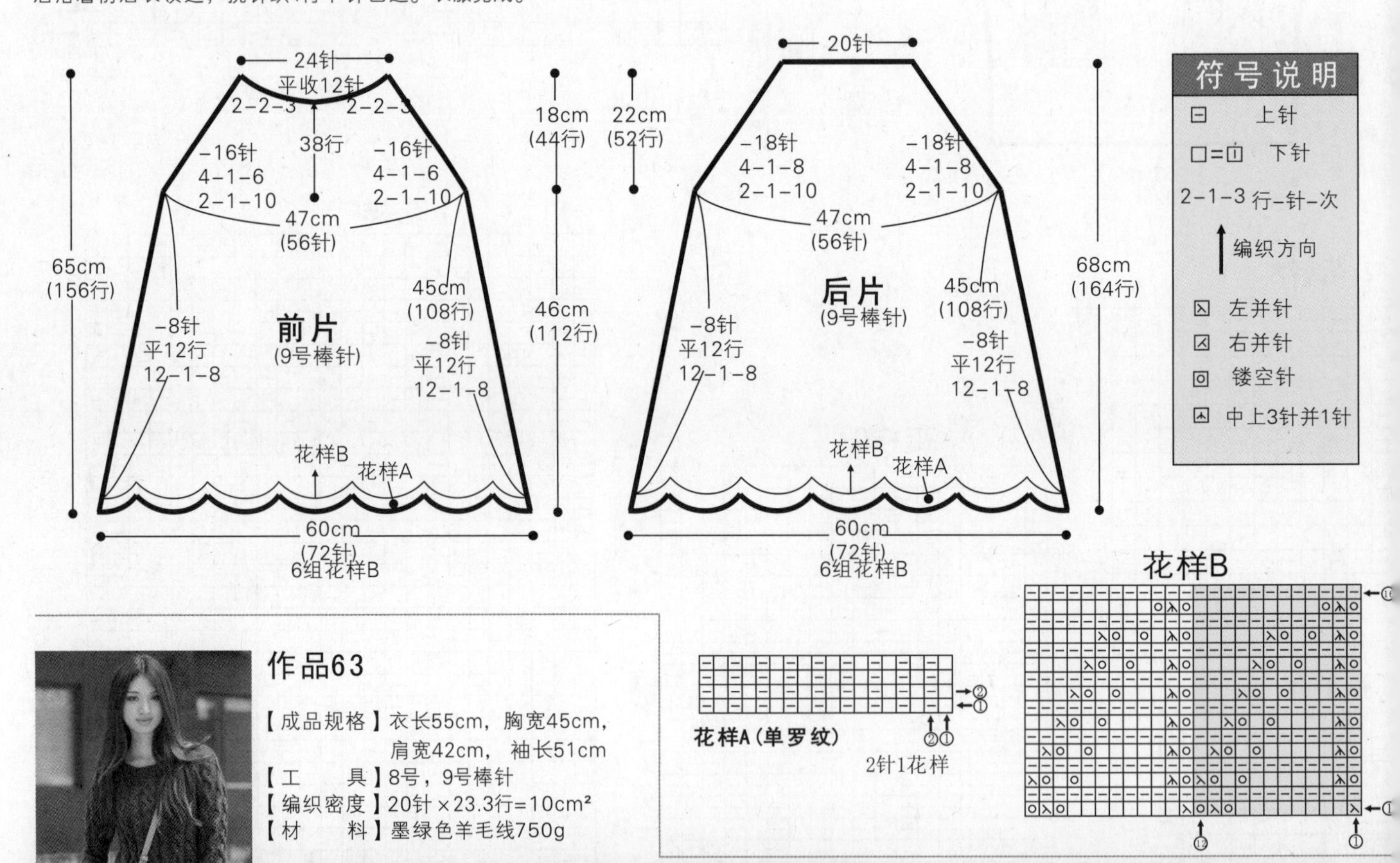

24针
平收12针
2-2-3
2-2-3
38行
-16针
4-1-6
2-1-10
47cm
(56针)
65cm
(156行)
45cm
(108行)
-8针
平12行
12-1-8
前片
(9号棒针)
花样B
花样A
60cm
(72针)
6组花样B
18cm
(44行)
22cm
(52行)
46cm
(112行)
20针
-18针
4-1-8
2-1-10
后片
(9号棒针)
68cm
(164行)
符号说明
上针
下针
2-1-3 行-针-次
编织方向
左并针
右并针
镂空针
中上3针并1针
花样A(单罗纹)
2针1花样
花样B

作品63

【成品规格】衣长55cm，胸宽45cm，
肩宽42cm，袖长51cm

【工　　具】8号，9号棒针

【编织密度】20针×23.3行=10cm²

【材　　料】墨绿色羊毛线750g

前片/后片/领片/袖片制作说明

1.棒针编织法。由前片与后片和两个袖片组成，各自编织后缝合。插肩款式，衣身用8号针编织，衣领用9号针编织。从下往上编织。

2.前后片织法：

①前片的编织，单罗纹起针法，起90针，起织花样A，不加减针，织18行的高度，下一行起，依照花样B排花型编织。不加减针，织76行的高度，下一行起进行插肩缝减针，2-2-8，2-1-9，当织成袖窿算起20行的高度后，下一行中间收针12针，两边各自减针，2-2-7，与插肩缝减针同步进行，直至最后余下1针，收针断线。

②后片的编织。袖窿以下的编织与排花与前片完全相同，插肩缝减针方法与前片相同，无后衣领减针编织。减针织成34行后，余下40针，收针断线。

3.袖片织法：从袖口起织，起38针，起织花样A，不加减针，织18行的高度后，下一行起，依照花样C排花编织，并在袖侧缝上加针编织，4-1-13，织成52行后，不加减针，再织16行至袖窿，下一行起插肩缝减针，2-2-8，2-1-9，织成34行，余下14针，收针断线。相同的方法再去编织另一个袖片。

4.缝合：将前后片的侧缝对应缝合，再将袖片的两边插肩缝边线，分别与前后片的插肩缝边线对应缝合，再将袖侧缝对应缝合。

5.领片织法：用9号针，沿前领窝挑56针、后领窝挑40针，共挑起96针，不加减针，织10行花样A，收针断线。衣服完成。

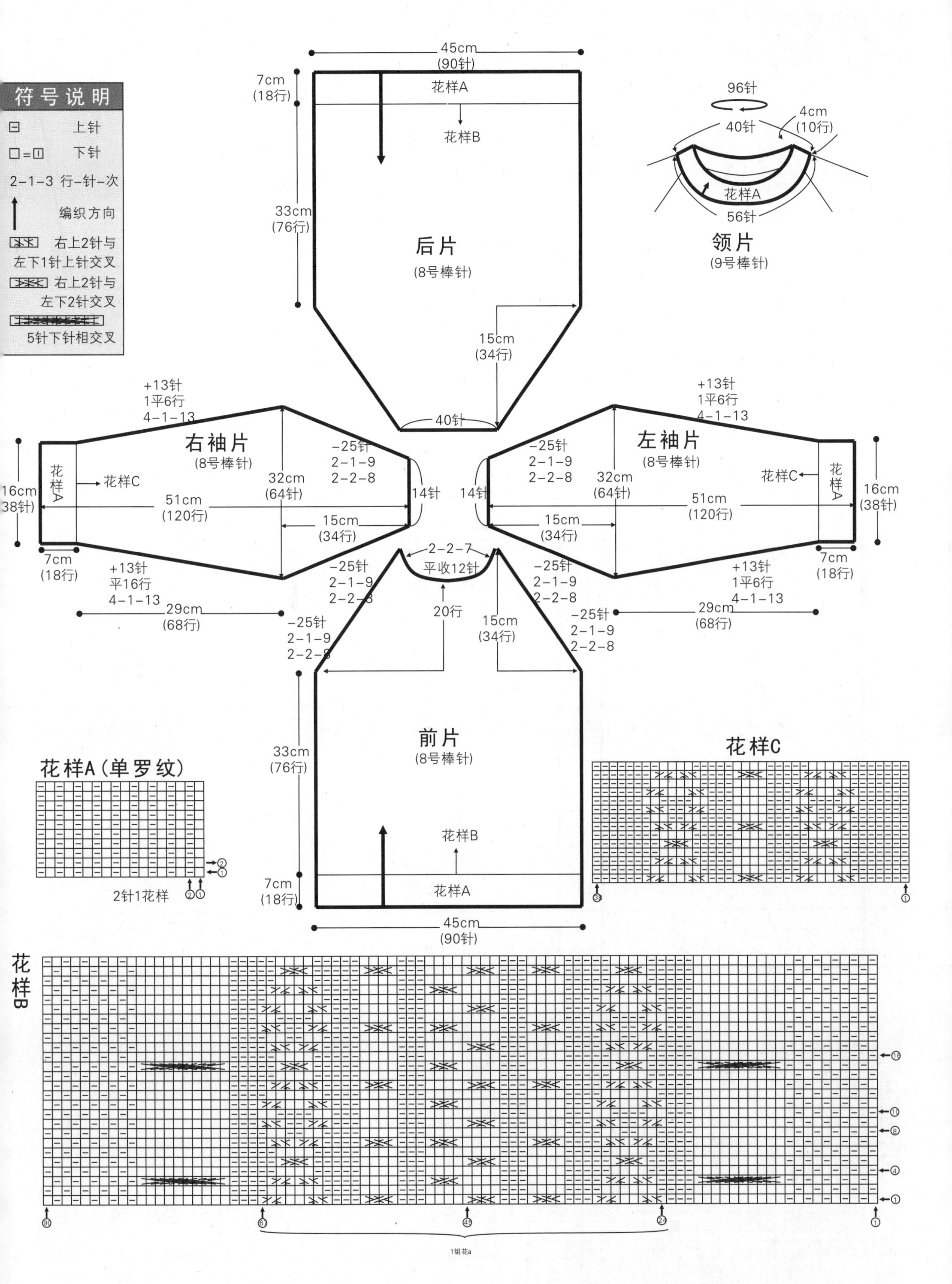

符号说明
上针
下针
2-1-3 行-针-次
编织方向
右上2针与左下1针上针交叉
右上2针与左下2针交叉
5针下针相交叉
45cm (90针)
7cm (18行)
花样A
花样B
33cm (76行)
后片
(8号棒针)
15cm (34行)
40针
96针
40针
4cm (10行)
花样A
56针
领片
(9号棒针)
+13针
1平6行
4-1-13
右袖片
(8号棒针)
-25针
2-1-9
2-2-8
花样A
花样C
16cm (38针)
51cm (120行)
32cm (64针)
14针
15cm (34行)
7cm (18行)
29cm (68行)
左袖片
(8号棒针)
2-2-7
平收12针
20行
前片
(8号棒针)
花样A (单罗纹)
2针1花样
花样C
花样B
1组花a

作品64

【成品规格】衣长75cm，胸宽47.5cm，肩宽56cm，袖长62cm
【工　　具】8号棒针
【编织密度】18针×23行=10cm²
【材　　料】白色羊毛线800g

前片/后片/领片/袖片制作说明

1.棒针编织法。由前片与后片和两个袖片组成。
2.前后片织法：
①前片的编织：双罗纹起针法，起99针，起织花样A双罗纹针，不加减针，织20行的高度。下一行起，排花型编织，依照花样B编织，不加减针，织128行的高度，无袖窿减针，下一行即进行前衣领减针，中间收针17针，两边减针，2-2-4，2-1-4，至肩部，余下29针，收针断线，另一边织法相同。
②后片的编织：后片织法与前片相同，后衣领是织成140行后再进行减针，下一行中间收针37针，两边减针，2-1-2，至肩部余下32针，收针断线。将前后片的肩部对应缝合，将前后片的侧缝，选取116行的高度进行缝合。留下的孔作袖口。
3.袖片织法：从袖口起织，起37针，起织花样A，不加减针，织14行，下一行排花型，依照花样C编织，并在两边袖侧缝上加针，12-1-10，再织8行后，织成128行高度的袖片，加成57针的宽度。将所有的针数收针，断线。相同的方法再去编织另一个袖片。将两个袖山边线与衣身的袖窿边线对应缝合。再将袖侧缝缝合。
4.领片织法：沿前领窝挑50针、后领窝挑38针，共挑起88针，不加减针，织16行花样A，收针断线，衣服完成。

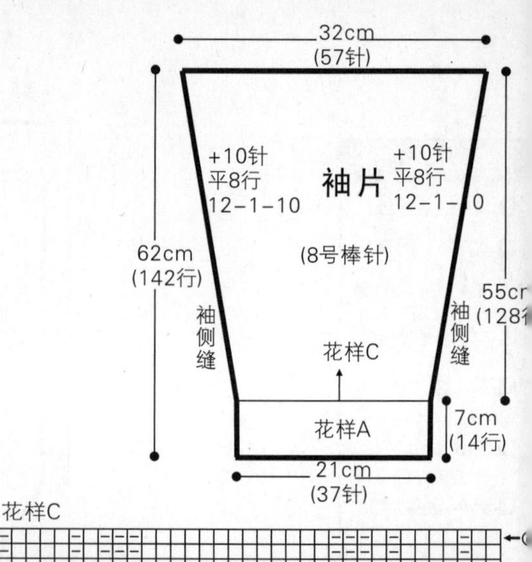

32cm
(57针)
+10针
平8行
12-1-10
袖片
+10针
平8行
12-1-10
62cm
(142行)
(8号棒针)
55cm
(128行)
袖侧缝
袖侧缝
花样C
7cm
(14行)
花样A
21cm
(37针)

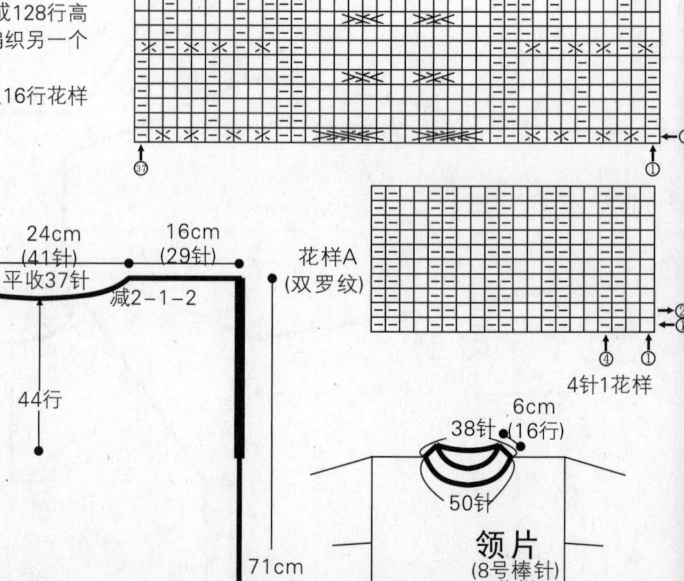

花样C
37
1
花样A
(双罗纹)
4
1
4针1花样

16cm (29针)　24cm (41针)　16cm (29针)
-12针 2-1-4 2-2-4　平收17针　-12针 2-1-4 2-2-4
21cm (48行)　32行
42cm (96行)
前片 (8号棒针)
花样B
8cm (20行)　花样A
56cm (99针)

16cm (29针)　24cm (41针)　16cm (29针)
减2-1-2　平收37针　减2-1-2
21cm (48行)　44行
42cm (96行)　71cm (164行)
后片 (8号棒针)
花样B
8cm (20行)　花样A
56cm (99针)

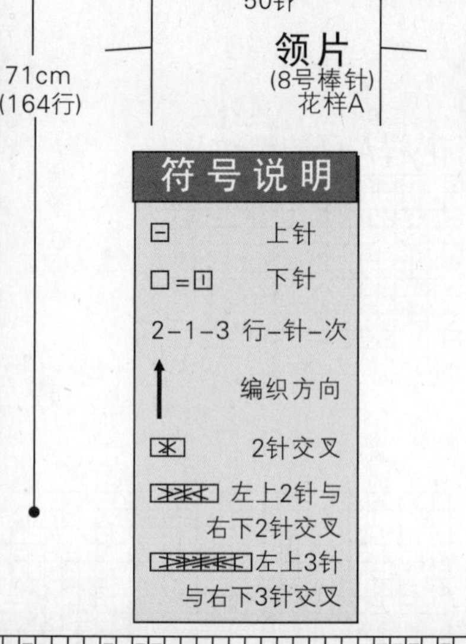

38针
6cm
(16行)
50针
领片
(8号棒针)
花样A
符号说明
上针
□=□ 下针
2-1-3 行-针-次
编织方向
2针交叉
左上2针与右下2针交叉
左上3针与右下3针交叉

花样B

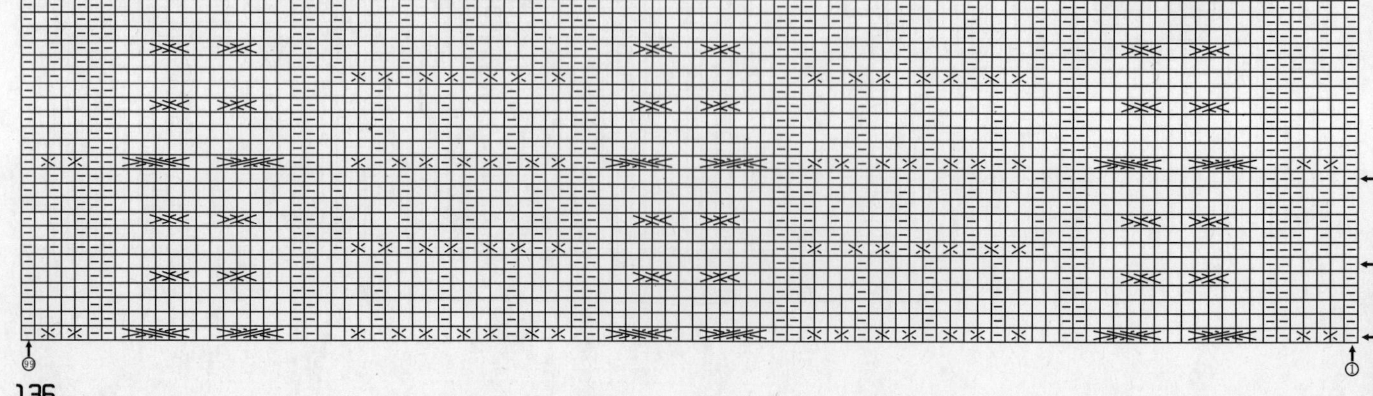

99
1

作品65

【成品规格】 衣长63cm，胸宽50cm，袖长46cm

【工　　具】 10号棒针

【编织密度】 19.2针×25行=10cm²

【材　　料】 蓝白段染花色棉线800g

前片/后片/袖片制作说明

1.棒针编织法。从领口起织，至袖窿分片，分成前后片和两个袖片。

.领片用引退针编织法，横向编织。起46针，第1、2行织完，第3行织36计，余下的针数留在针上，然后返回织第4行。第5行织完17针，余下的针数留在棒针上，返回织完第六行。然后重复这个步骤，织成领边226行，外侧边340行的长度，完成后将首尾两行合并缝合。下一行分片。前后片各分06行，挑出76针，两袖片各64针。先编织前后片。前片与后片一起环织。在腋下处各加20针，一圈共192针，起织下针，每20行，在第20行上拉松针，形成比较宽松的下针花样。不加减针，织100行后，下一行改织花样B单罗纹针。不加减针，织38行后，收针断线。

.袖片的编织。袖片挑针针数为44针，同样在腋下挑出衣身加出的20针，加成64针，继续照前后片的花样继续编织，并在两边袖侧缝上减针，先织2行再减针，6-1-2，10-1-8，织94行后，全改织花样B单罗纹针。织20行，完成后，收针断线。另一袖片织法相同。最后沿着衣领边，挑出160针，起织下针，织6行后，收针断线。衣服完成。

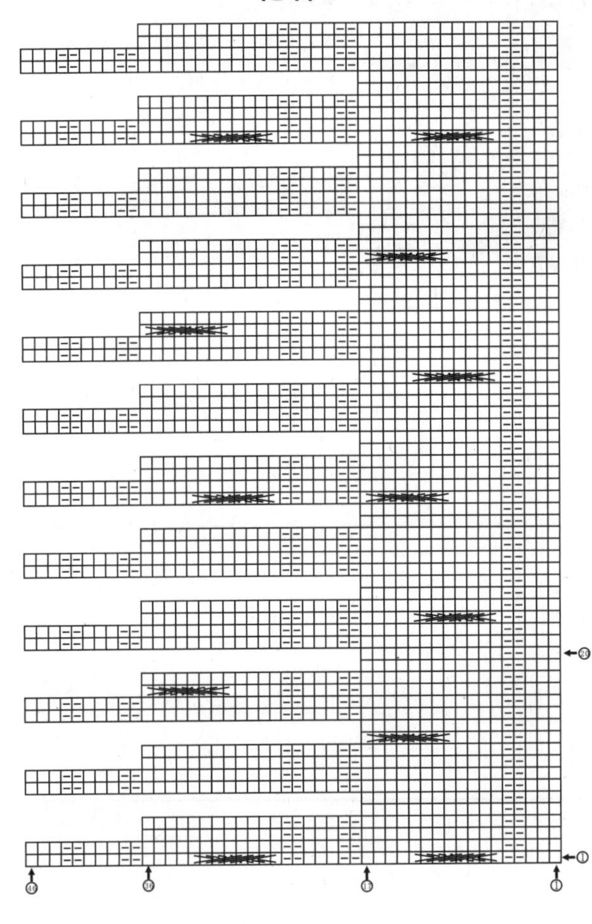

花样A

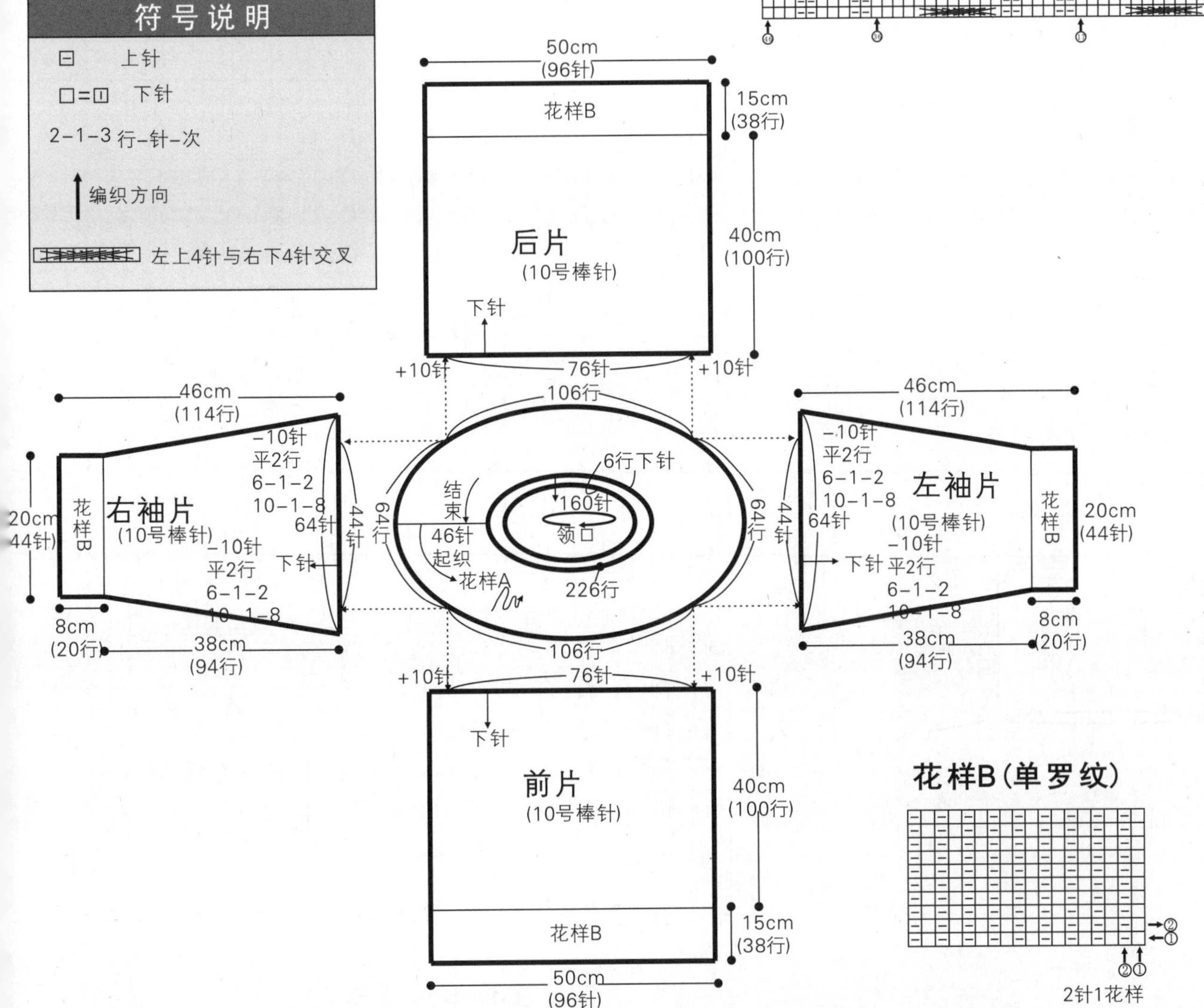

符号说明
上针
□=▯ 下针
2-1-3 行-针-次
编织方向
左上4针与右下4针交叉
50cm
(96针)
花样B
15cm
(38行)
后片
(10号棒针)
40cm
(100行)
下针
+10针
76针
+10针
106行
46cm
(114行)
-10针
平2行
6-1-2
10-1-8
64针
右袖片
(10号棒针)
花样B
20cm
(44针)
8cm
(20行)
38cm
(94行)
左袖片
6行下针
160针
领口
结束
46针
起织
花样A
226行
64行
44针
前片
(10号棒针)
40cm
(100行)
15cm
(38行)
50cm
(96针)
花样B(单罗纹)
2针1花样

作品66

【成品规格】长190cm，宽40cm

【编织密度】桂花针：20针×22行=10cm²

【工　　具】12号棒针

【材　　料】土黄色毛线600g

披肩制作说明

1.起80针织4行单罗纹后织元宝针共织8cm做边缘，上面织桂花针，织72cm从中心分成两片；左右各织30cm并起，继续织72cm后，织边，先织34行元宝针，再织4行单罗纹平收。

2.领：从刚才分开的地方挑针织领，挑88针织20cm高，最后收尾织6行单罗纹平收，完成。

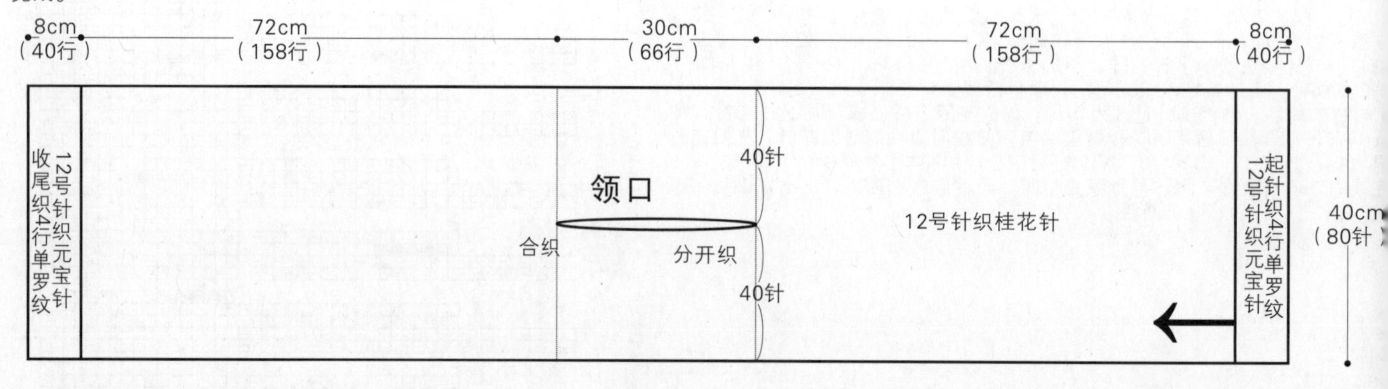

8cm（40行）
72cm（158行）
30cm（66行）
72cm（158行）
8cm（40行）
12号针织元宝针
收尾织4行单罗纹
领口
40针
40针
合织
分开织
12号针织桂花针
起针织4行单罗纹
12号针织元宝针
40cm（80针）
190cm

符号说明

∩=滑针

领

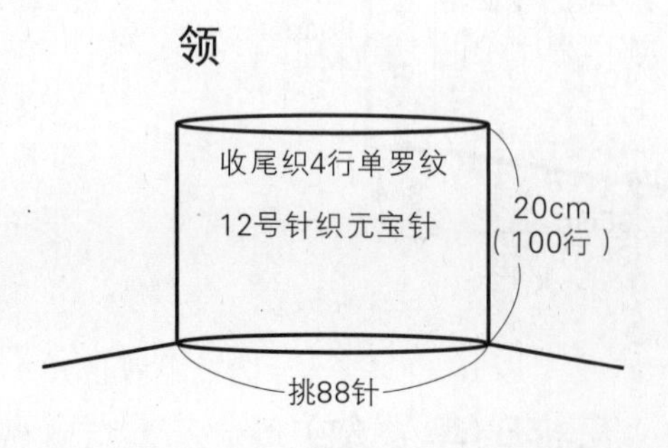

收尾织4行单罗纹
12号针织元宝针
20cm（100行）
挑88针

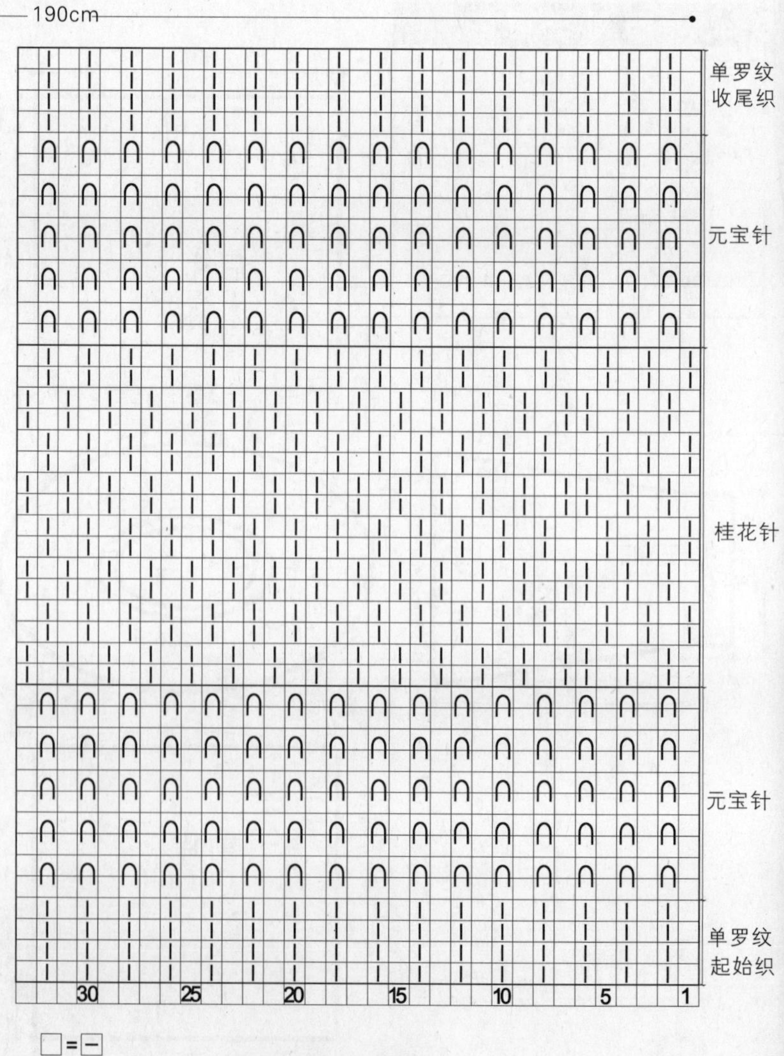

单罗纹收尾织
元宝针
桂花针
元宝针
单罗纹起始织
30
25
20
15
10
5
1
□=−

主体编织花样

作品67

【成品规格】衣长76cm，胸围90cm

【编织密度】20针×24行=10cm²

【工　　具】6号、8号棒针

【材　　料】花式毛线600g

前片/后片/帽片制作说明

1.后片：起100针织平针48行两侧各收1针，再每10行各减1针减5次，平织36行开袖窿，腋下各减12针完成后平织至20cm停针待用。

2.前片：起52针，边缘10针做门襟织边缘花样，身片织法同后片；织70行后织口袋，口袋中间20针单独织52行后回过来成双层，再与身片同织；开挂减针同后片，袖窿完成后停针待用。

3.帽：缝合前后片；肩各12针对应缝合；将领针数84针穿起织帽；两侧与门襟相连的10针继续织边缘花样，以后片中心为界两侧各加12针，平织22行，中心减针织帽顶，织好后缝合，完成。

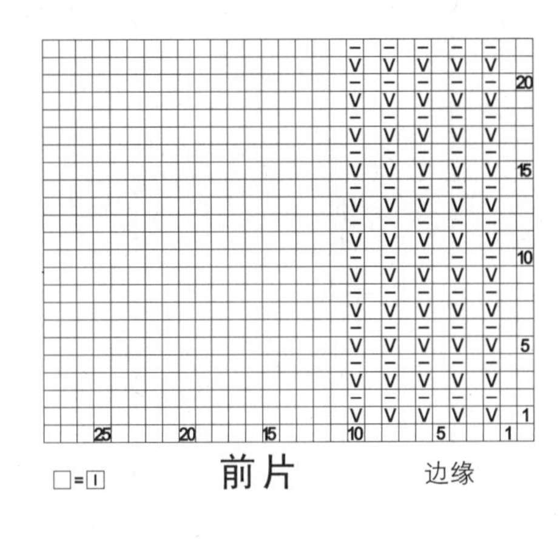

前片
边缘
□=Ⅰ

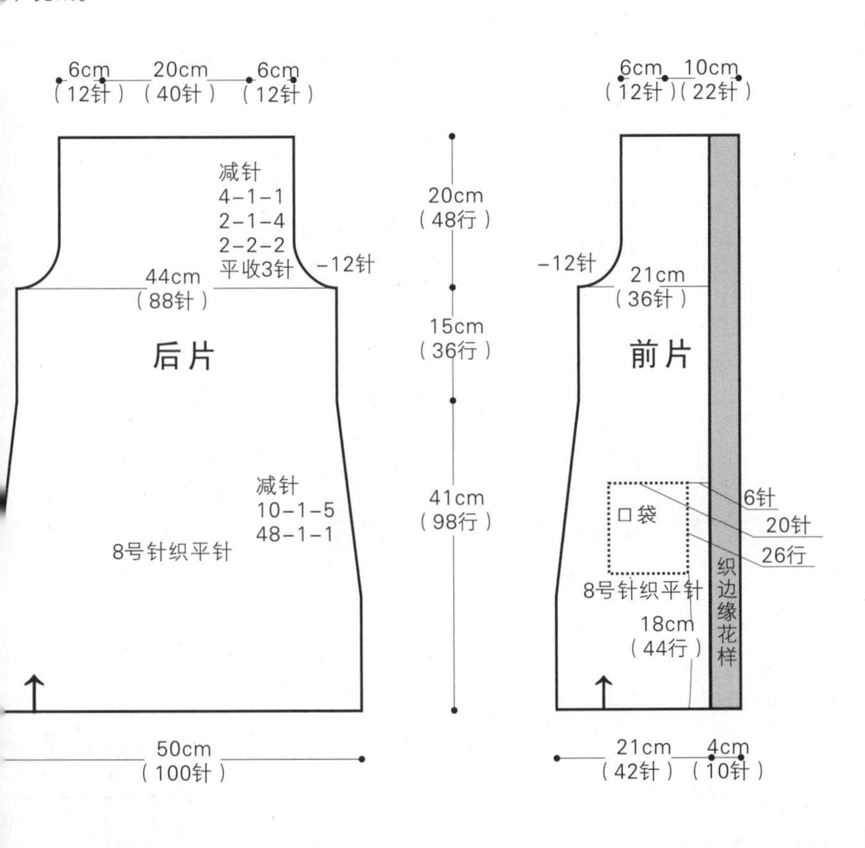

6cm (12针)
20cm (40针)
6cm (12针)
减针
4-1-1
2-1-4
2-2-2
平收3针
-12针
44cm (88针)
后片
减针
10-1-5
48-1-1
8号针织平针
50cm (100针)
20cm (48行)
15cm (36行)
41cm (98行)
6cm (12针)
10cm (22针)
-12针
21cm (36针)
前片
口袋
6针
20针
26行
8号针织平针
18cm (44行)
织边缘花样
21cm (42针)
4cm (10针)

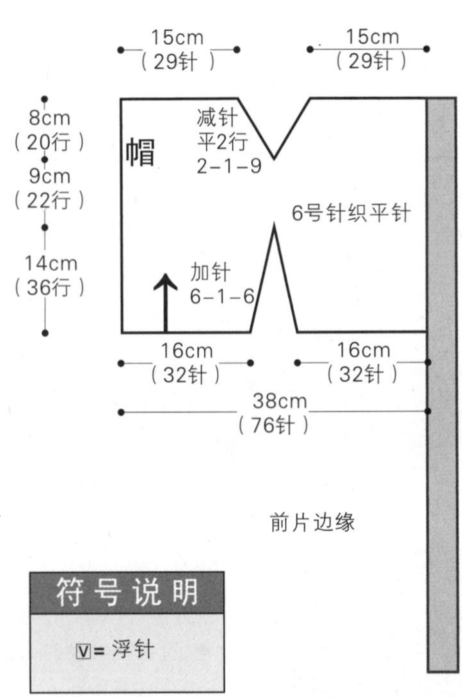

15cm (29针)
15cm (29针)
8cm (20行)
9cm (22行)
14cm (36行)
帽
减针
平2行
2-1-9
6号针织平针
加针
6-1-6
16cm (32针)
16cm (32针)
38cm (76针)
前片边缘

符号说明

V = 浮针

作品68

【成品规格】衣长80cm，胸围88cm

【编织密度】36针×30行=10cm²

【工　　具】9号棒针

【材　　料】蓝色毛线500g

前片/后片制作说明

1.一片连织：起158针排花样织73cm后，中心平收46针为后领窝，两侧各56针分开织，各织82cm平收。

2.缝合：从肩线对折，前片比后片长出6cm，袖洞前片比后片长出2cm；留出前片长的部分和袖洞部分，缝合身片连接处；完成。

符号说明

=8针左上交叉

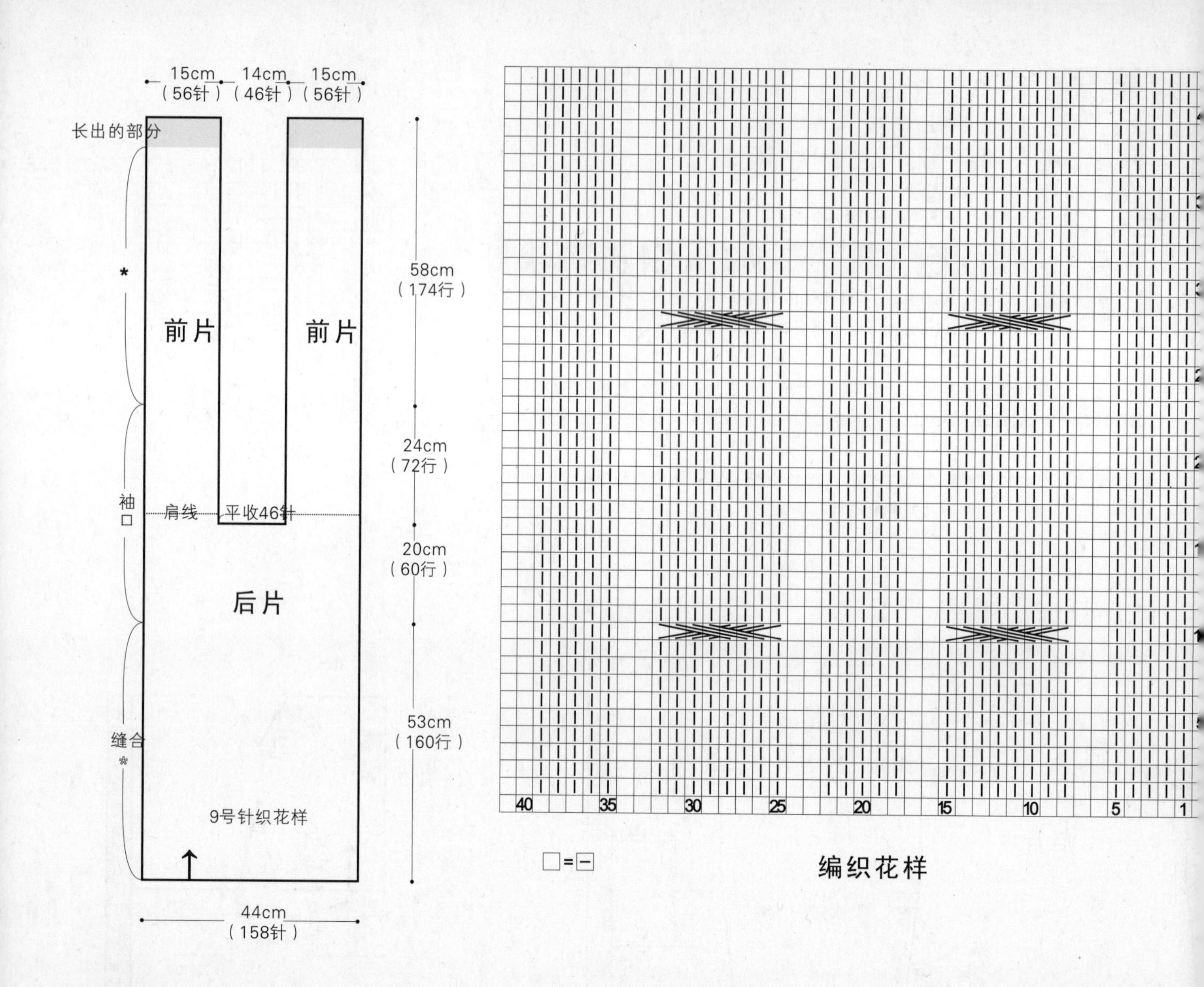

15cm
（56针）
14cm
（46针）
15cm
（56针）
长出的部分
前片
前片
58cm
（174行）
24cm
（72行）
袖口
肩线
平收46针
20cm
（60行）
后片
缝合
53cm
（160行）
9号针织花样
44cm
（158针）
40
35
30
25
20
15
10
5
1
□=−
编织花样

作品69

【成品规格】衣长60cm，胸围88cm，袖长50cm

【编织密度】24针×26行=10cm²

【工　　具】10号棒针

【材　　料】花式毛线500g

制作说明

1.后片：起106针织平针39cm开袖窿，腋下各平收3针，再依次减针，织18cm肩平收；后领窝留1.5cm，织最后4行收掉中心的34针，两侧各依次减2针。

2.前片：起34针平织39cm开袖窿，织法同后片，织18cm后平收。

3.袖：起48针织平针，袖筒按图示在两侧加针织35cm后织袖山，两侧按图示减针，最后20针平收。

4.领、门襟：袖边和下摆边缘各起6针织平针够长度后与所在边缘缝合；在门襟边挑针织双层边，里层织7cm，外层织10cm，两层叠加，各自织成；完成。

领、门襟

里层织7cm，18行

外层织10cm，26行

10号针织平针

织8行

16针

挑42针

挑98针

3cm

（6针）

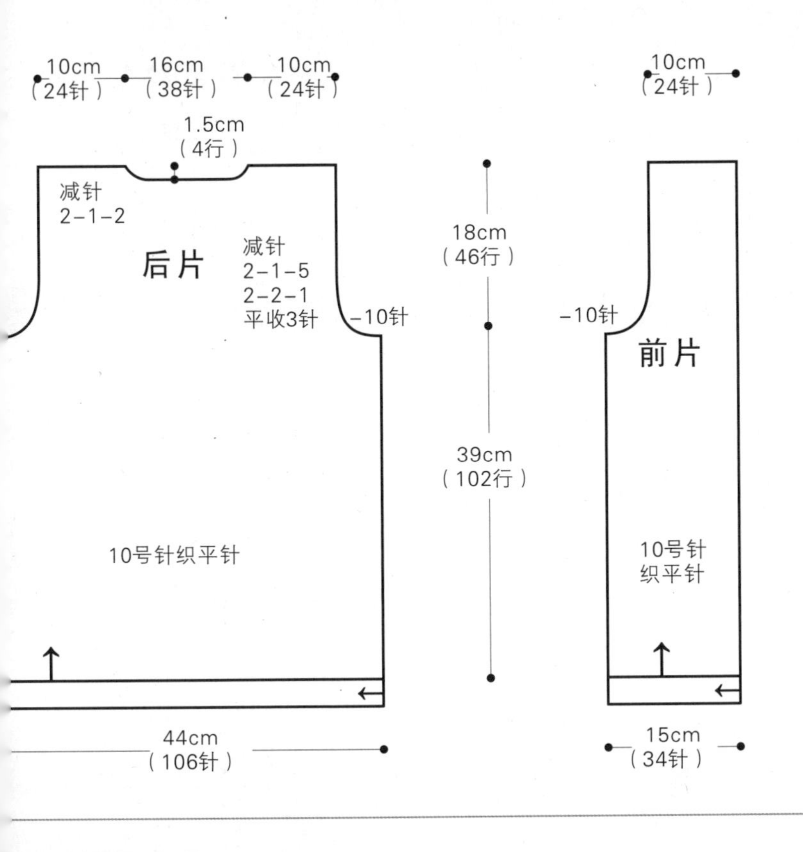
10cm
(24针)
16cm
(38针)
10cm
(24针)
1.5cm
(4行)
减针
2-1-2
后片
减针
2-1-5
2-2-1
平收3针
-10针
10号针织平针
44cm
(106针)
18cm
(46行)
39cm
(102行)
10cm
(24针)
-10针
前片
10号针
织平针
15cm
(34针)

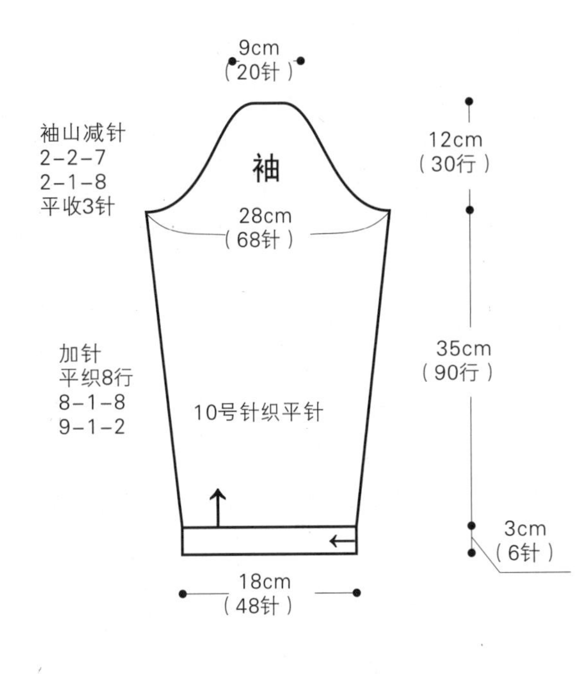
9cm
(20针)
袖山减针
2-2-7
2-1-8
平收3针
袖
28cm
(68针)
12cm
(30行)
加针
平织8行
8-1-8
9-1-2
10号针织平针
35cm
(90行)
3cm
(6针)
18cm
(48针)

作品70

【成品规格】衣长50cm，胸围88cm，袖长56cm

【编织密度】22针×30行=10cm²

【工　　具】10号棒针

【材　　料】深绿色线500g，纽扣5颗

前片/后片/袖片/领片制作说明

1.后片：起96针织边缘花样28行后，上面全部织上针；平织60行开袖窿，腋下各平收4针，再依次减7针，织58行用引退针织斜肩，后领窝平收。

前片：起52针，除门襟10针外，下摆28行同后片；边缘织好后排花样织，侧开扣洞5个，织100行开始织领窝，先平收10针，再依次减针至完成。

袖：起44针织边缘花样28行后，上面织上针，两侧按图示加针织106行，袖先在腋下各减4针，再依次收针，最后16针平收。

领：沿领窝挑98针织起伏针，领角用加减针的方式织出三角形，左领角开一扣眼；另起针织单罗纹口袋盖，缝合在前胸位置；缝合纽扣，完成。

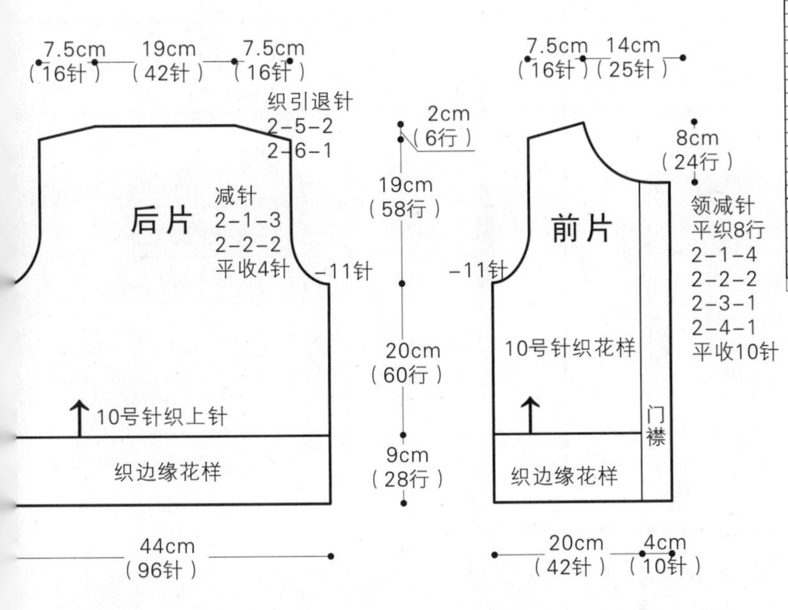
7.5cm
(16针)
19cm
(42针)
7.5cm
(16针)
织引退针
2-5-2
2-6-1
后片
减针
2-1-3
2-2-2
平收4针
-11针
10号针织上针
织边缘花样
44cm
(96针)
2cm
(6行)
19cm
(58行)
20cm
(60行)
9cm
(28行)
7.5cm
(16针)
14cm
(25针)
8cm
(24行)
领减针
平织8行
2-1-4
2-2-2
2-3-1
2-4-1
平收10针
-11针
前片
10号针织花样
门襟
织边缘花样
20cm
(42针)
4cm
(10针)

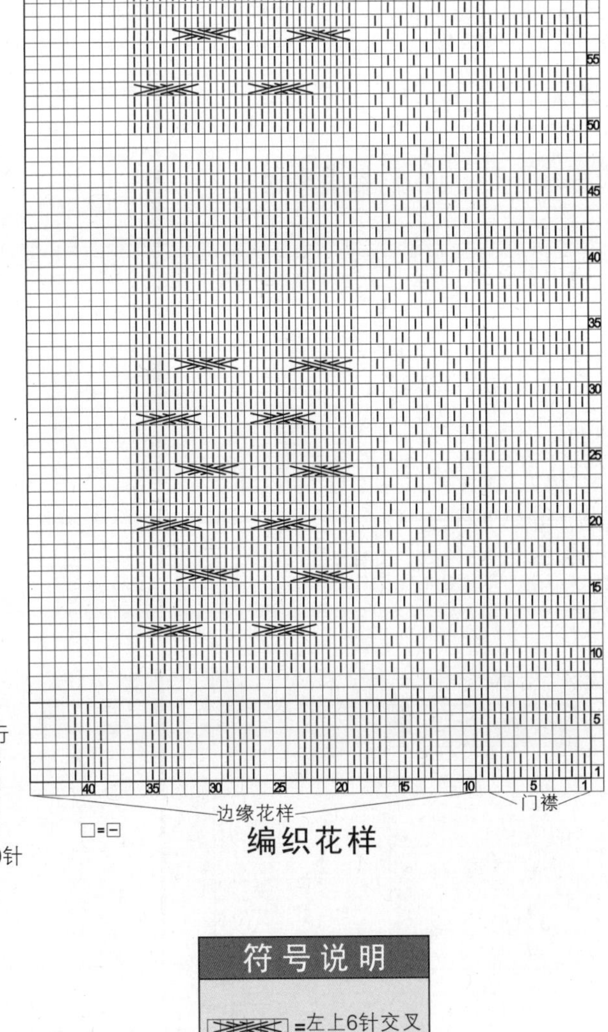
60
55
50
45
40
35
30
25
20
15
10
5
1
40
35
30
25
20
15
10
5
1
边缘花样
门襟
□=⊟
编织花样

符号说明

=左上6针交叉

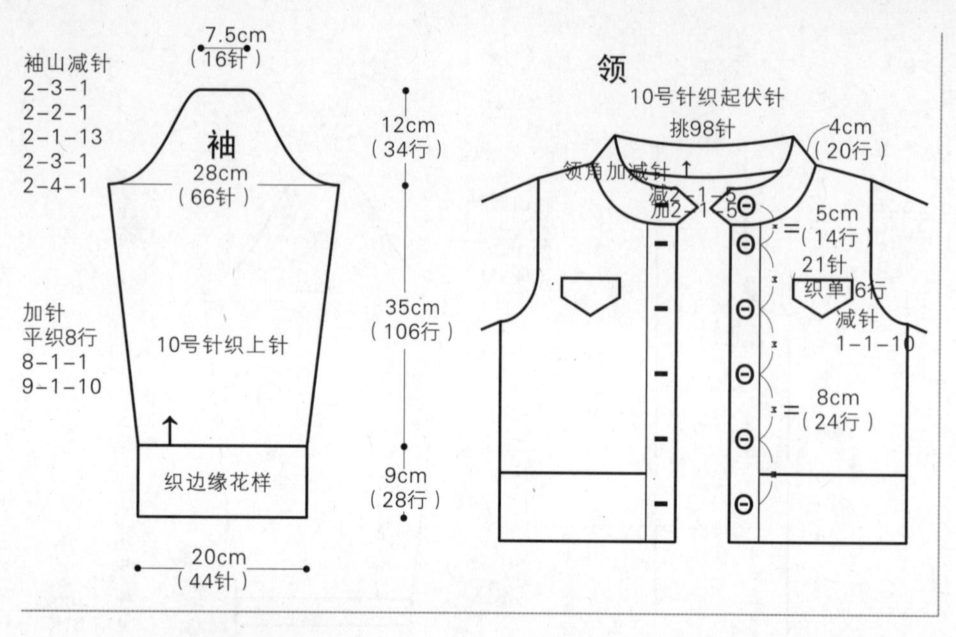

袖山减针
2-3-1
2-2-1
2-1-13
2-3-1
2-4-1
7.5cm
（16针）
袖
28cm
（66针）
加针
平织8行
8-1-1
9-1-10
10号针织上针
织边缘花样
20cm
（44针）
12cm
（34行）
35cm
（106行）
9cm
（28行）
领
10号针织起伏针
挑98针
4cm
（20行）
领角加减针
5cm
（14行）
21针
织单6行
减针
1-1-10
8cm
（24行）

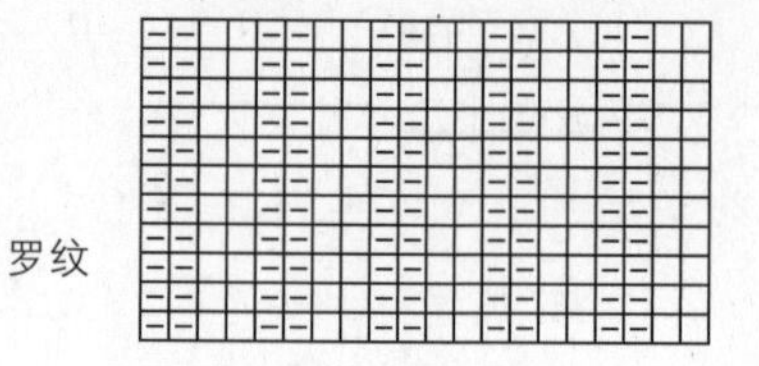

花样A（双罗纹）
罗纹

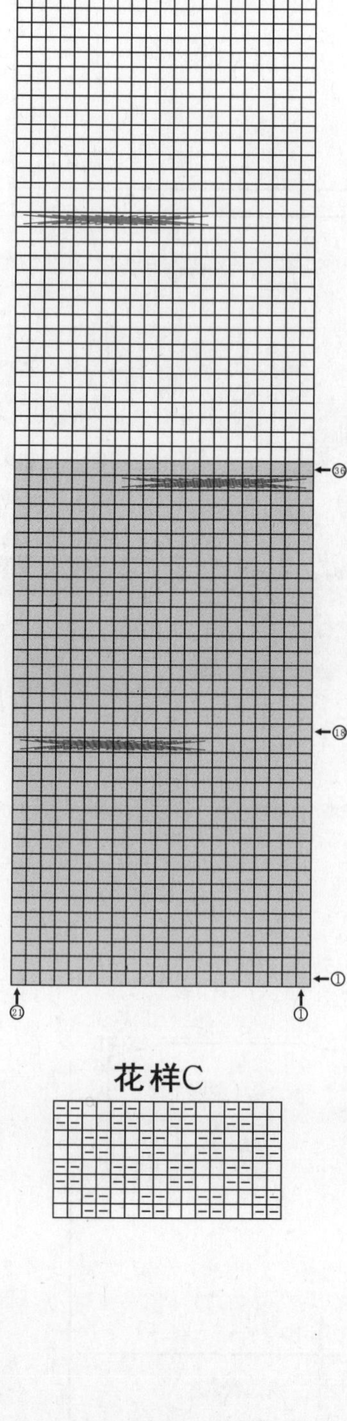

花样B
花样C

作品71

【成品规格】衣长45cm

【工　　具】9号棒针

【编织密度】21针×23行=10cm²

【材　　料】黑灰色羊毛线400g

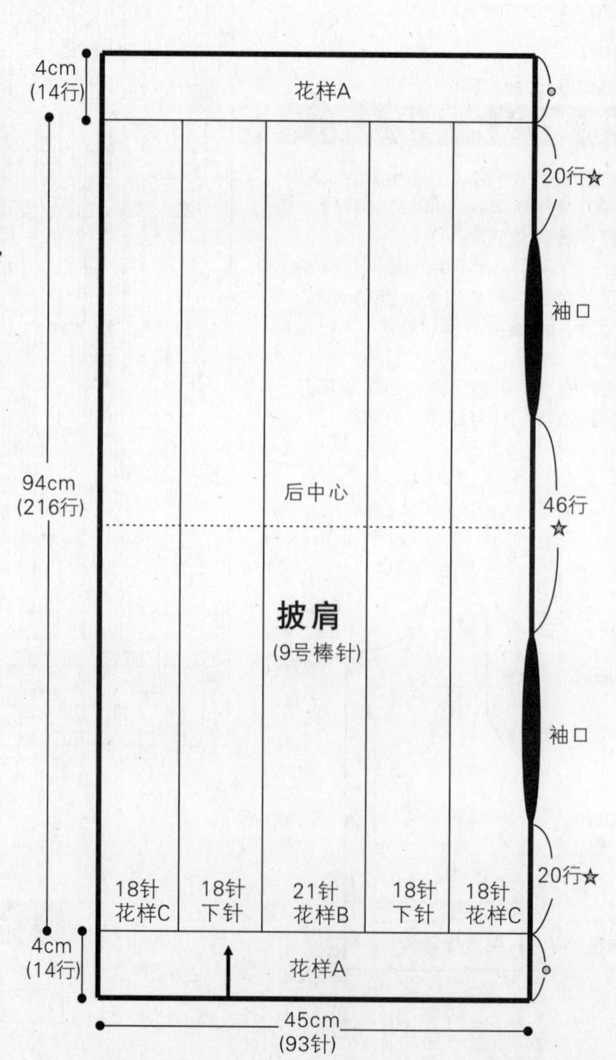

4cm
（14行）
花样A
20行☆
袖口
94cm
（216行）
后中心
46行
☆
披肩
（9号棒针）
袖口
20行☆
18针
花样C
18针
下针
21针
花样B
18针
下针
18针
花样C
4cm
（14行）
花样A
45cm
（93针）

披肩制作说明

1.棒针编织法。由一个长方形织块通过缝合形成袖口再成形为披肩。
2.双罗纹起针法，起93针，起织花样A，不加减针，织14行的高度，下一行排花形，从右至左，依次排为18针花样C，18针下针，21针花样B，18针下针，18针花样C，不加减针，织216行的高度后，再全部改织为花样A，织14行后，收针断线。
3.缝合。如图所示，圆形符号对应的花样A侧边，重叠缝合。重叠后，两侧各选20行的宽度，与后中心左右共46行的宽度进行缝合。这样形成的两边两个孔洞，作袖口。披肩形成，花样A作下摆。未缝合的长边作衣襟和衣领边。

符号说明

⊟　上针

□=⊡　下针

2-1-3 行-针-次

↑ 编织方向

作品72

【成品规格】衣长55cm，胸宽45cm，肩宽34cm，袖长53cm

【工　　具】9号、10号棒针

【编织密度】15针×22行=10cm²

【材　　料】黑色羊毛线800g

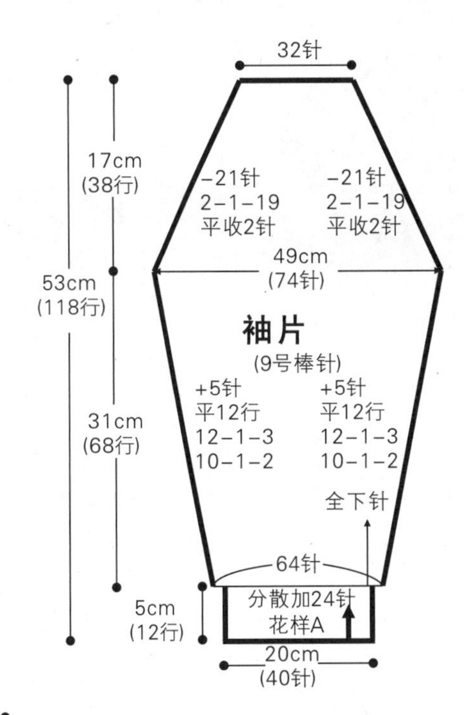

32针
17cm
(38行)
53cm
(118行)
-21针
2-1-19
平收2针
-21针
2-1-19
平收2针
49cm
(74针)
袖片
(9号棒针)
31cm
(68行)
+5针
平12行
12-1-3
10-1-2
+5针
平12行
12-1-3
10-1-2
全下针
64针
5cm
(12行)
分散加24针
花样A
20cm
(40针)

前片/后片/领片/袖片制作说明

1.棒针编织法。由前片与后片和两个袖片组成。用9号棒针编织，从下往上编织。

.前后片织法：

①前片的编织：单罗纹起针法，起69针，起织花样A，不加减针，织12行的高度，下一行起，全织下针，不加减针，织72行的高度至袖窿。下一行起袖窿减针，两边收针2针然后-1-19，织成袖窿算起28行的高度后，下一行的中间收针11针，两边各自减针，2-2-，再织2行余下1针，收针断线。

②后片的编织：袖窿以下的编织与前片相同，袖窿起减针与前片相同，当织成袖窿算起8行高度后，余下27针，收针断线。将侧缝对应缝合。

.袖片织法：从袖口起织，起40针，起织花样A，织12行的高度，在最后一行里，分散加针，加24针，加成64针，下一行起全织下针，并在袖侧缝上加针编织，10-1-2，12-1-，再织12行进行袖山减针，下一行两边减针，各收2针，然后2-1-19，织成38行高，余下32针，收针断线。相同的方法再去编织另一个袖片。将两个袖山边线与衣身的袖窿边线对应缝合。再将袖侧缝缝合。

.领片织法：沿前领窝挑64针、后领窝挑64针，共挑起128针，不加减针，织40行花样A，收针断线。衣服完成。

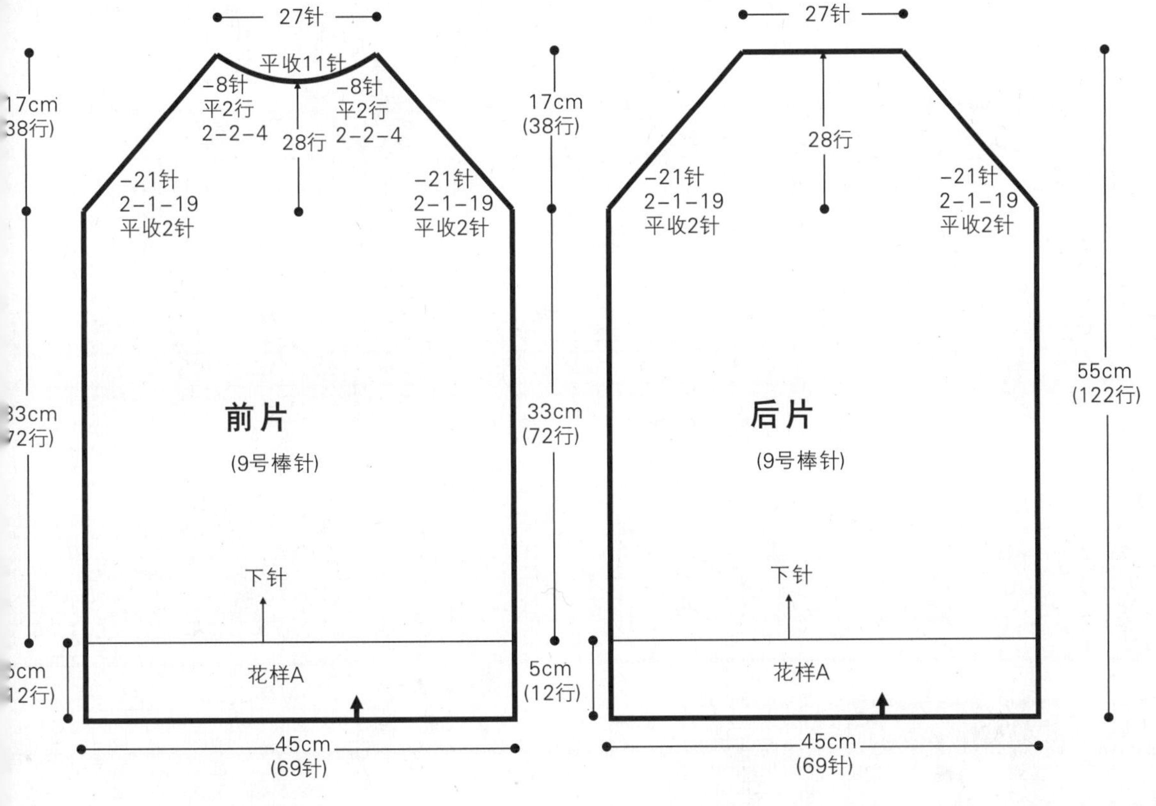

27针
平收11针
-8针
平2行
2-2-4
28行
-8针
平2行
2-2-4
17cm
(38行)
-21针
2-1-19
平收2针
-21针
2-1-19
平收2针
33cm
(72行)
前片
(9号棒针)
下针
5cm
(12行)
花样A
45cm
(69针)
27针
17cm
(38行)
28行
-21针
2-1-19
平收2针
-21针
2-1-19
平收2针
33cm
(72行)
后片
(9号棒针)
下针
5cm
(12行)
花样A
55cm
(122行)
45cm
(69针)

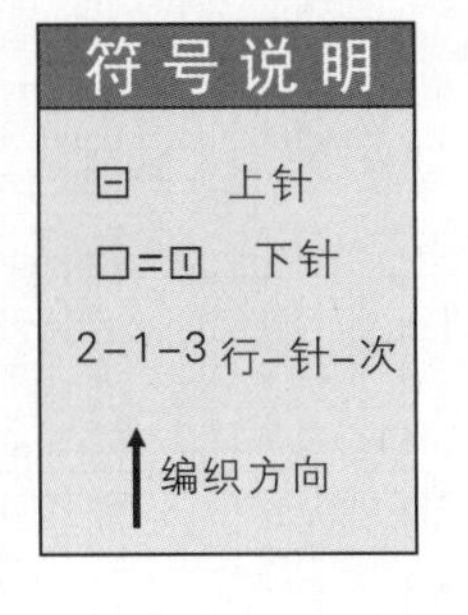

符号说明
⊟ 上针
□=⊡ 下针
2-1-3 行-针-次
编织方向

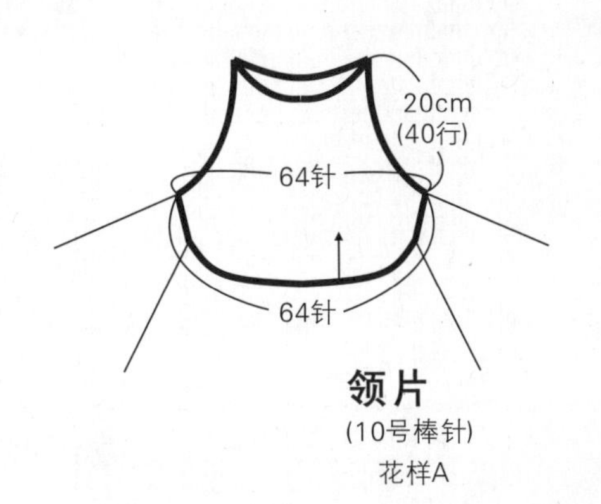

20cm
(40行)
64针
64针
领片
(10号棒针)
花样A

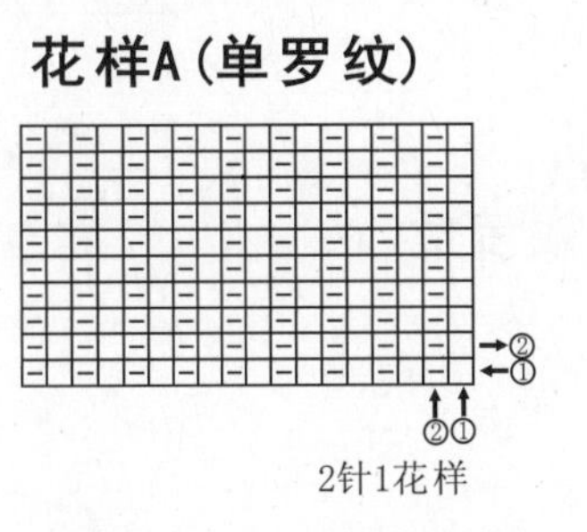

花样A(单罗纹)
②
①
②①
2针1花样

作品73

【成品规格】衣长53cm，胸围90cm，袖长55cm
【工　　具】10号、12号棒针
【编织密度】17针×22行=10cm²
【材　　料】黑色毛线500g

制作说明

1.后片：用12号针起76针织双罗纹18行，换10号针织搓板针，平织52行开袖窿，腋下各收8针；织42行，后领窝最后4行开始织。

2.前片：用12号针起76针织双罗纹6行，第7行起，开始织入花样，织至18行，换10号针织，中间38针留起，两侧织搓板针，一边织一边按图示挑加针，织8行，整片编织，以中心10针为轴心，两侧对称织花样；领窝留16行，按图示减针。

3.袖：从袖口往上织；用12号针起36针织双罗纹18行后换10号针织搓板针，两侧按图示加针，织35cm，袖山按图示减针，最后16针平收。

4.领：从领窝挑80针织双罗纹6行，按图示减针；缝合各片，完成。

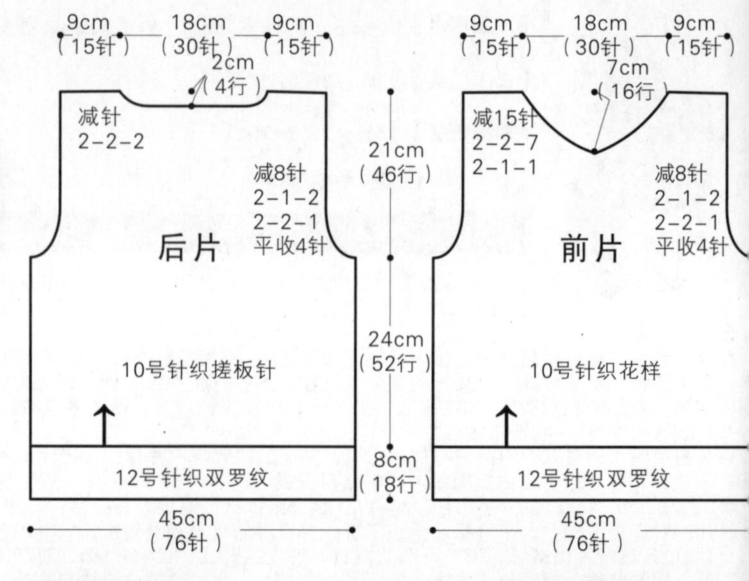

9cm (15针)
18cm (30针)
9cm (15针)
2cm (4行)
减针
2-2-2
21cm (46行)
减8针
2-1-2
2-2-1
平收4针
后片
24cm (52行)
10号针织搓板针
8cm (18行)
12号针织双罗纹
45cm (76针)
7cm (16行)
减15针
2-2-7
2-1-1
前片
10号针织花样

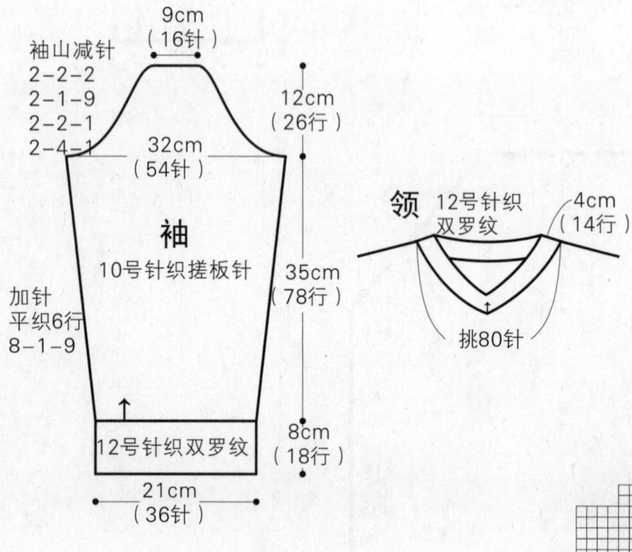

9cm (16针)
袖山减针
2-2-2
2-1-9
2-2-1
2-4-1
12cm (26行)
32cm (54针)
袖
10号针织搓板针
35cm (78行)
加针
平织6行
8-1-9
12号针织双罗纹
8cm (18行)
21cm (36针)
领
12号针织双罗纹
4cm (14行)
挑80针

15
10
5
1

□=⊟　前片中心　左右对称

领减针

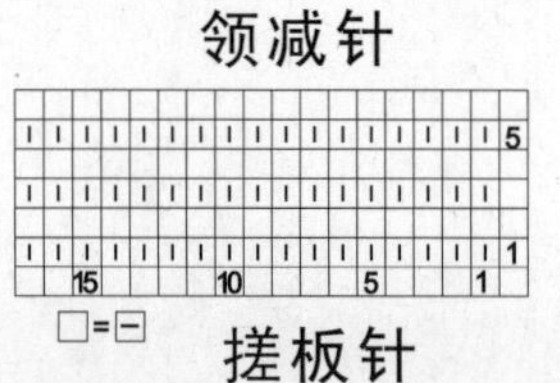

15
10
5
1
□=⊟

搓板针

15
10
5
1
□=⊟

双罗纹

符号说明

3针右上交叉
3针左上交叉
4针右上交叉
4针左上交叉

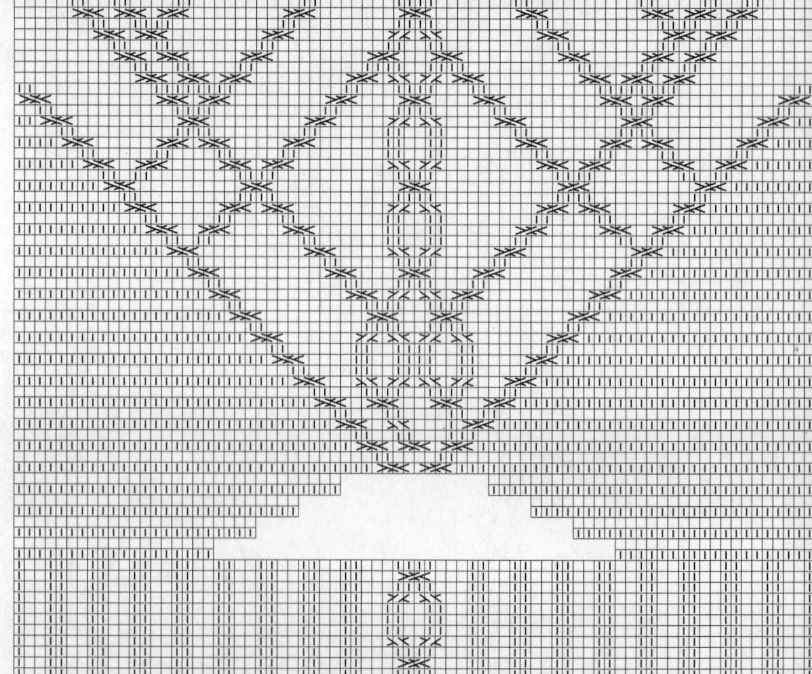

75
70
65
60
55
50
45
40
35
30
25
20
15
10
5
1

□=⊟　前片中心　左右对称

编织花样

作品74

【成品规格】 衣长92cm，胸宽53cm，袖长80cm

【工　　具】 9、10号棒针

【编织密度】 15针×22行=10cm²

【材　　料】 黑色羊毛线800g，白色羊毛线200g

前片/后片/领片/袖片制作说明

1.棒针编织法：由左前片、右前片和后片和两个袖片组成。黑色与白色两个颜色搭配编织。

2.前后片织法：

①前片的编织：分为左前片和右前片。以右前片为例，单罗纹起针法，用黑色线，起70针，用9号针起织，起织花样A，不加减针，织4行。下一行起，衣襟侧选12针，始终用黑色线编织花样A，余下的58针依照花样B配色编织，全织平针，不加减针，织45行的高度，下一行起依照花样C配色编织，并在侧缝上减针，织22行后开始减针，6-1-14，减少14针，织成花样C106行高度，至袖窿，下一行起进行袖窿减针，从袖窿算起第3针的位置上进行减针，4-2-12，织成22行时，下一行开始减前衣领边，从右至左，收针12针，然后2-2-10，不加减针，再织6行后，与袖窿减针同步进行，余下1针，收针断线。相同的方法，相反的减针方法，编织出左前片。右前片衣襟上制作六个扣眼。左前片衣襟上相对应钉上扣子。

②后片的编织：单罗纹起针法，用黑色线，起108针，起织花样A，织4行，下一行起，依照花样B配色编织，不加减针，织45行的高度，下一行起，依照花样C配色编织，不加减针，织22行后，开始侧缝减针，6-1-14，织成106行高度的花样C，下一行开始减袖窿边，在两边各算第3针的位置上进行减针，4-2-12，织成48行的高度后，余下32针，收针断线。

3.袖片织法：单罗纹起针法，起48针，起织花样A，织4行的高度，下一行起，依照花样B配色编织。织45行后，改织花样C配色，并在袖侧缝上进行加针编织，12-1-6，再织8行至袖山减针，下一行，同样在从外算起第3针的位置上进行减针，4-2-12，织成48行后，余下12针，收针断线。相同的方法再去编织另一个袖片。将两个袖山边线与衣身前后片的袖窿边线对应缝合。再将袖侧缝缝合。再将前后片的侧缝对应缝合。

4.领片的编织：沿着前后衣领边，挑出136针，起织花样A，用黑色线编织，不加减针，织10行的高度后，收针断线。衣服完成。

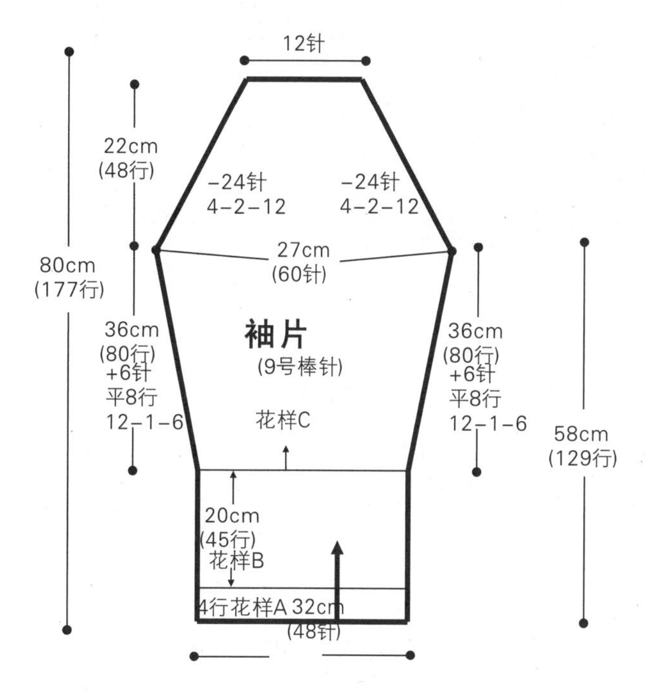

12针
80cm
(177行)
22cm
(48行)
-24针
4-2-12
-24针
4-2-12
27cm
(60针)
袖片
(9号棒针)
36cm
(80行)
+6针
平8行
12-1-6
36cm
(80行)
+6针
平8行
12-1-6
花样C
58cm
(129行)
20cm
(45行)
花样B
4行花样A 32cm
(48针)

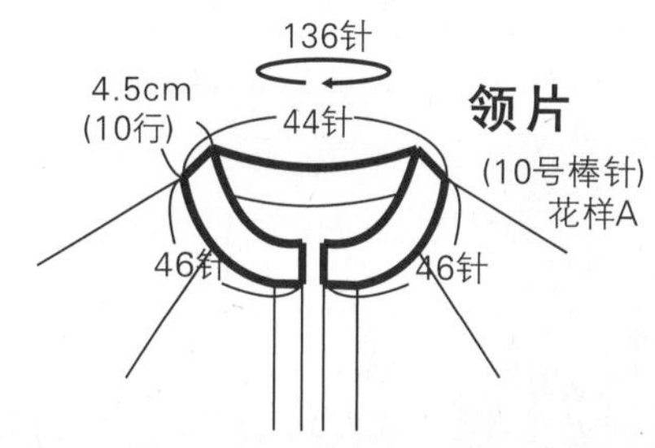

136针
4.5cm
(10行)
44针
领片
(10号棒针)
花样A
46针
46针

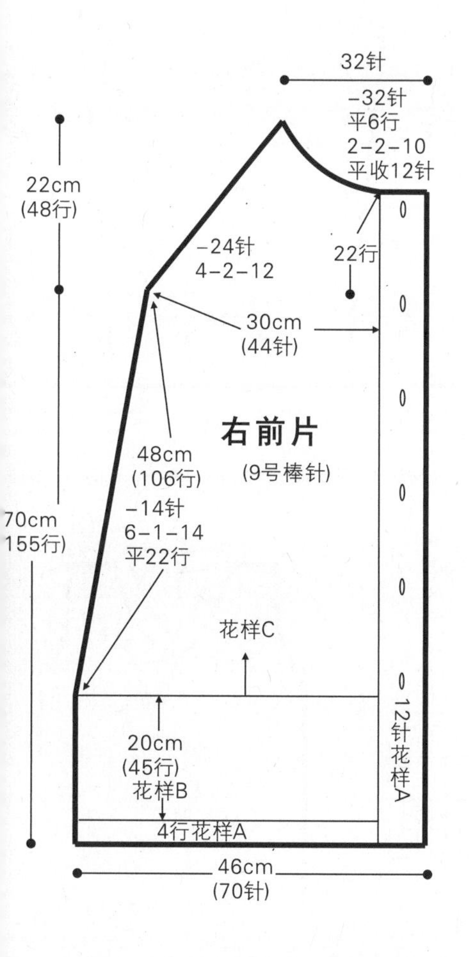

32针
-32针
平6行
2-2-10
平收12针
22cm
(48行)
-24针
4-2-12
22行
30cm
(44针)
右前片
(9号棒针)
48cm
(106行)
-14针
6-1-14
平22行
70cm
(155行)
花样C
20cm
(45行)
花样B
4行花样A
12针花样A
46cm
(70针)

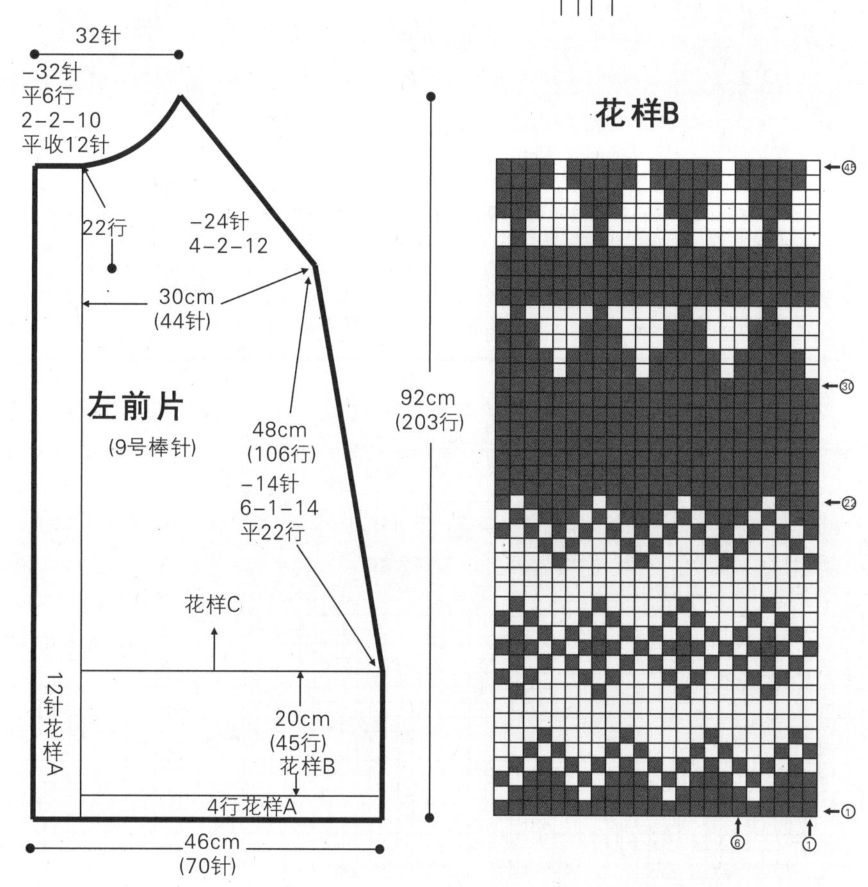

32针
-32针
平6行
2-2-10
平收12针
22行
-24针
4-2-12
30cm
(44针)
左前片
(9号棒针)
48cm
(106行)
-14针
6-1-14
平22行
花样C
12针花样A
20cm
(45行)
花样B
4行花样A
46cm
(70针)
92cm
(203行)
花样B
45
30
22
1
6
1

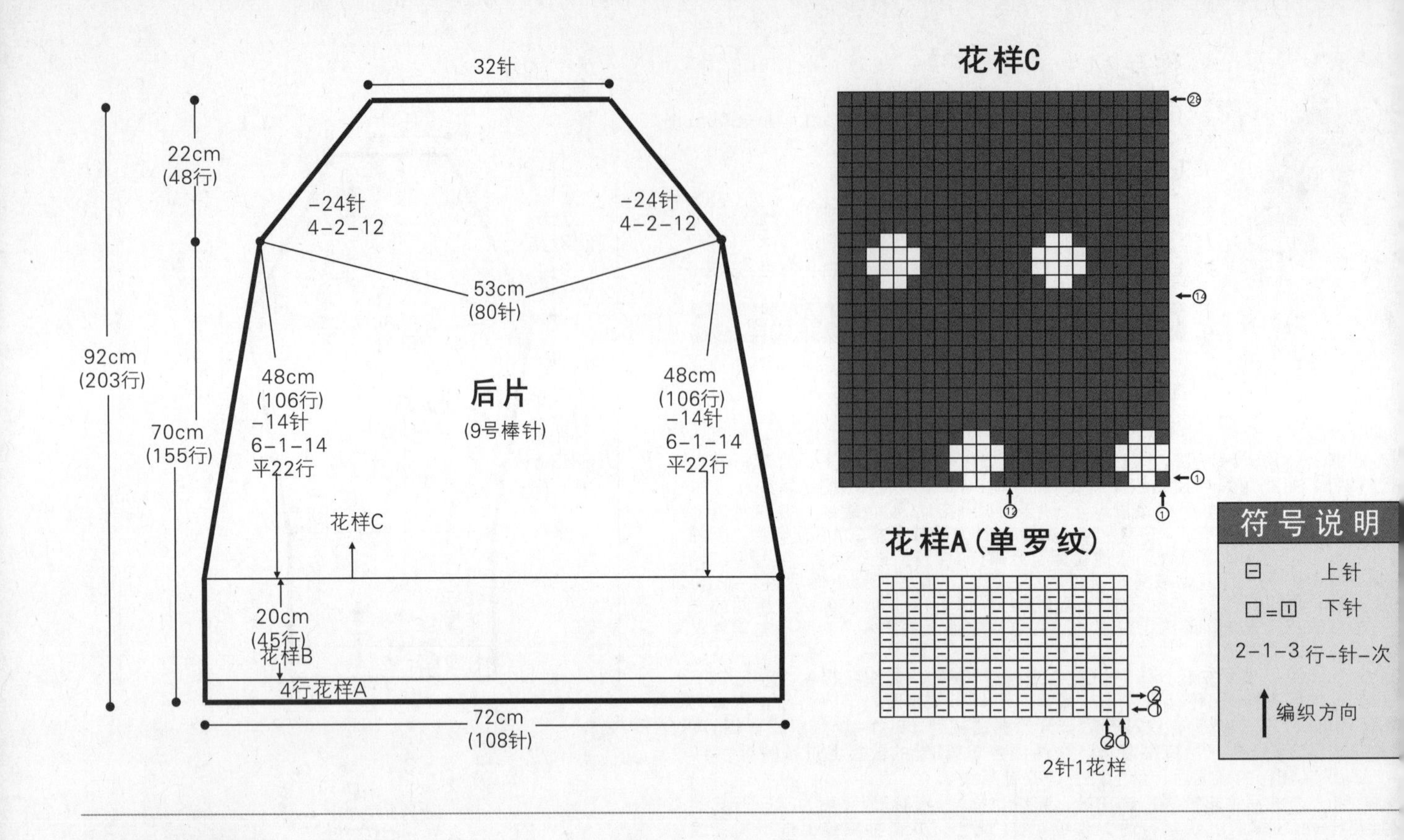

32针
22cm
(48行)
-24针
4-2-12
-24针
4-2-12
53cm
(80针)
92cm
(203行)
48cm
(106行)
-14针
6-1-14
平22行
后片
(9号棒针)
48cm
(106行)
-14针
6-1-14
平22行
70cm
(155行)
花样C
20cm
(45行)
花样B
4行花样A
72cm
(108针)
花样C
花样A（单罗纹）
2针1花样
符号说明
上针
下针
2-1-3 行-针-次
编织方向

作品75

【成品规格】衣长65cm，胸宽55cm，肩宽42cm，袖长53cm
【工　　具】9号、10号棒针
【编织密度】15针×25行=10cm²
【材　　料】黑色羊毛线850g

前片/后片/领片/袖片制作说明

1.棒针编织法：由前片与后片和两个袖片组成。用9号棒针编织，从下往上编织。

2.前后片织法：

①前片的编织：双罗纹起针法，起80针，起织花样A，不加减针，织18行的高度，下一行起，排花样，两边各选20针编织下针，中间40针编织花样B，不加减针，织90行的高度至袖窿。下一行起将织片分为两半，并进行衣领减针和袖窿减针，袖窿减针先收针4针，然后2-1-4，衣领减针，4-1-13，再织4行至肩部，余下19针，收针断线。另一边织法相同。

②后片的编织：起针80针，起织花样A，织18行，下一行起，全织下针，不加减针，织90行的高度，至袖窿减针。袖窿起减针与前片相同，当织成袖窿算起48行高度后，下一行中间收针14针，两边减针，2-2-2，2-1-2，织成8行，至肩部余下19针，收针断线。将前后片的肩部对应缝合，再将侧缝对应缝合。

3.袖片织法：从袖口起织，起40针，起织花样A，织18行的高度，下一行起全织下针，并在袖侧缝上加针编织，12-1-8，织成96行，再织20行结束，收针断线。相同的方法再去编织另一个袖片。将两个袖山边线与衣身的袖窿边线对应缝合。再将袖侧缝缝合。

4.领片织法：沿前领窝两边各挑50针、V处挑1针作并针中心，后领窝挑32针，共挑起133针，起织花样A，V处中心1针上进行并针编织，三针并为一针，中间1针在上，进行4次并针，织8行花样A，收针断线。衣服完成。

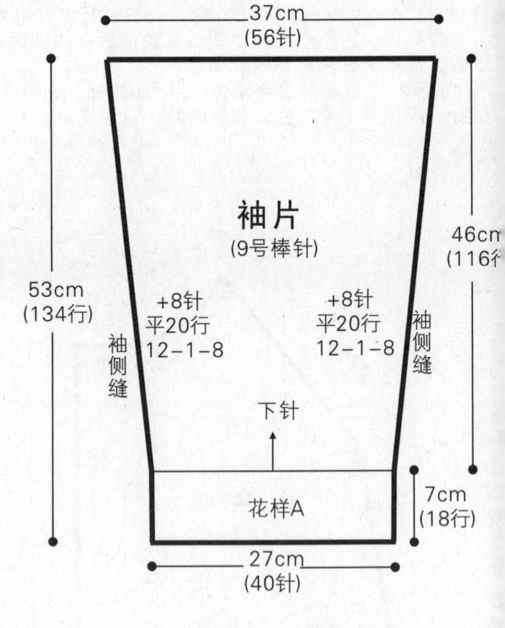

37cm
(56针)
袖片
(9号棒针)
46cm
(116行)
53cm
(134行)
+8针
平20行
12-1-8
+8针
平20行
12-1-8
袖侧缝
袖侧缝
下针
花样A
7cm
(18行)
27cm
(40针)

花样B

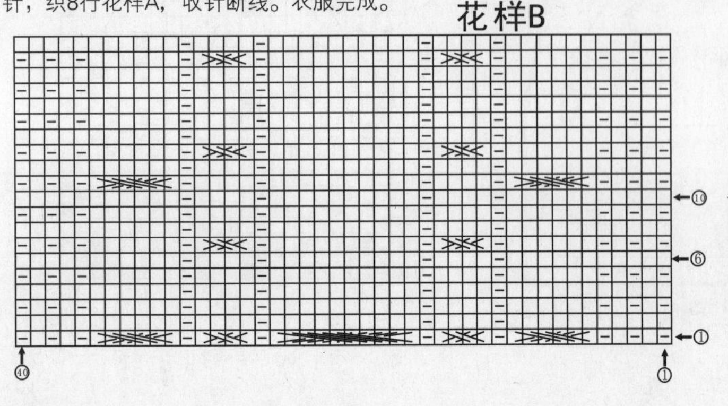

花样A（双罗纹）

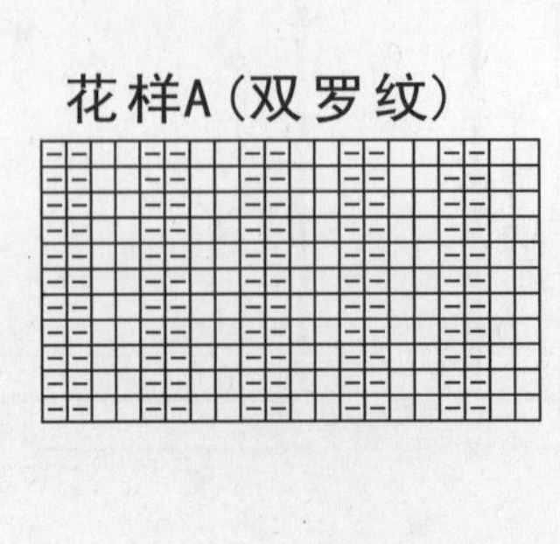

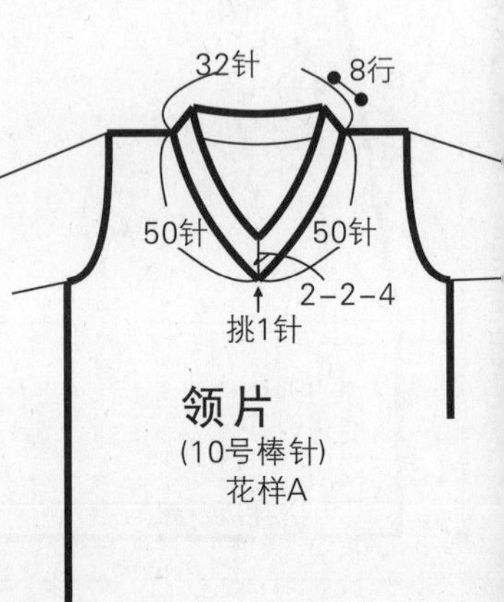

32针
8行
50针
50针
2-2-4
挑1针
领片
(10号棒针)
花样A

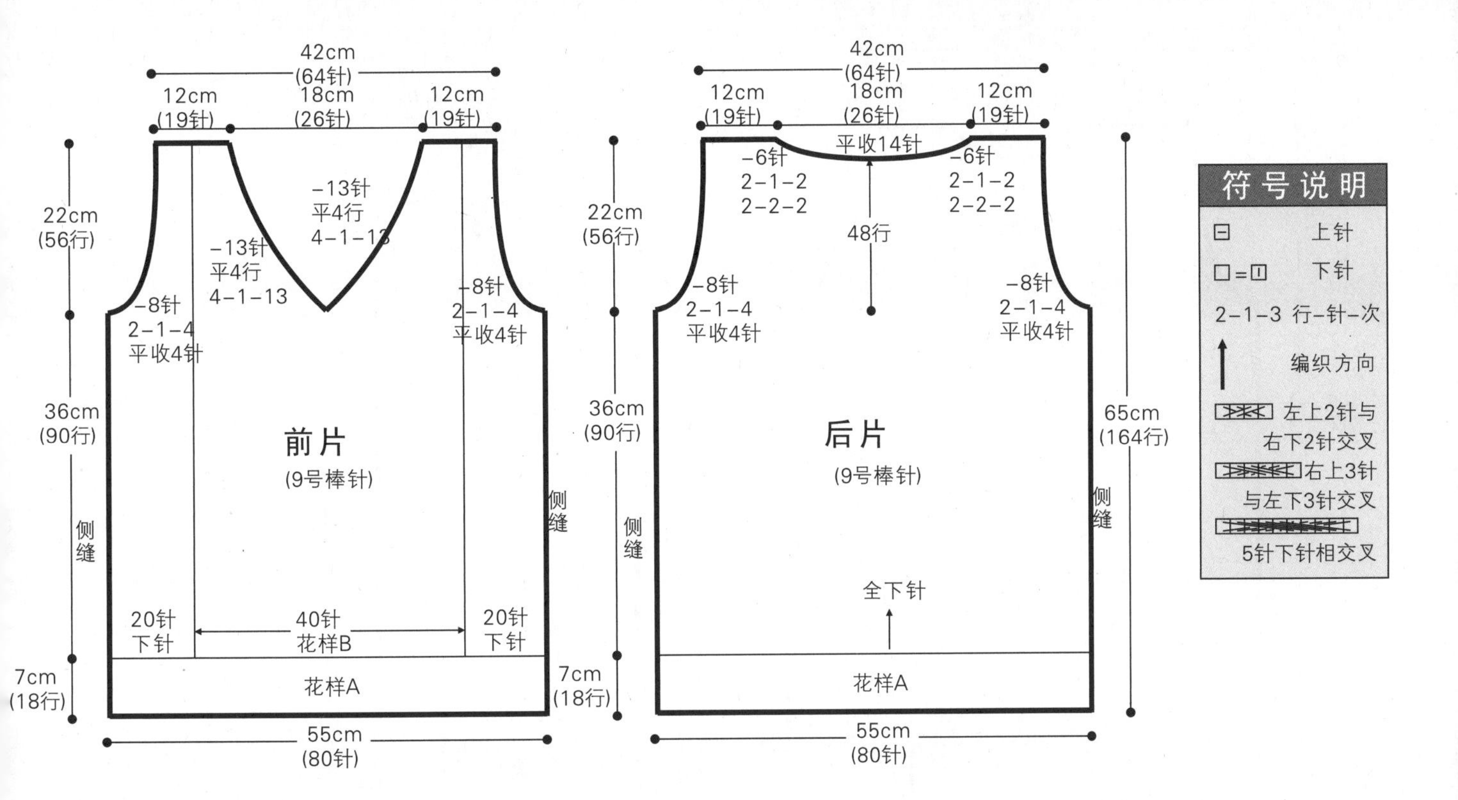

42cm
(64针)
12cm
(19针)
18cm
(26针)
12cm
(19针)
22cm
(56行)
-13针
平4行
4-1-13
-8针
2-1-4
平收4针
36cm
(90行)
前片
(9号棒针)
侧缝
20针
下针
40针
花样B
20针
下针
7cm
(18行)
花样A
55cm
(80针)
平收14针
-6针
2-1-2
2-2-2
48行
后片
(9号棒针)
全下针
65cm
(164行)
符号说明
上针
下针
2-1-3 行-针-次
编织方向
左上2针与右下2针交叉
右上3针与左下3针交叉
5针下针相交叉

作品76

【成品规格】衣长85cm，胸宽55cm，肩宽41cm，袖长40cm

【工　　具】6号棒针

【编织密度】11针×12行=10cm²

【材　　料】土黄色羊毛线1100g

前片/后片/领片/袖片制作说明

1.棒针编织法：由左右前片、后片、后领片与袖片、襟组成。

2.前后片织法：

①前片的编织：由右前片和左前片组成，先组右前片:单罗纹起针法，起33针，起织花样A，织18行，然后重新排花样，从右至左依次是:23针花C，10针花样B，按排好的花样平织60行至袖窿，袖窿起在左侧按平收4针，2-1-2方法收6针，袖窿起织14行后在右侧按平收6针，2-2-4 法收14针，再织平2行至肩部，剩13针，锁针断线，同样方法织另一片。

②后片的编织：单罗纹起针法，起61针，起织花样A，织18行，然后重新排花样，从右至左依次是:19针花B，23针花样D，19针花样B，按排好的花样平织60行至袖窿，袖窿起在两侧按平收4针，2-1-4方法收各8针，袖窿起织20行后在中间平收15针，分两片织，每15针，先织右片，在左侧按2-1-2方法收2针，剩13针，锁针断线，同样方法织另半片。

3.袖片的编织：单罗纹起针法，起41针，起织花样A，织12行后，排花样，从左至右依次是:9针花样B，23针花样D，9针花样B，按排好的花样织36行，同时在左右两侧按8-1-4方法各4针，再织平4行至袖山，剩49针，锁针断线，同样方法织另一片。

4.缝合：把织好的左右前片和后片缝合到一起。

5.领片的织法：挑沿前后领窝挑62针，织花样E，织6行。

符号说明：

⊟　上针

□=⊡　下针

右上2针和左下2针交叉

菠罗针的织法

左上1针和右下1针交叉 右针织上针

2-1-3　行-针-次

↑　编织方向

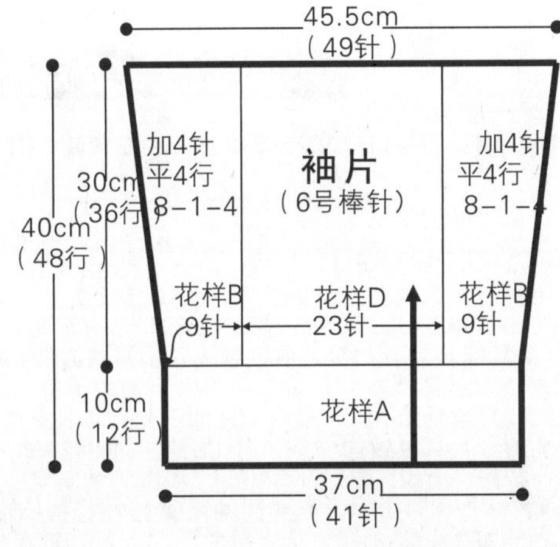

45.5cm
(49针)
袖片
(6号棒针)
加4针
平4行
8-1-4
30cm
(36行)
40cm
(48行)
花样B
9针
花样D
23针
花样B
9针
10cm
(12行)
花样A
37cm
(41针)

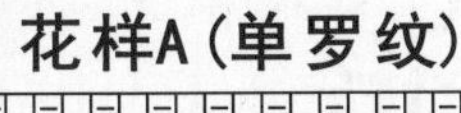

花样A(单罗纹)

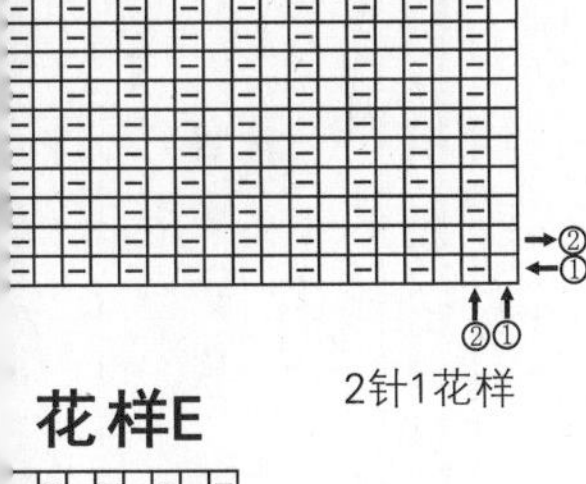

②
①
2针1花样

花样E

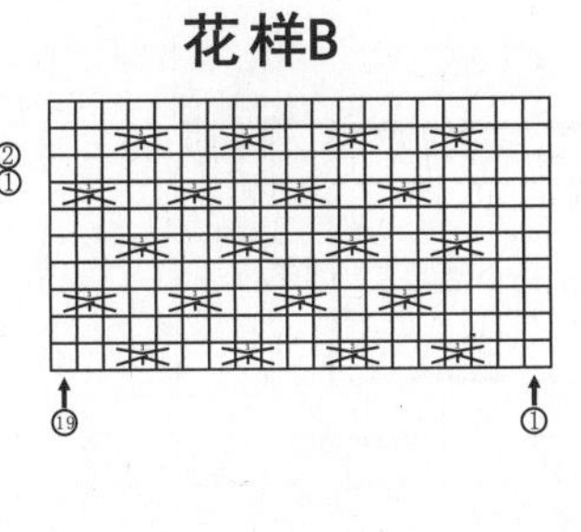

花样B
⑲
①

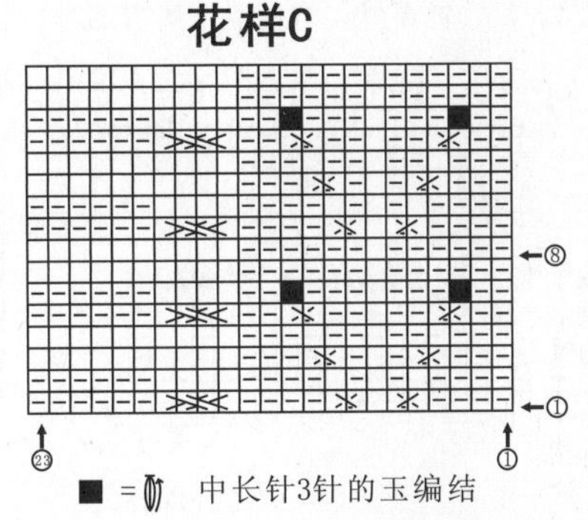

花样C
⑧
①
㉓
①

■ = 中长针3针的玉编结

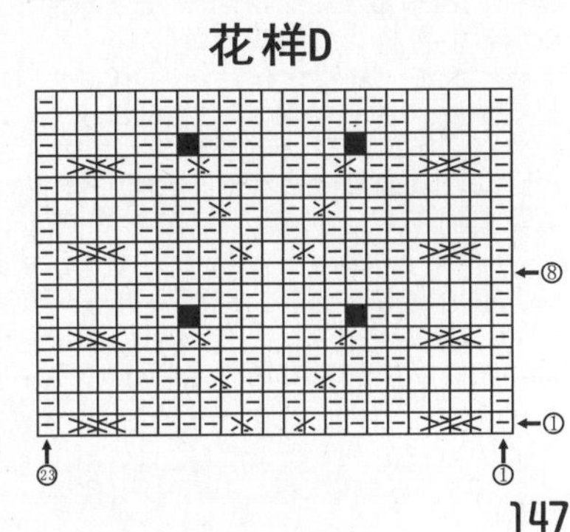

花样D
⑧
①
㉓
①

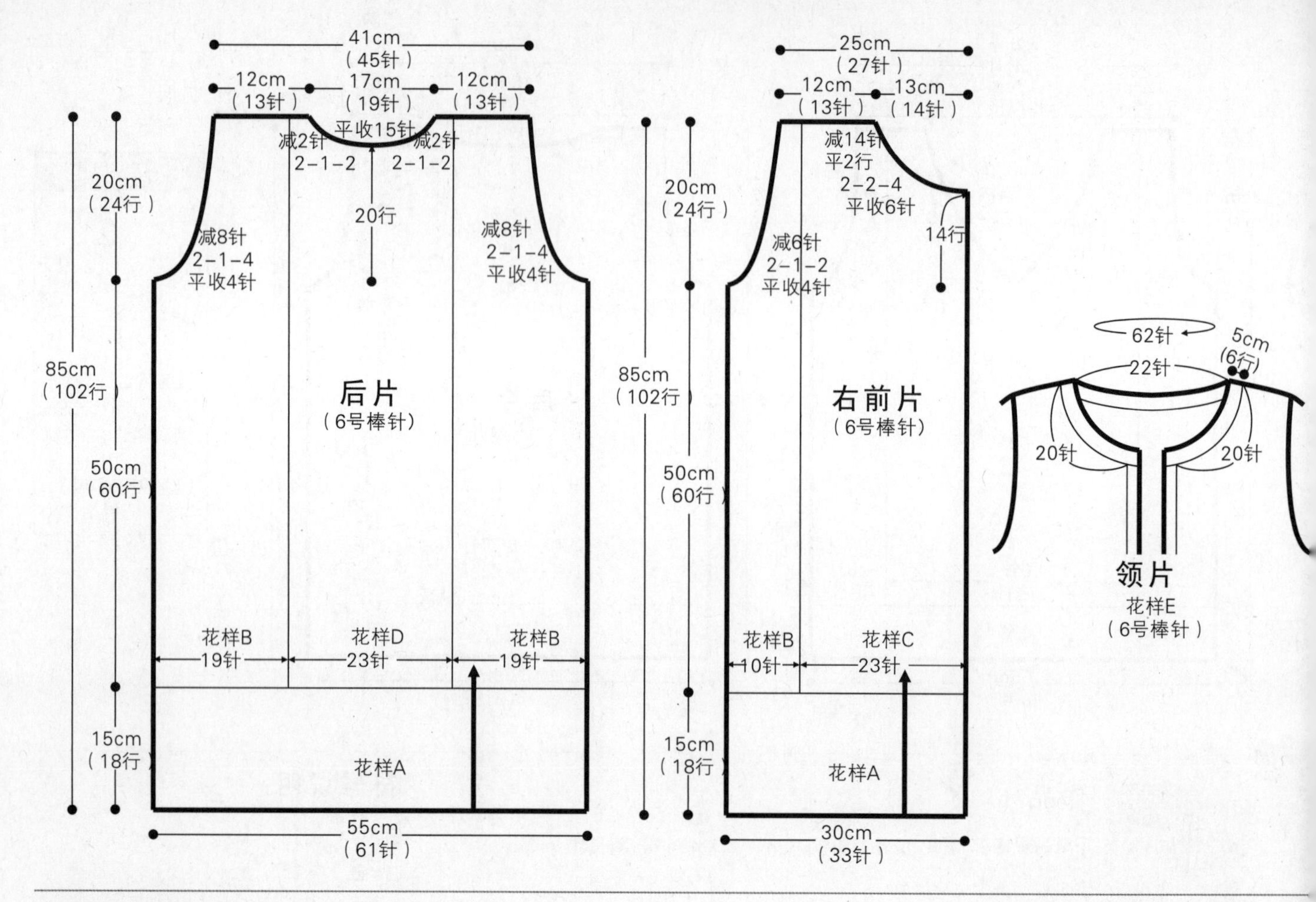
41cm
（45针）
12cm
（13针）
17cm
（19针）
12cm
（13针）
平收15针
减2针
2-1-2
减2针
2-1-2
20cm
（24行）
20行
减8针
2-1-4
平收4针
减8针
2-1-4
平收4针
85cm
（102行）
后片
（6号棒针）
50cm
（60行）
花样B
19针
花样D
23针
花样B
19针
15cm
（18行）
花样A
55cm
（61针）
25cm
（27针）
12cm
（13针）
13cm
（14针）
减14针
平2行
2-2-4
平收6针
20cm
（24行）
14行
减6针
2-1-2
平收4针
85cm
（102行）
右前片
（6号棒针）
50cm
（60行）
花样B
10针
花样C
23针
15cm
（18行）
花样A
30cm
（33针）
62针
5cm
（6行）
22针
20针
20针
领片
花样E
（6号棒针）

作品77

【成品规格】衣长60cm，胸宽55cm，肩宽42cm，袖长59cm

【工　　具】8号棒针

【编织密度】18针×20行=10cm²

【材　　料】淡黄色圈圈线750g

前片/后片/领片/袖片制作说明

1.棒针编织法：由左前片、右前片和后片和两个袖片组成。

2.前后片织法：

①前片的编织：分为左前片和右前片。以右前片为例，单罗纹起针法，起48针，起织花样A，不加减针，织4行。下一行起全织下针，不加减针，织84行的高度，下一行起，袖窿起减针，收针4针，然后2-2-4，减少12针，当织成袖窿算起16行的高度时，下一行起减前衣领，从右至左，2-2-6，织成12行后，再织4行至肩部，余下24针，收针断线。相同的方法，相反的加减针方向去编织左前片。最后制作两个口袋，起20针，起织下针，织20行后，全部改织花样A，织6行后收针断线。除收针边外的三边，与衣身缝合。

②后片的编织：单罗纹起针法，起100针，起织花样A，不加减针，织4行的高度，下一行起，全织下针，不加减针，织84行的高度。下一行袖窿起减针。两边同时收针4针，2-2-4，当织成袖窿算起28行的高度时，下一行中间收针24针，两边减针，2-1-2，至肩部余下24针，收针断线。将前后片的肩部对应缝合，再将侧缝对应缝合。

3.袖片织法：单罗纹起针法，起60针，起织花样A，织4行的高度，下一行起，起织下针，并在袖侧缝上加针编织，18-1-6，再织6行结束编织，加针成72针，将所有的针数，收针断线。相同的方法再去编织另一个袖片。将两个袖山边线与衣身的袖窿边线对应缝合。再将袖侧缝缝合。

4.领襟的编织：分别沿着左右衣襟边，挑94针，起织花样A，不加减针，织8行后收针断线。再沿着前衣领窝，挑32针，后衣领窝，挑30针，起织花样A，不加减针，织8行的高度后，收针断线。左右两边各钉上暗扣。衣服完成。

花样A（单罗纹）

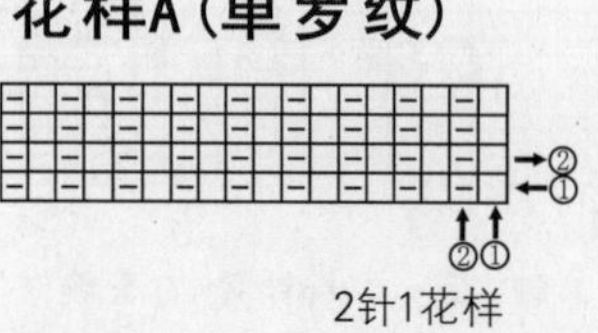
2
1
2 1
2针1花样

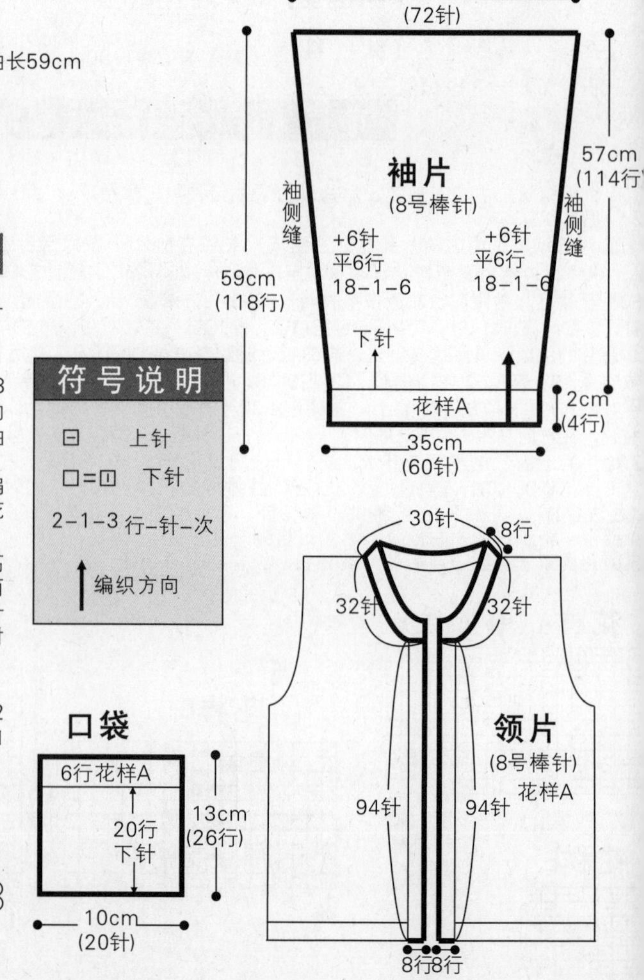
40cm
（72针）
57cm
（114行）
袖片
（8号棒针）
袖侧缝
袖侧缝
+6针
平6行
18-1-6
+6针
平6行
18-1-6
59cm
（118行）
下针
花样A
2cm
（4行）
35cm
（60针）
符号说明
上针
下针
2-1-3 行-针-次
编织方向
30针
8行
32针
32针
口袋
6行花样A
20行
下针
13cm
（26行）
10cm
（20针）
领片
（8号棒针）
花样A
94针
94针
8行8行

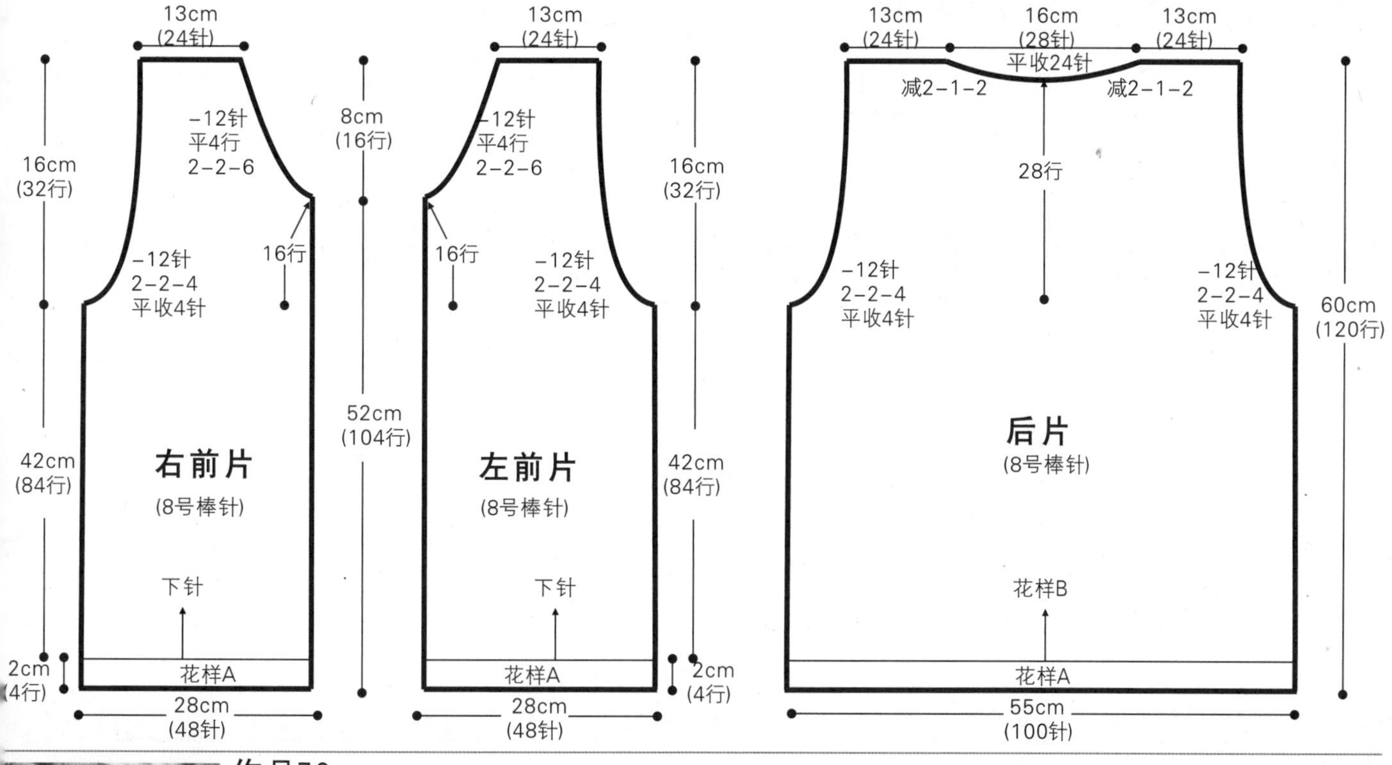

13cm
(24针)
16cm
(32行)
-12针
平4行
2-2-6
16行
-12针
2-2-4
平收4针
42cm
(84行)
右前片
(8号棒针)
下针
花样A
2cm
(4行)
28cm
(48针)
8cm
(16行)
52cm
(104行)
左前片
16cm
28针
平收24针
减2-1-2
28行
后片
花样B
60cm
(120行)
55cm
(100针)

作品78

【成品规格】 衣长65cm，胸宽55cm，肩宽45cm，袖长58cm

【工　　具】 9号、10号棒针

【编织密度】 20针×29.5行=10cm²

【材　　料】 灰色羊毛线800g

前片/后片/领片/袖片制作说明

1.棒针编织法：由前片与后片和两个袖片组成。用9号棒针编织，从下往上编织。

2.前后片织法：

①前片的编织，双罗纹起针法，起110针，起织花样A，不加减针，织24行的高度，下一行起，排花样B，不加减针，织108行的高度至袖窿。下一行起将织片分为两半，中间收针4针，两边各自进行衣领减针和袖窿减针，袖窿减针先收针4针，然后2-1-6，衣领减针，2-1-10，4-1-8，再织8行至肩部，余下25针，收针断线。另一边织法相同。

②后片的编织：起针110针，起织花样A，织24行，下一行起，依照花样B编织，不加减针，织108行的高度，至袖窿减针。袖窿起减针与前片相同，当织成袖窿算起52行高度后，下一行中间收针28针，两边减针，2-2-2，2-1-2，织成8行，至肩部余下25针，收针断线。将前后片的肩部对应缝合，再将侧缝对应缝合。

3.袖片织法：从袖口起织，起54针，起织花样A，织24行的高度，下一行依照花样C排花型编织，并在袖侧缝上加上针编织，10-1-12，织成120行，再织18行至袖山减针，下一行两边各收针8针，然后2-4-6，余下14针，收针断线。相同的方法再去编织另一个袖片。将两个袖山边线与衣身的袖窿边线对应缝合。再将袖侧缝缝合。

4.领片织法：沿前领窝两边各挑50针、V处挑1针作并针中心，后领窝挑40针，共挑起141针，起织花样A，V处中心1针上进行并针编织，三针并为一针，中间1针在上，进行4次并针，织8行花样A，收针断线。衣服完成。

余下14针
-32针
2-4-6
平收8针
4cm
(12行)
39cm
(78针)
上针
袖片
(9号棒针)
58cm
(172行)
46cm
(138行)
+12针
平18行
10-1-12
袖侧缝
花样C
花样A
8cm
(24行)
27cm
(54针)

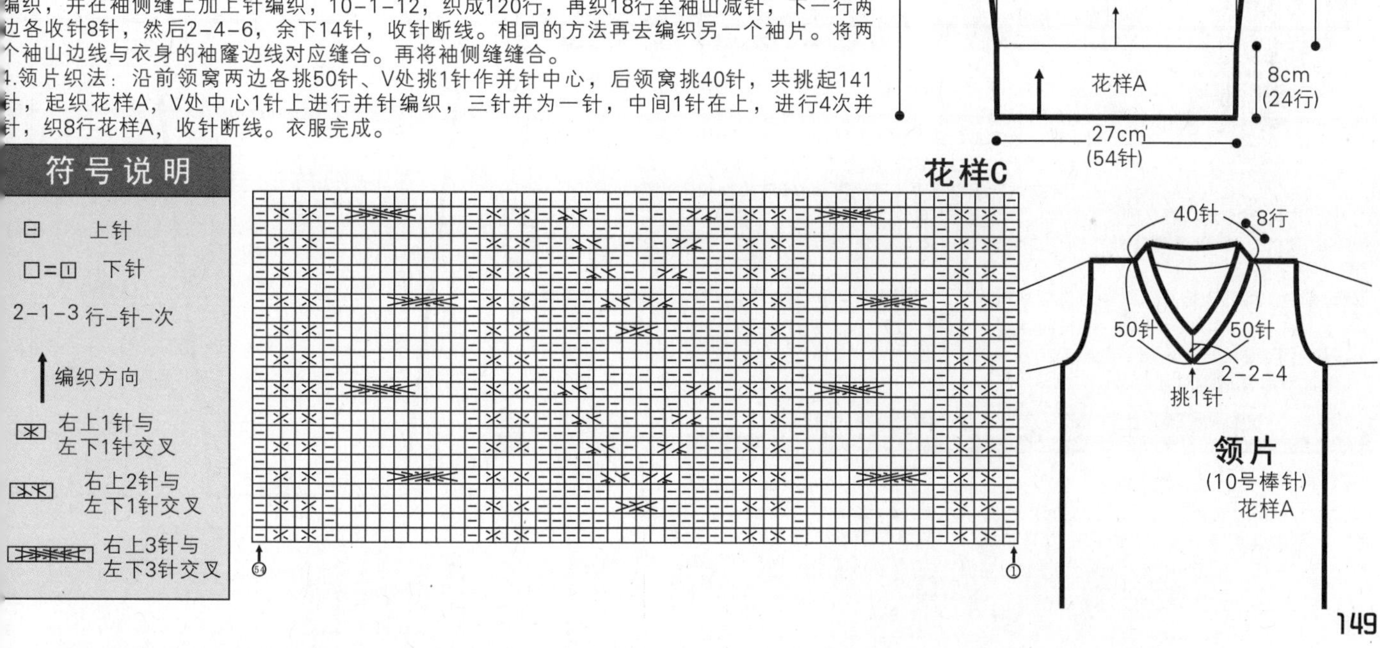

符号说明
上针
下针
2-1-3 行-针-次
编织方向
右上1针与左下1针交叉
右上2针与左下1针交叉
右上3针与左下3针交叉
花样C
40针
8行
50针
50针
2-2-4
挑1针
领片
(10号棒针)
花样A

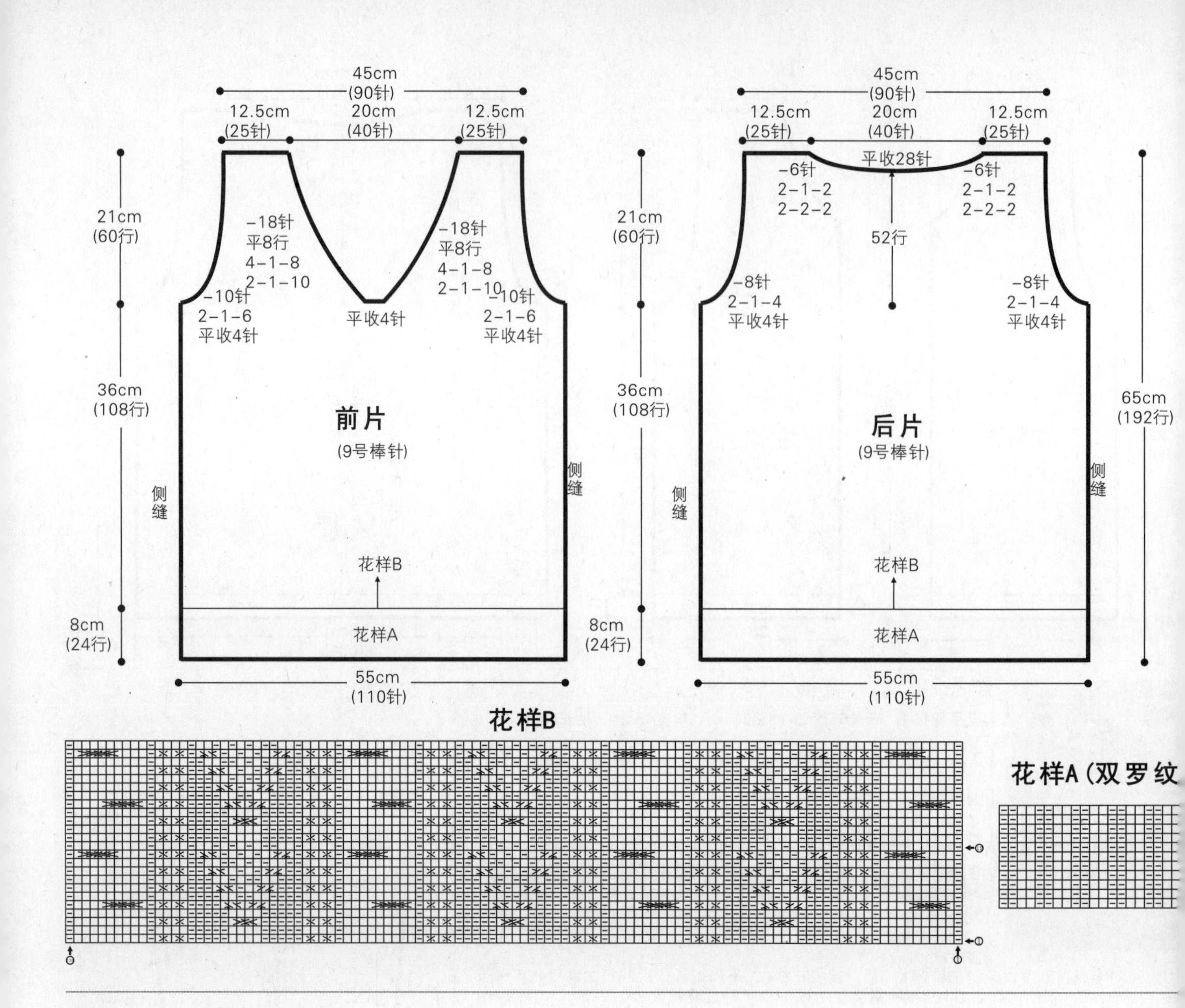
45cm
(90针)
12.5cm
(25针)
20cm
(40针)
12.5cm
(25针)
21cm
(60行)
-18针
平8行
4-1-8
2-1-10
-18针
平8行
4-1-8
2-1-10
-10针
2-1-6
平收4针
平收4针
-10针
2-1-6
平收4针
36cm
(108行)
前片
(9号棒针)
侧缝
侧缝
花样B
8cm
(24行)
花样A
55cm
(110针)
45cm
(90针)
12.5cm
(25针)
20cm
(40针)
12.5cm
(25针)
平收28针
-6针
2-1-2
2-2-2
-6针
2-1-2
2-2-2
21cm
(60行)
52行
-8针
2-1-4
平收4针
-8针
2-1-4
平收4针
36cm
(108行)
65cm
(192行)
后片
(9号棒针)
侧缝
侧缝
花样B
8cm
(24行)
花样A
55cm
(110针)
花样B
花样A (双罗纹

作品79

【成品规格】衣长80cm，半胸围46cm，肩宽37cm，袖长60cm
【工　　具】12号棒针
【编织密度】26针×35行=10cm²
【材　　料】墨绿色羊毛线700g

前片/后片制作说明

1.棒针编织法，衣身袖窿以下一片环形编织，袖窿起分为前片和后片往返编织。
2.起织衣摆。起280针织花样A，织8行后向内合并成双层衣摆。继续不加减针织136行，改织花样B，织28行后，将织片一次性均匀减掉40针，改织花样A，织36行后，将织片均分成前片和后片分别编织。
3.分配后片120针到棒针上，织花样A，起织时两侧袖窿减针，方法为1-4-1，2-1-8，织至277行的高度，中间平收52针，两侧减针织成后领，方法为2-1-2，织至280行，两肩部各余下20针，收针断线。
4.分配前片120针到棒针上，中间56针织花样C，两侧余下针数织花样A，起织时两侧袖窿减针，方法为1-4-1，2-1-8，织至253行的高度，中间平收20针，两侧减针织成前领，方法为2-2-6，2-1-6，织至280行，两肩部各余下20针，收针断线。
5.将前片与后片肩缝对应缝合。

袖片制作说明

1.棒针编织法，从袖口往上编织。
2.起织，起58针织花样A，织8行后向内合并成双层袖口。继续编织花样A，一边织一边两侧加针，方法为10-1-15，织150行，两侧减针编织袖山，方法为1-4-1，2-1-28，织至210行的总高度，织片余下24针，收针断线。
3.同样的方法编织另一袖片。
4.将袖山对应袖窿线缝合，再将袖底缝合。

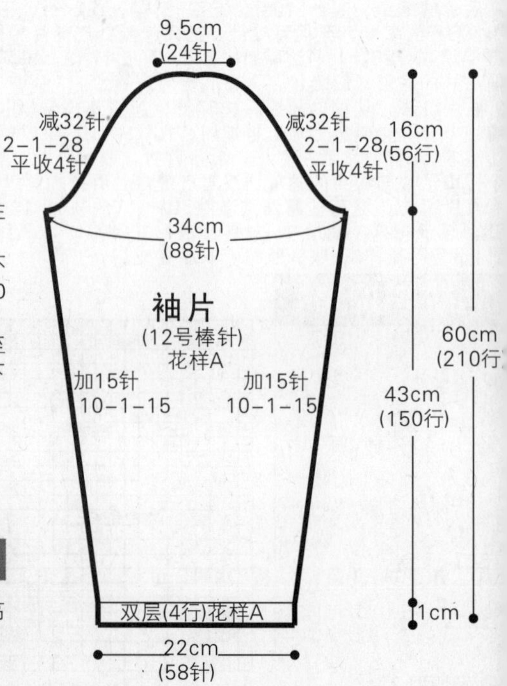
9.5cm
(24针)
减32针
2-1-28
平收4针
减32针
2-1-28
平收4针
16cm
(56行)
34cm
(88针)
袖片
(12号棒针)
花样A
加15针
10-1-15
加15针
10-1-15
60cm
(210行)
43cm
(150行)
双层(4行)花样A
1cm
22cm
(58针)

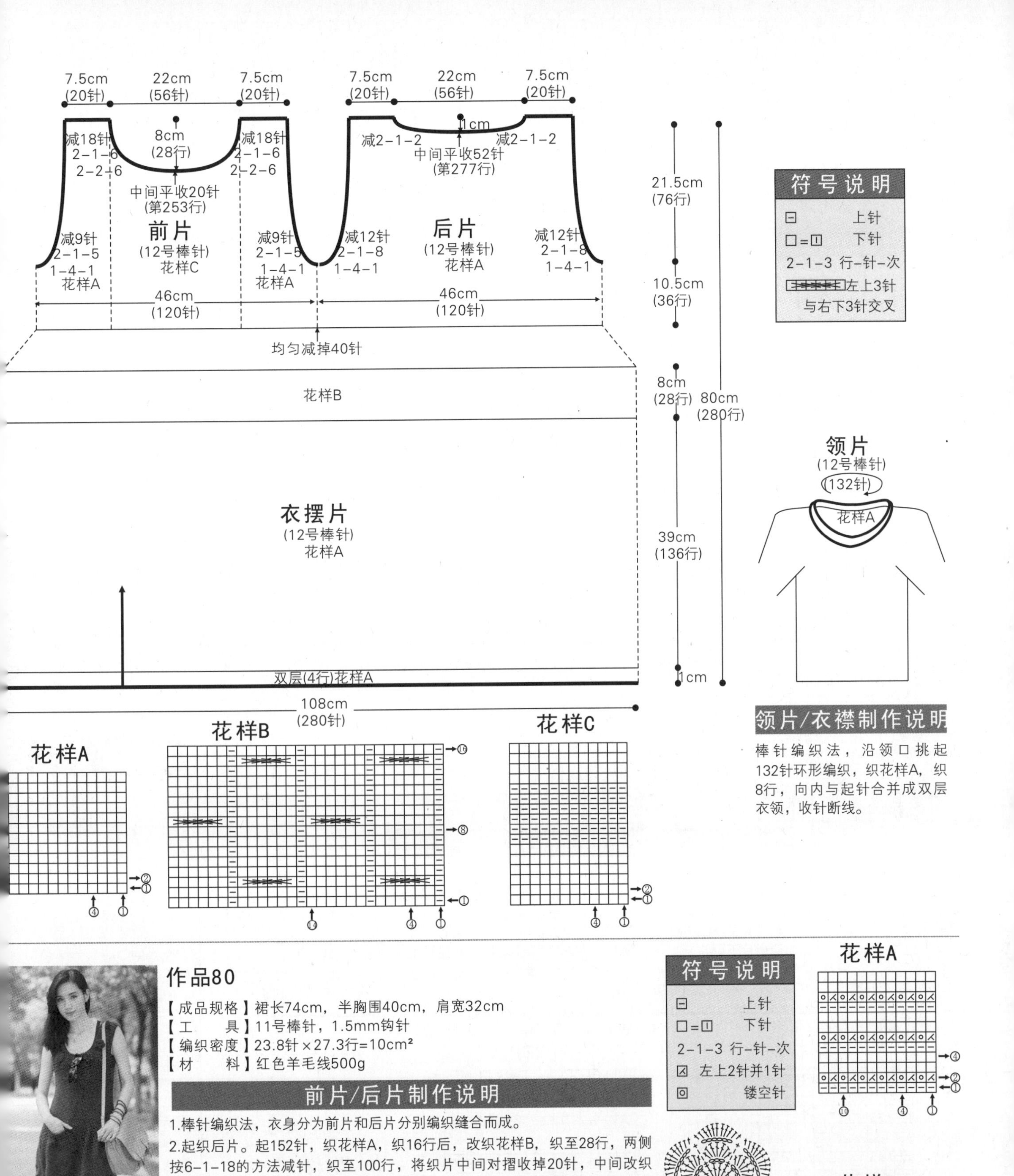

7.5cm (20针)
22cm (56针)
7.5cm (20针)
减18针 2-1-6 2-2-6
8cm (28行)
中间平收20针 (第253行)
前片 (12号棒针) 花样C
减9针 2-1-5 1-4-1 花样A
46cm (120针)
1cm
减2-1-2
中间平收52针 (第277行)
后片 (12号棒针) 花样A
减12针 2-1-8 1-4-1
均匀减掉40针
花样B
衣摆片 (12号棒针) 花样A
双层(4行)花样A
108cm (280针)
21.5cm (76行)
10.5cm (36行)
8cm (28行)
80cm (280行)
39cm (136行)
1cm
符号说明
上针
下针
2-1-3 行-针-次
左上3针与右下3针交叉
领片 (12号棒针) (132针)
花样A
花样B
花样C

领片/衣襟制作说明

棒针编织法，沿领口挑起132针环形编织，织花样A，织8行，向内与起针合并成双层衣领，收针断线。

作品80

【成品规格】裙长74cm，半胸围40cm，肩宽32cm
【工　　具】11号棒针，1.5mm钩针
【编织密度】23.8针×27.3行=10cm²
【材　　料】红色羊毛线500g

前片/后片制作说明

1.棒针编织法，衣身分为前片和后片分别编织缝合而成。

2.起织后片。起152针，织花样A，织16行后，改织花样B，织至28行，两侧按6-1-18的方法减针，织至100行，将织片中间对摺收掉20针，中间改织22针花样A，两侧其余针数继续织花样B，织14行后，全部改织花样B，织至142行，织片余下96针，两侧袖窿减针，方法为1-4-1，2-1-6，织至195行，中间36针改织花样C，其余针数继续织花样B，织4行后，中间36针收针，两侧肩部各20针继续织4行后，收针断线。

3.起织前片。起152针，织花样A，织16行后，改织花样B，织至28行，两侧按6-1-18的方法减针，织至64行，织片中间留取26针，两侧制作对褶各收掉10针，制作口袋，然后在对褶上端改织20针花样A作为袋口，其余针数继续织花样B，织12行后，将两个袋口各20针收针，次行重起继续编织花样B，织至142行，织片余下96针，两侧袖窿减针，方法为1-4-1，2-1-6，织至159行，中间36针改织花样C，其余针数继续织花样B，织4行后，中间36针收针，两侧肩部各20针继续织至202行，收针断线。

4.将前片与后片侧缝对应缝合，肩缝对应缝合。

5.编织口袋，衣服内侧挑起20针，织花样B，织60行后，与袋口缝合，再将口袋两侧缝合。

符号说明

上针
下针
2-1-3 行-针-次
左上2针并1针
镂空针

花样A

饰花花样

花样B

花样C

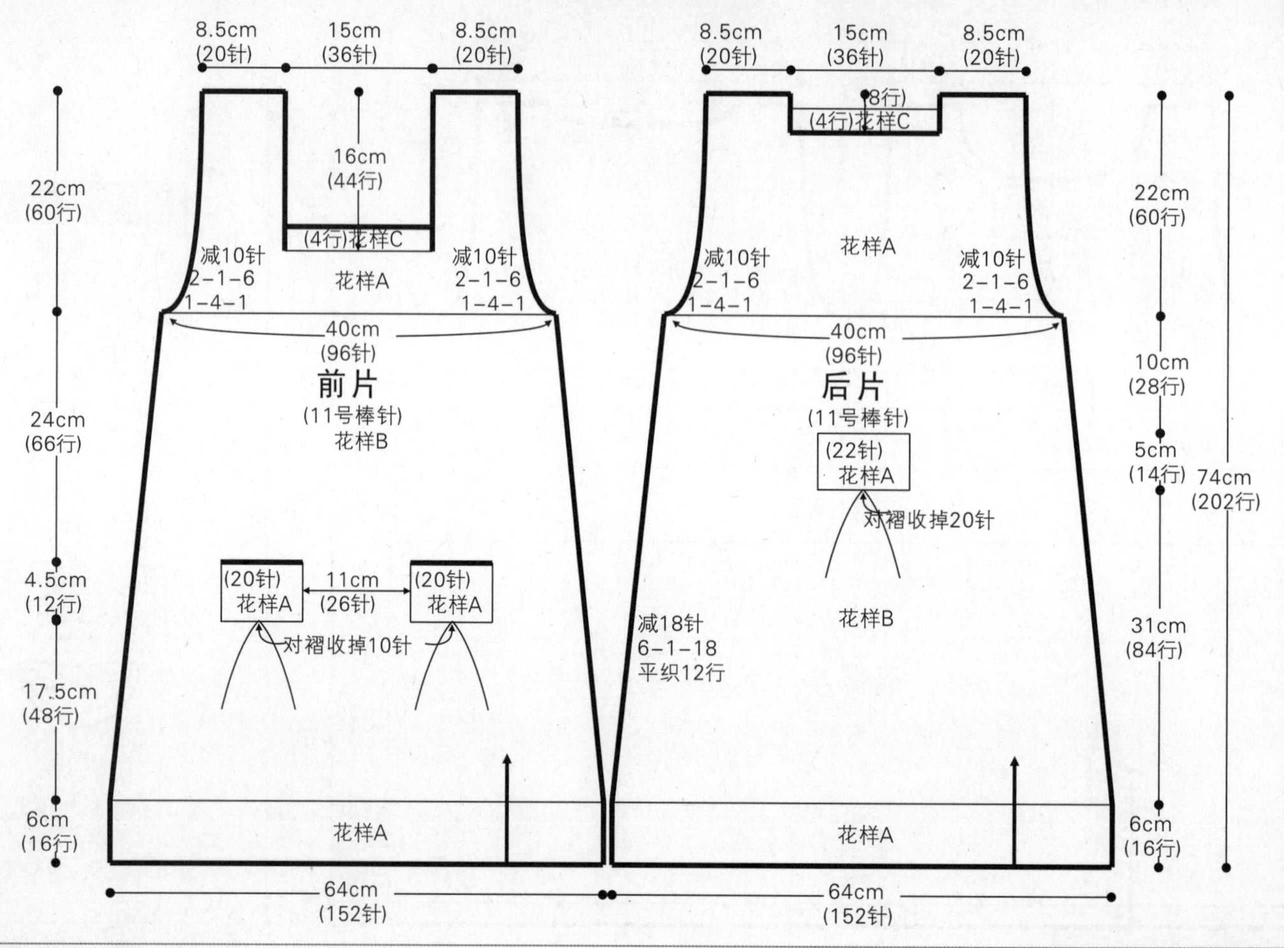
8.5cm
(20针)
15cm
(36针)
8.5cm
(20针)
22cm
(60行)
16cm
(44行)
(4行)花样C
减10针
2-1-6
1-4-1
花样A
40cm
(96针)
前片
(11号棒针)
花样B
24cm
(66行)
4.5cm
(12行)
(20针)
花样A
11cm
(26针)
对褶收掉10针
17.5cm
(48行)
6cm
(16行)
64cm
(152针)
(8行)
(4行)花样C
后片
(11号棒针)
(22针)
花样A
对褶收掉20针
减18针
6-1-18
平织12行
10cm
(28行)
5cm
(14行)
74cm
(202行)
31cm
(84行)
(152针)

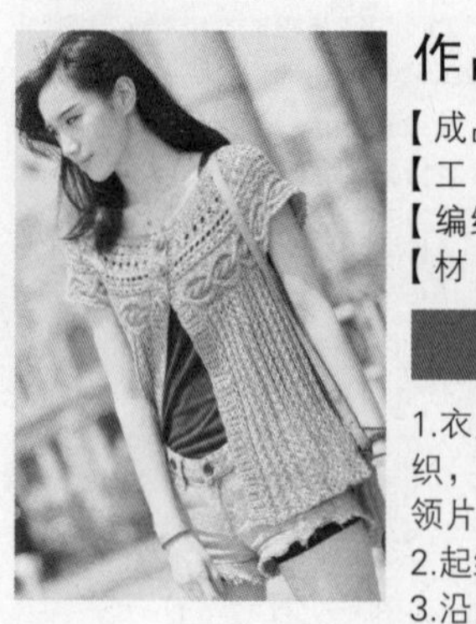

作品81

【成品规格】衣长65.5cm，半胸围55.5cm
【工　　具】11号棒针，2.0号钩针
【编织密度】26.3针×22.2行=10cm²
【材　　料】杏色棉线400g

领片/肩片/衣摆片制作说明

1.衣身分为领片、肩片和下摆片分别编织，肩片和下摆片棒针编织，肩片自右往左横向编织，下摆片在肩片下侧挑针往下编织，领片在肩片上侧起针钩织。
2.起织肩片，起25针，织花样A，不加减针织324行，收针断线。
3.沿肩片下侧挑针起织下摆片。右前片挑起62针，袖窿平加34针，后片再挑起112针，袖窿平加34针，最后左前片挑起62针，共304针，织花样B，织100行后，织片变成418针，收针断线。
4.沿肩片上侧钩针钩织领片，起268针，按花样C所示，钩12行的高度，断线。
5.衣襟片:棒针编织，沿衣襟两侧分别挑针起织，挑起168针，织花样D，织12行后，收针断线。

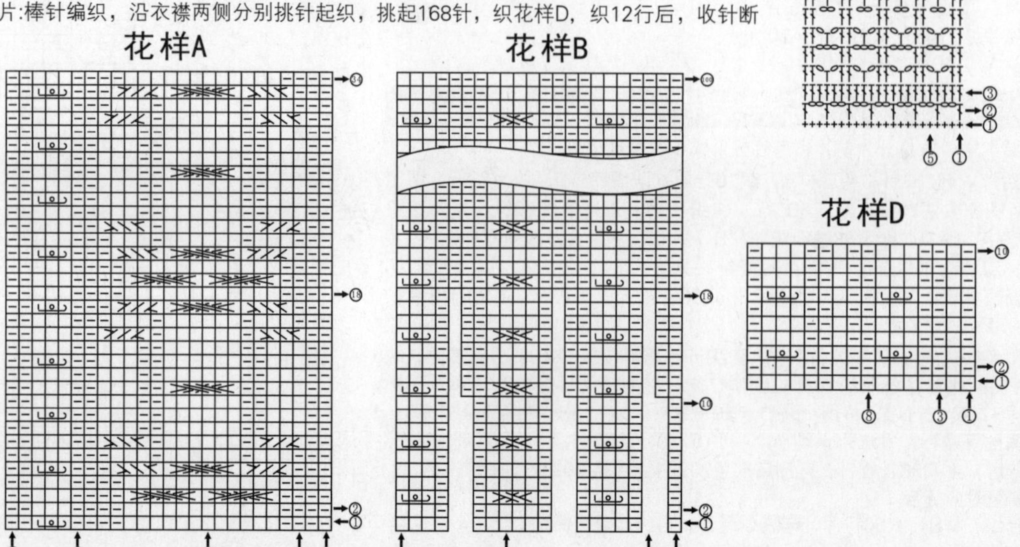
花样A
花样B
花样C
花样D

符号说明

⊟	上针
□ = ⊡	下针
2-1-3	行-针-次
	左上3针与右下1针交叉
	右上3针与左下1针交叉
	右上2针与左下2针交叉
	右上3针与左下3针交叉
	左上3针与右下3针交叉
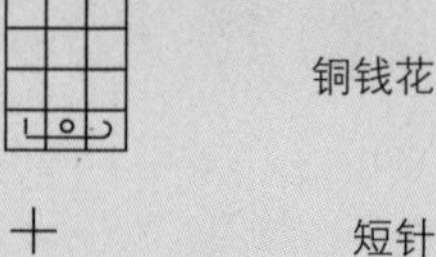	铜钱花
+	短针
	长针
T	中长针
∞	锁针

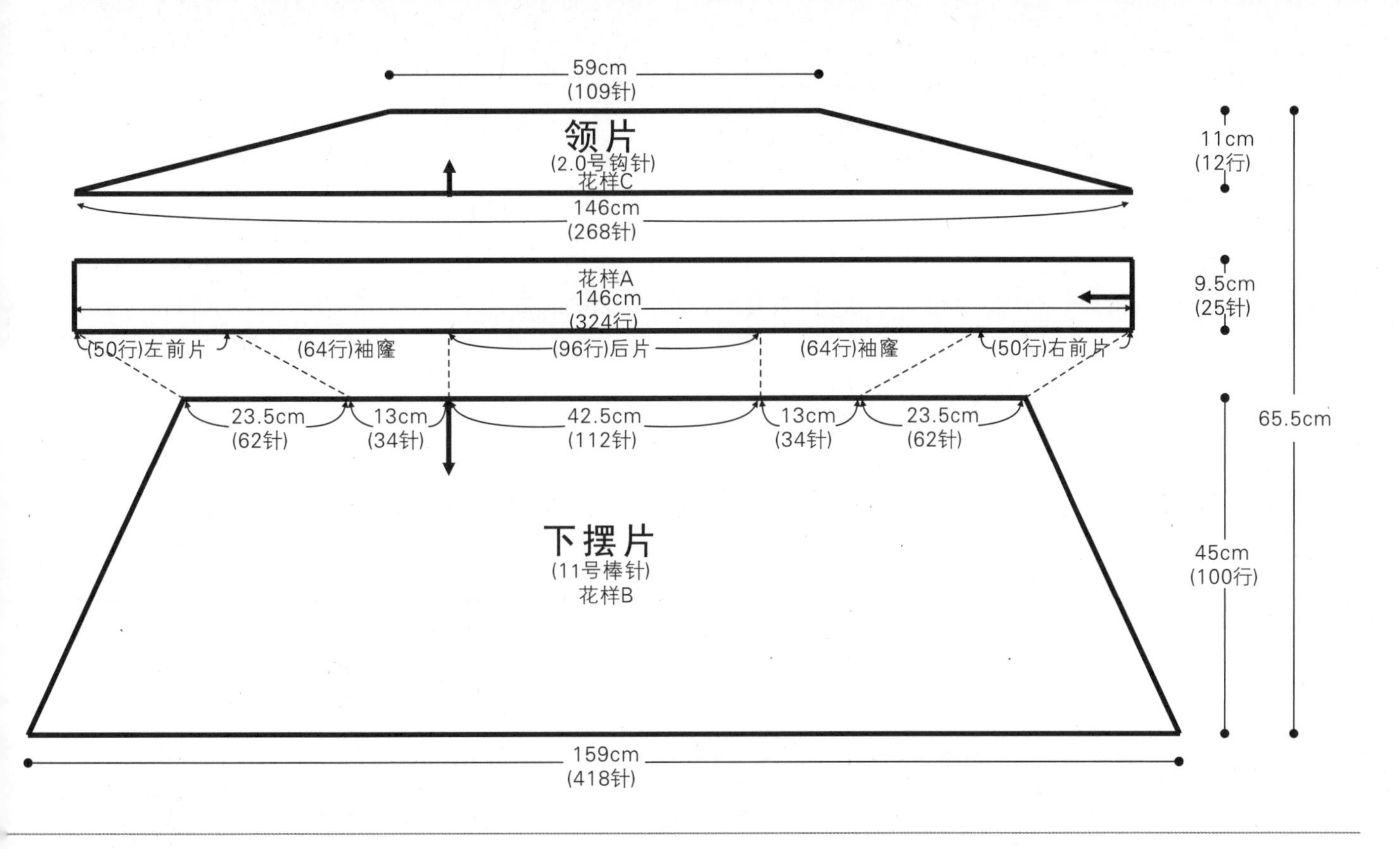
59cm
(109针)
领片
(2.0号钩针)
花样C
146cm
(268针)
11cm
(12行)
花样A
146cm
(324行)
9.5cm
(25针)
(50行)左前片
(64行)袖窿
(96行)后片
(64行)袖窿
(50行)右前片
23.5cm
(62针)
13cm
(34针)
42.5cm
(112针)
13cm
(34针)
23.5cm
(62针)
65.5cm
下摆片
(11号棒针)
花样B
45cm
(100行)
159cm
(418针)

作品82

【成品规格】衣长54cm，半胸围46cm，肩宽32.5cm，袖长11.5cm
【工　　具】12号棒针
【编织密度】25针×31.8行=10cm²
【材　　料】浅咖啡色棉线400g

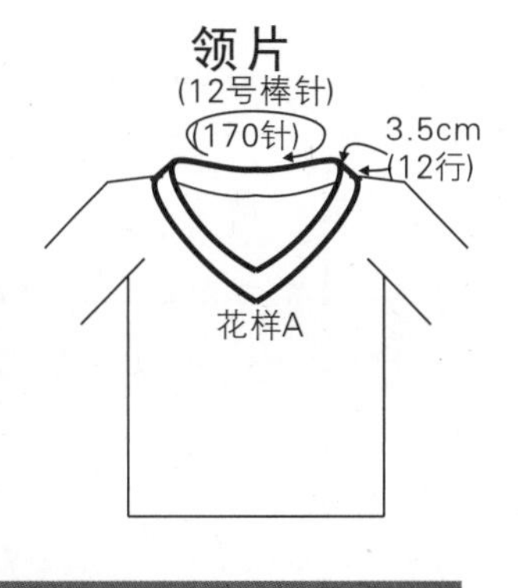
领片
(12号棒针)
(170针)
3.5cm
(12行)
花样A

符号说明	
⊟	上针
□=⊡	下针
2-1-3	行-针-次
⊠	左上2针并1针
⊡	镂空针
	元宝针
	右上3针与左下3针交叉

前片/后片制作说明

1.棒针编织法，衣身分为前片和后片分别编织而成。
2.起织后片。起115针，织花样A，织20行后，改为花样B与花样C组合编织，如结构图所示，织至118行，两侧袖窿减针，方法为1-4-1，2-1-13，织至169行，中间平收47针，两侧减针织成后领，方法为2-1-2，织至172行，两肩部各余下15针，收针断线。
3.起织前片。起115针，织花样A，织20行后，改为花样B与花样C组合编织，如结构图所示，织至118行，两侧袖窿减针，方法为1-4-1，2-1-13，同时中间留起1针不织，两侧减针织成前领，方法为2-1-25，织至172行，两肩部各余下15针，收针断线。
4.将前片与后片侧缝对应缝合，肩缝对应缝合。

领片制作说明

棒针编织法，沿领口挑起170针环形编织，织花样A，一边织一边领尖减针成桃领，织12行后，收针断线。

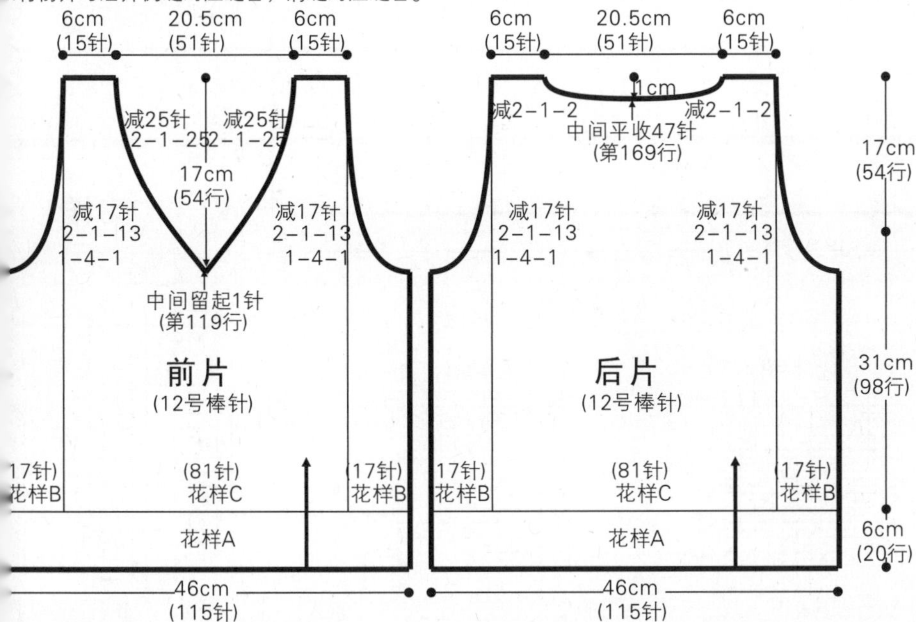
6cm
(15针)
20.5cm
(51针)
6cm
(15针)
减25针
2-1-25
减25针
2-1-25
17cm
(54行)
减17针
2-1-13
1-4-1
减17针
2-1-13
1-4-1
中间留起1针
(第119行)
前片
(12号棒针)
17针)
花样B
(81针)
花样C
(17针)
花样B
花样A
46cm
(115针)
6cm
(15针)
20.5cm
(51针)
6cm
(15针)
1cm
减2-1-2
减2-1-2
中间平收47针
(第169行)
减17针
2-1-13
1-4-1
减17针
2-1-13
1-4-1
后片
(12号棒针)
(17针)
花样B
(81针)
花样C
(17针)
花样B
花样A
46cm
(115针)
17cm
(54行)
54cm
(172行)
31cm
(98行)
6cm
(20行)

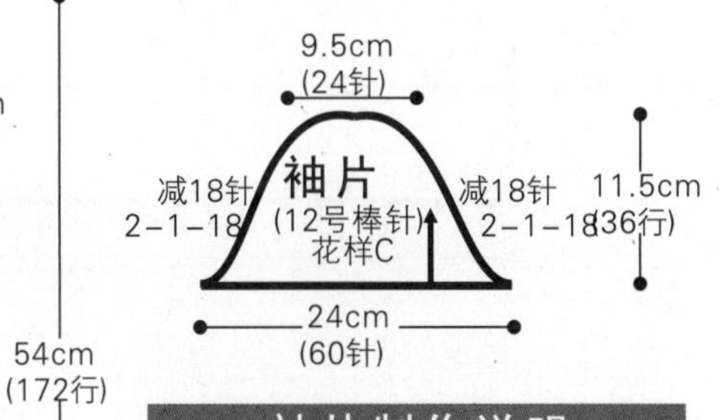
9.5cm
(24针)
袖片
(12号棒针)
花样C
减18针
2-1-18
减18针
2-1-18
11.5cm
(36行)
24cm
(60针)

袖片制作说明

1.棒针编织法，从袖口往上编织。
2.起织，起60针，织花样C，一边织一边两侧减针，方法为2-1-18，织至36行，织片余下24针，收针断线。
3.同样的方法编织另一袖片。
4.将袖山对应袖窿线缝合。

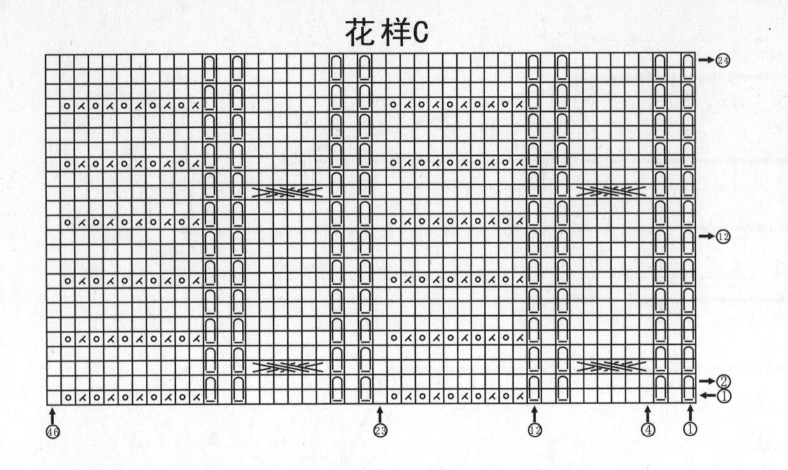
花样C
24
12
2
1
46
23
12
4
1

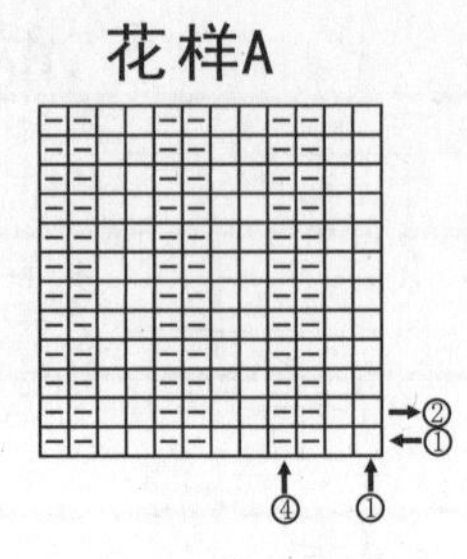
花样A
2
1
4
1

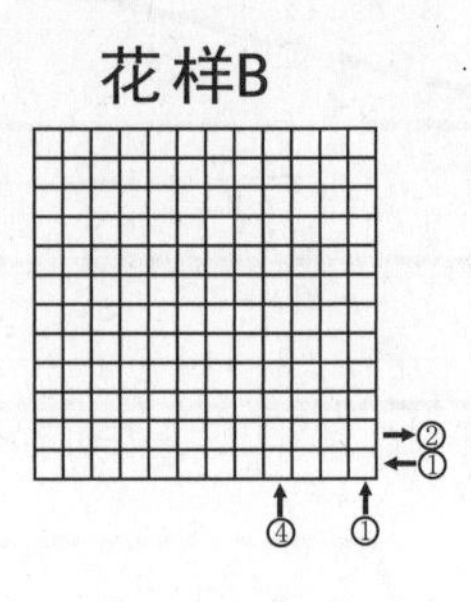
花样B
2
1
4
1

作品83

【成品规格】衣长60cm，半胸围46cm
【工　　具】12号棒针
【编织密度】29针×36行=10cm²
【材　　料】黑色羊毛线450g

前片/后片制作说明

1.棒针编织法，衣身一片编织完成。
2.起织，双罗纹针起针法起284针织花样A，织58行后，改织花样B，不加减针织至216行，收针断线。
3.将衣身织片按结构图所示方法，缝合出两侧袖窿。
4.编织系带。起6针环织下针，共织50cm的长度，顶端按花样C所示织饰花，完成后缝合于衣身前襟。

领片/腰带制作说明

1.领片环形编织完成。
2.沿领口挑起100针，织4行下针后，织1行上针，然后再织4行下针，第10行向内与领口边沿缝合。沿双层机织领边上针的那行挑起100针，织花样A，织64行后，向内与挑针边沿缝合成双层衣领。
3.编织腰带。起6针环织下针，共织160cm的长度，穿入衣身腰部，两端按花样D所示织饰花。

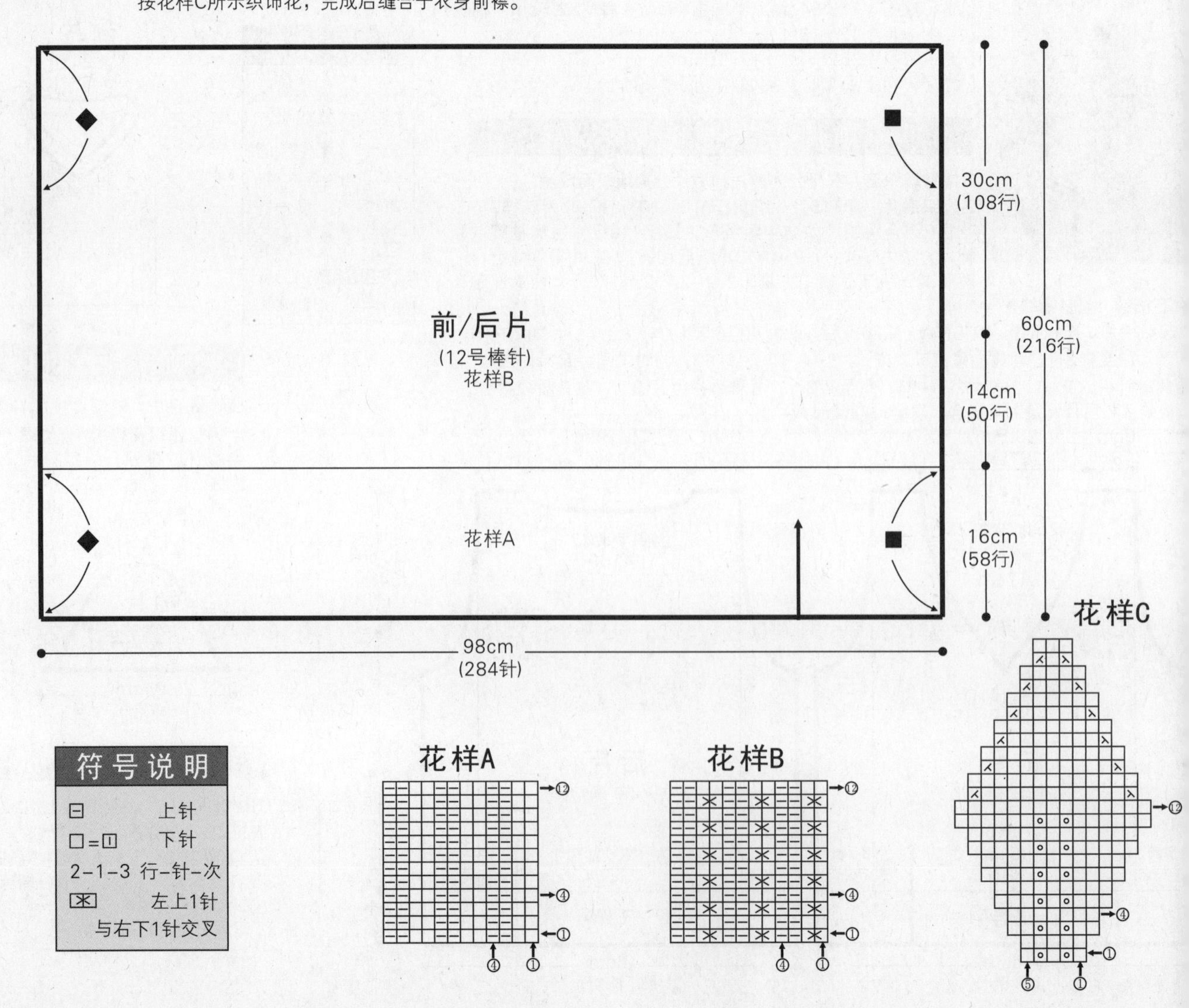
30cm
(108行)
60cm
(216行)
前/后片
(12号棒针)
花样B
14cm
(50行)
花样A
16cm
(58行)
98cm
(284针)
花样C
符号说明
上针
下针
2-1-3 行-针-次
左上1针
与右下1针交叉
花样A
花样B
12
4
1
5

作品84

【成品规格】衣长70cm，半胸围44cm，肩宽34.5cm，袖长24.5cm
【工　　具】11号棒针
【编织密度】10cm²=28针×26.3行
【材　　料】绿色棉线500g

前片/后片制作说明

1.棒针编织法，衣身分为左右前片和后片分别编织缝合而成。
2.起织后片。起123针，织花样A，织4行后，改织花样B，共11组花样B，织至134行，两侧袖窿减针，方法为1-4-1，2-1-9，织至184行，两侧肩部各平收21针，中间余下55针继续编织，织60行后，收针断线。
起织右前片。起68针，织花样A，织4行后，改织花样B，共6组花样B，织至134行，左侧袖窿减针，方法为1-4-1，2-1-9，织至184行，左侧肩部平收21针，右侧余下34针继续编织，织60行后，收针断线。
同样的方法相反方向编织左前片，将左右前片与后片侧缝对应缝合，肩缝对应缝合。帽子顶部对应缝合。

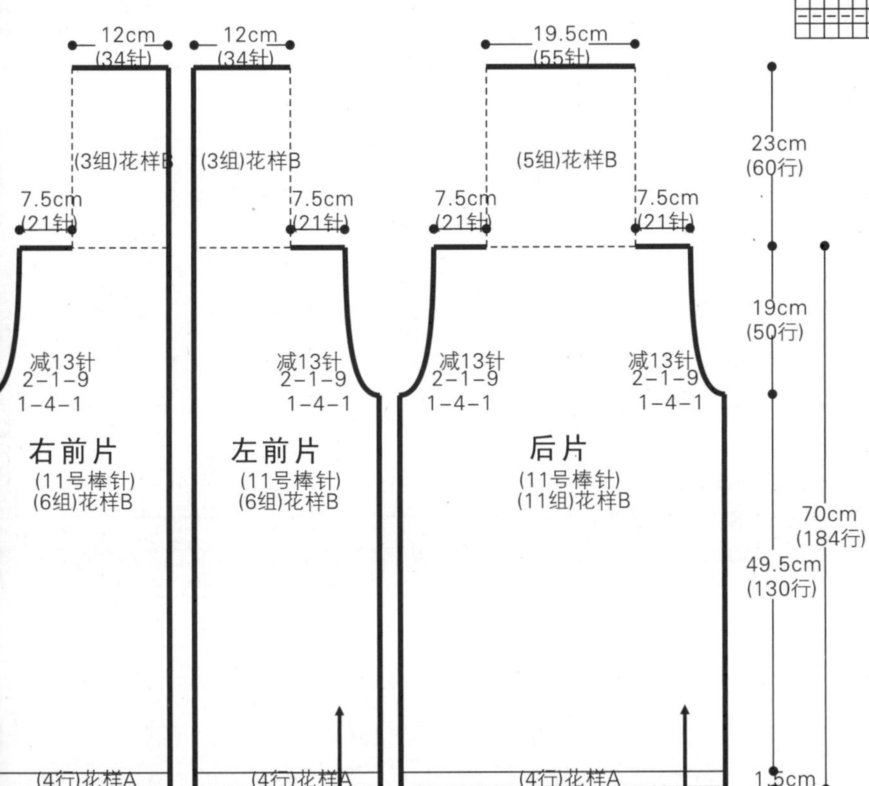

12cm
(34针)
12cm
(34针)
19.5cm
(55针)
(3组)花样B
(3组)花样B
(5组)花样B
7.5cm
(21针)
7.5cm
(21针)
7.5cm
(21针)
7.5cm
(21针)
23cm
(60行)
19cm
(50行)
减13针
2-1-9
1-4-1
右前片
(11号棒针)
(6组)花样B
左前片
(11号棒针)
(6组)花样B
后片
(11号棒针)
(11组)花样B
70cm
(184行)
49.5cm
(130行)
(4行)花样A
1.5cm
24.5cm
(68针)
24.5cm
(68针)
44cm
(123针)

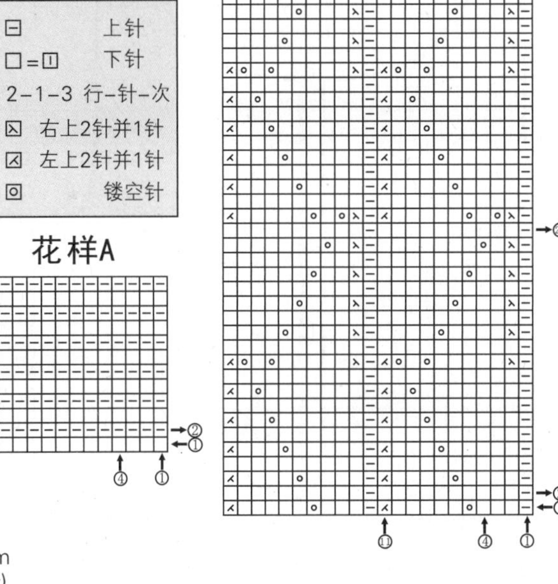

符号说明
上针
□=⊡ 下针
2-1-3 行-针-次
右上2针并1针
左上2针并1针
镂空针
花样A
花样B

6.5cm
(18针)
减24针
2-1-20
1-4-1
袖片
(11号棒针)
(6组)花样B
(4行)花样A
23.5cm
(66针)
15.5cm
(40行)
24.5cm
(64行)
7.5cm
(20行)
1.5cm

袖片制作说明

1.棒针编织法，从袖口往上编织。
2.起织，起66针，织花样A，织4行后，改织花样B，共6组花样B，织至24行后，两侧减针编织袖山，方法为1-4-1，2-1-20，织至64行，织片余下18针，收针断线。
3.同样的方法编织另一袖片。
4.将袖山对应袖窿线缝合，再将袖底缝合。

作品85

【成品规格】衣长54cm，半胸围44cm，肩宽34.5cm，袖长56cm
【工　　具】12号棒针
【编织密度】26.8针×37.4行=10cm²
【材　　料】灰色羊毛线500g

前片/后片制作说明

1.棒针编织法，衣身分为左右前片和后片分别编织缝合而成。
2.起织后片。起118针，花样A与花样B组合编织，如结构图所示，织110行后，两侧袖窿减针，方法为1-4-1，2-1-9，织至148行，织片余下92针，收针断线。另起线编织后肩片，起92针织花样A，织48行后，第49行中间平收38针，两侧减针织成后领，方法为2-1-3，织至54行，两肩部各余下24针，收针断线。完成后将后片与后肩片对应缝合。
起织右前片。起70针，花样A与花样B组合编织，如结构图所示，织110行后，左侧袖窿减针，方法为1-4-1，2-1-9，织至132行，花样B左侧一边织一边按2-1-18的方法减针，同时花样B的右侧按2-1-18的方法加针，织至168行，全部改为花样A编织，同时右侧前领减针，方法为1-12-1，2-2-6，2-1-9，织至202行的总高度，肩部余下24针，收针断线。
同样的方法相反方向编织左前片，将左右前片与后片侧缝对应缝合，肩缝对应缝合。

领片
(12号棒针)
(120针)
花样A
(2行)

领片制作说明

棒针编织法，沿领口挑起120针，织花样A，织2行后，收针断线。

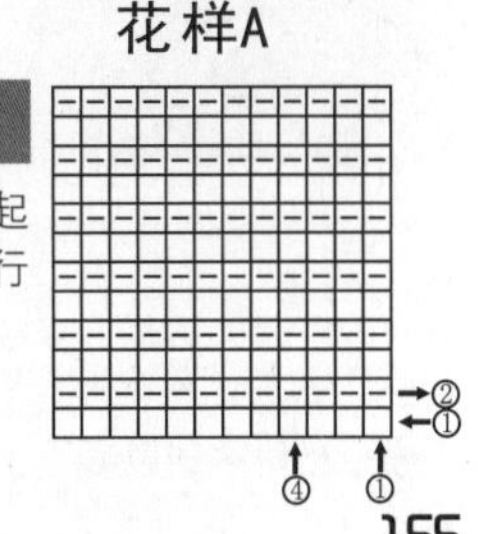

符号说明
上针
□=⊡ 下针
2-1-3 行-针-次
右上3针与左下3针交叉
花样A

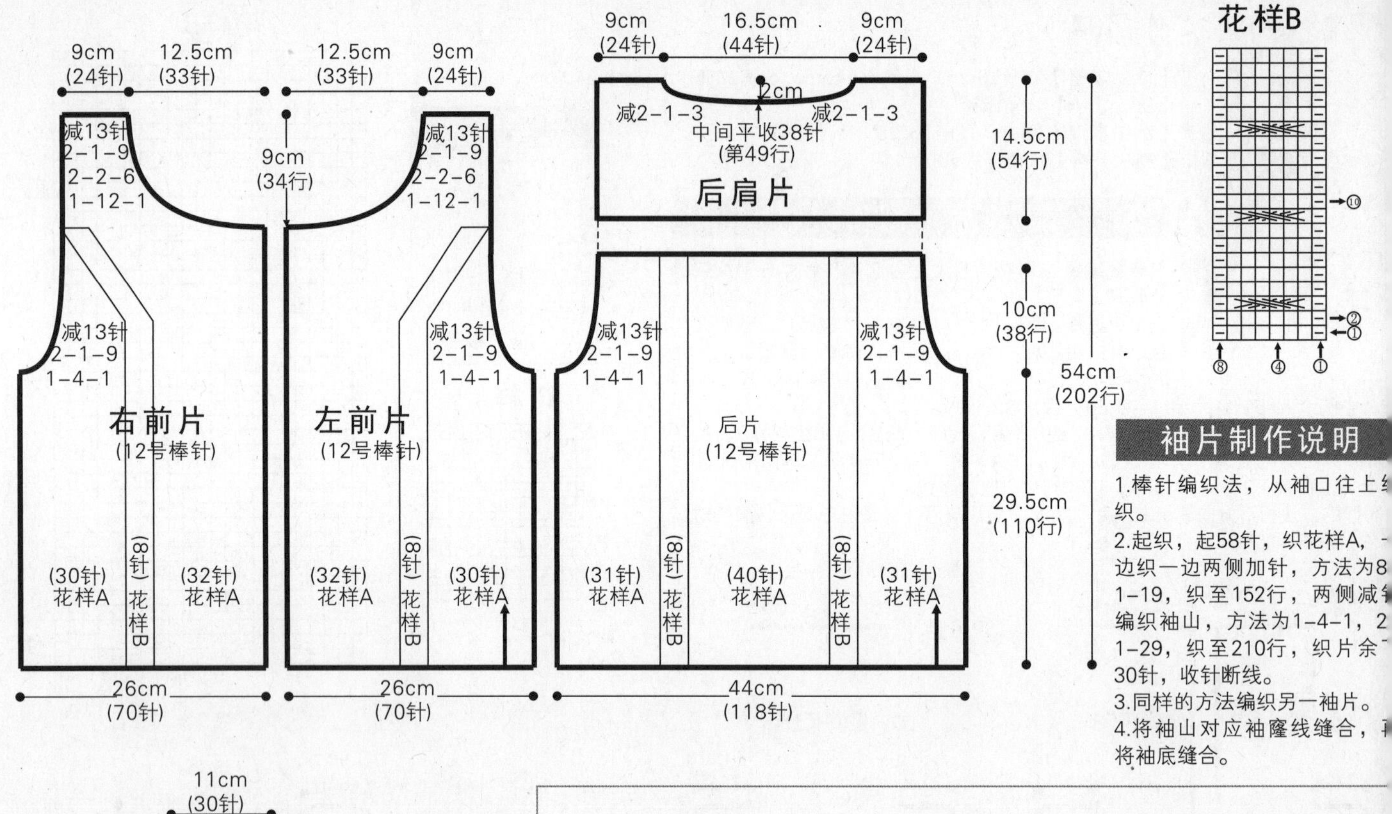

9cm
(24针)
12.5cm
(33针)
减13针
2-1-9
2-2-6
1-12-1
9cm
(34行)
减13针
2-1-9
1-4-1
右前片
(12号棒针)
(30针)
花样A
(8针)
花样B
(32针)
花样A
26cm
(70针)
左前片
(12号棒针)
16.5cm
(44针)
2cm
减2-1-3
中间平收38针
(第49行)
后肩片
后片
(12号棒针)
(31针)
花样A
(40针)
花样A
44cm
(118针)
14.5cm
(54行)
10cm
(38行)
54cm
(202行)
29.5cm
(110行)
花样B

袖片制作说明

1.棒针编织法，从袖口往上织。

2.起织，起58针，织花样A，一边织一边两侧加针，方法为8-1-19，织至152行，两侧减针编织袖山，方法为1-4-1，2-1-29，织至210行，织片余下30针，收针断线。

3.同样的方法编织另一袖片。

4.将袖山对应袖窿线缝合，再将袖底缝合。

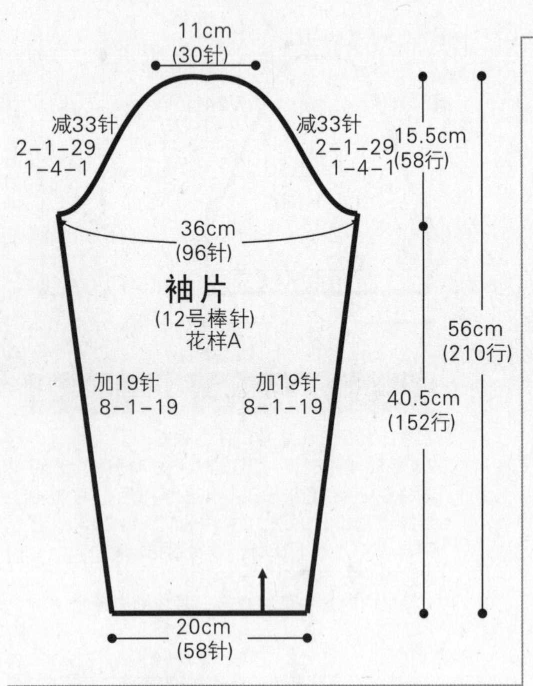

11cm
(30针)
减33针
2-1-29
1-4-1
15.5cm
(58行)
36cm
(96针)
袖片
(12号棒针)
花样A
加19针
8-1-19
56cm
(210行)
40.5cm
(152行)
20cm
(58针)

符号说明

- ⋂ =滑针
- ⨯ =右上2针交叉
- ⨯ =左上2针交叉

30 25 20 15 10 5 1

□=⊟

花样B

领

4cm
(10行)

挑102针

作品86

【成品规格】衣长58cm，胸围124cm，袖长34cm

【编织密度】19针×26行=10cm²

【工　　具】11号、10号、9号棒针

【材　　料】蓝色毛线1500g

制作说明

1.后片：11号针起120针织单罗纹14行，换9号针织花样，织53cm平收。

2.前片：11号针起120针，织法同后片；织51cm开领窝，领窝留12cm；中心平收16针后，分开各自减针，至完成。

3.袖：缝合前后片；直接在袖口位置挑针织袖；挑76针织花样B，两侧按图示减针，最后20行平织后完成。

4.领：从领窝挑出102针用11号针织单罗纹，织10行平收；完成。

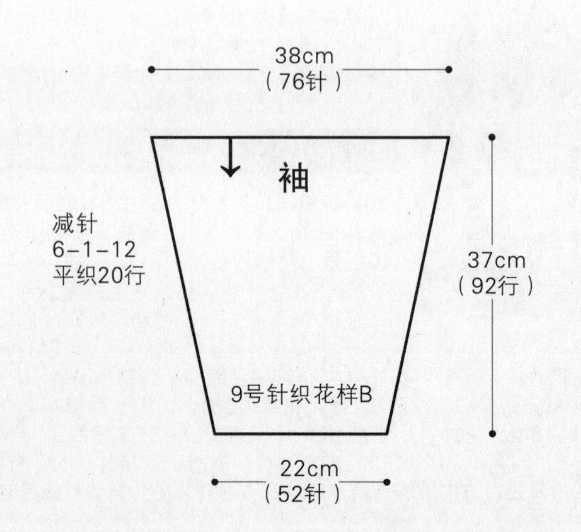

38cm
(76针)
袖
减针
6-1-12
平织20行
37cm
(92行)
9号针织花样B
22cm
(52针)

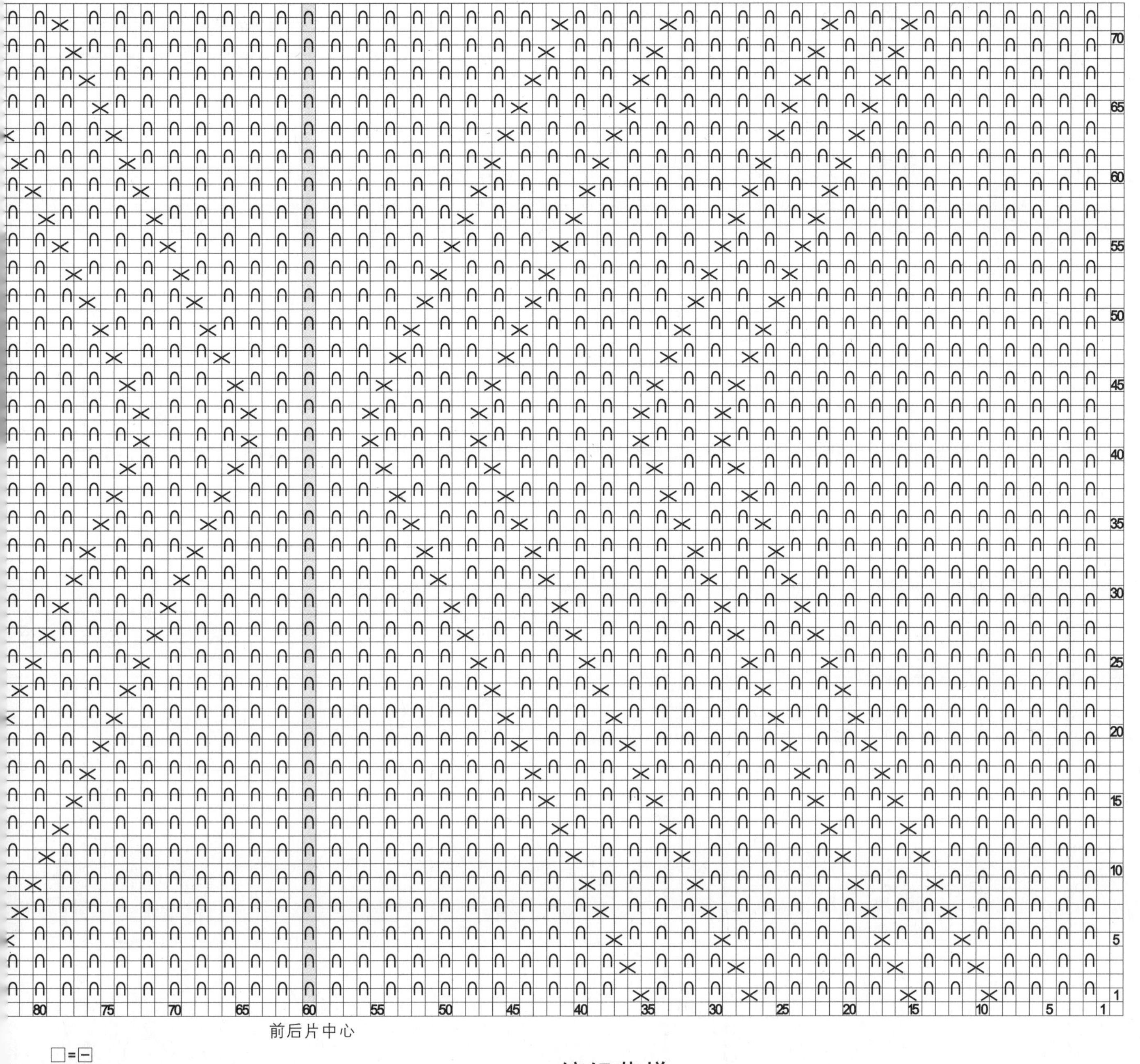
70
65
60
55
50
45
40
35
30
25
20
15
10
5
1
80
75
70
65
60
55
50
45
40
35
30
25
20
15
10
5
1
前后片中心
□=⊟

编织花样

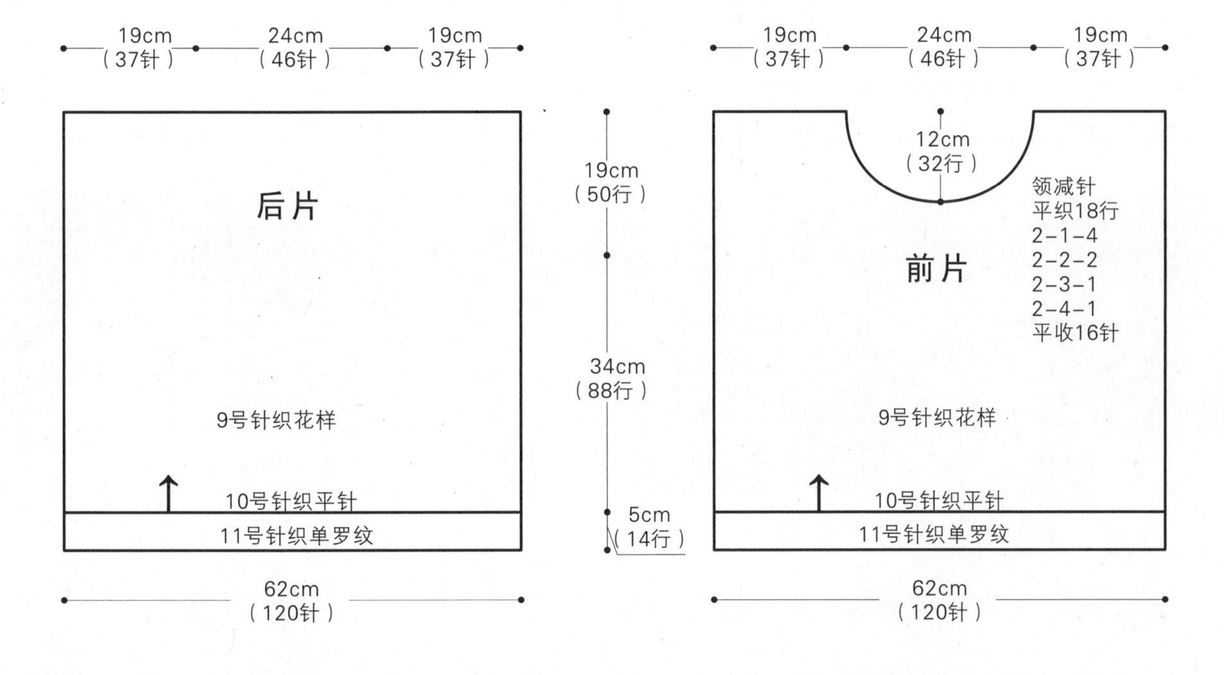
19cm
（37针）
24cm
（46针）
19cm
（37针）
后片
9号针织花样
10号针织平针
11号针织单罗纹
62cm
（120针）
19cm
（50行）
34cm
（88行）
5cm
（14行）
19cm
（37针）
24cm
（46针）
19cm
（37针）
12cm
（32行）
领减针
平织18行
2-1-4
2-2-2
2-3-1
2-4-1
平收16针
前片
9号针织花样
10号针织平针
11号针织单罗纹
62cm
（120针）

作品87

【成品规格】衣长70cm，胸宽60cm，肩宽60cm，袖长50cm
【工　　具】8号棒针
【编织密度】20.5针×2.4行=10cm²
【材　　料】浅粉色羊毛线850g

前片/后片/领片/袖片制作说明

1.棒针编织法。由前片与后片和两个袖片组成。用8号针编织。
2.前后片织法：
①前片的编织：单罗纹起针法，起123针，起织花样A单罗纹针，不加减针，织30行的高度。下一行起，排花型编织，依照花样B编织，不加减针，织110行的高度，无袖窿减针，下一行即进行前衣领减针，中间收针23针，两边减针，2-2-5，2-1-5，至肩部，余下35针，收针断线，另一边织法相同。
②后片的编织：后片织法与前片相同，后衣领是织成132行后再进行减针，下一行中间收针49针，两边减针，2-1-2，至肩部余下35针，收针断线。将前后片的肩部对应缝合，将前后片的侧缝，选取114行的高度进行缝合。留下的孔作袖口。
3.袖片织法：从袖口起织，起50针，起织花样A，不加减针，织30行，下一行排花型，依照花样C编织，并在两边袖侧缝上加针，10-1-8，再织6行后，织成86行高度的袖片，加成66针的宽度。将所有的针数收针，断线。相同的方法再去编织另一个袖片。将两个袖山边线与衣身的袖窿边线对应缝合。再将袖侧缝缝合。
4.领片织法：沿前领窝挑74针、后领窝挑46针，共挑起120针，不加减针，织10行花样A，收针断线，衣服完成。

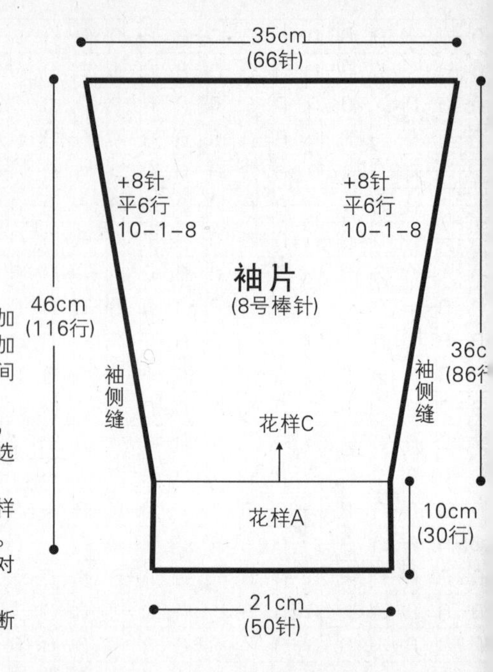

35cm
(66针)
+8针
平6行
10-1-8
+8针
平6行
10-1-8
袖片
(8号棒针)
46cm
(116行)
36cm
(86行)
袖侧缝
袖侧缝
花样C
花样A
10cm
(30行)
21cm
(50针)

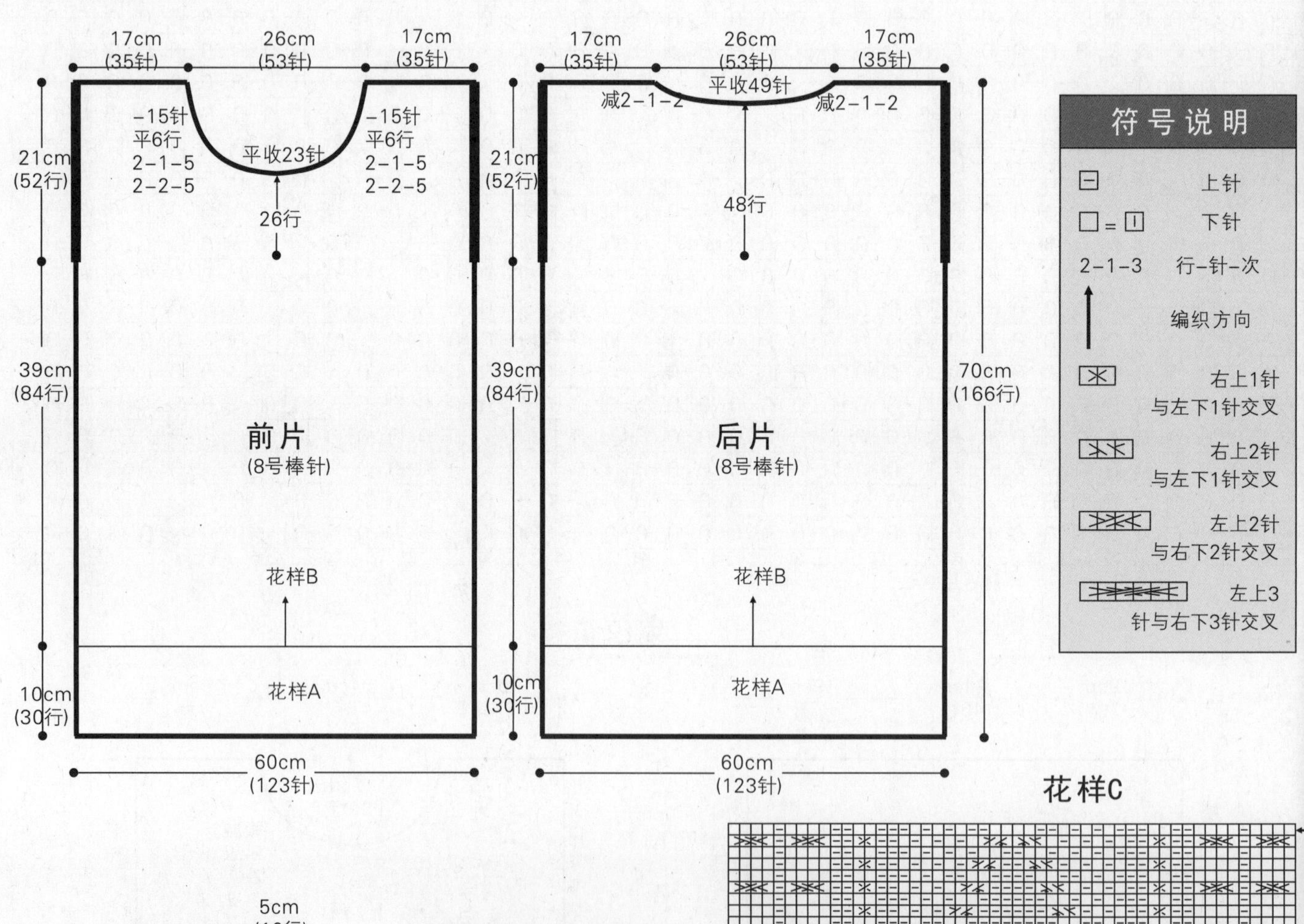

17cm
(35针)
26cm
(53针)
17cm
(35针)
-15针
平6行
2-1-5
2-2-5
平收23针
26行
21cm
(52行)
39cm
(84行)
前片
(8号棒针)
花样B
花样A
10cm
(30行)
60cm
(123针)
减2-1-2
平收49针
48行
后片
(8号棒针)
70cm
(166行)
符号说明
上针
下针
2-1-3 行-针-次
编织方向
右上1针与左下1针交叉
右上2针与左下1针交叉
左上2针与右下2针交叉
左上3针与右下3针交叉

花样C

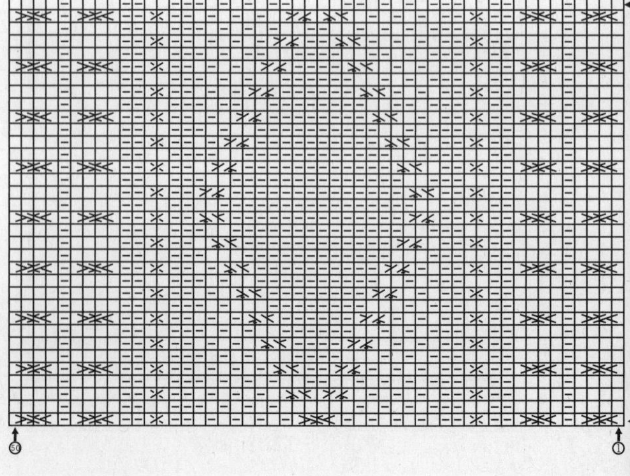

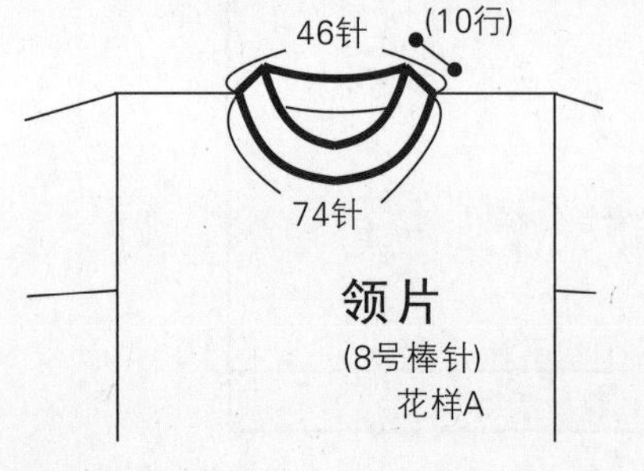

5cm
(10行)
46针
74针
领片
(8号棒针)
花样A

花样A（单罗纹）

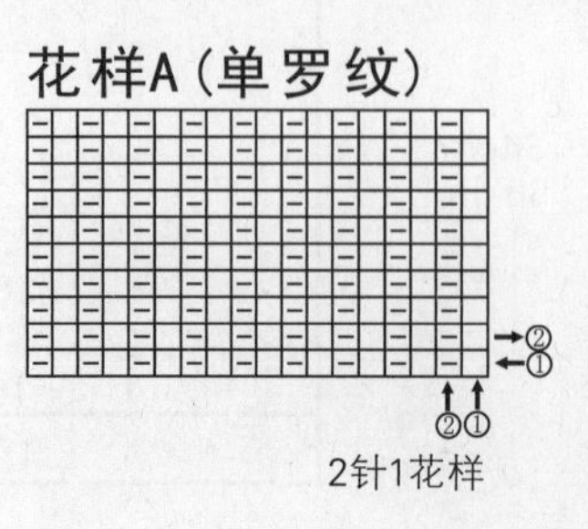

2针1花样

花样B

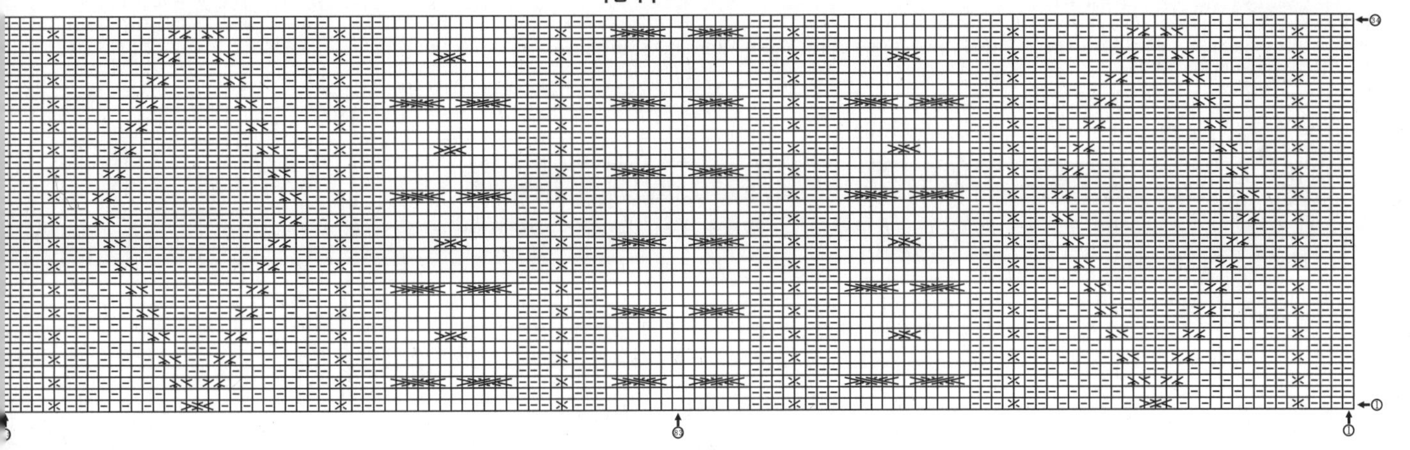

作品88

【成品规格】衣长65cm，胸宽55cm，肩宽34cm，袖长65cm
【工　　具】8号、9号棒针
【编织密度】18针×29行=10cm²
【材　　料】蓝白花色羊毛线750g

前片/后片/领片/袖片制作说明

1.棒针编织法：由前片与后片和两个袖片组成。用8号棒针编织，从下往上编织。
2.前后片织法：
①前片的编织：双罗纹起针法，起98针，起织花样A，不加减针，织28行的高度，下一行起，分配花样，从右至左，依次是26针花样B，10针花样C，26针花样B，10针花样C，26针花样B，不加减针，织100行的高度至袖窿。下一行起袖窿减针，在左右两边各选4针织下针，在第5针的位置上进行减针，2-1-30，两边各减少30针，余下38针，收针断线。
②后片的编织：后片的织法与前片完全相同。
3.袖片织法：从袖口起织，起46针，起织花样A，织18行的高度，下一行起分配花样，两边各18针织花样B，中间10针织花样C，并在袖侧缝上加针编织，8-1-12，织成96行，再织4行进行袖山减针，下一行起袖窿减针，方法与衣身相同，两边各4针织下针，在第5针的位置上进行减针，2-1-30，余下10针，收针断线。相同的方法再去编织另一个袖片。将两个袖山边线与前后片的袖窿边线对应缝合。再将前后片的侧缝缝合，再将袖侧缝缝合。
4.领片织法：沿前领窝挑48针、后领窝挑48针，共挑起96针，不加减针，织16行花样A，收针断线。衣服完成。

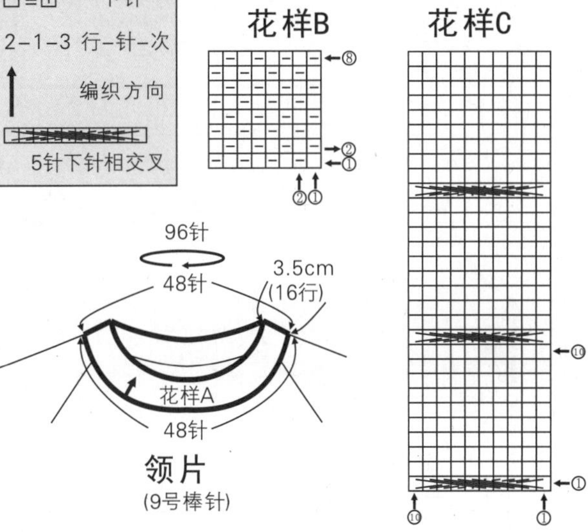

花样A（双罗纹）
符号说明
上针
□=▣ 下针
2-1-3 行-针-次
编织方向
5针下针相交叉
花样B
花样C
96针
48针
3.5cm
(16行)
花样A
48针
领片
(9号棒针)

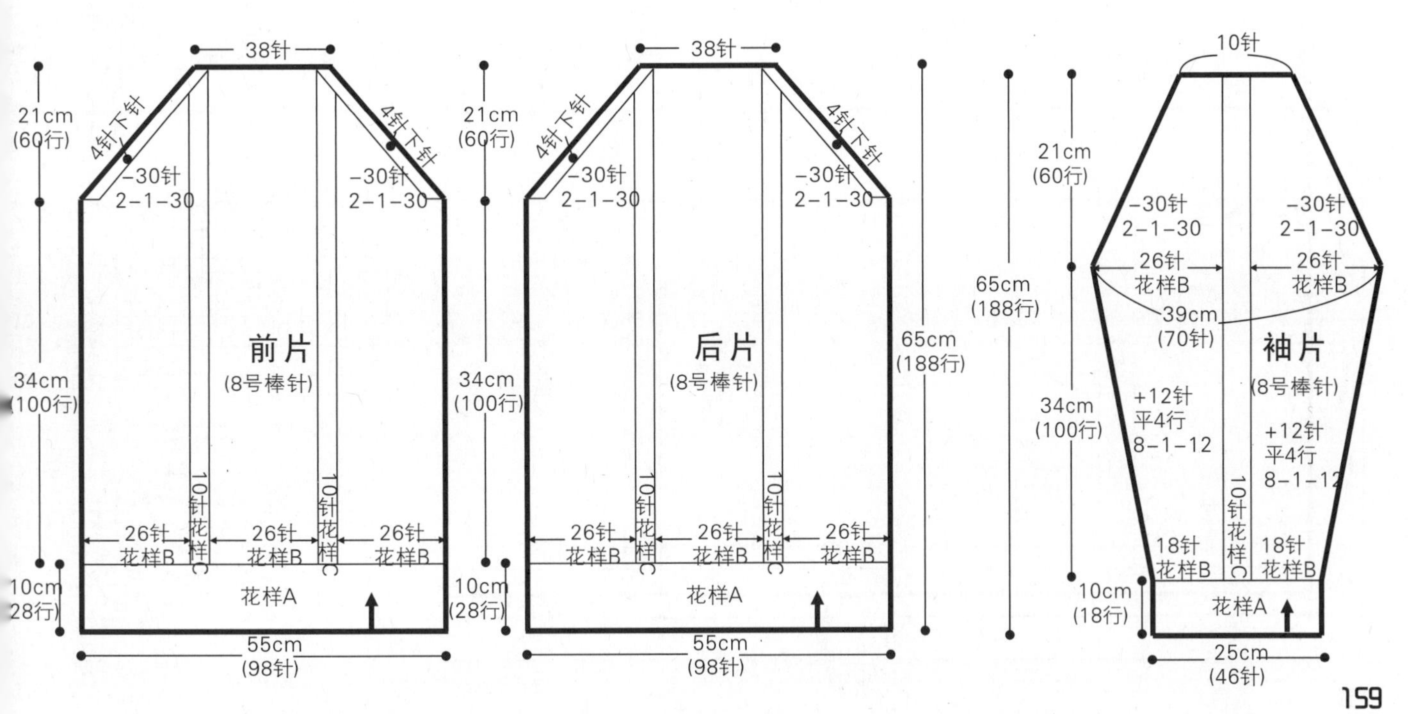

38针
21cm
(60行)
4针下针
-30针
2-1-30
前片
(8号棒针)
34cm
(100行)
10针花样C
26针花样B
10cm
(28行)
花样A
55cm
(98针)
后片
(8号棒针)
65cm
(188行)
10针
袖片
(8号棒针)
26针花样B
39cm
(70针)
+12针
平4行
8-1-12
18针花样B
10cm
(18行)
25cm
(46针)

作品89

【成品规格】衣长85cm，胸宽66cm，肩宽48cm，袖长50cm
【工　　具】8号、9号棒针
【编织密度】13.7针×24行=10cm²
【材　　料】蓝色羊毛线1200g

前片/后片/领片/袖片制作说明

1.棒针编织法：袖窿以下一片编织而成，袖窿以上分为左前片、右前片和后片各自编织。再编织两个袖片。

2.袖窿以下的编织，下针起针法，起186针，起织花样A，织4行，然后排花样B编织，一行共排成31组花a，依照花样B图解编织，不加减针，织90行的高度，下一行起织花样C，每组花a减2针，一行共收针62针，排31组花b编织。不加减针，织32行的高度后，将原来减针改为加针，加出相同的针数，排花样B编织。不加减针，织36行后至袖窿。

3.袖窿以上的编织：分片，左前片和右前片各48针，后片90针。以右前片为例，左侧袖窿减针，先收针4针，然后2-2-4，当织成袖窿算起18行的高度时，下一行开始减前衣领，从右至左，先收针6针，然后2-2-5，不加减针，再织14行至肩部，余下20针，收针断线。相同的方法去编织左前片。右衣襟要制作8个扣眼。

4.后片的编织：后片90针起织，两边袖窿同时减针，方法与前片相同，当织成袖窿算起38行的高度时，下一行中间收针22针，两边减针，2-1-2，至肩部余下20针，收针断线。将前后片的肩部对应缝合。

5.袖片织法：双罗纹起针法，起48针，起织花样D，不加减针，织14行的高度，在最后一行里，加散加针，加24针，加成72针，起织花样B，不加减针，织54行的高度。在最后一行里，将每组花a减少2针，与衣身相同的方法，起织花样C，不加减针，织32行的高度，再用相同的方法，每组花b加2针，加成72针，继续编织花样B，不加减针，织18行的高度至袖山，下一行起袖山减针，两边各收针6针，然后2-1-9，织成18行的高度，余下42针，收针断线。相同的方法再去编织另一个袖片。将两个袖山边线与衣身的袖窿边线对应缝合。再将袖侧缝缝合。

6.领片织法：前衣领两边各挑24针，后领窝挑36针，共挑起84针，不加减针，织10行花样D，收针断线。衣服完成。

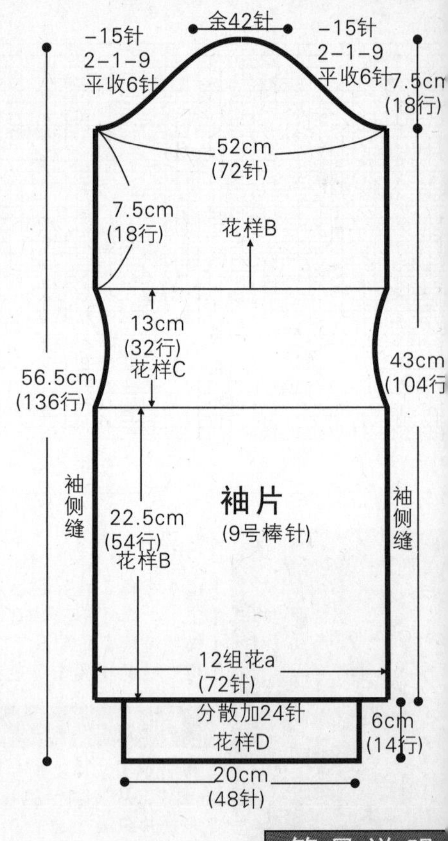

余42针
-15针
2-1-9
平收6针
7.5cm
(18行)
52cm
(72针)
花样B
13cm
(32行)
花样C
56.5cm
(136行)
43cm
(104行)
袖侧缝
22.5cm
(54行)
花样B
袖片
(9号棒针)
12组花a
(72针)
分散加24针
花样D
6cm
(14行)
20cm
(48针)

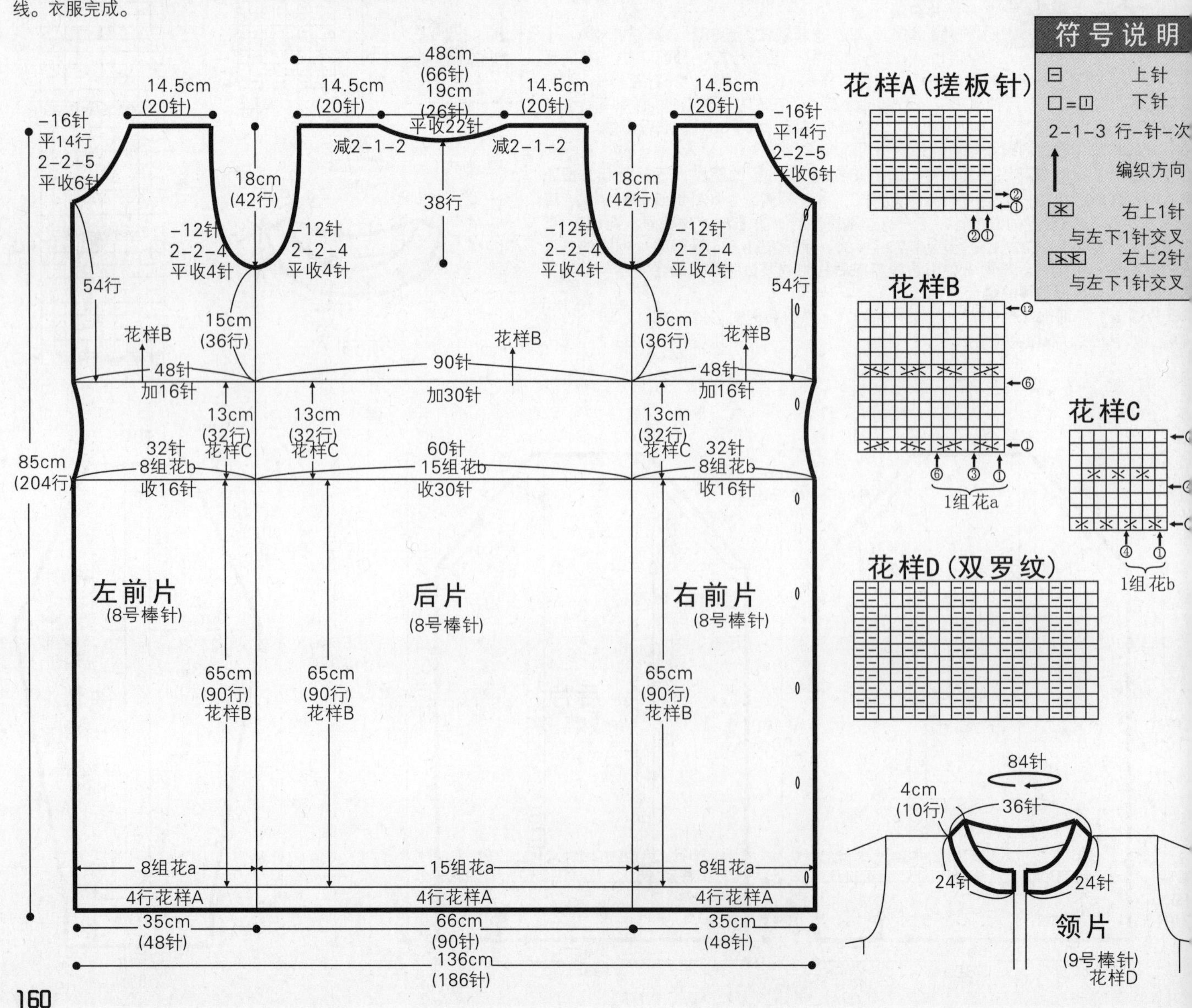

48cm
(66针)
14.5cm
(20针)
19cm
(26针)
平收22针
减2-1-2
-16针
平14行
2-2-5
平收6针
18cm
(42行)
38行
-12针
2-2-4
平收4针
54行
15cm
(36行)
花样B
48针
90针
加16针
加30针
13cm
(32行)
花样C
32针
8组花b
收16针
60针
15组花b
收30针
85cm
(204行)
左前片
(8号棒针)
后片
(8号棒针)
右前片
(8号棒针)
65cm
(90行)
花样B
8组花a
15组花a
4行花样A
35cm
(48针)
66cm
(90针)
136cm
(186针)
花样A(搓板针)
花样B
1组花a
花样C
1组花b
花样D(双罗纹)
符号说明
上针
下针
2-1-3 行-针-次
编织方向
右上1针与左下1针交叉
右上2针与左下1针交叉
84针
4cm
(10行)
36针
24针
领片
(9号棒针)
花样D

作品90

【成品规格】衣长40cm，胸围88cm，袖长54cm

【编织密度】25针×34行=10cm²

【工　　具】11号棒针

【材　　料】砖红色毛线550g，纽扣4颗

制作说明

1.后片：本款全部以桂花针织成；起108针织68行开袖窿，腋下各平收4针，再分别减针，织62行开始织斜肩，后领窝在最后4行平收中间的42针，两边分别减针。

2.前片：起31针，织法同后片，肩完成后平收。

.袖：起56针平30行后开始在两侧加针，织142行开始织袖山，腋下各平收4针，再依次减针，最后22针平收。

.领：后领窝挑48针，前片边缘各挑104针织桂花针36行；左侧开4个扣洞，织10行后将整个分成三部分织：中间领部分84针，两端各86针；织好后平收；缝合纽扣，完成。

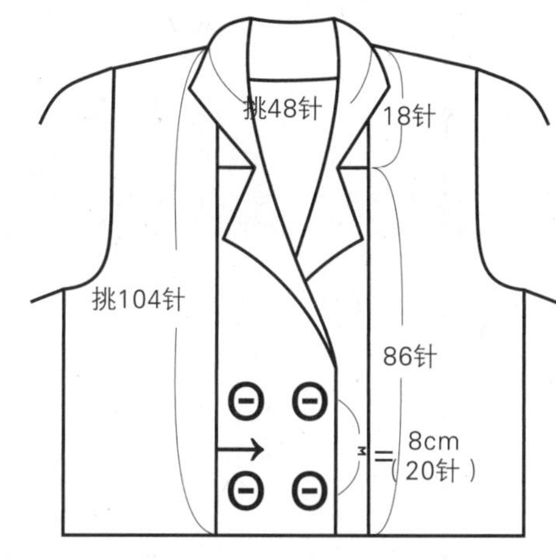

领。门襟
11号针织桂花针
挑48针
18针
挑104针
86针
8cm
(20针)

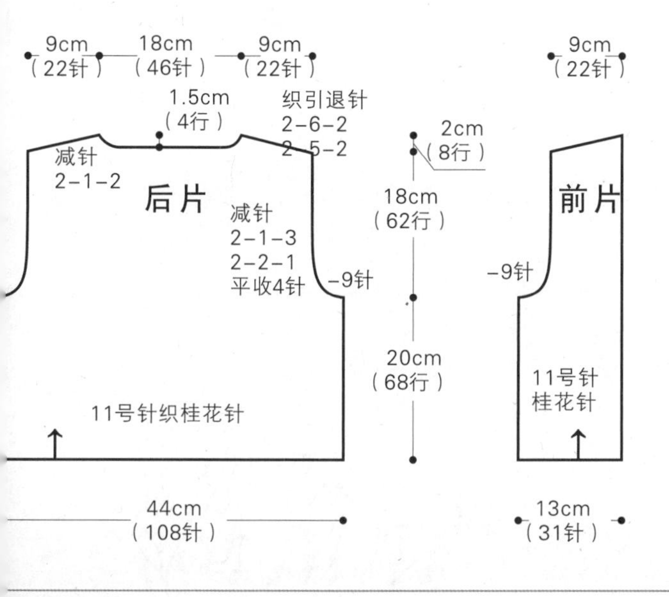

9cm
(22针)
18cm
(46针)
9cm
(22针)
1.5cm
(4行)
织引退针
2-6-2
2-5-2
减针
2-1-2
后片
减针
2-1-3
2-2-1
平收4针
-9针
11号针织桂花针
44cm
(108针)
2cm
(8行)
18cm
(62行)
20cm
(68行)
9cm
(22针)
前片
-9针
11号针
桂花针
13cm
(31针)

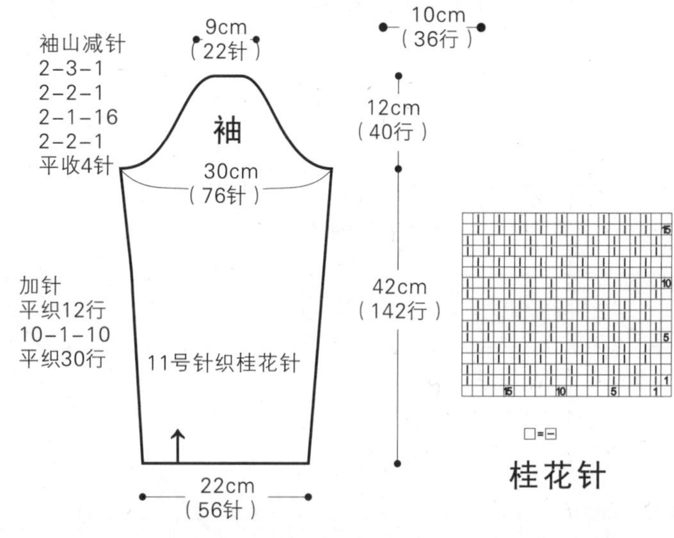

袖山减针
2-3-1
2-2-1
2-1-16
2-2-1
平收4针
9cm
(22针)
袖
30cm
(76针)
加针
平织12行
10-1-10
平织30行
11号针织桂花针
22cm
(56针)
10cm
(36行)
12cm
(40行)
42cm
(142行)
□=⊟
桂花针

作品91

【成品规格】衣长80cm，袖长50cm

【工　　具】5.0mm德国ADD环针

【编织密度】17针×23行=10cm²

【材　　料】木兰阁进口马海毛毛线300g
段染毛蕾丝250g

制作说明

根据结构图所示，本作品均采用棒针编织，均织平针，衣身为一片编织而成，然后从袖窿口上挑针分别织两只袖片即可。

.衣身：参照结构图，衣身从一侧编织至另一侧。用下针起针法，起4针，织下针，不加减针织12行，第13行用单起针法在右边加14针，内2针编织花样A，余下1 2针全织下针，按照此分配往上编织，并在样A两侧的下针1针上加针编织。加针方法为：2-1-63，织成126行，由下1行起不再加减针，并按照原来的花样分配，编织38行后，在1行留出第一个袖窿口，将右侧下针花样75针织完，再织2针花样再将28针织完，接着织31针收针，余下的28针织完；返回织28针上后，用单起针法，起31针，再织上针28针，再将余下的针数织完。注：袖窿口的编织仅占用2行，第1个袖窿口织好后，继续编织100行，下一行起，用相同的方法留出第二个袖窿口，织好袖窿口后，不加减再织38行后，下1行起开始减针，在花样A两侧各1针下针上进行减，方法为2-1-63，织成126行后，从右至左，一次性减14针，余下4针，不加减针再织12行，衣身完成。

.袖片：以左袖片为例，在衣身上的袖窿口处挑62针，起织下针，腋下置的2针作为袖片减针处，每10行 减1针10次，共织100行后，不加针再织14行至袖口。用相同的方法织右袖片。

。缝合。参照结构图所示，将星形符号对应的边进行缝合；将袖片缝即可。

示意图

领边
左袖片
右袖片
左片
右片

花样A

符号说明

符号	说明
⊟	上针
□=⊡	下针
2-1-3	行-针-次
↑	编织方向
⊠	2针交叉

36cm
(62针)
全下针
袖侧缝
减10针
10-1-10
平14行
减10针
10-1-10
平14行
袖片
(5.0mm德国ADD环针)
袖侧缝
50cm
(114行)
24cm
(42针)

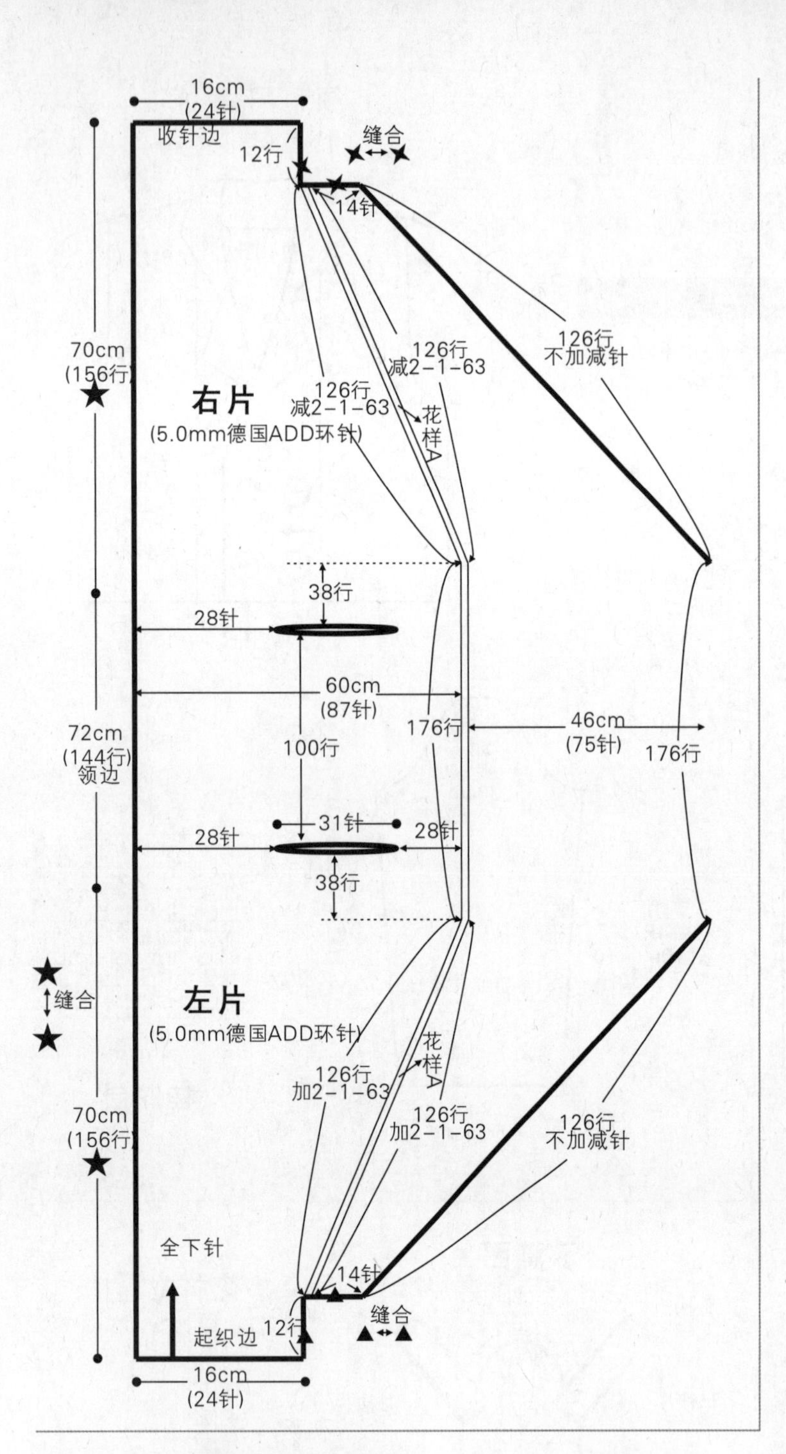

16cm
(24针)
收针边
12行
缝合
14针
70cm
(156行)
126行
减2-1-63
126行
不加减针
右片
(5.0mm德国ADD环针)
126行
减2-1-63
花样A
38行
28针
60cm
(87针)
72cm
(144行)
领边
100行
176行
46cm
(75针)
176行
31针
28针
28针
38行
缝合
左片
(5.0mm德国ADD环针)
花样A
126行
加2-1-63
126行
加2-1-63
70cm
(156行)
126行
不加减针
全下针
14针
起织边
12行
缝合
16cm
(24针)

符号说明

∩ =滑针

∩ =上针滑针

□=⊟ 双元宝针

作品92

【成品规格】长184cm，宽36cm

【编织密度】11针×18行=10cm²

【工　　具】8号棒针

【材　　料】米色毛线300g

双元宝针的织法

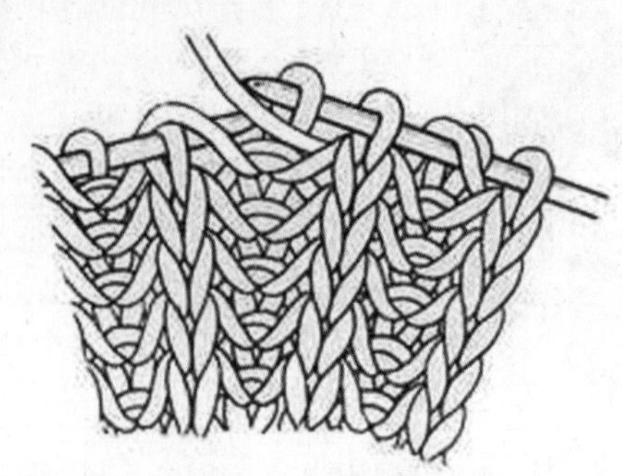

1.将线放在织物前并将看似上针的针圈移至右棒针。

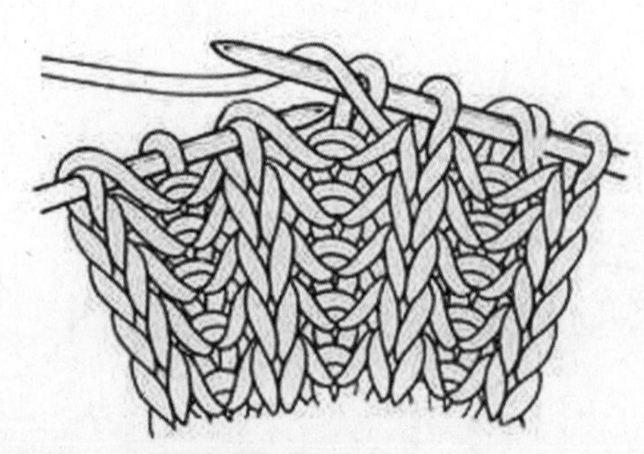

2.将线绕在右边的棒针上。

3.在织下一针时，将前一行的空针和滑针织在一起。

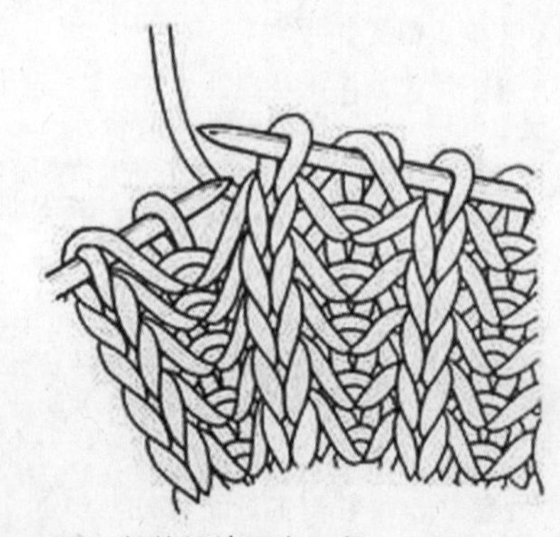

4.下一行的织法同上一行。

制作说明

1.分两步织：先织中间的部分：起20针织双元宝针12行暂停，另起20针织元宝12行；将两片相邻的中间10左右交叉，并织11行；如此循环织若干次，至自己喜欢的长度，另一端在分开织的12行后暂停；

2.将左右的10针叠压并收，织6行平针，从另一面也织6行平针并针成双边，织24行单罗纹平收；另一侧相同；完成。

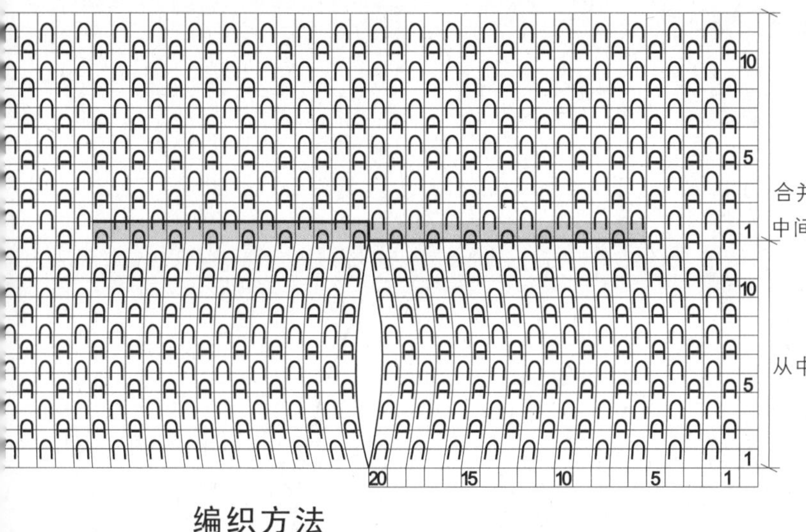
合并织11行
中间20针左右交叉
从心分开各自织12行

编织方法

作品93

【成品规格】衣长105cm，胸围88cm，袖长58cm
【编织密度】25针×40行=10cm²
【工　　具】10号棒针
【材　　料】蓝色毛线1200g

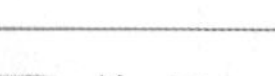

制作说明

1. 起62针织双罗纹398行平收待用，此为衣的前端。
2. 起58针织花样B，织150行后平收28针，2行减2针减2次，平织4行，2行加2针加2次，平织74，对称收另一只袖窿;起28针织150行;此分别为前后片。
3. 织扇形:起112针分34层，内层每2针一组共13层，外层4针一组共20层，边缘一层为6针;先全部织2行，然后每2行少织2针共13次，每2行少织4针共20次，边缘一层行行织；共织6次，最后全部织2行平收。
4. 后背:在后背的空缺位置挑64针织平针40行。
5. 袖:在袖窿的位置挑针70针织袖子，中间织花样C，两侧6行减1针减10次，8行减1针减7次，平织13行，织6行单罗纹收针，依此织另一只袖子。
6. 缝合:按图示缝合各片，完成。

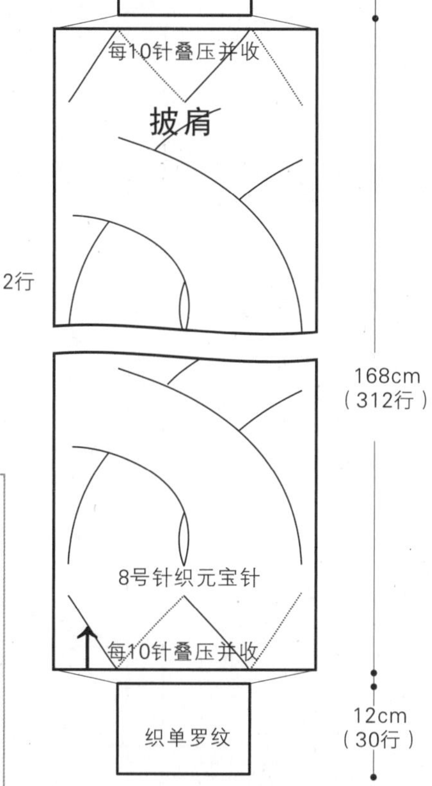
织单罗纹
每10针叠压并收
披肩
8号针织元宝针
每10针叠压并收
织单罗纹
12cm
（30行）
168cm
（312行）
12cm
（30行）
18cm
（30针）
36cm
（40针）

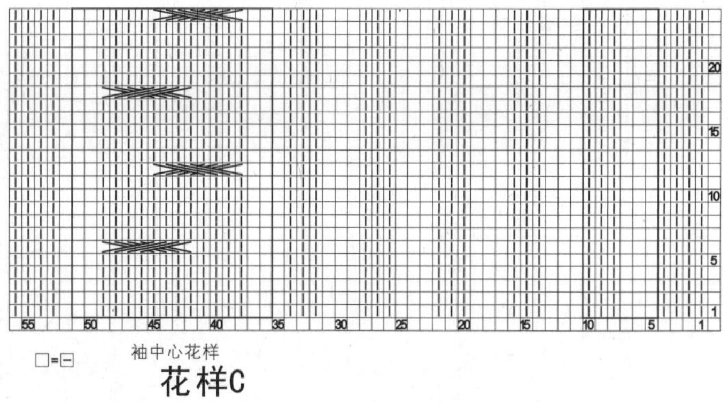
袖中心花样

花样C

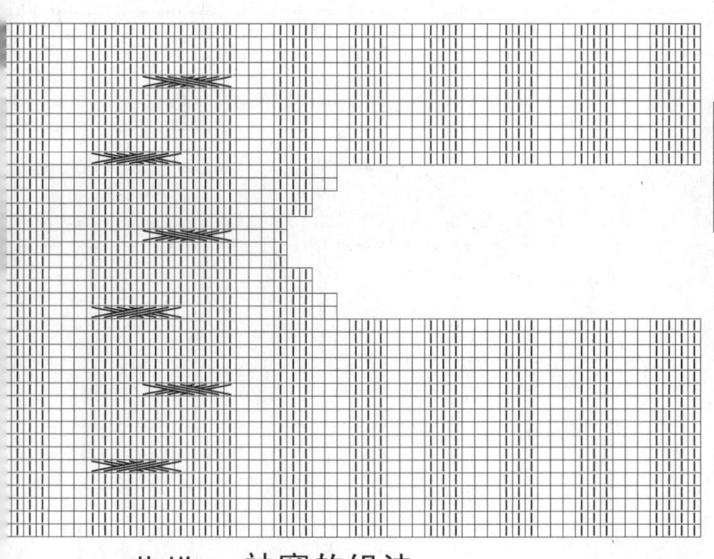
花样B　袖窿的织法

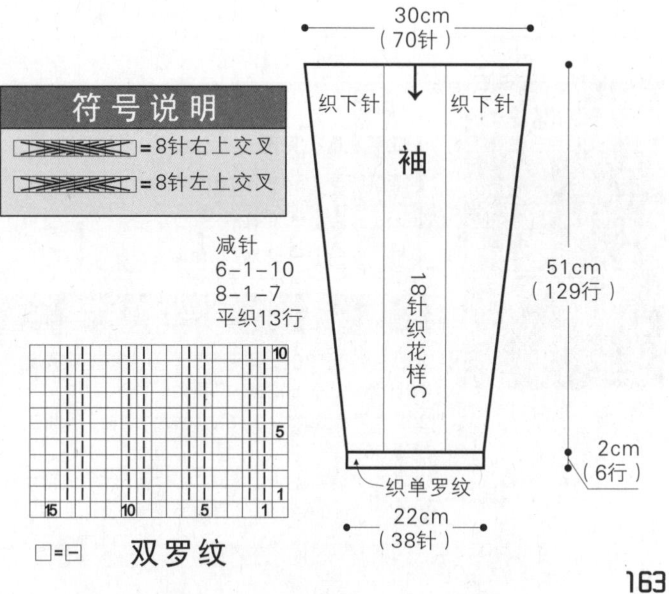
符号说明
=8针右上交叉
=8针左上交叉
减针
6-1-10
8-1-7
平织13行
30cm
（70针）
织下针
织下针
袖
18针织花样C
51cm
（129行）
2cm
（6行）
织单罗纹
22cm
（38针）

双罗纹

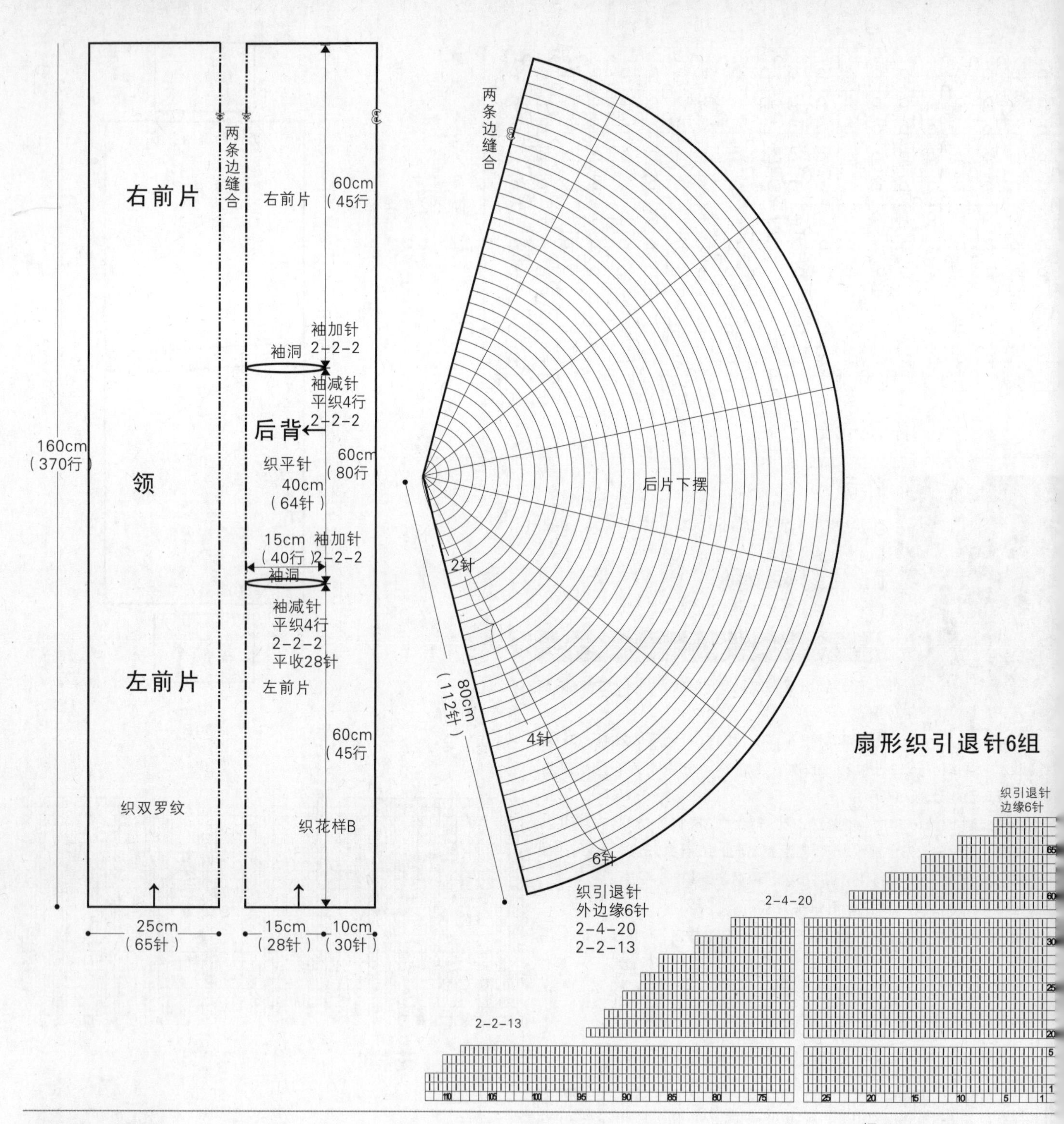

右前片
两条边缝合
右前片
60cm
（45行
袖加针
2-2-2
袖洞
袖减针
平织4行
2-2-2
后背
160cm
（370行）
领
织平针
40cm
（64针）
60cm
（80行
15cm
（40行）
袖加针
2-2-2
袖洞
袖减针
平织4行
2-2-2
平收28针
左前片
左前片
60cm
（45行
织双罗纹
织花样B
25cm
（65针）
15cm
（28针）
10cm
（30针）
两条边缝合
后片下摆
2针
80cm
（112针）
4针
6针
扇形织引退针6组
织引退针
外边缘6针
2-4-20
2-2-13
织引退针
边缘6针
2-4-20
2-2-13

作品94

【成品规格】见图

【编织密度】24针×18行=10cm²

【工　　具】10号棒针

【材　　料】花式毛线450g

制作说明

1.后片：起120针织元宝针，织126行在两边各加48针为袖，同织38行后平收。

2.前片：起60针，织法同后片，袖在一侧挑48针继续38行后平收。

3.领：缝合前后片，领窝后片留52针，前片各留26针，用10号针织双罗纹10行平收，完成。

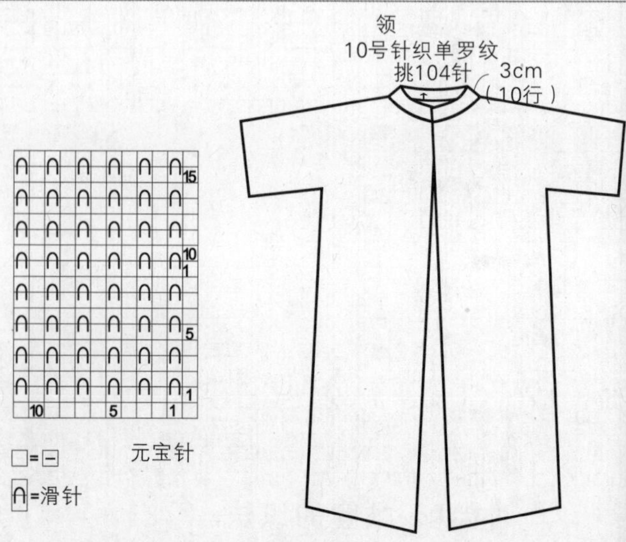

领
10号针织单罗纹
挑104针
3cm
（10行）
元宝针
□=⊟
∩=滑针

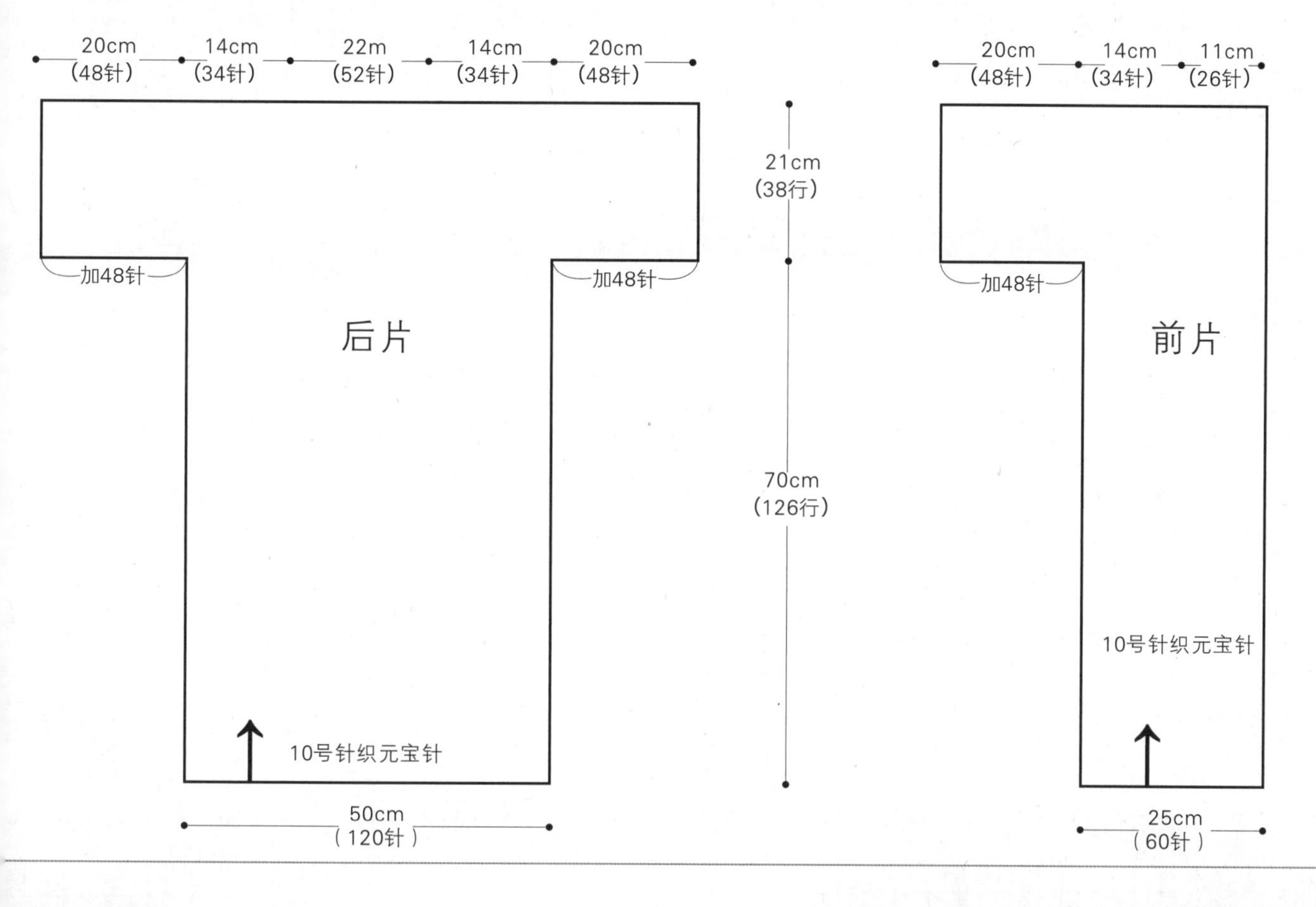
20cm
(48针)
14cm
(34针)
22m
(52针)
14cm
(34针)
20cm
(48针)
加48针
加48针
后片
10号针织元宝针
50cm
(120针)
21cm
(38行)
70cm
(126行)
20cm
(48针)
14cm
(34针)
11cm
(26针)
加48针
前片
10号针织元宝针
25cm
(60针)

作品95

【成品规格】衣长57cm，胸围88cm，袖连肩长57cm

【编织密度】24.5针×28.4行=10cm²

【工　　具】11号、12号棒针

【材　　料】灰色毛线375g，杏色毛线125g

制作说明

1.后片：用12号针灰色线起108针织12行单罗纹，改织下针，6行灰色2行杏色交替编织，平织88行开插肩袖窿，两侧各减35针；织62行后后领余下38针。

2.前片：下摆同后片；领窝留6.5cm，按图示减针。

3.袖：从袖口往上织；用12号针起80针织12行单罗纹，改织下针，6行灰色2行杏色交替编织，平织88行开插肩袖窿，两侧各减35针；织62行后余下10针。

4.领：12号针从领窝挑96针起织单罗纹，灰色线编织，织18行，完成。

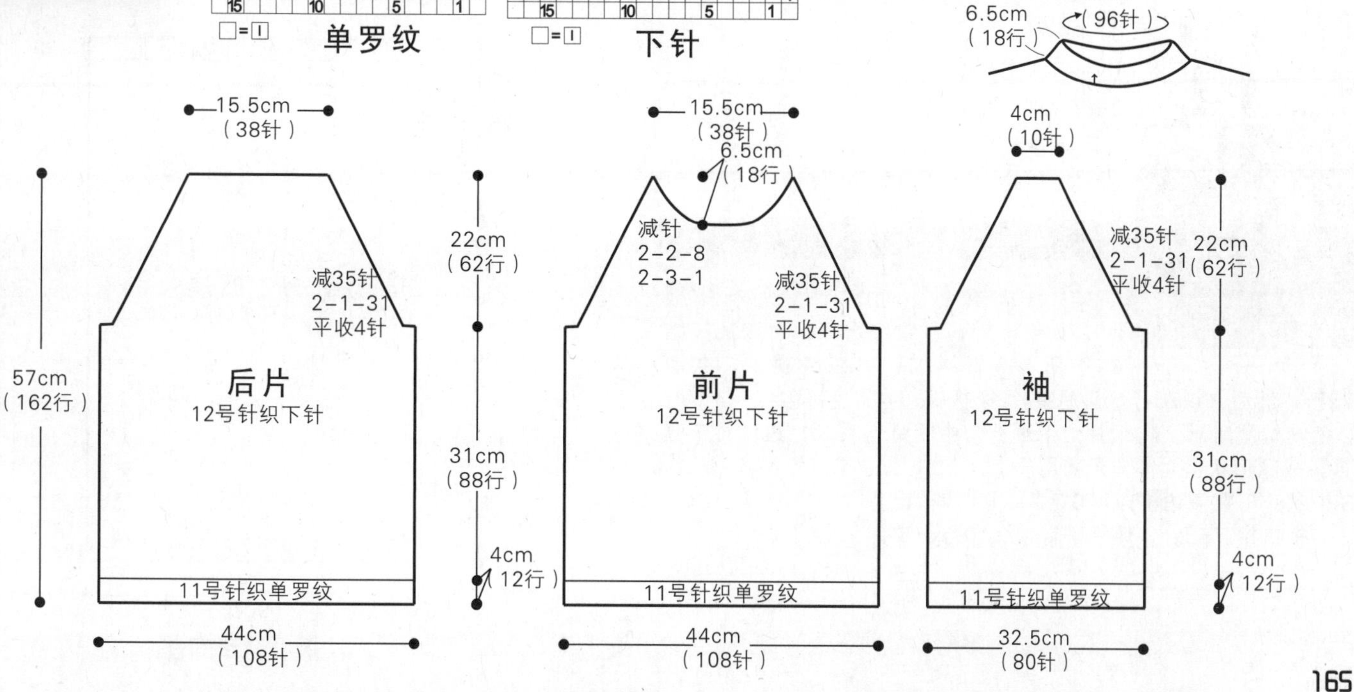
□=|
单罗纹
□=|
下针
领 12号针织
单罗纹
6.5cm
(18行)
(96针)
15.5cm
(38针)
57cm
(162行)
减35针
2-1-31
平收4针
后片
12号针织下针
11号针织单罗纹
44cm
(108针)
22cm
(62行)
31cm
(88行)
4cm
(12行)
15.5cm
(38针)
6.5cm
(18行)
减针
2-2-8
2-3-1
减35针
2-1-31
平收4针
前片
12号针织下针
11号针织单罗纹
44cm
(108针)
4cm
(10针)
减35针
2-1-31
平收4针
袖
12号针织下针
11号针织单罗纹
32.5cm
(80针)
22cm
(62行)
31cm
(88行)
4cm
(12行)

作品96

【成品规格】衣长59cm，宽81cm

【编织密度】20针×28行=10cm²

【工　　具】11号棒针

【材　　料】米色羊毛线600g

制作说明

1.前片：11号棒针，起162针，织26行双罗纹针，改织4行搓板针，然后按结构图所示花样A，B，C，D及双罗纹针组合编织，织22行，左右两侧各织7针单罗纹作为衣侧边，衣身部分两侧按图示减针，织64行，按结构图所示2组花样A的部分减针，各减6针，继续编织至160行的总长度，按图示方法留起领口，共织166行，前片完成。

2.同样的方法织后片，缝合时两侧下摆各留起18.5cm不缝合。

3.领：沿领口挑起192针织双罗纹，在领口右侧处往返编织，织24行，改织4行单罗纹，收针完成。

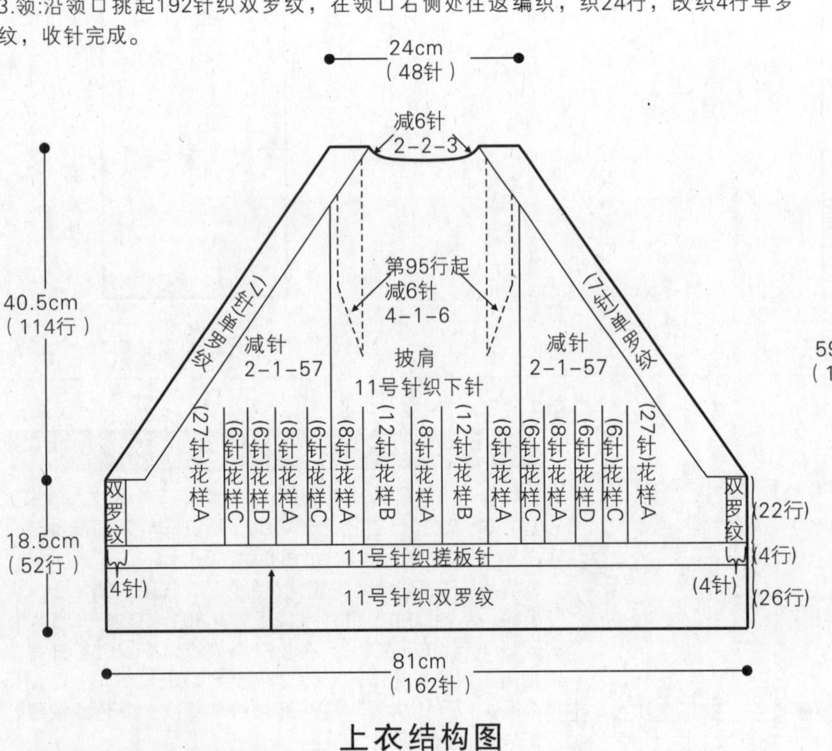

24cm
（48针）
减6针
2-2-3
40.5cm
（114行）
第95行起
减6针
4-1-6
(7针)单罗纹
减针
2-1-57
披肩
11号针织下针
(27针)花样A
(6针)花样C
(6针)花样D
(8针)花样A
(12针)花样B
双罗纹
(22行)
11号针织搓板针
(4行)
18.5cm
（52行）
(4针)
11号针织双罗纹
(26行)
81cm
（162针）

上衣结构图

□=□ 搓板针

□=□ 单罗纹

□=□ 双罗纹

□=□ 花样A

□=□ 花样B

□=□ 花样

□=□ 花样

立体示意图

领 （192针） 11号针编织 (24行)双罗纹 (4行)单罗纹

59cm （166行）

18.5cm 不缝合　18.5cm 不缝合

作品97

【成品规格】披肩长63cm，宽63cm

【编织密度】18针×28行=10cm²

【工　　具】10号棒针

【材　　料】段染羊毛线500g

制作说明

1.衣身：10号棒针，起90针，织4行搓板针，改织下针，平织70行下针，左侧按结构图所示减针再加针，织成领口，共织72行，然后平织70行，最后织4针搓板针，收针完成。

2.按结构图所示，将织片上下对折，中间留起领口，边缝对应缝合，成品形状见立体体示意图。

3.沿衣身下摆侧边挑起140针，织4行搓板针。

4.沿领口挑起58针，环织下针，织40行，收针完成。

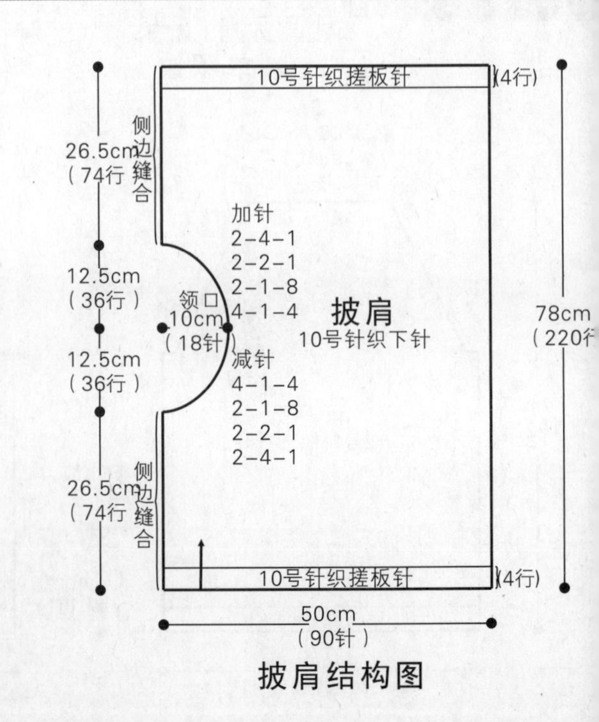

10号针织搓板针
(4行)
26.5cm
（74行）
侧边缝合
加针
2-4-1
2-2-1
2-1-8
4-1-4
12.5cm
（36行）
领口
10cm
（18针）
披肩
10号针织下针
78cm
（220行）
减针
4-1-4
2-1-8
2-2-1
2-4-1
50cm
（90针）

披肩结构图

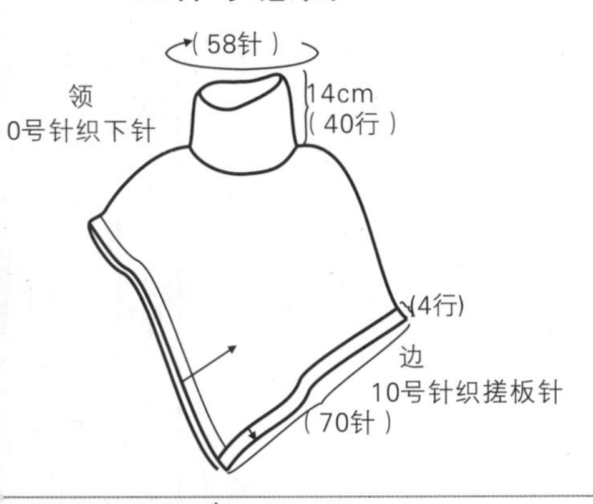
立体示意图
58针
领
0号针织下针
14cm
40行
4行
边
10号针织搓板针
70针

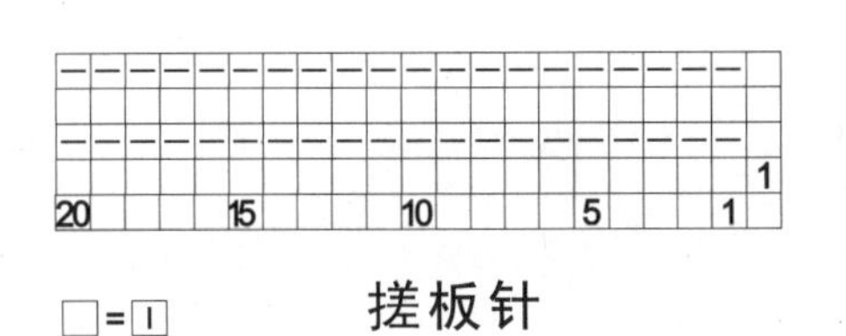
1
20 15 10 5 1
□=|
搓板针

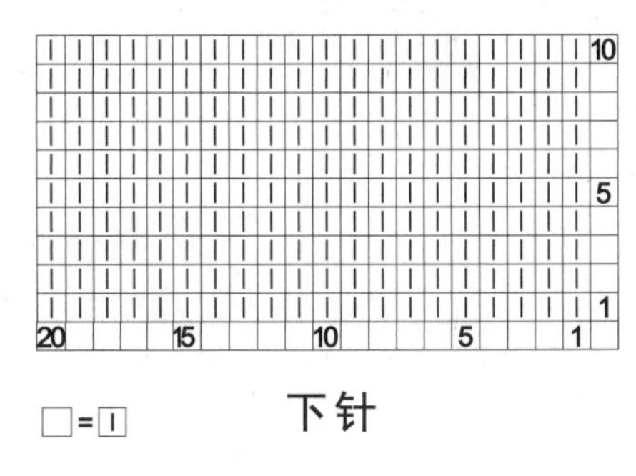
10
5
1
20 15 10 5 1
□=|
下针

作品98

【成品规格】披肩长140cm，宽59cm

【编织密度】16针×26行=10cm²

【工　　具】10号棒针

【材　　料】紫色羊毛花式线600g

制作说明

10号棒针，起95针，织364行搓板针，收针完成。

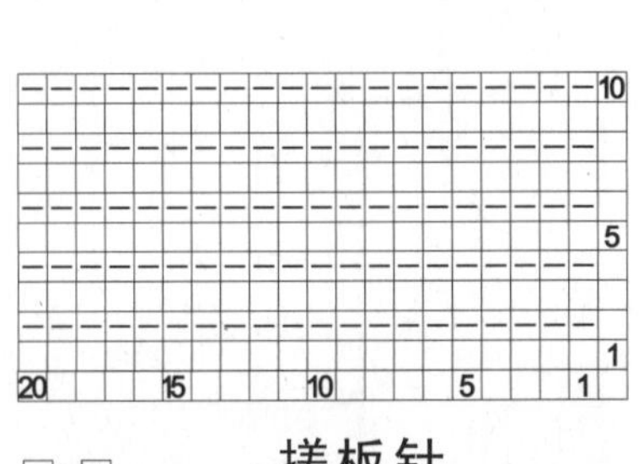
10
5
1
20 15 10 5 1
□=|
搓板针

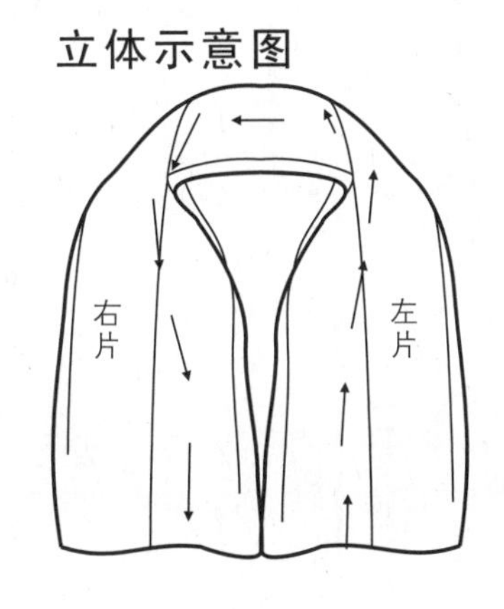
立体示意图
右片
左片

披肩
10号针织搓板针
140cm
(364行)
59cm
(95针)
披肩结构图

作品99

【成品规格】披肩长60cm，宽82cm

【编织密度】25.4针×32行=10cm²

【工　　具】11号棒针

【材　　料】蓝色棉线400g

制作说明

1.11号棒针，起208针，按花样编织，平织192行，收针完成。

2.按结构图所示，将织片上下对折，两侧各留起6cm，边缝对应缝合，成品形状见立体示意图。

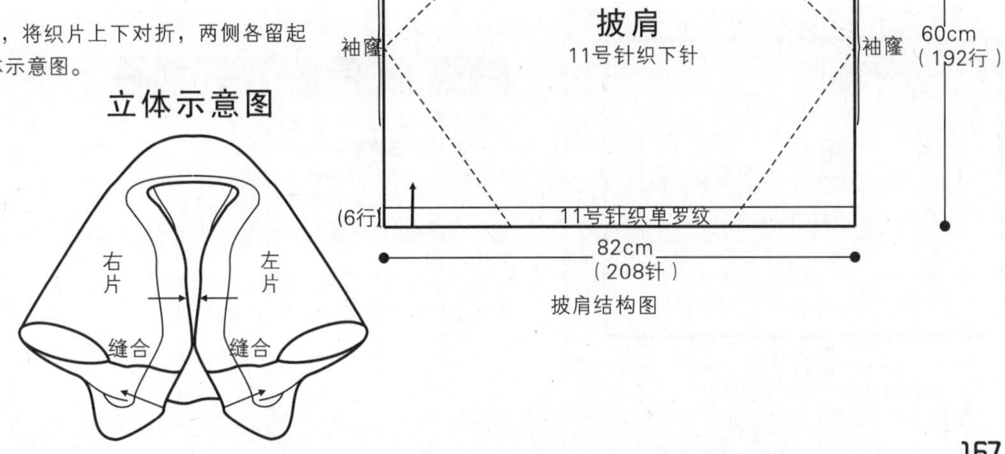
立体示意图
右片
左片
缝合
缝合
(6行)
11号针织单罗纹
披肩
11号针织下针
袖窿
袖窿
60cm
(192行)
(6行)
11号针织单罗纹
82cm
(208针)
披肩结构图

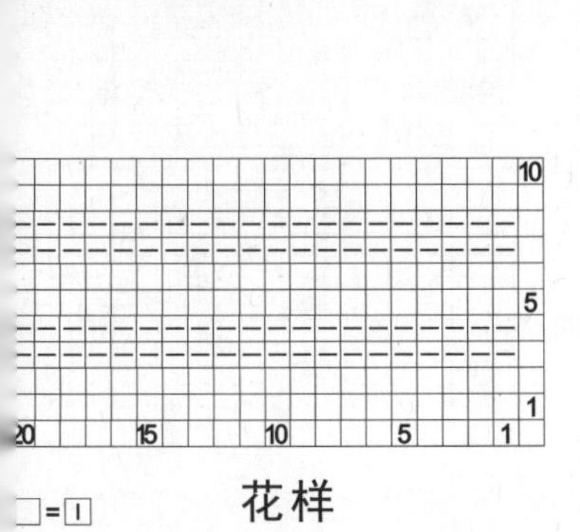
10
5
1
20 15 10 5 1
□=|
花样

作品100

【成品规格】衣长73cm，半胸围44cm，肩宽30cm
【工　　具】10号棒针
【编织密度】20针×23.5行=10cm²
【材　　料】乳白色粗棉线500g

前片/后片制作说明

1.棒针编织法，衣身分为左前片、右前片和后片分别编织。
2.起织后片，双罗纹针起针法起88针织花样A，织26行后，改织花样B，织至122行，两侧袖窿减针，方法为1-4-1，2-1-10，织至193行，织片中间平收26针，两侧按2-1-2的方法减针织后领，织至196行，两侧肩部各余下15针，收针断线。
3.起织左前片，双罗纹针起针法起44针织花样A，织26行后，改织花样B，织至122行，右侧袖窿减针，方法为1-4-1，2-1-10，织至182行，织片左侧减针织前领，方法为1-4-1，2-2-4，2-1-2，织至196行，肩部余下15针，收针断线。
4.同样的方法相反方向编织右前片。
5.衣身两侧缝缝合，两肩部对应缝合。

符号说明

⊟　上针
□=⊡　下针
2-1-3 行-针-次
左上3针与右下3针交叉
右上3针与左上3针交叉

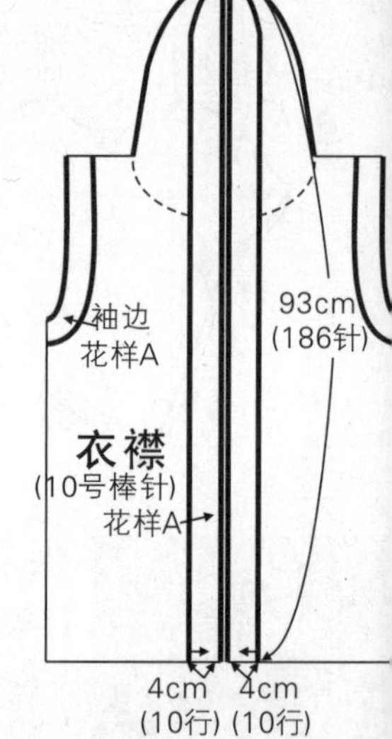

袖边
花样A
93cm
(186针)
衣襟
(10号棒针)
花样A
4cm
(10行)
4cm
(10行)

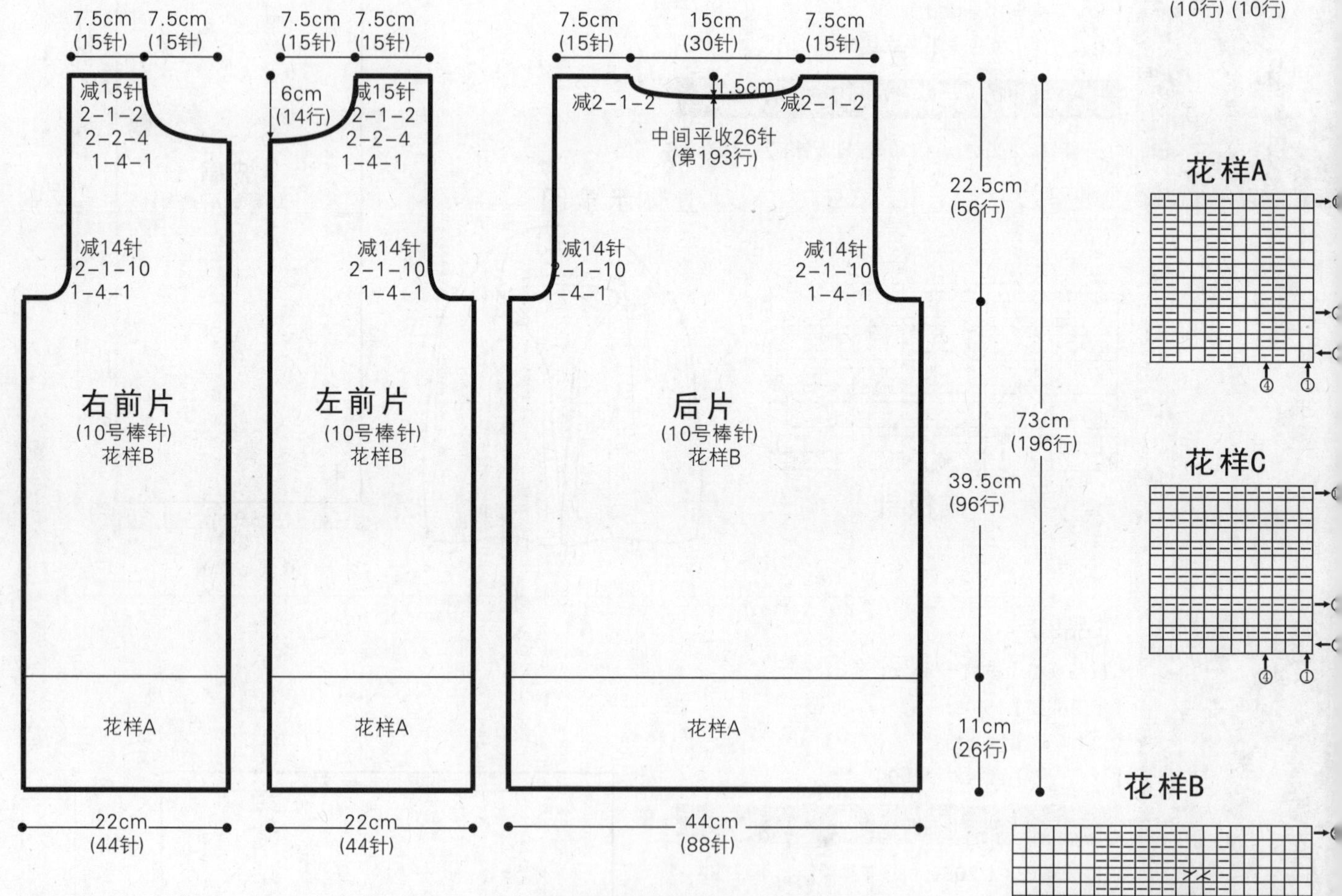

7.5cm
(15针)
7.5cm
(15针)
减15针
2-1-2
2-2-4
1-4-1
6cm
(14行)
减14针
2-1-10
1-4-1
右前片
(10号棒针)
花样B
左前片
(10号棒针)
花样B
15cm
(30针)
1.5cm
减2-1-2
中间平收26针
(第193行)
后片
(10号棒针)
花样B
花样A
22cm
(44针)
44cm
(88针)
22.5cm
(56行)
73cm
(196行)
39.5cm
(96行)
11cm
(26行)
花样A
花样C

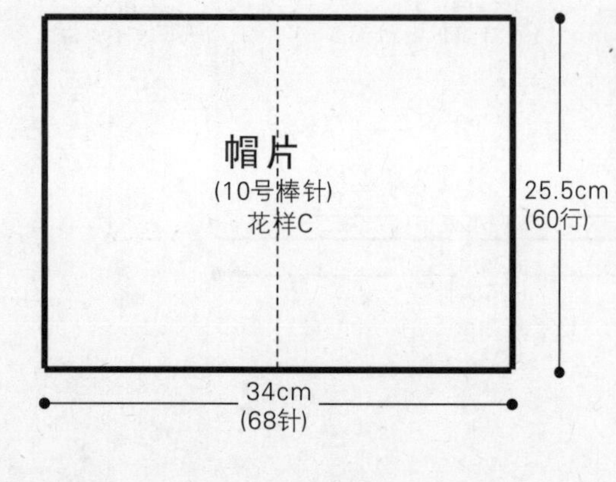

帽片
(10号棒针)
花样C
25.5cm
(60行)
34cm
(68针)

帽片/衣襟制作说明

1.棒针编织法，一片往返编织完成。
2.沿前后领口挑起68针，编织花样C，重复往上织至60行，收针，将帽顶对称缝合。
3.编织衣襟，沿左右前片衣襟侧及帽侧分别挑针起织，挑起372针编织花样A，织10行后，收针断线。
4.编织袖边，沿左右侧袖窿分别挑针起织，挑起98针编织花样A，织10行后，收针断线。

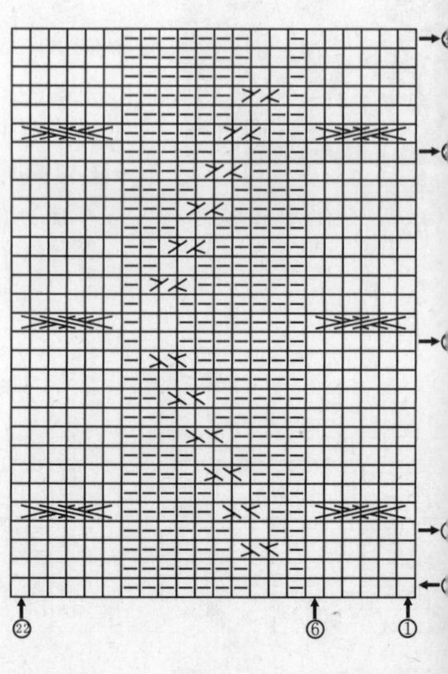

花样B

作品101

【成品规格】衣长47cm，胸围86cm
【工　　具】10号棒针
【编织密度】10针×14行=10cm²
【材　　料】绿色粗棉线500g

制作说明

1.衣服从右前片横向编织;用10号针起47针，织6行双罗纹后，改织花样A，注意均匀留起6个扣眼，右侧织27针花样A，左侧织20针花样B，织30行，将花样B收针，左前片完成。另起41针织花样C，花样A部分继续编织，织36行，缝合袖子，另起20针继续织后片，后片织60行，右袖片36行。前片30行花样B，最后织6行双罗纹。
2.领：用10号针沿领口挑起100针织10行。

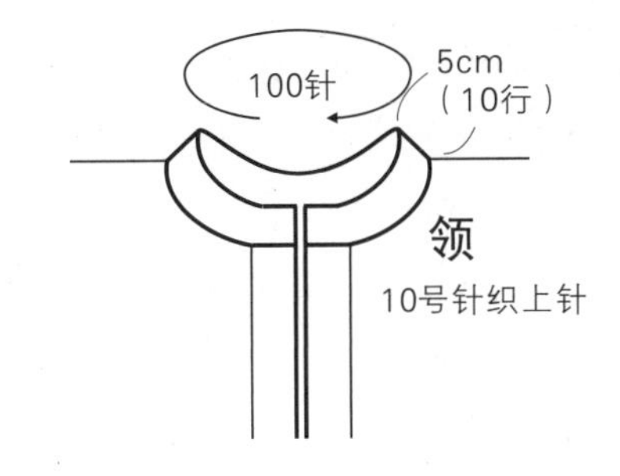

100针
5cm
（10行）
领
10号针织上针

符号说明

- 镂空针
- 铜钱花
- 左上3针并1针（上针）
- 左上3针与右下1针交叉
- 右上3针与左下1针交叉
- 左上3针与右下3针交叉
- 右上3针与左下3针交叉

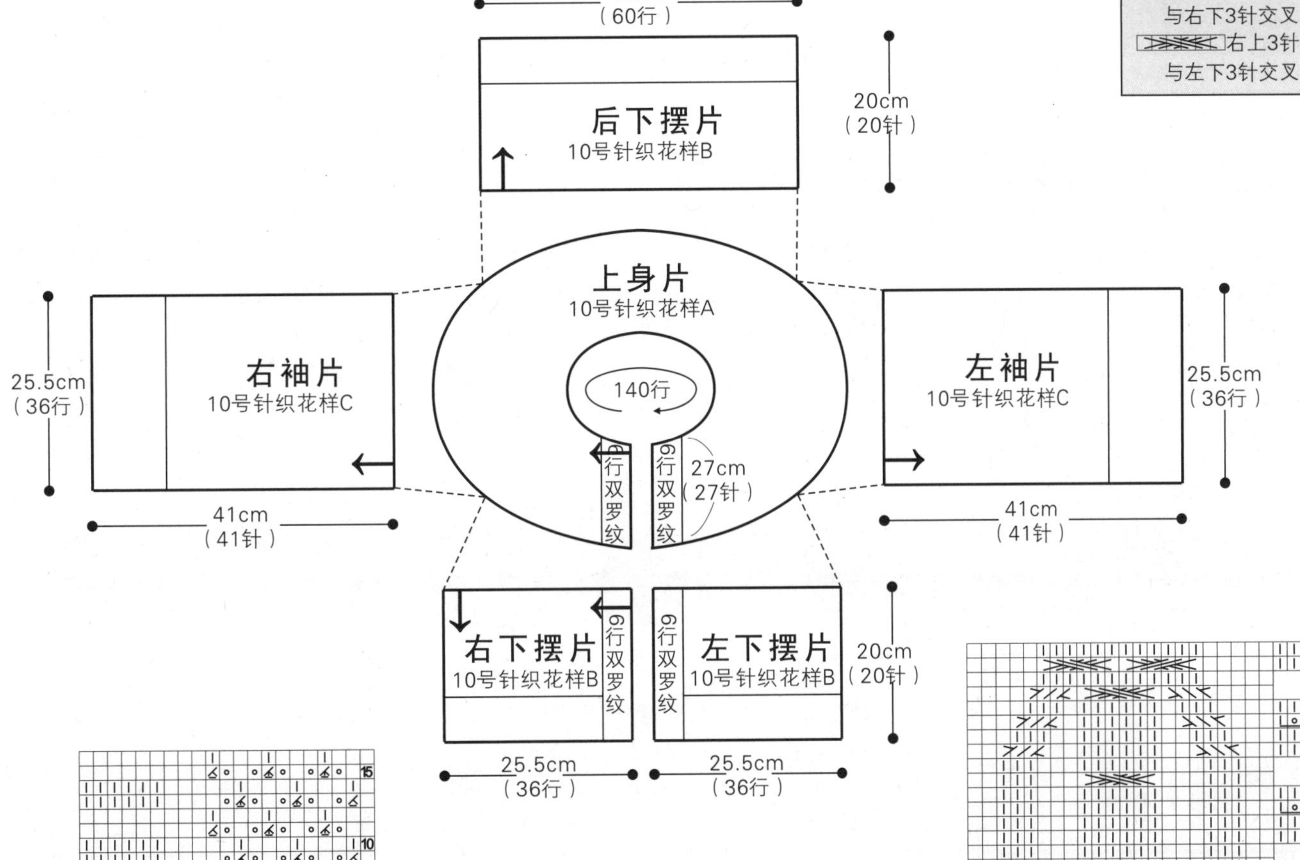

43cm
（60行）
后下摆片
10号针织花样B
20cm
（20针）
上身片
10号针织花样A
140行
6行双罗纹
27cm
（27针）
右袖片
10号针织花样C
25.5cm
（36行）
41cm
（41针）
左袖片
10号针织花样C
25.5cm
（36行）
41cm
（41针）
右下摆片
10号针织花样B
左下摆片
10号针织花样B
20cm
（20针）
25.5cm
（36行）
25.5cm
（36行）

□=⊟　　领口方向→

编织花样B（右下摆片，左片与花样B对称）

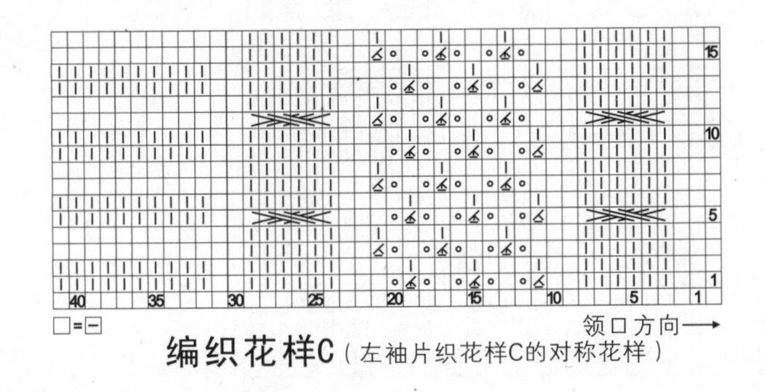

□=⊟　　领口方向→

编织花样C（左袖片织花样C的对称花样）

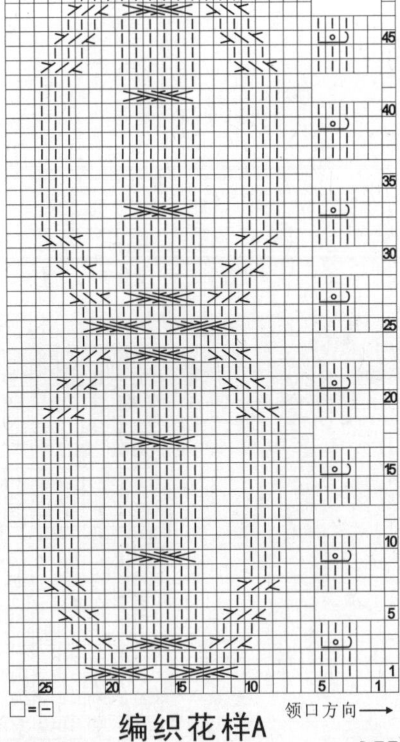

□=⊟　　领口方向→

编织花样A

作品102

【成品规格】衣长57cm，胸围104cm
【工　　具】14号棒针，1.5mm钩针
【编织密度】36针×45行=10cm²
【材　　料】米色细毛线250g

制作说明

1.前片：起156针，织10行单罗纹，然后织下针按图解两侧加针按图留袖窿及领窝。
2.后片：后片起156针，织10行单罗纹，按图解两侧加针，按图留袖窿和后领窝。
3.袖口和领：留袖窿时，袖口3针改织袖口花样，领口按图钩花边。

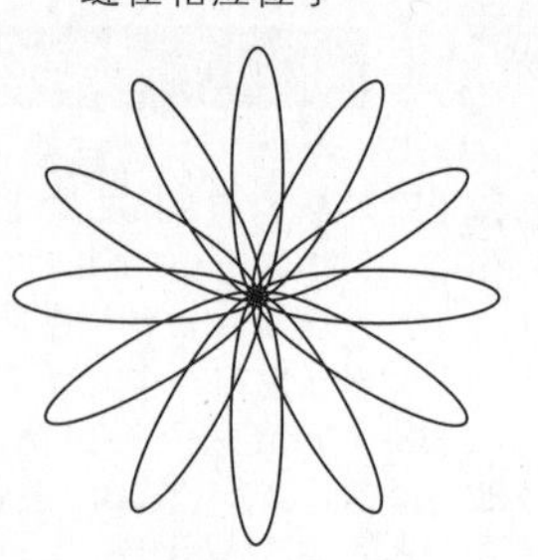

用钩针做两朵菊花
缝在相应位子

袖边织法

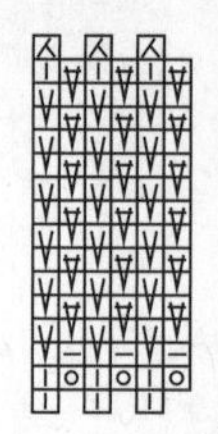

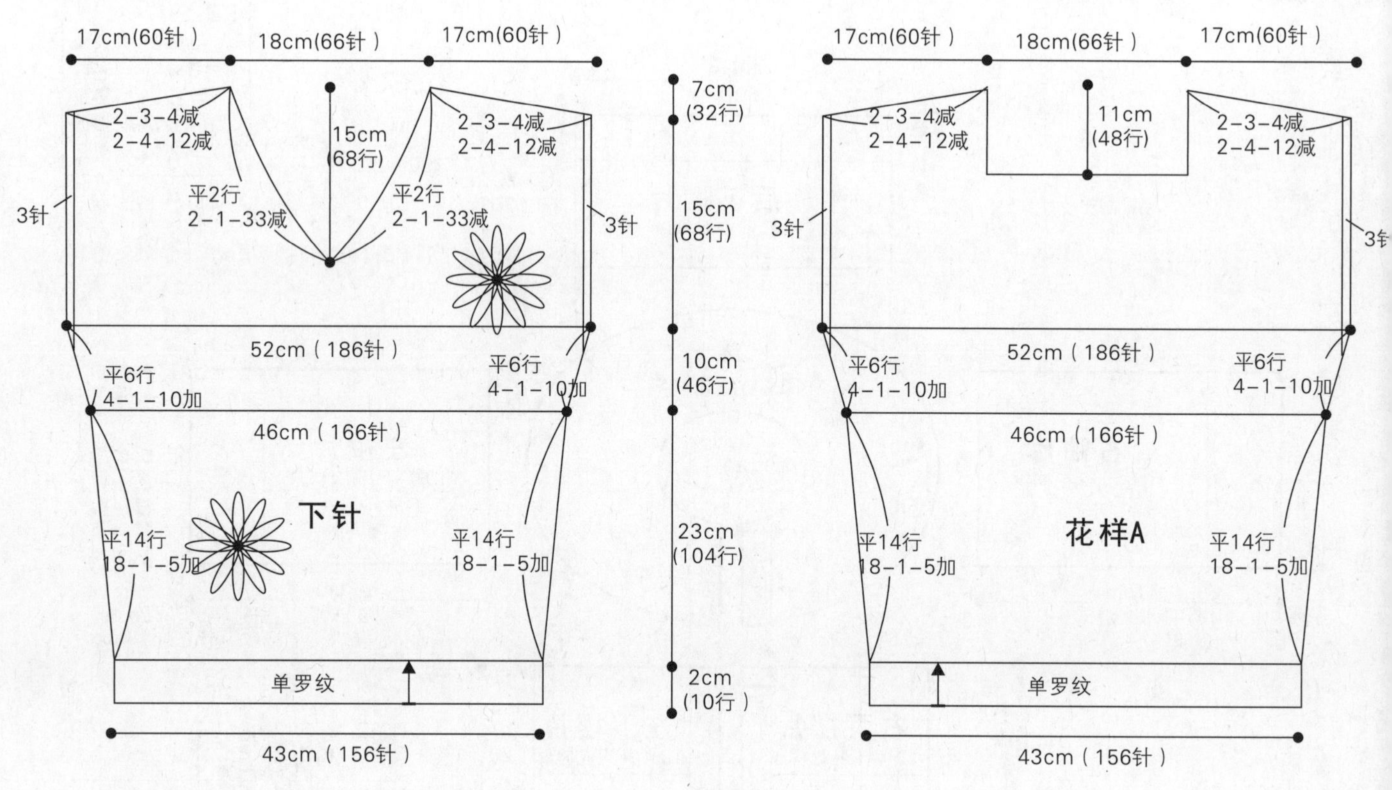

17cm(60针)
18cm(66针)
17cm(60针)
2-3-4减
2-4-12减
15cm
(68行)
平2行
2-1-33减
3针
52cm（186针）
平6行
4-1-10加
46cm（166针）
下针
平14行
18-1-5加
单罗纹
43cm（156针）
7cm
(32行)
15cm
(68行)
10cm
(46行)
23cm
(104行)
2cm
(10行)
11cm
(48行)
花样A

领口花样

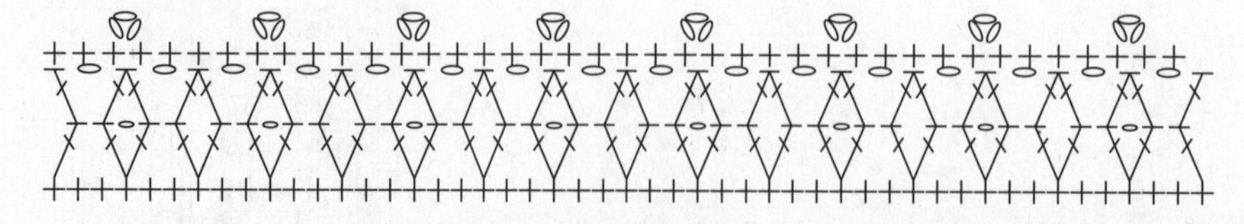

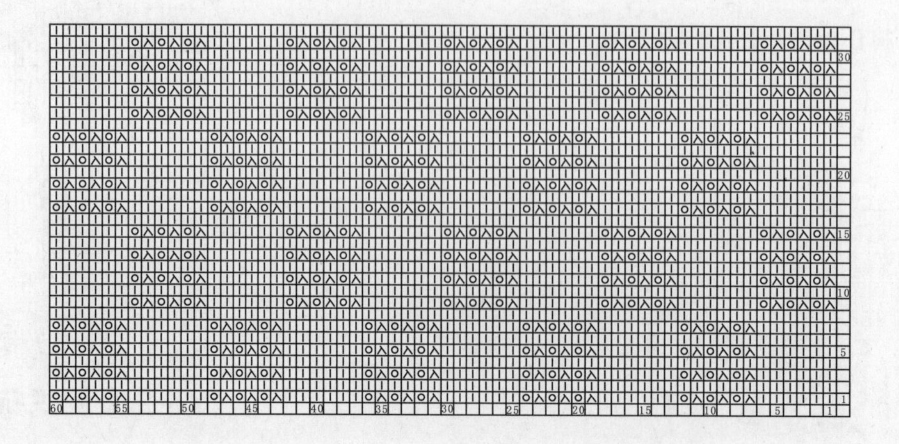

作品103

【成品规格】衣82cm，半胸围44cm，肩宽32cm，袖长56cm
【工　　具】13号棒针
【编织密度】38.4针×47.8行=10cm²
【材　　料】杏色羊毛线600g

前片/后片制作说明

1.棒针编织法，衣身分为左右前片和后片分别编织缝合而成。
2.起织后片。起169针，织花样A，织30行后，改织花样B，织至200行，改织花样A，织至228行，改织花样C，织至282行，两侧袖窿减针，方法为1-6-1，2-1-18，织至385行，中间平收41针，两侧减针织成后领，方法为2-1-4，织至392行，两肩部各余下36针，收针断线。
3.起织左前片。起85针，织花样A，织30行后，改织花样B，织至200行，改织花样A，织至228行，改织花样C，织至282行，左侧袖窿减针，方法为1-6-1，2-1-18，同时左侧前领减针，方法为2-1-15，4-1-10，织至392行，肩部余下36针，收针断线。
4.同样的方法相反方向编织右前片，将左右前片与后片侧缝对应缝合，肩缝对应缝合。
5.沿领口及两侧衣襟挑起696针，往返编织下针，织6行后，向内与起针合并成双层边。认襟两侧缝合拉链。

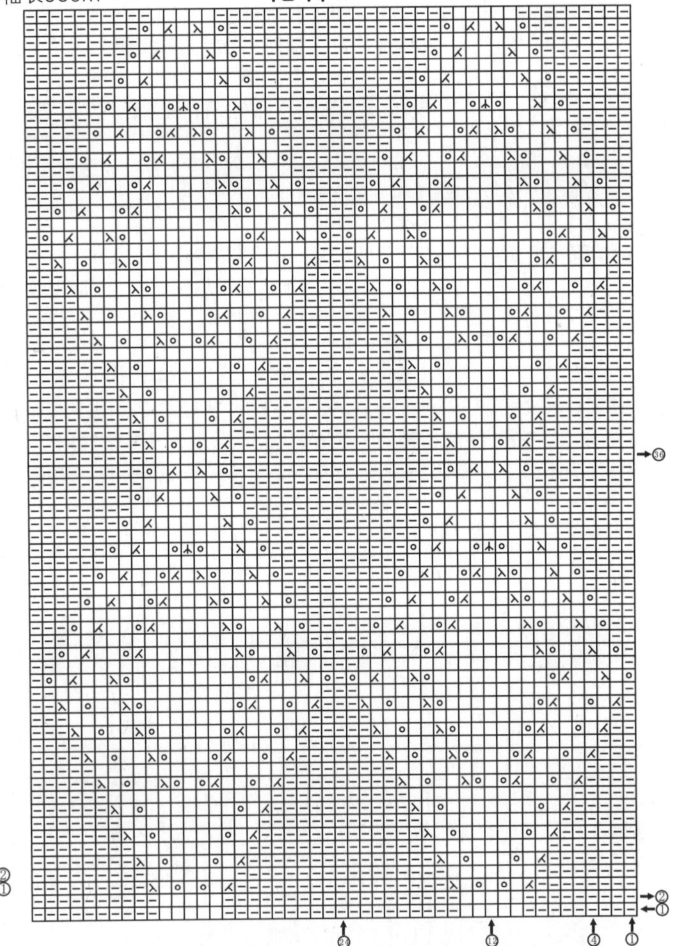

花样C

符号说明

符号	说明
⊟	上针
□=⊡	下针
2-1-3	行-针-次
中上3针并1针	
右上2针并1针	
左上2针并1针	
◎	镂空针
左上3针与右下3针交叉	

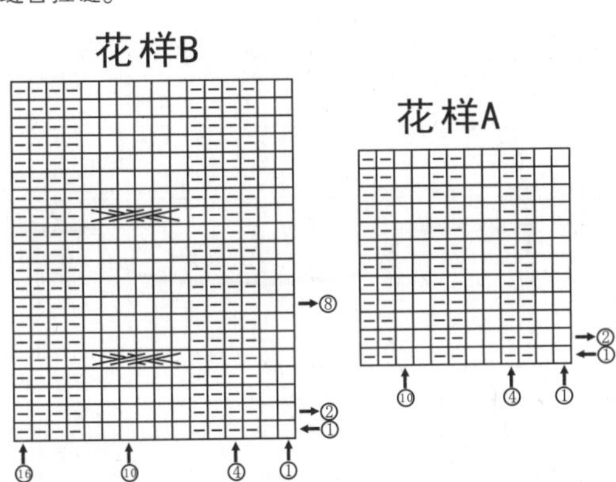

花样B
花样A

袖片制作说明

1.棒针编织法，从袖口往上编织。
2.起织，起81针，织花样A，织30行后，改织花样C，一边织一边两侧加针，方法为8-1-21，织至202行，两侧减针编织袖山，方法为1-6-1，2-1-38，织至268行，织片余下35针，收针断线。
3.同样的方法编织另一袖片。
4.将袖山对应袖窿线缝合，再将袖底缝合。

右前片（13号棒针）：9.5cm（36针），23cm（110行），减25针 4-1-10 2-1-15，减24针 2-1-18 1-6-1，花样C，花样A，花样B，花样A，22cm（85针）

左前片（13号棒针）：9.5cm（36针），减25针 4-1-10 2-1-15，减24针 2-1-18 1-6-1，花样C，花样A，花样B，花样A，22cm（85针）

后片（13号棒针）：9.5cm（36针），13cm（49针），9.5cm（36针），2cm，减2-1-4，减2-1-4，中间平收41针（第385行），减24针 2-1-18 1-6-1，减24针 2-1-18 1-6-1，花样C，花样A，花样B，花样A，44cm（169针）

23cm（110行），11.5cm（54行），6cm（28行），82cm（392行），35.5cm（170行），6cm（30行）

袖片（13号棒针）：9cm（35针），减44针 2-1-38 1-6-1，减44针 2-1-38 1-6-1，32cm（123针），花样C，加21针 8-1-21，加21针 8-1-21，花样A，21cm（81针），16cm（76行），36cm（172行），6cm（30行），56cm（268行）

作品104

【成品规格】衣长50cm，半胸围40cm，肩宽30.5cm
【工　　具】10号棒针
【编织密度】13针×18.4行=10cm²
【材　　料】杏色粗棉线350g

前片/后片制作说明

1.棒针编织法，衣身分为左前片、右前片和后片分别编织。
2.起织后片，下针起针法起52针织4行花样A，改织花样B，织8行后，改织花样C，织至50行，两侧各织6针花样A，其余针数继续编织花样C，同时两侧袖窿减针，方法为2-1-2，织至89行，织片中间平收28针，两侧按2-1-2的方法减针织后领，织至92行，两侧肩部各余下8针，收针断线。
3.起织左前片，下针起针法起52针织4行花样A，右侧4针作为衣襟，一直织花样A，其余针数改织花样B，织8行后，改织花样D，织至50行，右侧织6针花样A，其余针数继续编织花样D，同时右侧袖窿减针，方法为2-1-2，织至77行，织片右侧减针织前领，方法为1-8-1，2-2-4，2-1-2，织至92行，肩部余下8针，收针断线。
4.同样的方法相反方向编织右前片。
5.衣身两侧缝缝合，两肩部对应缝合。

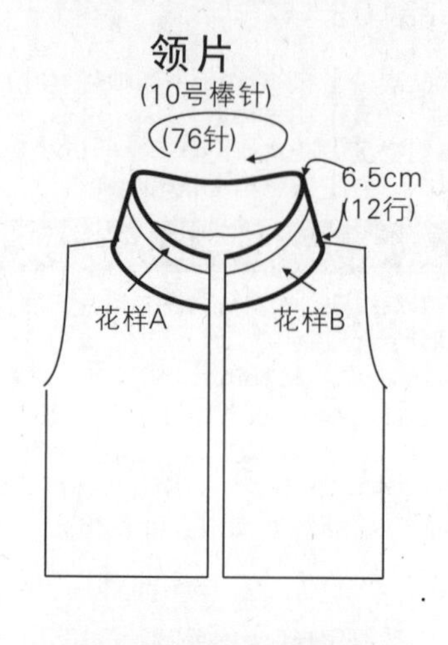

领片
(10号棒针)
(76针)
6.5cm
(12行)
花样A
花样B

符号说明

⊟	上针
□=⊡	下针
2-1-3	行-针-次
⊠	左上1针与右下1针交叉
⊠	右上1针与左下1针交叉
VVV	3针的浮针

领片制作说明

棒针编织法，沿领口挑起76针，织花样B，织8行后，改织花样A，织至12行，收针断线。

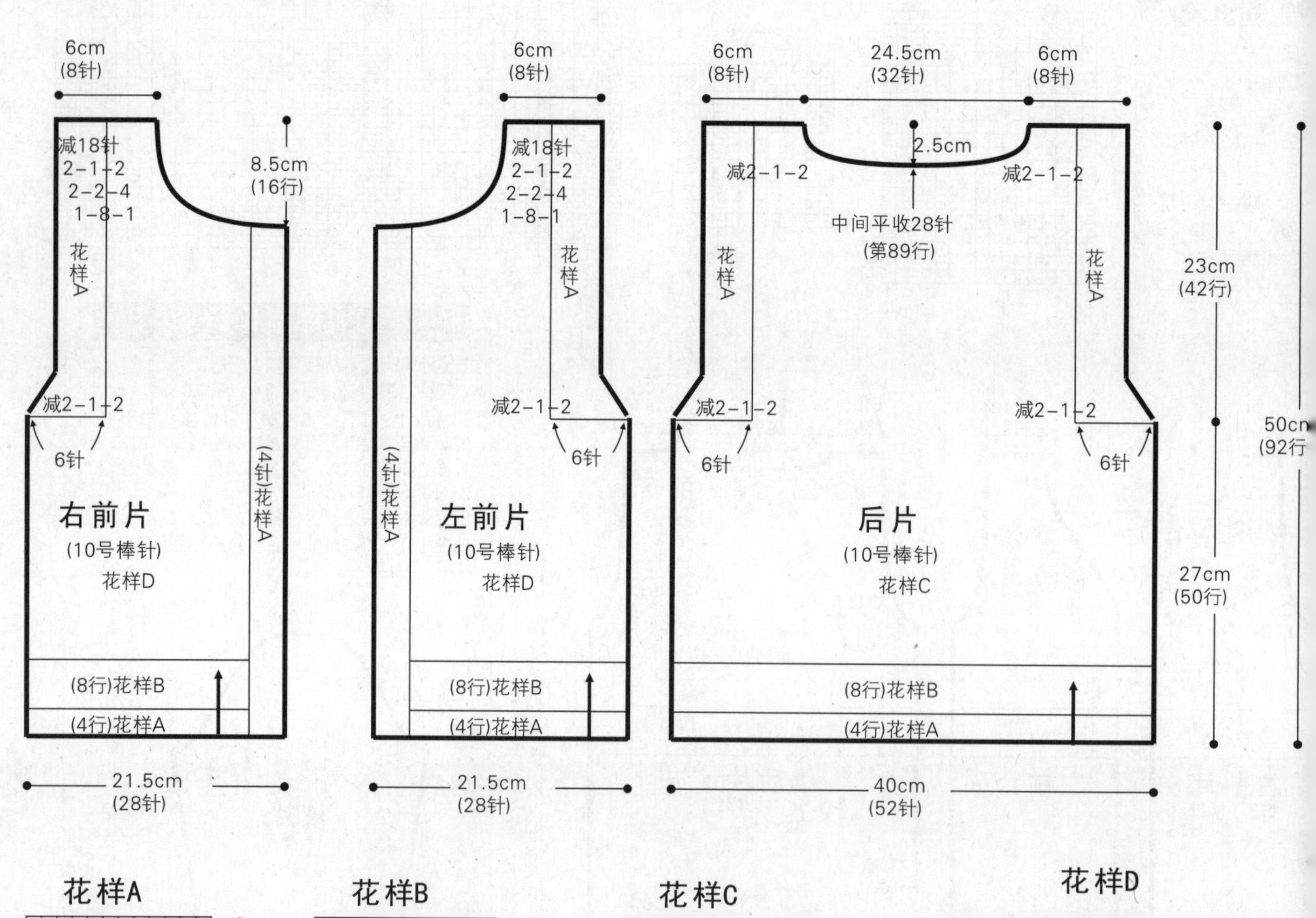

6cm
(8针)
减18针
2-1-2
2-2-4
1-8-1
8.5cm
(16行)
花样A
减2-1-2
6针
右前片
(10号棒针)
花样D
(4针)花样A
(8行)花样B
(4行)花样A
21.5cm
(28针)
左前片
24.5cm
(32针)
2.5cm
中间平收28针
(第89行)
后片
花样C
23cm
(42行)
50cm
(92行)
27cm
(50行)
40cm
(52针)

花样A

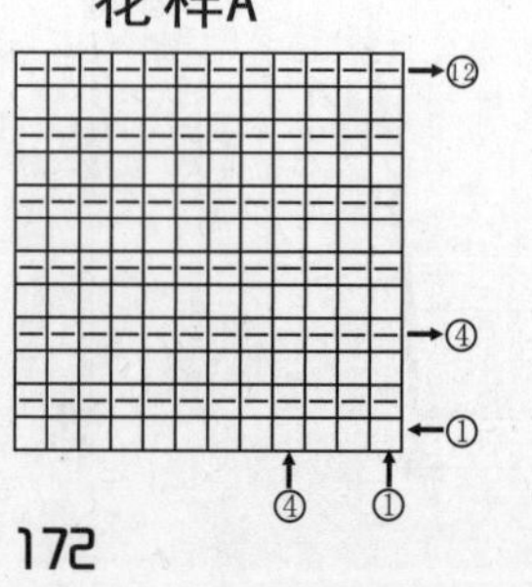

花样B

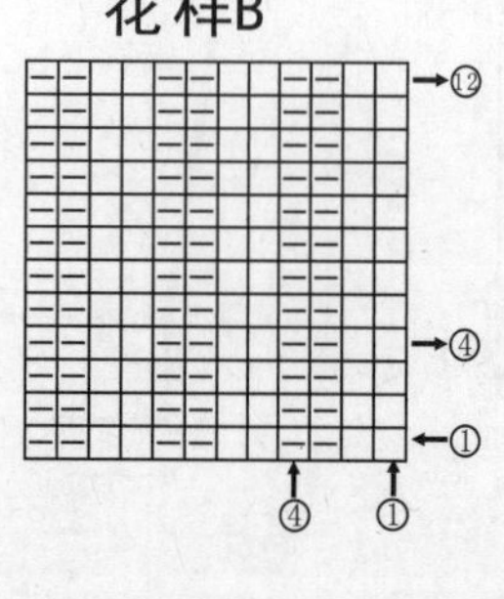

花样C

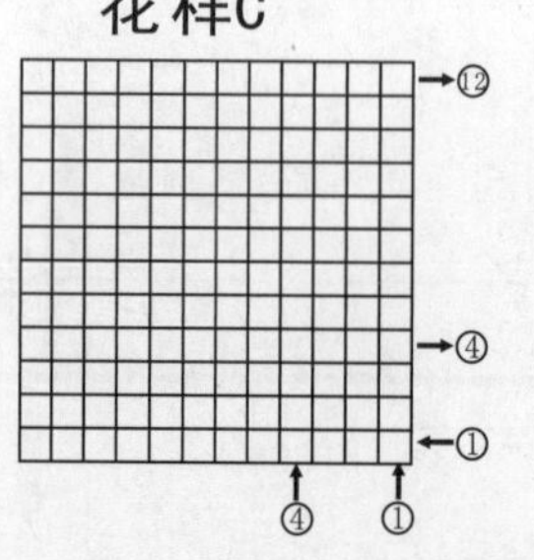

花样D

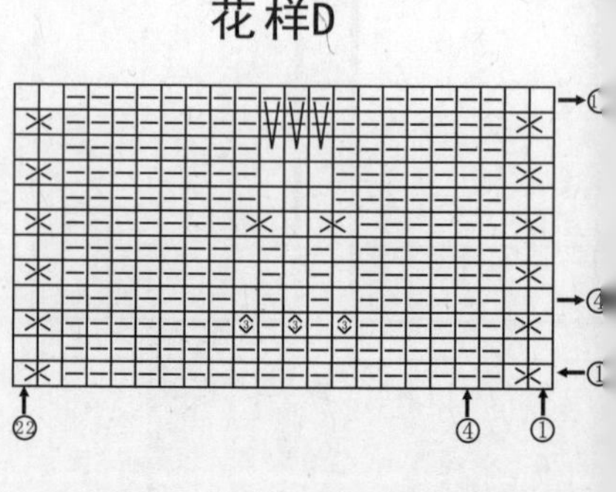

作品105

【成品规格】衣长50cm，半胸围40cm，肩连袖长46cm
【工　　具】12号棒针
【编织密度】26.2针×32.4行=10cm²
【材　　料】橙色细棉线500g

前片/后片制作说明

1.棒针编织法，衣身分为前片和后片分别编织而成。
2.起织后片。起105针，织花样A，织74行后，改织花样B，织至110行，两侧各平收4针，然后按4-2-13的方法方法减针织成插肩袖窿，织至162行，织片余下45针，留针暂时不织。
同样的方法编织前片。完成后将前片与后片侧缝对应缝合。

袖片制作说明

1.棒针编织法，从袖口往上编织。
2.起72针，织花样C，织8行后，改织花样B，织至56行，改织8行花样C后，改回花样B编织，两侧按8-1-4的方法加针，织至96行，两侧各平收4针，然后按4-2-13的方法减针，织至148行，织片余下20针，收针断线。
3.同样的方法编织另一袖片。
4.将袖山对应袖窿线缝合，再将袖底缝合。

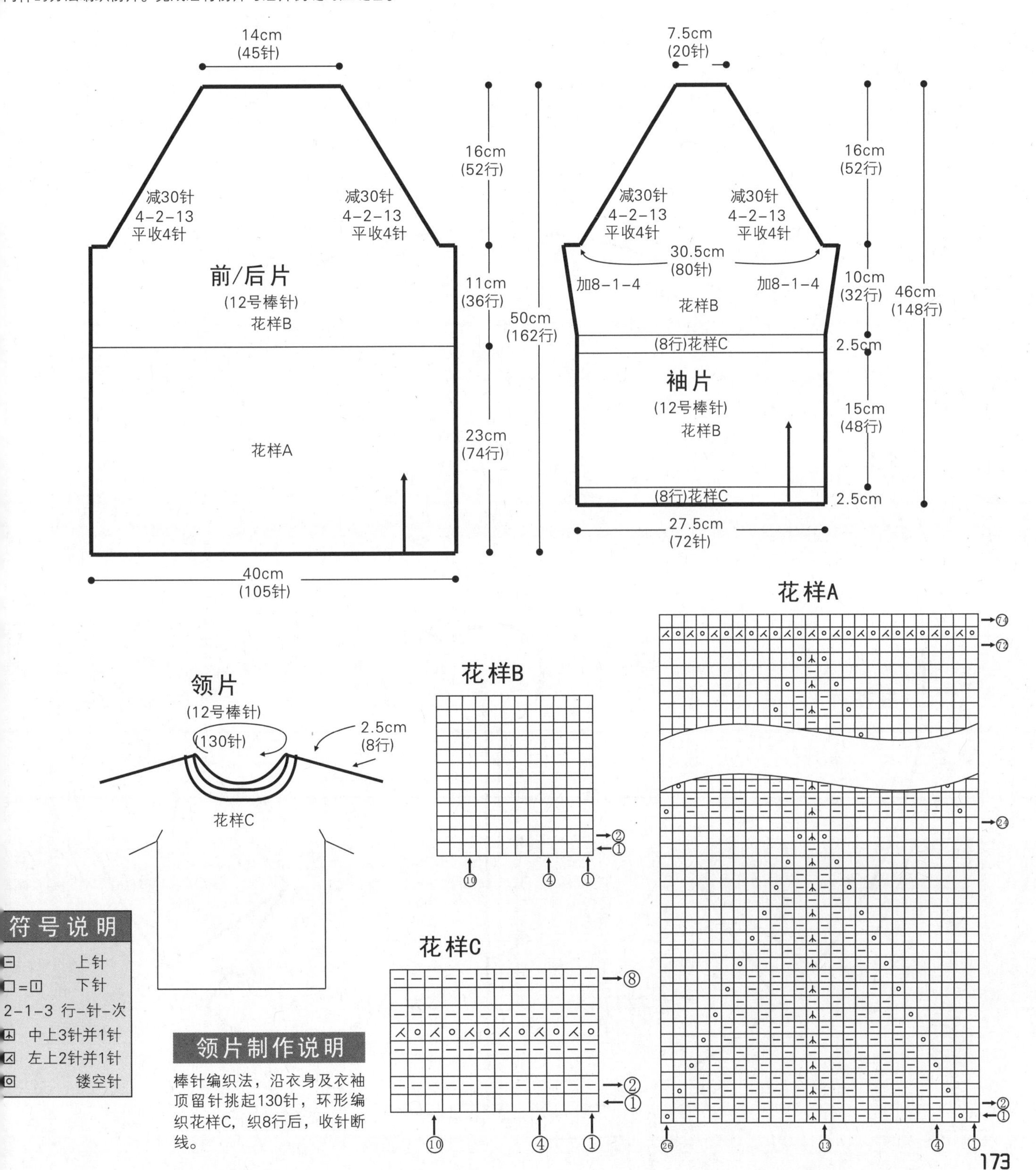

14cm
(45针)
16cm
(52行)
减30针
4-2-13
平收4针
减30针
4-2-13
平收4针
前/后片
(12号棒针)
花样B
11cm
(36行)
50cm
(162行)
花样A
23cm
(74行)
40cm
(105针)
7.5cm
(20针)
16cm
(52行)
减30针
4-2-13
平收4针
减30针
4-2-13
平收4针
30.5cm
(80针)
加8-1-4
加8-1-4
花样B
10cm
(32行)
46cm
(148行)
(8行)花样C
2.5cm
袖片
(12号棒针)
花样B
15cm
(48行)
(8行)花样C
2.5cm
27.5cm
(72针)
花样A
领片
(12号棒针)
(130针)
2.5cm
(8行)
花样C
花样B
花样C
符号说明
上针
下针
2-1-3 行-针-次
中上3针并1针
左上2针并1针
镂空针

领片制作说明

棒针编织法，沿衣身及衣袖顶留针挑起130针，环形编织花样C，织8行后，收针断线。

作品106

【成品规格】衣长40cm，胸围106cm，肩连袖长40cm
【工　　具】10号棒针
【编织密度】14针×18行=10cm²
【材　　料】浅灰色羊毛线400g

前片/后片/袖片制作说明

1.棒针编织法，从领口往下往返编织，织至袖窿处分开成左前片、左袖片、后片、右袖片、右前片分别编织。
2.起织，起96针，织花样A，织12行后，两侧各织6针花样A作为衣襟，中间衣身部分改织花样B，织8行后，衣身分散加针，每隔3针加1针，织片变成124针，继续织18行后，衣身分散加针，每隔3针加1针，织片变成160针，继续织18行后，衣身分散加针，每隔1针加1针，织片变成308针，将织片分成5片分别编织，左右前片各43针，左右袖片及后片各74针。
3.分配左右前片及后片的针数共160针到棒针上，织花样C，不加减针织28行后，收针断线。
4.分配左袖片74针到棒针上，环形编织花样C，不加减针织28行后，收针断线。同样的方法编织右袖片。

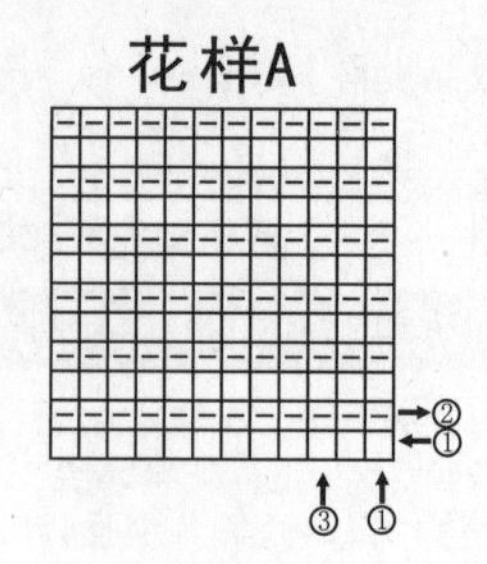

花样A
②
①
③ ①

符号说明

⊟ 上针
□=□ 下针
2-1-3 行-针-次

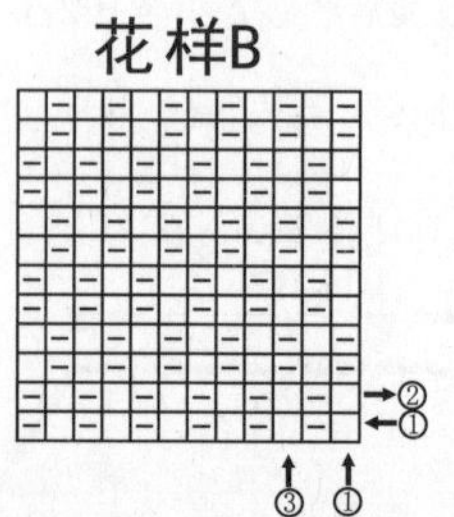

花样B
②
①
③ ①

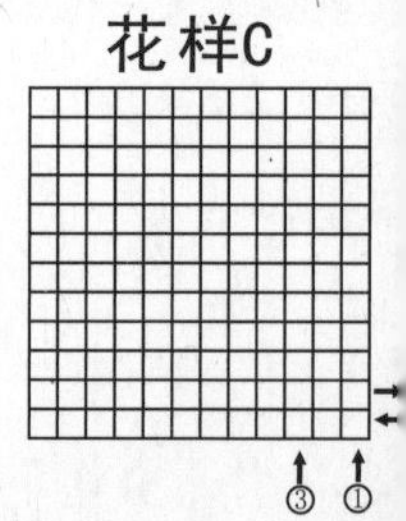

花样C
③ ①

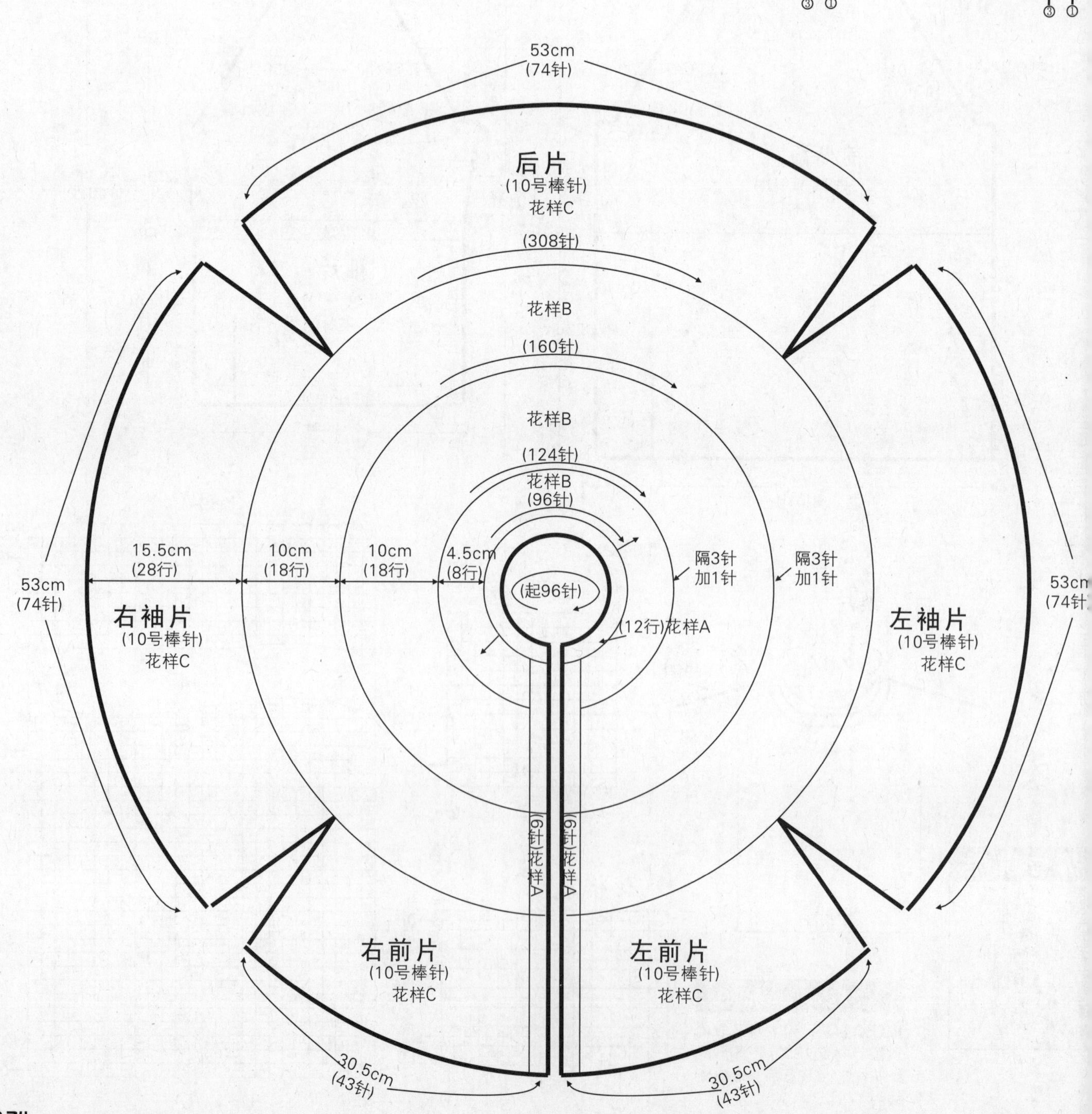

53cm
(74针)
后片
(10号棒针)
花样C
(308针)
花样B
(160针)
花样B
(124针)
花样B
(96针)
15.5cm
(28行)
10cm
(18行)
10cm
(18行)
4.5cm
(8行)
(起96针)
隔3针
加1针
隔3针
加1针
53cm
(74针)
右袖片
(10号棒针)
花样C
53cm
(74针)
左袖片
(10号棒针)
花样C
(12行)花样A
(6针)花样A
(6针)花样A
右前片
(10号棒针)
花样C
左前片
(10号棒针)
花样C
30.5cm
(43针)
30.5cm
(43针)

作品107

【成品规格】衣长44cm，胸围96cm，肩宽48cm
【工　　具】10号、12号棒针
【编织密度】20针×28行=10cm²
【材　　料】灰色粗马海毛线400g

左前片/右前片/后片制作说明

1.棒针编织法，衣身分为左前片、右前片和后片分别编织。
2.起织后片，双罗纹针起针法，起96针，织花样A，织4行后，改织花样B，织至120行，第121行将织片中间平收44针，两侧减针织成后领，方法为2-1-2，织至24行，两肩部各余下24针，收针断线。
3.起织左前片，双罗纹针起针法，起112针，织花样A，一边织一边左侧按2-1-2，2-2-18的方法减针，织28行后，右侧平收24针，继续往上织至62行，织片余下40针，收针断线。
4.同样的方法相反方向编织右前片，完成后将左右前片与后片侧缝对应缝合，肩缝缝合，衣领缝合。

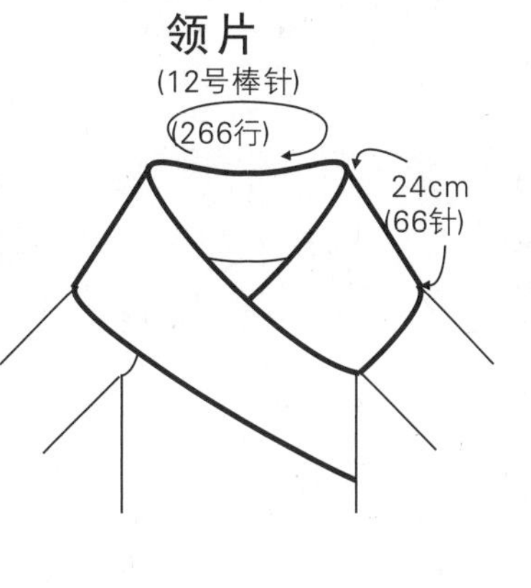

领片
(12号棒针)
(266行)
24cm
(66针)

符号说明

⊟	上针
□=⊡	下针
2-1-3	行-针-次

领片制作说明

1.棒针编织法，起66针，织花样C与花样D组合编织，织126行，右侧开始减针，方法为4-1-26，织至230行，不加减针继续往上编织，织至266行，织片余下40针，收针断线。
2.按结构图所示方法将领片对应缝合于衣身领口处。

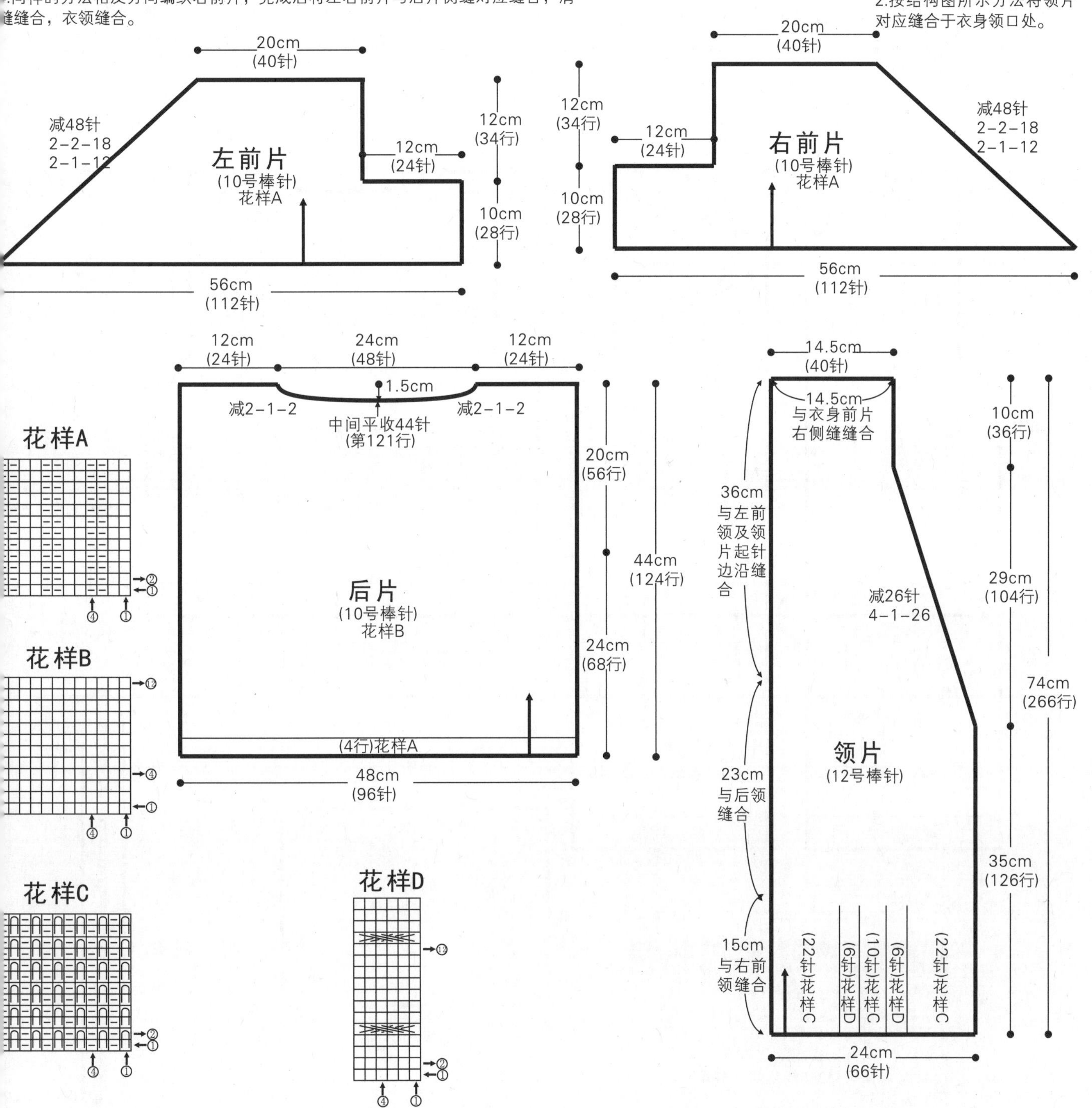

20cm
(40针)
减48针
2-2-18
2-1-12
左前片
(10号棒针)
花样A
12cm
(24针)
12cm
(34行)
10cm
(28行)
56cm
(112针)
右前片
(10号棒针)
花样A
12cm
(24行)
24cm
(48针)
1.5cm
减2-1-2
中间平收44针
(第121行)
20cm
(56行)
44cm
(124行)
后片
(10号棒针)
花样B
24cm
(68行)
(4行)花样A
48cm
(96针)
花样A
花样B
花样C
花样D
14.5cm
(40针)
14.5cm
与衣身前片
右侧缝缝合
36cm
与左前领及领片起针边沿缝合
23cm
与后领缝合
15cm
与右前领缝合
减26针
4-1-26
领片
(12号棒针)
(22针)花样C
(6针)花样D
(10针)花样C
(6针)花样D
(22针)花样C
24cm
(66针)
10cm
(36行)
29cm
(104行)
74cm
(266行)
35cm
(126行)

作品108

【成品规格】衣长70cm，胸围84cm，肩宽34cm
【工　　具】10号棒针
【编织密度】20针×28行=10cm²
【材　　料】深灰色粗棉线500g

前片/后片制作说明

1.棒针编织法，衣身分为左前片、右前片和后片分别编织。
2.起织后片，双罗纹针起针法起84针织花样A，织10行后，改织花样B，织至68行，两侧袖窿减针，方法为1-4-1，2-1-4，织至129行，织片中间平收30针，两侧按2-1-2的方法减针织后领，织至132行，两侧肩部各余下17针，收针断线。
3.起织左前片，双罗纹针起针法起42针织花样A，织10行后，改织花样B，织至132行，右侧袖窿减针，方法为1-4-1，2-1-4，织至180行，织片左侧减针织前领，方法为1-4-1，2-2-6，2-1-1，织至196行，肩部余下17针，收针断线。
4.同样的方法相反方向编织右前片。
5.编织袋片，下针起针法起来2针织花样B，织38行后，改织花样A，织至46行，收针。编织2片袋片，分别缝合于左右前片图示位置。
6.衣身两侧缝缝合，两肩部对应缝合。

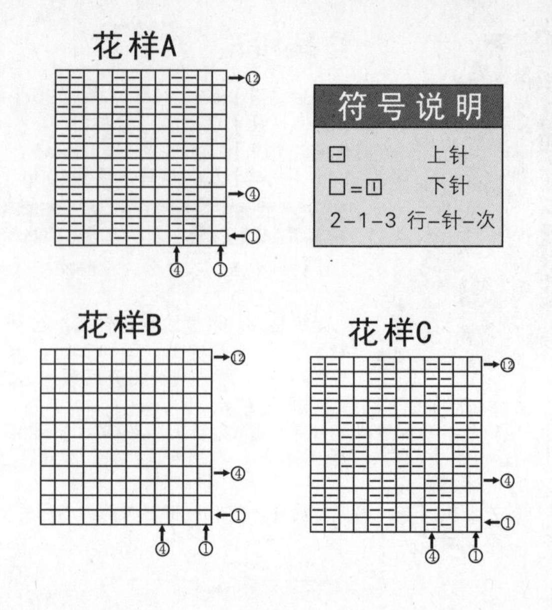

花样A
⑫
④
①
④ ①
符号说明
上针
下针
2-1-3 行-针-次
花样B
⑫
④
①
④ ①
花样C
⑫
④
①
④ ①

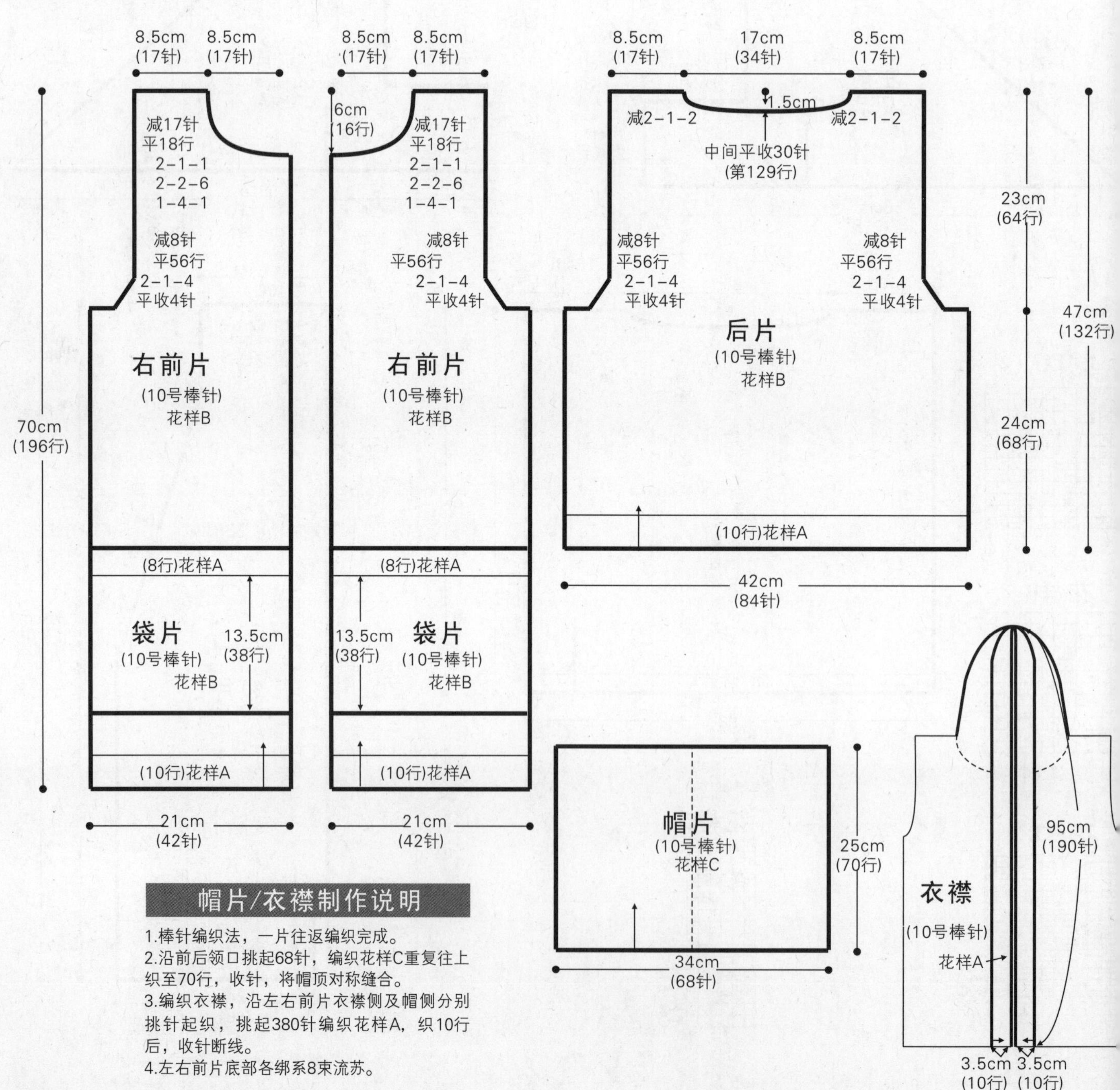

8.5cm (17针)
8.5cm (17针)
减17针
平18行
2-1-1
2-2-6
1-4-1
减8针
平56行
2-1-4
平收4针
右前片
(10号棒针)
花样B
70cm (196行)
(8行)花样A
袋片
(10号棒针)
花样B
13.5cm (38行)
(10行)花样A
21cm (42针)
6cm (16行)
8.5cm (17针)
17cm (34针)
1.5cm
减2-1-2
中间平收30针
(第129行)
23cm (64行)
47cm (132行)
24cm (68行)
后片
(10号棒针)
花样B
(10行)花样A
42cm (84针)
帽片
(10号棒针)
花样C
25cm (70行)
34cm (68针)
衣襟
(10号棒针)
花样A
95cm (190针)
3.5cm (10行)
3.5cm (10行)

帽片/衣襟制作说明

1.棒针编织法，一片往返编织完成。
2.沿前后领口挑起68针，编织花样C重复往上织至70行，收针，将帽顶对称缝合。
3.编织衣襟，沿左右前片衣襟侧及帽侧分别挑针起织，挑起380针编织花样A，织10行后，收针断线。
4.左右前片底部各绑系8束流苏。

作品109

【成品规格】衣长55cm，胸宽48cm，肩宽38cm
【工　　具】8号棒针
【编织密度】18针×27行=10cm²
【材　　料】蓝色段染羊毛线400g

前片/后片/领片/袖片制作说明

1.棒针编织法。由前片、后片与领片组成。
2.前后片织法：
①前片的编织，平针起针法，起86针，起织花样A，织24行，然后排花样，从左至右依次是:21针下针，44针花样B，21针下针。按排好的花样织66行至袖窿，袖窿起在两侧各排8针花样D作为袖窿边，其它花样不变，同时在两侧按2-1-8方法各收8针，袖窿起织34行，在中间平收30针，分两片织，每片20针，先织右片:在左侧按2-2-2，4-1-3方法收7针，再织10行平坦至肩部，剩13针，锁针断线，同样方法织左半片。
②后片的编织，袖窿以下及袖窿两侧的收针方法同前片一样，只是把花样B改织成下针，袖窿起织50行，在中间平收34针，分两片织，每片18针，先织右片:在左侧按2-1-5方法收5针，剩13针，锁针断线，同样方法织左半片。
3.缝合:把织好的前片、后片缝合到起，再把袖片缝上。
4.领片的织法:沿前后领边挑128针，织花样A，织12行，锁针断线。

符号说明

⊟	上针
□=⊡	下针
2-1-3	行-针-次
↑	编织方向
(交叉符号)	左上2针和右下2针交叉
(交叉符号)	右上3针和左下3针交叉

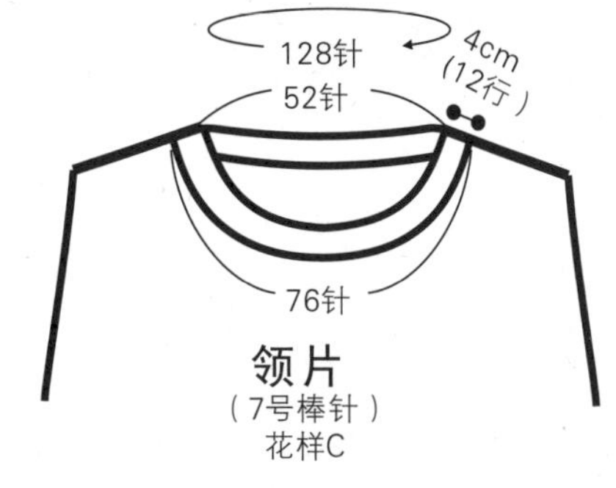

128针
4cm
(12行)
52针
76针
领片
(7号棒针)
花样C

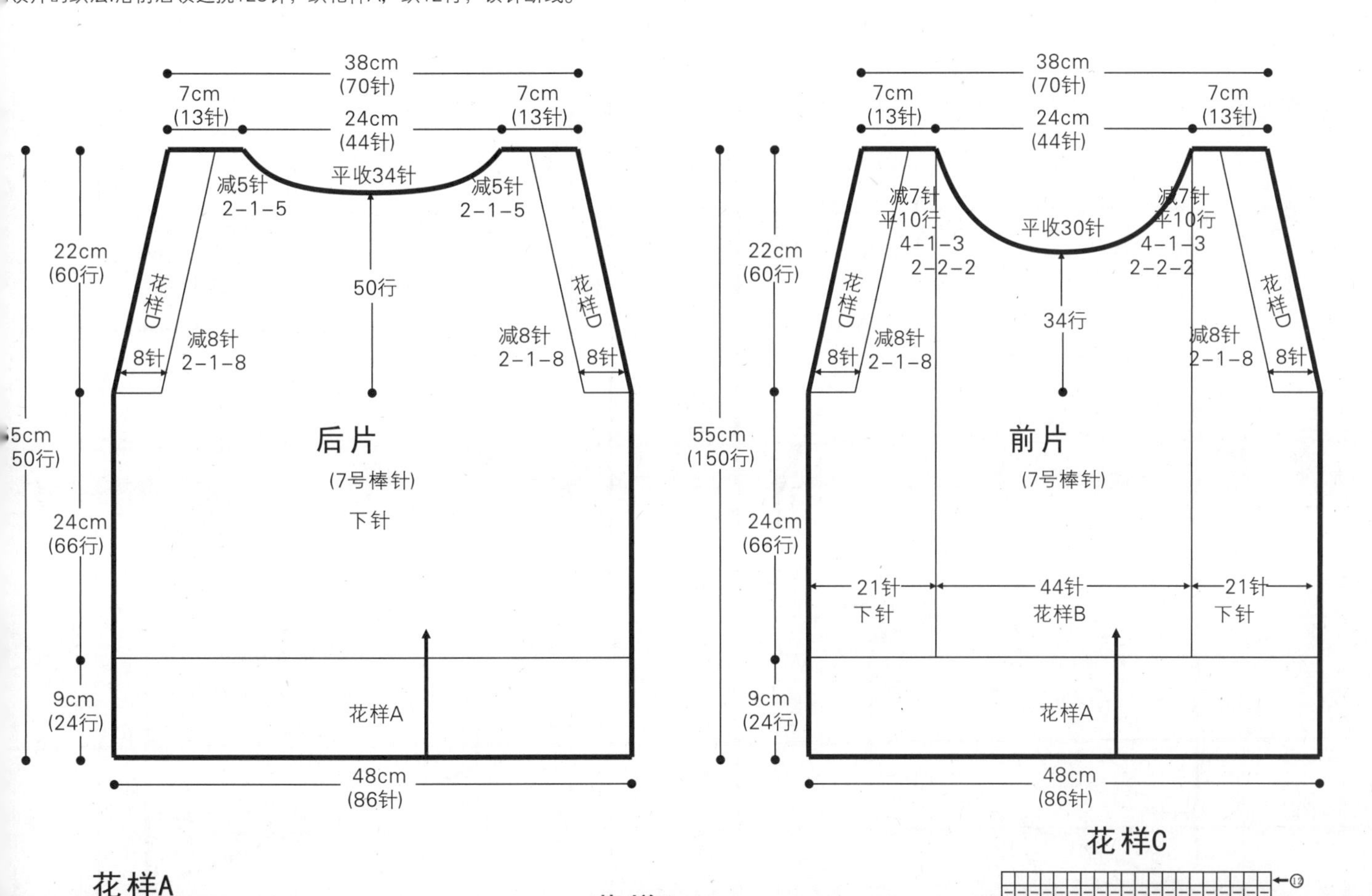

38cm
(70针)
7cm
(13针)
24cm
(44针)
减5针
2-1-5
平收34针
22cm
(60行)
花样D
50行
减8针
2-1-8
8针
55cm
(150行)
后片
(7号棒针)
下针
24cm
(66行)
9cm
(24行)
花样A
48cm
(86针)
减7针
平10行
4-1-3
2-2-2
平收30针
34行
前片
(7号棒针)
21针
下针
44针
花样B

花样A

花样B

花样C

花样D（搓板针）

作品110

【成品规格】衣长54cm，胸宽50cm，肩宽39cm
【工　　具】8号棒针
【编织密度】13针×25行=10cm²
【材　　料】蓝色马海毛线200g

前片/后片/袖片制作说明

1.棒针编织法。由相同的左右前片、左右后片和两个袖片组成。
2.前后片织法:前后片共四片，结构都相同，以左前片为例说明。双罗纹起针法，起50针，起织花样A，不加减针，织16行的高度后，下一行依照花样B排花样编织。左侧10针始编织搓板针，右侧袖窿减针，2-1-20，4-1-20，减少40针，余下10针搓板针，继续编织，再织6行后，收针断线。左前片的花样B排花型与左前片相对称。以相同的方法去编织左右后片。
3.袖片织法:下针起针法，起80针，依照花样C排花样编织，并在两侧减针，2-1-20，4-1-10，6-1-5，两侧各减少35针，织成110行高，余下10针，收针断线。相同的方法再去编织另一个袖片。将两个袖山边线与衣身的袖窿边线对应缝合。将前后片加织长的搓板针织块的内侧边，与袖片的收针边进行缝合。
4.系带的编织，起10针，起织搓板针，不加减针，织80行的高度后，收针断线，在后片的结构图所示位置上进行缝合。

花样A（双罗纹）

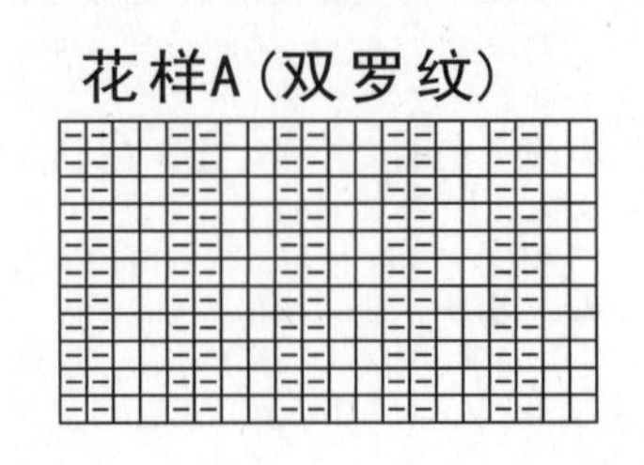

符号说明

- ⊟ 上针
- □=⊟ 下针
- 2-1-3 行-针-次
- ↑ 编织方向
- ⧅ 右上2并针
- ⧄ 左上2并针
- ⊡ 镂空针

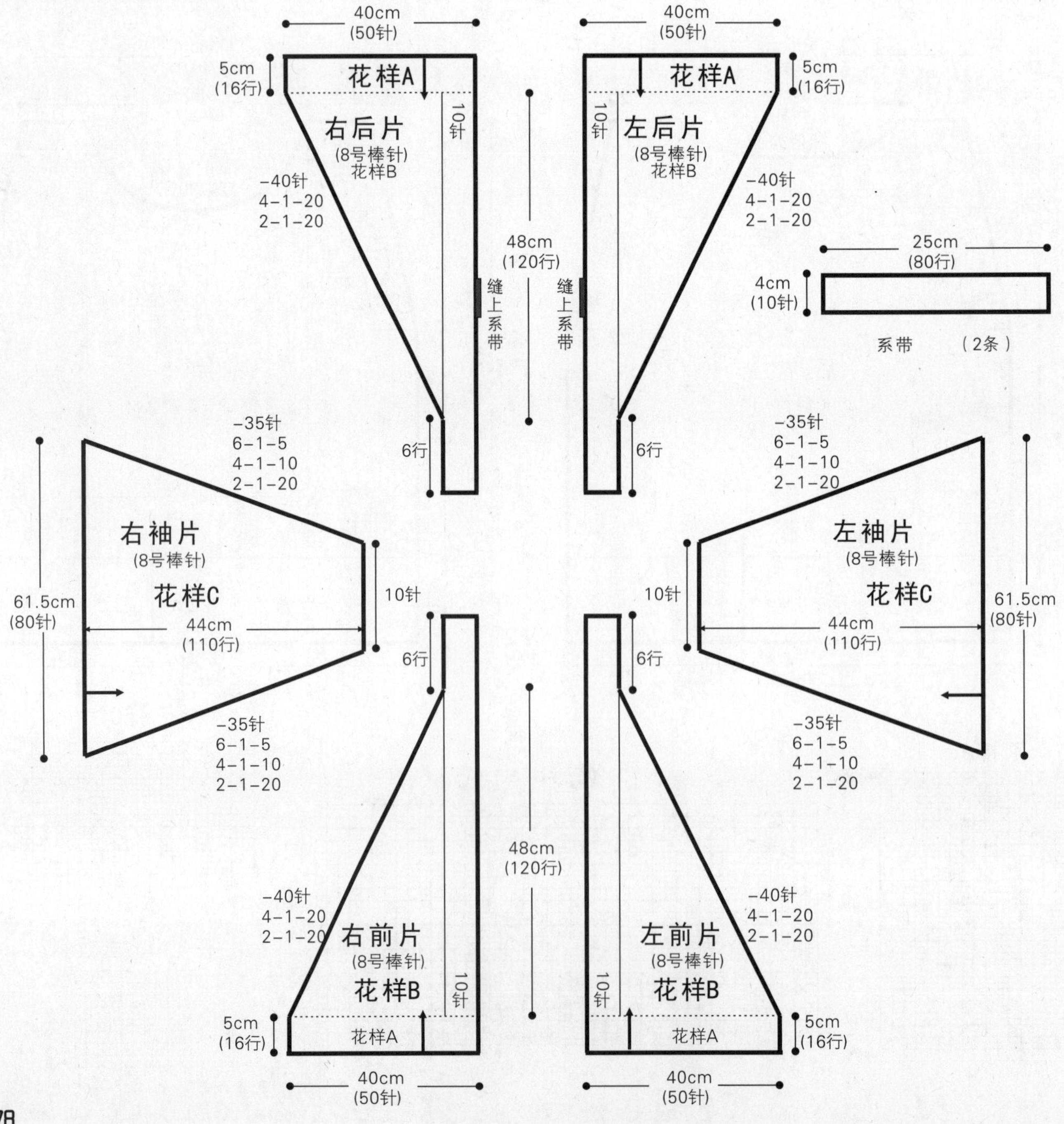

40cm
(50针)
5cm
(16行)
花样A
右后片
(8号棒针)
花样B
10针
-40针
4-1-20
2-1-20
48cm
(120行)
缝上系带
6行
左后片
(8号棒针)
花样B
25cm
(80行)
4cm
(10针)
系带
(2条)
-35针
6-1-5
4-1-10
2-1-20
右袖片
(8号棒针)
花样C
61.5cm
(80针)
44cm
(110行)
10针
左袖片
(8号棒针)
花样C
右前片
(8号棒针)
花样B
左前片
(8号棒针)
花样B
花样A

花样B
(左前片图解)

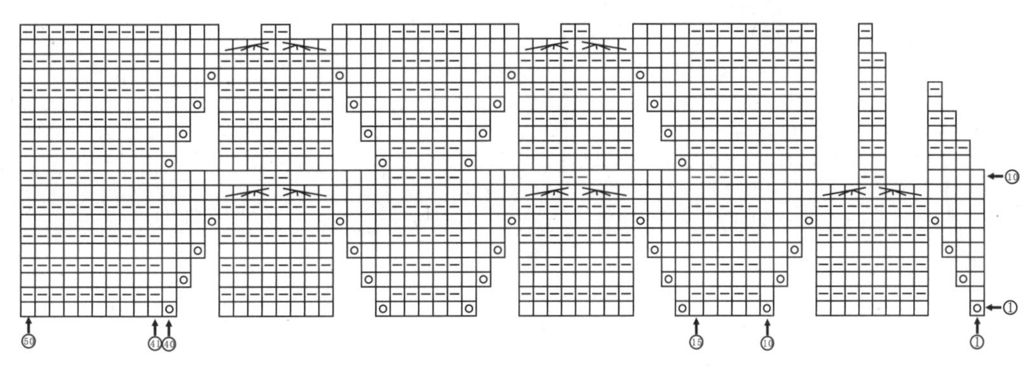

花样C
(袖片图解)

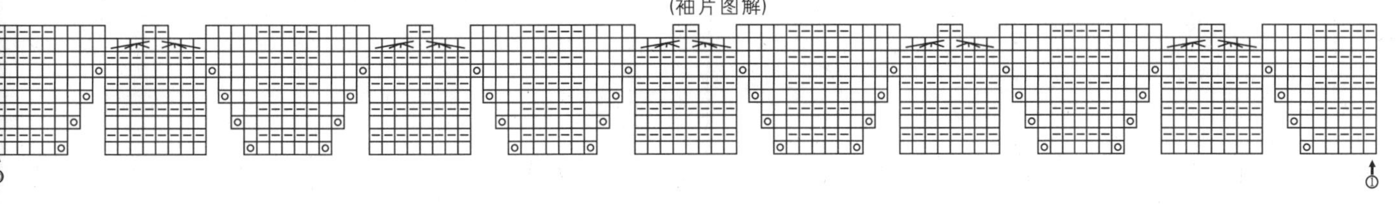

作品111

【成品规格】衣长50cm，胸宽45cm，肩宽37cm，袖长41.5cm
【工　　具】9号、10号棒针
【编织密度】17针×30行=10cm²
【材　　料】米白色羊毛线750g

前片/后片/领片/袖片制作说明

1.棒针编织法：由前片与后片和两个袖片组成。用9号棒针编织，从下往上编织。
2.前后片织法：
①前片的编织：双罗纹起针法，起75针，起织花样A，不加减针，织24行的高度，下一行起，全织下针，不加减针，织80行的高度至袖窿。下一行起袖窿减针，2-1-6，两边各减少6针，余下63针，不加减针，织成袖窿算起26行的高度后，下一行的中间收针13针，两边各自减针，2-2-4，4-1-2，再织4行至肩部，余下15针，收针断线。
②后片的编织：袖窿以下的编织与前片相同，袖窿起减针与前片相同，当织成袖窿算起38行高度后，下一行中间收针21针，两边减针，2-2-2，2-1-2，织成8行，至肩部余下15针，收针断线。将前后片的肩部对应缝合，再将侧缝对应缝合。
3.袖片织法：从袖口起织，起40针，起织花样A，织24行的高度，下一行起全织下针，并在袖侧缝上加针编织，8-1-10，织成80行，再织8行进行袖山减针，下一行两边减针，2-2-5，织成10行高，余下40针，收针断线。相同的方法再去编织另一个袖片。将两个袖山边线与衣身的袖窿边线对应缝合。再将袖侧缝缝合。
4.领片织法：沿前领窝挑56针、后领窝挑44针，共挑起100针，不加减针，织14行花样A，收针断线。前胸的凸珠毛线球，可以用棒针或钩针来制作，图解见结构图所示，依照结构图的排列方法，缝合于前衣领下端。衣服完成。

符号说明

⊟	上针
□=⊡	下针
2-1-3	行-针-次
↑	编织方向

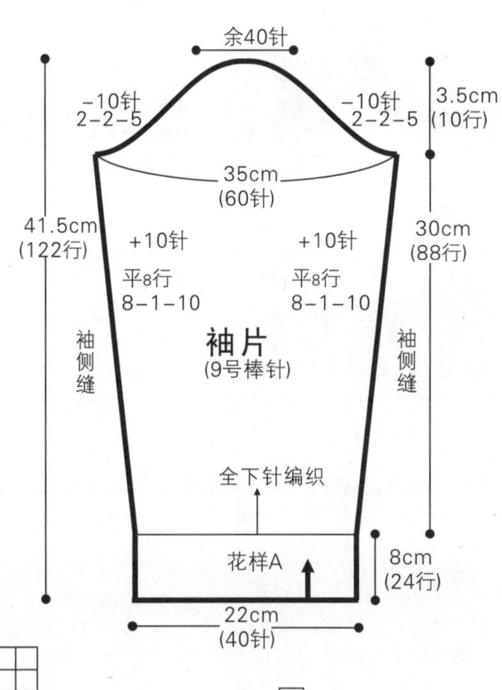

余40针
-10针
2-2-5
-10针
2-2-5
3.5cm
(10行)
35cm
(60针)
41.5cm
(122行)
+10针
平8行
8-1-10
+10针
平8行
8-1-10
30cm
(88行)
袖片
(9号棒针)
袖侧缝
袖侧缝
全下针编织
花样A
8cm
(24行)
22cm
(40针)

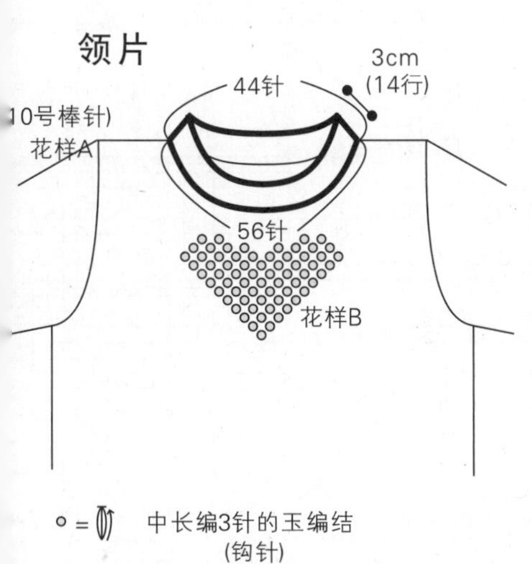

领片
3cm
(14行)
44针
10号棒针)
花样A
56针
花样B
○ = 中长编3针的玉编结
(钩针)

花样A(双罗纹)

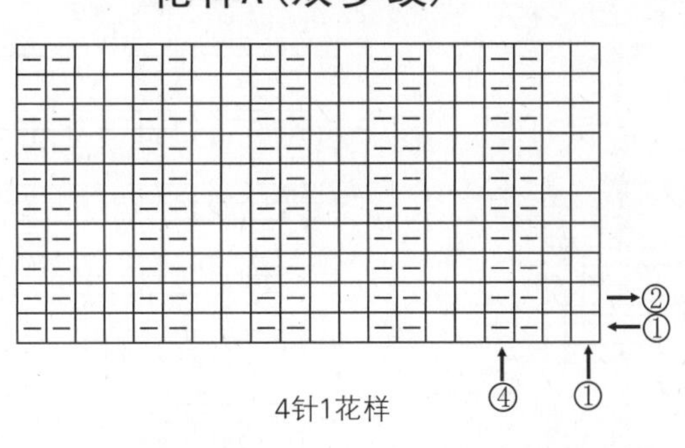

4针1花样

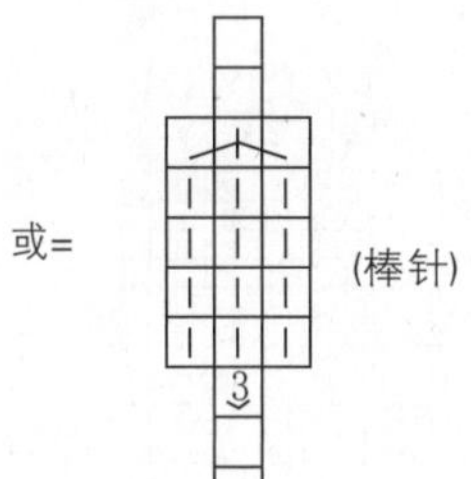

或=
(棒针)

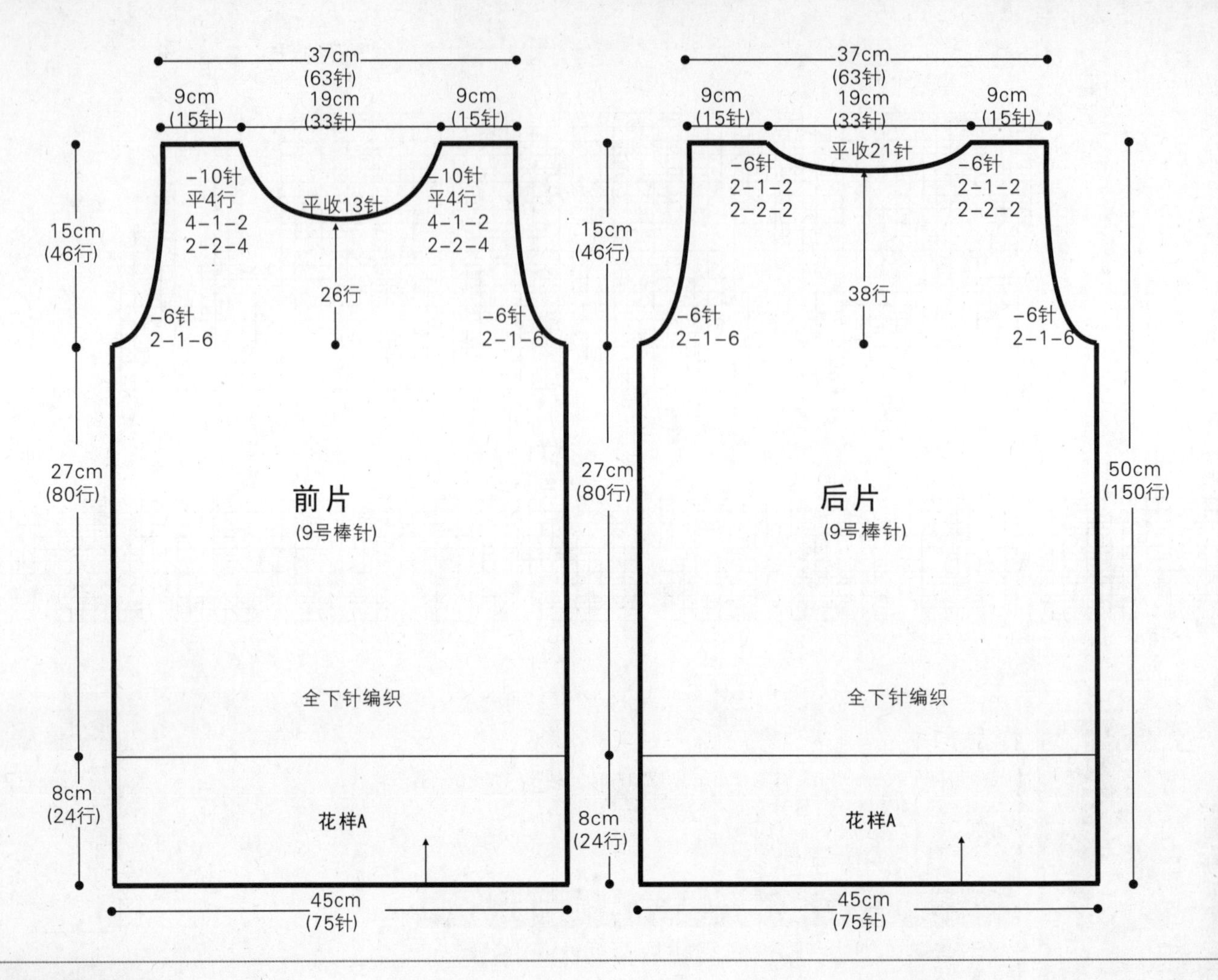
37cm
(63针)
9cm
(15针)
19cm
(33针)
9cm
(15针)
-10针
平4行
4-1-2
2-2-4
平收13针
26行
15cm
(46行)
-6针
2-1-6
27cm
(80行)
前片
(9号棒针)
全下针编织
8cm
(24行)
花样A
45cm
(75针)
平收21针
-6针
2-1-2
2-2-2
38行
后片
(9号棒针)
50cm
(150行)

作品112

【成品规格】衣长63cm，胸宽48cm，肩宽48cm
【工　　具】8号棒针
【编织密度】15针×22.5行=10cm²
【材　　料】米白色纯棉线750g

前片/后片/领片/袖片制作说明

1.棒针编织法。分为三部分编织，领片、衣身和两个袖口。
2.前后片织法：衣身用8号针编织，从一侧缝织至另一侧缝，利用引退针编织方法，下针起针法，起60针，排花型成三部分，从右至左，分配17针花样A搓板针，中间15针花样B，余下20针编织花样A，织完一行后返回织一行，第三行织完17针花样A后，即返回编织第四行，然后第五行将所有的针数全织完，返回织完第6行，然后第7行织17针花样A后即返回织第8行，如此重复，将衣摆这边织成90行的高度。下一行将17针暂停编织，继续编织余下的35针，不加减针，织48行的高度，然后下一行将17针并在一起起织，重复起织时的织法，织90行的衣摆高度。将17针花样A与起织行拼接，余下的35针，不加减针，织48行后，收针断线，并与起针行缝合。衣身完成。
3.袖片织法：两个袖口单独编织，单罗纹起针法，起32针，起织花样C，不加减针，织16行的高度，最后一行与衣身的袖窿进行缝合。相同的方法再去编织另一个袖片。
4.领片织法：单独编织，下针起针法，起35针，起织花样A，不加减针，织216行的高度。首尾两行合并缝合。再将一侧边，与衣身的上端边缘缝合。衣服完成。

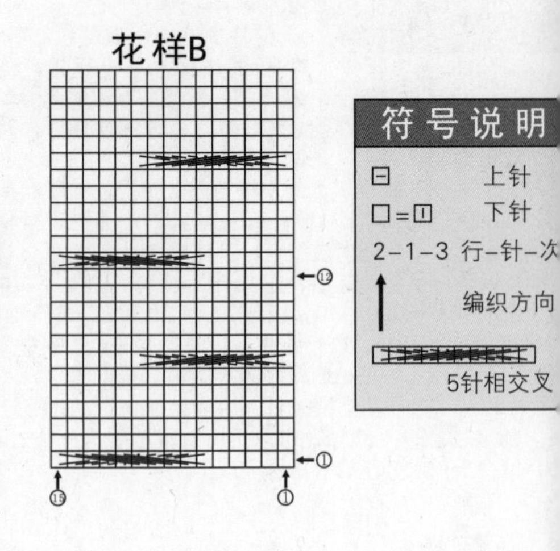
花样B
13
1
15
符号说明
上针
下针
2-1-3 行-针-次
编织方向
5针相交叉

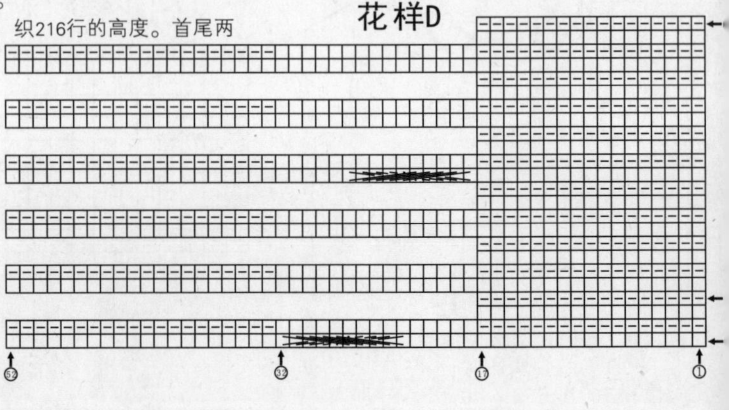
花样D
52
32
13
1

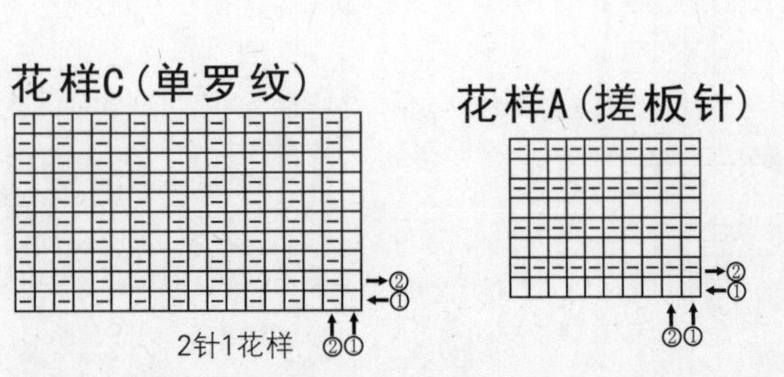
花样C(单罗纹)
2针1花样
花样A(搓板针)
2
1

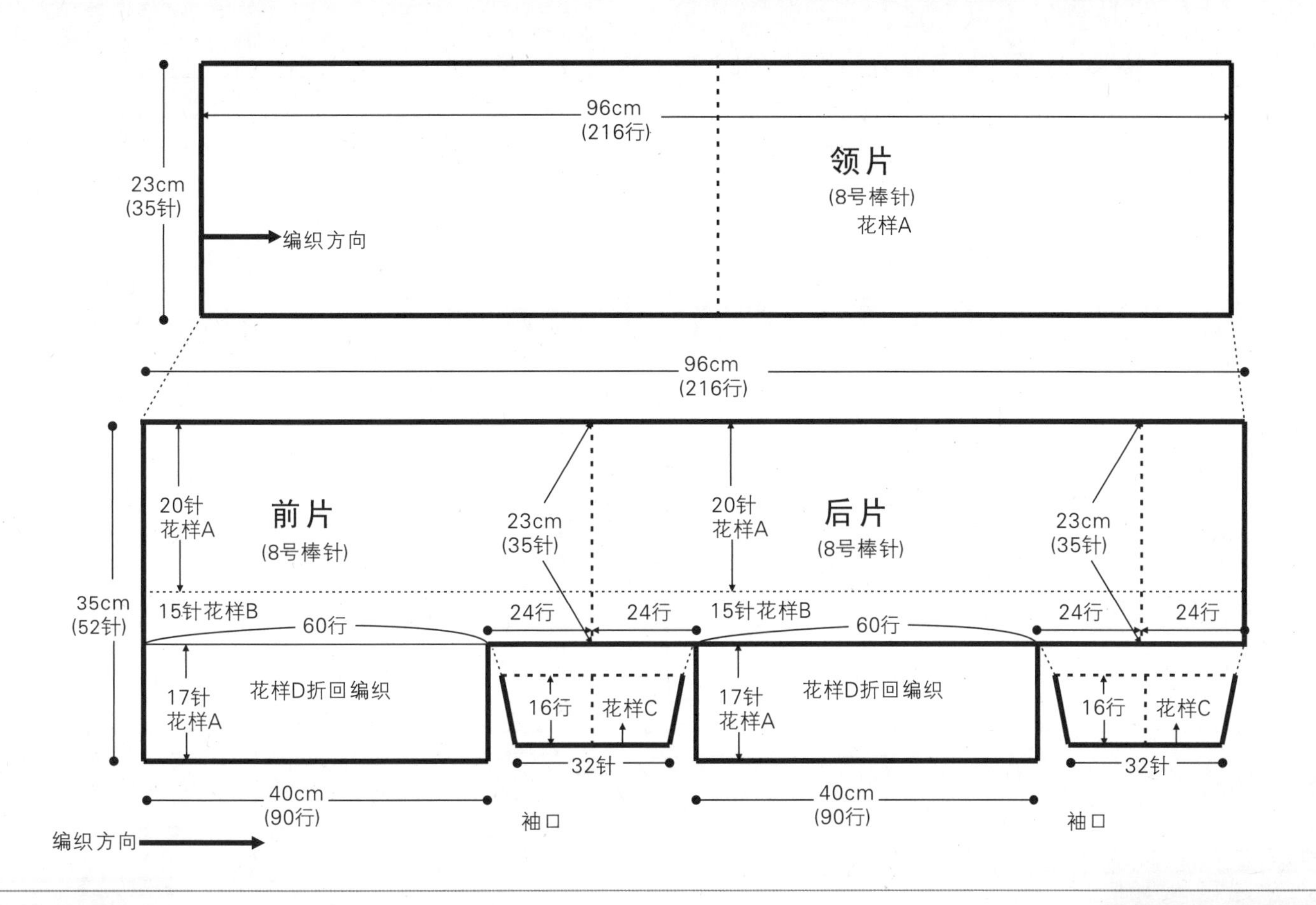

96cm
(216行)
23cm
(35针)
编织方向
领片
(8号棒针)
花样A
96cm
(216行)
35cm
(52针)
20针
花样A
前片
(8号棒针)
23cm
(35针)
20针
花样A
后片
(8号棒针)
23cm
(35针)
15针花样B
60行
24行
24行
15针花样B
60行
24行
24行
17针
花样A
花样D折回编织
16行
花样C
17针
花样A
花样D折回编织
16行
花样C
32针
32针
40cm
(90行)
袖口
40cm
(90行)
袖口
编织方向

作品113

【成品规格】衣长60cm，胸宽55cm，肩宽42cm，袖长59cm
【工　　具】8号棒针
【编织密度】18针×20行=10cm²
【材　　料】米白色羊毛线750g

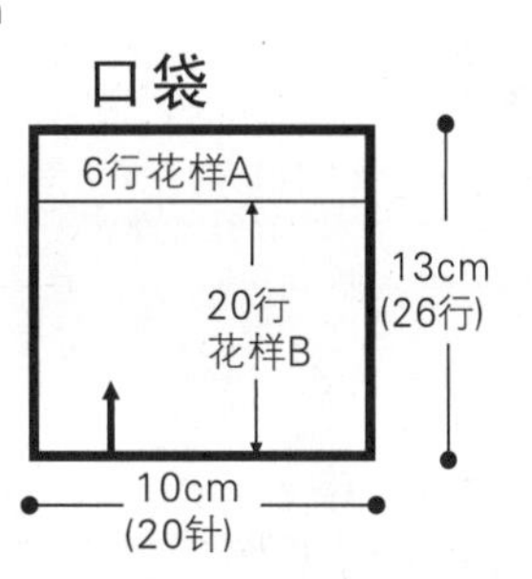

口袋
6行花样A
20行
花样B
13cm
(26行)
10cm
(20针)

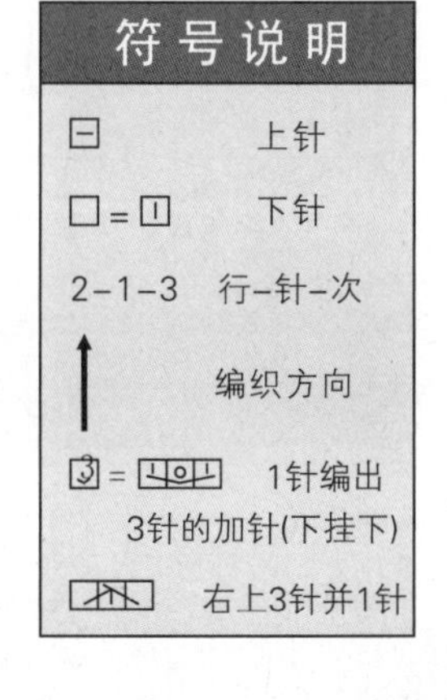

符号说明
上针
下针
2-1-3　行-针-次
编织方向
1针编出
3针的加针(下挂下)
右上3针并1针

前片/后片/领片/袖片制作说明

1.棒针编织法：由左前片、右前片和后片和两个袖片组成。

2.前后片织法：

①前片的编织，分为左前片和右前片。以右前片为例，单罗纹起针法，起55针，起织花样A，不加减针，织4
̶。下一行起排花型，衣襟侧选7针编织花样A，余下48针编织花样B，照此分配，
̶加减针，织84行的高度，下一行起，袖窿起减针，收针4针，然后2-2-4，减少
2针，当织成袖窿算起16行的高度时，下一行起减前衣领，从右至左，收针7针，
然后减针，2-2-6，织成12行后，再织4行至肩部，余下24针，收针断线。相同的
方法，相反的加减针方向去编织左前片。右前片衣襟上制作6个扣眼。扣眼织空针
和并针形成。最后制作两个口袋，起20针，起织花样B，织20行后，全部改织花样
，织6行后收针断线。除收针边外的三边，与衣身缝合。

②后片的编织：单罗纹起针法，起100针，起织花样A，不加减针，织4行的高度，
下一行起，排成花样B编织，不加减针，织84行的高度。下一行袖窿起减针。两边
同时收针4针，2-2-4，当织成袖窿算起28行的高度时，下一行中间收针24针，两
边减针，2-1-2，至肩部余下24针，收针断线。将前后片的肩部对应缝合，再将侧
缝对应缝合。

3.袖片织法：单罗纹起针法，起60针，起织花样A，织4行的高度，下一行起，起织
花样B，并在袖侧缝上加针编织，18-1-6，再织6行结束编织，加针成72针，将所
有的针数，收针断线。相同的方法再去编织另一个袖片。将两个袖山边线与衣身的
袖窿边线对应缝合。再将袖侧缝缝合。衣服完成。

花样A(单罗纹)

2针1花样

花样B

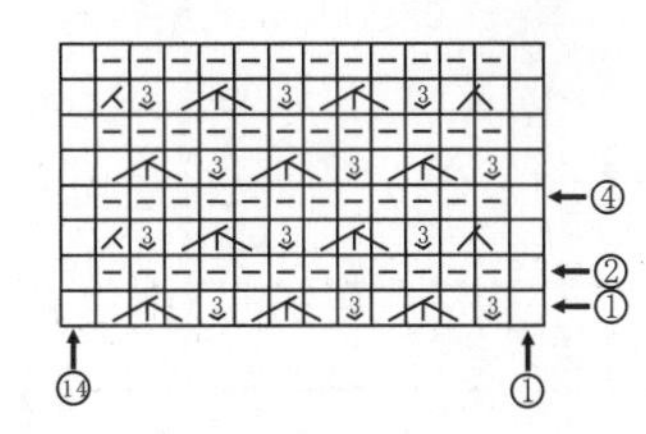

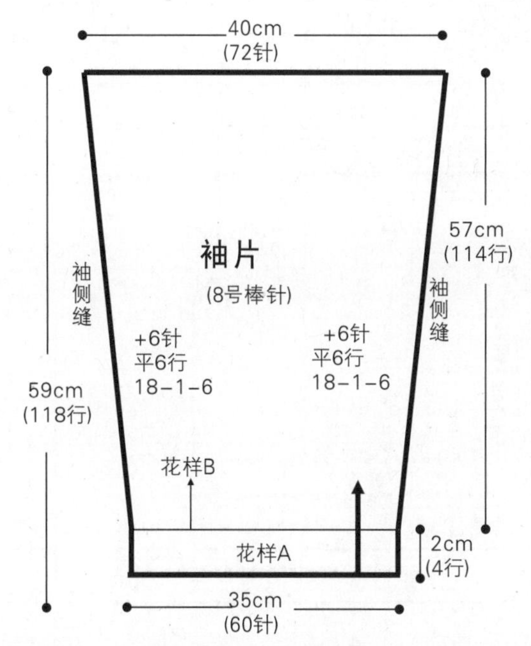

40cm
(72针)
袖片
(8号棒针)
袖侧缝
袖侧缝
+6针
平6行
18-1-6
+6针
平6行
18-1-6
57cm
(114行)
59cm
(118行)
花样B
花样A
2cm
(4行)
35cm
(60针)

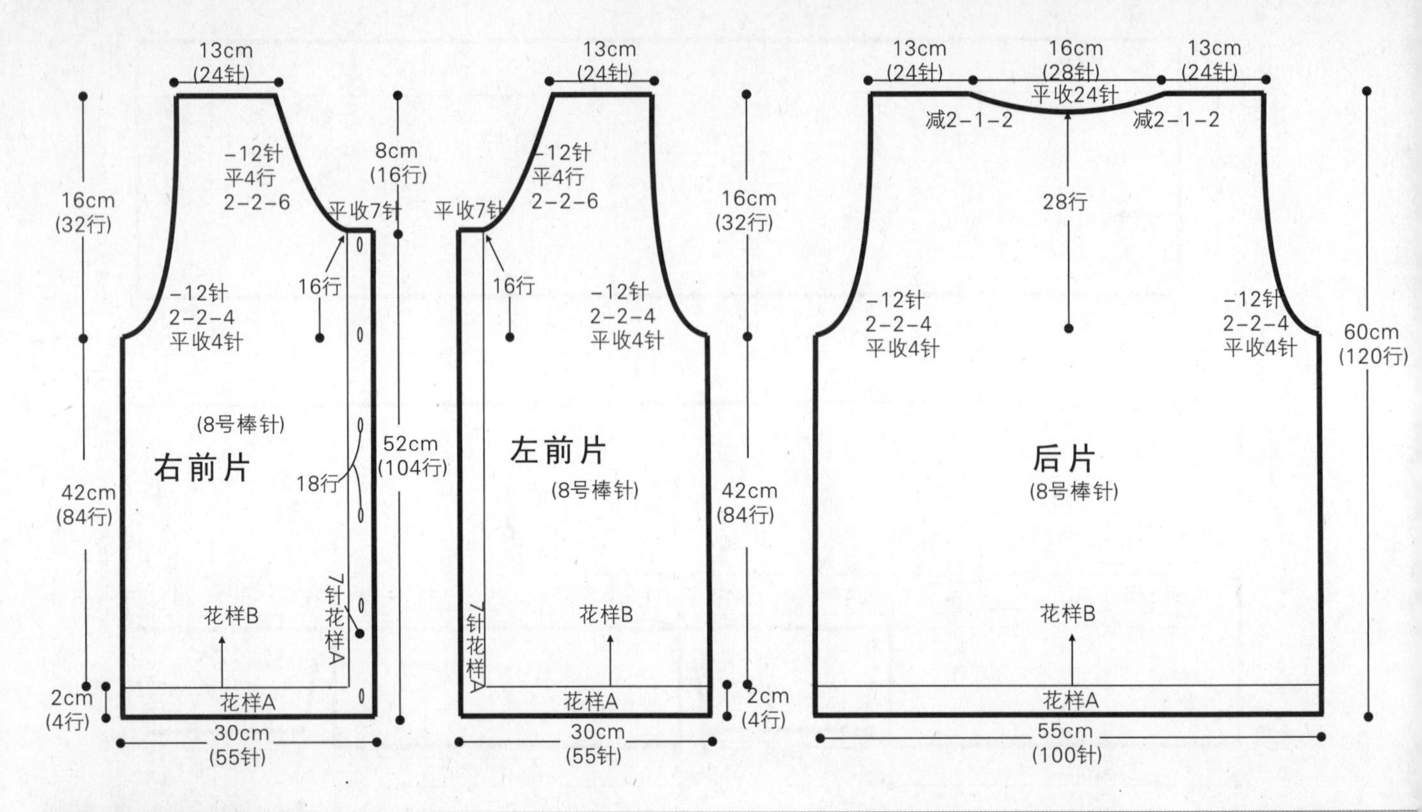

13cm
(24针)
16cm
(32行)
−12针
平4行
2-2-6
8cm
(16行)
平收7针
16行
−12针
2-2-4
平收4针
(8号棒针)
右前片
52cm
(104行)
18行
42cm
(84行)
7针花样A
花样B
2cm
(4行)
花样A
30cm
(55针)
左前片
(8号棒针)
16cm
(28针)
平收24针
减2-1-2
28行
后片
60cm
(120行)
55cm
(100针)

作品114

【成品规格】衣长54cm，胸围80cm，袖长50cm

【工　　具】12号、11号、10号棒针

【编织密度】24针×26行=10cm²

【材　　料】玫红色毛线500g

制作说明

1.后片：12号针起96针织双罗纹6cm后，换11号针织平针，织30cm开袖窿，腋下各平收3针，再依次减针，后领窝留1.5cm，肩平收。

2.前片：底边同后片；上面织花样，为调节花样的编织密度使用大一号的针，袖窿织法同后片；领窝深7cm，中心平收12针，两侧依次减针至完成。

3.袖：12号针起48针织双罗纹6cm，换11号针织平针，两侧按图示加针织出袖筒32cm，袖山减针先各平收3针，再依次减针，最后20针平收。

4.领：沿领窝挑84针织双罗纹15cm，依次换大一号的针织成，平收，完成。

□=□

编织花样

符号说明

4针右上交叉

4针左上交叉

领

织双罗纹

10号针15行

11号针15行

12号针20行

15cm
(50行)

挑84针

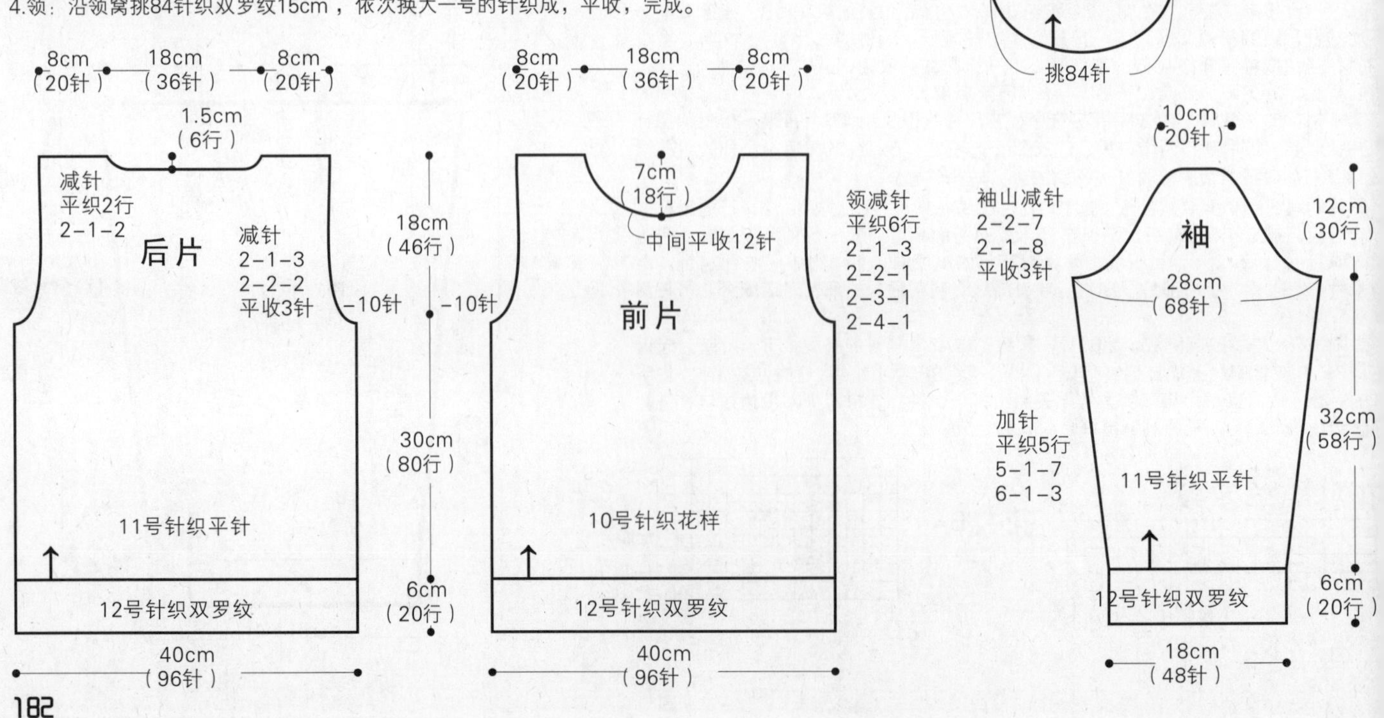

8cm
(20针)
18cm
(36针)
1.5cm
(6行)
减针
平织2行
2-1-2
后片
减针
2-1-3
2-2-2
平收3针
−10针
18cm
(46行)
30cm
(80行)
11号针织平针
12号针织双罗纹
6cm
(20行)
40cm
(96针)
7cm
(18行)
中间平收12针
前片
10号针织花样
领减针
平织6行
2-1-3
2-2-1
2-3-1
2-4-1
袖山减针
2-2-7
2-1-8
平收3针
10cm
(20针)
袖
12cm
(30行)
28cm
(68针)
加针
平织5行
5-1-7
6-1-3
32cm
(58行)
11号针织平针
12号针织双罗纹
6cm
(20行)
18cm
(48针)

作品115

【成品规格】衣长67cm，胸围96cm，肩宽40cm，袖长44cm
【工　　具】12号棒针
【编织密度】25针×27.5行=10cm²
【材　　料】紫色马海毛线500g

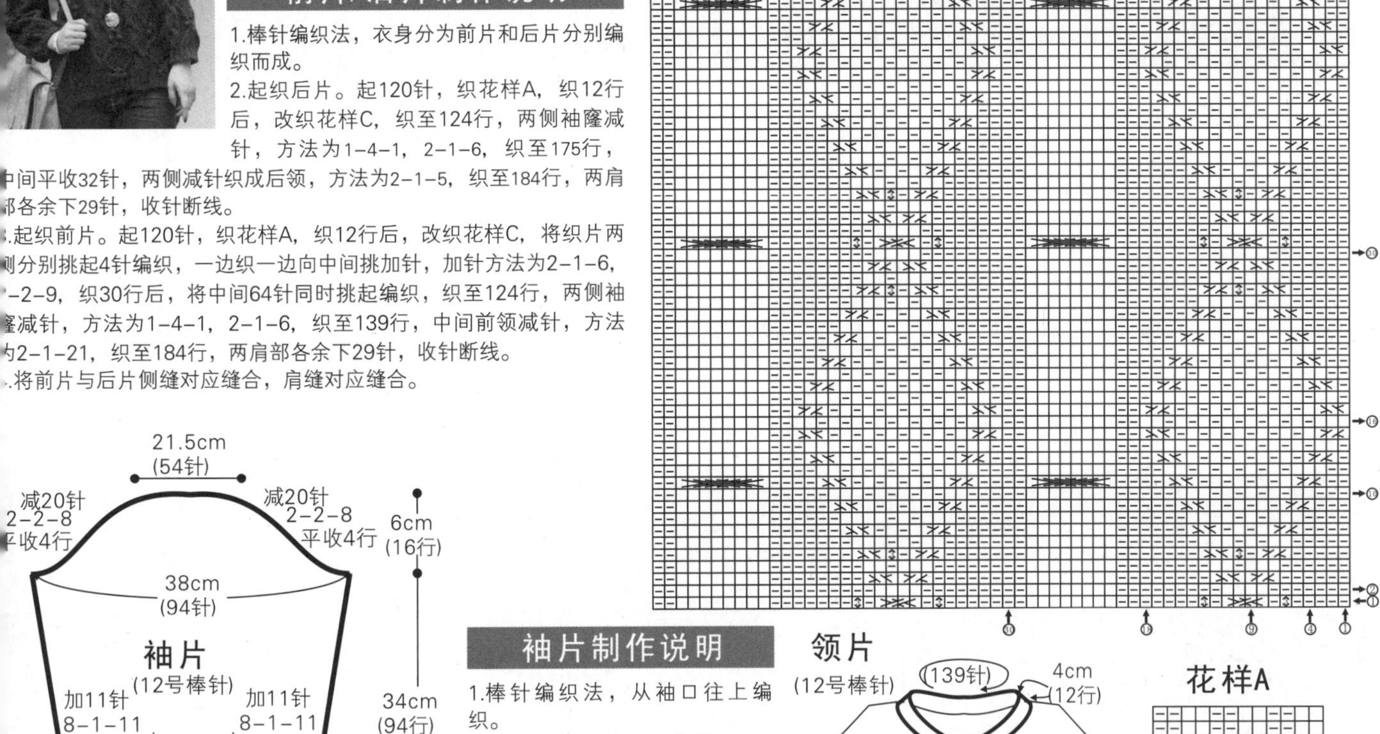

花样C

前片/后片制作说明

1.棒针编织法，衣身分为前片和后片分别编织而成。
2.起织后片。起120针，织花样A，织12行后，改织花样C，织至124行，两侧袖窿减针，方法为1-4-1，2-1-6，织至175行，中间平收32针，两侧减针织成后领，方法为2-1-5，织至184行，两肩部各余下29针，收针断线。
3.起织前片。起120针，织花样A，织12行后，改织花样C，将织片两侧分别挑起4针编织，一边织一边向中间挑加针，加针方法为2-1-6，2-2-9，织30行后，将中间64针同时挑起编织，织至124行，两侧袖窿减针，方法为1-4-1，2-1-6，织至139行，中间前领减针，方法为2-1-21，织至184行，两肩部各余下29针，收针断线。
4.将前片与后片侧缝对应缝合，肩缝对应缝合。

21.5cm
(54针)
减20针
2-2-8
平收4行
减20针
2-2-8
平收4行
6cm
(16行)
38cm
(94针)
袖片
(12号棒针)
加11针
8-1-11
加11针
8-1-11
34cm
(94行)
(19针)
花样B
(34针)
花样C
(19针)
花样B
花样A
4.5cm
(12行)
29cm
(72针)

袖片制作说明

1.棒针编织法，从袖口往上编织。
2.起织，起72针，织花样A，织12行后，改为花样B，C间隔编织，如结构图所示，一边织一边两侧加针，方法为8-1-11，织至106行，两侧减针编织袖山，方法为1-4-1，2-2-8，至122行，织片余下54针，收针断线。
3.同样的方法编织另一袖片。
4.将袖山对应袖窿线缝合，再将袖底缝合。

领片
(12号棒针)
(139针)
4cm
(12行)
花样A

领片制作说明

棒针编织法，沿领口挑起139针环形编织，织花样A，一边织一边领尖两侧减针，方法为2-2-6，织12行后，收针断线。

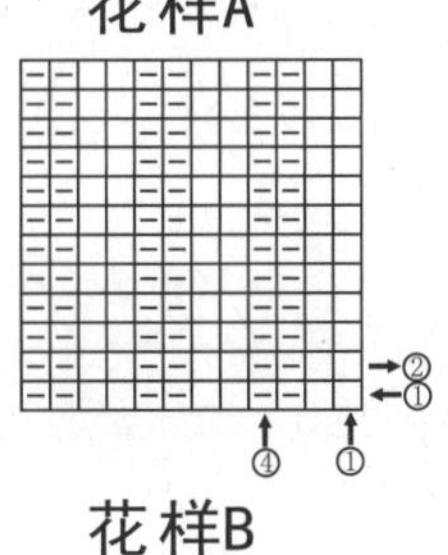

花样A

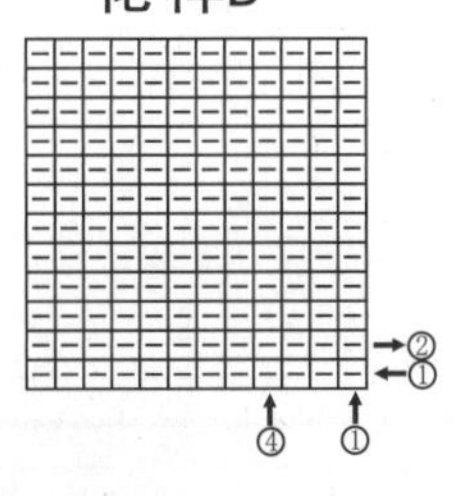

花样B

11.5cm
(29针)
17cm
(42针)
11.5cm
(29针)
16.5cm
(46行)
减2-1-21
减2-1-21
减10针
2-1-6
1-4-1
(第139行)
减10针
2-1-6
1-4-1
前片
(12号棒针)
花样C

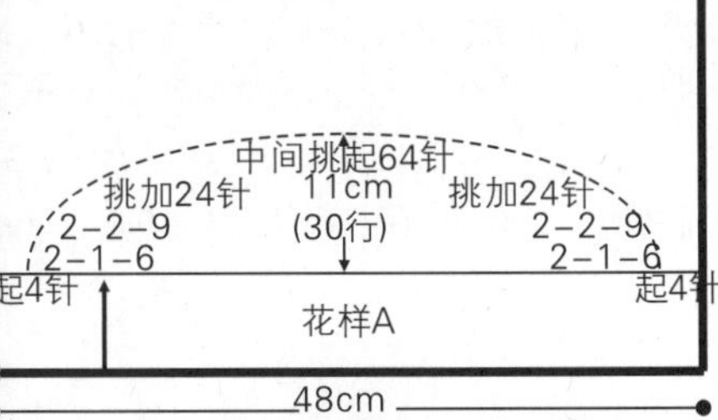

中间挑起64针
挑加24针
2-2-9
2-1-6
11cm
(30行)
挑加24针
2-2-9
2-1-6
起4针
起4针
花样A
48cm
(120针)

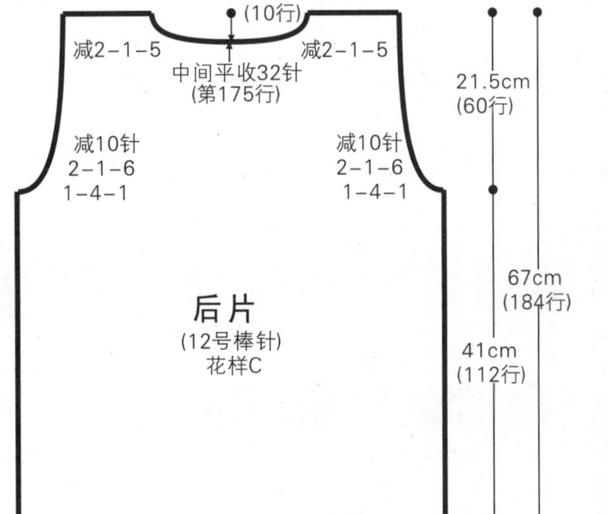

11.5cm
(29针)
17cm
(42针)
11.5cm
(29针)
(10行)
减2-1-5
中间平收32针
(第175行)
减2-1-5
减10针
2-1-6
1-4-1
减10针
2-1-6
1-4-1
后片
(12号棒针)
花样C
花样A
48cm
(120针)
21.5cm
(60行)
67cm
(184行)
41cm
(112行)
4.5cm
(12行)

符号说明

⊟	上针
□=⊡	下针
2-1-3	行-针-次
(左上2针与右下2针交叉符号)	左上2针与右下2针交叉
(左上2针与右下1针交叉符号)	左上2针与右下1针交叉
(右上2针与左下1针交叉符号)	右上2针与左下1针交叉
(3针的结编织符号)	3针的结编织
(右上4针与左下4针交叉符号)	右上4针与左下4针交叉

作品116

【成品规格】衣长48cm，胸宽47cm，肩宽33cm，袖长49cm
【工　　具】8号棒针
【编织密度】18针×20行=10cm²
【材　　料】米白色羊毛线650g

前片/后片/领片/袖片制作说明

1.棒针编织法：由左前片、右前片和后片和两个袖片组成。
2.前后片织法：
①前片的编织：分为左前片和右前片。以右前片为例，单罗纹起针法，起44针，起织花样A，不加减针，织6行。下一行起编织花样B，不加减针，织58行的高度，下一行起，袖窿起减针，收针4针，然后2-2-4，减少12针，当织成袖窿算起16行的高度时，下一行起减前衣领，从右至左，2-2-6，织成12行后，再织4行至肩部，余下24针，收针断线。相同的方法，相反的加减针方向去编织左前片。
②后片的编织。单罗纹起针法，起84针，起织花样A，不加减针，织6行的高度，下一行起，排成花样B编织，不加减针，织58行的高度。下一行袖窿起减针。两边同时收针4针，2-2-4，当织成袖窿算起28行的高度时，下一行中间收针16针，两边减针，2-1-2，至肩部余下20针，收针断线。将前后片的肩部对应缝合，再将侧缝对应缝合。
3.袖片织法：单罗纹起针法，起60针，起织花样A，织6行的高度，下一行起，起织花样B，并在袖侧缝上加针编织，14-1-6，再织6行结束编织，加针成72针，将所有的针数，收针断线。相同的方法再去编织另一个袖片。将两个袖山边线与衣身的袖窿边线对应缝合。再将袖侧缝缝合。用钩针沿着左右衣襟边，挑出74针，起钩短针，钩织6行，左衣襟制作5个扣眼。再沿着前后衣领边，挑78针，起钩短针，不加减针，织6行的高度。左衣领侧边制作一个扣眼。扣眼用2针锁针代替2针短针形成。衣服完成。

袖片（8号棒针）：40cm（72针）；46cm（92行）；49cm（98行）；袖侧缝；+6针 平8行 14-1-6；花样B；花样A；3cm（6行）；35cm（60针）

花样A：2针1花样

领片（2.5mm钩短针）：30针；6行；24针；24针；74针；6行 6行

花样B

右前片（8号棒针）：11cm（20针）；16cm（32行）；-12针 平4行 2-2-6；16行；-12针 2-2-4 平收4针；29cm（58行）；花样B；花样A；3cm（6行）；25cm（44针）

左前片（8号棒针）：11cm（20针）；8cm（16行）；-12针 平4行 2-2-6；16行；-12针 2-2-4 平收4针；40cm（80行）；花样B；花样A；25cm（44针）；16cm（32行）；29cm（58行）；3cm（6行）

后片（8号棒针）：11cm（20针）；11cm（20针）；11cm（20针）；平收16针；减2-1-2；减2-1-2；33cm（60针）；28行；-12针 2-2-4 平收4针；-12针 2-2-4 平收4针；48cm（96行）；下针；花样A；47cm（84针）

符号说明

⊟	上针
□=⏐	下针
2-1-3	行-针-次
↑	编织方向
3	1针编出3针的加针(下挂下)
入	右上3针并1针

作品117

【成品规格】衣长60cm，胸宽48cm，肩宽40cm，袖长47.5cm
【工　　具】9号棒针
【编织密度】19针×30行=10cm²
【材　　料】白色和棕色羊毛线各400g

前片/后片/领片/袖片制作说明

1.棒针编织法。由前片与后片和两个袖片组成。
2.前后片织法：
①前片的编织，单罗纹起针法，起92针，起织花样A，织24行，下一行起配色编织，分20行棕色线，20针白色线相间交替编织，全织上针，不加减针，织100行，至袖窿，袖窿起减针，两侧收针4针，然后2-1-4，两边各减少8针，当织成袖窿算起48行的高度时，下一行起织前衣领边，中间收针20针，然后两边减针，2-2-6，织成12行至肩部，余下16针，收针断线。另一边织法相同。
②后片袖窿以下的织法与前片相同。将前后片的肩部对应缝合，再将侧缝对应缝合。
3.袖片织法：单罗纹起针法，起64针，起织花样A，织24行的高度。下一行起，配色编织，与衣身相同，20行棕色线20行白色线交替编织，全织上针，并在两边袖侧缝上加针，6-1-8，再织12行，加成80针，织成60行高。下一行起袖山减针，两边同时收针4针，然后2-1-10，两边各减少14针，余下52针，收针断线。相同的方法再去编织另一个袖片。将两个袖山边线与衣身的袖窿边线对应缝合。再将袖侧缝缝合。
4.领片织法：沿前领窝挑64针、后领窝挑64针，共挑起128针，不加减针，织12行花样A，收针断线。衣服完成。

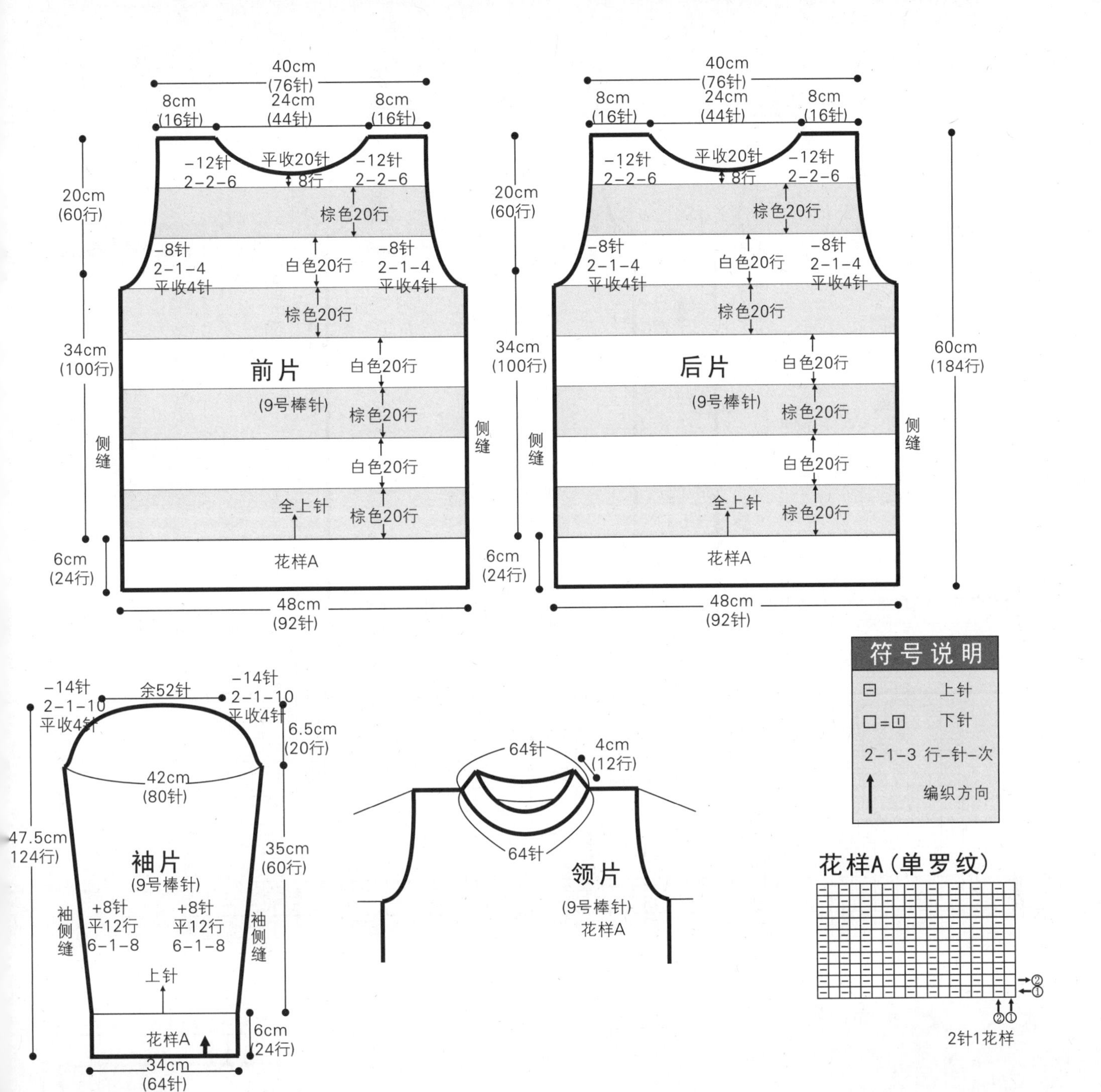
40cm
(76针)
8cm
(16针)
24cm
(44针)
8cm
(16针)
-12针
2-2-6
平收20针
8行
-12针
2-2-6
20cm
(60行)
棕色20行
-8针
2-1-4
平收4针
白色20行
-8针
2-1-4
平收4针
棕色20行
34cm
(100行)
前片
(9号棒针)
白色20行
棕色20行
侧缝
白色20行
全上针
棕色20行
6cm
(24行)
花样A
48cm
(92针)
后片
(9号棒针)
60cm
(184行)
-14针
2-1-10
平收4针
余52针
-14针
2-1-10
平收4针
6.5cm
(20行)
42cm
(80针)
47.5cm
(124行)
袖片
(9号棒针)
35cm
(60行)
袖侧缝
+8针
平12行
6-1-8
上针
花样A
6cm
(24行)
34cm
(64针)
64针
4cm
(12行)
64针
领片
(9号棒针)
花样A
符号说明
上针
下针
2-1-3 行-针-次
编织方向
花样A（单罗纹）
2针1花样

作品118

【成品规格】衣长60cm，胸宽45cm，肩宽37cm，袖长6cm
【工　　具】8号棒针
【编织密度】13.5针×22行=10cm^2
【材　　料】绿色羊毛线650g

前片/后片/领片/袖片制作说明

1.棒针编织法。由前片与后片和两个袖片组成。
2.前后片织法：
①前片的编织，单罗纹起针法，起70针，起织花样A，织12行，下一行依照花样B排花样编织。不加减针，织80行，至袖窿，袖窿起减针，两侧收针4针，然后2-1-6，两边各减少10针，当织成袖窿算起14行的高度时，下一行起织前衣领边，中间收针8针，然后两边减针，2-2-4，4-1-3，再织6行至肩部，余下10针，收针断线。另一边织法相同。
②后片袖窿以下的织法与前片相同。袖窿两侧减针与前片相同，袖窿起织32行后，下一行中间收针18针，两边减针，2-2-2，2-1-2，至肩部余下10针，收针断线。将前后片的肩部对应缝合，再将侧缝对应缝合。
3.领片织法：沿前领窝挑44针、后领窝挑32针，共挑起76针，不加减针，织18行花样A，收针断线。再分别沿着左右袖口边，挑出64针，起织花样A，不加减针，织14行的高度后，收针断线。衣服完成。

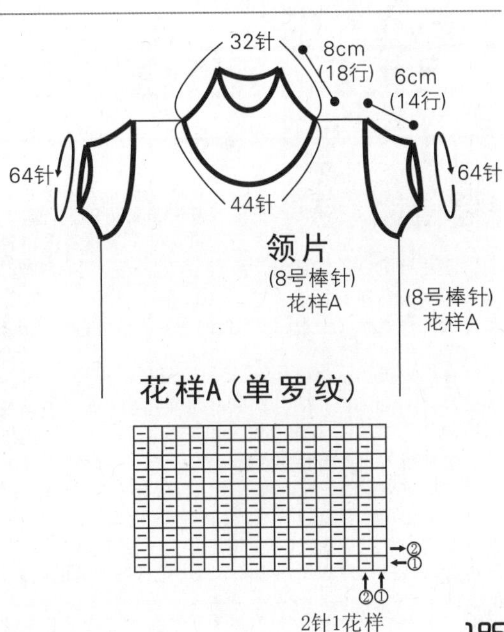
32针
8cm
(18行)
6cm
(14行)
64针
44针
64针
领片
(8号棒针)
花样A
(8号棒针)
花样A
花样A（单罗纹）
2针1花样

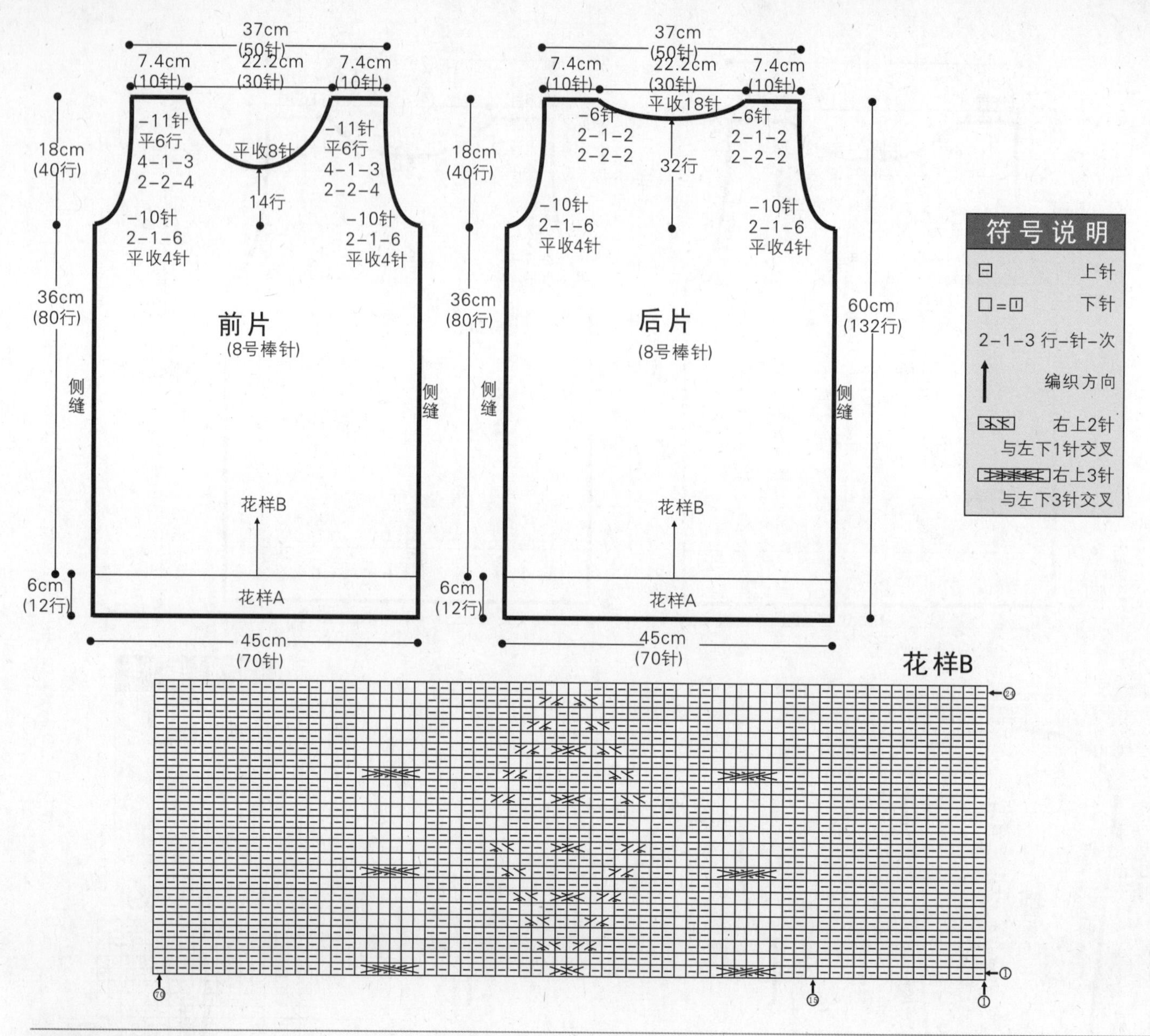
37cm
(50针)
7.4cm
(10针)
22.2cm
(30针)
7.4cm
(10针)
-11针
平6行
4-1-3
2-2-4
平收8针
14行
-10针
2-1-6
平收4针
18cm
(40行)
36cm
(80行)
6cm
(12行)
前片
(8号棒针)
侧缝
花样B
花样A
45cm
(70针)
平收18针
-6针
2-1-2
2-2-2
32行
后片
(8号棒针)
60cm
(132行)
符号说明
上针
□=▯ 下针
2-1-3 行-针-次
编织方向
右上2针与左下1针交叉
右上3针与左下3针交叉
花样B

作品119

【成品规格】衣长70cm，胸宽48cm，肩宽48cm，袖长53cm

【工　　具】8号棒针

【编织密度】22针×30行=10cm²

【材　　料】灰色羊毛线1000g

前片/后片/领片/袖片制作说明

1.棒针编织法。由左前片、右前片和后片和两个袖片组成。

2.前后片织法：

①前片的编织，分为左前片和右前片。以右前片为例，单罗纹起针法，起65针，用8号针起织，起织花样A，不加减针，织24行。下一行起排花型，衣襟侧选11针编织花样A，余下54针依照花样B排花编织，照此分配，不加减针，织126行的高度，下一行起，袖窿不减针，在衣襟侧花样A往内算的第12针上进行减针编织，2-1-10，4-1-10，减少20针，织成60行高，肩部选34针收针，留下花样A单罗纹针，继续编织30行的高度后，收针断线。相同的方法，相反的减针方向去编织左前片。

②后片的编织。单罗纹起针法，起106针，起织花样A，不加减针，织24行的高度，下一行起，依照花样C排花样，不加减针，织126行的高度。无袖窿减针，继续编织52行的高度后，开始减后衣领边，下一行中间收针26针，两边减针，2-2-2，2-1-2，织成8行高，两边肩部余下34针，收针断线。将前后片的肩部对应缝合，再留60行的高度作袖口，余下的侧缝边进行缝合。再将前片加高编织的织块，将内侧边与后衣领边对应缝合，再将收针边缝合。

3.袖片织法：单罗纹起针法，起44针，起织花样A，织24行的高度，下一行起，起织花样D，并在袖侧缝上加针编织，8-1-16，再织8行至袖山，加成76针，将所有的针数收针断线。相同的方法再去编织另一个袖片。将两个袖山边线与衣身的袖窿边线对应缝合。再将袖侧缝缝合。衣服完成。

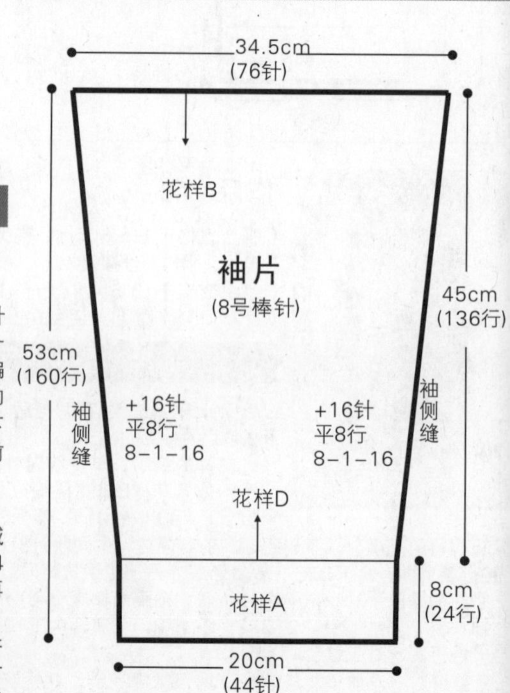
34.5cm
(76针)
花样B
袖片
(8号棒针)
45cm
(136行)
53cm
(160行)
袖侧缝
+16针
平8行
8-1-16
花样D
花样A
8cm
(24行)
20cm
(44针)

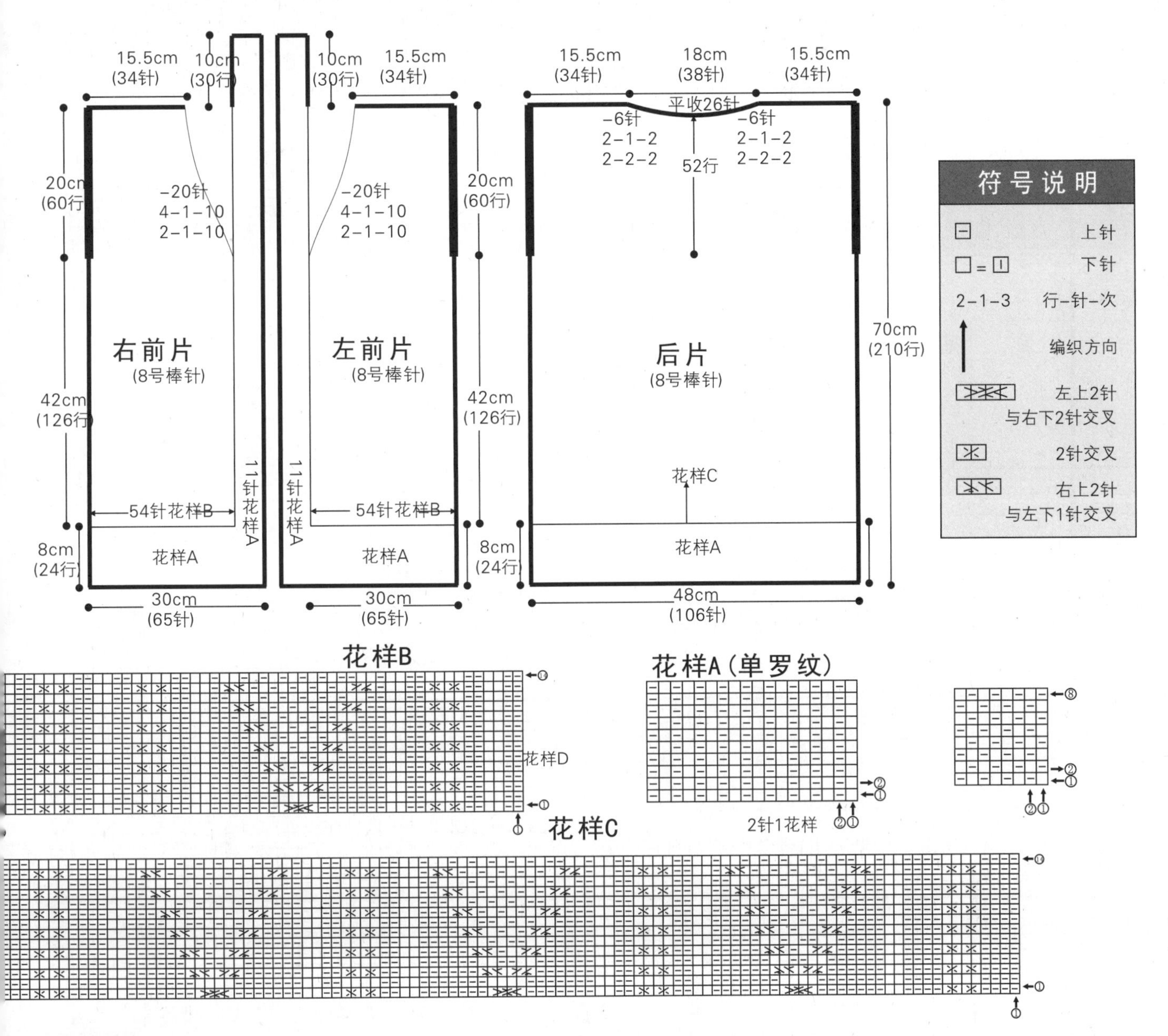

15.5cm
(34针)
10cm
(30行)
10cm
(30行)
15.5cm
(34针)
20cm
(60行)
-20针
4-1-10
2-1-10
右前片
(8号棒针)
左前片
(8号棒针)
42cm
(126行)
54针花样B
11针花样A
花样A
8cm
(24行)
30cm
(65针)
18cm
(38针)
平收26针
-6针
2-1-2
2-2-2
52行
后片
(8号棒针)
70cm
(210行)
花样C
48cm
(106针)
符号说明
上针
下针
2-1-3 行-针-次
编织方向
左上2针与右下2针交叉
2针交叉
右上2针与左下1针交叉
花样B
花样D
花样A（单罗纹）
2针1花样
花样C

作品120

【成品规格】衣长65cm，胸宽55cm，肩宽44cm，袖长47.5cm

【工　　具】9号棒针

【编织密度】19针×29行=10cm²

【材　　料】红色羊毛线850g

前片/后片/领片/袖片制作说明

1.棒针编织法。由前片与后片和两个袖片组成。用9号棒针编织，从下往上编织。

2.前后片织法：

①前片的编织，单罗纹起针法，起106针，起织花样A，不加减针，织204行的高度，下一行起，依照花样B排花样编织，不加减针，织26行的高度至袖窿。下一行起袖窿减针，两边各收针6针，然后2-1-5，两边各减少11针，余下84针，不加减针，织成袖窿算起16行的高度后，下一行的中间收针20针，两边各自减针，2-1-12，再织2行至肩部，余下20针，收针断线。

②后片的编织。袖窿以下的编织与前片相同，袖窿起减针与前片相同，当织成袖窿算起30行高度后，下一行中间收针32针，两边减针，2-2-2，2-1-2，织成8行，再织4行至肩部余下20针，收针断线。将前后片的肩部对应缝合，再将侧缝对应缝合。

3.袖片织法：从袖口起织，起48针，起织花样A，织20行的高度，下一行起依照花样C排花样编织，并在袖侧缝上加针编织，12-1-8，织成96行，再织6行进行袖山减针，下一行两边减针，各收4针，然后2-1-6，织成16行高，余下40针，收针断线。相同的方法再去编织另一个袖片。将两个袖山边线与衣身的袖窿边线对应缝合。再将袖侧缝合。

4.领片织法：沿前领窝挑42针、后领窝挑40针，共挑起82针，不加减针，织10行花样A，收针断线。衣服完成。

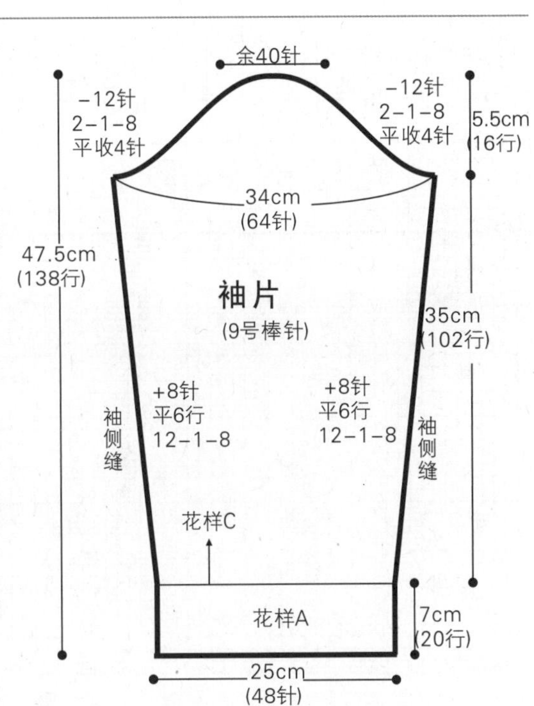

余40针
-12针
2-1-8
平收4针
5.5cm
(16行)
34cm
(64针)
47.5cm
(138行)
袖片
(9号棒针)
35cm
(102行)
+8针
平6行
12-1-8
袖侧缝
花样C
花样A
7cm
(20行)
25cm
(48针)

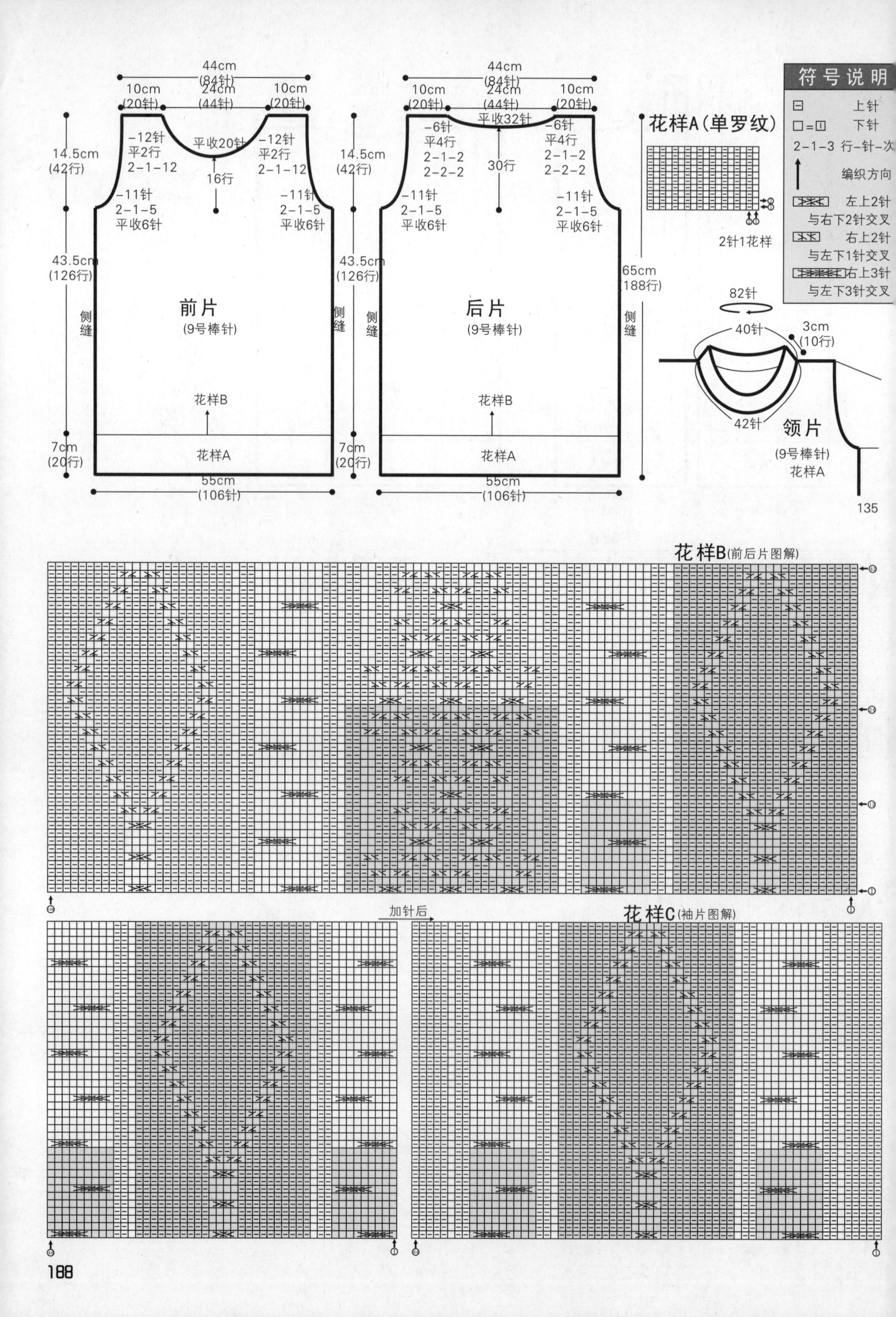

44cm
(84针)
10cm
(20针)
24cm
(44针)
10cm
(20针)
14.5cm
(42行)
-12针
平2行
2-1-12
平收20针
16行
-11针
2-1-5
平收6针
43.5cm
(126行)
侧缝
前片
(9号棒针)
花样B
7cm
(20行)
花样A
55cm
(106针)
平收32针
-6针
平4行
2-1-2
2-2-2
30行
65cm
(188行)
后片
花样A(单罗纹)
2针1花样
82针
40针
3cm
(10行)
42针
领片
(9号棒针)
花样A
135
符号说明
上针
下针
2-1-3 行-针-次
编织方向
左上2针与右下2针交叉
右上2针与左下1针交叉
右上3针与左下3针交叉
花样B(前后片图解)
加针后
花样C(袖片图解)

作品121

【成品规格】衣长60cm，胸宽55cm，肩宽38cm，袖长50cm
【工　　具】8号棒针
【编织密度】17针×17行=10cm²
【材　　料】灰色羊毛线750g

前片/后片/领片/袖片制作说明

1.棒针编织法。由左前片、右前片和后片和两个袖片组成。
2.前后片织法：
①前片的编织，分为左前片和右前片。以右前片为例，单罗纹起针法，起44针，起织花样A，不加减针，织74行。袖窿起减针，2-2-4，减少8针，当织成袖窿算起18行的高度时，下一行起减前衣领，从右至左，收针4针，然后减针，2-2-6，织成12行，至肩部余下20针，收针断线。相同的方法，相反的加减针方向去编织左前片。
②后片的编织。下针起针法，起92针，起织花样A，不加减针，织74行的高度，下一行起，袖窿起减针。2-2-4，当织成袖窿算起26行的高度时，下一行中间收针32针，两边减针，2-1-2，至肩部余下20针，收针断线。将前后片的肩部对应缝合，再将侧缝对应缝合。
3.袖片织法：下针起针法，起64针，起织花样A，不加减针，织86行后，收针断线。相同的方法再去编织另一个袖片。将两个袖山边线与衣身的袖窿边线对应缝合。再将袖侧缝缝合。
4.分别沿着左右衣襟边，用钩针挑90针，起钩短针，不加减针，钩织6行的高度。再沿前衣领窝挑22针，后衣领窝挑38针，钩织6行后收针。衣服完成。

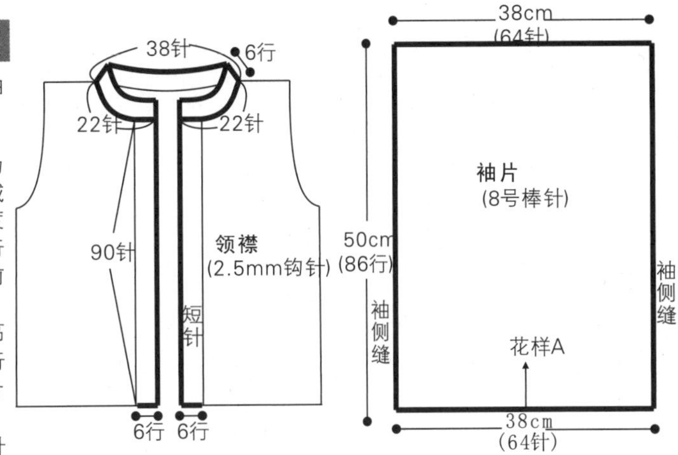

38针
6行
22针
22针
90针
领襟
(2.5mm钩针)
短针
6行 6行
38cm
(64针)
袖片
(8号棒针)
50cm
(86行)
袖侧缝
袖侧缝
花样A
38cm
(64针)

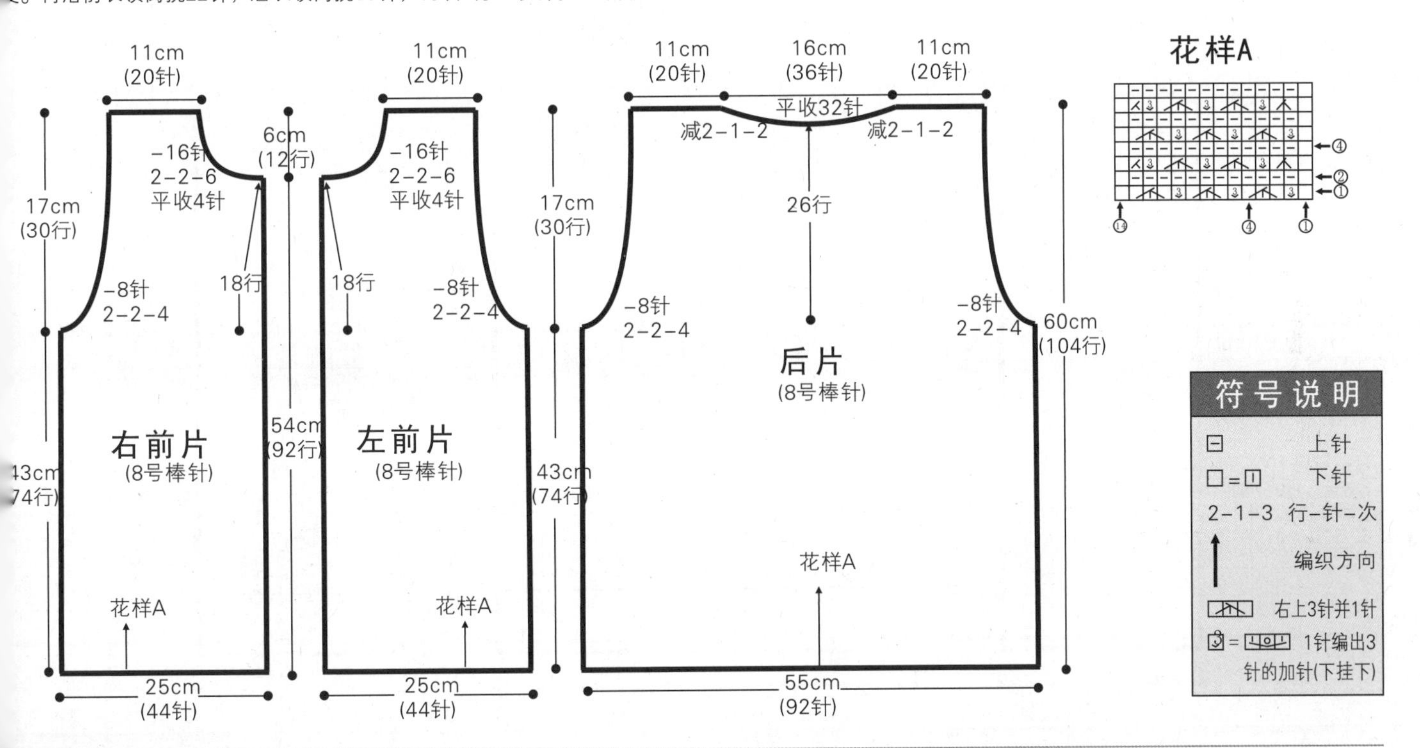

11cm
(20针)
-16针
2-2-6
平收4针
6cm
(12行)
17cm
(30行)
-8针
2-2-4
18行
右前片
(8号棒针)
43cm
(74行)
花样A
25cm
(44针)
54cm
(92行)
左前片
(8号棒针)
16cm
(36针)
平收32针
减2-1-2
减2-1-2
26行
后片
(8号棒针)
60cm
(104行)
55cm
(92针)
花样A
符号说明
上针
下针
2-1-3 行-针-次
编织方向
右上3针并1针
1针编出3针的加针(下挂下)

作品122

【成品规格】衣长70cm，胸宽50cm，袖长75cm
【工　　具】9号棒针
【编织密度】16.9针×21行=10cm²
【材　　料】白色羊毛线750g，纽扣7颗

前片/后片/领片/袖片制作说明

1.棒针编织法：由左前片、右前片和后片和两个袖片组成。
2.前后片织法：
①前片的编织：分为左前片和右前片。以右前片为例，双罗纹起针法，起45针，用9号针起织，起织花样A，不加减针，织18行。下一行全织下针，不加减针，织86行的高度至袖窿，袖窿起减针，2-2-7，2-1-14，衣襟织成22行的高度后同，开始减前衣领，2-2-5，2-1-6，与袖窿减针同步进行，直至最后余下1针，收针断线。相同的方法，相反的加减针方向去编织左前片。
②后片的编织：双罗纹起针法，起85针，起织花样A，不加减针，织18行的高度，下一行起，全织下针，不加减针，织86行的高度。至袖窿。袖窿起减针，减针方法与前片相同，织成44行后，余下29针，收针断线。
3.袖片织法：双罗纹起针法，起48针，起织花样A，织18行的高度，下一行起，全织下针，并在袖侧缝上加针编织，10-1-9，再织8行至袖山减针，下一行起，两边同时减针，2-2-7，2-1-14，再织2行，各减少288针，织成44行高度，余下10针，收针断线。相同的方法再去编织另一个袖片。
4.缝合，将袖片的袖山边线分别与前后片的插肩缝边线进行缝合，再分别将袖侧缝缝合，再将前后片的侧缝缝合。
5.分别沿着左右衣襟边，挑出110针，起织花样A双罗纹针，右衣襟制作7个扣眼。然后再沿前衣领窝，各挑40针，后衣领边，挑40针，共120针，起织花样B，织12行后，收针断线。衣服完成。

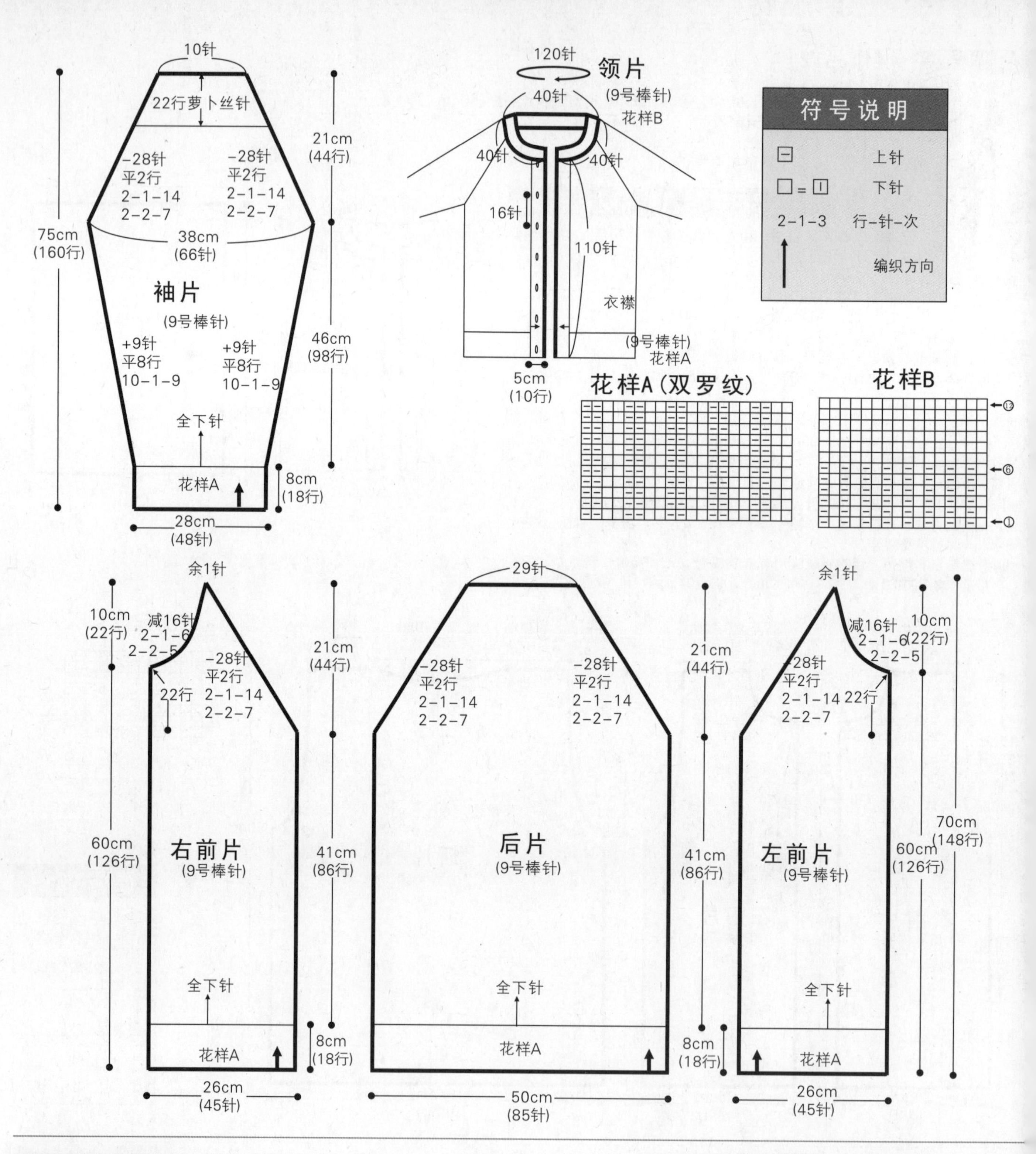

10针
22行萝卜丝针
-28针
平2行
2-1-14
2-2-7
-28针
平2行
2-1-14
2-2-7
75cm
(160行)
21cm
(44行)
38cm
(66针)
袖片
(9号棒针)
+9针
平8行
10-1-9
+9针
平8行
10-1-9
46cm
(98行)
全下针
花样A
8cm
(18行)
28cm
(48针)
120针
领片
40针
(9号棒针)
花样B
40针
40针
16针
110针
衣襟
(9号棒针)
花样A
5cm
(10行)
符号说明
上针
下针
2-1-3
行-针-次
编织方向
花样A(双罗纹)
花样B
13
6
1
余1针
10cm
(22行)
减16针
2-1-6
2-2-5
-28针
平2行
2-1-14
2-2-7
22行
60cm
(126行)
右前片
(9号棒针)
全下针
花样A
26cm
(45针)
29针
21cm
(44行)
-28针
平2行
2-1-14
2-2-7
-28针
平2行
2-1-14
2-2-7
41cm
(86行)
后片
(9号棒针)
全下针
花样A
8cm
(18行)
50cm
(85针)
余1针
21cm
(44行)
减16针
2-1-6
2-2-5
10cm
(22行)
-28针
平2行
2-1-14
2-2-7
22行
41cm
(86行)
左前片
(9号棒针)
70cm
(148行)
60cm
(126行)
全下针
8cm
(18行)
花样A
26cm
(45针)

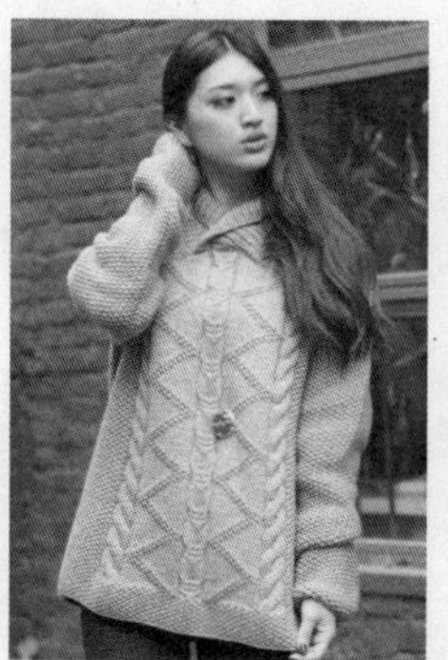

作品123

【成品规格】衣长70cm，胸宽55cm，肩宽34cm，袖长50cm

【工　　具】9号棒针

【编织密度】16针×21.7行=10cm²

【材　　料】灰色羊毛线840g

前片/后片/领片/袖片制作说明

1.棒针编织法：由前片与后片和两个袖片组成。用9号棒针编织，从下往上编织。

2.前后片织法：

①前片的编织：单罗纹起针法，起88针，起织花样A，不加减针，织14行的高度，下一行起，排花型，两边各选16针编织花样A，中间56针编织花样B，不加减针，织92行的高度至袖窿。下一行起袖窿减针，两边收针3针，2-2-4，两边各减少11针，余下66针，不加减针，织成袖窿算起22行的高度后，下一行的中间收针18针，两边各自减针，2-1-5，4-1-3，再织2行至肩部，余下16针，收针断线。

②后片的编织：袖窿以下的编织与前片相同，袖窿起减针与前片相同，当织成袖窿算起38行高度后，下一行中间收针14针，两边减针，2-4-2，2-1-2，织成8行，至肩部余下16针，收针断线。将前后片的肩部对应缝合，再将侧缝对应缝合。

3.袖片织法：从袖口起织，起36针，起织花样A，并在袖侧缝上加针编织，20-1-8，织成160行，下一行两边减针，2-4-3，织成6行高，余下28针，收针断线。相同的方法再去编织另一个袖片。将两个袖山边线与衣身的袖窿边线对应缝合。再将袖侧缝缝合。

4.领片织法：除前衣领中间收针边外，两边前衣领窝各挑24针、后领窝挑34针，共挑起82针，起织花样C，不加减针，织10行后，在前衣领侧边上加针，一次加4针，再织18行后收针断线。将侧缝与前衣领收针边进行缝合。衣服完成。

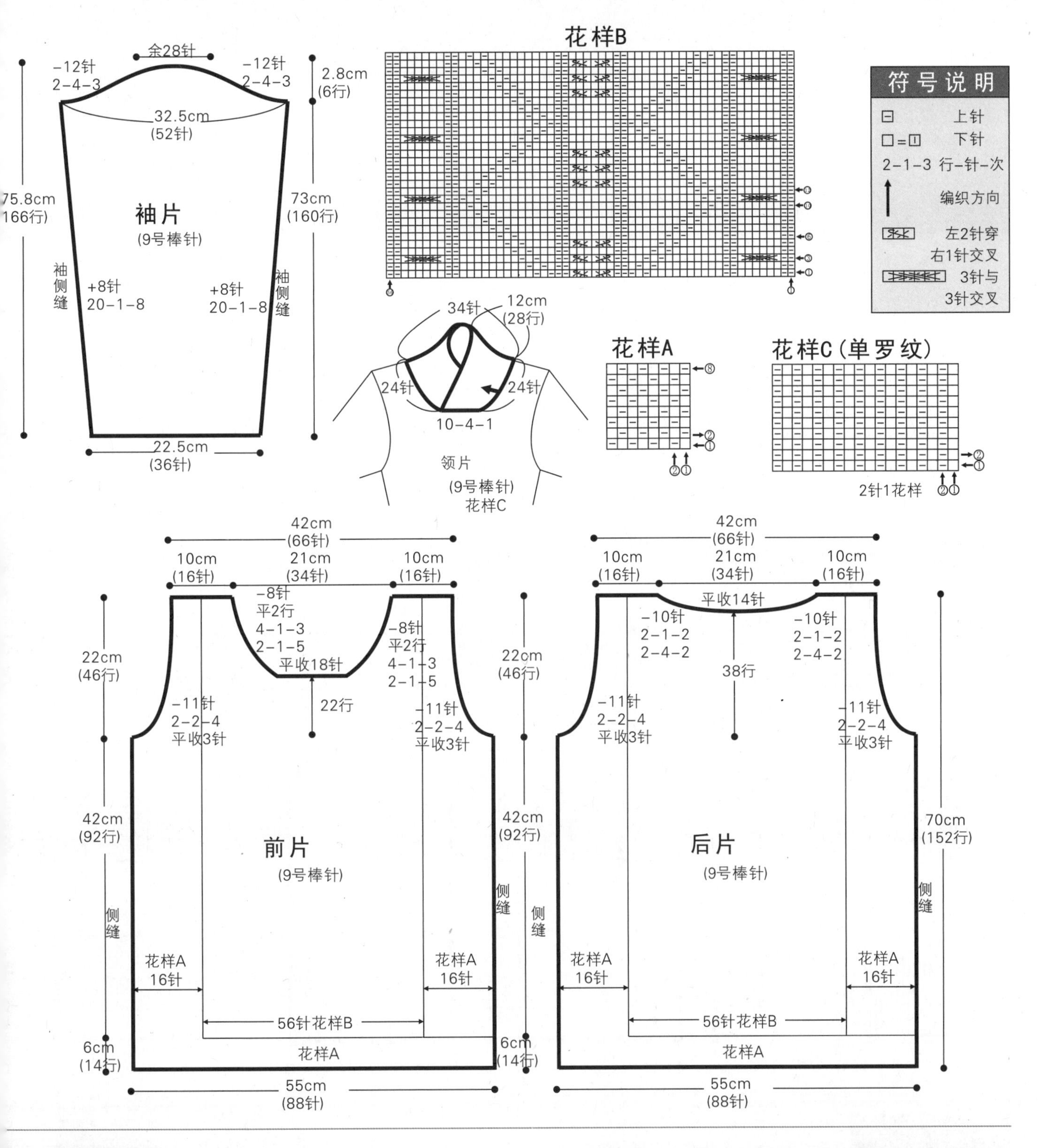

花样B
符号说明
上针
下针
2-1-3 行-针-次
编织方向
左2针穿右1针交叉
3针与3针交叉
袖片
(9号棒针)
余28针
-12针
2-4-3
2.8cm
(6行)
32.5cm
(52针)
75.8cm
166行)
73cm
(160行)
袖侧缝
+8针
20-1-8
22.5cm
(36针)
34针
12cm
(28行)
24针
10-4-1
领片
(9号棒针)
花样C
花样A
花样C(单罗纹)
2针1花样
前片
(9号棒针)
后片
(9号棒针)
42cm
(66针)
10cm
(16针)
21cm
(34针)
-8针
平2行
4-1-3
2-1-5
平收18针
22行
22cm
(46行)
-11针
2-2-4
平收3针
42cm
(92行)
侧缝
花样A
16针
56针花样B
6cm
(14行)
55cm
(88针)
平收14针
-10针
2-1-2
2-4-2
38行
70cm
(152行)

作品124

【成品规格】衣长62cm，胸宽48cm，袖长38cm

【工　　具】9号棒针

【编织密度】15针×21行=10cm²

【材　　料】灰色羊毛线800g

前片/后片/领片/袖片制作说明

1.棒针编织法：由左前片、右前片、后片和两个袖片组成，再连接领片。

2.前后片织法：

①前片的编织：分为左前片和右前片，以右前片为例说明，下针起针法，起36针，起织花样B，不加减针，织84行的高度后，下一行右侧缝上进行减针，4-1-6，减少6针，织成24行高，余下30针，收针断线。相同的方法去编织左前片。

②后片的编织。下针起针法，起72行，起织花样B，不加减针，织84行的高度后，两侧进行袖窿减针，减针方法与前片相同。各减6针后，余下60针。

3.袖片织法：下针起针法，起48针，起织花样B，不加减针，织56行的高度后，两侧进行袖窿减针，各减6针，4-1-6，织成24行高度，余下36针，收针断线。相同的方法再去编织另一个袖片。

4.缝合：用缝衣针，将袖片的两袖窿边线分别与前后片的袖窿边线对应缝合，再各自将前后片的侧缝对应缝合，再将袖侧缝合。

5.领片织法：用钩针编织。沿着缝合好后的衣领边，挑针起钩长针行，第一行起钩164针，第二行返回钩织短针行，两边各留2针作边，中间160针分为8等份减针，每20针一等份，一行共减少8针，然后第三行起钩织长针，第四行分为8等份减针，如此重复，共减9次，针数余下92针，收针断线，藏好线尾。衣服完成。

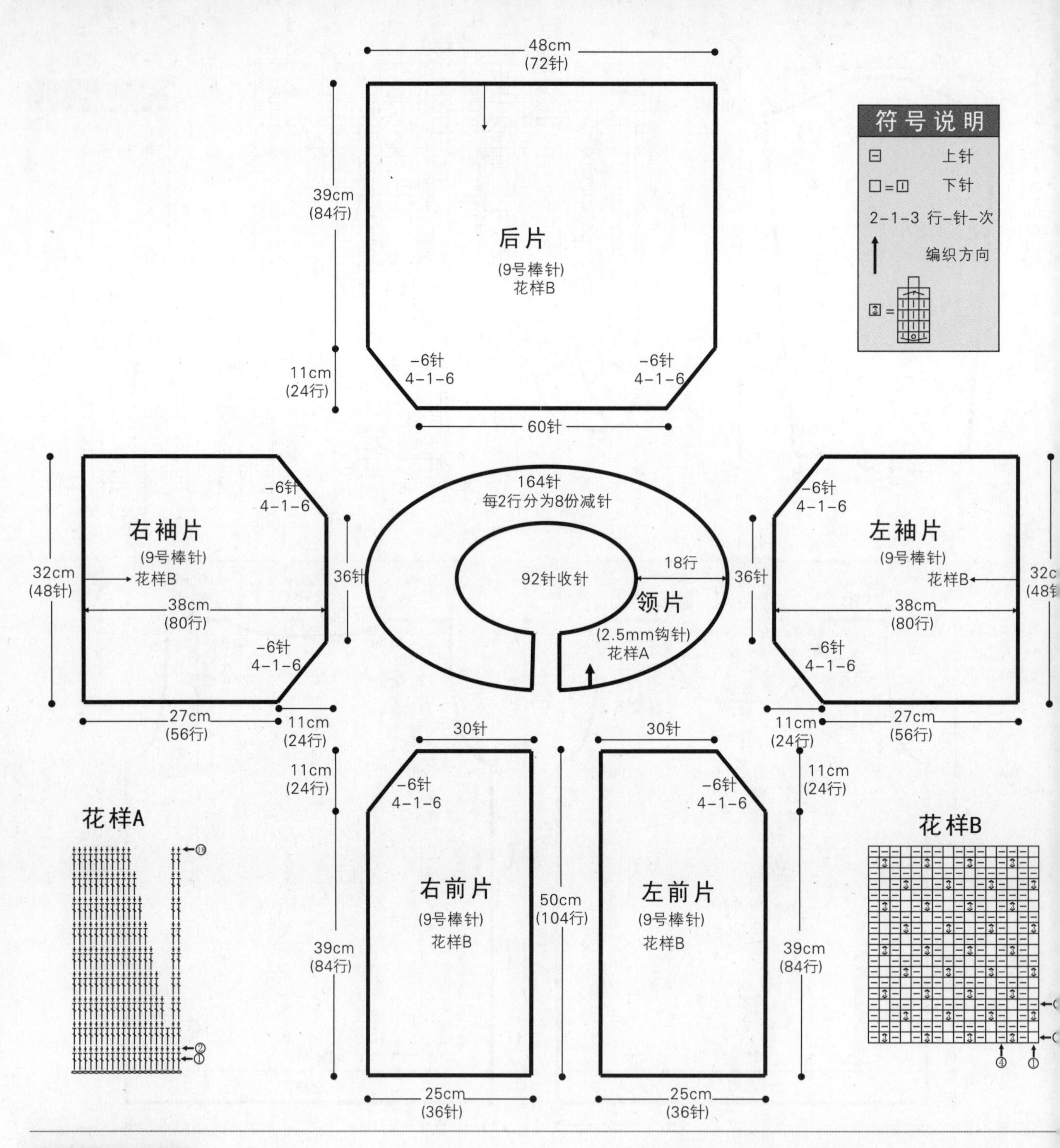

48cm
(72针)
39cm
(84行)
后片
(9号棒针)
花样B
-6针
4-1-6
-6针
4-1-6
11cm
(24行)
60针
符号说明
上针
下针
2-1-3 行-针-次
编织方向
164针
每2行分为8份减针
-6针
4-1-6
右袖片
(9号棒针)
花样B
32cm
(48针)
38cm
(80行)
-6针
4-1-6
36针
92针收针
18行
36针
领片
(2.5mm钩针)
花样A
-6针
4-1-6
左袖片
(9号棒针)
花样B
38cm
(80行)
-6针
4-1-6
27cm
(56行)
11cm
(24行)
11cm
(24行)
27cm
(56行)
30针
30针
11cm
(24行)
-6针
4-1-6
-6针
4-1-6
11cm
(24行)
花样A
右前片
(9号棒针)
花样B
50cm
(104行)
左前片
(9号棒针)
花样B
花样B
39cm
(84行)
39cm
(84行)
25cm
(36针)
25cm
(36针)

作品125

【成品规格】衣长65cm，胸宽45cm，肩宽28.5cm，袖长61cm

【工　　具】8号棒针

【编织密度】18针×21行=10cm²

【材　　料】灰色羊毛线750g，扣子5颗

前片/后片/领片/袖片制作说明

1.棒针编织法。由左前片、右前片和后片和两个袖片组成。

2.前后片织法：

①前片的编织，分为左前片和右前片。以右前片为例，单罗纹起针法，起46针，起织花样A，不加减针，织16行。下一行起排花型，衣襟侧选7针编织花样A，余下39针编织花样B，照此分配，不加减针，织74行的高度，下一行起，袖窿起减针，收针4针，然后2-1-10，减少14针，当织成袖窿算起22行的高度时，下一行起减前衣领，从右至左，收针7针，然后减针，2-2-2，2-1-8，织成20行后，再织2行至肩部，余下13针，收针断线。相同的方法，相反的加减针方向去编织左前片。右前片衣襟上制作6个扣眼。扣眼由空针和并针形成。左衣襟在对应的位置钉上扣子。

②后片的编织。单罗纹起针法，起80针，起织花样A，不加减针，织16行的高度，下一行起，全织上针，不加减针，织74行的高度。下一行袖窿起减针。两边同时收针4针，2-1-10，当织成袖窿算起40行的高度时，下一行中间收针22针，两边减针，2-1-2，至肩部余下13针，收针断线。将前后片的肩部对应缝合，再将侧缝对应缝合。

3.袖片织法：单罗纹起针法，起42针，起织花样A，织16行的高度，下一行起，两边各选10针编织上针，中间22针编织花样B中的花a，不加减针，织24行后，开始在袖侧缝上加针编织，10-1-4，再织20行至袖山减针，下一行起两边同时收针4针，然后2-1-15，织成30行高，余下12针，收针断线。相同的方法再去编织另一个袖片。将两个袖山边线与衣身的袖窿边线对应缝合。再将袖侧缝缝合。衣服完成。

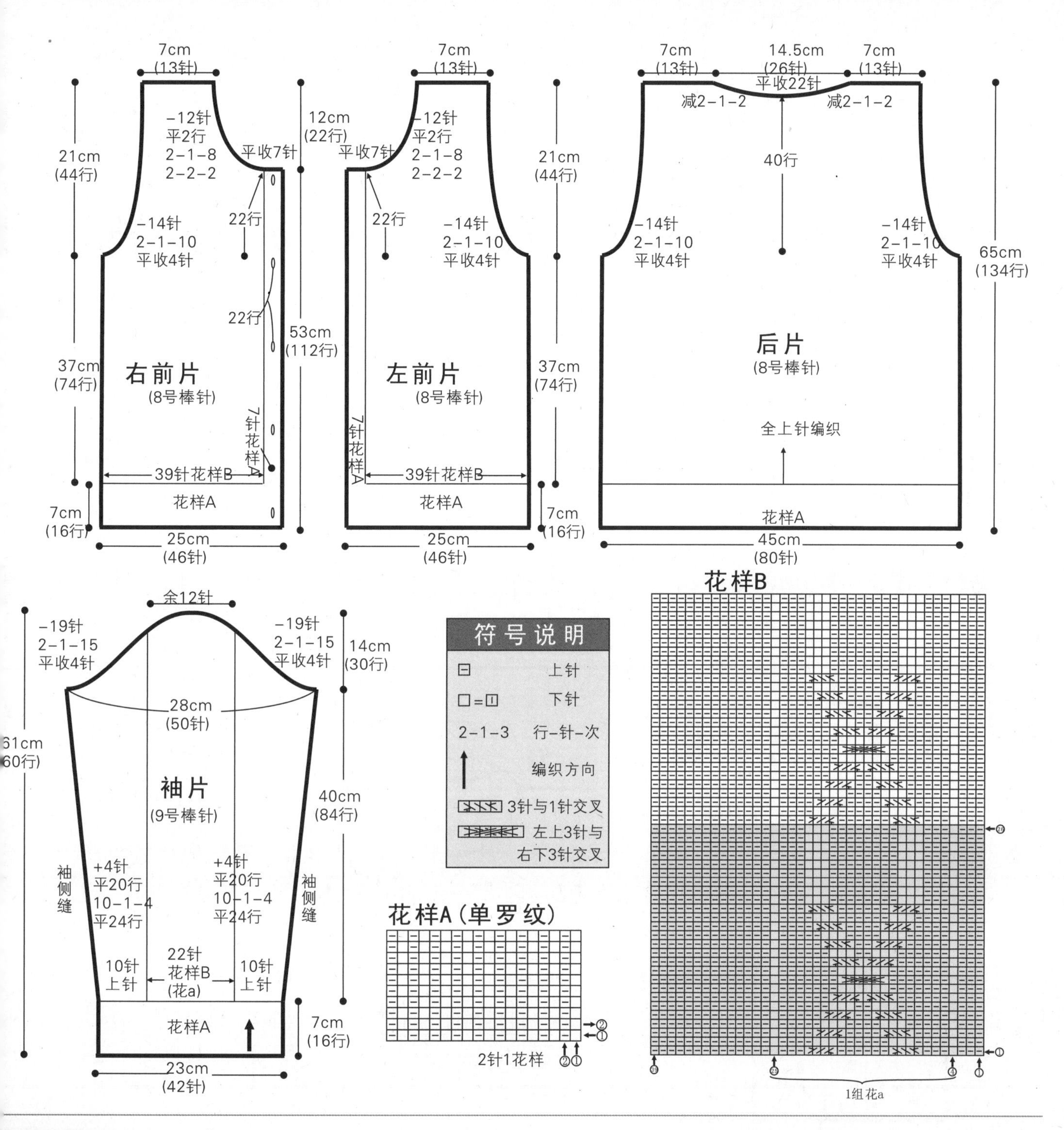

7cm
(13针)
21cm
(44行)
-12针
平2行
2-1-8
2-2-2
平收7针
22行
-14针
2-1-10
平收4针
22行
12cm
(22行)
53cm
(112行)
37cm
(74行)
右前片
(8号棒针)
7针花样A
39针花样B
花样A
7cm
(16行)
25cm
(46针)
左前片
(8号棒针)
14.5cm
(26针)
平收22针
减2-1-2
40行
65cm
(134行)
后片
(8号棒针)
全上针编织
45cm
(80针)
花样B
余12针
-19针
2-1-15
平收4针
14cm
(30行)
28cm
(50针)
61cm
(60行)
袖片
(9号棒针)
40cm
(84行)
袖侧缝
+4针
平20行
10-1-4
平24行
10针
上针
22针
花样B
(花a)
23cm
(42针)
符号说明
上针
□=▣ 下针
2-1-3 行-针-次
编织方向
3针与1针交叉
左上3针与右下3针交叉
花样A(单罗纹)
2针1花样
1组花a

作品126

【成品规格】衣长55cm，胸宽45cm，肩宽35cm，袖长58cm
【工　　具】9号棒针
【编织密度】24针×26行=10cm²
【材　　料】深棕色羊毛线700g

前片/后片/领片/袖片制作说明

1.棒针编织法。由前片与后片和两个袖片组成。
2.前后片织法：
①前片的编织，单罗纹起针法，起93针，起织排花，从右至左，依次是17针花样A，10针花样B，38针花样A，10针花样B，18针花样A。不加减针，织64行，下一行里，分散加针，加15针，加成108针，并依照花样C排花型编织，不加减针，织40行至袖窿，袖窿起减针，两侧收针4针，然后2-1-8，两边各减少12针，当织成袖窿算起12行的高度时，下一行起织前衣领边，中间收针14针，然后两边减针，2-2-5，4-1-4，织成26行，至肩部，余下21针，收针断线。另一边织法相同。
②后片起织排花型与前片相同，织64行后，分散加15针，加成108针，依照花样D排花样，织40行后至袖窿。袖窿两侧减针与前片相同，袖窿起织30行后，下一行中间收针15针，两边减针，2-6-2，2-1-2，至肩部余下21针，收针断线。将前后片的肩部对应缝合，再将侧缝对应缝合。
3.袖片织法：单罗纹起针法，起36针，起织排花样，两边各13针编织花样A，中间10针编织花样B，不加减针，织64行，下一行分散加针7针，加成43针，并依照花样E排花型，并在两边袖侧缝上加针，8-1-8，加成68针，织成128行高。下一行起袖山减针，两边同时收针4针，然后2-1-10，两边各减少14针，余下31针，收针断线。相同的方法再去编织另一个袖片。将两个袖山边线与衣身的袖窿边线对应缝合。再将袖侧缝缝合。
4.领片织法：沿前领窝挑66针、后领窝挑46针，共挑起112针，不加减针，织10行花样A，收针断线。衣服完成。

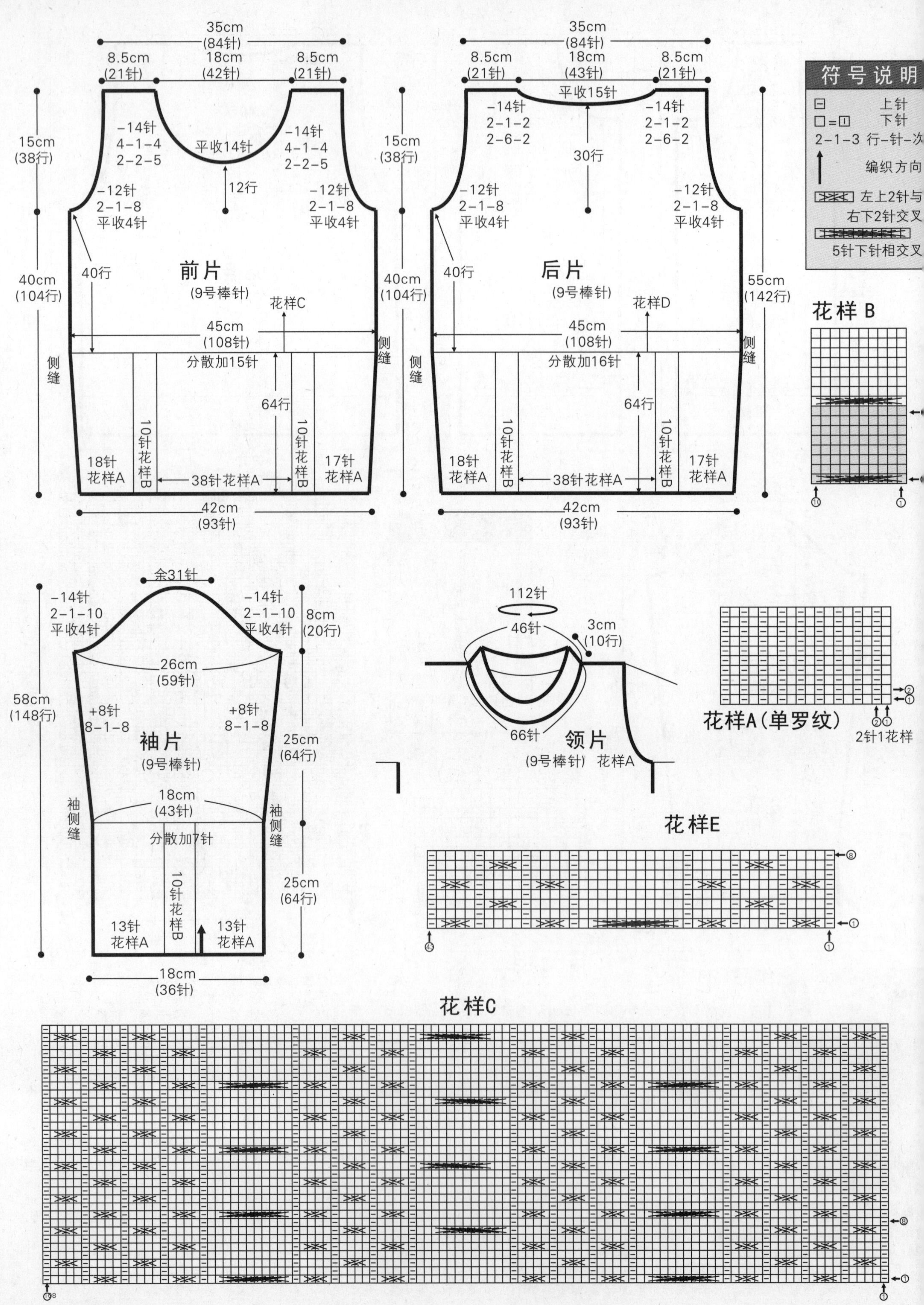

35cm
(84针)
8.5cm
(21针)
18cm
(42针)
8.5cm
(21针)
15cm
(38行)
-14针
4-1-4
2-2-5
平收14针
12行
-12针
2-1-8
平收4针
40行
前片
(9号棒针)
花样C
40cm
(104行)
45cm
(108针)
分散加15针
侧缝
64行
18针
花样A
10针花样B
38针花样A
17针
花样A
42cm
(93针)
18cm
(43针)
平收15针
-14针
2-1-2
2-6-2
30行
后片
(9号棒针)
花样D
分散加16针
55cm
(142行)
符号说明
上针
下针
2-1-3 行-针-次
编织方向
左上2针与右下2针交叉
5针下针相交叉
花样B
余31针
-14针
2-1-10
平收4针
8cm
(20行)
26cm
(59针)
58cm
(148行)
+8针
8-1-8
袖片
(9号棒针)
25cm
(64行)
18cm
(43针)
袖侧缝
分散加7针
13针
花样A
18cm
(36针)
112针
46针
3cm
(10行)
66针
领片
(9号棒针) 花样A
花样A(单罗纹)
2针1花样
花样E
花样C

花样D

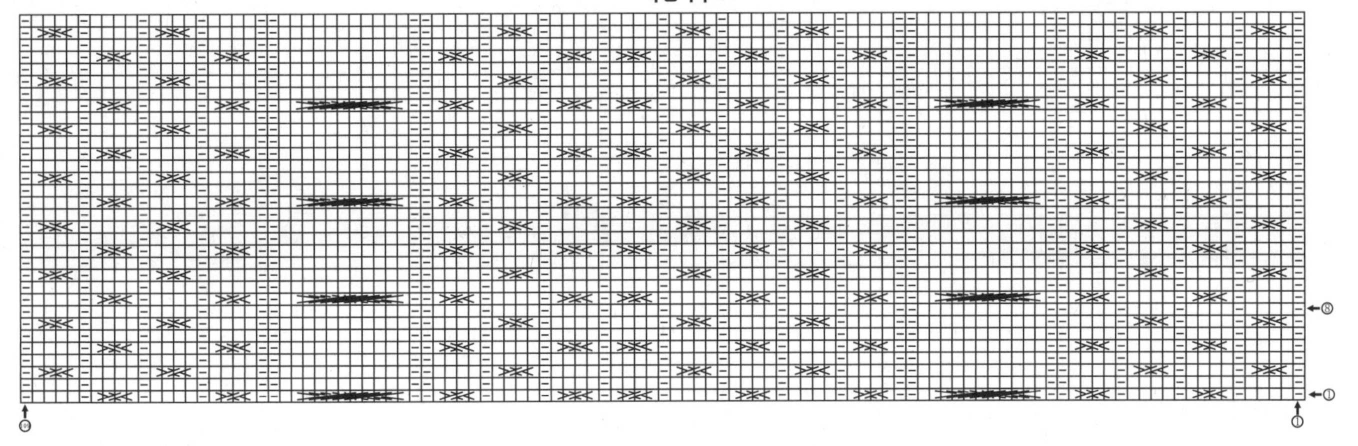

⑧
①

作品127

【成品规格】衣长55cm，胸宽45cm，肩宽35.5cm，袖长47.5cm
【工　　具】9号棒针
【编织密度】22针×26行=10cm²
【材　　料】绿色羊毛线800g

前片/后片/领片/袖片制作说明

1.棒针编织法。由前片与后片和两个袖片组成。
2.前后片织法：
①前片的编织，双罗纹起针法，起100针，起织花样A，织18行，下一行起排6组花样a和4针上针编织。不加减针，织78行，至袖窿，袖窿起减针，两侧收针4针，然后2-1-7，两边各减少11针，当织或袖窿算起28行的高度时，下一行起织前衣领边，中间收针10针，然后两边减针，2-2-4，2-1-4，再织4行至肩部，余下22针，收针断线。另一边织法相同。
②后片袖窿以下的织法与前片相同。袖窿两侧减针与前片相同，袖窿起织44行后，下一行中间收针30针，两边减针，2-1-2，至肩部余下22针，收针断线。将前后片的肩部对应缝合，再将侧缝对应缝合。
3.袖片织法：双罗纹起针法，起44针，起织花样A，织18行的高度。下一行起，排花样B编织，依次是12针棒绞花，4针上针，12针棒绞花，4针上针，12针棒绞花，并在两边袖侧缝上加针，10-1-8，再织10行，加成60针，织成90行高。下一行起袖山减针，两边同时收针4针，然后2-1-8，两边各减少12针，余下36针，收针断线。相同的方法再去编织另一个袖片。将两个袖山边线与衣身的袖窿边线对应缝合。再将袖侧缝缝合。
4.领片织法：沿前领窝挑44针、后领窝挑32针，共挑起76针，不加减针，织12行花样A，收针断线。衣服完成。

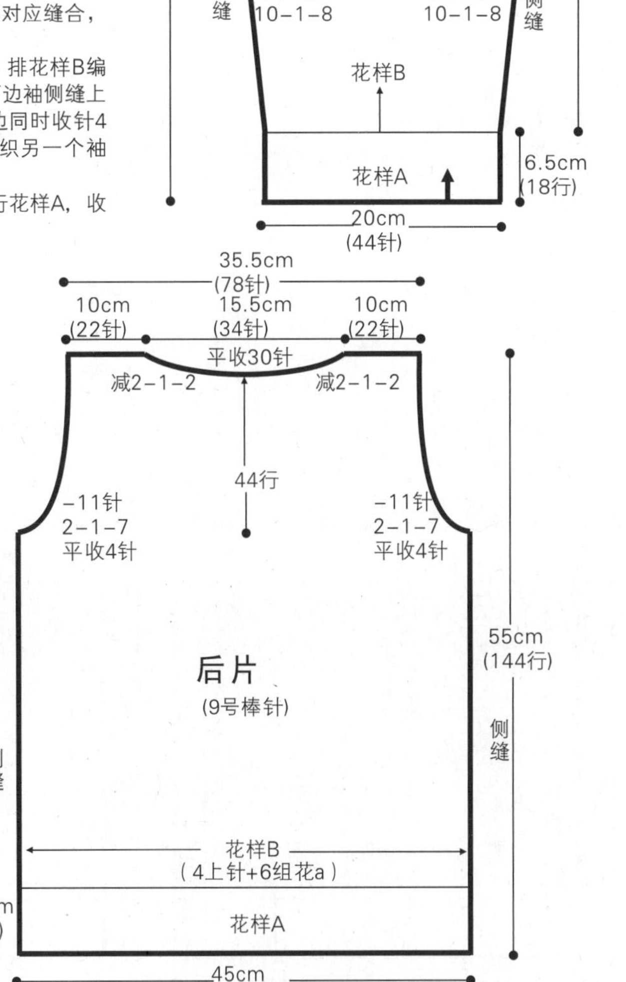

余36针
-12针
2-1-8
平收4针
-12针
2-1-8
平收4针
6cm
(16行)
27cm
(60针)
47.5cm
(124行)
35cm
(90行)
袖片
(9号棒针)
袖侧缝
+8针
平10行
10-1-8
+8针
平10行
10-1-8
袖侧缝
花样B
花样A
6.5cm
(18行)
20cm
(44针)

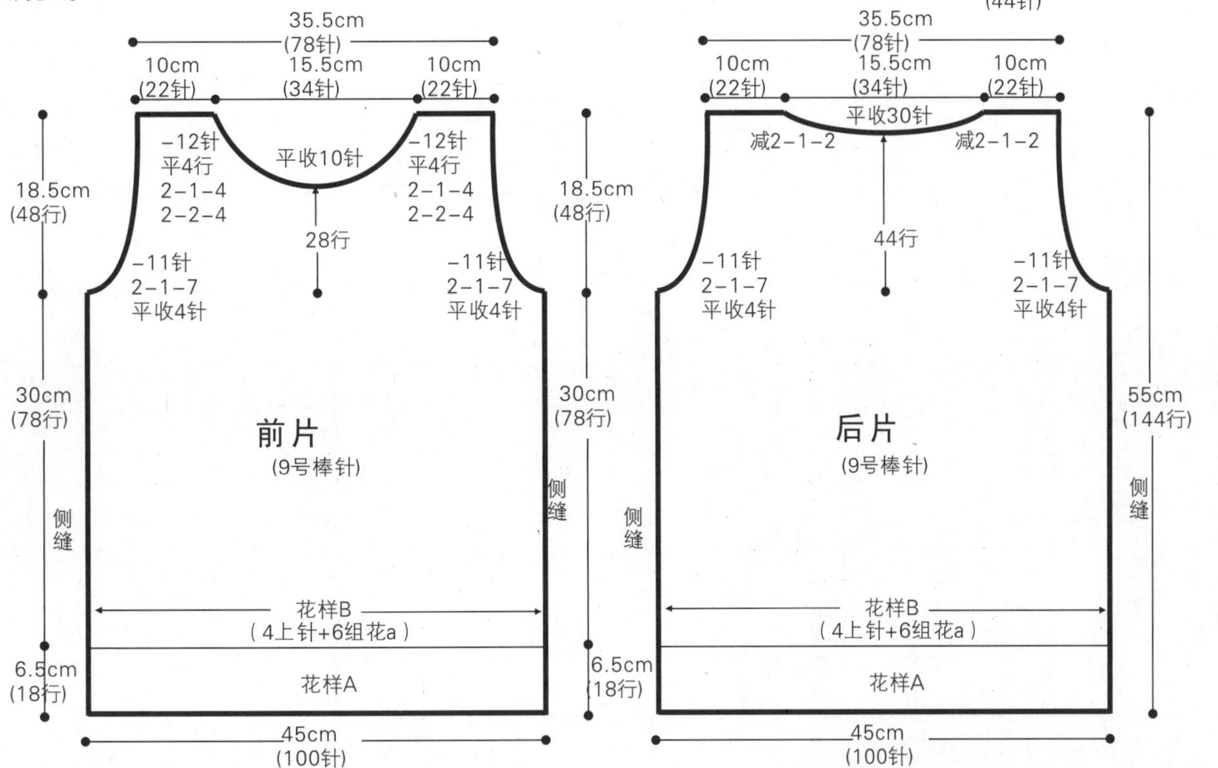

35.5cm
(78针)
10cm
(22针)
15.5cm
(34针)
10cm
(22针)
-12针
平4行
2-1-4
2-2-4
平收10针
-12针
平4行
2-1-4
2-2-4
18.5cm
(48行)
28行
-11针
2-1-7
平收4针
-11针
2-1-7
平收4针
30cm
(78行)
前片
(9号棒针)
侧缝
侧缝
花样B
(4上针+6组花a)
花样A
6.5cm
(18行)
45cm
(100针)
35.5cm
(78针)
10cm
(22针)
15.5cm
(34针)
10cm
(22针)
平收30针
减2-1-2
减2-1-2
18.5cm
(48行)
44行
-11针
2-1-7
平收4针
-11针
2-1-7
平收4针
30cm
(78行)
后片
(9号棒针)
55cm
(144行)
侧缝
侧缝
花样B
(4上针+6组花a)
花样A
6.5cm
(18行)
45cm
(100针)

花样B

⑯
①
⑯
⑤
①

花样A（双罗纹）

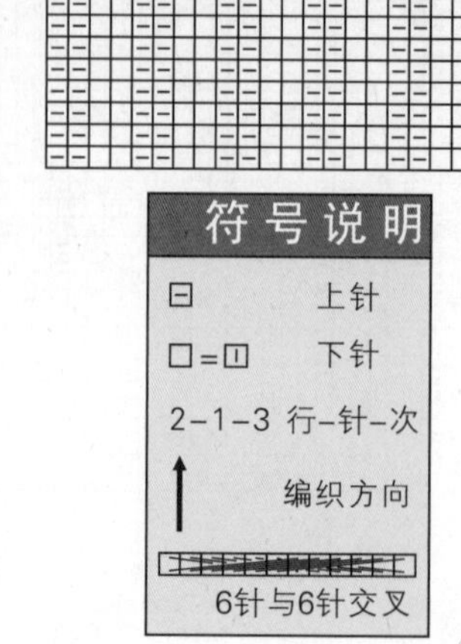

符号说明
⊟ 上针
□=⊡ 下针
2-1-3 行-针-次
编织方向
6针与6针交叉

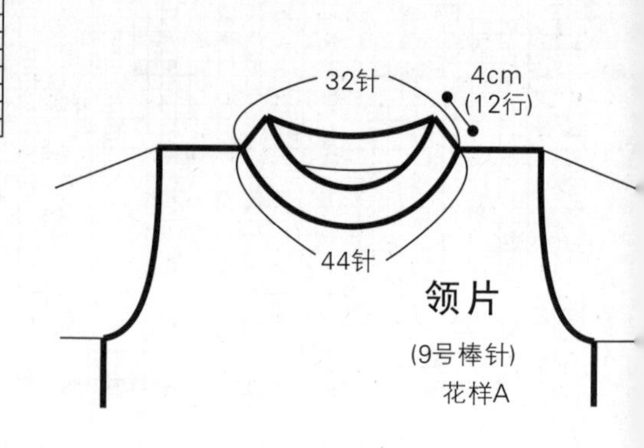

32针
4cm
(12行)
44针
领片
(9号棒针)
花样A

作品128

【成品规格】衣长65cm，胸宽55cm，肩宽39cm，袖长58cm
【工　　具】8号棒针
【编织密度】13.3针×20行=10cm²
【材　　料】蓝色羊毛线800g

前片/后片/领片/袖片制作说明

1.棒针编织法。由前片与后片和两个袖片组成。

2.前后片织法：

①前片的编织，双罗纹起针法，起72针，起织花样A，织24行，下一行起排6组花样B和4针上针编织。不加减针，织60行，至袖窿，袖窿起减针，两侧收针6针，然后2-1-4，两边各减少10针，当织成袖窿算起32行的高度时，下一行起织前衣领边，中间收针14针，然后两边减针，2-1-7，再织2行至肩部，余下12针，收针断线。另一边织法相同。

②后片袖窿以下的织法与前片相同。袖窿两侧减针与前片相同，袖窿起织40行后，下一行中间收针16针，两边减针，2-2-2,2-1-2，至肩部余下12针，收针断线。将前后片的肩部对应缝合，再将侧缝对应缝合。

3.袖片织法：双罗纹起针法，起38针，起织花样A，织24行的高度。下一行起，排花样B编织，依次是12针棒绞花，4针上针，12针棒绞花，4针上针，12针棒绞花，并在两边袖侧缝上加针，10-1-8，再织10行，加成60针，织成90行高。下一行起袖山减针，两边同时收针4针，然后2-1-8，两边各减少12针，余下36针，收针断线。相同的方法再去编织另一个袖片。将两个袖山边线与衣身的袖窿边线对应缝合。再将袖侧缝缝合。

4.领片织法：沿前领窝挑44针、后领窝挑32针，共挑起76针，不加减针，织12行花样A，收针断线。衣服完成。

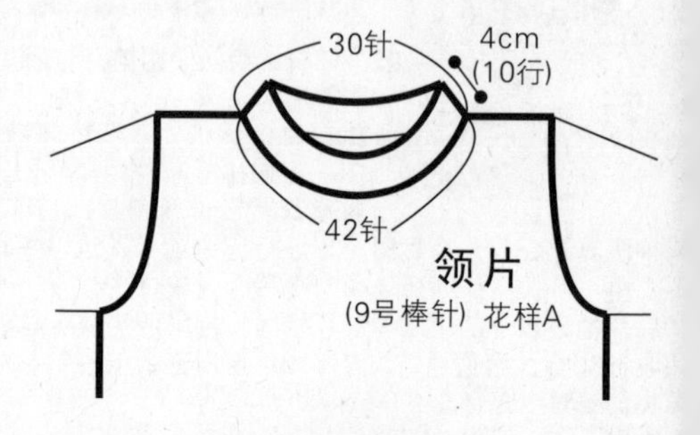

30针
4cm
(10行)
42针
领片
(9号棒针) 花样A

花样A
（双罗纹）

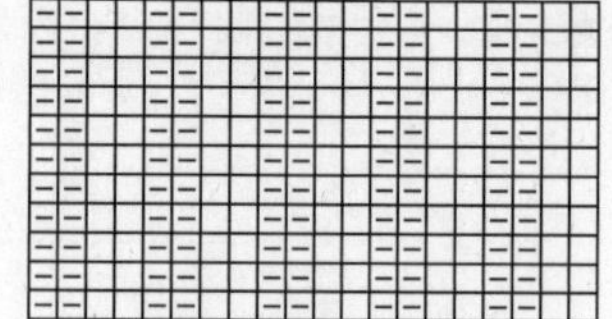

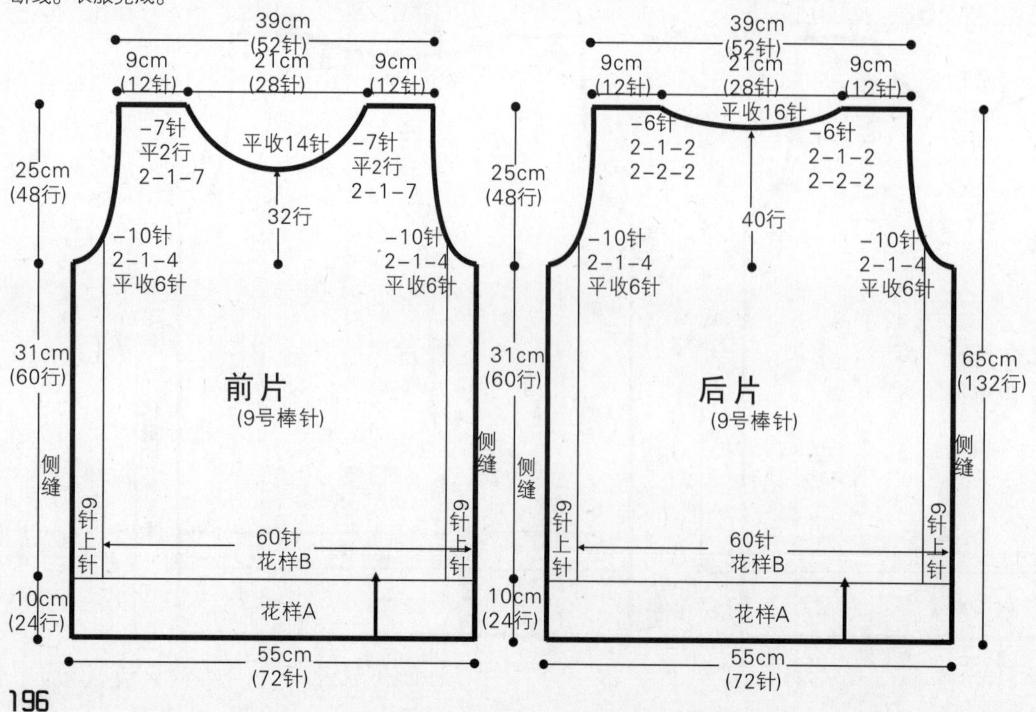

39cm
(52针)
9cm
(12针)
21cm
(28针)
9cm
(12针)
-7针
平2行
2-1-7
平收14针
-7针
平2行
2-1-7
32行
25cm
(48行)
-10针
2-1-4
平收6针
-10针
2-1-4
平收6针
31cm
(60行)
前片
(9号棒针)
侧缝
侧缝
6针上针
6针上针
60针
花样B
10cm
(24行)
花样A
55cm
(72针)
39cm
(52针)
9cm
(12针)
21cm
(28针)
9cm
(12针)
平收16针
-6针
2-1-2
2-2-2
-6针
2-1-2
2-2-2
25cm
(48行)
40行
-10针
2-1-4
平收6针
-10针
2-1-4
平收6针
31cm
(60行)
65cm
(132行)
后片
(9号棒针)
侧缝
侧缝
6针上针
6针上针
60针
花样B
10cm
(24行)
花样A
55cm
(72针)

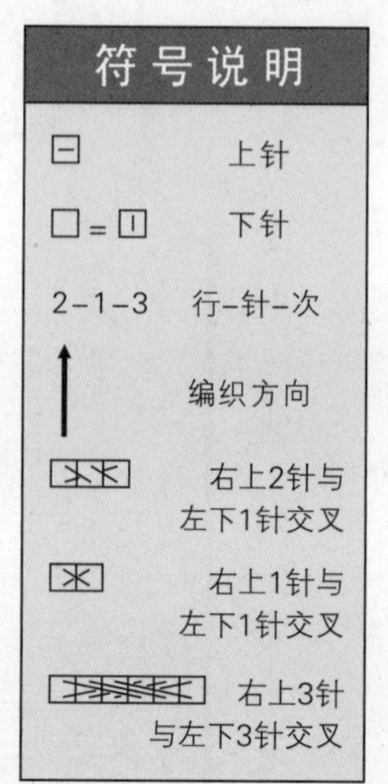

符号说明
⊟ 上针
□=⊡ 下针
2-1-3 行-针-次
编织方向
右上2针与左下1针交叉
右上1针与左下1针交叉
右上3针与左下3针交叉

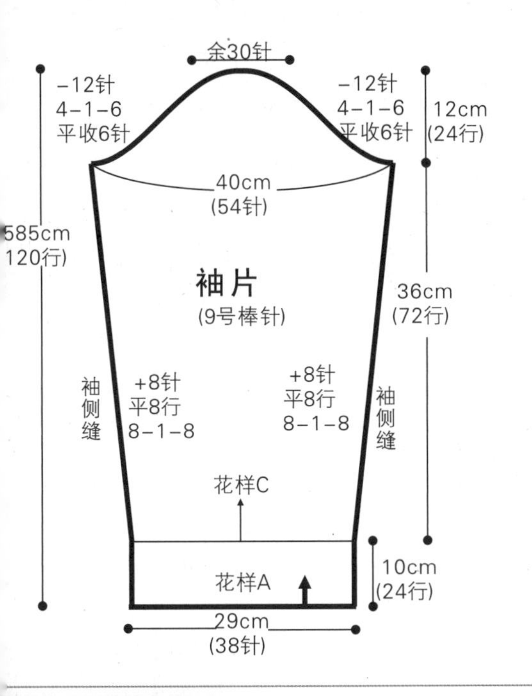
余30针
-12针
4-1-6
平收6针
-12针
4-1-6
平收6针
12cm
(24行)
40cm
(54针)
585cm
120行)
袖片
(9号棒针)
36cm
(72行)
袖侧缝
+8针
平8行
8-1-8
+8针
平8行
8-1-8
袖侧缝
花样C
花样A
10cm
(24行)
29cm
(38针)

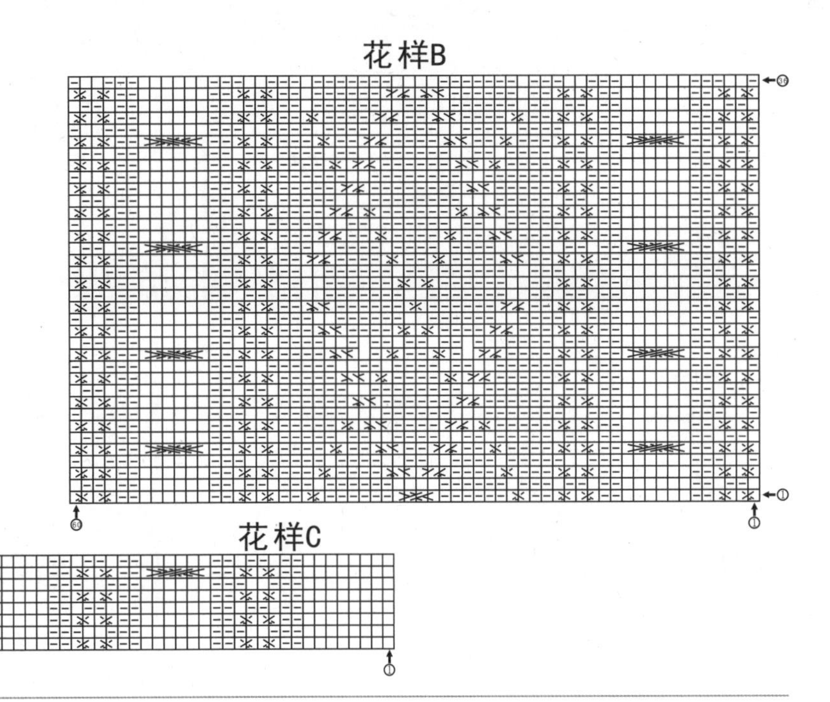
花样B
花样C

作品129

【成品规格】衣长60cm，胸宽47cm，肩宽40cm，袖长49.5cm
【工　　具】9号棒针
【编织密度】16.5针×26行=10cm²
【材　　料】蓝色羊毛线800g

前片/后片/领片/袖片制作说明

1.棒针编织法。由前片与后片和两个袖片组成。

2.前后片织法：

①前片的编织，双罗纹起针法，起78针，起织花样A，织10行，下一行全织下针。不加减针，织60行，下一行改织花样B，不加减针，织28行至袖窿，袖窿起减针，两侧收针针，收针后外3针改织上针，中间花样继续编织花样B，当织成袖窿算起20行的高度寸，下一行起织前衣领边，中间收针8针，然后两边减针，2-2-5，4-1-4，再织2行至肩部，余下15针，收针断线。另一边织法相同。

②后片袖窿以下的织法与前片相同。袖窿两侧减针与前片相同，袖窿起织52行后，下一行中间收针32针，两边减针，2-1-2，至肩部余下15针，收针断线。将前后片的肩部对应缝合，再将侧缝对应缝合。

3.袖片织法：下针起针法，起52针，起织下针，织15行的高度后，首尾两行对折缝合，然后继续起织下针，并在两边袖侧缝上加针，8-1-5，10-1-5，再织18行，加成72针，织成108行高。下一行起织片排花样，选中间48针编织花样A，两侧仍织下针，袖山减针，两边同时收针6针，然后2-2-3，两边各减少12针，余下48针，收针断线。相同的方法再去编织另一个袖片。将两个袖山边线与衣身的袖窿边线对应缝合。再将袖侧缝缝合。

4.领片织法:沿前领窝挑64针、后领窝挑40针，共104针，不加减针织10行花样A，收针断线。衣服完成。

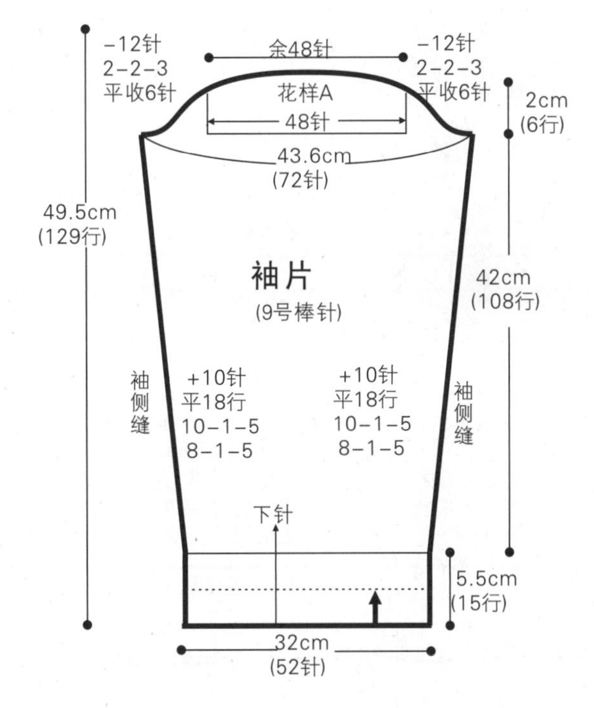
-12针
2-2-3
平收6针
余48针
-12针
2-2-3
平收6针
花样A
48针
2cm
(6行)
43.6cm
(72针)
49.5cm
(129行)
袖片
(9号棒针)
42cm
(108行)
袖侧缝
+10针
平18行
10-1-5
8-1-5
+10针
平18行
10-1-5
8-1-5
袖侧缝
下针
5.5cm
(15行)
32cm
(52针)

花样A（双罗纹）

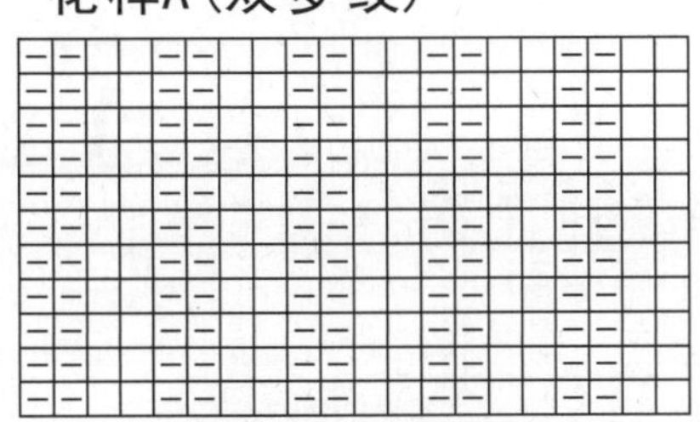

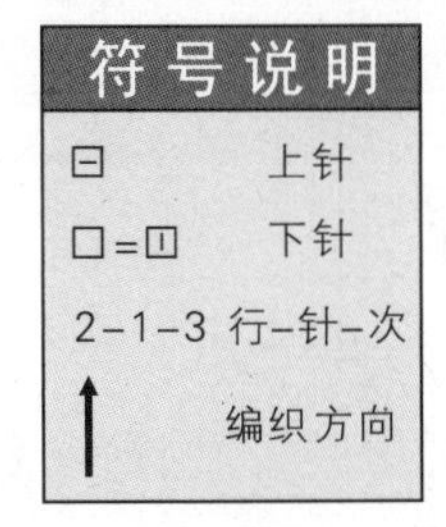
符号说明
上针
下针
2-1-3 行-针-次
编织方向

花样B

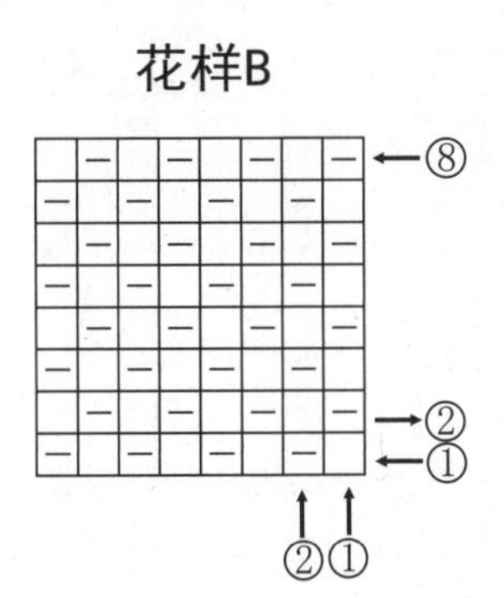
⑧
②
①
②①

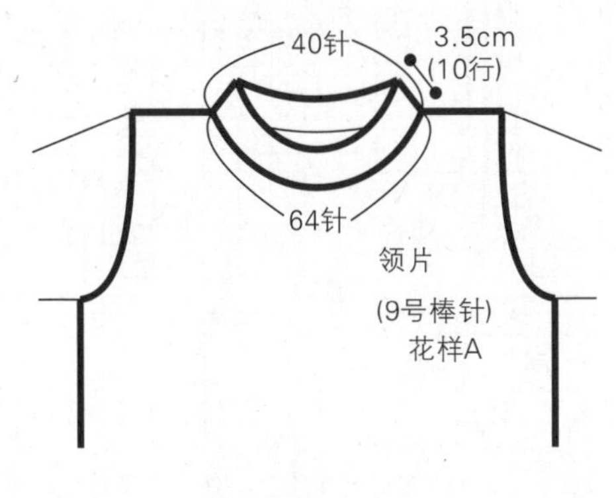
40针
3.5cm
(10行)
64针
领片
(9号棒针)
花样A

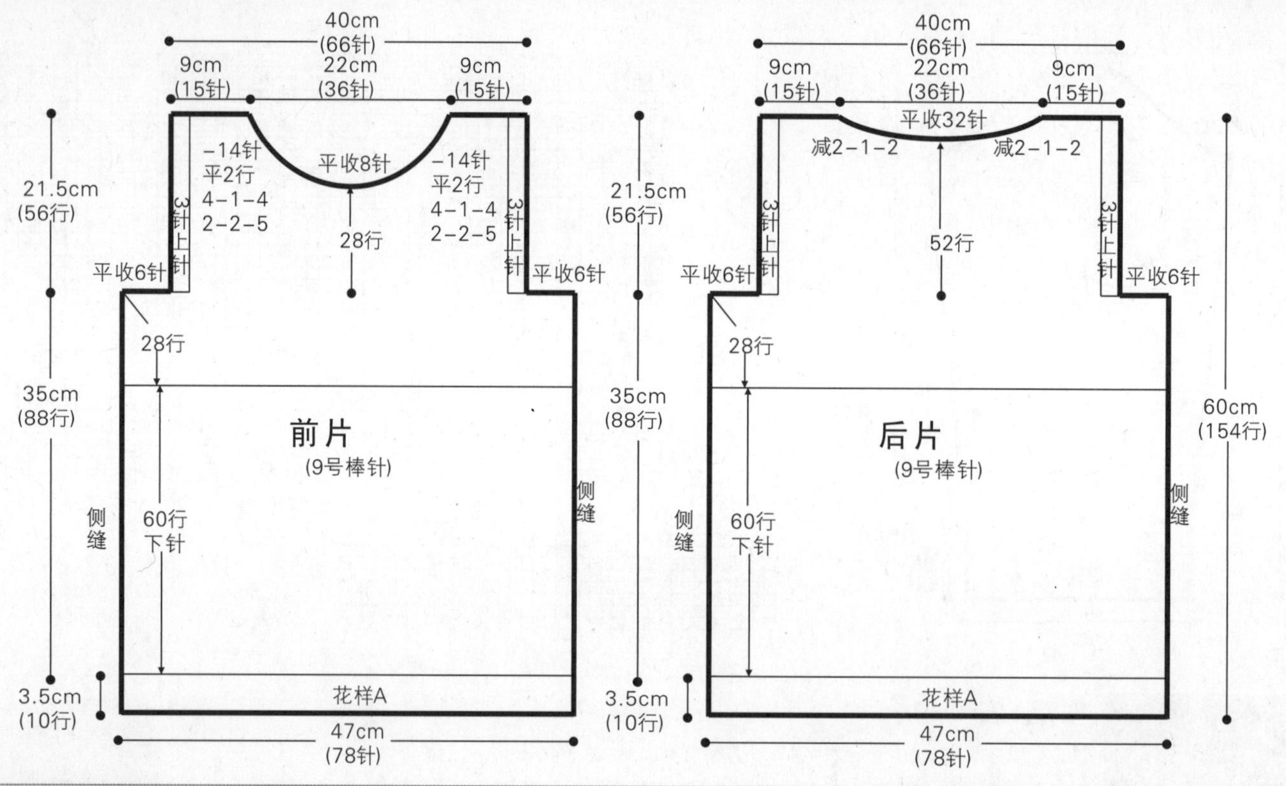

40cm
(66针)
9cm
(15针)
22cm
(36针)
9cm
(15针)
-14针
平2行
4-1-4
2-2-5
平收8针
28行
3针上针
平收6针
21.5cm
(56行)
35cm
(88行)
3.5cm
(10行)
28行
60行
下针
前片
(9号棒针)
侧缝
花样A
47cm
(78针)
平收32针
减2-1-2
52行
后片
(9号棒针)
60cm
(154行)

作品130

【成品规格】衣长60cm，半胸围44cm，肩宽37cm，袖长54cm
【工　　具】12号棒针
【编织密度】31.4针×42行=10cm²
【材　　料】蓝色细棉线550g

前片/后片制作说明

1.棒针编织法，衣身袖窿以下一片往返编织，袖窿起分为左前片、后片和右前片分别编织而成。
2.起织。起268针，织花样A，织24行后改为花样B，C，D组合编织，织至74行，第75行将织片第17针至51针，以及第218至252针用别针标记出来编织袋口，织花样A，织10行后，将袋口花样A收针。另起线袋口花样A内侧挑起34针，织下针，织100行后，与衣身织片对应连起来继续织给合花样，织至168行，将织片按结构图所示分成左前片，后片和右前片，左右前片各取65针，后片取138针，分别编织。
3.先织后片，花样B，C，D组合编织，起织时，两侧按平收4针，2-1-7的方法减针，织至249行，中间平收40针，两侧减针织成后领，方法为2-1-2，织至252行，两肩部各余下36针，收针断线。
4.织左前片，花样B与花样C组合编织，起织时，左侧按平收4针，2-1-7的方法减针，同时右侧按4-1-18的方法减针织成前领，织至252行，肩部余下36针，收针断线。
5.同样的方法相反方向编织右前片，完成后左右前片与后片肩缝对应缝合。

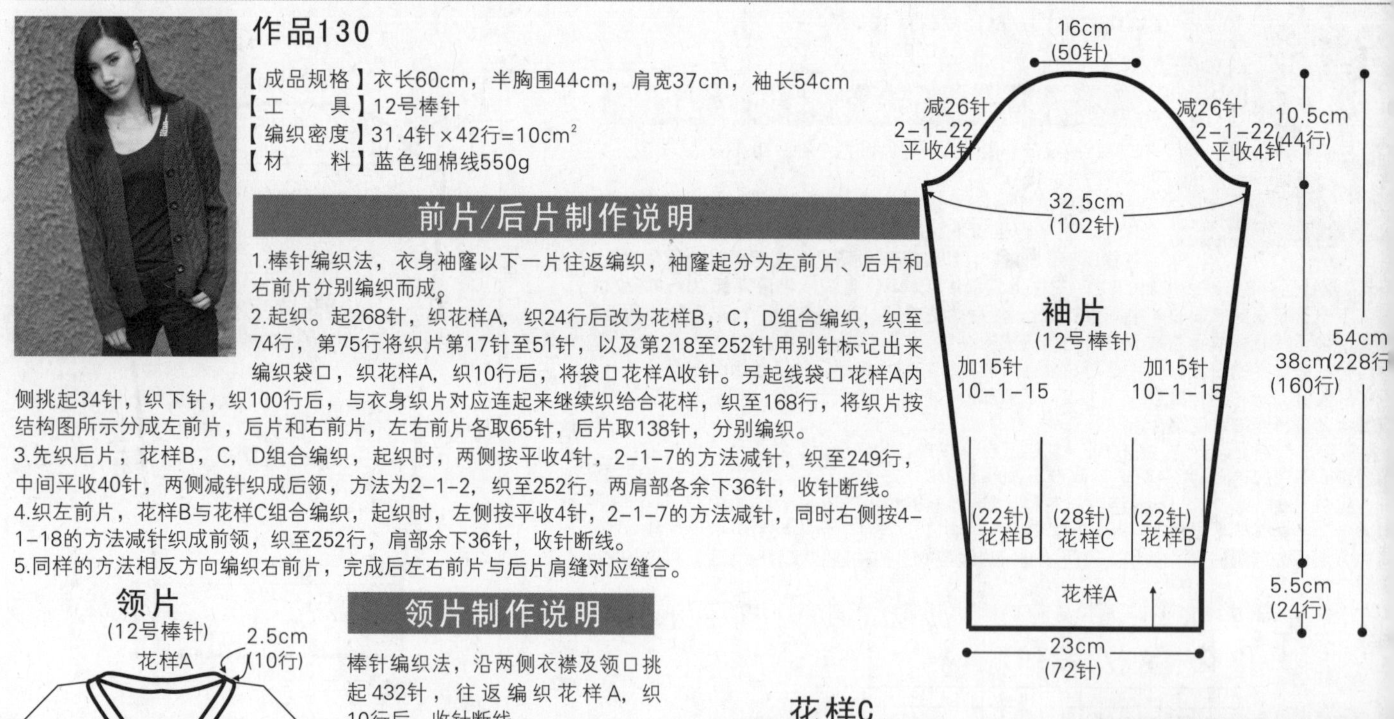

16cm
(50针)
减26针
2-1-22
平收4针
10.5cm
(44行)
32.5cm
(102针)
袖片
(12号棒针)
加15针
10-1-15
38cm
(160行)
54cm
(228行)
(22针)
花样B
(28针)
花样C
花样A
5.5cm
(24行)
23cm
(72针)

领片制作说明

棒针编织法，沿两侧衣襟及领口挑起432针，往返编织花样A，织10行后，收针断线。

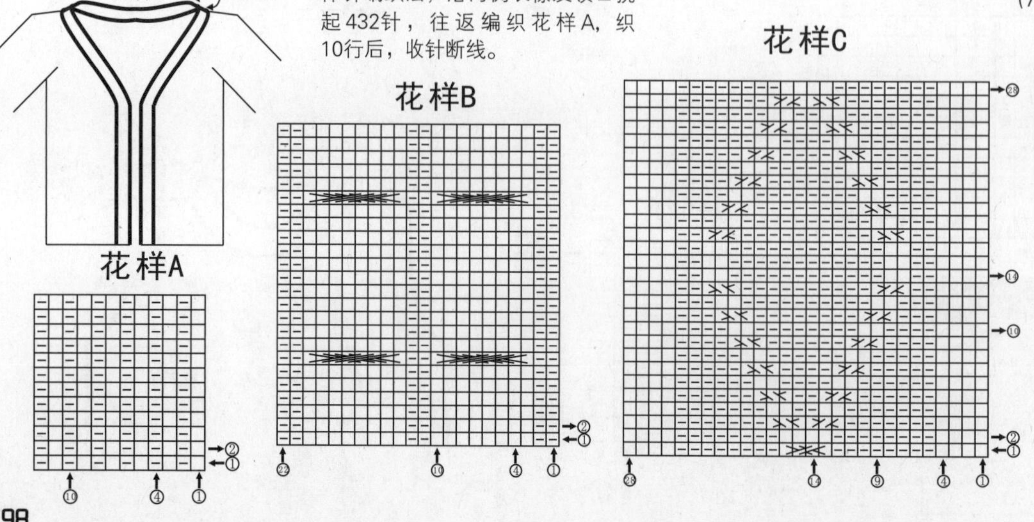

领片
(12号棒针)
花样A
2.5cm
(10行)
花样A
花样B
花样C

袖片制作说明

1.棒针编织法，从袖口往上编织。
2.起织，起72针，织花样A，织24行后，改为花样B与花样C组合编织，一边织一边两侧加针，方法为10-1-15，织至228行，两侧减针编织袖山，方法为平收4针，2-1-22，织至228行，织片余下50针，收针断线。
3.同样的方法编织另一袖片。
4.将袖山对应袖窿线缝合，再将袖底缝合。

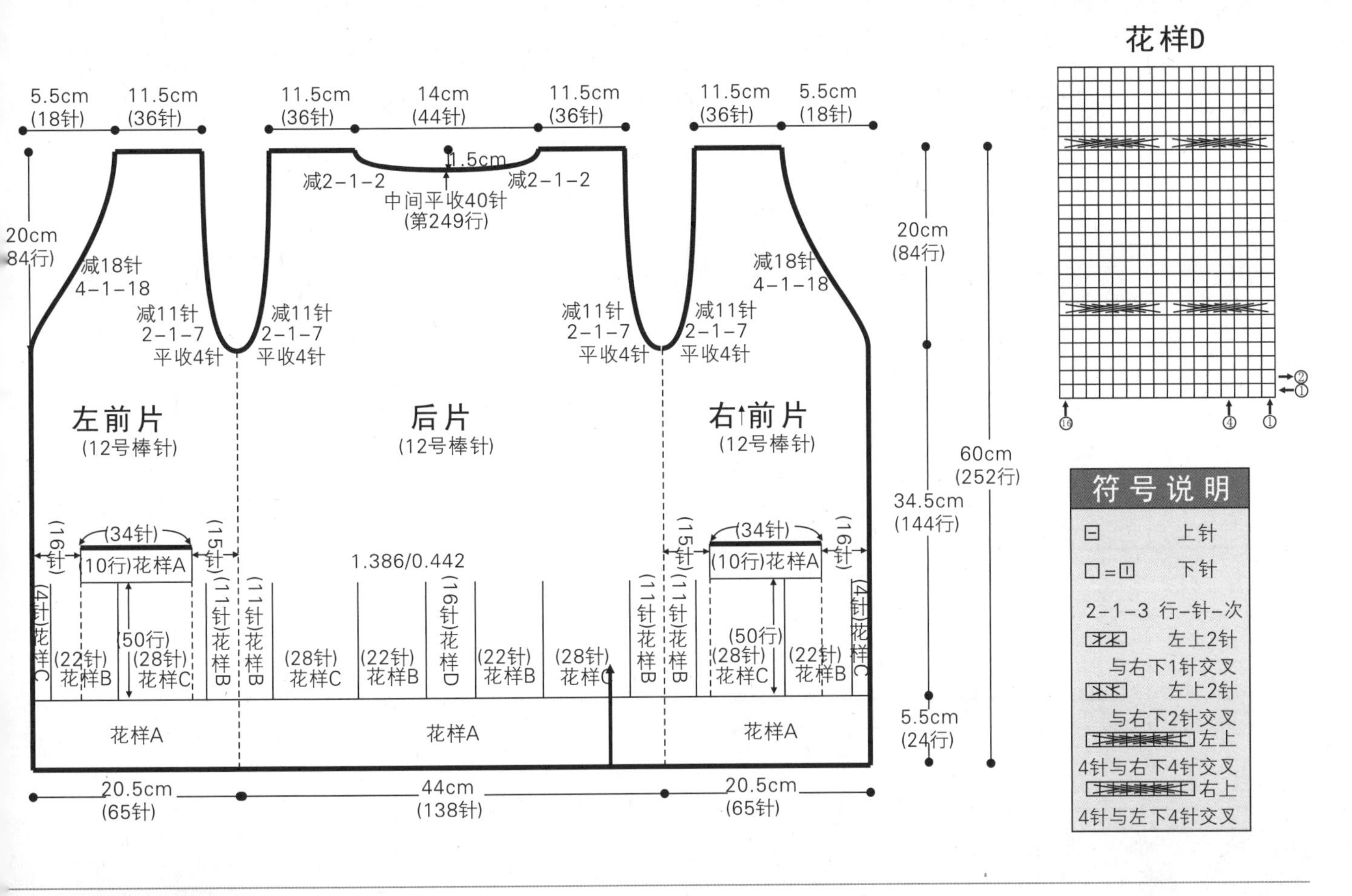

5.5cm
(18针)
11.5cm
(36针)
11.5cm
(36针)
14cm
(44针)
11.5cm
(36针)
11.5cm
(36针)
5.5cm
(18针)
1.5cm
减2-1-2
减2-1-2
中间平收40针
(第249行)
20cm
84行)
减18针
4-1-18
减11针
2-1-7
平收4针
减11针
2-1-7
平收4针
减11针
2-1-7
平收4针
减11针
2-1-7
平收4针
减18针
4-1-18
左前片
(12号棒针)
后片
(12号棒针)
右前片
(12号棒针)
(16针)
(34针)
(15针)
(10行)花样A
1.386/0.442
(15针)
(34针)
(16针)
(10行)花样A
(4针)花样C
(22针)花样B
(50行)
(28针)花样C
(11针)花样B
(11针)花样B
(28针)花样C
(22针)花样B
(16针)花样D
(22针)花样B
(28针)花样C
(11针)花样B
(11针)花样B
(50行)
(28针)花样C
(22针)花样B
(4针)花样C
花样A
花样A
花样A
20.5cm
(65针)
44cm
(138针)
20.5cm
(65针)
20cm
(84行)
34.5cm
(144行)
5.5cm
(24行)
60cm
(252行)
花样D
②
①
⑯
④
①
符号说明
上针
□=□ 下针
2-1-3 行-针-次
左上2针与右下1针交叉
左上2针与右下2针交叉
左上4针与右下4针交叉
右上4针与左下4针交叉

作品131

【成品规格】衣长63cm，半胸围40cm，肩宽35.5cm，袖长61cm
【工　　具】13号棒针
【编织密度】33针×44行=10cm²
【材　　料】黄色细羊毛线550g

前片/后片制作说明

1.棒针编织法，衣身袖窿以下一片环形编织，袖窿起分为前片和后片分别编织而成。

2.起织。起264针，织花样A，织194行后，将织片均分成前片和后片，分别编织。

3.先织后片，织花样A，起织时，两侧按平收4针，2-1-5的方法减针，织至275行，中间平收48针，两侧减针织成后领，方法为2-1-2，织至278行，两肩部各余下31针，收针断线。

4.织前片，织花样A，起织时，两侧按平收4针，2-1-5的方法减针，织至261行，中间平收20针，两侧减针织成前领，方法为2-2-2，2-1-7，织至278行，两肩部各余下31针，收针断线。

5.前片与后片肩缝对应缝合。

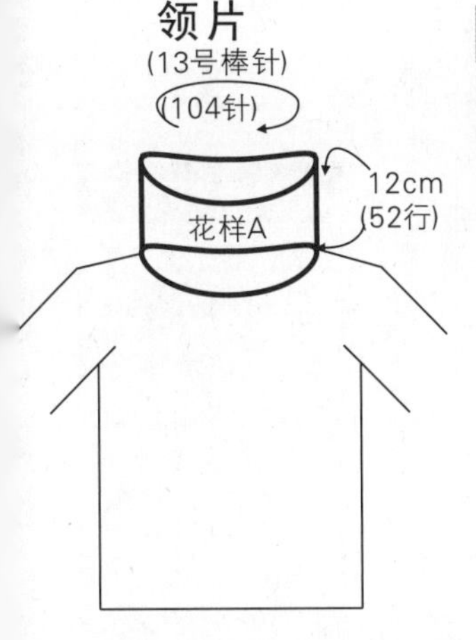

领片
(13号棒针)
(104针)
12cm
(52行)
花样A

领片制作说明

棒针编织法，沿领口挑起104针环形编织，织花样A，织52行后，收针断线。

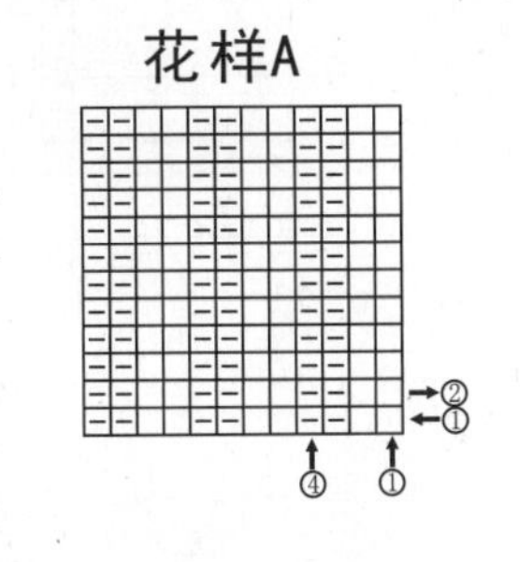

花样A
②
①
④
①

符号说明

⊟　上针
□=□　下针
2-1-3　行-针-次

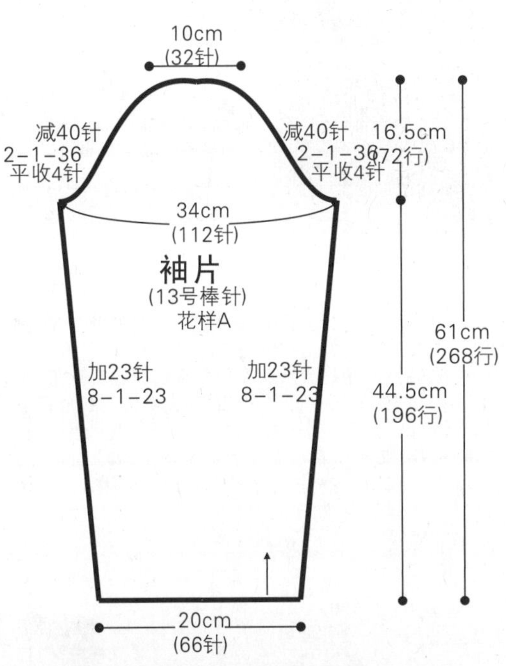

10cm
(32针)
减40针
2-1-36
平收4针
减40针
2-1-36
平收4针
16.5cm
(72行)
34cm
(112针)
袖片
(13号棒针)
花样A
加23针
8-1-23
加23针
8-1-23
61cm
(268行)
44.5cm
(196行)
20cm
(66针)

袖片制作说明

1.棒针编织法，从袖口往上编织。

2.起织，起66针，织花样A，一边织一边两侧加针，方法为8-1-23，织至196行，两侧减针编织袖山，方法为平收4针，2-1-36，织至268行，织片余下32针，收针断线。

3.同样的方法编织另一袖片。

4.将袖山对应袖窿线缝合，再将袖底缝合。

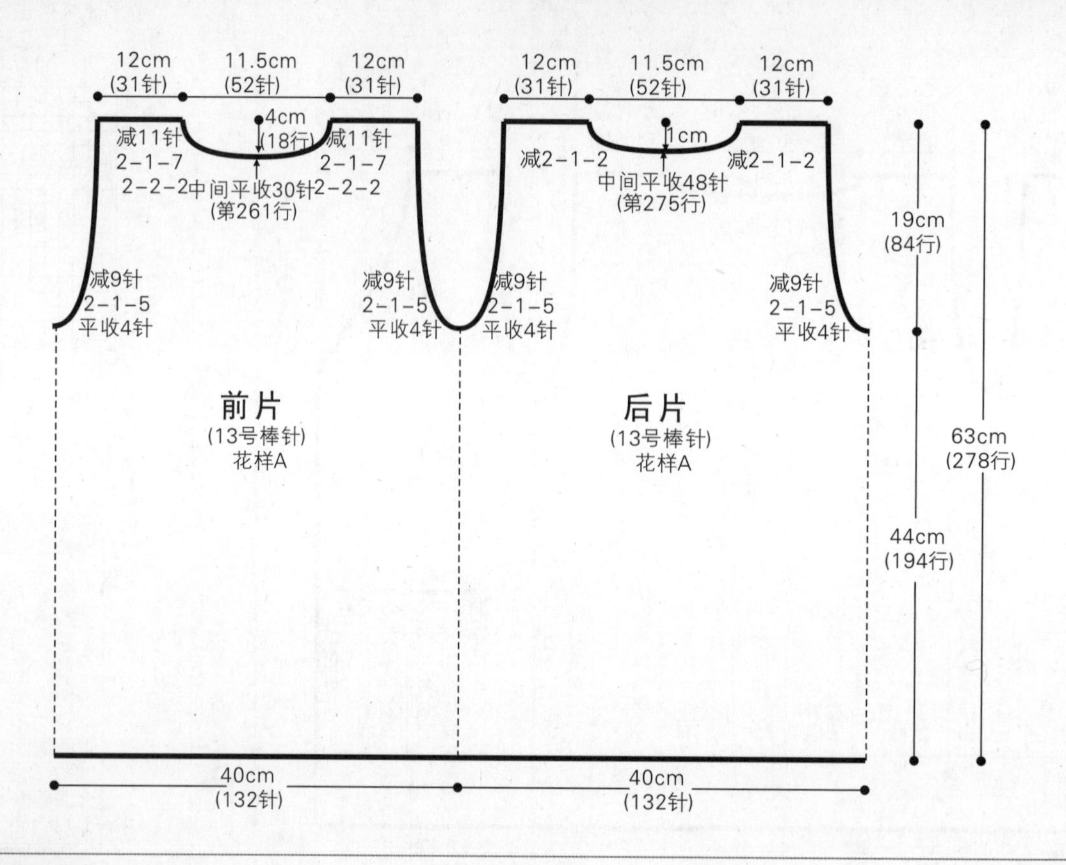

12cm
(31针)
11.5cm
(52针)
12cm
(31针)
4cm
(18行)
减11针
2-1-7
2-2-2
中间平收30针
(第261行)
1cm
减2-1-2
中间平收48针
(第275行)
19cm
(84行)
减9针
2-1-5
平收4针
前片
(13号棒针)
花样A
后片
(13号棒针)
花样A
63cm
(278行)
44cm
(194行)
40cm
(132针)

作品132

【成品规格】衣长51cm，半胸围50cm
【工　　具】11号棒针
【编织密度】19针×30.4行=10cm²
【材　　料】红色棉线500g

左前片/右前片/后片制作说明

1.棒针编织法，衣身从右至左横向编织而成。
2.右袖口起织。起40针，环织花样A，织36行后，袖筒顶部织12针花样C，其余针数织花样B，花样C的两侧按6-1-19的方法加针，袖底缝两侧按4-1-12，2-1-12的方法加针，织至108行，织片变成126针，右袖筒编织完成。
3.编织衣身片。将右袖筒从袖底缝分开往返编织，两侧各加起36针，两侧衣摆边各织6针花样D，其余针数继续花样B与花样C组合编织，左侧为后片，不加减针编织，右侧为右前片，按2-1-20的方法减针编织，织至150行，织片中间平收12针，然后分成左右两片减针编织完整领口，左侧后领按2-1-2的方法减针，右侧前领按2-3-1，2-1-10的方法减针，织至织至172行，右前片改织花样A作为右襟，织12行后，收针断线。织至184行的总长度，右片编织完成。
4.接着编织左片，后片部分按相反的加减针方法继续编织，左前片另起60针，织12行花样A后，改织花样B，衣摆边沿织6针花样D，左侧领口按2-1-10，2-3-1的方法加加针，右侧不加减针，织22行后，与衣身片对应连接起来编织，详细方法如结构图所示，完成后左右前片侧缝与后片对应缝合。

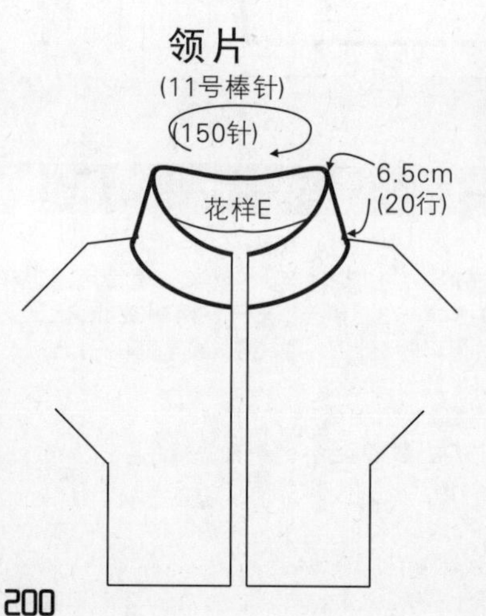

领片
(11号棒针)
(150针)
6.5cm
(20行)
花样E

领片制作说明

棒针编织法，沿领口挑起150针，织花样E，织20行后，收针断线。

花样A

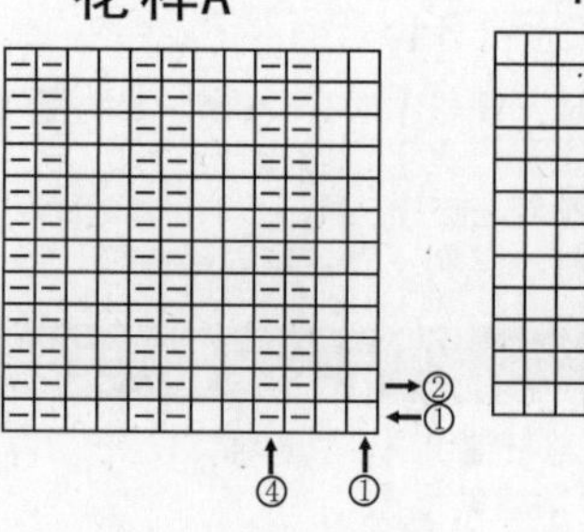

花样B

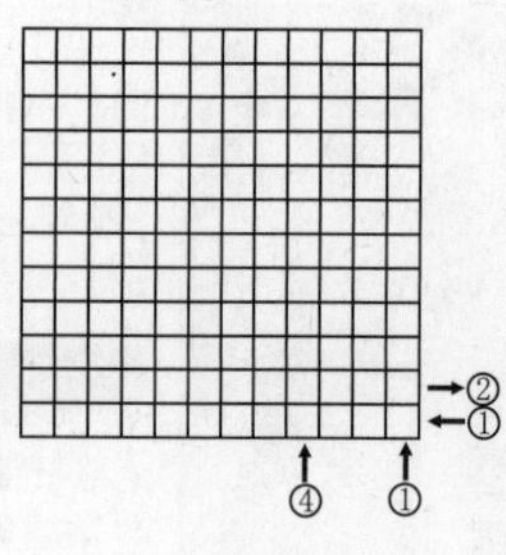

花样C

花样D

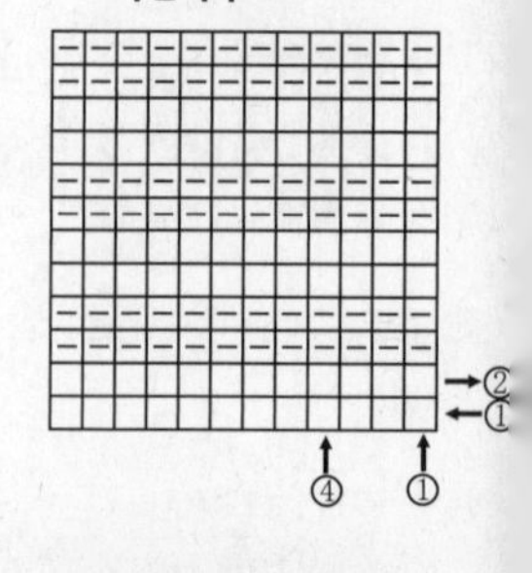

花样E

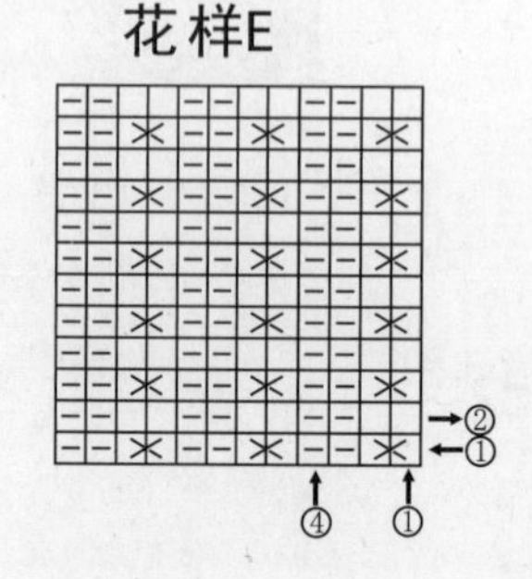

符号说明

⊟ 上针
□=□ 下针
2-1-3 行-针-次
左上1针与右下1针交叉
左上2针与右下2针交叉
右上2针与左下2针交叉

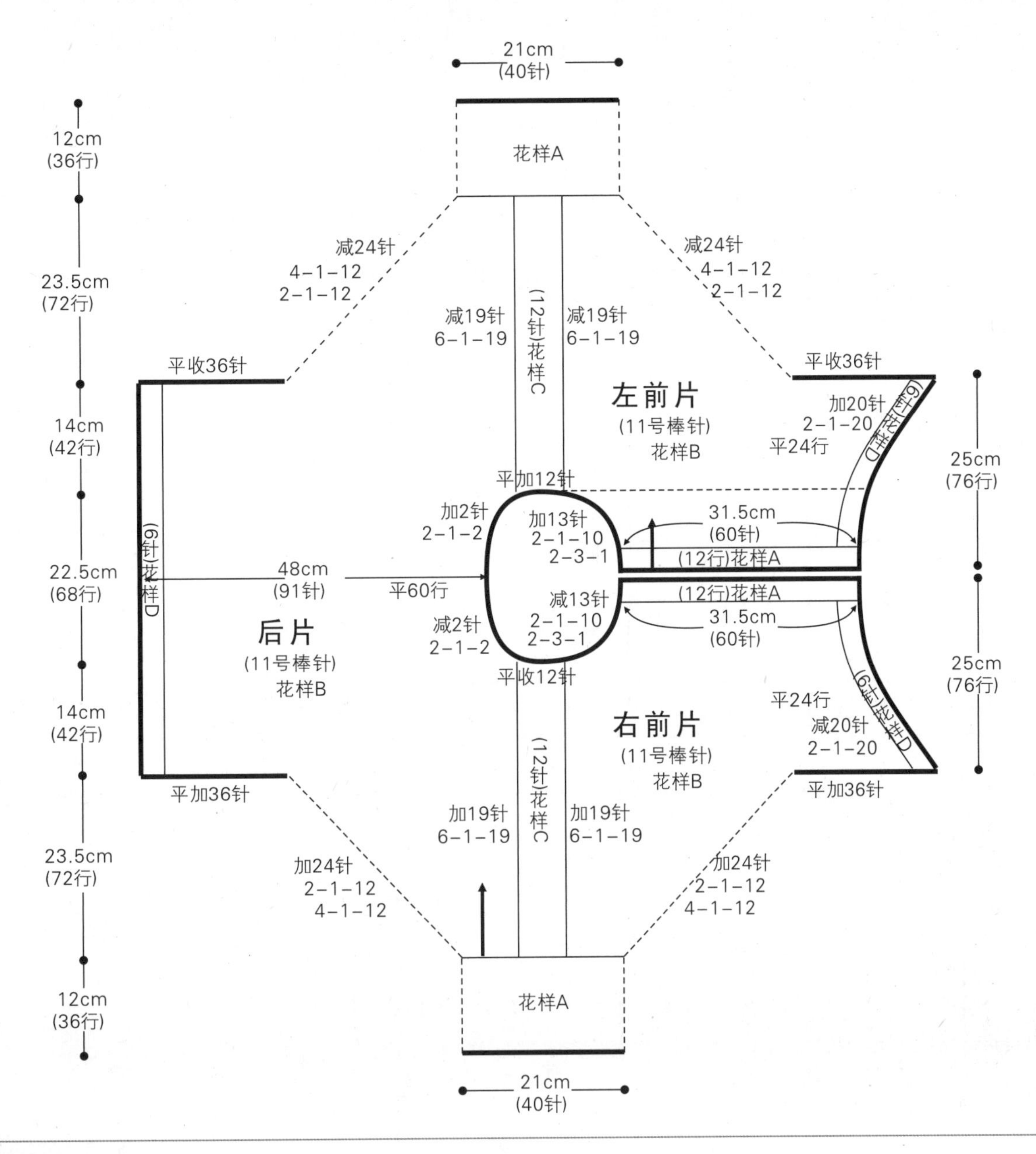
21cm
(40针)
花样A
12cm
(36行)
23.5cm
(72行)
减24针
4-1-12
2-1-12
减19针
6-1-19
(12针)花样C
平收36针
左前片
(11号棒针)
花样B
加20针
2-1-20
平24行
(6针)花样D
25cm
(76行)
14cm
(42行)
平加12针
加2针
2-1-2
加13针
2-1-10
2-3-1
31.5cm
(60针)
(12行)花样A
22.5cm
(68行)
(6针)花样D
48cm
(91针)
平60行
减13针
2-1-10
2-3-1
后片
(11号棒针)
花样B
减2针
2-1-2
平收12针
右前片
平24行
减20针
2-1-20
平加36针
加19针
6-1-19
加24针
2-1-12
4-1-12
21cm
(40针)

作品133

【成品规格】衣长65cm，胸宽64cm，肩宽54cm，袖长46cm
【工　　具】6号、9号棒针
【编织密度】12针×20行=10cm²
【材　　料】白色羊毛线1200g

前片/后片/领片/袖片制作说明

1.棒针编织法。由左前片、右前片、后片和两个袖片组成。
2.前后片织法：
①前片的编织，分为左前片和右前片。以右前片为例，单罗纹起针法，起36针，起织花样A，不加减针，织12行。下一行起排花型，依照花样B排花样编织，不加减针，织76行的高度，至袖窿，下一行起袖窿减针，2-1-6，无衣领减针，不加减针，再织30行至肩部余，留衣襟侧12针不收针，余下的18针，收针断线。相同的方法，相反的减针方向去编织左前片。
②后片的编织。单罗纹起针法，起77针，起织花样A，不加减针，织12行的高度，下一行起，依照花样C排花样编织，不加减针，织76行至袖窿。袖窿起减针，2-1-6，当织成袖窿算起38行的高度时，下一行中间收针25针，两边减针，2-1-2，至肩部余下18针，收针断线。将前后片的肩部对应缝合，再将侧缝对应缝合。
3.袖片织法：单罗纹起针法，起41针，起织花样A，织12行的高度，下一行起，起织花样D，并在袖侧缝上加针编织，6-1-10，再织46行至袖山减针，下一行起，两边同时减针，2-1-8，各减少8针，织成16行高度，余下45针，收针断线。相同的方法再去编织另一个袖片。将两个袖山边线与衣身的袖窿边线对应缝合。再将袖侧缝缝合。
4.帽片的编织。将左右前片留下的12针挑出，再沿着后衣领边挑针，共挑出36针，帽片针数共60针，起织两个对称的花样E，不加减针，织56行的高度后，收针断线，以中心对折对称缝合。最后沿着左右衣襟边，帽沿边，挑出336针，起织花样A，不加减针，织12行的高度后，收针断线。在衣襟上钉上6对对扣。衣服完成。

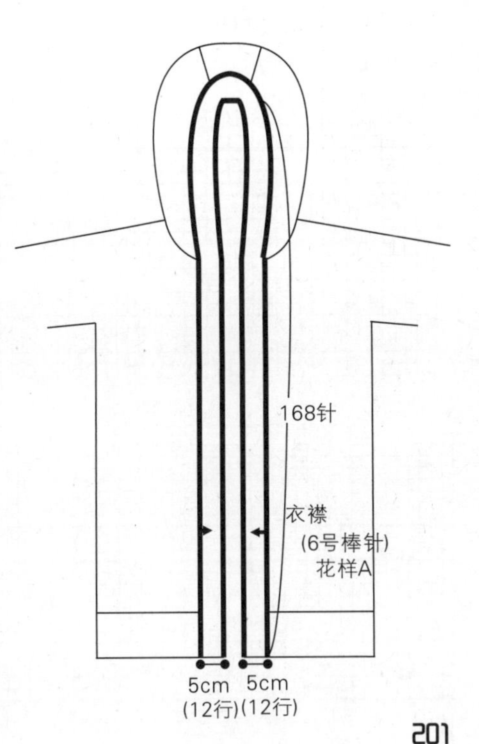
168针
衣襟
(6号棒针)
花样A
5cm
(12行)
5cm
(12行)

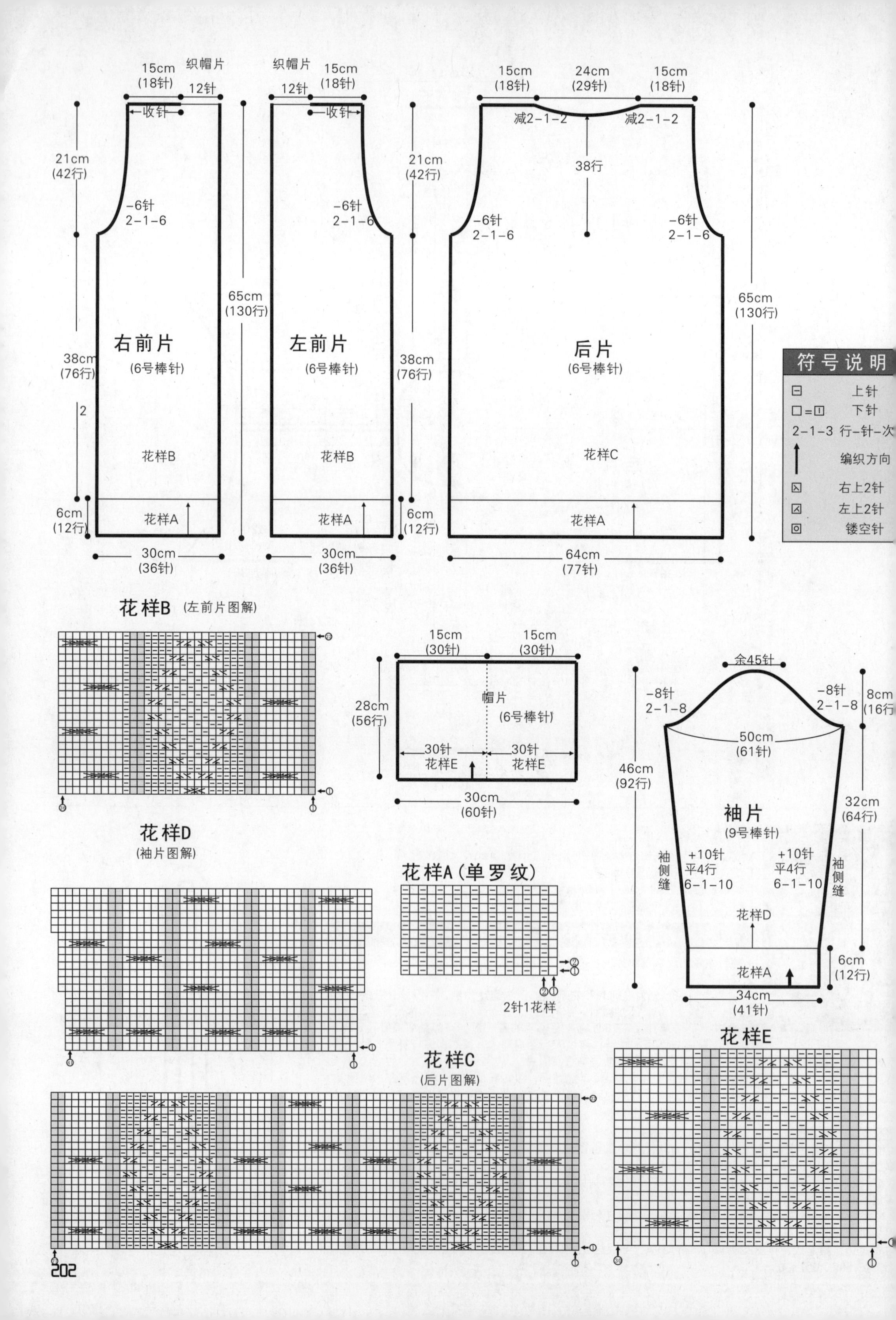

右前片
(6号棒针)
左前片
(6号棒针)
后片
(6号棒针)
15cm
(18针)
织帽片
12针
收针
21cm
(42行)
-6针
2-1-6
65cm
(130行)
38cm
(76行)
花样B
花样A
6cm
(12行)
30cm
(36针)
24cm
(29针)
减2-1-2
38行
花样C
64cm
(77针)
符号说明
上针
下针
2-1-3 行-针-次
编织方向
右上2针
左上2针
镂空针
花样B (左前片图解)
帽片
(6号棒针)
15cm
(30针)
28cm
(56行)
30针
花样E
30cm
(60针)
袖片
(9号棒针)
余45针
-8针
2-1-8
8cm
(16行)
50cm
(61针)
46cm
(92行)
32cm
(64行)
袖侧缝
+10针
平4行
6-1-10
花样D
34cm
(41针)
花样D
(袖片图解)
花样A (单罗纹)
2针1花样
花样C
(后片图解)
花样E

作品134

【成品规格】衣长70cm，胸宽60cm，肩宽42cm
【工　　具】8号棒针
【编织密度】17针×27行=10cm²
【材　　料】白色羊毛线850g

前片/后片/领片/袖片制作说明

1.棒针编织法。由前片与后片和两个袖片组成。用8号棒针编织，从下往上编织。

2.前后片织法：

①前片的编织，双罗纹起针法，起102针，起织花样A，不加减针，织22行的高度，下一行起，排花样编织，两侧选26针编织花样B，中间50针编织花样C，不加减针，织100行的高度后，下一行起，将花样C参照花样D编织，两侧花样B不变，无袖窿减针，不加减针，织40行的高度后，下一行减前衣领边。中间收针18针，两边各自减针，2-1-11，再织8行至肩部，余下31针，收针断线。

②后片的编织。后片也没有袖窿减针，起织针数和花样与前片完全相同，在花样C改织花样D后，织66行的高度后减后衣领边，下一行中间收针36针，两边减针，2-1-2，织成4行，至肩部余下31针，收针断线。将前后片的肩部对应缝合，再将侧缝100行的高度进行对应缝合。

3.袖片织法：沿着袖口边，挑出112针，起织花样A，不加减针，织12行的高度后收针断线，另一边织法相同。再沿着前衣领边，挑出64针，后衣领边，挑出48针，起织花样A，不加减针，织10行的高度后，收针断线。衣服完成。

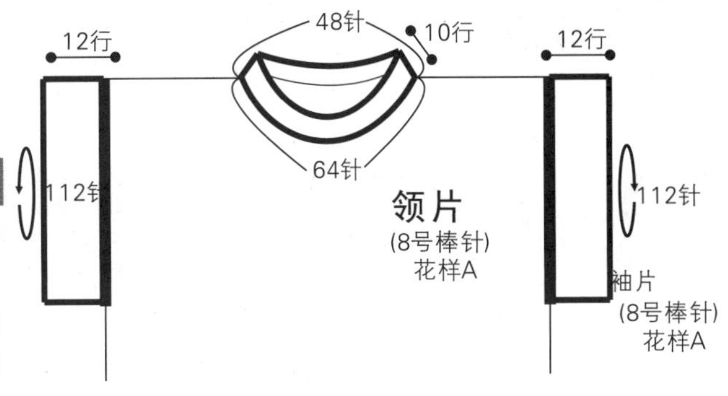

12行
48针
10行
12行
112针
64针
领片
(8号棒针)
花样A
112针
袖片
(8号棒针)
花样A

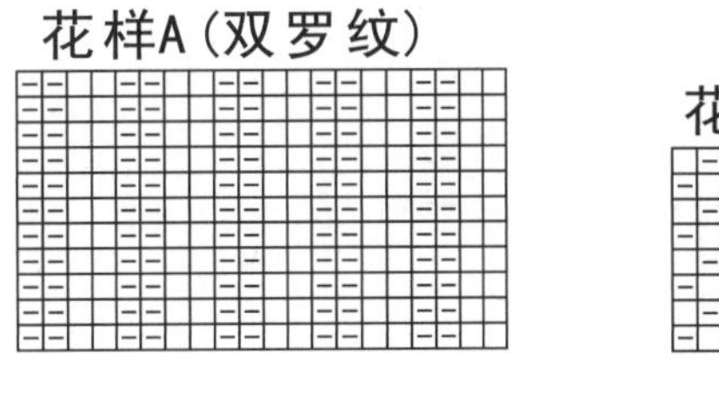

花样A(双罗纹)

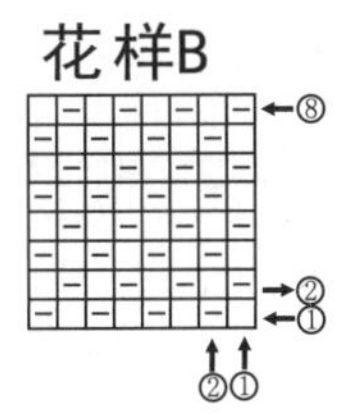

花样B

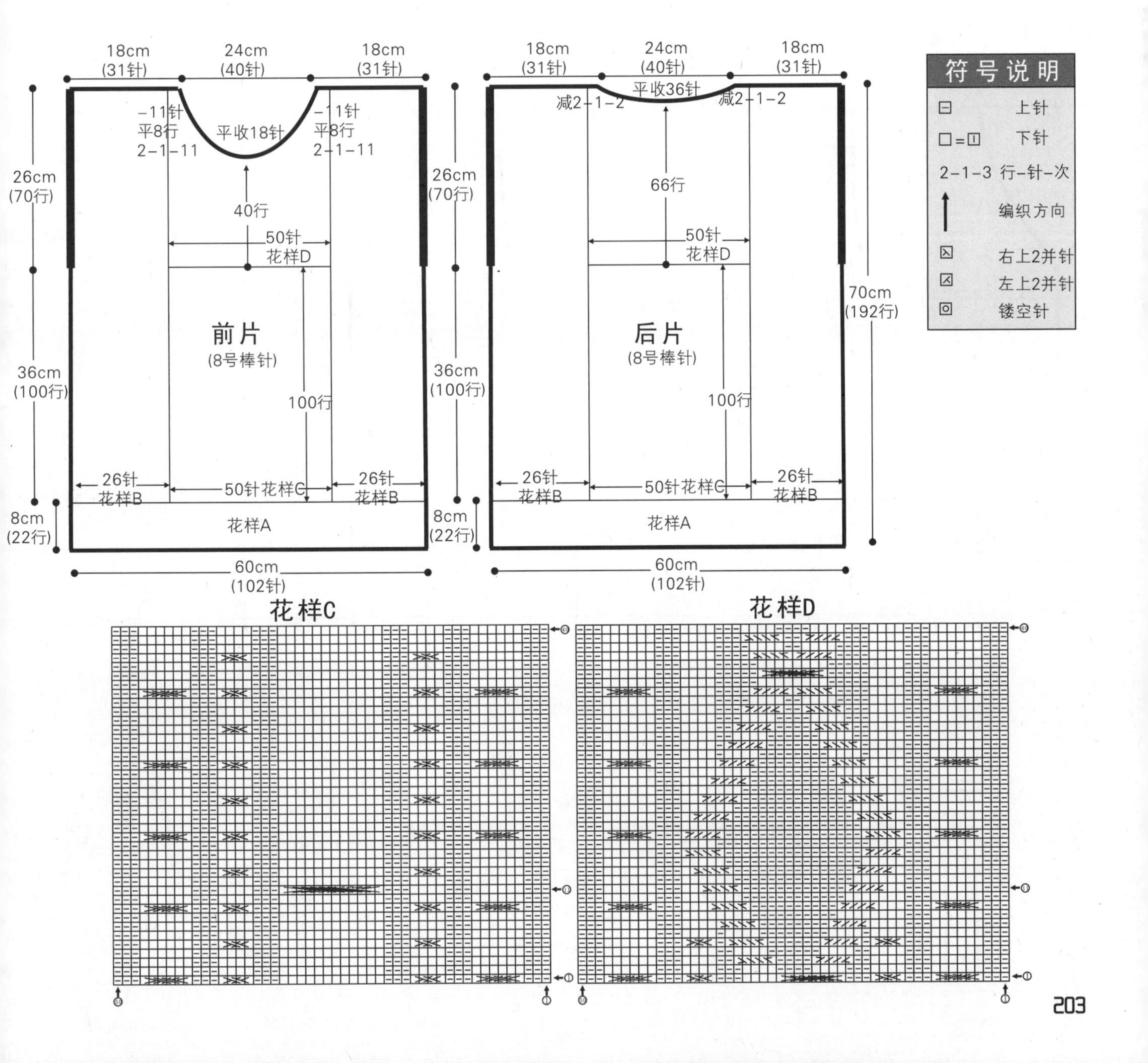

18cm
(31针)
24cm
(40针)
18cm
(31针)
-11针
平8行
2-1-11
平收18针
40行
50针
花样D
26cm
(70行)
前片
(8号棒针)
36cm
(100行)
100行
26针
花样B
50针花样C
8cm
(22行)
花样A
60cm
(102针)
平收36针
减2-1-2
66行
后片
(8号棒针)
70cm
(192行)
符号说明
上针
下针
2-1-3 行-针-次
编织方向
右上2并针
左上2并针
镂空针
花样C
花样D

作品135

【成品规格】衣长68cm，半胸围90cm，肩宽38cm，袖长55.5cm
【工　　具】12号棒针
【编织密度】27.5针×42.3行=10cm²
【材　　料】浅蓝绿色细棉线550g

前片/后片制作说明

1.棒针编织法，衣身袖窿以下一片往返编织，袖窿起分为左前片、后片和右前片分别编织而成。
2.起织。起248针，织花样A，织20行后改织花样B，织至96行，第97行将织片第19针至52针，以及第197至230针用别针标记出来编织袋口，织花样A，织16行后，将袋口花样A收针。另起线从袋口花样A内侧挑起34针，织下针，织54行后，与衣身织片对应连起来继续织花样B，织至196行，将织片按结构图所示均分成左前片、后片和右前片分别编织。
3.先织后片，织花样B，起织时，两侧按平收4针，2-1-6的方法减针，织至283行，中间平收46针，两侧减针织成后领，方法为2-1-3，织至288行，两肩部各余下26针，收针断线。
4.织左前片，织花样B，起织时，右侧按平收4针，2-1-6的方法减针，同时左侧按2-1-26的方法减针织成前领，织至288行，肩部余下26针，收针断线。
5.同样的方法相反方向编织右前片，完成后左右前片与后片肩缝对应缝合。

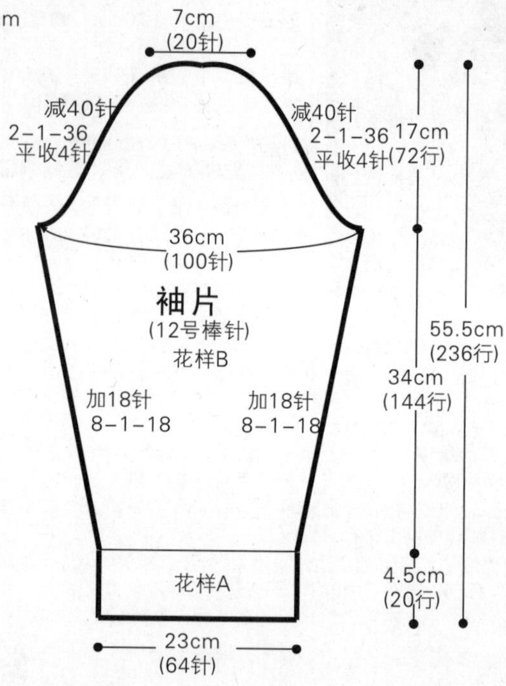

7cm
(20针)
减40针
2-1-36
平收4针
减40针
2-1-36
平收4针
17cm
(72行)
36cm
(100针)
袖片
(12号棒针)
花样B
55.5cm
(236行)
34cm
(144行)
加18针
8-1-18
加18针
8-1-18
花样A
4.5cm
(20行)
23cm
(64针)

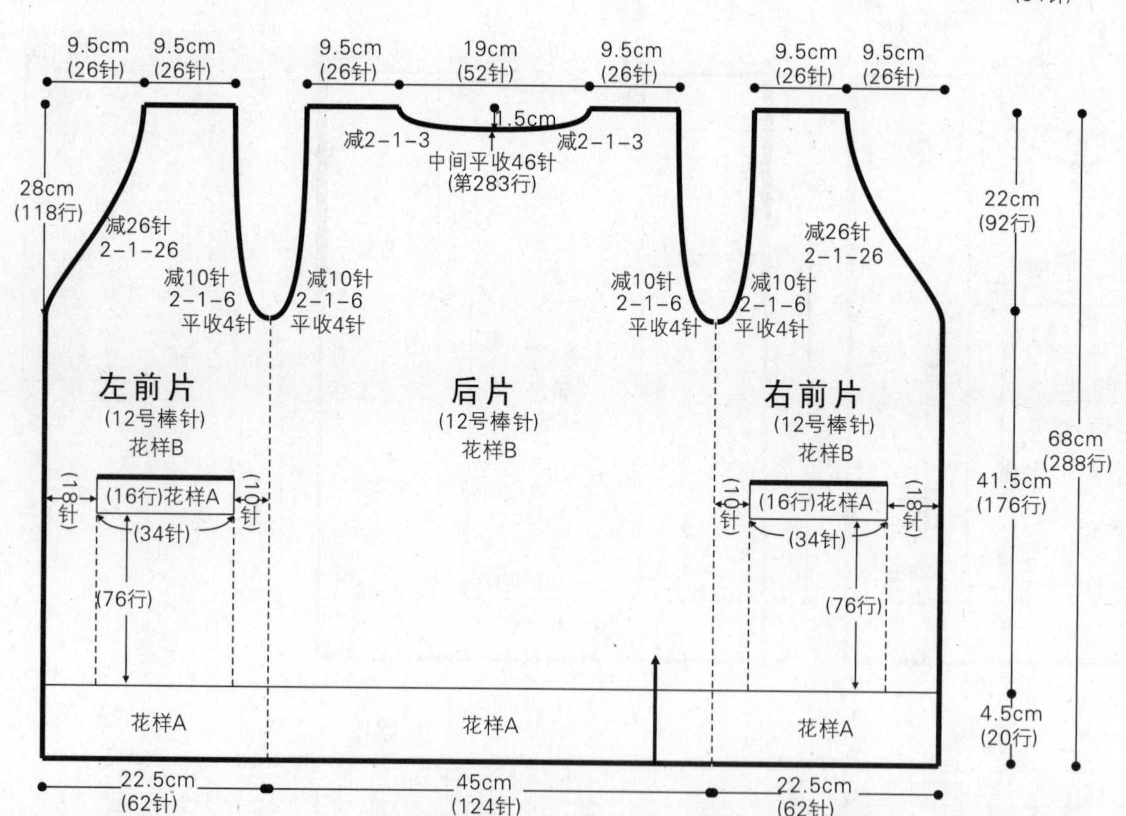

9.5cm
(26针)
9.5cm
(26针)
9.5cm
(26针)
19cm
(52针)
9.5cm
(26针)
9.5cm
(26针)
9.5cm
(26针)
1.5cm
减2-1-3
减2-1-3
中间平收46针
(第283行)
28cm
(118行)
减26针
2-1-26
减10针
2-1-6
平收4针
减10针
2-1-6
平收4针
减10针
2-1-6
平收4针
减10针
2-1-6
平收4针
减26针
2-1-26
22cm
(92行)
68cm
(288行)
41.5cm
(176行)
左前片
(12号棒针)
花样B
后片
(12号棒针)
花样B
右前片
(12号棒针)
花样B
(18针)
(16行)花样A
(10针)
(34针)
(76行)
(10针)
(16行)花样A
(18针)
(34针)
(76行)
花样A
花样A
花样A
4.5cm
(20行)
22.5cm
(62针)
45cm
(124针)
22.5cm
(62针)

袖片制作说明

1.棒针编织，从袖口往上编
织。
2.起织，起64针，织花样
A，织20行后，改织花样B，
一边织一边两侧加针，方法
为8-1-18，织至164行，两
侧减针编织袖山，方法为平
收4针，2-1-36，织至
236行，织片余下20针，收
针断线。
3.同样方法编织另一袖片。
4.将袖山对应袖窿线缝合，
再将袖底缝合。

领片

(12号棒针)
花样A

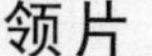

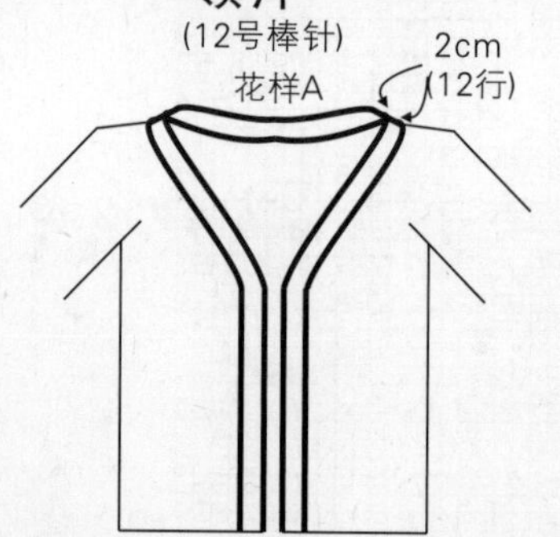

2cm
(12行)

领片制作说明

棒针编织法，沿两侧衣襟及领口挑起508针，往返编织花样A，织12行后，收针断线。

符号说明

⊟	上针
□=⊡	下针
2-1-3	行-针-次

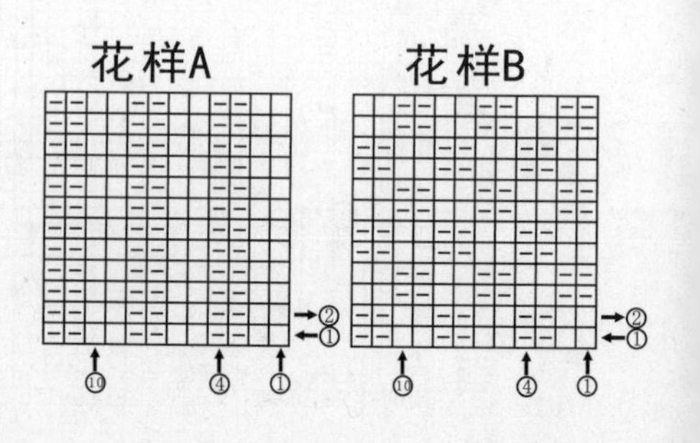

花样A
花样B
②
①
⑩
④
①
②
①
⑩
④
①

作品136

【成品规格】衣长81cm，胸宽59cm，肩宽40cm，袖长52cm
【工　　具】10号棒针
【编织密度】19针×26行=10cm²
【材　　料】浅蓝绿色羊毛线400g

前片/后片/领片/袖片制作说明

1.棒针编织法。由左右前片、后片、后领片与袖片襟组成。

2.前后片织法：

①前片的编织，由右前片和左前片组成，先组右前片:双罗纹起针法，起64针，起织花样A，织26行，然后重新排花样，从右至左依次是:10针花B，54针花样C，按排好的花样平织60行，然后再重新排花样，从右至左依次是，10针花B，10针下针，26针花样D，18针下针，按排好的花样织62行，至袖窿，袖窿起在左侧按平收4针，4-2-7方法收18针，袖窿起织28行后在右侧按平收15针，2-1-4，4-1-6方法收25针，再平织6行至肩部，剩21针，锁针断线，同样方法织另一片。

②后片的编织，双罗纹起针法，起112针，起织花样A，织26行，改织花样C，织60行，然后重新排花样，从右至左依次是:30针下针，52针花样E，30针下针，按排好的花样平织62行，至袖窿，袖窿起在左右两侧按平收4针，4-2-7方法各收18针，袖窿起织62行后在中间平收30针，分两片织，每片23针，先织右片:在左侧按2-1-2方法收2针，剩21针，锁针断线。

3.袖片的编织，双罗纹起针法，起32针，起织花样A，织14行，改织下针，同时在左右两侧按8-1-14方法各加14针，再平织10行，剩60针，锁针断线，同样方法织另一片。

4.帽片的织法：平针起针法，起15针，织下针，在右侧按2-1-4，4-1-6方法加10针，暂停不织，平针起针法，起15针，织下针，在左侧按2-1-4，4-1-6方法加10针，后再平加35针，和另一预留的半片合到一起织下针，织64行，左边平锁34针，中间留17针，最右边留10针，继续织花样B，织24行，平锁断线。中间预留的17针织花样，织34行，平锁断线。

5.缝合：挑右前片预留的8针花样A，先把帽片沿不同颜色的线缝合好，再把前后片和袖片缝合到一起，最后把缝好的帽子沿前后领窝边缝合好。

符号说明

⊟	上针
□=⊡	下针
2-1-3	行-针-次
↑	编织方向
◹	右上2并针
◸	左上2并针
◎	镂空针

32cm
（60针）
47cm
（122行）
52cm
（136行）
减14针
平10行
8-1-14
袖片
（10号棒针）
下针
17cm
（32针）
5cm
（14行）
花样A
16cm
（32针）

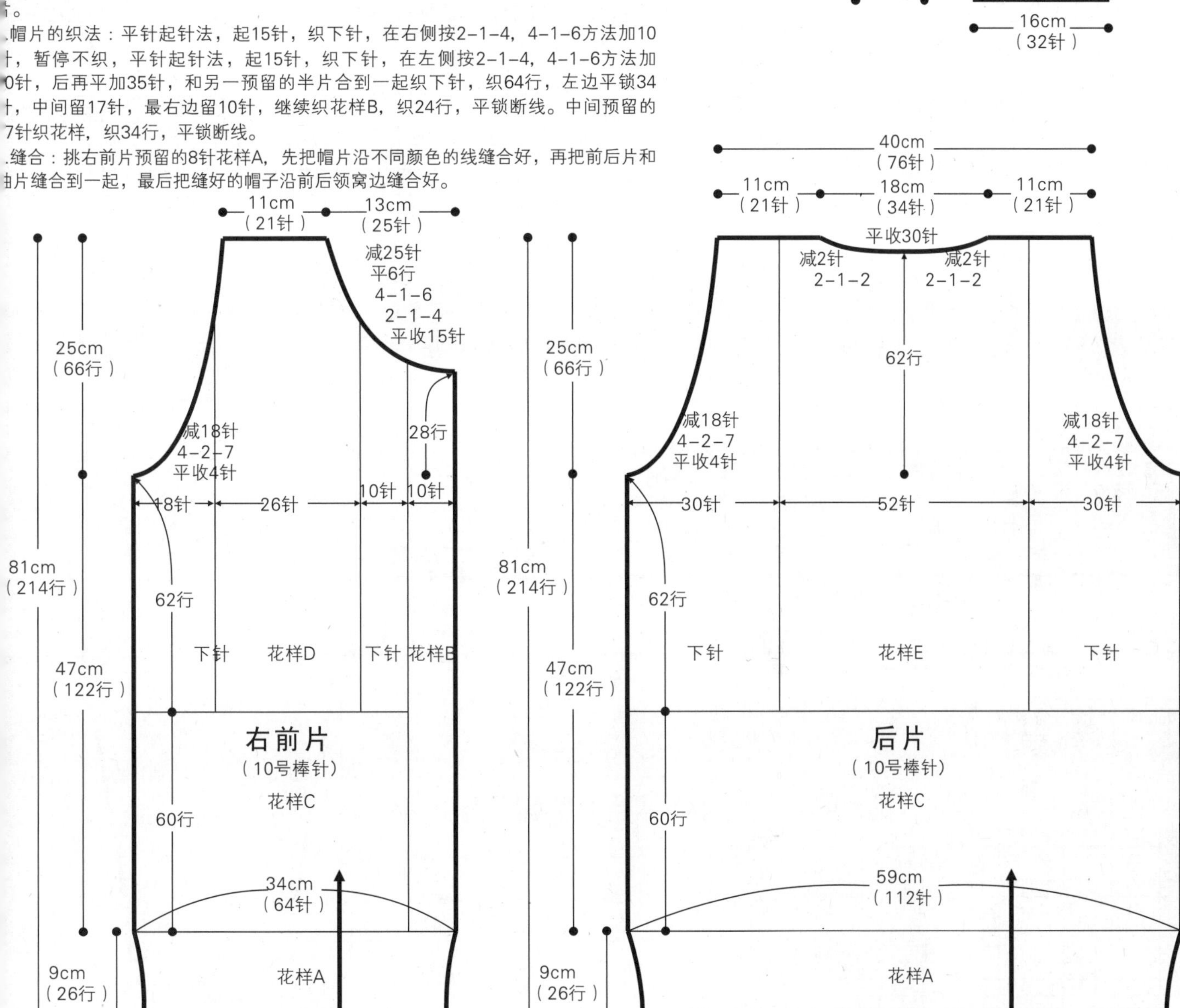

11cm
（21针）
13cm
（25针）
减25针
平6行
4-1-6
2-1-4
平收15针
25cm
（66行）
28行
减18针
4-2-7
平收4针
18针
26针
10针
10针
81cm
（214行）
62行
下针
花样D
下针
花样B
47cm
（122行）
右前片
（10号棒针）
花样C
60行
34cm
（64针）
9cm
（26行）
花样A
32cm
（64针）
40cm
（76针）
11cm
（21针）
18cm
（34针）
11cm
（21针）
平收30针
减2针
2-1-2
62行
减18针
4-2-7
平收4针
30针
52针
30针
62行
下针
花样E
下针
后片
（10号棒针）
花样C
60行
59cm
（112针）
9cm
（26行）
花样A
56cm
（112针）

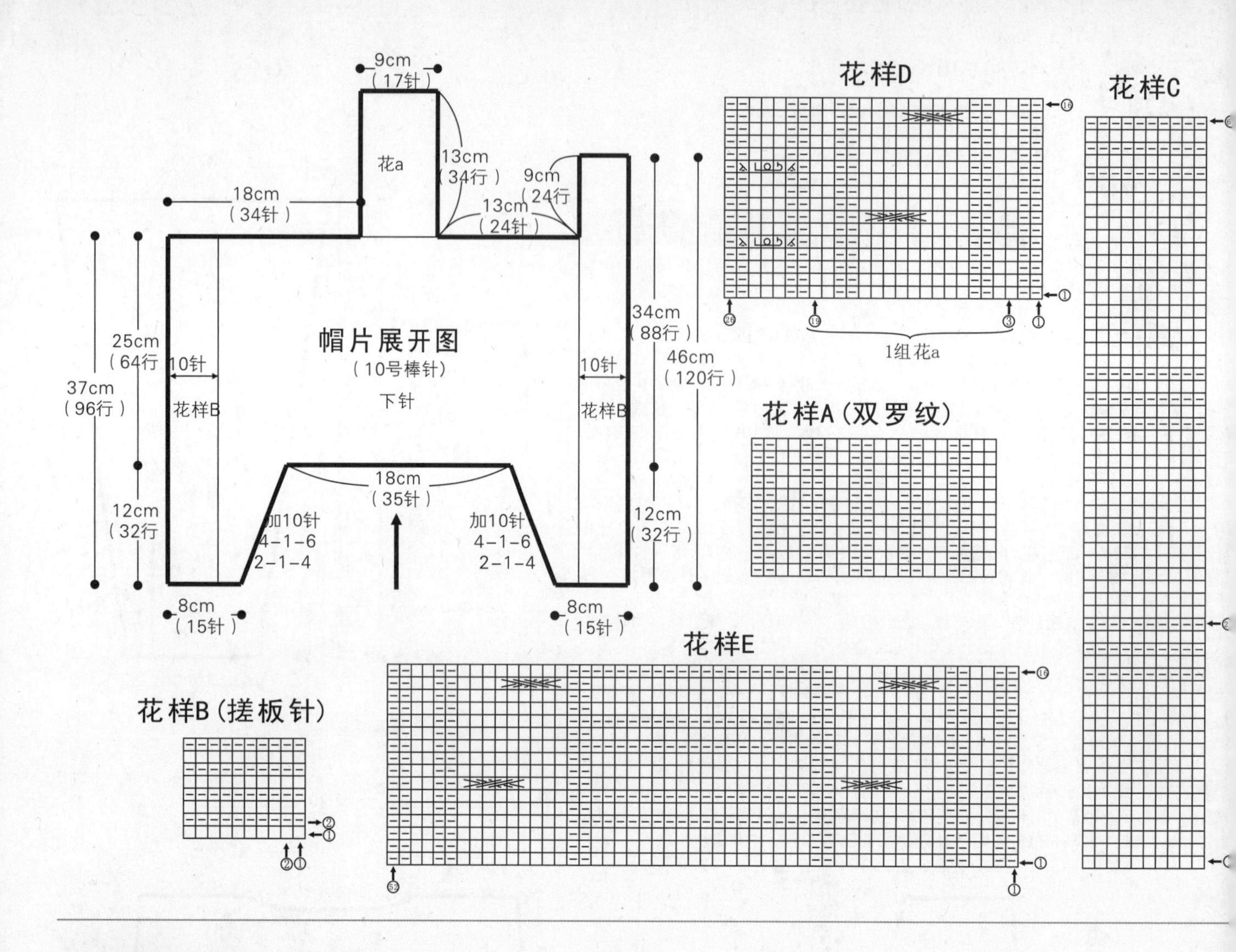
帽片展开图
(10号棒针)
下针
9cm
(17针)
花a
13cm
(34行)
9cm
(24行)
13cm
(24针)
18cm
(34针)
25cm
(64行)
37cm
(96行)
10针
花样B
34cm
(88行)
46cm
(120行)
18cm
(35针)
加10针
4-1-6
2-1-4
12cm
(32行)
8cm
(15针)
花样D
1组花a
花样C
花样A(双罗纹)
花样E
花样B(搓板针)

作品137

【成品规格】衣长72cm，胸围92cm，肩连袖长69cm
【工　　具】11号棒针
【编织密度】20针×27.5行=10cm²
【材　　料】红色粗棉线600g

前片/后片制作说明

1.棒针编织法，衣身分为左前片、右前片和后片分别编织而成。
2.起织后片。起92针，织花样A，织16行后，改织花样B，织至146行后，两侧各平收4针，然后按4-2-13的方法方法减针织成插肩袖窿，织至198行，织片余下32针，收针断线。
3.起织左前片。起52针，织花样A，织16行后，改织花样B，织至146行，左侧平收4针，然后按2-2-13的方法减针织成插肩袖窿，织至172行，织片变成22针，不加减针继续织94行后，收针断线。
4.相同方法相反方向编织右前片，完成后将左右前片分别与后片侧缝对应缝合，肩缝缝合。左右前片顶部缝合，然后与后领及两侧袖顶缝合。

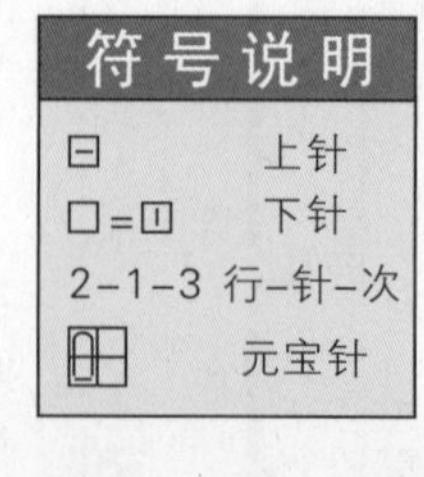
符号说明
上针
□=□ 下针
2-1-3 行-针-次
元宝针

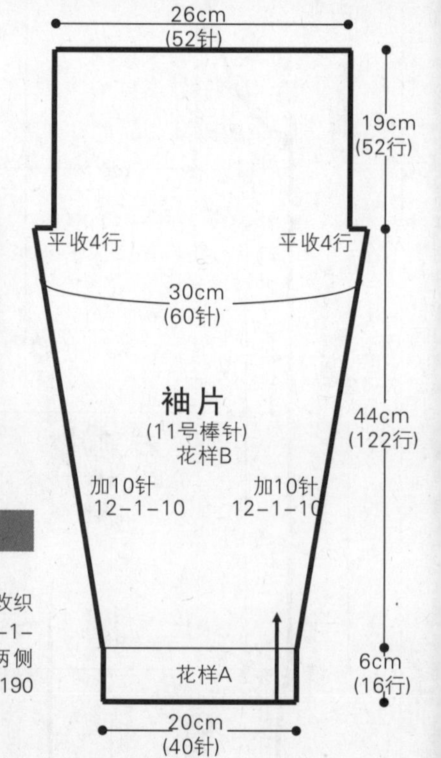
26cm
(52针)
19cm
(52行)
平收4行
平收4行
30cm
(60针)
袖片
(11号棒针)
花样B
44cm
(122行)
加10针
12-1-10
花样A
6cm
(16行)
20cm
(40针)

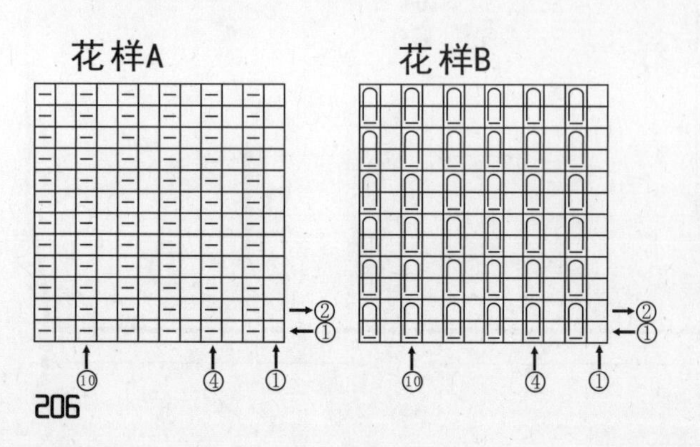
花样A
花样B

袖片制作说明

1.棒针编织法，从袖口往上编织。
2.起40针，织花样A，织16行后，改织花样B，一边织一边两侧按12-1-10的方法加针，织至138行后，两侧各平收4针，然后不加减针织至190行，织片余下52针，收针断线。
3.同样的方法编织另一袖片。
4.将袖底缝合。

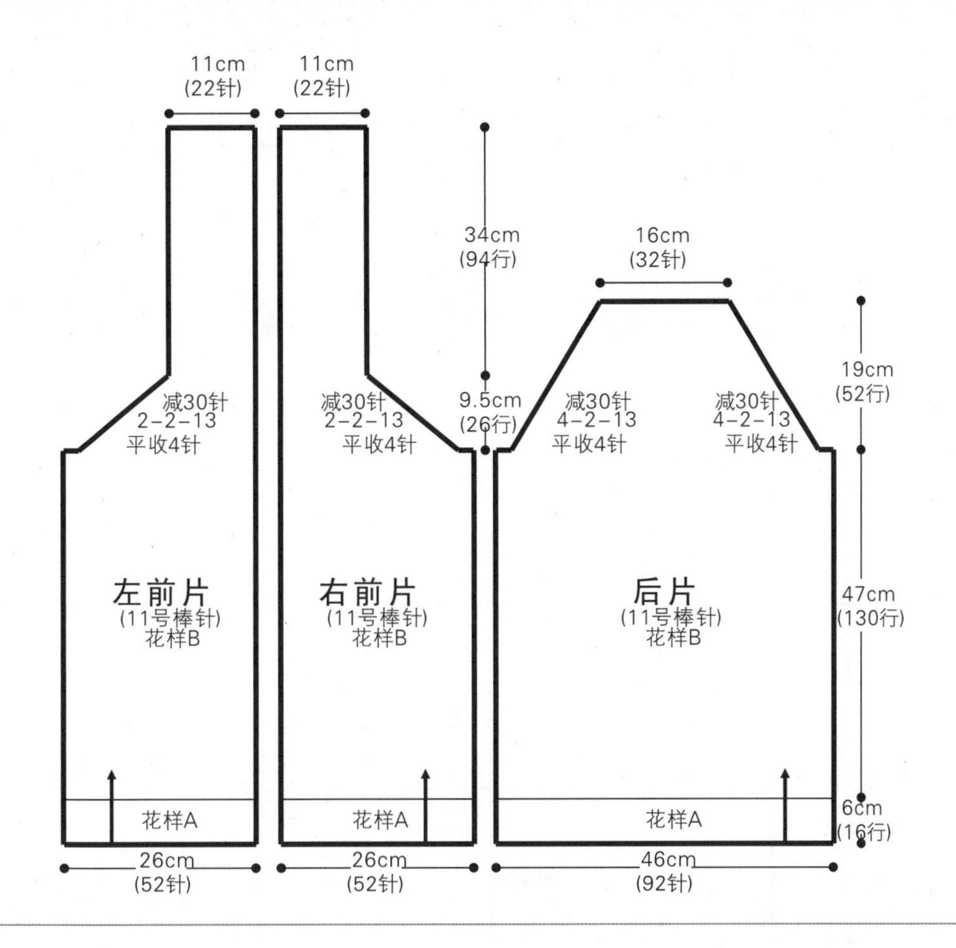

11cm
(22针)
11cm
(22针)
34cm
(94行)
16cm
(32针)
19cm
(52行)
减30针
2-2-13
平收4针
减30针
2-2-13
平收4针
9.5cm
(26行)
减30针
4-2-13
平收4针
减30针
4-2-13
平收4针
左前片
(11号棒针)
花样B
右前片
(11号棒针)
花样B
后片
(11号棒针)
花样B
47cm
(130行)
花样A
花样A
花样A
6cm
(16行)
26cm
(52针)
26cm
(52针)
46cm
(92针)

作品138

【成品规格】衣长102cm，胸宽52cm，肩宽39cm，袖长56cm

【工　　具】9号棒针

【编织密度】16针×19.6行=10cm²

【材　　料】紫色羊毛线1200g，牛角扣4颗

前片/后片/领片/袖片制作说明

1.棒针编织法。由左前片、右前片和后片和两个袖片组成。

2.前后片织法：

①前片的编织，分为左前片和右前片。以右前片为例，下针起针法，起52针，用9号针起织，右侧8针编织花样A，余下的针数全织花样B，不加减针，织88行后，花样A继续编织，而花样B改为织花样A织4行，然后依照花样C编织棒绞花样，照此分配，不加减针，织58行的高度后，至袖窿下一行起，袖窿减针，左侧收针4针，然后2-1-6，当织成袖窿算起26行的高度后，下一行进行前衣领减针，从右至左，收针10针，然后2-2-4，2-1-8，织成24行后，至肩部，余下6针，收针断线。右前片衣襟需要制作4个扣眼，织完花样B的行数后开始制作扣眼。每个扣眼占1行，相隔26行织一个扣眼。相同的方法，相反的减针方向去编织左前片。左前片不需要制作扣眼。在对应的位置钉上牛角扣。

②后片的编织。下针起针法，起82针，起织花样B，不加减针，织88行的高度，下一行起，改织花样A织4行，然后起织花样D，不加减针，织58行至袖窿。袖窿起减针，两边收针4针，然后2-1-6，当织成袖窿算起46行的高度时，下一行中间收针26针，两边减针，2-1-2，至肩部余下16针，收针断线。将前后片的肩部对应缝合，再将侧缝对应缝合。

3.袖片织法：下针起针法，起36针，起织花样B，织16行的高度，下一行起，排花型，两边各选7针编织下针，中间22针编织花样E，并在袖侧缝上加针编织，6-1-10，再织16行至袖山减针，下一行起，两边同时减针，两边各收针4针，然后2-1-9，各减少13针，织成18行高度，余下30针，收针断线。相同的方法再去编织另一个袖片。将两个袖山边线与衣身的袖窿边线对应缝合。再将袖侧缝缝合。

4.帽片的编织。单独编织再缝合。由两侧各自编织再合并作一块编织。先织一边，起8针，起织花样A，内侧加针编织花样B，2-2-4，2-1-8，各加16针，织成24行后，暂停编织，相同的方法，相反的加针方向编织另一边，织成24行后，用单起针法，往内起44针，与另一半合并作一片，花样依旧，不加减针，织68行后，以中心2针进行减针，2-1-6，织成12行后，以中心2针对称对折，将两边对应缝合在一起，再将起针边，与衣身的前后衣领边对应缝合。衣服完成。

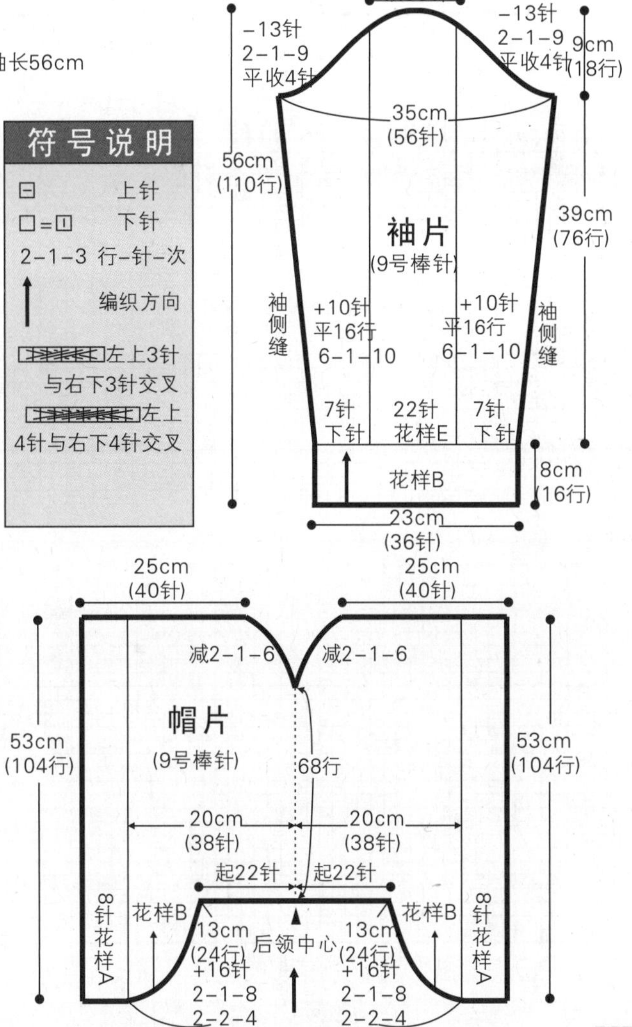

余30针
-13针
2-1-9
平收4针
-13针
2-1-9
平收4针
9cm
(18行)
56cm
(110行)
35cm
(56针)
39cm
(76行)
袖片
(9号棒针)
袖侧缝
+10针
平16行
6-1-10
+10针
平16行
6-1-10
袖侧缝
7针
下针
22针
花样E
7针
下针
花样B
8cm
(16行)
23cm
(36针)
符号说明
上针
下针
2-1-3 行-针-次
编织方向
左上3针与右下3针交叉
左上4针与右下4针交叉
25cm
(40针)
25cm
(40针)
减2-1-6
减2-1-6
帽片
(9号棒针)
53cm
(104行)
68行
53cm
(104行)
20cm
(38针)
20cm
(38针)
起22针
起22针
8针花样A
花样B
13cm
(24行)
+16针
2-1-8
2-2-4
后领中心
13cm
(24行)
+16针
2-1-8
2-2-4
花样B
8针花样A

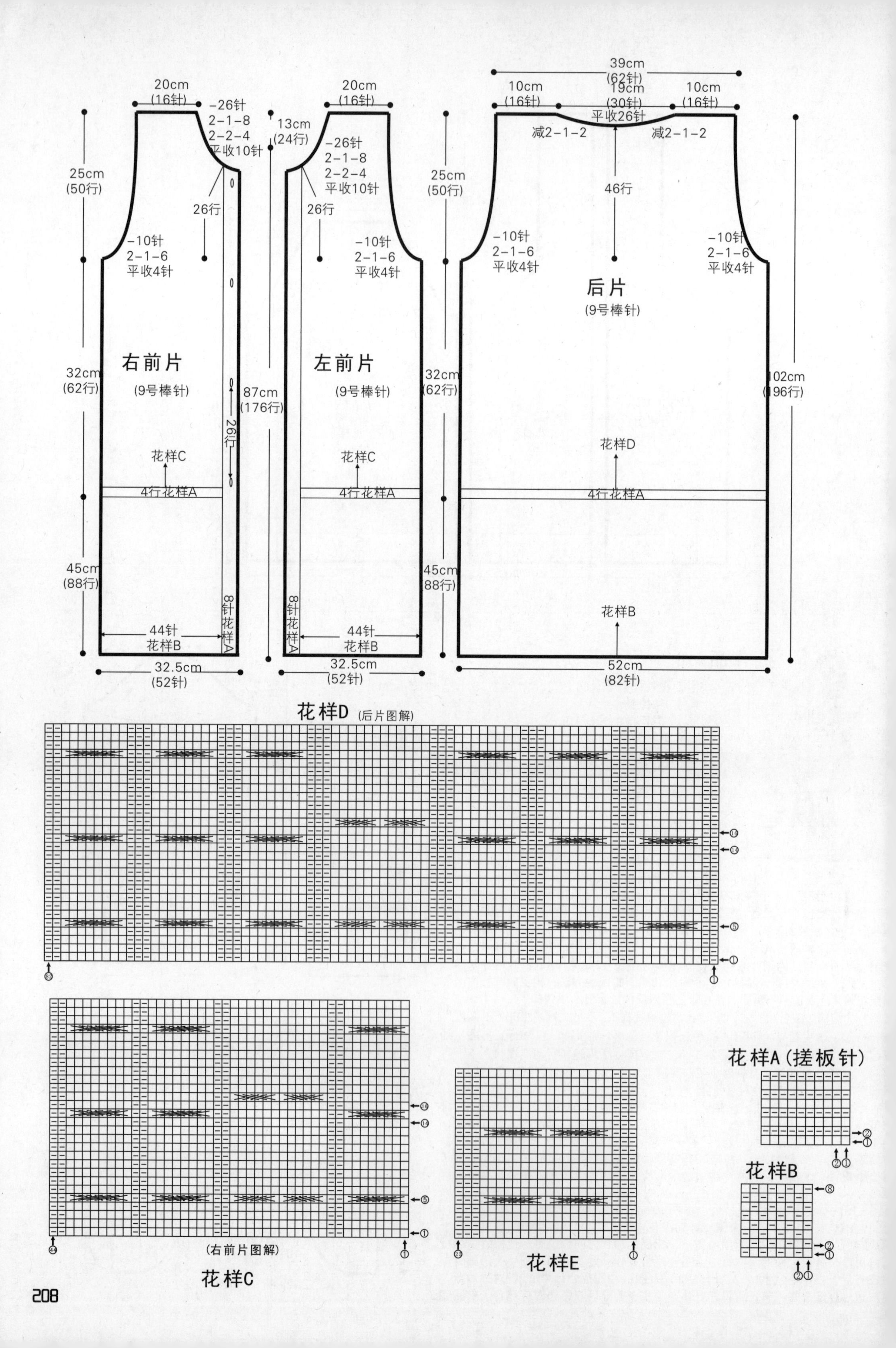

20cm
(16针)
-26针
2-1-8
2-2-4
平收10针
25cm
(50行)
26行
-10针
2-1-6
平收4针
右前片
(9号棒针)
32cm
(62行)
26行
花样C
4行花样A
45cm
(88行)
8针花样A
44针
花样B
32.5cm
(52针)
13cm
(24行)
87cm
(176行)
左前片
39cm
(62针)
10cm
(16针)
19cm
(30针)
平收26针
减2-1-2
46行
后片
(9号棒针)
102cm
(196行)
花样D
花样B
52cm
(82针)
花样D (后片图解)
(右前片图解)
花样C
花样E
花样A (搓板针)
花样B

作品139

【成品规格】衣长60cm，半胸围48cm，肩宽41cm，袖长49cm
【工　　具】12号棒针
【编织密度】30.6针×38行=10cm²
【材　　料】粉红色羊毛线550g

前片/后片制作说明

1.棒针编织法，前后片分别起织，至腰身处合并成一片环形编织，袖窿起分为前片和后片分别编织而成。
2.起织。起139针，两侧各织11针花样B，中间余下针数织花样A，织24行后，将织片均匀加针至147针，两侧仍然织11针花样B，中间针数改为花样C与花样D间隔编织，如结构图所示，织至64行，留针暂时不织。另起线编织相同的一片织片，第65行将两织片连起来环形编织，花样C与花样D间隔编织，织至144行，将织片按结构图所示均分成前片和后片，分别编织。
.先织后片，起织时，两侧按1-4-1，2-1-7的方法减针，织至223行，中间平收61针，两侧减针织成后领，方法为2-1-3，织至228行，两肩部各余下29针，收针断线。
.织前片，起织时，两侧按1-4-1，2-1-7的方法减针，织至193行，中间平收23针，两侧减针织成前领，方法为2-2-8，2-1-6，织至228行，两肩部各余下29针，收针断线。
.前片与后片肩缝对应缝合。

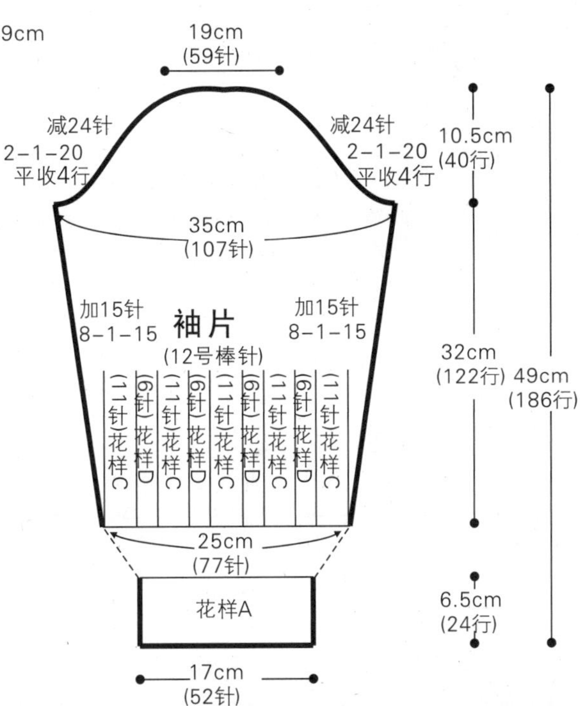
19cm
(59针)
减24针
2-1-20
平收4行
减24针
2-1-20
平收4行
10.5cm
(40行)
35cm
(107针)
加15针
8-1-15
袖片
(12号棒针)
加15针
8-1-15
32cm
(122行)
49cm
(186行)
(11针)花样C
(6针)花样D
25cm
(77针)
花样A
6.5cm
(24行)
17cm
(52针)

袖片制作说明

.棒针编织法，从袖口往上编织。
.起织，起52针，织花样A，织24行后，改为花样C，D间隔编织，如结构图所示，一边织一边两侧加针，方法为8-1-15，织至146行，两侧减针编织袖山，方法为平收4针，2-1-20，织至186行，织片余下59针，收针断线。
.同样的方法编织另一袖片。
.将袖山对应袖窿线缝合，再将袖底缝合。

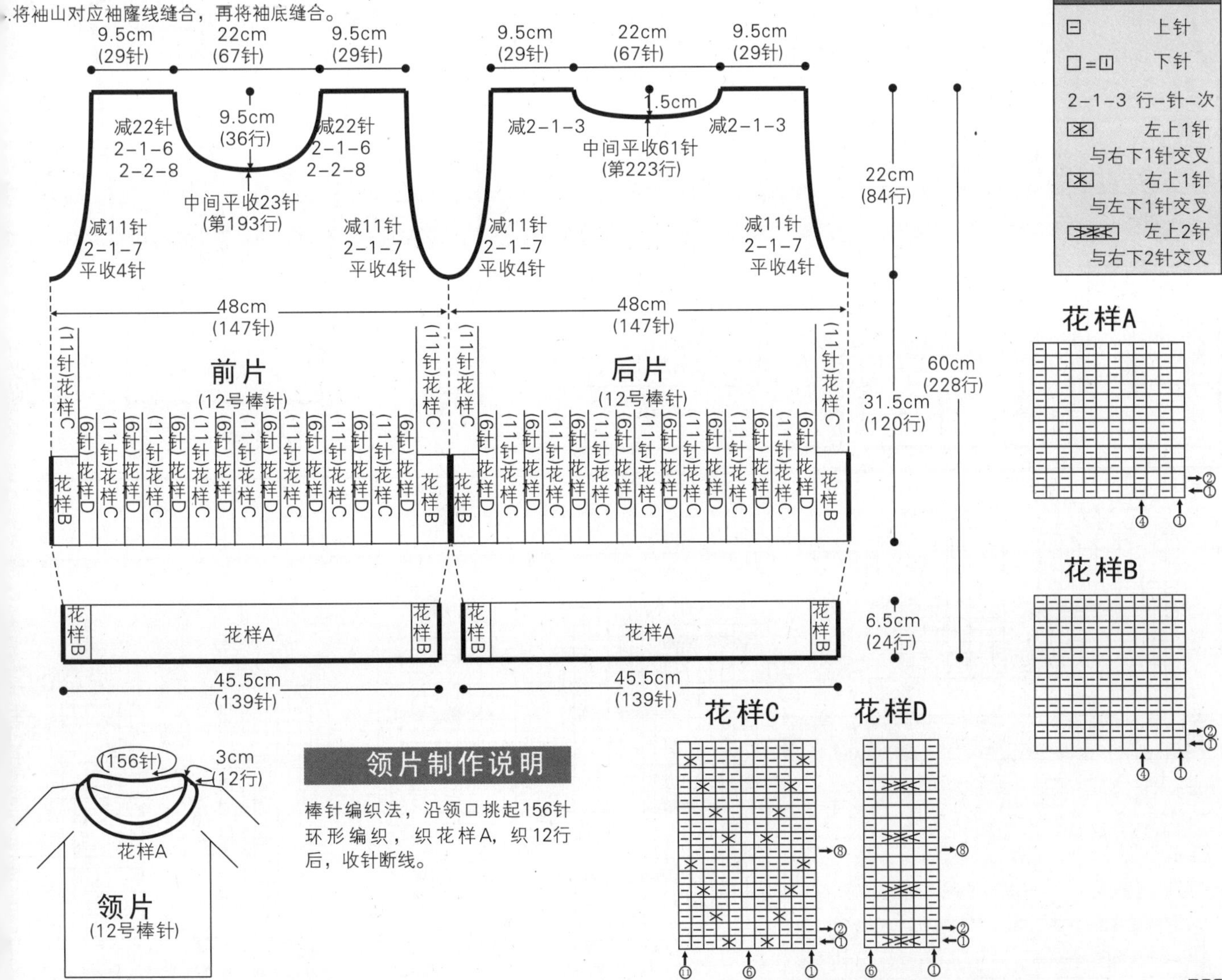
9.5cm
(29针)
22cm
(67针)
9.5cm
(29针)
9.5cm
(36行)
减22针
2-1-6
2-2-8
中间平收23针
(第193行)
减11针
2-1-7
平收4针
48cm
(147针)
前片
(12号棒针)
(11针)花样C
(6针)花样D
花样B
花样A
45.5cm
(139针)
1.5cm
减2-1-3
中间平收61针
(第223行)
后片
(12号棒针)
22cm
(84行)
60cm
(228行)
31.5cm
(120行)
6.5cm
(24行)
(156针)
3cm
(12行)
花样A
领片
(12号棒针)
符号说明
上针
□=▣ 下针
2-1-3 行-针-次
左上1针与右下1针交叉
右上1针与左下1针交叉
左上2针与右下2针交叉
花样A
花样B
花样C
花样D

领片制作说明

棒针编织法，沿领口挑起156针环形编织，织花样A，织12行后，收针断线。

作品140

【成品规格】衣长75cm，胸宽47.5cm，肩宽56cm，袖长62cm
【工　　具】12号棒针
【编织密度】39针×34.2行=10cm²
【材　　料】橙色羊毛线500g

前片/后片制作说明

1.棒针编织法，衣身分为前片和后片分别编织而成。
2.起织后片。起156针，织花样A，织22行后，改为花样B，C，D，E，F组合编织，如结构图所示，织至148行，两侧袖窿减针，方法为平收4针，2-1-9，织至207行，中间平收60针，两侧减针织成后领，方法为2-1-3，织至212行，两肩部各余下32针，收针断线。
3.起织前片。起156针，织花样A，织22行后，改为花样B，C，D，E，F组合编织，如结构图所示，织至148行，两侧袖窿减针，方法为平收4针，2-1-9，织至189行，中间平收38针，两侧减针织成前领，方法为2-2-4，2-1-6，织至212行，两肩部各余下32针，收针断线。
4.将前片与后片侧缝对应缝合，肩缝对应缝合。

领片制作说明

棒针编织法，沿领口挑起132针环形编织，织花样A，织16行后，收针断线。

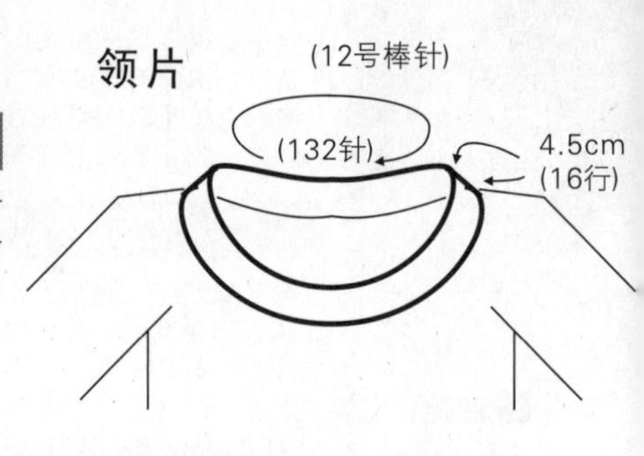

领片
(12号棒针)
(132针)
4.5cm
(16行)

袖片制作说明

1.棒针编织法，从袖口往上编织。
2.起织，起26针，织花样A，织22行后，改为花样B，C，E，F组合编织，如结构图所示，一边织一边两侧加针，方法为12-1-11，织至162行，两侧减针编织袖山，方法为平收4针，2-1-20，织至202行，织片余下46针，收针断线。
3.同样的方法编织另一袖片。
4.将袖山对应袖窿线缝合，再将袖底缝合。

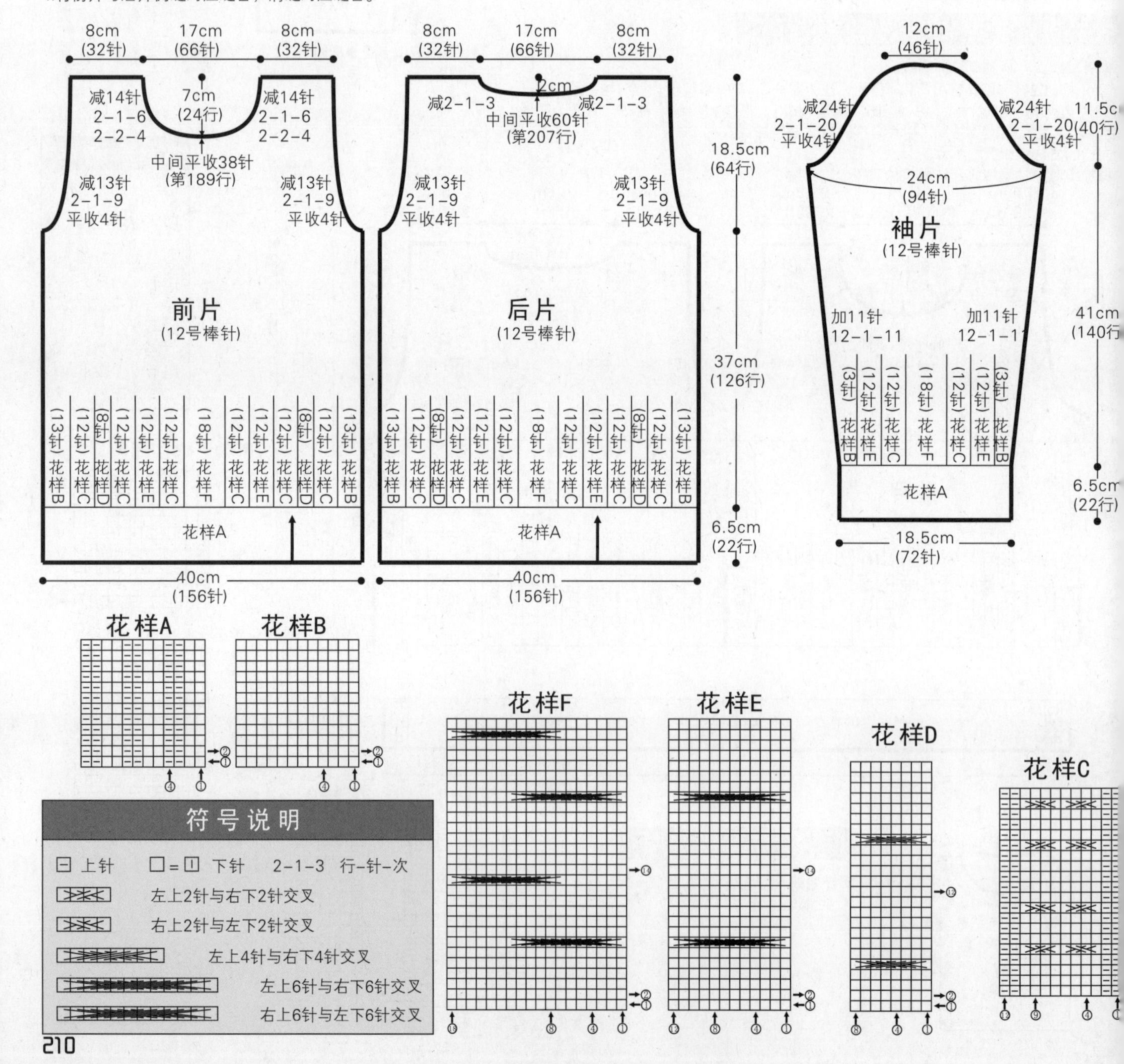

8cm
(32针)
17cm
(66针)
8cm
(32针)
减14针
2-1-6
2-2-4
7cm
(24行)
中间平收38针
(第189行)
减13针
2-1-9
平收4针
前片
(12号棒针)
(13针)花样B
(12针)花样C
(8针)花样D
(12针)花样C
(12针)花样E
(12针)花样C
(18针)花样F
花样A
40cm
(156针)
2cm
减2-1-3
中间平收60针
(第207行)
后片
(12号棒针)
18.5cm
(64行)
37cm
(126行)
6.5cm
(22行)
12cm
(46针)
减24针
2-1-20
平收4针
11.5cm
(40行)
24cm
(94针)
袖片
(12号棒针)
加11针
12-1-11
(3针)花样B
41cm
(140行)
18.5cm
(72针)
花样A
花样B
花样F
花样E
花样D
花样C
符号说明
上针
下针
2-1-3 行-针-次
左上2针与右下2针交叉
右上2针与左下2针交叉
左上4针与右下4针交叉
左上6针与右下6针交叉
右上6针与左下6针交叉

作品141

【成品规格】衣长65cm，胸围86cm，肩宽34cm，袖长57cm
【工　　具】11号棒针，12号棒针
【编织密度】17.6针×24行=10cm²
【材　　料】红色粗羊毛线550g

前片/后片制作说明

1.棒针编织法，衣身分为左右前片和后片分别编织缝合而成。
2.起织后片。起76针，织花样A，织6行后，改为花样B与花样C组合编织，如结构图所示，织至102行，两侧袖窿减针，方法为平收4针，2-1-4，织至151行，中间平收28针，两侧减针织成后领，方法为2-1-3，织至156行，两肩部各余下13针，收针断线。
3.起织左前片。起34针，织花样A，织6行后，改为花样B花样C组合编织，如结构图所示，织至102行，右侧袖窿减针，方法为平收4针，2-1-4，织至139行，左侧前领减针，方法为2-2-5，2-1-3，织至156行的总高度，肩部余下13针，收针断线。
4.同样的方法相反方向编织右前片，将左右前片与后片侧缝对应缝合，肩缝对应缝合。

符号说明

⊟	上针
□=⊡	下针
2-1-3	行-针-次
(交叉符号)	左上2针与右下1针交叉
(交叉符号)	右上2针与左下1针交叉
(交叉符号)	右上2针与左下2针交叉

领片

(12号棒针)
(110针)
花样A
4cm (26行)
(160针)
4cm (26行)

领片制作说明

1.棒针编织法，沿领口挑起110针，织花样A，织26行后，收针断线。
2.沿衣襟两侧分别挑起160针织花样A，织26行后，收针断线。

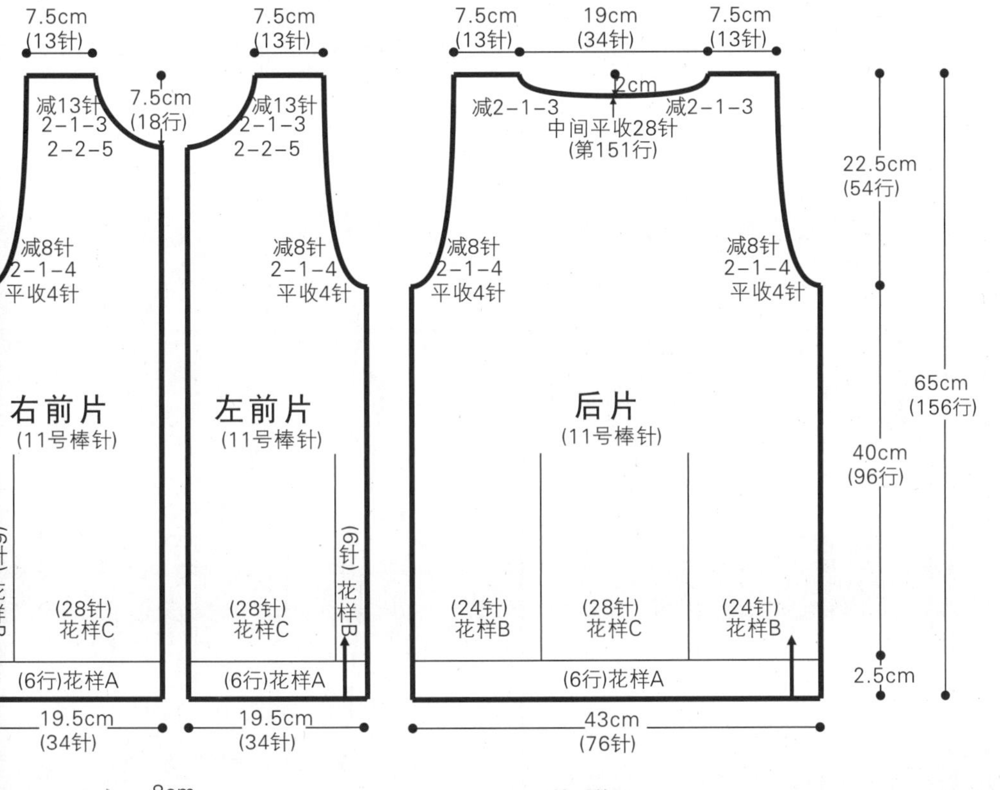

7.5cm (13针)
7.5cm (18行)
减13针
2-1-3
2-2-5
减8针
2-1-4
平收4针
右前片
(11号棒针)
左前片
(11号棒针)
(28针) 花样C
(6针) 花样B
(6行)花样A
19.5cm (34针)
19cm (34针)
2cm
减2-1-3
中间平收28针
(第151行)
后片
(11号棒针)
(24针) 花样B
(28针) 花样C
43cm (76针)
22.5cm (54行)
65cm (156行)
40cm (96行)
2.5cm

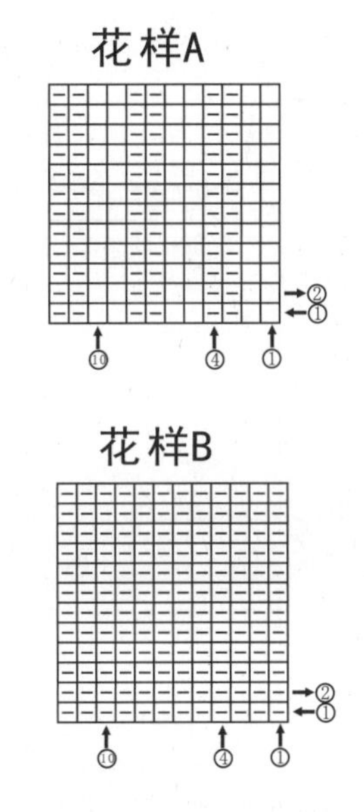

花样A
花样B

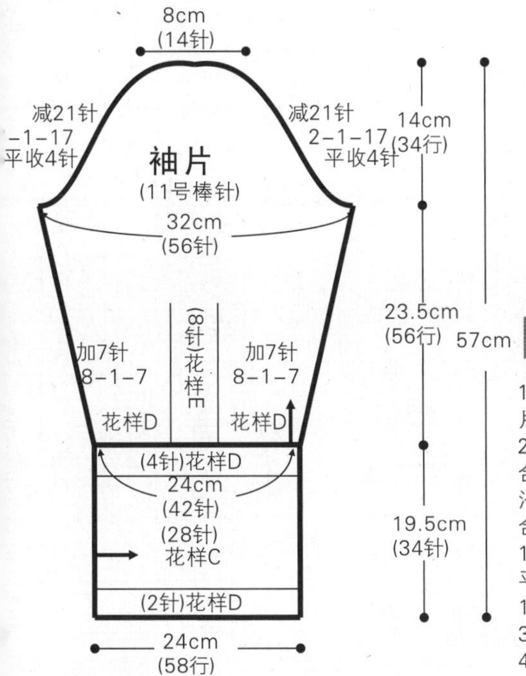

8cm (14针)
减21针
2-1-17
平收4针
袖片
(11号棒针)
32cm (56针)
(8针)花样E
加7针
8-1-7
花样D
(4针)花样D
24cm (42针)
(28针) 花样C
(2针)花样D
24cm (58行)
14cm (34行)
23.5cm (56行)
57cm
19.5cm (34针)

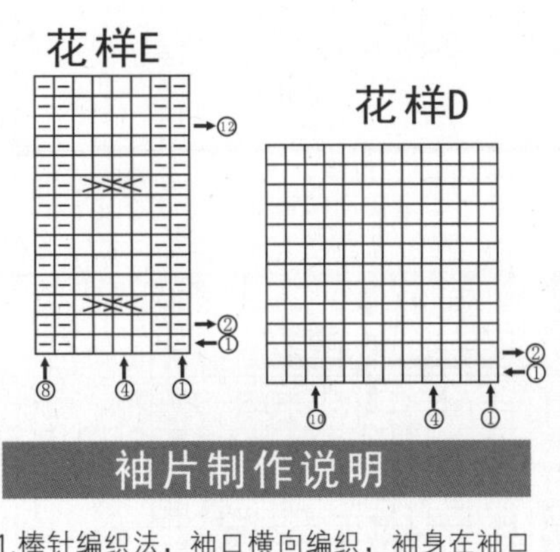

花样E
花样D

袖片制作说明

1.棒针编织法，袖口横向编织，袖身在袖口片侧边挑针往上编织。
2.起织袖口片，起34针，花样D与花样C组合编织，织58行后，收针断线。
沿袖口片侧边挑起42针，花样C与花样E组合编织，一边织一边两侧加针，方法为8-1-7，织56行，两侧减针编织袖山，方法为平收4针，2-1-17，织至90行，织片余下14针，收针断线。
3.同样的方法编织另一袖片。
4.将袖山对应袖窿线缝合，再将袖底缝合。

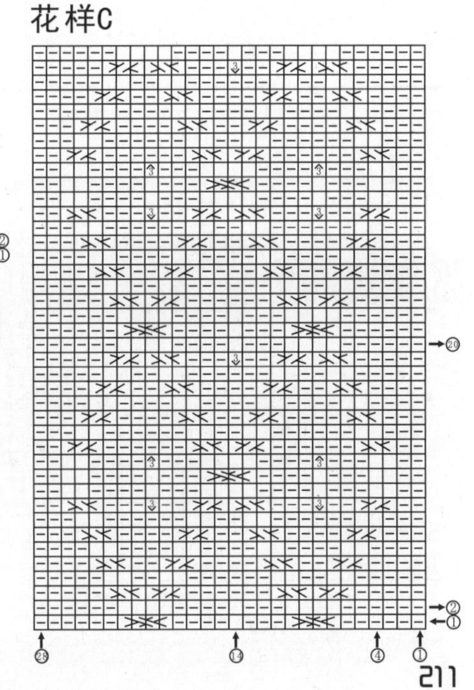

花样C

作品142

【成品规格】衣长63cm，胸围88cm，肩宽36.5cm，袖长60cm
【工　　具】12号棒针
【编织密度】32.3针×34行=10cm²
【材　　料】红色羊毛线500g

前片/后片制作说明

1.棒针编织法，衣身分为前片和后片分别编织而成。
2.起织后片。起142针，织花样A，织24行后，改织花样B，织至140行，两侧袖窿减针，方法为平收4针，2-1-9，织至211行，中间平收52针，两侧减针织成后领，方法为2-1-2，织至214行，两肩部各余下30针，收针断线。
3.起织前片。起142针，织花样A，织24行后，改为花样B，C，D组合编织，如结构图所示，织至140行，两侧袖窿减针，方法为平收4针，2-1-9，织至191行，中间平收28针，两侧减针织成前领，方法为2-2-4，2-1-6，织至214行，两肩部各余下30针，收针断线。
4.将前片与后片侧缝对应缝合，肩缝对应缝合。

领片制作说明

棒针编织法，沿领口挑起128针环形编织，织花样A，织18行后，收针断线。

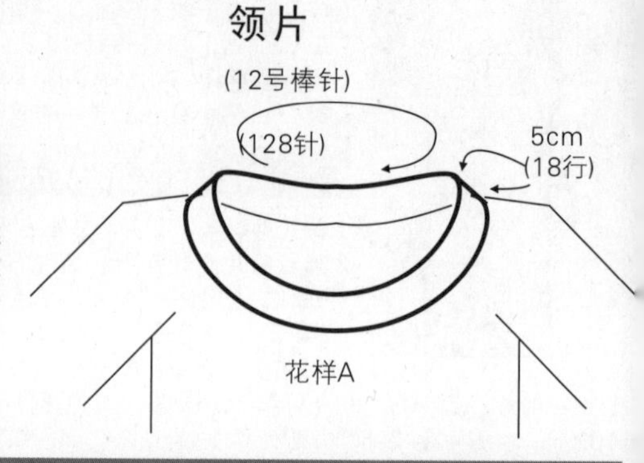

领片
(12号棒针)
(128针)
5cm
(18行)
花样A

袖片制作说明

1.棒针编织法，从袖口往上编织。
2.起织，起76针，织花样A，织24行后，改为花样C与花样D组合编织，一边织一边两侧加针，方法为16-1-8，织至160行，两侧减针编织袖山，方法为平收4针，2-1-22，织至204行，织片余下40针，收针断线。
3.同样的方法编织另一袖片。
4.将袖山对应袖窿线缝合，再将袖底缝合。

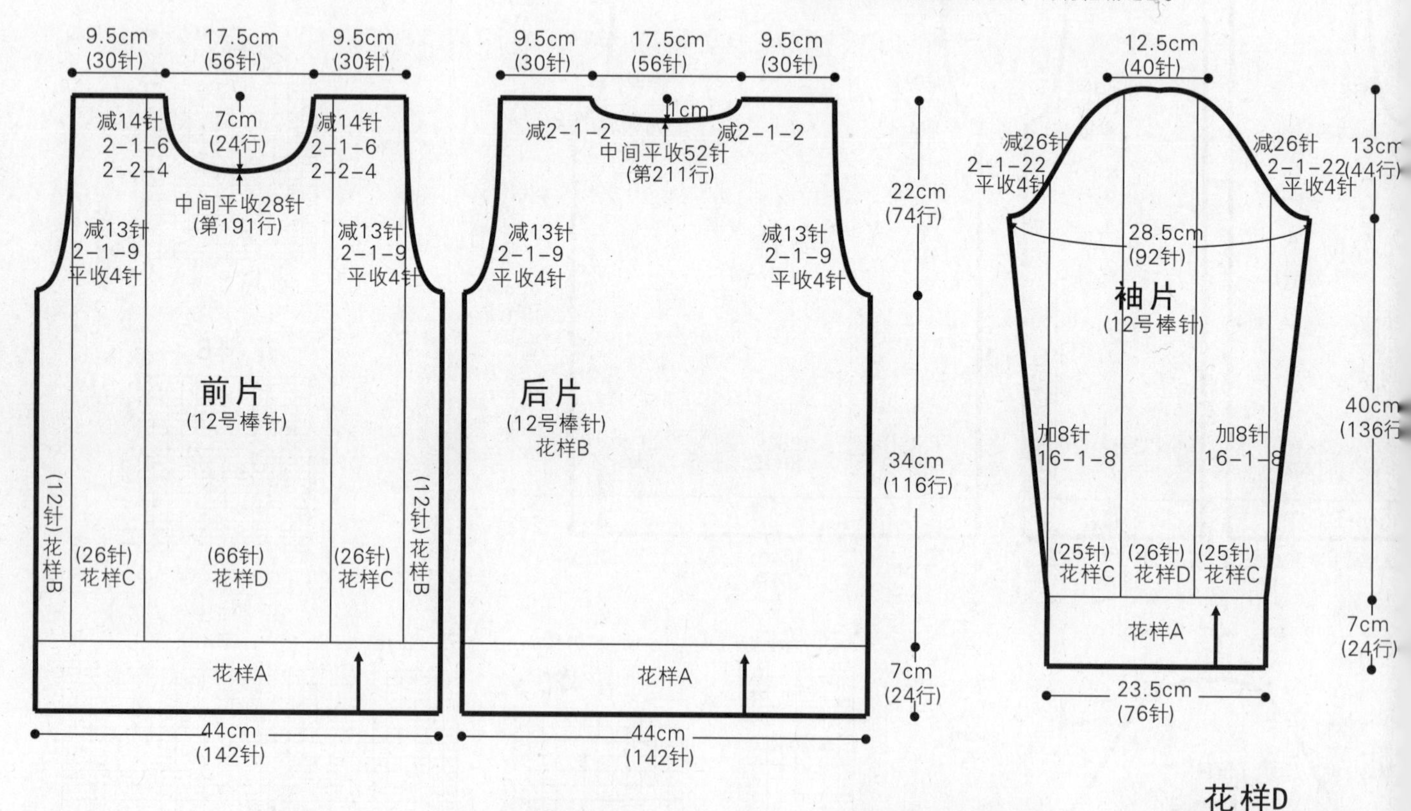

9.5cm (30针)
17.5cm (56针)
9.5cm (30针)
减14针 2-1-6 2-2-4
7cm (24行)
中间平收28针 (第191行)
减13针 2-1-9 平收4针
前片 (12号棒针)
(12针)花样B
(26针) 花样C
(66针) 花样D
花样A
44cm (142针)
1cm
减2-1-2
中间平收52针 (第211行)
后片 (12号棒针) 花样B
22cm (74行)
34cm (116行)
7cm (24行)
12.5cm (40针)
减26针 2-1-22 平收4针
13cm (44行)
28.5cm (92针)
袖片 (12号棒针)
加8针 16-1-8
40cm (136行)
(25针) 花样C
(26针) 花样D
7cm (24行)
23.5cm (76针)

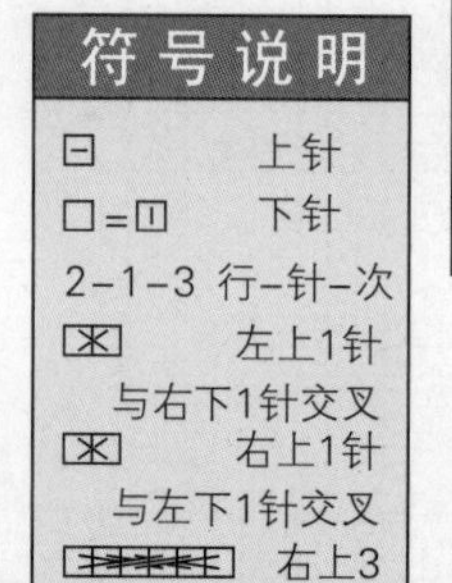

符号说明
上针
□=□ 下针
2-1-3 行-针-次
左上1针与右下1针交叉
右上1针与左下1针交叉
右上3针与左下3针交叉

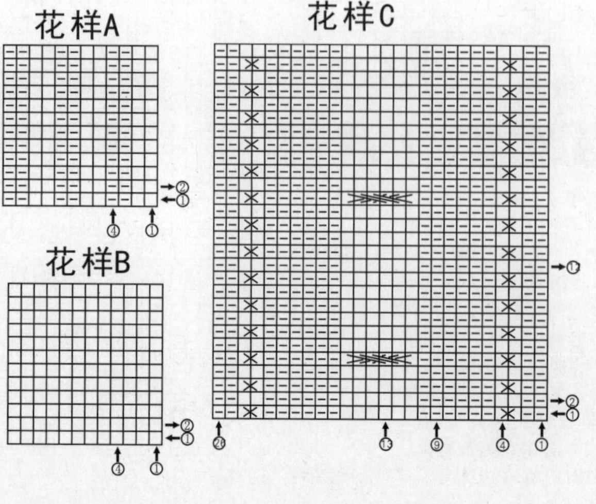

花样A
花样B
花样C

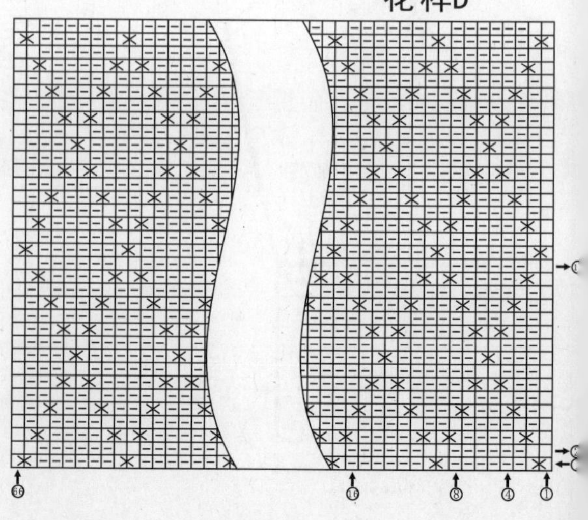

花样D

作品143

【成品规格】衣长56cm，半胸围44cm，肩宽35.5cm，袖长53cm
【工　　具】12号棒针
【编织密度】35.9针×33.6行=10cm²
【材　　料】白色羊毛线500g

前片/后片制作说明

1.棒针编织法，衣身袖窿以下一片环形编织，袖窿起分为前片和后片分别编织而成。
2.起织。起316针，织花样A，织20行后改为花样B，C，D，E组合编织，如结构图所示，织至124行，将织片按结构图所示均分成前片和后片，分别编织。
3.先织后片，织花样B，起织时，两侧按平收4针，2-1-11的方法减针，织至185行，中间平收38针，两侧减针织成后领，方法为2-1-2，织至188行，两肩部各余下43针，收针断线。
4.织前片，花样B，C，D，E组合编织，如结构图所示，起织时，两侧按平收4针，2-1-11的方法减针，织至163行，中间平收22针，两侧减针织成前领，方法为2-2-1，2-1-8，织至188行，两肩部各余下43针，收针断线。
5.前片与后片肩缝对应缝合。

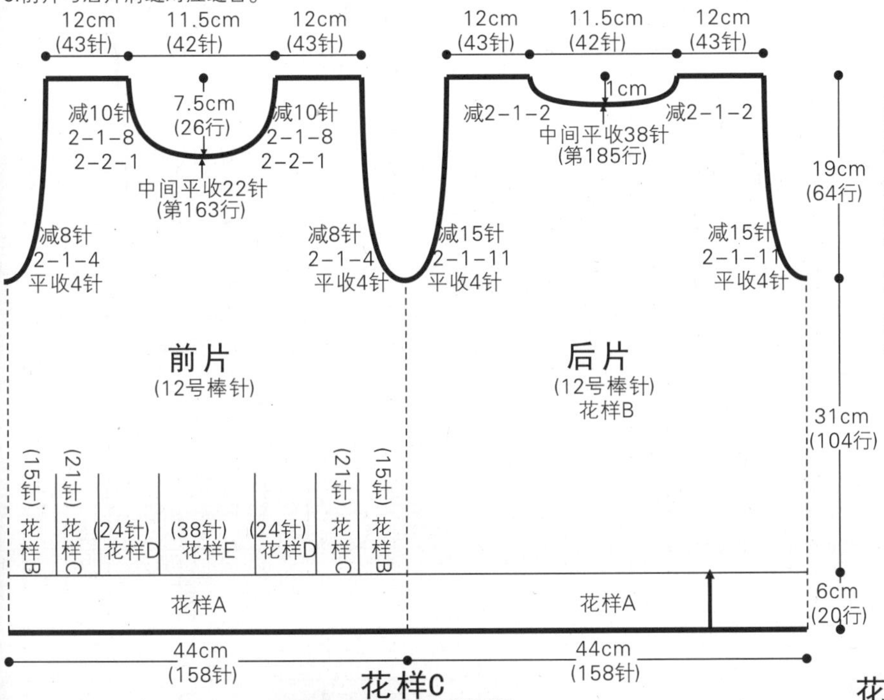

12cm (43针)
11.5cm (42针)
12cm (43针)
7.5cm (26行)
减10针 2-1-8 2-2-1
中间平收22针 (第163行)
减8针 2-1-4 平收4针
前片 (12号棒针)
(15针) 花样B
(21针) 花样C
(24针) 花样D
(38针) 花样E
花样A
44cm (158针)
1cm
减2-1-2
中间平收38针 (第185行)
减15针 2-1-11 平收4针
后片 (12号棒针) 花样B
19cm (64行)
31cm (104行)
6cm (20行)

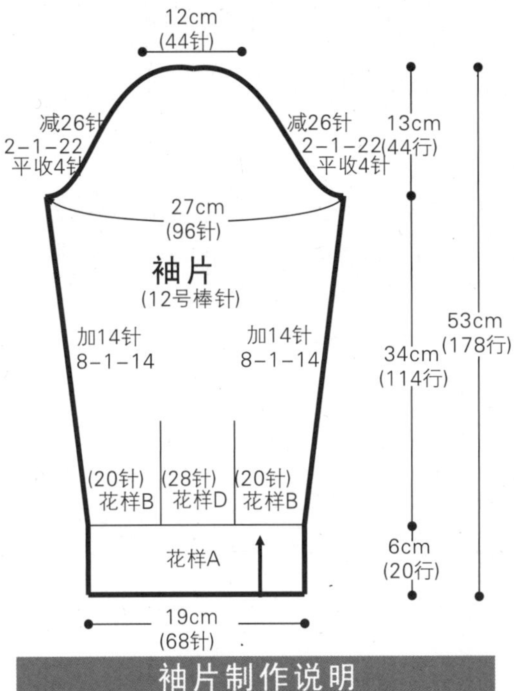

12cm (44针)
减26针 2-1-22 平收4针
13cm (44行)
27cm (96针)
袖片 (12号棒针)
加14针 8-1-14
34cm (114行)
53cm (178行)
(20针) 花样B
(28针) 花样D
花样A
6cm (20行)
19cm (68针)

袖片制作说明

1.棒针编织法，从袖口往上编织。
2.起织，起68针，织花样A，织20行后，改为花样B，D间隔编织，如结构图所示，一边织一边两侧加针，方法为8-1-14，织至134行，两侧减针编织袖山，方法为平收4针，2-1-22，织至178行，织片余下44针，收针断线。
3.同样的方法编织另一袖片。
4.将袖山对应袖窿线缝合，再将袖底缝合。

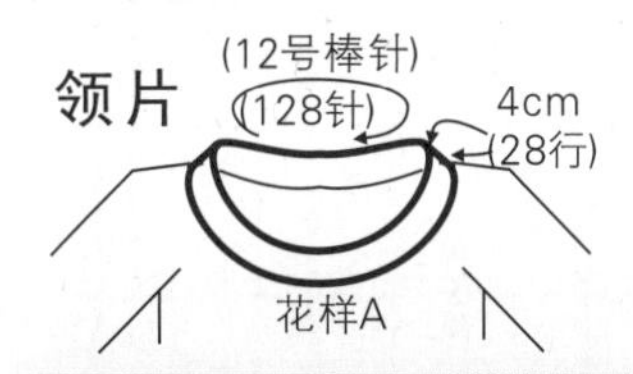

领片
(12号棒针)
(128针)
4cm (28行)
花样A

领片制作说明

棒针编织法，沿领口挑起128针环形编织，织花样A，织28行后，向内与起针合并成双层衣领。收针断线。

符号说明

⊟	上针
□=▯	下针
2-1-3	行-针-次
左上1针与右下1针交叉	
右上1针与左下1针交叉	
右上2针与左下1针交叉	
左上2针与右下1针交叉	
左上2针与右下2针交叉	
左上3针与右下3针交叉	
右上3针与左下3针交叉	

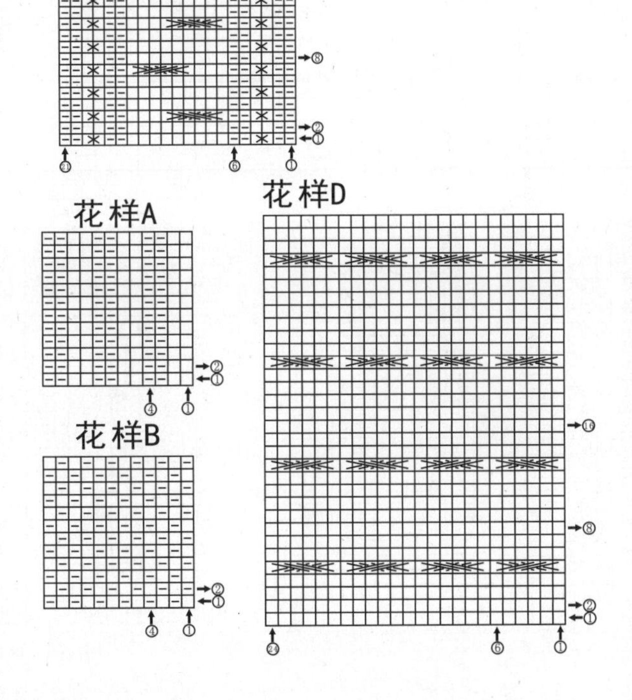

花样C
花样A
花样B
花样D

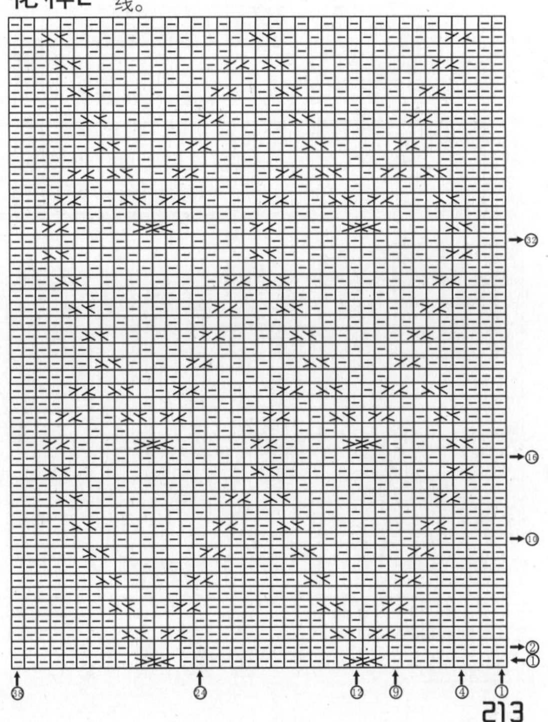

花样E

作品144

【成品规格】衣长56cm，胸围88cm，肩宽34cm，袖长51.5cm
【工　　具】12号棒针
【编织密度】33.2针×39.6行=10cm²
【材　　料】白色羊毛线500g

前片/后片制作说明

1.棒针编织法，衣身分为前片和后片分别编织而成。

2.起织后片。起86针，织花样A，织24行后，改织花样B，两侧按2-2-11，2-8-1的方法加针，织至48行，织片变成146针，继续往上编织至144行，两侧袖窿减针，方法为平收4针，2-1-12，织至217行，中间平收48针，两侧减针织成后领，方法为2-1-3，织至222行，两肩部各余下30针，收针断线。

3.起织前片。起86针，织花样A，织24行后，改为花样B，C，D，E，F，G组合编织，如结构图所示，两侧按2-2-11，2-8-1的方法加针，织至48行，织片变成146针，继续往上编织至144行，两侧袖窿减针，方法为平收4针，2-1-12，织至185行，中间平收26针，两侧减针织成前领，方法为2-2-4，2-1-6，织至222行，两肩部各余下30针，收针断线。

4.将前片与后片侧缝对应缝合，肩缝对应缝合。

袖片制作说明

1.棒针编织法，从袖口往上编织。

2.起织，起72针，织花样A，织24行后，改为花样B，E，G组合编织，如结构图所示，一边织一边两侧加针，方法为12-1-11，织至156行，两侧减针编织袖山，方法为平收4针，2-1-24，织至204行，织片余下38针，收针断线。

3.同样的方法编织另一袖片。

4.将袖山对应袖窿线缝合，再将袖底缝合。

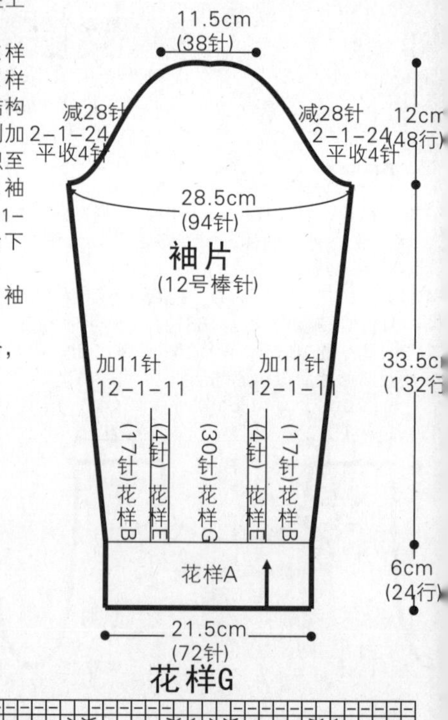

11.5cm
(38针)
减28针
2-1-24
平收4针
12cm
(48行)
28.5cm
(94针)
袖片
(12号棒针)
加11针
12-1-11
33.5cm
(132行)
(17针)花样B
(4针)花样E
(30针)花样G
花样A
6cm
(24行)
21.5cm
(72针)

领片制作说明

棒针编织法，沿领口挑起124针环形编织，织花样A，织52行后，向内与起针合并成双层衣领，收针断线。

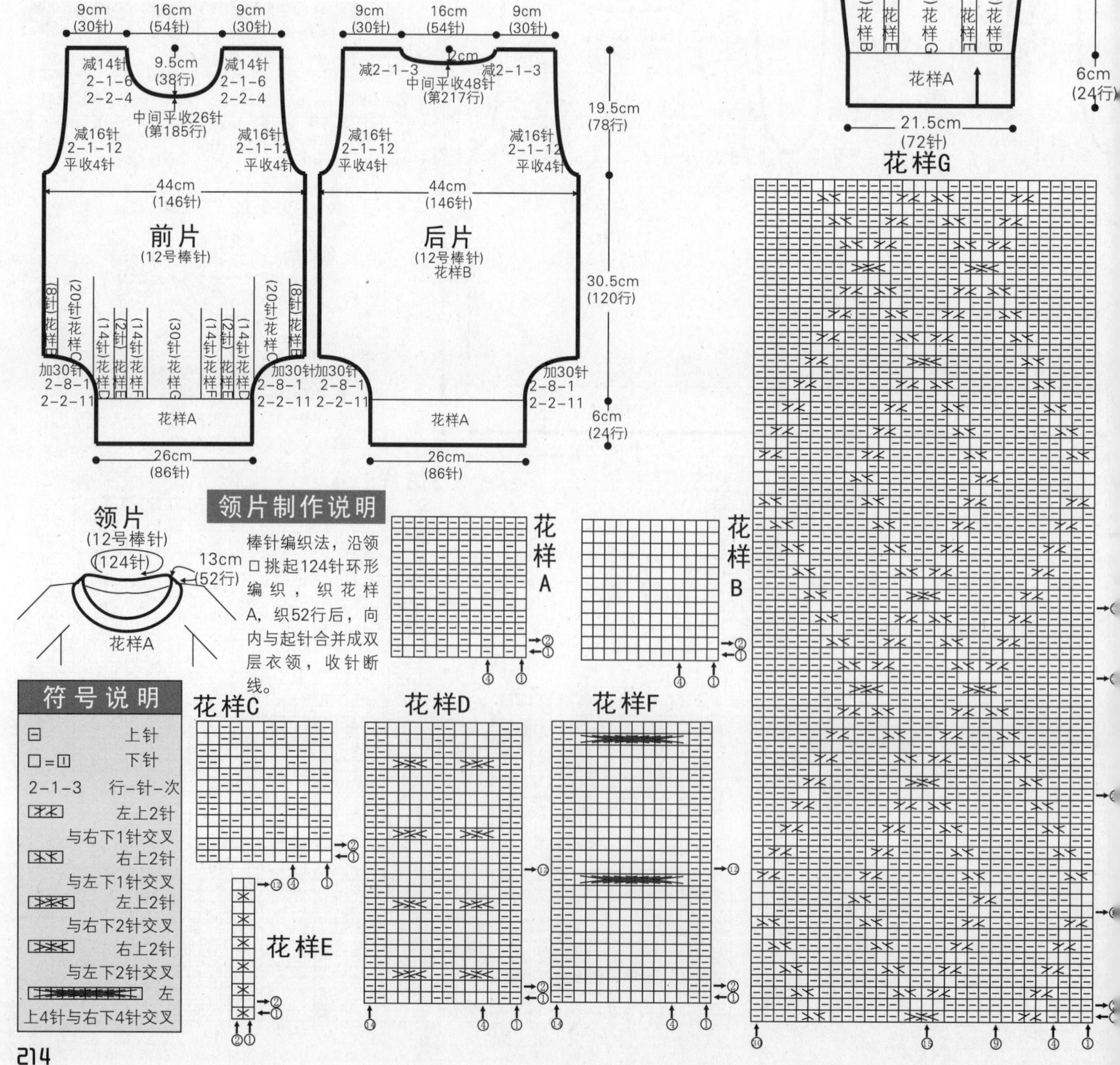

9cm
(30针)
16cm
(54针)
减14针
2-1-6
2-2-4
9.5cm
(38行)
中间平收26针
(第185行)
减16针
2-1-12
平收4针
44cm
(146针)
前片
(12号棒针)
(8针)花样E
(20针)花样C
(14针)花样D
(2针)花样E
(30针)花样G
(14针)花样F
加30针
2-8-1
2-2-11
花样A
26cm
(86针)
减2-1-3
2cm
中间平收48针
(第217行)
后片
(12号棒针)
花样B
19.5cm
(78行)
30.5cm
(120行)
6cm
(24行)
领片
(12号棒针)
(124针)
13cm
(52行)
花样A
花样G
花样A
花样B
花样C
花样D
花样E
花样F

符号说明	
⊟	上针
□=⊡	下针
2-1-3	行-针-次
	左上2针与右下1针交叉
	右上2针与左下1针交叉
	左上2针与右下2针交叉
	右上2针与左下2针交叉
	左上4针与右下4针交叉

作品145

【成品规格】衣长56cm，半胸围42cm，肩宽34.5cm，袖长53cm
【工　　具】11号棒针
【编织密度】21.9针×29.6行=10cm²
【材　　料】蓝色羊毛线500g，红色、黄色、绿色棉线各5g

前片/后片制作说明

1.棒针编织法，衣身袖窿以下一片环形编织，袖窿起分为前片和后片分别编织而成。
2.起织。起184针，织花样A，织4行后改织花样B，织至14行，改为花样C，D，E间隔编织，如结构图所示，织至106行，将织片按结构图所示均分成前片和后片，分别编织。
3.先织后片，继续花样C，D，E组合编织，起织时，两侧按平收4针，2-1-4的方法减针，织至163行，中间平收30针，两侧减针织成后领，方法为2-1-2，织至166行，两肩部各余下21针，收针断线。
4.织前片，花样C，D，E组合编织，如结构图所示，起织时，两侧按平收4针，2-1-4的方法减针，织至147行，中间平收16针，两侧减针织成前领，方法为2-2-1，2-1-7，织至166行，两肩部各余下21针，收针断线。
5.前片与后片肩缝对应缝合。前片绣花。

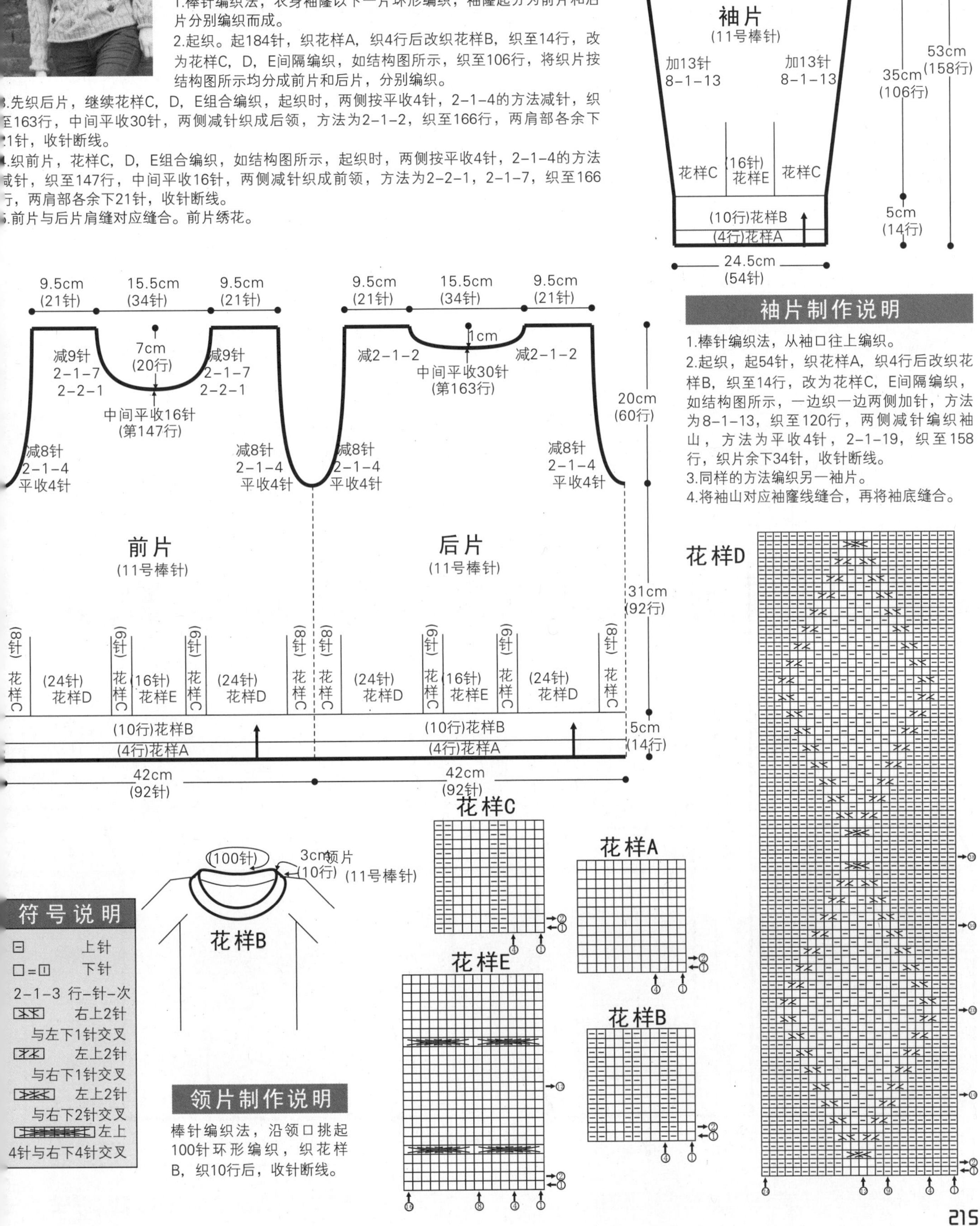

15.5cm
(34针)
减23针
2-1-19
平收4针
13cm
(38行)
36.5cm
(80针)
袖片
(11号棒针)
加13针
8-1-13
53cm
(158行)
35cm
(106行)
(16针)
花样C
花样E
(10行)花样B
(4行)花样A
5cm
(14行)
24.5cm
(54针)
9.5cm
(21针)
15.5cm
(34针)
7cm
(20行)
减9针
2-1-7
2-2-1
中间平收16针
(第147行)
1cm
减2-1-2
中间平收30针
(第163行)
20cm
(60行)
减8针
2-1-4
平收4针
前片
(11号棒针)
后片
(11号棒针)
31cm
(92行)
(8针)
(6针)
(24针)
花样D
(16针)
花样E
42cm
(92针)
花样C
花样A
花样B
花样E
花样D
(100针)
3cm
(10行)
领片
(11号棒针)

袖片制作说明

1.棒针编织法，从袖口往上编织。
2.起织，起54针，织花样A，织4行后改织花样B，织至14行，改为花样C，E间隔编织，如结构图所示，一边织一边两侧加针，方法为8-1-13，织至120行，两侧减针编织袖山，方法为平收4针，2-1-19，织至158行，织片余下34针，收针断线。
3.同样的方法编织另一袖片。
4.将袖山对应袖窿线缝合，再将袖底缝合。

领片制作说明

棒针编织法，沿领口挑起100针环形编织，织花样B，织10行后，收针断线。

符号说明

⊟	上针
□=⊡	下针
2-1-3	行-针-次
⋈	右上2针与左下1针交叉
⋈	左上2针与右下1针交叉
⋈	左上2针与右下2针交叉
⋈	左上4针与右下4针交叉

作品146

【成品规格】衣长72cm，半胸围52cm，肩宽38cm，袖长33cm
【工　　具】11号棒针
【编织密度】14.6针×25.5行=10cm²
【材　　料】白色粗棉线750g

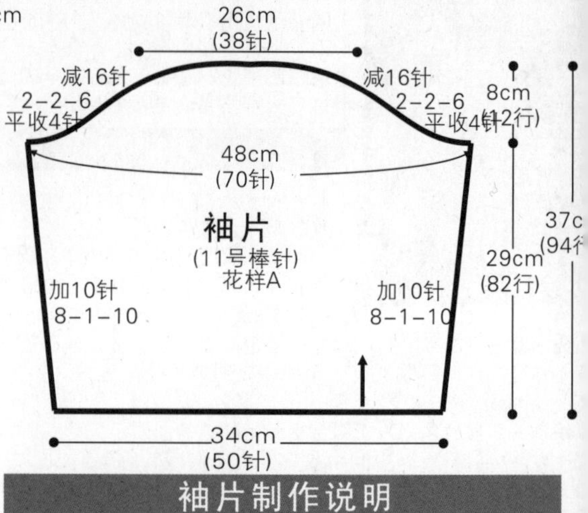

26cm
(38针)
减16针
2-2-6
平收4针
减16针
2-2-6
平收4针
8cm
(12行)
48cm
(70针)
袖片
(11号棒针)
花样A
37cm
(94行)
29cm
(82行)
加10针
8-1-10
加10针
8-1-10
34cm
(50针)

前片/后片制作说明

1.棒针编织法，衣身分为左右前片和后片分别编织缝合而成。

2.起织后片。起87针，织花样A，一边织一边两侧按4-1-5的方法减针，织20行后，不加减针织74行，然后按4-1-5的方法加针，织至114行，织片变回87针，两侧各平收9针，然后按2-1-6的方法减针织袖窿，织至184行，衣身编织完成。两侧肩部各平收14针，中间29针留起待编织帽子。

3.起织左前片。左前片分为上片、下片和衣襟片三部分编织。先织下片，起7针，按花样B的方式一边织一边加针，织至58行，织片变成139针，织片左侧108针收针，右侧31针留起街编织上片。另起13针编织左衣襟片，花样E与花样D组合编织，织114行后，织片左侧与下片对应缝合，然后与下片留针的31针连起来编织，上片织花样C，左侧按2-1-5的方法减针，织70行后，左侧肩部平收14针，右侧25针留起待编织帽子。

4.同样的方法相反方向编织右前片，将左右前片与后片侧缝对应缝合，肩缝对应缝合。

5.编织帽片。沿衣身领口留针挑起79针，两侧帽襟继续编织花样D和花样E，其余织花样F，一边织一边在帽片中轴的两侧加针，方法为2-1-12，织24行后，不加减针编织，织至76行，收针，将帽顶对应缝合。

袖片制作说明

1.棒针编织法，从袖口往上编织。

2.起织，起50针，织花样A，一边织一边两侧加针，方法为8-1-10，织至82行，两侧减针编织袖山，方法为平收4针，2-2-6，织至94行，织片余下38针，收针断线。

3.同样的方法编织另一袖片。

4.将袖山对应袖窿线缝合，再将袖底缝合。

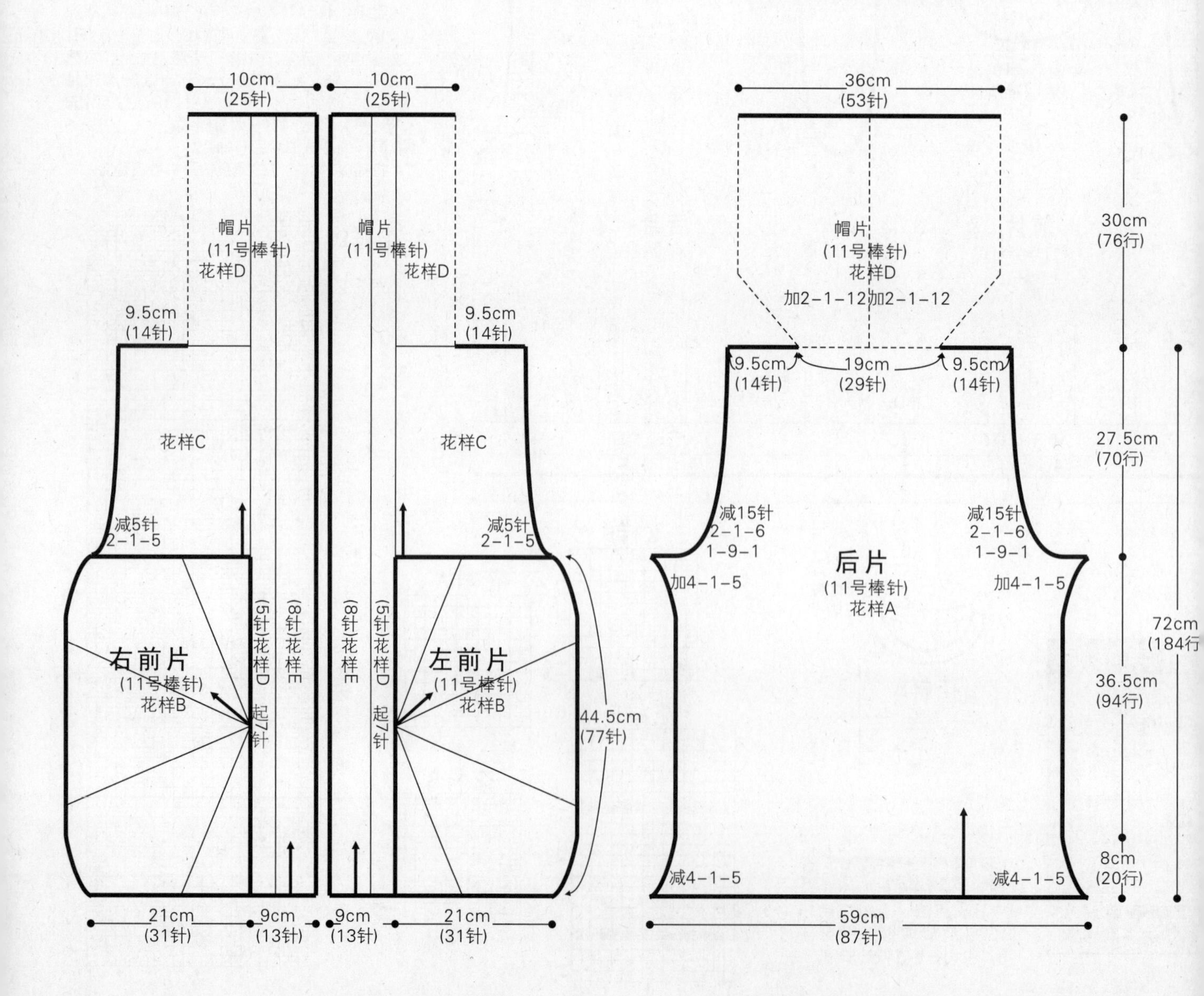

10cm
(25针)
10cm
(25针)
帽片
(11号棒针)
花样D
帽片
(11号棒针)
花样D
9.5cm
(14针)
9.5cm
(14针)
花样C
花样C
减5针
2-1-5
减5针
2-1-5
(5针)花样D
(8针)花样E
(8针)花样E
(5针)花样D
右前片
(11号棒针)
花样B
左前片
(11号棒针)
花样B
起7针
起7针
44.5cm
(77针)
21cm
(31针)
9cm
(13针)
9cm
(13针)
21cm
(31针)
36cm
(53针)
帽片
(11号棒针)
花样D
加2-1-12
加2-1-12
30cm
(76行)
9.5cm
(14针)
19cm
(29针)
9.5cm
(14针)
27.5cm
(70行)
减15针
2-1-6
1-9-1
减15针
2-1-6
1-9-1
后片
(11号棒针)
花样A
加4-1-5
加4-1-5
72cm
(184行)
36.5cm
(94行)
减4-1-5
减4-1-5
8cm
(20行)
59cm
(87针)

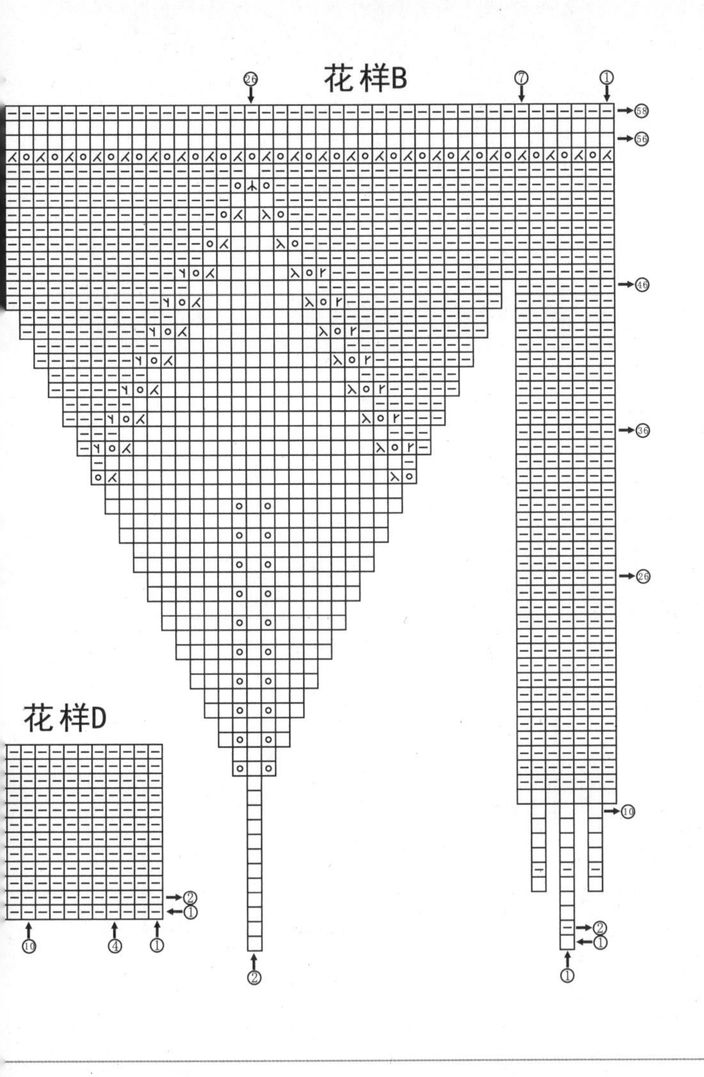

花样B
花样D

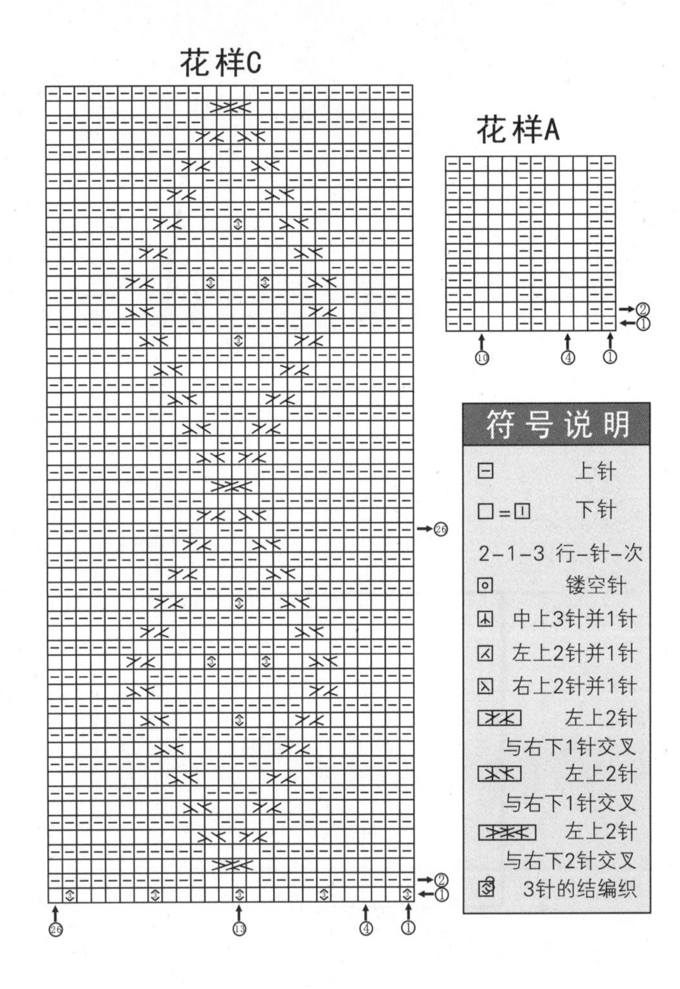

花样C
花样A
符号说明
上针
下针
2-1-3 行-针-次
镂空针
中上3针并1针
左上2针并1针
右上2针并1针
左上2针与右下1针交叉
左上2针与右下1针交叉
左上2针与右下2针交叉
3针的结编织

作品147

【成品规格】衣长65.5cm，胸围90cm，肩连袖长46cm
【工　　具】10号棒针
【编织密度】19.5针×21.7行=10cm²
【材　　料】灰色羊毛线450g

前片/后片/袖片制作说明

1.棒针编织法，从领口往下往返编织，织至袖窿处分开成左前片、左袖片、后片、右袖片，右前片分别编织。
2.起织，起116针，织花样A，织12行后，将织片分成五部分，左右前片各17针，左右袖片各24针，后片34针，花样组合及加针方法如结构图所示，四条插肩缝的两侧按2-1-19的方法加针，织至50行，左右袖片的针数暂时不织，分左右前片与后片的针数连起来，两侧插肩缝各平加4针。继续织至140行，织片变成216针，改织花样A，织至152行，收针断线。
3.分配左袖片62针到棒针上，挑起衣身袖底加起的4针，共66针环形编织，花样组合如结构图所示，不加减针织50行后，改织花样A，织12行后，收针断线。同样的方法编织右袖片。

衣襟制作说明

棒针编织法，沿衣身两侧衣襟分别挑起136针，织花样A，织12行后，收针断线。注意右前片衣襟留3个扣眼。

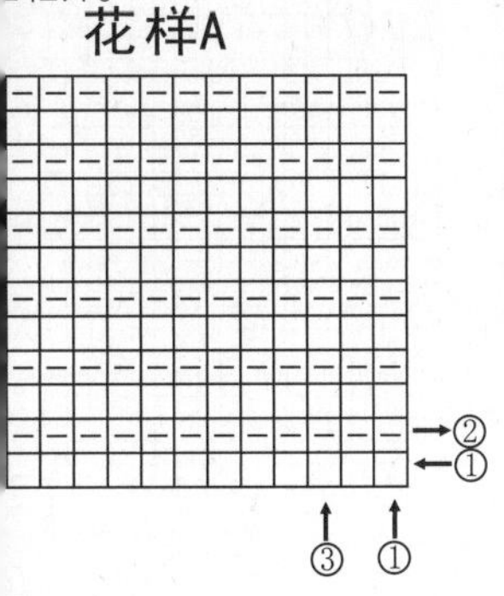

花样A

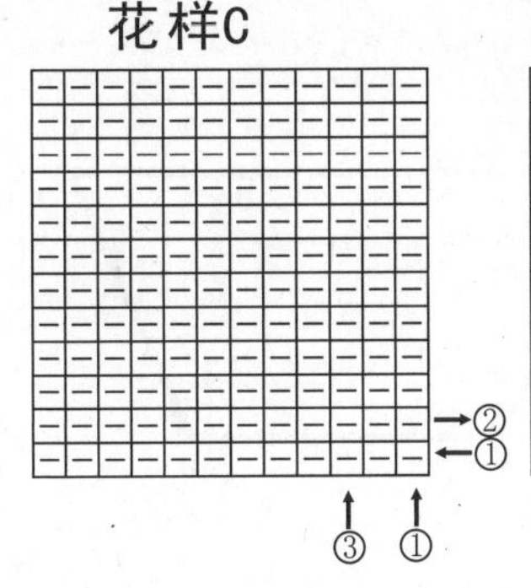

花样C

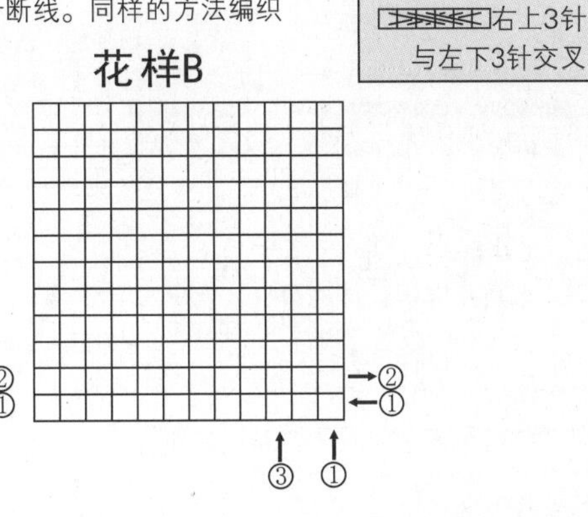

花样B
符号说明
上针
下针
2-1-3 行-针-次
右上3针与左下3针交叉

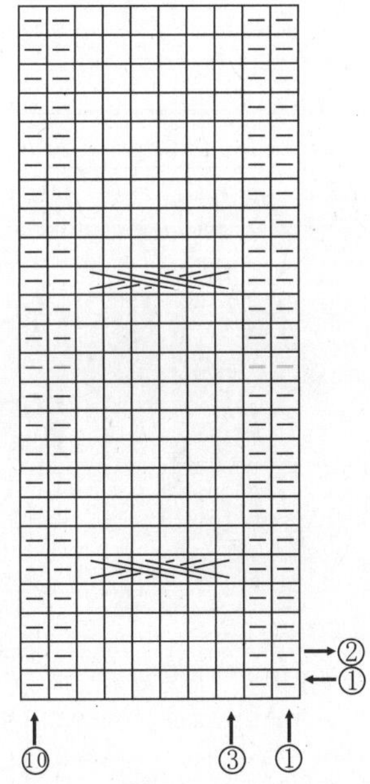

花样D

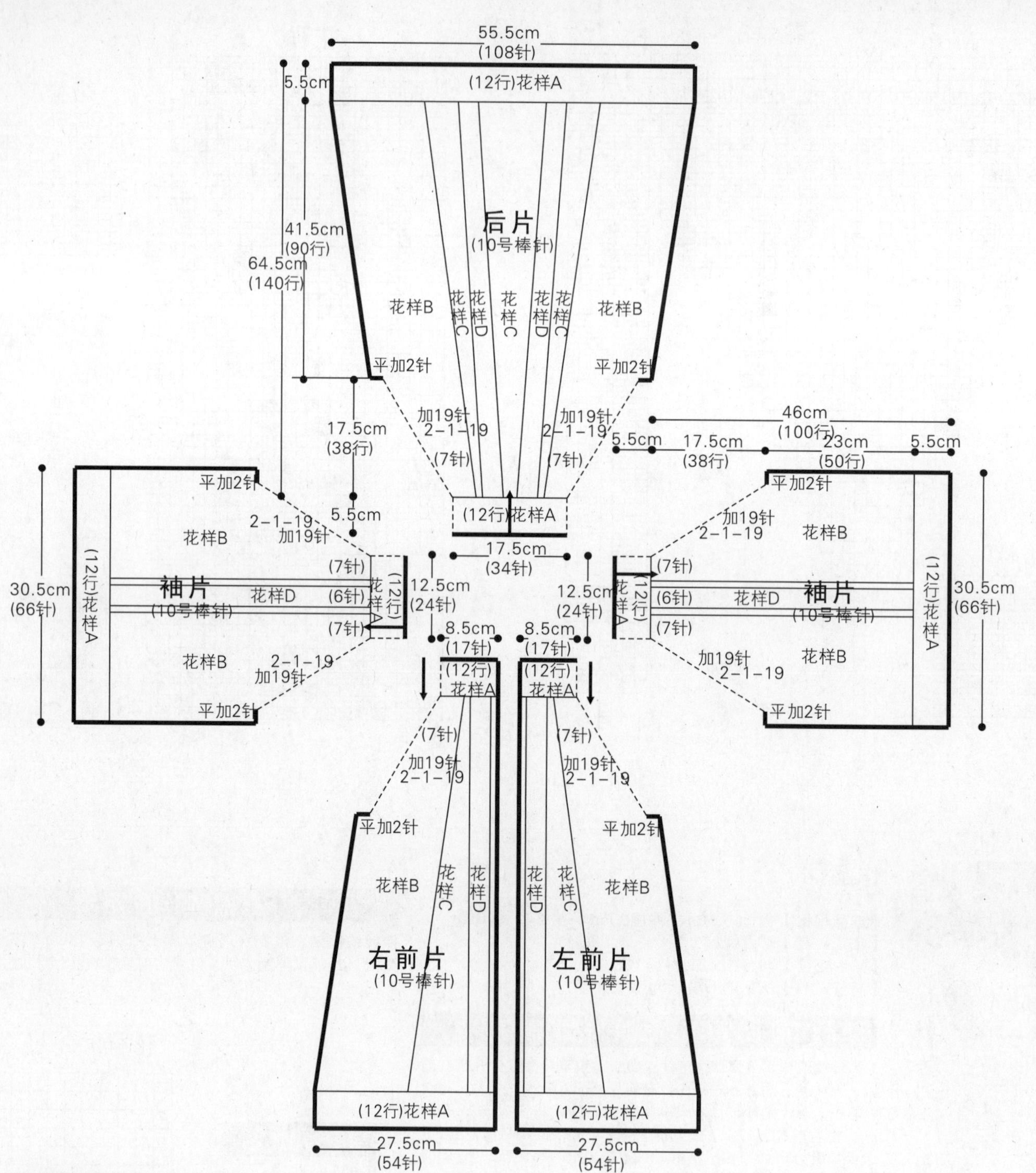

55.5cm
(108针)
5.5cm
(12行)花样A
41.5cm
(90行)
64.5cm
(140行)
后片
(10号棒针)
花样B
花样C
花样D
花样C
花样D
花样C
花样B
平加2针
平加2针
17.5cm
(38行)
加19针
2-1-19
(7针)
加19针
2-1-19
(7针)
46cm
(100行)
5.5cm
17.5cm
(38行)
23cm
(50行)
5.5cm
(12行)花样A
5.5cm
17.5cm
(34针)
平加2针
2-1-19
加19针
花样B
(7针)
(6针)
(7针)
(12行)花样A
12.5cm
(24针)
30.5cm
(66针)
(12行)花样A
袖片
(10号棒针)
花样D
花样B
2-1-19
加19针
平加2针
8.5cm
(17针)
8.5cm
(17针)
12.5cm
(24针)
(12行)花样A
(7针)
(6针)
(7针)
平加2针
加19针
2-1-19
花样B
袖片
(10号棒针)
花样D
(12行)花样A
30.5cm
(66针)
加19针
2-1-19
花样B
平加2针
(12行)花样A
(12行)花样A
(7针)
加19针
2-1-19
(7针)
加19针
2-1-19
平加2针
平加2针
花样B
花样C
花样D
花样D
花样C
花样B
右前片
(10号棒针)
左前片
(10号棒针)
(12行)花样A
(12行)花样A
27.5cm
(54针)
27.5cm
(54针)

作品148

【成品规格】衣长60cm，胸宽50cm，肩宽34cm，袖长20cm

【工　　具】8号棒针，1.5mm钩针

【编织密度】28针×45行=10cm²

【材　　料】红色羊毛线700g

前片/后片/领片/袖片制作说明

1.棒针编织法。由前片、后片与袖片组成。

2.前后片织法：

①前片的编织，平针起针法，起142针，起织花样A，织204行时，分两片编织，每片71针，先织右片:在左侧按2-1-6方法收6针，剩65针，减针织成12行至袖窿减针，先收针4针，然后2-1-27，织成54行后结束，收针断线。相同的方法去编织另一半。

②后片的织法，后片袖窿以下的织法及袖窿两侧的收针法与前片相同。袖窿起织54行，剩80针，收针断线。

3.袖片织法:用钩针编织，依照花样B进行多层钩织。

4.缝合:把织好的前片、后片缝合到起，再把袖片缝上。

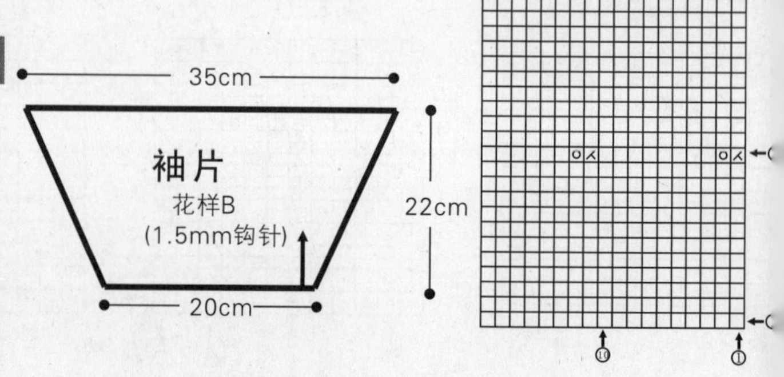

35cm
袖片
花样B
(1.5mm钩针)
22cm
20cm
花样A

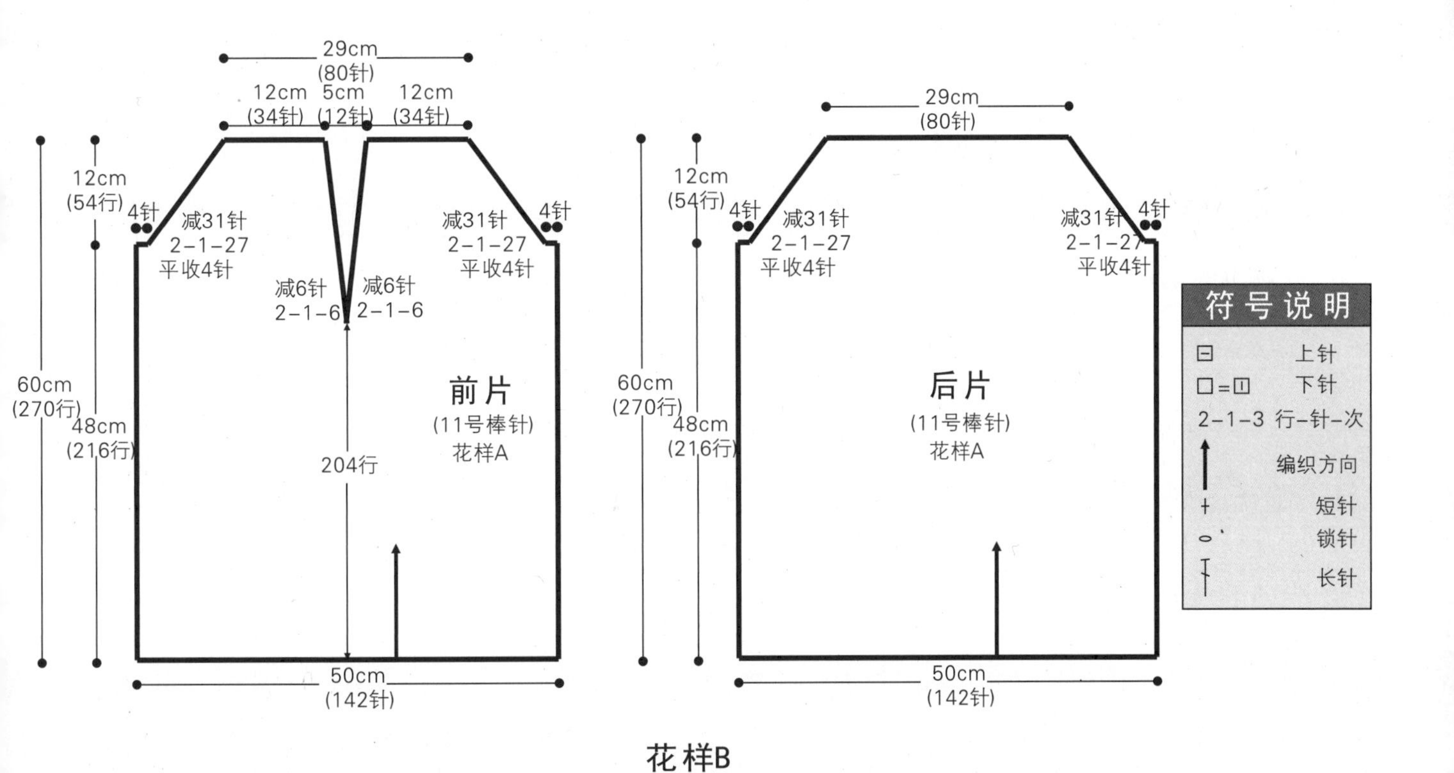
29cm
(80针)
12cm
(34针)
5cm
(12针)
12cm
(34针)
12cm
(54行)
4针
减31针
2-1-27
平收4针
减6针
2-1-6
减6针
2-1-6
4针
60cm
(270行)
48cm
(216行)
204行
前片
(11号棒针)
花样A
50cm
(142针)
29cm
(80针)
12cm
(54行)
4针
减31针
2-1-27
平收4针
减31针
2-1-27
平收4针
4针
60cm
(270行)
48cm
(216行)
后片
(11号棒针)
花样A
50cm
(142针)
符号说明
上针
下针
2-1-3 行-针-次
编织方向
短针
锁针
长针

花样B

(袖片图解)

在箭头所指行进行钩织

作品149

【成品规格】衣长63cm，胸宽54cm，肩宽54cm，袖长37cm
【工　　具】10号棒针
【编织密度】28针×38行=10cm²
【材　　料】红色羊毛线200g，白红花线200g，淡粉色200g

前片/后片/领片/袖片制作说明

1.棒针编织法。由前片、后片、袖片与领片组成。
2.前后片织法：
①前片的编织，用红色线双罗纹起针法，起152针，起织花样A，织50行，改织下针，织30行，改用花色线织，织62行至袖窿也就是图示中的a点处，袖窿起再用花样织34行改用粉色线织，袖窿起织70行时，在中间平收32针，分两片织，每片60针，先织右片:在左侧按2-4-2，2-1-2方法收10针，再平织24行至肩部，剩50针，锁针断线。另半边织法相同。
②后片袖窿以下的织法与前片相同。袖窿起织98行，在中间平收48针，分两片织，每片52针，先织右片:在左侧按2-1-2方法收2针，剩50针，收针断线。同样方法织另半片。
3.袖片织法：用红色线，双罗纹起针法，起56针，起织花样A，织62行，改织下针，同时换花色线织，织82行平袖山，同时在两侧平织10行，12-1-6方法各加6针，最后剩68针，收针断线。
4.缝合:把织好的前片、后片缝合到起，再把袖片缝上。
5.领片的织法:沿前后领边挑148针，织花样A，织10行，锁针断线。

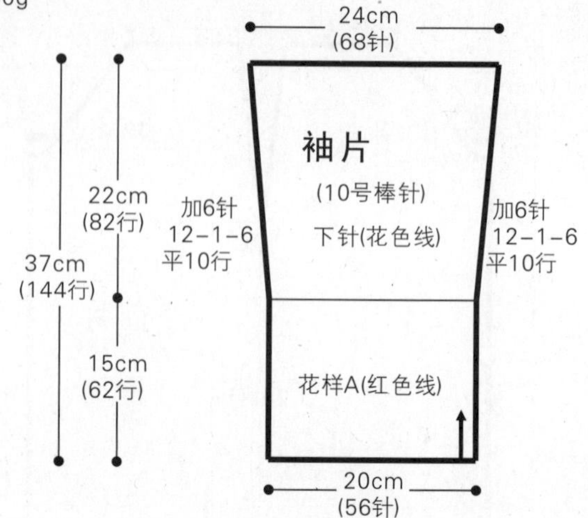
24cm
(68针)
袖片
(10号棒针)
下针(花色线)
加6针
12-1-6
平10行
加6针
12-1-6
平10行
37cm
(144行)
22cm
(82行)
15cm
(62行)
花样A(红色线)
20cm
(56针)

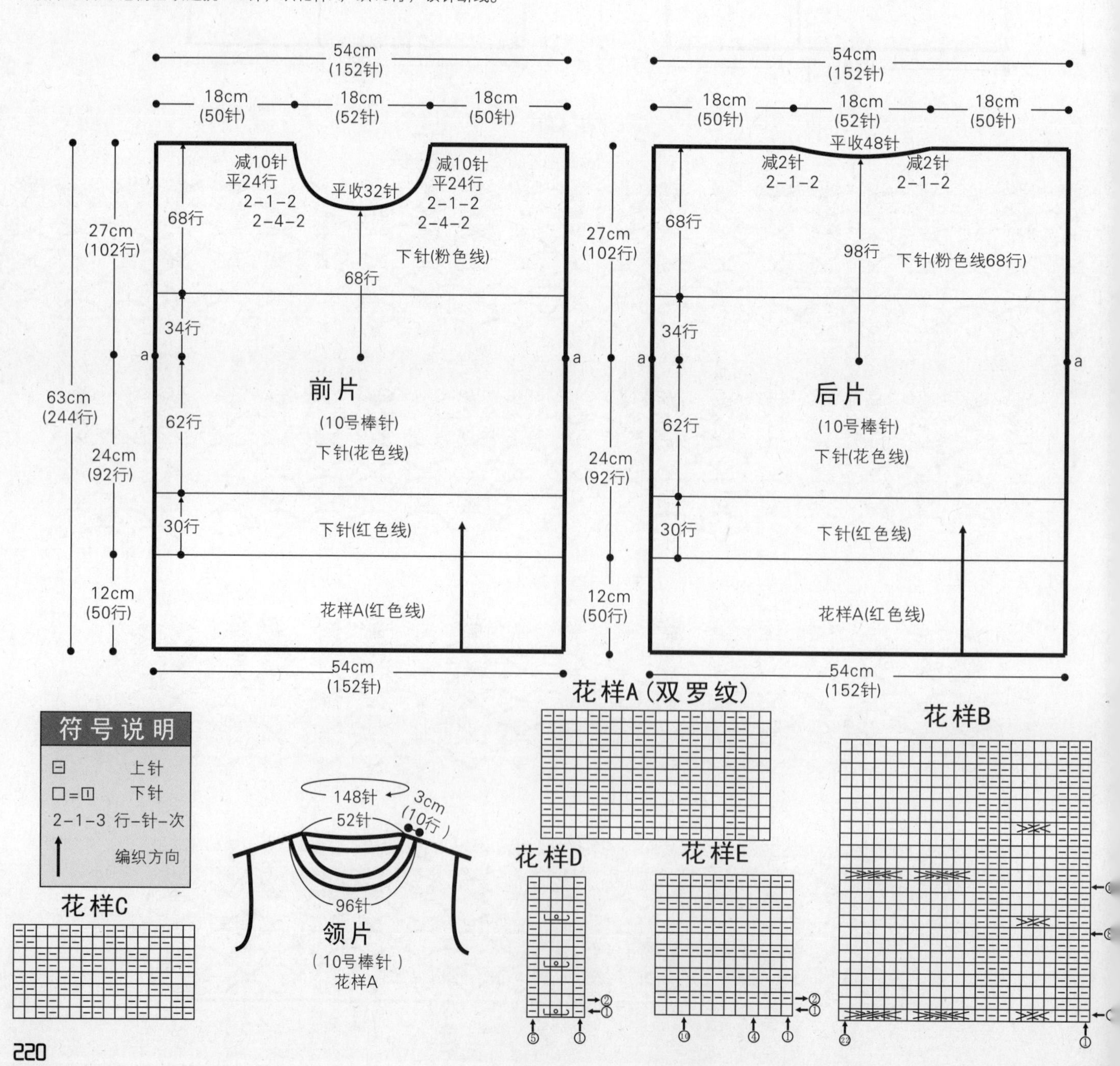
54cm
(152针)
18cm
(50针)
18cm
(52针)
18cm
(50针)
减10针
平24行
2-1-2
2-4-2
平收32针
68行
27cm
(102行)
下针(粉色线)
34行
a
前片
(10号棒针)
下针(花色线)
63cm
(244行)
62行
24cm
(92行)
30行
下针(红色线)
12cm
(50行)
花样A(红色线)
平收48针
减2针
2-1-2
98行
下针(粉色线68行)
后片
花样A(双罗纹)
花样B
花样C
花样D
花样E
符号说明
上针
下针
2-1-3 行-针-次
编织方向
148针
52针
3cm
(10行)
96针
领片
(10号棒针)
花样A

作品150

【成品规格】衣长51cm，胸围86cm，袖长47cm
【工　　具】13号棒针，14号棒针
【编织密度】27针×35行=10cm²
【材　　料】紫色夹花毛线700g

制作说明

1.后片：用14号针起116针织双罗纹24行，改用13号针织下针，平织56行加针织蝙蝠袖，袖底各加78针；平织36行，按图示方法两侧各减掉110针，后领窝余下52针。

2.前片：用14号针起116针织双罗纹24行，改用13号针织下针，袖子加减针方法与后片一样，平织10行，中间80针织双层口袋，按图示方法两侧减针，织52行后，与衣身织片对应合并，前领在第113行起分开成左右两片分别编织，平织48行，前领窝按图示减针;缝合前后片。

袖：用14号针挑起54针环织双罗纹64行。

帽：从领窝挑84针织下针，平织74行后，两侧各16针留起不织，后片52针一边织一边挑起两侧针数并收，织32行后，形成帽片。

帽襟:沿帽侧及衣襟边沿挑针织下针，织4行，向内合并成双层边；沿口袋两侧边挑针织双罗纹行。

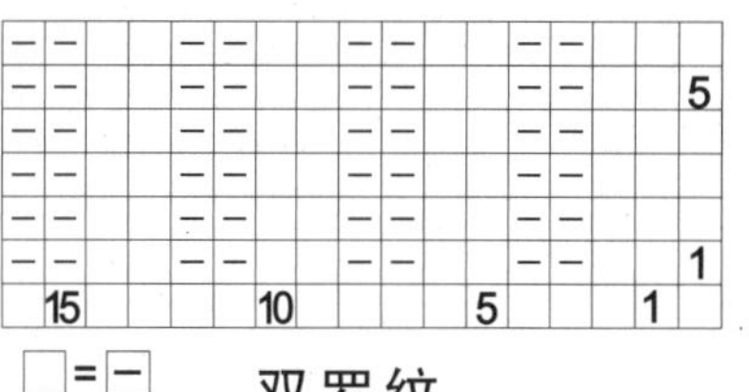

15
10
5
1
5
1
□=−
双罗纹

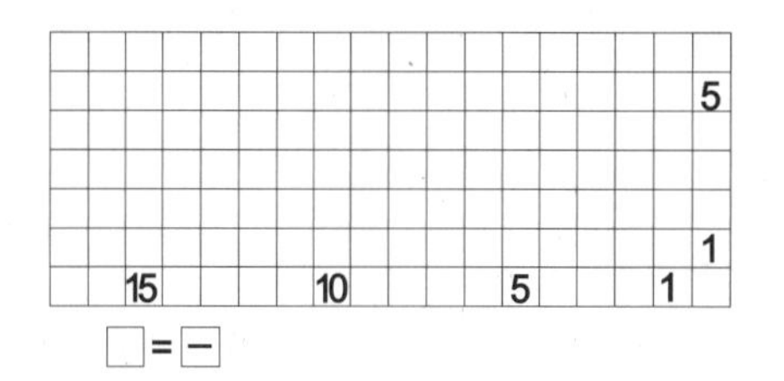

15
10
5
1
5
1
□=−
下针

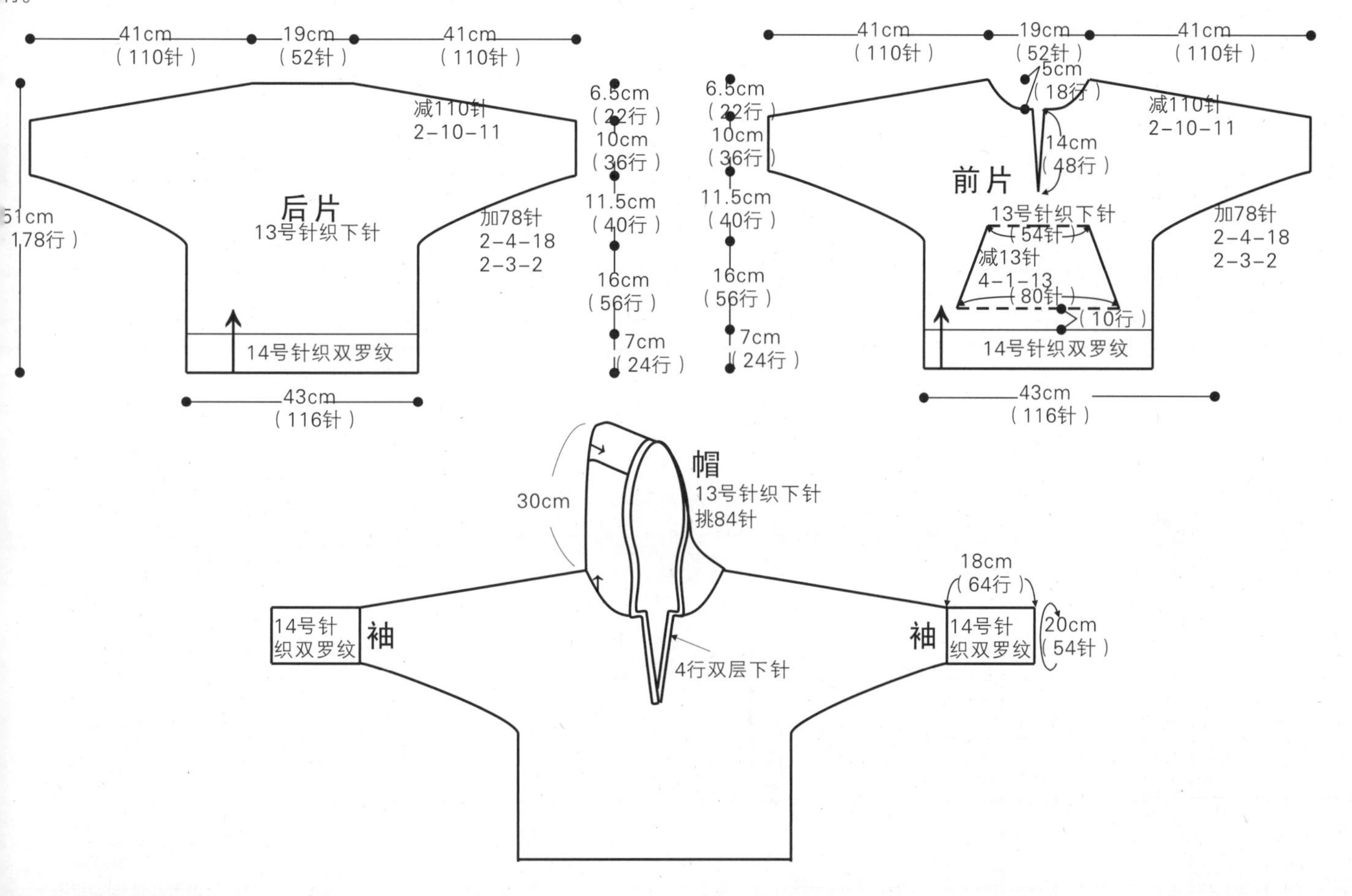

41cm
(110针)
19cm
(52针)
41cm
(110针)
减110针
2-10-11
后片
13号针织下针
51cm
(178行)
加78针
2-4-18
2-3-2
14号针织双罗纹
43cm
(116针)
6.5cm
(22行)
10cm
(36行)
11.5cm
(40行)
16cm
(56行)
7cm
(24行)
5cm
(18行)
14cm
(48行)
前片
13号针织下针
(54针)
减13针
4-1-13
(80针)
(10行)
帽
13号针织下针
挑84针
30cm
18cm
(64行)
14号针
织双罗纹
袖
20cm
(54针)
4行双层下针

作品151

【成品规格】衣长89.5cm，胸宽54cm，肩宽39cm
【工　　具】10号、12号棒针
【编织密度】30针×49行=10cm²
【材　　料】灰蓝色羊毛线400g

前片/后片/领片/袖片制作说明

1.棒针编织法。由左右前片、后片、领片与袖边襟组成。

2.前后片织法：

①前片的编织，平针起针法，起198针，起织下针，织16行对折作底边，然后织花样A，同时在两侧按16-1-18方法在两侧各减18针，花样A起织132行改织花样B，织128行，改织花样C，织48行至袖窿，袖窿起在两侧按平收9针，2-2-7方法各收23针，袖窿起织6行花样C后改织花样D，织60行，再改织花样C，织50行。袖窿起织78行后在中间平收44针，分两片织，每片36针，先织右片:在左侧按2-1-6方法收6针，再织30行至肩部，剩30针，锁针断线，同样方法织另半片。

②后片袖窿以下的织法及袖窿两侧的收针方法相同，袖窿起织112行后在中间平收44针，分两片织，每片36针，先织右片:在左侧按2-2-2，2-1-2收6针，剩30针，锁针断线。同样方法织另半片。

3.缝合：把织好的前片和后片缝合到一起。

4.袖边的织法:沿左右袖窿边各挑152针，织花样F，织12行，锁针断线。

5.领片的织法：挑沿前后领窝挑176针，织花样E，织6行。

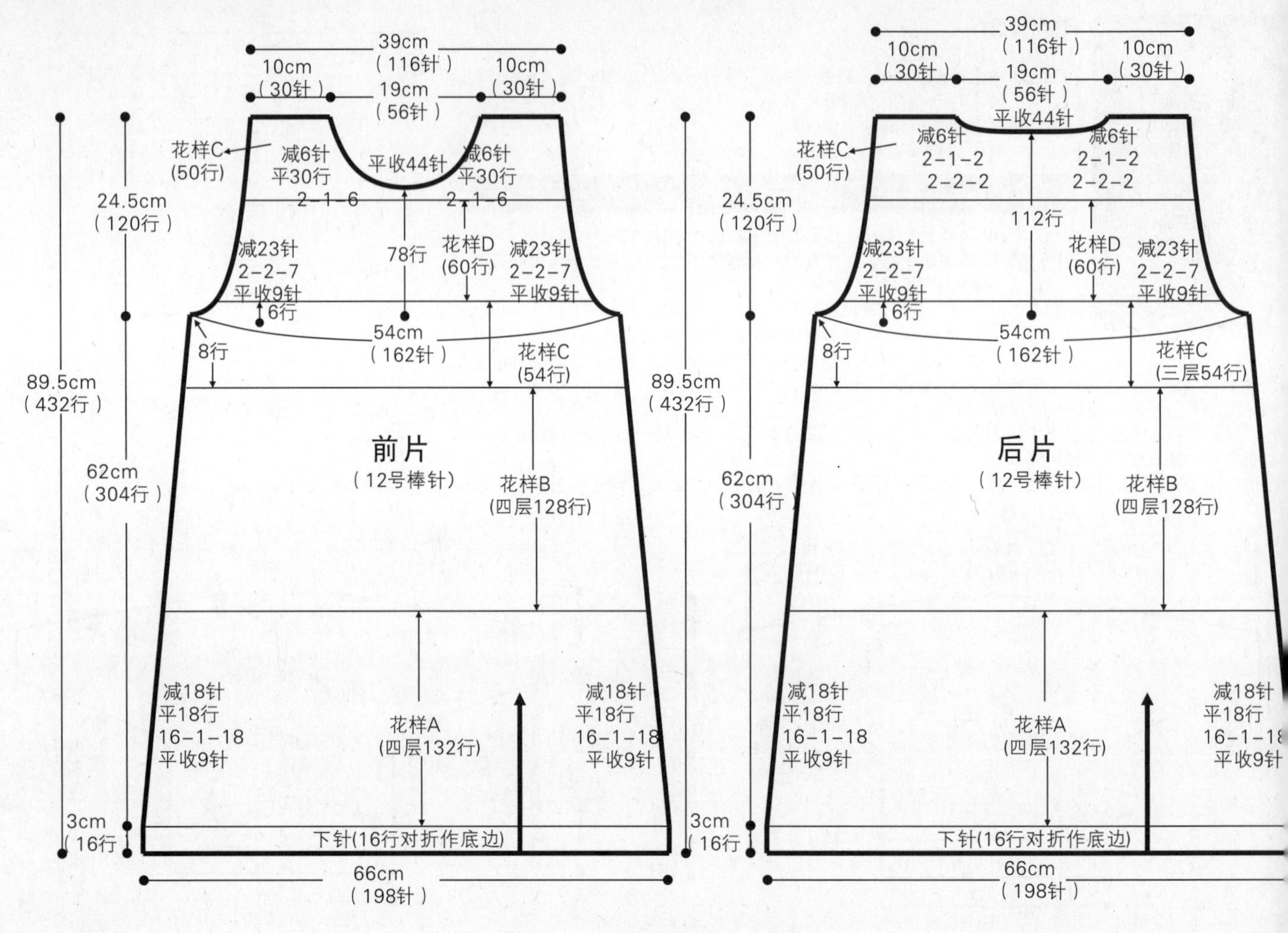

39cm
(116针)
10cm
(30针)
19cm
(56针)
10cm
(30针)
花样C
(50行)
减6针
平30行
2-1-6
平收44针
减6针
平30行
2-1-6
24.5cm
(120行)
减23针
2-2-7
平收9针
78行
花样D
(60行)
减23针
2-2-7
平收9针
6行
8行
54cm
(162针)
花样C
(54行)
89.5cm
(432行)
前片
(12号棒针)
62cm
(304行)
花样B
(四层128行)
减18针
平18行
16-1-18
平收9针
花样A
(四层132行)
减18针
平18行
16-1-18
平收9针
3cm
(16行)
下针(16行对折作底边)
66cm
(198针)
39cm
(116针)
10cm
(30针)
19cm
(56针)
10cm
(30针)
平收44针
花样C
(50行)
减6针
2-1-2
2-2-2
减6针
2-1-2
2-2-2
24.5cm
(120行)
112行
减23针
2-2-7
平收9针
花样D
(60行)
减23针
2-2-7
平收9针
6行
8行
54cm
(162针)
花样C
(三层54行)
89.5cm
(432行)
后片
(12号棒针)
62cm
(304行)
花样B
(四层128行)
减18针
平18行
16-1-18
平收9针
花样A
(四层132行)
减18针
平18行
3cm
(16行)
下针(16行对折作底边)
66cm
(198针)

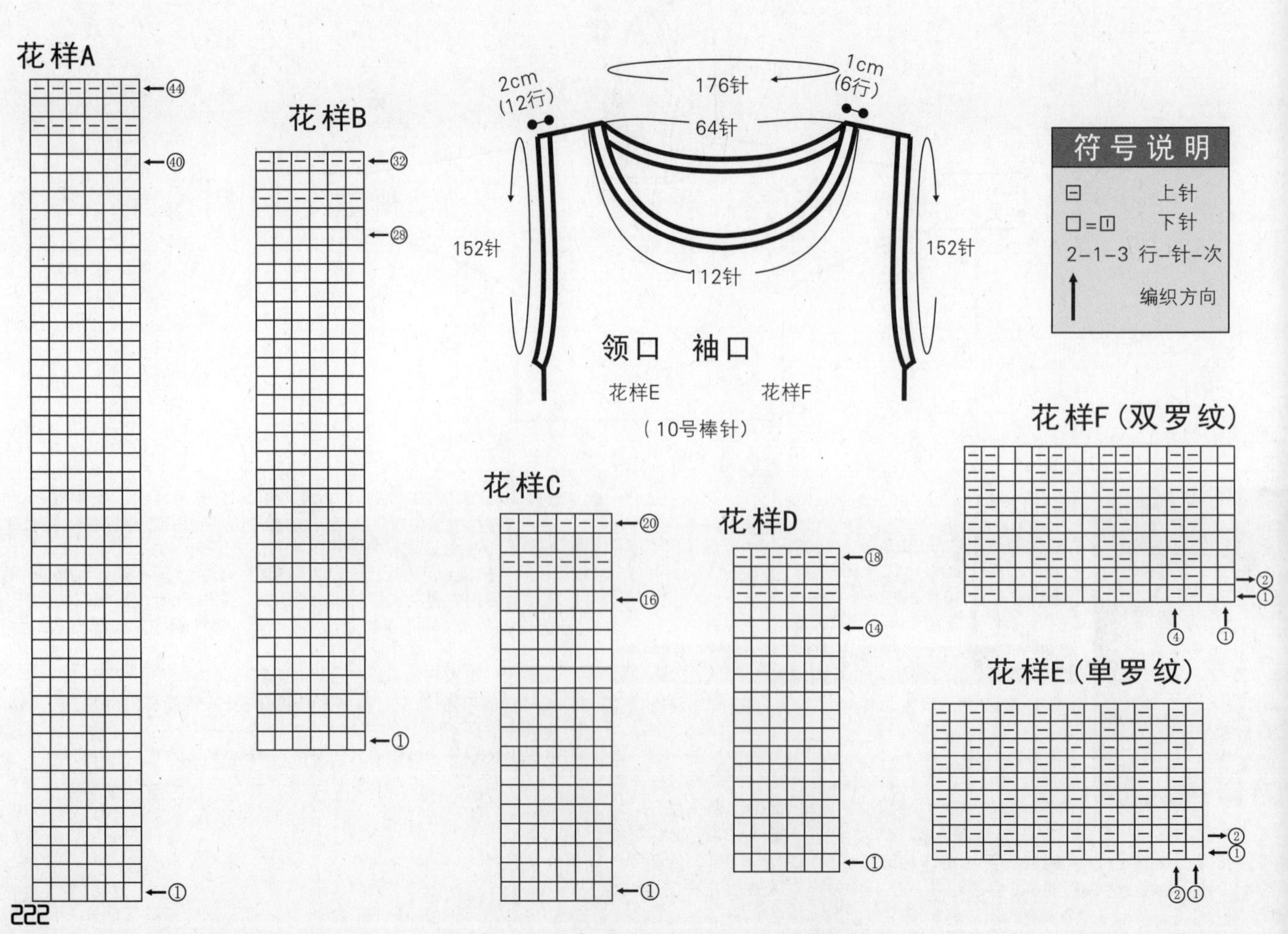

花样A
花样B
2cm
(12行)
176针
1cm
(6行)
64针
152针
112针
152针
领口 袖口
花样E
花样F
(10号棒针)
符号说明
上针
下针
2-1-3 行-针-次
编织方向
花样F(双罗纹)
花样C
花样D
花样E(单罗纹)

作品152

【成品规格】衣60cm，胸围94cm，肩宽38cm，袖长60cm
【工　　具】13号棒针
【编织密度】38.3针×45行=10cm²
【材　　料】红色羊毛线500g，白色羊毛线50g

前片/后片制作说明

1.棒针编织法，衣身分为左右前片和后片分别编织缝合而成。
2.起织后片。起180针，织花样A，织36行后，改织花样B，织至170行，两侧袖窿减针，方法为1-6-1，2-1-12，织至265行，中间平收62针，两侧减针织成后领，方法为2-1-3，织至270行，两肩部各余下38针，收针断线。
3.起织左前片。起88针，织花样A，织36行后，改织花样B，织至170行，右侧袖窿减针，方法为1-6-1，2-1-12，织至235行，右侧前领减针，方法为1-14-1，2-2-4，2-1-10，织至270行，肩部余下38针，收针断线。
4.将左右前片与后片侧缝对应缝合，肩缝对应缝合。
5.衣身前后片用平针绣方式，白色线绣十朵玫瑰花，详见图案a。

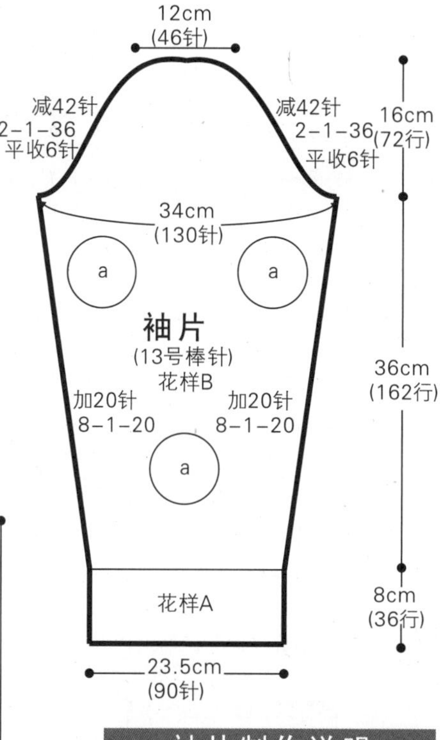

12cm
(46针)
减42针
2-1-36
平收6针
减42针
2-1-36
平收6针
16cm
(72行)
34cm
(130针)
a
a
袖片
(13号棒针)
花样B
加20针
8-1-20
加20针
8-1-20
36cm
(162行)
a
花样A
8cm
(36行)
23.5cm
(90针)

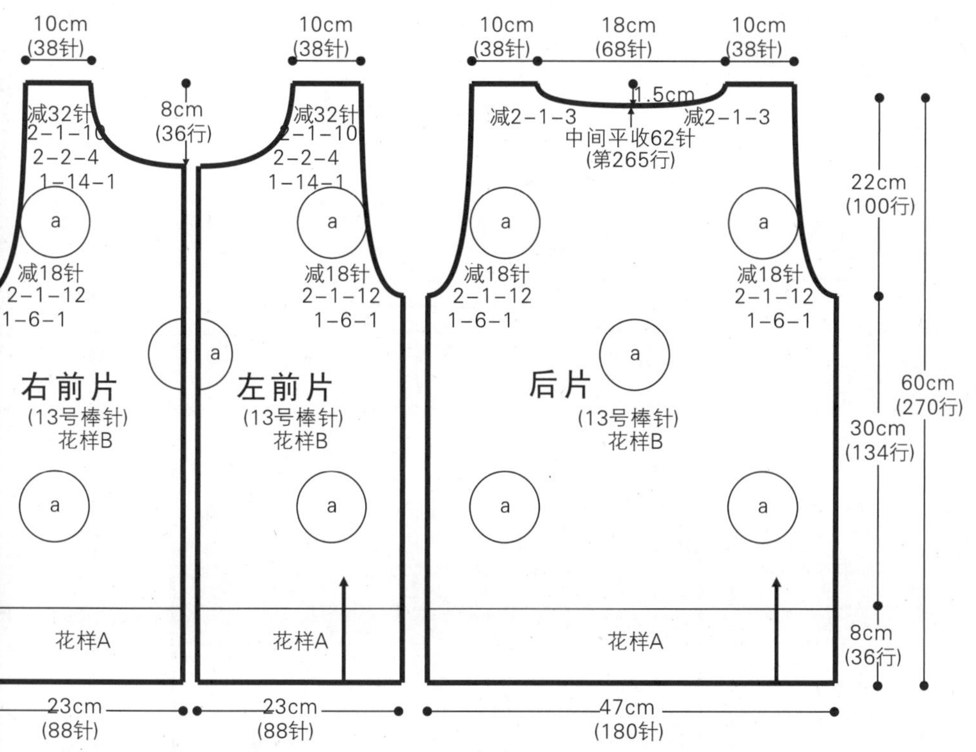

10cm
(38针)
10cm
(38针)
10cm
(38针)
18cm
(68针)
10cm
(38针)
减32针
2-1-10
2-2-4
1-14-1
8cm
(36行)
减32针
2-1-10
2-2-4
1-14-1
1.5cm
减2-1-3
减2-1-3
中间平收62针
(第265行)
22cm
(100行)
减18针
2-1-12
1-6-1
减18针
2-1-12
1-6-1
减18针
2-1-12
1-6-1
减18针
2-1-12
1-6-1
右前片
(13号棒针)
花样B
左前片
(13号棒针)
花样B
后片
(13号棒针)
花样B
60cm
(270行)
30cm
(134行)
花样A
花样A
花样A
8cm
(36行)
23cm
(88针)
23cm
(88针)
47cm
(180针)

袖片制作说明

1.棒针编织法，从袖口往上编织。
2.起织，起90针，织花样A，织36行后，改织花样B，一边织一边两侧加针，方法为8-1-20，织至198行，两侧减针编织袖山，方法为平收6针，2-1-36，织至270行，织片余下46针，收针断线。
3.同样的方法编织另一袖片。
4.将袖山对应袖窿线缝合，再将袖底缝合。5.平针绣方式，白色线绣三朵玫瑰花，详见图案a。

符号说明

⊟	上针
□=⊡	下针
2-1-3	行-针-次
⊠	左上1针与右下1针交叉
⊠	右上1针与左下1针交叉
⋈	左上2针与右下2针交叉

领片

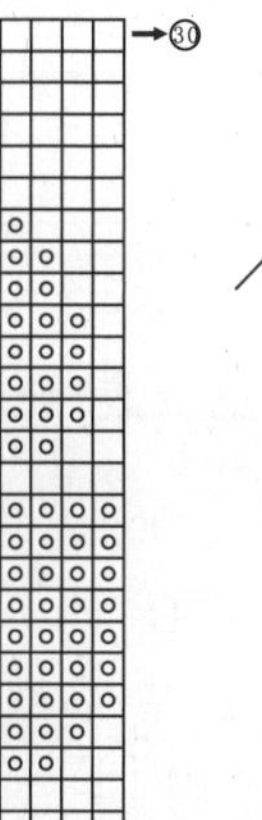

(13号棒针)
(160针)
8cm
(36行)
花样A

图案a

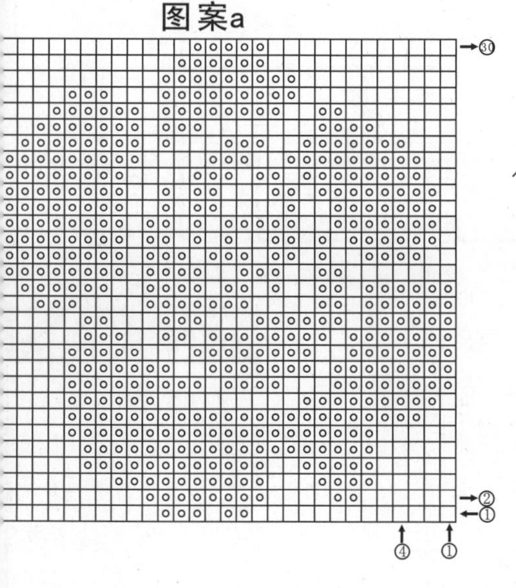

30
2
1
4
1

花样B

花样A

领片制作说明

1.棒针编织法，沿领口挑起160针，织下针，织4行后，织1行上针，然后再织4行下针，第10行与起针缝合成双层机织领。
2.沿领口挑起160针织花样A，织72行后，向内与起针缝合成双层领，断线。

作品153

【成品规格】衣长60cm，半胸围42cm，肩宽31cm

【工　　具】11号棒针

【编织密度】21.4针×31.3行=10cm²

【材　　料】玫红色羊毛线500g，黄、绿、紫、黑色棉线各10g

前片/后片制作说明

1.棒针编织法，衣身分为左右前片和后片分别编织缝合而成。

2.起织后片。起90针，织花样A，织18行后，改织花样B，织至120行，两侧袖窿减针，方法为平收4针，4-2-4，织至185行，中间平收34针，两侧减针织成后领，方法为2-1-2，织至188行，两肩部各余下14针，收针断线。

3.起织左前片。起45针，织花样A，织18后，第19行起，左侧织6针花样A，其余针数织花样B，织14行后，左侧5针暂时不织，其余针数一边织一边右侧按2-1-17的方法减针织成袋口，织34行后，织片余下23针，留起暂时不织。别起线在织片内侧花样A的顶部挑针起织，挑起45针，织花样B，织14行后，将织片右侧留起来的5针合并，继续编织34行，将袋顶留起来的23针合并，继续编织至120行的总高度，左侧袖窿减针，方法为平收4针，4-2-4，织至163行，右侧前领减针，方法为平织6针，2-2-2，2-1-9，织至188行，肩部余下14针，收针断线。

4.将左右前片与后片侧缝对应缝合，肩缝对应缝合。内部口袋缝合。

5.左右前后片衣襟侧十字绣方式绣图案，详见图案a

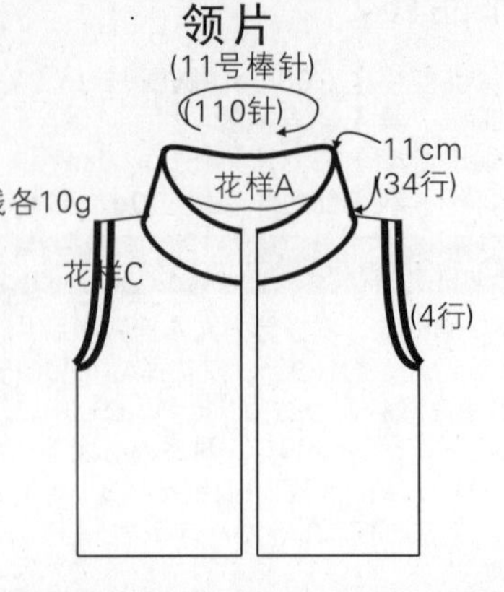

领片
(11号棒针)
(110针)
11cm
(34行)
花样A
花样C
(4行)

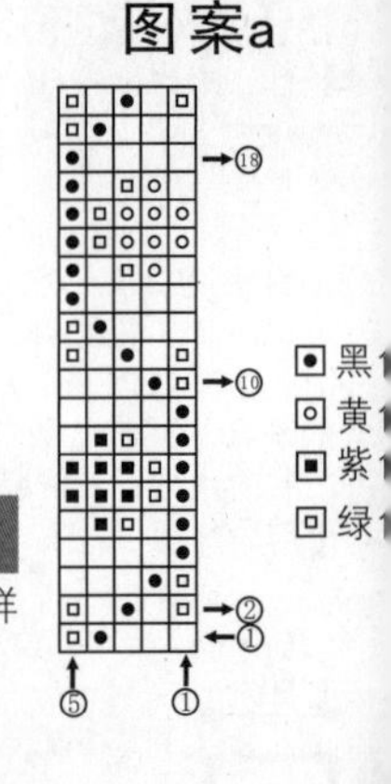

图案a
⑬
⑩
②
①
⑤
①
黑
黄
紫
绿

领片/袖边制作说明

1.棒针编织法，沿领口挑起110针，织花样A，织34行后，向内与起针缝合成双层领，断线。

2.衣襟两侧缝合拉链。

3.沿左右袖窿分别挑起104针，织花样C，织4行后，收针断线。

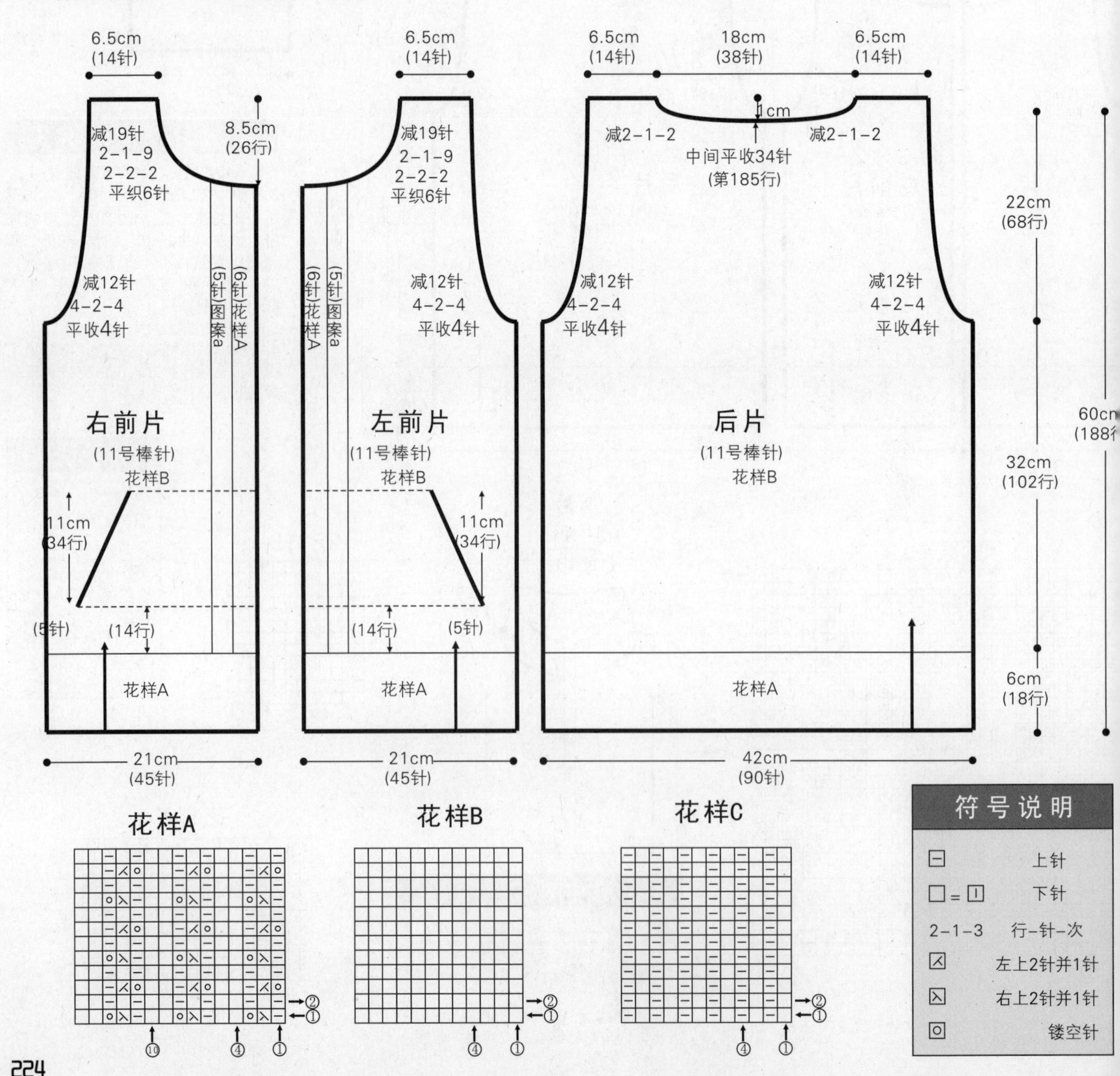

6.5cm
(14针)
减19针
2-1-9
2-2-2
平织6针
8.5cm
(26行)
减12针
4-2-4
平收4针
(5针图案a
(6针花样A
右前片
(11号棒针)
花样B
11cm
(34行)
(5针)
(14行)
花样A
21cm
(45针)
左前片
18cm
(38针)
1cm
减2-1-2
中间平收34针
(第185行)
后片
22cm
(68行)
60cm
(188行)
32cm
(102行)
6cm
(18行)
42cm
(90针)
花样A
花样B
花样C
②
①
⑩
④
①

符号说明

⊟	上针
□ = ⊡	下针
2-1-3	行-针-次
⊠	左上2针并1针
⊠	右上2针并1针
⊙	镂空针

作品154

【成品规格】衣长66cm，胸宽51cm，袖长64cm
【工　　具】7号棒针
【编织密度】11针×14行=10cm²
【材　　料】棕色羊毛线850g

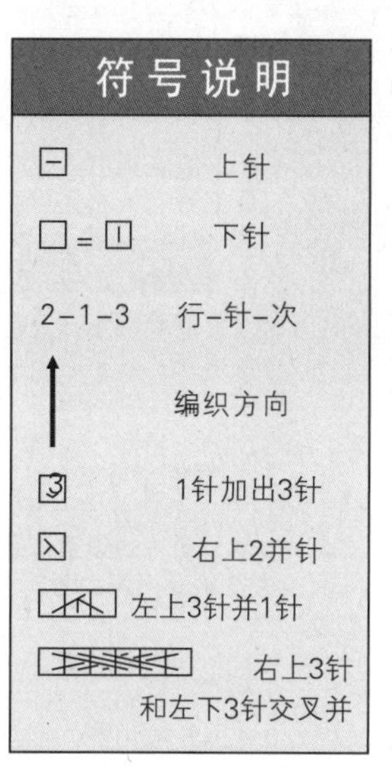

符号说明
上针
下针
2-1-3　行-针-次
编织方向
1针加出3针
右上2并针
左上3针并1针
右上3针和左下3针交叉并

前片/后片/领片/袖片制作说明

1.棒针编织法。由前片、后片、袖片与领片组成。
2.前后片织法：前后片的织法相同。单罗纹起针法，起62针，起织花样A，织2行，后排花样，从左至右依次是：24针花样C，14针花样B，24针花样B，按排好的花样织60行至袖窿，同时两侧按平20行，10-3-3，平10行方法各减3针。袖窿起E两侧按2-2-5，2-1-10方法各收20针，剩16针，锁边断线。
.袖片织法：平针起针法，起36针，排花样，从左至右依次是:10针上针，16针花样B，0针上针，按排好的花样织60行至袖窿，同时在两侧按6-1-10各加10针，袖窿起在两侧按2-2-5，2-1-10方法各收20针，剩16针，锁会断线。
.缝合:把织好的前片、后片缝合到起，再把袖片缝上。

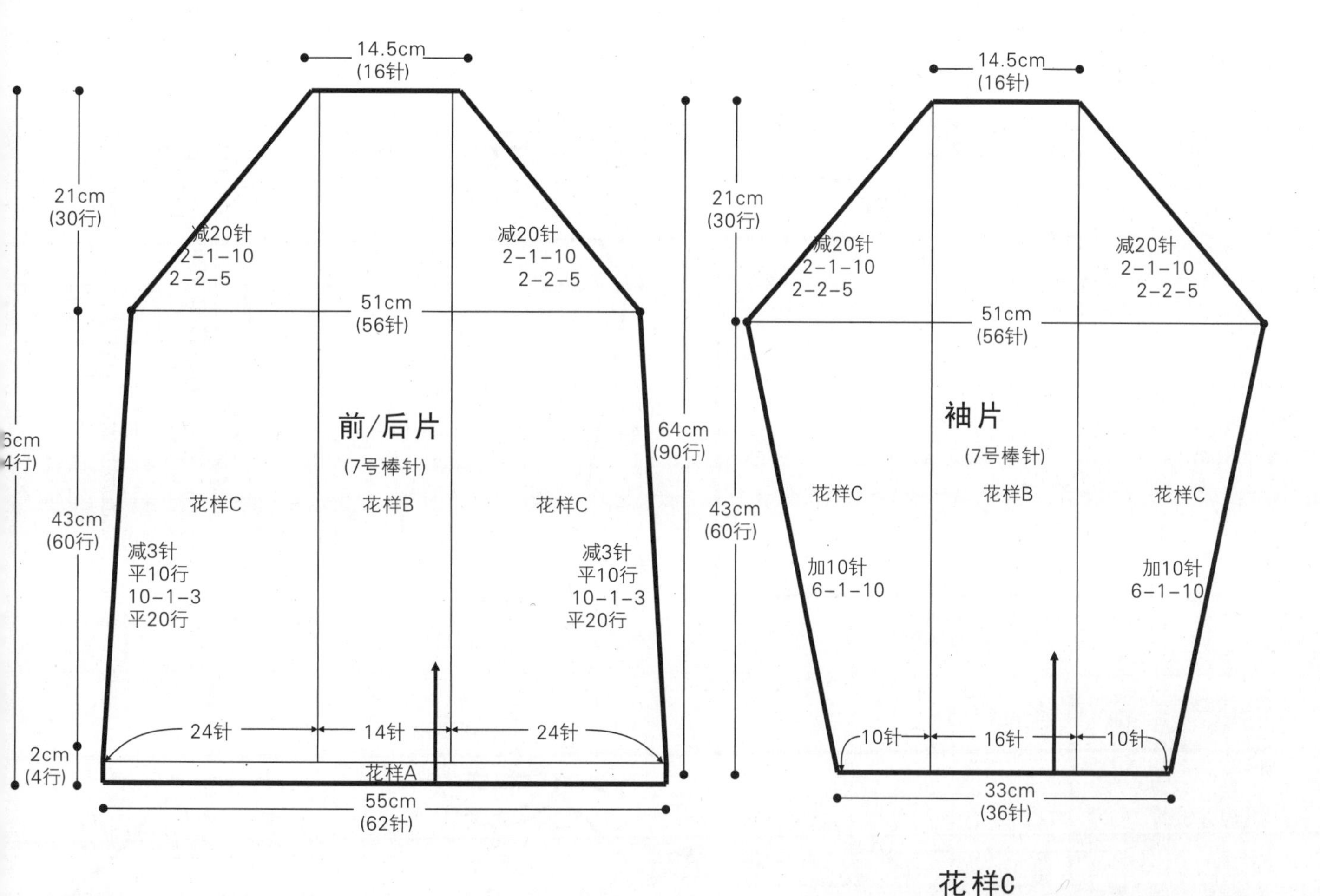

14.5cm (16针)
21cm (30行)
减20针 2-1-10 2-2-5
51cm (56针)
前/后片 (7号棒针)
花样C
花样B
花样C
6cm 4行)
43cm (60行)
减3针 平10行 10-1-3 平20行
64cm (90行)
24针
14针
24针
2cm (4行)
花样A
55cm (62针)
14.5cm (16针)
21cm (30行)
51cm (56针)
袖片 (7号棒针)
43cm (60行)
加10针 6-1-10
10针
16针
10针
33cm (36针)

花样A(单罗纹)

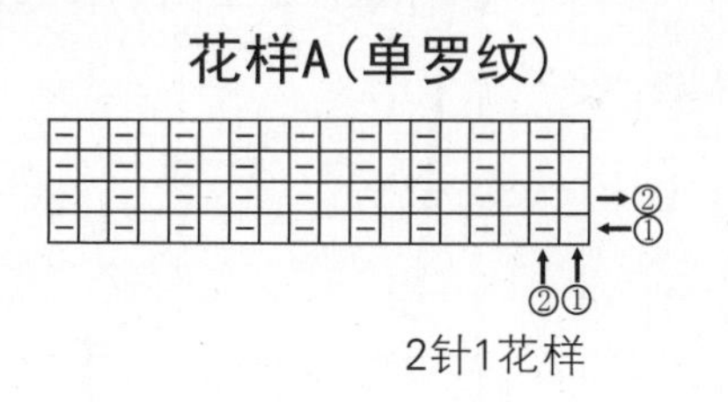

2针1花样

花样B

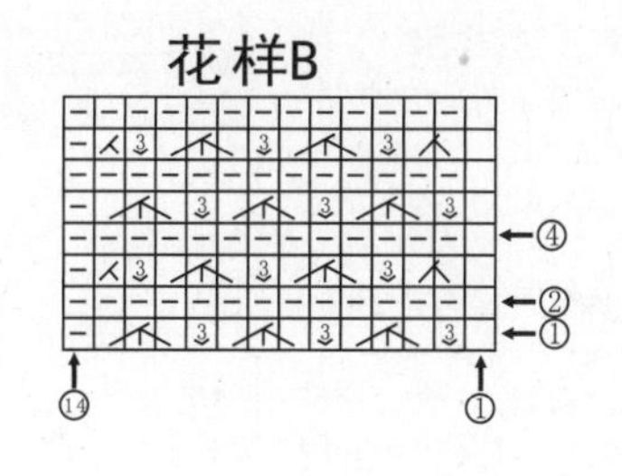

花样C

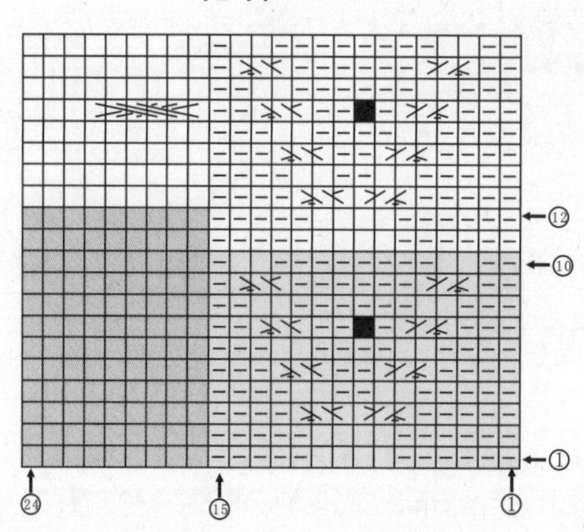

作品155

【成品规格】衣长56cm，胸宽60cm，肩宽40cm，袖长58cm
【工　　具】6号棒针
【编织密度】10针×15行=10cm²
【材　　料】红色羊毛线600g，黑色线100g

前片/后片/领片/袖片制作说明

1.棒针编织法。由前片、后片、袖片与领片组成。
2.前后片织法：
①前片的编织，单罗纹起针法，起60针，起织花样A，织8行，改织花样B，织46行至袖窿，袖窿起在两侧按收针4针，2-1-6方法各收10针，袖窿起织20行时，在中间平收14针，分两片织，每片13针，先织右片:在右侧按2-1-5收5针，剩8针，收针断线。另一边织法相同。
②后片袖窿以下的织法及袖窿两侧的收针方法与前片相同。袖窿起织20行，剩40针，收针断线。
3.袖片织法：先织右袖片，单罗纹起针法，起32针，起织花样A，织8行，改织花样B，同时在两侧按6-1-8方法各加8针，再织平6行至袖窿，袖窿起在两侧按平收4针，2-1-6方法各减10针，袖窿起织12行后，把右侧的20针平锁掉，左侧剩8针，织花样A，织14行，锁针断线。同样方法织左袖片。
4.缝合:把织好的后片和袖片的横肩部分缝合到一起，再和前片缝合，最后把袖片缝合上去。
5.缝合:沿前后领边挑72针，织花样A，织20行，锁针断线，对折缝合。

符号说明
⊟ 上针
□=⊟ 下针
2-1-3 行-针-次
↑ 编织方向

后片（6号棒针）
40cm（40针）
13cm（20行）　减10针 平8行 2-1-6 平收4针
30cm（46行）　花样B
5cm（8行）　花样A
60cm（60针）

领片（6号棒针）花样A
72针　双层20针　32针　6cm（10行）　40针

花样A（单罗纹）
2针1花样

花样B
■=中长编3针的玉编结

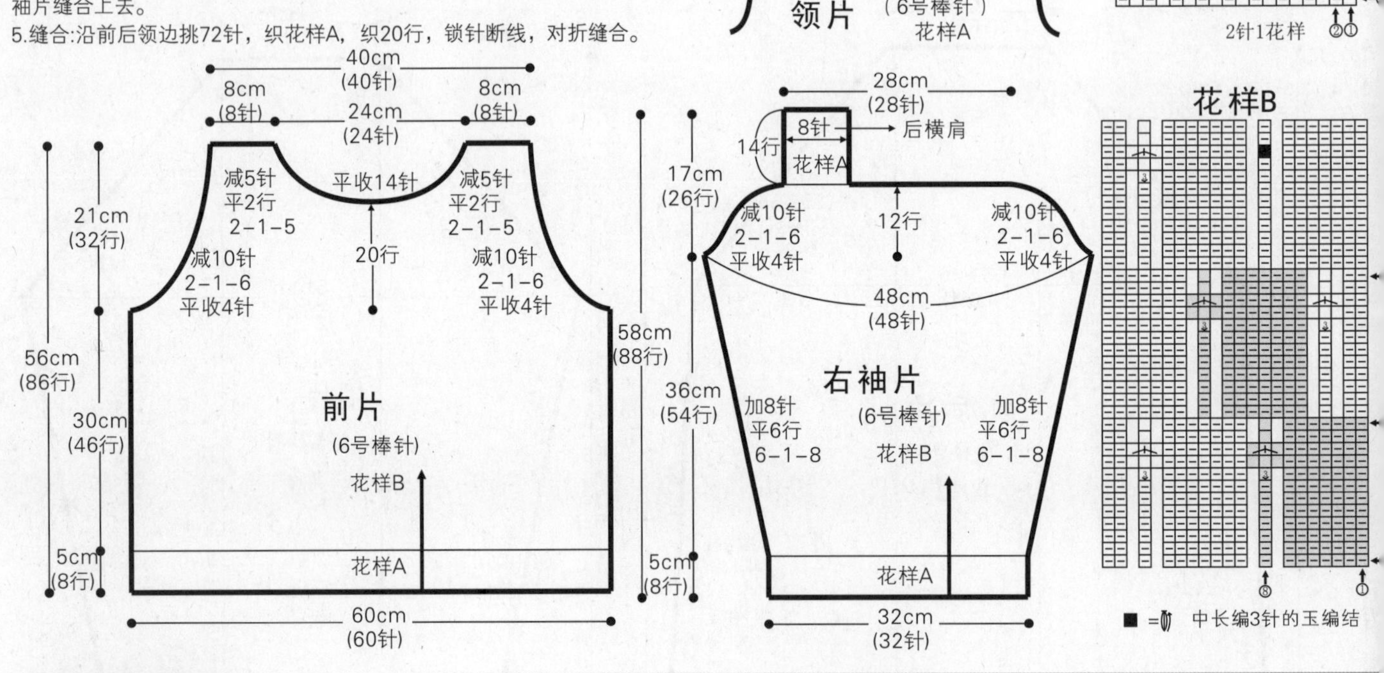

40cm
(40针)
8cm
(8针)
24cm
(24针)
8cm
(8针)
减5针
平2行
2-1-5
平收14针
21cm
(32行)
20行
减10针
2-1-6
平收4针
56cm
(86行)
30cm
(46行)
前片
(6号棒针)
花样B
5cm
(8行)
花样A
60cm
(60针)
58cm
(88行)
28cm
(28针)
8针
后横肩
14行
花样A
17cm
(26行)
12行
48cm
(48针)
36cm
(54行)
右袖片
(6号棒针)
加8针
平6行
6-1-8
花样B
32cm
(32针)

作品156

【成品规格】衣长65cm，胸宽53cm，袖长58cm
【工　　具】7号棒针
【编织密度】12针×18行=10cm²
【材　　料】玫红色羊毛线800g

前片/后片/领片/袖片制作说明

1.棒针编织法。由前片、后片、袖片与领片组成。
2.前后片织法：
①前片的编织，平针起针法，起64针，起织花样A，织8行，改织花样B，织72行至袖窿，袖窿起在两侧按2-2-8，2-1-4方法各收20针，袖窿起织16行，在中间平收16针，分两片织，先织右片，在左侧按2-1-4方法收4针。同样方法织另半片。
②后片的织法，后片袖窿以下的织法与前片相同。袖窿起两侧按2-2-2，2-1-16方法各收20针，剩24针，收针断线。
3.袖片织法：先织右袖片，平针起针法，起42针，起织花样A，织8行，改织花样B，织60行至袖窿，同时在两侧按1平2行，12-1-4方法各加4针，袖窿起在左侧按2-2-2，2-1-16方法收20针，在右侧按2-2-8，2-1-4方法收20针，袖窿起织24行，在右侧用引退法收掉10针。同样方法织左袖片。
4.缝合:把织好的前片、后片缝合到起，再把袖片缝上。
5.领片的织法:沿前后领边挑62针，织花样A，织8行，锁针断线。

领片（7号棒针）花样A
62针　26针　4cm（8行）　36针

符号说明
⊟ 上针
□=⊟ 下针
2-1-3 行-针-次
↑ 编织方向
右上4针和左下4针交叉

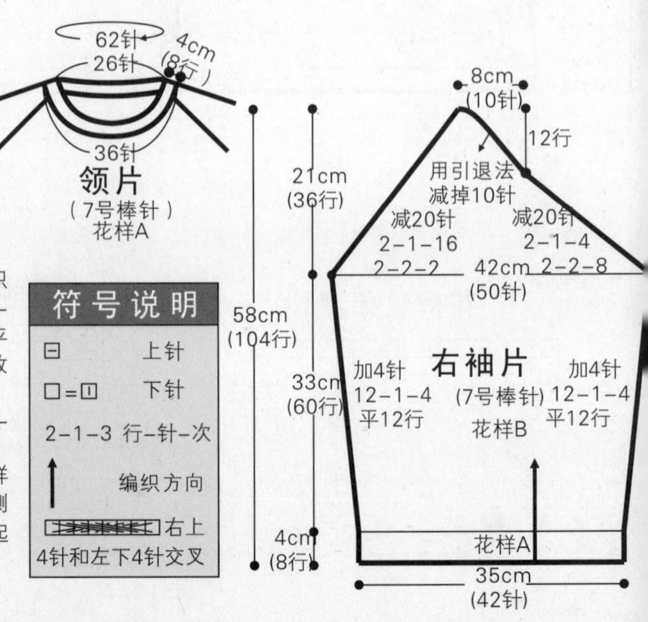

8cm
(10针)
12行
用引退法
减掉10针
21cm
(36行)
减20针
2-1-16
2-2-2
减20针
2-1-4
2-2-8
42cm
(50针)
58cm
(104行)
33cm
(60行)
加4针
12-1-4
平12行
右袖片
(7号棒针)
花样B
4cm
(8行)
花样A
35cm
(42针)

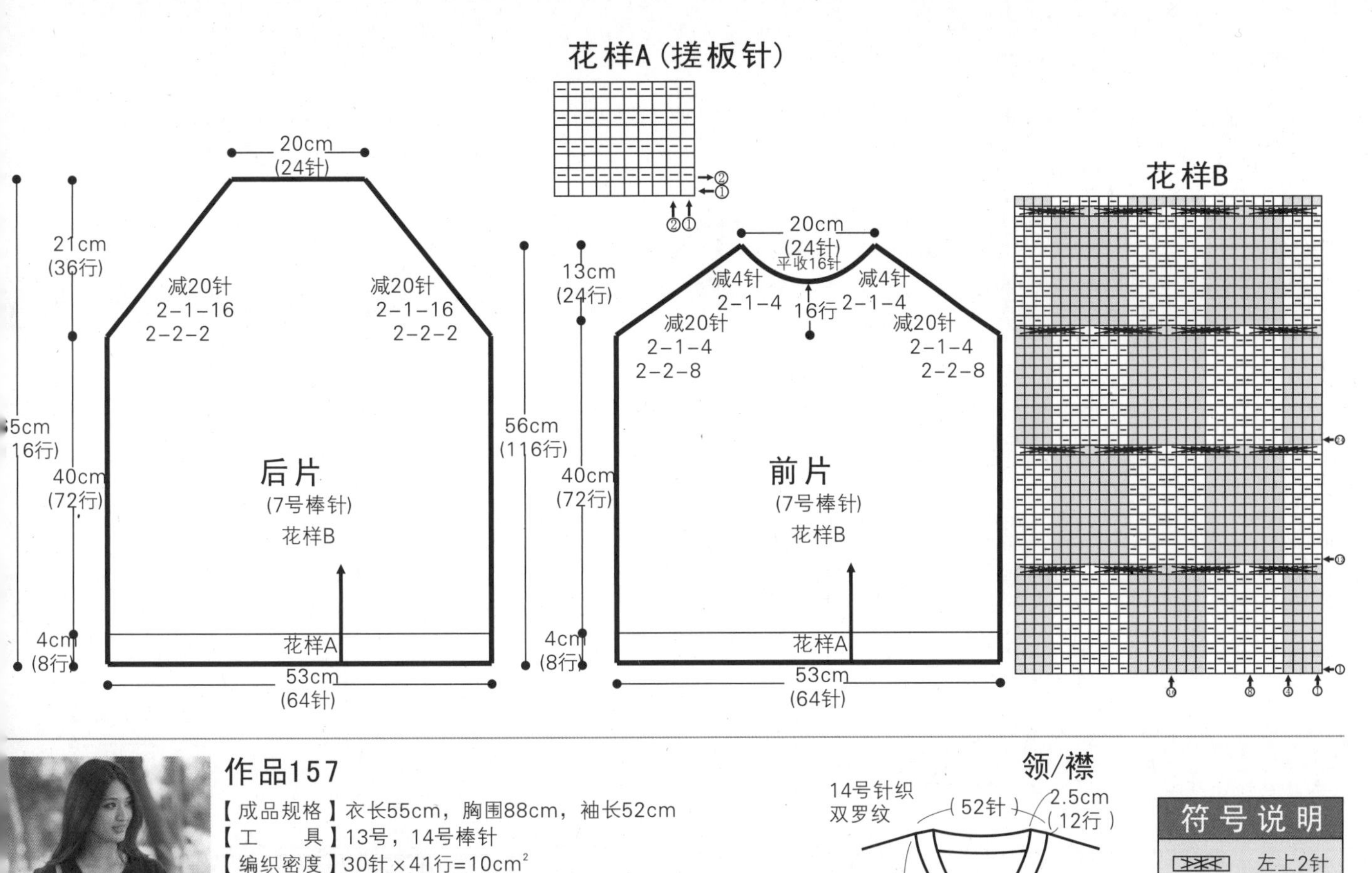

花样A（搓板针）
20cm
(24针)
21cm
(36行)
减20针
2-1-16
2-2-2
5cm
16行)
40cm
(72行)
后片
(7号棒针)
花样B
4cm
(8行)
花样A
53cm
(64针)
13cm
(24行)
56cm
(116行)
20cm
(24针)
平收16针
减4针
2-1-4
16行
减20针
2-1-4
2-2-8
前片
花样B

作品157

【成品规格】衣长55cm，胸围88cm，袖长52cm
【工　　具】13号，14号棒针
【编织密度】30针×41行=10cm²
【材　　料】深蓝色毛线600g，纽扣5颗

制作说明

1.后片：用14号针起130针织双罗纹30行，换13号针织上针，平织108行开袖窿，腋下各收13针。织80行，后领窝
后6行开始织。
.左前片：用14号针起61针织双罗纹30行，换3号针织入50针花样，右侧11针织上针，平织08行开袖窿;再织8行留前领，按图示减针。
.袖：从袖口往上织。用14号针起60针织双罗纹0行后换13号针织上针，中间织24针花样，两侧按图示加针，织32.5cm，袖山按图示减针，最后8针平收。
.领/襟：从领窝及两侧衣襟挑444针织双罗纹12行，平收。缝合各片，完成。

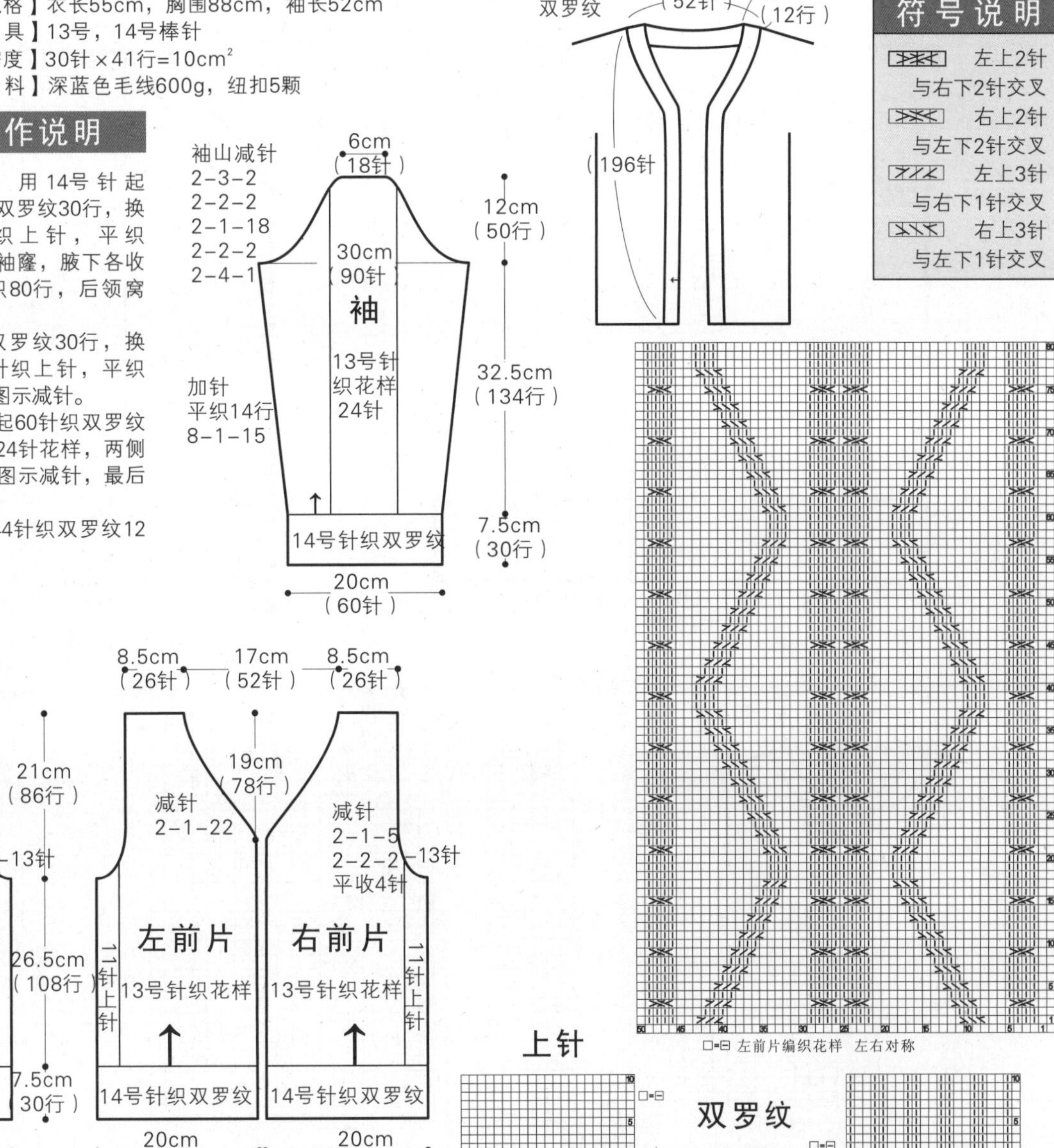

领/襟
14号针织
双罗纹
(52针)
2.5cm
(12行)
(196针
符号说明
左上2针与右下2针交叉
右上2针与左下2针交叉
左上3针与右下1针交叉
右上3针与左下1针交叉
袖山减针
2-3-2
2-2-2
2-1-18
2-2-2
2-4-1
6cm
(18针)
12cm
(50行)
30cm
(90针)
袖
13号针织花样24针
加针
平织14行
8-1-15
32.5cm
(134行)
7.5cm
(30行)
14号针织双罗纹
20cm
(60针)
8.5cm
(26针)
17cm
(52针)
1.5cm
(6行)
减针
2-2-2
2-3-1
21cm
(86行)
2-1-5
平收4针
-13针
后片
13号针织上针
26.5cm
(108行)
14号针织双罗纹
44cm
(130针)
19cm
(78行)
2-1-22
左前片
右前片
13号针织花样
11针上针
20cm
(61针)
左前片编织花样 左右对称
上针
双罗纹

作品158

【成品规格】衣长56cm，胸宽50cm，袖长64cm
【工　　具】7号棒针
【编织密度】14针×20行=10cm²
【材　　料】紫色羊毛线800g

前片/后片/领片/袖片制作说明

1.棒针编织法。由前片、后片、袖片与领片组成。
2.前后片织法：
①前片的编织，双罗纹起针法，起70针，起织花样A，织18行，排花样，从左至右依次是:20针上针，30针花样B，20针上针。按排好的花样织58行至袖窿，袖窿起在两侧按平收4针，2-2-6，2-1-8方法各收24针，袖窿起织28行，在中间平收6针，分两片织，先织右片，在左侧按2-2-4方法收8针。同样方法织另半片。
②后片的织法，后片袖窿以下的织法与前片相同。袖窿起两侧按平收4针，2-2-22方法各收26针，剩18针，收针断线。
3.袖片织法：双罗纹起针法，起42针，起织花样A，织18行，重新按花样，从左至右依次是:6针花样C，30针花样B，6针花样C。按排好的花样织，同时在两侧按6-1-4，8-1-5方法各9针，再平织4行至袖窿，袖窿起在右侧按平收4针，2-1-22方法收26针，在左侧按平收4针，2-2-6，2-1-8方法收24针，在左侧收按24针后，再按2-2-2，2-3-2的引退收针法把10针袖山收掉。
4.缝合:把织好的前片、后片缝合到起，再把袖片缝上。
5.领片的织法:沿前后领边挑78针，织花样A，织8行，锁针断线。

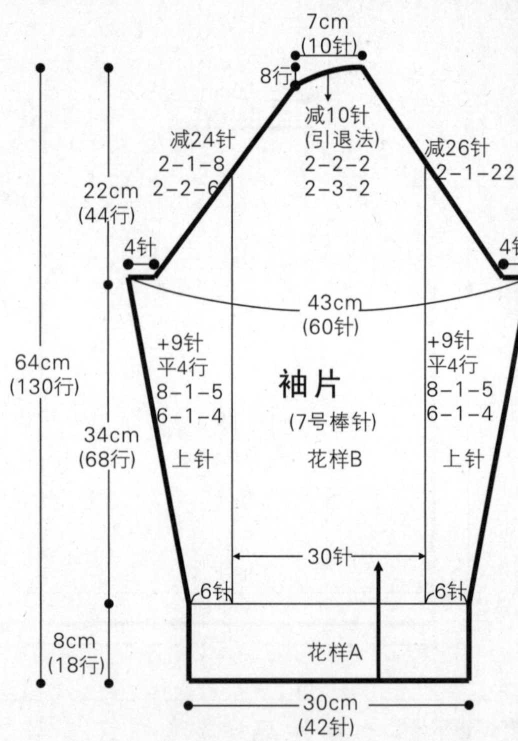
7cm
(10针)
8行
减10针
(引退法)
2-2-2
2-3-2
减24针
2-1-8
2-2-6
减26针
2-1-22
22cm
(44行)
4针
4针
43cm
(60针)
64cm
(130行)
+9针
平4行
8-1-5
6-1-4
袖片
(7号棒针)
34cm
(68行)
上针
花样B
上针
30针
6针
6针
8cm
(18行)
花样A
30cm
(42针)

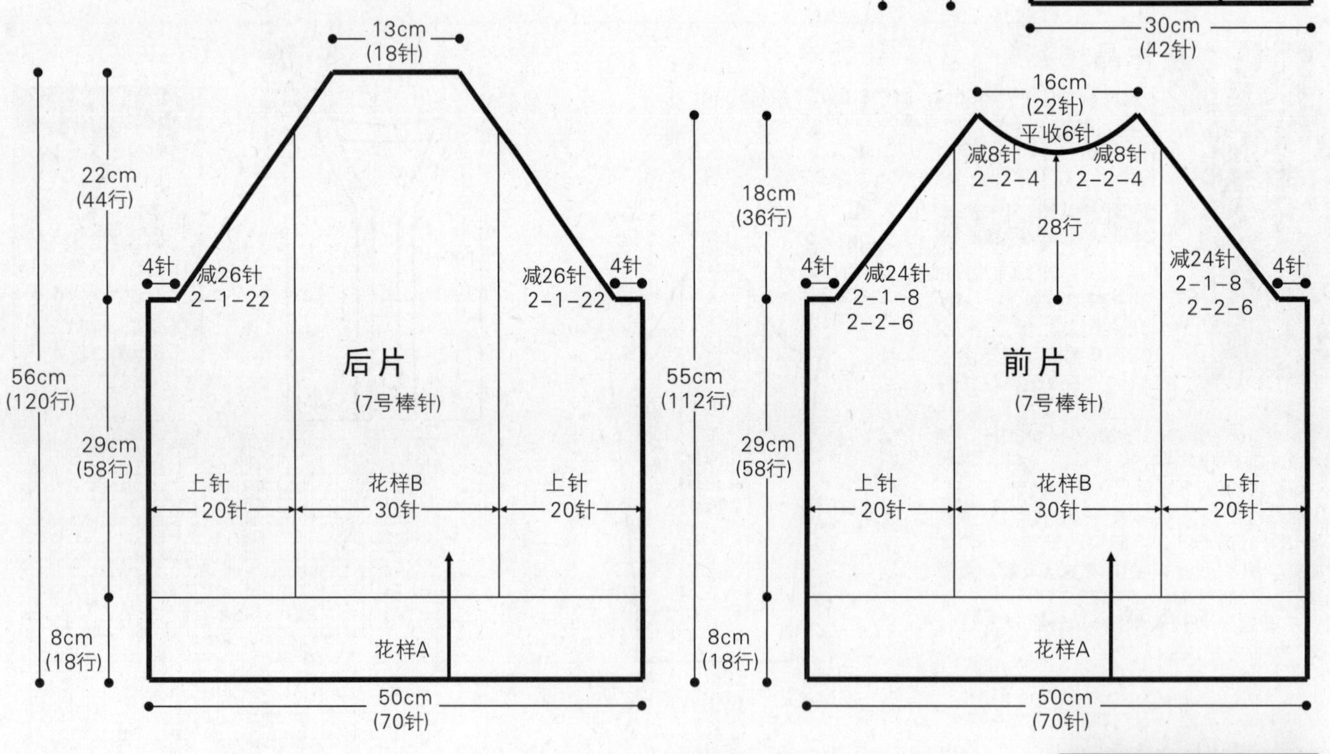
13cm
(18针)
22cm
(44行)
4针
减26针
2-1-22
减26针
2-1-22
4针
56cm
(120行)
后片
(7号棒针)
29cm
(58行)
上针
20针
花样B
30针
上针
20针
8cm
(18行)
花样A
50cm
(70针)
16cm
(22针)
平收6针
减8针
2-2-4
减8针
2-2-4
18cm
(36行)
28行
4针
减24针
2-1-8
2-2-6
减24针
2-1-8
2-2-6
4针
55cm
(112行)
前片
(7号棒针)
29cm
(58行)
上针
20针
花样B
30针
上针
20针
8cm
(18行)
花样A
50cm
(70针)

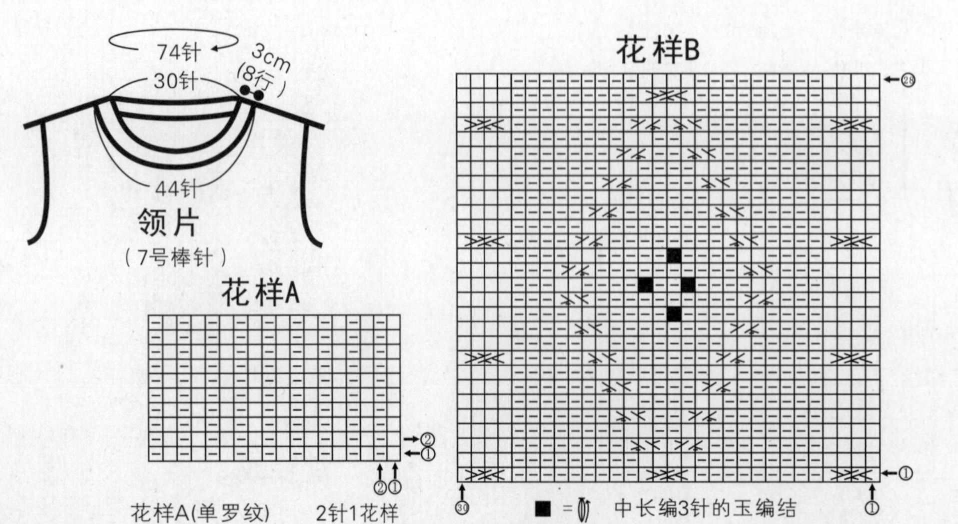
74针
3cm
(8行)
30针
44针
领片
(7号棒针)
花样A
花样B
花样A(单罗纹)
2针1花样
■ = 中长编3针的玉编结

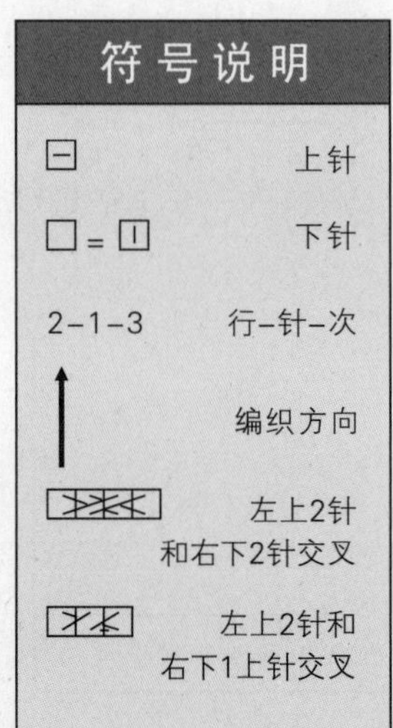
符号说明
上针
下针
2-1-3
行-针-次
编织方向
左上2针
和右下2针交叉
左上2针和
右下1上针交叉

作品159

【成品规格】衣长50cm，胸宽47cm，肩宽40cm，袖长54cm
【工　　具】6号棒针
【编织密度】11针×15行=10cm²
【材　　料】棕色羊毛线800g

前片/后片/领片/袖片制作说明

1.棒针编织法。由前片、后片、袖片与领片组成。
2.前后片织法：前片和后片的织法相同，只是前片在中间麻花两边的2针下针上各织8个球。双罗纹起针法，起52针，起织花样A，织8行，改织花样B，织6行至袖窿，袖窿起在两侧按收针2针，2-1-2方法各收4针，袖窿起织58行时，在中间用单罗纹方法平收16针，分两片织，每片14针，先织右片:在右侧按2-1-4方法收4针，剩10针，收针断线然后再织法另半片。
②后片袖窿以下的织法及袖窿两侧的收针方法与前片相同。袖窿起织20行，剩40针，收针断线。
3.袖片织法：双罗纹起针法，起24针，起织花样A，织8行，改织花样C，织62行至袖窿，同时在两侧按平2行，10-1-6方法各加6针，袖窿起在两侧按2-1-6方法各减6针，剩24针，锁针断线。同样方法织另一袖片。
4.缝合:把织好的后片与前片缝合，最后把袖片缝合上去。

花样B

花样A

花样C

前/后片（6号棒针）：40cm（44针），9cm（10针），22cm（24针），9cm（10针），16针，平收16针，减4针 2-1-4，2行，花样D，24行，21cm（32行），减4针 2-1-2 平收2针，50cm（76行），24cm（36行），花样B，5cm（8行），花样A，47cm（52针）

袖片（6号棒针）：22cm（24针），8cm（12行），减6针 2-1-6，33cm（36针），54cm（74行），41cm（62行），花样C，加6针 10-1-6 平2行，5cm（8行），花样A，22cm（24针）

花样D（单罗纹）

符号说明	
⊟	上针
□=◫	下针
2-1-3	行-针-次
↑	编织方向
⧅	右上2针
⧄	左上2针
⊡	镂空针

作品160

【成品规格】衣长81cm，胸宽46cm，肩宽40cm，袖长59cm
【工　　具】10号棒针
【编织密度】19针×32行=10cm²
【材　　料】黑灰色羊毛线1200g

前片/后片/领片/袖片制作说明

1.棒针编织法。由左右前片、后片、后领片与袖片组成。
2.前后片织法：
①前片的编织，由右前片和左前片组成，先组右前片:平针起针法，起44针，起织花样A，织140行，改织花样B，织20行，然后重新排花样，从右至左依次是:26针上针，36针花样C，26针上针，按排好的花样平织34行至袖窿，袖窿起在左侧按2-2-3方法收6针，袖窿起织52行后在右侧按平收6针，2-2-6方法收18针，剩20针，锁针断线，同样方法织另一片。
②后片的编织，平针起针法，起88针，起织花样A，织140行，改织花样B，织20行，然后重新排花样，从右至左依次是:26针上针，36针花样C，26针上针，按排好的花样平织34行至袖窿，袖窿起在左右两侧按2-2-3方法各收6针，袖窿起织60行后在中间平收32针，分两片织，每片22针，先织右片：在左右侧按2-1-2方法收2针，剩20针，锁针断线，同样方法织另一片。
3.袖片的编织，平针起针法，起64针，起织花样A，织80行，改织花样B，织20行，然后重新排花样，从右至左依次是:14针上针，36针花样C，14针上针，按排好的花样织，同时在两侧按6-1-6方法各加6针，再平织8行至袖窿，袖窿起在左右侧按2-1-22方法各收22针，剩32针，锁针断线，同样方法织另一袖片。
4.帽片的织法：平针起针法，起6针，起织花样A，同时在左侧按2-2-6方法加12针，暂停不织，同样方法织另一对称片，然后把两片合到一起，中间平加48针，再重新排花样：从左至右依次是：24针上针，36针花样C，24针上针，按排好的花样织82行，在两边各平收28针，中间剩28针，继续再织30行，锁针断线．把织好的帽片织缝合好，再沿帽子边挑82针，织花样B，织30行，对折做双层边。
5.缝合：把左右前片和后片及袖片缝合一起，等织完领片后再把帽子缝合上。
6.领片的织法：沿前后领窝挑82针，织花样B，织30行，对折缝合。
7.门襟的织法：沿左右门襟各挑186针，织花样B，织18行。

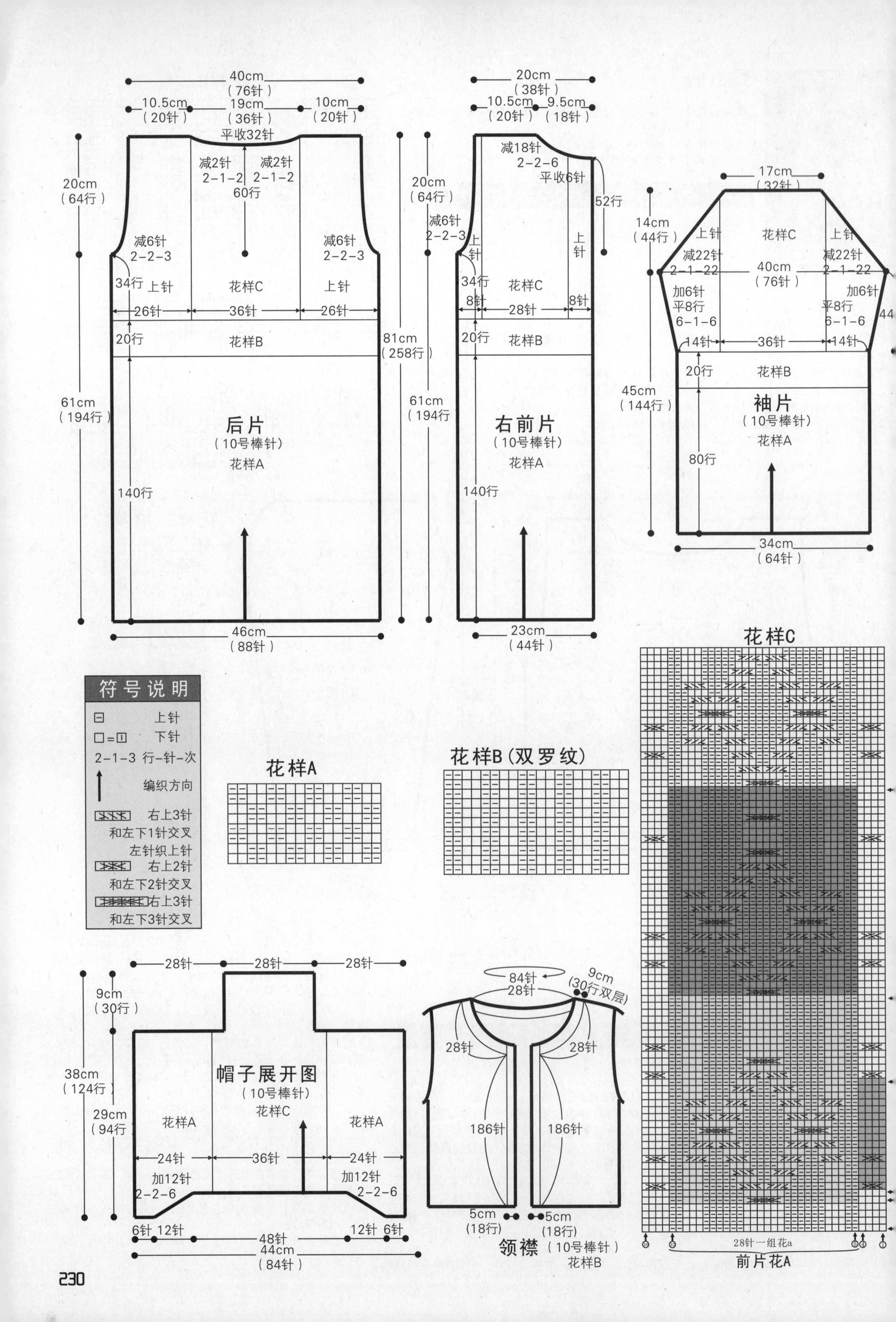

40cm
（76针）
10.5cm
（20针）
19cm
（36针）
10cm
（20针）
平收32针
20cm
（64行）
减2针
2-1-2
减2针
2-1-2
60行
减6针
2-2-3
减6针
2-2-3
34行
上针
花样C
上针
26针
36针
26针
20行
花样B
61cm
（194行）
后片
（10号棒针）
花样A
140行
81cm
（258行）
46cm
（88针）
20cm
（38针）
10.5cm
（20针）
9.5cm
（18针）
减18针
2-2-6
平收6针
20cm
（64行）
52行
减6针
2-2-3
上针
上针
34行
花样C
8针
28针
8针
20行
花样B
61cm
（194行）
右前片
（10号棒针）
花样A
140行
23cm
（44针）
17cm
（32针）
14cm
（44行）
上针
花样C
上针
减22针
2-1-22
40cm
（76针）
减22针
2-1-22
加6针
平8行
6-1-6
加6针
平8行
6-1-6
14针
36针
14针
20行
花样B
45cm
（144行）
袖片
（10号棒针）
花样A
80行
34cm
（64针）
符号说明
上针
下针
2-1-3 行-针-次
编织方向
右上3针和左下1针交叉左针织上针
右上2针和左下2针交叉
右上3针和左下3针交叉
花样A
花样B（双罗纹）
花样C
28针一组花a
前片花A
28针
28针
28针
9cm
（30行）
38cm
（124行）
帽子展开图
（10号棒针）
花样C
29cm
（94行）
花样A
花样A
24针
36针
24针
加12针
2-2-6
加12针
2-2-6
6针
12针
12针
6针
48针
44cm
（84针）
84针
28针
9cm
（30行双层）
28针
28针
186针
186针
5cm
（18行）
5cm
（18行）
领襟（10号棒针）
花样B

作品161

【成品规格】衣长73cm，胸围86cm，肩宽34cm
【工　　具】12号棒针
【编织密度】24.7针×32.3行=10cm²
【材　　料】灰色细棉线500g

前片/后片制作说明

1.棒针编织法，衣身分为前片和后片分别编织。
2.起织后片，下针起针法起126针织花样A，织40行后，改织花样B，两侧按10-1-10的方法减针，织至140行，改织花样C，不加减针织至168行，两侧袖窿减针，方法为平收4针，2-1-7，织至231行，织片中间平收42针，两侧按2-1-3的方法减针织后领，织至236行，两侧肩部各余下18针，收针断线。
3.起织前片，前片的编织方法与后片相同，织至225行，织片中间平收32针，两侧按2-2-3，2-1-2的方法减针织前领，织至236行，两侧肩部各余下18针，收针断线。
4.衣身两侧缝缝合，两肩部对应缝合。

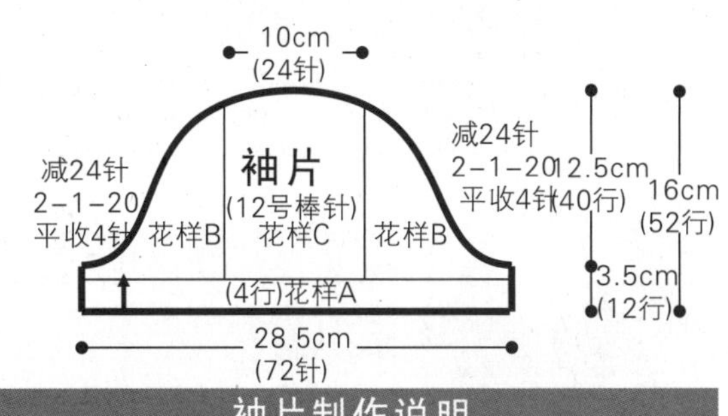

10cm
(24针)
袖片
(12号棒针)
花样C
花样B
花样B
减24针
2-1-20
平收4针
减24针
2-1-20
平收4针
12.5cm
(40行)
16cm
(52行)
3.5cm
(12行)
(4行)花样A
28.5cm
(72针)

袖片制作说明

1.棒针编织法，编织两片袖片。从袖口起织。
2.下针起针法，起72针，织花样A，织4行后，改为中间织24针花样C，两侧余下针数织花样B，织至12行，两侧减针织成袖山，方法为平收4针，2-1-20，织至52行，织片余下24针，收针断线。
3.同样的方法编织另一袖片。
4.将两袖侧缝对应缝合。

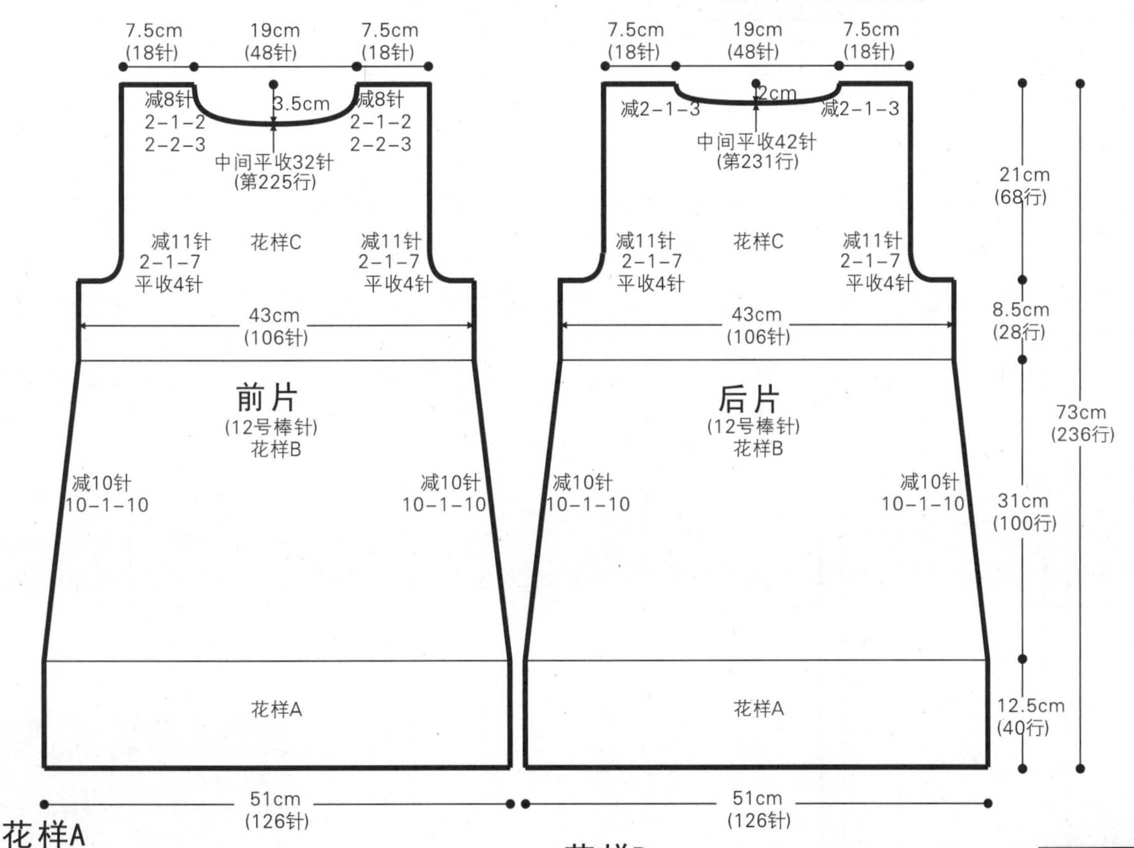

7.5cm
(18针)
19cm
(48针)
7.5cm
(18针)
减8针
2-1-2
2-2-3
3.5cm
中间平收32针
(第225行)
减11针
2-1-7
平收4针
花样C
43cm
(106针)
前片
(12号棒针)
花样B
减10针
10-1-10
花样A
51cm
(126针)
2cm
减2-1-3
中间平收42针
(第231行)
后片
(12号棒针)
花样B
21cm
(68行)
8.5cm
(28行)
73cm
(236行)
31cm
(100行)
12.5cm
(40行)

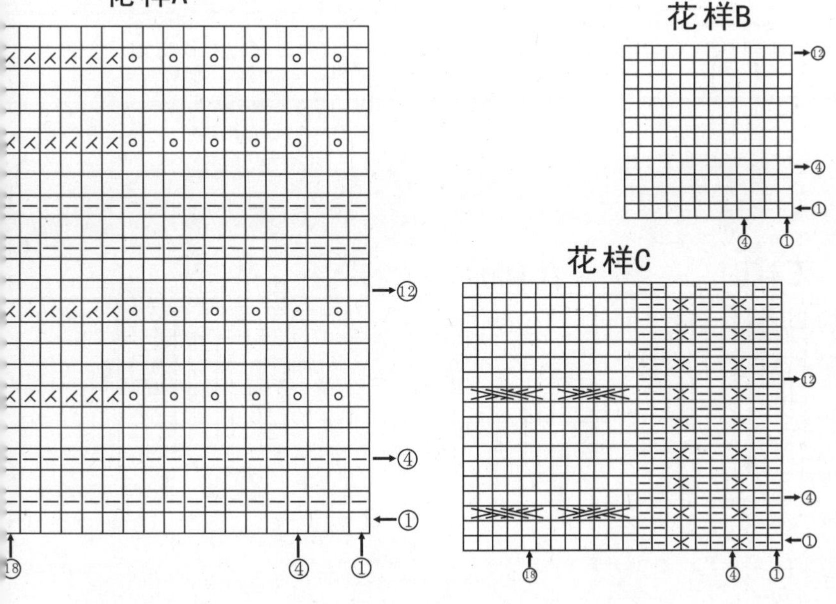

花样A
花样B
花样C

4cm
(14行)
106针

领片
(12号棒针)
花样B

领片制作说明

1.领片环形编织完成。
2.沿领口挑起106针，织花样B，织14行后，下针收针法收针断线。

符号说明

⊟	上针
□=⊡	下针
2-1-3	行-针-次
⊠	左上2针并1针
⊙	镂空针
⊠	左上1针与右上1针交叉
⊠⊠	左上3针与右上3针交叉
⊠⊠	右上3针与左上3针交叉

作品162

【成品规格】衣长66cm，胸围88cm，肩连袖长62cm
【工　　具】10号棒针
【编织密度】16.6针×18.2行=10cm²
【材　　料】杏色羊毛线550g,纽扣4颗

前片/后片/领片/袖片制作说明

1.棒针编织法，衣身分为左、右前片和后片分别编织缝合而成。
2.起织后片。起73针，织花样A，织80行后，改织花样B，两侧各平收3针，然后按4-2-10的方法方法减针织成插肩袖窿，织至120行，织片余下27针，收针断线。
3.起织左前片。起37针，织花样A，织80行后，改织花样B，右侧平收3针，然后按4-2-10的方法方法减针织成插肩袖窿，织至110行，左侧平收3针，然后按2-2-4的方法减针织成前领，织至120行，织片余下3针，收针断线。
4.同样的方法相反方向编织右前片，将左右前片与后片侧缝对应缝合。

领片/衣襟制作说明

1.棒针编织法往返编织衣襟，沿衣身左右侧衣襟边分别挑起104针，织花样D，织8行后，收针断线。
2.棒针编织法往返编织衣领，沿领口挑起98针，织花样D，织8行后，收针断线。

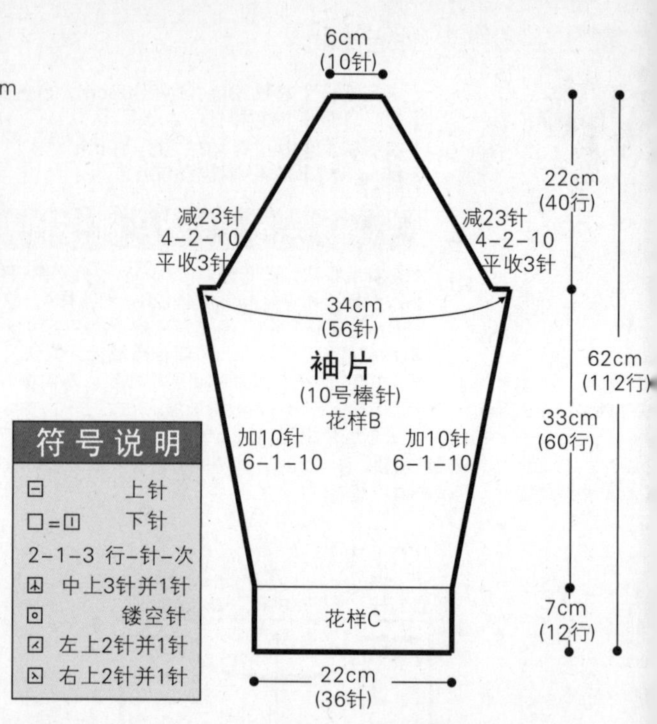
6cm
(10针)
22cm
(40行)
减23针
4-2-10
平收3针
减23针
4-2-10
平收3针
34cm
(56针)
62cm
(112行)
袖片
(10号棒针)
花样B
33cm
(60行)
加10针
6-1-10
加10针
6-1-10
花样C
7cm
(12行)
22cm
(36针)
符号说明
上针
下针
2-1-3 行-针-次
中上3针并1针
镂空针
左上2针并1针
右上2针并1针

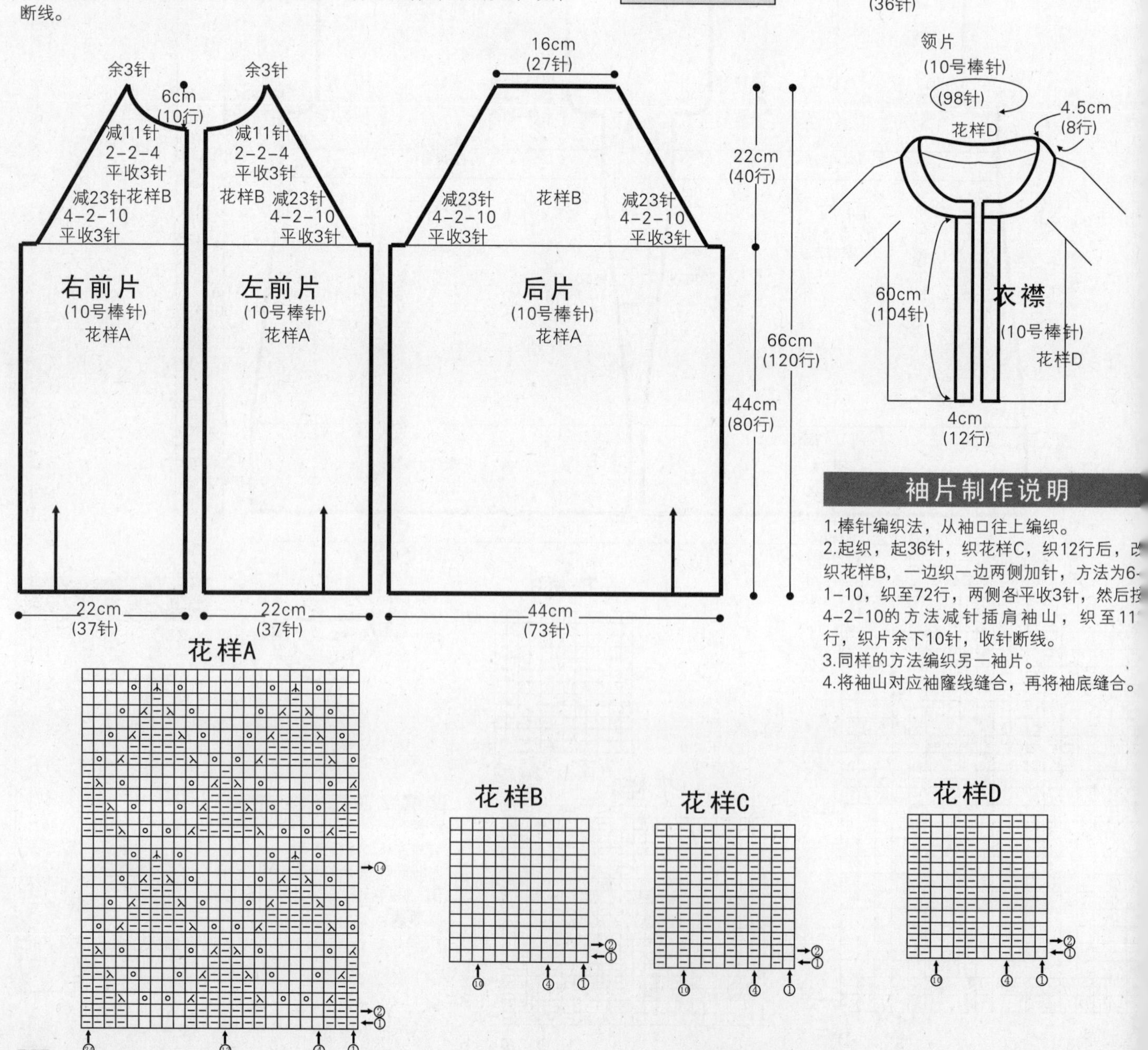
余3针
6cm
(10行)
减11针
2-2-4
平收3针
减23针花样B
4-2-10
平收3针
余3针
减11针
2-2-4
平收3针
花样B
减23针
4-2-10
平收3针
16cm
(27针)
减23针
4-2-10
平收3针
花样B
减23针
4-2-10
平收3针
22cm
(40行)
66cm
(120行)
44cm
(80行)
右前片
(10号棒针)
花样A
左前片
(10号棒针)
花样A
后片
(10号棒针)
花样A
22cm
(37针)
22cm
(37针)
44cm
(73针)
领片
(10号棒针)
(98针)
4.5cm
(8行)
花样D
60cm
(104针)
衣襟
(10号棒针)
花样D
4cm
(12行)
花样A
花样B
花样C
花样D

袖片制作说明

1.棒针编织法，从袖口往上编织。
2.起织，起36针，织花样C，织12行后，改织花样B，一边织一边两侧加针，方法为6-1-10，织至72行，两侧各平收3针，然后按4-2-10的方法减针插肩袖山，织至11[illegible]行，织片余下10针，收针断线。
3.同样的方法编织另一袖片。
4.将袖山对应袖窿线缝合，再将袖底缝合。

作品163

【成品规格】衣长48cm，胸宽50cm，肩宽38cm，袖长51cm
【工　　具】6号棒针
【编织密度】10针×15行=10cm²
【材　　料】米黄色羊毛线800g

前片/后片/领片/袖片制作说明

1.棒针编织法。由左右前片、后片、后领片与袖片组成。
2.前后片织法：
①前片的编织，先织右前片，平针起针法，起36针，然后重新排花样，从左至右依次是:32针花样A，4针花样D，织12行，改织花样B，织32行至袖窿，袖窿起在左侧平收6针，袖窿起织6行，在右侧按平收6针，2-2-2，2-1-5方法收15针，剩15针，锁针断线。同样方法织三半片。
②后片的编织，平针起针法，起50针，起织花样A，织12行，然后改下针，织32行至袖窿，袖窿起在两侧各平收6针，袖窿起织30行，剩38针，锁针断线。
.袖片的编织，平针起针法，起34针，起织花样A，织12行，然后改花样C，织78行至袖山，剩26针，锁针断线。
.口袋的编织，沿前片麻花底边挑8针，起织花样F，同时在两侧按2-1-4各加4针，然后再平织12行，锁针断线。
.帽片的编织，平针起针法，起6针，右边4针织起织花样D，其它织花样E，同时在左侧按2-2-2，2-1-5加9针，暂停不织，同样方法再平针起6针，在左侧4针织花样D，其它织花样E，在右侧按2-2-2，2-1-5方法加9针，再在右侧加8针，这时把两片合并到一起再织4行，锁针断线，对折缝合帽顶。
.缝合：用缝衣针把织好的前片、后片和袖片缝合，再把两个口袋两侧缝合好，把帽子缝合。

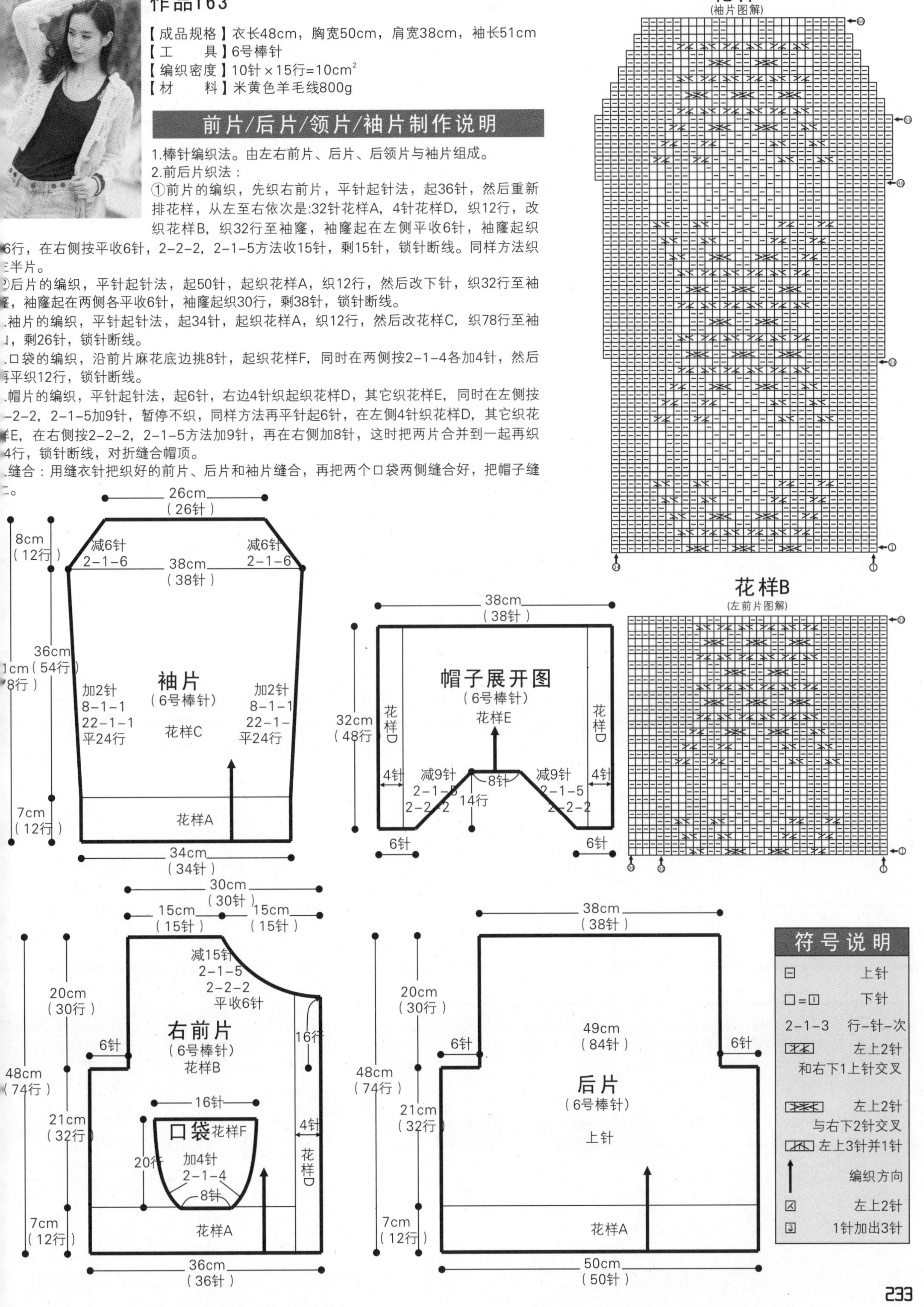

花样C
(袖片图解)
花样B
(左前片图解)
26cm
(26针)
8cm
(12行)
减6针
2-1-6
38cm
(38针)
36cm
(54行)
加2针
8-1-1
22-1-1
平24行
袖片
(6号棒针)
花样C
7cm
(12行)
花样A
34cm
(34针)
38cm
(38针)
帽子展开图
(6号棒针)
花样E
32cm
(48行)
花样D
4针
减9针
2-1-5
2-2-2
8针
14行
6针
30cm
(30针)
15cm
(15针)
减15针
2-1-5
2-2-2
平收6针
20cm
(30行)
右前片
(6号棒针)
花样B
16行
6针
48cm
(74行)
16针
口袋
花样F
21cm
(32行)
20行
加4针
2-1-4
8针
4针
7cm
(12行)
36cm
(36针)
49cm
(84针)
后片
(6号棒针)
上针
50cm
(50针)
符号说明
上针
下针
2-1-3　行-针-次
左上2针和右下1上针交叉
左上2针与右下2针交叉
左上3针并1针
编织方向
左上2针
1针加出3针

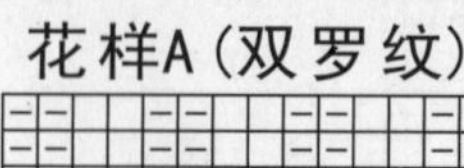
花样A（双罗纹）

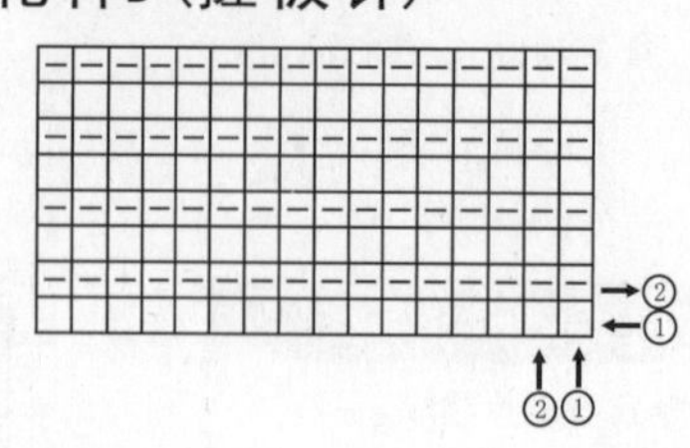
花样D（搓板针）
②
①

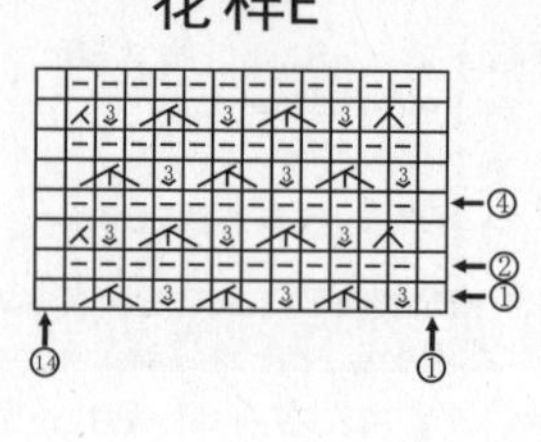
花样E
④
②
①
⑭

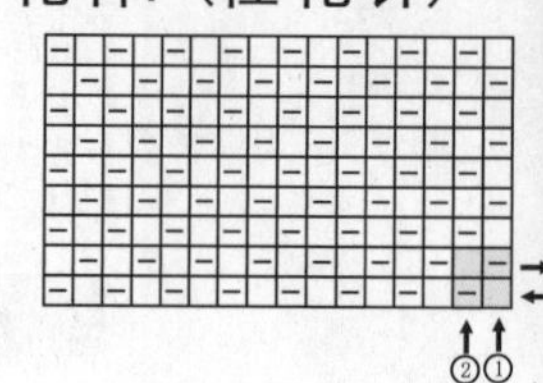
花样F（桂花针）
②
①

作品164

【成品规格】衣长58cm，胸围88cm，肩宽34cm，袖长56cm
【工　　具】11号棒针
【编织密度】23.5针×32行=10cm²
【材　　料】灰色羊毛线500g

前片/后片制作说明

1.棒针编织法，衣身分为前片和后片分别编织。

2.起织后片，下针起针法起104针织花样A，织38行后，改织花样B，织至112行，两侧袖窿减针，方法为平收4针，2-1-8，织至183行，织片中间平收36针，两侧按2-1-2的方法减针织后领，织至186行，两侧肩部各余下20针，收针断线。

3.起织前片，下针起针法起104针织花样A，织38行后，改织花样B，织至112行，两侧袖窿减针，方法为平收4针，2-1-8，织至118行，织片中间8针下针改织1组花样A，织16行后，第3和第5组下针改织花样A，以此方式类推，织至181行，织片中间平收22针，两侧按2-2-2，2-1-5的方法减针织前领，织至186行，两侧肩部各余下20针，收针断线。

4.衣身两侧缝缝合，两肩部对应缝合。

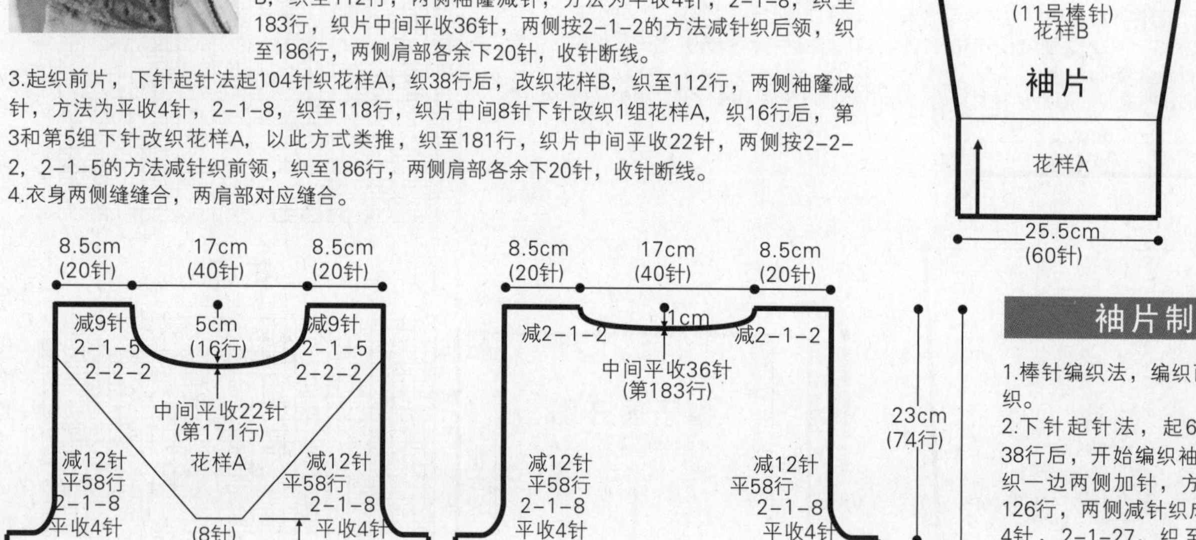
6cm
(14针)
减31针
2-1-27
平收4针
减31针
2-1-27
平收4针
17cm
(54行)
32cm
(76针)
加10-1-8
加10-1-8
(11号棒针)
花样B
袖片
27cm
(88行)
56cm
(180行)
花样A
12cm
(38行)
25.5cm
(60针)

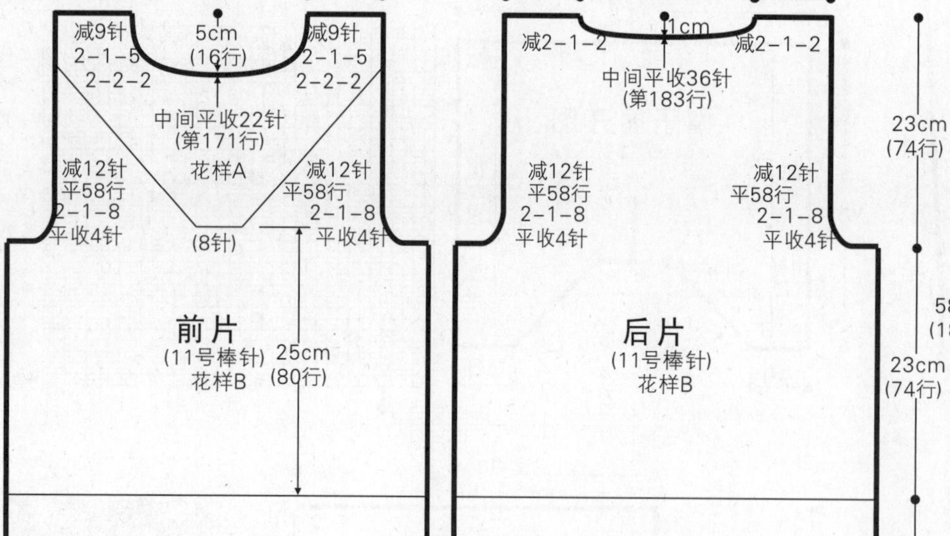
8.5cm
(20针)
17cm
(40针)
8.5cm
(20针)
减9针
2-1-5
2-2-2
5cm
(16行)
中间平收22针
(第171行)
减12针
平58行
2-1-8
平收4针
花样A
(8针)
前片
(11号棒针)
花样B
25cm
(80行)
花样A
44cm
(104针)
减2-1-2
1cm
中间平收36针
(第183行)
后片
(11号棒针)
花样B
23cm
(74行)
58cm
(186行)
12cm
(38行)

袖片制作说明

1.棒针编织法，编织两片袖片。从袖口起织。

2.下针起针法，起60针，织花样A，织38行后，开始编织袖身，织花样B，一边织一边两侧加针，方法为10-1-8，织至126行，两侧减针织成袖山，方法为平收4针，2-1-27，织至180行，织片余下14针，收针断线。

3.同样的方法编织另一袖片。

4.将两袖侧缝对应缝合。

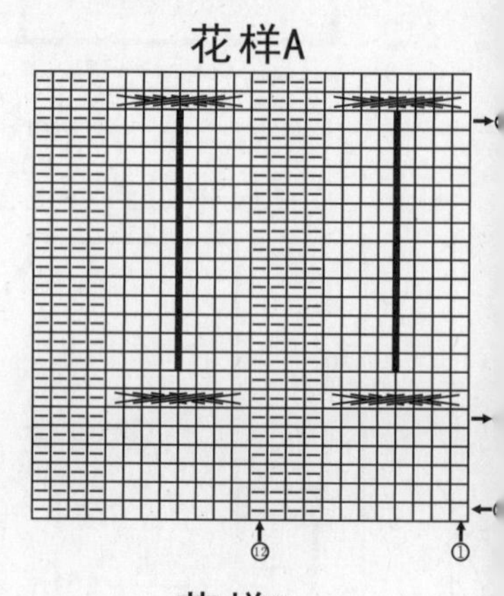
花样A
⑫
①

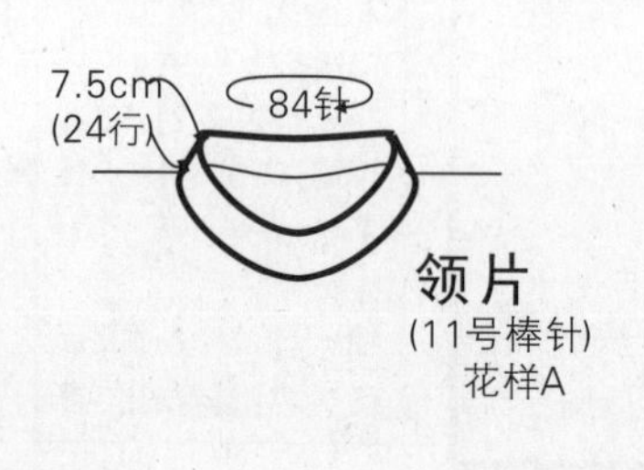
7.5cm
(24行)
84针
领片
(11号棒针)
花样A

领片制作说明

1.领片环形编织完成。

2.沿领口挑起84针，织花样A，织24行后，下针收针法收针断线。

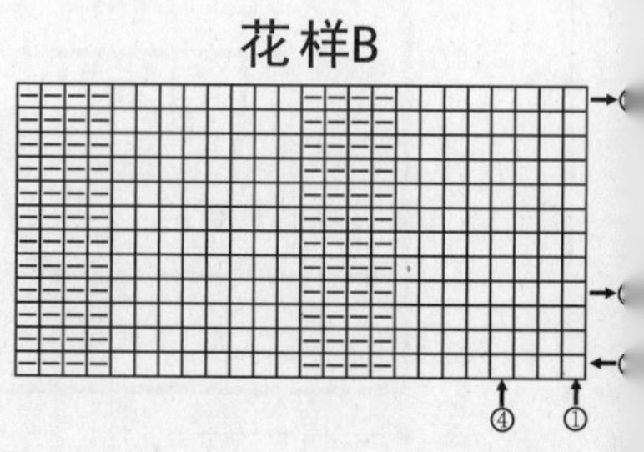
符号说明
上针
□=□ 下针
2-1-3 行-针-次
左上4针与右下4针交叉
花样B
④
①

作品165

【成品规格】衣长62cm，半胸围46.5cm，肩宽34cm，袖长60cm
【工　　具】12号棒针
【编织密度】25.9针×32行=10cm²
【材　　料】灰色羊毛线600g

前片/后片制作说明

1.棒针编织法，衣身分为前片和后片分别编织。
2.起织后片，双罗纹针起针法起136针织花样A，一边织一边两侧按6-1-8的方法减针，织至58行，织片余下120针，改织花样B，织至128行，两侧袖窿减针，方法为平收4针，4-2-6，织至195行，织片中间平收32针，两侧按2-1-2的方法减针织后领，织至198行，两侧肩部各余下26针，收针断线。
.起织前片，双罗纹针起针法起136针织花样A，一边织一边两侧按6-1-8的方法减针，织至58行，织片余下120针，改为中间织52针花样C，两侧余下针数织花样B，织至128行，两侧袖窿减针，方法为平收4针，4-2-6，织至167行，织片中间平收122针，两侧按2-2-2，2-1-8的方法减针织前领，织至198行，两侧肩部各余下26针，收针断线。
.衣身两侧缝缝合，两肩部对应缝合。

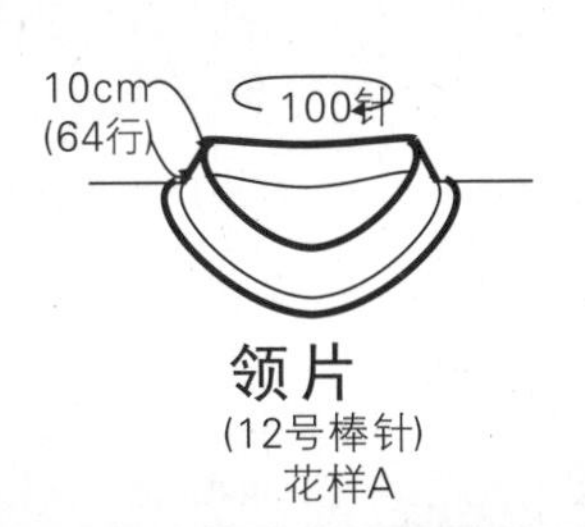

10cm
(64行)
100针
领片
(12号棒针)
花样A

领片/腰带制作说明

1.领片环形编织完成。
2.沿领口挑起100针，织4行下针后，织1行上针，然后再织4行下针，第10行向内与领口边沿缝合。沿双层机织领边上针的那行挑起100针，织花样A，织64行后，向内与挑针边沿缝合成双层衣领。
3.编织腰带。起6针环织下针，共织160cm的长度，穿入衣身腰部，两端按花样D所示织饰花。

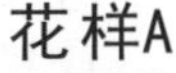
花样A

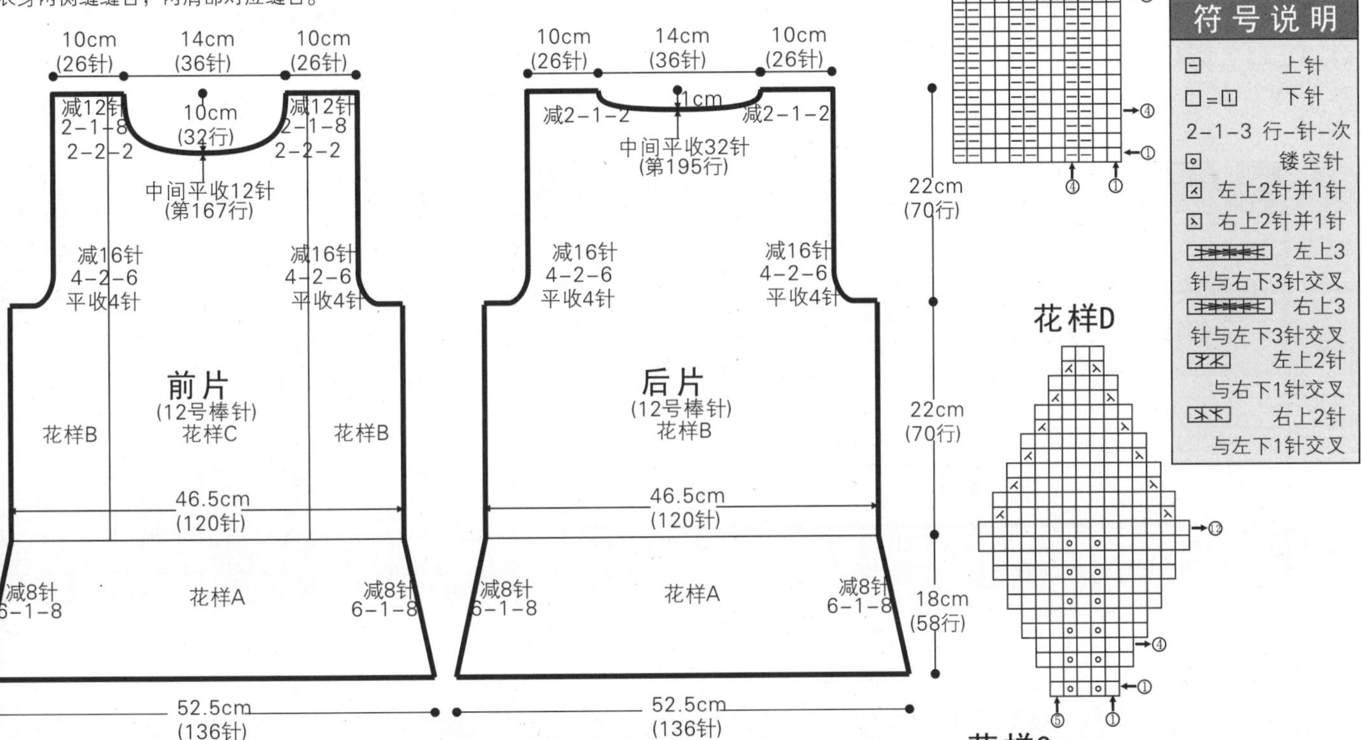

10cm
(26针)
14cm
(36针)
10cm
(26针)
减12针
2-1-8
2-2-2
10cm
(32行)
中间平收12针
(第167行)
减16针
4-2-6
平收4针
前片
(12号棒针)
花样C
花样B
46.5cm
(120针)
减8针
6-1-8
花样A
52.5cm
(136针)
1cm
减2-1-2
中间平收32针
(第195行)
后片
(12号棒针)
花样B
22cm
(70行)
18cm
(58行)

符号说明

符号	说明
⊟	上针
□=⊡	下针
2-1-3	行-针-次
⊙	镂空针
⊠	左上2针并1针
⊠	右上2针并1针
	左上3针与右下3针交叉
	右上3针与左下3针交叉
	左上2针与右下1针交叉
	右上2针与左下1针交叉

花样D

袖片制作说明

1.棒针编织法，编织两片袖片。从袖口起织。
2.双罗纹针起针法，起60针，织花样A，织52行后，开始编织袖身，织花样B，一边织一边两侧加针，方法为8-1-11，织至148行，两侧减针织成袖山，方法为平收4针，4-2-11，织至192行，织片余下30针，收针断线。
3.同样的方法编织另一袖片。
4.将两袖侧缝对应缝合。

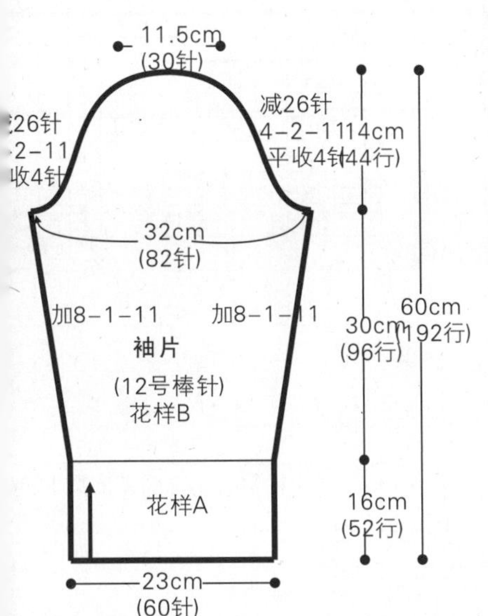

11.5cm
(30针)
减26针
4-2-11
平收4针
14cm
(44行)
32cm
(82针)
加8-1-11
袖片
(12号棒针)
花样B
30cm
(96行)
60cm
(192行)
花样A
16cm
(52行)
23cm
(60针)

花样B

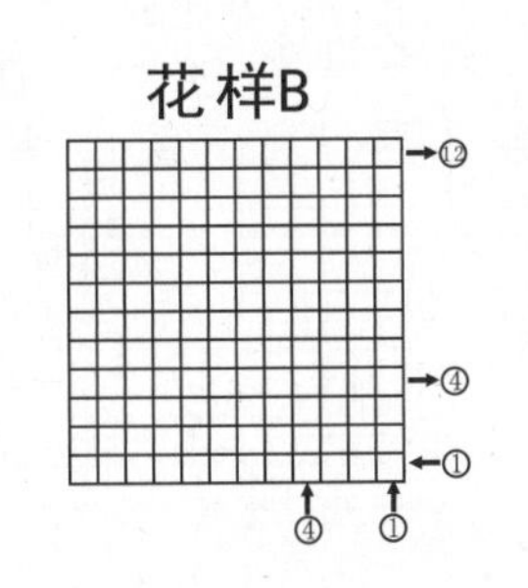

花样C

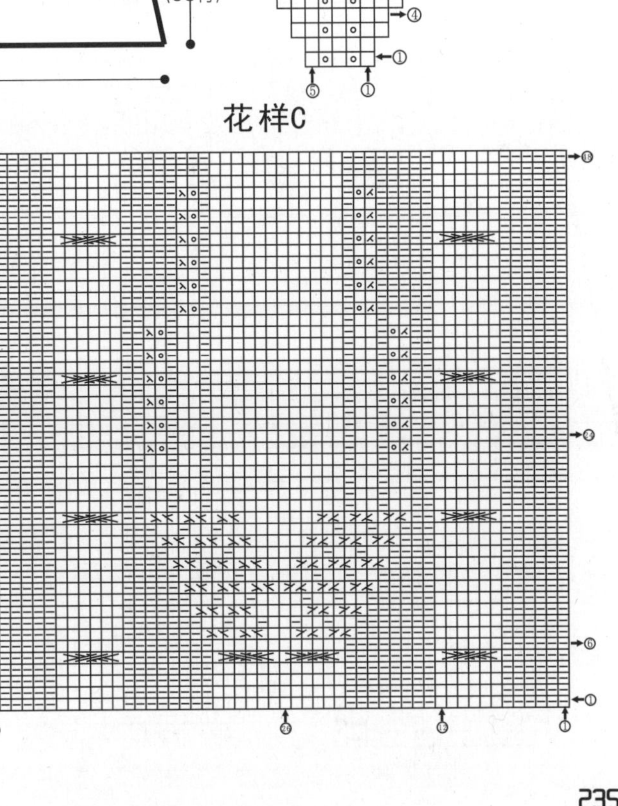

作品166

【成品规格】衣长85cm，半胸围46cm，肩宽37cm，袖长60cm
【工　　具】12号棒针
【编织密度】20针×28行=10cm²
【材　　料】紫色羊毛线700g

前片/后片制作说明

1.棒针编织法，衣身分为衣身片、腰片和衣摆片分别编织缝合而成。
2.起织腰片。起23针织花样C，不加减针织246行后，收针断线。
3.沿腰片一侧挑针起织衣身片。挑起176针，中间织92针花样A作为后片，两侧各织42针花样B作为左右前片，织28行后，将织片分成左右前片和后片分别编织，后片取92针，起织时两侧袖窿减针，方法为平收4针，2-1-5，织至87行，中间平收30针，两侧减针织成后领，方法为2-1-2，织至90行，两肩部各余下20针，收针断线。起织左前片，起织时左侧袖窿减针，方法为平收4针，2-1-5，织至75行，右侧前领减针，方法为平收7针，2-1-6，织至80行，肩部余下20针，收针断线。
4.沿腰片另一侧挑针起织衣摆片。挑起168针，4针花样D与14针花样E间隔编织，一边织一边在花样E的部分按22-1-4的方法加针，织112行后，织片变成204针，改织花样F，织4行后，收针断线。
5.将前片与后片肩缝对应缝合。

符号说明

⊟	上针
□=⊡	下针
2-1-3	行-针-次
⊠	扭针
⊠	左上1针与右下1针交叉
⊠	右上1针与左下1针交叉
⊠	左上3针与右下3针交叉
⊠	右上3针与左下3针交叉

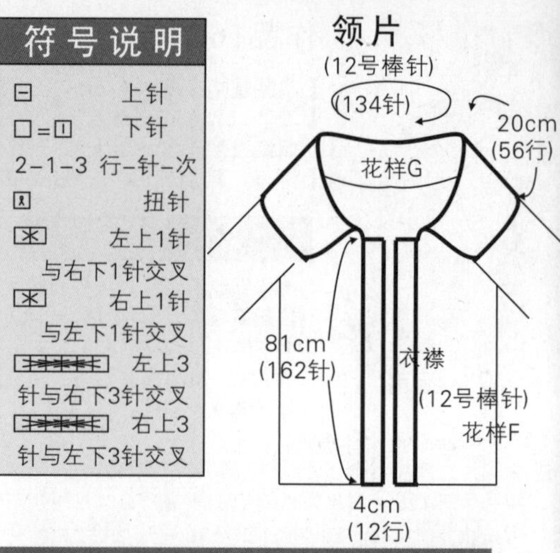

领片
(12号棒针)
(134针)
20cm
(56行)
花样G
81cm
(162针)
衣襟
(12号棒针)
花样F
4cm
(12行)

领片/衣襟制作说明

1.棒针编织法，沿领口挑起134针，织花样G，织56行，收针断线。
2.按沿衣身左右侧衣襟边分别挑起162针，织花样F，织12行后，收针断线。

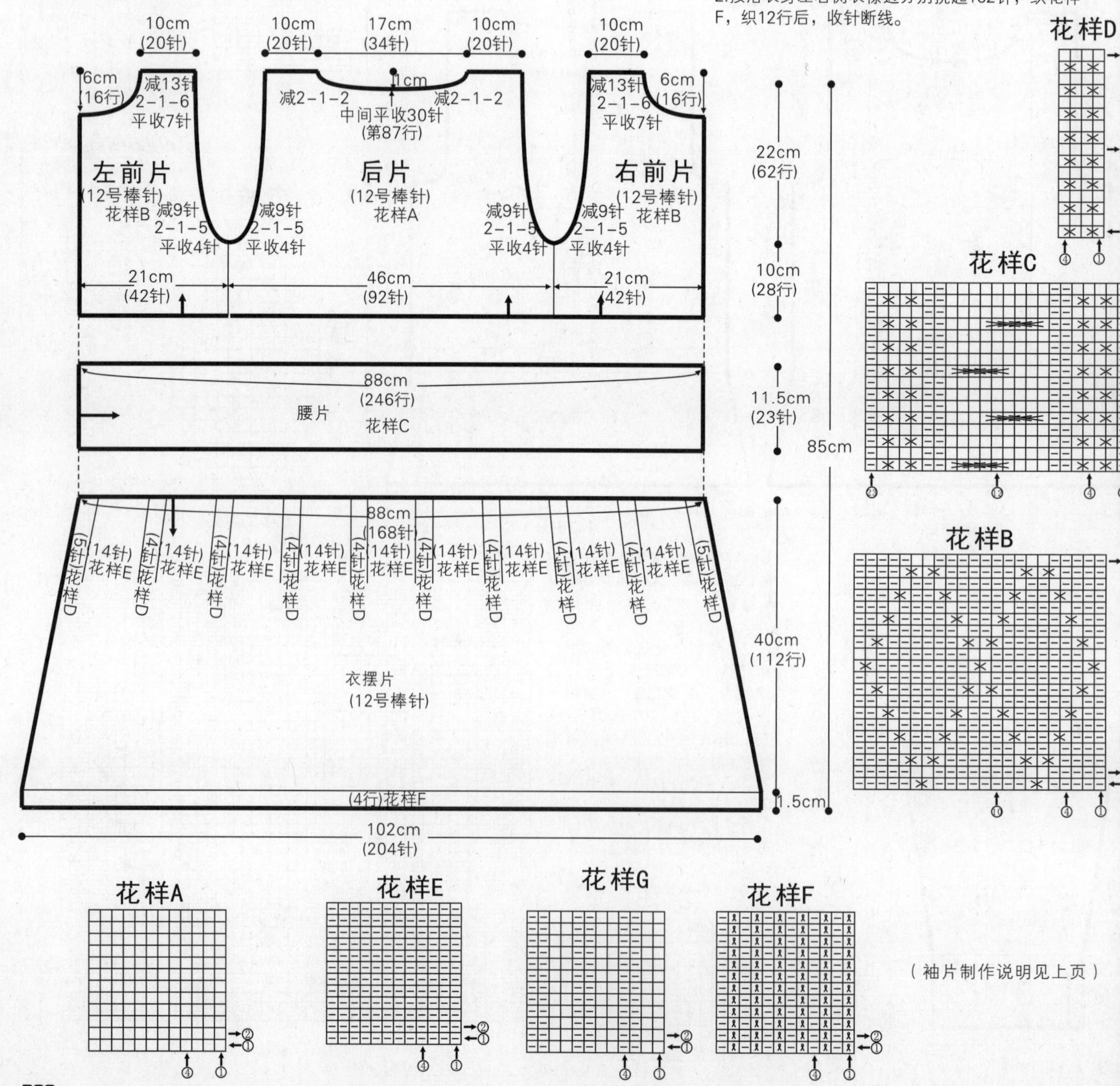

10cm
(20针)
10cm
(20针)
17cm
(34针)
10cm
(20针)
10cm
(20针)
6cm
(16行)
减13针
2-1-6
平收7针
1cm
减2-1-2
减2-1-2
中间平收30针
(第87行)
左前片
(12号棒针)
花样B
后片
(12号棒针)
花样A
右前片
(12号棒针)
花样B
减9针
2-1-5
平收4针
21cm
(42针)
46cm
(92针)
21cm
(42针)
88cm
(246行)
腰片
花样C
88cm
(168针)
(5针)花样D
(14针)花样E
(4针)花样D
衣摆片
(12号棒针)
(4行)花样F
102cm
(204针)
22cm
(62行)
10cm
(28行)
11.5cm
(23针)
85cm
40cm
(112行)
1.5cm
花样D
花样C
花样B
花样A
花样E
花样G
花样F

（袖片制作说明见上页）

作品167

【成品规格】衣长72cm，胸围92cm，肩宽31cm，袖长46.5cm
【工　　具】11号棒针
【编织密度】17.8针×22.5行=10cm²
【材　　料】红色粗羊毛线550g

前片/后片制作说明

1.棒针编织法，衣身分为左、右前片和后片分别编织缝合而成。
2.起织后片。起82针，织花样A，织22行后，改为花样B，C，D，E组合编织，如结构图所示，织至112行，两侧袖窿减针，方法为平收4针，2-1-10，织至159行，中间平收24针，两侧减针织成后领，方法为2-1-2，织至162行，两肩部各余下14针，收针断线。
3.起织左前片。起43针，织花样A，织22行后，改花样B，C，D，E组合编织，如结构图所示，织至46行，织片第13针至37针改织花样A，其余针数仍按组合花样编织，织至54行，花样A的部分收针，两侧留针暂时不织。另在衣摆内侧花样A的顶部袋口对应位置挑针起织，挑起25针，织花样B，织32行后，与左前片之前留起的针数连起来编织，织至112行，左侧袖窿减针，方法为平收4针，2-1-10，织至140行，右侧前领减针，方法为2-2-5，2-1-5，织至162行的高度，肩部余下14针，收针断线。
4.同样的方法相反方向编织右前片，将左右前片与后片侧缝对应缝合，肩缝对应缝合。

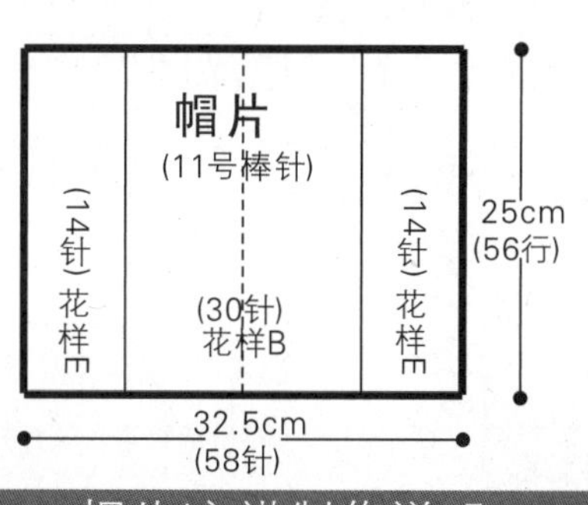

帽片
(11号棒针)
(14针)花样E
(30针)花样B
(14针)花样E
25cm
(56行)
32.5cm
(58针)

帽片/衣襟制作说明

1.棒针编织法，一片往返编织完成。
2.沿前后领口挑起58针，中间织30针花样B，其余针数织花样E，重复往上织至56行，收针，将帽顶对应缝合。
3.编织衣襟，沿左右前片衣襟侧及帽侧分别挑针起织，挑起392针编织花样A，织8行后，收针断线。

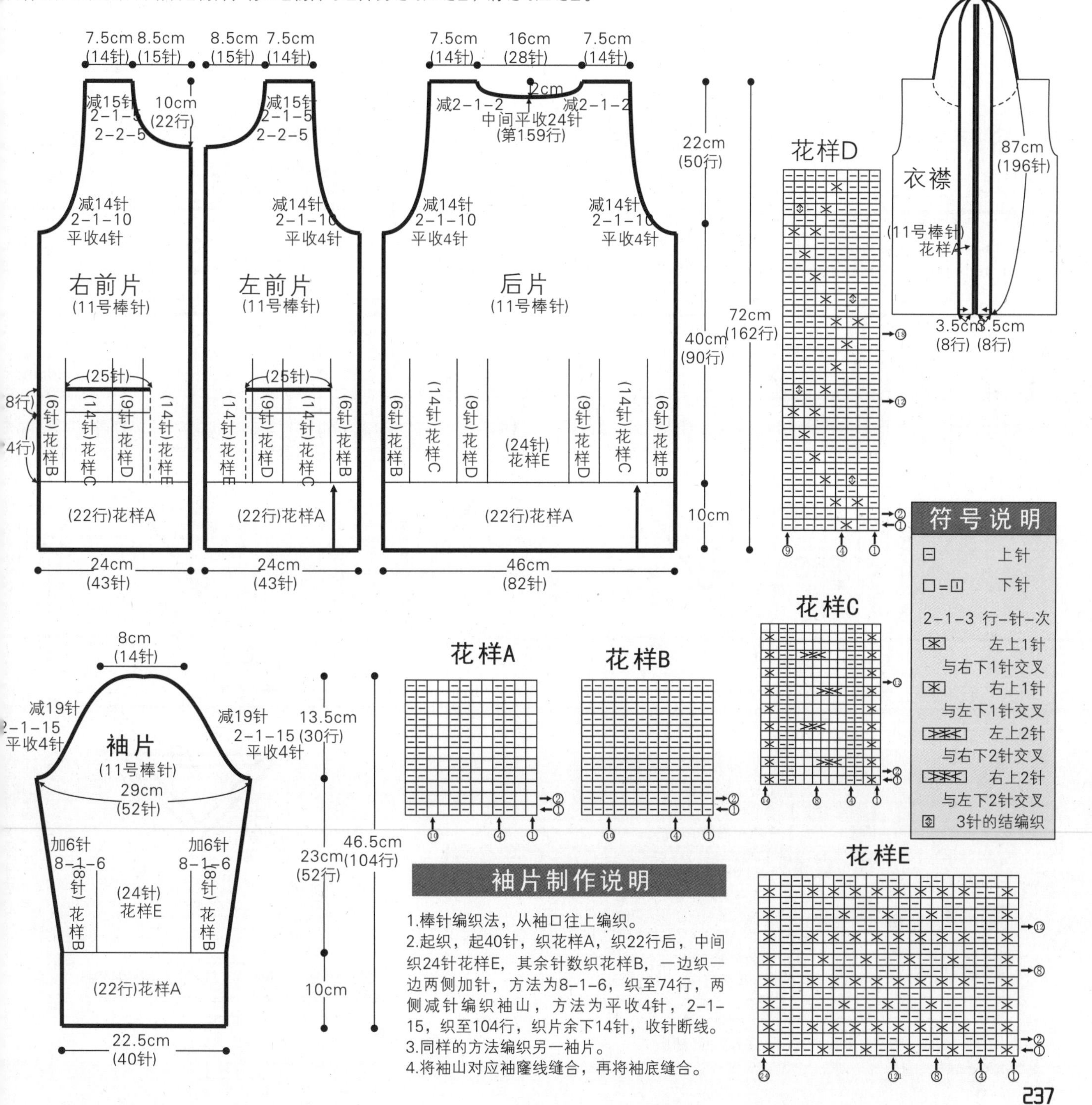

右前片
(11号棒针)
左前片
(11号棒针)
后片
(11号棒针)
7.5cm 8.5cm
(14针) (15针)
8.5cm 7.5cm
(15针) (14针)
7.5cm 16cm 7.5cm
(14针) (28针) (14针)
减15针
2-1-5
2-2-5
10cm
(22行)
减2-1-2
中间平收24针
(第159行)
2cm
减14针
2-1-10
平收4针
(25针)
8行
4行
(22行)花样A
24cm
(43针)
46cm
(82针)
22cm
(50行)
40cm
(90行)
72cm
(162行)
10cm
花样D
衣襟
(11号棒针)
花样A
87cm
(196针)
3.5cm 3.5cm
(8行) (8行)
符号说明
上针
下针
2-1-3 行-针-次
左上1针与右下1针交叉
右上1针与左下1针交叉
左上2针与右下2针交叉
右上2针与左下2针交叉
3针的结编织
花样C
花样A
花样B
花样E
袖片
(11号棒针)
8cm
(14针)
减19针
2-1-15
平收4针
13.5cm
(30行)
29cm
(52针)
加6针
8-1-6
(8针)花样B
(24针)花样E
(22行)花样A
22.5cm
(40针)
46.5cm
(104行)
23cm
(52行)
10cm

袖片制作说明

1.棒针编织法，从袖口往上编织。
2.起织，起40针，织花样A，织22行后，中间织24针花样E，其余针数织花样B，一边织一边两侧加针，方法为8-1-6，织至74行，两侧减针编织袖山，方法为平收4针，2-1-15，织至104行，织片余下14针，收针断线。
3.同样的方法编织另一袖片。
4.将袖山对应袖窿线缝合，再将袖底缝合。

作品168

【成品规格】衣长62cm，胸围93cm，肩宽91.5cm，袖长34cm
【工　　具】12号棒针
【编织密度】29.3针×40行=10cm²
【材　　料】红色羊毛线650g

前片/后片制作说明

1.棒针编织法，衣身分为前片和后片分别编织。
2.起织后片，双罗纹针起针法起88针织花样A，织24行后，改为16针花样B与20针花样C间隔编织，一边织一边两侧按2-1-64，4-1-8的方法加针，织至245行，织片中间平收56针，两侧按2-1-2的方法减针织后领，织至248行，两侧肩部各余下104针，收针断线。
3.起织前片，前片编织方法与后片一样，织至185行，将织片从中间均分成左右两片分别编织，两侧按2-1-30的方法减针织前领，织至248行，两侧肩部各余下104针，收针断线。
4.衣身两侧缝缝合，余下24cm的长度作为袖窿。两肩部对应缝合。

袖片制作说明

1.棒针编织法，编织两片袖片。从袖口起织。
2.双罗纹针起针法，起60针，织花样A，织40行后，将织片分散均匀加针至116针，开始编织袖身，中间织16针花样B，两侧余下针数织花样C，一边织一边两侧加针，方法为8-1-12，织至136行，织片余下140针，收针断线。
3.同样的方法编织另一袖片。
4.将两袖侧缝对应缝合。

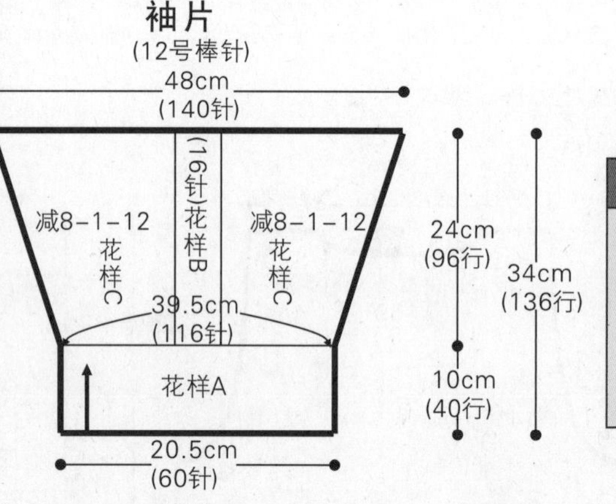

袖片
(12号棒针)
48cm
(140针)
(16针)花样B
减8-1-12
花样C
减8-1-12
花样C
24cm
(96行)
34cm
(136行)
39.5cm
(116针)
花样A
10cm
(40行)
20.5cm
(60针)

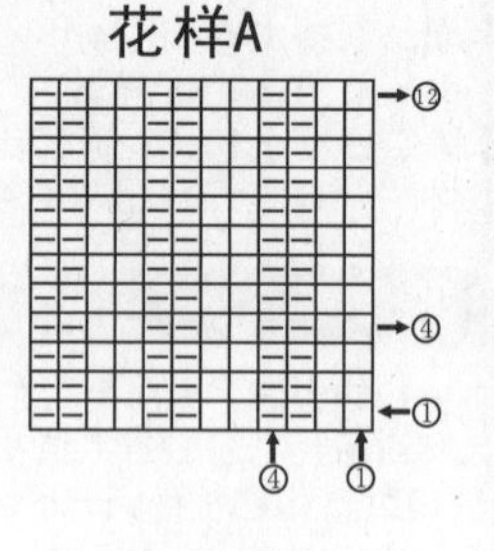

花样A

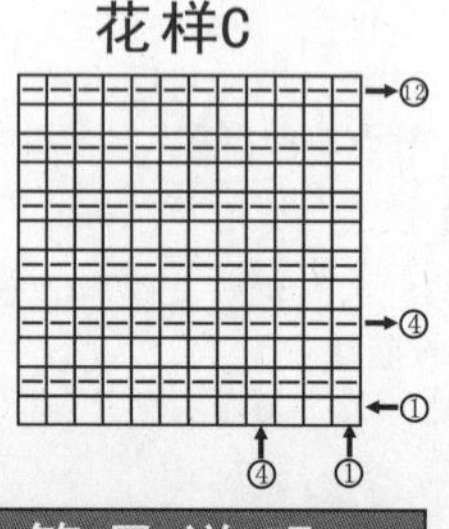

花样C

花样B

符号说明

⊟	上针
□=⊡	下针
2-1-3	行-针-次
(交叉符号)	右上8针与左下8针交叉

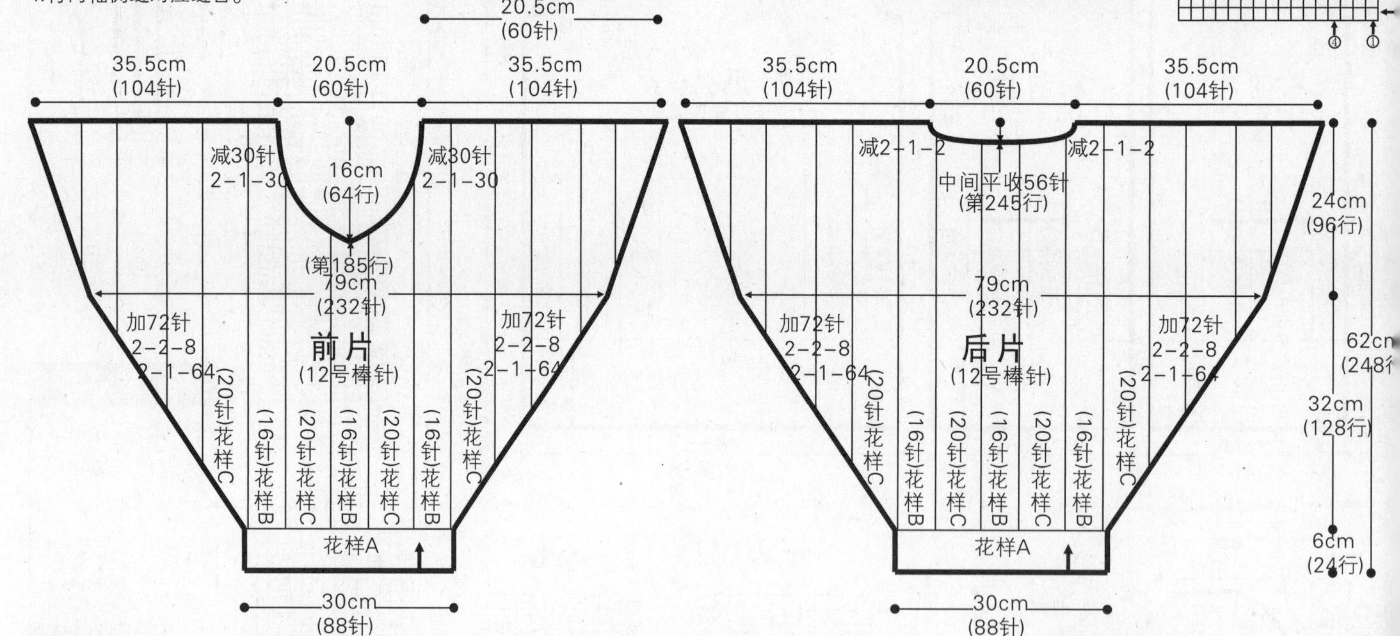

35.5cm
(104针)
20.5cm
(60针)
35.5cm
(104针)
减30针
2-1-30
16cm
(64行)
减30针
2-1-30
(第185行)
79cm
(232针)
加72针
2-2-8
2-1-64
前片
(12号棒针)
加72针
2-2-8
2-1-64
(20针)花样C
(16针)花样B
(20针)花样C
(16针)花样B
(20针)花样C
(16针)花样B
(20针)花样C
花样A
30cm
(88针)
35.5cm
(104针)
20.5cm
(60针)
35.5cm
(104针)
减2-1-2
减2-1-2
中间平收56针
(第245行)
24cm
(96行)
79cm
(232针)
加72针
2-2-8
2-1-64
后片
(12号棒针)
加72针
2-2-8
2-1-64
62cm
(248行)
32cm
(128行)
花样A
6cm
(24行)
30cm
(88针)

作品169

【成品规格】衣长51cm，半胸围45cm，袖长46cm
【工　　具】10号、12号棒针
【编织密度】12.6针×24.9行=10cm²
【材　　料】白色粗棉线500g

前片/后片/袖片制作说明

1.棒针编织法，衣身后片由2片花样B织片及2片袖片组成，衣身前片由1片花样B织片及2片袖片组成。
2.起织，起3针，一边织一边两侧按花样所示加针，织至56行，织片变成57针，收针断线。同样的方法分别另起2片织片，织至56行后，改织花样A，织16行后，收针断线。
3.起织袖片，起3针，一边织一边两侧按花样所示加针，织至56行，织片变成57针，然后两侧按6-1-16的方法减针，织100行后，织片余下25针，改织花样A，织16行后，收针断线。同样的方法再织3片袖片。
4.按图示方法缝合衣身织片及袖片。

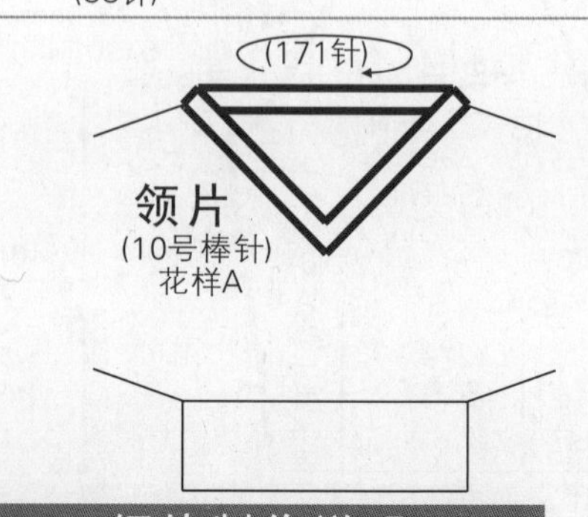

(171针)
领片
(10号棒针)
花样A

领片制作说明

棒针编织法，沿领口挑起171针织花样A，一边织一边领尖两侧减针，织8行后，余下163针，收针断线。

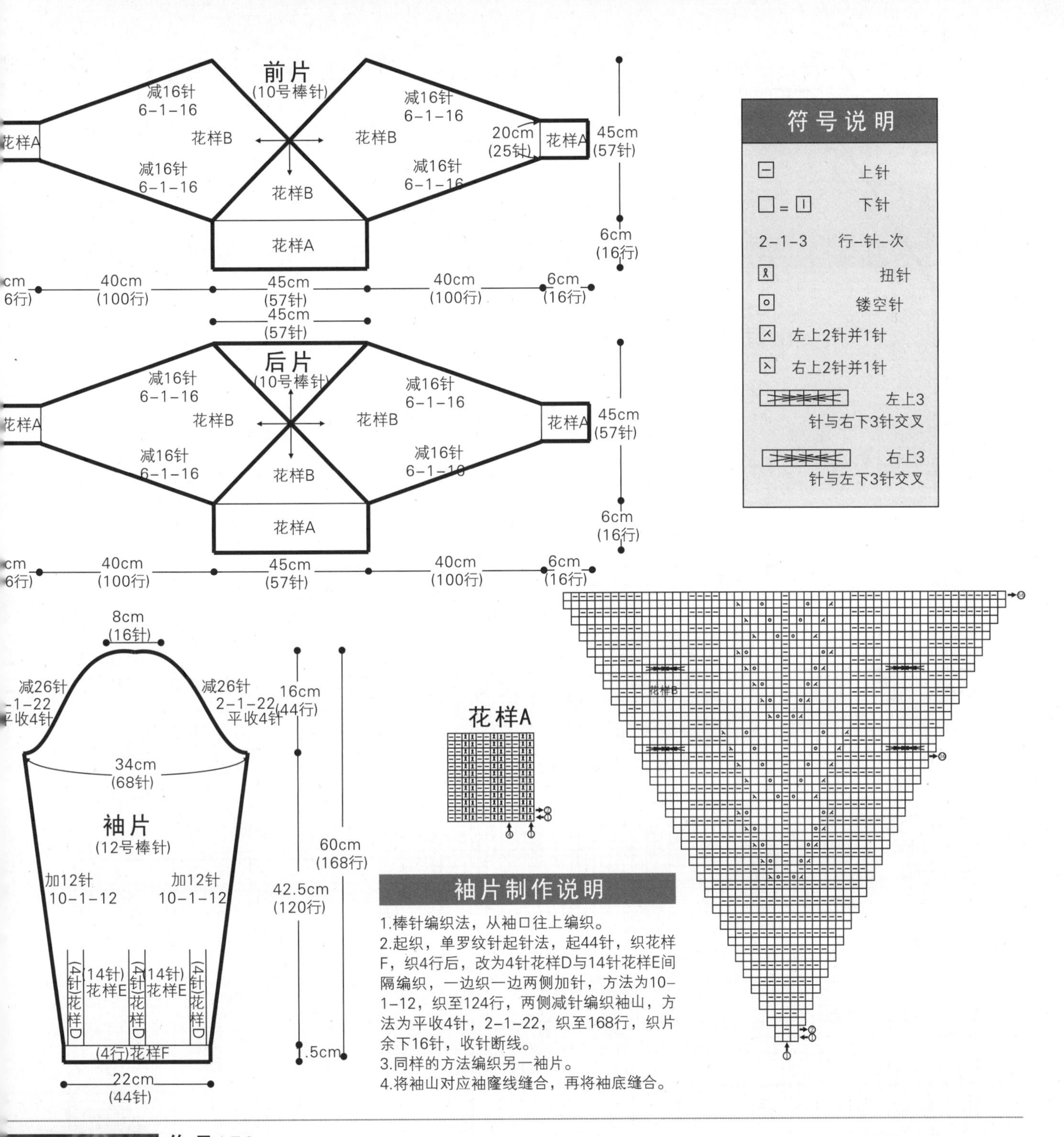

前片
(10号棒针)
减16针
6-1-16
花样A
花样B
20cm
(25针)
45cm
(57针)
6cm
(16行)
40cm
(100行)
后片
(10号棒针)
8cm
(16针)
减26针
2-1-22
平收4针
16cm
(44行)
34cm
(68针)
袖片
(12号棒针)
60cm
(168行)
加12针
10-1-12
42.5cm
(120行)
(14针)
花样E
(4针)花样D
(4行)花样F
1.5cm
22cm
(44针)
花样A
符号说明
上针
下针
2-1-3 行-针-次
扭针
镂空针
左上2针并1针
右上2针并1针
左上3针与右下3针交叉
右上3针与左下3针交叉

袖片制作说明

1.棒针编织法，从袖口往上编织。
2.起织，单罗纹针起针法，起44针，织花样F，织4行后，改为4针花样D与14针花样E间隔编织，一边织一边两侧加针，方法为10-1-12，织至124行，两侧减针编织袖山，方法为平收4针，2-1-22，织至168行，织片余下16针，收针断线。
3.同样的方法编织另一袖片。
4.将袖山对应袖窿线缝合，再将袖底缝合。

作品170

【成品规格】衣长60cm，胸宽50cm，袖长60cm
【工　　具】10号棒针
【编织密度】24针×32行=10cm²
【材　　料】白色羊毛线400g

前片/后片/领片/袖片制作说明

1.棒针编织法。由前片、后片、袖片与领片组成。
2.前后片织法:前后片织法相同。
双罗纹起针法，起120针，起织花样A，织14行，改织花样B，织100行至袖窿，袖窿起在两侧按2-1-40方法各收40针，剩40针，锁针断线。
3.袖片织法：双罗纹起针法，起52针，起织花样A，织4行，重新按花样，从左至右依次是:16针下针，20针花样C，16针下针。按排好的花样织，同时在两侧按4-1-24方法各24针，再平织4行至袖窿，袖窿起在两侧按2-1-40方法各收40针，剩20针，锁针断线。
缝合:把织好的前片、后片缝合到起，再把袖片缝上。
领片的织法:沿前后领边挑176针，织花样A，织40行，锁针断线。

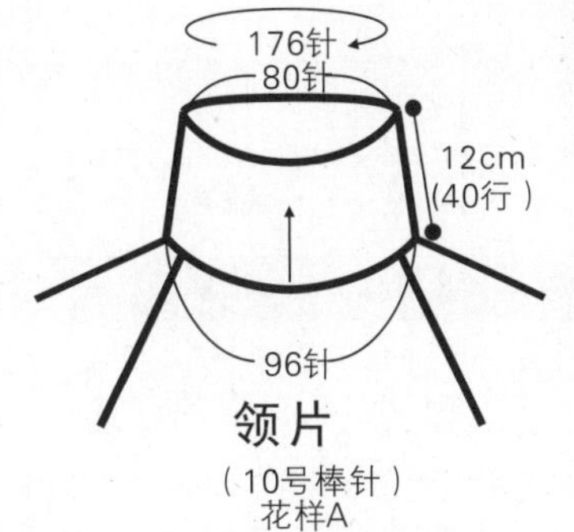

176针
80针
12cm
(40行)
96针
领片
(10号棒针)
花样A

符号说明

- ⊟ 上针
- □=⊡ 下针
- 2-1-3 行-针-次
- ↑ 编织方向
- 左上2针与右下2针交叉
- 右上8针和左下8针交叉

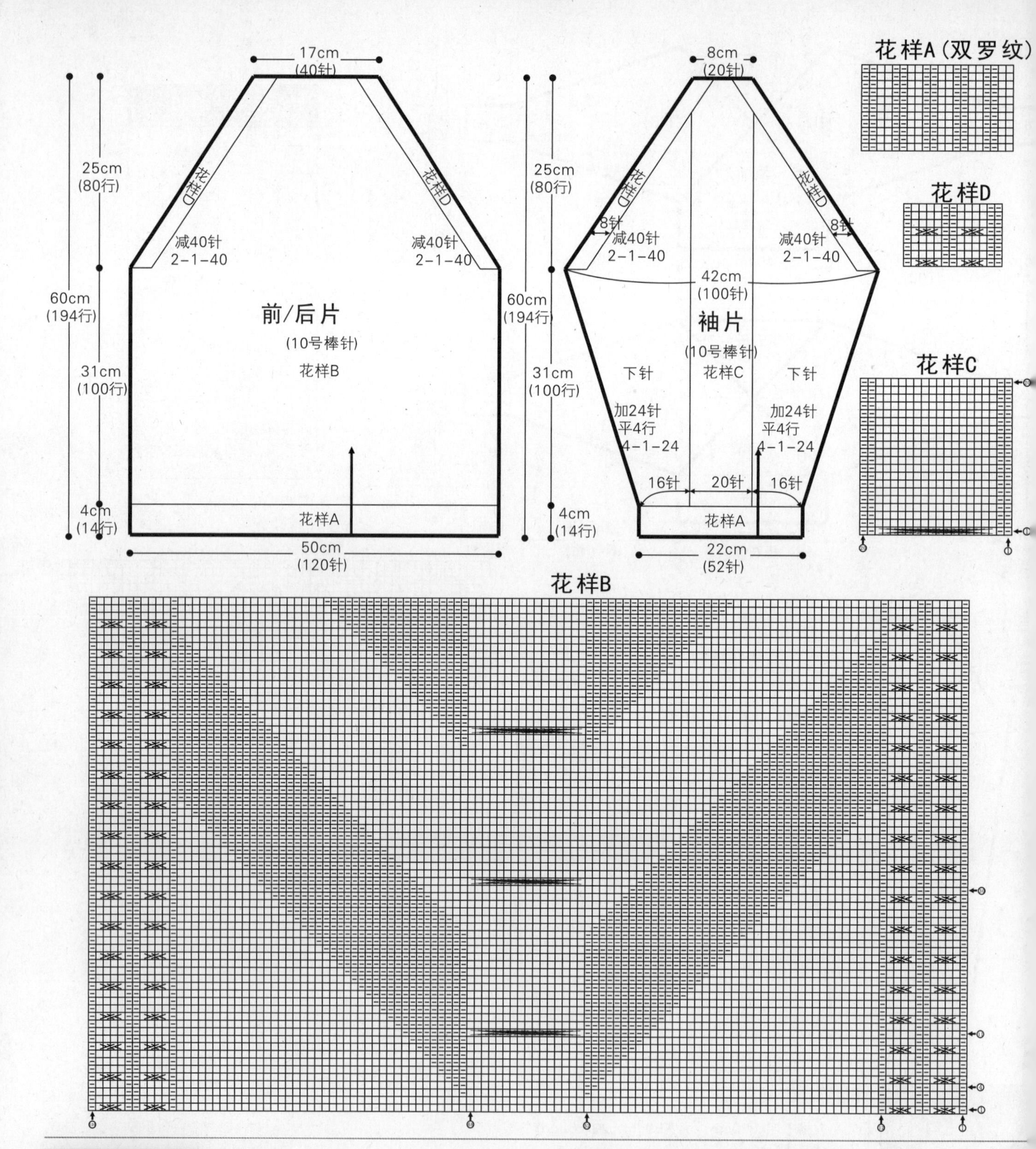

17cm
(40针)
25cm
(80行)
60cm
(194行)
31cm
(100行)
4cm
(14行)
花样D
减40针
2-1-40
前/后片
(10号棒针)
花样B
花样A
50cm
(120针)
8cm
(20针)
8针
42cm
(100针)
袖片
(10号棒针)
下针
花样C
加24针
平4行
4-1-24
16针
20针
22cm
(52针)
花样A(双罗纹)
花样D
花样C
花样B

作品171

【成品规格】衣长68cm，胸围90cm，袖长55cm

【工　　具】10号棒针

【编织密度】17针×21行=10cm²

【材　　料】黑色夹花毛线600g

制作说明

1.后片：用10号针起76针织双罗纹4行，改织下针，平织94行开袖窿，腋下各收8针。织42行，后领窝最后4行开始织。

2.左前片：用10号针起38针织双罗纹4行，第5行起，中间18针织花样，其余织下针，平织94行开袖窿，腋下各收8针。织36行，前领按图示减针。右前片按相反的方向编织。

3.袖：从袖口往上织。用10号针起36针织双罗纹4行后，中间18针织花样，其余织下针，两侧按图示加针，织35cm，袖山按图示减针，最后16针平收。

4.帽：从领窝挑72针织下针，织62行后，帽顶对称缝合。缝合各片；

5.衣襟:从左右前片及帽侧挑320针织双罗纹，织4行。

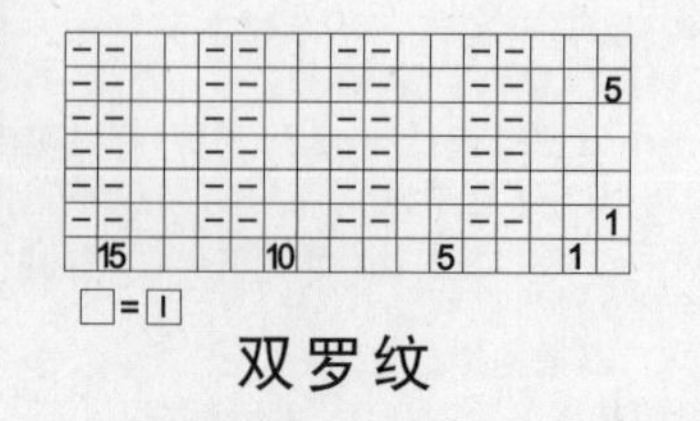

15
10
5
1
□=Ⅰ

双罗纹

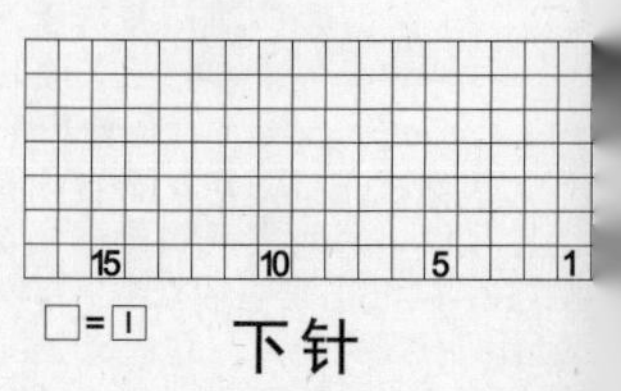

15
10
5
1
□=Ⅰ

下针

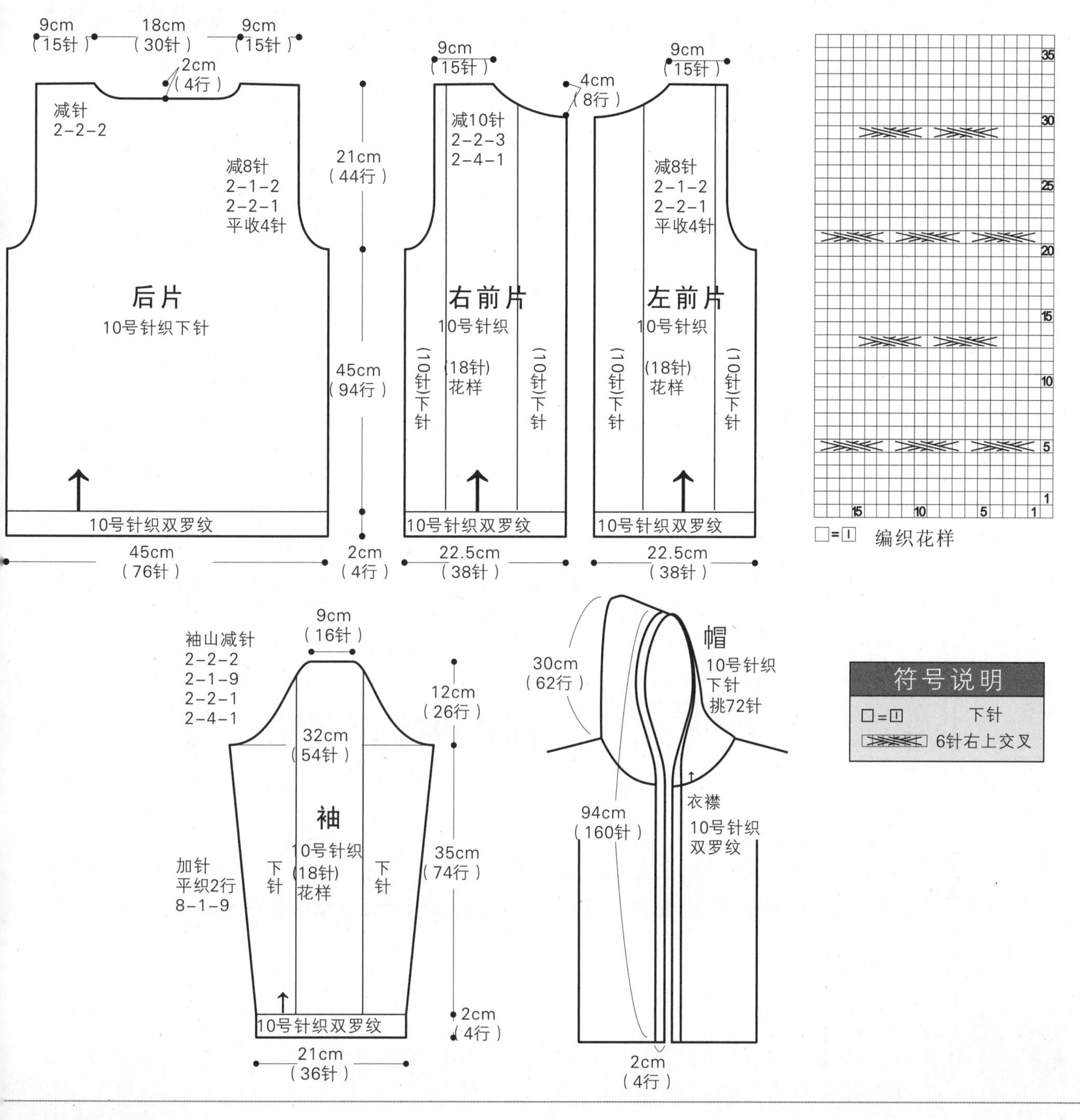

9cm
（15针）
18cm
（30针）
9cm
（15针）
2cm
（4行）
减针
2-2-2
减8针
2-1-2
2-2-1
平收4针
后片
10号针织下针
10号针织双罗纹
45cm
（76针）
21cm
（44行）
45cm
（94行）
2cm
（4行）
9cm
（15针）
4cm
（8行）
减10针
2-2-3
2-4-1
右前片
10号针织
(10针)下针
(18针)花样
(10针)下针
10号针织双罗纹
22.5cm
（38针）
9cm
（15针）
减8针
2-1-2
2-2-1
平收4针
左前片
10号针织
(10针)下针
(18针)花样
(10针)下针
10号针织双罗纹
22.5cm
（38针）
35
30
25
20
15
10
5
1
15
10
5
1
□=Ⅰ 编织花样
袖山减针
2-2-2
2-1-9
2-2-1
2-4-1
9cm
（16针）
12cm
（26行）
32cm
（54针）
袖
10号针织
(18针)花样
下针
下针
加针
平织2行
8-1-9
35cm
（74行）
2cm
（4行）
10号针织双罗纹
21cm
（36针）
30cm
（62行）
帽
10号针织
下针
挑72针
94cm
（160针）
衣襟
10号针织
双罗纹
2cm
（4行）
符号说明
□=Ⅰ 下针
6针右上交叉

作品172

【成品规格】衣长53cm，胸围88cm，肩连袖长54.5cm
【工　　具】11号棒针
【编织密度】19.1针×26行=10cm²
【材　　料】紫色羊毛线500g

前片/后片制作说明

1.棒针编织法，衣身袖窿以下一片编织，袖窿起分为左、右前片和后片分别编织。

2.衣摆起织。起180针，织花样A，织6行后，改织花样B，织24行后，改织花样A，织6行后，第37行起，两侧织12针花样D，中间织花样C，往返往上编织至82行，第83行起将织片分左前片，后片和右前片，后片取84针，左右前片各取48针编织。

分配后片84针到棒针上，织花样C，起织时两侧各平收4针，然后按4-2-4的方法减，织16行后，织片余下60针，留针暂时不织。

分配左前片48针到棒针上，左侧衣襟仍织12针花样D，其余针数织花样C，起织时左侧收4针，然后按4-2-4的方法减针，织16行后，织片余下36针，留针暂时不织。

同样的方法相反方向编织右前片。

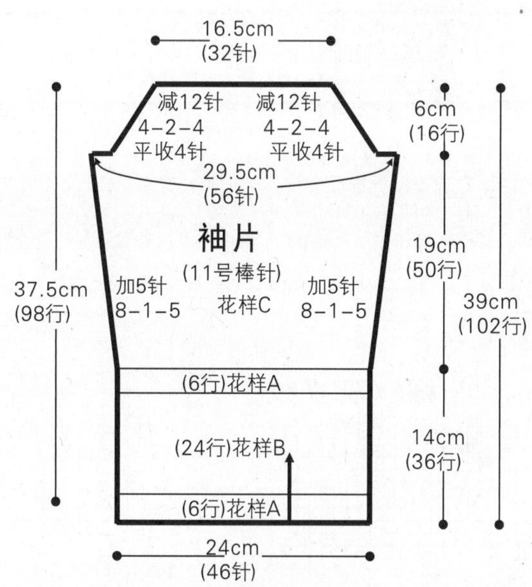

16.5cm
(32针)
减12针
4-2-4
平收4针
减12针
4-2-4
平收4针
29.5cm
(56针)
6cm
(16行)
袖片
(11号棒针)
花样C
加5针
8-1-5
加5针
8-1-5
37.5cm
(98行)
19cm
(50行)
39cm
(102行)
(6行)花样A
(24行)花样B
(6行)花样A
14cm
(36行)
24cm
(46针)

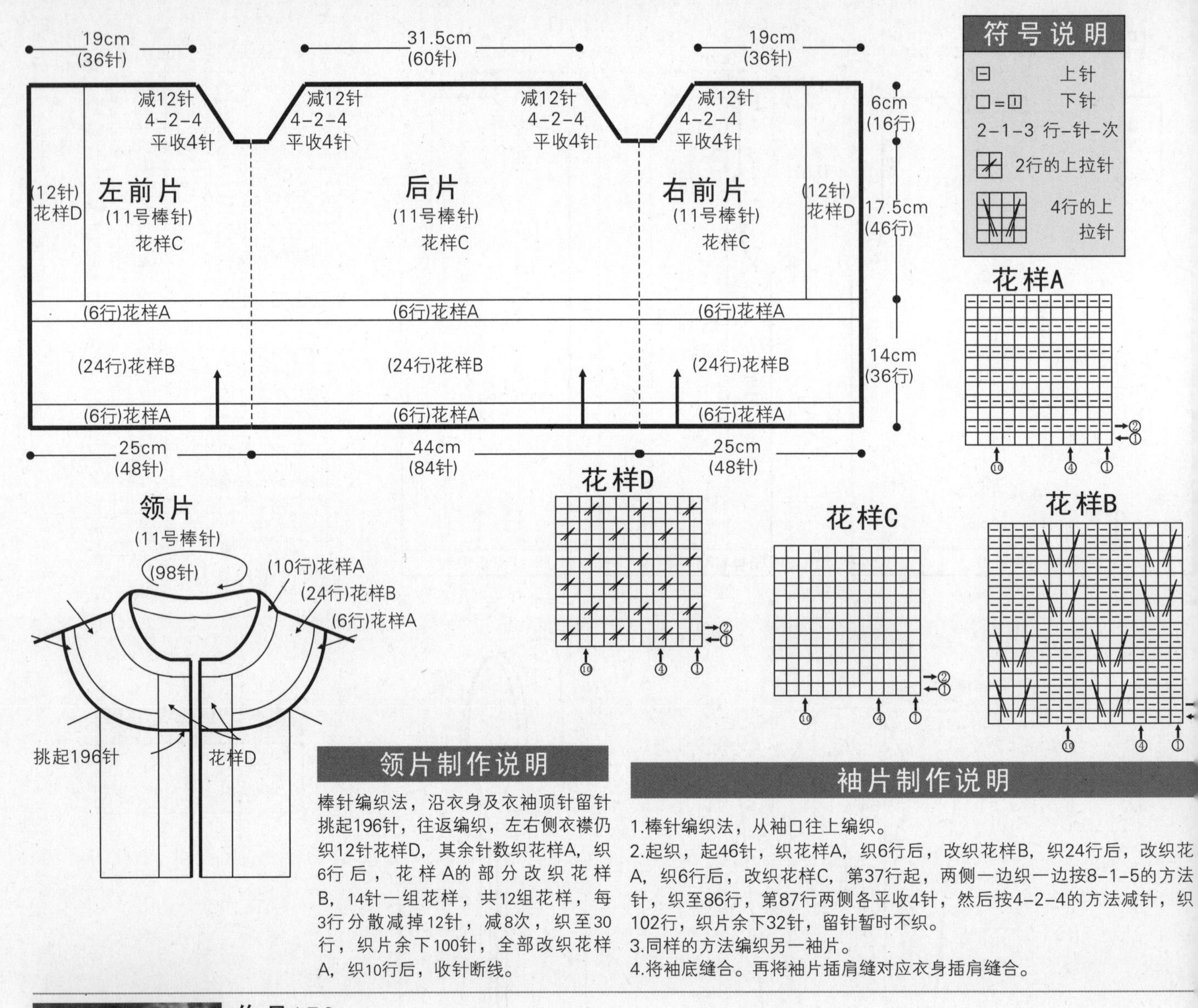

19cm
(36针)
31.5cm
(60针)
19cm
(36针)
减12针
4-2-4
平收4针
左前片
(11号棒针)
花样C
后片
(11号棒针)
花样C
右前片
(11号棒针)
花样C
(12针)
花样D
6cm
(16行)
17.5cm
(46行)
14cm
(36行)
(6行)花样A
(24行)花样B
25cm
(48针)
44cm
(84针)
符号说明
上针
下针
2-1-3 行-针-次
2行的上拉针
4行的上拉针
花样A
花样B
花样C
花样D
领片
(11号棒针)
(98针)
(10行)花样A
(24行)花样B
(6行)花样A
挑起196针
花样D

领片制作说明

棒针编织法，沿衣身及衣袖顶针留针挑起196针，往返编织，左右侧衣襟仍织12针花样D，其余针数织花样A，织6行后，花样A的部分改织花样B，14针一组花样，共12组花样，每3行分散减掉12针，减8次，织至30行，织片余下100针，全部改织花样A，织10行后，收针断线。

袖片制作说明

1.棒针编织法，从袖口往上编织。

2.起织，起46针，织花样A，织6行后，改织花样B，织24行后，改织花样A，织6行后，改织花样C，第37行起，两侧一边织一边按8-1-5的方法加针，织至86行，第87行两侧各平收4针，然后按4-2-4的方法减针，织102行，织片余下32针，留针暂时不织。

3.同样的方法编织另一袖片。

4.将袖底缝合。再将袖片插肩缝对应衣身插肩缝合。

作品173

【成品规格】衣长62cm，胸宽55cm，袖长60cm

【工　　具】10号棒针

【编织密度】19针×31行=10cm²

【材　　料】红色羊毛线400g

前片/后片/领片/袖片制作说明

1.棒针编织法。由领片、前片、后片、袖片组成。

2.前后片织法：前后的织法相同。

双罗纹起针法起106针，起织花样A，织30行，改织花样B，织12行，改织下针，织102行至袖窿，袖窿起在两侧按平收6针，2-1-4方法各收10针，袖窿起织到第8行时分散收12针，剩74针，预留不织。

3.袖片的织法:双罗纹起针法，起48针，起织花样A，织30行，改织下针，在织第1行下针时分散加10针，同时在两侧按10-1-10方法各加10针，再织10平坦至袖窿，袖窿起在两侧按平收6针，2-1-4方法各收10针，剩58针，预留不织。同样方法织另一袖片。

4.缝合：用缝衣针把织好的前片，后片和袖片缝合好。

5.圆肩及领片的织法：用把前后片和袖片预留不织的针穿起来，共计264针，圆织花样C，织42行，作为圆肩。再改织花样A，织60行，作为领片。

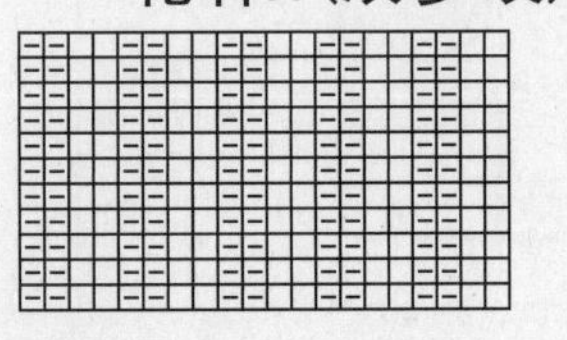
花样A(双罗纹)

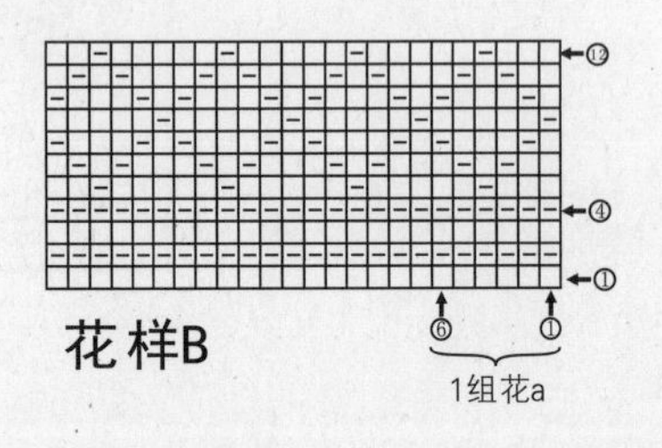

花样B
1组花a

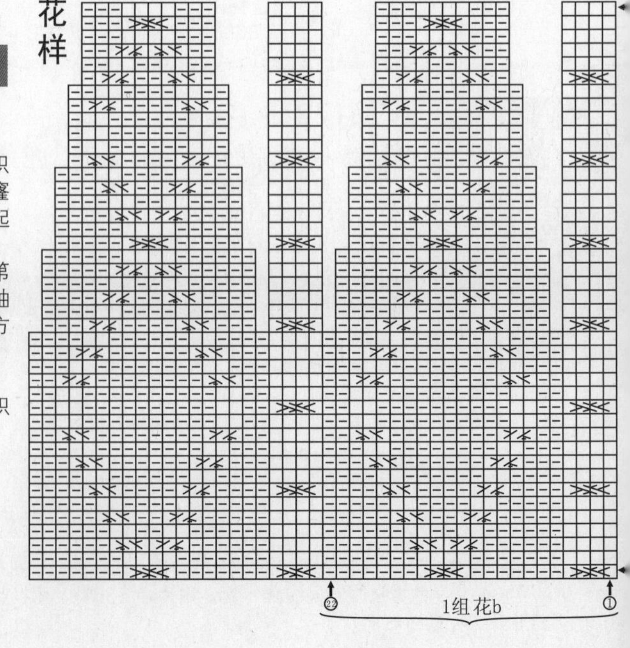

花样
1组花b

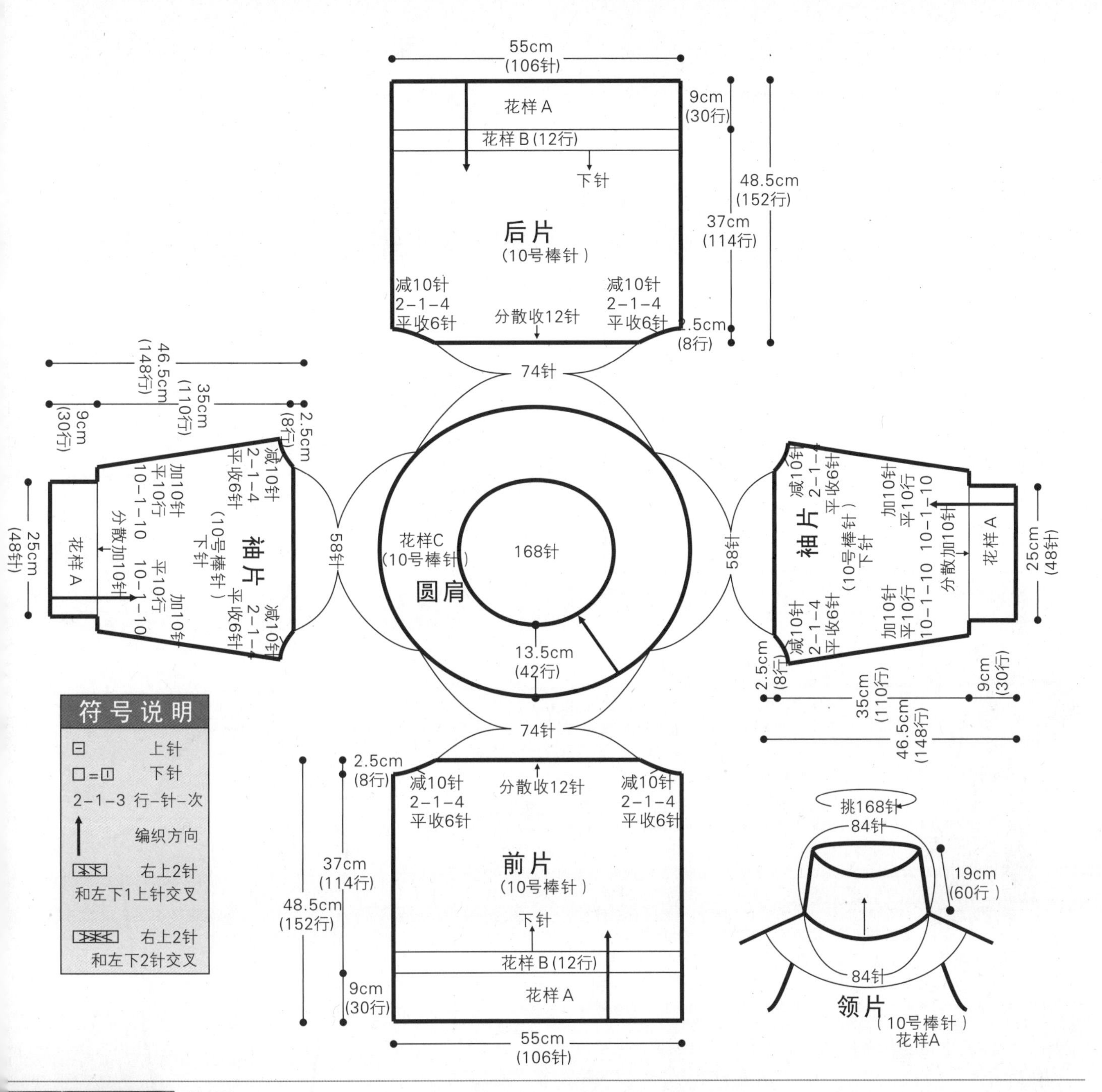
55cm
(106针)
花样A
花样B(12行)
下针
后片
(10号棒针)
9cm
(30行)
48.5cm
(152行)
37cm
(114行)
减10针
2-1-4
平收6针
分散收12针
减10针
2-1-4
平收6针
2.5cm
(8行)
74针
46.5cm
(148行)
35cm
(110行)
9cm
(30行)
2.5cm
(8行)
25cm
(48针)
花样A
分散加10针
加10针
平10行
10-1-10
减10针
2-1-4
平收6针
袖片
(10号棒针)
下针
58针
花样C
(10号棒针)
168针
圆肩
13.5cm
(42行)
58针
袖片
(10号棒针)
下针
花样A
25cm
(48针)
35cm
(110行)
46.5cm
(148行)
9cm
(30行)
2.5cm
(8行)
74针
符号说明
上针
□=□ 下针
2-1-3 行-针-次
编织方向
右上2针和左下1上针交叉
右上2针和左下2针交叉
2.5cm
(8行)
减10针
2-1-4
平收6针
分散收12针
减10针
2-1-4
平收6针
前片
(10号棒针)
下针
37cm
(114行)
48.5cm
(152行)
花样B(12行)
花样A
9cm
(30行)
55cm
(106针)
挑168针
84针
19cm
(60行)
84针
领片
(10号棒针)
花样A

作品174

【成品规格】衣长63cm，胸宽56cm，肩宽49cm，袖长43cm

【工　　具】10号棒针

【编织密度】26针×29行=10cm²

【材　　料】紫色羊毛线800g

前片/后片/领片/袖片制作说明

1.棒针编织法：由前片、后片、袖片与领片组成。

2.前后片织法：前片和后片的织法相同。

双罗纹起针法，起147针，起织花样A，织20行，改织花样B，织110行至袖窿，袖窿起在两侧按平收4针，2-1-6方法各收10针，袖窿起织52行后在中间平收51针，分两片织，每片38针，先织右片：在左侧按2-1-2方法收针，剩36针，锁针断线。

.袖片织法：双罗纹起针法，起52针，起织花样A，织20行，改织下针，同时在两侧按10-1-6方法各加6针，再织平6行至袖窿，袖窿起左右两侧按平收4针，2-1-20方法各收24针，剩12针，锁针断线。同样方法织另一袖片。

.缝合：把织好的前片、后片缝合到起，再把袖片缝上。

.领片的织法：沿前后领边挑170针，起织下针，织10行，再改织花样C，织0行，锁针断线。

符号说明

- □ 上针
- □=□ 下针
- 2-1-3 行-针-次
- 中上3针并1针
- 镂空针
- 右并针
- 左并针
- 编织方向

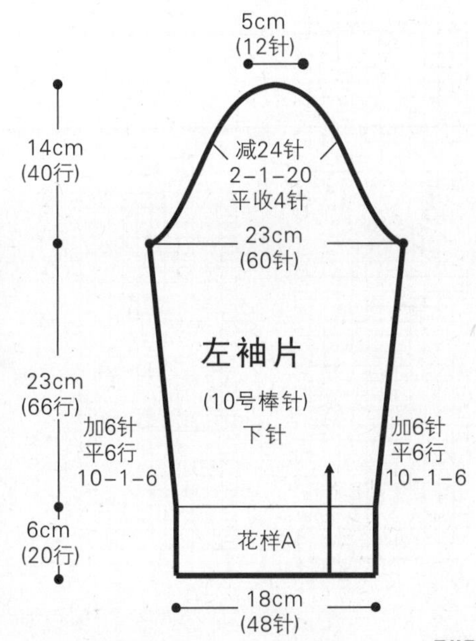
5cm
(12针)
14cm
(40行)
减24针
2-1-20
平收4针
23cm
(60针)
左袖片
(10号棒针)
下针
23cm
(66行)
加6针
平6行
10-1-6
加6针
平6行
10-1-6
6cm
(20行)
花样A
18cm
(48针)

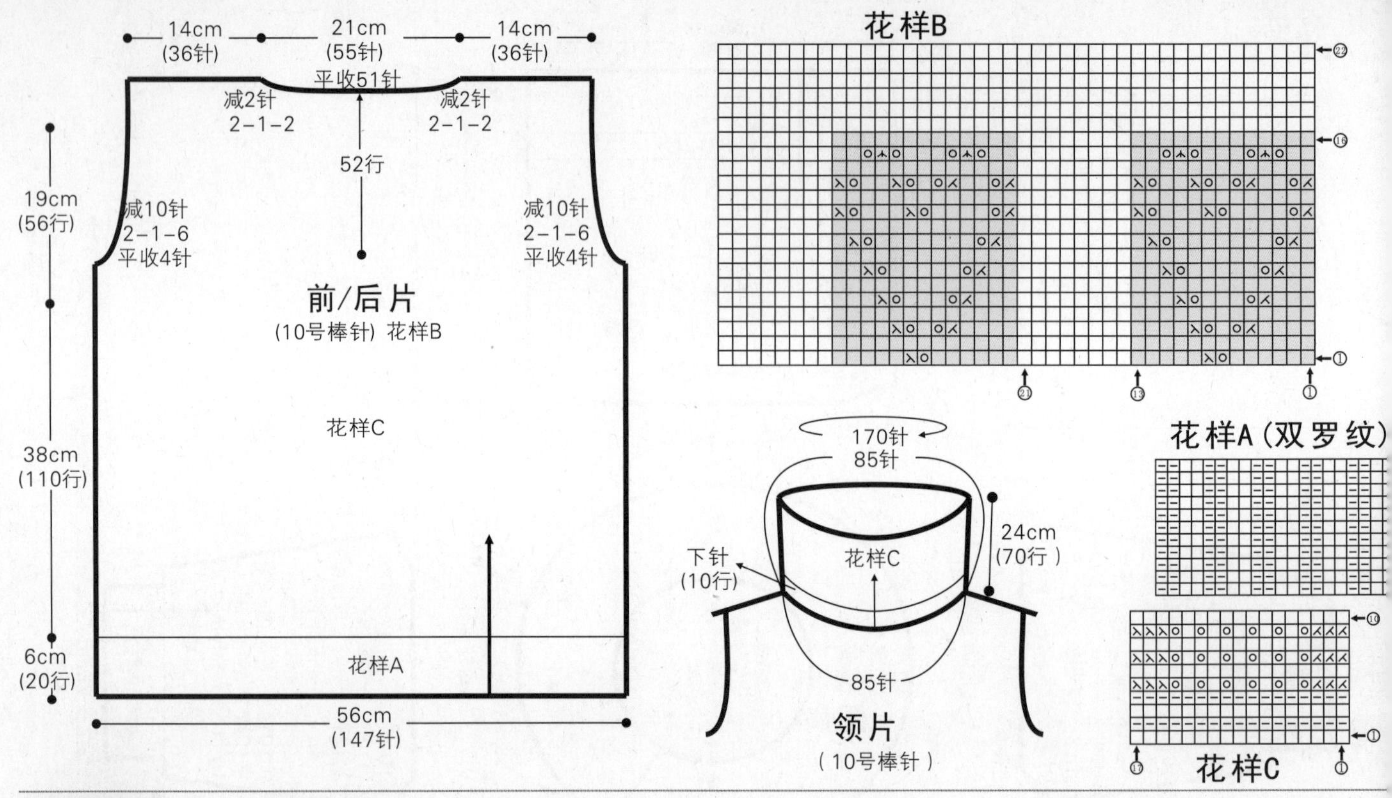

14cm (36针)
21cm (55针)
14cm (36针)
平收51针
减2针 2-1-2
减2针 2-1-2
52行
19cm (56行)
减10针 2-1-6 平收4针
减10针 2-1-6 平收4针
前/后片
(10号棒针) 花样B
花样C
38cm (110行)
6cm (20行)
花样A
56cm (147针)
花样B
170针
85针
24cm (70行)
下针 (10行)
花样C
85针
领片
(10号棒针)
花样A(双罗纹)
花样C

作品175

【成品规格】衣长75cm，胸围92cm，肩宽36cm，袖长58cm
【工　　具】11号棒针
【编织密度】23.5针×28行=10cm²
【材　　料】咖啡色羊毛线650g

前片/后片制作说明

1.棒针编织法，衣身分为左、右前片和后片分别编织缝合而成。
2.起织后片。起108针，织花样A，织20行后，改为12针花样B与12针花样C间隔编织，织至148行，两侧袖窿减针，方法为平收4针，2-1-8，织至205行，中间平收36针，两侧减针织成后领，方法为2-1-3，织至210行，两肩部各余下21针，收针断线。
3.起织左前片。起48针，织花样A，织20行后，改为12针花样B与12针花样C间隔编织，织至88行，改织花样A，织6行后，收针断线。另起在衣摆内侧花样A的顶部挑针起织，挑起48针，织花样B与12针花样C间隔编织，织128行，左侧袖窿减针，方法为平收4针，2-1-8，织至188行，右侧前领减针，方法为2-3-2，2-1-9，织至210行的总高度，肩部余下21针，收针断线。
4.同样的方法相反方向编织右前片，将左右前片与后片侧缝对应缝合，肩缝对应缝合。

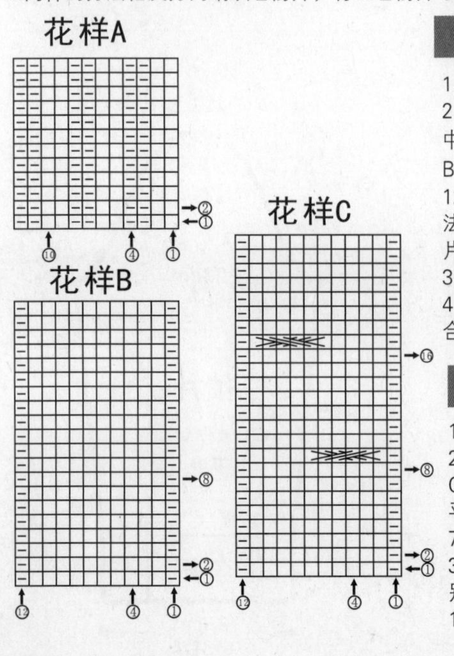

花样A
花样C
花样B

袖片制作说明

1.棒针编织法，从袖口往上编织。
2.起织，起52针，织花样A，织20行后，中间织12针花样C，其余针数织花样B，一边织一边两侧加针，方法为8-1-12，织至120行，两侧减针编织袖山，方法为平收4针，2-1-21，织至162行，织片余下26针，收针断线。
3.同样的方法编织另一袖片。
4.将袖山对应袖窿线缝合，再将袖底缝合。

帽片/衣襟制作说明

1.棒针编织法，一片往返编织完成。
2.沿前后领口挑起84针，花样B与花样C间隔编织，重复往上织至52行，两侧各平收24针，中间36针继续往上编织至78行，收针，将帽顶对应缝合。
3.编织衣襟，沿左右前片衣襟侧及帽侧分别挑针起织，挑起440针编织花样A，织10行后，收针断线。

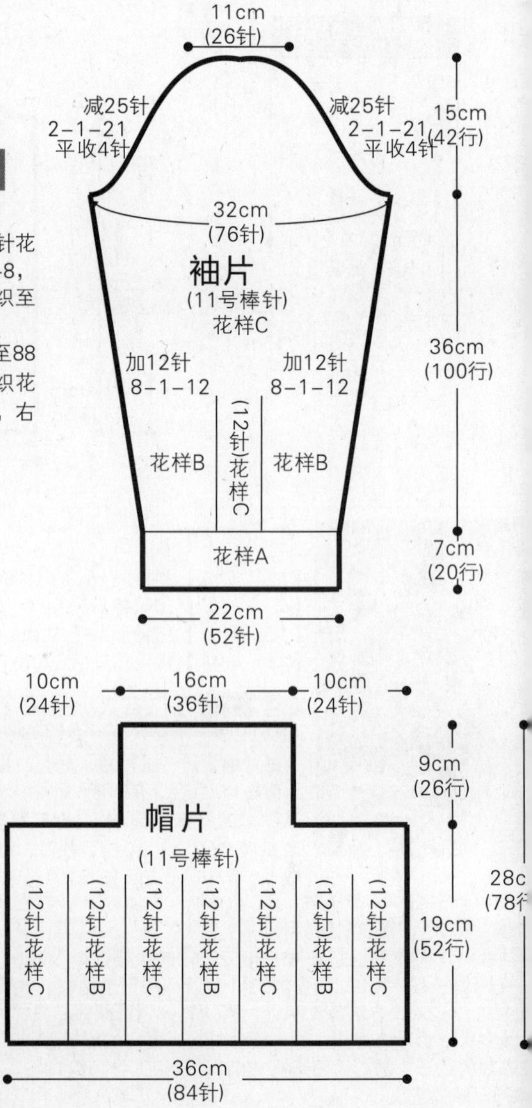

11cm (26针)
减25针 2-1-21 平收4针
减25针 2-1-21 平收4针
15cm (42行)
32cm (76针)
袖片
(11号棒针)
花样C
加12针 8-1-12
加12针 8-1-12
36cm (100行)
花样B
(12针)花样C
花样B
花样A
7cm (20行)
22cm (52针)
10cm (24针)
16cm (36针)
10cm (24针)
9cm (26行)
帽片
(11号棒针)
(12针)花样C
(12针)花样B
(12针)花样C
(12针)花样B
(12针)花样C
(12针)花样B
(12针)花样C
28c (78行
19cm (52行)
36cm (84针)

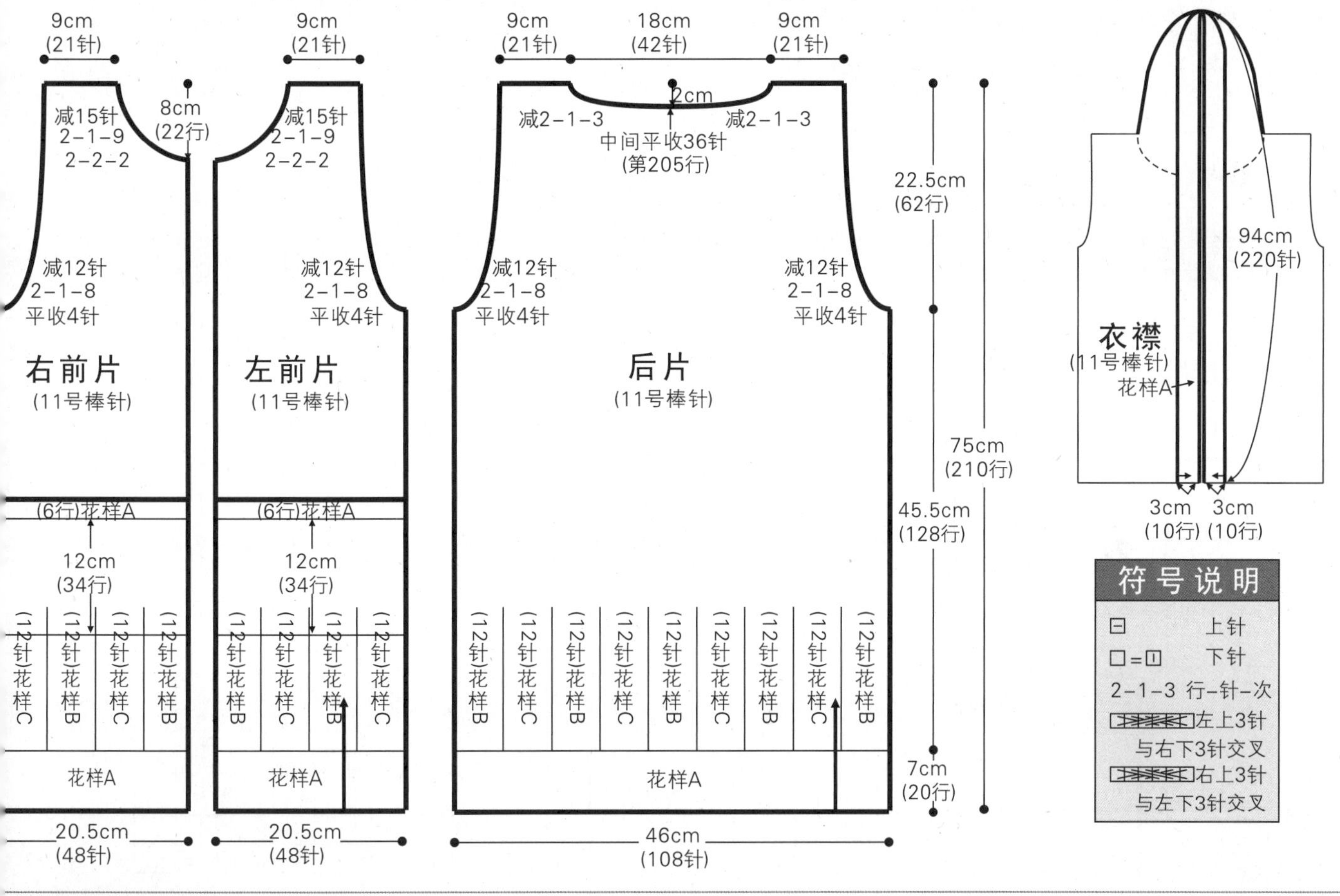
9cm (21针)
减15针 2-1-9 2-2-2
8cm (22行)
减12针 2-1-8 平收4针
右前片 (11号棒针)
左前片 (11号棒针)
18cm (42针)
2cm
减2-1-3
中间平收36针 (第205行)
后片 (11号棒针)
(6行)花样A
12cm (34行)
(12针)花样C
(12针)花样B
花样A
20.5cm (48针)
46cm (108针)
22.5cm (62行)
75cm (210行)
45.5cm (128行)
7cm (20行)
衣襟 (11号棒针)
花样A
94cm (220针)
3cm (10行)
符号说明
上针
下针
2-1-3 行-针-次
左上3针与右下3针交叉
右上3针与左下3针交叉

作品176

【成品规格】衣长69.5cm，胸围86cm
【工　　具】10号棒针
【编织密度】17针×24行=10cm²
【材　　料】杏色羊毛线500g

前片/后片制作说明

1.棒针编织法，衣身横向往返编织而成。
2.右片起织。起2针，织花样A，一边织一边两侧按4-1-9的方法加针，织36行后，织片变成20针，改织花样B，不加减针织16行后，第53行将织片均匀加针至58针，花样A，C，D组合编织，花样C和花样A的部分一边织一边加针，详细方法如结构图所示，织62行后，以织片中间花样A的部分为中心，平收24针，次行在同一位置加起24针，织成袖窿，然后不加减针织52行，衣身右片编织完成。
3.相反的方法继续编织左片，原来的加针变成减针。

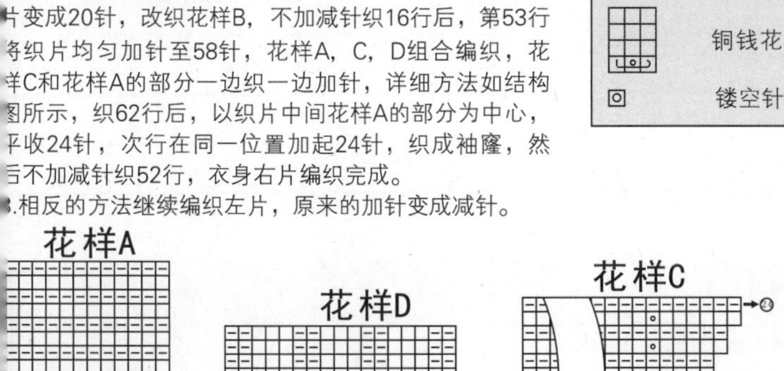
符号说明
上针
下针
2-1-3 行-针-次
铜钱花
镂空针

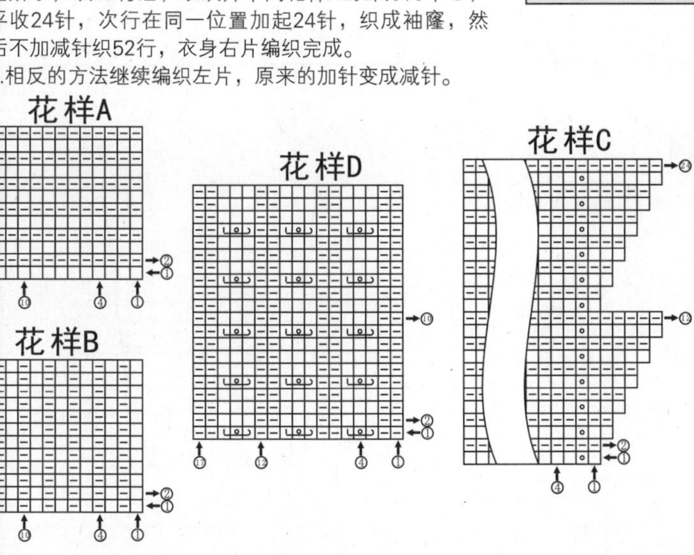
花样A
花样B
花样D
花样C

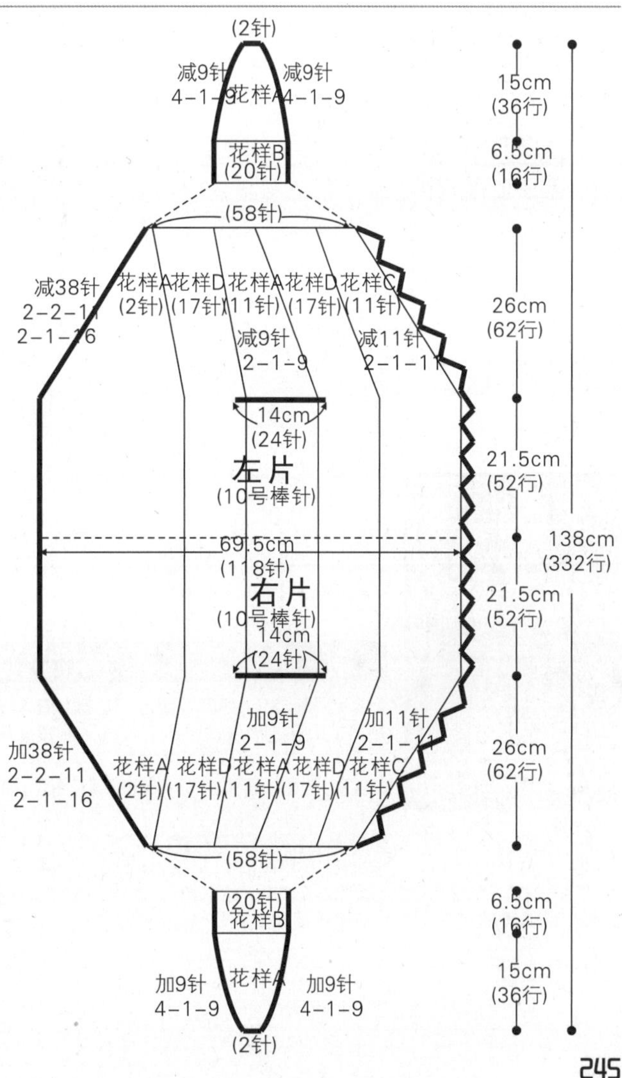
(2针)
减9针 4-1-9
花样A
花样B (20针)
(58针)
减38针 2-2-11 2-1-16
花样A (2针)
花样D (17针)
花样A (11针)
花样D (17针)
花样C (11针)
减9针 2-1-9
减11针 2-1-11
14cm (24针)
左片 (10号棒针)
69.5cm (118针)
右片 (10号棒针)
加9针 2-1-9
加11针 2-1-11
加38针 2-2-11 2-1-16
加9针 4-1-9
15cm (36行)
6.5cm (16行)
26cm (62行)
21.5cm (52行)
138cm (332行)

作品177

【成品规格】衣长58cm，胸围88cm
【工　　具】10号棒针
【编织密度】14针×18行=10cm²
【材　　料】杏色羊毛线450g

前片/后片制作说明

1.棒针编织法，衣身分为左片和右片分别编织缝合而成。
2.起织左片。起31针，花样A与花样B组合编织，两侧各织4针花样A，中间织花样B，织30行后，中间13针改织花样C作为袋口，织6行后，将中间13针收针，另起线沿织片底端中间挑起13针，织下针，织36行后，与原织片连起来编织花样A与花样B组合，如结构图所示，织至104行的总高度，第105行，右侧加起24针，加起的针数织花样A，不加减针织40行后，收针断线。
3.同样的方法相反方向编织右片，完成后将左右片顶部对应缝合。再按结构图所示缝合出袖窿。
4.缝合口袋两侧。

符号说明

⊟	上针
□=⏐	下针
2-1-3	行-针-次
⊡	镂空针
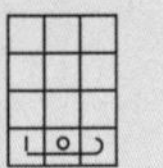	铜钱花

花样A

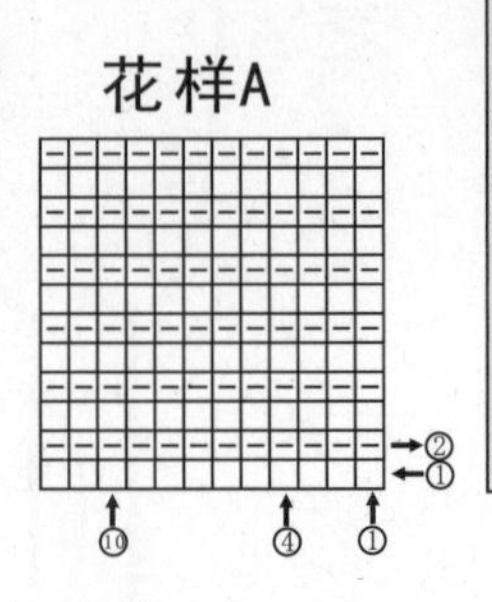

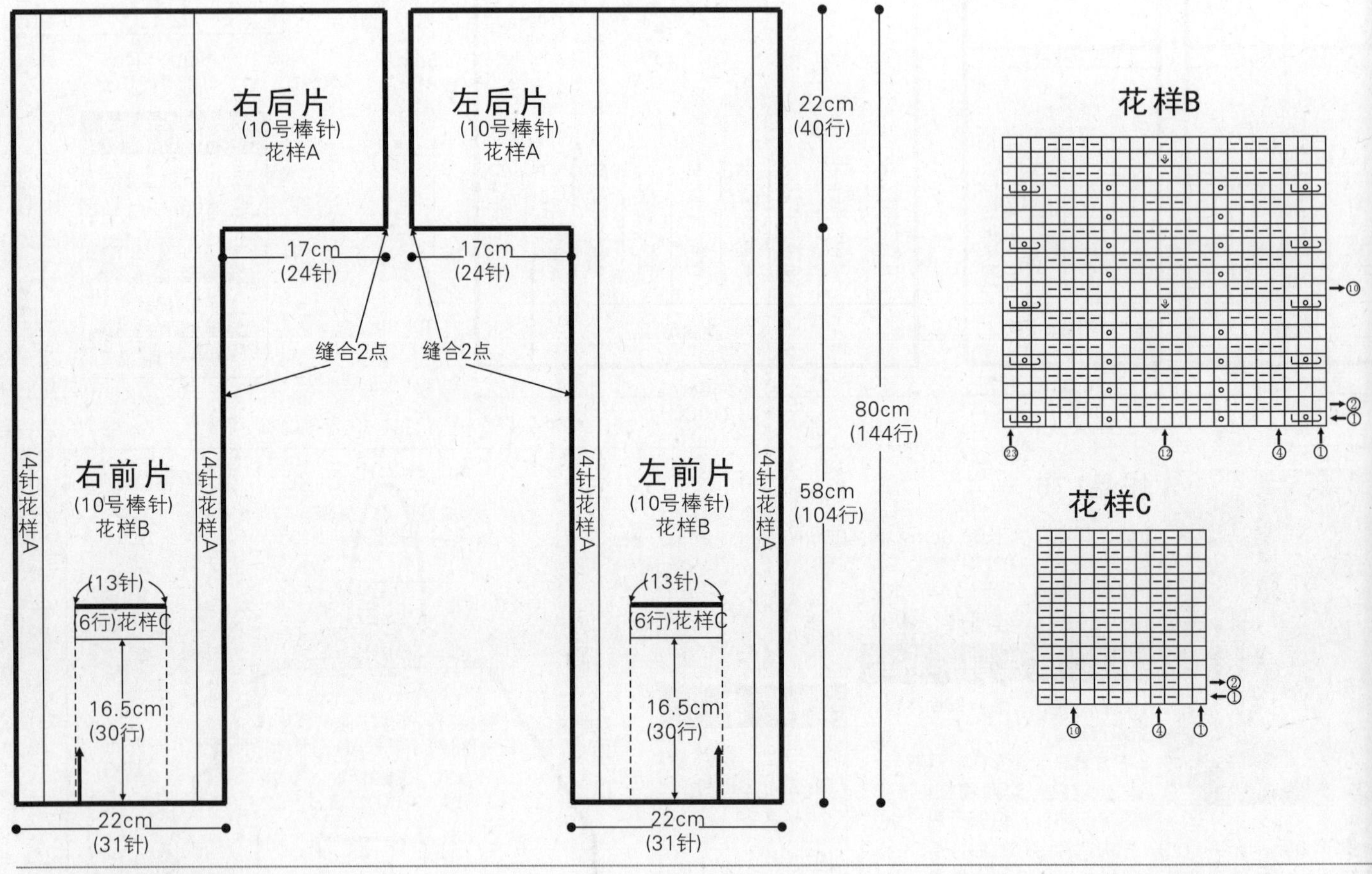
右后片
(10号棒针)
花样A
左后片
(10号棒针)
花样A
22cm
(40行)
17cm
(24针)
17cm
(24针)
缝合2点
缝合2点
80cm
(144行)
右前片
(10号棒针)
花样B
左前片
(10号棒针)
花样B
(4针)花样A
58cm
(104行)
(13针)
(6行)花样C
16.5cm
(30行)
22cm
(31针)
花样B
花样C

作品178

【成品规格】衣长76cm，胸围90cm，袖长56cm
【工　　具】11号棒针
【编织密度】20针×28行=10cm²
【材　　料】杏色毛线700g

制作说明

1.前片：起130针织双罗纹22行，改织下针，两侧按图示减针，织132行开袖窿，腋下各收11针。织42行，前领窝按图示减针。
2.后摆片：起100针织双罗纹，平织322行，收针。
3.后身片:沿后摆片中间53cm的宽度挑起编织后身片，左右侧分别挑起2针，织下针，一边织一边按图示向中间挑加针，两外侧按图示减针，织42行，连起来编织后身片，织26行，开袖窿，织54行，收后领窝。
4.袖：从袖口往上织。起42针织双罗纹22行，改为4行下针10行上针交替编织，两侧按图示加针，织42行，全部下针编织，织34cm，袖山按图示减针，最后24针平收。
5.领：领窝挑74针，从领口分开往返编织双罗纹，织62行，收针。缝合各片，完成。

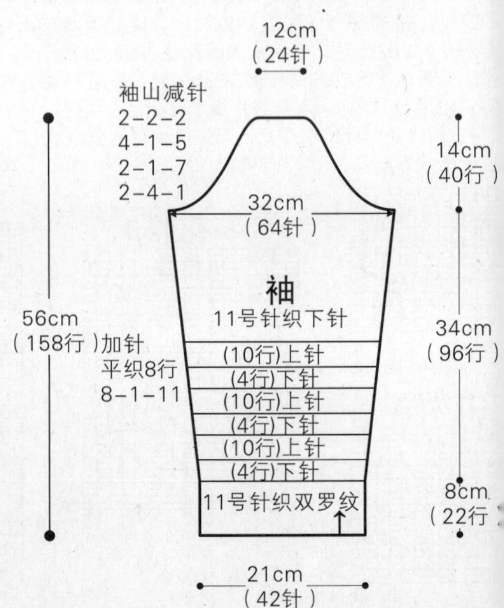
12cm
(24针)
袖山减针
2-2-2
4-1-5
2-1-7
2-4-1
14cm
(40行)
32cm
(64针)
袖
11号针织下针
56cm
(158行)
加针
平织8行
8-1-11
(10行)上针
(4行)下针
34cm
(96行)
11号针织双罗纹
8cm
(22行)
21cm
(42针)

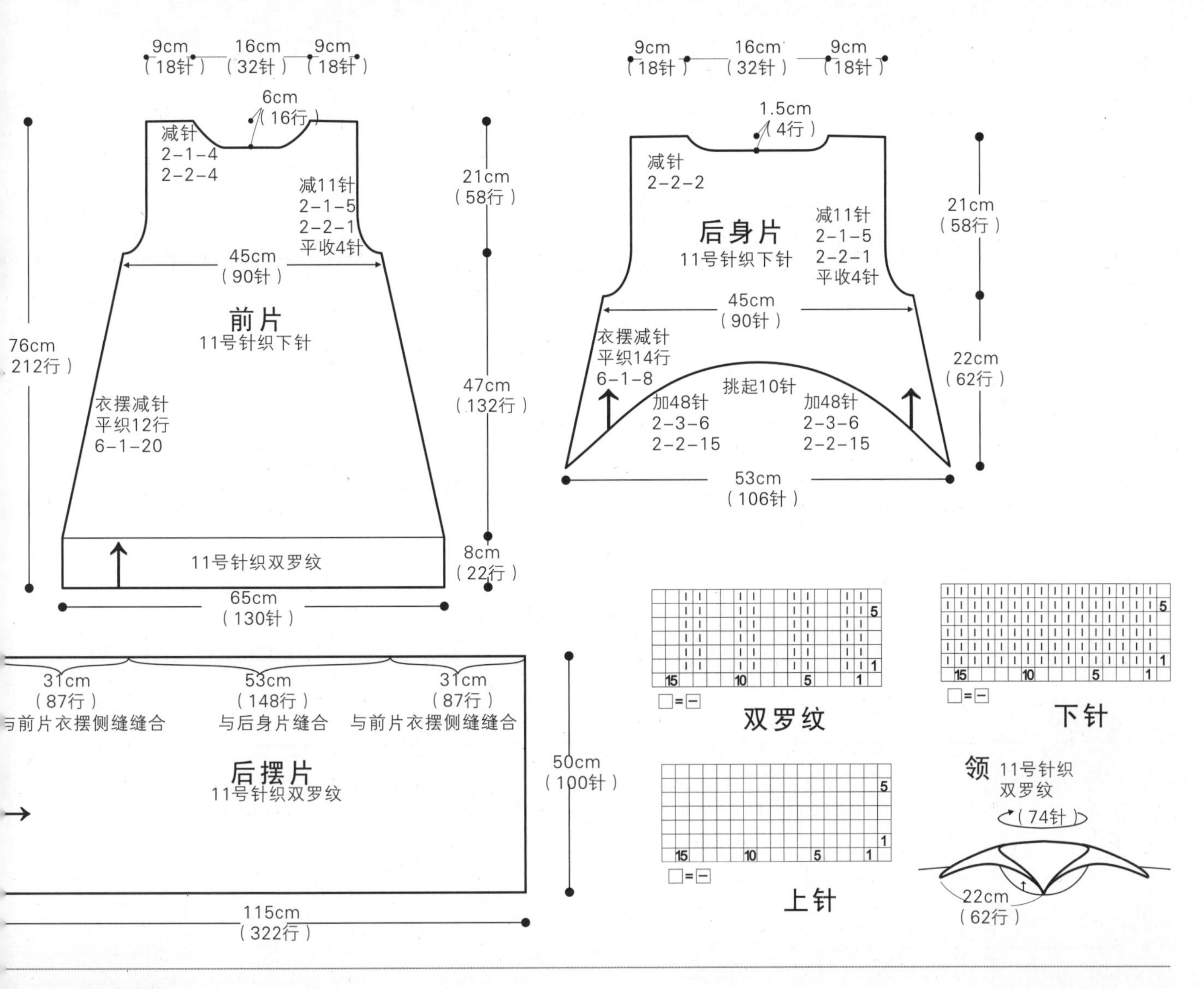

9cm (18针) 16cm (32针) 9cm (18针)
6cm (16行)
减针
2-1-4
2-2-4
减11针
2-1-5
2-2-1
平收4针
21cm (58行)
45cm (90针)
前片
11号针织下针
76cm (212行)
47cm (132行)
衣摆减针
平织12行
6-1-20
11号针织双罗纹
8cm (22行)
65cm (130针)
9cm (18针) 16cm (32针) 9cm (18针)
1.5cm (4行)
减针
2-2-2
后身片
11号针织下针
减11针
2-1-5
2-2-1
平收4针
21cm (58行)
45cm (90针)
衣摆减针
平织14行
6-1-8
挑起10针
加48针
2-3-6
2-2-15
加48针
2-3-6
2-2-15
22cm (62行)
53cm (106针)
31cm (87行) 与前片衣摆侧缝缝合
53cm (148行) 与后身片缝合
31cm (87行) 与前片衣摆侧缝缝合
后摆片
11号针织双罗纹
50cm (100针)
115cm (322行)
双罗纹
下针
上针
领 11号针织
双罗纹
(74针)
22cm (62行)

作品179

【成品规格】衣长78cm，胸围88cm
【工　　具】6号、8号棒针
【编织密度】18针×20行=10cm²
【材　　料】灰色毛线650g

制作说明

1.后片：起80针织双罗纹14行，开始织桂花针，平织68行开袖窿，腋下各平收4针，再依次减针，织38行两侧肩织引退针，后领窝平收。

2.前片：起42针，边缘6针门襟织花样，其余织法同后片。织46行开始织口袋。开挂后织22行开始开始织领窝，先平收6针，再依次减针，至完成。称织另一片。

.袖：从袖口往上织。袖口50行花样A的1~50行部分。中间织花样B72行。山织双桂花针。袖筒和袖山分别按图示加针和减针。

.帽：从领窝挑68针织帽。前片门襟至花样部分留出11针。帽边缘4针织花样，其余织桂花针，织46行从中心减针，最缝合帽顶。完成。

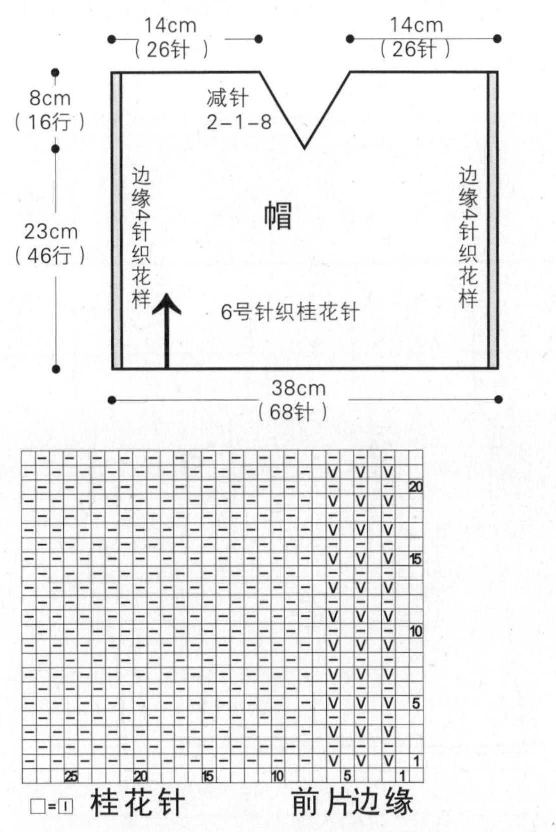

14cm (26针) 14cm (26针)
8cm (16行)
减针
2-1-8
23cm (46行)
边缘4针织花样
帽
6号针织桂花针
边缘4针织花样
38cm (68针)
桂花针
前片边缘

符号说明

V = 浮针

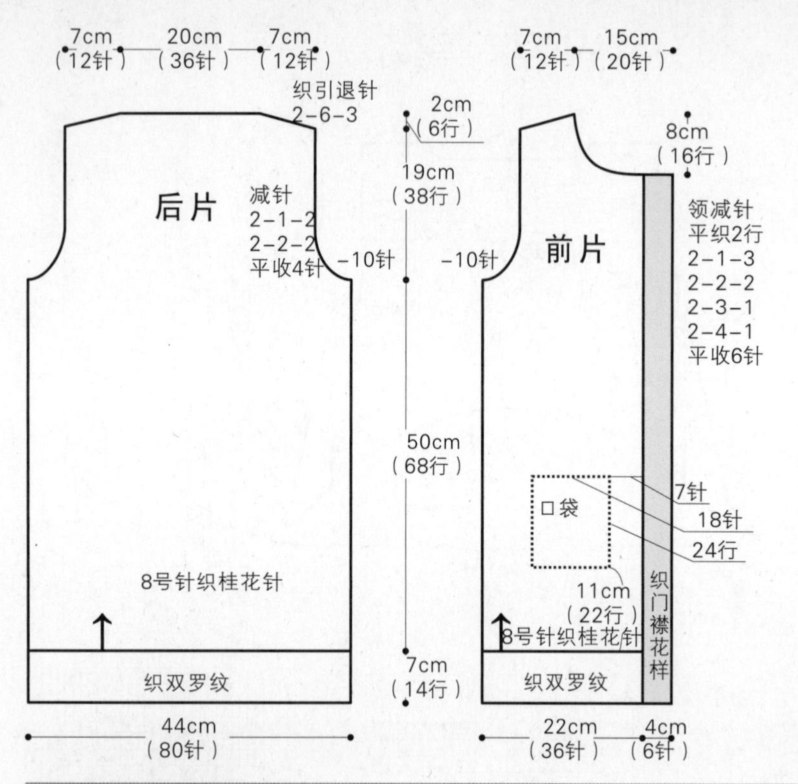

7cm
(12针)
20cm
(36针)
7cm
(12针)
织引退针
2-6-3
后片
减针
2-1-2
2-2-2
平收4针
-10针
8号针织桂花针
织双罗纹
44cm
(80针)
2cm
(6行)
19cm
(38行)
50cm
(68行)
7cm
(14行)
7cm
(12针)
15cm
(20针)
8cm
(16行)
领减针
平织2行
2-1-3
2-2-2
2-3-1
2-4-1
平收6针
-10针
前片
口袋
7针
18针
24行
11cm
(22行)
8号针织桂花针
织门襟花样
织双罗纹
22cm
(36针)
4cm
(6针)

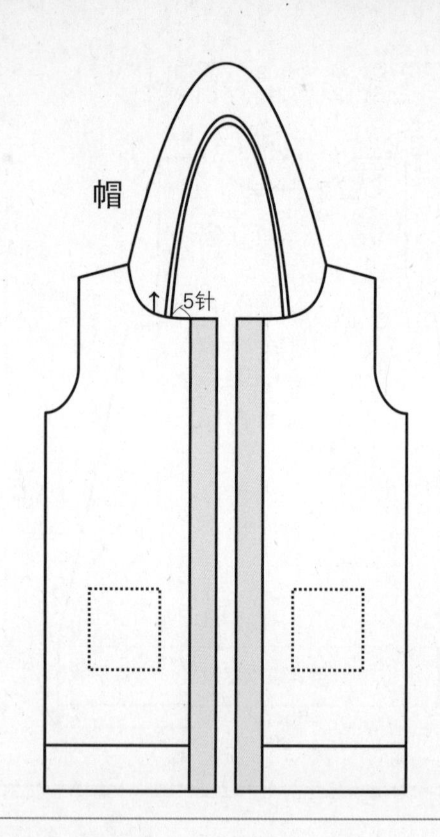

帽
5针

作品180

【成品规格】衣长74cm，胸围88cm，袖长52cm
【工　　具】13号、14号棒针
【编织密度】33针×48行=10cm²
【材　　料】米色细毛线300g

制作说明

1.后片：用14号针起180针织双罗纹8行后换13号针织花样，按图示在两侧各减18针后上面平织至53cm开袖窿，腋下各平收7针，再依次减针，肩用引退针法织斜肩，后领窝最后6行开始减针。

2.前片：织法同后片。领窝深12cm，中心平收24针，分片各自对称减针织至完成。

3.袖：起60针用14号针织双罗纹28行后换13号针织花样，并在两侧按图示加针织出袖筒，袖山按图示分别减针，最后24针平收。

4.领：用14号针沿领窝挑180针织双罗纹12行平收。完成。

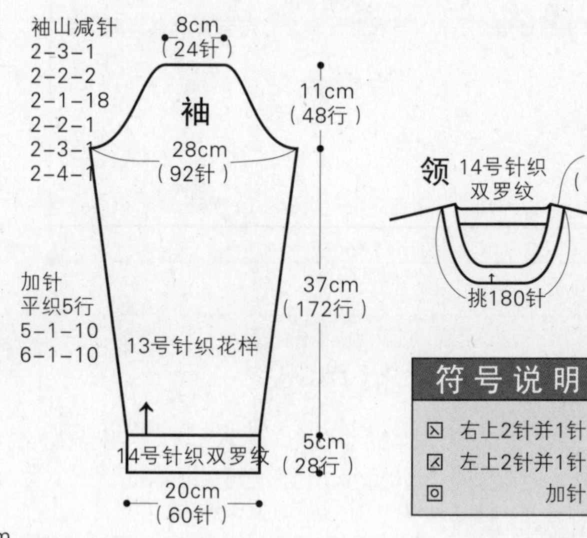

袖山减针
2-3-1
2-2-2
2-1-18
2-2-1
2-3-1
2-4-1
8cm
(24针)
袖
11cm
(48行)
28cm
(92针)
加针
平织5行
5-1-10
6-1-10
13号针织花样
37cm
(172行)
14号针织双罗纹
5cm
(28行)
20cm
(60针)
领
14号针织
双罗纹
3cm
(12行)
挑180针

符号说明

⊼	右上2针并1针
⊿	左上2针并1针
◎	加针

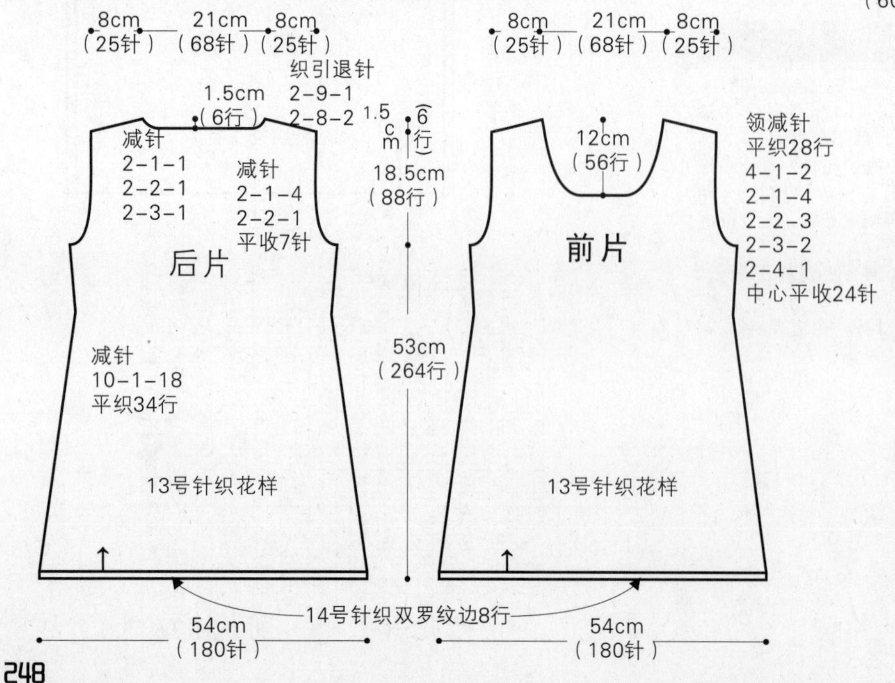

8cm
(25针)
21cm
(68针)
8cm
(25针)
织引退针
2-9-1
2-8-2
1.5cm
(6行)
减针
2-1-1
2-2-1
2-3-1
减针
2-1-4
2-2-1
平收7针
后片
减针
10-1-18
平织34行
13号针织花样
1.5cm
6行
18.5cm
(88行)
53cm
(264行)
8cm
(25针)
21cm
(68针)
8cm
(25针)
12cm
(56行)
前片
13号针织花样
领减针
平织28行
4-1-2
2-1-4
2-2-3
2-3-2
2-4-1
中心平收24针
54cm
(180针)
14号针织双罗纹边8行
54cm
(180针)

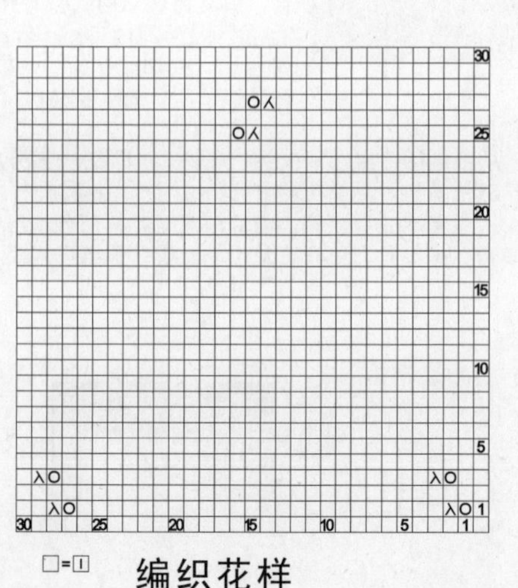

□=⊡

编织花样

作品181

【成品规格】衣长53cm，胸围88cm，连肩袖长60cm
【工　　具】10号、11号棒针
【编织密度】20针×30行=10cm²
【材　　料】驼色毛线450g，纽扣5颗

制作说明

1.后片：起92针织12行双罗纹后，换10号针织平针，平织78行织双罗纹，双罗纹织8行开袖窿，按图示减针，最后36针平收。
2.前片：织法同后片。起46针，按后片同织。
3.袖：起56针织双罗纹12行后织平针，袖筒两侧加针织37cm，袖山减针同后片。最后14针平收。
.领：缝合各片，挑针织领。用11号针沿领窝挑96针织双罗纹36行平收。门襟在边缘各挑140针织双罗纹，在左侧开扣眼5个。最后缝合纽扣，完成。

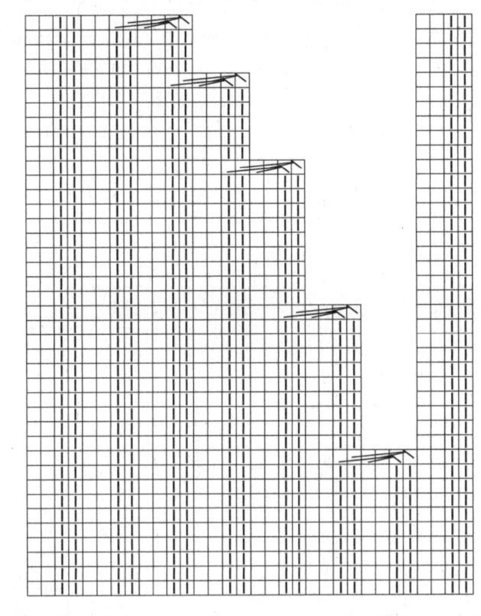

= 第1针和第3、5针右上并收。第2针和第4、6右上并收

插肩袖收针方法

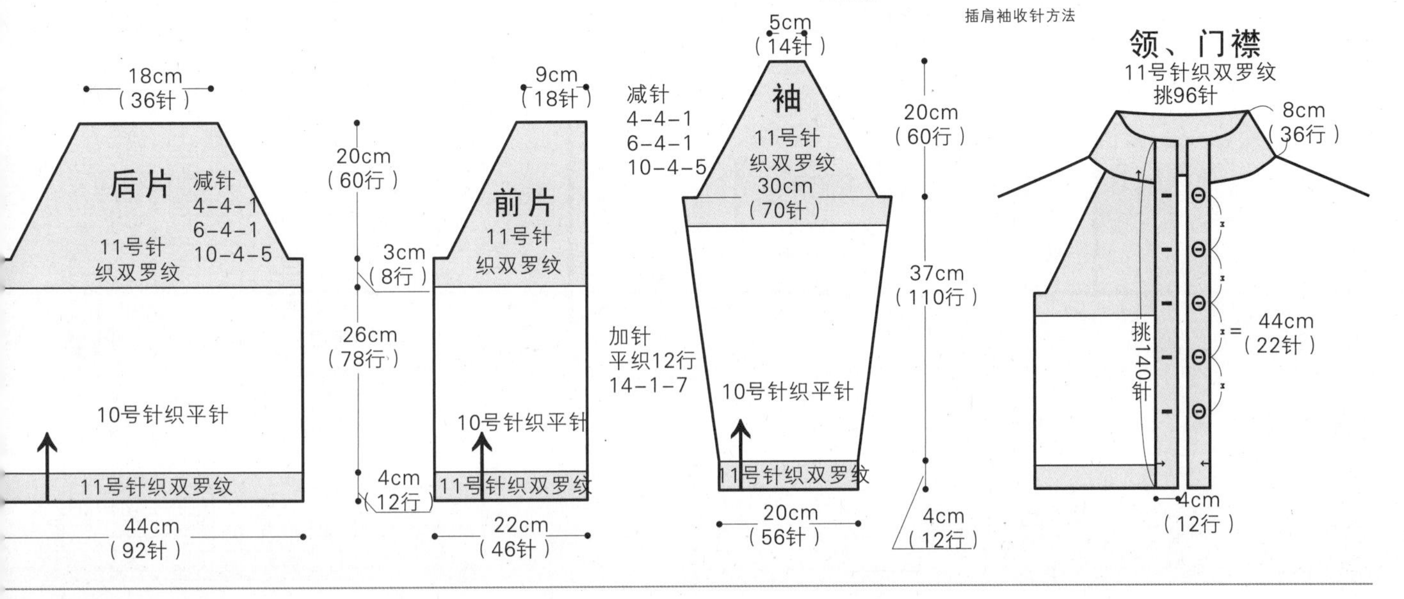

18cm
（36针）
后片
减针
4-4-1
6-4-1
10-4-5
11号针
织双罗纹
10号针织平针
11号针织双罗纹
44cm
（92针）
20cm
（60行）
3cm
（8行）
26cm
（78行）
4cm
（12行）
9cm
（18针）
前片
11号针
织双罗纹
10号针织平针
11号针织双罗纹
22cm
（46针）
减针
4-4-1
6-4-1
10-4-5
加针
平织12行
14-1-7
5cm
（14针）
袖
11号针
织双罗纹
30cm
（70针）
10号针织平针
11号针织双罗纹
20cm
（56针）
20cm
（60行）
37cm
（110行）
4cm
（12行）
领、门襟
11号针织双罗纹
挑96针
8cm
（36行）
挑140针
44cm
（22针）
4cm
（12行）

作品182

【成品规格】衣长60cm，胸宽45cm，肩宽30cm，袖长19cm
【工　　具】12号棒针
【编织密度】29针×32行=10cm²
【材　　料】绿色丝光棉线600g

前片/后片/领片/袖片制作说明

1.棒针编织法。分由前片和后片、两个袖片组成。再钩织衣领花边。
2.前片的编织。下针起针法，起133针，起织下针，不加减针，织10行后，首尾两行对折缝合成一片，形成5行高的衣摆。下一行起继续织下针，不加减针，织22行后，开始在两边侧缝上减针，10-1-4，各减少4针，余下25针，下一行织2行花样A，然后继续织下针，并在两侧缝上加针，10-1-3，不加减针，再织30行至袖窿。下一行起，在两边收针，各收6针，然后将余下的119，分配花样B编织。两边各是2针下针，中间分成16组花样B，再加3针上针。往上编织花样B，在上针部分减针，每组减3针，依照图解减针编织。织成60行，余下68针，收针断线。相同的方法去编织后片。
3.袖片的编织。从袖口起织，起63针，起织花样B，并排花编织，减针方法与前后片相同，共有9组上针减针，每组减3针，织成60行高，最后余下36针，收针断线。相同的方法去编织另一片袖片。将袖片的两边分别与前片和后片的袖窿边进行缝合。最后沿着领口，挑针钩织花样C花边锁边。再分别沿着袖口边，挑针起织下针，织10行后，折回衣内缝合。在花样A形成的孔内穿过系带。衣服完成。

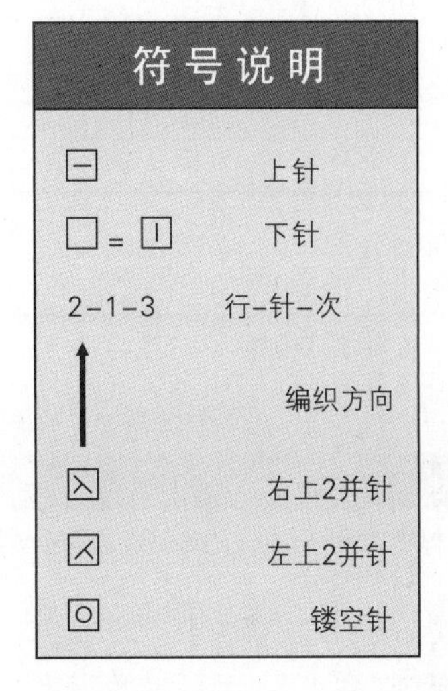

符号说明
上针
下针
2-1-3　行-针-次
编织方向
右上2并针
左上2并针
镂空针

花样A

花样C

用线沿领边钩2行短针

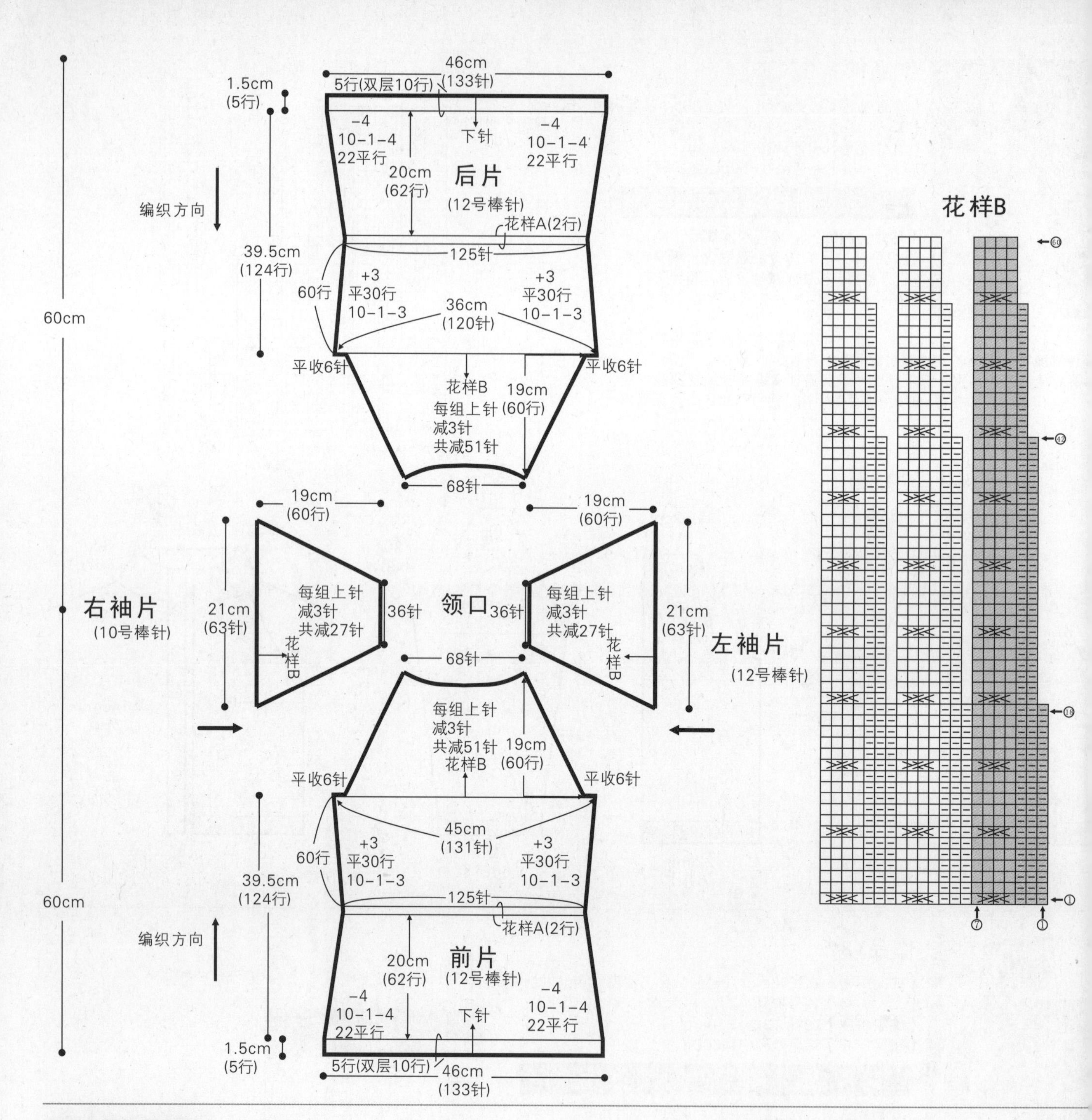

46cm
(133针)
5行(双层10行)
1.5cm
(5行)
-4
10-1-4
22平行
下针
20cm
(62行)
后片
(12号棒针)
编织方向
花样A(2行)
125针
39.5cm
(124行)
60行
+3
平30行
10-1-3
36cm
(120针)
60cm
平收6针
花样B
每组上针
减3针
共减51针
19cm
(60行)
68针
19cm
(60行)
右袖片
(10号棒针)
21cm
(63针)
每组上针
减3针
共减27针
36针
领口
花样B
左袖片
(12号棒针)
45cm
(131针)
前片
(12号棒针)
花样B

作品183

【成品规格】衣长65cm，胸宽50cm，肩宽50cm

【工　　具】10号棒针

【编织密度】24针×29行=10cm²

【材　　料】枣红色羊毛线650g，扣子3颗

前片/后片/领片/袖片制作说明

1.棒针编织法。由左右前片与后片组成。

2.前后片织法：

①前片的编织：由左前片和右前片组成，以右前片为例。双罗纹起针法，起52针，起织花样A双罗纹针，不加减针，织16行的高度。下一行起，依照花样B排花编织。不加减针，织44行后，下一行制作袋口，先织12针，然后将32针收针，再将余下的8针织完，从此行起，开始进行侧缝加针，12-1-5，减少5针。然后返回织完8针，再用单起针法，起32针，接上12针织完一行。下一行起继续编织花样B，再织60行，加成57针的织片，不加减针，织30行后，下一行起减前衣领边，先收针6针，然后2-2-5，2-1-10，减少26针，不加减针，再织8行至肩部，余下31针，收针断线。相同的方法去编织左前片。最后沿着袋口，挑出32针，起织下针，织8行，两边编织时，边织边与衣身拼接。

②后片的编织：双罗纹起针法，起110针，起织花样A，织16行，下一行起排花样B编织，不加减针，织44行后，下一行起加针，12-1-5，织60行后，不再加减针，编织60行后，下一行中间收针46针，两边减针，2-2-2.2-1-2，各减少6针，肩部余下31针，收针断线，将前片与后片的侧缝与肩部对应缝合。

3.袖片织法：沿着袖口边，挑104针，起织花样C，先织8行双罗纹针，再织8行下针后，收针断线。相同的方法再去编织另一个袖口。

4.衣襟的编织：分别沿着左右衣襟边，挑122针，起织花样A双罗纹针，不加减针，织16行后，收针断线。右衣襟制作三个扣眼。每两个扣眼之间相距24针。领片织法：前衣领窝和衣襟侧边上，各挑50针，后衣领边挑52针，起织花样C，先织8行双罗纹针，再织8行下针。完成后收针断线。衣服完成。

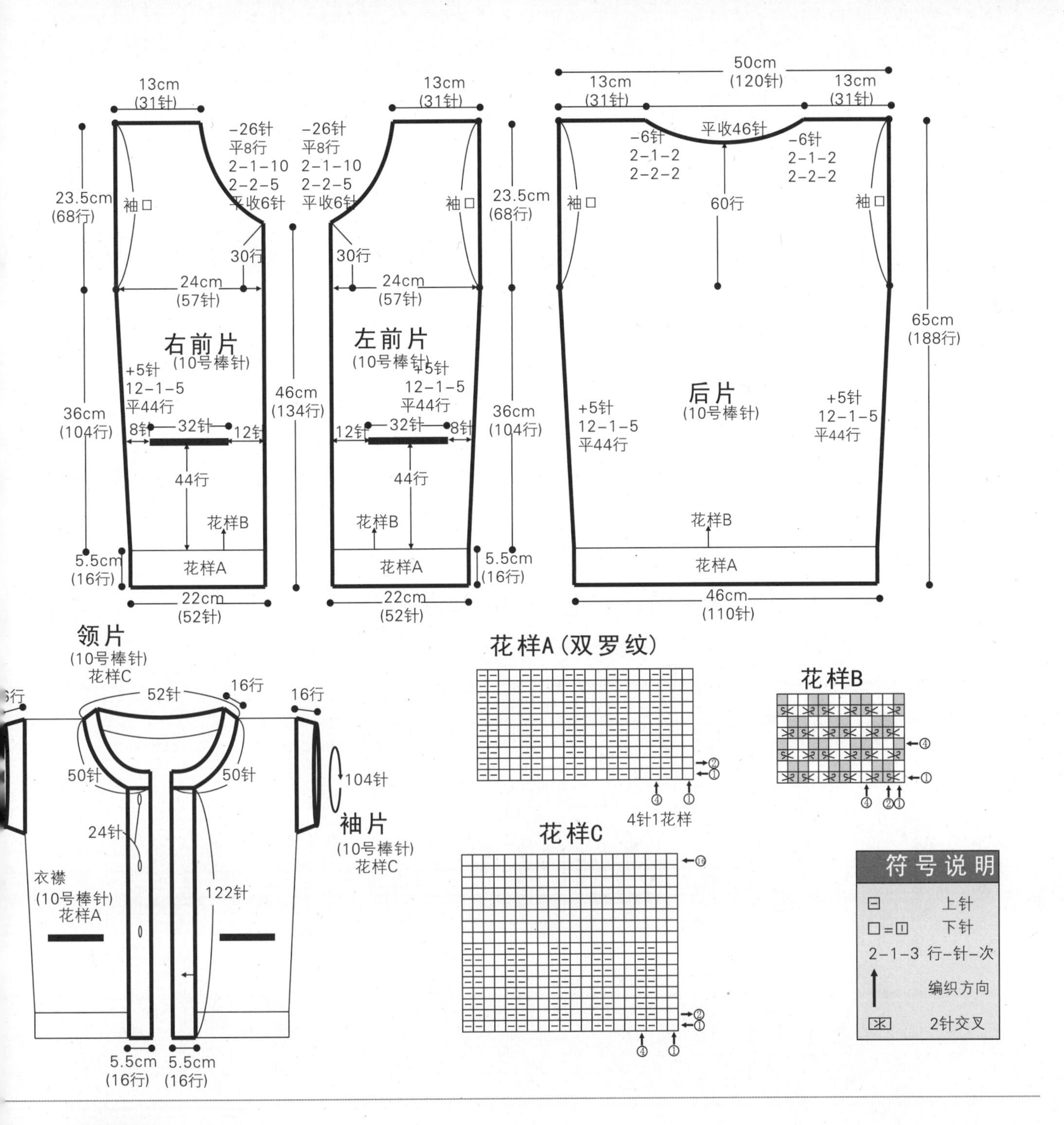
13cm
(31针)
-26针
平8行
2-1-10
2-2-5
平收6针
23.5cm
(68行)
袖口
30行
24cm
(57针)
右前片
(10号棒针)
左前片
+5针
12-1-5
平44行
36cm
(104行)
46cm
(134行)
8针
32针
12针
44行
花样B
花样A
5.5cm
(16行)
22cm
(52针)
50cm
(120针)
平收46针
-6针
2-1-2
2-2-2
60行
65cm
(188行)
后片
46cm
(110针)
领片
(10号棒针)
花样C
52针
16行
50针
24针
衣襟
(10号棒针)
花样A
122针
104针
袖片
(10号棒针)
花样C
花样A(双罗纹)
4针1花样
花样B
符号说明
上针
下针
2-1-3 行-针-次
编织方向
2针交叉

作品184

【成品规格】衣长53cm，胸围88cm，袖长54cm

【工　　具】13号、14号棒针

【编织密度】35针×41行=10cm²

【材　　料】灰色毛线1800g，纽扣5颗

制作说明

1.后片：用14号针起152针织扭针单罗纹30行，换13号针织平针，平织102行开袖窿，腋下各收13针。织70行后用引退针法织斜肩，后领窝最后6行开始织。

2.前片：下摆同后片。织24行平针后开始织入花样，以中心12针为轴心，两侧对称织出花样。领窝留7cm，按图示减针。

3.袖：从袖口往上织。用14号针起78针织扭针单罗纹30行后换13号针织平针，两侧按图示加针，织35cm，袖山按图示减针，最后22针平收。

4.领：从领窝挑148针织扭针单罗纹14行，平收。缝合各片，完成。

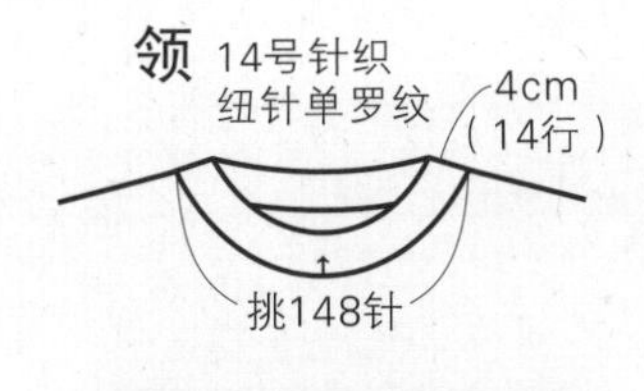
领
14号针织
纽针单罗纹
4cm
(14行)
挑148针

符号说明

Ω = 扭针

= 3针右上交叉

= 3针左上交叉

=

=

12针右上交叉

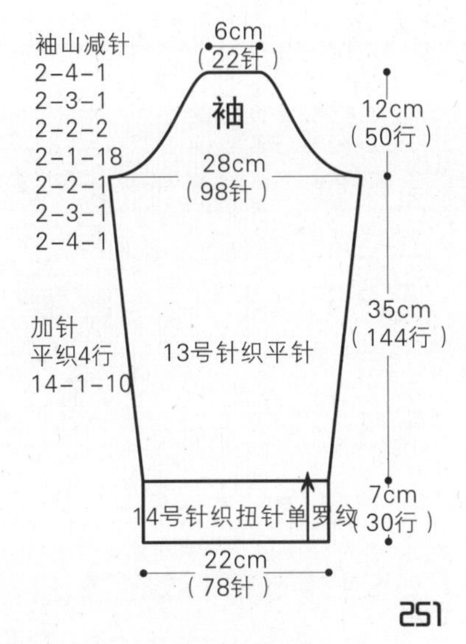
袖山减针
2-4-1
2-3-1
2-2-2
2-1-18
2-2-1
2-3-1
2-4-1
6cm
(22针)
袖
12cm
(50行)
28cm
(98针)
35cm
(144行)
加针
平织4行
14-1-10
13号针织平针
14号针织扭针单罗纹
7cm
(30行)
22cm
(78针)

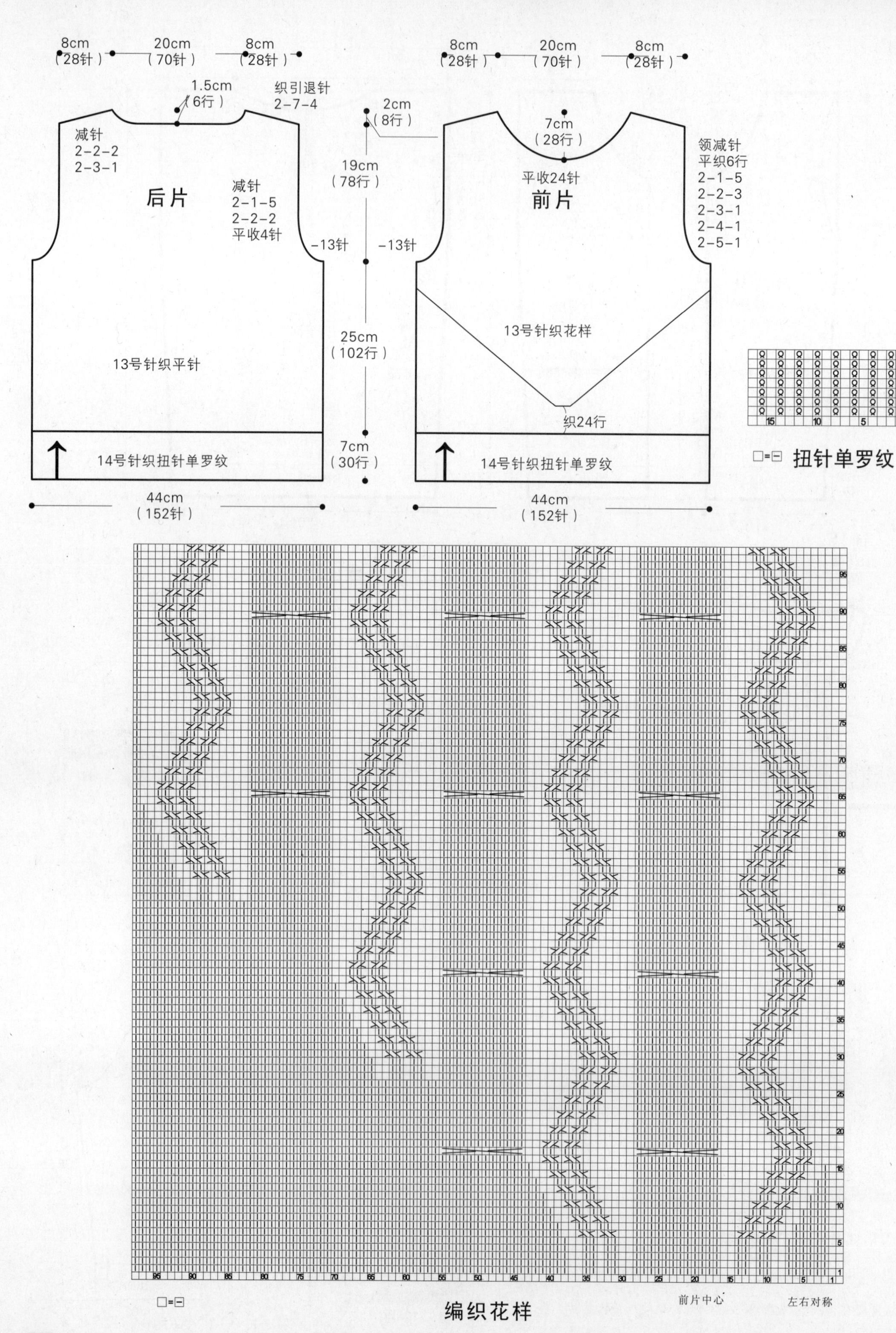
8cm
（28针）
20cm
（70针）
8cm
（28针）
1.5cm
（6行）
织引退针
2-7-4
减针
2-2-2
2-3-1
后片
减针
2-1-5
2-2-2
平收4针
-13针
13号针织平针
14号针织扭针单罗纹
44cm
（152针）
2cm
（8行）
19cm
（78行）
-13针
25cm
（102行）
7cm
（30行）
8cm
（28针）
20cm
（70针）
8cm
（28针）
7cm
（28行）
平收24针
前片
领减针
平织6行
2-1-5
2-2-3
2-3-1
2-4-1
2-5-1
13号针织花样
织24行
14号针织扭针单罗纹
44cm
（152针）
□=⊟ 扭针单罗纹
□=⊟
编织花样
前片中心
左右对称

作品185

【成品规格】衣长53cm，胸围88cm，连肩袖长54cm
【工　　具】9号、10号、12号棒针
【编织密度】22针×25行=10cm²
【材　　料】浅咖啡色羊毛线200g，纽扣5颗

制作说明

1.后片：用10号针起88针织双罗纹22行后换10号针织平针，织62行开袖窿，腋下各平收4针，留3针为径在两侧每4行减2针减12次，平收4针收针待用。

2.前片：起44针织法同后片。袖窿织40行开始收领窝，按图示依次减针完成后，对称织另片。

袖：从袖口往上织。用10号针起54针织双罗纹22行后换10号针织平，按图示在两侧均匀加针织袖筒26cm，袖山减针同后片。

领、门襟：先挑织门襟。在前片的一侧挑94针织双罗纹16行，需要开洞的一侧开出5个扣眼。领沿领窝挑出所有针数并放至130针织双罗纹行平收。缝合纽扣，完成。

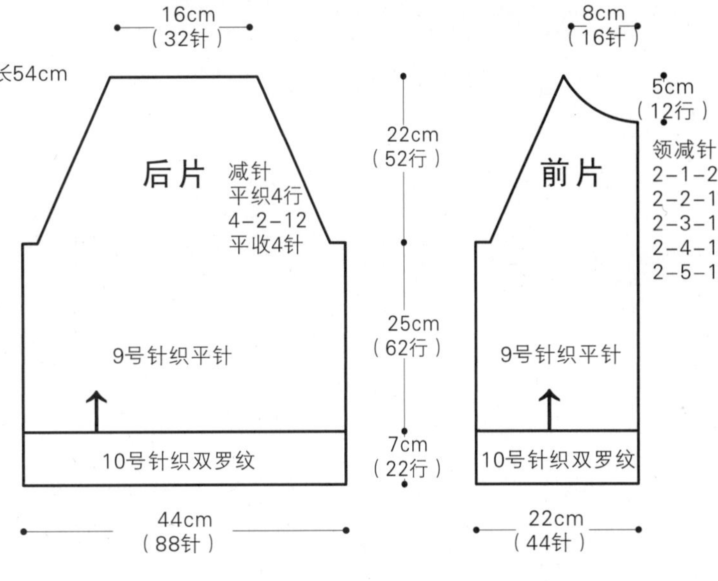

16cm
（32针）
后片
减针
平织4行
4-2-12
平收4针
22cm
（52行）
25cm
（62行）
7cm
（22行）
9号针织平针
10号针织双罗纹
44cm
（88针）
8cm
（16针）
5cm
（12行）
领减针
2-1-2
2-2-1
2-3-1
2-4-1
2-5-1
前片
9号针织平针
10号针织双罗纹
22cm
（44针）

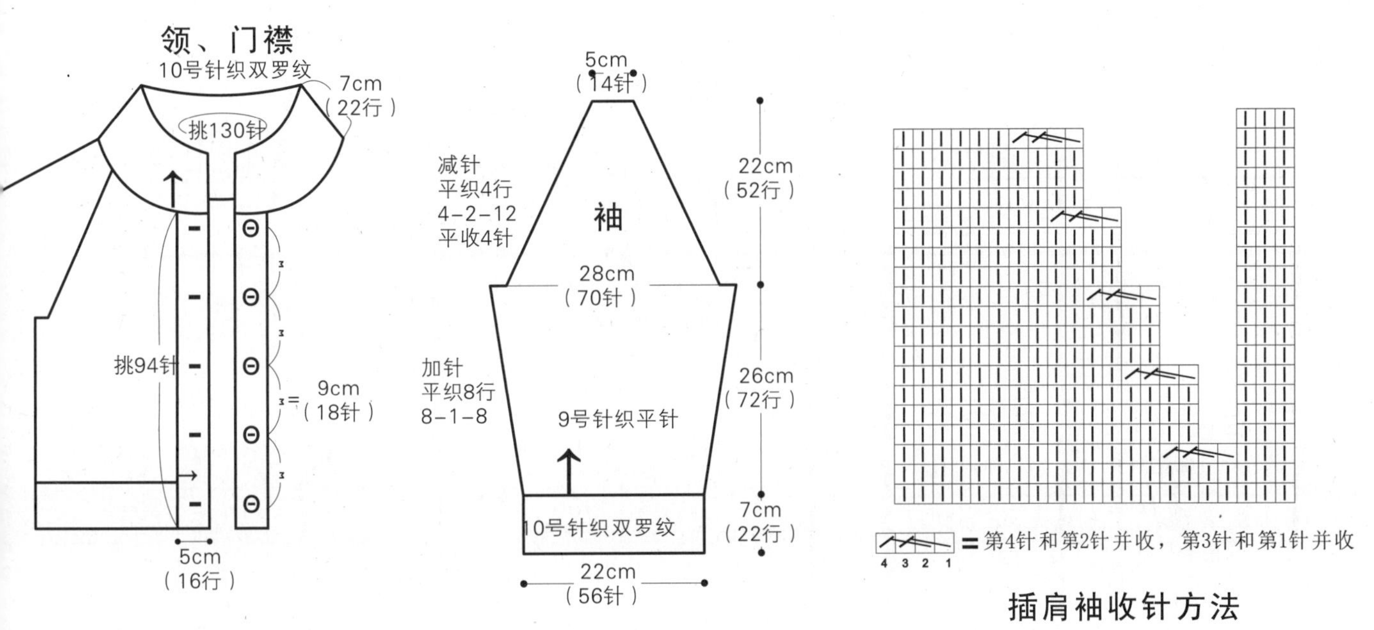

领、门襟
10号针织双罗纹
7cm
（22行）
挑130针
挑94针
9cm
（18针）
5cm
（16行）
5cm
（14针）
减针
平织4行
4-2-12
平收4针
袖
22cm
（52行）
28cm
（70针）
加针
平织8行
8-1-8
9号针织平针
26cm
（72行）
10号针织双罗纹
7cm
（22行）
22cm
（56针）
=第4针和第2针并收，第3针和第1针并收
4 3 2 1
插肩袖收针方法

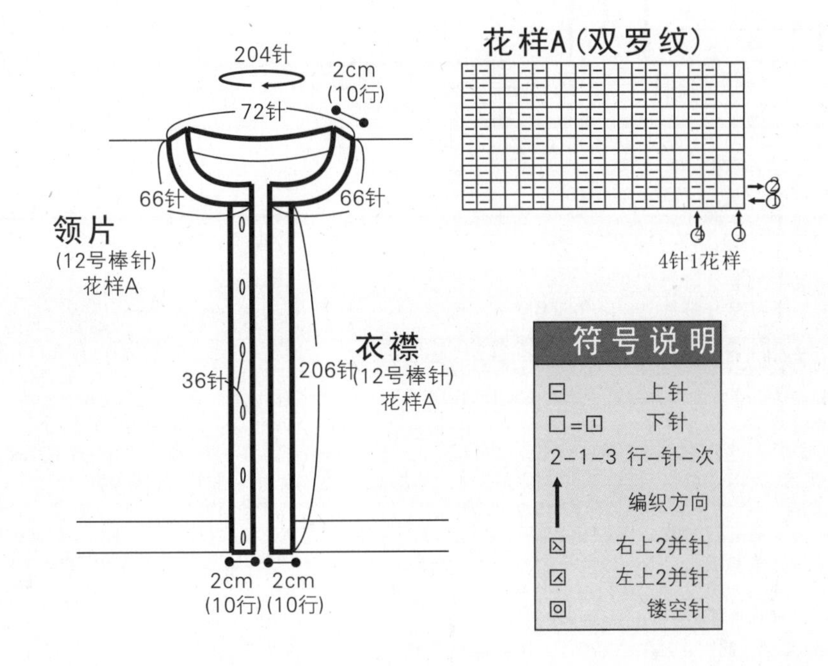

204针
2cm
（10行）
72针
66针
66针
领片
（12号棒针）
花样A
衣襟
206针（12号棒针）
花样A
36针
2cm
（10行）
2cm
（10行）
花样A（双罗纹）
4针1花样

符号说明

⊟	上针
□=◫	下针
2-1-3	行-针-次
↑	编织方向
⧅	右上2并针
⧄	左上2并针
⊡	镂空针

作品186

【成品规格】衣长65cm，胸宽53cm，肩宽53cm，袖长41cm
【工　　具】11号棒针
【编织密度】24针×29行=10cm²
【材　　料】玫红色羊毛线800g

前片/后片/领片/袖片制作说明

1.棒针编织法：由左右前片与后片和两个袖片组成。
2.前后片织法：
①前片的编织：由左前片和右前片组成。以右前片为例。双罗纹起针法，起51针，起织花样A，不加减针，织10行的高度。下一行起，改织花样B，不加减针，将织片织至肩部，共180行，肩部左侧30针收针，右侧21针暂停编织。相同的方法去编织左前片。
②后片的编织：双罗纹起针法，起106针，起织花样A，织10行，下一行起，全织花样B，不加减针，织108行至袖窿，再织68行，下一行减后衣领边。中间收针42针，两边各自减针，2-1-2，然后两边肩部余下30针，收针断线。将前后片的肩部对应缝合。再将前后片侧缝，108行的宽度对应缝合。不缝合处，作袖口。最后将前片未收针的21针挑出，后衣领挑出35针，起织衣领，织花样B，不加减针，织36行的高度后，收针断线。
3.袖片织法：双罗纹起针法，起56针，起织花样A，不加减针，织14行，在最后一行里，分散加4针，针数加成60针，起织下针，并在两边袖侧缝上加针，8-1-10，6-1-4，再织4行结束，收针断线。袖身的花样，织18行下针后，织4行花样C，然后织26行下针，再织4行花样C，重复一遍，然后余下全织下针，织26行。相同的方法再去编织另一个袖片。将两个袖山边线与衣身的袖窿边线对应缝合。再将袖侧缝缝合。衣服完成。

35cm
(88针)
26行
下针
花样C
41cm
(122行)
袖侧缝
+14针
平4行
6-1-4
8-1-10
26行
下针
+14针
平4行
6-1-4
8-1-10
37cm
(108行)
花样C
袖片
(11号棒针)
26行
下针
花样C
25cm
(60针)
18行下针
分散加4针
花样A
4cm
(14行)
18cm
(56针)

花样A

花样C(搓板针)

2针1花样

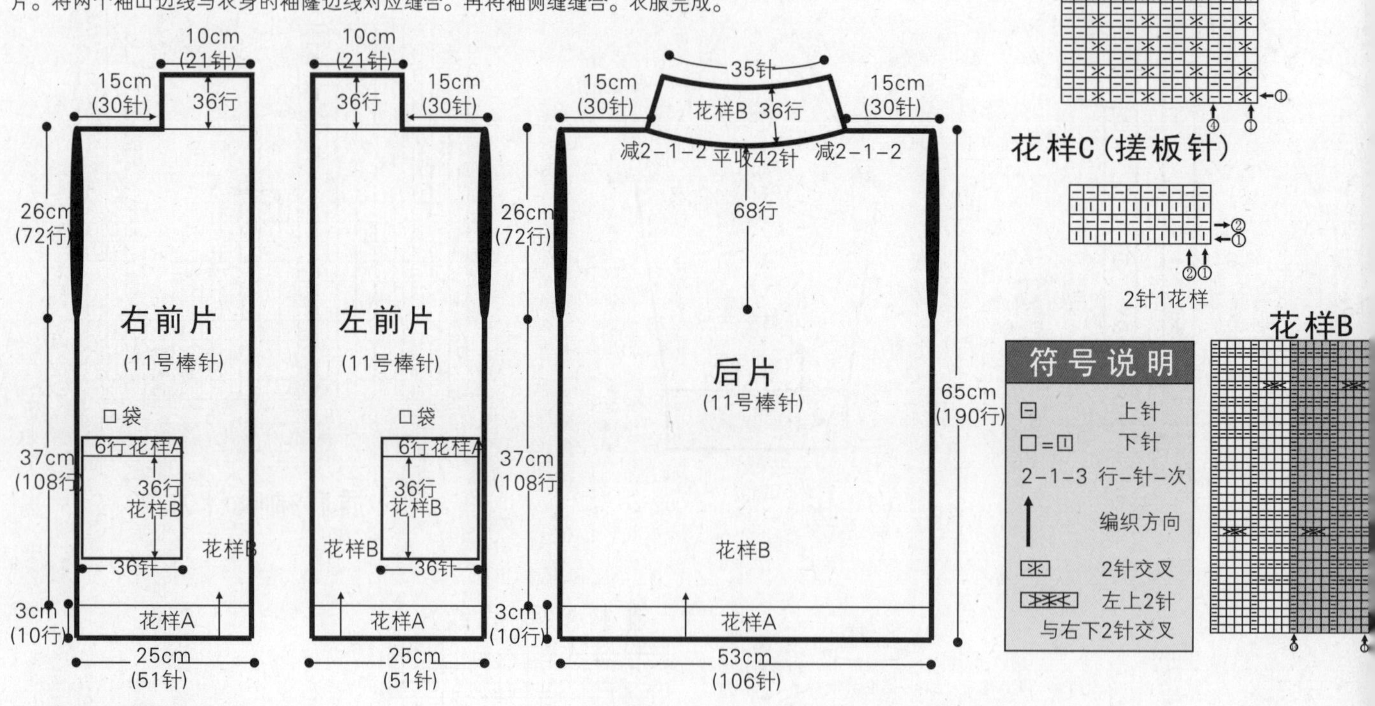

10cm
(21针)
15cm
(30针)
36行
26cm
(72行)
右前片
(11号棒针)
口袋
6行花样A
36行
花样B
36针
花样B
37cm
(108行)
3cm
(10行)
花样A
25cm
(51针)
左前片
(11号棒针)
35针
花样B 36行
减2-1-2
平收42针
68行
后片
(11号棒针)
65cm
(190行)
53cm
(106针)
符号说明
上针
下针
2-1-3 行-针-次
编织方向
2针交叉
左上2针
与右下2针交叉
花样B

作品187

【成品规格】衣长52cm，胸宽54cm，肩宽35cm，袖长37cm
【工　　具】12号棒针
【编织密度】38针×45行=10cm²
【材　　料】红色羊绒线650g，扣子6颗

前片/后片/领片/袖片制作说明

1.棒针编织法：由左右前片与后片和两个袖片组成。
2.前后片织法：
①前片的编织：由左前片和右前片组成，以右前片为例。双罗纹起针法，起94针，起织花样A双罗纹针，不加减针，织20行，下一行起，排花样B编织。不加减针，织138行的高度后，至袖窿，下一行起袖窿减针，先收针18针，然后4-2-8，织成袖窿算起42行的高度后，下一行减前衣领边。方法是，从右向左收针15针，然后2-2-5，4-1-5，减少30针，不加减针，再织6行至肩部，余下30针，收针断线。相同的方法，相反的减针方向，去编织左前片。
②后片的编织：双罗纹起针法，起200针，起织花样A，织20行，然后全织下针，不加减针，织138行至袖窿，袖窿起减针，方法与前片相同。当织成袖窿算起70行的高度后，下一行起进行后衣领减针，中间收针60针，然后两边减针，2-2-2，2-1-2，各减少6针，至肩部余下30针，收针断线。将前片与后片的肩部对应缝合，再将侧缝对应缝合。
3.袖片织法：双罗纹起针法，从袖窿起织，起80针，起织花样A双罗纹针，不加减针，织20行，下一行起全织下针，第一行里，分散加针，加20针，针数加成100针，然后在两袖侧缝加针，6-1-20，各加20针，织成120行高度后，至袖山减针，下一行两边收针18针，然后4-2-16，两边各减50针，织成64行高，余下40针，收针断线。相同的方法再编织另一个袖片。将两个袖山边线与衣身的袖窿边线对应缝合。再将袖侧缝缝合。
4.衣襟的编织：分别沿着左右衣襟边，挑出206针，起织花样A双罗纹针，不加减针，织20行的高度后，收针断线。右衣襟制作6个扣眼，每两个扣眼之间的针数间隔36针。然后织衣领，在前衣领边和衣襟侧边挑针，挑出66针，后衣领边挑72针，起织花样A，不加减针，织10行的高度后，收针断线。衣服完成。

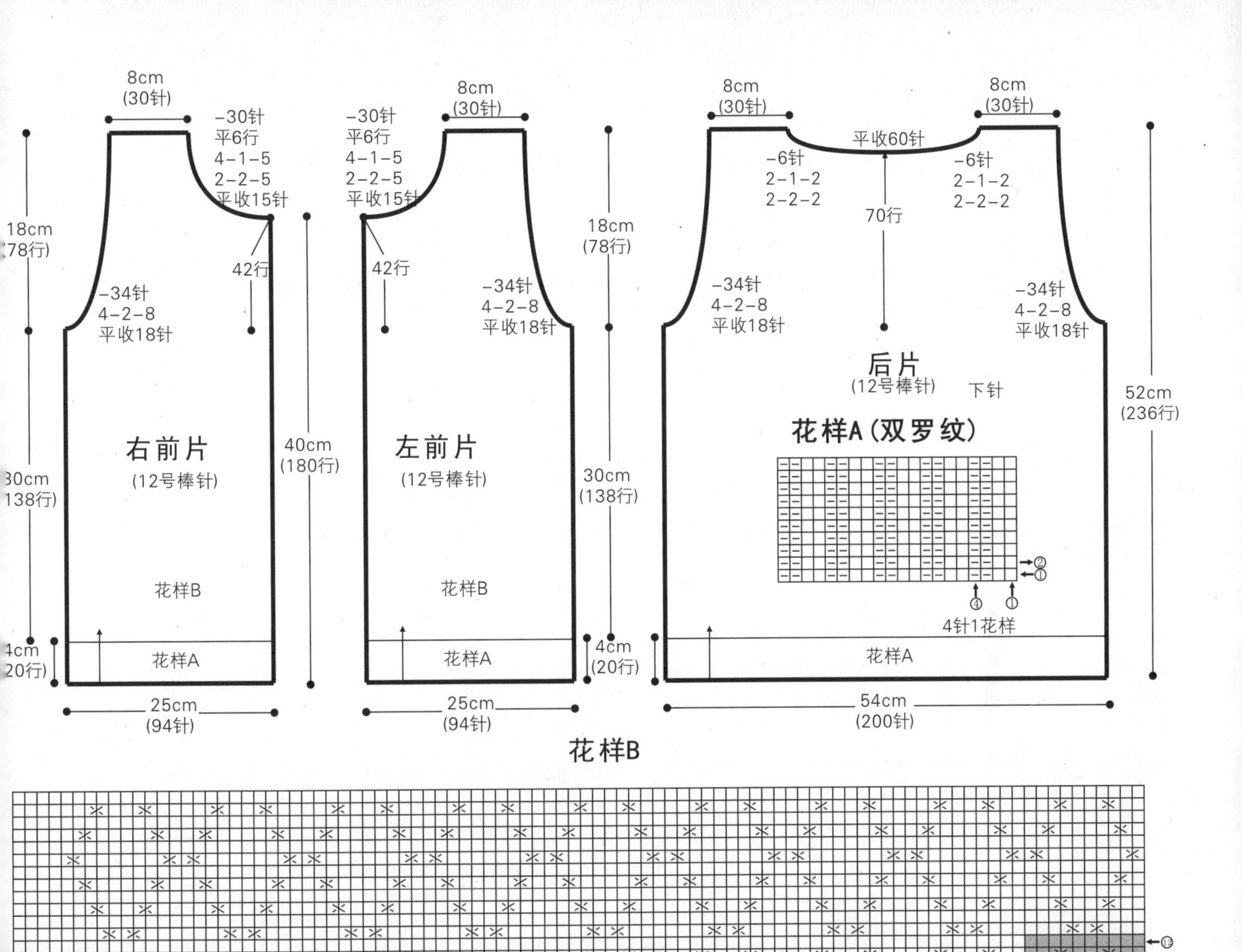

8cm
(30针)
-30针
平6行
4-1-5
2-2-5
平收15针
18cm
(78行)
42行
-34针
4-2-8
平收18针
40cm
(180行)
右前片
(12号棒针)
30cm
(138行)
花样B
4cm
(20行)
花样A
25cm
(94针)
左前片
(12号棒针)
平收60针
-6针
2-1-2
2-2-2
70行
后片
(12号棒针)
下针
花样A(双罗纹)
4针1花样
52cm
(236行)
54cm
(200针)
花样B

作品188

【成品规格】披肩长140cm，宽50cm
【工　　具】8号棒针
【编织密度】20针×36行=10cm²
【材　　料】紫色羊毛线600g

披肩制作说明

1.棒针编织法。由60个螺旋花样A拼接而成。
2.第一行由14个花样A，第二行由13个花样A，第三行由12个花样A，第四行由11个花样A，第五行由10个花样A拼接织成。一个螺旋花的织法是，由外周边织至中心收针而成。下针起针法，起72针，首尾连接成圆形，用五根棒针编织。第二行织1行上针，然后第三行起，分为6部分减针编织。每部分为12针，先加1针，织10针后，将第11针和第12针并针，重复织5次。这行针数没有变化，仍为72针，第四行第1针加针，织9针后，将最后的3针并为2针，这行每部分各减少1针，依照花样A图解，织成18行后，余下6针，收为1针，一个花样A为一个六边形。那么织第二个花样A时，起针后，将其中一条边与织好的一个六边形的一条边进行拼接编织。如此类推，织成结构图所排列形成的方块披肩。

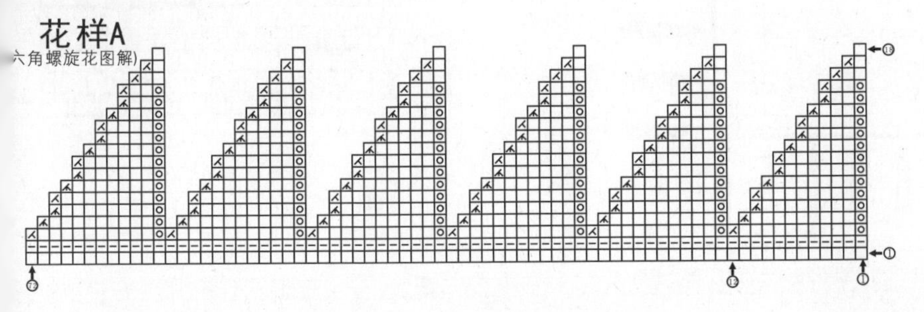

花样A
(六角螺旋花图解)

符号说明

⊟	上针
□=⊡	下针
2-1-3	行-针-次
↑	编织方向
⧅	左并针
⧄	右并针
⊚	镂空针

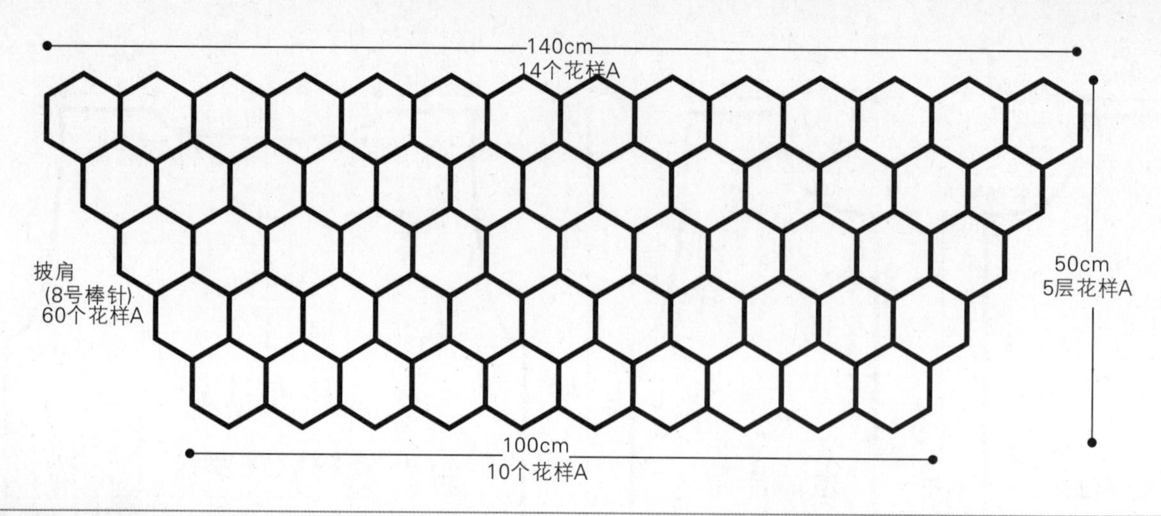
140cm
14个花样A
披肩
(8号棒针)
60个花样A
50cm
5层花样A
100cm
10个花样A

作品189

【成品规格】衣长42cm，胸宽70cm
【工　　具】10号棒针，2.0mm钩针
【编织密度】20针×26行=10cm²
【材　　料】白色羊毛线650g

披肩制作说明

1.棒针编织法和钩针编织法结合。由前片与后片钩针部分和前片下摆棒针交叉花样组成。
2.前后片钩针织块织法，前片钩织部分，起30cm长56针锁针的宽度，再起高3针锁针，起钩花样B，共14组花a，来回钩织，不加减针，钩织20行的高度后，左侧留4组花a的宽度不织，将余下的10组花a继续编织，不加减针，钩织13行的高度后，左侧起锁针，将织片起针，加成14组花a的宽度，不加减针，再钩织20行后，结束。后片起80针锁针，起高3锁针后，钩织20组花a，不加减针，钩织53行的高度后，结束，收针。将前后片的一侧长边对应前片的肩部进行缝合。
3.边缘部分棒针编织，下针起针法，起24针，起织花样A，不加减针，织182行后结束，收针断线。将一侧长边用钩针钩织锁针连接。最后在四边制作流苏装饰，每段长度约15cm。

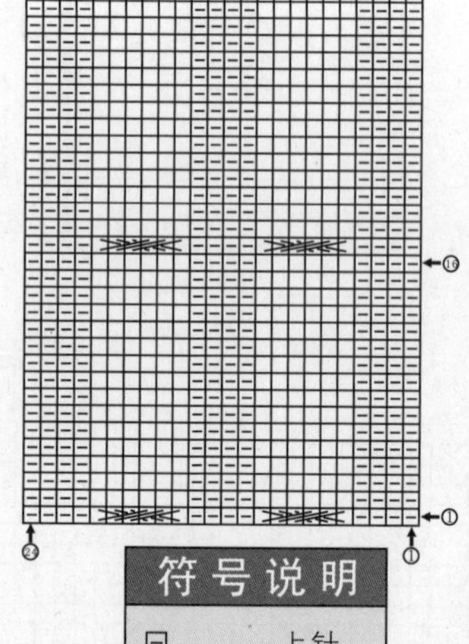
花样A
符号说明
上针
下针
2-1-3 行-针-次
编织方向
右上3针与左下3针交叉

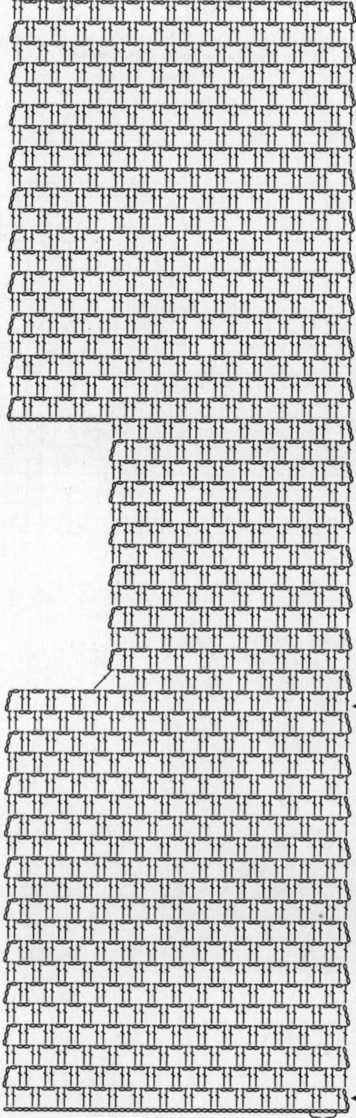
花样B
1组花a

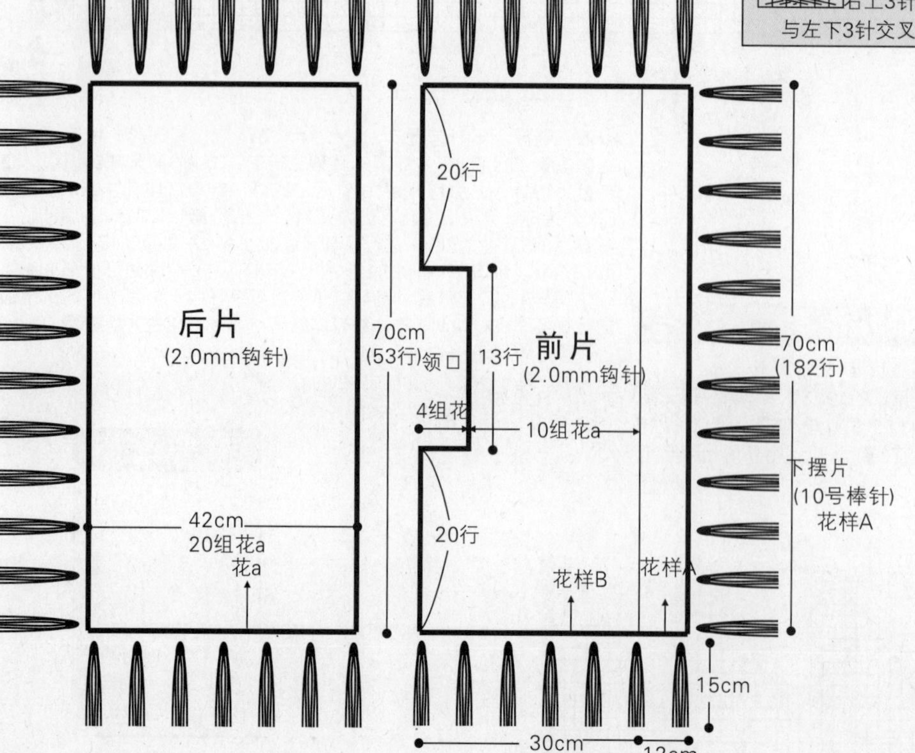
后片
(2.0mm钩针)
42cm
20组花a
花a
70cm
(53行)
领口
20行
13行
4组花
10组花a
20行
前片
(2.0mm钩针)
花样B
花样A
70cm
(182行)
下摆片
(10号棒针)
花样A
15cm
30cm
14组花a
12cm
(24针)

作品190

【成品规格】衣长56cm，胸围86cm，袖长35cm
【工　　具】11号、12号棒针，2号钩针
【编织密度】17针×23行=10cm²
【材　　料】粉色毛线600g

制作说明

1.后片：用12号针起74针织4行下针12行花样，改用11号针织下针，平织46行加针织蝙蝠袖，袖底各加30针。按图示方法两侧各减掉46针，后领窝余下42针。
2.左前片：用12号针起36针织4行下针12行花样，改用11号针织下针，平织46行，左侧按图示减针织领窝，左侧加针织蝙蝠袖，袖底加30针。然后按图示方法减掉46针;相同方法相反方向织右前片，缝合前后片。
3.袖：用11号针挑起60针织下针，两侧按图示方法减针，织46行，改用12号针平织30行花样，最后织4行下针，缝合袖底。
4.领：钩针沿衣襟及领窝钩2行长针。

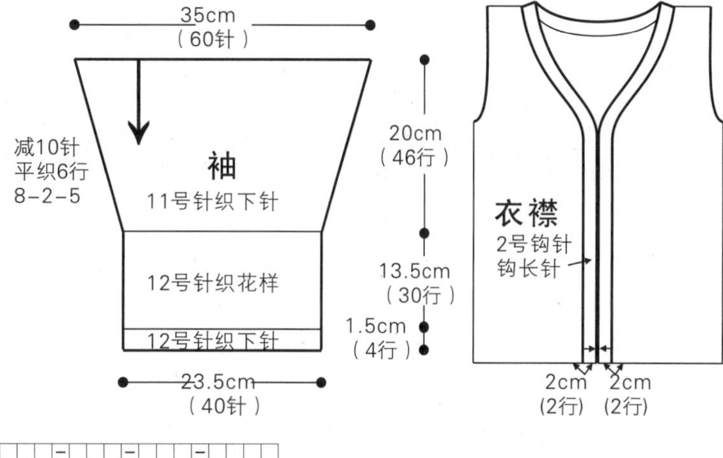

35cm
(60针)
减10针
平织6行
8-2-5
袖
11号针织下针
12号针织花样
12号针织下针
20cm
(46行)
13.5cm
(30行)
1.5cm
(4行)
23.5cm
(40针)
衣襟
2号钩针
钩长针
2cm
(2行)
2cm
(2行)

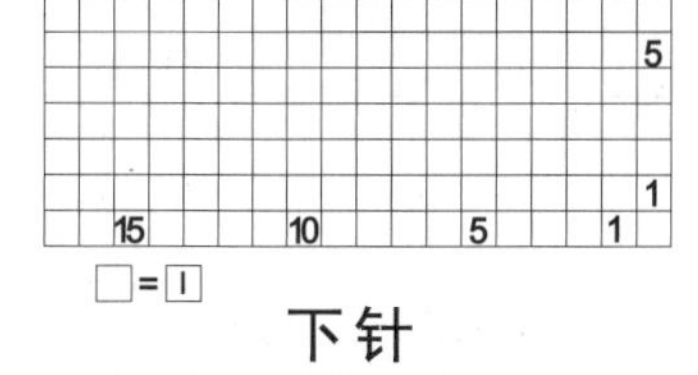

5
1
15
10
5
1
□=丨
下针

5
1
15
10
5
1
□=丨
花样

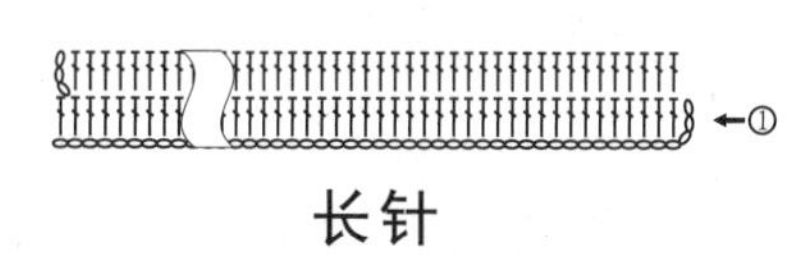

←①
长针

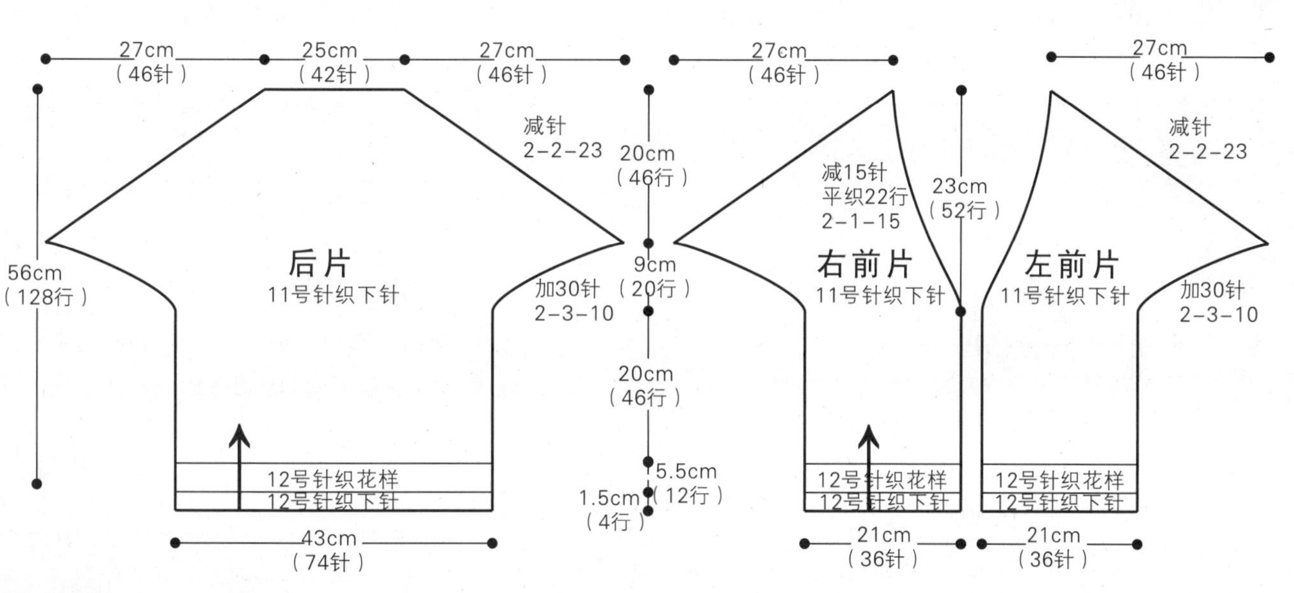

27cm
(46针)
25cm
(42针)
27cm
(46针)
减针
2-2-23
56cm
(128行)
后片
11号针织下针
加30针
2-3-10
12号针织花样
12号针织下针
43cm
(74针)
20cm
(46行)
9cm
(20行)
20cm
(46行)
5.5cm
(12行)
1.5cm
(4行)
27cm
(46针)
减15针
平织22行
2-1-15
23cm
(52行)
右前片
11号针织下针
12号针织花样
12号针织下针
21cm
(36针)
27cm
(46针)
减针
2-2-23
左前片
11号针织下针
加30针
2-3-10
12号针织花样
12号针织下针
21cm
(36针)

作品191

【成品规格】衣长48cm，胸围92cm
【工　　具】10号棒针
【编织密度】11针×15行=10cm²
【材　　料】黑色粗毛线500g

制作说明

1.后片：用10号针起50针织按花样编织，平织36行开袖窿，腋下各收5针。织34行，后领窝最后2行开始织。
2.左前片：用10号针起32针按花样编织，平织36行左侧开袖窿，腋下收5针。右侧开前领，收22针。右前片按相反的方向编织。
3.领：左右前片领口重叠14针缝合;领子起起16针织90行，缝合成筒状，侧边与领口对应缝合。

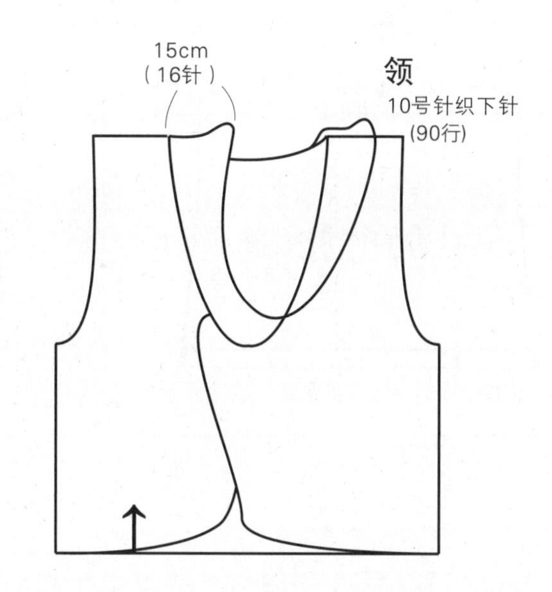

15cm
(16针)
领
10号针织下针
(90行)

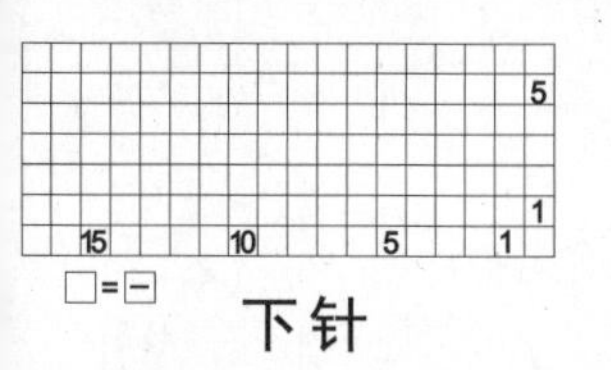

5
1
15
10
5
1
□=□
下针

符号说明

⊠	左上2针并1针
⊡	加针

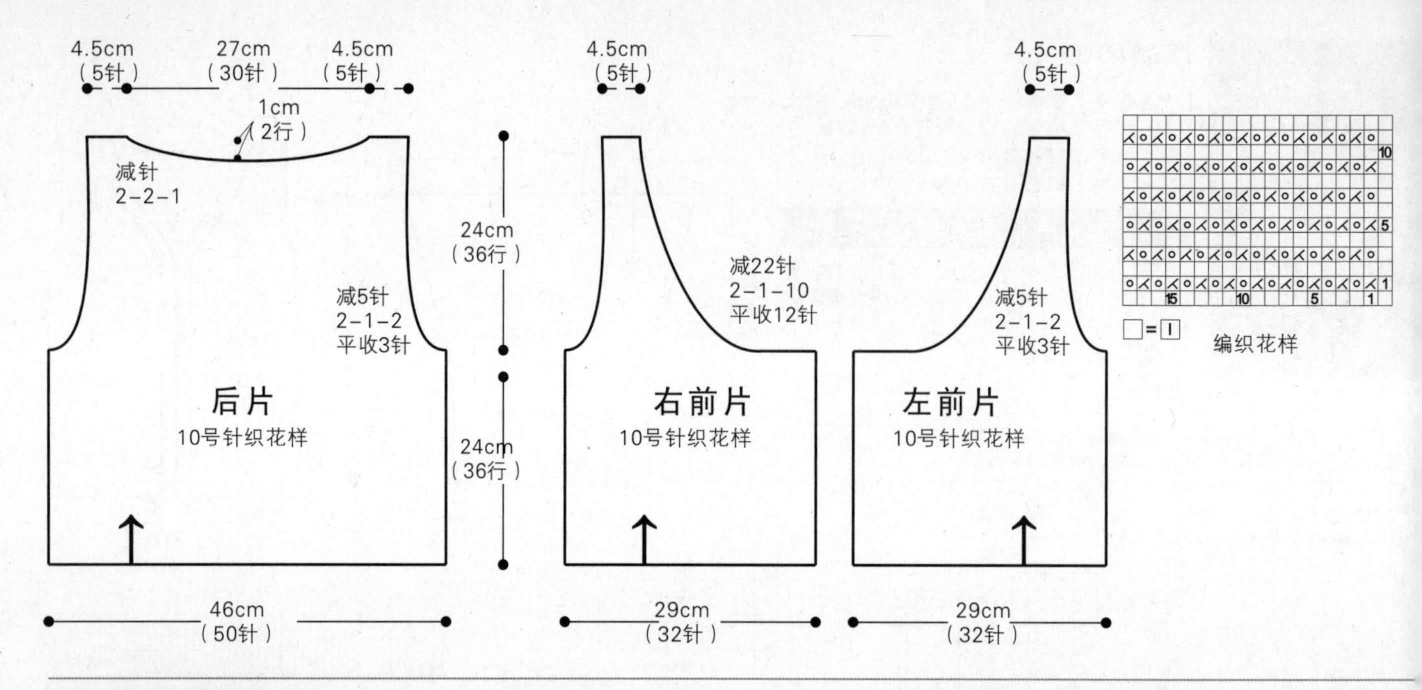

4.5cm
(5针)
27cm
(30针)
4.5cm
(5针)
1cm
(2行)
减针
2-2-1
24cm
(36行)
减5针
2-1-2
平收3针
后片
10号针织花样
24cm
(36行)
46cm
(50针)
减22针
2-1-10
平收12针
右前片
10号针织花样
29cm
(32针)
减5针
2-1-2
平收3针
左前片
10号针织花样
29cm
(32针)
□=I
编织花样

作品192

【成品规格】衣长54cm，胸围80cm，袖长12cm

【工　　具】11号、12号棒针，3号钩针

【编织密度】30针×36行=10cm²

【材　　料】红色毛线250g

制作说明

1.后片：用12号针起136针织单罗纹6行后换11号针织花样，两侧按图示减8针后平织44行开袖窿，腋下按图示各减6针，肩用引退针织斜肩，后领平收。

2.前片：织法同后片。开挂后织40行开始织领窝，中心平收22针，两侧按图示减针至完成。

3.袖：起18针织花样，两侧按图示加针织36行，最后挑起腋下8针换12号针织单罗纹6行平收。

4.领：从领窝处钩花样，完成。

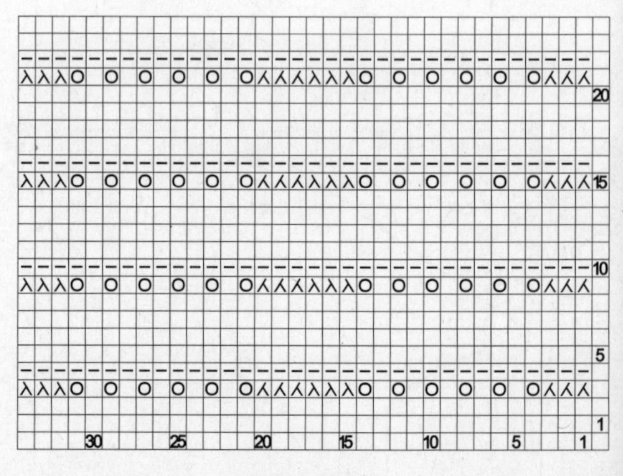

□=I
编织花样

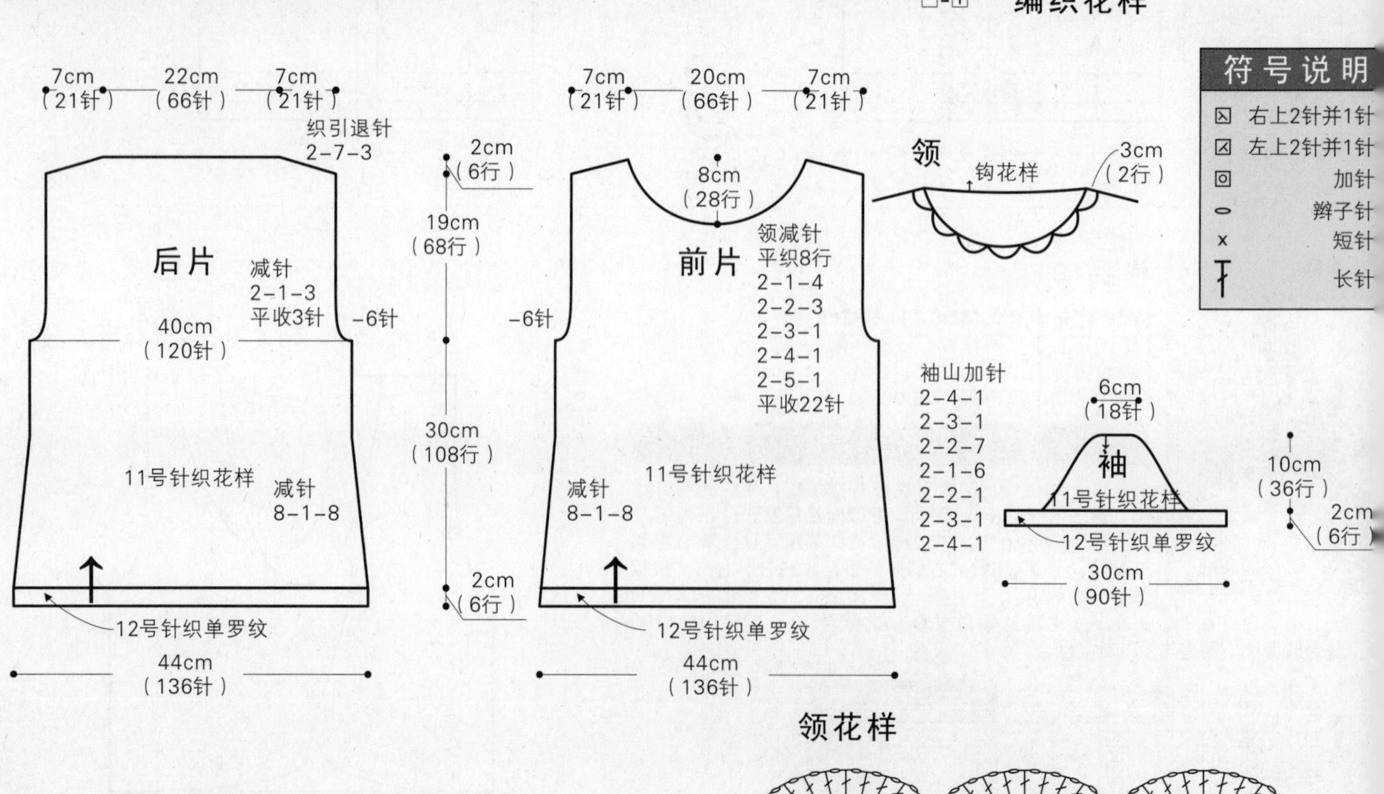

7cm
(21针)
22cm
(66针)
7cm
(21针)
织引退针
2-7-3
后片
减针
2-1-3
平收3针
-6针
40cm
(120针)
11号针织花样
减针
8-1-8
12号针织单罗纹
44cm
(136针)
2cm
(6行)
19cm
(68行)
30cm
(108行)
2cm
(6行)
7cm
(21针)
20cm
(66针)
7cm
(21针)
8cm
(28行)
前片
领减针
平织8行
2-1-4
2-2-3
2-3-1
2-4-1
2-5-1
平收22针
-6针
减针
8-1-8
11号针织花样
12号针织单罗纹
44cm
(136针)
领
钩花样
3cm
(2行)
符号说明
右上2针并1针
左上2针并1针
加针
辫子针
短针
长针
袖山加针
2-4-1
2-3-1
2-2-7
2-1-6
2-2-1
2-3-1
2-4-1
6cm
(18针)
袖
11号针织花样
12号针织单罗纹
30cm
(90针)
10cm
(36行)
2cm
(6行)
领花样

作品193

【成品规格】衣长50cm，胸围88cm
【工　　具】11号棒针
【编织密度】25针×35行=10cm²
【材　　料】深蓝色线300g，白色线150g

制作说明

1.后片：用蓝色起110针织双罗纹14行后开始织平针，织53行以后上面织双色条纹花样，织25cm开袖窿，腋下各平收4针，再依次减针，后领窝平收，肩织引退针斜肩。

2.前片：用蓝色起53针织双罗纹14行后织图解织花样，织25cm开袖窿，织法同后片。领窝不减针，平直织至袖窿完成平收。

3.袖：沿袖窝挑108针织双罗纹12行平收。

4.帽：沿领窝挑出86针织平针，织80行后中心逐渐收针，最后帽顶缝合。沿边缘钩一行逆短针。完成。

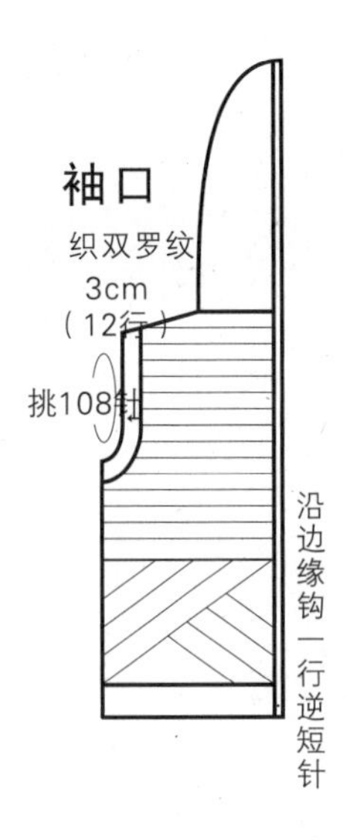

袖口
织双罗纹
3cm
（12行）
挑108针
沿边缘钩一行逆短针

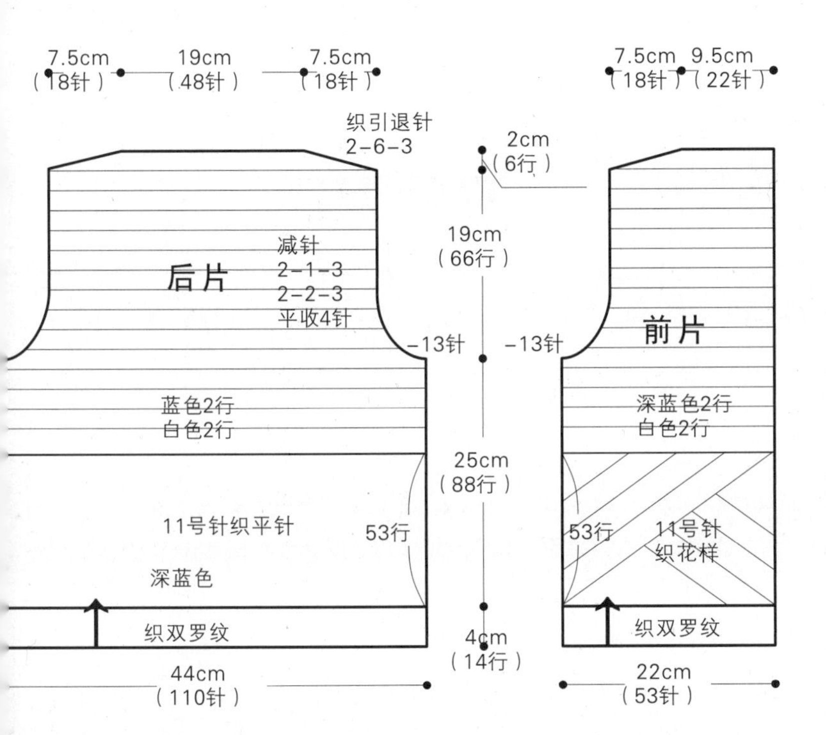

7.5cm
（18针）
19cm
（48针）
7.5cm
（18针）
织引退针
2-6-3
后片
减针
2-1-3
2-2-3
平收4针
-13针
蓝色2行
白色2行
11号针织平针
53行
深蓝色
织双罗纹
44cm
（110针）
2cm
（6行）
19cm
（66行）
25cm
（88行）
4cm
（14行）
7.5cm
9.5cm
（18针）
（22针）
-13针
前片
深蓝色2行
白色2行
53行
11号针
织花样
织双罗纹
22cm
（53针）

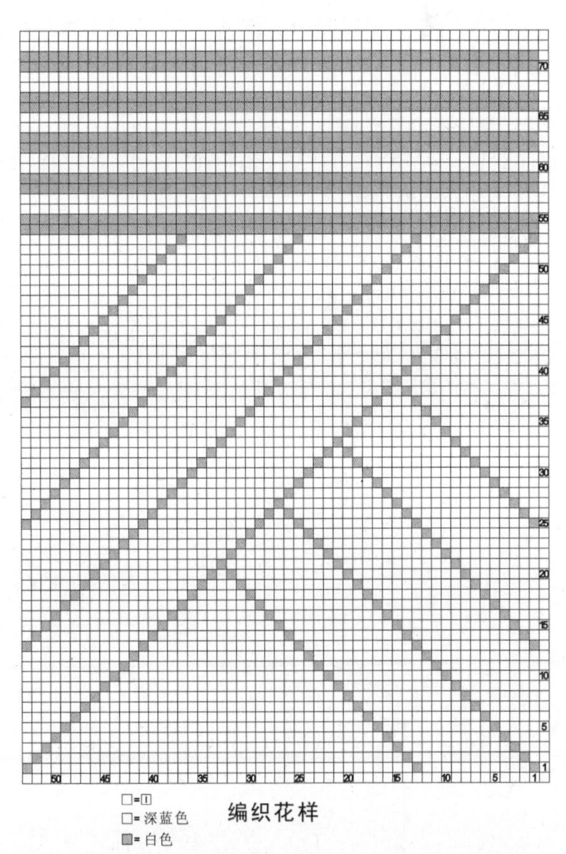

□=□
□=深蓝色
■=白色
编织花样

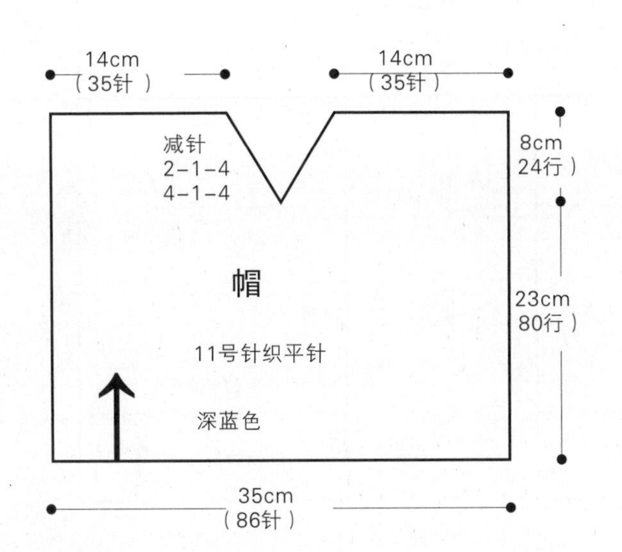

14cm
（35针）
14cm
（35针）
减针
2-1-4
4-1-4
8cm
24行）
帽
23cm
80行）
11号针织平针
深蓝色
35cm
（86针）

逆短针

XXXXXXXXXXXXXX

作品194

【成品规格】衣长56cm，胸围88cm，袖长56cm

【工　　具】10号棒针

【编织密度】23针×32行=10cm²

【材　　料】紫色毛线500g，拉链一条

制作说明

1.后片：起100针织双罗纹22行后织平针60行，再织花样A30行，上面全部织花样B。花样B织10行开袖窿，腋下各平收4针，再依次减针。织54行后斜肩和后领窝同步开始，领窝平收中间的36针，两侧分别减针。肩用引退针法织斜肩。

2.前片：起50针，织法同后片。开袖窿后织34行开始织领窝，先平收6针，再分别减针至完成。对称织另一片。

3.袖：起46针织双罗纹22行后织平针，两侧按图示加针织出袖筒37cm，袖山先平收4针，再分别减针，最后18针平收。

4.领：沿领窝挑108针织双罗纹20行。边缘安装拉链，完成。

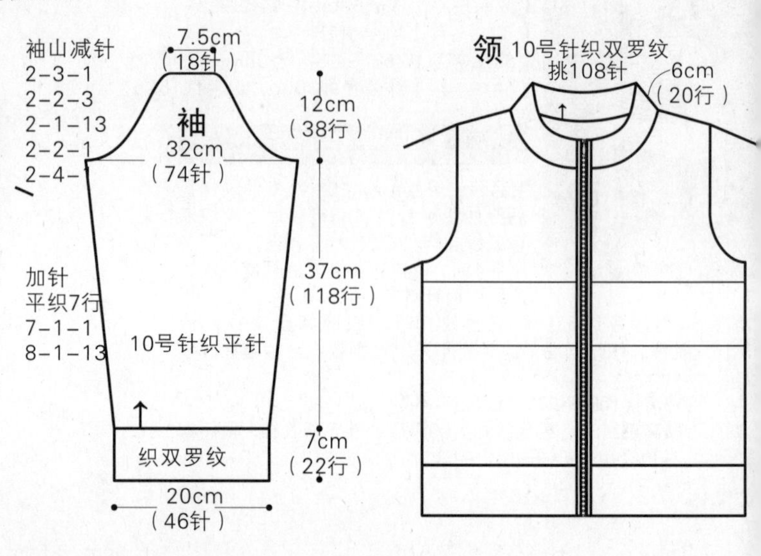

袖山减针
2-3-1
2-2-3
2-1-13
2-2-1
2-4-1
7.5cm
（18针）
袖
32cm
（74针）
12cm
（38行）
37cm
（118行）
加针
平织7行
7-1-1
8-1-13
10号针织平针
7cm
（22行）
织双罗纹
20cm
（46针）
领 10号针织双罗纹
挑108针
6cm
（20行）

花样A

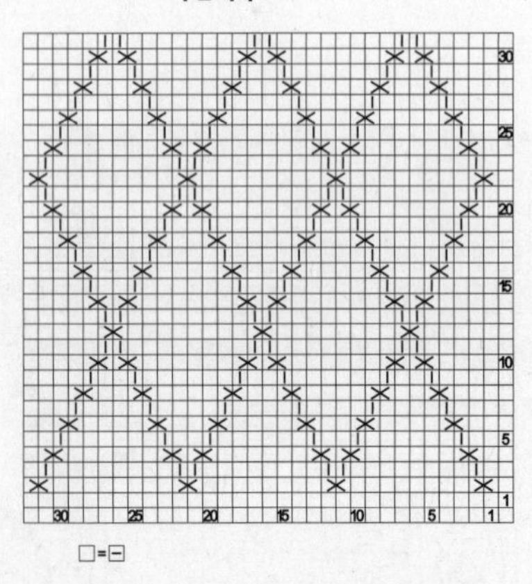

30
25
20
15
10
5
1
□=⊟

花样B

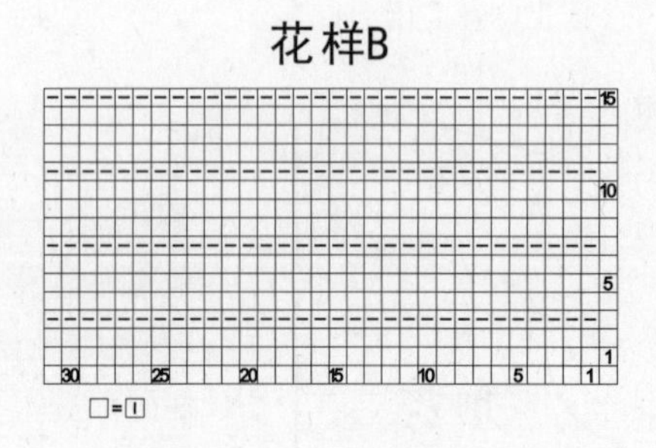

15
10
5
1
30
25
20
15
10
5
1
□=⊡

符号说明

⊠ 左上2针交叉

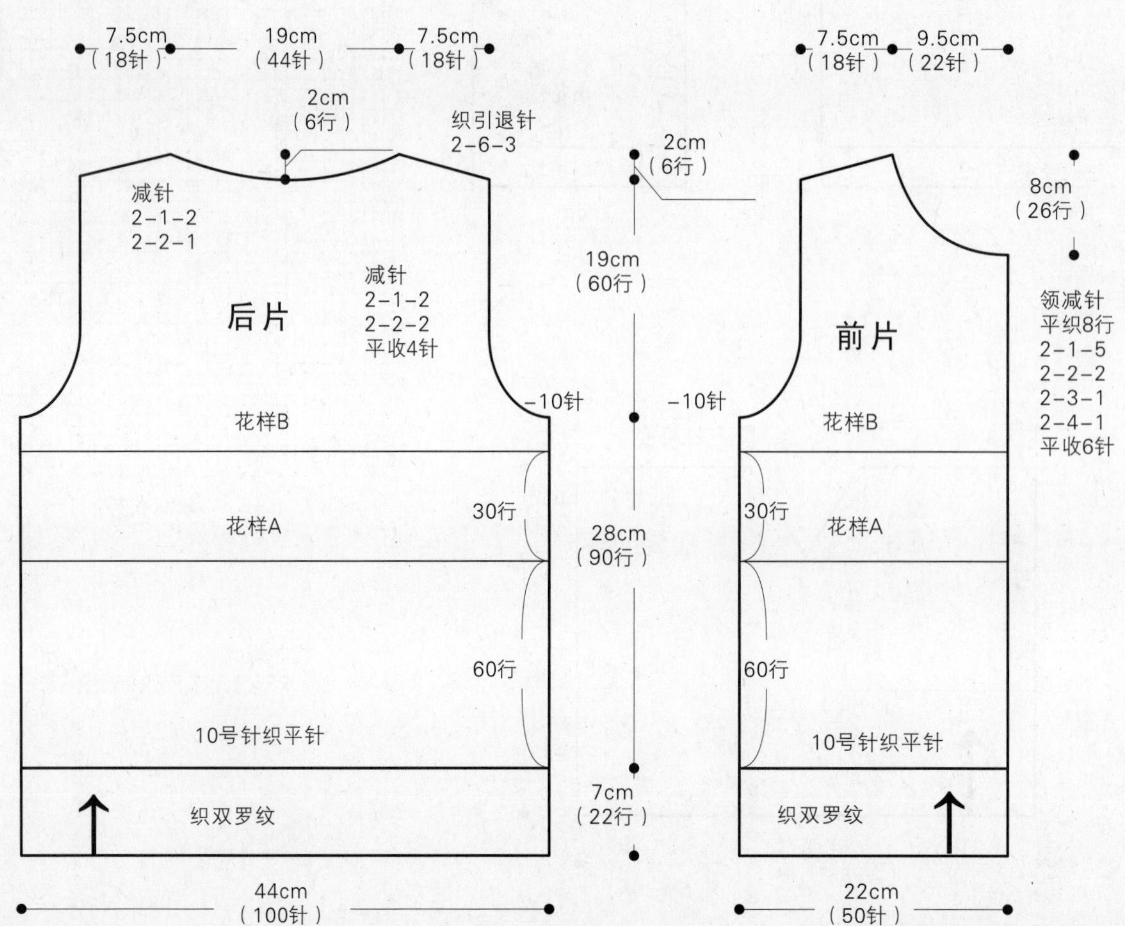

7.5cm
（18针）
19cm
（44针）
7.5cm
（18针）
2cm
（6行）
织引退针
2-6-3
减针
2-1-2
2-2-1
后片
减针
2-1-2
2-2-2
平收4针
-10针
花样B
30行
花样A
60行
10号针织平针
织双罗纹
44cm
（100针）
2cm
（6行）
19cm
（60行）
-10针
28cm
（90行）
7cm
（22行）
7.5cm
（18针）
9.5cm
（22针）
8cm
（26行）
前片
领减针
平织8行
2-1-5
2-2-2
2-3-1
2-4-1
平收6针
花样B
30行
花样A
60行
10号针织平针
织双罗纹
22cm
（50针）

作品195

【成品规格】衣长57cm，胸围86cm，袖连肩长67cm
【工　　具】13号、14号棒针
【编织密度】35针×41行=10cm²
【材　　料】黑色毛线600g

制作说明

1.后片：用13号针起150针织下针16行，向内与起针合并成双层衣摆，平织144行开袖窿，两侧各减44针。织82行后后领余下62针。
2.前片：下摆同后片。领窝留2cm，按图示减针。
3.袖：从袖口往上织。用14号针起70针织双罗纹8行后换13号针织平针，中间织6针花样A，两侧按图示加针，织45cm，袖山按图示减针，最后18针平收。
4.领：钩针从领窝挑160针起钩4行花样B，改用14号棒针织双罗纹82行，平收。
缝合各片，完成。

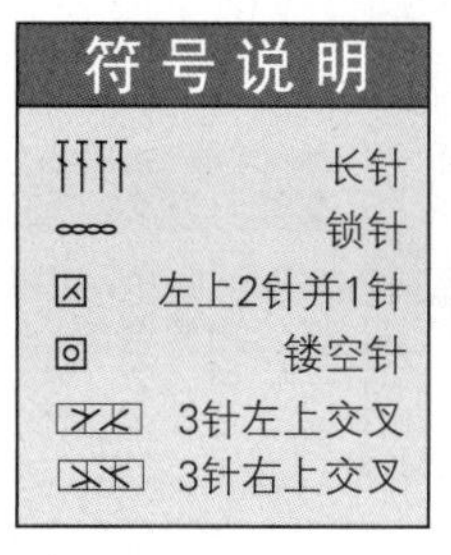

符号说明
长针
锁针
左上2针并1针
镂空针
3针左上交叉
3针右上交叉

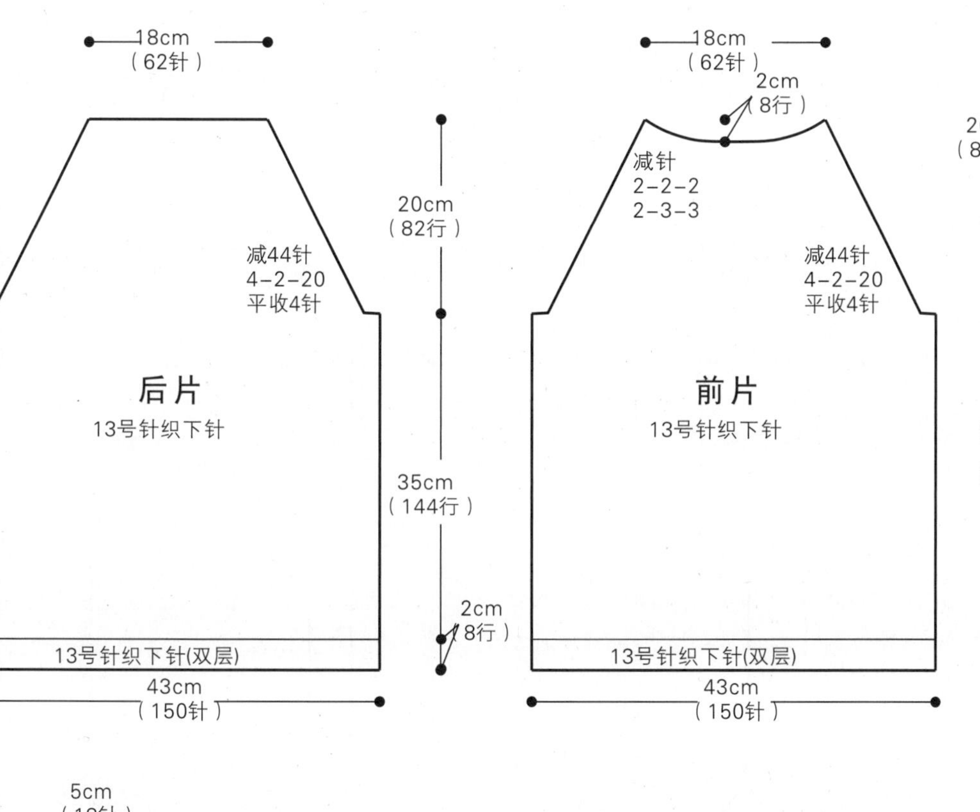

18cm
（62针）
20cm
（82行）
减44针
4-2-20
平收4针
后片
13号针织下针
35cm
（144行）
2cm
（8行）
13号针织下针(双层)
43cm
（150针）
18cm
（62针）
2cm
（8行）
减针
2-2-2
2-3-3
减44针
4-2-20
平收4针
前片
13号针织下针
13号针织下针(双层)
43cm
（150针）

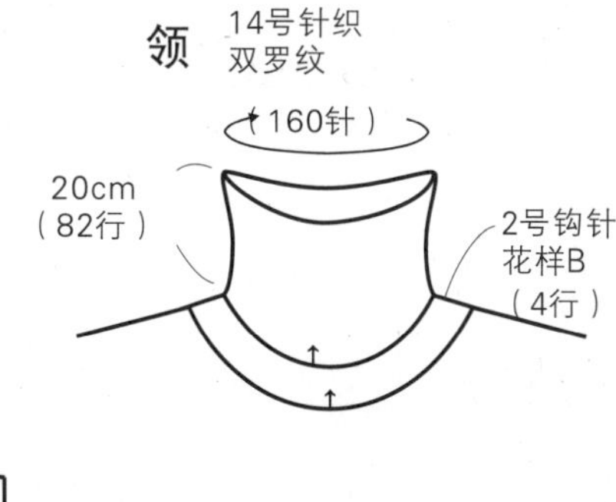

领
14号针织
双罗纹
（160针）
20cm
（82行）
2号钩针
花样B
（4行）

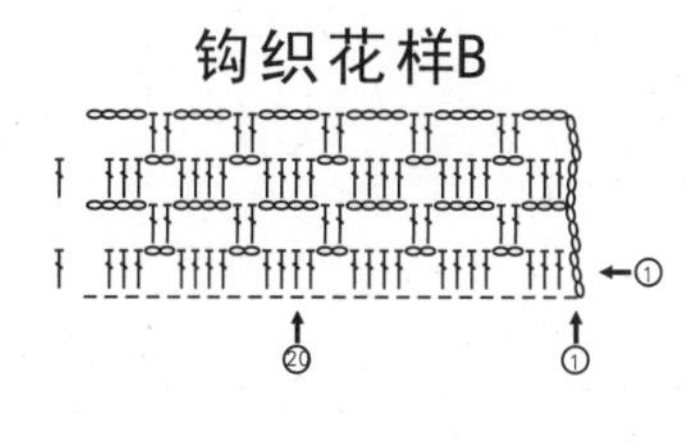

钩织花样B

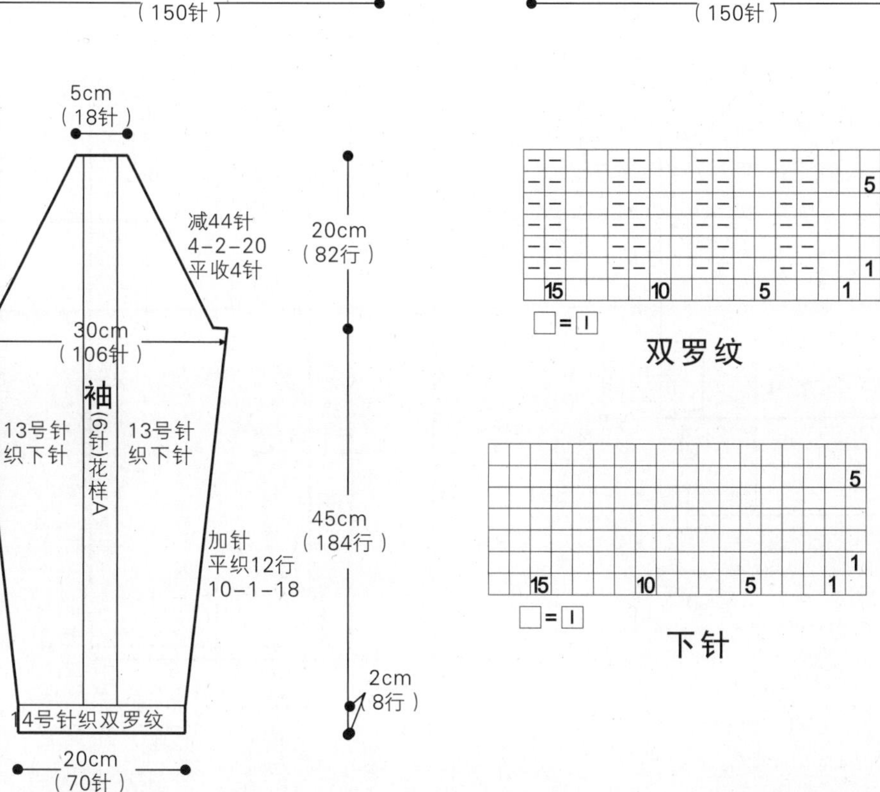

5cm
（18针）
减44针
4-2-20
平收4针
20cm
（82行）
30cm
（106针）
袖
13号针
织下针
(6针)花样A
13号针
织下针
加针
平织12行
10-1-18
45cm
（184行）
2cm
（8行）
14号针织双罗纹
20cm
（70针）
双罗纹
下针

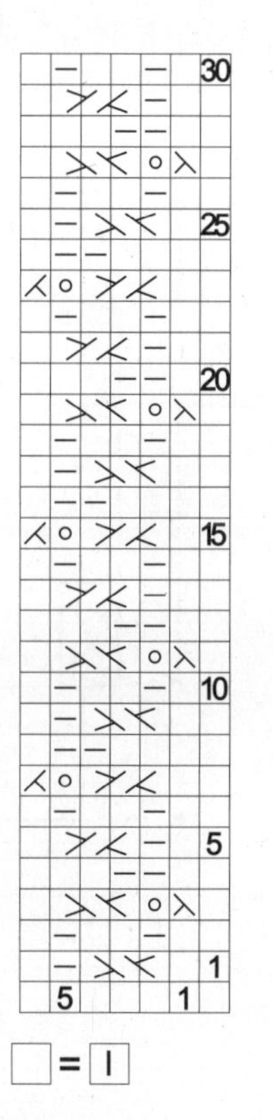

编织花样A

作品196

【成品规格】胸宽40.5cm，衣长83.5cm，肩宽33cm
【工　　具】5号、7号棒针
【编织密度】19针×26行=10cm²
【材　　料】白色棉线2股350g，黑色棉线1股100g

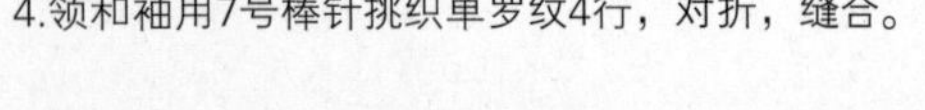

制作说明

1.先织后片，用7号棒针起77针，织6cm，换5号棒针编织下针，两侧各加2针，编织4针单罗纹，织8行后，两侧按图减2针，继续往上织到24cm，按图开始袖窿减针，织至袖窿长15.5cm，开始斜肩减针，减针方法如图，织至最后2行，按图后领减针，肩留24针，待用。

2.前片，用7号棒针起4针，织4行单罗纹，按图侧缝加2针，编织4针单罗纹，不加不减织40.5cm，按图侧缝减2针，继续往上织24cm到腋下，开始袖窿减针，织至衣长最后17cm，进行领口减针，6-1-6，织至袖窿长15.5cm时，斜肩减针，肩留24针，待用。用同样的方法织另一片前片。

3.合并侧缝线和肩线。

4.领和袖用7号棒针挑织单罗纹4行，对折，缝合。

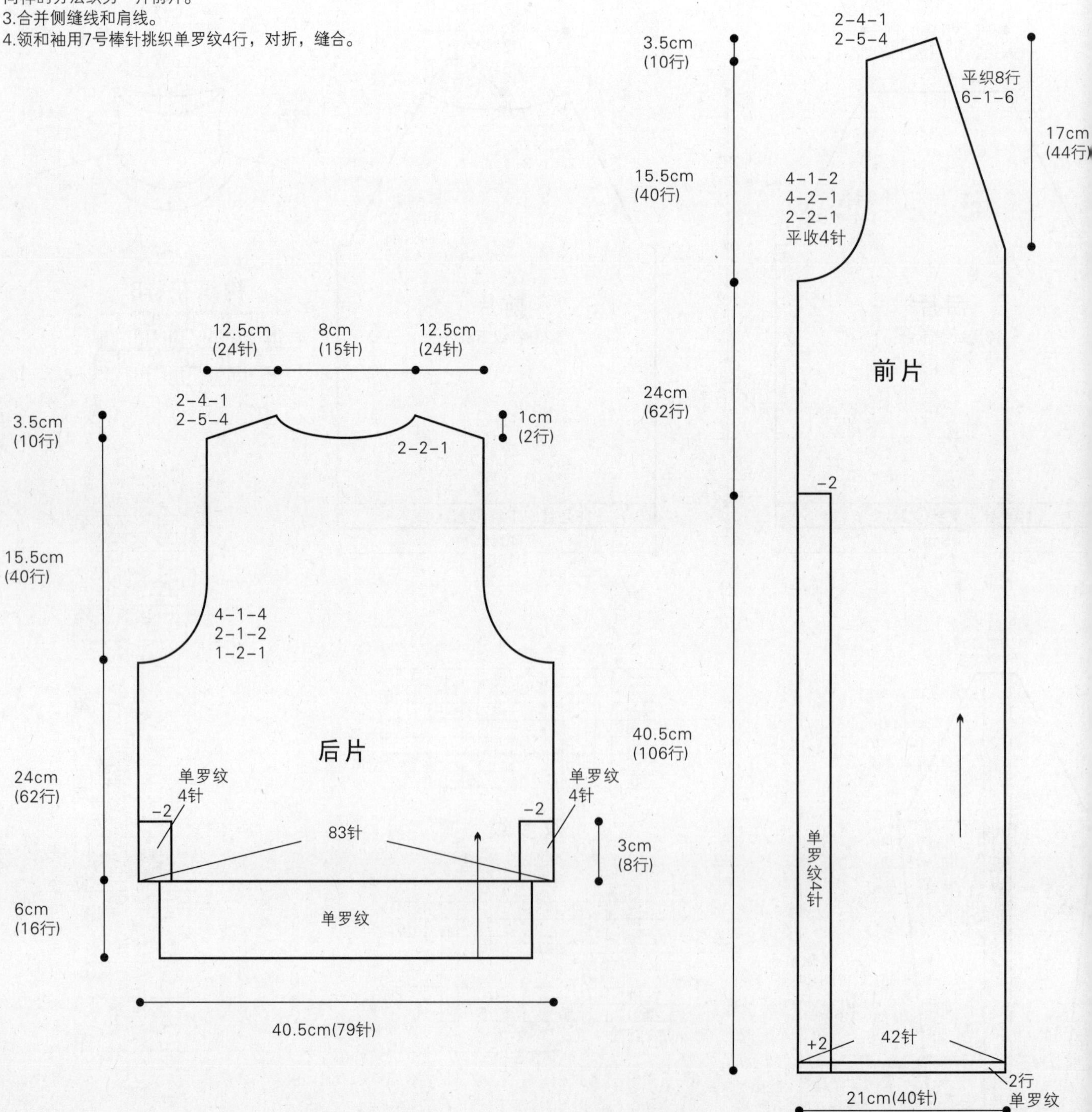

12.5cm
(24针)
2-4-1
2-5-4
3.5cm
(10行)
平织8行
6-1-6
17cm
(44行)
15.5cm
(40行)
4-1-2
4-2-1
2-2-1
平收4针
12.5cm
(24针)
8cm
(15针)
12.5cm
(24针)
前片
2-4-1
2-5-4
24cm
(62行)
3.5cm
(10行)
1cm
(2行)
2-2-1
-2
15.5cm
(40行)
4-1-4
2-1-2
1-2-1
40.5cm
(106行)
后片
24cm
(62行)
单罗纹
4针
单罗纹
4针
-2
-2
83针
3cm
(8行)
单罗纹4针
单罗纹
6cm
(16行)
40.5cm(79针)
+2
42针
2行
21cm(40针)
单罗纹

作品197

【成品规格】衣长26cm，胸围80cm，连肩袖长19cm
【工　　具】8号、10号棒针
【编织密度】20针×25行=10cm²
【材　　料】紫色毛线150g，纽扣3颗

符号说明

⋋	右上2针并1针
⋌	左上2针并1针
O	加针
⋀	中上3针并1针

制作说明

1.后片：用10号针起78针织双罗纹7cm，换8号针织花样，并同时开袖窿，腋下各平收2针，再留一针为径减针24次，织花样36行后上面织平针，减针完成后平收。
2.前片：织39针，织法同后片。花样织26行后开始织领窝，按图示减针。另一片对称织。
.袖：从袖口往上织。直接用8号针起针织花样，织开挂后的部分。织法同后片。最后20针平收。
.领、门襟：先挑织门襟。沿边缘挑40针织双罗纹10行，左侧开扣洞3个。再挑针织领：沿领窝挑106针织双罗纹，边缘按图示减针成小V形，织22行平收。缝合纽扣，完成。

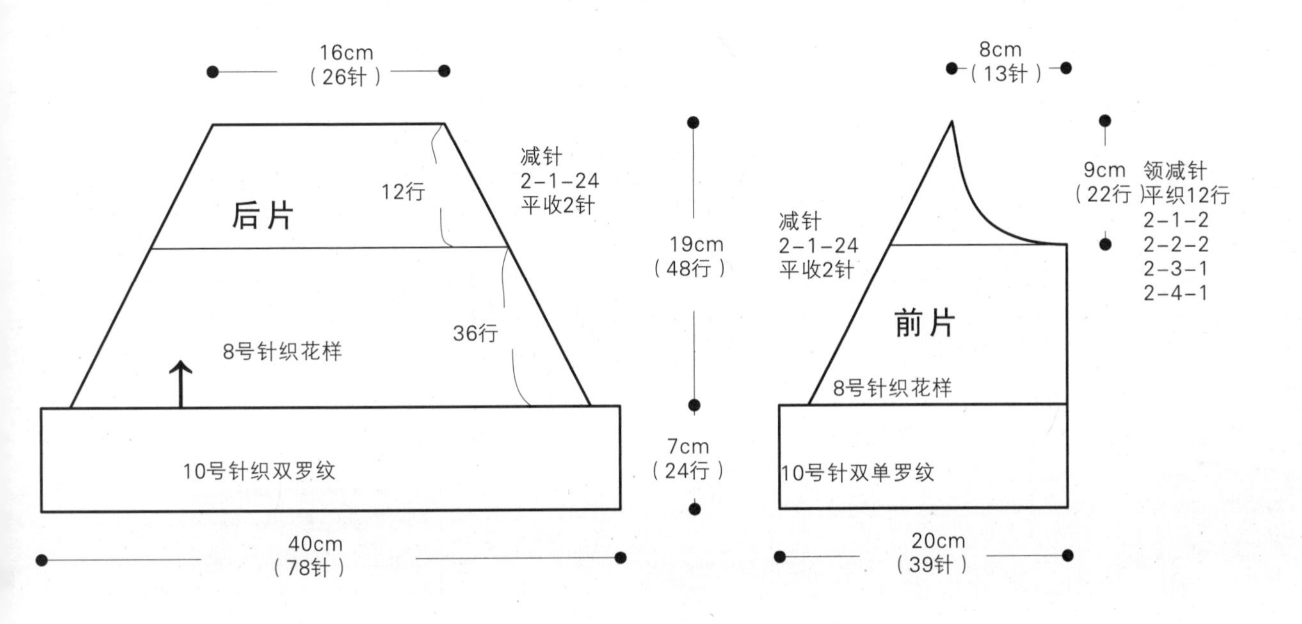

16cm
（26针）
后片
12行
减针
2-1-24
平收2针
36行
8号针织花样
10号针织双罗纹
40cm
（78针）
19cm
（48行）
7cm
（24行）
8cm
（13针）
9cm
（22行）
领减针
平织12行
2-1-2
2-2-2
2-3-1
2-4-1
减针
2-1-24
平收2针
前片
8号针织花样
10号针双单罗纹
20cm
（39针）

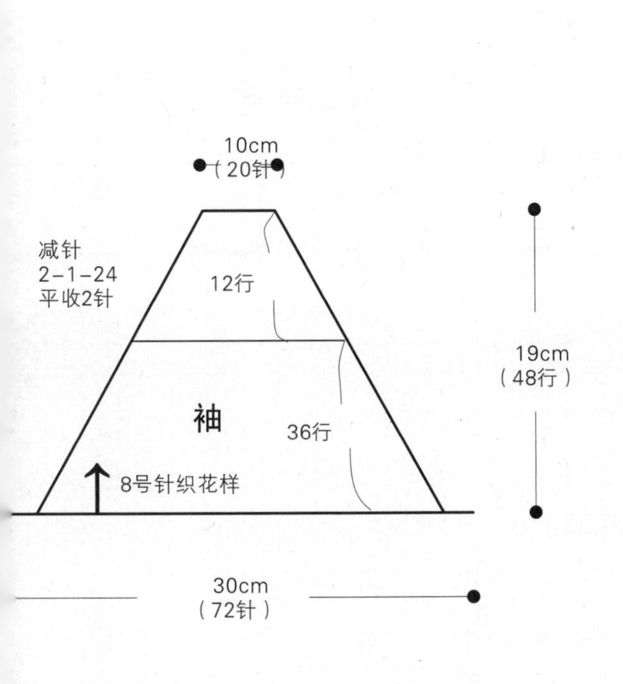

10cm
（20针）
减针
2-1-24
平收2针
12行
袖
36行
8号针织花样
19cm
（48行）
30cm
（72针）

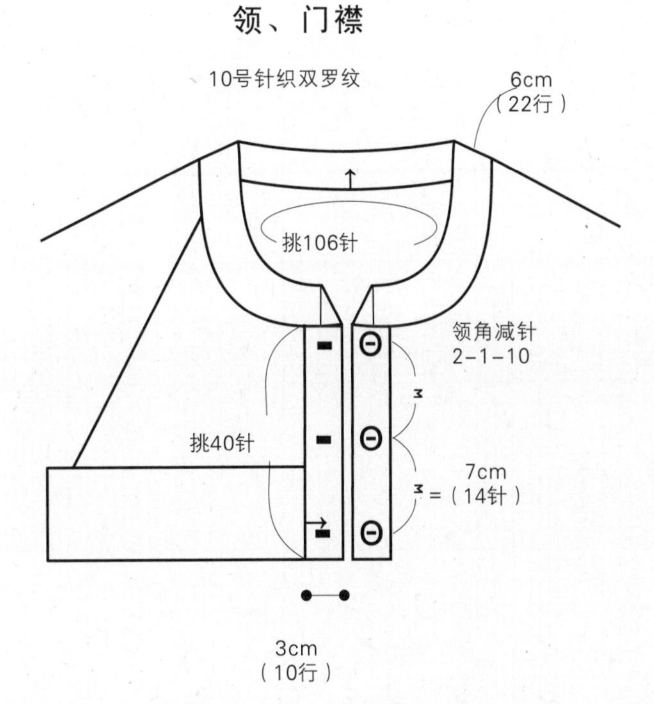

领、门襟
10号针织双罗纹
6cm
（22行）
挑106针
领角减针
2-1-10
挑40针
7cm
＝（14针）
3cm
（10行）

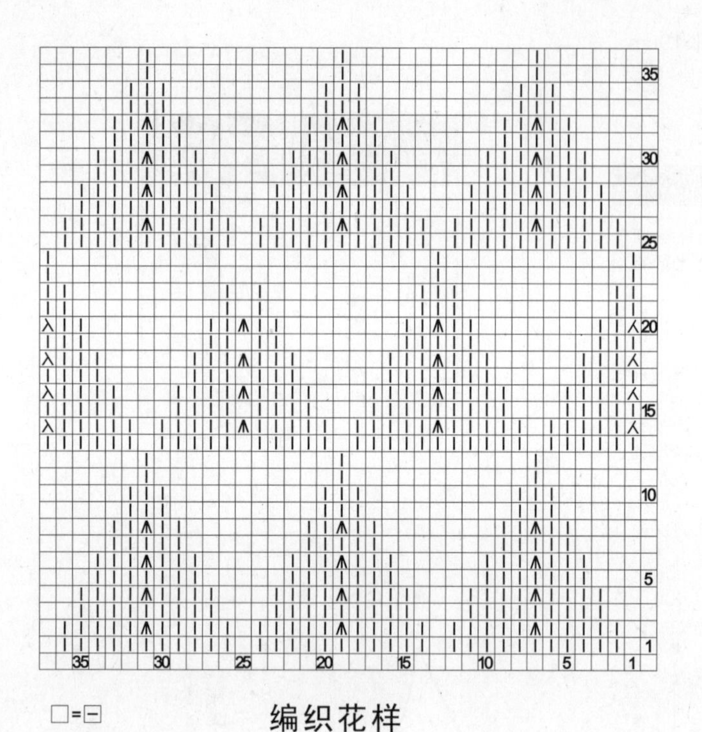

□=⊟　编织花样

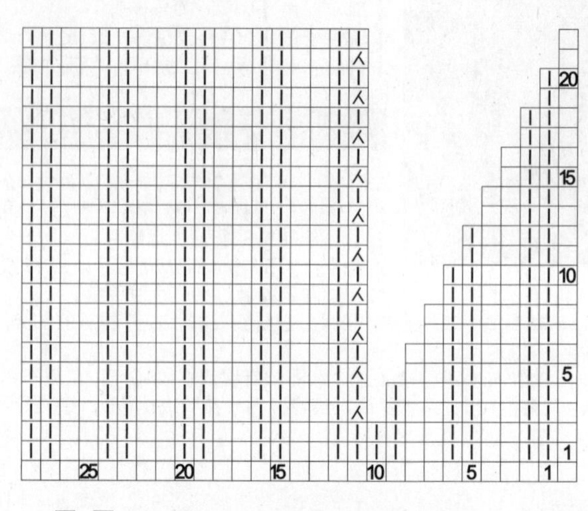

□=⊟　双罗纹领角收针图解

作品198

【成品规格】长160cm，宽36cm
【工　　具】9号棒针
【编织密度】21针×25行=10cm²
【材　　料】灰色毛线300g

制作说明

一片式披肩：起76针，织花样6组，边缘对称加4针平针。花样可织任意长度，最后平收。完成。

符号说明

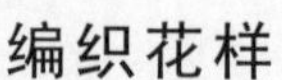 2针左上交叉

编织花样

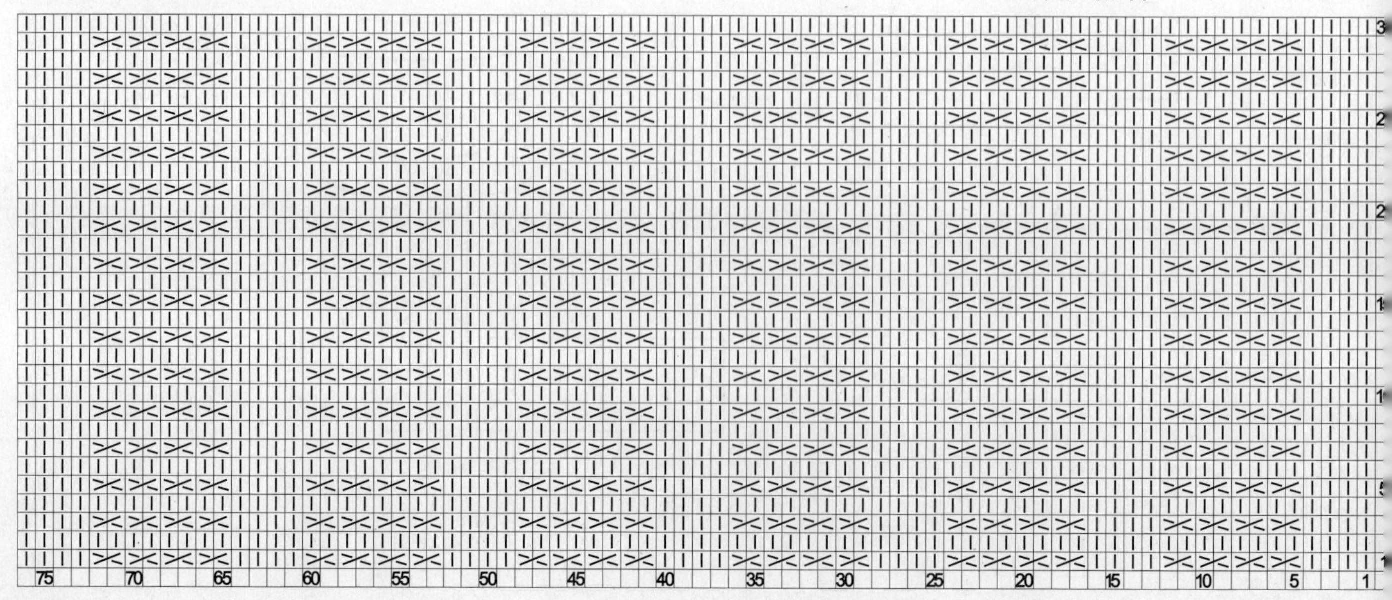

作品199

【成品规格】长168cm，宽36cm
【工　　具】10号棒针
【编织密度】22针×30行=10cm²
【材　　料】深灰色毛线300g

制作说明

一片式披肩：起78针织36行双罗纹后收掉1针排花样织，织所需长度后，加1针对称织36行双罗纹平收，完成。

符号说明

6针左上交叉
6针右上交叉

□=⊟ 编织花样

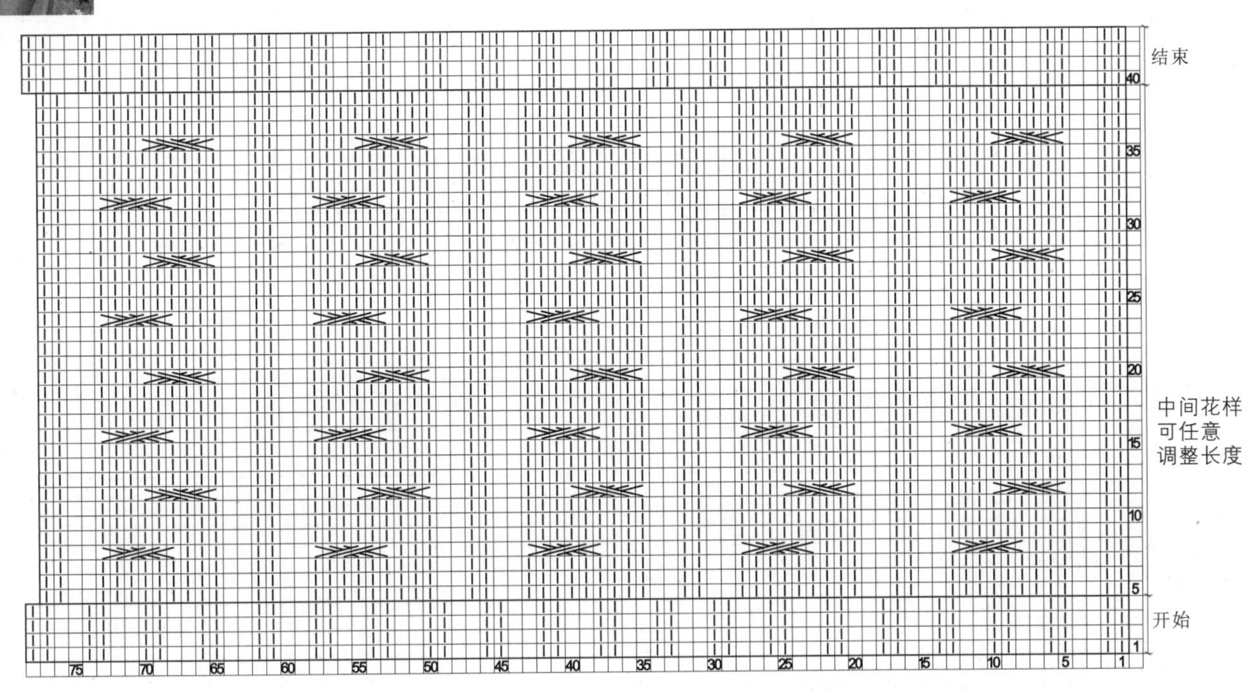

结束
中间花样
可任意
调整长度
开始

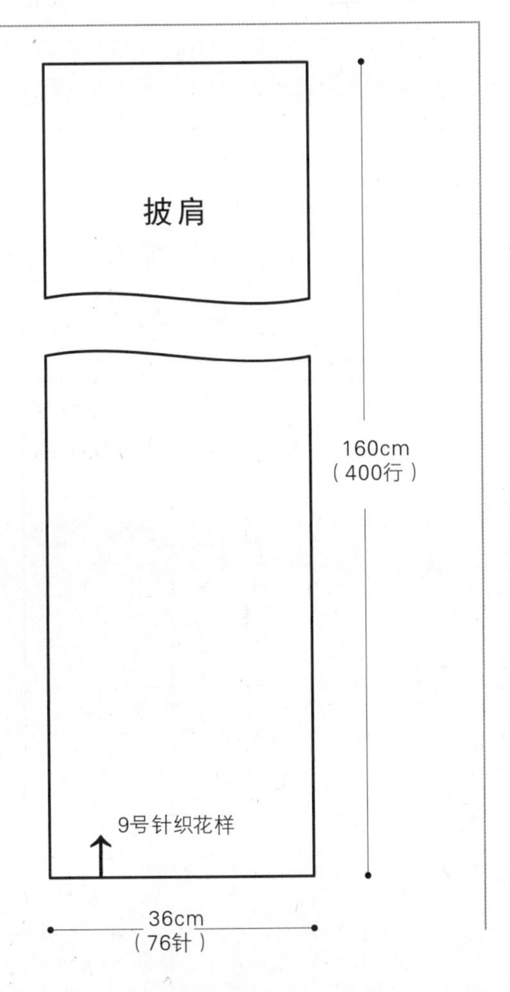

披肩
160cm
(400行)
9号针织花样
36cm
(76针)

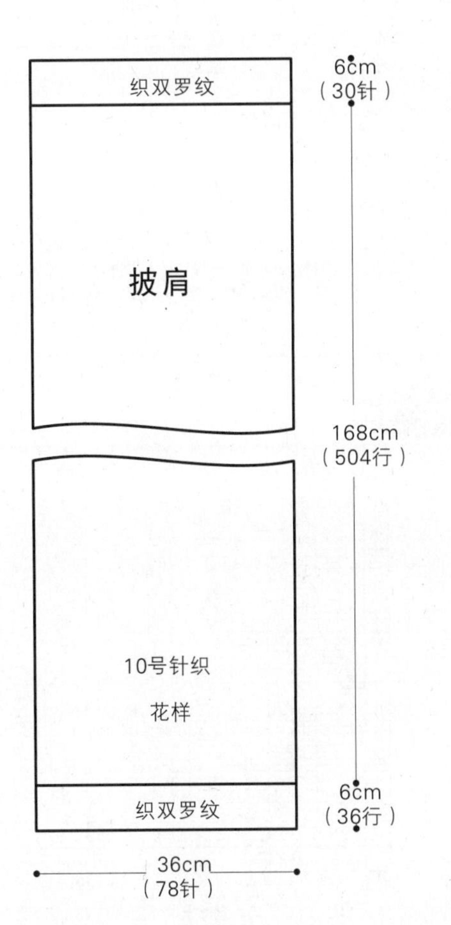

织双罗纹
6cm
(30针)
披肩
168cm
(504行)
10号针织
花样
织双罗纹
6cm
(36行)
36cm
(78针)

作品200

【成品规格】见图
【工　　具】10号棒针
【编织密度】36针×38行=10cm²
【材　　料】黑色夹金丝毛线200g

制作说明

1.织2块不同的长方形，缝合而成。
2.上片：起108针织80cm平收。
3.下片：起108针织150cm平收。
4.口袋：织2块口袋，织好后花纹横向缝合。
5.缝合：上片对折，两端各10cm缝合，即相同字母对应的线段。下片与上片连接处，相同字母对应的线段缝合。完成。

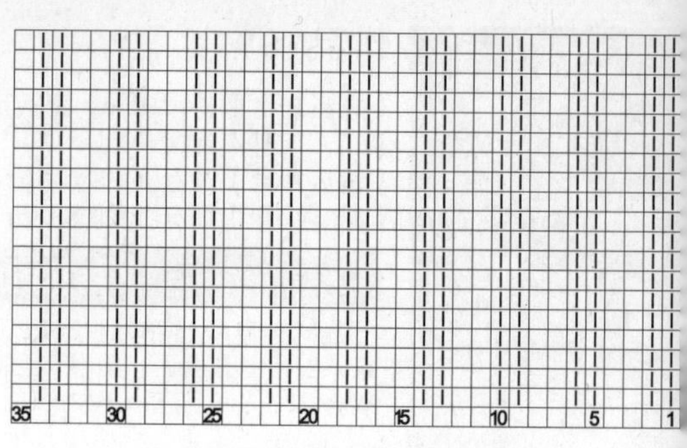

35
30
25
20
15
10
5
1
□=⊟

双罗纹编织花样

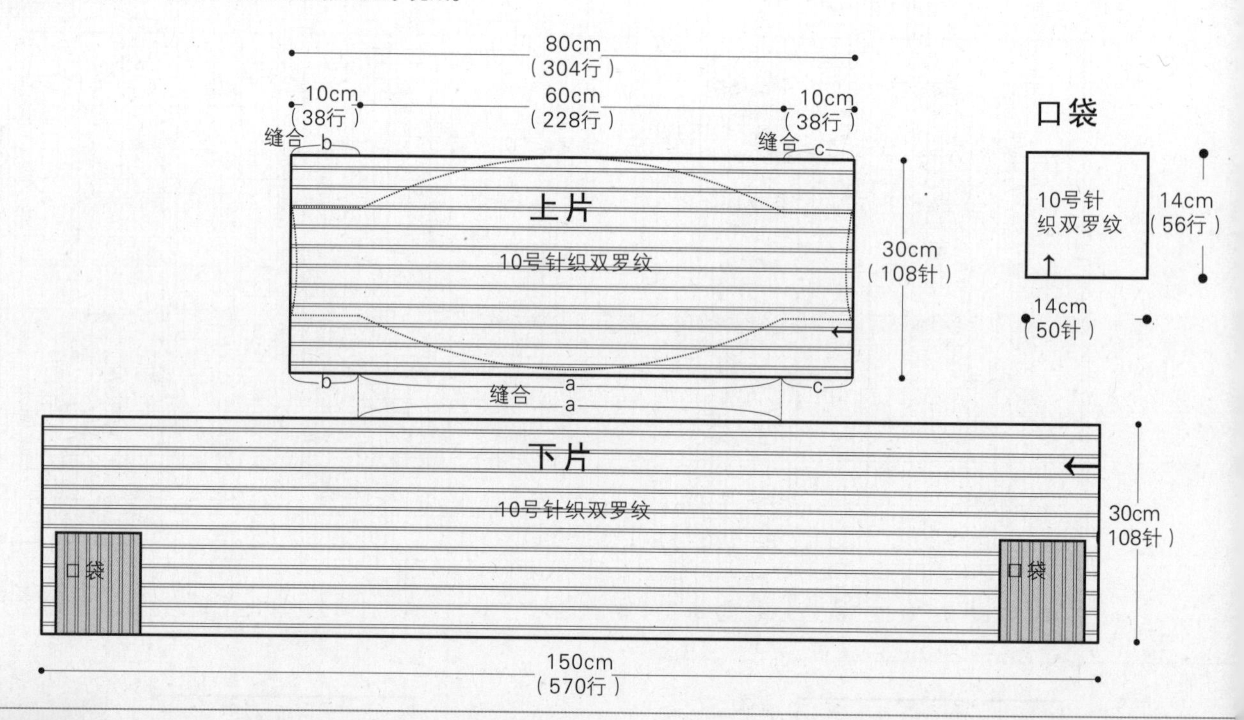

80cm
（304行）
10cm
（38行）
60cm
（228行）
10cm
（38行）
缝合
b
缝合
c
上片
10号针织双罗纹
30cm
（108针）
b
缝合
a
a
c
下片
10号针织双罗纹
口袋
口袋
30cm
（108针）
150cm
（570行）
口袋
10号针
织双罗纹
14cm
（56行）
14cm
（50针）

作品201

【成品规格】长160cm，宽36cm
【工　　具】9号棒针
【编织密度】14针×20行=10cm²
【材　　料】灰色段染毛线300g

制作说明

1.一片式披肩：起50针，先织2行单罗纹，然后织花样。
2.花样可织任意长度，最后织2行单罗纹。收针完成。

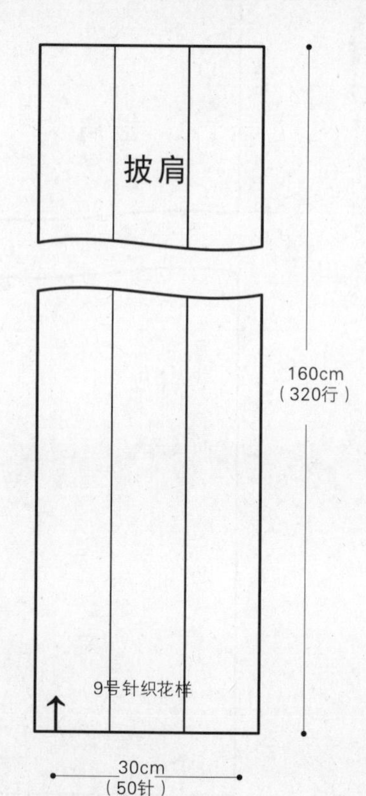

披肩
160cm
（320行）
9号针织花样
30cm
（50针）

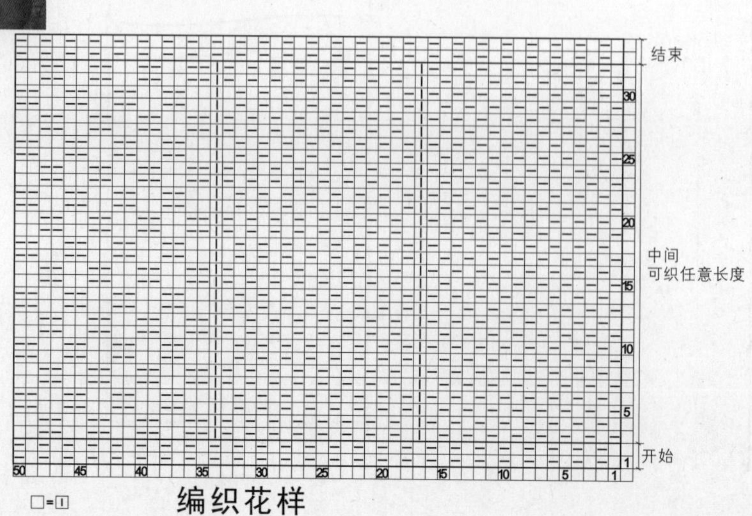

结束
30
25
20
中间
可织任意长度
15
10
5
1
开始
50
45
40
35
30
25
20
15
10
5
1
□=⊟

编织花样

作品202

【成品规格】帽围48cm，帽高28cm， 围巾长200cm，宽26.5cm
【工　　具】10号棒针
【编织密度】16针×22行=10cm²
【材　　料】灰色段染线600g

制作说明

1.帽子：用10号针起76针环织4行下针，改织4行双罗纹，然后平织38行花样B，按每2行分散减针8针的方法减针，减8次，用线尾串起余下的针数收紧帽顶。绕制1个直径约5cm的绒球，绑系于帽顶。

2.围巾：用10号针起62针织10行双罗纹，然后平织420行花

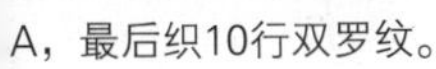

A，最后织10行双罗纹。

符号说明

2针左上交叉
4针左上交叉
6针左上交叉
6针右上交叉

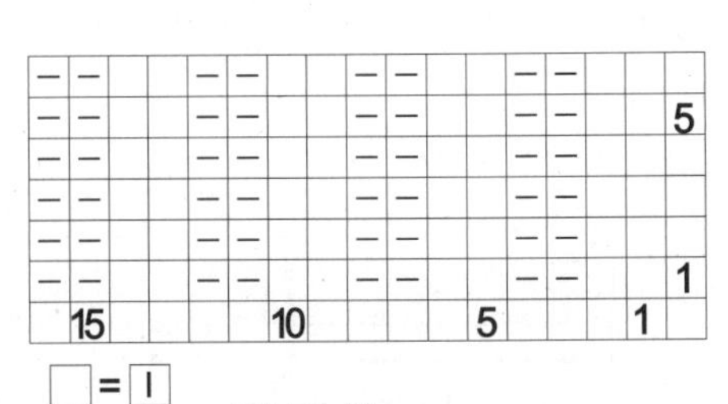

15
10
5
1
□=I

双罗纹

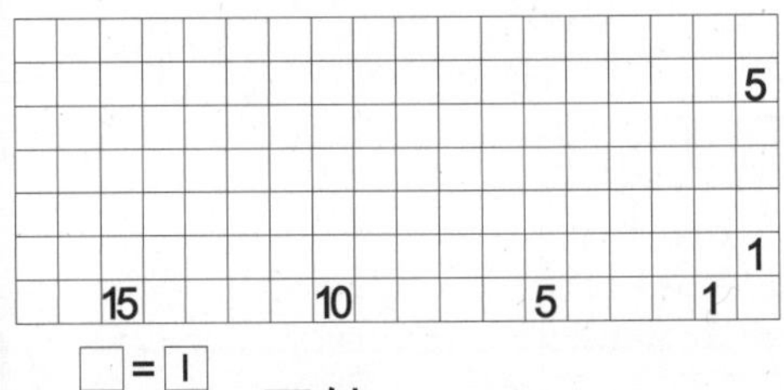

15
10
5
1
□=I

下针

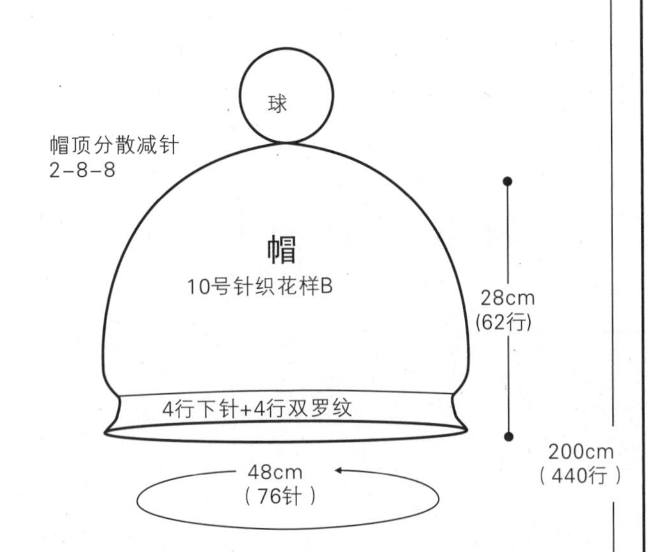

球
帽顶分散减针
2-8-8
帽
10号针织花样B
28cm
(62行)
4行下针+4行双罗纹
48cm
(76针)

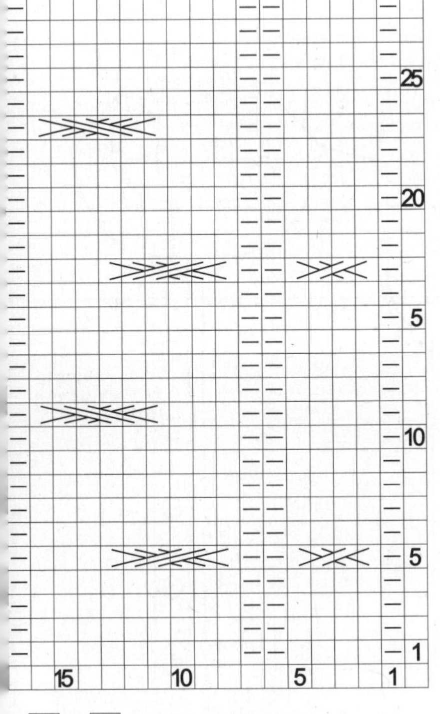

25
20
15
10
5
1
□=I

编织花样A

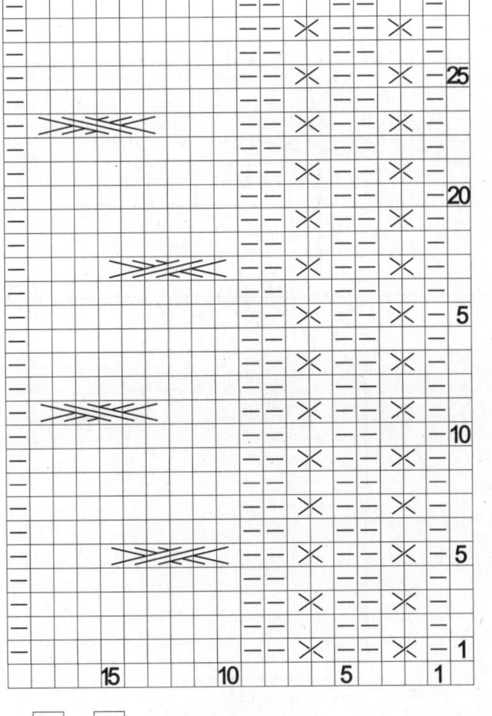

25
20
15
10
5
1
□=I

编织花样B

10号针织10行双罗纹

200cm
（440行）

围巾
10号针织花样A

10号针织10行双罗纹

39cm
（62针）

作品203

【成品规格】衣长60cm，胸围88cm，袖长54cm
【工　　具】14号棒针
【编织密度】38针×40行=10cm²
【材　　料】浅灰色毛线550g

制作说明

1.后片：起170针织单罗纹8行后织花样，平织148行开袖窿，腋下各平收5针，再依次减针，后领窝平收，肩用引退针法织斜肩。

2.前片：开衫，分两片织。起85针织单罗纹8行后织花样，织法同后片。开袖窿后织28行开始织领，中心平收6针，再依次减针至完成，最后平织6行。

3.袖：从袖口往上织。起68针织单罗纹8行织花样，两侧按图示加针，织164行织袖山，腋下各平收4针，再依次减针，最后28针平收。

4.领、门襟：先挑针织门襟，沿一侧挑138针织单罗纹8行，左侧开5个扣眼。领沿领窝挑116针，其中门襟位置各挑4针。织花样26行后织单罗纹6行平收。缝合纽扣，完成。

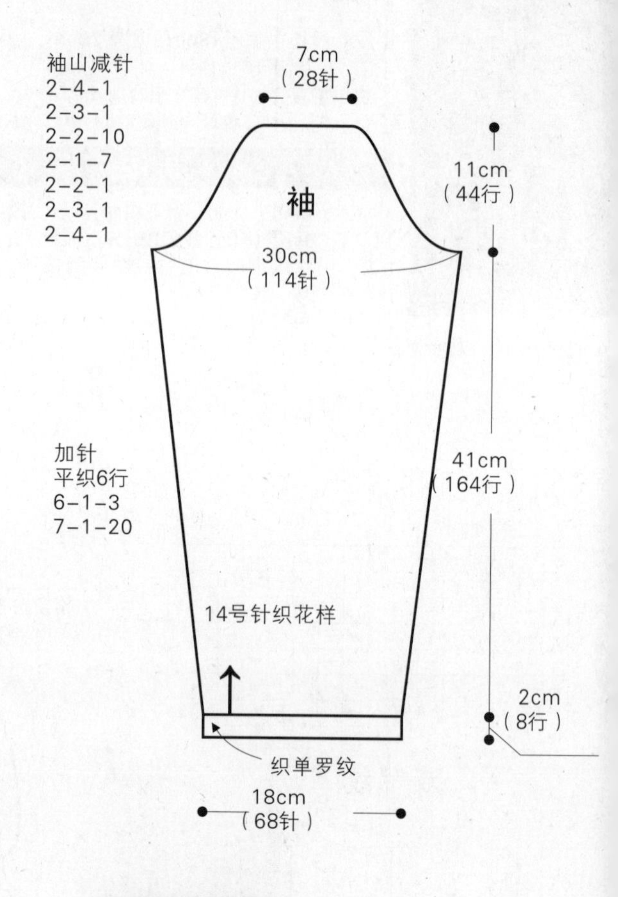

袖山减针
2-4-1
2-3-1
2-2-10
2-1-7
2-2-1
2-3-1
2-4-1
7cm
（28针）
11cm
（44行）
袖
30cm
（114针）
加针
平织6行
6-1-3
7-1-20
41cm
（164行）
14号针织花样
2cm
（8行）
织单罗纹
18cm
（68针）

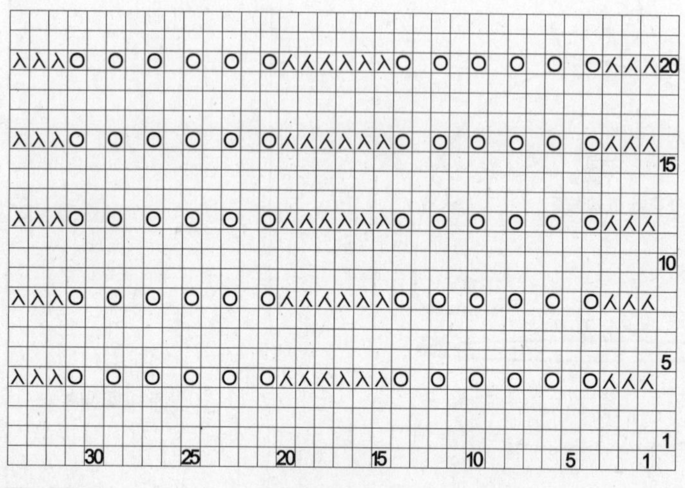

20
15
10
5
1
30
25
20
15
10
5
1
□=|

编织花样

符号说明

⧅ 右上2针并1针
⧄ 左上2针并1针
⊡ 加针

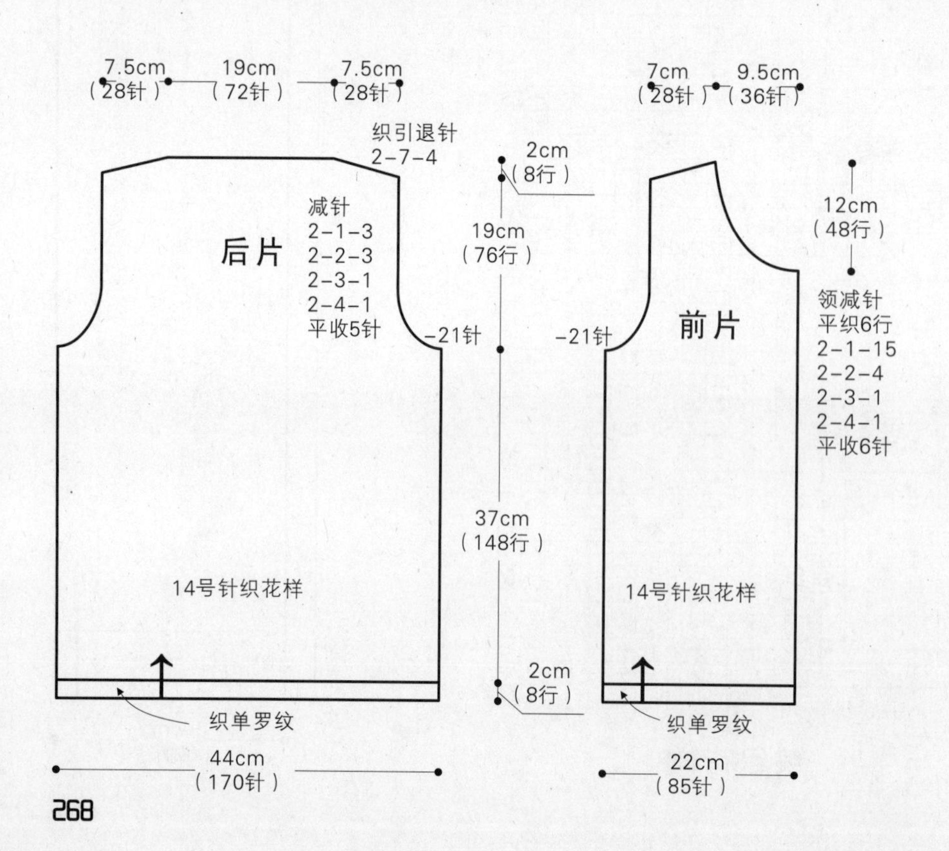

7.5cm
（28针）
19cm
（72针）
7.5cm
（28针）
织引退针
2-7-4
2cm
（8行）
减针
2-1-3
2-2-3
2-3-1
2-4-1
平收5针
后片
19cm
（76行）
-21针
-21针
37cm
（148行）
14号针织花样
2cm
（8行）
织单罗纹
44cm
（170针）
7cm
（28针）
9.5cm
（36针）
12cm
（48行）
前片
领减针
平织6行
2-1-15
2-2-4
2-3-1
2-4-1
平收6针
14号针织花样
织单罗纹
22cm
（85针）

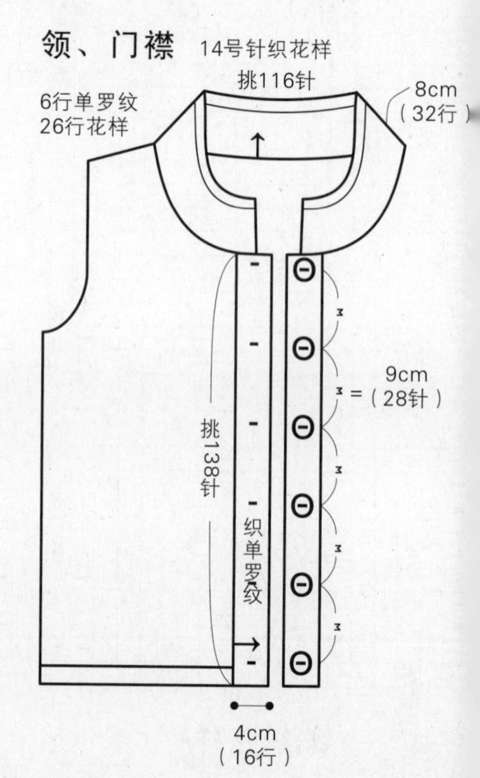

领、门襟
14号针织花样
挑116针
8cm
（32行）
6行单罗纹
26行花样
挑138针
织单罗纹
9cm
=（28针）
4cm
（16行）

作品204

【成品规格】衣长65cm，胸宽52cm，肩宽38cm
【工　　具】9号棒针
【编织密度】14针×28行=10cm^2
【材　　料】浅紫色羊毛线650g

前片/后片制作说明

1.棒针编织法：由前片与后片组成。用9号棒针编织，从下往上编织。
2.前后片织法：
①前片的编织，双罗纹起针法，起72针，起织花样A，不加减针，织26行的高度，下一行起，依照花样B排花样编织，不加减针，织
)8行的高度至袖窿。下一行起袖窿减针，在从外往内算的第9针上进行
针编织，外8针编织花样C，减针方法为2-1-9，两边各减少9针，织
2行后，下一行进行前衣领减针编织，织片中间收针20针，两边各自
针，2-1-6，不加减针，再织34行至肩部，余下11针，收针断线。
后片的编织：袖窿以下的编织与前片相同，袖窿起减针与前片相同，
织成袖窿算起44行高度后，下一行中间收针28针，两边减针，2-1-
织成4行，至肩部余下11针，收针断线。将前后片的肩部对应缝合，
缝上，下摆26行和花样B24行的高度不缝合，将余下的侧缝边对应缝
。
领片织法：沿前领窝挑84针、后领窝挑36针，共挑起120针，不加减
，织10行花样A，收针断线。衣服完成。

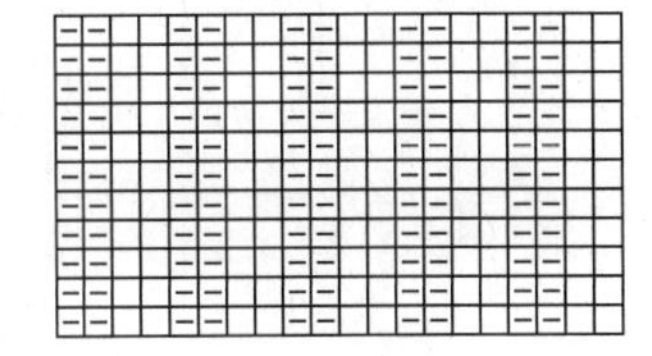
花样A(双罗纹)

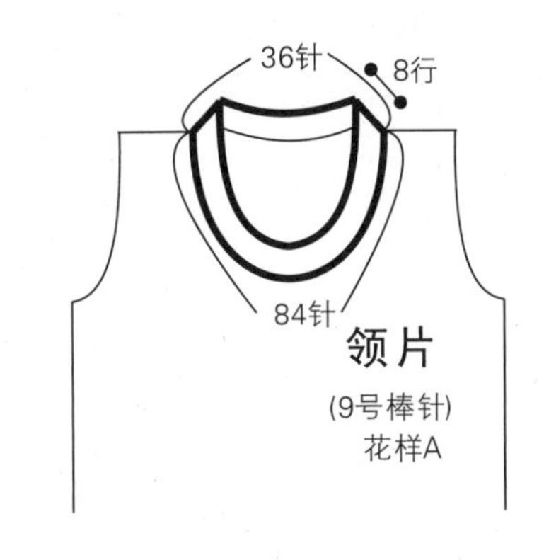
36针
8行
84针
领片
(9号棒针)
花样A

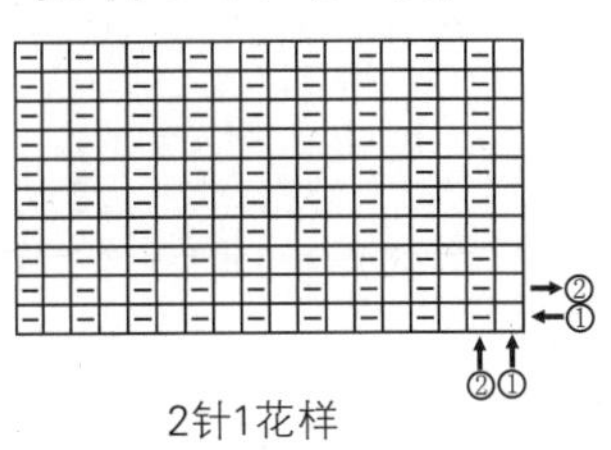
花样C(单罗纹)
②
①
2针1花样

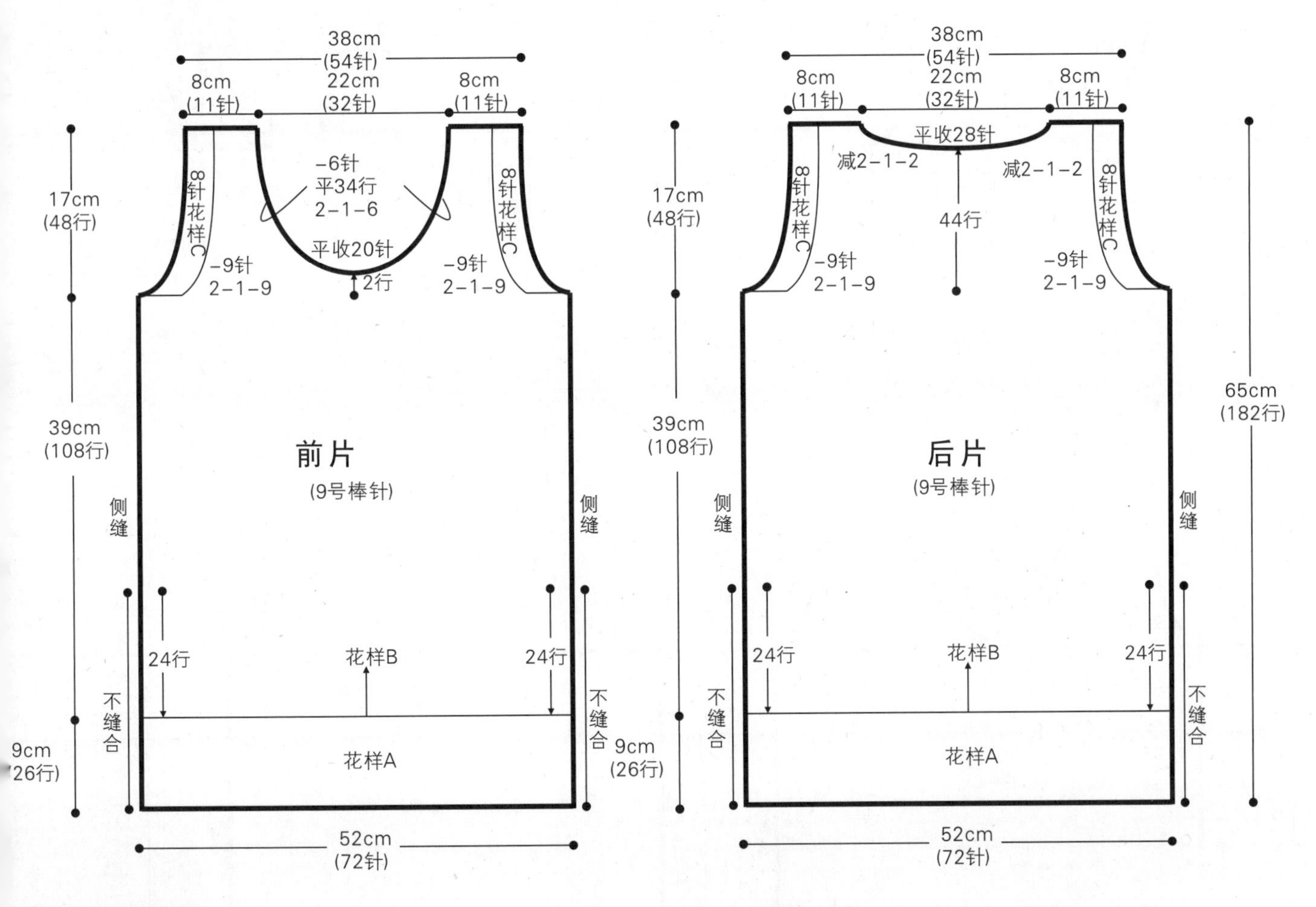
38cm
(54针)
8cm
(11针)
22cm
(32针)
17cm
(48行)
39cm
(108行)
9cm
(26行)
-6针
平34行
2-1-6
平收20针
2行
8针花样C
-9针
2-1-9
前片
(9号棒针)
侧缝
不缝合
24行
花样B
花样A
52cm
(72针)
平收28针
减2-1-2
44行
后片
65cm
(182行)

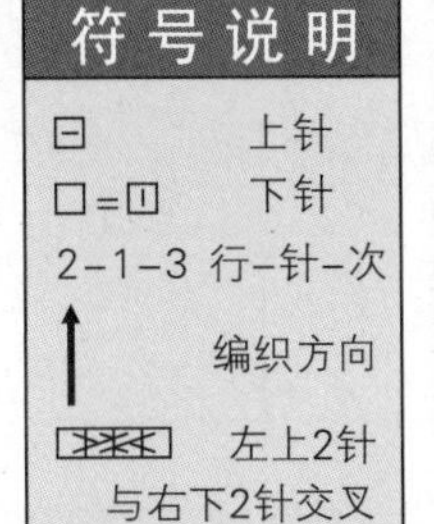
符号说明
上针
下针
2-1-3 行-针-次
编织方向
左上2针与右下2针交叉

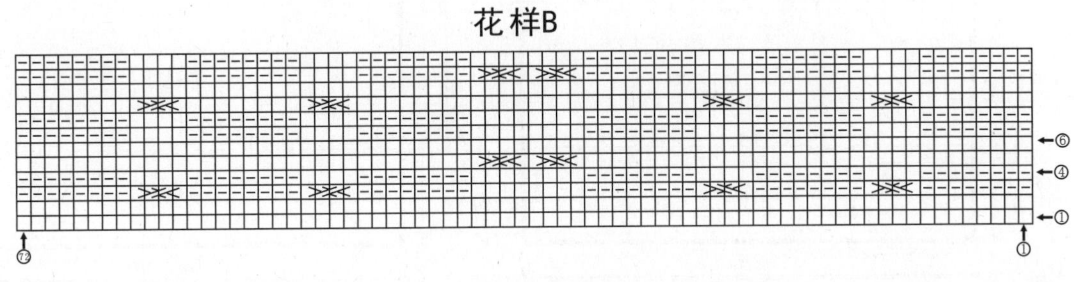
花样B
⑥
④
①
72
①

作品205

【成品规格】衣长60cm，胸宽52.5cm，肩宽30cm
【工　　具】9号棒针
【编织密度】16针×27行=10cm²
【材　　料】黑、白色羊毛线400g

前片/后片/领片/袖片制作说明

1.棒针编织法：由前片与后片组成。用9号棒针编织，从下往上编织。

2.前后片织法：

①前片的编织：单罗纹起针法，起85针，起织花样A，不加减针，织24行的高度，下一行起，全织下针，并依照花样B配色编织。不加减针，织80行的高度至袖窿。下一行起将织片分为两半，中间留1针，衣领减针与袖窿减针同步进行，袖窿减针，2-1-11，衣领减针，2-2-3，4-1-8，织成58行高，余下17针，收针断线。

②后片的编织：后片无配色编织，将花样B改织下针，全用黑色线编织，袖窿以下的针数和行数与前片相同，袖窿以上减针与前片相同，织成54行后开始减后衣领边，下一行中间收针25针，两边减针，2-1-2，至肩部余下17针，收针断线。将前后片的肩部对应缝合，再将侧缝对应缝合。

3.领片织法：沿前领窝两边各挑48针、后领窝挑36针，共挑起132针，在前衣领V转角处所留的1针上进行并针编织，每织2行将3针并为1针，中间1针在上，织12行花样A，收针断线。袖口一圈挑88针，起织花样A，织12行的高度后收针断线，衣服完成。

花样B

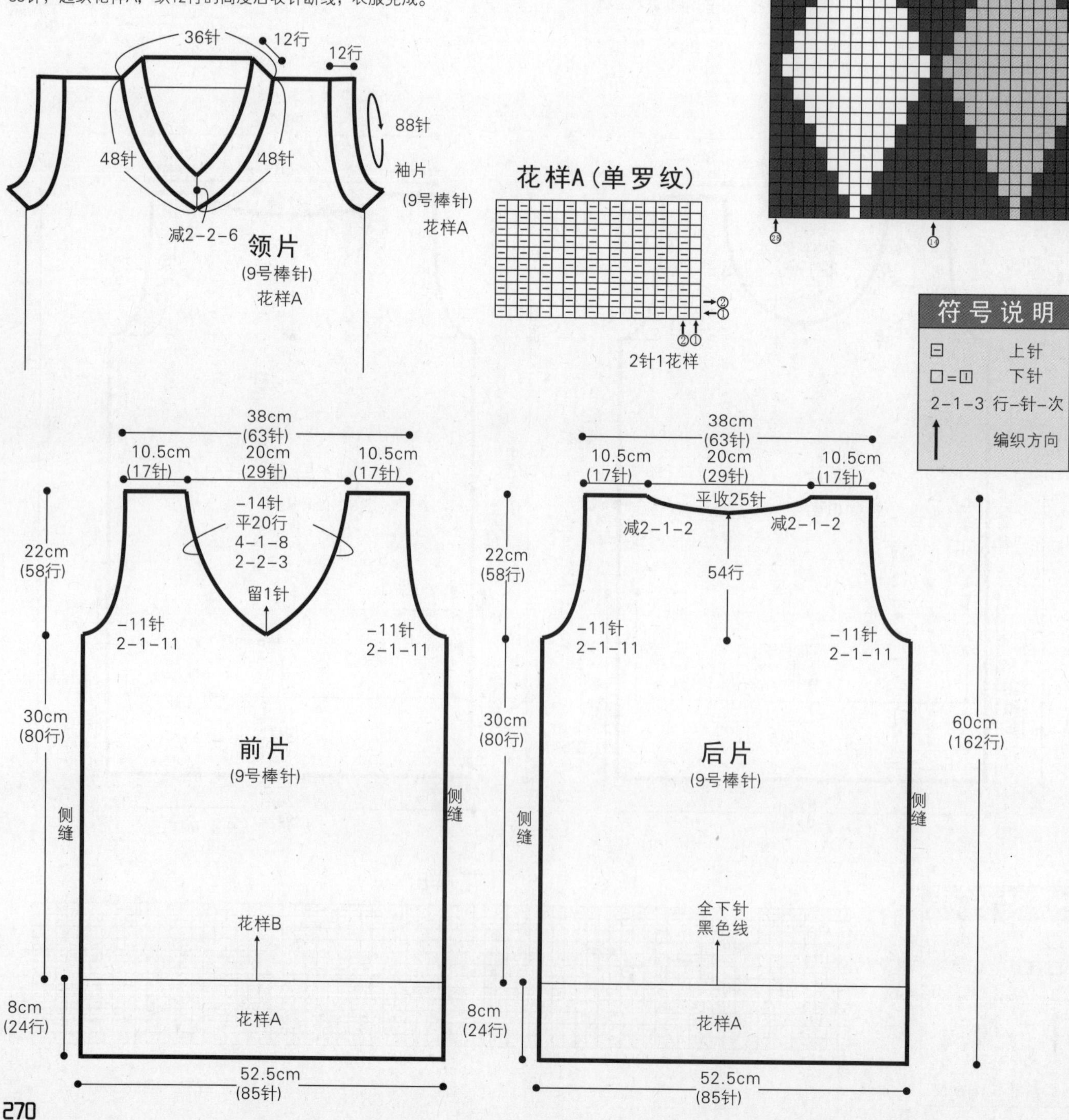

36针
12行
12行
88针
48针
48针
袖片
(9号棒针)
花样A
减2-2-6
领片
(9号棒针)
花样A
花样A(单罗纹)
2针1花样
符号说明
上针
□=□ 下针
2-1-3 行-针-次
编织方向
38cm
(63针)
10.5cm
(17针)
20cm
(29针)
10.5cm
(17针)
-14针
平20行
4-1-8
2-2-3
留1针
22cm
(58行)
-11针
2-1-11
-11针
2-1-11
30cm
(80行)
前片
(9号棒针)
侧缝
侧缝
花样B
8cm
(24行)
花样A
52.5cm
(85针)
38cm
(63针)
10.5cm
(17针)
20cm
(29针)
10.5cm
(17针)
平收25针
减2-1-2
减2-1-2
54行
22cm
(58行)
-11针
2-1-11
-11针
2-1-11
30cm
(80行)
后片
(9号棒针)
60cm
(162行)
侧缝
侧缝
全下针
黑色线
8cm
(24行)
花样A
52.5cm
(85针)

作品206

【成品规格】衣长60cm，胸围96cm，袖长60cm
【工　　具】9号、11号棒针
【编织密度】18针×22行=10cm²
【材　　料】蓝色毛线450g，纽扣2颗

制作说明

1.后片：11号针起90针织起伏针8行后换9号针织花样，织80行开袖窿，同时改织平针。腋下按图示减针，肩用引退针法织斜肩，后领窝留4行在两侧减针。

2.前片：织法同后片。开袖窿时同时织领。中心平收4针分开织。平织4行后开始减针，至完成。对称织另一半。

袖：从下往上织。袖口织8行起伏针后均加至54针织花样80行，最后8行织起伏针。上面全部织平针，两侧按图示加针后再平织8行开始织袖山，按图示减针，最后10针平收。

领：从领窝挑出128针用11号针织起伏针10行，缝合领叠压的部位，缝合纽扣，完成。

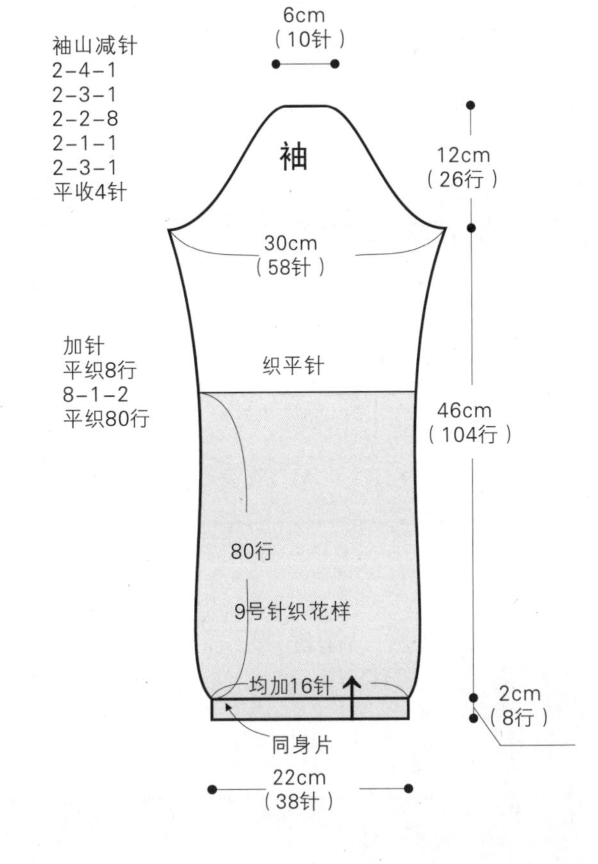

袖山减针
2-4-1
2-3-1
2-2-8
2-1-1
2-3-1
平收4针
6cm
（10针）
袖
12cm
（26行）
30cm
（58针）
加针
平织8行
8-1-2
平织80行
织平针
46cm
（104行）
80行
9号针织花样
均加16针
2cm
（8行）
同身片
22cm
（38针）

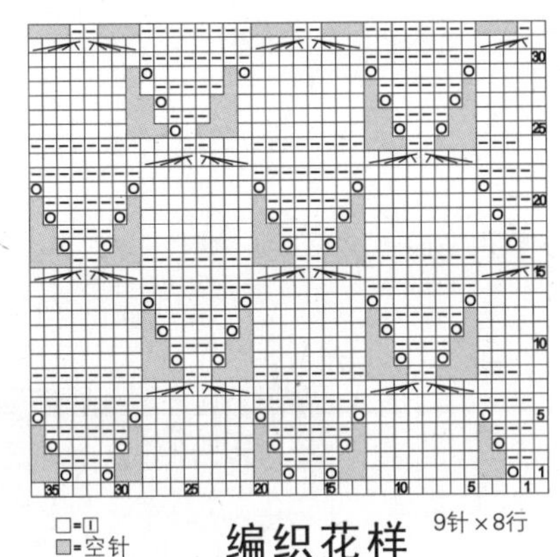

□=▯
▨=空针
9针×8行

编织花样

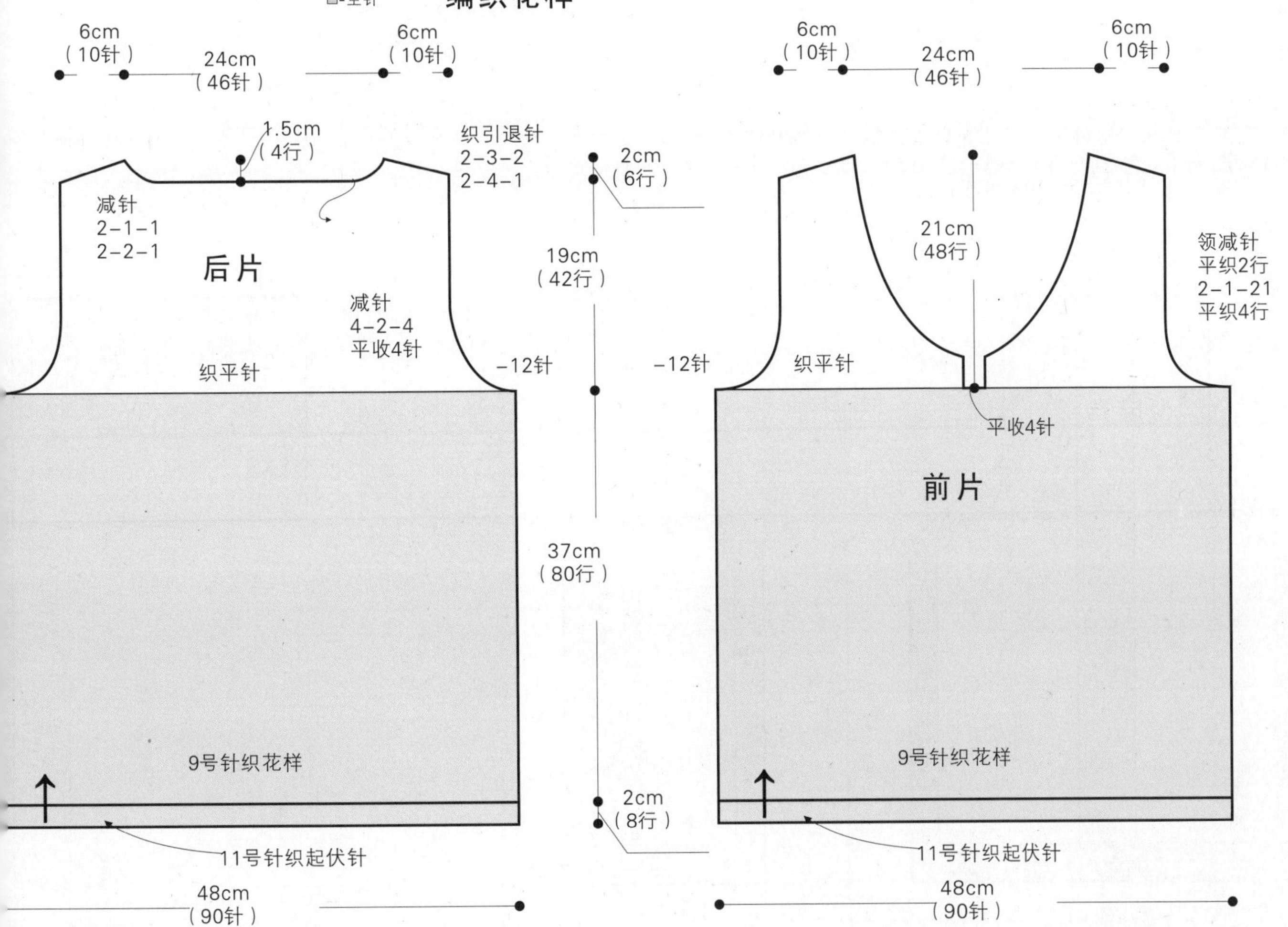

6cm
（10针）
24cm
（46针）
6cm
（10针）
1.5cm
（4行）
织引退针
2-3-2
2-4-1
2cm
（6行）
减针
2-1-1
2-2-1
后片
19cm
（42行）
减针
4-2-4
平收4针
织平针
-12针
37cm
（80行）
9号针织花样
2cm
（8行）
11号针织起伏针
48cm
（90针）
6cm
（10针）
24cm
（46针）
6cm
（10针）
21cm
（48行）
领减针
平织2行
2-1-21
平织4行
-12针
织平针
平收4针
前片
9号针织花样
11号针织起伏针
48cm
（90针）

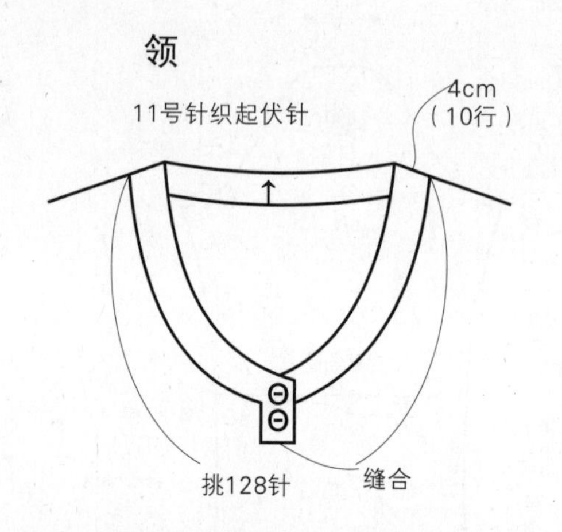
领
11号针织起伏针
4cm
（10行）
挑128针
缝合

符号说明

符号	说明
⊡	加针
[图]	左上4针并1针
[图]	右上4针并1针

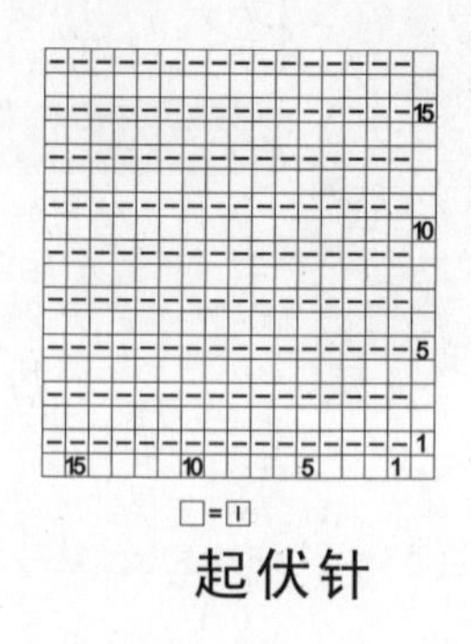
15
10
5
1
15 10 5 1
□=Ⅰ

起伏针

作品207

【成品规格】衣长60cm，胸围84cm

【工　　具】10号棒针

【编织密度】28针×30行=10cm²

【材　　料】紫色毛线300g，小椰子纽扣12颗，大椰子扣4颗

制作说明

1.后片：用10号针起120针织单罗纹12行后，排花样织正身，两侧各10针继续织单罗纹，中心织花样，花样与单罗纹之间织平针，平织31cm开袖窿，以单罗纹为界减针，每4行减2针减14次，织25cm停针。

2.前片：起60针，织法同后片。开袖窿后平织25cm，左侧门襟开4个扣眼，对称织另一片。

3.帽：均匀挑出150针织帽，连接前片的边缘继续织单罗纹和花样，织20cm后中心减针，最后59针缝合帽顶。

4.分别在腋下及门襟缝合大小纽扣，完成。

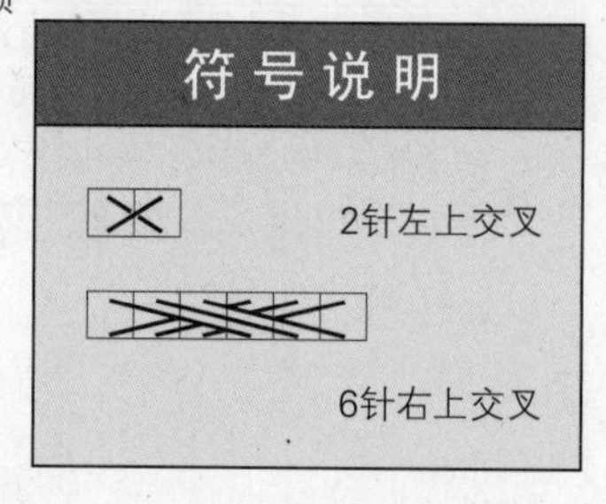
符号说明
2针左上交叉
6针右上交叉

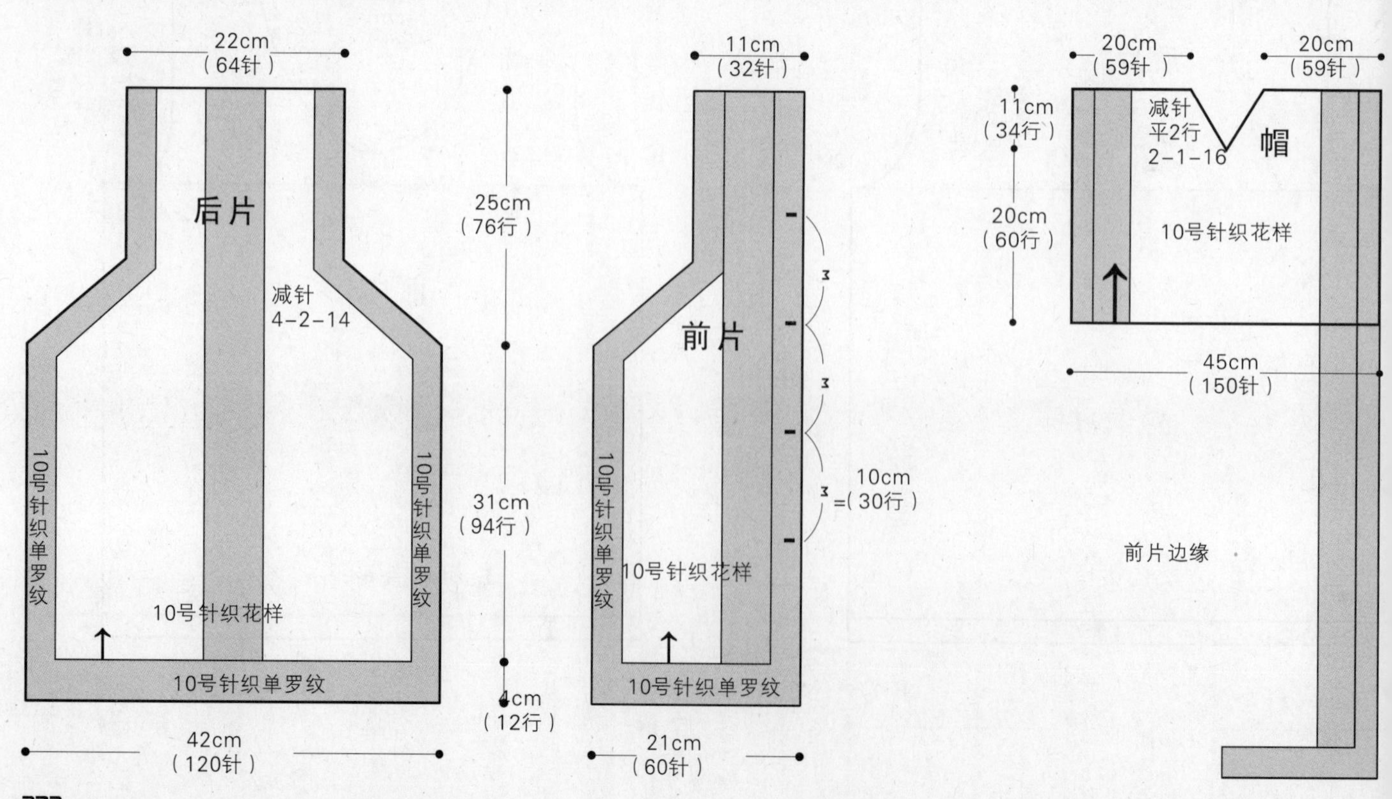
22cm
（64针）
后片
减针
4-2-14
10号针织单罗纹
10号针织单罗纹
10号针织花样
10号针织单罗纹
42cm
（120针）
25cm
（76行）
31cm
（94行）
4cm
（12行）
11cm
（32针）
前片
10号针织单罗纹
10号针织花样
10号针织单罗纹
21cm
（60针）
10cm
=(30行)
20cm
（59针）
20cm
（59针）
11cm
（34行）
减针
平2行
2-1-16
帽
20cm
（60行）
10号针织花样
45cm
（150针）
前片边缘

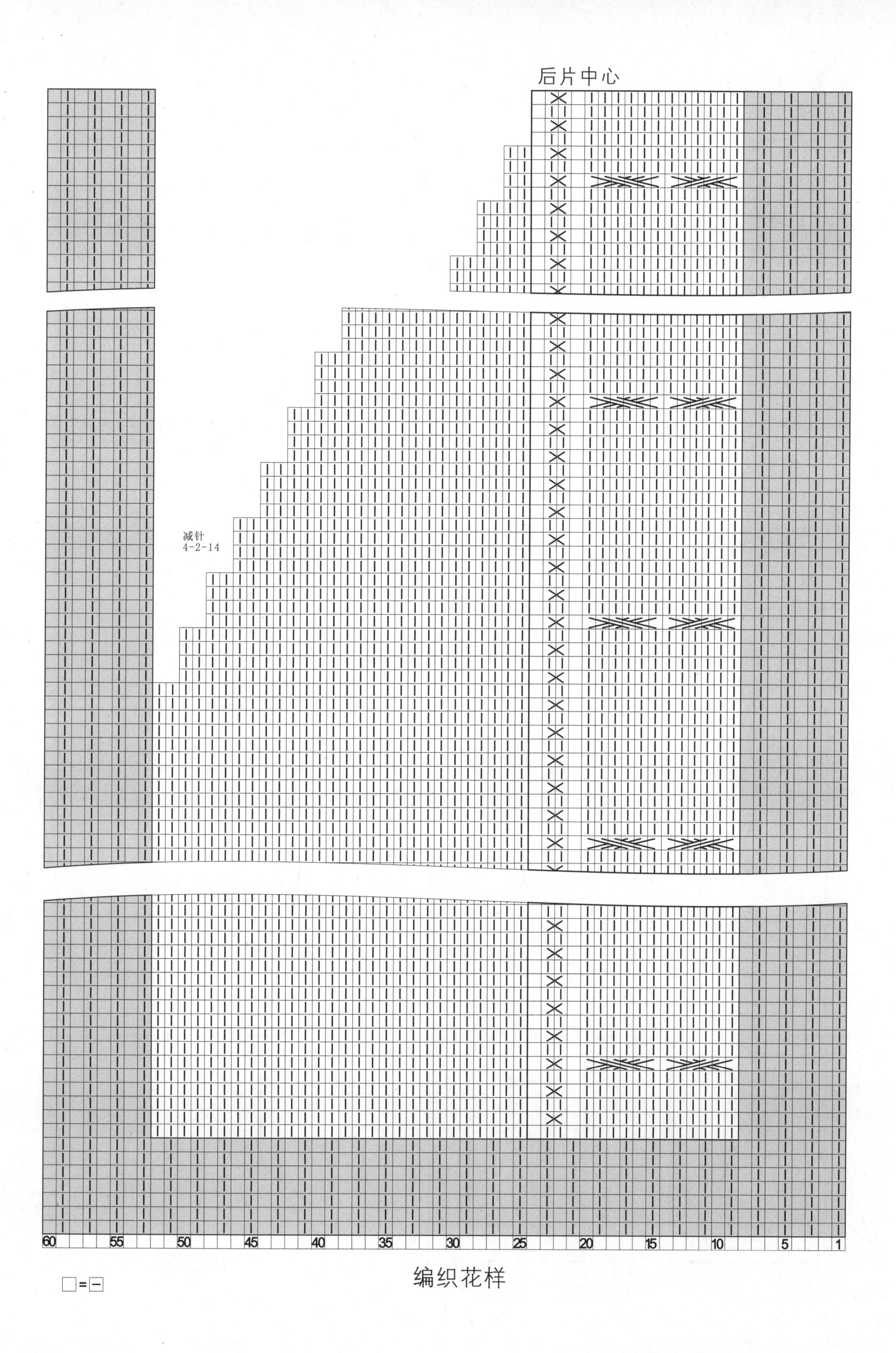
后片中心
减针
4-2-14
60
55
50
45
40
35
30
25
20
15
10
5
1
□=⊟

编织花样

作品208

【成品规格】前片衣长65cm，后片衣长55.6cm，胸宽36cm，肩宽36cm
【工　　具】9号棒针
【编织密度】15针×25行=10cm²
【材　　料】棕色羊毛线600g

前片/后片/领片制作说明

1.棒针编织法：由左前片、右前片、后片和帽片组成。

2.前后片织法：

①前片的编织：分为左前片和右前片。以右前片为例，下针起针法，起42针，起织花样A，不加减针，织72行。下一行起排花型，依照花样B排花样编织。衣襟侧减针，2-1-28，4-1-2，减少30针，再织2行后再次进行减针，2-1-12，再织2行后，余下1针，收针断线。袖窿无减针。制作口袋，起26针，起织下针，不加减针，织30行后改织花样D，织8行后，收针断线。将口袋的下和左右三边缝合于花样A中间。相同的方法，相反的减针方向，去编织左前片。

②后片的编织：下针起针法，起54针，依照花样C排花型编织，在图解中图示的位置减针，两边减针，2-1-7，织成14行，余下40针，不加减针，织36行的高度后，在同一个位置上进行加针，10-1-7，织成70行后，不加减针，织20行后，收针断线。左右前片的下摆，选取与后片下摆减针边相等的宽度进行对应缝合，再将前片的花样A的侧缝边，收缩收褶后，与后片36行的高度位置进行对应缝合，再将前片最后余下的1针，与后片的收针边的两边尖角进行缝合。

3.帽片织法：在前片减30针后的位置开始挑织帽片，2-1-26，挑织至前片收针边，挑出26针，另一边同样挑针法，然后再沿着后片挑出50针，全织下针，不加减针，织54行后，以中心2针上减针，2-1-6，织成12行后，两边各余下45针，对折后缝合。最后沿着左右衣襟边，帽沿边，挑针起织花样D，不加减针，织10行后，收针断线。右衣襟制作3个扣眼。

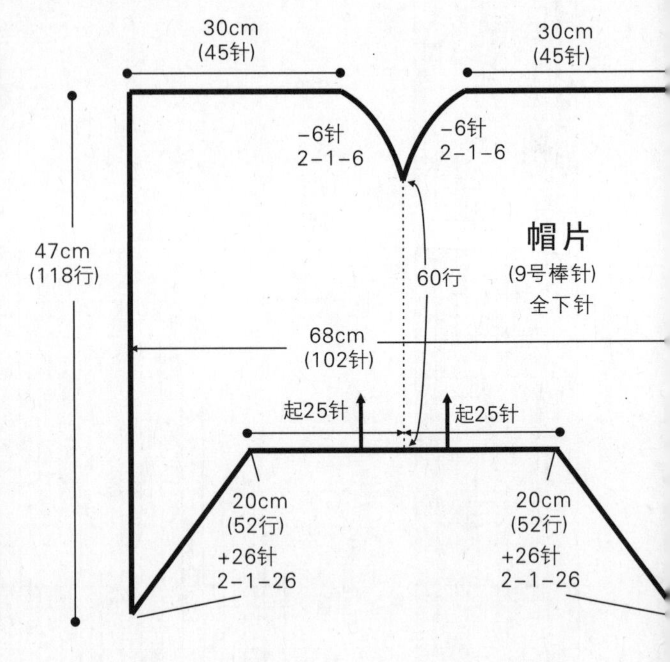

30cm
(45针)
30cm
(45针)
-6针
2-1-6
-6针
2-1-6
47cm
(118行)
60行
帽片
(9号棒针)
全下针
68cm
(102针)
起25针
起25针
20cm
(52行)
20cm
(52行)
+26针
2-1-26
+26针
2-1-26

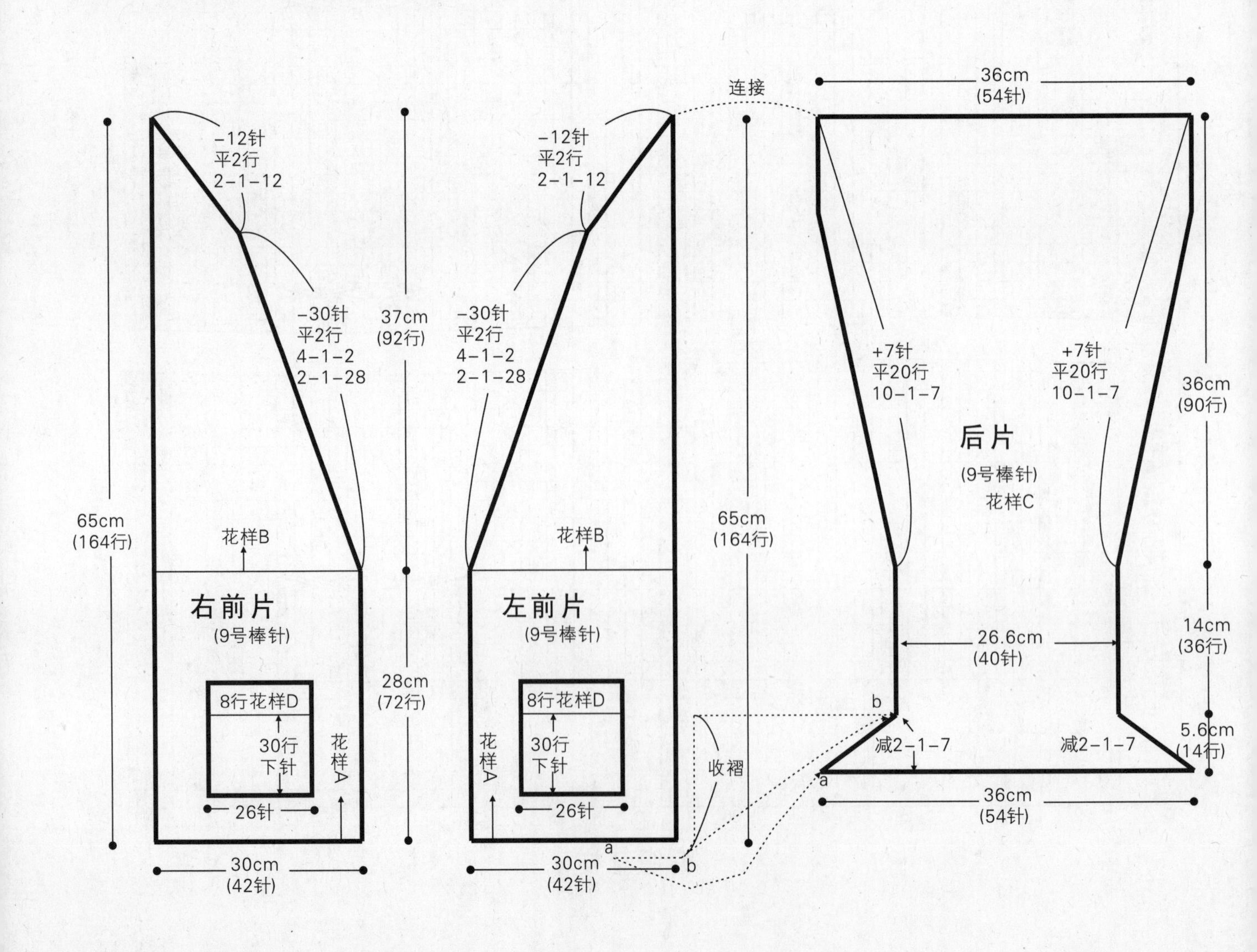

-12针
平2行
2-1-12
-30针
平2行
4-1-2
2-1-28
65cm
(164行)
花样B
右前片
(9号棒针)
8行花样D
30行
下针
26针
花样A
30cm
(42针)
37cm
(92行)
28cm
(72行)
-12针
平2行
2-1-12
-30针
平2行
4-1-2
2-1-28
花样B
左前片
(9号棒针)
8行花样D
30行
下针
26针
花样A
30cm
(42针)
a
b
收褶
连接
65cm
(164行)
36cm
(54针)
+7针
平20行
10-1-7
+7针
平20行
10-1-7
后片
(9号棒针)
花样C
36cm
(90行)
26.6cm
(40针)
14cm
(36行)
b
减2-1-7
减2-1-7
5.6cm
(14行)
a
36cm
(54针)

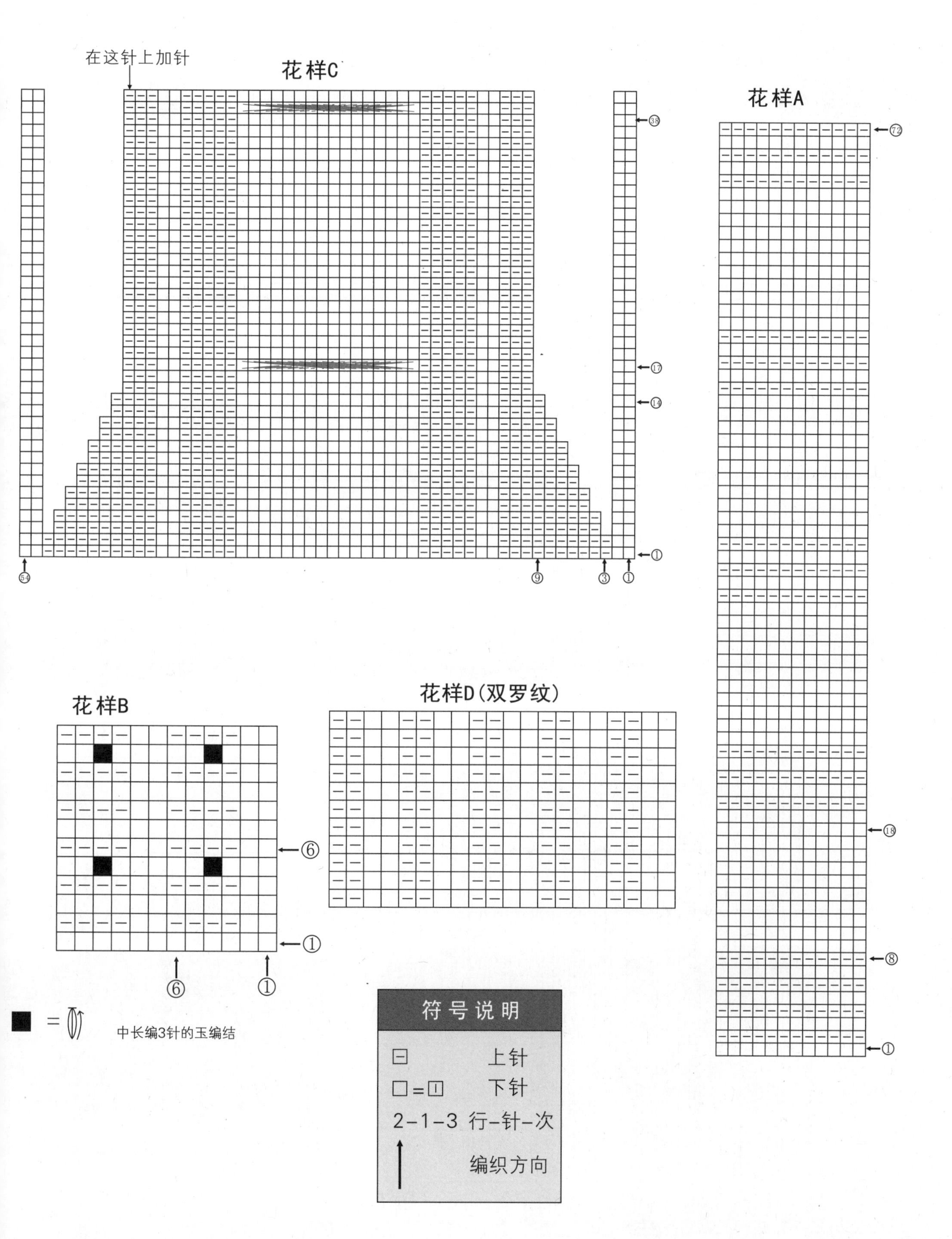
在这针上加针
花样C
38
17
14
1
54
9
3
1
花样A
72
18
8
1
花样B
6
1
6
1
花样D(双罗纹)
= 中长编3针的玉编结
符号说明
上针
□=□ 下针
2-1-3 行-针-次
编织方向

作品209

【成品规格】见图
【工　　具】10号棒针
【编织密度】34针×37行=10cm²
【材　　料】红色毛线200g

符号说明	
V	浮针
⋏	左上2针并1针
O	加针

制作说明

1.主体：起101针，织一个长方形，首尾10行和两侧各10针织单罗纹，中间织平针。织150cm平收。
2.补后片：起111针，织法同主体，织28cm平收。
3.口袋：织两块花样B做口袋，缝合在前片。
4.缝合相同字母对应有线段。两端打上流苏，完成。

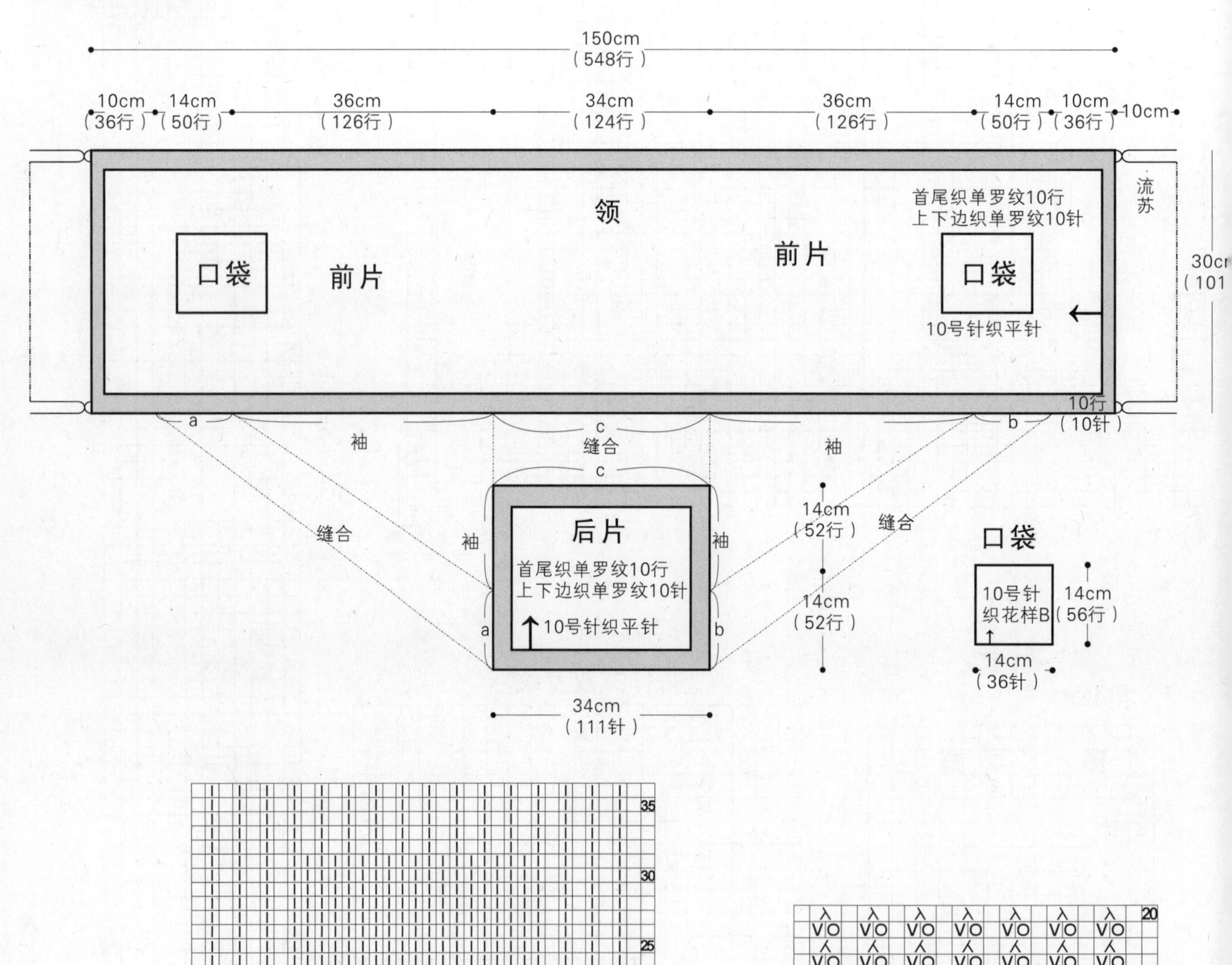

150cm
(548行)
10cm (36行)
14cm (50行)
36cm (126行)
34cm (124行)
36cm (126行)
14cm (50行)
10cm (36行)
10cm
领
口袋
前片
前片
口袋
首尾织单罗纹10行
上下边织单罗纹10针
10号针织平针
流苏
30cm
(101
10行
(10针)
a
c
b
袖
缝合
袖
c
后片
首尾织单罗纹10行
上下边织单罗纹10针
10号针织平针
袖
袖
a
b
缝合
缝合
14cm
(52行)
14cm
(52行)
34cm
(111针)
口袋
10号针
织花样B
14cm
(56行)
14cm
(36针)

□=⊟　首尾织单罗纹10行
两侧边织单罗纹10针

花样A

□=⊟

花样B

作品210

【成品规格】长130cm，宽52cm，袖洞22cm
【工　　具】6号棒针
【编织密度】16针×16行=10cm²
【材　　料】米色毛线500g

制作说明

1.一片式披肩：起82针织5行双罗纹纹排花样织，织第55行时收掉中间的34针，织第36行时在同一位置再加出34针，此为袖口。另一只织法相同。
2.袖口完成后平织52行开始织出另一个袖口，对称织完开始的部分，收针。
3.分别在三条边上打上15cm长的流苏，完成。

符号说明

- 6针左上交叉
- 6针右上交叉
- 8针左上交叉
- 把第3针盖过前面的2针织1针下针，加1针，再织1针下针

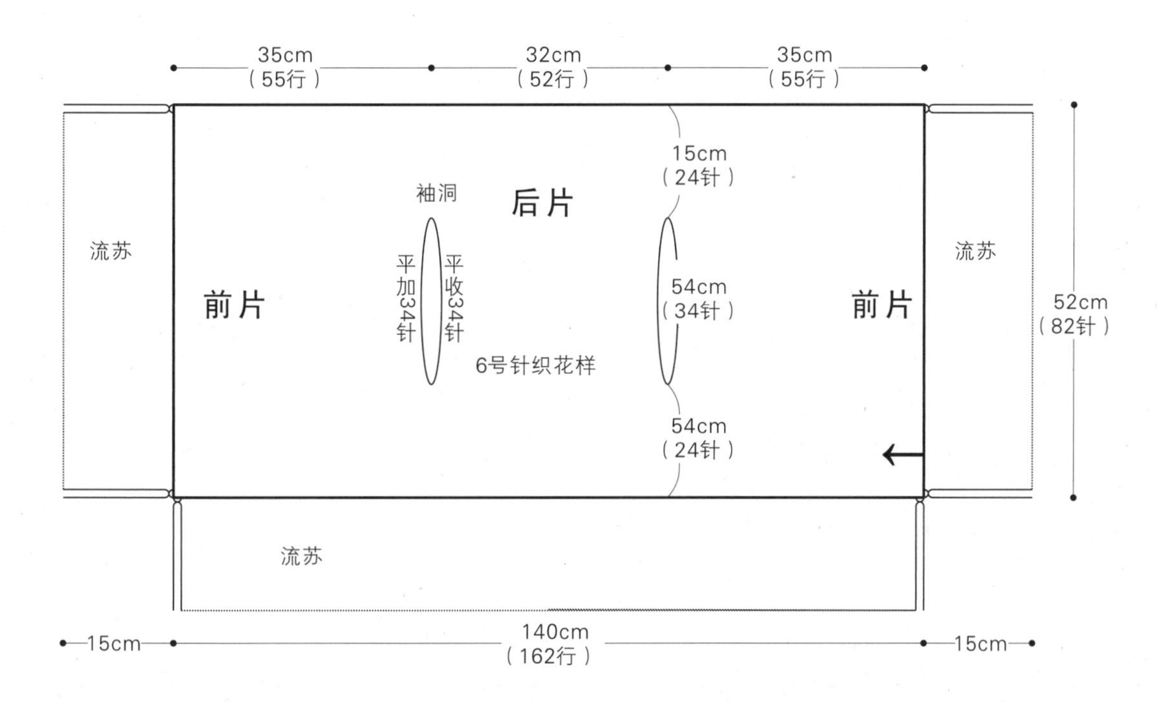

35cm
（55行）
32cm
（52行）
35cm
（55行）
15cm
（24针）
袖洞
后片
流苏
前片
平加34针
平收34针
54cm
（34针）
6号针织花样
54cm
（24针）
前片
流苏
52cm
（82针）
流苏
15cm
140cm
（162行）
15cm

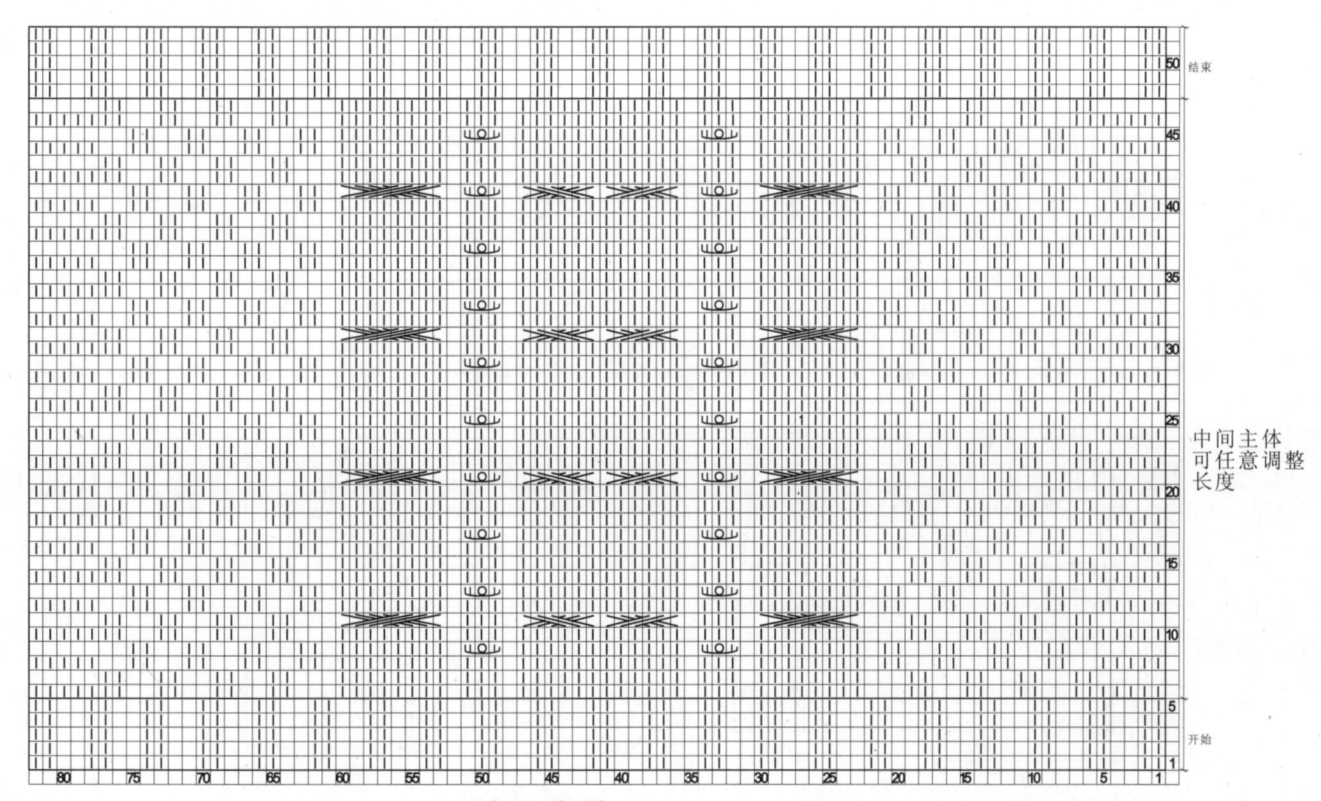

结束
中间主体
可任意调整
长度
开始

□=⊟ 编织花样

作品211

【成品规格】衣长78cm，胸围108cm，袖长60cm
【工　　具】12号棒针
【编织密度】26.5针×34行=10cm²
【材　　料】紫色毛线700g

制作说明

1.12号棒针，从左侧衣摆起织，至右侧衣摆收针。左右前片、后片、左右袖片单独编织。
2.左右前片：左前片起58针，织28行下针，右侧加起54针上针织衣襟，再织28行，左前片58针与起针缝合成双层，左侧按结构图所示减针，织102行，左前片改织28行双罗纹，继续织34行下针，左侧开袖窿，袖窿共织74行，肩膀收掉32针，左襟片54针继续织34行，左前片编织完成。继续用同样的方法相反方向织右前片。
3.后片：12号针起168针织56行下针，与起针缝合成双层，左右两侧按结构图所示减针，织102行，改织28行双罗纹，继续平织34行下针，左右两侧开袖窿，袖窿共织74行，余下116针，收针，与左右前片缝合。
4.袖：从袖口往上织。用12号针起56针织下针，两侧按图示加针，织152行，袖山按图示减针，最后16针平收。

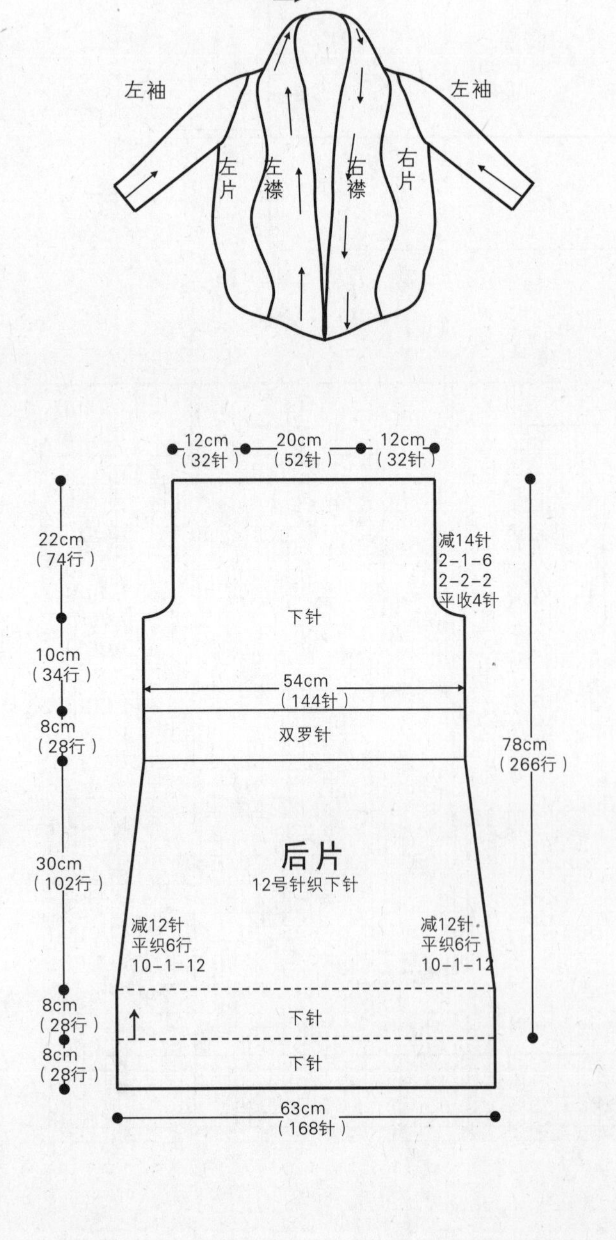

立体示意图
左袖
左袖
左片
左襟
右襟
右片
12cm (32针)
20cm (52针)
12cm (32针)
22cm (74行)
10cm (34行)
8cm (28行)
30cm (102行)
8cm (28行)
8cm (28行)
减14针
2-1-6
2-2-2
平收4针
下针
54cm (144针)
双罗针
78cm (266行)
后片
12号针织下针
减12针
平织6行
10-1-12
减12针
平织6行
10-1-12
下针
下针
63cm (168针)

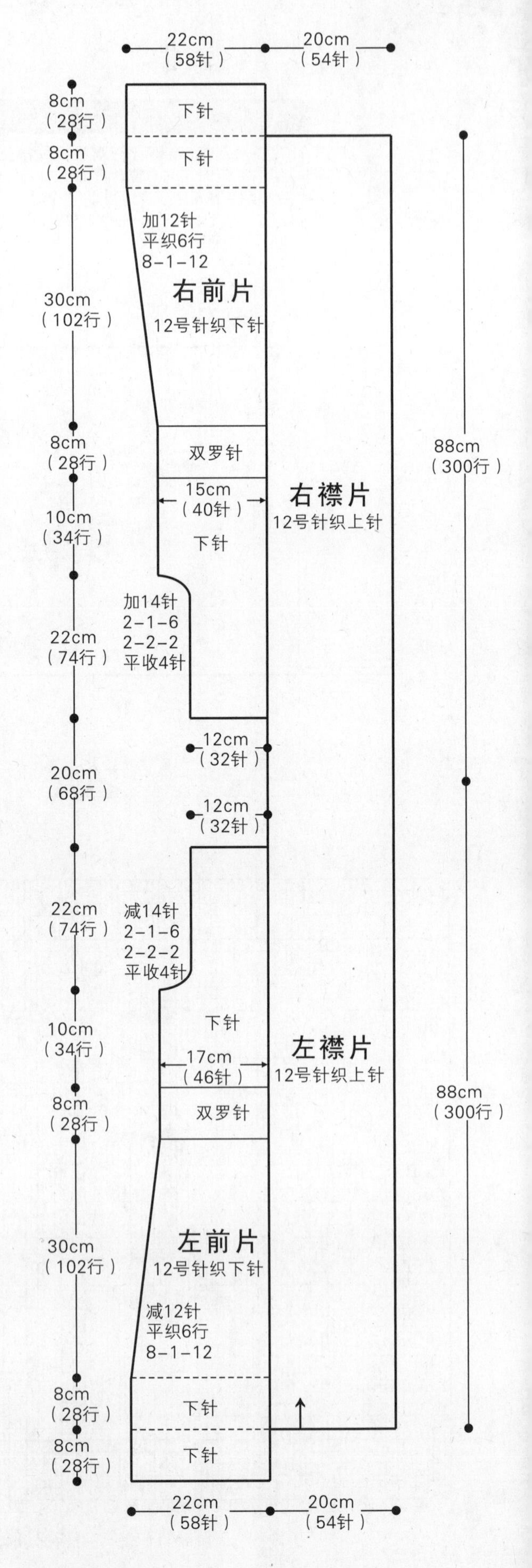

22cm (58针)
20cm (54针)
8cm (28行)
8cm (28行)
下针
下针
加12针
平织6行
8-1-12
30cm (102行)
右前片
12号针织下针
88cm (300行)
8cm (28行)
双罗针
15cm (40针)
右襟片
12号针织上针
10cm (34行)
下针
加14针
2-1-6
2-2-2
平收4针
22cm (74行)
12cm (32针)
20cm (68行)
12cm (32针)
22cm (74行)
减14针
2-1-6
2-2-2
平收4针
10cm (34行)
下针
17cm (46针)
左襟片
12号针织上针
88cm (300行)
8cm (28行)
双罗针
30cm (102行)
左前片
12号针织下针
减12针
平织6行
8-1-12
8cm (28行)
下针
8cm (28行)
下针
22cm (58针)
20cm (54针)

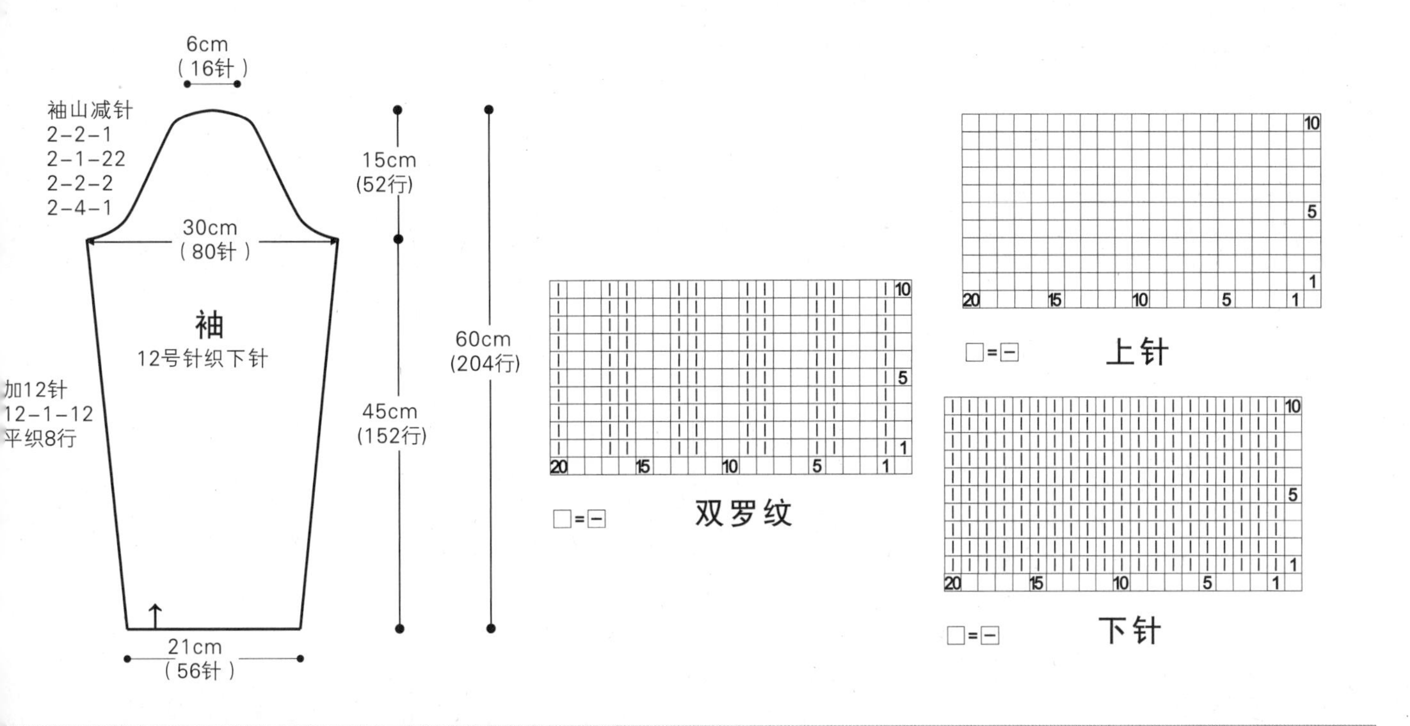

6cm
（16针）
袖山减针
2-2-1
2-1-22
2-2-2
2-4-1
30cm
（80针）
袖
12号针织下针
加12针
12-1-12
平织8行
21cm
（56针）
15cm
(52行)
45cm
(152行)
60cm
(204行)
双罗纹
上针
下针

作品212

【成品规格】衣长49cm，胸围88cm
【工　　具】10号棒针
【编织密度】17针×21行=10cm²
【材　　料】绿色毛线400g

制作说明

1.后片：起74针织花样A14行，改织下针，平织42行开袖窿，腋下各收11针。织42行，后领窝最后4行开始织。
2.左前片：起50针织花样A14行，改织花样B，按图解所示，平织42行右侧开袖窿，收11针，织46行，左前片完成，继续织22行领片。
3.右前片：按左前片相同方法相反方向编织，完成后领片对接缝合，再与后片对应缝合。

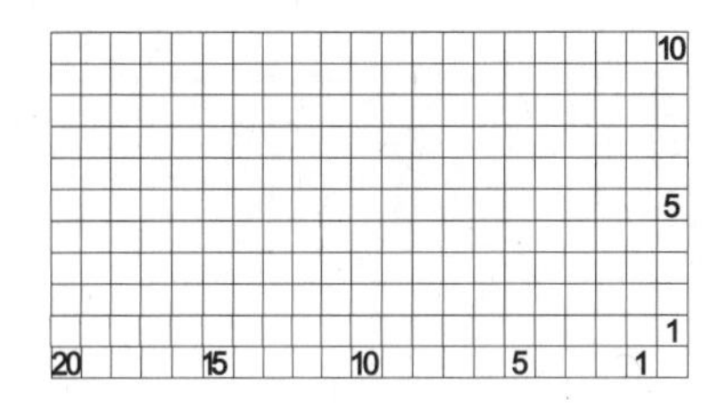

下针

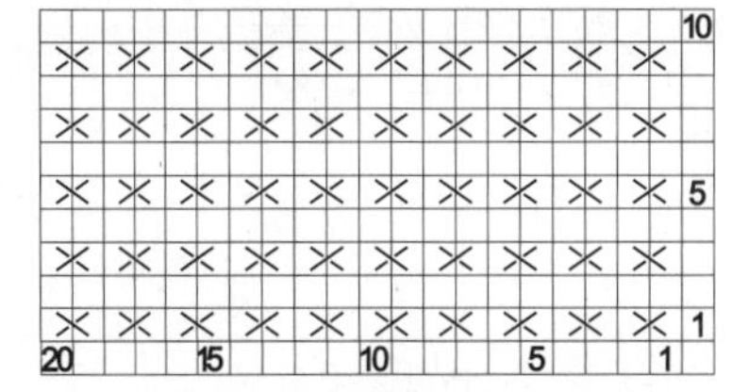

花样A

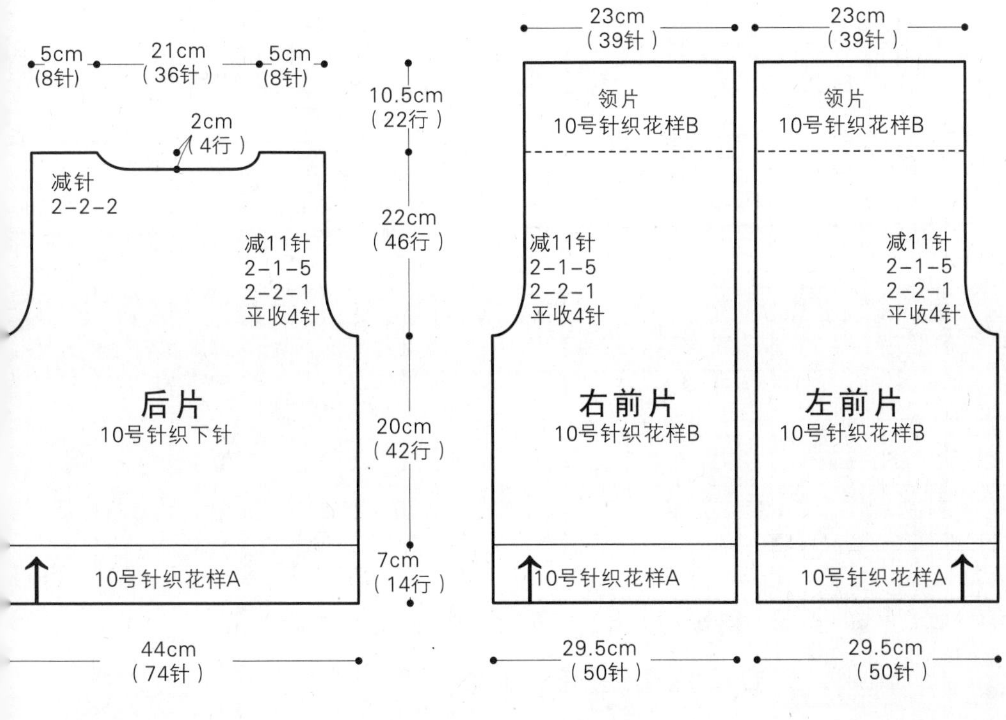

5cm
(8针)
21cm
（36针）
5cm
(8针)
2cm
（4行）
减针
2-2-2
减11针
2-1-5
2-2-1
平收4针
后片
10号针织下针
10号针织花样A
44cm
（74针）
10.5cm
（22行）
22cm
（46行）
20cm
（42行）
7cm
（14行）
23cm
（39针）
领片
10号针织花样B
右前片
10号针织花样B
左前片
10号针织花样B
29.5cm
（50针）

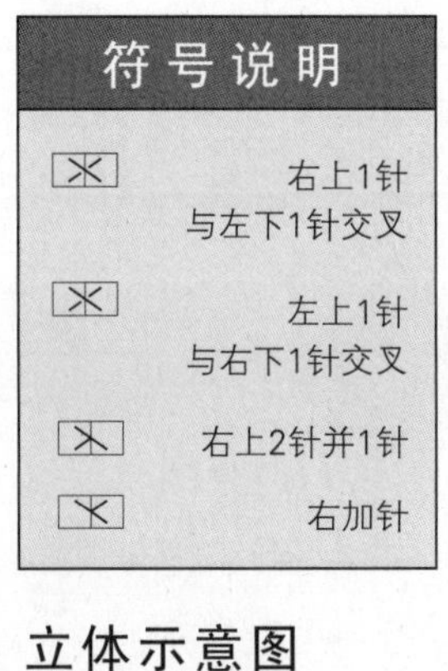

符号说明
右上1针与左下1针交叉
左上1针与右下1针交叉
右上2针并1针
右加针

立体示意图

左片
右片

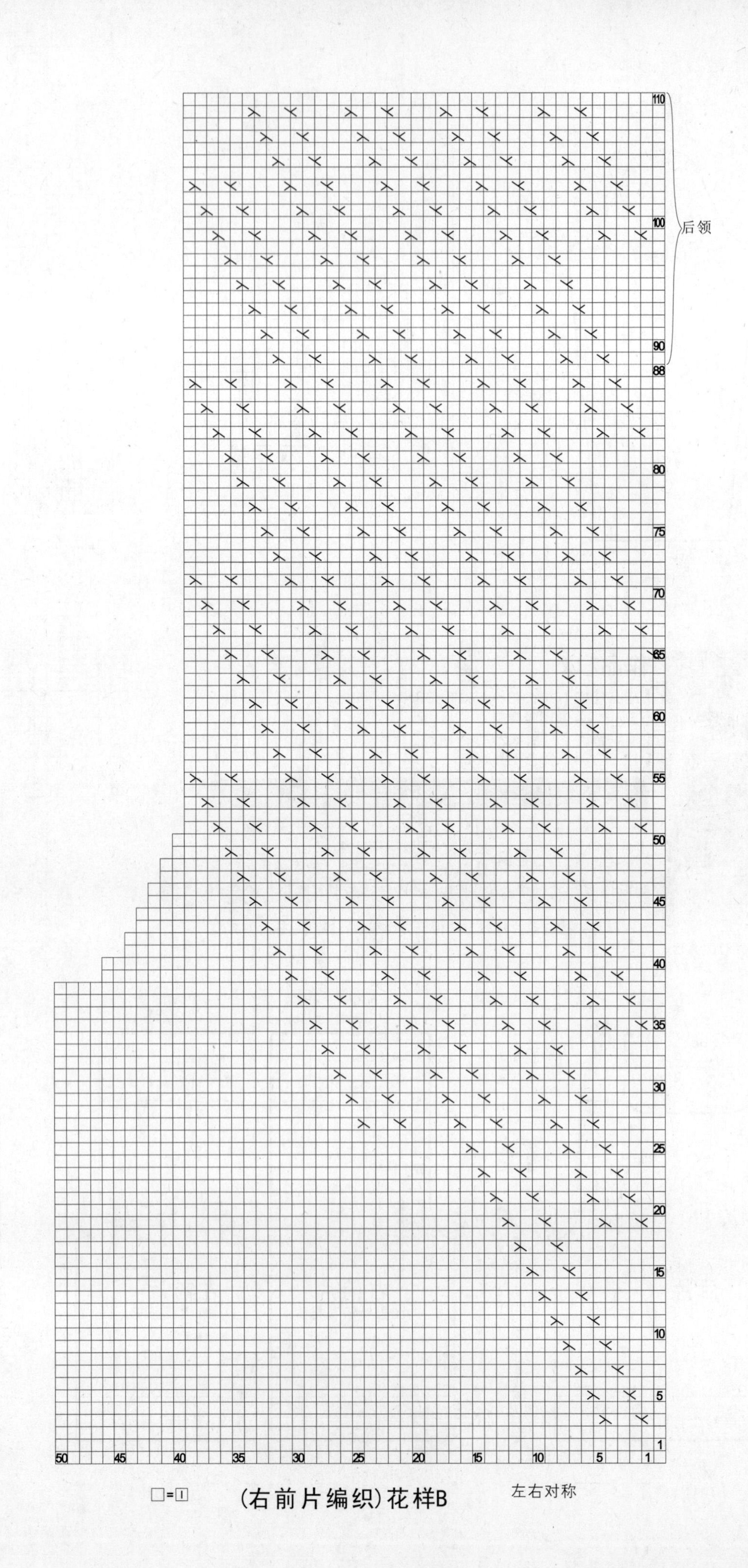
后领
110
100
90
88
80
75
70
65
60
55
50
45
40
35
30
25
20
15
10
5
1
50 45 40 35 30 25 20 15 10 5 1

□=Ⅰ (右前片编织)花样B 左右对称

作品213

【成品规格】衣长54cm，胸围90cm
【工　　具】11号棒针，1.5mm钩针
【编织密度】16.8针×32.6行=10cm²
【材　　料】绿色棉线400g

左片/右片制作说明

1.棒针编织法，衣身分为左片和右片分别编织而成。
2.起织右片。起2针，织花样A，一边织一边右侧按2-1-62的方法加针，织至68行，第69行起，右侧14针开始编织花样B，织至80行，第81行起加起的针数织花样A，如结构图所示，织至124行，织片变成64针，不再加减针，织128行后，右侧按2-1-62的方法减针，织至376行，织片余下2针，收针断线。
3.起织左片。起64针，花样A与花样B组合编织，织128行。
4.将左片与右片按结构图所示对应缝合。

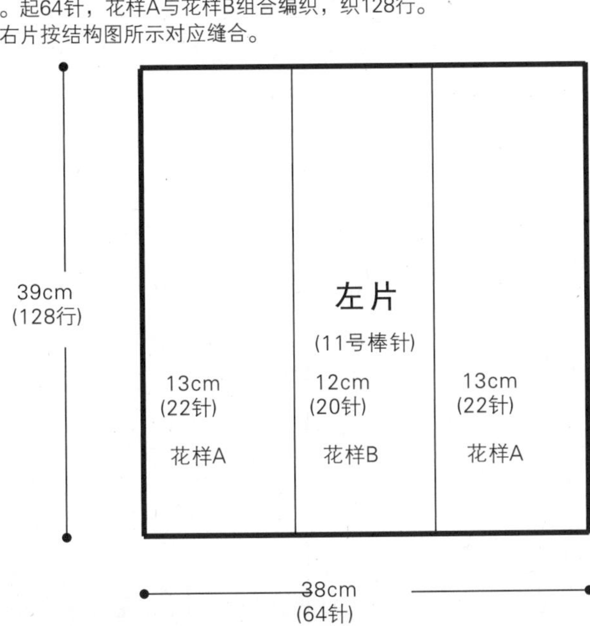

39cm
(128行)
左片
(11号棒针)
13cm
(22针)
花样A
12cm
(20针)
花样B
13cm
(22针)
花样A
38cm
(64针)

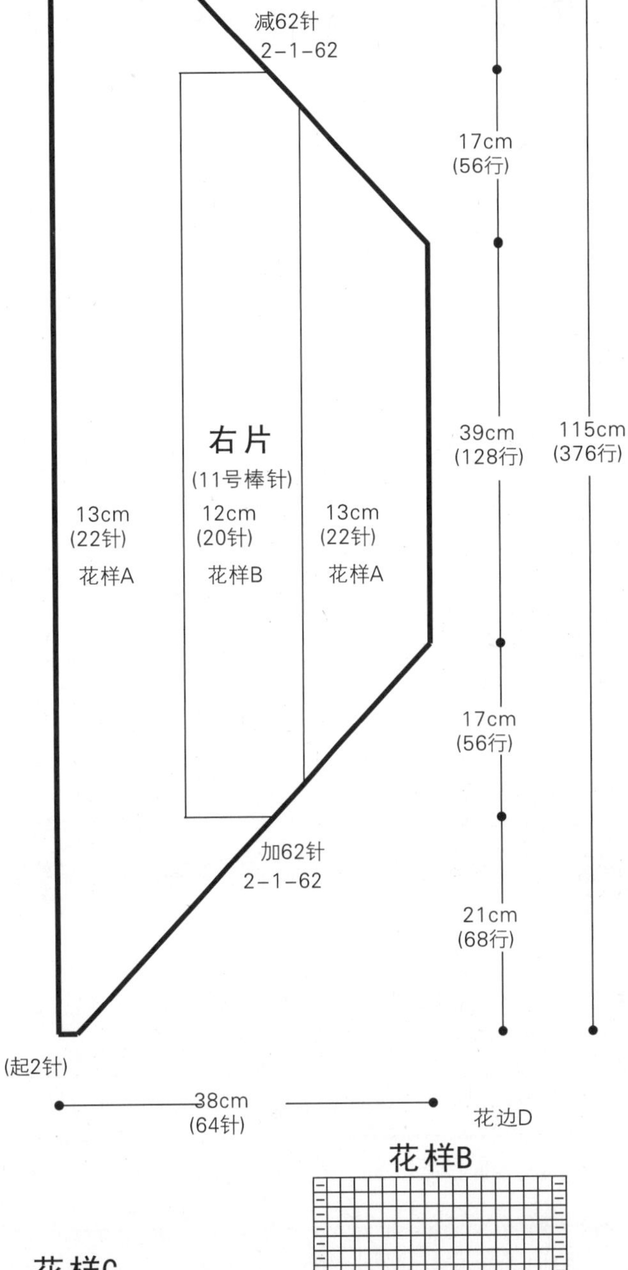

(余2针)
减62针
2-1-62
右片
(11号棒针)
13cm
(22针)
花样A
12cm
(20针)
花样B
13cm
(22针)
花样A
加62针
2-1-62
(起2针)
38cm
(64针)
21cm
(68行)
17cm
(56行)
39cm
(128行)
115cm
(376行)
17cm
(56行)
21cm
(68行)

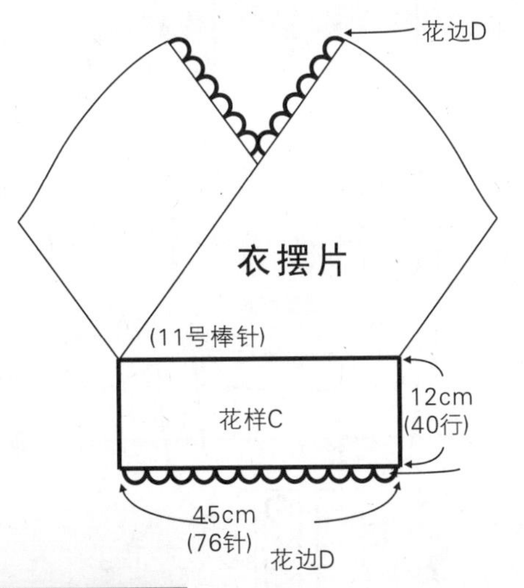

花边D
衣摆片
(11号棒针)
花样C
12cm
(40行)
45cm
(76针)
花边D

花样A

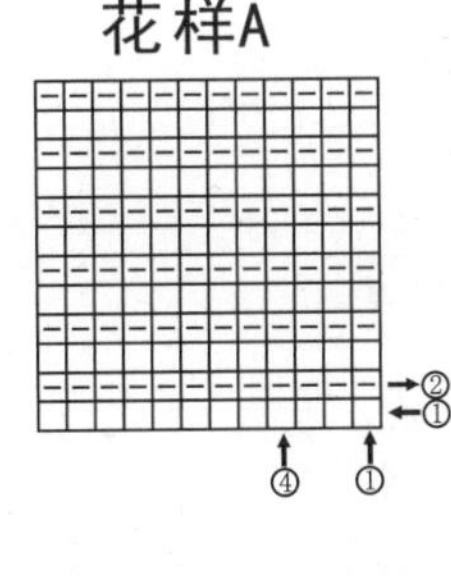

花边D

花样B

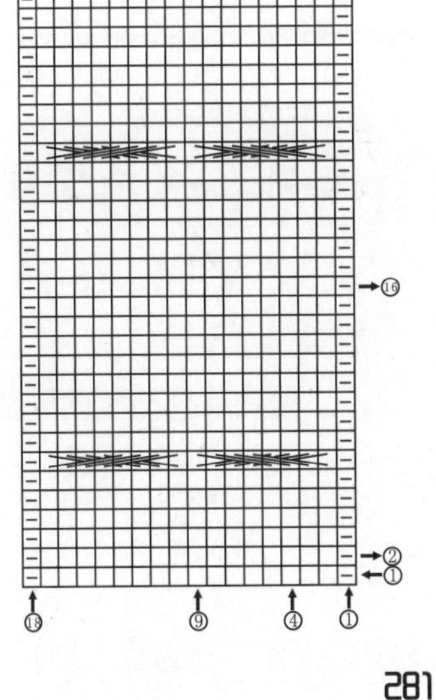

花样C

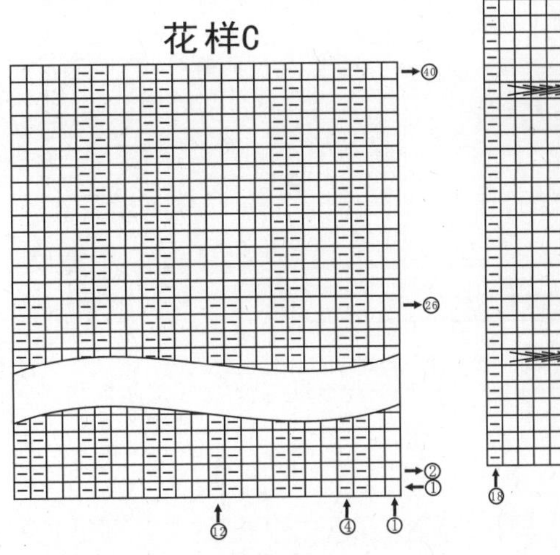

符号说明

⊟	上针
□=⊡	下针
2-1-3	行-针-次
⫯	长针
+	短针
(交叉符号)	左上4针与右下4针交叉
(交叉符号)	右上4针与左下4针交叉

花边 1.5mm钩针

衣摆片/花边制作说明

1.棒针编织法，沿衣摆挑起152针环形编织，织花样C，织40行后，收针断线。
2.沿领口及衣摆分别钩织1圈花边D，断线。

作品214

【成品规格】衣长40cm，胸围80cm，连肩袖长32cm
【工　　具】8号、10号棒针
【编织密度】18针×23行=10cm²
【材　　料】蓝色花式线200g，纽扣4颗

前片/后片/领片/袖片制作说明

1.后片：用10号针72针织单罗纹10行后，换8号针织花样，平织36行开袖窿，腋下各平收2针，再依次减针，最后28针平收。

2.前片：起36针织法同后片。开袖窿后织18行开始领窝，按图示依次减针。对称织另一片。

3.袖：从袖口往上织。用10号针起50针织8行单罗纹后换8号针织花样，织12行开始织袖山，织法同后片，最后10针平收。

4.领、门襟：先挑织领。沿领窝挑88针织起伏针10行平收。门襟沿边缘挑62针织单罗纹8行，左侧开扣眼4个。缝合纽扣，完成。

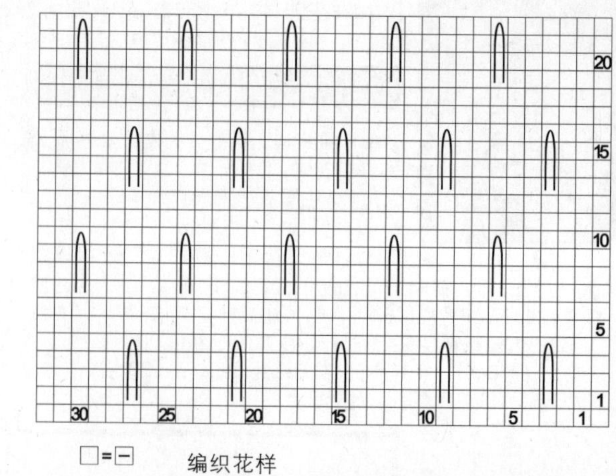

20
15
10
5
1
30
25
20
15
10
5
1
□=⊟
编织花样

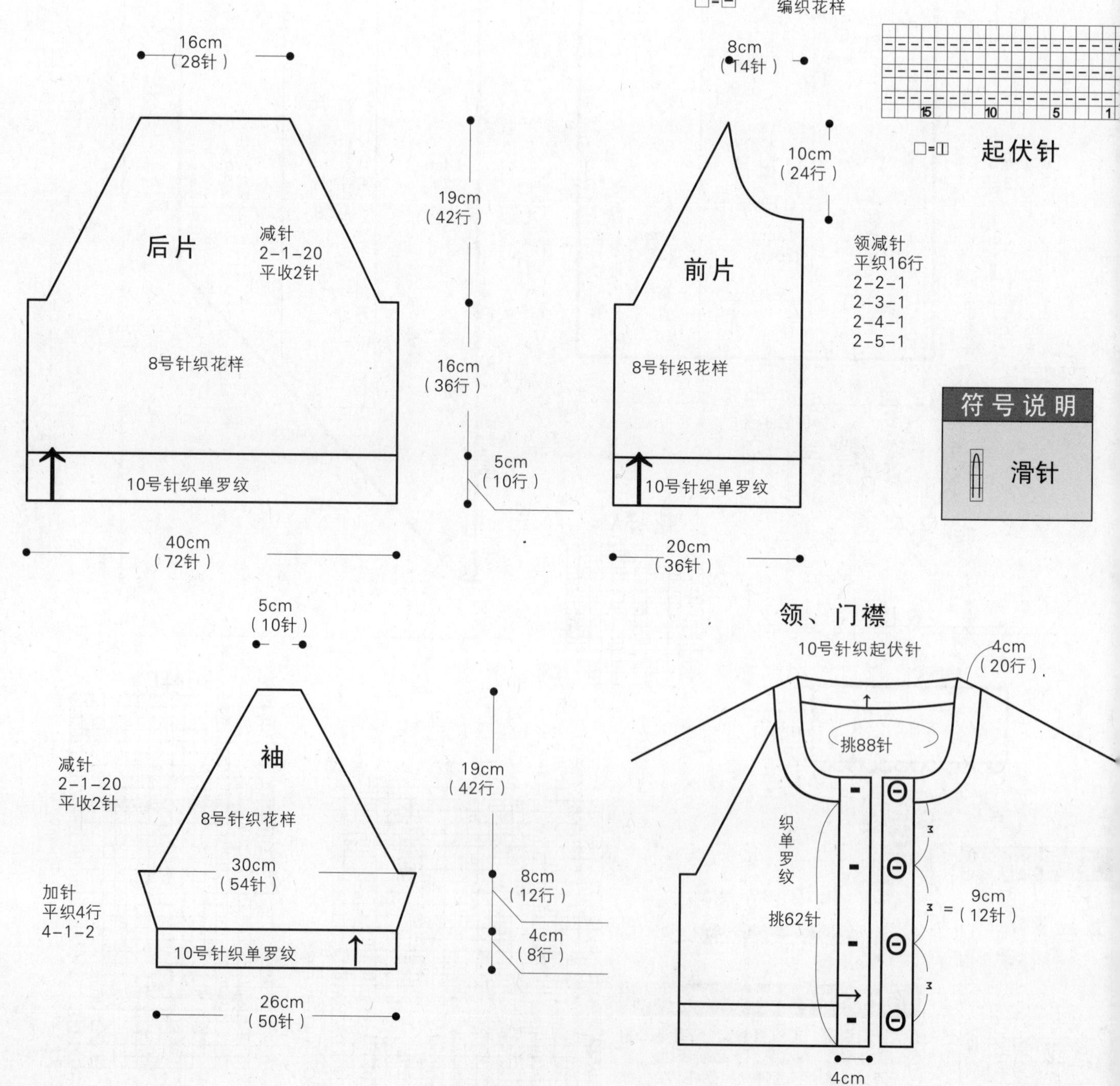

16cm
（28针）
后片
减针
2-1-20
平收2针
8号针织花样
10号针织单罗纹
19cm
（42行）
16cm
（36行）
5cm
（10行）
40cm
（72针）
8cm
（14针）
10cm
（24行）
前片
8号针织花样
10号针织单罗纹
领减针
平织16行
2-2-1
2-3-1
2-4-1
2-5-1
20cm
（36针）
15
10
5
1
□=⊟
起伏针
符号说明
滑针
5cm
（10针）
袖
减针
2-1-20
平收2针
8号针织花样
30cm
（54针）
加针
平织4行
4-1-2
10号针织单罗纹
19cm
（42行）
8cm
（12行）
4cm
（8行）
26cm
（50针）
领、门襟
10号针织起伏针
4cm
（20行）
挑88针
织单罗纹
挑62针
9cm
=（12针）
4cm
（8行）

作品215

【成品规格】衣长70cm，胸围88cm，袖长15cm
【工　　具】10号、11号棒针
【编织密度】19针×20行=10cm²
【材　　料】蓝色毛线450g，纽扣3颗

制作说明

1.后片：分两片织，中间缝合。起102针织单罗纹4行后排花样织，两侧减针织A形，减针完成后织8行单罗纹平收。另起横织上半部分：起20行平织1行开始加腋窝及袖窿部分，平织16行为肩，后领窝用减针方式织出，再平织30行加针织领窝的另一边，同法织肩和袖窿部分，最后平织1行完成，平收剩余针数。
2.前片：织法同后片。注意花样对称 排列。
袖：起50针织单罗纹6行后均加8针织平针6行，开始减针织袖山，按图示减针，最后16针收。
领、门襟：先挑针织门襟。沿边缘挑98针织单罗纹8行，左侧开扣眼2个。领沿领窝挑针织单罗纹6行，左侧开扣眼一个。另钩纽扣3颗，缝合，完成。

袖山减针
2-3-1
2-2-3
2-1-5
2-3-1
2-4-1

8cm（16针）
袖
10号针织平针
30cm（58针）
11cm（22行）
2cm（6行）
2cm（6行）
均加8针
11号针织单罗纹
26cm（50针）

符号说明
X 短针
V 加针
A 收针
5针右上交叉
8针右上交叉

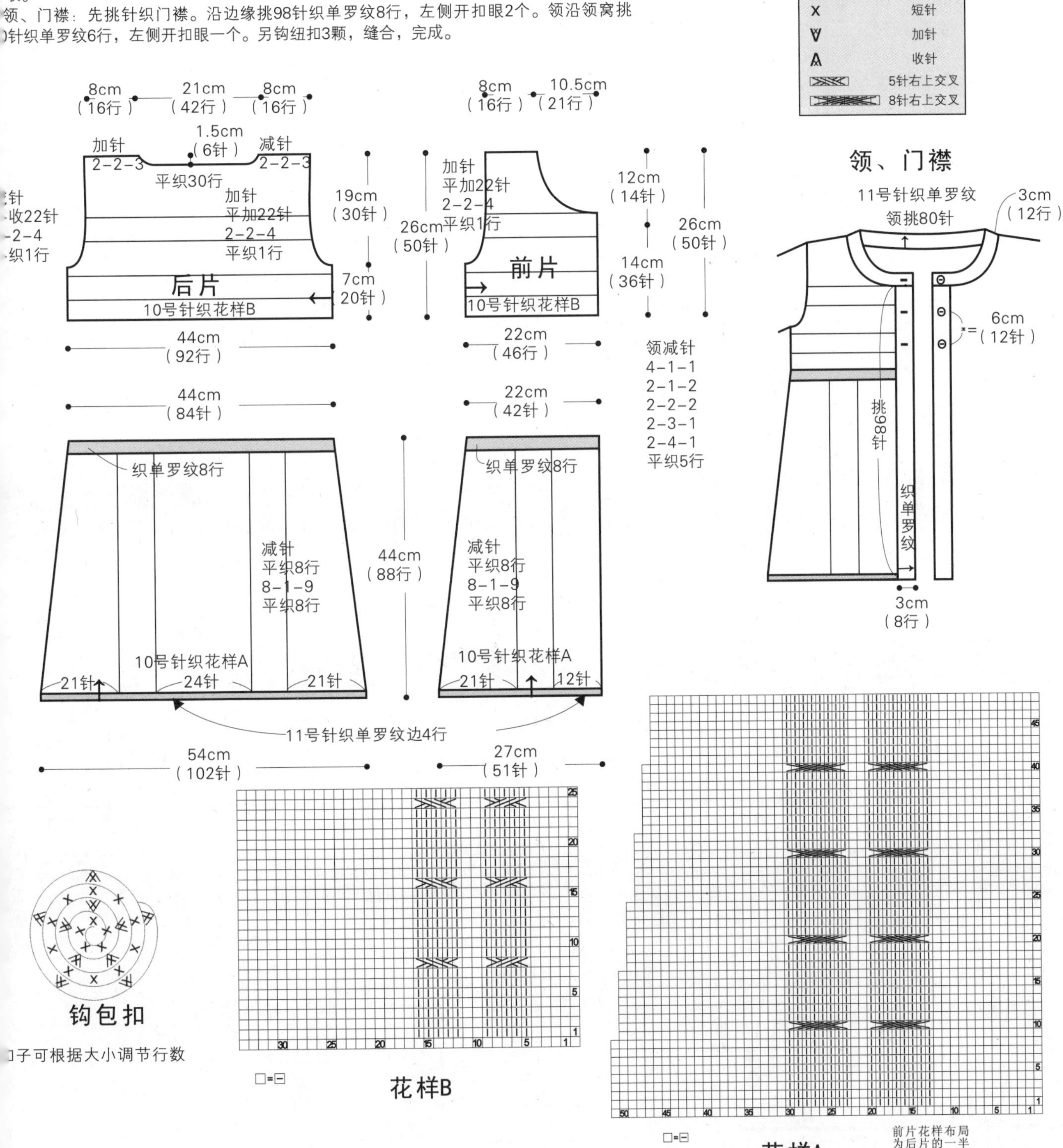

8cm（16行）
21cm（42行）
8cm（16行）
1.5cm（6针）
加针 2-2-3
减针 2-2-3
平织30行
加针
平加22针
2-2-4
平织1行
19cm（30针）
7cm（20针）
后片
10号针织花样B
44cm（92行）
44cm（84针）
8cm（16行）
10.5cm（21行）
加针
平加22针
2-2-4
平织1行
26cm（50针）
前片
10号针织花样B
12cm（14针）
26cm（50针）
14cm（36针）
22cm（46行）
22cm（42针）
领减针
4-1-1
2-1-2
2-2-2
2-3-1
2-4-1
平织5行
织单罗纹8行
减针
平织8行
8-1-9
平织8行
44cm（88行）
10号针织花样A
21针
24针
21针
12针
11号针织单罗纹边4行
54cm（102针）
27cm（51针）
领、门襟
11号针织单罗纹
领挑80针
3cm（12行）
6cm（12针）
挑98针
织单罗纹
3cm（8行）
钩包扣
扣子可根据大小调节行数
□=⊟
花样B
□=⊟
花样A
前片花样布局为后片的一半

作品216

【成品规格】衣长50cm，胸围88cm，肩连袖长52cm
【工　　具】12号棒针
【编织密度】26.2针×32.4行=10cm²
【材　　料】绿色细棉线500g

前片/后片制作说明

1.棒针编织法：衣身分为前片和后片分别编织而成。
2.起织后片：起115针，织花样A，织57行后，织1行上针，然后改织花样B，织至109行后，织1行上针，然后改织花样C，两侧各平收4针，然后按4-2-13的方法减针织成插肩袖窿，织至162行，织片余下55针，留针暂时不织。
3.起织后片：起115针，织花样A，织57行后，织1行上针，然后改织花样B，织至92行，织片中间平收8针，将织片分成左右两片分别编织，编织方向相反，织至109行后，织1行上针，然后改织花样C，两侧各平收4针，然后按4-2-13的方法方法减针织成袖窿，织至150行，织片中间前领减针，方法为1-12-1，2-2-2，2-1-4，织至162行，织片两侧各余下4针，留针暂时不织。
4.将前片与后片侧缝对应缝合。

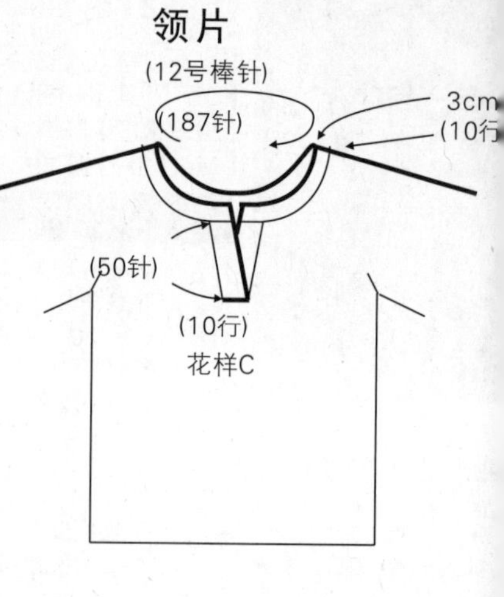

领片
(12号棒针)
(187针)
3cm
(10行
(50针)
(10行)
花样C

领片制作说明

1.棒针编织法，沿衣身前襟
侧分别挑起50针，织花样C
织10行后，收针断线，注
左侧均匀留起3个扣眼。
2.沿衣身及衣袖顶留针挑
187针，往返编织花样C，
10行后，收针断线。

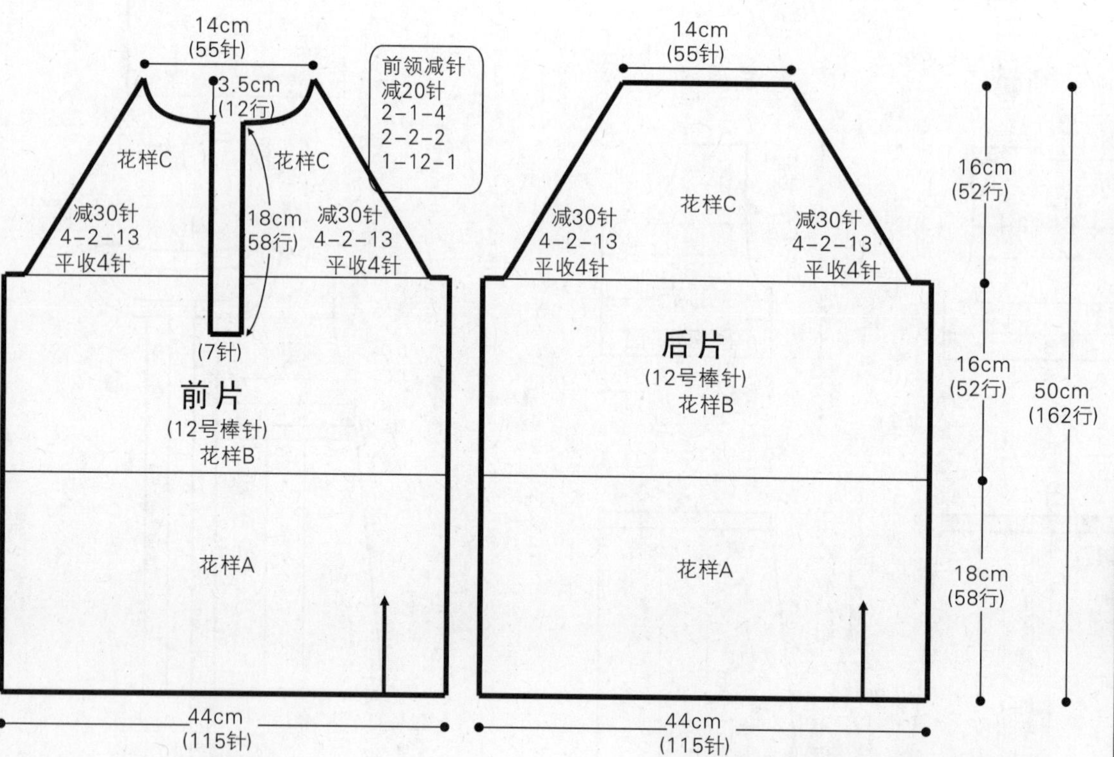

14cm
(55针)
3.5cm
(12行)
前领减针
减20针
2-1-4
2-2-2
1-12-1
花样C
花样C
减30针
4-2-13
平收4针
18cm
(58行)
减30针
4-2-13
平收4针
(7针)
前片
(12号棒针)
花样B
花样A
44cm
(115针)
14cm
(55针)
花样C
减30针
4-2-13
平收4针
减30针
4-2-13
平收4针
后片
(12号棒针)
花样B
花样A
44cm
(115针)
16cm
(52行)
16cm
(52行)
18cm
(58行)
50cm
(162行)

符号说明

⊟	上针
□ = ⊡	下针
2-1-3	行-针-次

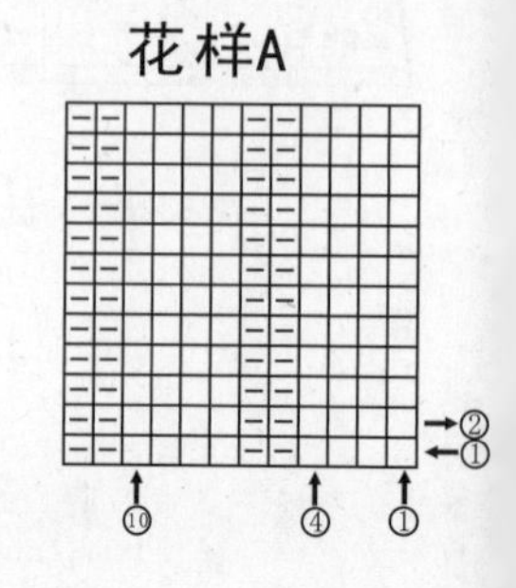

花样A
②
①
⑩
④
①

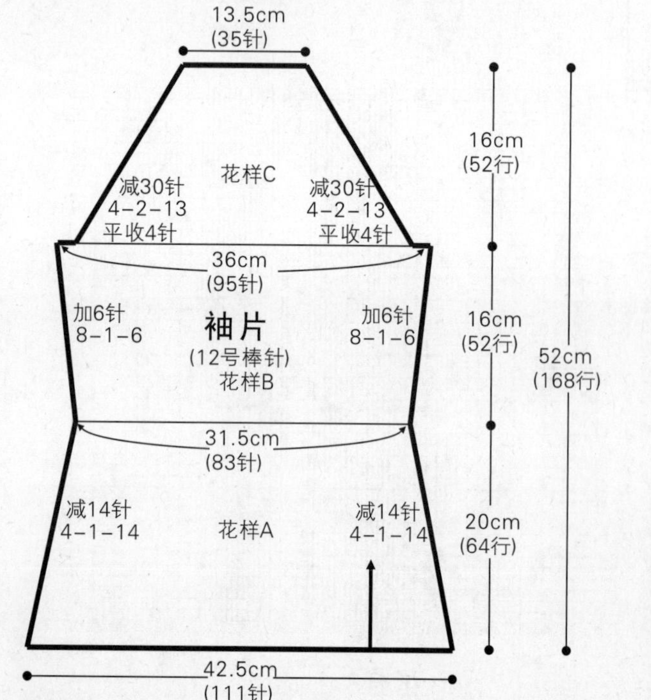

13.5cm
(35针)
花样C
减30针
4-2-13
平收4针
减30针
4-2-13
平收4针
36cm
(95针)
加6针
8-1-6
袖片
(12号棒针)
花样B
加6针
8-1-6
31.5cm
(83针)
减14针
4-1-14
花样A
减14针
4-1-14
42.5cm
(111针)
16cm
(52行)
16cm
(52行)
20cm
(64行)
52cm
(168行)

袖片制作说明

1.棒针编织法，从袖口往上编织。
2.起111针，织花样A，一边织一边两侧减针，方法为4-1-14，织63行后，织1行上针，然后改织花样B，一边织一边两侧按8-1-6的方法加针，织至115行后，织1行上针，然后改织花样C，两侧各平收4针，然后按4-2-13的方法减针，织至168行，织片余下35针，留针暂时不织。
3.同样的方法编织另一袖片。
4.将袖山对应袖窿线缝合，再将袖底缝合。

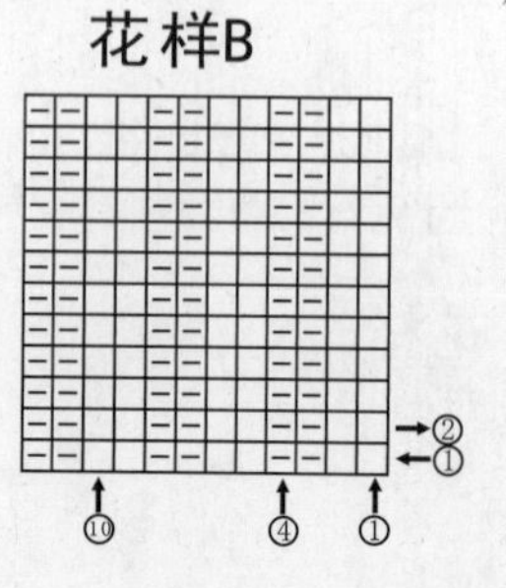

花样B
②
①
⑩
④
①

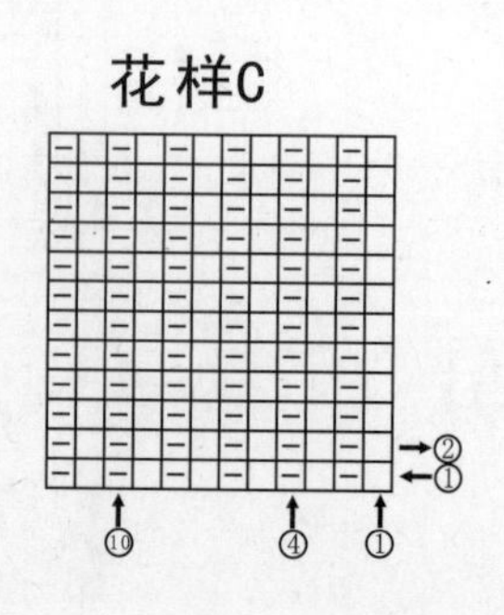

花样C
②
①
⑩
④
①

作品217

【成品规格】衣长53cm，胸围90cm，连肩袖长62cm
【工　　具】10号，12号针棒针
【编织密度】27针×35行=10cm²
【材　　料】红色毛线450g，纽扣5颗

制作说明

1.从领口往下织分散花样，最后织袖口和门襟。
2.用12针起160针织单罗纹6行后换10号针织。先均匀加至200针，排花样并分出4个单元，分别为前后片中心、袖中心，分别在这四个中心线的两侧加针。织出所需长度后平收。
3.袖：后片分160针，前片各分80针，在袖口位置用12针号挑出64针圈织双罗纹26行平收。
门襟：在门襟位置各挑出100针织单罗纹10行，左侧开扣洞5个，缝合纽扣，完成。

符号说明

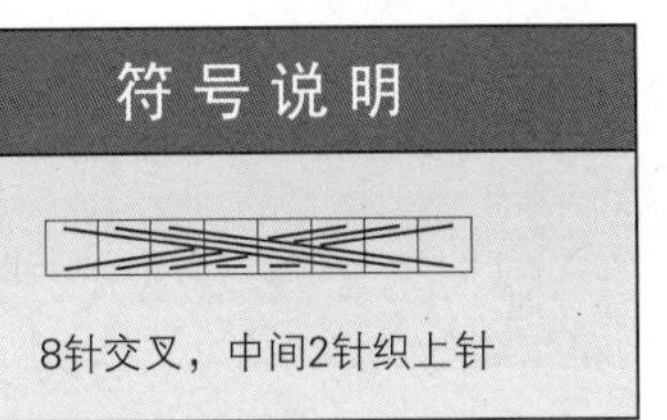
8针交叉，中间2针织上针

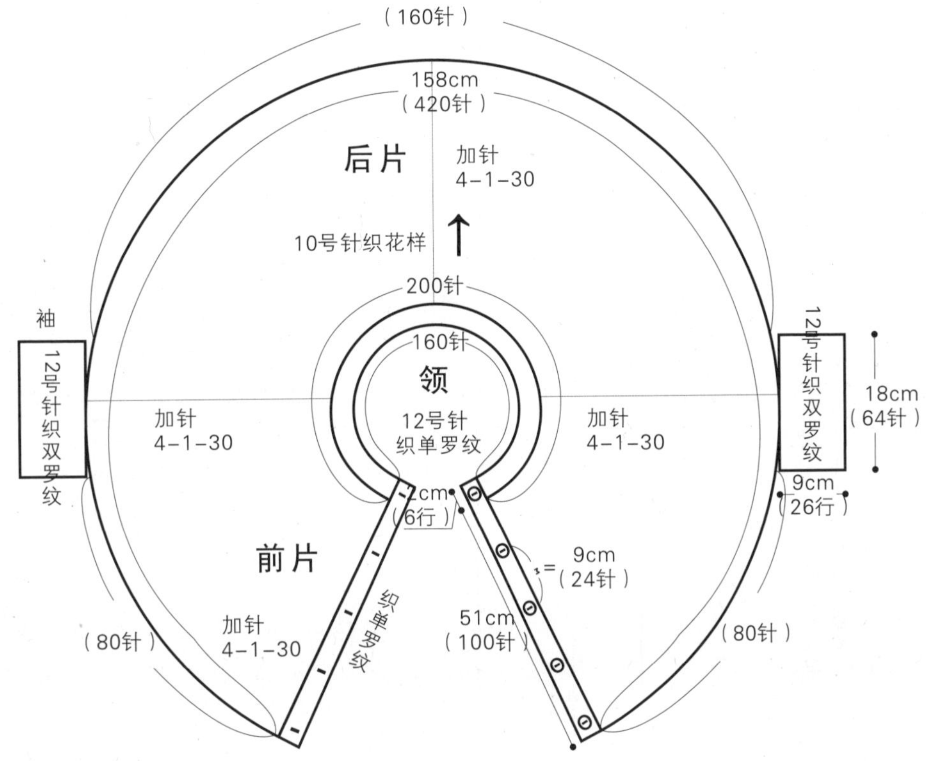
(160针)
158cm
(420针)
后片
加针
4-1-30
10号针织花样
200针
160针
领
12号针
织单罗纹
袖
12号针织双罗纹
加针
4-1-30
加针
4-1-30
12号针织双罗纹
18cm
(64针)
9cm
(26行)
2cm
(6行)
前片
9cm
(24针)
织单罗纹
加针
4-1-30
51cm
(100针)
(80针)
(80针)

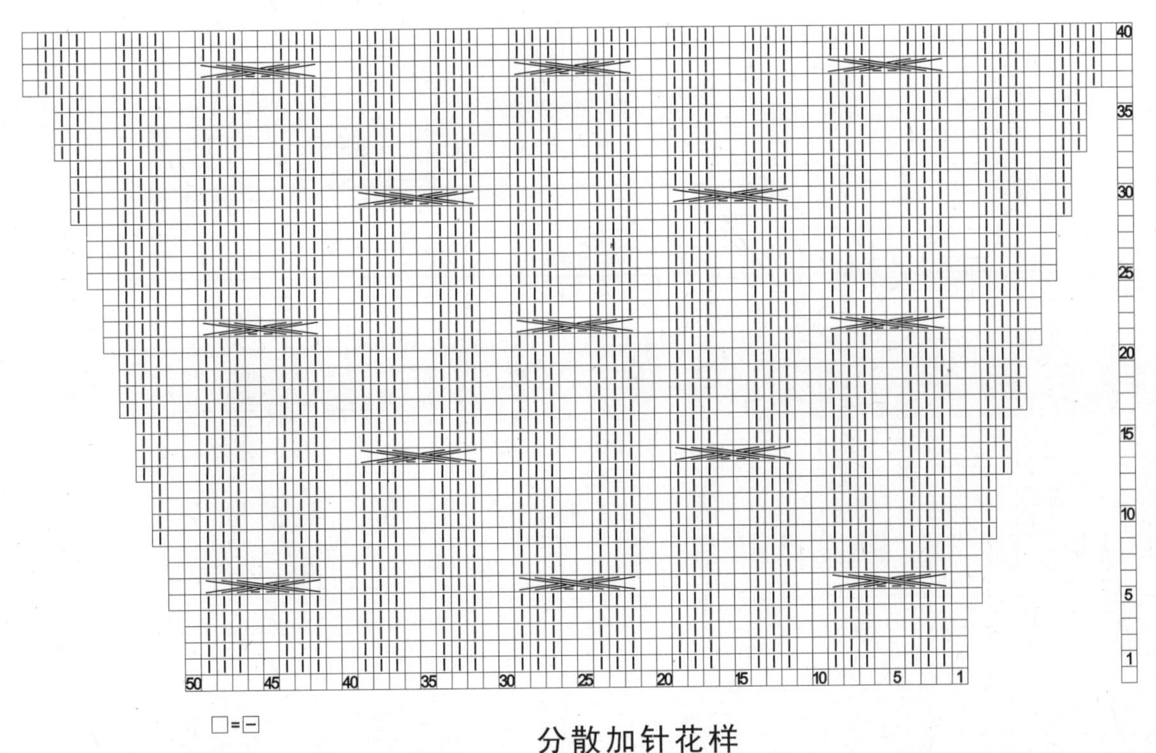
□=⊟

分散加针花样

作品218

【成品规格】衣长54cm，胸围88cm，连肩袖长60cm
【工　　具】11号棒针
【编织密度】34针×36行=10cm²
【材　　料】橘粉色毛线450g

制作说明

1.后片：起148针织边缘花样10行后上面织平针，织120行开袖窿，腋下各平收4针，再留3针为径在两侧减针，每4行减2针减20次，最后48针平收。
2.前片：底边同后片。上面排花样织，棱形织在正中心。袖窿织法同后片。开挂后织30行开始织领窝，中心留1针两侧按图示减针，至完成。
3.袖：起74针织10行边缘花样后中心织一组花样，两侧织平针，中心花样完成后全部织平针，两侧按图示加针织出袖筒，袖山减针同后片。最后14针平收。
4.领：缝合各片，挑针织领。用11号针沿领窝挑127针织边缘花样10行，减针在中心针的两侧进行，织好后平收。完成。

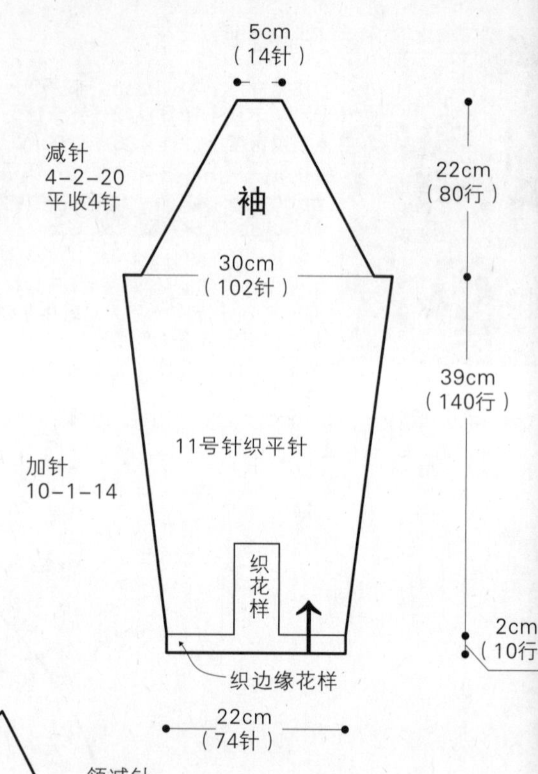

5cm
（14针）
减针
4-2-20
平收4针
袖
22cm
（80行）
30cm
（102针）
39cm
（140行）
11号针织平针
加针
10-1-14
织花样
2cm
（10行
织边缘花样
22cm
（74针）

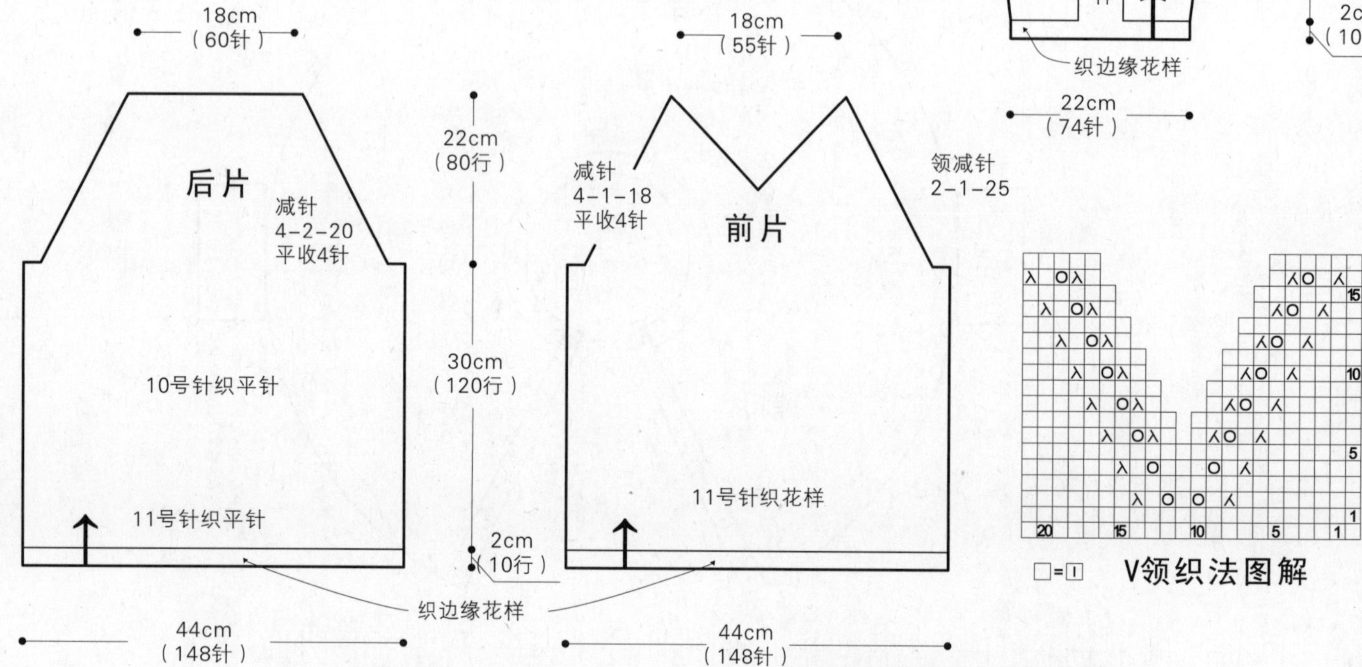

18cm
（60针）
后片
减针
4-2-20
平收4针
22cm
（80行）
30cm
（120行）
10号针织平针
11号针织平针
2cm
（10行）
织边缘花样
44cm
（148针）
18cm
（55针）
减针
4-1-18
平收4针
前片
领减针
2-1-25
11号针织花样
44cm
（148针）
V领织法图解

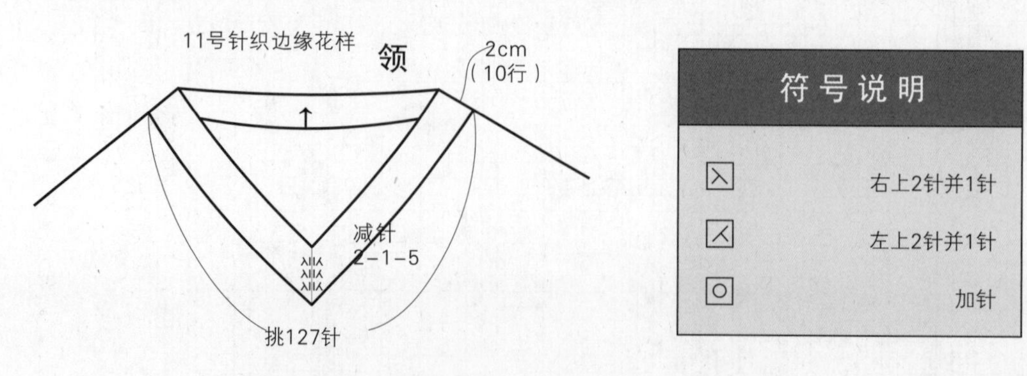

11号针织边缘花样
领
2cm
（10行）
减针
2-1-5
挑127针

符号说明

⋋	右上2针并1针
⋌	左上2针并1针
○	加针

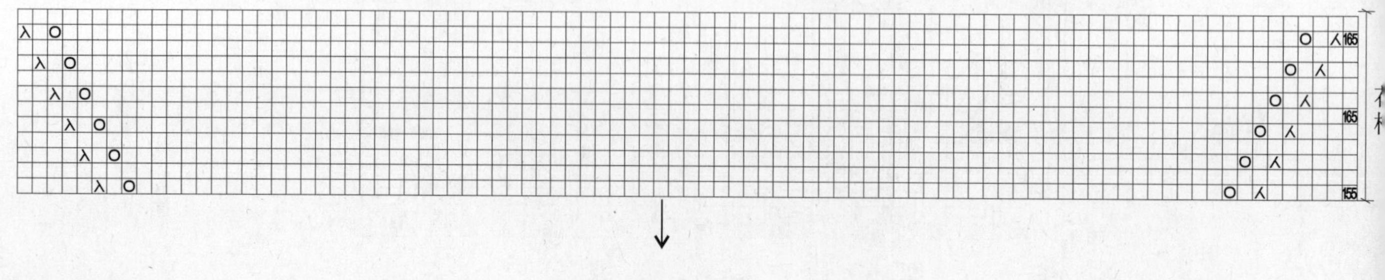

（花样图接下页）

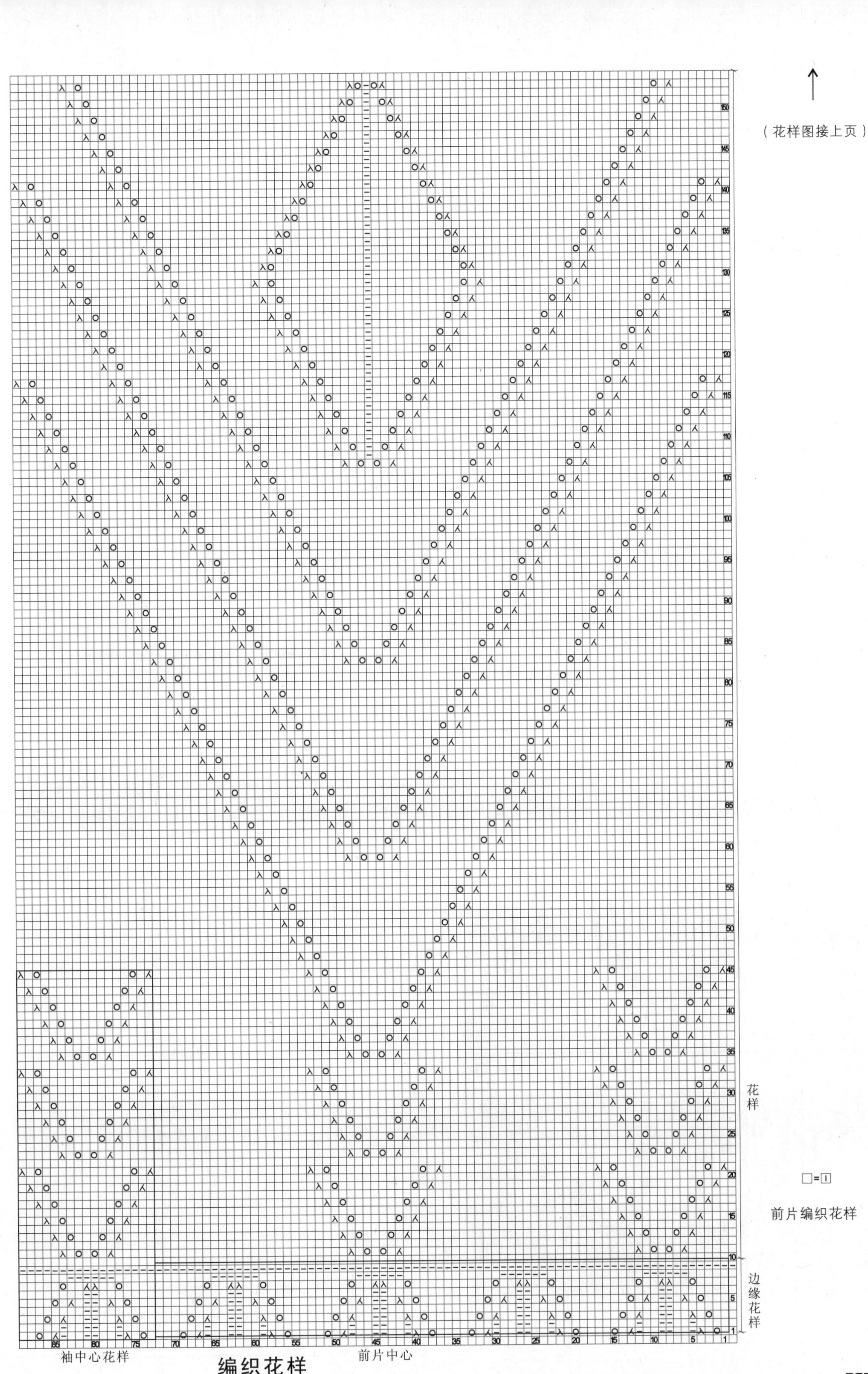

（花样图接上页）
花样
边缘花样
□=1
袖中心花样
前片中心

前片编织花样

编织花样

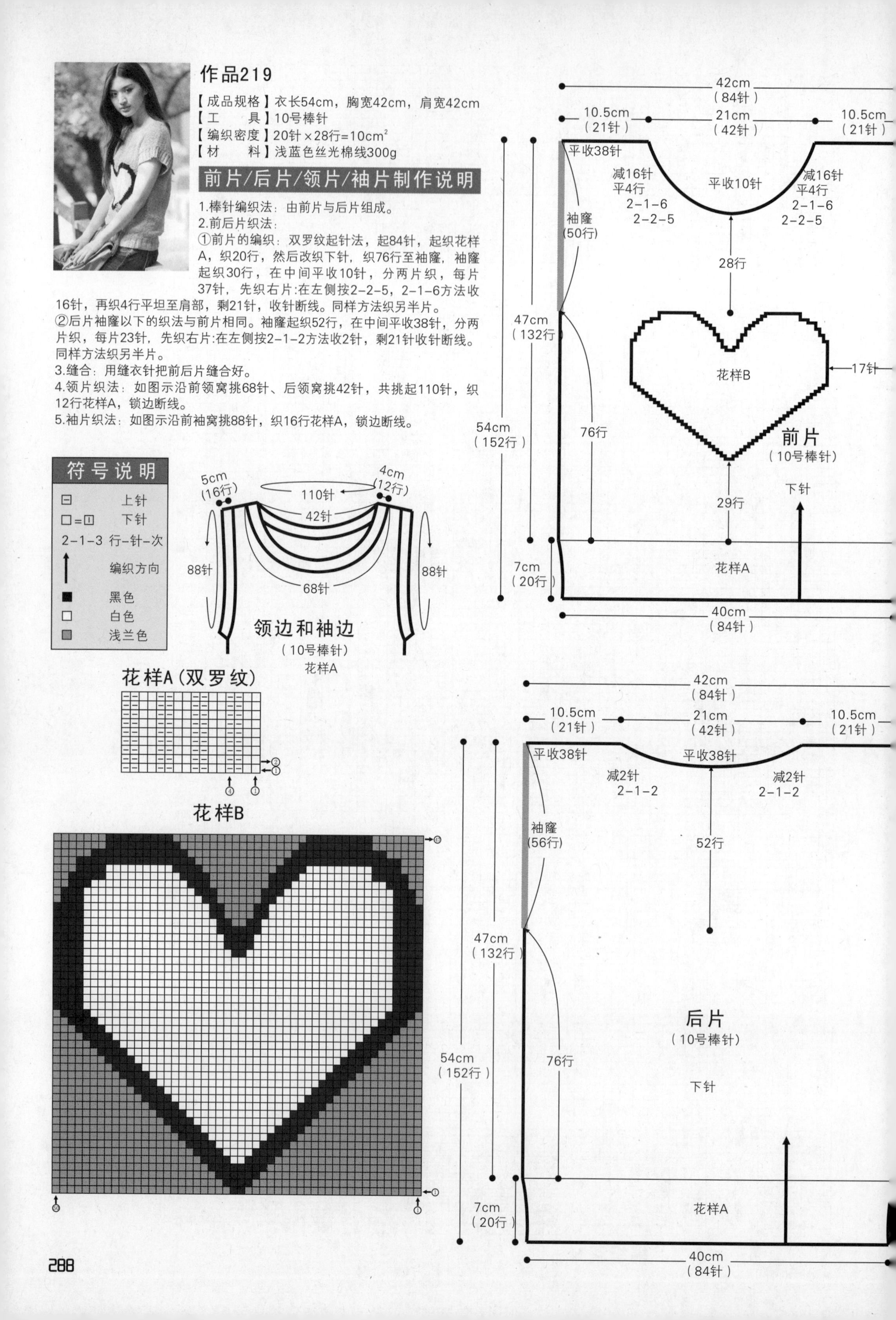

作品219
【成品规格】衣长54cm，胸宽42cm，肩宽42cm
【工　　具】10号棒针
【编织密度】20针×28行=10cm²
【材　　料】浅蓝色丝光棉线300g
前片/后片/领片/袖片制作说明
1.棒针编织法：由前片与后片组成。
2.前后片织法：
①前片的编织：双罗纹起针法，起84针，起织花样A，织20行，然后改织下针，织76行至袖窿，袖窿起织30行，在中间平收10针，分两片织，每片37针，先织右片:在左侧按2-2-5，2-1-6方法收16针，再织4行平坦至肩部，剩21针，收针断线。同样方法织另半片。
②后片袖窿以下的织法与前片相同。袖窿起织52行，在中间平收38针，分两片织，每片23针，先织右片:在左侧按2-1-2方法收2针，剩21针收针断线。同样方法织另半片。
3.缝合：用缝衣针把前后片缝合好。
4.领片织法：如图示沿前领窝挑68针、后领窝挑42针，共挑起110针，织12行花样A，锁边断线。
5.袖片织法：如图示沿前袖窝挑88针，织16行花样A，锁边断线。
符号说明
上针
下针
2-1-3 行-针-次
编织方向
黑色
白色
浅兰色
领边和袖边
(10号棒针)
花样A
110针
42针
68针
88针
5cm (16行)
4cm (12行)
花样A(双罗纹)
花样B
前片
(10号棒针)
后片
(10号棒针)
42cm (84针)
10.5cm (21针)
21cm (42针)
平收38针
减16针 平4行 2-1-6 2-2-5
平收10针
袖窿 (50行)
28行
47cm (132行)
54cm (152行)
76行
29行
17针
7cm (20行)
40cm (84针)
下针
减2针 2-1-2
52行
袖窿 (56行)

作品220

【成品规格】衣长59cm，胸围88cm，连肩袖长60cm
【工　　具】9号、10号棒针
【编织密度】23针×32行=10cm²
【材　　料】粉色毛线550g

制作说明

1.后片：起100针用10号针织双罗纹26行后换9号针织花样，平织108行开袖窿，腋下各平收4针，再以2针做径在两侧减针，最后32针平收。
2.前片：底边同后片。开始织花样时用引退针法织弧形，袖窿收针同后片，开袖窿后织48行将中心的8针平收，再分片织减针织出领窝至完成。
.袖：织平针。起针织26行双罗纹后换9号针织平针，两侧按图示加针织出袖筒，袖山减针同后片，最后16针平收。
.领：缝合各片，挑针织领。用10号针沿领窝挑出96针，先织1行上针，再织双罗纹行平收。完成。

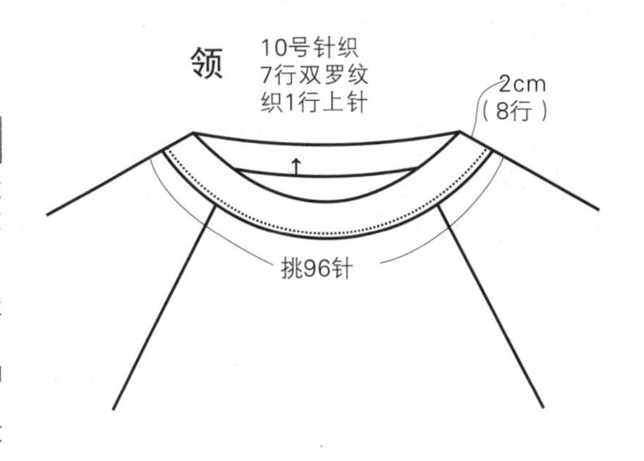

领
10号针织
7行双罗纹
织1行上针
2cm
(8行)
挑96针

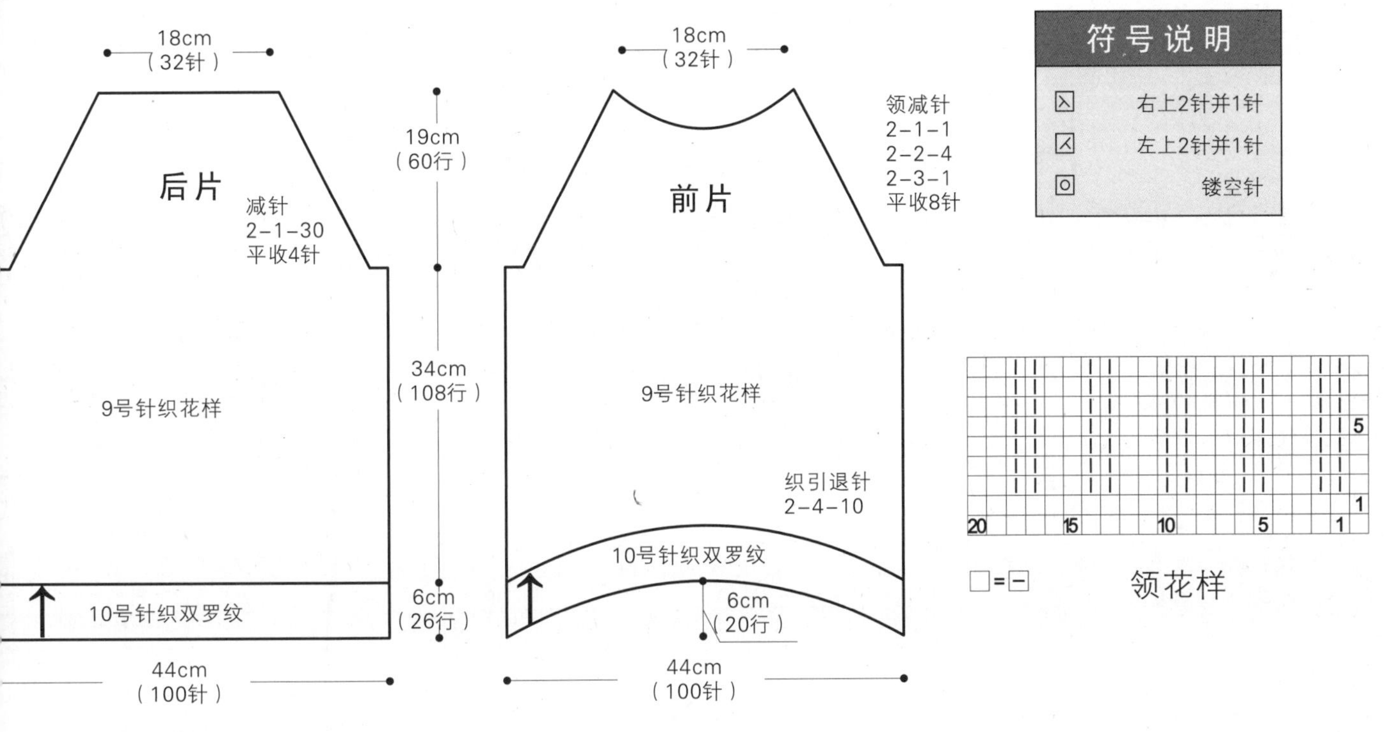

18cm
(32针)
后片
减针
2-1-30
平收4针
9号针织花样
10号针织双罗纹
44cm
(100针)
19cm
(60行)
34cm
(108行)
6cm
(26行)
18cm
(32针)
前片
领减针
2-1-1
2-2-4
2-3-1
平收8针
9号针织花样
织引退针
2-4-10
10号针织双罗纹
6cm
(20行)
44cm
(100针)
符号说明
右上2针并1针
左上2针并1针
镂空针
领花样

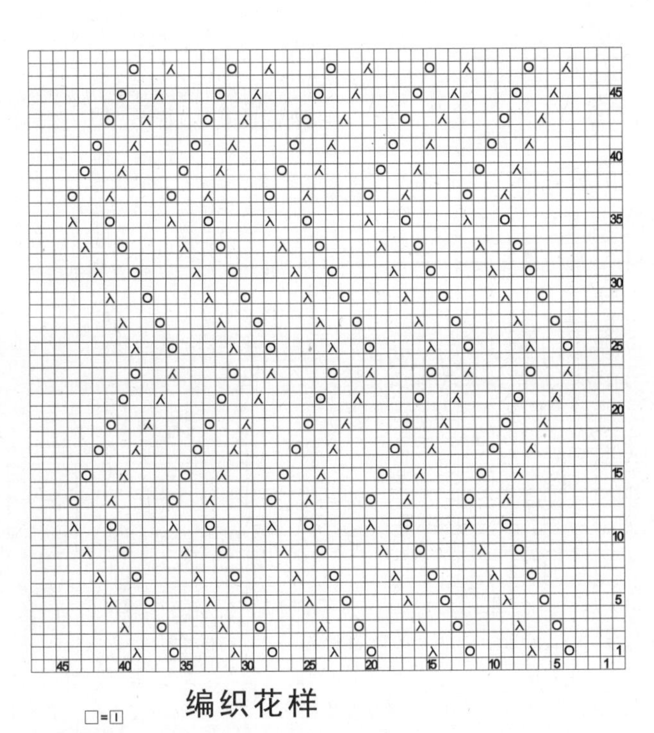

编织花样

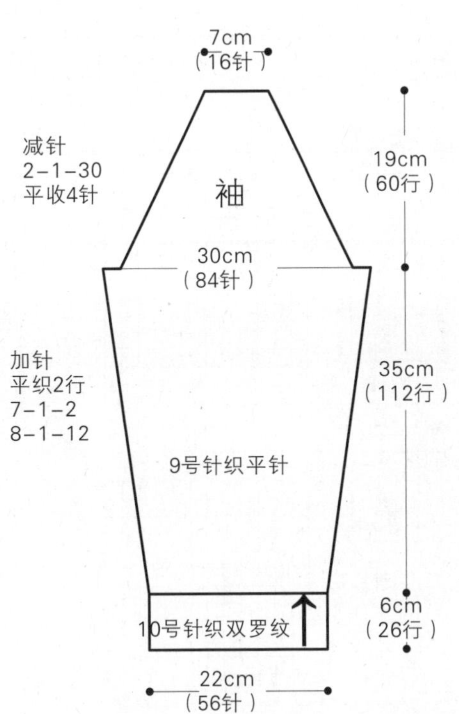

7cm
(16针)
减针
2-1-30
平收4针
袖
19cm
(60行)
30cm
(84针)
加针
平织2行
7-1-2
8-1-12
35cm
(112行)
9号针织平针
10号针织双罗纹
6cm
(26行)
22cm
(56针)

作品221

【成品规格】衣长65cm，胸围84cm，肩宽34cm，袖长57cm
【工　　具】13号棒针
【编织密度】31.2针×38行=10cm²
【材　　料】绿色羊毛线500g

前片/后片制作说明

1.棒针编织法：衣身袖窿以下一片环形编织，袖窿起分为前片和后片分别编织而成。
2.起织：起264针，织花样A，织16行后，改织花样B，织至114行，改为花样B、C、D组合编织，织至172行，将织片按结构图所示，均分成前片和后片，分别编织。
3.先织后片：起织时两侧袖窿减针，方法为平收4针，2-1-9，织至245行，中间平收58针，两侧减针织成后领，方法为2-1-2，织至248行，两肩部各余下22针，收针断线。
4.织前片：起织时两侧袖窿减针，方法为平收4针，2-1-9，织至227行，中间平收38针，两侧减针织成前领，方法为2-2-4，2-1-4，织至248行，两肩部各余下22针，收针断线。
5.前片与后片肩缝对应缝合。

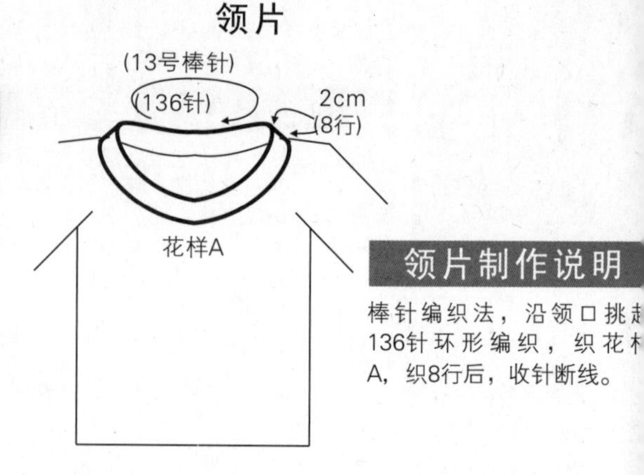

领片
(13号棒针)
(136针)
2cm
(8行)
花样A

领片制作说明

棒针编织法，沿领口挑起136针环形编织，织花样A，织8行后，收针断线。

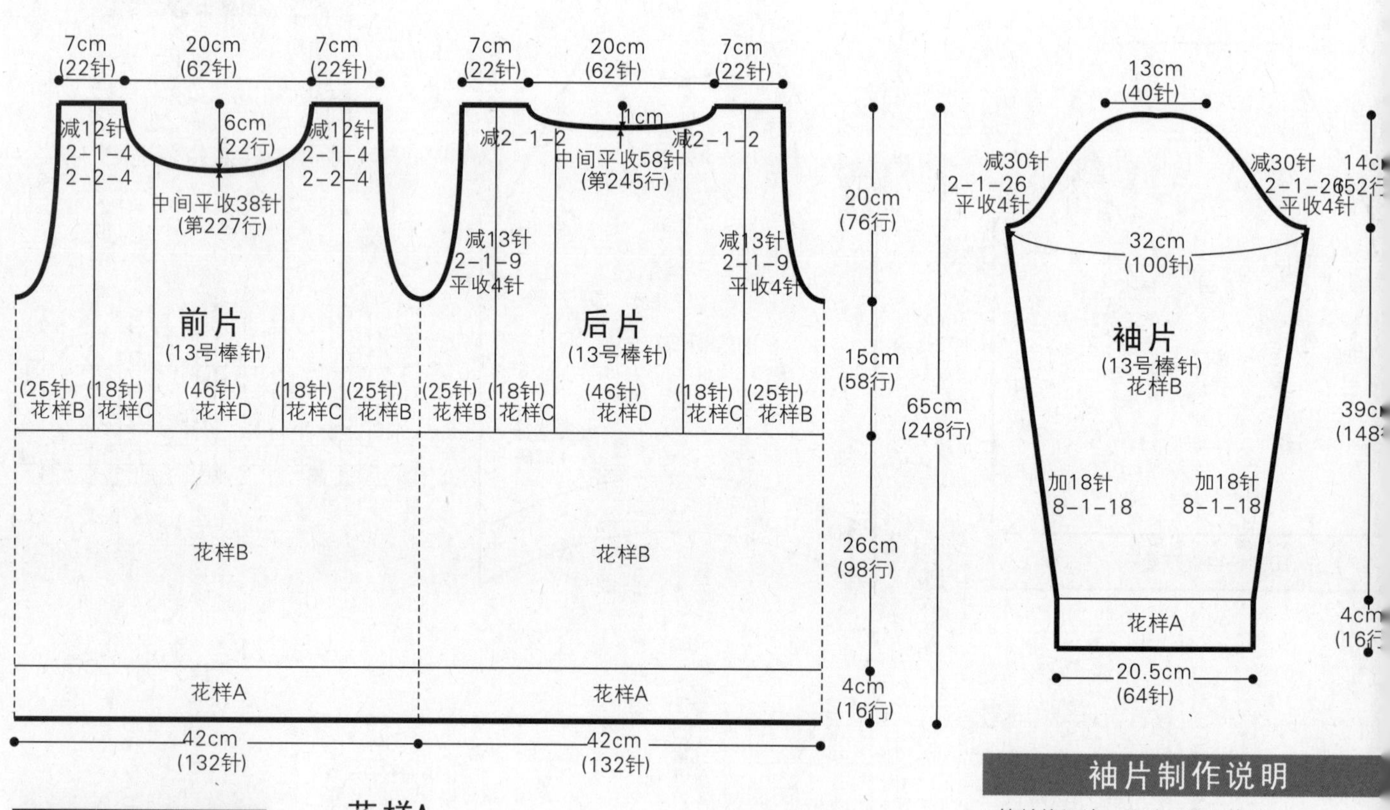

7cm (22针)
20cm (62针)
7cm (22针)
减12针 2-1-4 2-2-4
6cm (22行)
中间平收38针 (第227行)
1cm
减2-1-2
中间平收58针 (第245行)
减13针 2-1-9 平收4针
前片 (13号棒针)
后片 (13号棒针)
(25针) 花样B
(18针) 花样C
(46针) 花样D
花样B
花样A
42cm (132针)
20cm (76行)
15cm (58行)
26cm (98行)
4cm (16行)
65cm (248行)
13cm (40针)
减30针 2-1-26 平收4针
32cm (100针)
袖片 (13号棒针) 花样B
加18针 8-1-18
花样A
20.5cm (64针)
14cm (52行)
39cm (148行)
4cm (16行)

袖片制作说明

1.棒针编织法，从袖口往上编织。
2.起织，起64针，织花样A，织16行后，改织花样B，一边织一边两侧加针，方法为8-1-18，织至164行，两侧减针编织袖山，方法为平收4针，2-1-26，织至216行，织片余下40针，收针断线。
3.同样的方法编织另一袖片。
4.将袖山对应袖窿线缝合，再将袖底缝合。

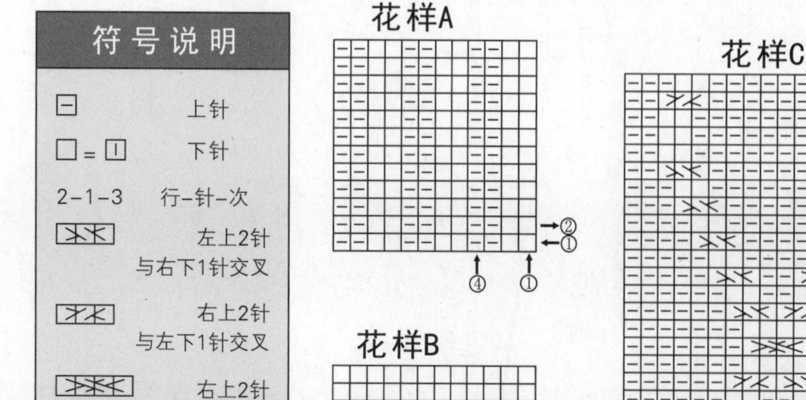

符号说明
上针
下针
2-1-3 行-针-次
左上2针与右下1针交叉
右上2针与左下1针交叉
右上2针与左下2针交叉
右上3针与左下3针交叉
花样A
②
①
④
①

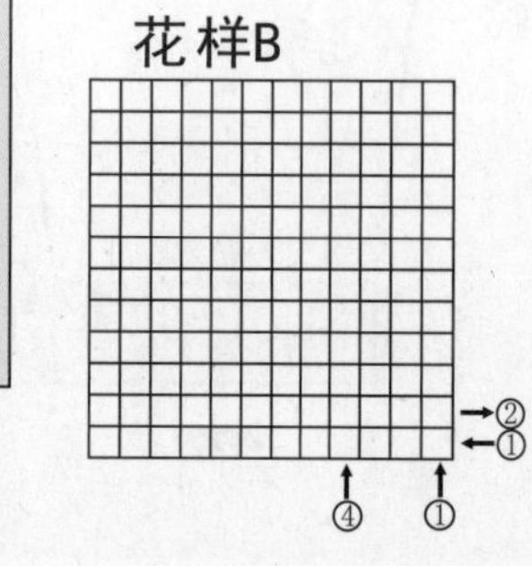

花样B
②
①
④
①

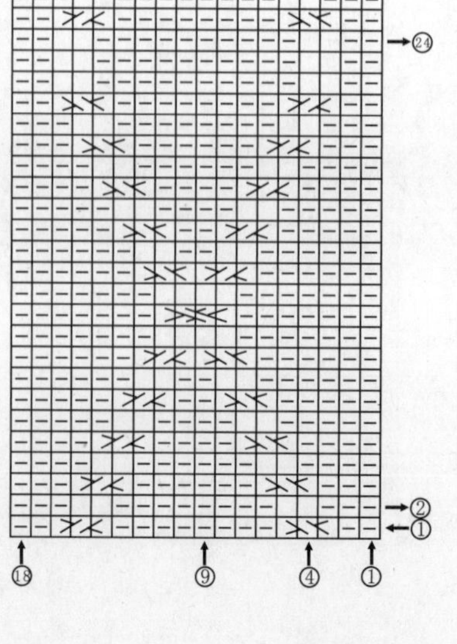

花样C
㉔
②
①
⑱
⑨
④
①

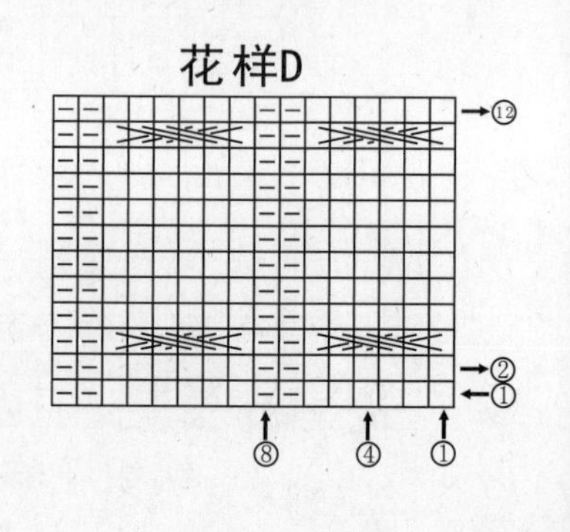

花样D
⑫
②
①
⑧
④
①

作品222

【成品规格】衣长52cm，胸宽49cm，肩宽40cm，袖长31cm
【工　　具】10号棒针
【编织密度】17针×24行=10cm²
【材　　料】白色丝光棉线400g

前片/后片/领片/袖片制作说明

1.棒针编织法：由左右前片、后片、后领片与袖片组成。
2.前后片织法：
①前片的编织：先织右前片，单罗纹起针法，起38针，起织花样A，织26行，然后重新排花样，从左至右依次是：8针花样A，30针下针，按排好的花样织60行至袖窿，袖窿起在右侧按平收4针，2-1-4方法收8针，在左侧按4-1-10方法收10针，再织6行平坦至肩部，剩30针，左侧的8针花样A预留不织，把右边的22针平锁断线，同样方法织另一片。
②后片的编织：单罗纹起针法，起84针，起织花样A，织26行，然后改织织下针，织60行至袖窿，袖窿起两侧开始按平收4针，2-1-4方法各收8针，自袖窿起织46行，剩68针，锁边断线。
3.袖片的编织：单罗纹起针法，起48针，起织花样A，织16行，然后改下针，同时在两侧按6-1-8方法各加8针，再织2行平坦至袖窿，袖窿起在两边按平收4针，2-1-6方法各收10针，剩44针，锁针断线。
4.缝合：用缝衣针把织好的前片，后片和袖片缝合，缝合肩部时，左右两片的8针花样A不缝。
5.后领片织法：挑右前片预留的8针花样A，继续织花样A，织34行，和左前片预留的8针做无缝拼接，然后再和把它缝合在后领窝片处。

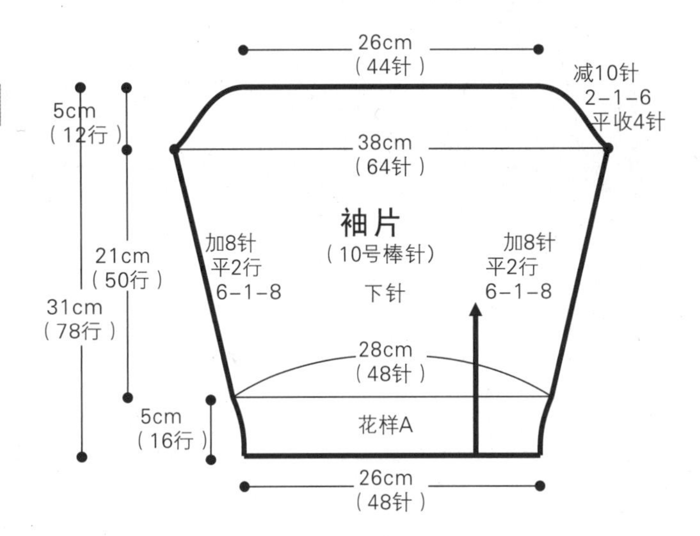

26cm
(44针)
减10针
2-1-6
平收4针
5cm
(12行)
38cm
(64针)
袖片
(10号棒针)
下针
加8针
平2行
6-1-8
加8针
平2行
6-1-8
21cm
(50行)
31cm
(78行)
28cm
(48针)
5cm
(16行)
花样A
26cm
(48针)

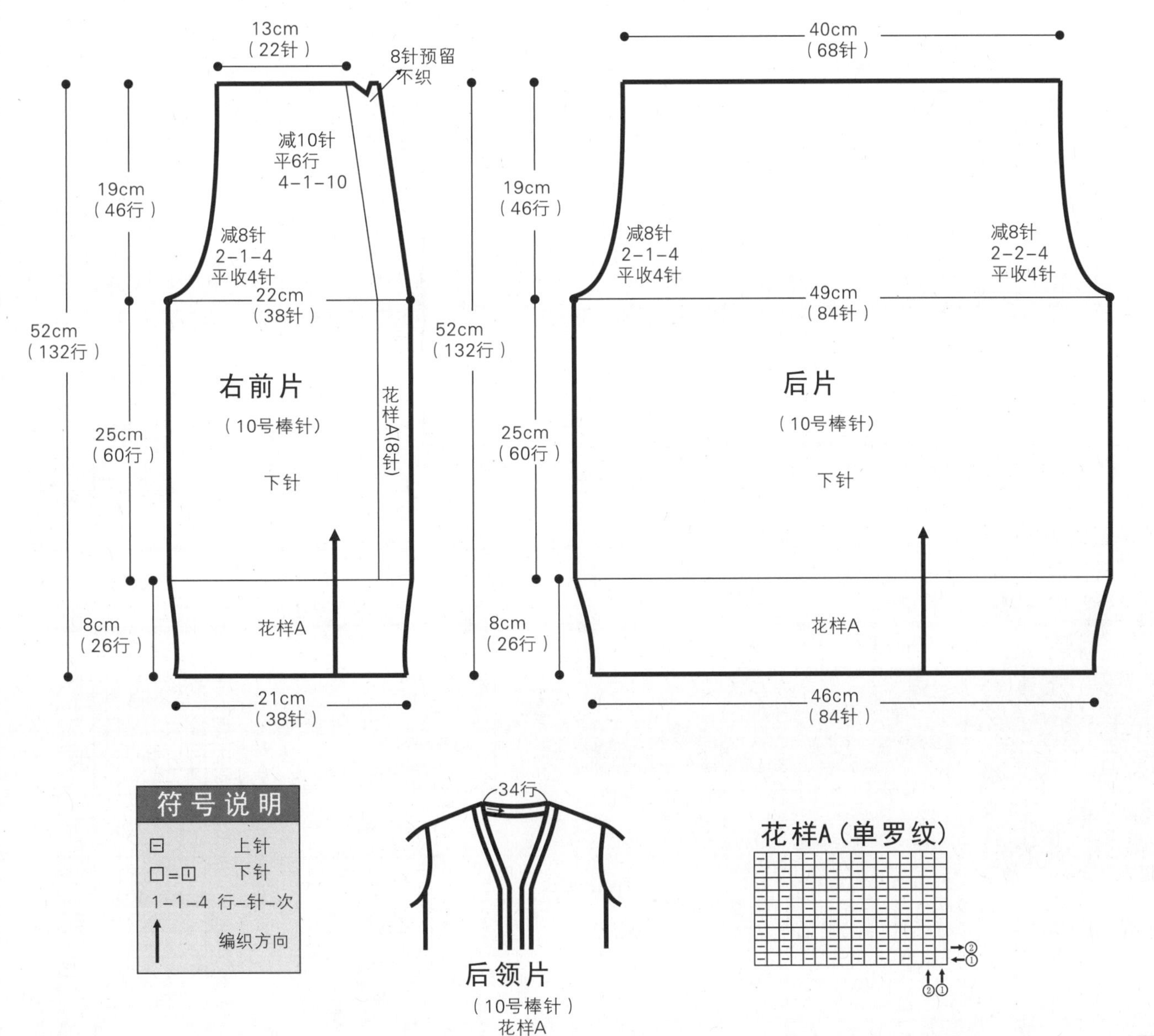

13cm
(22针)
8针预留
不织
减10针
平6行
4-1-10
19cm
(46行)
减8针
2-1-4
平收4针
22cm
(38针)
52cm
(132行)
右前片
(10号棒针)
下针
花样A(8针)
25cm
(60行)
8cm
(26行)
花样A
21cm
(38针)
40cm
(68针)
19cm
(46行)
减8针
2-1-4
平收4针
减8针
2-2-4
平收4针
49cm
(84针)
52cm
(132行)
后片
(10号棒针)
下针
25cm
(60行)
8cm
(26行)
花样A
46cm
(84针)
符号说明
上针
下针
1-1-4 行-针-次
编织方向
34行
后领片
(10号棒针)
花样A
花样A(单罗纹)

作品223

【成品规格】衣长50cm，胸围80cm，肩宽34cm
【工　　具】13号棒针
【编织密度】34.5针×45.6行=10cm²
【材　　料】黄色棉线350g

前片/后片制作说明

1.棒针编织法，衣身分为前片和后片分别编织而成。
2.起织后片。起138针，织花样A，织24行后，改织花样B，织至148行，两侧袖窿减针，方法为1-10-1，2-1-8，织至223行，中间平收56针，两侧减针织成后领，方法为2-1-3，织至228行，两肩部各余下20针，收针断线。
3.起织前片。起138针，织花样A，织24行后，改为花样B，C组合编织，如结构图所示，织至148行，同时两侧袖窿减针，方法为1-10-1，2-1-8，织至197行，中间平收38针，两侧减针织成前领，方法为2-2-2，2-1-8，织至228行，两肩部各余下20针，收针断线。
4.将前片与后片侧缝对应缝合，肩缝对应缝合。

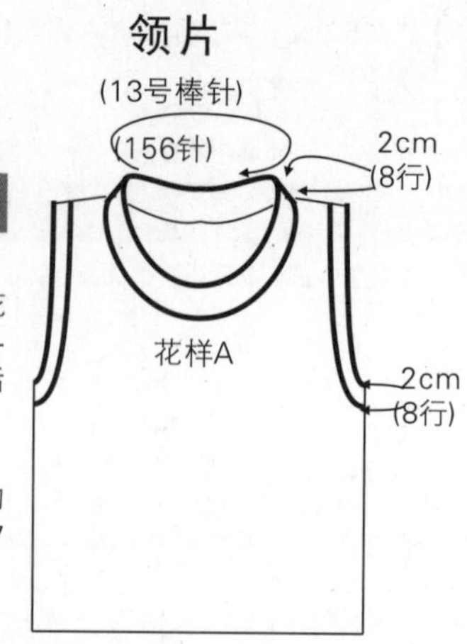

领片
(13号棒针)
(156针)
2cm
(8行)
花样A
2cm
(8行)

领片/袖边制作说明

1.棒针编织法，沿领口挑起156针环形编织，织花样A，织8行后，收针断线。
2.沿左右袖窿边沿分别挑起128针环形编织，织花样A，织8行后，收针断线。

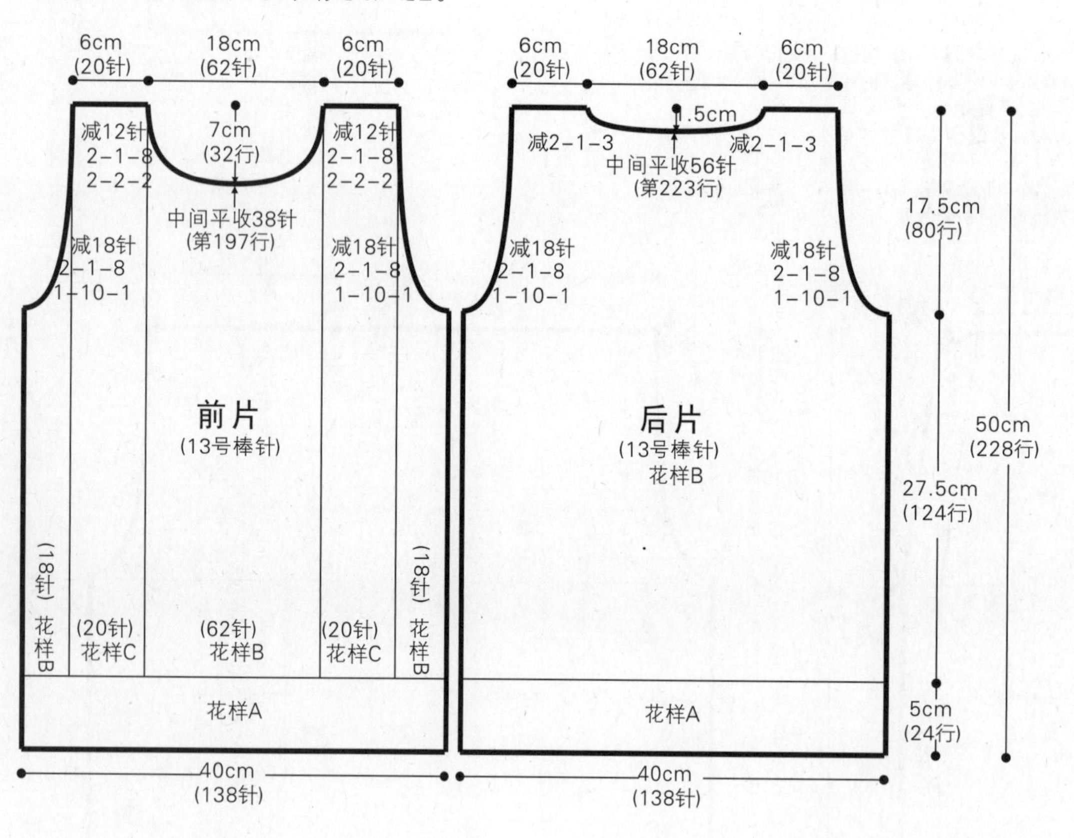

6cm
(20针)
18cm
(62针)
6cm
(20针)
减12针
2-1-8
2-2-2
7cm
(32行)
中间平收38针
(第197行)
减18针
2-1-8
1-10-1
前片
(13号棒针)
(18针)
花样B
(20针)
花样C
(62针)
花样B
花样A
40cm
(138针)
.5cm
减2-1-3
中间平收56针
(第223行)
后片
(13号棒针)
花样B
17.5cm
(80行)
50cm
(228行)
27.5cm
(124行)
5cm
(24行)

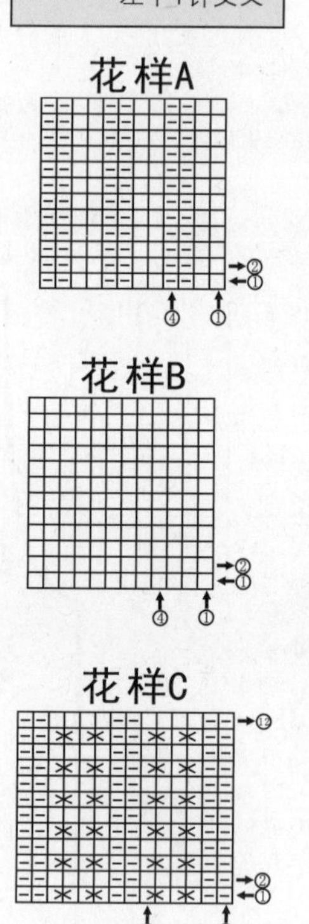

符号说明
上针
下针
2-1-3　行-针-次
左上1针与左下1针交叉
右上1针与左下1针交叉
花样A
花样B
花样C

作品224

【成品规格】衣长51cm，胸围72cm
【工　　具】12号棒针
【编织密度】24针×23.4行=10cm²
【材　　料】黄色羊绒线350g

前片/后片制作说明

1.棒针编织法：衣身分为前片和后片分别编织缝合而成。
2.起织后片：起86针，花样A与花样B组合编织，如结构图所示，织96行后，收针断线。
3.起织前片：起50针，花样A与花样B组合编织，如结构图所示，织460行后，收针断线。
4.缝合：按结构图所示，先将前片中间对应后片顶部缝合，再将两侧缝缝合。
5.前片下摆左右两侧各绑系12cm左右长度的辫子。

符号说明

⊟　上针
□=⊡　下针
2-1-3　行-针-次
左上5针与右下5针交叉

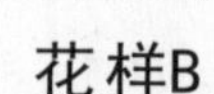

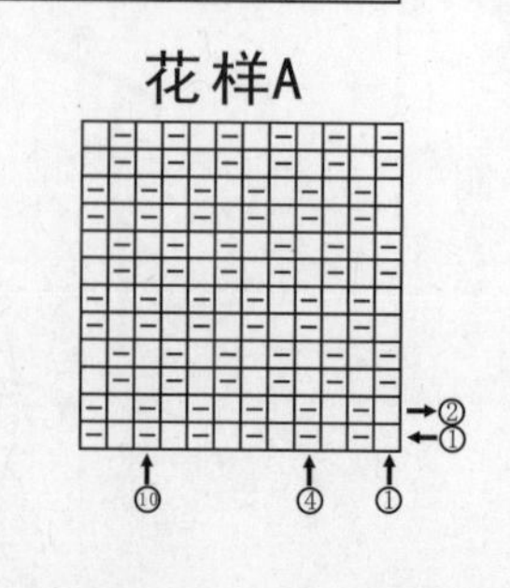

花样A

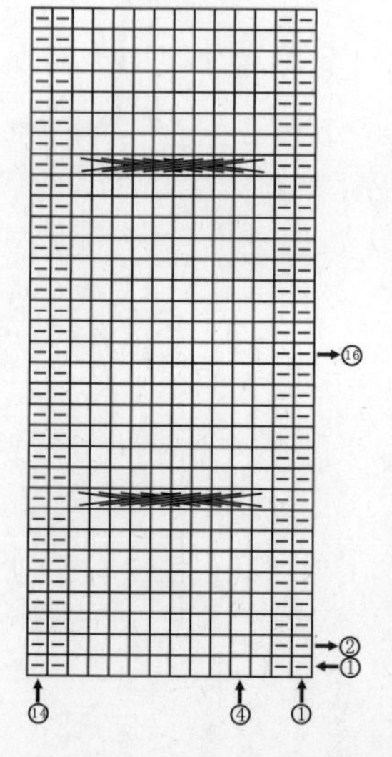

花样B

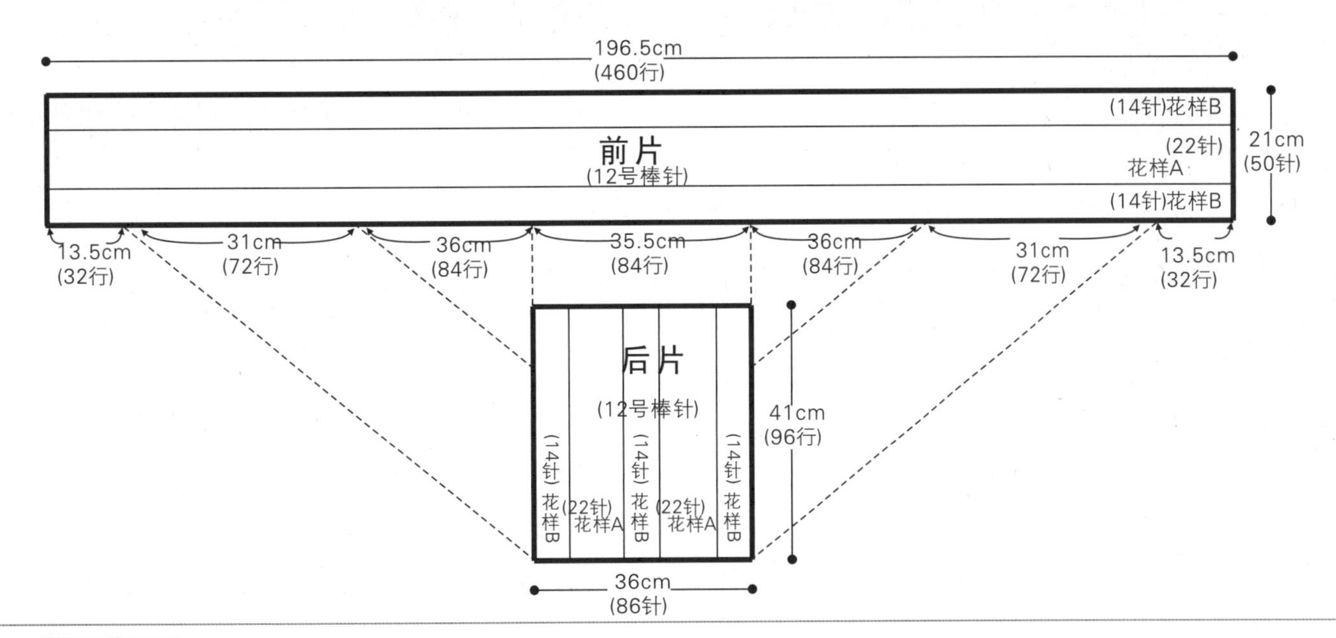
196.5cm
(460行)
前片
(12号棒针)
(14针)花样B
(22针)
花样A
(14针)花样B
21cm
(50针)
13.5cm
(32行)
31cm
(72行)
36cm
(84行)
35.5cm
(84行)
36cm
(84行)
31cm
(72行)
13.5cm
(32行)
后片
(12号棒针)
(14针)花样B
(22针)花样A
(14针)花样B
(22针)花样A
(14针)花样B
41cm
(96行)
36cm
(86针)

作品225

【成品规格】衣长59cm，胸围84cm，肩宽25cm

【工　　具】13号棒针

【编织密度】35.5针×42.8行=10cm²

【材　　料】绿色细棉毛线300g

前片/后片制作说明

1.棒针编织法：衣摆横向编织，衣身从下往上编织。分为前片和后片分别编织。

2.起织后片衣摆：起20针，织花样A，织180行后，收针断线。沿织片左侧挑起149针，织2行花样B后，改为花样C、D、E组合编织，组合方法如结构图所示，织至154行，两侧各平收3针，然后各织5针花样D作为袖窿边，两侧按2-1-27的方法袖窿减针，织至198行，织片余下89针，中间79针改织10行花样F后，收针断线。

3.起织前片衣摆：起20针，织花样A，织180行后，收针断线。沿织片左侧挑起149针，织2行花样B后，改为花样C、D、E组合编织，组合方法如结构图所示，织至126行，改织2行花样B，然后改为花样C与花样G组合编织，如结构图所示，织至154行，两侧各平收3针，然后各织5针花样D作为袖窿边，两侧按2-1-27的方法袖窿减针，织至164行，按花样G所示前领减针，织至208行，两侧各余下5针作为肩带，继续编织44行后，收针断线。

4.前片与后片侧缝对应缝合，肩带对应缝合。

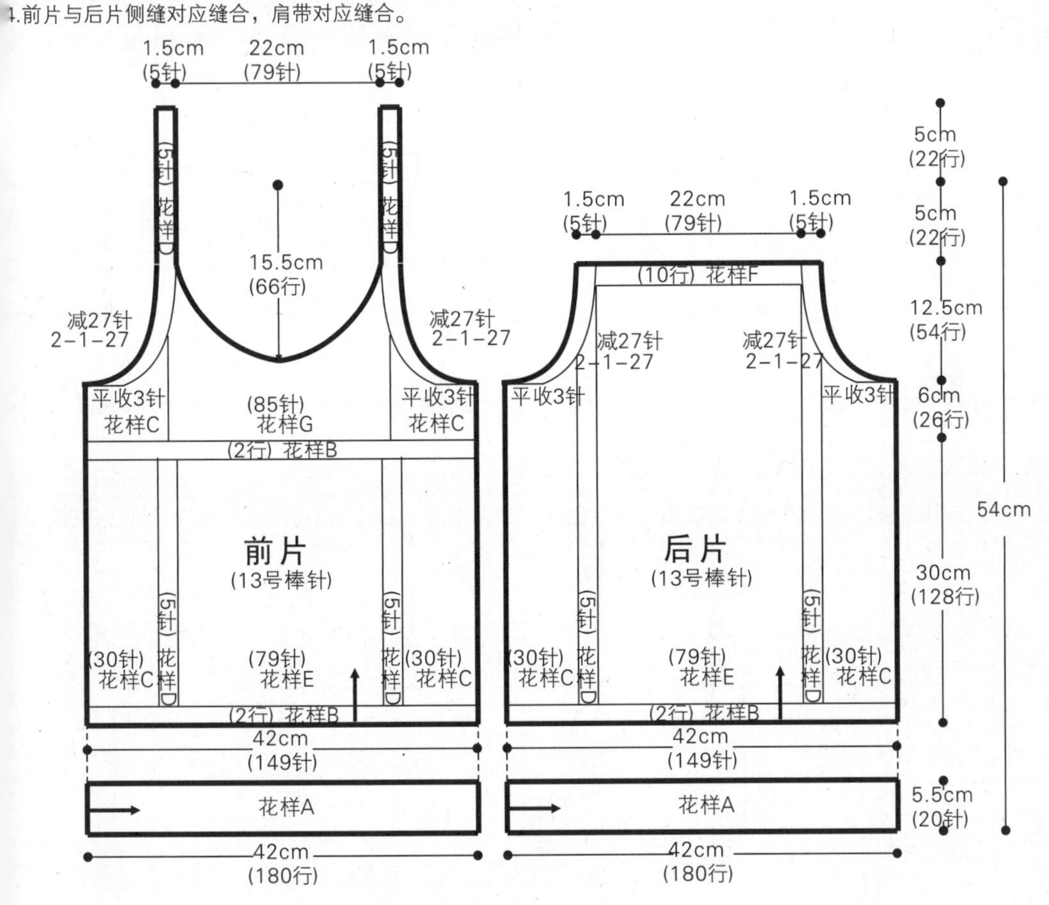
1.5cm
(5针)
22cm
(79针)
1.5cm
(5针)
(5针)花样D
15.5cm
(66行)
减27针
2-1-27
平收3针
花样C
(85针)
花样G
(2行)花样B
前片
(13号棒针)
(30针)花样C
(5针)花样D
(79针)
花样E
(2行)花样B
42cm
(149针)
花样A
42cm
(180行)
(10行)花样F
后片
(13号棒针)
5cm
(22行)
12.5cm
(54行)
6cm
(26行)
54cm
30cm
(128行)
5.5cm
(20针)

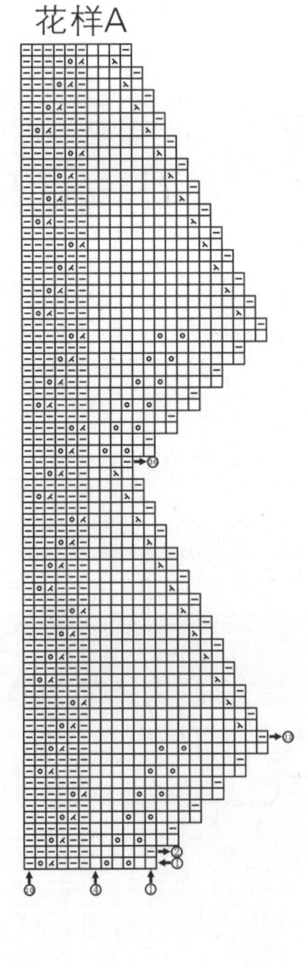
花样A

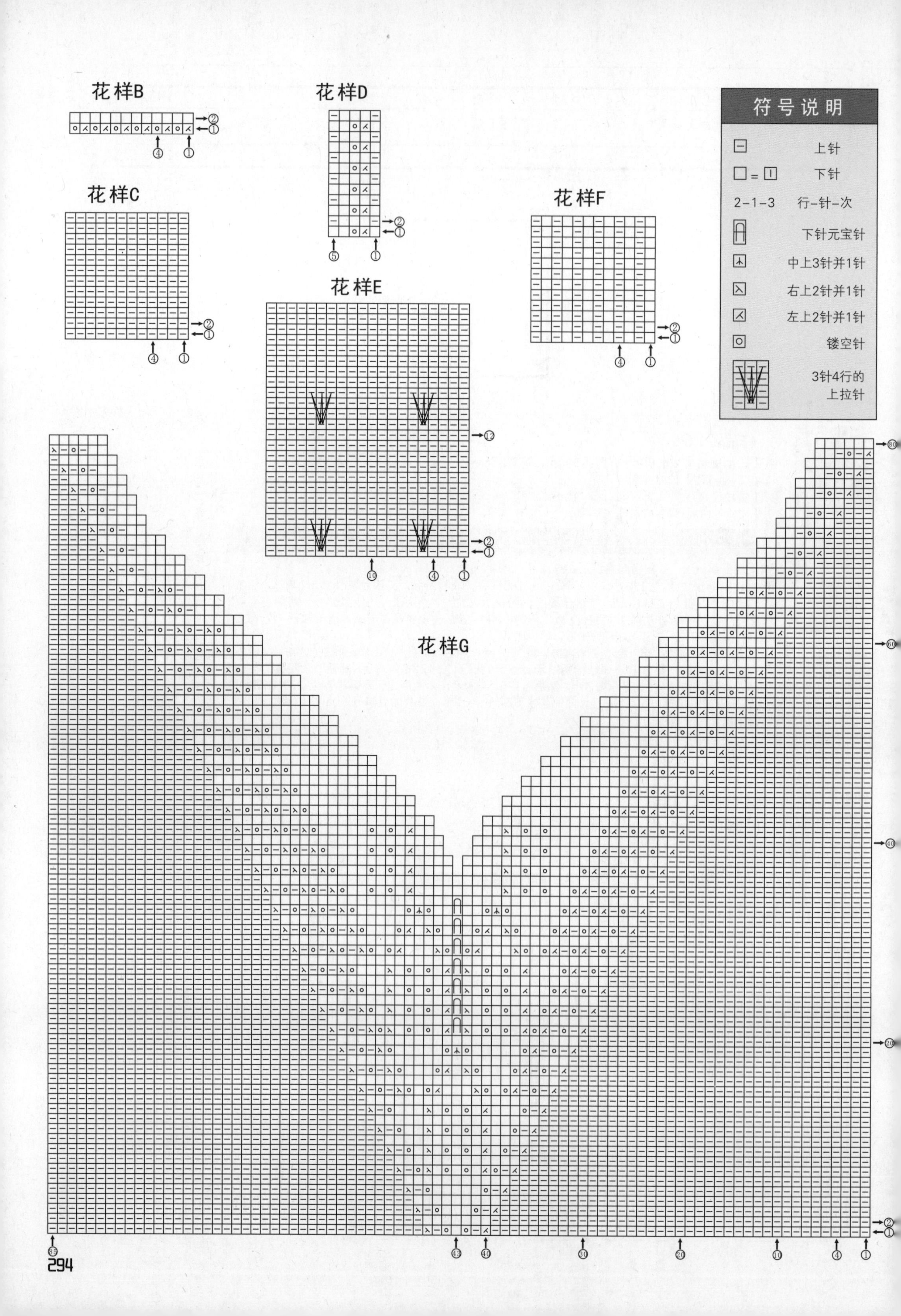
花样B
花样C
花样D
花样E
花样F
花样G
符号说明
上针
下针
2-1-3 行-针-次
下针元宝针
中上3针并1针
右上2针并1针
左上2针并1针
镂空针
3针4行的
上拉针

作品226

【成品规格】衣长61cm，胸围92cm，肩连袖长61cm
【工　　具】13号棒针
【编织密度】36.5针×37行=10cm²
【材　　料】粉红色细羊毛线550g

前片/后片制作说明

1.棒针编织法：衣身分为前片和后片分别编织而成。
2.起织后片：起168针，织花样A，织32行后，改织花样B，织至166行，两侧各平收4针，然后按4-2-9的方法方法减针织成插肩袖窿，织至202行，织片余下124针，留针暂时不织。
3.起织前片：起168针，织花样A，织32行后，改为花样B、C、D组合编织，中间48针减针成39针，织至166行，两侧各平收4针，然后按4-2-9的方法方法减针织成插肩袖窿，织至194行，中间留起93针不织，两侧按2-2-4的方法减针成织前领，织至202行，两侧各余下3针，留针暂时不织。
4.将前片与后片侧缝对应缝合。

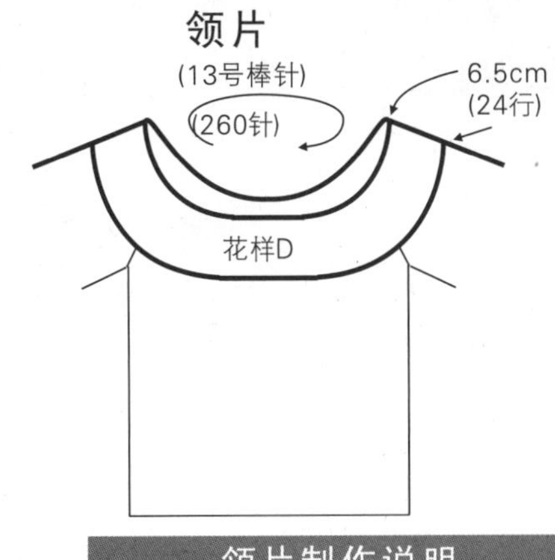

领片
(13号棒针)
(260针)
6.5cm
(24行)
花样D

领片制作说明

棒针编织法，沿衣身及衣袖顶留针挑起260针，环形编织花样D，织24行后，收针断线。

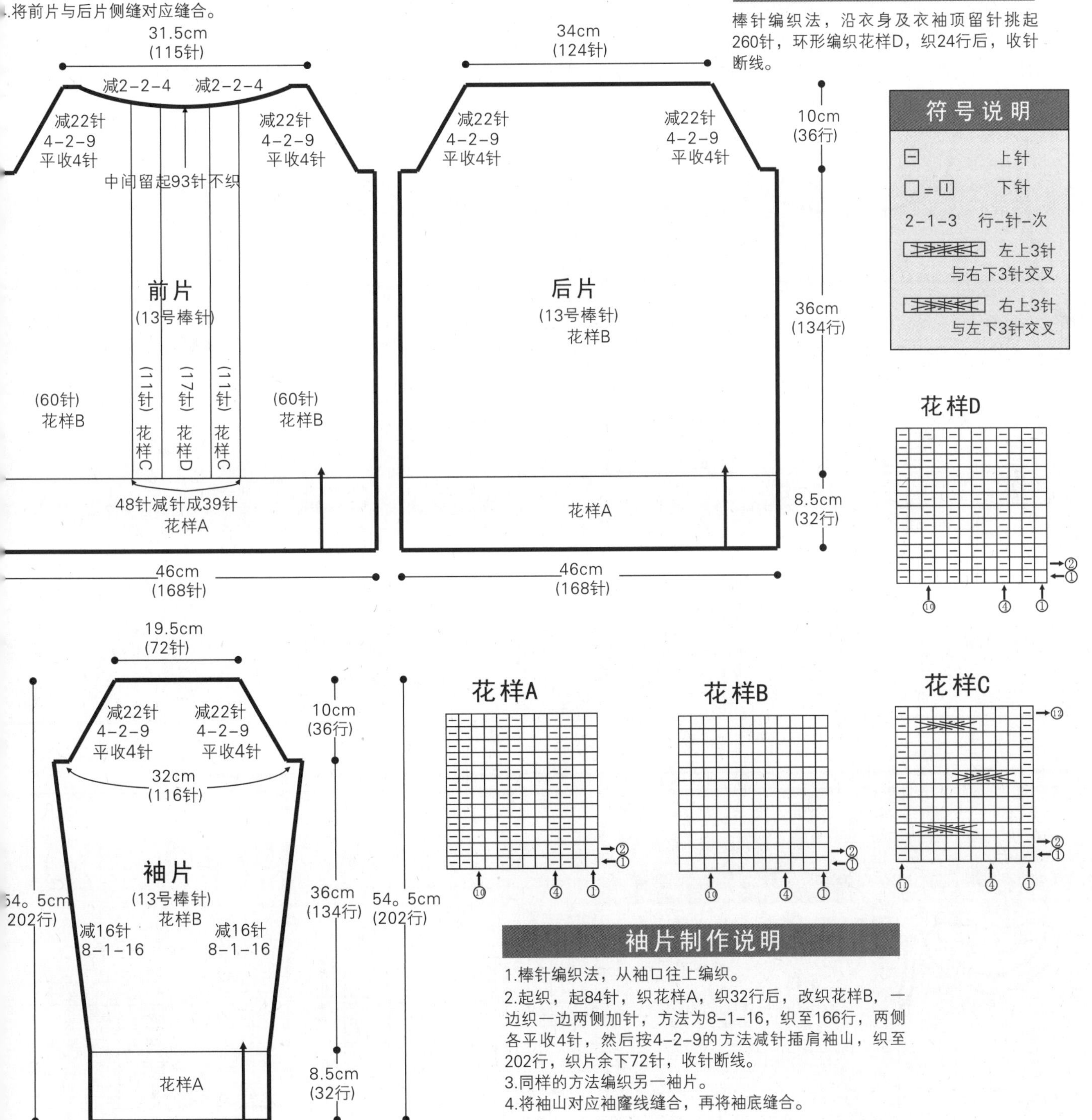

31.5cm
(115针)
减2-2-4
减2-2-4
减22针
4-2-9
平收4针
中间留起93针不织
前片
(13号棒针)
(60针)
花样B
(11针)
花样C
(17针)
花样D
48针减针成39针
花样A
46cm
(168针)
34cm
(124针)
后片
(13号棒针)
花样B
花样A
10cm
(36行)
36cm
(134行)
8.5cm
(32行)
符号说明
上针
下针
2-1-3 行-针-次
左上3针与右下3针交叉
右上3针与左下3针交叉
花样D
19.5cm
(72针)
32cm
(116针)
袖片
(13号棒针)
花样B
减16针
8-1-16
54。5cm
(202行)
23cm
(84针)
花样A
花样B
花样C

袖片制作说明

1.棒针编织法，从袖口往上编织。
2.起织，起84针，织花样A，织32行后，改织花样B，一边织一边两侧加针，方法为8-1-16，织至166行，两侧各平收4针，然后按4-2-9的方法减针插肩袖山，织至202行，织片余下72针，收针断线。
3.同样的方法编织另一袖片。
4.将袖山对应袖窿线缝合，再将袖底缝合。

作品227

【成品规格】衣长54cm，胸围80cm，肩宽37.5cm
【工　　具】12号棒针
【编织密度】20针×27.8行=10cm²
【材　　料】粉红色羊毛线300g，白色羊毛线20g

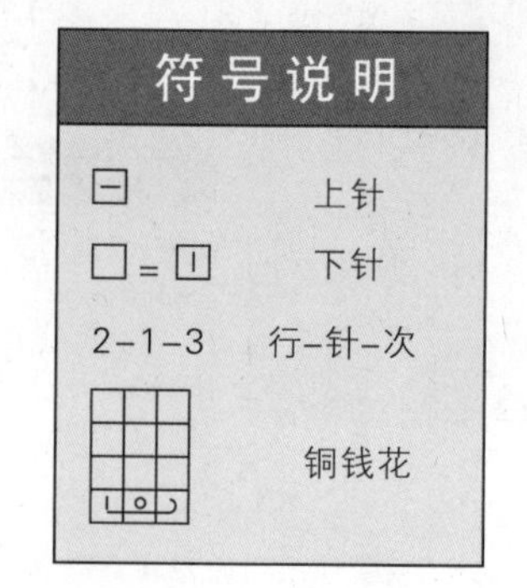

符号说明
上针
下针
2-1-3
行-针-次
铜钱花

前片/后片制作说明

1.棒针编织法，衣身袖窿以下一片环形编织，袖窿起分为前片和后片分别编织而成。
2.起织。起160针，织花样A，织16行后，改为15针花样B与5针花样C间隔编织，织至48行，改为15针花样D与5针花样C间隔编织，第55、56、59、60行织白色线，织至64行，改回15针花样B与5针花样C间隔编织，织至108行，将织片按结构图所示，两侧袖底各平收掉5针，均分成前片和后片，分别编织。
3.先织后片，15针花样B与5针花样C间隔编织，织至141行，中间平收35针，两侧减针织成后领，方法为2-2-4，织至150行，两肩部各余下12针，收针断线。
4.织前片，15针花样B与5针花样C间隔编织，织至119行，中间平收35针，两侧减针织成前领，方法为2-2-2，2-1-4，织至150行，两肩部各余下12针，收针断线。
5.前片与后片肩缝对应缝合。

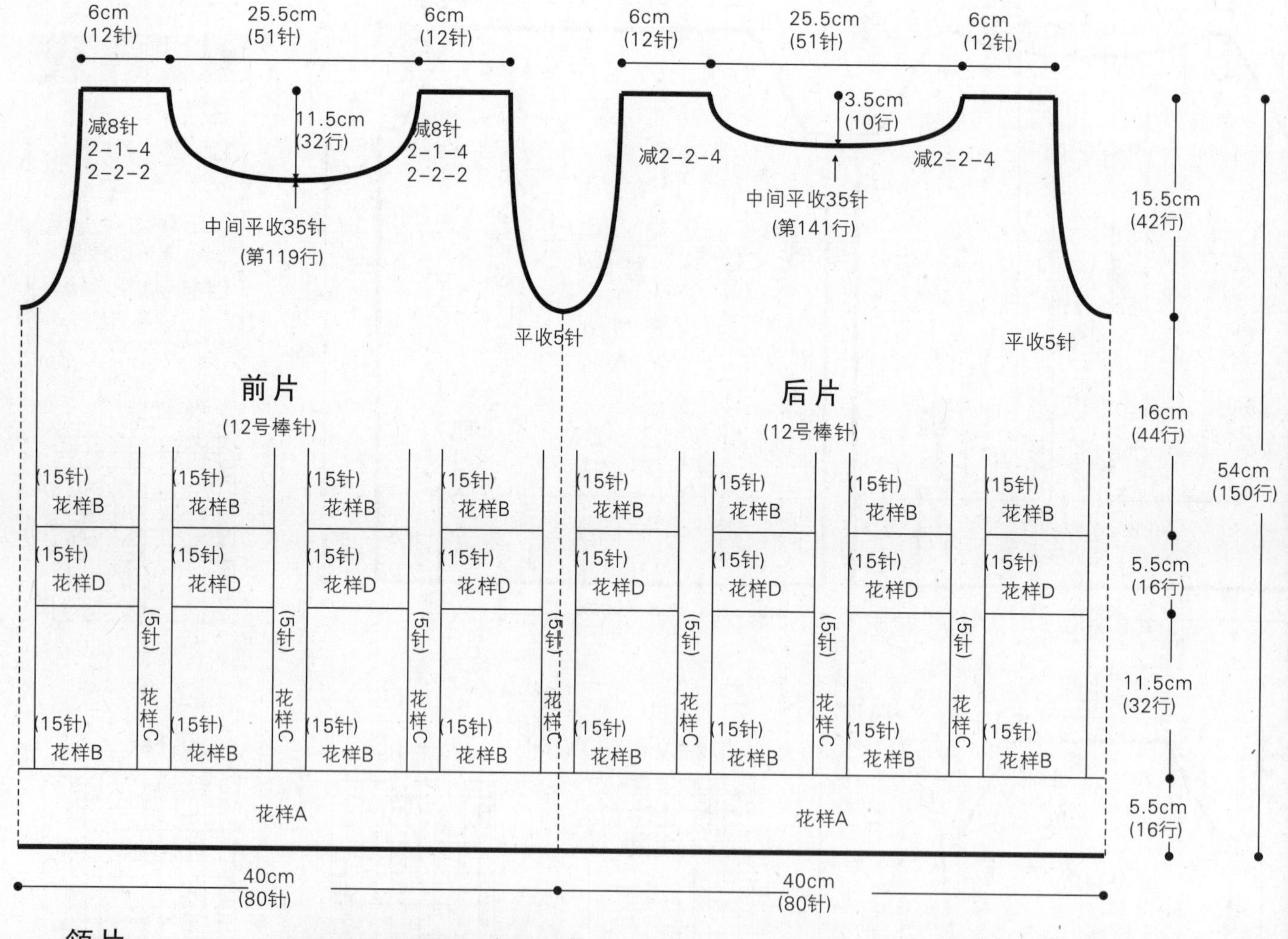

6cm
(12针)
25.5cm
(51针)
6cm
(12针)
11.5cm
(32行)
减8针
2-1-4
2-2-2
中间平收35针
(第119行)
3.5cm
(10行)
减2-2-4
中间平收35针
(第141行)
平收5针
前片
(12号棒针)
后片
(12号棒针)
(15针)
花样B
(15针)
花样D
(5针)
花样C
花样A
15.5cm
(42行)
16cm
(44行)
5.5cm
(16行)
11.5cm
(32行)
54cm
(150行)
40cm
(80针)

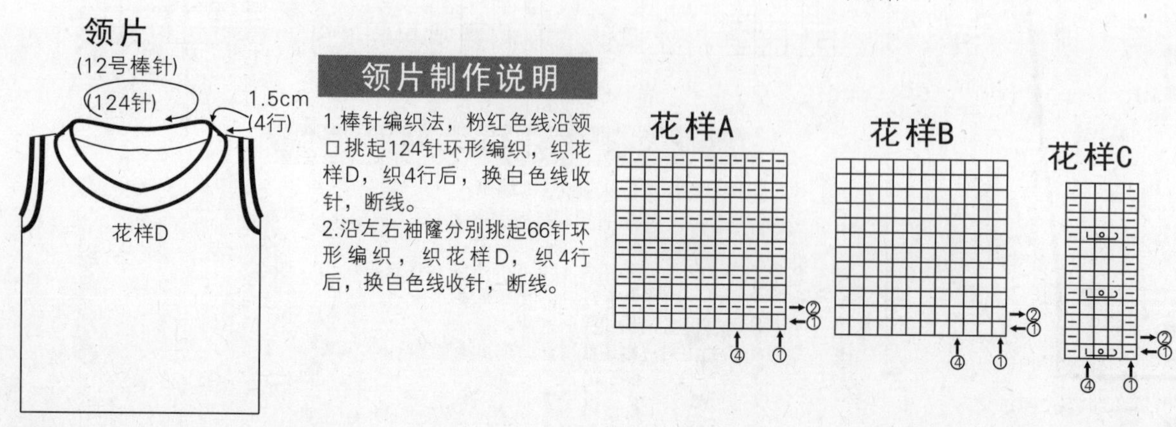

领片
(12号棒针)
(124针)
1.5cm
(4行)
花样D
花样A
花样B
花样C
花样D

领片制作说明

1.棒针编织法，粉红色线沿领口挑起124针环形编织，织花样D，织4行后，换白色线收针，断线。
2.沿左右袖窿分别挑起66针环形编织，织花样D，织4行后，换白色线收针，断线。

作品228

【成品规格】衣长80cm，胸宽55cm，袖长72cm
【工　　具】10号棒针
【编织密度】21针×27行=10cm²
【材　　料】白色羊毛线400g

前片/后片/领片/袖片制作说明

1.棒针编织法：由左右前片、后片、后领片与袖片襟组成。
2.前后片织法：

①前片的编织：由左前片和右前片组成，先织右前片，单罗纹起针法，起52针，起织花样A，织24行，然后重新排花样，从左至右依次⊐:16针花样C，20针花样B，16针花样C，按排好的花样织28行后，中间32针改织成花样A，其它不变继续织8行，然后把中间32针锁边断线，作为口袋，两边各留10针不织，再从边边的中间挑32针，织上针，织36行，后再和两边暂停的10针合起来，继续按第一次排的花样织，织6行至袖窿，袖窿起在左侧按平收6针，2-1-34方法收40针，袖窿起织34行，在右侧按2-2-，2-1-4方法收12针。
②后片的编织：单罗纹起针法，起118针，起织花样A，织24行，然后重新排花样，从左至右依次⊐:20针花样C，20针花样B，38针花样C，20针花样B，20花样C，按排好的花样织122行至袖窿，袖窿起在两边按平收6针，2-1-36方法各收42针，剩34针，锁边断线。
.袖片织法：单罗纹起针法，起52针，起织花样A，织24行，然后重新排花样，从左至右依次⊐:16针花样C，20针花样B，16针花样C，按排编织100行至袖窿，同时在两侧按4-1-10，6-1-10方法各加20针，袖窿起在右侧按平收6针，2-1-34方法收40针，在左侧按平收6针，2-1-36方法收42针，袖窿起织68行，在右侧用引退法2-5-2方法收完最后10针。同样方法织另一袖片。
.缝合：用缝衣针把织好的前片，后片和袖片缝合。
.领片织法：沿左右前领窝和后领窝挑144针，织花样A，织18行，锁针断线。
.门襟的织法：沿左右门襟各挑144针，织花样A，织18行，锁针断线。

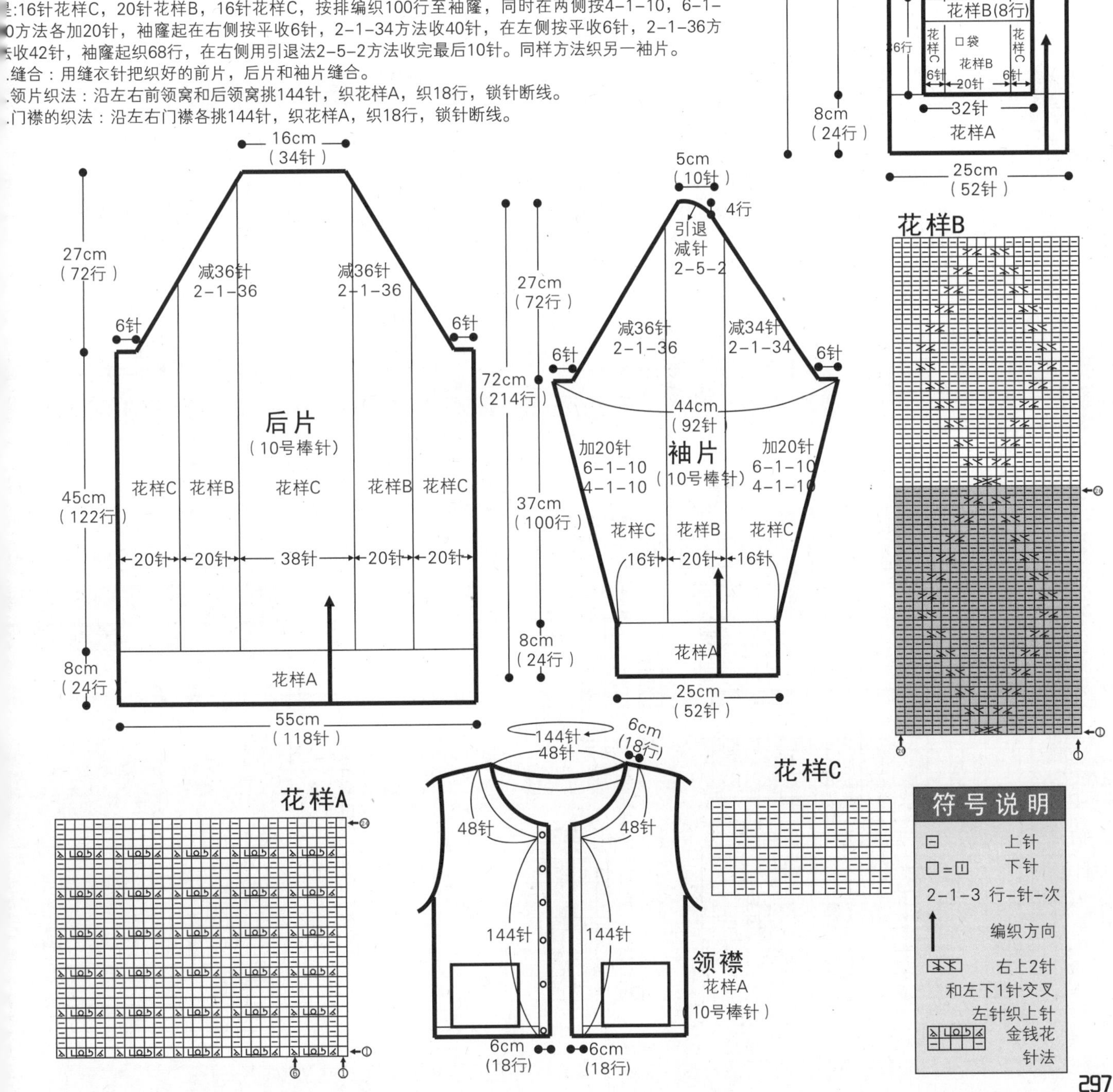

右前片
(10号棒针)
6cm (12针)
减12针 平18行坦 2-1-4 2-2-4
减34针 2-1-34
6针
25cm (68行)
80cm (214行)
45cm (122行)
8cm (24行)
花样C 花样B 花样C
16针 20针 16针
花样B(8行)
口袋 花样B
36行
6针 20针 6针
32针
花样A
25cm (52针)
后片
(10号棒针)
16cm (34针)
27cm (72行)
减36针 2-1-36
减36针 2-1-36
6针
45cm (122行)
花样C 花样B 花样C 花样B 花样C
20针 20针 38针 20针 20针
8cm (24行)
花样A
55cm (118针)
袖片
(10号棒针)
5cm (10针)
4行
引退减针 2-5-2
27cm (72行)
减36针 2-1-36
减34针 2-1-34
6针
72cm (214行)
44cm (92针)
加20针 6-1-10 4-1-10
37cm (100行)
花样C 花样B 花样C
16针 20针 16针
8cm (24行)
花样A
25cm (52针)
花样B
144针
48针
6cm (18行)
48针
144针
领襟
花样A
(10号棒针)
6cm (18行)
花样A
花样C
符号说明
上针
□=⊟ 下针
2-1-3 行-针-次
编织方向
右上2针和左下1针交叉左针织上针
金钱花针法

作品229

【成品规格】衣长54cm，胸围100cm
【工　　具】13号棒针
【编织密度】34针×45行=10cm^2
【材　　料】浅绿色细棉线400g

前片/后片制作说明

1.棒针编织法：衣身分为前片和后片分别编织而成。
2.起织后片：起171针，织花样A，织10行后，为花样B与花样C组合编织，如结构图所示，织10行后，两侧按4-1-14，2-1-16，2-2-5的方法加针，织至118行，织片变成251针，两侧各织6针花样D作为袖口，不加减针织至176行，两侧按2-3-29的方法减针，织至240行，全部改织花样A，织至244行，织片余下77针，收针断线。
3.起织前片。起171针，织花样A，织10行后，改织花样B，织10行后，两侧按4-1-14，2-1-16，2-2-5的方法加针，织至118行，织片变成251针，两侧各织6针花样D作为袖口，不加减针往上织，织至154行，织片中间平收7针，分成左右两片分别编织，织至176行，两侧按2-3-29的方法减针，织至240行，全部改织花样A，织至244行，左右织片各余下35针，收针断线。
4.将前片与后片侧缝对应缝合，肩缝对应缝合。

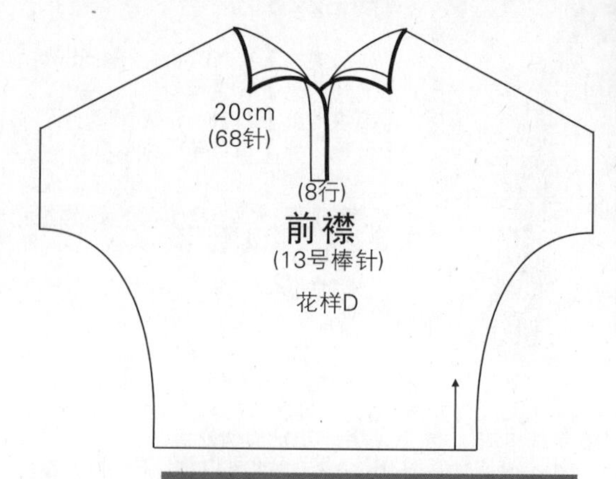
20cm
(68针)
(8行)
前襟
(13号棒针)
花样D

领片制作说明

棒针编织法，沿衣身前襟两侧分别挑起68针，织花样C，织8行后，收针断线，注意左侧均匀留起5个扣眼。

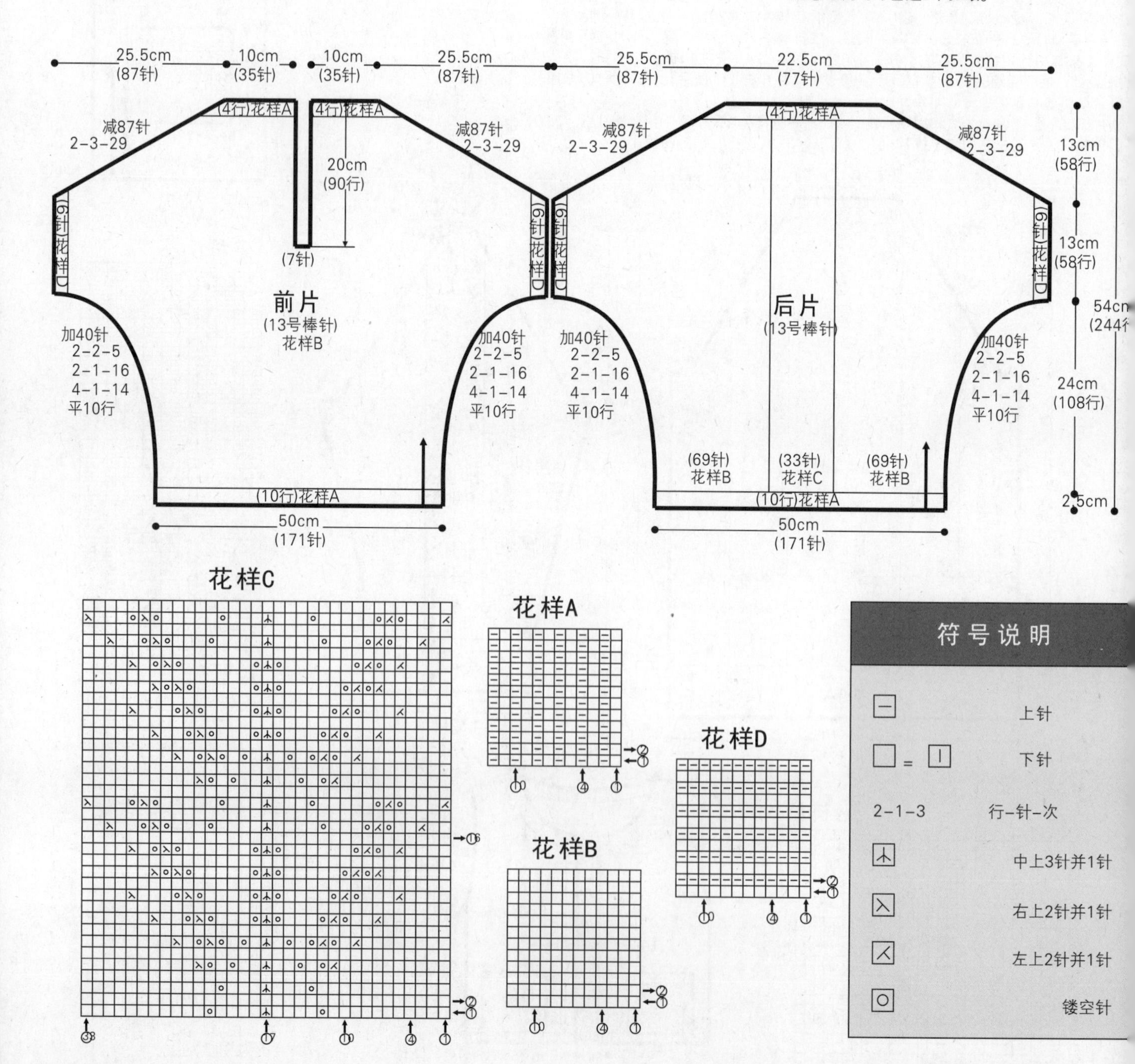
25.5cm
(87针)
10cm
(35针)
10cm
(35针)
25.5cm
(87针)
25.5cm
(87针)
22.5cm
(77针)
25.5cm
(87针)
(4行)花样A
减87针
2-3-29
20cm
(90行)
(7针)
(6针花样D)
前片
(13号棒针)
花样B
加40针
2-2-5
2-1-16
4-1-14
平10行
(10行)花样A
50cm
(171针)
后片
(13号棒针)
(69针)
花样B
(33针)
花样C
13cm
(58行)
24cm
(108行)
2.5cm
54cm
(244行)
花样C
花样A
花样B
花样D
符号说明
上针
下针
2-1-3
行-针-次
中上3针并1针
右上2针并1针
左上2针并1针
镂空针

作品230

【成品规格】衣长65cm，胸围84cm，肩宽32cm，袖长55cm
【工　　具】12号棒针
【编织密度】23.8针×26.8行=10cm²
【材　　料】黑羊毛线550g

前片/后片制作说明

1.棒针编织法：衣身分为前片和后片分别编织而成。
2.起织后片：起100针，织花样A，织34行后，改织花样B，织至116行，两侧袖窿减针，方法为平收4针，2-1-8，织至171行，中间平收42针，两侧减针织成后领，方法为2-1-2，织至174行，两部各余下15针，收针断线。
起织前片：起100针，织花样A，织34行后，改为花样B与花样C组合编织，如结构图所示，织116行，两侧袖窿减针，方法为平收4针，2-1-8，织至155行，中间平收22针，两侧减针织前领，方法为2-2-4，2-1-4，织至174行，两肩部各余下15针，收针断线。
将前片与后片侧缝对应缝合，肩缝对应缝合。

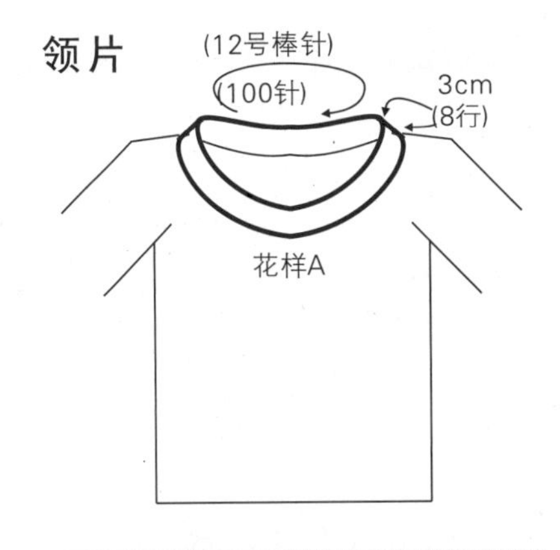

领片
(12号棒针)
(100针)
3cm
(8行)
花样A

领片制作说明

棒针编织法，沿领口挑起100针环形编织，织花样A，织8行后，收针断线。

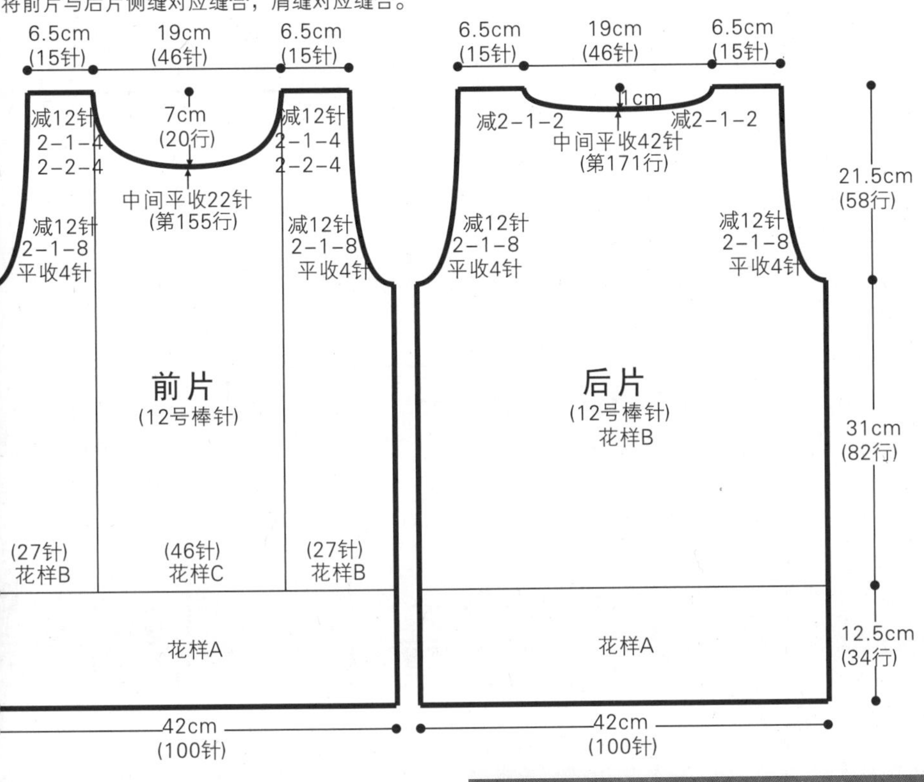

6.5cm
(15针)
19cm
(46针)
6.5cm
(15针)
减12针
2-1-4
2-2-4
7cm
(20行)
中间平收22针
(第155行)
减12针
2-1-8
平收4针
前片
(12号棒针)
(27针)
花样B
(46针)
花样C
(27针)
花样B
花样A
42cm
(100针)
1cm
减2-1-2
中间平收42针
(第171行)
后片
(12号棒针)
花样B
21.5cm
(58行)
31cm
(82行)
12.5cm
(34行)

符号说明

⊟	上针
□=⊡	下针
2-1-3	行-针-次
3	3针的结编织
(交叉符号)	左上2针与右下1针交叉
(交叉符号)	右上2针与左下1针交叉
(交叉符号)	右上2针与左下2针交叉
(交叉符号)	右上3针与左下3针交叉

袖片制作说明

1.棒针编织法，从袖口往上编织。
2.起织，起58针，织花样A，织18行后，改织花样B，一边织一边两侧加针，方法为8-1-11，织至110行，两侧减针编织袖山，方法为平收4针，2-1-19，织至148行，织片余下30针，收针断线。
3.同样的方法编织另一袖片。
4.将袖山对应袖窿线缝合，再将袖底缝合。

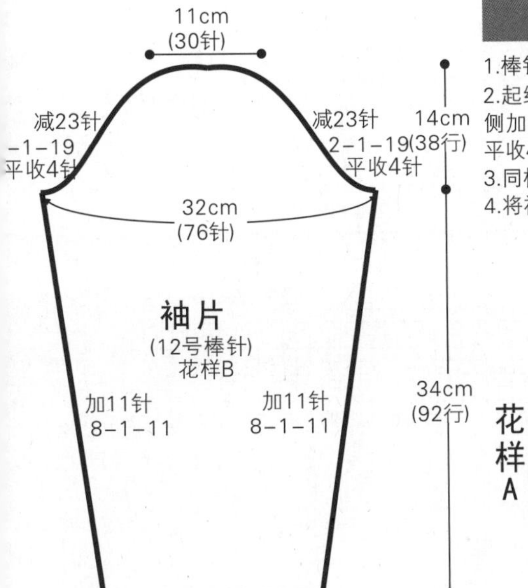

11cm
(30针)
减23针
2-1-19
平收4针
14cm
(38行)
32cm
(76针)
袖片
(12号棒针)
花样B
加11针
8-1-11
34cm
(92行)
花样A
7cm
(18行)
22.5cm
(54针)

花样B

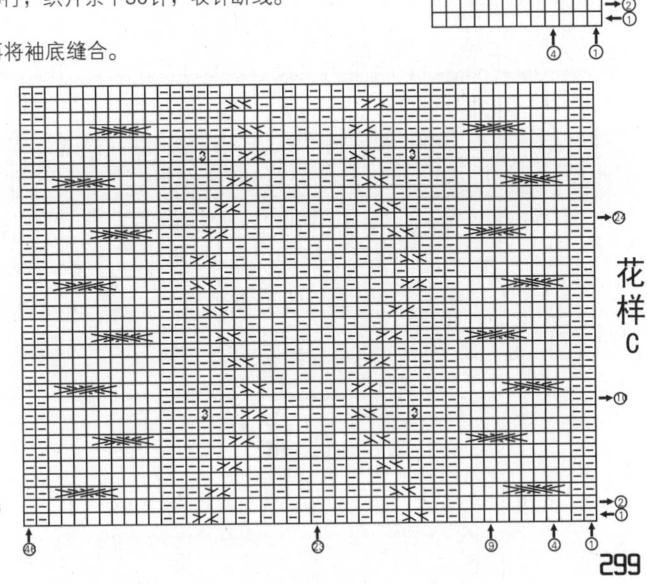

花样A
花样C

作品231

【成品规格】衣长58cm，胸宽49cm，肩宽40cm，袖长47cm
【工　　具】8号棒针
【编织密度】11针×19行=10cm²
【材　　料】蓝色羊毛线400g

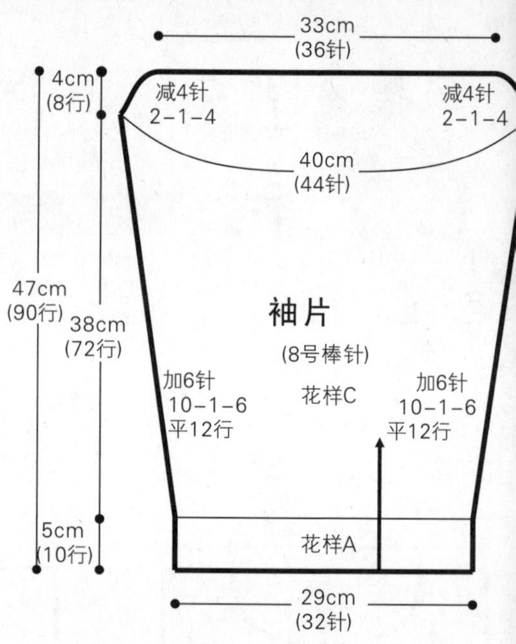

33cm
(36针)
4cm
(8行)
减4针
2-1-4
减4针
2-1-4
40cm
(44针)
47cm
(90行)
38cm
(72行)
袖片
(8号棒针)
花样C
加6针
10-1-6
平12行
加6针
10-1-6
平12行
5cm
(10行)
花样A
29cm
(32针)

前片/后片/领片/袖片制作说明

1.棒针编织法：由前片、后片、袖片与领片组成。
2.前后片织法：
①前片的编织：双单罗纹起针法，起54针，起织花样A，织10行，改织花样B，织54行至袖窿，袖窿起在两侧按2-1-4方法各收4针，袖窿起织24行时，在中间平收8针，分两片织，每片19针，先织右片:在右侧按2-2-2，2-1-4 收8针，再平织10行至肩部，剩11针，收针断线。另半边织法相同。
②后片袖窿以下的织法及袖窿两侧的收针方法与前片相同。袖窿起38行，中间平收12针，分两片织，每片17针，先织右片:在右侧按2-2-2，2-1-2 收6针，剩11针，收针断线。
3.袖片织法：双罗纹起针法，起32针，起织花样A，织10行，改织花样C，织72行至袖窿，同时在两侧按12行平坦，10-1-6方法各加6针，袖窿起在两侧按2-1-4方法各减4针，剩36针，锁针断线。同样方法织另一袖片。
4.缝合：把织好的前后片和袖片缝合一起。
5.缝合：沿前后领边挑72针，织花样A，织8行，锁针断线。

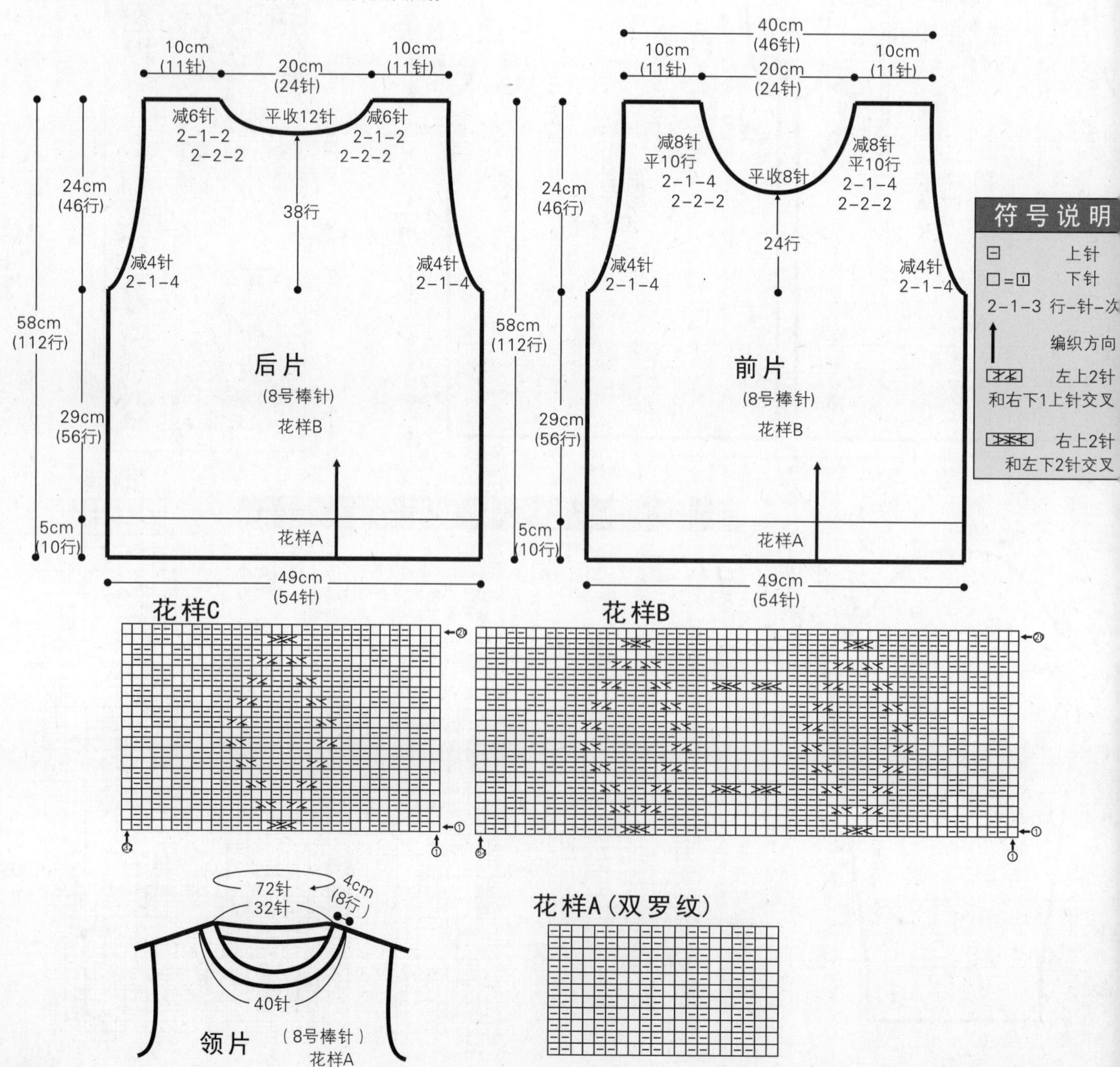

10cm
(11针)
20cm
(24针)
10cm
(11针)
减6针
2-1-2
2-2-2
平收12针
减6针
2-1-2
2-2-2
24cm
(46行)
38行
减4针
2-1-4
减4针
2-1-4
58cm
(112行)
后片
(8号棒针)
花样B
29cm
(56行)
5cm
(10行)
花样A
49cm
(54针)
40cm
(46针)
10cm
(11针)
20cm
(24针)
10cm
(11针)
减8针
平10行
2-1-4
2-2-2
平收8针
减8针
平10行
2-1-4
2-2-2
24cm
(46行)
24行
减4针
2-1-4
减4针
2-1-4
58cm
(112行)
前片
(8号棒针)
花样B
29cm
(56行)
5cm
(10行)
花样A
49cm
(54针)
符号说明
上针
□=□ 下针
2-1-3 行-针-次
编织方向
左上2针和右下1上针交叉
右上2针和左下2针交叉
花样C
花样B
72针
32针
4cm
(8行)
40针
领片
(8号棒针)
花样A
花样A(双罗纹)

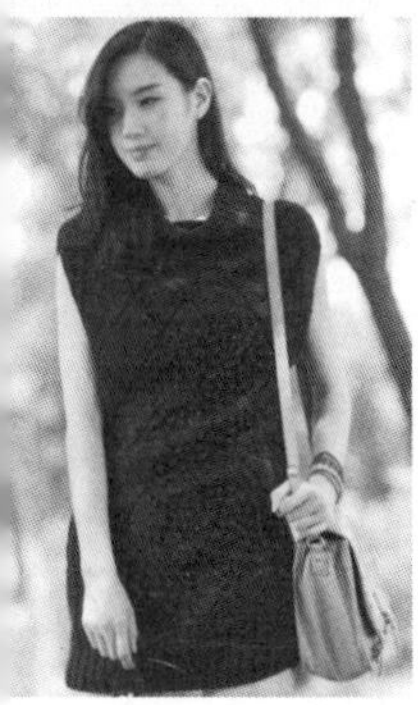

作品232

【成品规格】衣长78cm，胸宽56cm，肩宽38cm
【工　　具】8号棒针
【编织密度】17针×26行=10cm²
【材　　料】黑色羊毛线400g

前片/后片/领片/袖片制作说明

1.棒针编织法：由前片与后片组成。
2.前后片织法：
①前片的编织：双罗纹起针法，起96针，起织花样A，织30行，重新排花样，从左至右依次是:16针花样A，64针花样B，16针花样A，按排好的花样织128行至袖窿，然后再在两边按2-1-16方法各收16针，剩64针，针断线。
后片的织法：把前片的花样B改织成下针，其他完全相同。
缝合：把前后片缝合到一起，其中a b两点之间不缝，作为袖窿。
领片的编织：沿前后领窝挑116针，织花样A，织30行，锁针断线。

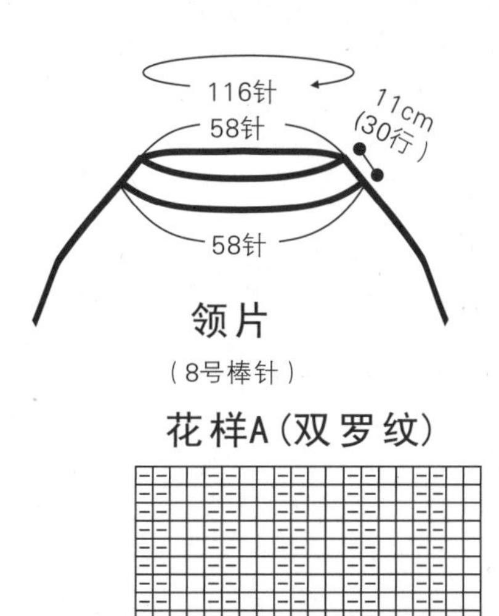
116针
58针
11cm
(30行)
58针

领片
(8号棒针)

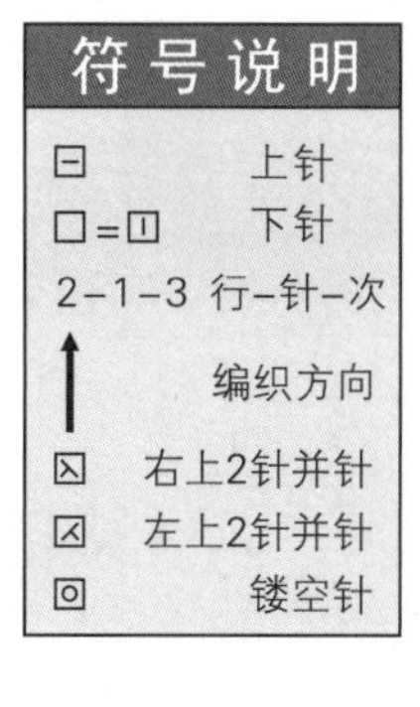
符号说明
上针
□=□ 下针
2-1-3 行-针-次
编织方向
右上2针并针
左上2针并针
镂空针

花样A(双罗纹)

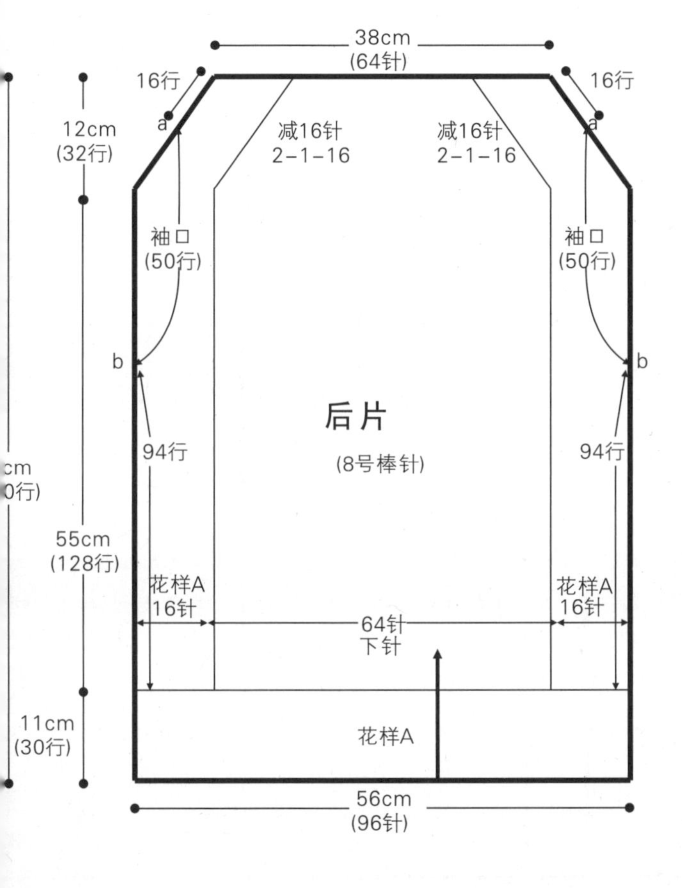
38cm
(64针)
16行
16行
12cm
(32行)
a
a
减16针
2-1-16
减16针
2-1-16
袖口
(50行)
袖口
(50行)
b
b
后片
(8号棒针)
94行
94行
55cm
(128行)
花样A
16针
花样A
16针
64针
下针
11cm
(30行)
花样A
56cm
(96针)

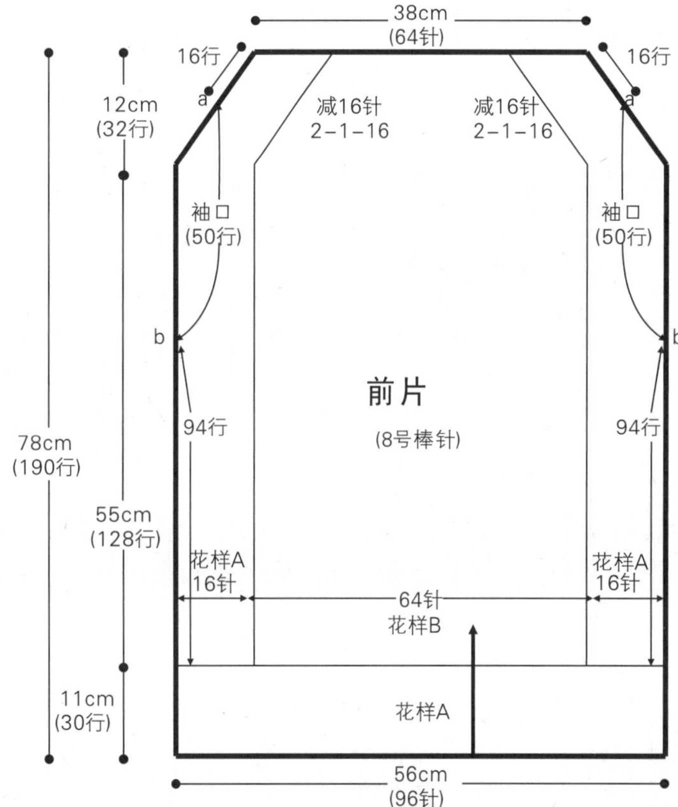
38cm
(64针)
16行
16行
12cm
(32行)
a
a
减16针
2-1-16
减16针
2-1-16
袖口
(50行)
袖口
(50行)
b
b
前片
(8号棒针)
78cm
(190行)
94行
94行
55cm
(128行)
花样A
16针
花样A
16针
64针
花样B
11cm
(30行)
花样A
56cm
(96针)

花样B

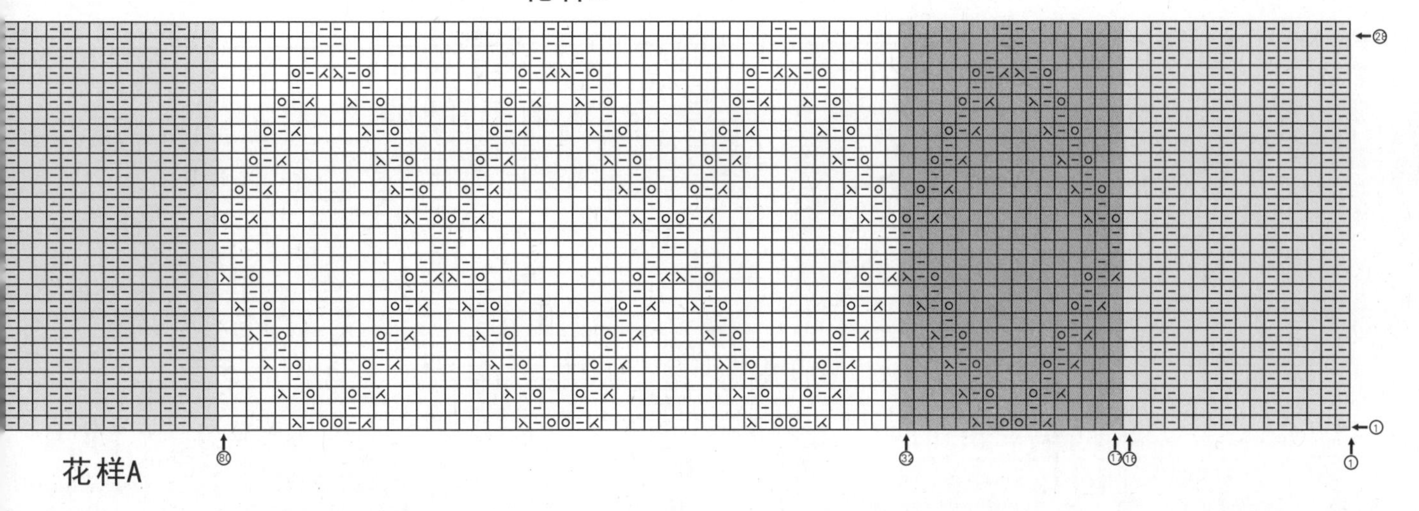

花样A

作品233

【成品规格】衣长57cm，胸宽55cm，袖长57cm
【工　　具】7号棒针
【编织密度】11针×14行=10cm²
【材　　料】淡黄色羊毛线800g

前片/后片/领片/袖片制作说明

1.棒针编织法：由前片、后片、袖片与领片组成。
2.前后片织法：
①前片的织法：由左右前片组成，先织右前片，单罗纹起针法，起40针，起织花样A，织4行，后排花样，从左至右依次是:24针花样C，14针花样B，6针花样D，按排好的花样织50行至袖窿，袖窿起在左侧按2-2-5，2-1-10方法收20针，袖窿起织22行，在右侧按平收10针，2-3-2，2-2-2方法收20针。同样方法织另一前片。
②后片的织法：单罗纹起针法，起62针，起织花样A，织4行，后排花样，从左至右依次是:24针花样C，14针花样B，24针花样B按排好的花样织50行至袖窿，袖窿起在左右两侧按2-2-5，2-1-10方法各收20针，袖窿起织30行，剩22针，锁针断线。
3.袖片织法：平针起针法，起36针，排花样，从左至右依次是:10针上针，16针花样B，10针上针，按排好的花样织50行至袖窿，同时在两侧按4-1-6，6-1-4方法各加10针，袖窿起在两侧按2-2-5，2-1-10方法各收20针，剩16针，锁会断线。
4.缝合：把织好的前片、后片缝合到起，再把袖片缝上。
5.领片的织法：沿前后领窝挑92针，织花样E，织6行。

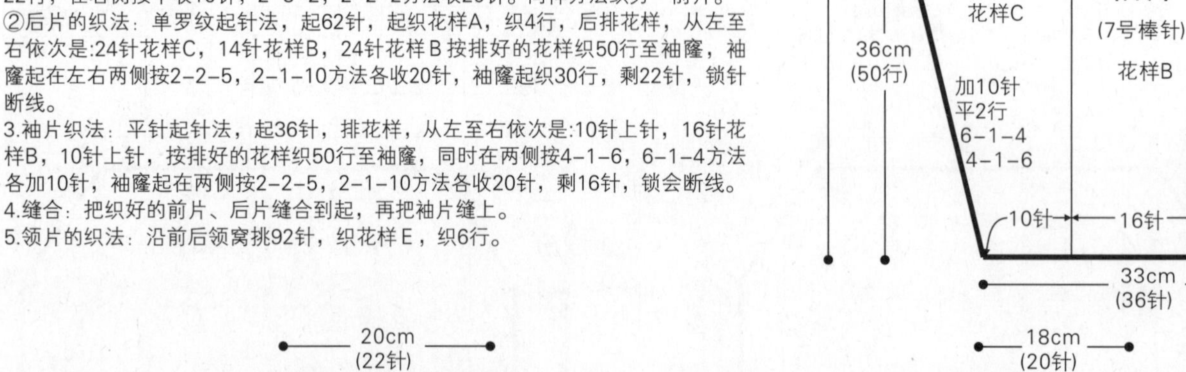

14。5cm
(16针)
21cm
(30行)
减20针
2-1-10
2-2-5
57cm
(80行)
51cm
(56针)
袖片
(7号棒针)
花样C
花样B
36cm
(50行)
加10针
平2行
6-1-4
4-1-6
10针
16针
33cm
(36针)

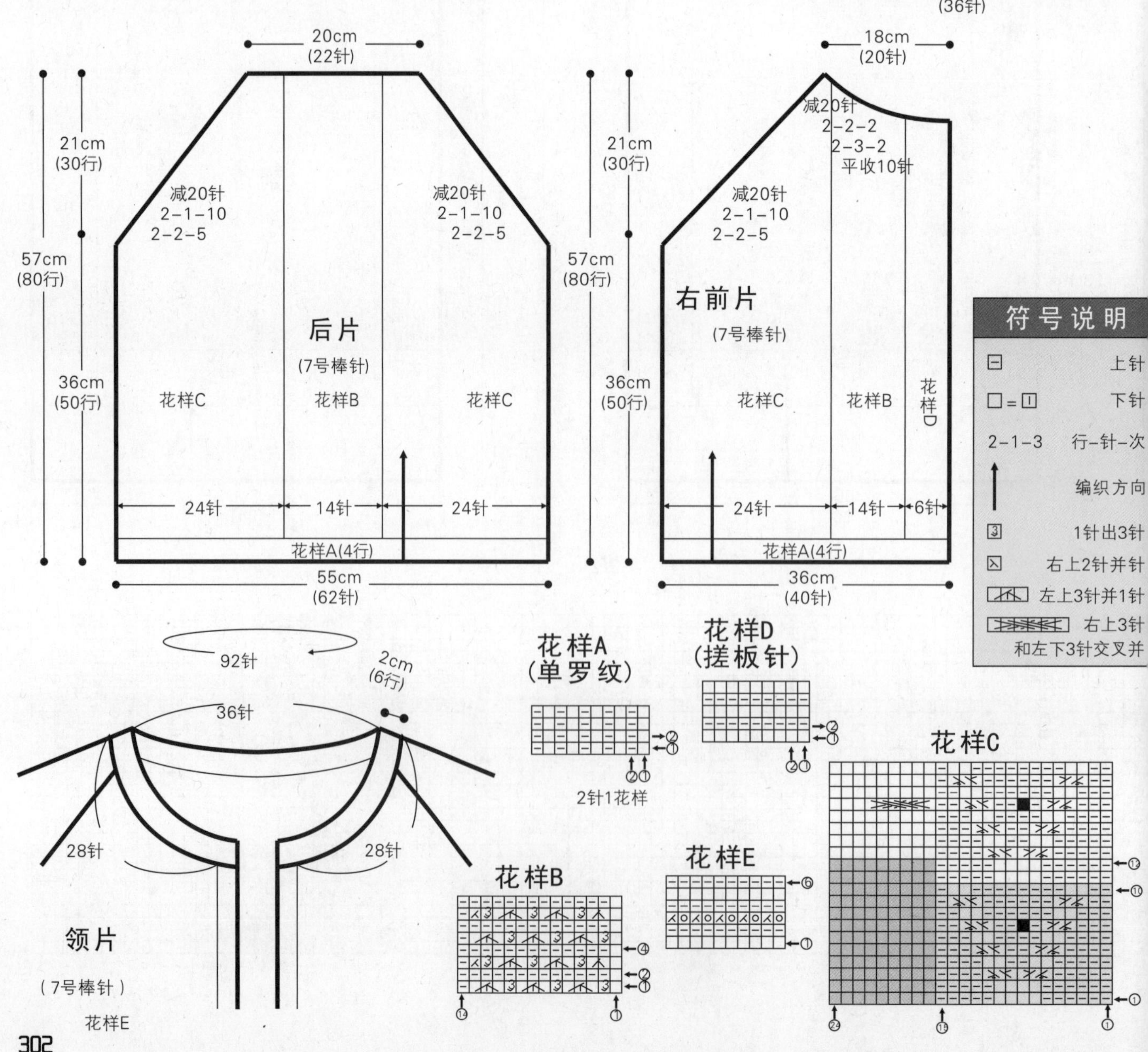

20cm
(22针)
21cm
(30行)
减20针
2-1-10
2-2-5
57cm
(80行)
后片
(7号棒针)
36cm
(50行)
花样C
花样B
24针
14针
花样A(4行)
55cm
(62针)
18cm
(20针)
减20针
2-2-2
2-3-2
平收10针
右前片
(7号棒针)
花样D
6针
36cm
(40针)
符号说明
上针
下针
2-1-3 行-针-次
编织方向
1针出3针
右上2针并针
左上3针并1针
右上3针和左下3针交叉并
92针
2cm
(6行)
36针
28针
领片
(7号棒针)
花样E
花样A
(单罗纹)
2针1花样
花样D
(搓板针)
花样B
花样C

作品234

【成品规格】衣长65cm，胸围86cm，肩宽33.5cm，袖长60cm
【工　　具】13号棒针
【编织密度】33针×42行=10cm²
【材　　料】绿色细羊毛线550g

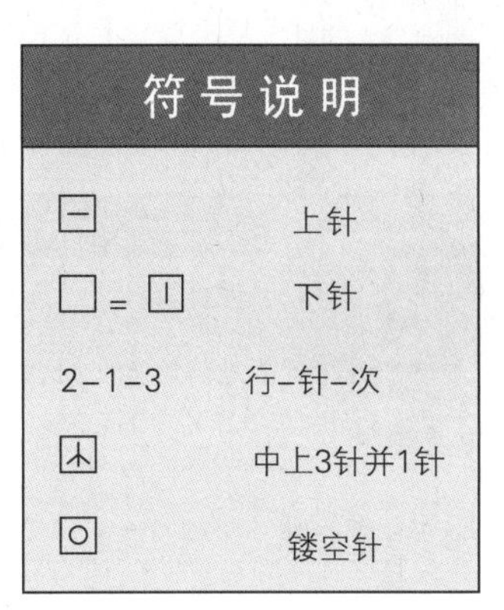

符号说明
上针
下针
2-1-3
行-针-次
中上3针并1针
镂空针

前片/后片制作说明

1.棒针编织法：衣身分为左、右前片和后片分别编织缝合而成。
2.起织后片：起142针，织6行花样A后，改织花样B，织50行后，改织4行花样A，第61行起，改织花样C，织至154行，两侧袖窿减针，方法为平收4针，4-2-6，织至241行，中间平收48针，两侧减针织成后领，方法为2-1-2，织至244行，两肩部各余下29针，收针断线。
起织左前片：起68针，织6行花样A后，改织花样B，织50行后，改织4行花样A，第61行起，改织花C，织至154行，右侧袖窿减针，方法为平收4针，4-2-6，织至191行，左侧前领减针，方法为2--4，2-1-15，织至244行的总高度，肩部余下29针，收针断线。
同样的方法相反方向编织右前片，将左右前片与后片侧缝对应缝合，肩缝对应缝合。

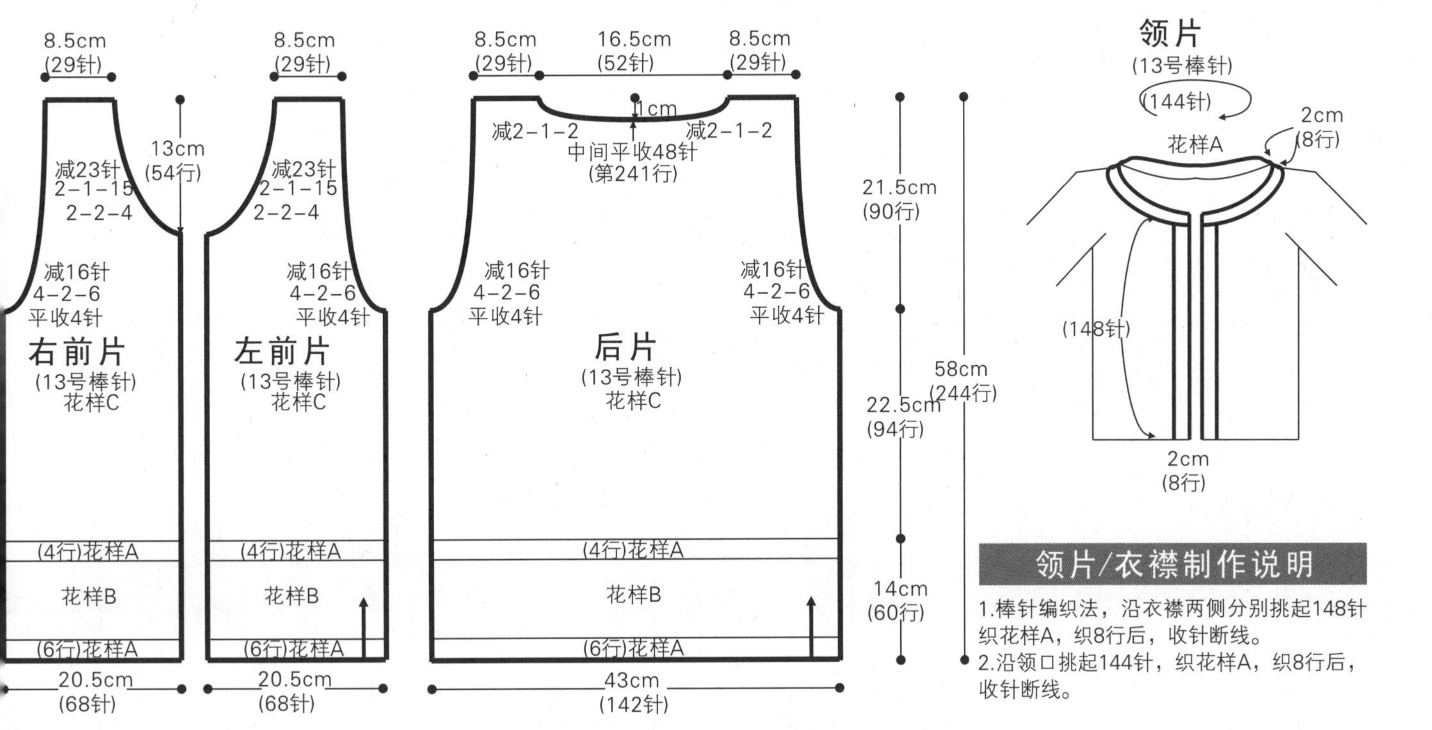

8.5cm
(29针)
13cm
(54行)
减23针
2-1-15
2-2-4
减16针
4-2-6
平收4针
右前片
(13号棒针)
花样C
左前片
(13号棒针)
花样C
16.5cm
(52针)
1cm
减2-1-2
中间平收48针
(第241行)
后片
(13号棒针)
花样C
21.5cm
(90行)
22.5cm
(94行)
58cm
(244行)
14cm
(60行)
(4行)花样A
花样B
(6行)花样A
20.5cm
(68针)
43cm
(142针)
领片
(13号棒针)
(144针)
花样A
2cm
(8行)
(148针)

领片/衣襟制作说明

1.棒针编织法，沿衣襟两侧分别挑起148针织花样A，织8行后，收针断线。
2.沿领口挑起144针，织花样A，织8行后，收针断线。

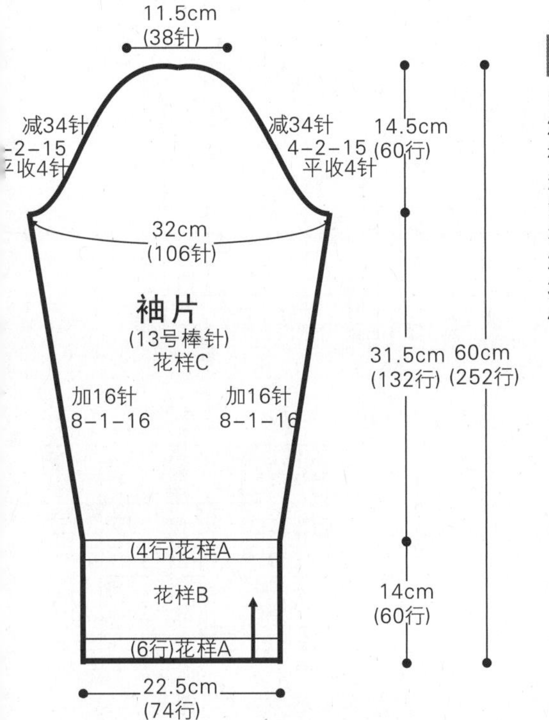

11.5cm
(38针)
减34针
4-2-15
平收4针
14.5cm
(60行)
32cm
(106针)
袖片
(13号棒针)
花样C
加16针
8-1-16
31.5cm
(132行)
60cm
(252行)
(4行)花样A
花样B
(6行)花样A
14cm
(60行)
22.5cm
(74行)

袖片制作说明

1.棒针编织法，袖口往上编织。
2.起织，起74针，织6行花样A后，改织花样B，织50行后，改织4行花样A，第61行起，改织花样C，一边织一边两侧加针，方法为8-1-16，织至192行，两侧减针编织袖山，方法为平收4针，4-2-15，织至252行，织片余下38针，收针断线。
3.同样的方法编织另一袖片。
4.将袖山对应袖窿线缝合，再将袖底缝合。

花样A

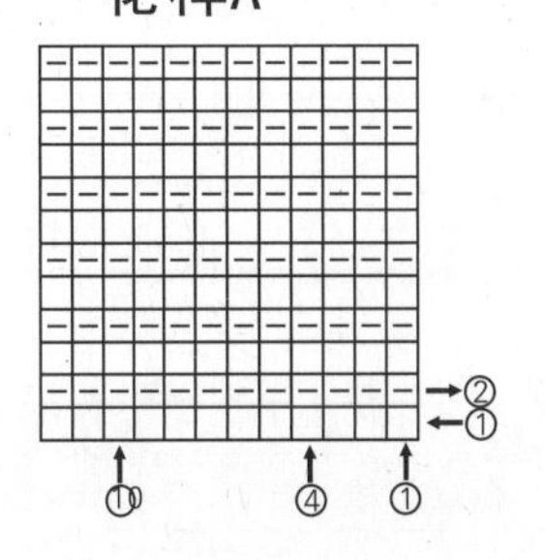

花样B

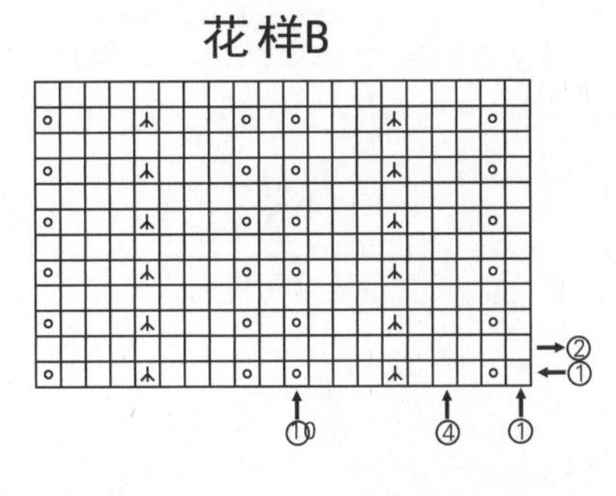

花样C

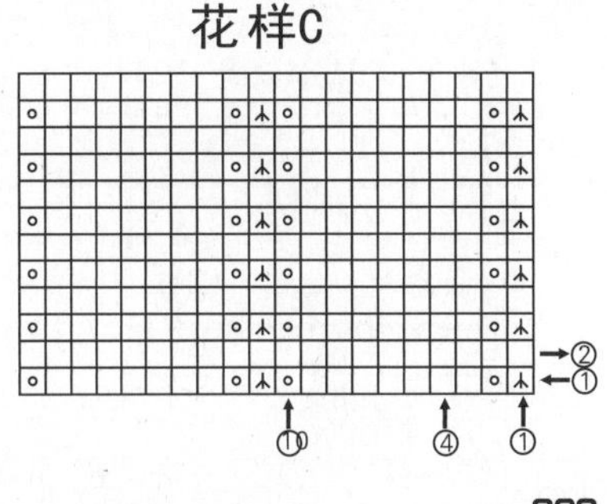

作品235

【成品规格】衣长60cm，胸围88cm，肩宽33cm，袖长53cm
【工　　具】13号棒针
【编织密度】33针×41.6行=10cm²
【材　　料】粉色细羊毛线550g

前片/后片制作说明

1.棒针编织法：衣身分为左、右前片和后片分别编织缝合而成。
2.起织后片：起154针，织4行花样A后，改织花样B，织至64行，改织下针，两侧按12-1-4的方法减针，织至116行，改织花样C，织14行后，改织花样D，织至162行，两侧袖窿减针，方法为平收4针，2-1-14，织至247行，中间平收62针，两侧减针织成后领，方法为2-1-2，织至250行，两肩部各余下22针，收针断线。
3.起织左前片：起82针，织4行花样A后，改织花样B，织至64行，改织下针，左侧按12-1-4的方法减针，织至116行，改织花样C，织14行后，改织花样D，织至162行，右侧袖窿减针，方法为平收4针，2-1-14，同时左侧衣襟部分留针不织，前领减针，方法为2-1-30，织至250行的总高度，肩部余下22针，收针断线。
4.同样的方法相反方向编织右前片，将左右前片与后片侧缝对应缝合，肩缝对应缝合。

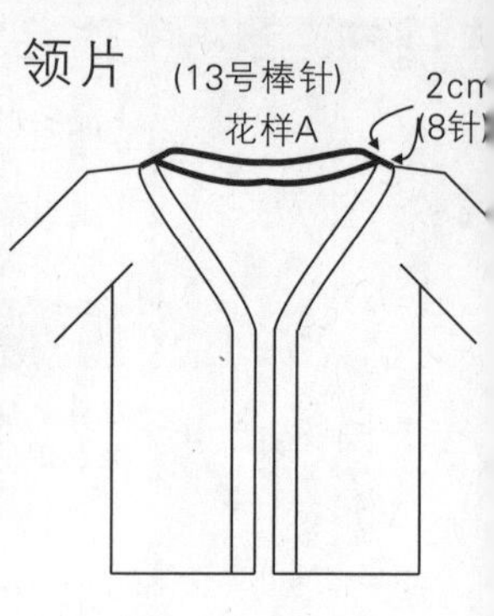

领片
(13号棒针)
花样A
2cm
(8针)

符号说明

⊟	上针
□=⊡	下针
2-1-3	行-针-次
⋏	中上3针并1针
⋌	左上2针并1针
⊙	镂空针

领片制作说明

棒针编织法，挑起衣襟两留针继续编织花样A，42行后，收针缝合，再将片侧边与衣身后领缝合。

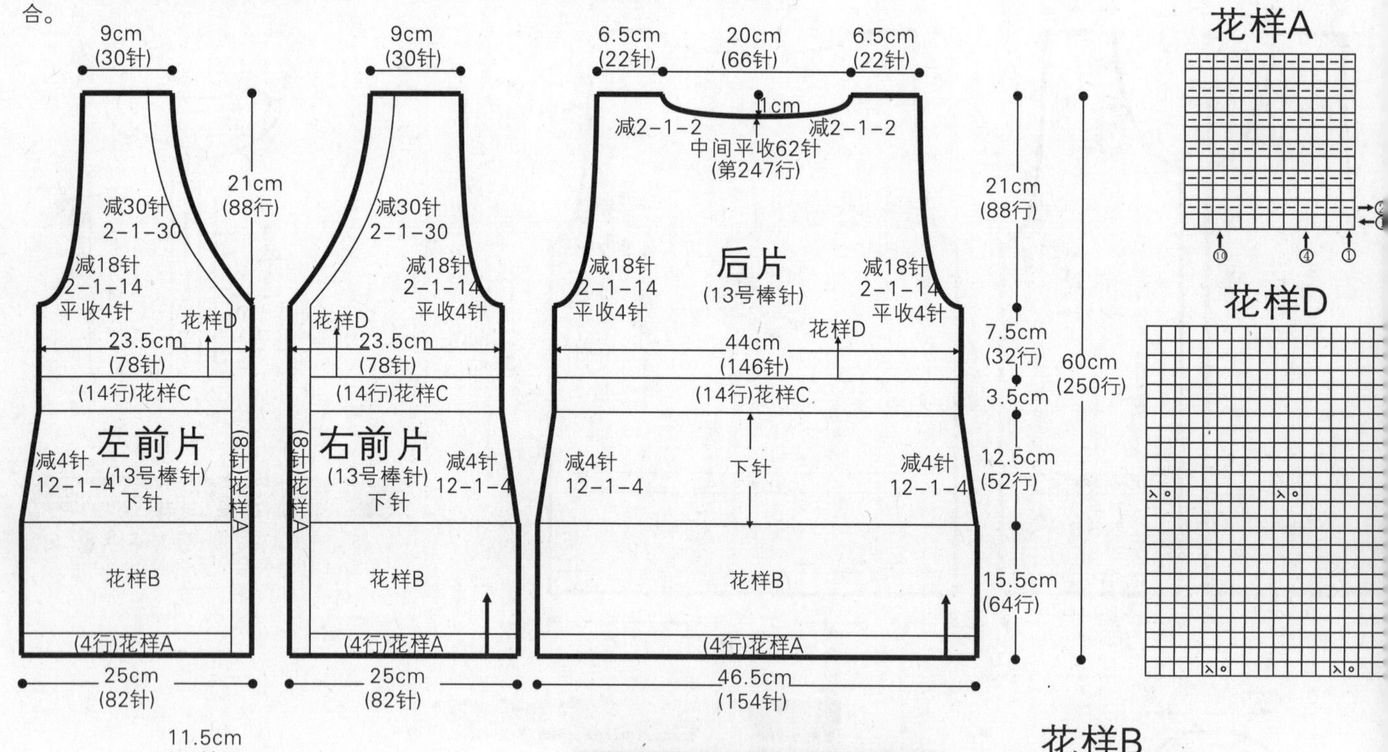

9cm
(30针)
21cm
(88行)
减30针
2-1-30
减18针
2-1-14
平收4针
花样D
23.5cm
(78针)
(14行)花样C
左前片
(13号棒针)
下针
减4针
12-1-4
(8针)花样A
花样B
(4行)花样A
25cm
(82针)
右前片
6.5cm
(22针)
20cm
(66针)
1cm
减2-1-2
中间平收62针
(第247行)
后片
(13号棒针)
44cm
(146针)
7.5cm
(32行)
3.5cm
60cm
(250行)
12.5cm
(52行)
15.5cm
(64行)
46.5cm
(154针)
花样A
花样D

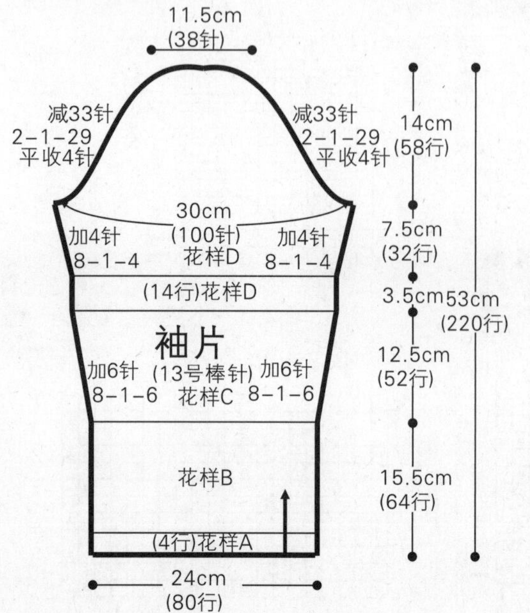

11.5cm
(38针)
减33针
2-1-29
平收4针
14cm
(58行)
30cm
(100针)
加4针
8-1-4
花样D
7.5cm
(32行)
(14行)花样D
3.5cm
53cm
(220行)
袖片
加6针
8-1-6
(13号棒针)
花样C
12.5cm
(52行)
花样B
15.5cm
(64行)
(4行)花样A
24cm
(80行)

袖片制作说明

1.棒针编织法，袖口往上编织。
2.起织，起80针，织4行花样A后，改织花样B，织至64行，改织花样C，两侧按8-1-6的方法加针，织至116行，改织花样D，织14行后，改织花样E，一边织一边两侧加针，方法为8-1-4，织至162行，两侧减针编织袖山，方法为平收4针，2-1-29，织至220行，织片余下38针，收针断线。
3.同样的方法编织另一袖片。
4.将袖山对应袖窿线缝合，再将袖底缝合。

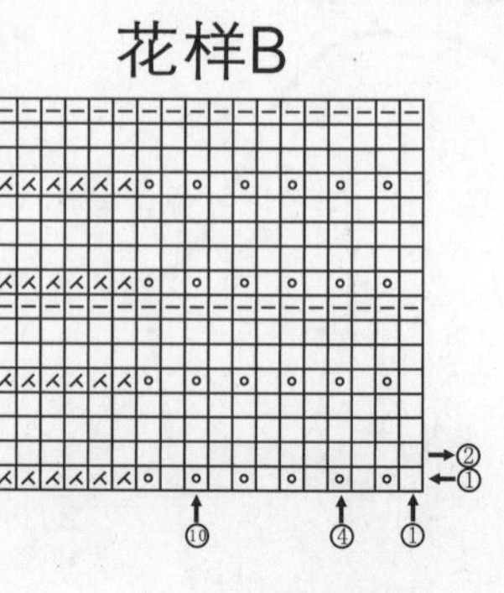

花样B

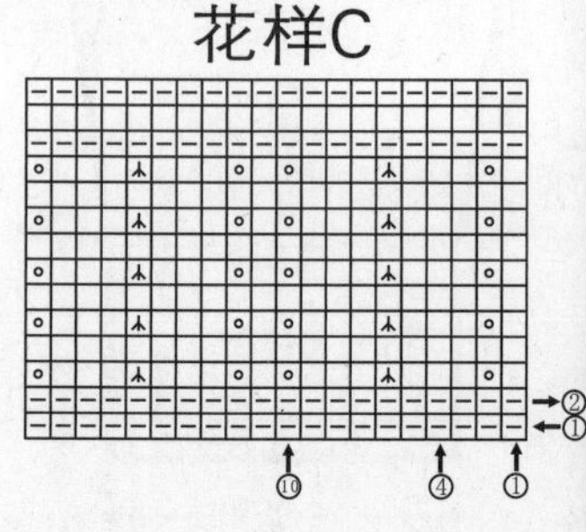

花样C

作品236

【成品规格】衣长56cm，胸围80cm，肩连袖长20cm
【工　　具】13号棒针
【编织密度】34.2针×45.5行=10cm²
【材　　料】浅黄色细棉线400g

前片/后片制作说明

1.棒针编织法：衣身分为前片和后片分别编织而成。
2.起织后片：起137针，织花样A，织10行后，改织花样B，织至88行，改织12行花样C，然后改回编织花样B，织至178行，两侧各平收4针，然后按2-1-45的方法方法减针织成插肩袖窿，织至256行，织片余下47针，留针暂时不织。
.起织前片：起137针，织花样A，织10行后，改织花样B，织至88行，改织12行花样C，然后改回编织花样B，织至178行，两侧各平收4针，然后按2-1-41的方法方法减针织成插肩袖窿，织至248行，织片余下55针，留针暂时不织。
.将前片与后片侧缝对应缝合。

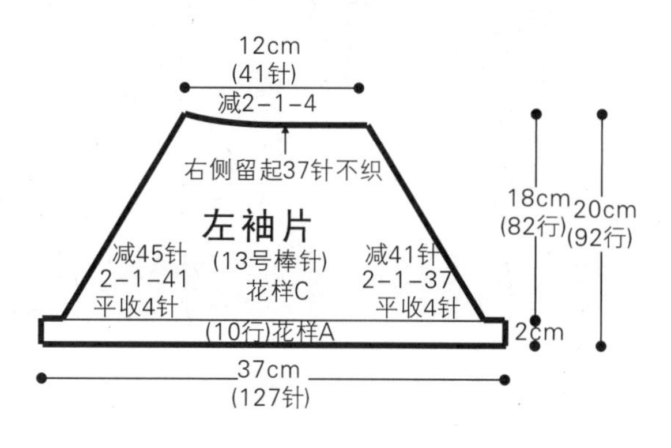
12cm
(41针)
减2-1-4
右侧留起37针不织
左袖片
(13号棒针)
花样C
减45针
2-1-41
平收4针
减41针
2-1-37
平收4针
(10行)花样A
18cm
(82行)
20cm
(92行)
2cm
37cm
(127针)

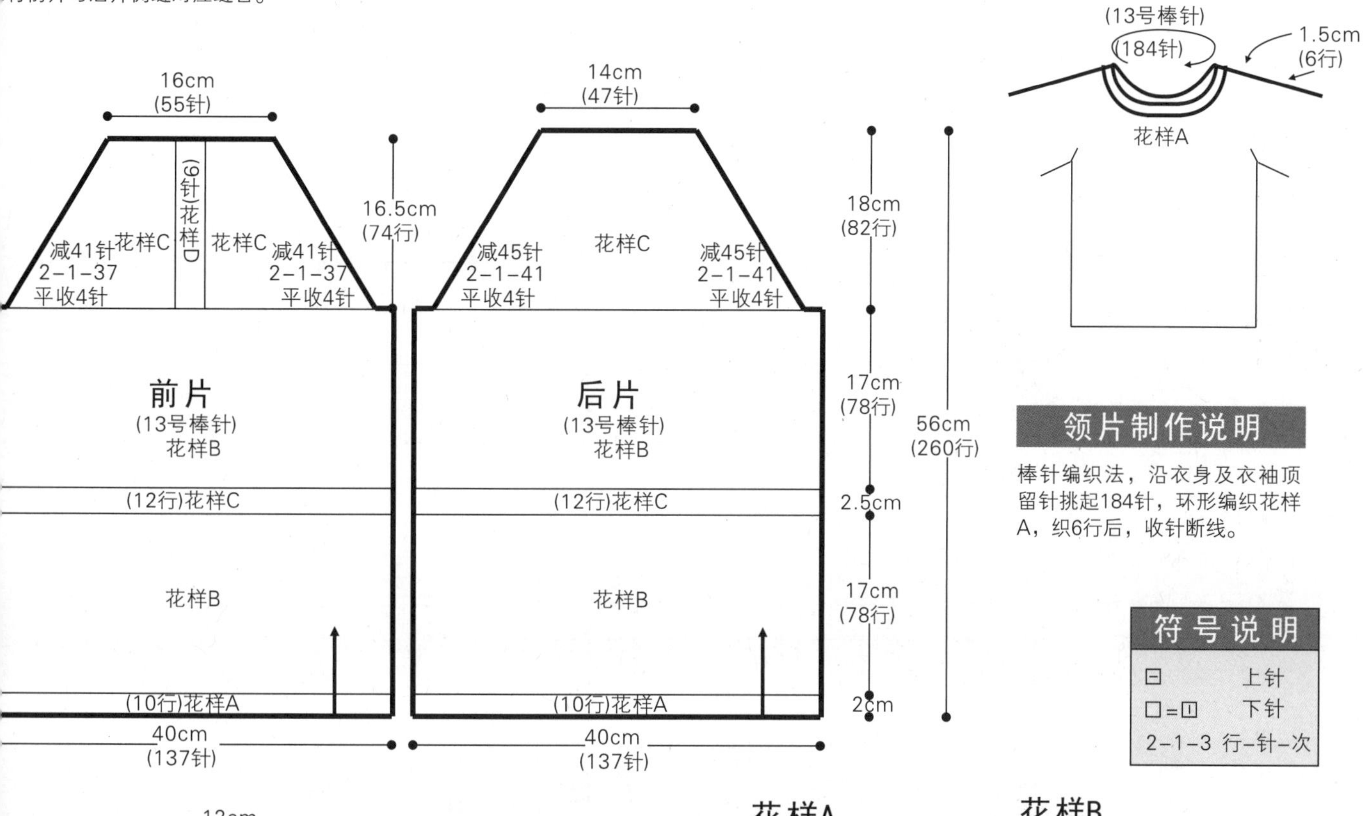
16cm
(55针)
(9针)花样D
减41针
2-1-37
平收4针
花样C
花样C
减41针
2-1-37
平收4针
16.5cm
(74行)
前片
(13号棒针)
花样B
(12行)花样C
花样B
(10行)花样A
40cm
(137针)
14cm
(47针)
减45针
2-1-41
平收4针
花样C
减45针
2-1-41
平收4针
后片
(13号棒针)
花样B
(12行)花样C
花样B
(10行)花样A
40cm
(137针)
18cm
(82行)
17cm
(78行)
2.5cm
17cm
(78行)
2cm
56cm
(260行)
领片
(13号棒针)
(184针)
1.5cm
(6行)
花样A

领片制作说明

棒针编织法，沿衣身及衣袖顶留针挑起184针，环形编织花样A，织6行后，收针断线。

符号说明

⊟	上针
□=⊡	下针
2-1-3	行-针-次

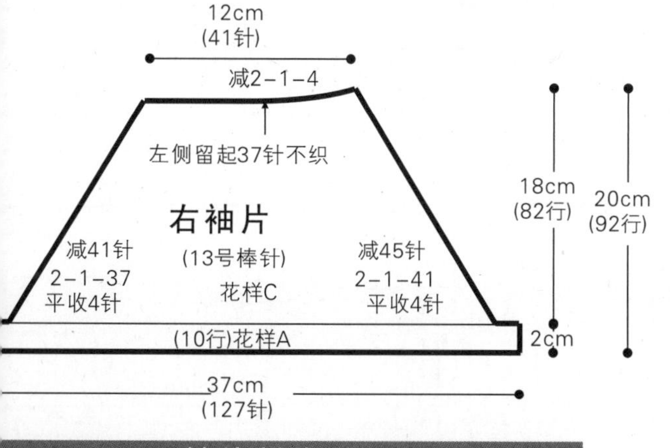
12cm
(41针)
减2-1-4
左侧留起37针不织
右袖片
(13号棒针)
花样C
减41针
2-1-37
平收4针
减45针
2-1-41
平收4针
(10行)花样A
18cm
(82行)
20cm
(92行)
2cm
37cm
(127针)

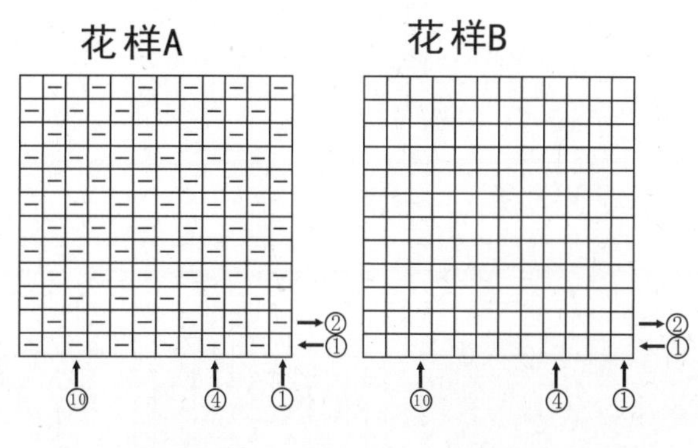
花样A
花样B

袖片制作说明

棒针编织法，从袖口往上编织。
起织左袖片，起127针，织花样A，织10行后，改织花样C，两各平收4针，然后左侧按2-1-41的方法减针，右侧按2-1-的方法减针，织至84行，右侧留起37针不织，按着按2-1-4的法减针，织至92行，织片余下1针，收针断线。
同样的方法相反方向编织右袖片。
将袖山对应袖窿线缝合，再将袖底缝合。

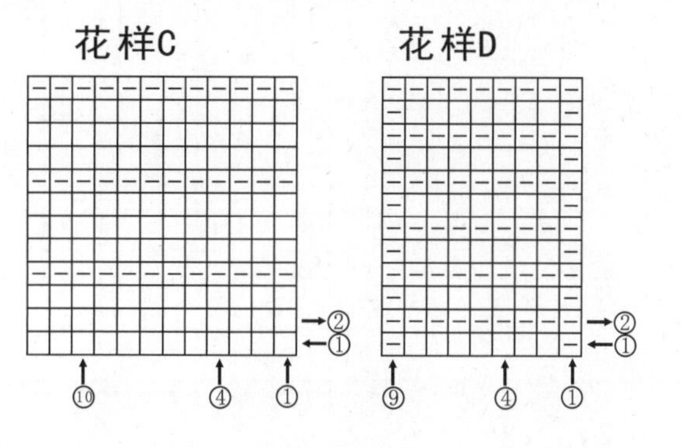
花样C
花样D

作品237、294

【成品规格】长150cm，宽55cm
【工　　具】3.5mm可乐钩针
【材　　料】彩色段染毛线550g

披肩制作说明

参照结构图和披肩图解，披肩由短针和长针钩编而成。第1行起40针锁针，第2行钩40针短针，第3行钩40针长针。第4行钩40针短针，第5行钩40针长针。按照第4行和第5行的钩法，一直重复钩到第100行，结束披肩的制作。

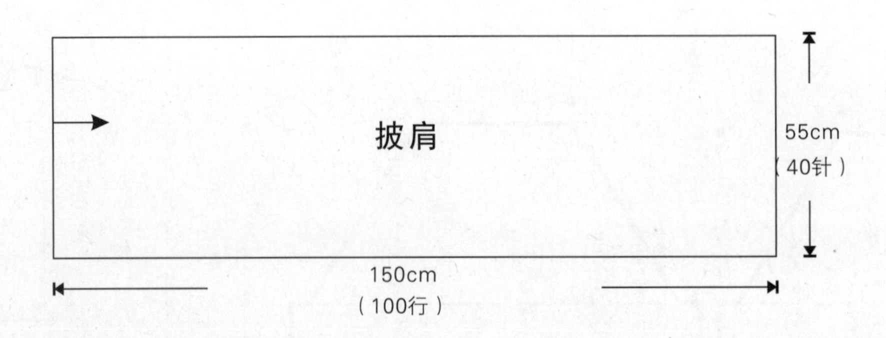
披肩
55cm
（40针）
150cm
（100行）

披肩图解：

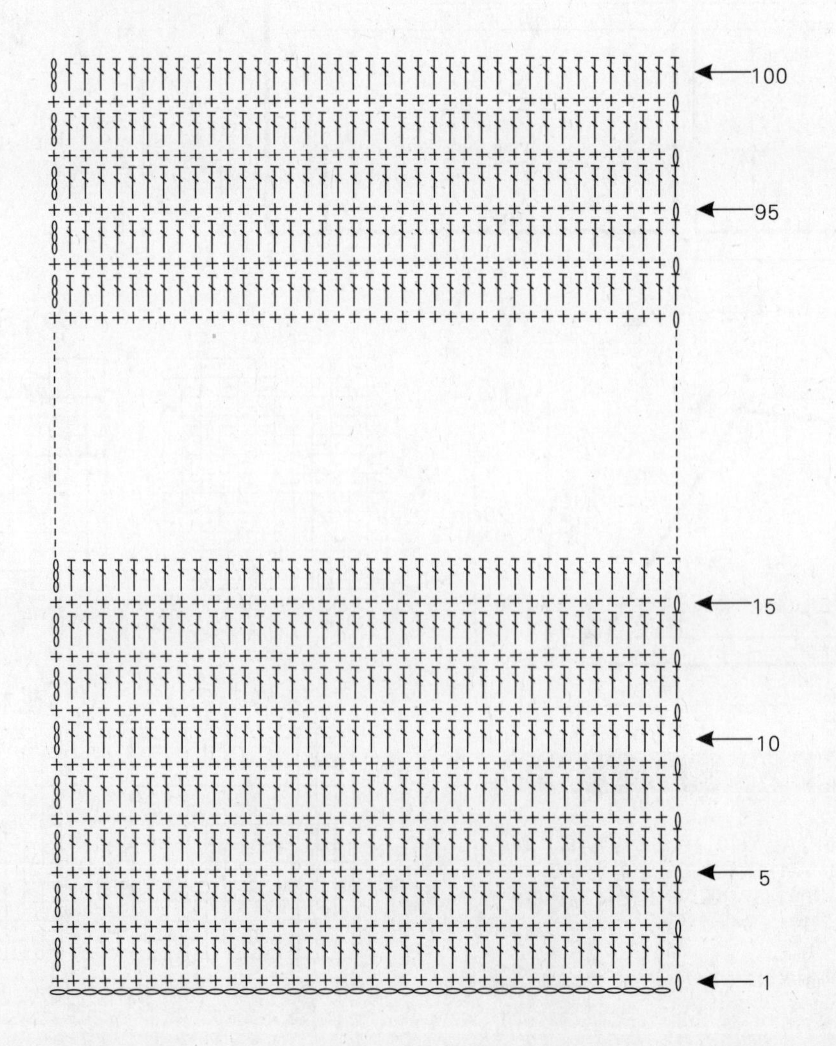
100
95
15
10
5
1

作品238

【成品规格】长57cm，胸围92cm

【工　　具】2.5mm可乐钩针

【材　　料】蓝色毛线300g

制作说明

1.前片从下摆起针，起14组花样，每12针1组花样，共起168针锁针，第1行起开始排列花样，每行排列14组花样，共钩64行，领口两边各钩7组花样，共钩32行。
2.后片从下摆起针，起14组花样，每12针1组花样，共起168针锁针，第1行起开始排列花样，每行排列14组花样，共钩64行，分袖，共钩32行。与前肩线拼合。
3.参照下摆花边图解，钩花边2行。
4.参照领口和袖口花边图解，钩花边3行。

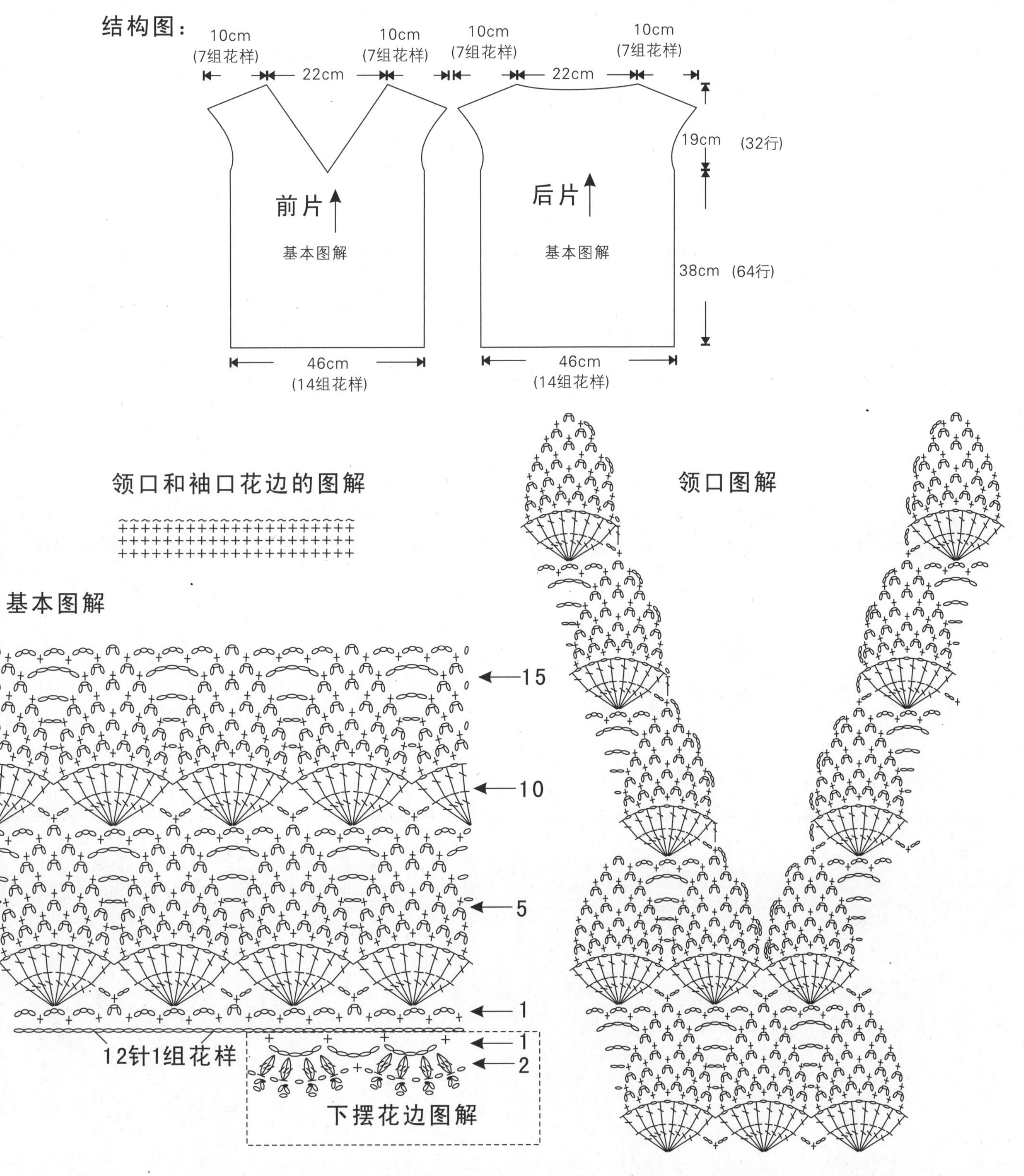

结构图：
10cm
(7组花样)
22cm
10cm
(7组花样)
10cm
(7组花样)
22cm
10cm
(7组花样)
19cm
(32行)
前片
基本图解
后片
基本图解
38cm
(64行)
46cm
(14组花样)
46cm
(14组花样)
领口和袖口花边的图解
领口图解
基本图解
15
10
5
1
12针1组花样
1
2
下摆花边图解

作品239

【成品规格】长45cm，胸围96cm
【工　　具】2.5mm可乐钩针
【材　　料】段染毛线250g

制作说明

1.参照单元花图解，单元花钩6行，第1圈起7针，第2行圈钩12针长针。第3行每3针锁针钩1针短针，重复12次。第4行，每4针锁针钩1针短针，重复12次。第5行每5针锁针钩1针短针，重复12次。第6行分4个部分钩编。
2.参照拼花图解和结构图，每钩一个单元花与前一个单元花拼合。

袖片

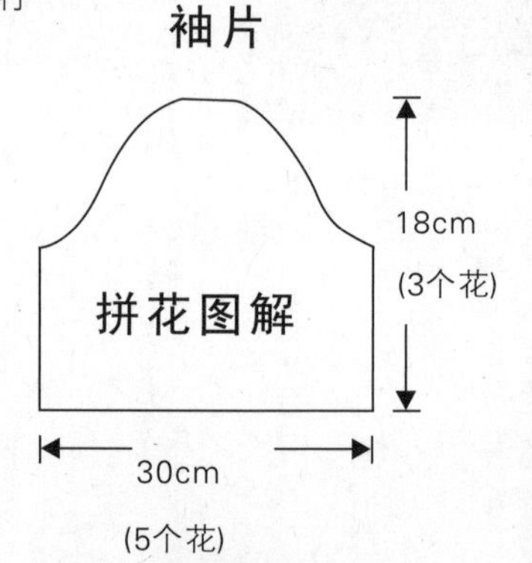

18cm
(3个花)
拼花图解
30cm
(5个花)

结构图:

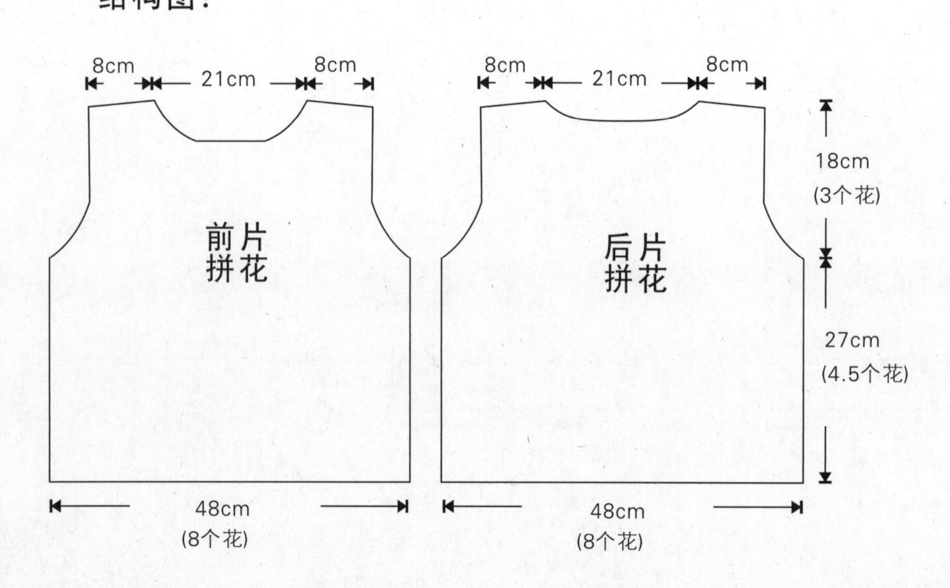

8cm
21cm
8cm
前片
拼花
48cm
(8个花)
8cm
21cm
8cm
后片
拼花
18cm
(3个花)
27cm
(4.5个花)
48cm
(8个花)

单元花图解:

12

拼花图解

作品240

【成品规格】长44cm，胸围90cm
【工　　具】2.5mm可乐钩针
【材　　料】米色毛线200g

制作说明

1.参照单元花图解，单元花共钩5行，第1行起5针锁针。第2行钩1行长针3针锁针重复6次。第3行钩1短针，3针锁针，重复12次。第4行钩1针长针，3针锁针，注意长针插在第2行的短针上。第5行钩1针短针，3针锁针，3针长针在一起，3针锁针，重复12次。
2.参照拼花图解和结构图，完成前片2片，后片1片。拼合肩线和侧缝。
3.参照袖子和衣服外围花边图解，钩花边14行。

结构图：

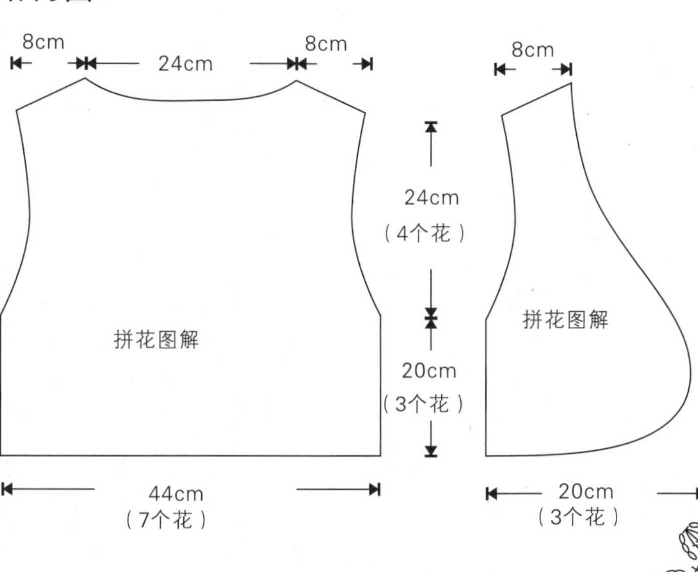
8cm
24cm
8cm
24cm
（4个花）
20cm
（3个花）
拼花图解
44cm
（7个花）
8cm
拼花图解
20cm
（3个花）

袖片

10cm
20cm

拼花图解

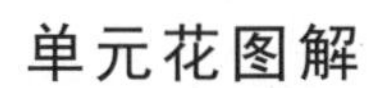
单元花图解

注意，灰色长针在黑色短针下，
第4行同样插针在第2行上

袖子和花边图解

10
5
1

作品241

【成品规格】长32cm，胸围90cm

【工　　具】3.0mm可乐钩针

【材　　料】绿色毛线200g

制作说明

1.参照结构图，衣服分前后片和袖片。参照前片图解，从下摆起针钩左右对称的前片各1片。
2.参照后片图解，从下摆起针钩后片，与前片肩线缝合。
3.参照袖子图解，钩2片袖片与衣身缝合。
4.参照衣服外围花边图解，在衣服外围钩4行花边。

结构图

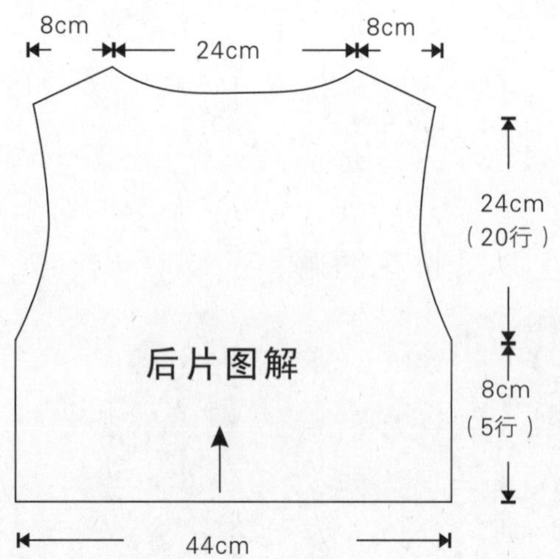

8cm
24cm
8cm
24cm
（20行）
后片图解
8cm
（5行）
44cm

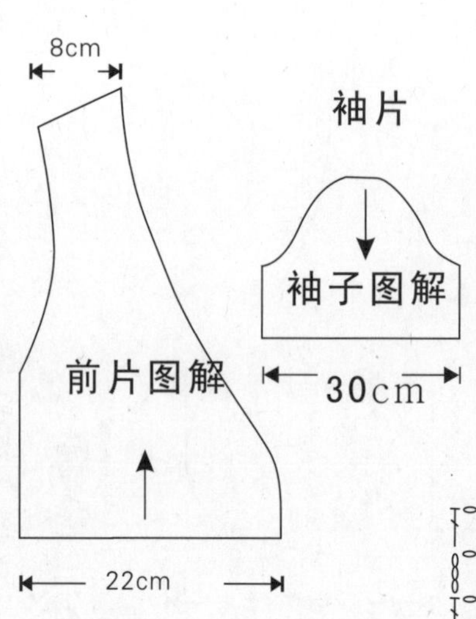

8cm
前片图解
22cm
袖片
袖子图解
23cm
30cm

前片图解

2片

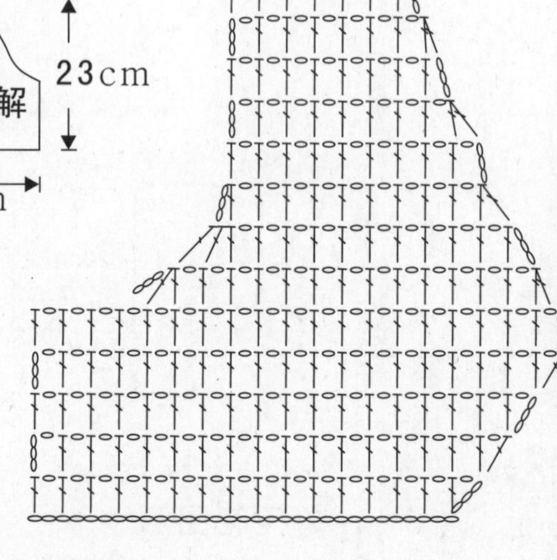

后片图解

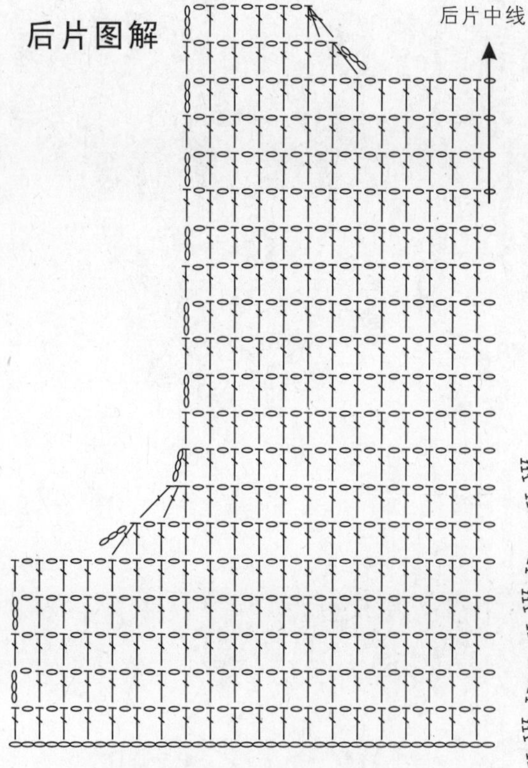

后片中线

袖子图解

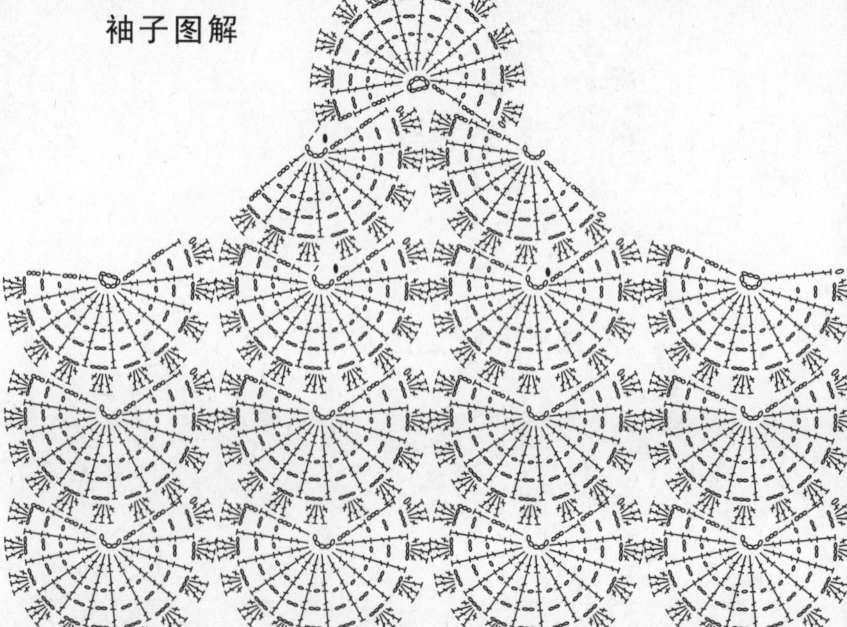

衣服外围花边图解

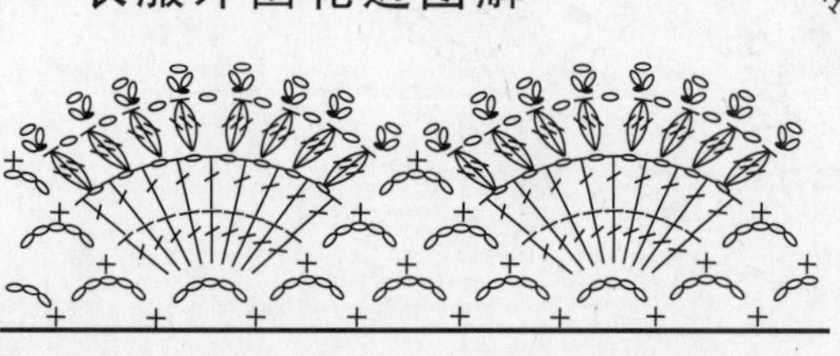

作品242

【成品规格】长58cm，胸围90cm

【工　　具】2.5mm可乐钩针

【材　　料】白色毛线400g

制作说明

1.参照结构图，衣服由拼花组成。从下摆起，第1行为花1，第2行为花2，第3行为花3，第4行为花1，第5行为花2，第6行为花3，第7行为花1。袖片从下摆起，第1行为花1，第2行为花2，第3行为花3。

2.参照花1的图解，花1共钩8行。参照花2的图解，花2共钩6行。参照花3的图解，花3共钩7行。

3.将前片和后片的肩线拼合，侧缝拼合。将袖子与衣身拼合。衣服制作完成。

结构图：

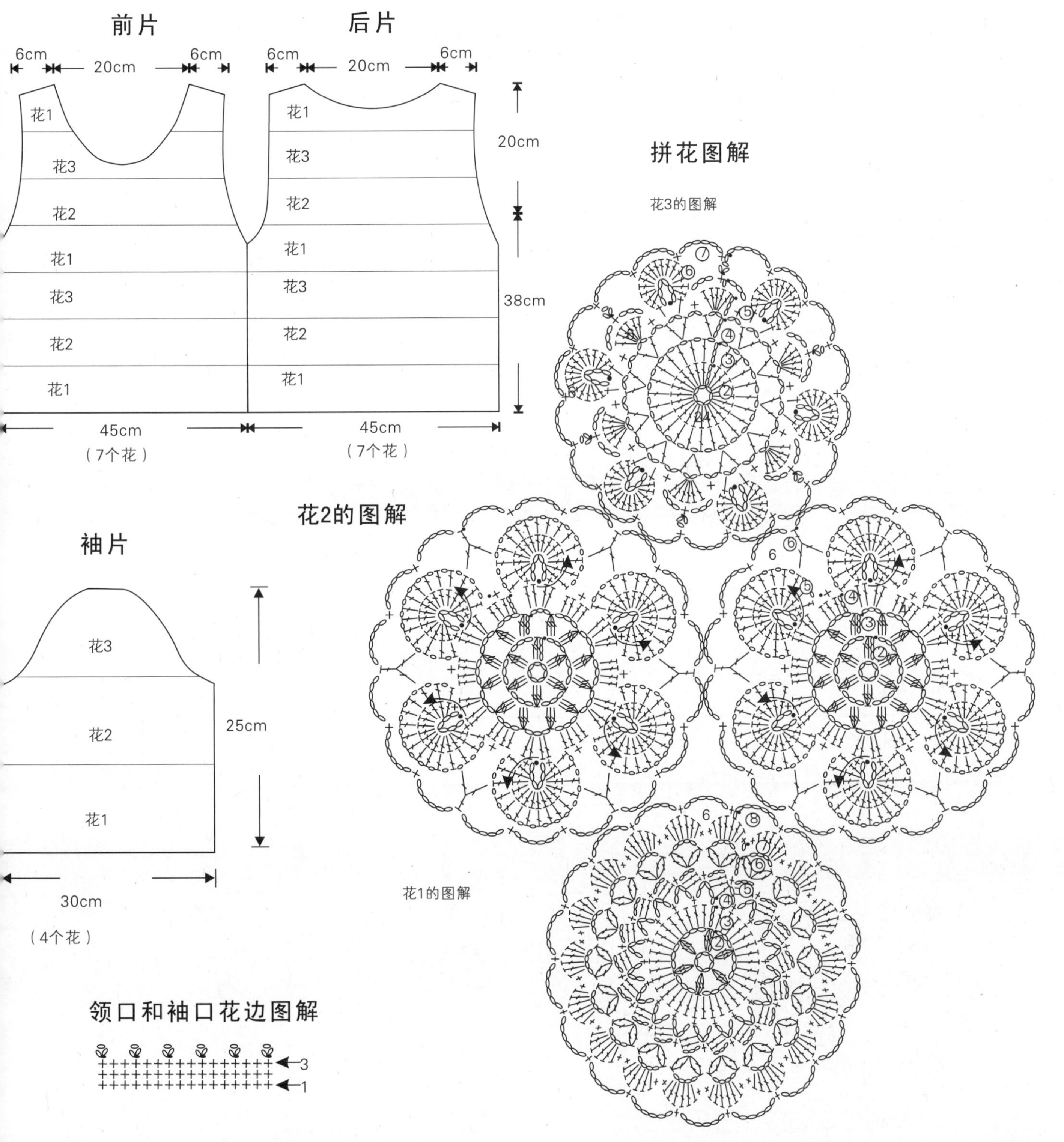

前片
后片
6cm
20cm
6cm
花1
花3
花2
花1
花3
花2
花1
20cm
38cm
45cm
（7个花）
45cm
（7个花）
拼花图解
花3的图解
花2的图解
袖片
花3
花2
花1
25cm
30cm
（4个花）
花1的图解
领口和袖口花边图解
3
1

作品243

【成品规格】长160cm，宽50cm

【工　　具】2.5mm可乐钩针

【材　　料】段染毛线200g

制作说明

1.参照图1的图解，第1行起120个网格，每个网格钩5针锁针，共钩10行。
2.围绕图1的四边，钩网格，每个网格钩10针锁针，共钩6行网格。参照图解钩花样5行。
3.在图2外围钩一圈圆形单元花。每个单元花起36针锁针，钩36行长针，第3行钩1针短针，钩6针锁针，共重复12次。

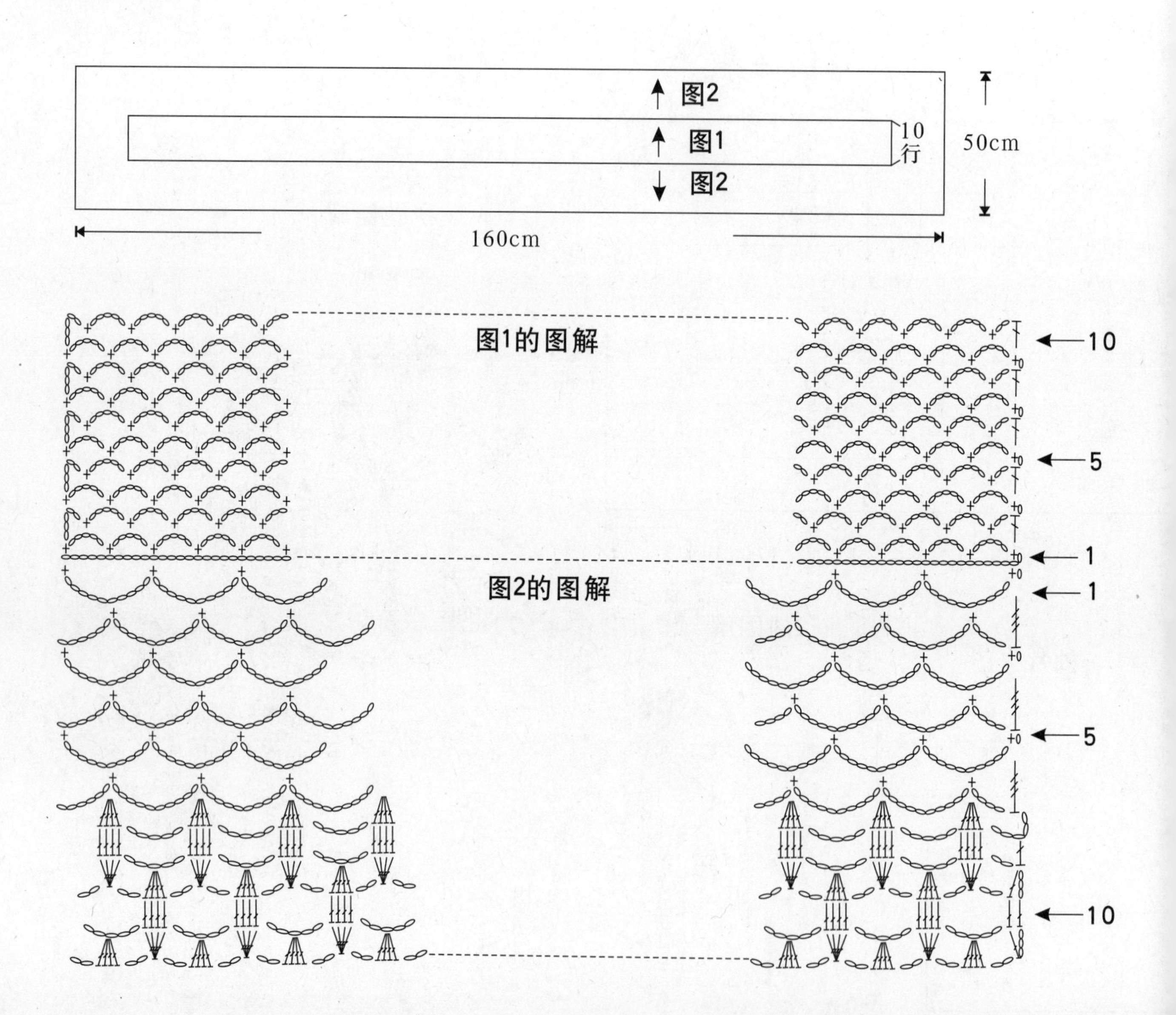

图2
图1
图2
10行
50cm
160cm
图1的图解
图2的图解
10
5
1
1
5
10

外围一圈花图解

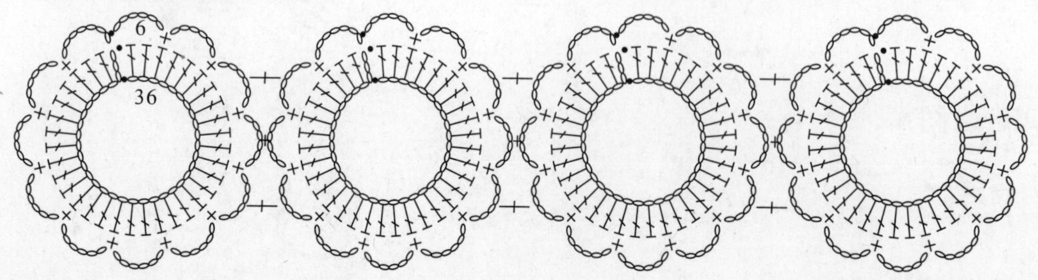

6
36

作品244

【成品规格】长55cm，胸围90cm

【工　　具】2.5mm可乐钩针，10号棒针

【材　　料】绿色毛线400g

制作说明

1.参照结构图，衣服分上半部分花样和下半部分双罗纹钩编。
2.参照双罗纹图解，从下摆起针，圈编每行180针，不加减针编80行。
3.参照花样图解，从袖口位置起针，钩2片，每片起针60针，12组花样，钩85行。领口位置不缝合。肩线位置缝6颗纽扣。腋下缝合。衣身与双罗纹缝合。

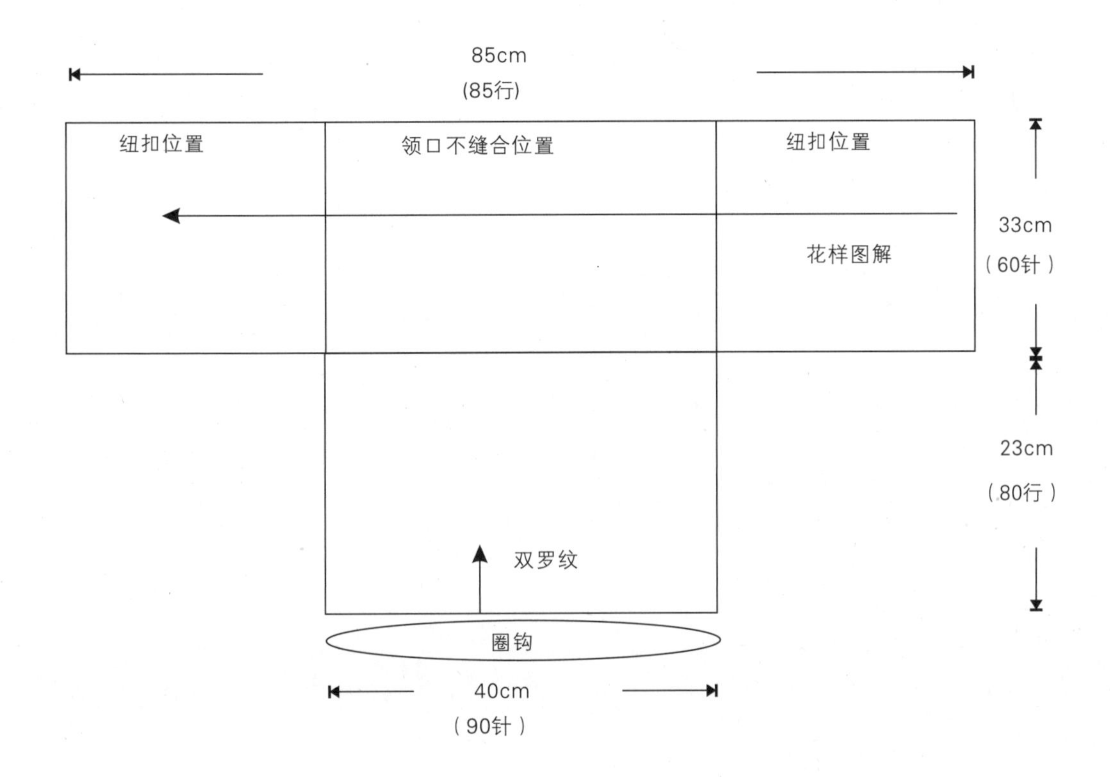

85cm
(85行)
纽扣位置
领口不缝合位置
纽扣位置
33cm
（60针）
花样图解
23cm
（80行）
双罗纹
圈钩
40cm
（90针）

双罗纹图解

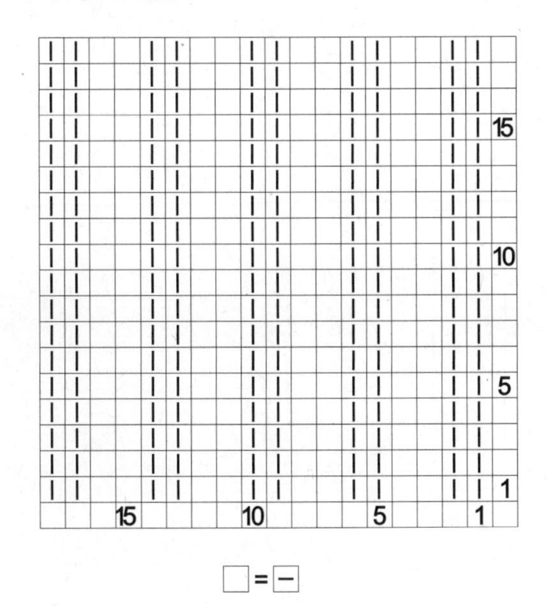

15
10
5
1
15
10
5
1
□=−

花样图解

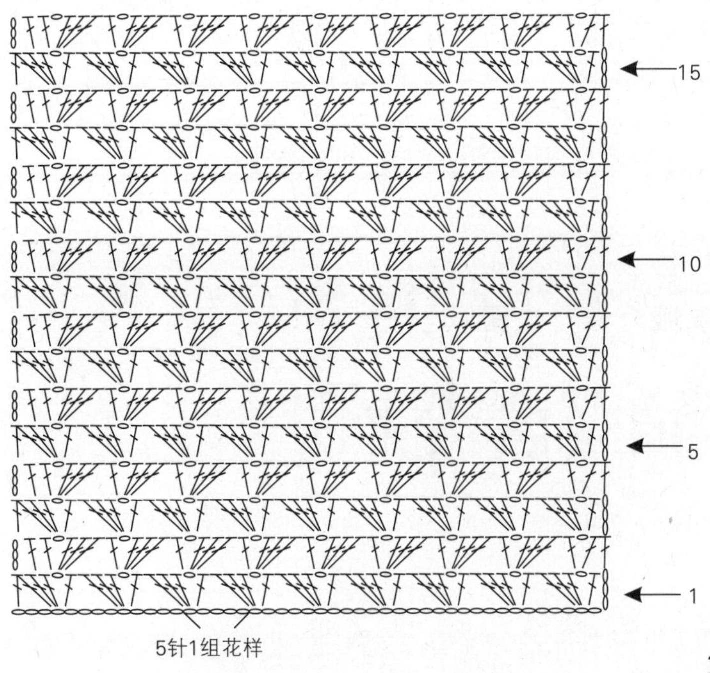

15
10
5
1
5针1组花样

作品245

【成品规格】长44cm，胸围90cm

【工　　具】2.5mm可乐钩针

【材　　料】紫色毛线200g

制作说明

1.参照结构图，衣服由后片1片和前片2片组成。
2.参照衣身花样，从下摆起针，钩衣服后片，起10组花样，钩22行后分袖，左右袖各递减8针，钩到第49行结束后片编织。
3.参照衣身花样和前片减针花样，由门襟起针11组花样，从肩线往下4组花样不加减针，剩下7组花样参照减针花样一直钩到袖笼。
4.拼合肩线和侧缝。参照衣外围花边的图解，钩花边4行。

结构图：

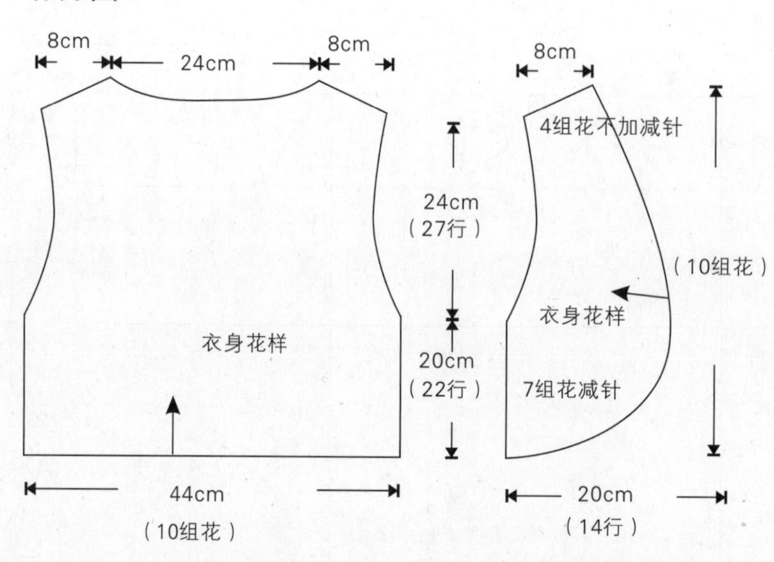

8cm
24cm
8cm
24cm
（27行）
衣身花样
20cm
（22行）
44cm
（10组花）
8cm
4组花不加减针
（10组花）
衣身花样
7组花减针
20cm
（14行）

衣身花样

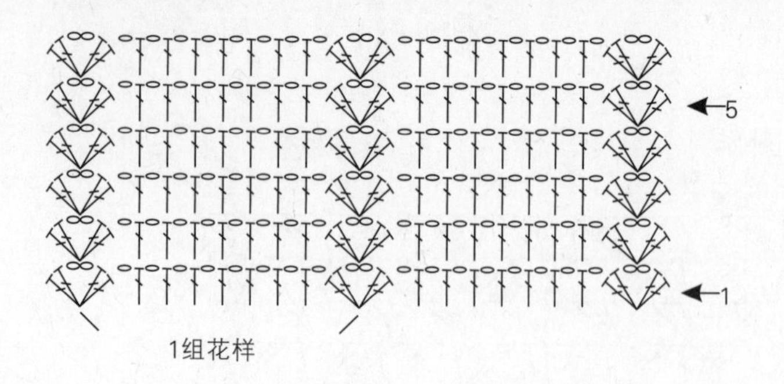

5
1
1组花样

前片减针花样

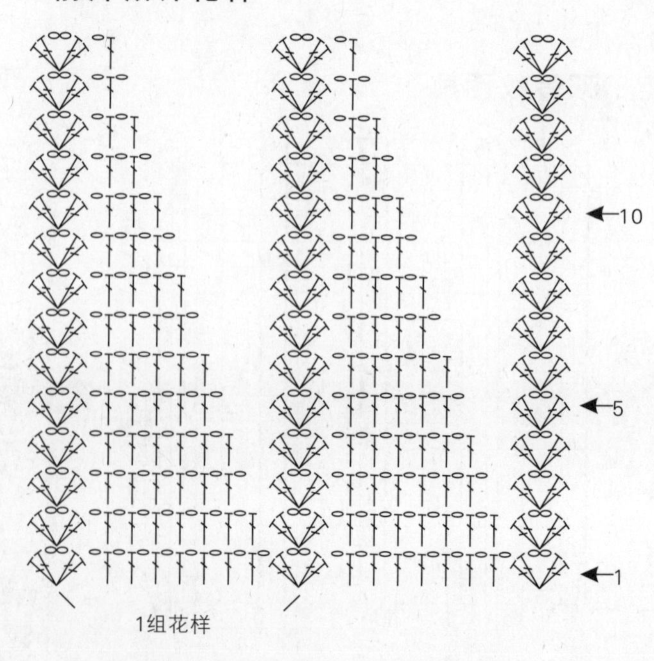

10
5
1
1组花样

衣服外围花边图解

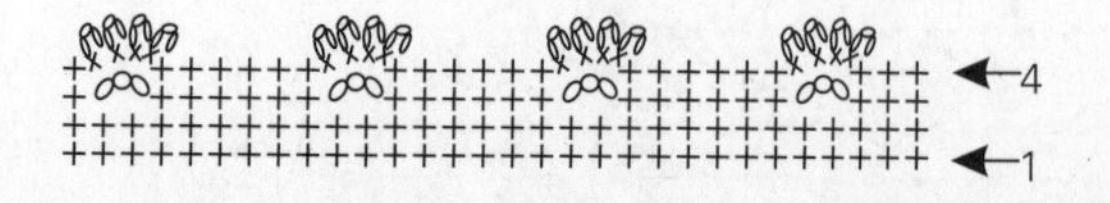

4
1

作品246

【成品规格】长58cm，胸围90cm

【工　　具】2.5mm可乐钩针

【材　　料】段染毛线400g

制作说明

1.参照结构图，衣服分前后2片和袖子2片。
2.参照圆点中心图解，前后各需1片。中心图解圈钩16行。参照衣身填补图解，在圆点中心图解的基础上，前片向上延伸5行，左右各延伸16行，向下延伸24行。后片向上延伸10行，左右各延伸16行，向下延伸24行。袖片参照袖片图解钩22行花样。
3.将前后片肩线拼合，侧缝拼合。上袖片。参照领口图解，圈钩领口花边2行。参照下摆和袖口花边图解，钩花边2行。

袖片

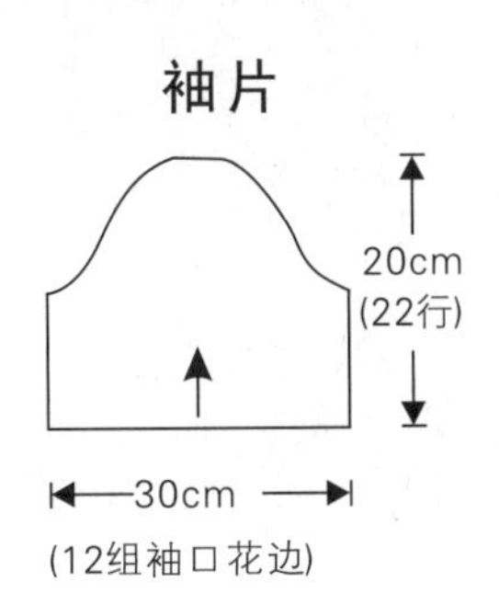

20cm
(22行)
30cm
(12组袖口花边)

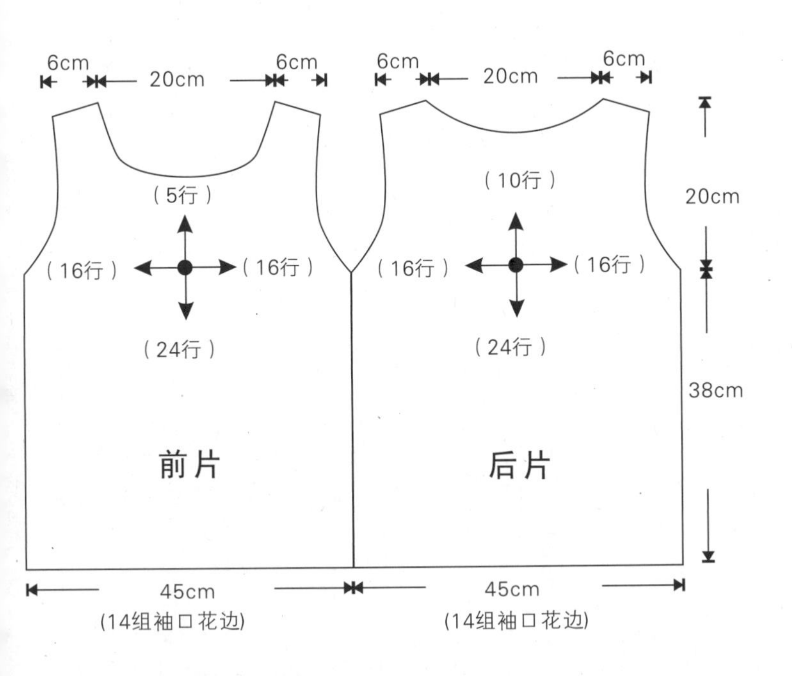

6cm
20cm
6cm
6cm
20cm
6cm
(5行)
(10行)
20cm
(16行)
(16行)
(16行)
(16行)
(24行)
(24行)
38cm
前片
后片
45cm
(14组袖口花边)
45cm
(14组袖口花边)

袖片和衣身空位补花图解

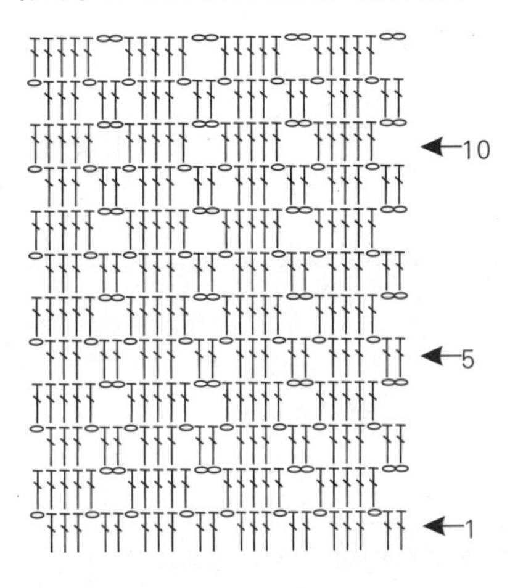

10
5
1

衣身片中心图解

领口花边图解

2
1

下摆和袖口花边图解

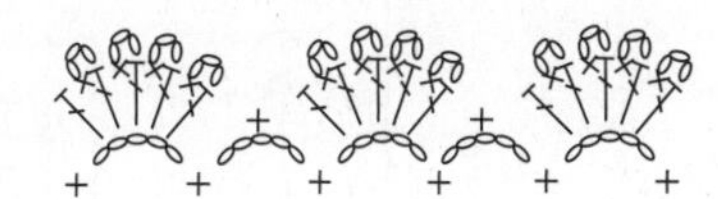

作品247

【成品规格】见图

【编织密度】16针×18行=10cm²

【工　　具】6号棒针

【材　　料】咖啡色毛线120g

制作说明

1.起26针按图示织花样，图解最宽处针数为39针；

2.起针每一针都织，织下针；

3.织好后松松的平收，整理定型，完成。

针法符号说明

⅄ =右上2针并1针

○ =加针

Ⓐ =15针并1针

△ =上针左上2针并1针

◎ =绕2圈

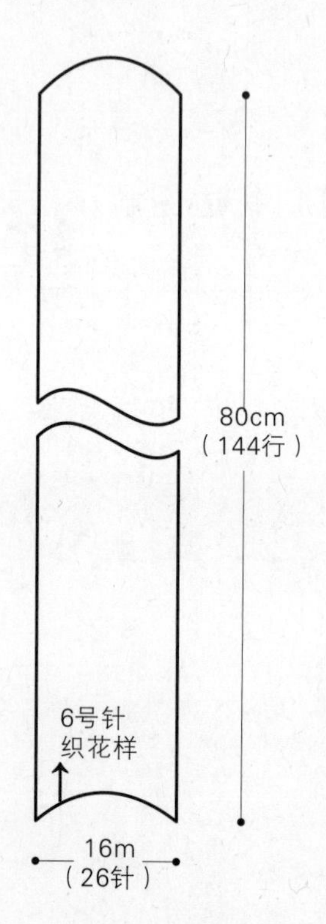

80cm
（144行）
6号针
织花样
16m
（26针）

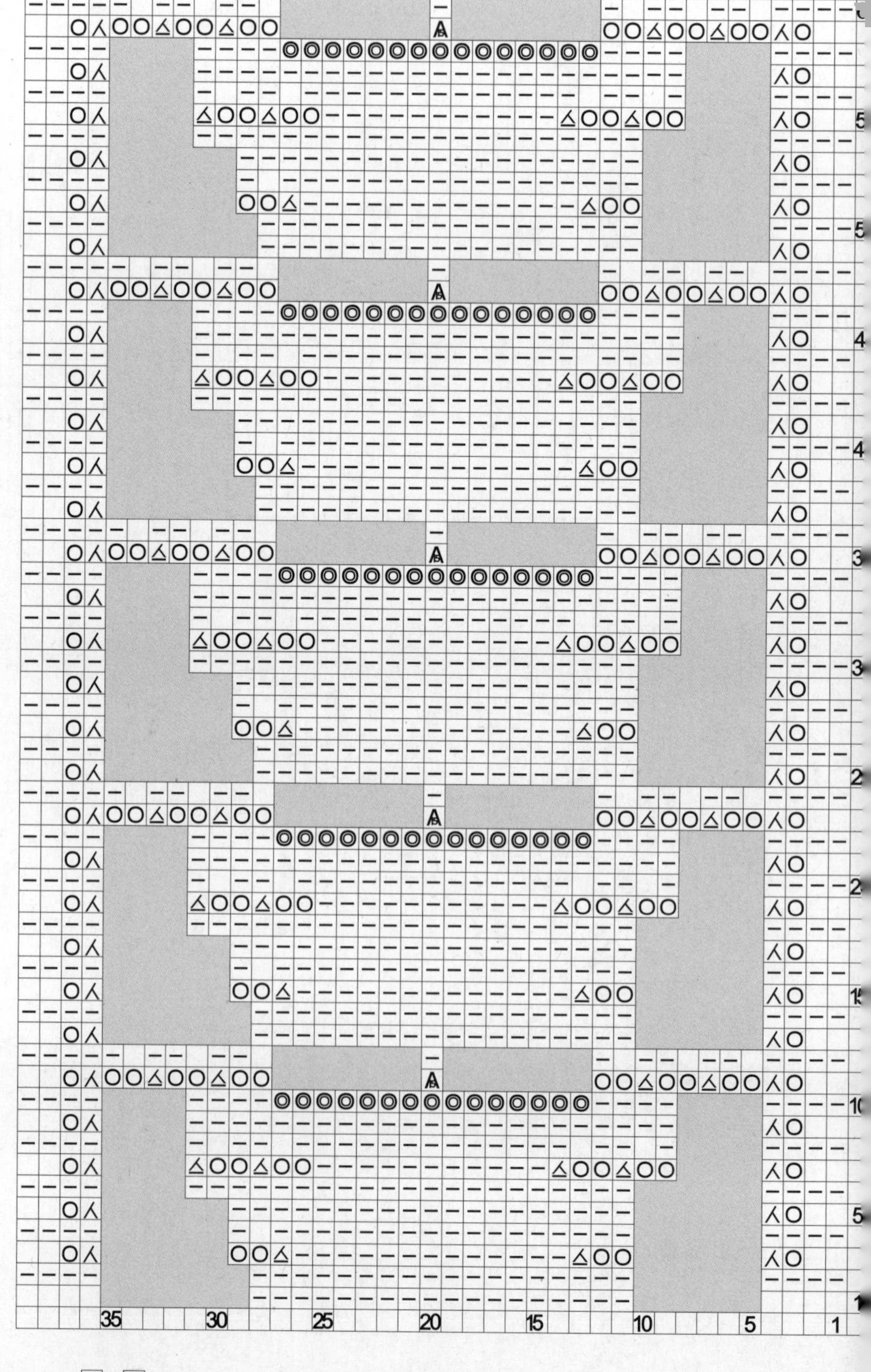

35
30
25
20
15
10
5
1

□=Ⅰ

■=空针

编织花样

作品248

【成品规格】长25cm，胸围90cm

【工　　具】3.5mm可乐钩针

【材　　料】黄色毛线200g

制作说明

1.披肩从领口起针，起81针短针，第1行钩81针短针。重复钩12行短针。
2.在领口的基础上每4针短针钩1组花样，4针锁针连接。重复20次。一直重复钩16行花样。
3.在披肩外围钩1圈短针，领口处需减针，领口每4针减1针。其他位置不加减针。

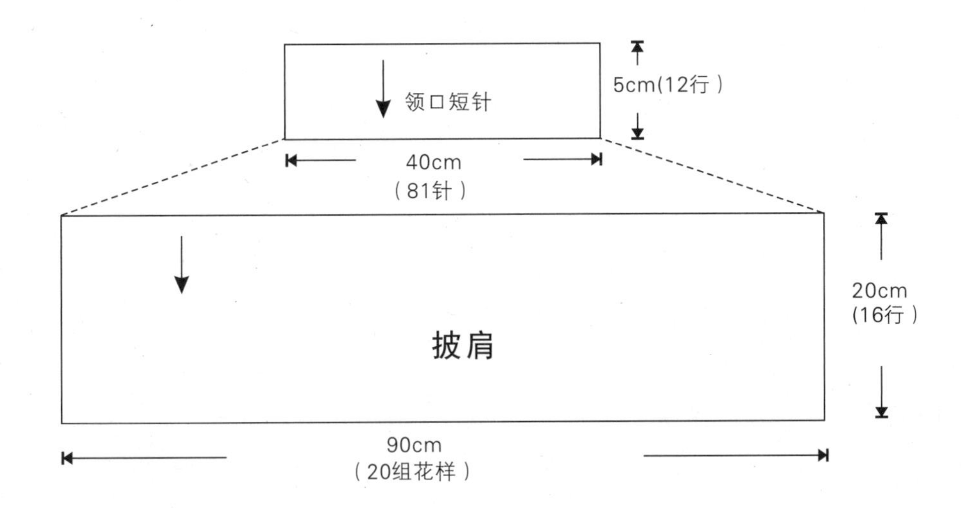
领口短针
5cm(12行)
40cm
(81针)
披肩
20cm
(16行)
90cm
(20组花样)

披肩图解

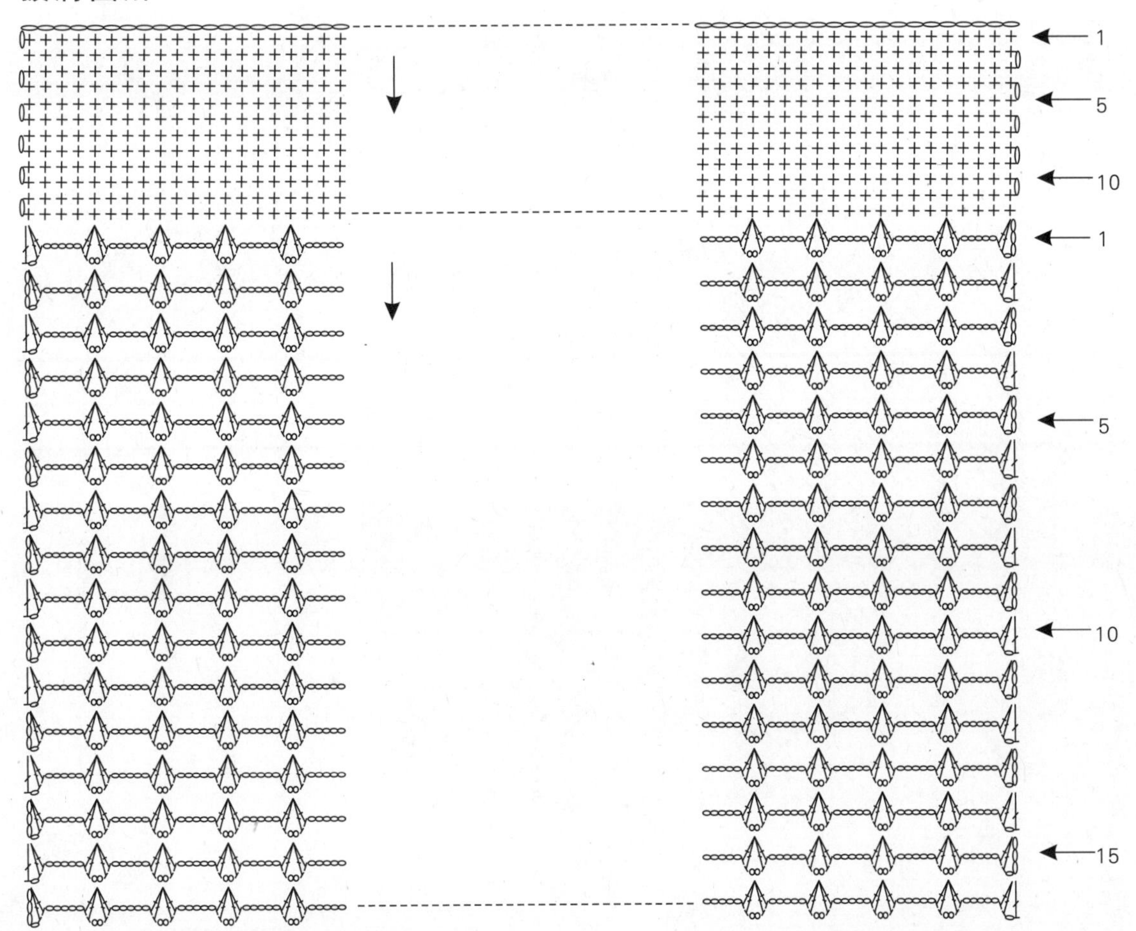
1
5
10
1
5
10
15

作品249

【成品规格】长52cm，胸围126cm

【工　　具】3.5mm可乐钩针

【材　　料】蓝色段染毛线300g

制作说明

1.参照披肩图解，从领口起72针锁针，第1行钩3针长针3针锁针，依次重复，转弯钩5针锁针，每行在转弯处加针，在5针锁针上钩3针长针5针锁针3针长针。按照这样的钩法一直钩到第22行结束。

2.参照花边图解，钩下摆花边2行。在领口处钩5行短针，转弯处2针短针合成1针。

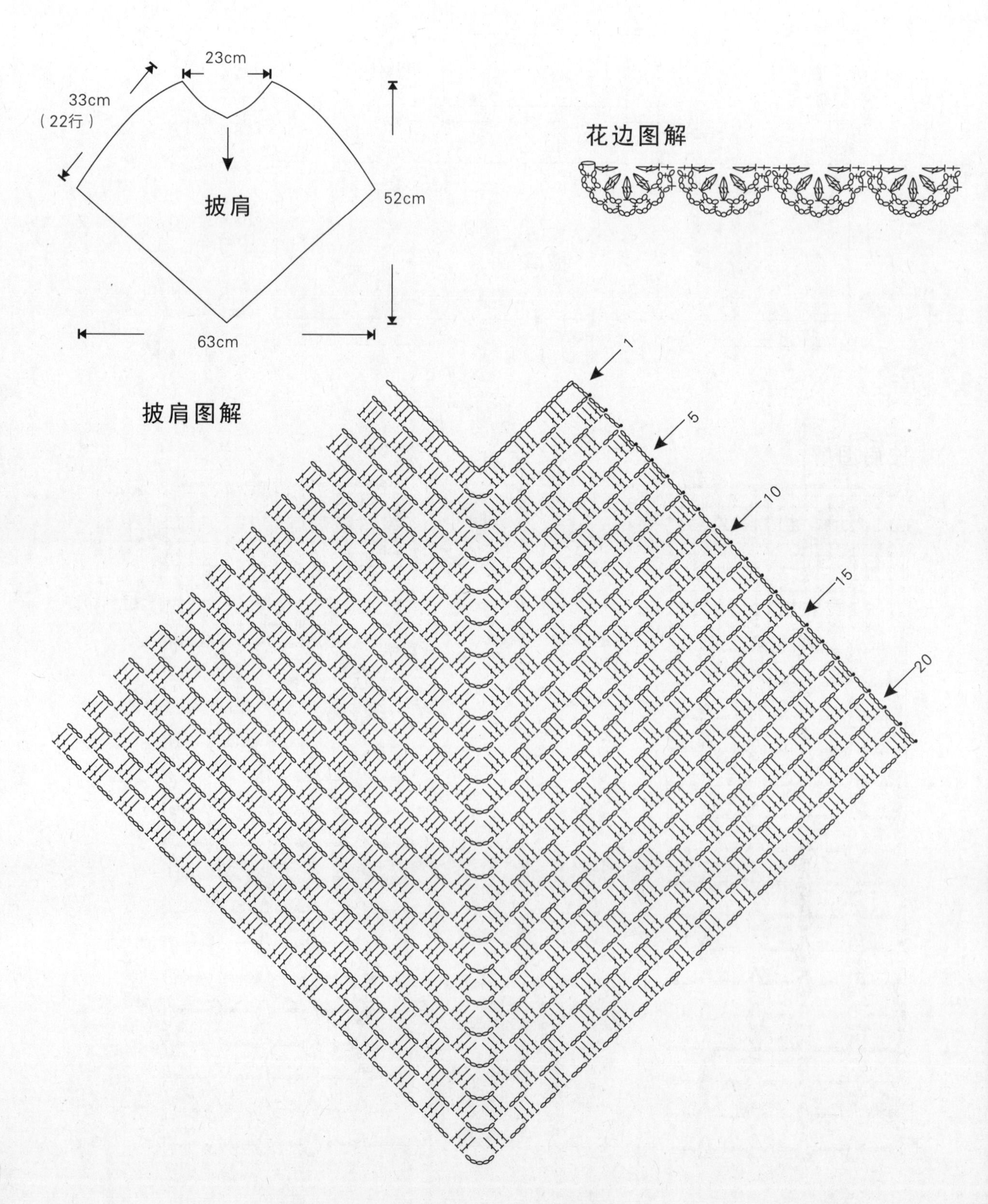
23cm
33cm
（22行）
披肩
52cm
63cm
花边图解
披肩图解
1
5
10
15
20

作品250

【成品规格】长42cm，胸围90cm
【工　　具】3.5mm可乐钩针
【材　　料】蓝色毛线300g

制作说明

1.参照结构图和披肩图解，披肩从领口起156针锁针，第1行钩52组花样，钩8行，每4行重复一次花样。第9行继续重复花样，在结构图中先钩9组花样，错开第8行的8组花样，继续钩18组花样，错开第8行的8组花样，第10行按照第9行的36组花样继续按照披肩图解4行重复一次的规律继续钩到第28行结束披肩。
2.参照披肩外围花边图解，钩花边2行。

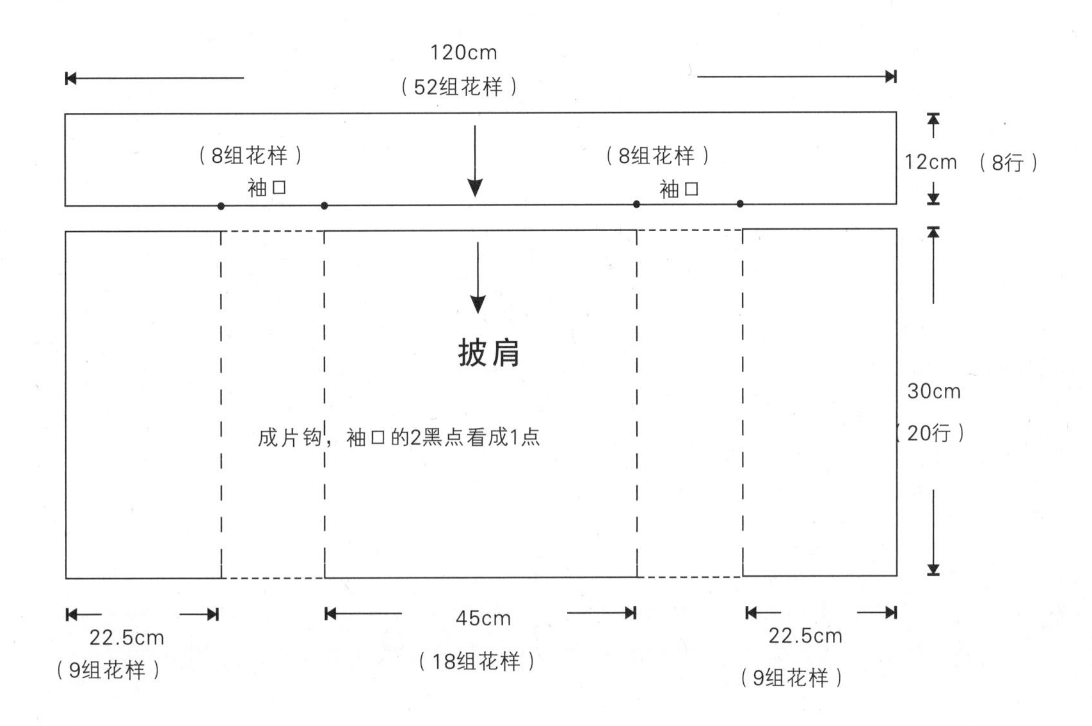

120cm
（52组花样）
（8组花样）
袖口
（8组花样）
袖口
12cm （8行）
披肩
成片钩，袖口的2黑点看成1点
30cm
（20行）
22.5cm
（9组花样）
45cm
（18组花样）
22.5cm
（9组花样）

披肩图解

10
5
1
1组花样

外围花边图解

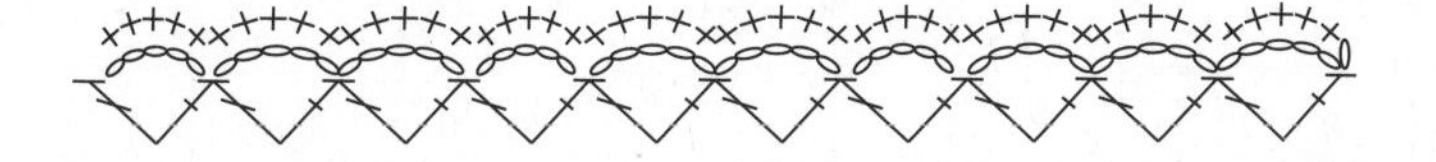

作品251

【成品规格】长20cm，胸围90cm，手套长35cm

【工　　具】4.0mm可乐钩针

【材　　料】红色毛线200g

制作说明

1.参照披肩图解，披肩从领口起针，起40针锁针，第1行至第7行每行钩40针短针，第8行每3针加1针，第9行不加减针，第10行不加减针，第11行每4针加1针，第12行和第13行不加减针，第14行每5针加1针，第15行不加减针，第16行每6针加1针。

2.参照手套图解，从肘部起针，圈起24针锁针，第1行至第20行每行钩24针短针，第21行起参照图解加针钩到第27行结束。

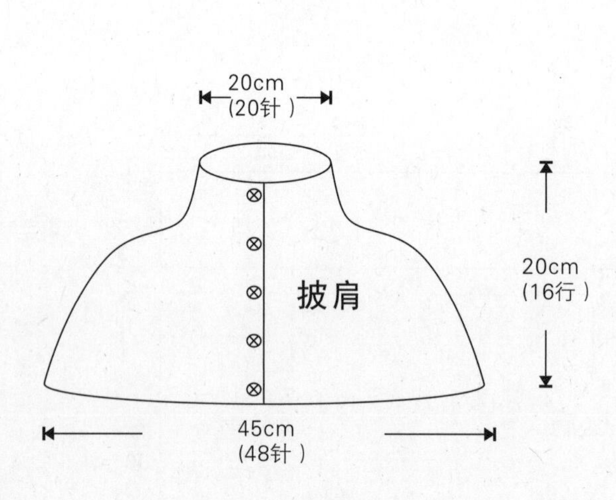

20cm
(20针)
披肩
20cm
(16行)
45cm
(48针)

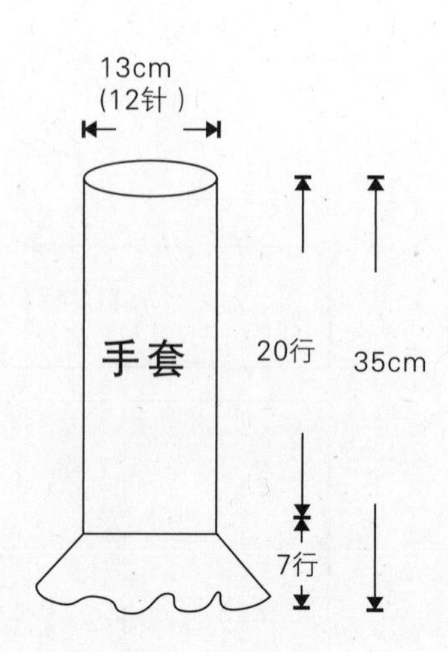

13cm
(12针)
手套
20行
35cm
7行

披肩图解

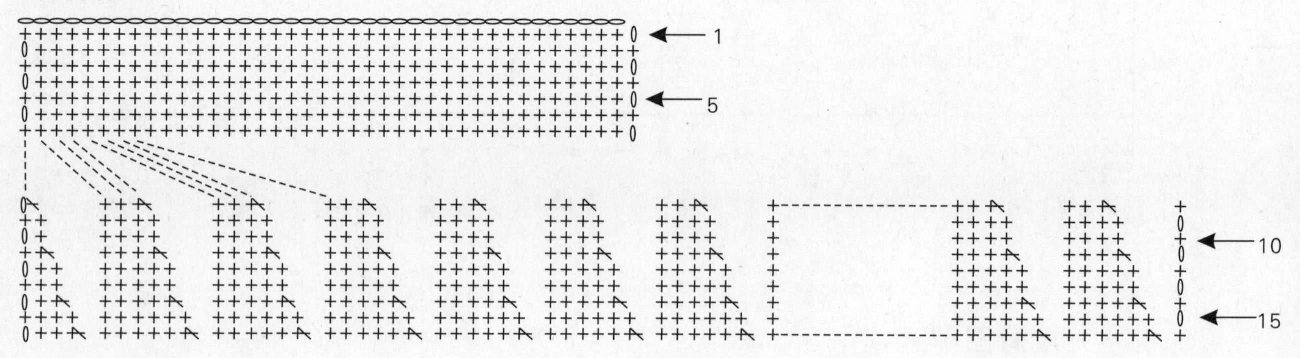

1
5
10
15

手套图解

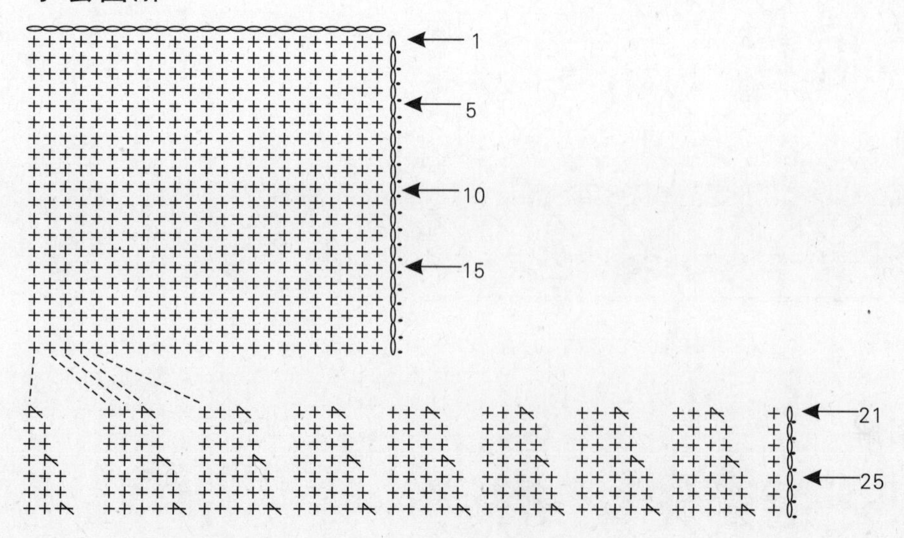

1
5
10
15
21
25

作品252

【成品规格】长120cm，宽50cm
【工　　具】3.5mm可乐钩针
【材　　料】深橙色毛线250g，橙色毛线80g，绿色、草绿色、黄色毛线各少许

制作说明

1.披肩起150针锁针，每行钩150针长针。第1行至第4行为深橙色，第5行至第6行为橙色，第7行至第8行为绿色，第9行为黄色，第10行为草绿色，第11行至第16行为橙色，第17行至第40行为深橙色。
2.在披肩外围钩1行深橙色短针。

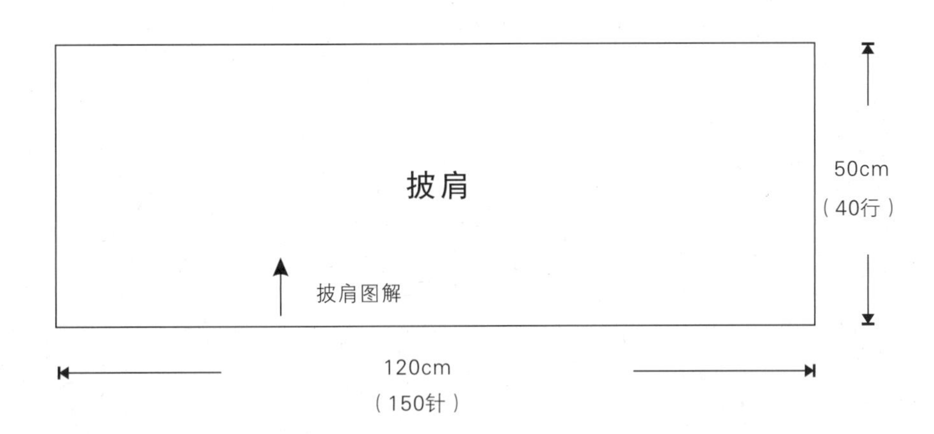

披肩
披肩图解
50cm
（40行）
120cm
（150针）

披肩图解

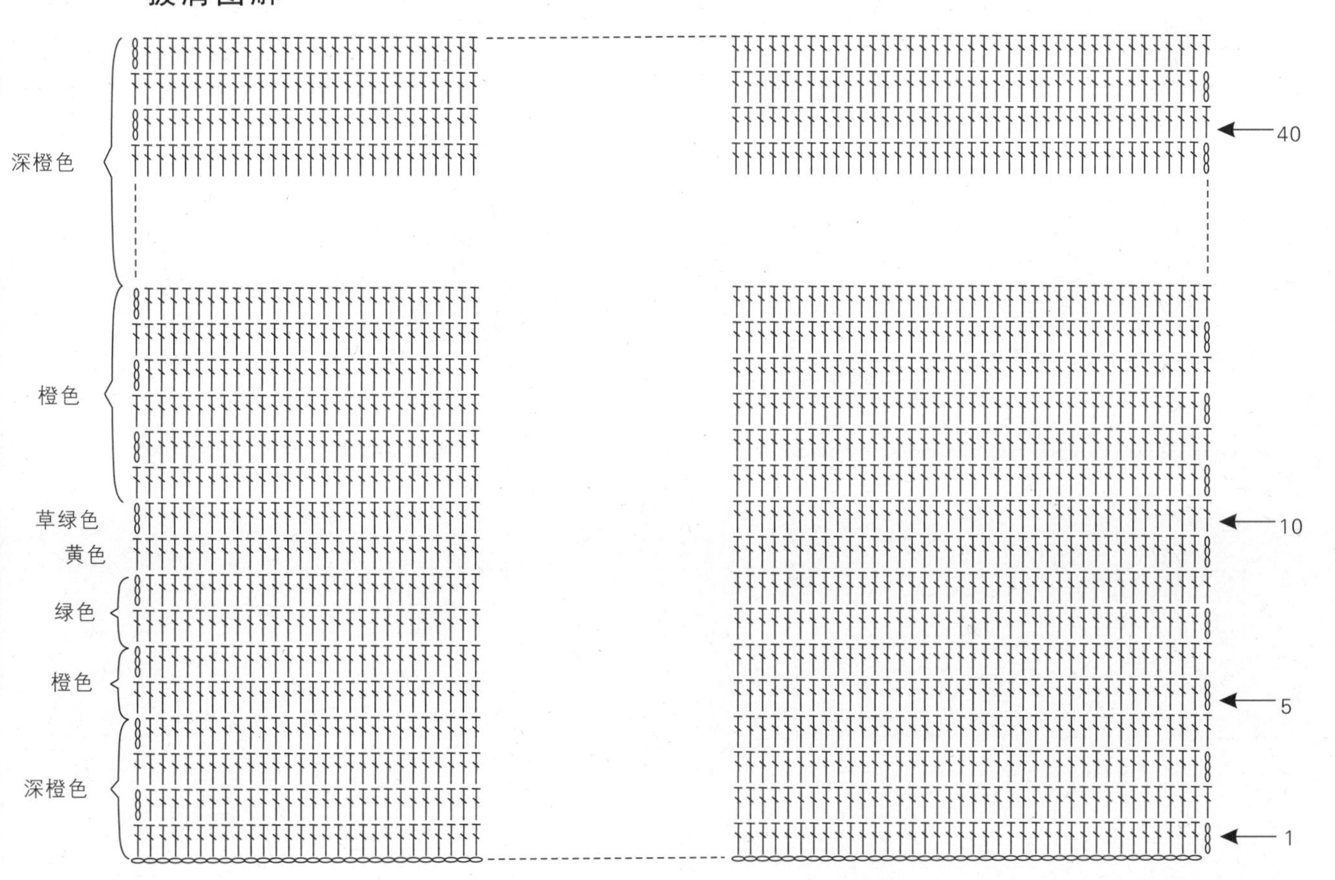

深橙色
橙色
草绿色
黄色
绿色
橙色
深橙色
40
10
5
1

作品253

【成品规格】长72cm，胸围90cm

【工　　具】2.5mm可乐钩针

【材　　料】白色毛线500g

制作说明

1.参照单元花的图解，单元花共钩7行。共钩38个，其中下摆一圈共需20个，前片中央需18个单元花。
2.参照拼花图解，每钩1个单元花与前1个单元花拼合。
3.参照衣身图解，下摆在单元花的基础上每个单元花钩22针。从下摆到袖子钩82行。从袖子到肩线共钩48行。
4.参照领口和袖口花边图解，钩领口和袖口2行花边。

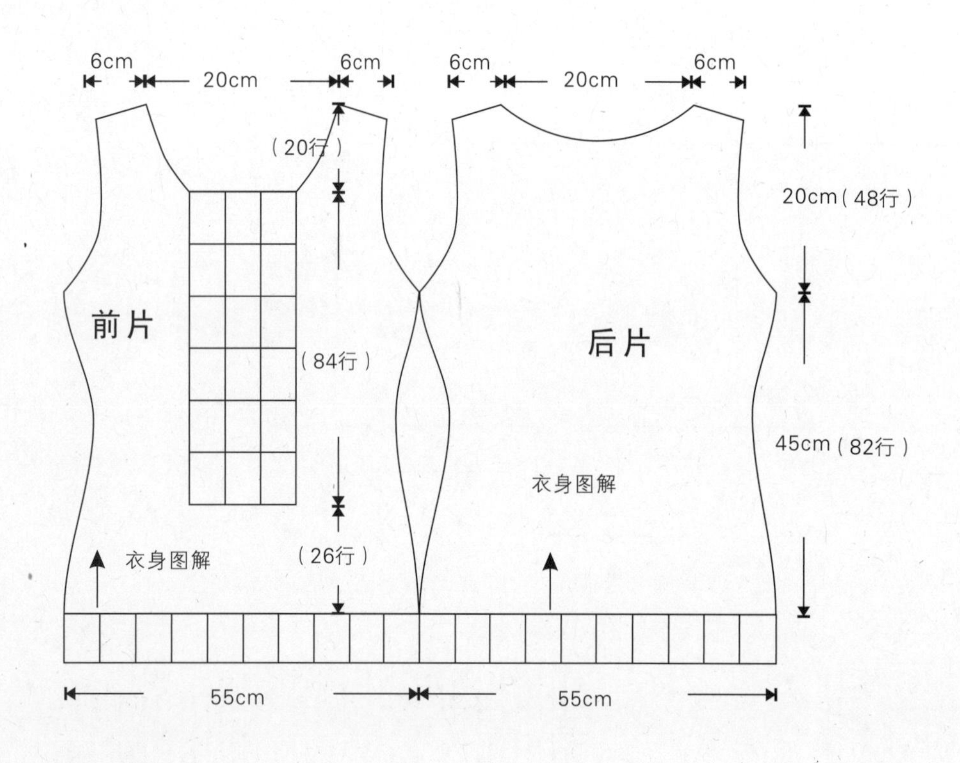

6cm
20cm
6cm
6cm
20cm
6cm
(20行)
20cm(48行)
前片
(84行)
后片
45cm(82行)
衣身图解
衣身图解
(26行)
55cm
55cm

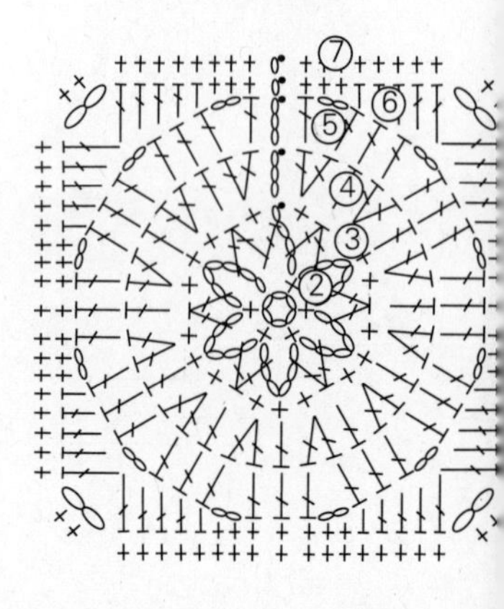

单元花图解

拼花图解

衣身图解

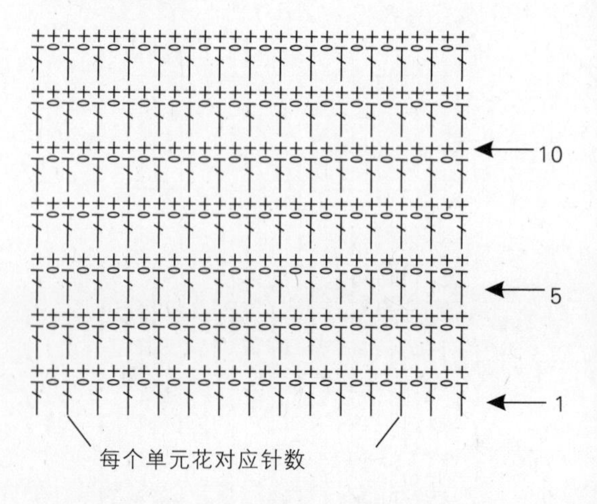

10
5
1
每个单元花对应针数

袖口和领口花边图解

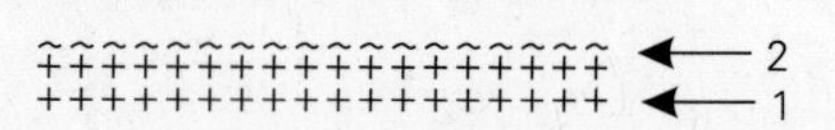

2
1

作品254

【成品规格】长58cm，胸围90cm

【工　　具】2.5mm可乐钩针

【材　　料】红色毛线350g

制作说明

1.参照结构图，衣服分前后2片钩编。
2.参照衣身图解，从下摆起针，起110针锁针，3针立起针，第1行开始钩花样，钩30针长针，钩47针花样，继续钩30针长针结束第1行。第2行重复第1行的做法。一直钩到第50行，第51行至第58行钩右边的30针长针。重新起针，钩左边的第51行至第58行长针。
3.第40行至第58行为袖口。第51行至第58行为领口。
4.钩完前后2片，拼合肩线和侧缝。

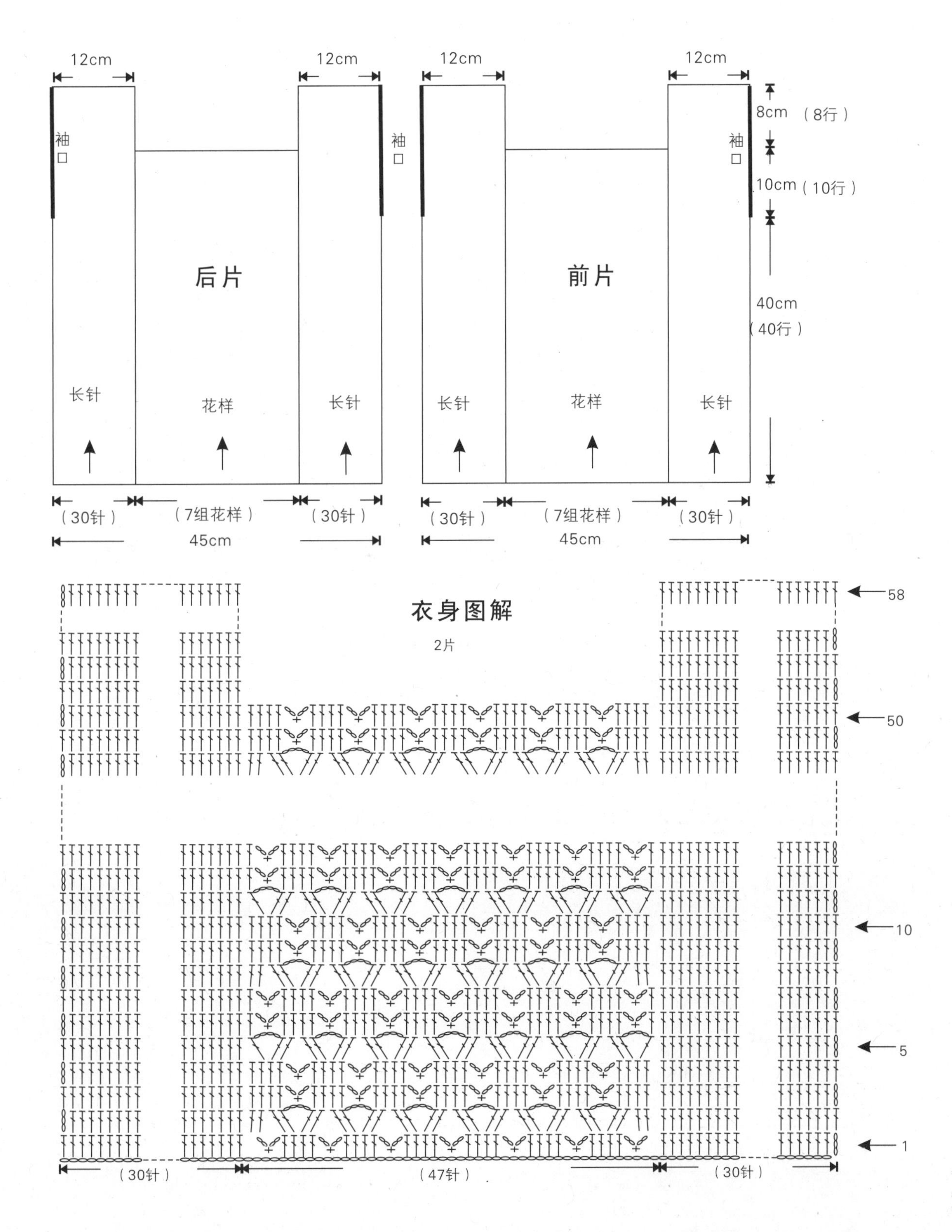

12cm
12cm
12cm
12cm
袖口
袖口
袖口
8cm （8行）
10cm（10行）
后片
前片
40cm
（40行）
长针
花样
长针
长针
花样
长针
（30针）
（7组花样）
（30针）
45cm
（30针）
（7组花样）
（30针）
45cm
衣身图解
2片
58
50
10
5
1
（30针）
（47针）
（30针）

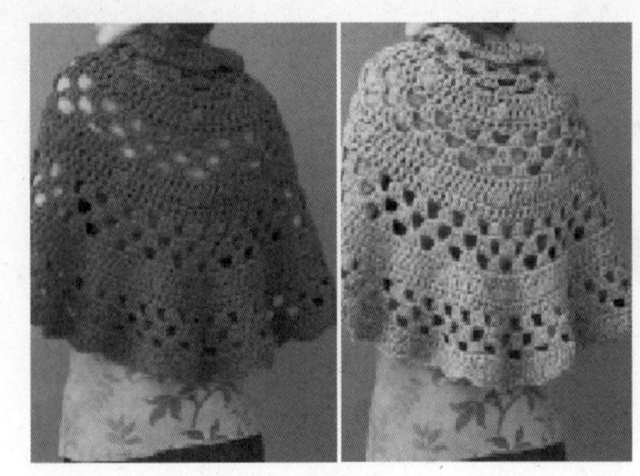

作品255、259

【成品规格】披肩长55cm

【工　　具】5.0mm可乐钩针

【材　　料】褐色、灰色毛线350g

制作说明

1.参照披肩图解，起4针锁针，在第1针里钩7针长针，第2行钩14针长针，第3行钩15针长针。第4行钩花样，每3针在第1针里钩3针长针，再钩2针锁针。依次重复。第5行在2针锁针里钩3针长针，再钩2针锁针。依次重复。第6行在2针锁针里钩3针长针，再钩3针锁针。依次重复。第7行在3针锁针里钩4针长针，3针长针上钩3针长针。第8行和第9行不加减针钩长针。第10行每3针在第1针里钩3针长针，再钩2针锁针。依次重复。第11行和第12行重复第10行的做法。第13行在在2针锁针里钩2针长针，3针长针上钩3针长针。第14行和第15行重复第13行的做法。继续重复第10行至第15行的钩法直到第25行结束披肩制作。

2.参照披肩外围花边图解，钩披肩外围花边1行。

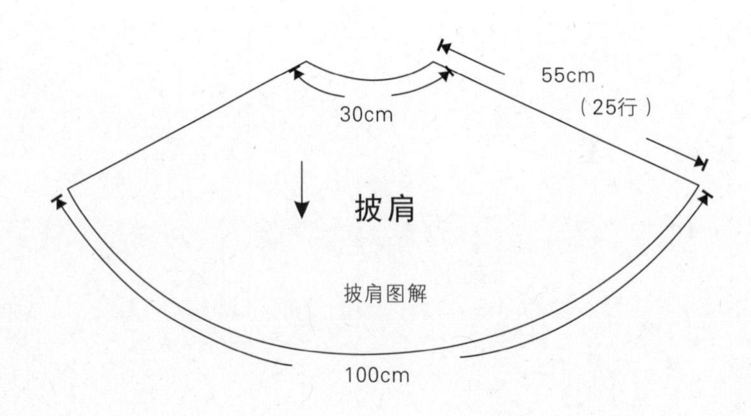
55cm
（25行）
30cm
披肩
披肩图解
100cm

外围花边图解

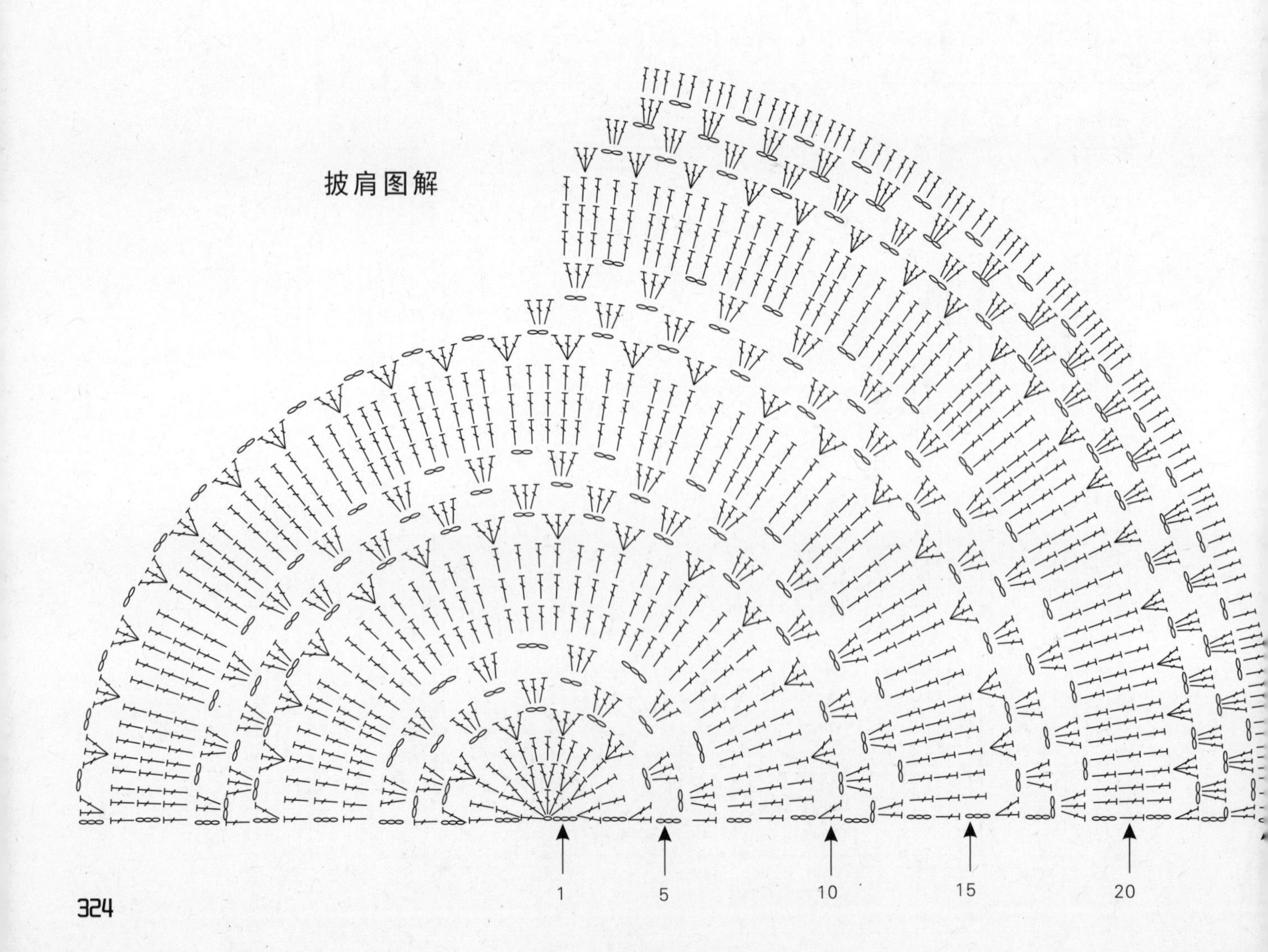
披肩图解
1
5
10
15
20

作品256、258、259

【成品规格】披肩长60cm

【工　　具】3.5mm可乐钩针

【材　　料】白色毛线400g

制作说明

1.参照披肩图解，起4针锁针，在第1针里钩10针长针，第2行钩20针长针，第3行钩22针长针。第4行钩花样，每3针在第1针里钩3针长针，再钩2针锁针。依次重复。第5行在2针锁针里钩3针长针，再钩2针锁针。依次重复。第6行在2针锁针里钩3针长针，再钩3针锁针。依次重复。第7行在3针锁针里钩4针长针，3针长针上钩3针长针。第8行和第9行不加减针钩长针。第10行每3针在第1针里钩3针长针，再钩2针锁针。依次重复。第11行和第12行重复第10行的做法。第13行在在2针锁针里钩2针长针，3针长针上钩3针长针。第14行和第15行重复第13行的做法。继续重复第10行至第15行的钩法直到结束披肩。

2.参照披肩外围花边图解，钩披肩外围花边1行。

结构图：

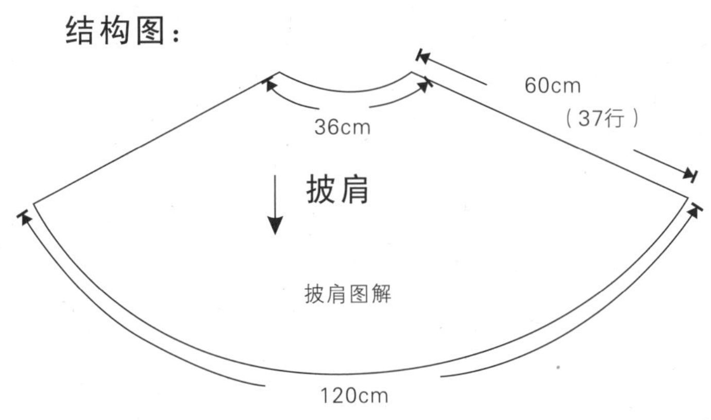
60cm
（37行）
36cm
披肩
披肩图解
120cm

外围花边图解

披肩图解

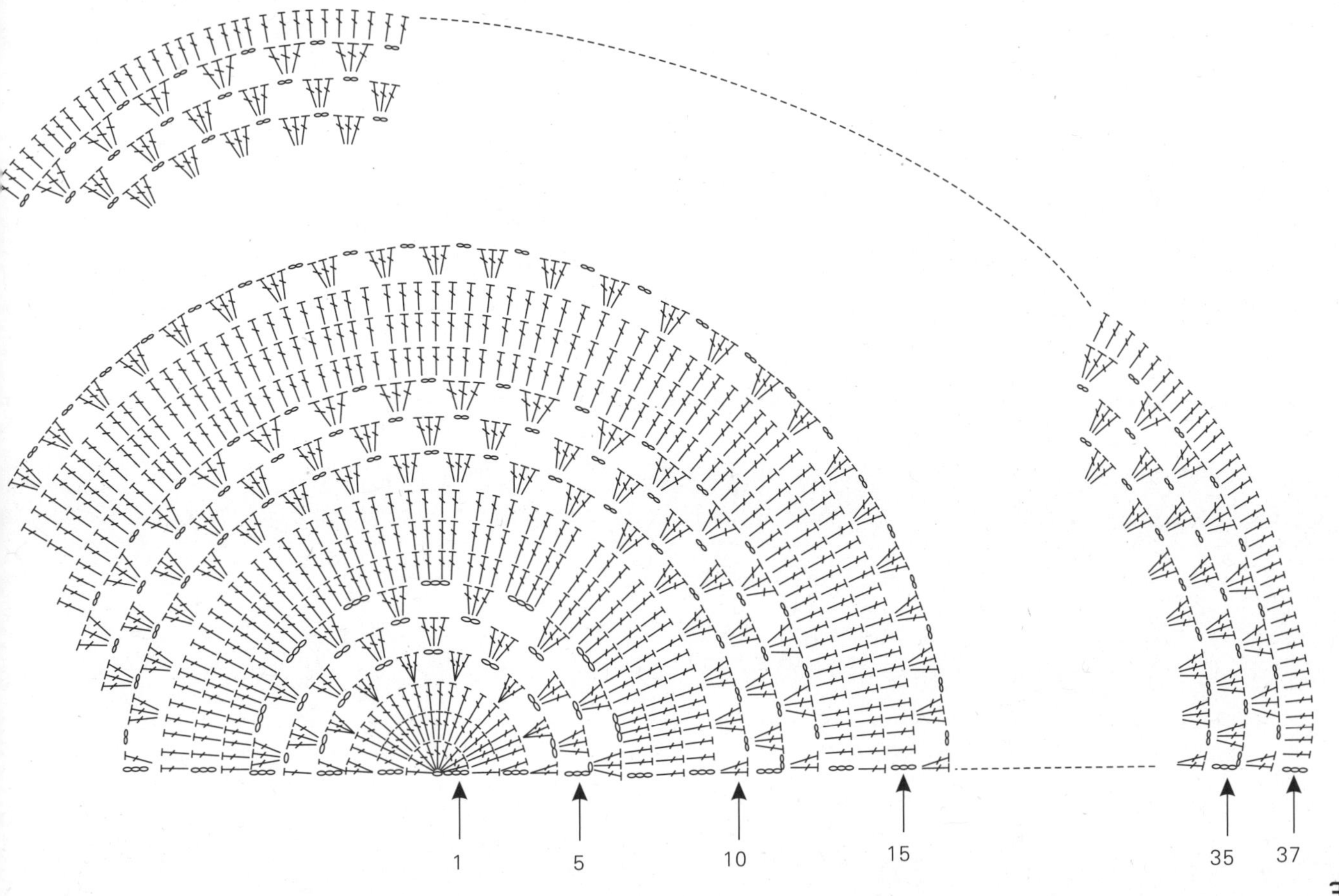
1
5
10
15
35
37

作品260

【成品规格】长40cm，胸围90cm
【工　　具】5.0mm可乐钩针
【材　　料】灰白色毛线200g

制作说明

参照披肩图解，起44针锁针，第1行钩9个网格和头尾半个网格。第2行钩花样，每行钩4.5组花样，每行加针，加针方法参照图解，披肩共钩15行。披肩领口钩短针3行，其他披肩外围钩1行短针。

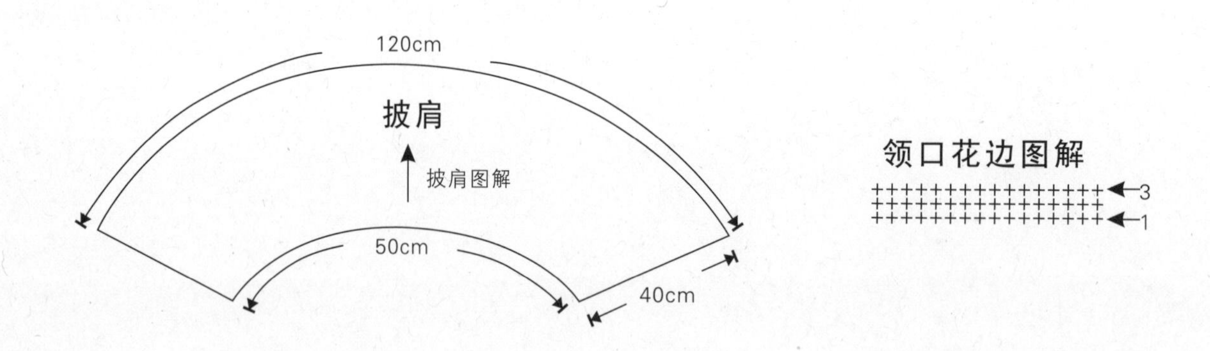

120cm
披肩
披肩图解
50cm
40cm
领口花边图解
3
1

披肩图解

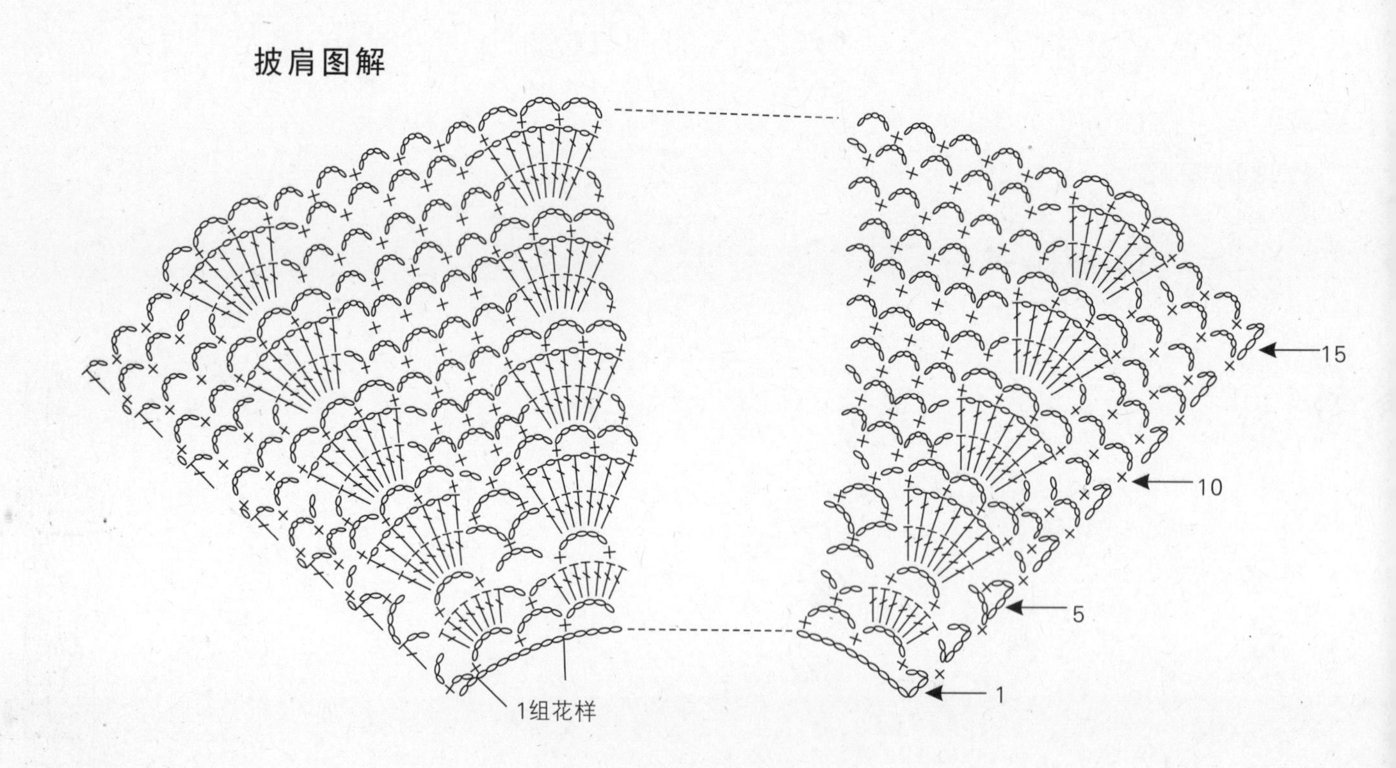

15
10
5
1
1组花样

作品261、271

【成品规格】长150cm，宽65cm
【工　　具】4.5mm可乐钩针
【材　　料】段染毛线350g

制作说明

披肩起6针锁针，第1行返回在第4针锁针里面钩3针长针，在第5针锁针里钩1针长针3针锁针1针长针，在第6针锁针里钩3针长针。第2行钩3针起立针，3针长针，3针长针，3针长针，1针长针3针锁针1针长针，3针长针，3针长针，3针长针.第3行钩3针起立针，对应上行每针钩1针长针，转弯处里钩3针长针3针锁针3针长针。按照图解继续钩到第24行结束披肩的制作。

结构图：

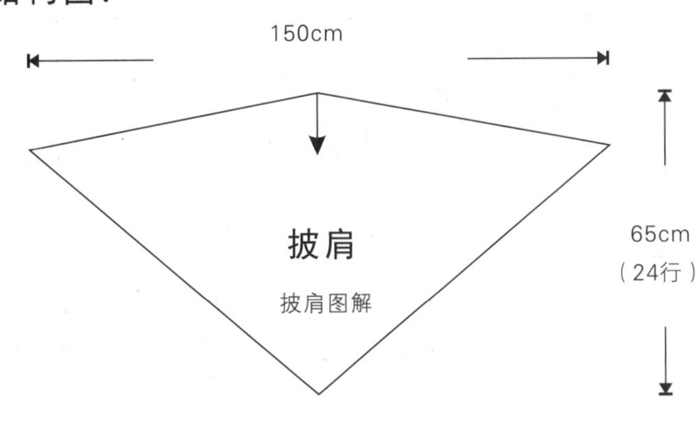

150cm
披肩
披肩图解
65cm
（24行）

披肩图解

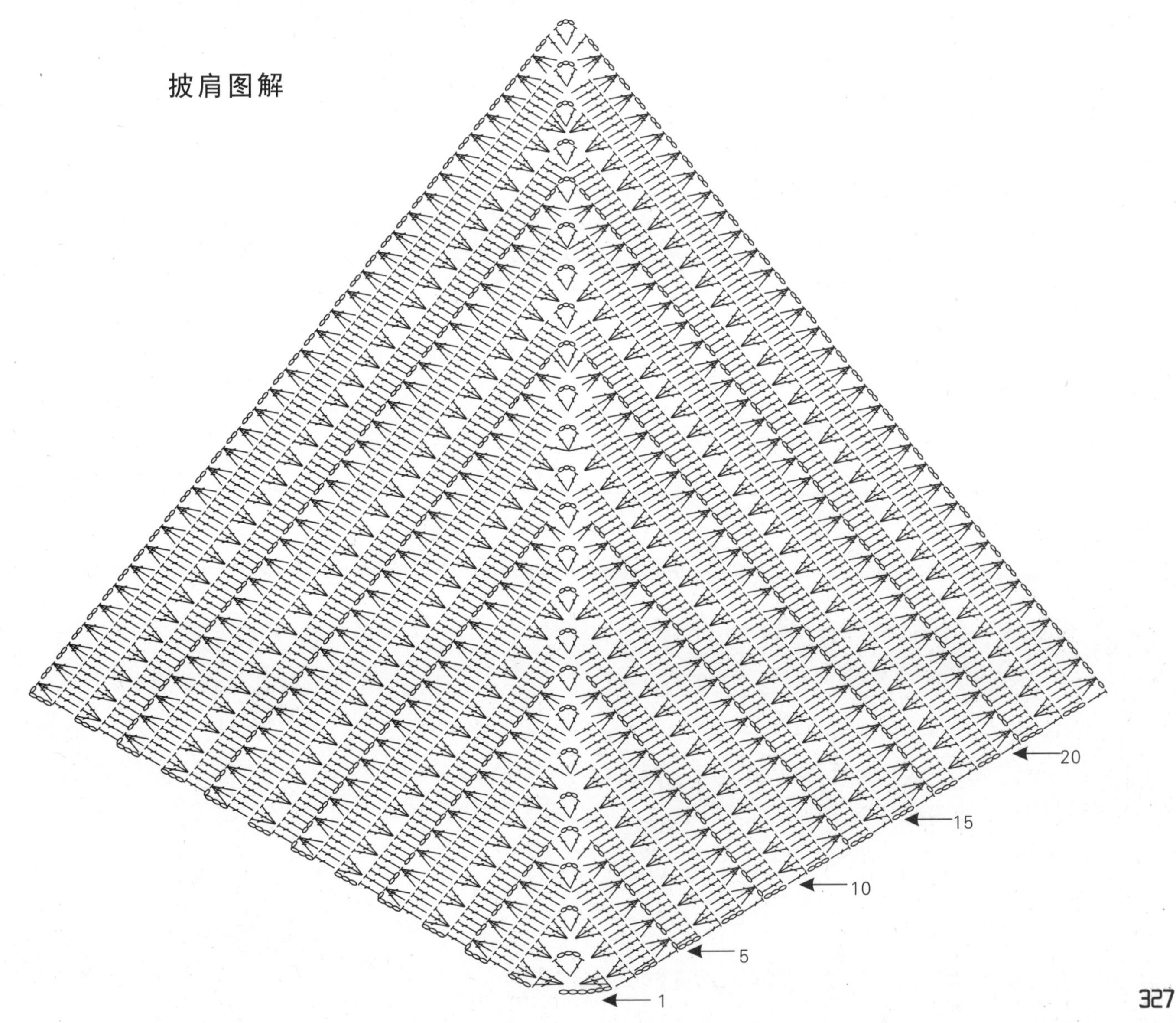

20
15
10
5
1

作品262

【成品规格】长50cm，胸围90cm

【工　　具】2.5mm可乐钩针

【材　　料】绿色毛线300g

制作说明

1.参照图解，从后背中心起8针锁针，圈钩1针长针1针锁针1针长针，重复9次。第2行圈钩1针长针1针锁针1针长针，1针锁针，重复9次。第3行圈钩1针长针1针锁针1针长针，圈钩1针长针1针锁针1针长针，重复9次。第4行圈钩1针长针1针锁针1针长针，1针锁针，圈钩1针长针1针锁针1针长针，1针锁针，重复9次。参照图解，一直钩到18行，参照结构图，将其中两等份用50针锁针连接成袖口。继续参照图解钩到第41行结束桌布衣的制作。

2.参照袖子图解，袖口起圈起36锁针，第1行钩钩1针长针1针锁针1针长针，重复12次。钩20行。在桌布衣的外围钩1行短针。完成桌布衣的制作。

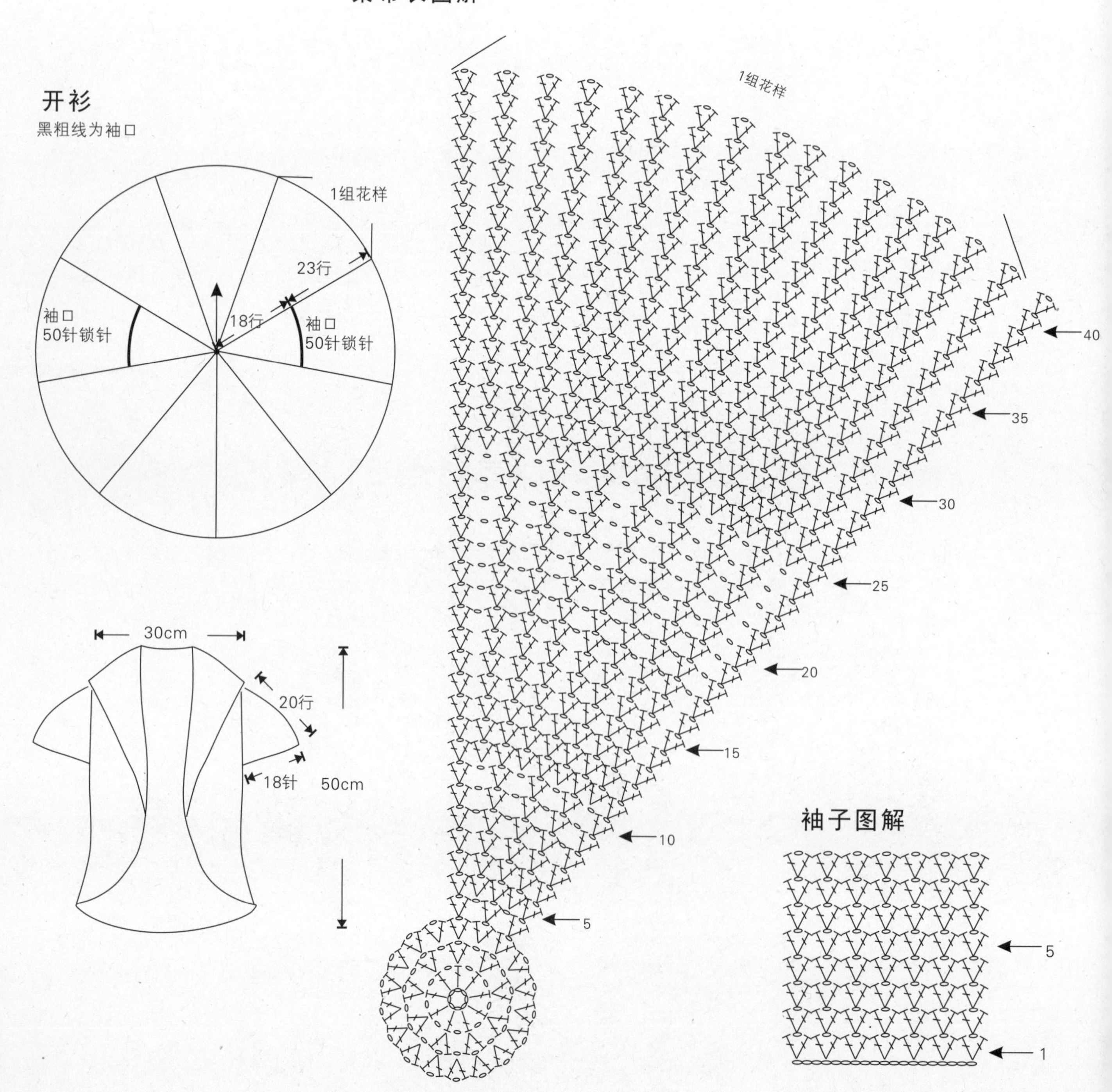

桌布衣图解
开衫
黑粗线为袖口
1组花样
23行
18行
袖口
50针锁针
袖口
50针锁针
30cm
20行
18针
50cm
1组花样
40
35
30
25
20
15
10
5
袖子图解
5
1

作品263

【成品规格】长72cm，胸围90cm
【工　　具】2.5mm可乐钩针
【材　　料】卡其色毛线200g

制作说明

参照结构图和披肩图解，起60针锁针，第1行在1针锁针里面钩1针长针1针锁针1针长针。第2行在1针锁针里面钩1针长针1针锁针1针长针。第3行和第4行重复第1行和第2行的做法。一直钩到第130行。完成披肩的制作。

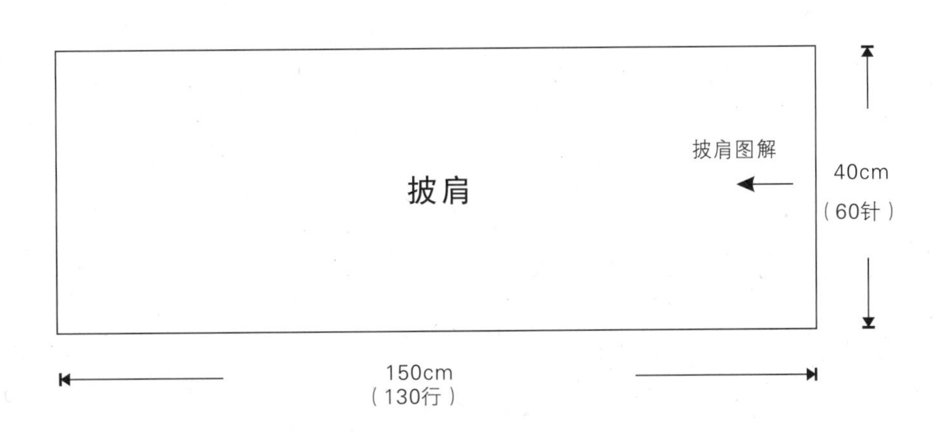
披肩
披肩图解
40cm
(60针)
150cm
(130行)

披肩图解

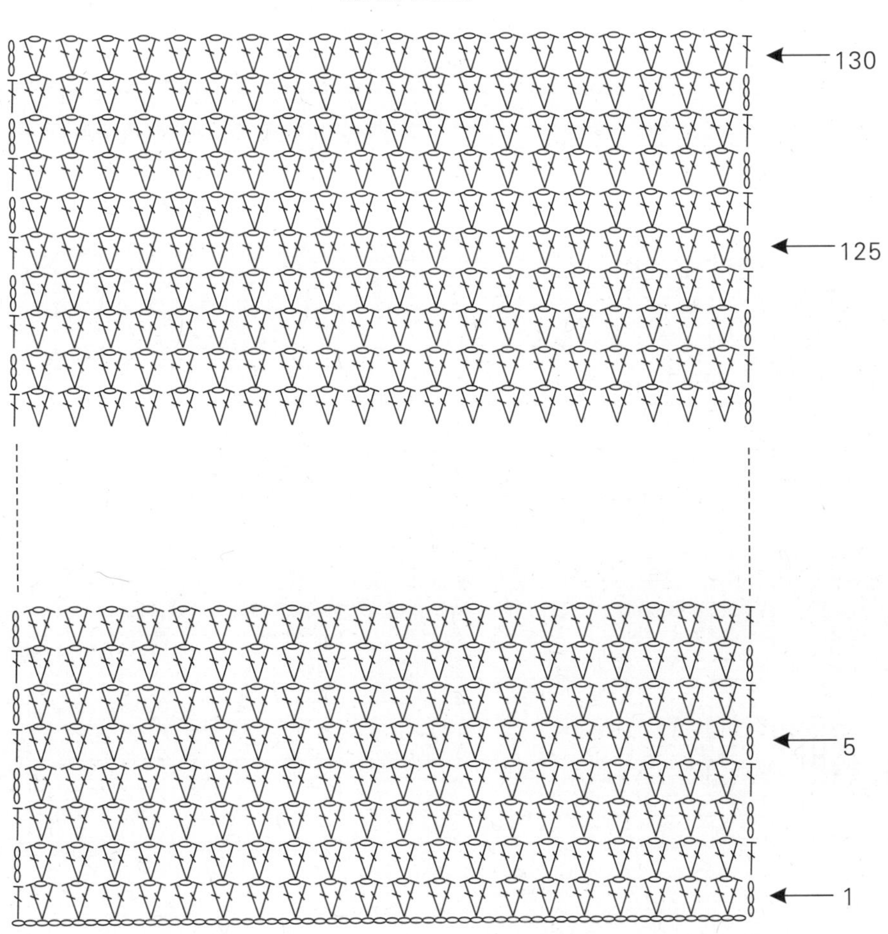
130
125
5
1

作品264、284、286、287

【成品规格】长70cm，胸围90cm
【工　　具】3.5mm可乐钩针
【材　　料】姜黄色毛线400g

制作说明

1.参照结构图和披肩图解，披肩起70针锁针，第1行钩70针短针，第2行起单边挑短针，一直钩到第140行结束。
2.参照结构图，将线段AB和线段CD缝合，将线段EF和线段GH缝合（即将前27针和后27针拼合）。这样空缺位置线段BC和线段FG的针行则为袖口。完成披肩的制作。

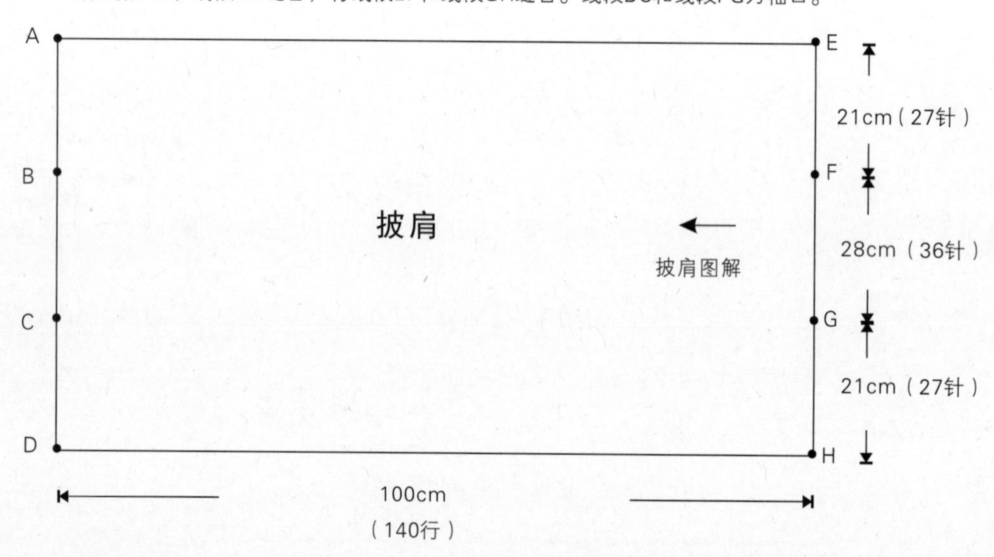

将线段AB和线段CD缝合，将线段EF和线段GH缝合。线段BC和线段FG为袖口。
A
B
C
D
E
F
G
H
披肩
披肩图解
21cm（27针）
28cm（36针）
21cm（27针）
100cm
（140行）

披肩图解

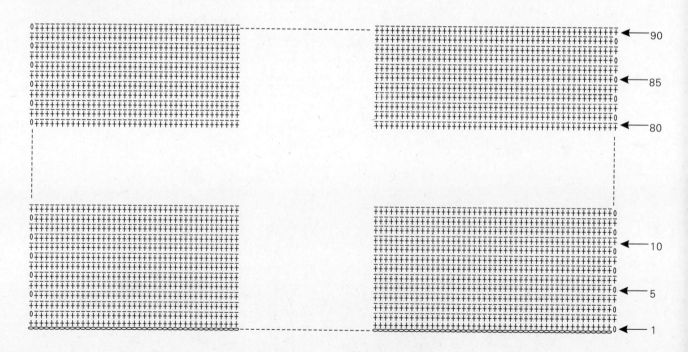

90
85
80
10
5
1

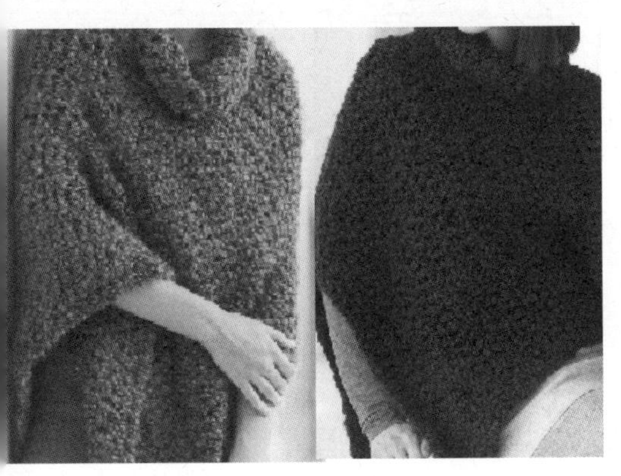

作品265、266

【成品规格】长160cm，胸围90cm

【工　　具】6.0mm可乐钩针

【材　　料】段染毛线450g

制作说明

1.参照结构图和斗篷图解，披肩起50针锁针，第1行钩50针短针，第2行起单边挑短针，第3行不单挑钩短针，第4行起单边挑短针，重复第3行和第4行的钩法，一直钩到第80行结束。

2.将线段AB和线段CD缝合，即将前25行和倒数25行缝合。这样中间30行成领口。完成斗篷的制作。

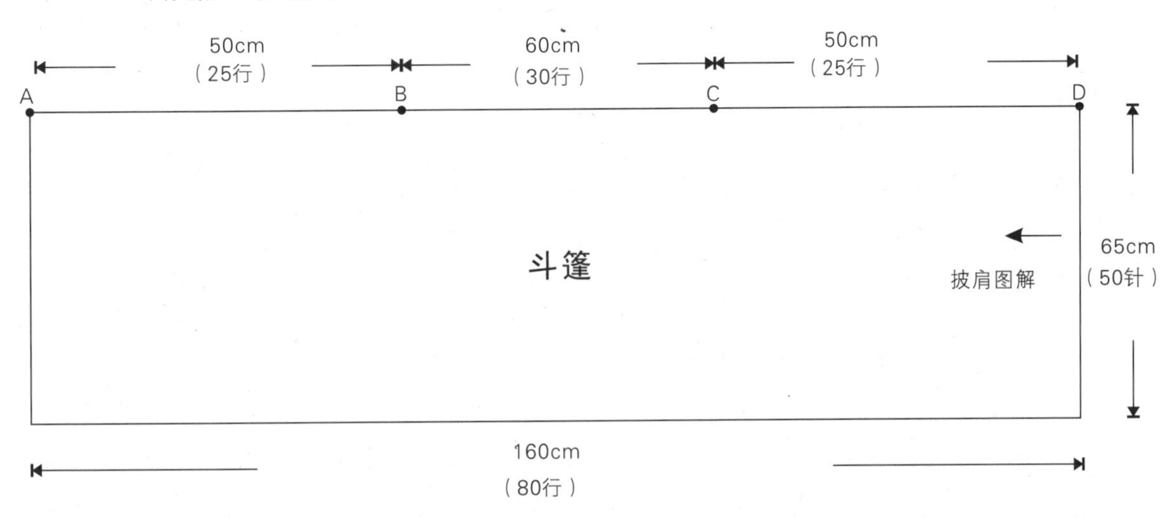

（将线段AB和线段CD缝合）
50cm
（25行）
60cm
（30行）
50cm
（25行）
A
B
C
D
斗篷
披肩图解
65cm
（50针）
160cm
（80行）

斗篷图解

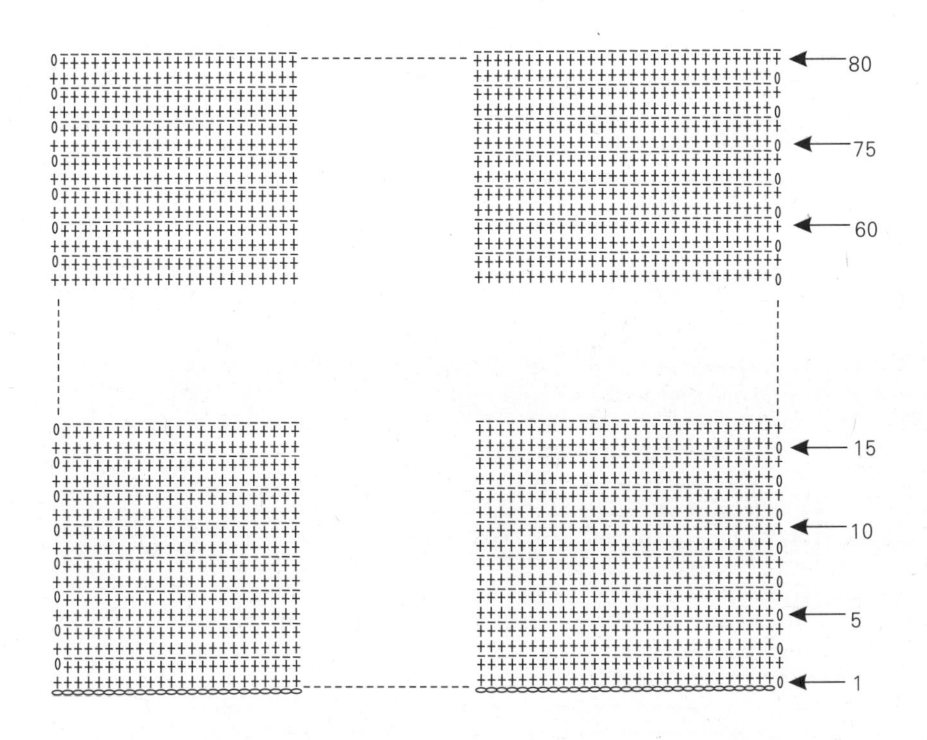

80
75
60
15
10
5
1

作品267

【成品规格】长150cm，宽50cm

【工　　具】3.5mm可乐钩针

【材　　料】灰色毛线250g

制作说明

1.披肩起80针锁针，第1行钩半个网格后钩14个网格再钩半个网格结束，第2行钩15个网格。第3行和第4行重复第1行和第2行的做法。每2行重复1次一直钩到第150行结束。

2.在披肩外围钩1行短针，结束披肩的制作。

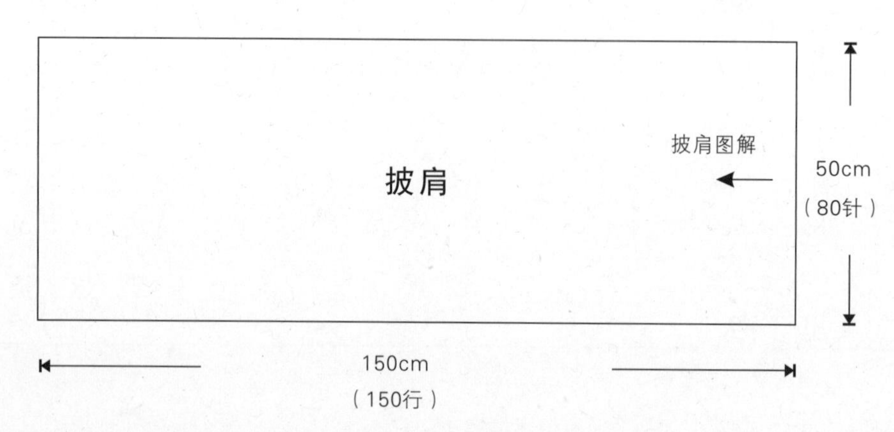
披肩图解
披肩
50cm
（80针）
150cm
（150行）

披肩图解

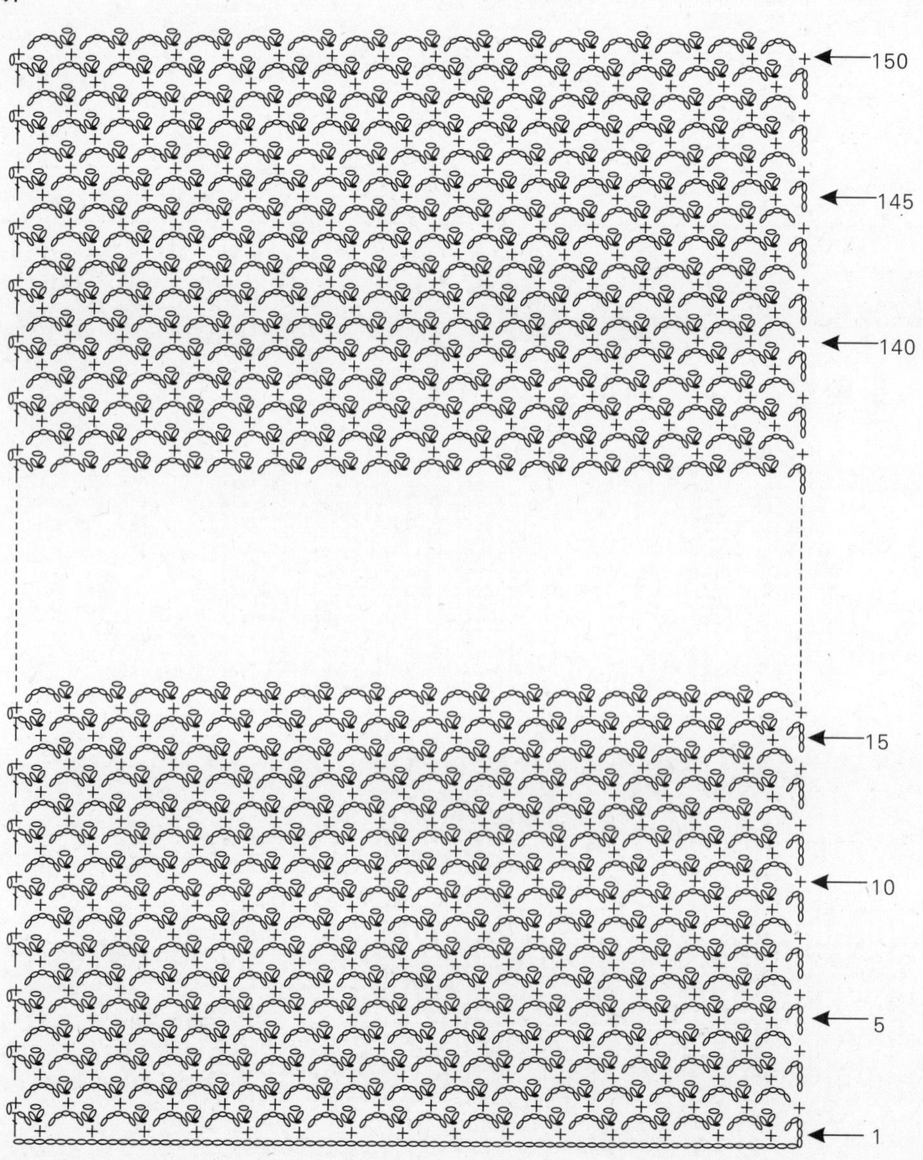
150
145
140
15
10
5
1

作品268

【成品规格】长125cm，宽42cm
【工　　具】3.5mm可乐钩针
【材　　料】绿色毛线300g

制作说明

1.参照披肩图解起146针锁针，第1行钩24组花样，第2行钩23组花样，第3行钩22组花样，第4行钩21组花样，第5行钩20组花样，第6行钩19组花样，第7行钩18组花样，依次按照每行减少1组花样一直钩到第24行结束。
2.按照外围花边图解，在披肩外围钩1行花边。

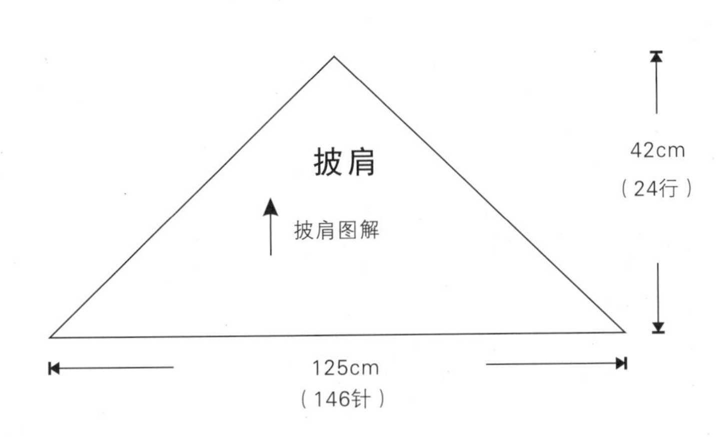
披肩
披肩图解
42cm
（24行）
125cm
（146针）

外围花边图解

披肩图解

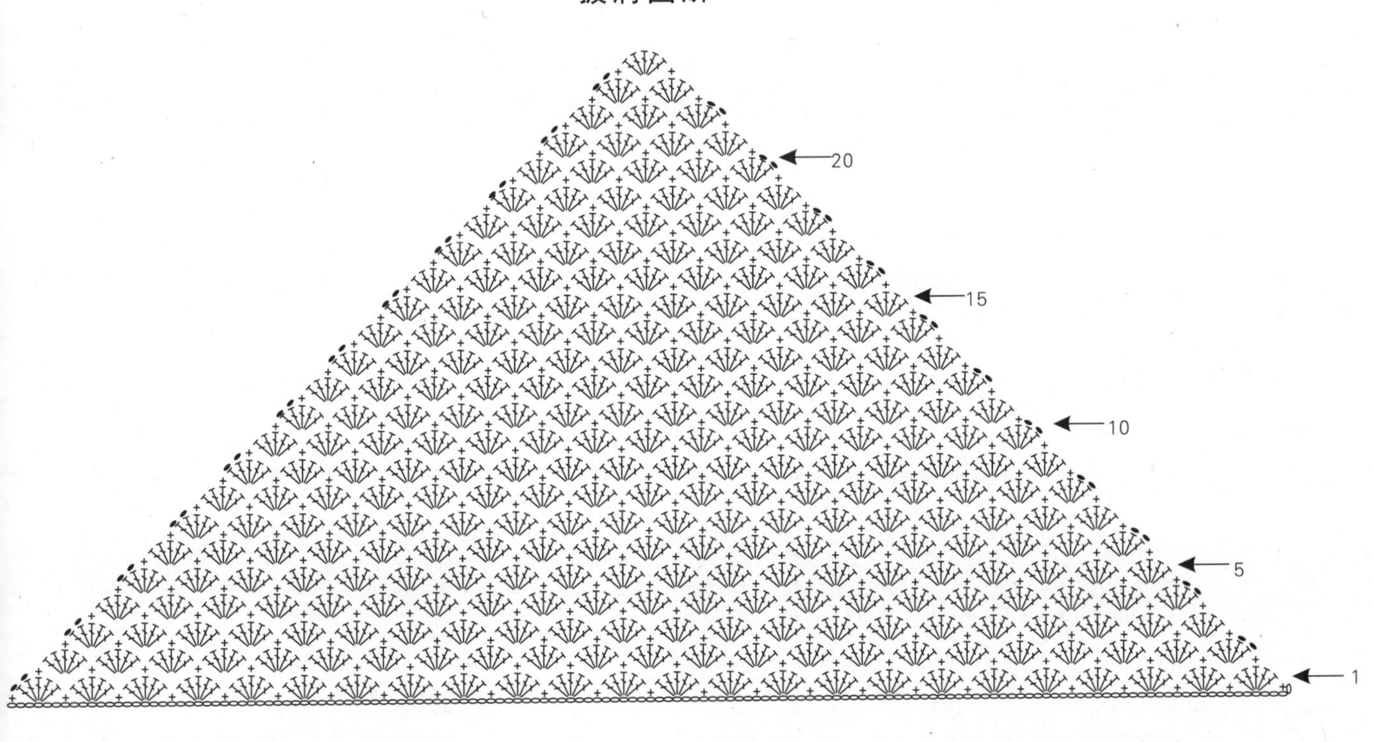
20
15
10
5
1

作品269

【成品规格】长160cm，高60cm

【工　　具】3.5mm可乐钩针

【材　　料】段染毛线200g

制作说明

1.参照披肩图解，起130针锁针，第1行钩130针短针。第1行对应每针锁针钩1针短针，钩120针短针，第2行起每行头尾减1针短针。第3行按照第2行的钩法每行头尾减1针短针，一直到第66行披肩结束。
2.参照花边图解，在结构图中的黑粗线位置钩花边1行。

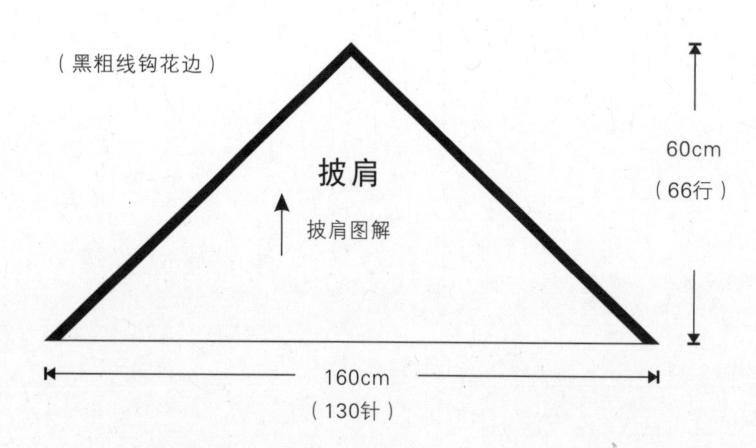

（黑粗线钩花边）
披肩
披肩图解
60cm
（66行）
160cm
（130针）

外围花边图解

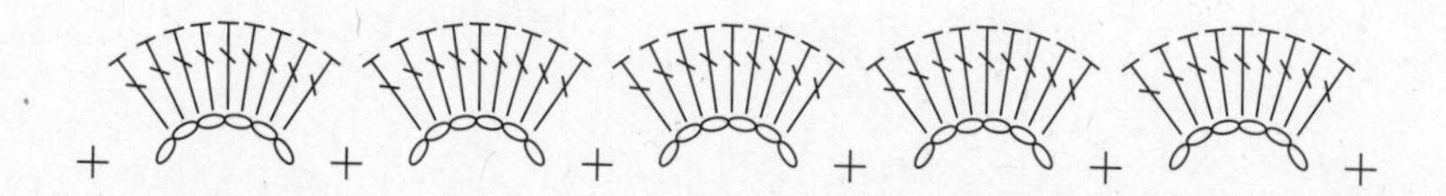

披肩图解

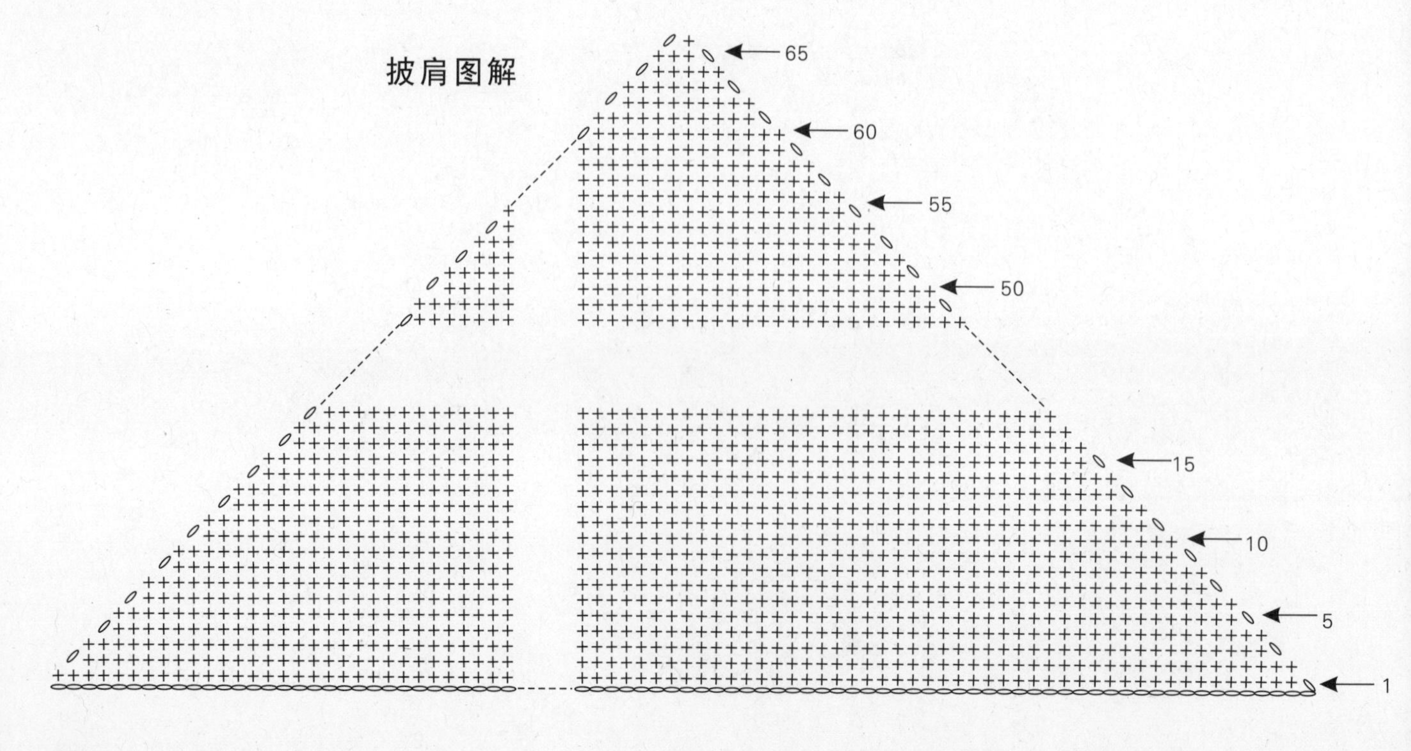

65
60
55
50
15
10
5
1

作品270

【成品规格】长150cm，宽55cm
【工　　具】4.0mm可乐钩针
【材　　料】段染毛线500g

制作说明

1.参照披肩图解，起200针锁针，第1行钩200针长针，一直到第41行，第42行和第43行分2部分钩，中间50针不钩。第44行至第46行中间70针长针不钩。
2.在披肩外围圈钩1行逆短针。

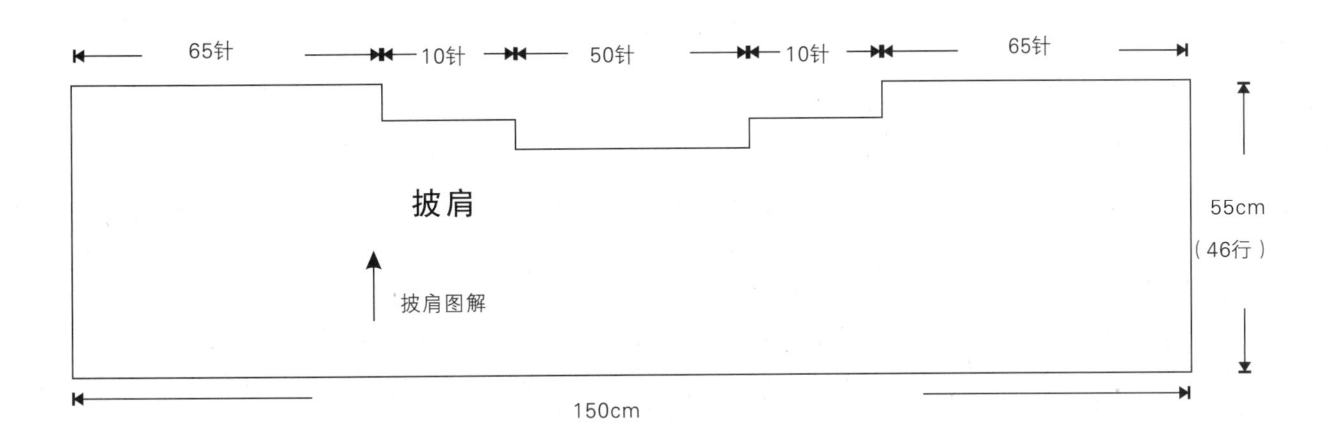
65针
10针
50针
10针
65针
披肩
披肩图解
55cm
（46行）
150cm

披肩图解

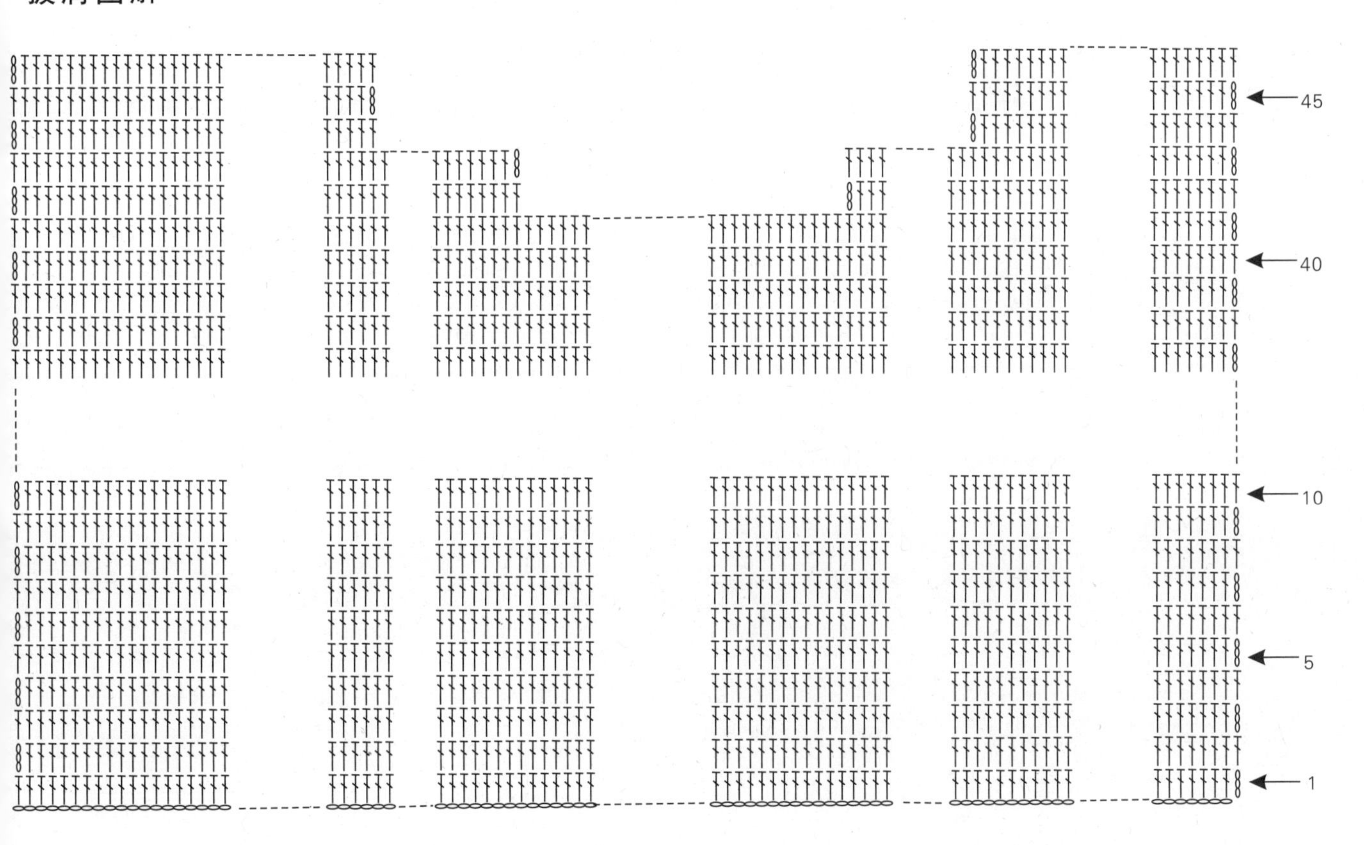
45
40
10
5
1

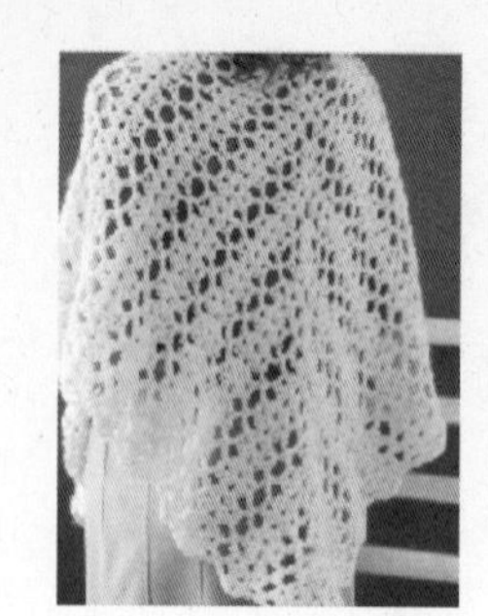

作品271

【成品规格】长150cm，宽62cm
【工　　具】3.5mm可乐钩针
【材　　料】白色毛线200g

制作说明

披肩起7针锁针，第1行返回在第4针锁针里面钩2针长针2针锁针2针长针，钩1针锁针间隔2针锁针再钩2针长针2针锁针2针长针。第2行钩3针起立针，在2针锁针里面钩2针长针2针锁针2针长针，钩1针锁针，钩2针长针2针锁针2针长针，钩1针锁针，钩2针长针2针锁针2针长针。第3行钩3针起立针，在2针锁针里面钩2针长针2针锁针2针长针，钩3针锁针，钩2针长针2针锁针2针长针，钩3针锁针，钩2针长针2针锁针2针长针。依此按照图解继续钩到第36行结束披肩的制作。

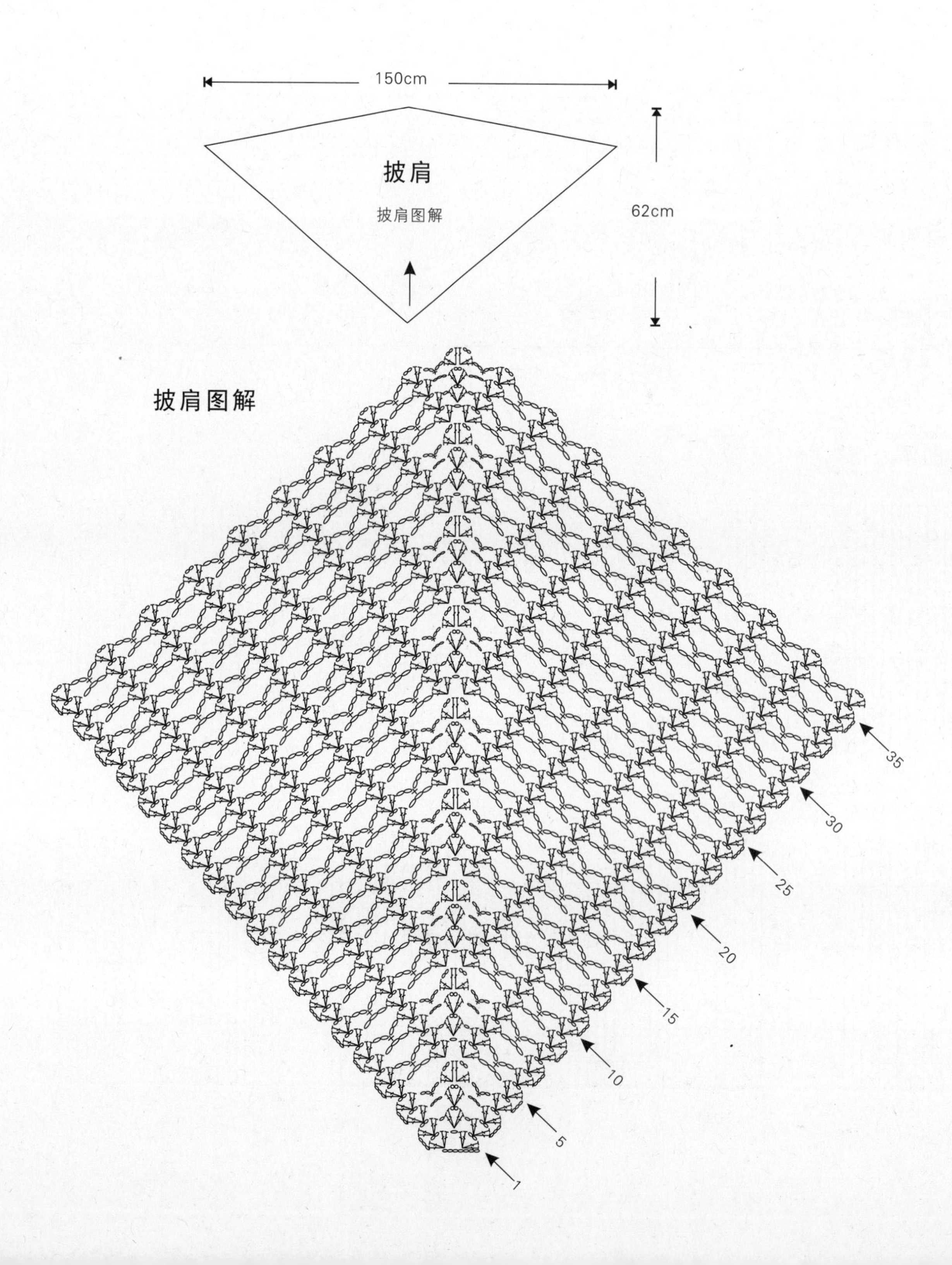
150cm
披肩
披肩图解
62cm
披肩图解
35
30
25
20
15
10
5
1

作品273

【成品规格】长150cm，宽62cm

【工　　具】3.0mm可乐钩针

【材　　料】段染毛线500g

制作说明

参照结构图和披肩图解，披肩全部由短针钩编而成。从披肩的最长一边起针，起120针锁针。第1行对应每针锁针钩1针短针，钩120针短针，第2行起每行头尾减1针短针。第3行按照第2行的钩法每行头尾减1针短针，一直到披肩结束。

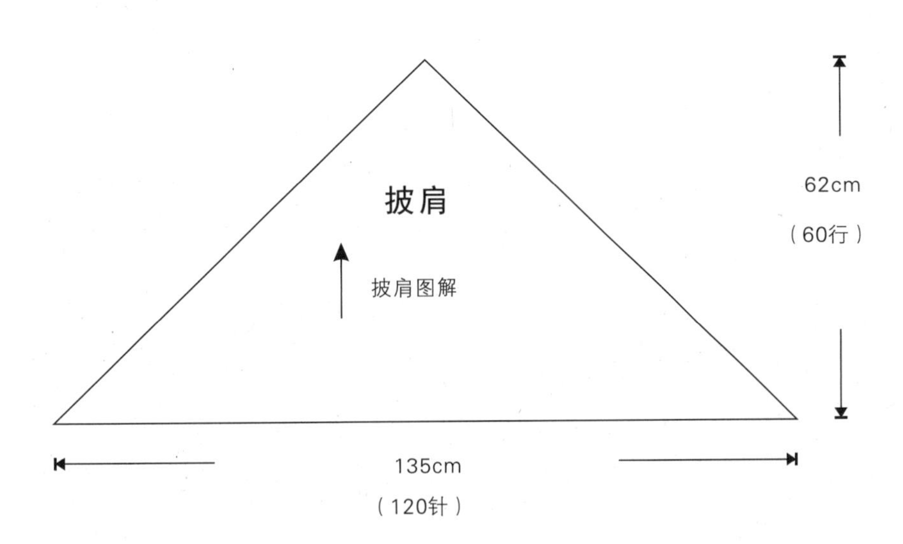
披肩
披肩图解
62cm
（60行）
135cm
（120针）

披肩图解

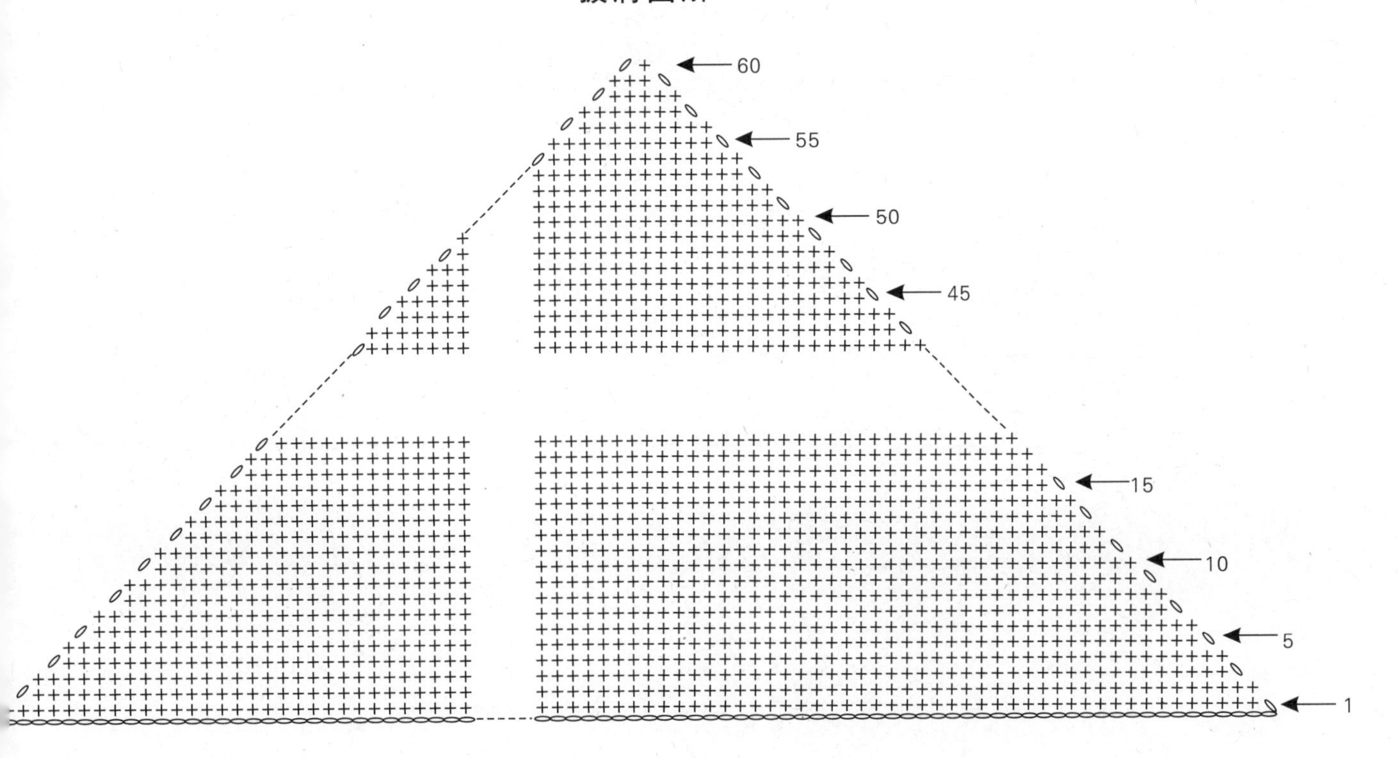
60
55
50
45
15
10
5
1

作品274

【成品规格】长160cm，宽65cm
【工　　具】3.0mm可乐钩针
【材　　料】灰色毛线300g

制作说明

披肩起6针锁针，第1行返回在第4针锁针里面钩3针长针，在第5针锁针里钩1针长针3针锁针1针长针，在第6针锁针里钩3针长针。第2行钩3针起立针，1针长针，在3针锁针里面钩15针长针，1针长针，第3行钩3针起立针，在1针长针里钩1针长针3针锁针1针长针，钩3针长针，1针长针3针锁针1针长针，钩3针锁针，1针长针3针锁针1针长针，钩3针长针1针长针3针锁针1针长针，按照图解继续钩到第33行结束披肩的制作。

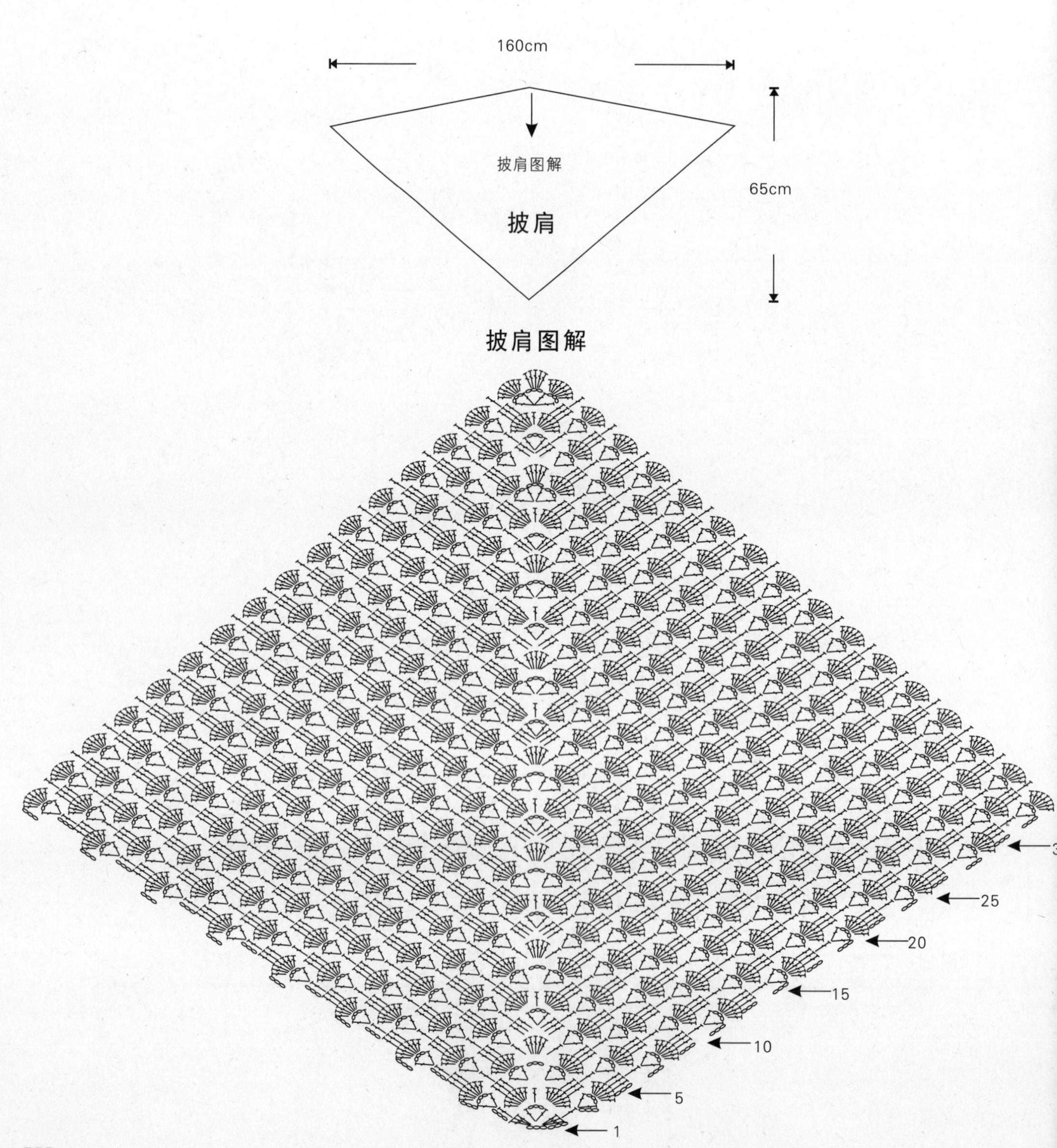

160cm
65cm
披肩图解
披肩
披肩图解
1
5
10
15
20
25

作品275

【成品规格】长140cm，宽55cm
【工　　具】5.0mm可乐钩针
【材　　料】段染毛线300g

制作说明

参照结构图和披肩图解，披肩起55针锁针，第1行钩55针短针，第2行起单边挑短针，第3行不单挑钩短针，第4行起单边挑短针，重复第3行和第4行的钩法，一直钩到第85行结束。完成披肩的制作。

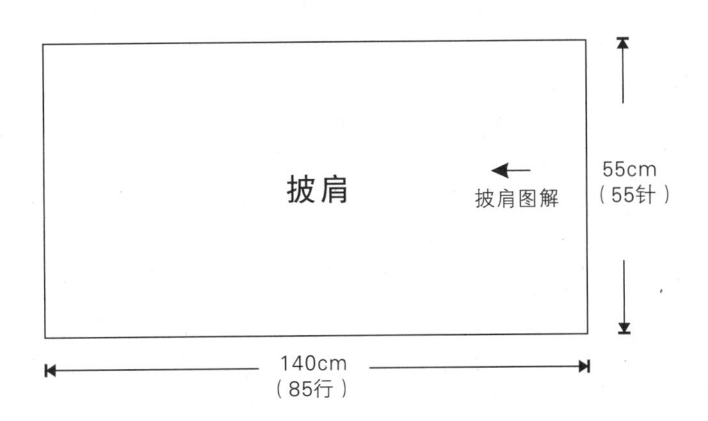

披肩
披肩图解
55cm
（55针）
140cm
（85行）

披肩图解

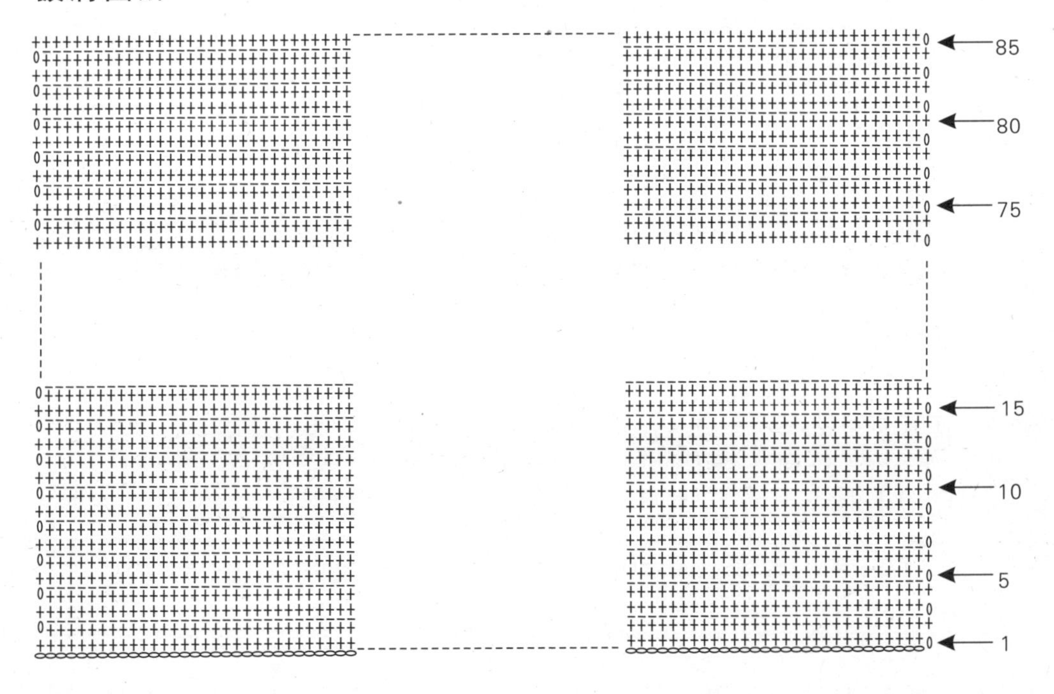

85
80
75
15
10
5
1

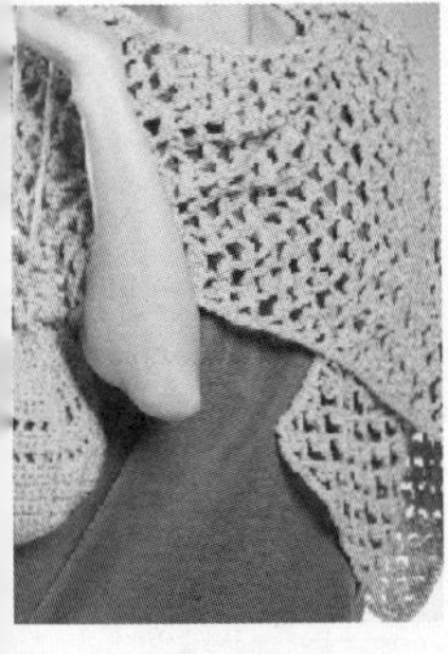

作品276

【成品规格】长150cm，宽25cm
【工　　具】3.5mm可乐钩针
【材　　料】灰色毛线200g

制作说明

1.披肩起80针锁针，第1行钩半个网格后钩7个网格再钩半个网格结束，第2行钩8个网格。第3行和第4行重复第1行和第2行的做法。每2行重复1次一直钩到第140行结束。
2.在披肩外围钩1行短针，结束披肩的制作。

披肩图解

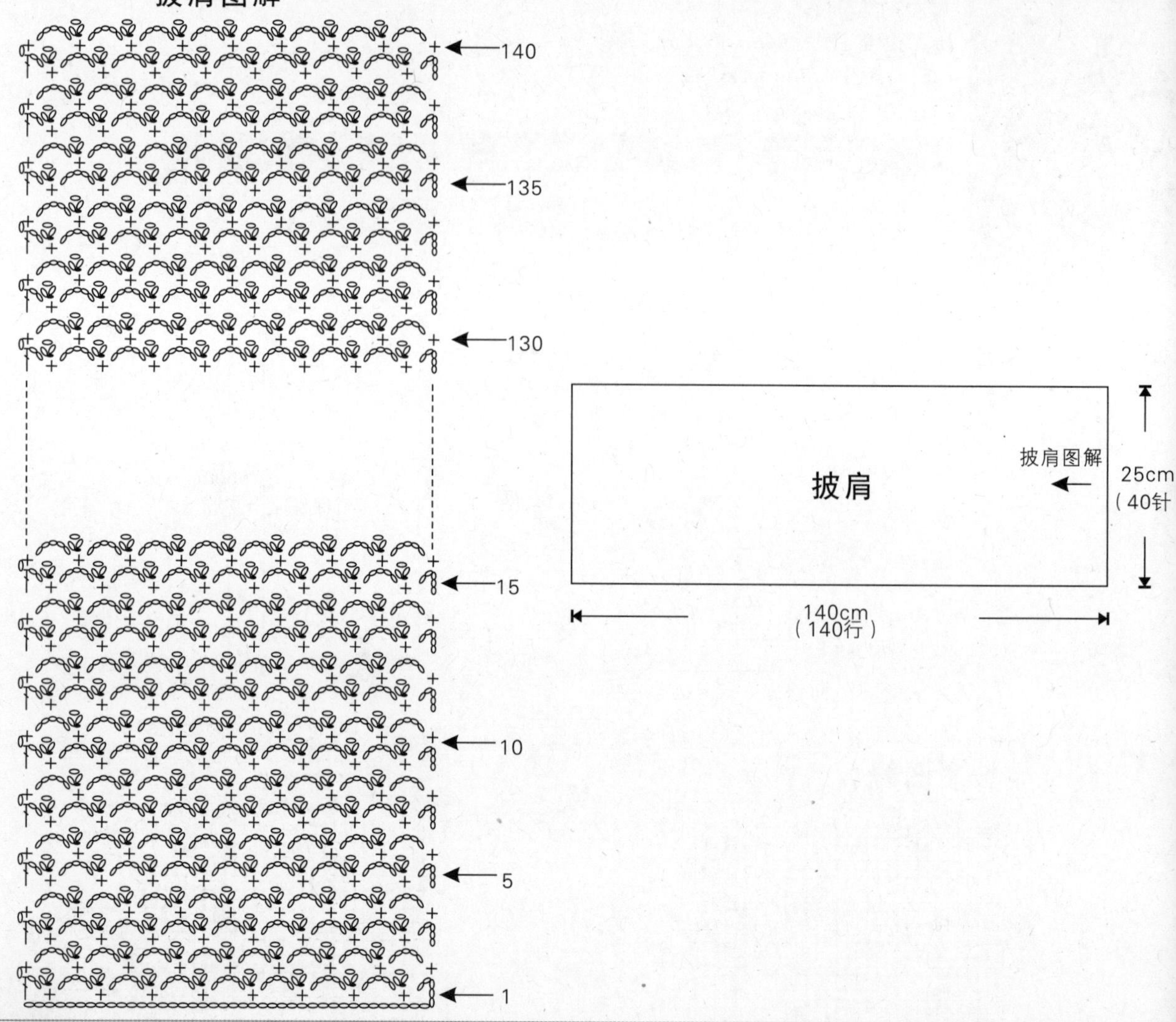

140
135
130
15
10
5
1
披肩图解
披肩
25cm
(40针)
140cm
(140行)

作品277

【成品规格】长50cm，胸围90cm

【工　　具】3.5mm可乐钩针

【材　　料】段染毛线400g

制作说明

1.参照结构图和披肩图解，披肩从领口起80针锁针，第1行钩80针长针，第2行钩单边挑短针钩80针，加针方法每2行每10针加1针长针，一直加到第32行，第36行结束。

2.参照领子图解，从披肩领口起针，每3行加1针短针，共钩12行。袖口圈钩30针短针。门襟钩3行短针。

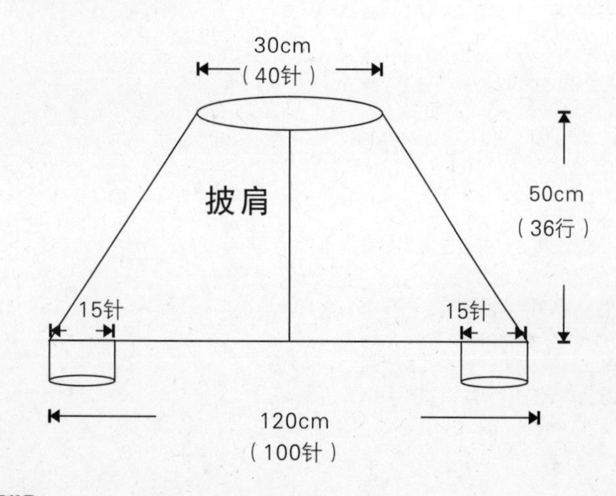

30cm
(40针)
披肩
50cm
(36行)
15针
15针
120cm
(100针)

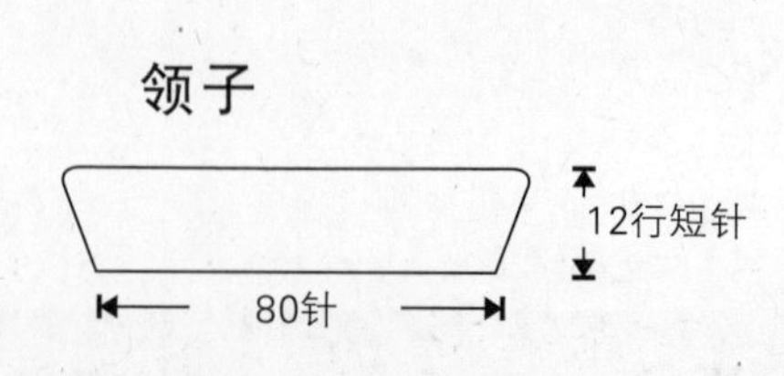

领子
12行短针
80针

领子图解

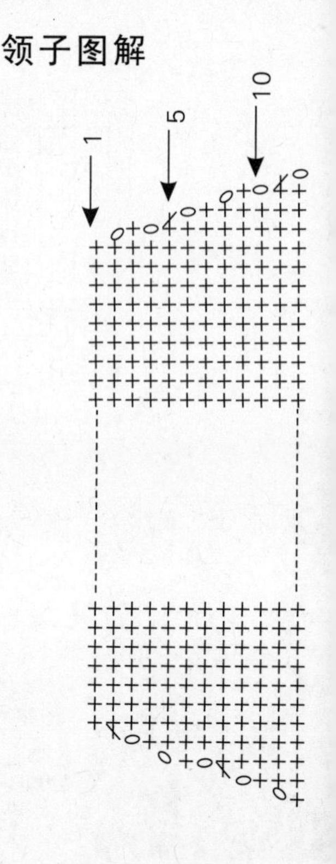

1
5
10

披肩图解

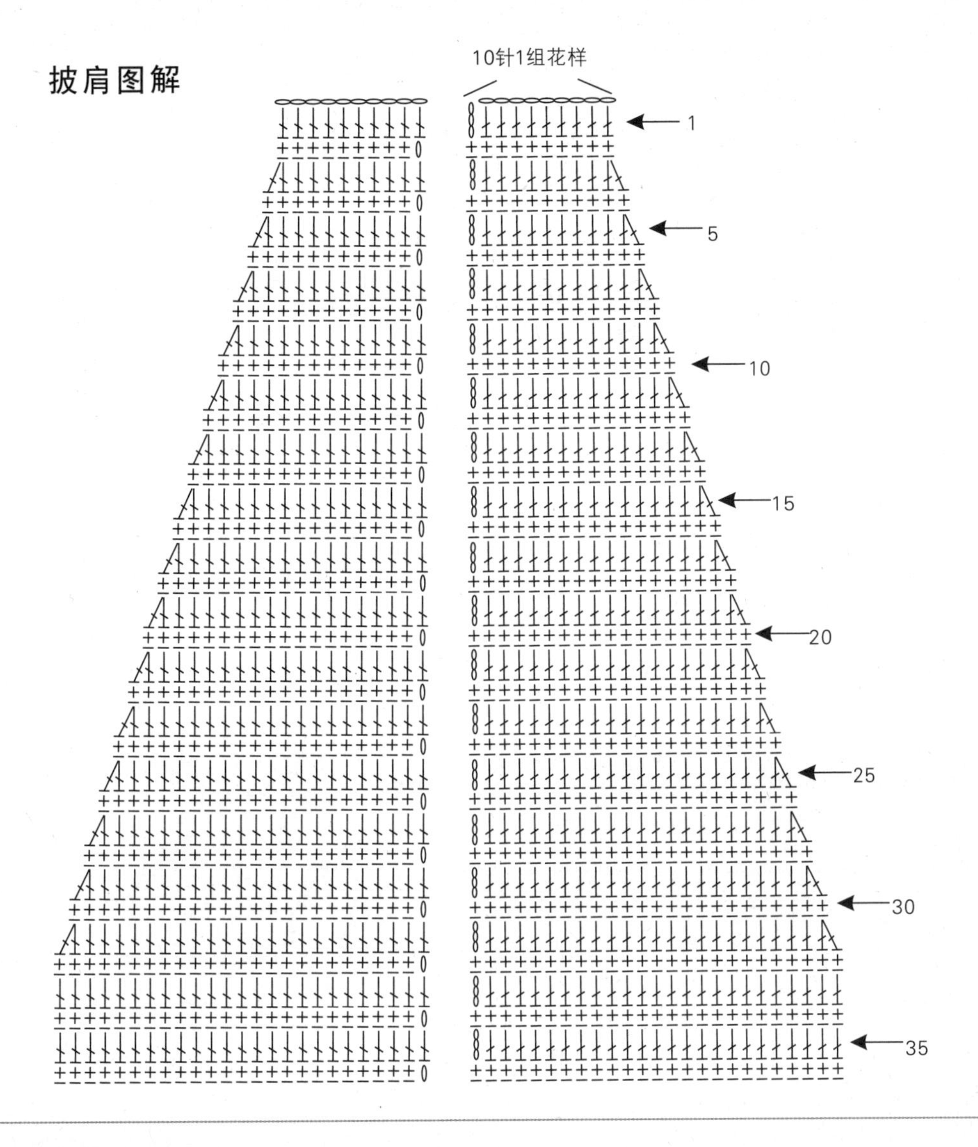

10针1组花样
1
5
10
15
20
25
30
35

作品278

【成品规格】长160cm，宽55cm
【工　　具】3.5mm可乐钩针
【材　　料】白色毛线300g

制作说明

1.参照结构图和披肩图解，从披肩的最长一边起针，起144针锁针，第1行钩18组花样，第3行钩17组花样，第3行的短针从后面插针在第1行箭头指向位置。这样就有了重叠效果。减少1组花样。一直到剩下1组花样。
2.在披肩的两短边每隔1组花样钩16针锁针连接第1和第3组花样。再返回每隔1组花样钩16针锁针连接第1和第4组花样。直到将两短边的花样钩完成。披肩的制作完成。

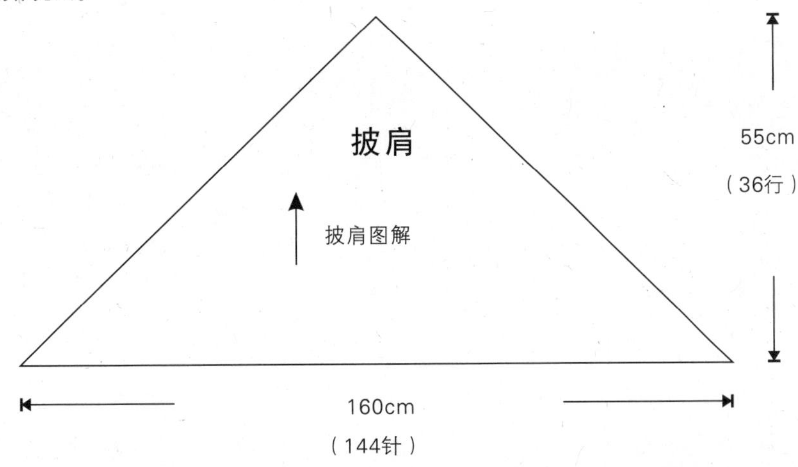

披肩
披肩图解
55cm
（36行）
160cm
（144针）

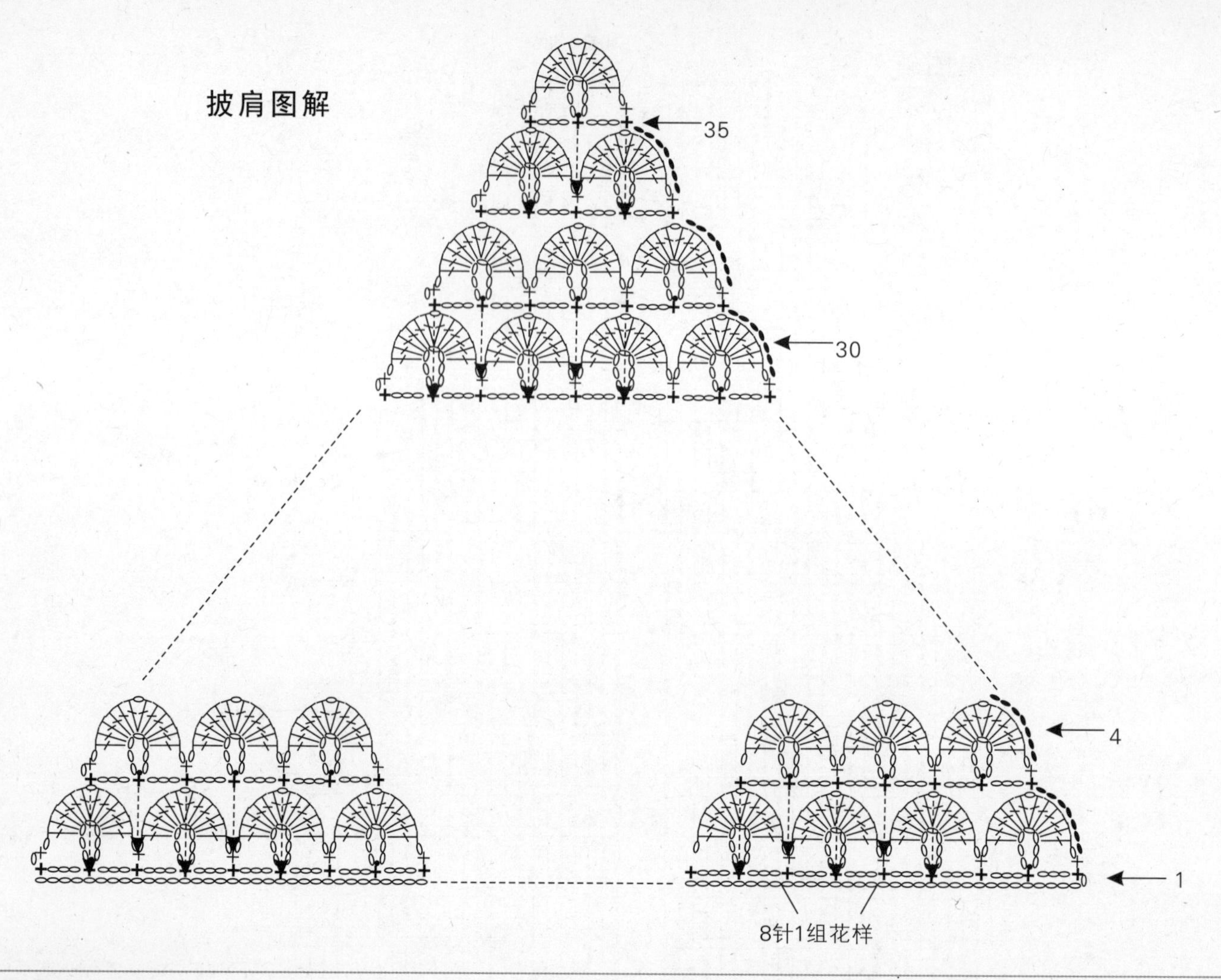
披肩图解
35
30
4
1
8针1组花样

作品279

【成品规格】长60cm，胸围90cm

【工　　具】3.0mm可乐钩针

【材　　料】米色毛线280g

制作说明

1.参照结构图和披肩图解，起120针锁针，第1行至第25行每行钩120针短针，第26行钩1针长针，1针锁针，依次重复。第27行起每行重复第26行的做法，直到第50行。将点A和点B拼合，将点C和点D拼合。

2.参照袖口图解，在袖口钩6行短针再钩 8行内外钩长针。在披肩外围钩1行内外钩长针，1针内钩针，1针外钩针，依次重复。披肩的制作完成。

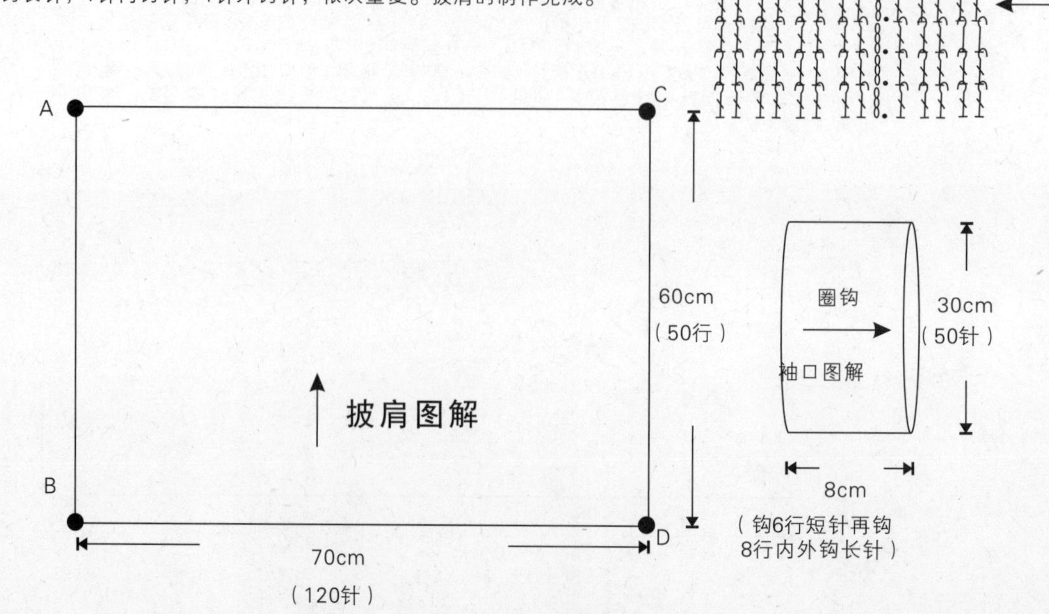
袖口图解
1
5
10
A
C
B
D
60cm
（50行）
披肩图解
70cm
（120针）
圈钩
30cm
（50针）
袖口图解
8cm
（钩6行短针再钩
8行内外钩长针）

披肩

30cm
（50针）
圈钩
袖口图解
8cm
（钩6行短针再钩
8行内外钩长针）

披肩图解

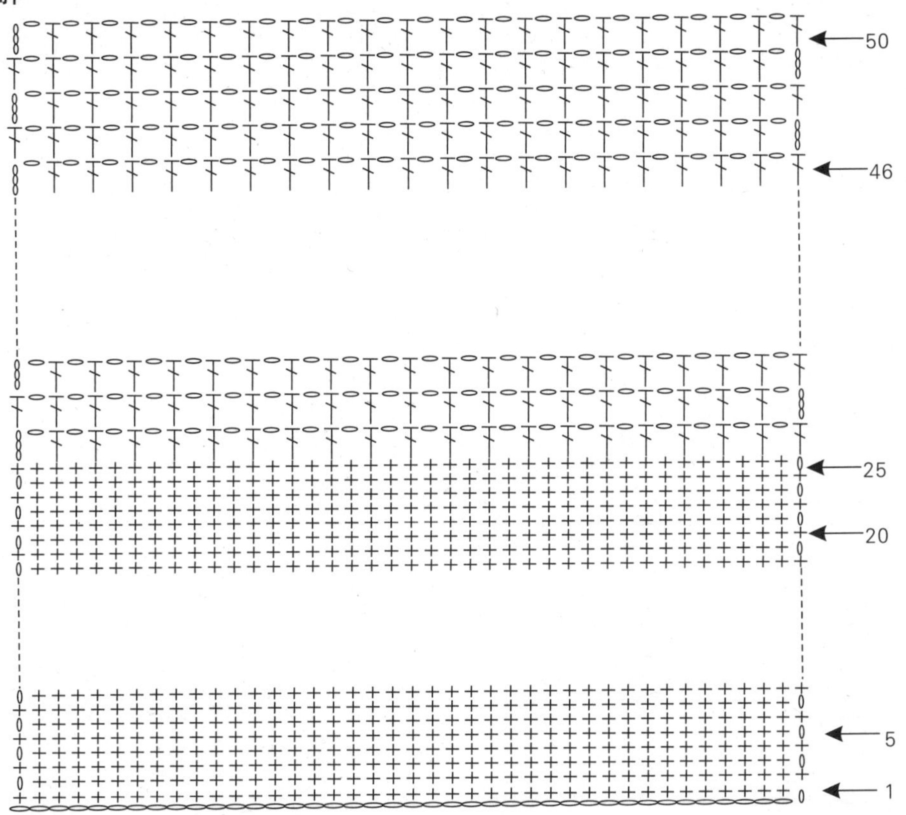

50
46
25
20
5
1

作品280

【成品规格】长52cm，胸围90cm

【工　　具】4.5mm可乐钩针

【材　　料】黑色毛线200g，玫红色、红色、深紫、浅紫色毛线各80g

制作说明

参照披肩图解，从后背圆心起针，分8等份，第1行和第2行为玫红色，第3行为紫色，第4行为黄色，第5行为黑色，第6行为玫红色，第7行为黑色，第8行为紫色，第9行为黑色。第10行对称的两等份为袖口空缺钩21针锁针。第11行为黑色，第12行为黄色，第13行黑色，第14行为玫红色，第15行为浅紫色，第16行为黑色，第17行为深紫色第18行为黑色，第19行为黄色，第20行为黑色，第21行为玫红色，第22行为深紫色，第23行为浅紫色。参照花边图解，第23行钩1行花边。

花边图解

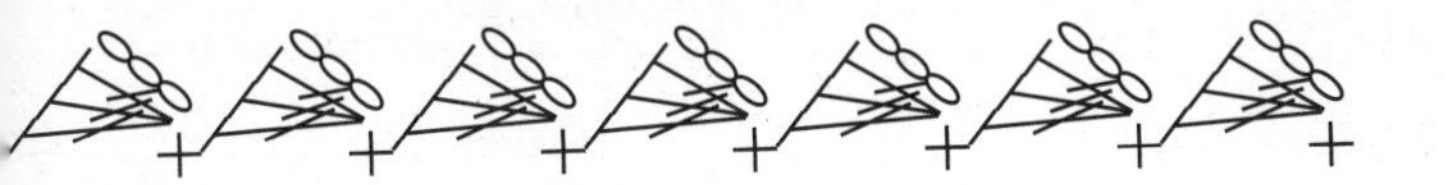

披肩

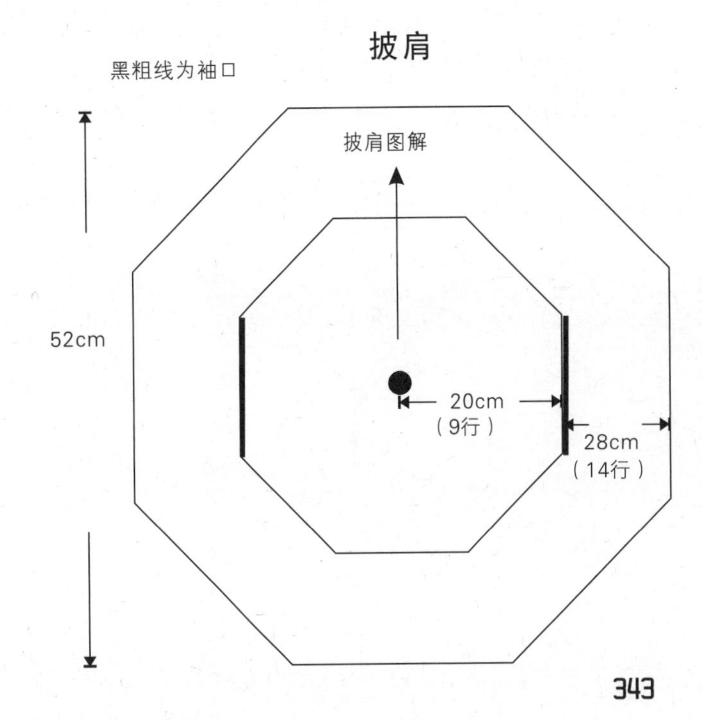

黑粗线为袖口
披肩图解
52cm
20cm
（9行）
28cm
（14行）

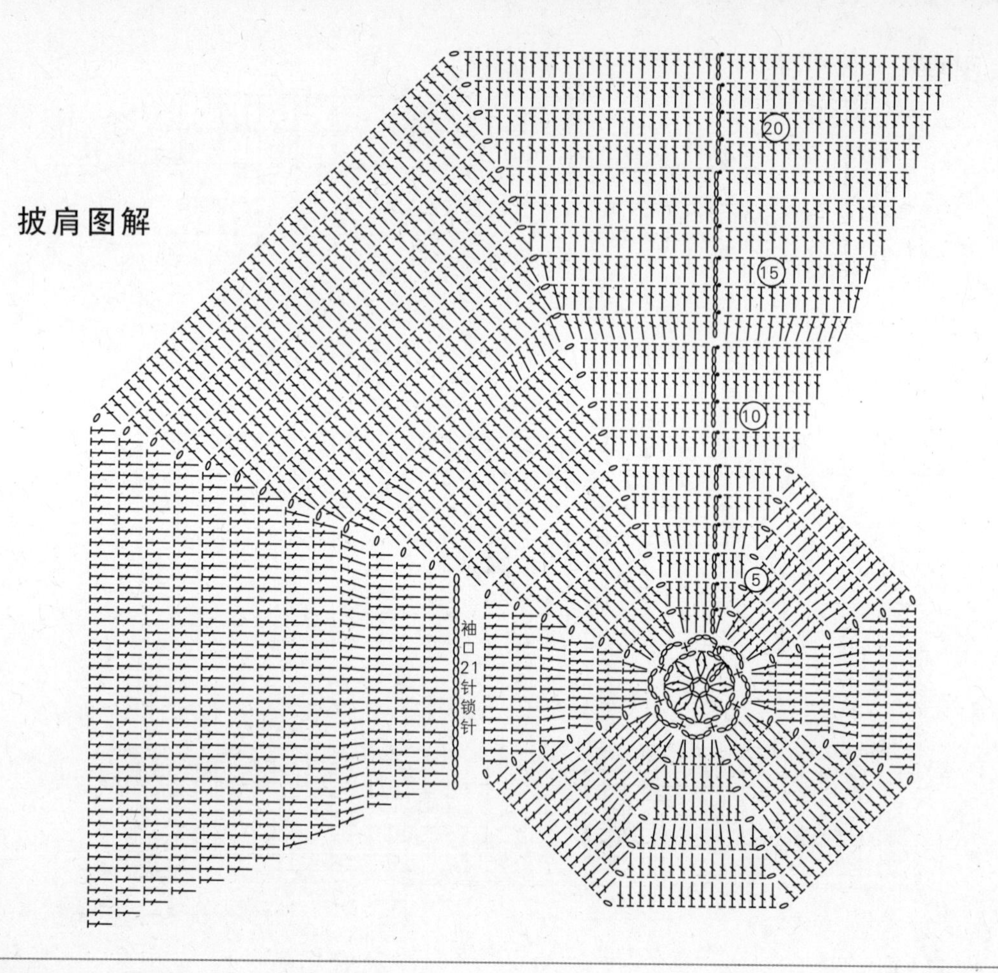
披肩图解
20
15
10
5
袖口21针锁针

作品281、282、283

【成品规格】长160cm，宽80cm

【工　　具】5.0mm可乐钩针

【材　　料】段染毛线800g

制作说明

1.参照结构图和披肩图解，披肩起80针锁针，第1行钩80针长针，第2行起单边挑长针，一直钩到第140行结束。

2.参照结构图，将线段AB和线段CD缝合，将线段EF和线段GH缝合。这样空缺位置线段BC和线段FG则为袖口。完成披肩的制作。

将线段AB和线段CD缝合，将线段EF和线段GH缝合。线段BC和线段FG为袖口。

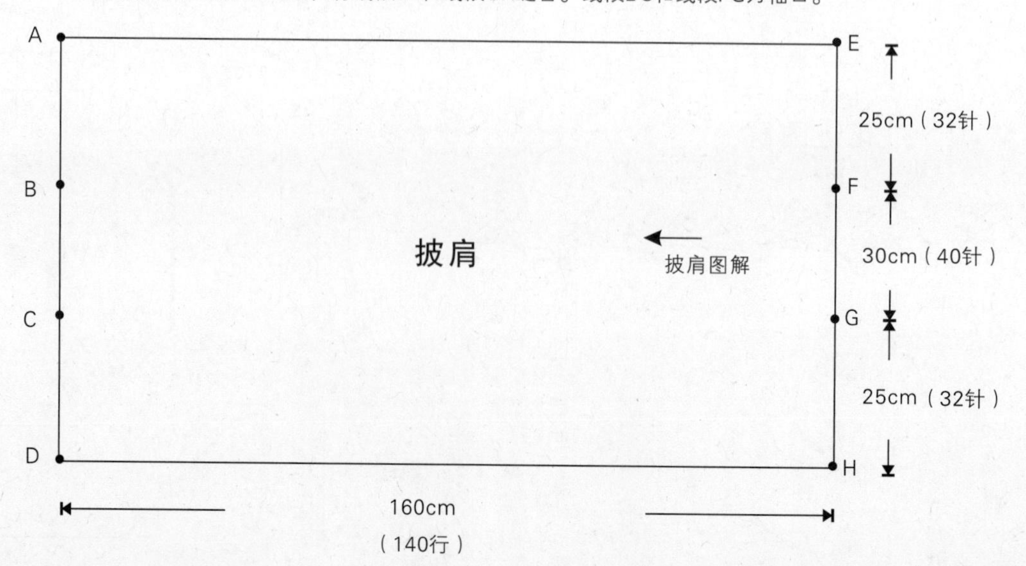
A
E
25cm（32针）
B
F
披肩
披肩图解
30cm（40针）
C
G
25cm（32针）
D
H
160cm
（140行）

披肩图解

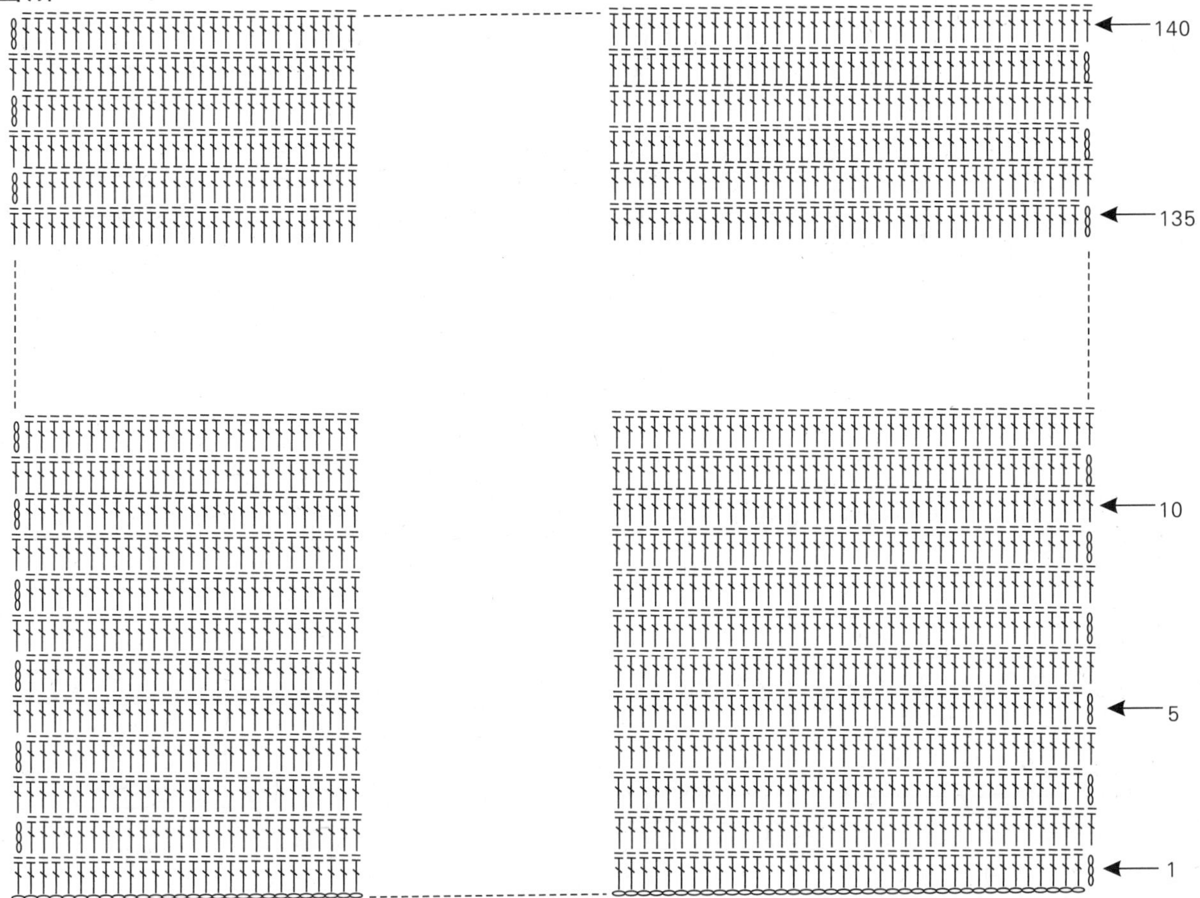

140
135
10
5
1

作品285

【成品规格】长150cm，胸围90cm

【工　　具】3.5mm可乐钩针，花叉工具

【材　　料】肉色毛线200g

制作说明

1.参照结构图和1行花叉的做法。准备一套花叉工具，按照花叉花形的基本做法，先制作出每行96个拉丝环，然后用钩针将拉丝环钩合成48组花叉。共钩5行花叉。

2.花叉制作完成后，将线段AB与线段DC拼合，注意头尾相拼合的时候要扭转方向，点A对应点D，点B对应点C。披肩的制作结束。

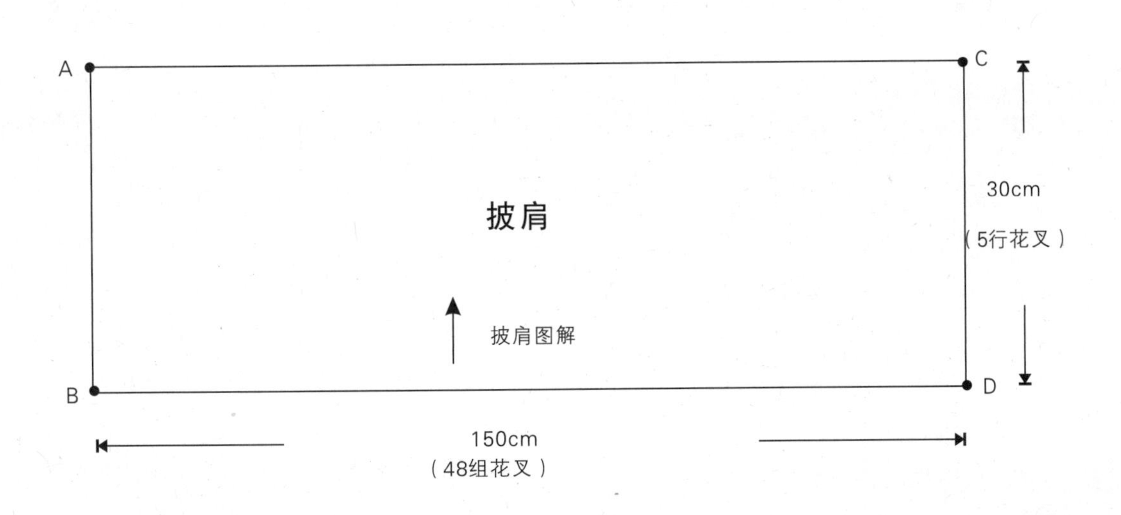

A
C
B
D
披肩
披肩图解
30cm
（5行花叉）
150cm
（48组花叉）

花叉花形的基本做法

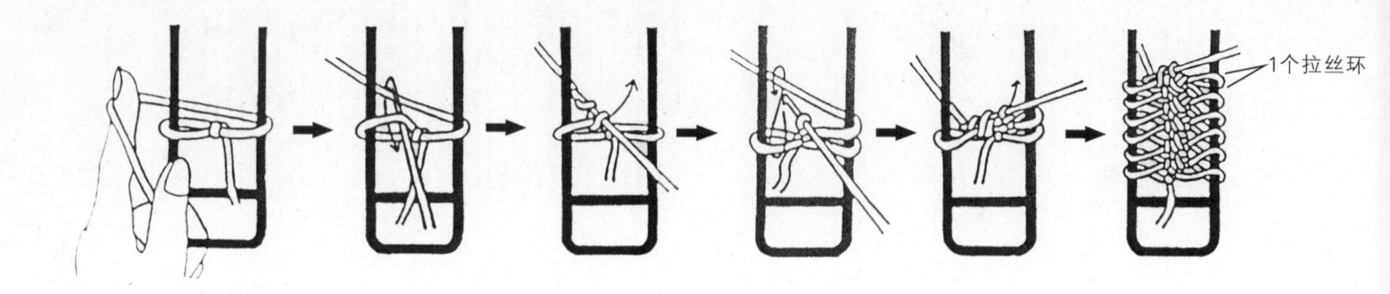

1个拉丝环

1行花叉的做法

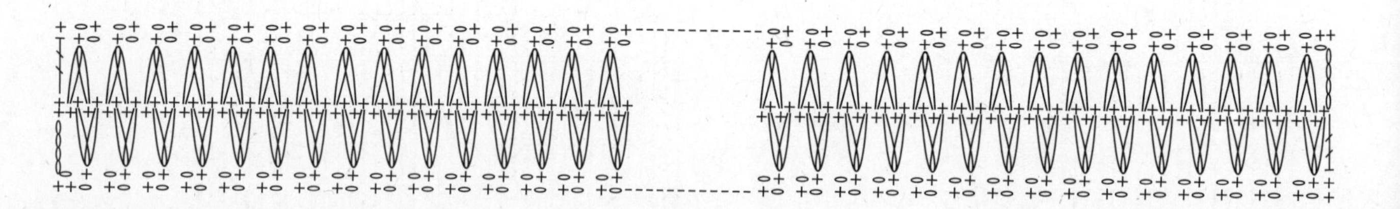

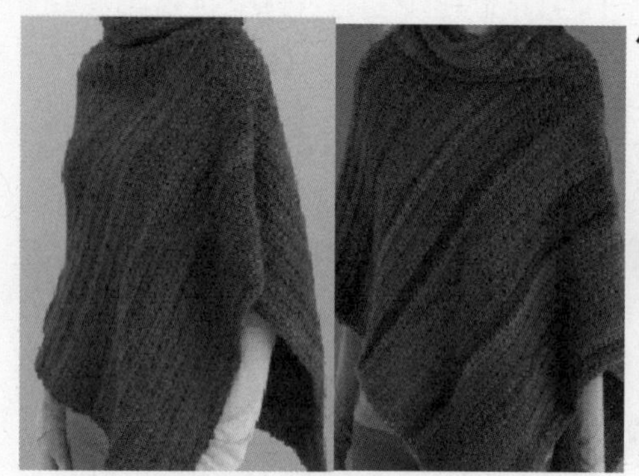

作品288、289

【成品规格】长160cm，胸围90cm

【工　　具】3.5mm可乐钩针

【材　　料】段染毛线500g

制作说明

1.参照结构图和斗篷图解，斗篷起80针锁针，第1行钩80针短针，第2行起单边挑短针，第3行不单挑钩短针，第4行起单边挑短针，重复第3行和第4行的钩法，一直钩到第120行结束。

2.将线段AB和线段CD缝合，即将前38行和倒数38行缝合。这样中间45行成领口。完成斗篷的制作。

斗篷（将线段AB和线段CD缝合）

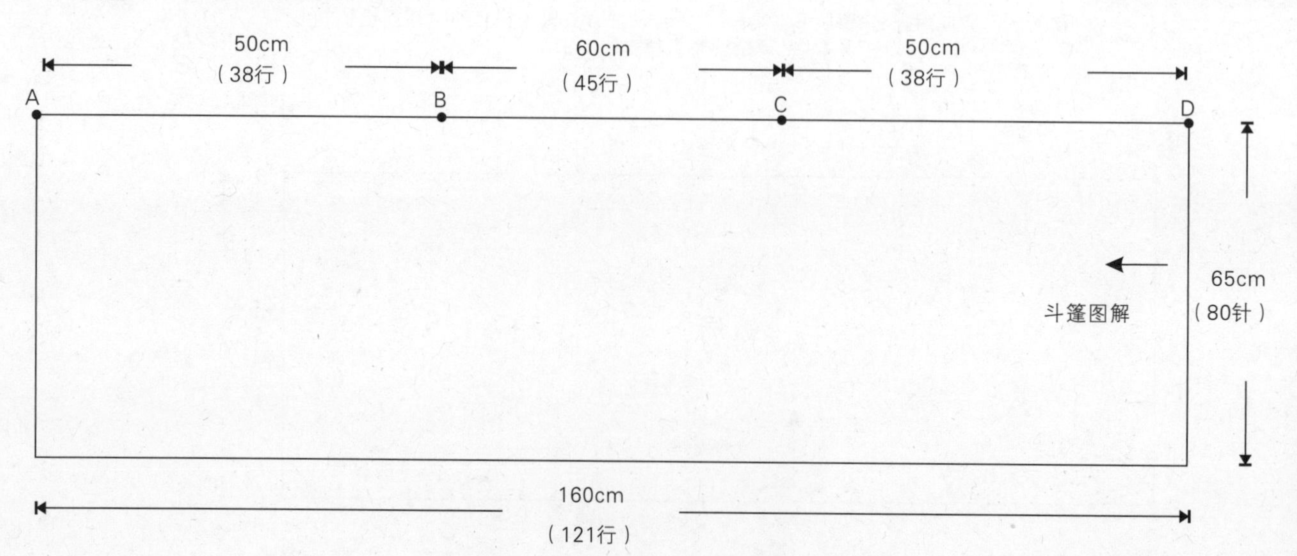

50cm
（38行）
60cm
（45行）
50cm
（38行）
A
B
C
D
65cm
（80针）
斗篷图解
160cm
（121行）

披肩图解

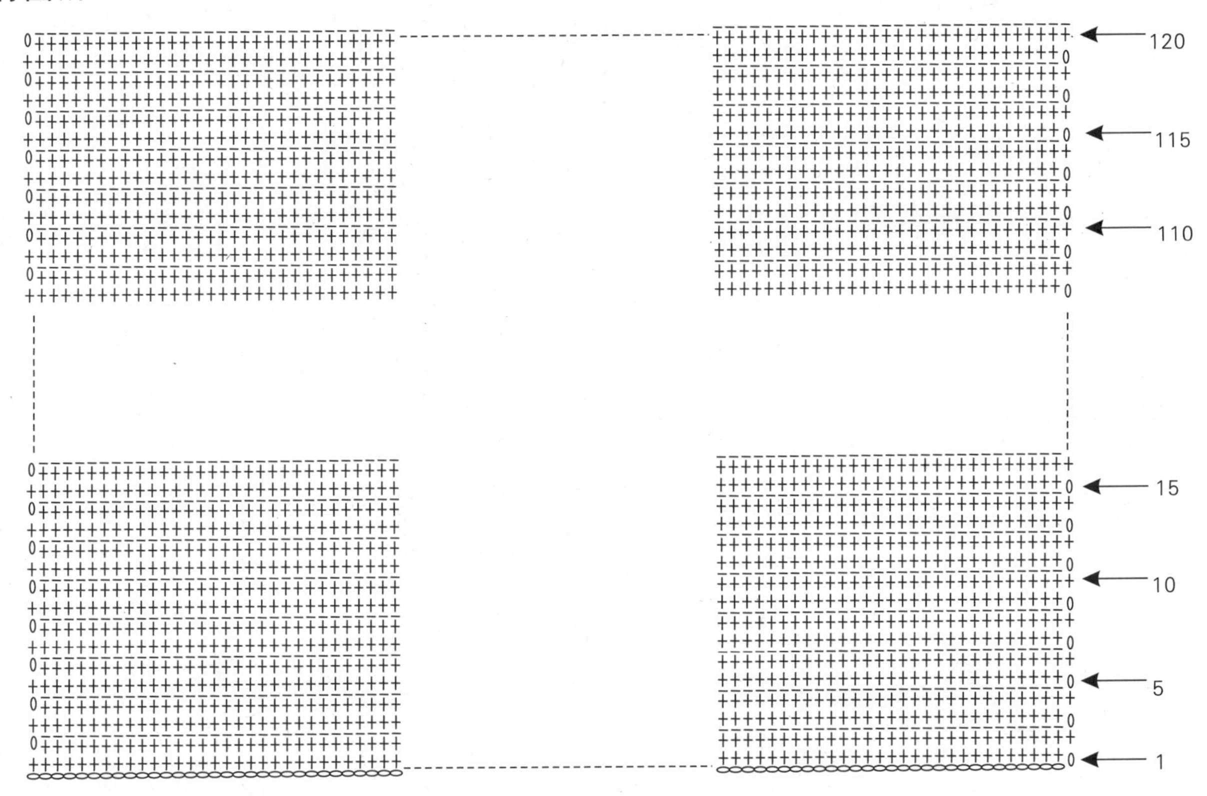

120
115
110
15
10
5
1

作品290

【成品规格】衣长52cm，胸围95cm

【工　　具】3.0mm可乐钩针

【材　　料】段染毛线400g

制作说明

1.参照结构图和披肩图解，披肩从领口起60针锁针，第1行钩钩长针，四个转弯处钩2针长针1针锁针2针长针，第2行同样钩长针四个转弯处钩2针长针1针锁针2针长针，按照同样的方法一直钩到第16行。

.第17行起，参照结构图，前幅和后幅连着钩18行长针。左袖子和右袖子各王伸圈钩9行长针。

.在门襟和领口位置，钩6行短针为花边。

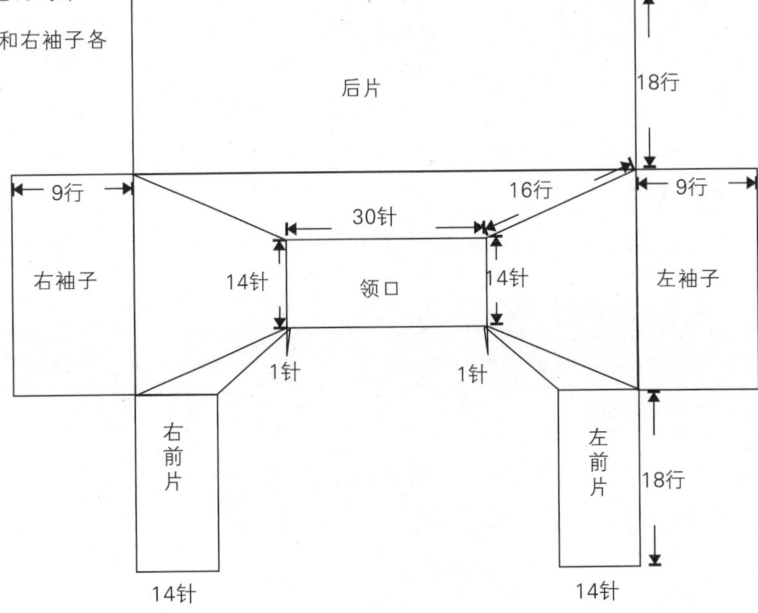

披肩
后片
18行
9行
16行
9行
30针
右袖子
14针
领口
14针
左袖子
1针
1针
右
前
片
左
前
片
18行
14针
14针

门襟连领口钩花边图解

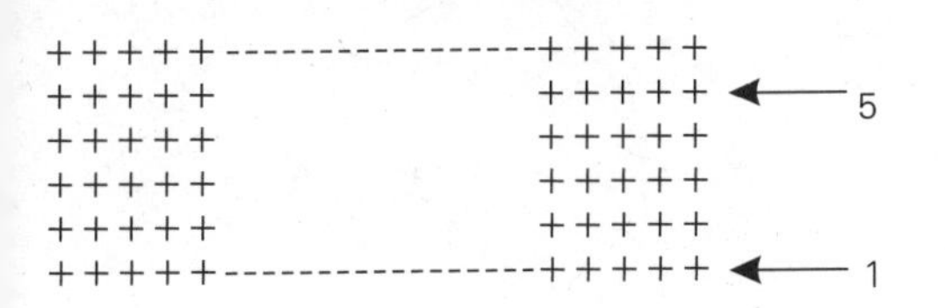

5
1

披肩图解

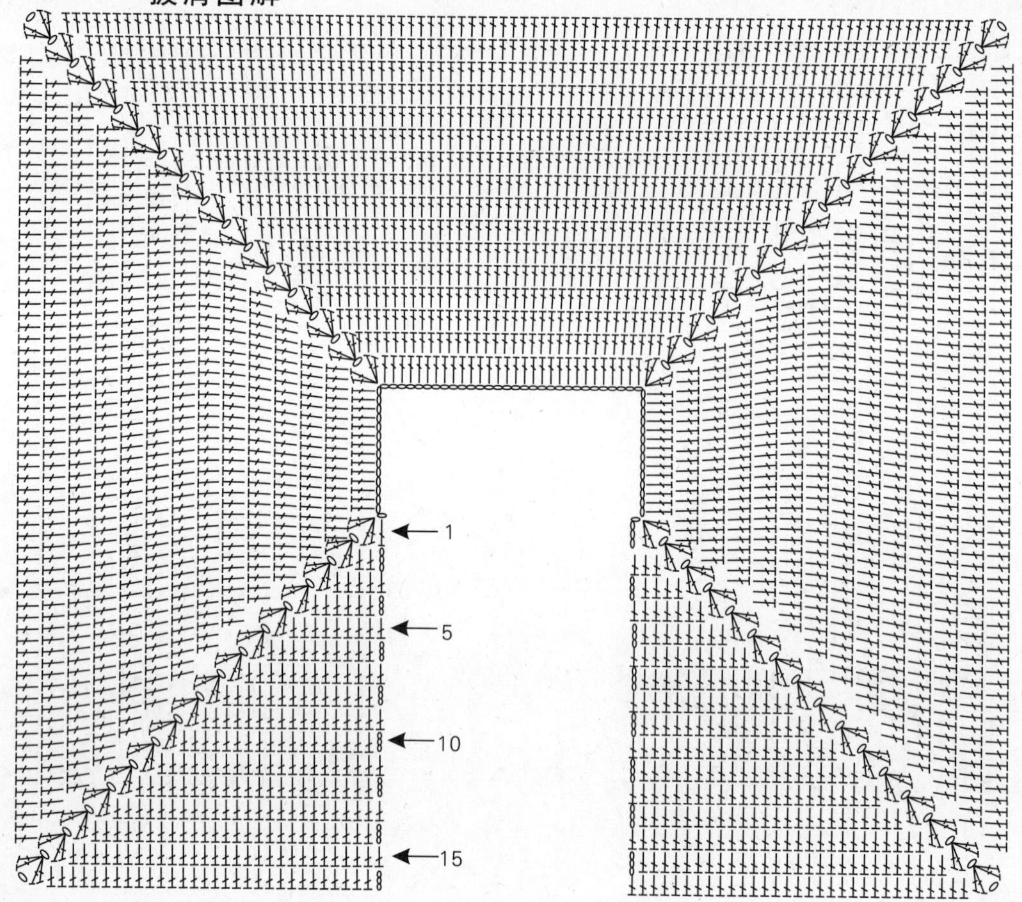

1
5
10
15

作品291

【成品规格】长80cm，胸围90cm

【工　　具】6.0mm可乐钩针

【材　　料】枣红色毛线200g

制作说明

参照结构图和披肩图解，起17针锁针，3针起立针，第1行钩14针长针，第2行、第3行和第4行，钩2针锁针和3针长针，依次重复。第5行和第6行钩3针长针，2针锁针，1针短针，3针狗牙针，1针拉拔针，2针锁针，依次重复。披肩的制作完成。

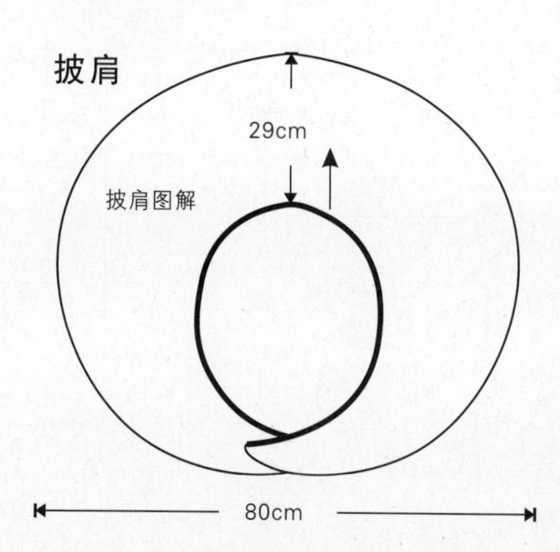

披肩
29cm
披肩图解
80cm

披肩图解

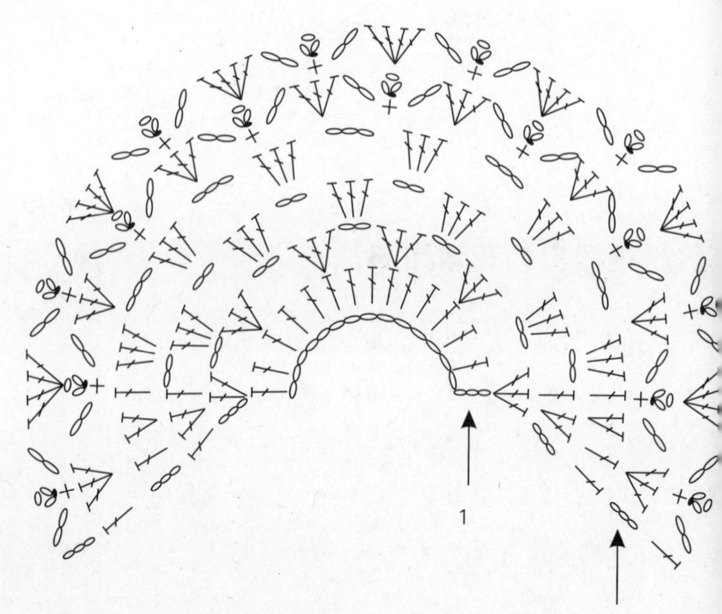

1
5

作品292

【成品规格】长40cm，胸围90cm

【工　　具】3.5mm可乐钩针

【材　　料】白色毛线250g

制作说明

1.参照结构图和披肩图解，起60针锁针，第1行钩10组花样，参照图解，2行钩1花样，共钩21行。将点A和点B拼合，将点c和点d拼合。

参照花边图解，在两边袖口处钩花边，每6针钩1组花样，共10组花边。在披肩外围圈钩4行花边。完成披肩的制作。

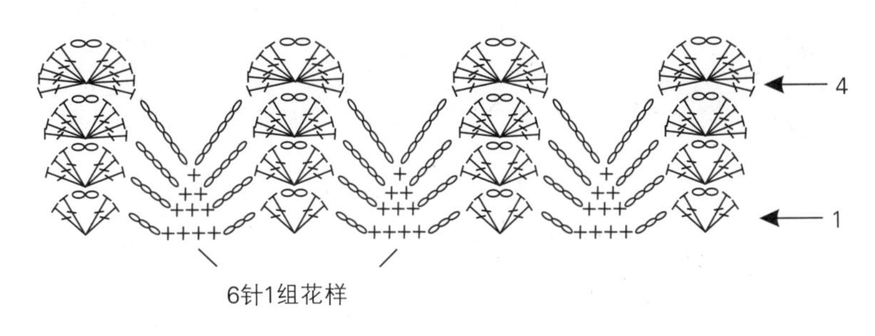

花边图解
4
1
6针1组花样

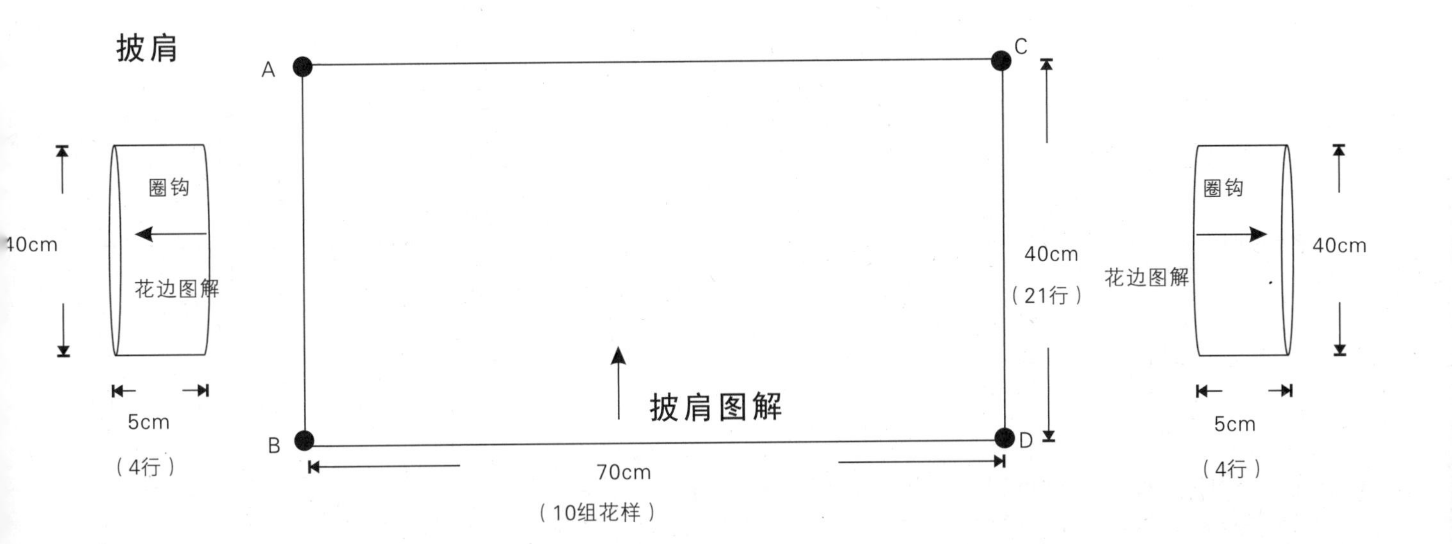

披肩
A
C
B
D
圈钩
花边图解
40cm
5cm
(4行)
40cm
(21行)
披肩图解
70cm
(10组花样)

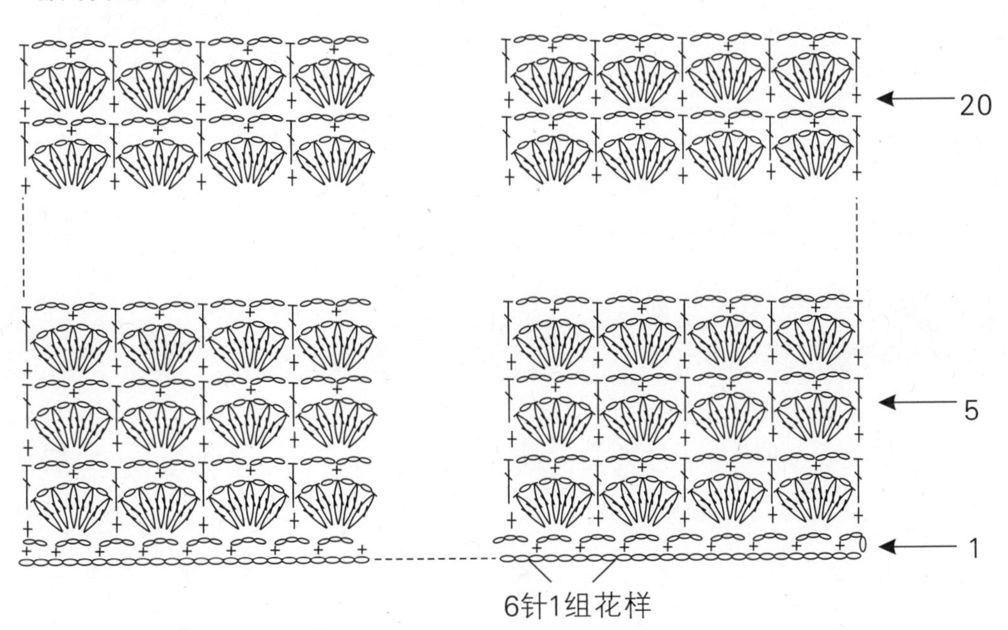

披肩图解
20
5
1
6针1组花样

作品293

【成品规格】衣长60cm，胸围90cm

【工　　具】3.5mm可乐钩针

【材　　料】蓝色毛线300g

制作说明

1.参照结构图，从袖口起针，参照袖子图解，起70针锁针，钩3行长针，1行间隔1针锁针钩1针长针，第5行至第16行重复第1行至第4行的做法。再钩3行长针结束一侧袖子。

2.参照衣身图解，从袖子最后1行长针起针，每7针钩1组花样，每行共钩10组花样。共钩23行。继续参照袖子图解钩19行结束披肩。

袖子图解

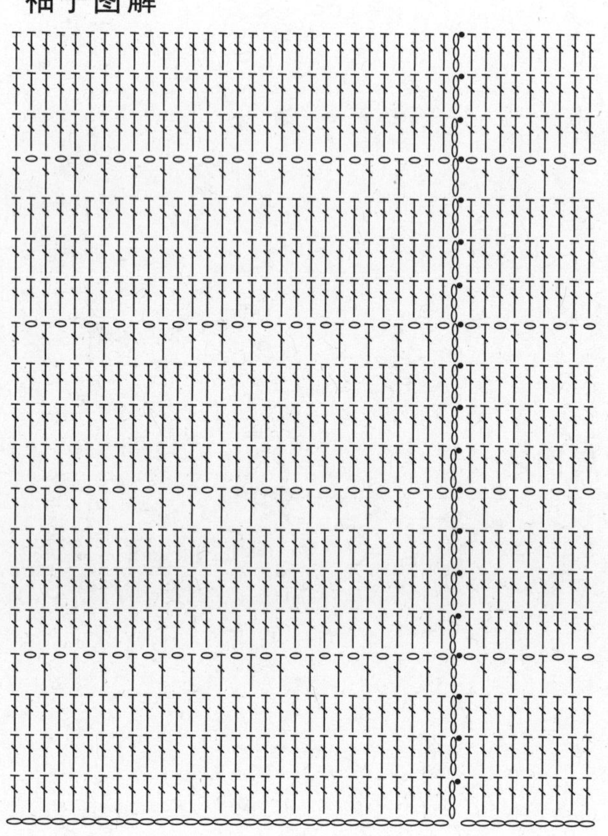

衣身图解

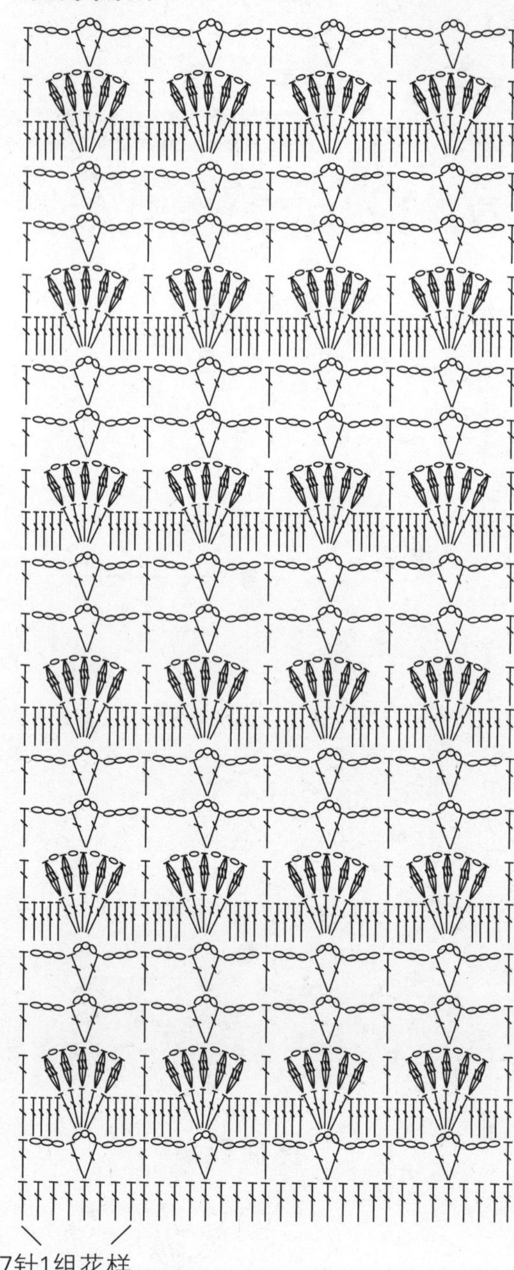
7针1组花样

开衫

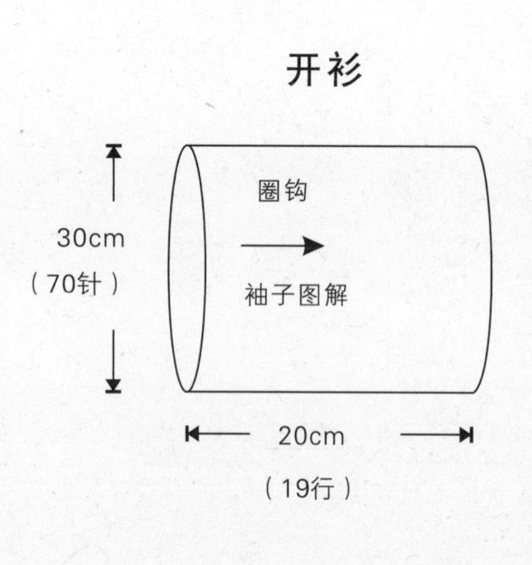
30cm
（70针）
圈钩
袖子图解
20cm
（19行）

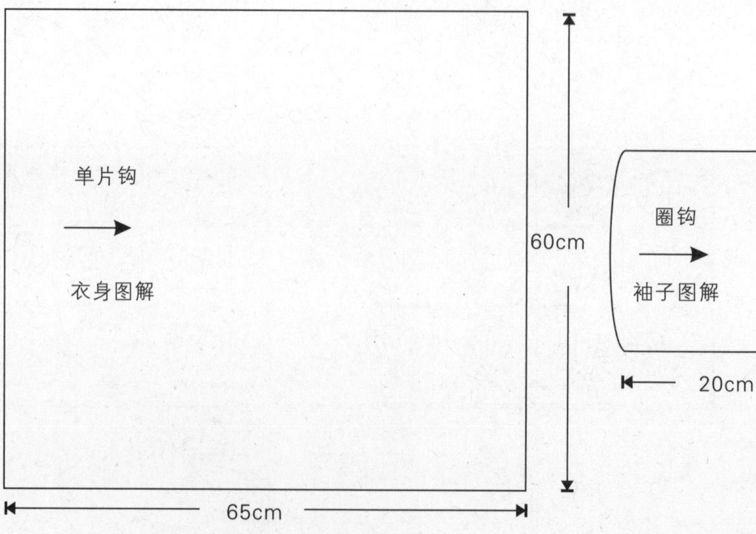
单片钩
衣身图解
60cm
65cm
圈钩
袖子图解
30cm
20cm

用的钩针针法

Crochet Knitting

= 长针

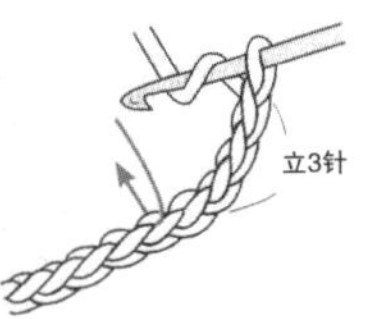
立3针

]出起针行。挂线后将钩针插入针的针圈，并拉出一个针圈。

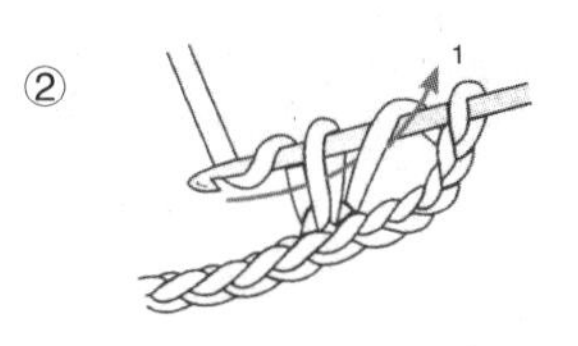
1

②再挂线，依箭头方向钩出线圈。

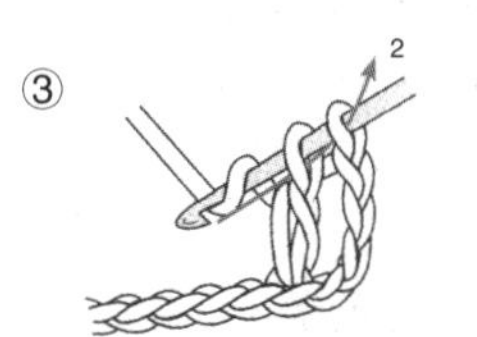
2

③再挂线，依箭头方向钩出线圈。

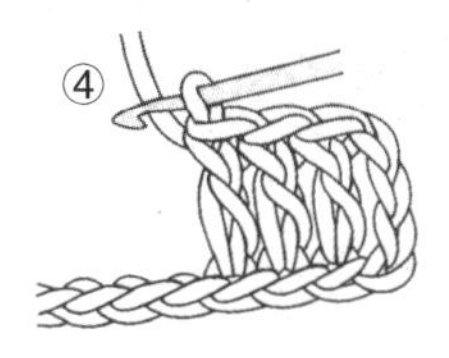

④完成。

= 短针2针的加针

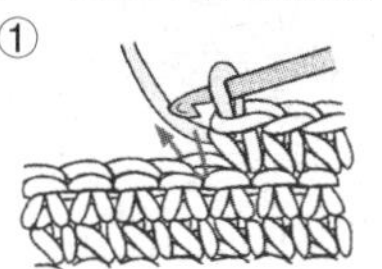

①在同一个地方，钩2针短针。

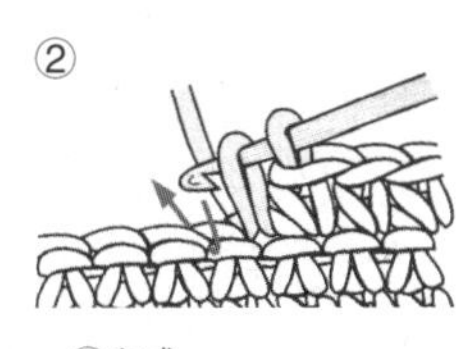

②完成。

= 长长针

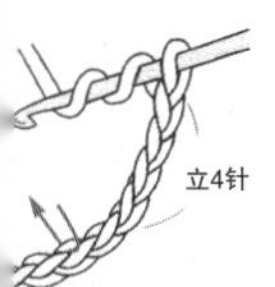
立4针

]出起针行。绕两圈线，将钩针第6针的针圈，并钩出线圈。

②钩针挂线，依箭头方向钩出线圈。

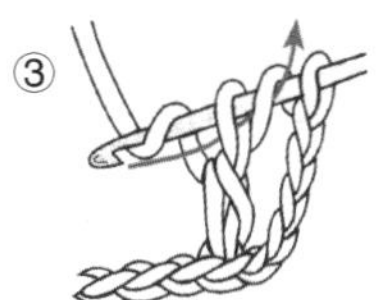

③再挂线，依箭头方向钩出线圈。

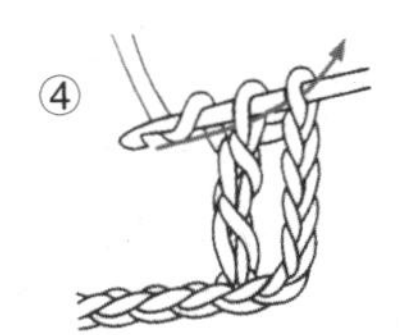

④挂线后依箭头方向钩出线圈。

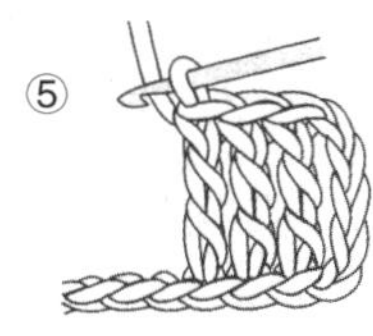

⑤完成。

= 短针

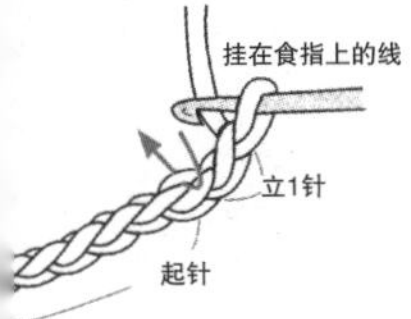
挂在食指上的线
立1针
起针

依箭头方向插入第1针的针将线往后钩。

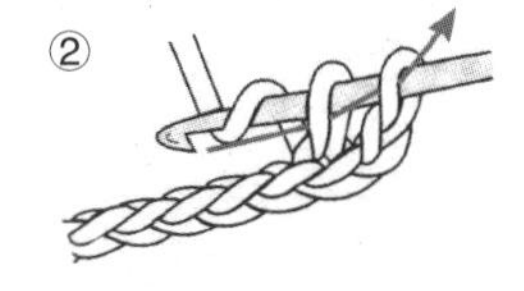

②钩出1针后再挂线，并依箭头方向钩出第2针。

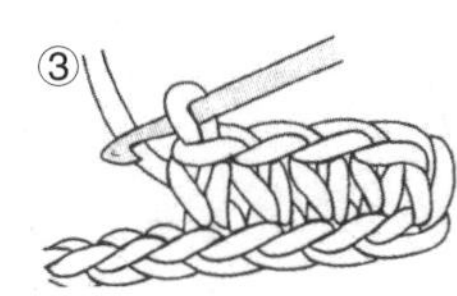

③完成。

= 逆短针

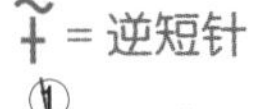

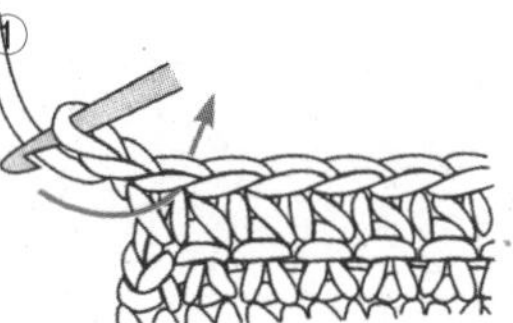

①依箭头方向插入钩针。

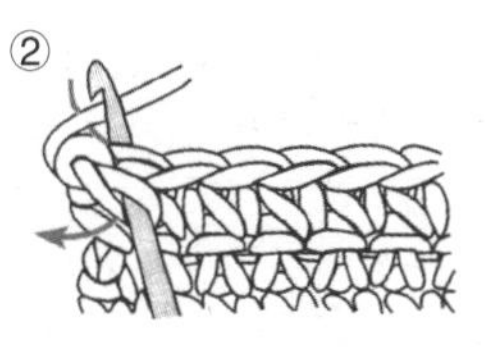

②挂线后依箭头方向钩出线圈。

③再挂线，依箭头方向钩出线圈。

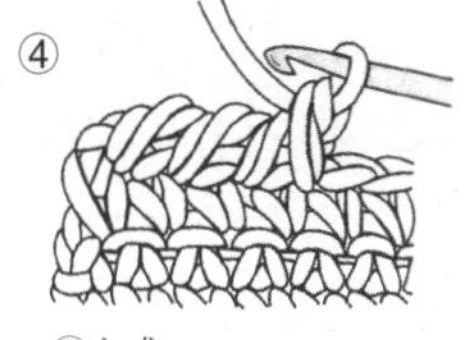

④完成。

= 中长针

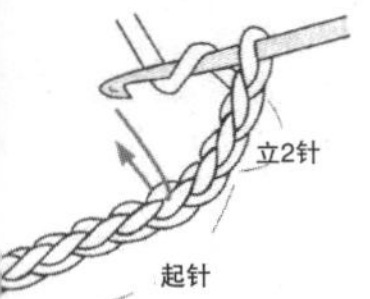
立2针
起针

先绕一圈线再依箭头方向插第3针的针圈，将线往后钩

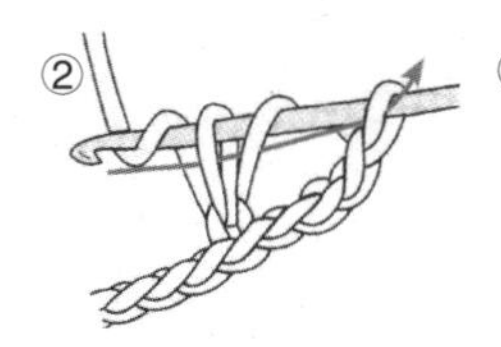

②挂线，依箭头方向钩出线圈。

③完成的形状。

= 锁针

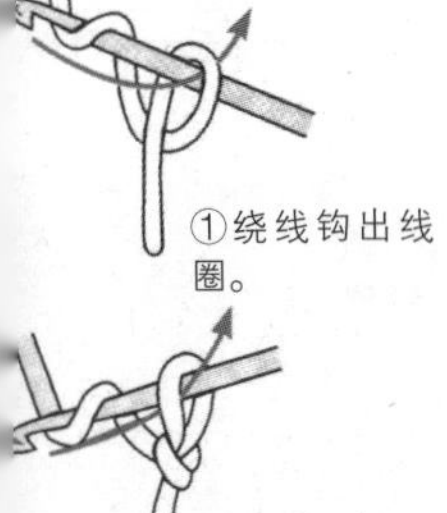

①绕线钩出线圈。

②再绕线钩出线圈。

③钩出所需的针数。

= 引拔针

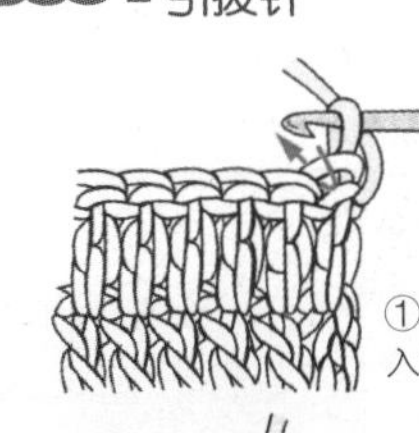

①依箭头方向插入钩针。

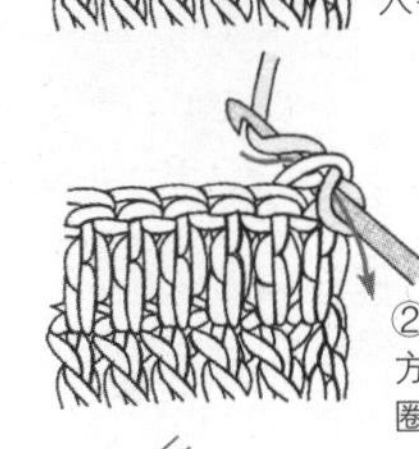

②挂线后依箭头方向一次钩出线圈。

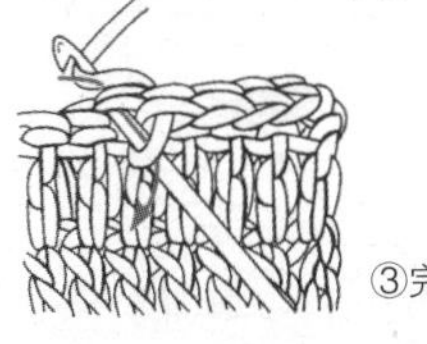

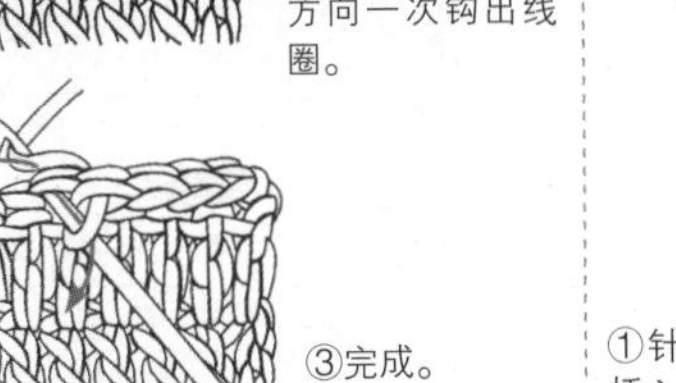

③完成。

= 内钩短针

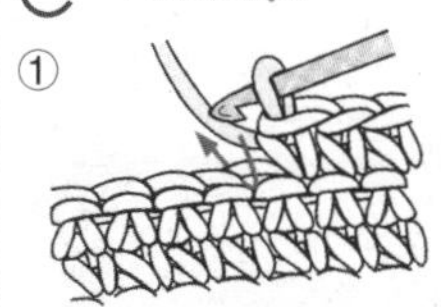

①从正面沿着箭头方向插入钩针。

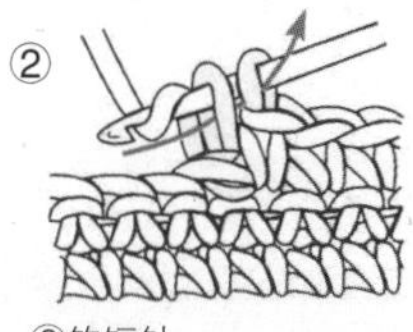

②钩短针。

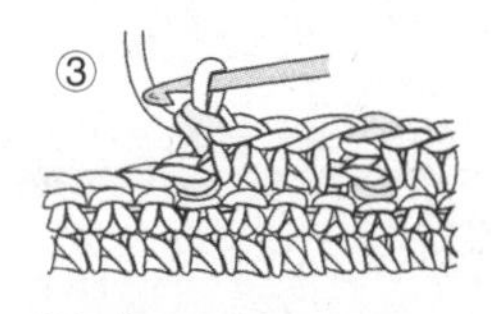

③完成。

= 内钩长针

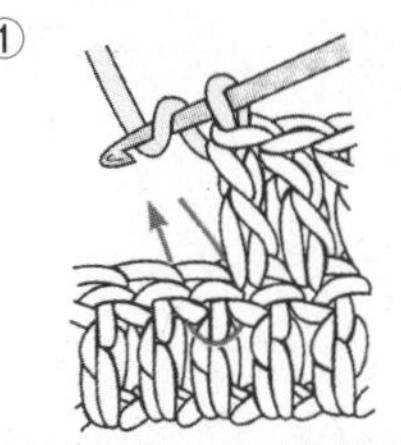

①针上绕线，然后依箭头方向插入第3针的针圈，将线往后钩出。

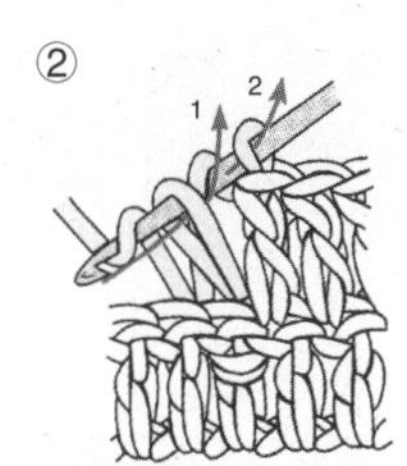
1
2

②挂线，依箭头方向钩出线圈。

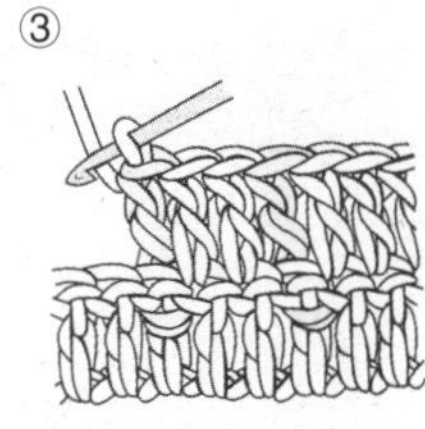

③完成。

= 外钩长针

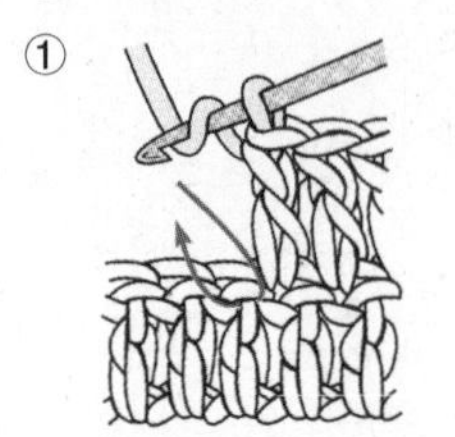
①挂线，依箭头方向插入钩针。

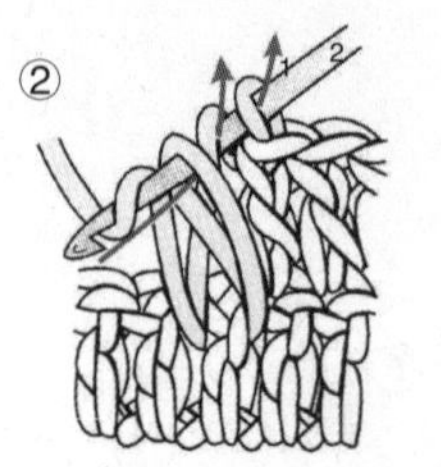
②沿着箭头方向钩线。

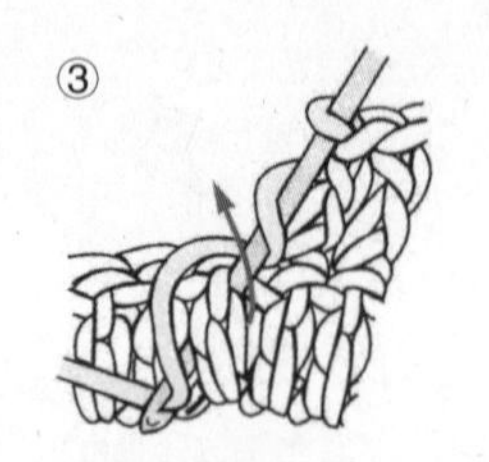
③每次钩2个线圈，并连续钩2次。

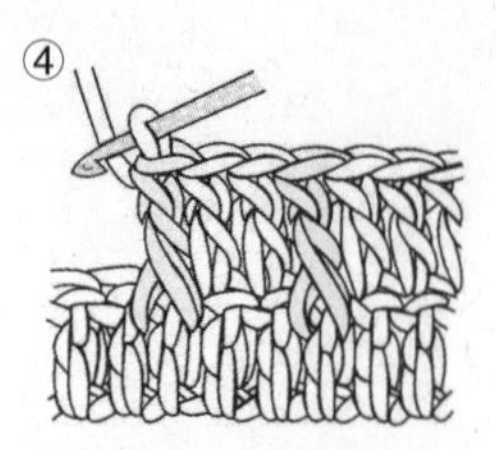
④完成。

= 逆长针交叉针

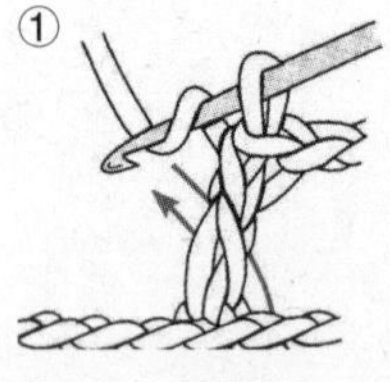
①用长针钩法钩线。

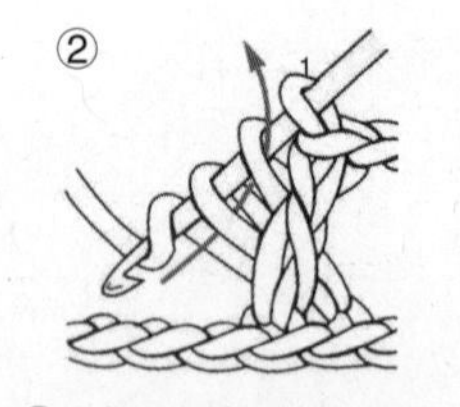
②从背面向前1针插入钩针。

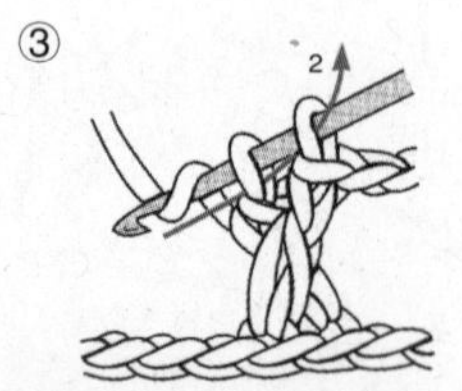
③接着，用长针钩法钩线。

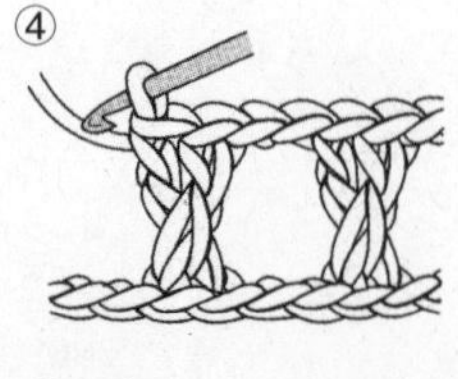
④完成。

= 长针5针的圆锥针

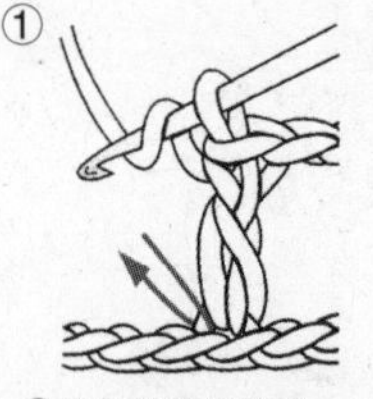
①用长针针法钩编。

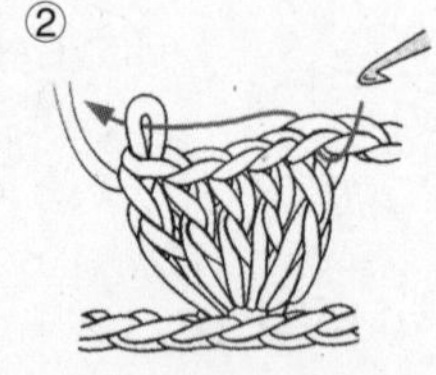
②同一入针处钩5针长针。

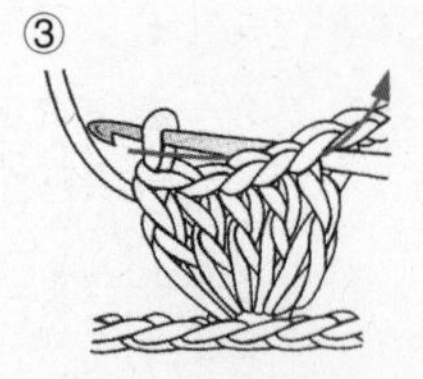
③挂线后依箭头方向钩线。

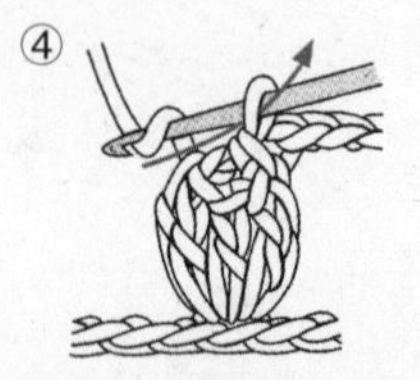
④重新挂线，钩一针锁针。

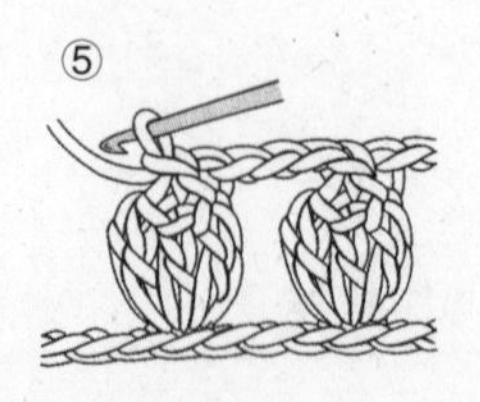
⑤完成。

= 长针交叉针

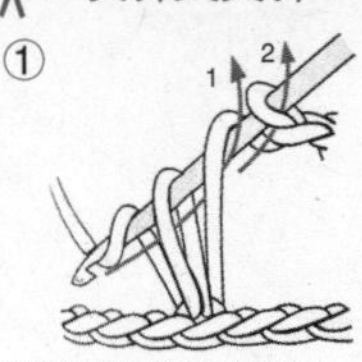
①用长针的针法钩编。

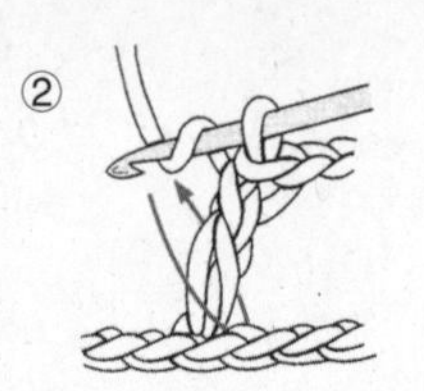
②挂线后向前1针插入钩针。

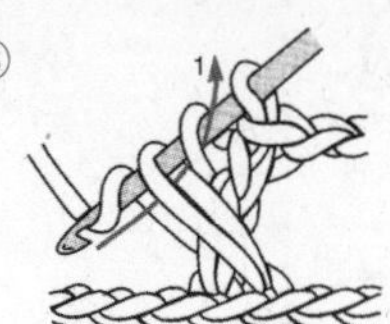
③钩2个线圈。

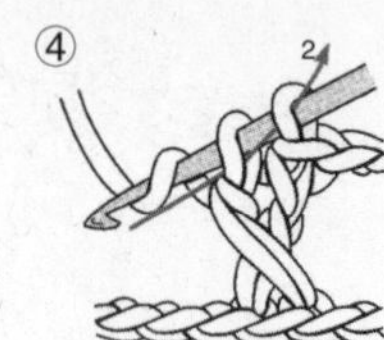
④再次钩2个线圈。

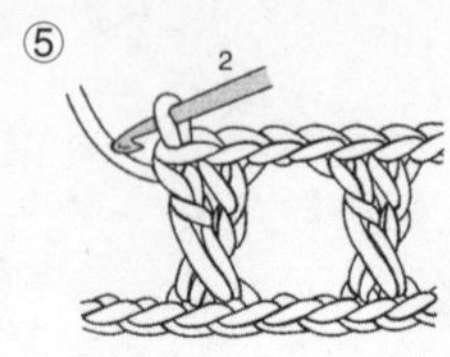
⑤完成。

= 短针的圆筒（单面钩织）

①在第1针内插入钩针，然后挂线从第1针钩线。

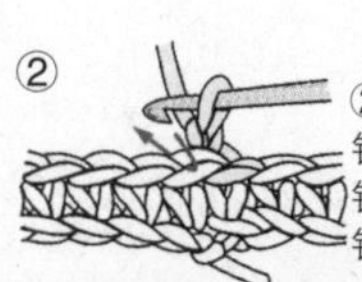
②钩1针锁针，然后向锁针孔内插入钩针。

③挂线后钩线。

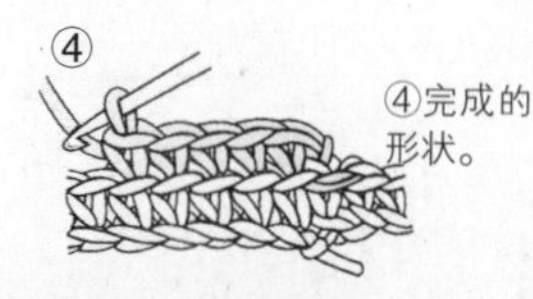
④完成的形状。

= 短针的双面钩织

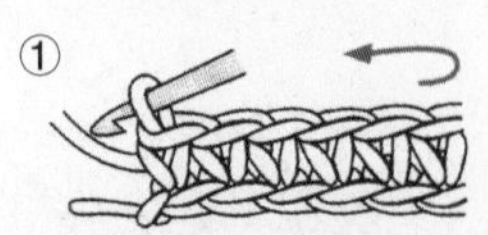
①翻转织片。

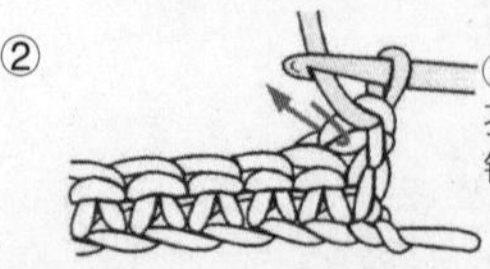
②向锁针孔内插入钩针。

③挂线后钩线。

④再翻转织片。

⑤用短针手法钩线。

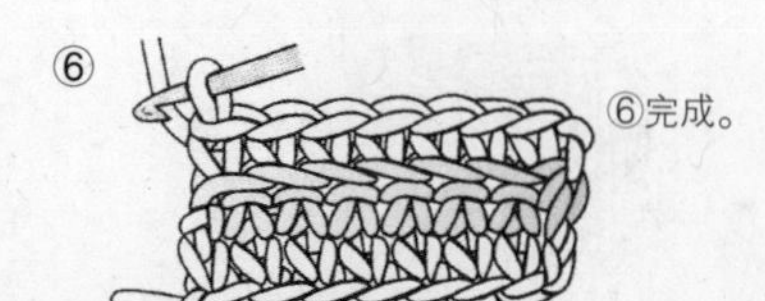
⑥完成。

= 长针3针的枣形

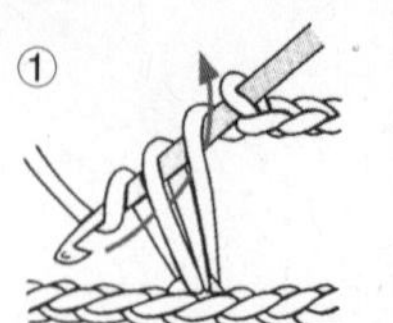
①挂线，只引拔2个线圈。

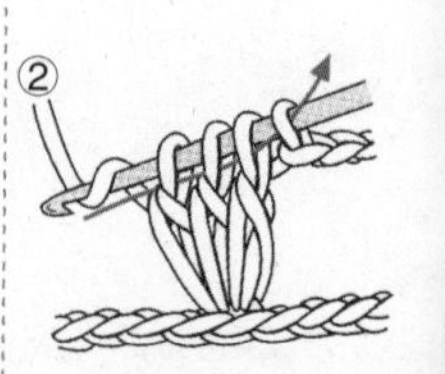
②在一个地方重复钩次，然后1次引拔。

③完成。

= 短针2针并1针

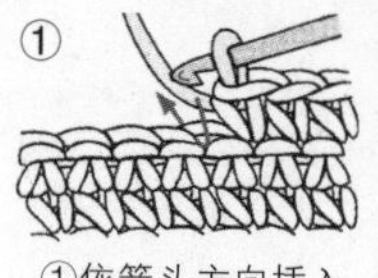
①依箭头方向插入钩针。

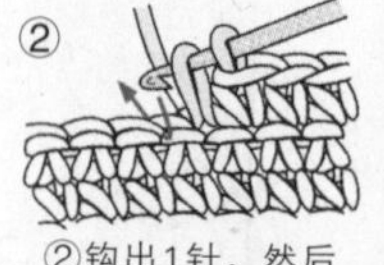
②钩出1针，然后从侧面的孔插入钩针。

③挂线后1次钩3个针圈。

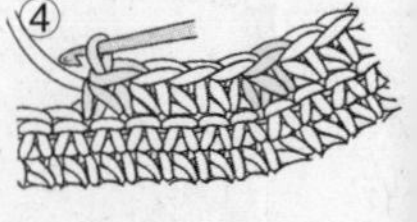
④完成。